JN440887

5G NR 차세대 무선 액세스 기술

Erik Dahlman · Stefan Parkvall · Johan Sköld 저
전창범, 류영권 역

5G NR
THE NEXT GENERATION WIRELESS ACCESS TECHNOLOGY
SECOND EDITION

by Erik Dahlman, Stefan Parkvall, Johan Sköld

인　쇄: 2023년 7월 10일 초판 1쇄
발　행: 2023년 7월 21일 초판 1쇄

역　자: 전창범 · 류영권
발행인: 송 준
발행처: 도서출판 홍릉
주　소: 01093 서울시 강북구 인수봉로 50길 10
등　록: 1976년 10월 21일 제5-66호

전　화: 02-999-2274~5, 903-7037
팩　스: 02-905-6729
e-mail: hongpub@hongpub.co.kr
http://www.hongpub.co.kr
ISBN: 979-11-5600-108-9(93560)

정　가: 49,000원

낙장 및 파본은 구입처나 본사에서 교환하여 드립니다.

제 2 판

5G NR 차세대 무선 액세스 기술

Erik Dahlman · Stefan Parkvall · Johan Sköld 저
전창범, 류영권 역

5G NR: THE NEXT GENERATION WIRELESS ACCESS TECHNOLOGY

도서출판 홍릉

역자소개

전창범

LG정보통신 (現 에릭슨-LG)에 입사하여 2.5세대 이동통신부터 5G 이동통신 시스템까지 연구개발 및 상용화 업무에 종사했었고, 아울러 Senior Solution Architect로서 클라우드 차세대 인프라 업무 및 5G 네트워크 업무를 수행했습니다. 현재는 한국 레드햇에서 Principal Architect로서 5G Cloud RAN 및 Core를 위한 컨테이너 플랫폼 관련 업무를 수행하면서 5G 네트워크의 진화 및 차세대 네트워크 준비를 위해 노력하고 있습니다.
연세대학교에서 전파공학 학사를 마쳤고, KAIST 전기및전자공학부 석사를 마쳤습니다. 저서로는 '5G 이동통신 입문 4차 산업혁명의 대동맥' (홍릉과학출판사)이 있습니다. (세종도서 학술부문 선정)

류영권

KAIST 전기 및 전자공학과 학사와 석사를 마친 후 데이콤, 텔슨전자를 거쳐 현재 에릭슨-LG에 근무 중입니다. 학생 때부터 줄곧 사람과 사람을 이어주는 통신분야에 관심이 있었고 그 중에서도 눈에 보이지 않는 전파를 이용해 실감할 수 있는 연결을 만들어내는 무선/이동 통신분야에 매료되었습니다. 졸업 후 직장에서 무선망 설계 툴 개발, 이동통신 칩 개발, 휴대폰 개발, 기지국 소프트웨어 개발 등의 다양한 업무를 수행해왔습니다. 휴대폰 사용자의 한사람으로서 또 이 분야 개발자의 한사람으로서 이동통신의 탄생과 성장 과정을 함께 해온 행운을 누리게 되었습니다. 2006년 정보통신기술사와 2016년 한국산업기술대 박사 학위를 취득하며 무선뿐만 아니라 통신 전반에 대한 지식을 넓혀왔습니다. 5G/6G 이동통신, 위성통신의 Layer 1,2,3소프트웨어 개발 업무를 수행하고 있습니다.

저자 서문

LTE (Long-Term Evolution)는 전 세계 수십억 명의 사용자에게 서비스를 제공하는 가장 성공적인 광대역 이동통신 기술이 되었다. 광대역 이동통신은 지금도 그렇고 앞으로도 셀룰러 통신의 가장 중요한 부분이 될 것이다. 그러나 미래의 무선 네트워크는 큰 의미에서 광범위한 유즈 케이스 및 이에 상응하는 광범위한 요구 사항을 충족해야 한다. LTE는 매우 뛰어난 기술이고 여전히 진화하고 있으며 앞으로 다가올 수년 동안 계속 사용될 것으로 기대되고 있지만, NR (New Radio)이라는 새로운 5G 무선 접속 기술이 표준화되어 미래의 증가하는 요구 사항들을 충족시키게 될 것이다.

이 책은 3GPP에서 2020년 늦봄 기준으로 개발된 NR을 설명한다. 전체를 살펴보면, 1장은 간략한 도입부이고, 2장에서는 표준화 과정에 대해 설명하고 앞서 언급한 3GPP 및 ITU와 같은 유관 기관에 대해서도 살펴본다. 3장에서는 이동통신에 사용되는 주파수 대역들을 설명한다.

아울러 새로운 주파수 대역을 찾기 위한 과정에 대한 논의가 어떻게 이루어지는지도 살펴본다.

4장에서는 LTE에 대한 개요 및 지속적으로 어떠한 진화가 이루어지는지 알아본다. 본 책은 NR에 초점을 두긴 했지만, 4장 이후의 이어지는 장들을 위한 배경지식으로 LTE에 대해서도 간략히 정리하였다. LTE를 다시 살펴볼 필요가 있는 이유로는, LTE와 NR 둘 다 3GPP에서 만들어졌기 때문에 동일한 배경을 갖고 있고, 여러 가지 기술 요소들을 공유하고 있기 때문이다. 그리고 NR에서의 설계 옵션 중 많은 부분이 기존 LTE의 경험을 바탕으로 하고 있다. 게다가, LTE는 NR과 나란히 지속적으로 진화해 갈 것이고 5G무선 접속에서의 중요한 구성요소이다.

5장에서는 NR의 개요를 살펴본다. 이 장을 통해 NR의 큰 그림에서의 이해를 할 수 있게 된다. 또한, 이어지는 다음 장에 대한 도입부로 읽어도 좋다.

6장에서는 NR에서의 전반적인 프로토콜 구조를 다룬다. 그리고 7장에서는 NR의 전반적인 시간-주파수 구조에 대해 살펴본다.

다중안테나 처리 및 빔포밍은 NR에서 매우 필수적인 부분이다. 이러한 기능들을 지원하는 채널 사운딩 기능에 대해 8장에서 살펴본다. 그리고 9장에서는 전반적인 전송채널 처리에 대해 확인해 본다. 10장에서는 이에 관련된 제어 시그널링에 대해 살펴본다.

그리고 11장과 12장에서는 이러한 기능들이 어떻게 다른 다중 안테나 구조 및 빔포밍 기능을 지원하게 되는지 살펴볼 것이다.

재전송 기능 및 스케줄링은 13장과 14장에서 각각 살펴보고, 15장에서는 전력제어에 대해, 16장에서는 셀 탐색, 17장에서는 랜덤 엑세스에 대해 살펴본다.

LTE와의 공존 및 상호연동은 NR에 필수적인 부분이다. 특히 NSA (Non-stand alone)에서는 LTE에 이동성 및 초기 호 접속을 의존하기 때문이다. 이러한 내용에 대해 18장에서 살펴보기로 한다.

19–24장은 릴리스16을 통해 NR에 도입된 몇 가지 주요 개선 사항에 중점을 둔다. 19장에서는 비면허 스펙트럼에 대한 접속을 다룬다. 고신뢰, 저지연 통신의 향상 및 산업용 사물 인터넷에 대해서는 20장에서 다룬다. TDD 네트워크에 대한 원격 간섭 관리는 21장에서 설명한다. 22장에서는 NR이 액세스 링크뿐만 아니라 백홀 목적으로도 사용되는 통합 액세스 및 백홀(IAB)에 대해 설명한다. Vehicular-to-anything 통신 및 NR 사이드링크 설계는 23장에서 다룬다. 그리고 포지셔닝은 24장에서 다룬다.

25장에서는 RF (무선 주파수) 요구조건을 다룬다. 여기서는 넓은 주파수 범위에 걸치는 스펙트럼 유연성을 고려해 보고 멀티스탠다드 무선 장비에 대해서도 알아본다. 26장에서는 밀리미터파 범위에서의 높은 주파수 대역을 위한 RF 구현 측면에 대해 논의한다.

마지막으로 27장에서는 향후 NR 릴리즈를 조망하며 (특히 릴리스 17) 이 책을 마무리한다.

감사의 글

We thank all our colleagues at Ericsson for assisting in this project by helping with contributions to the book, giving suggestions and comments on the contents, and taking part in the huge team effort of developing NR and the next generation of radio access for 5G.

The standardization process involves people from all parts of the world, and we acknowledge the efforts of our colleagues in the wireless industry in general and in 3GPP RAN in particular. This includes for example, colleagues from Korea, Japan, China, North America and Europe. Without their work and contributions to the stan-dardization, this book would not have been possible. Finally, we are immensely grateful to our families for bearing with us and supporting us during the long process of writing this book.

Special acknowledgements for the release of Korean translation version

I think that one, as a minimum, can point out that the Korea was very early on the research on 5G and that Korea was first country where 5G was operational.

I hope that this book would be greatly helpful to Korean readers and Korea's 5G success.

약 어

3GPP	Third-Generation Partnership Project
5GCN	5G Core Network
AAS	Active Antenna System
ACIR	Adjacent Channel Interference Ratio
ACK	Acknowledgment (in ARQ protocols)
ACLR	Adjacent Channel Leakage Ratio
ACS	Adjacent Channel Selectivity
ADC	Analog-to-Digital Converter
AF	Application Function
AGC	Automatic Gain Control
AM	Acknowledged Mode (RLC configuration)
AM	Amplitude Modulation
AMF	Access and Mobility Management Function
A-MPR	Additional Maximum Power Reduction
AMPS	Advanced Mobile Phone System
ARI	Acknowledgment Resource Indicator
ARIB	Association of Radio Industries and Businesses
ARQ	Automatic Repeat-reQuest
AS	Access Stratum
ATIS	Alliance for Telecommunications Industry Solutions
AUSF	Authentication Server Function
AWGN	Additive White Gaussian Noise
BC	Band Category
BCCH	Broadcast Control Channel
BCH	Broadcast Channel
BiCMOS	Bipolar Complementary Metal Oxide Semiconductor
BPSK	Binary Phase-Shift Keying
BS	Base Station
BW	Bandwidth

BWP	Bandwidth part
CA	Carrier aggregation
CACLR	Cumulative Adjacent Channel Leakage Ratio
CBG	Codeblock group
CBGFI	CBG flush information
CBGTI	CBG transmit indicator
CC	Component Carrier
CCCH	Common Control Channel
CCE	Control Channel Element
CCSA	China Communications Standards Association
CDM	Code-Division Multiplexing
CDMA	Code-Division Multiple Access
CEPT	European Conference of Postal and Telecommunications Administration
CITEL	Inter-American Telecommunication Commission
CLI	Crosslink Interference
CMOS	Complementary Metal Oxide Semiconductor
C-MTC	Critical Machine-Type Communications
CN	Core Network
CoMP	Coordinated Multipoint Transmission/Reception
CORESET	Control resource set
CP	Compression Point
CP	Cyclic Prefix
CQI	Channel-Quality Indicator
CRB	Common resource block
CRC	Cyclic Redundancy Check
C-RNTI	Cell Radio-Network Temporary Identifier
CS	Capability Set (for MSR base stations)
CSI	Channel-State Information

CSI-IM	CSI Interference Measurement
CSI-RS	CSI Reference Signals
CS-RNTI	Configured scheduling RNTI
CW	Continuous Wave
D2D	Device-to-Device
DAC	Digital-to-Analog Converter
DAI	Downlink Assignment Index
D-AMPS	Digital AMPS
DC	Direct Current
DC	Dual Connectivity
DCCH	Dedicated Control Channel
DCH	Dedicated Channel
DCI	Downlink Control Information
DECT	Digital Enhanced Cordless Telecommunications
DFT	Discrete Fourier Transform
DFTS-OFDM	DFT-Spread OFDM (DFT-precoded OFDM, see also SC-FDMA)
DL	Downlink
DL-SCH	Downlink Shared Channel
DM-RS	Demodulation Reference Signal
DR	Dynamic Range
DRX	Discontinuous Reception
DTX	Discontinuous Transmission
ECC	Electronic Communications Committee (of CEPT)
EDGE	Enhanced Data Rates for GSM Evolution, Enhanced Data Rates for Global Evolution
EESS	Earth Exploration Satellite Systems
eIMTA	Enhanced Interference Mitigation and Traffic Adaptation
EIRP	Effective Isotropic Radiated Power
EIS	Equivalent Isotropic Sensitivity

eMBB	enhanced MBB
EMF	Electromagnetic Field
eNB	eNodeB
EN-DC	E-UTRA NR Dual-Connectivity
eNodeB	E-UTRAN NodeB
EPC	Evolved Packet Core
ETSI	European Telecommunications Standards Institute
E-UTRA	Evolved UTRA
EVM	Error Vector Magnitude
FBE	Frame-based equipment
FCC	Federal Communications Commission
FDD	Frequency Division Duplex
FDM	Frequency Division Multiplexing
FDMA	Frequency-Division Multiple Access
FET	Field-Effect Transistor
FFT	Fast Fourier Transform
FoM	Figure-of-Merit
FPLMTS	Future Public Land Mobile Telecommunications Systems
FR1	Frequency Range 1
FR2	Frequency Range 2
GaAs	Gallium Arsenide
GaN	Gallium Nitride
GERAN	GSM/EDGE Radio Access Network
gNB	gNodeB
gNodeB	generalized NodeB
GSA	Global mobile Suppliers Association
GSM	Global System for Mobile Communications
GSMA	GSM Association
HARQ	Hybrid ARQ

HBT	Heterojunction Bipolar Transistor
HEMT	High Electron–Mobility Transistor
HSPA	High–Speed Packet Access
IC	Integrated Circuit
ICNIRP	International Commission on Non–Ionizing Radiation
ICS	In–Channel Selectivity
IEEE	Institute of Electrical and Electronics Engineers
IFFT	Inverse Fast Fourier Transform
IIoT	Industrial IoT
IL	Insertion Loss
IMD	Inter Modulation Distortion
IMT–2000	International Mobile Telecommunications 2000 (ITU's name for the family of 3G standards)
IMT–2020	International Mobile Telecommunications 2020 (ITU's name for the family of 5G standards)
IMT–Advanced	International Mobile Telecommunications Advanced (ITU's name for the family of 4G standards)
InGaP	Indium Gallium Phosphide
IOT	Internet of Things
IP	Internet Protocol
IP3	3rd order Intercept Point
IR	Incremental Redundancy
IRDS	International Roadmap for Devices and Systems
ITRS	International Telecom Roadmap for Semiconductors
ITU	International Telecommunications Union
ITU–R	International Telecommunications Union–Radiocommunications Sector
KPI	Key Performance Indicator
L1–RSRP	Layer 1 Reference Signal Receiver Power
LAA	License–Assisted Access

LBE	Load–based equipment
LBT	Listen before talk
LC	Inductor(L)–Capacitor
LCID	Logical Channel Index
LDPC	Low–Density Parity Check Code LO Local Oscillator
LNA	Low–Noise Amplifier
LO	Local Oscillator
LTCC	Low Temperature Co–fired Ceramic
LTE	Long–Term Evolution
LTE–M	See eMTC
MAC	Medium Access Control
MAC–CE	MAC control element
MAN	Metropolitan Area Network
MBB	Mobile Broadband
MB–MSR	Multi–Band Multi Standard Radio (base station)
MCG	Master Cell Group
MCS	Modulation and Coding Scheme
MIB	Master Information Block
MIMO	Multiple–Input Multiple–Output
MMIC	Monolithic Microwave Integrated Circuit
mMTC	massive Machine Type Communication
MPR	Maximum Power Reduction
MSR	Multi–Standard Radio
MTC	Machine–Type Communication
MU–MIMO	Multi–User MIMO
NAK	Negative Acknowledgment (in ARQ protocols)
NB–IoT	Narrow–Band Internet–of–Things
NDI	New–Data Indicator
NEF	Network exposure function

NF	Noise Figure
NG	The interface between the gNB and the 5G CN
NG-c	The control-plane part of NG
NGMN	Next Generation Mobile Networks
NG-u	The user-plane part of NG
NMT	Nordisk MobilTelefon (Nordic Mobile Telephony)
NodeB	NodeB, a logical node handling transmission/reception in multiple cells. Commonly, but not necessarily, corresponding to a base station
NOMA	Nonorthogonal Multiple Access
NR	New Radio
NRF	NR repository function
NS	Network Signaling
NZP-CSI-RS	Non-zero-power CSI-RS
OAM	Operation and maintenance
OBUE	Operating Band Unwanted Emissions
OCC	Orthogonal Cover Code
OFDM	Orthogonal Frequency-Division Multiplexing
OOB	Out-Of-Band (emissions)
OSDD	OTA Sensitivity Direction Declarations
OTA	Over-The-Air
PA	Power Amplifier
PAE	Power-Added Efficiency
PAPR	Peak-to-Average Power Ratio
PAR	Peak-to-Average Ratio (same as PAPR)
PBCH	Physical Broadcast Channel
PCB	Printed Circuit Board
PCCH	Paging Control Channel
PCF	Policy control function
PCG	Project Coordination Group (in 3GPP)

PCH	Paging Channel
PCI	Physical Cell Identity
PDC	Personal Digital Cellular
PDCCH	Physical Downlink Control Channel
PDCP	Packet Data Convergence Protocol
PDSCH	Physical Downlink Shared Channel
PDU	Protocol Data Unit
PHS	Personal Handy-phone System
PHY	Physical Layer
PLL	Phase-Locked Loop
PM	Phase Modulation
PMI	Precoding-Matrix Indicator
PN	Phase Noise
PRACH	Physical Random-Access Channel
PRB	Physical Resource Block
P-RNTI	Paging RNTI
PSD	Power Spectral Density
PSS	Primary Synchronization Signal
PUCCH	Physical Uplink Control Channel
PUSCH	Physical Uplink Shared Channel
QAM	Quadrature Amplitude Modulation
QCL	Quasi Co-Location
QoS	Quality-of-Service
QPSK	Quadrature Phase-Shift Keying
RACH	Random Access Channel
RAN	Radio Access Network
RA-RNTI	Random Access RNTI
RAT	Radio Access Technology
RB	Resource Block

RE	Resource Element
RF	Radio Frequency
RFIC	Radio Frequency Integrated Circuit
RI	Rank Indicator
RIB	Radiated Interface Boundary
RIT	Radio Interface Technology
RLC	Radio Link Control
RMSI	Remaining Minimum System Information
RNTI	Radio–Network Temporary Identifier
RoAoA	Range of Angle of Arrival
ROHC	Robust Header Compression
RRC	Radio Resource Control
RRM	Radio Resource Management
RS	Reference Symbol
RSPC	IMT–2000 Radio Interface Specifications
RSRP	Reference Signal Received Power
RV	Redundancy Version
RX	Receiver SCG Secondary Cell Group
SCG	Secondary Cell Group
SCS	Sub–Carrier Spacing
SDL	Supplementary Downlink
SDMA	Spatial Division Multiple Access
SDO	Standards Developing Organization
SDU	Service Data Unit
SEM	Spectrum Emissions Mask
SFI	Slot format indicator
SFI–RNTI	Slot format indicator RNTI
SFN	System Frame Number (in 3GPP).
SI	System Information Message

SIB	System Information Block
SIB1	System Information Block 1
SiGe	Silicon Germanium
SINR	Signal–to–Interference–and–Noise Ratio
SiP	System–in–Package
SIR	Signal–to–Interference Ratio
SI–RNTI	System Information RNTI
SMF	Session management function
SNDR	Signal to Noise–and–Distortion Ratio
SNR	Signal–to–Noise Ratio
SoC	System–on–Chip
SR	Scheduling Request
SRI	SRS resource indicator
SRIT	Set of Radio Interface Technologies
SRS	Sounding Reference Signal
SS	Synchronization Signal
SSB	Synchronization Signal Block
SSS	Secondary Synchronization Signal
SUL	Supplementary Uplink
SU–MIMO	Single–User MIMO
TAB	Transceiver–Array Boundary
TACS	Total Access Communication System
TCI	Transmission configuration indication
TCP	Transmission Control Protocol
TC–RNTI	Temporary C–RNTI
TDD	Time–Division Duplex
TDM	Time Division Multiplexing
TDMA	Time–Division Multiple Access
TD–SCDMA	Time–Division–Synchronous Code–Division Multiple Access

TIA	Telecommunication Industry Association
TR	Technical Report
TRP	Total Radiated Power
TRS	Tracking Reference Signal
TS	Technical Specification
TSDSI	Telecommunications Standards Development Society, India
TSG	Technical Specification Group
TSN	Time–sensitive networks
TTA	Telecommunications Technology Association
TTC	Telecommunications Technology Committee
TTI	Transmission Time Interval
TX	Transmitter
UCI	Uplink Control Information
UDM	Unified data management
UE	User Equipment, the 3GPP name for the mobile terminal
UL	Uplink
UMTS	Universal Mobile Telecommunications System
UPF	User plane function
URLLC	Ultra–reliable low–latency communication
UTRA	Universal Terrestrial Radio Access
V2V	Vehicular–to–Vehicular
V2X	Vehicular–to–Anything
VCO	Voltage–Controlled Oscillator
WARC	World Administrative Radio Congress
WCDMA	Wideband Code–Division Multiple Access
WG	Working Group
WiMAX	Worldwide Interoperability for Microwave Access
WP5D	Working Party 5D
WRC	World Radiocommunication Conference

Xn	The interface between gNBs
ZC	Zadoff–Chu
ZP–CSI–RS	Zero–power CSI–RS

역자 서문

2019년 4월 3일 밤 11시, 우리나라가 세계 최초로 5G 상용서비스를 시작한 이후 5G 가입자는 빠른 속도로 증가하여 이제는 생활 곳곳에 5G가 스며들게 되었습니다. 이러한 5G의 근간이 되는 NR 기술은 저자가 본서에서 말하듯이 '명확히 미래의 무선 통신에 대해 다양한 방향 및 매력적인 경로로 진화할 수 있는 매우 유연한 플랫폼'입니다. 이렇게 많은 분이 관심을 두고 계신 5G NR에 대해, 그동안 3G, 4G에 걸쳐 무선 접속 기술을 명쾌하고 친절한 설명으로 소개해온 Ericsson의 Erik Dahlman 씨, Stefan Parkvall 씨, Johan Sköld씨 이렇게 세분들이 지난번에 이어 '5G NR – THE NEXT GENERATION WIRELESS ACCESS TECHNOLOGY' 2판을 발간하였고, 본 책의 1판을 공동번역했던 저희가 이번에도 2판의 번역서를 내드리게 되었습니다.

번역하면서 역시 이 저자분들의 NR에 대한 탁월한 식견과 풍부한 연구개발 경험에서 나오는 연륜을 느낄 수 있었습니다. 그리고 같은 Ericsson 에 근무하면서 번역 기간에 Ericsson 의 NR에 대한 확고한 기본 사상을 다시금 공감할 수 있어 즐겁게 몰입하여 작업하였습니다.

그리고 스웨덴 Ericsson 본사에 근무 중인 Erik Dahlman님이 역자에게 메일로 "본 번역서가 한국 독자분들에게 유용하게 쓰이고, 한국의 지속적인 5G 성공에 기여를 할 수 있으면 좋겠다"라는 뜻을 전달 부탁하여 본 지면을 통해 알려드립니다.

부족한 번역 실력으로 책을 내드리게 되었지만, 혹시 번역상의 오류를 발견하시면 출판사를 통해 알려주시면 감사하겠습니다. 우리나라의 5G 성공을 위해 계속 힘쓰시는 모든 분께 감사드리며, 아무쪼록 본 책이 독자 여러분께서 5G를 이해하고 현업에 적용하시는 데 유용하게 쓰이길 바라겠습니다.

아울러 서로 격려하며 함께 수고하시는 Ericsson-LG 및 한국 레드햇의 동료분들과 늘 좋은 공학 서적을 발간해 주시는 도서출판 홍릉의 송준 대표님, 김기용 상무님, 박찬혁 실장님을 비롯한 담당자분들께 감사드립니다.

2023년 6월

역자 일동

목 차

CHAPTER 01

5G는 무엇인가

CHAPTER 02

5G 표준화

CHAPTER 03 5G를 위한 스펙트럼

CHAPTER 04 LTE-개요

CHAPTER 06 무선 인터페이스 구조

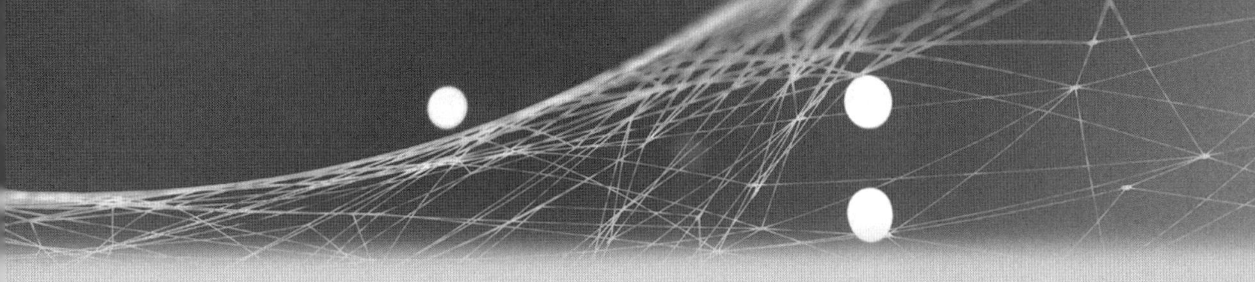

CHAPTER 07

전반적인 전송 구조

CHAPTER

08 채널 사운딩

CHAPTER

09 전송 채널 프로세싱

CHAPTER

10 물리 계층 제어 시그널링

CHAPTER

13 재전송 프로토콜

CHAPTER

14 스케줄링

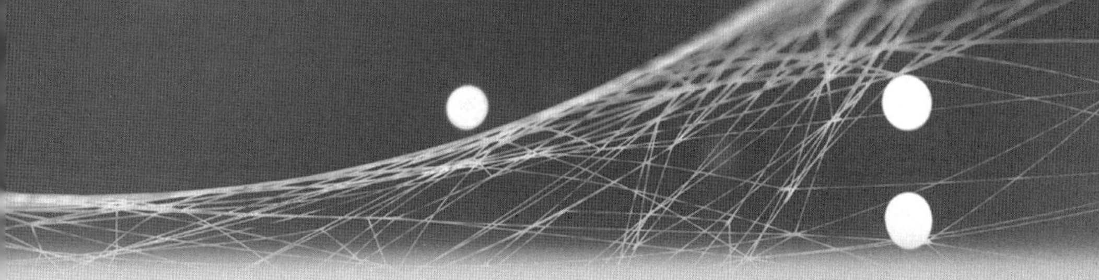

CHAPTER

17 랜덤 엑세스

CHAPTER

18 LTE와 NR의 연동 및 공존

CHAPTER

19 비면허 대역 NR

CHAPTER

20 산업 현장의 IoT URLLC 향상

CHAPTER

26 mm-Wave 대역에서의 RF 기술

CHAPTER

27 5G와 향후 진화

01 5G는 무엇인가

CHAPTER

지난 40년 동안 세계는 4개 세대의 이동 통신을 목격해 왔다 (그림 1.1 참조).

1980년대에 등장한 1세대 이동 통신은 주요 기술이 북미에서 개발된 AMPS (Advanced Mobile Phone System), 당시에 북유럽 국가들의 정부가 관리하는 공중전화 네트워크 사업자들에 의해 공동으로 개발된 NMT (Nordic Mobile Telephony), 그리고 영국 등에서 사용되던 TACS (Total Access Communication System) 등의 아날로그 전송을 기반으로 하였다. 1세대 기술을 기반으로 한 이동통신 시스템은 음성 서비스에 국한되긴 했지만, 최초로 일반인이 접속할 수 있는 모바일 텔레포니를 만든 것이다.

2세대 이동통신은 1990년대 초기에 등장하였고, 무선 링크에 디지털 전송이 도입되었다. 비록 목표 서비스는 여전히 음성이었지만, 디지털 전송의 사용으로 2세대 이동통신 시스템이 제한된 데이터 서비스도 제공하였다.

처음에는 여러 가지 다른 2세대 기술이 있었다. 예를 들면 많은 수의 유럽 국가들이 공동으로 개발한 GSM (Global System for Mobile communication), D-AMPS (디지털 AMPS), 일본에서 개발되어 독점적으로 사용되고 있는 PDC (개인 디지털 셀룰러), 다소 늦게 등장한 CDMA기반의 IS-95 기술도 있다. 시간이 갈수록 GSM은 유럽에서 세계의 다른 지역으로 퍼져나갔고 결국 2세대 기술 중 우위를 갖게 되었다. 이는 주로 GSM의 성공에 기인한 것이다.

2세대 시스템은 또한 모바일 텔레포니를 여전히 상대적으로 적은 사람들만 사용하던 것에서 세계 인구 대다수 삶의 필수 부분인 통신 도구로 바꾸는 계기가 되었다. 오늘날에도 세계 많은 지역에서 GSM 사용이 지배적이고, 심지어 이동통신 기술로서 비록 뒤늦게 3세대 및 4세대 기술을 도입하더라도 한동안 GSM을 주류로 사용하는 경우들도 있다.

3G라고 하는 3세대 이동통신은 2000년대 초반에 도입되었다. 3G로 고품질 모바일 브로드밴드(Mobile Broadband)에 대한 진정한 발걸음을 떼게 되었고, 고속 인터넷 액세스가 가능해졌다. 이것은 특히 HSPA (High Speed Packet Access)[19]로 알려진 3G 진화에 의해 가능해졌다.

또한, 이전의 이동통신 기술은 FDD (주파수 분할 듀플렉스)를 기반으로 모두 쌍 (pair)으로 된 스펙트럼에서 작동하도록 설계되었지만 (네트워크에서 단말로 및 단말에서 네트워크 링크로 분리된 스펙트럼) - 7장 참조 - 3G는 그 외에 TDD (Time Division Duplex) 기반의 중국에서 개발한 TD-SCDMA 기술을 기반으로 한 unpaired 스펙트럼에서의 이동통신을 최초로 도입하였다.

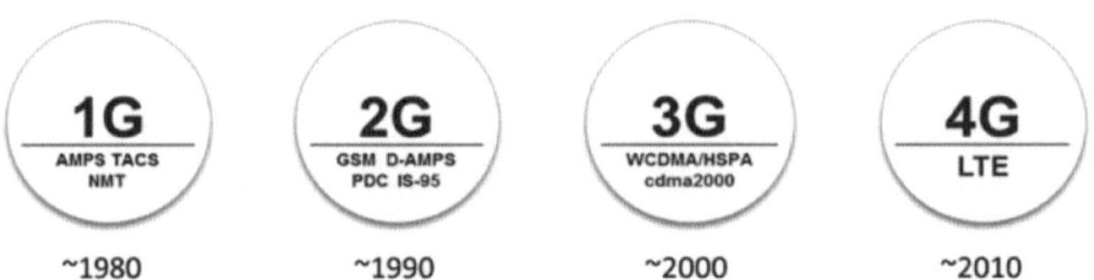

그림 1.1
이동통신의 다른 세대들

우리는 근래 LTE 기술로 대표되는[26] 4세대 (4G) 이동통신의 시대를 수년간 보내왔으며, LTE는 HSPA의 발전 단계에 따라, 더 높은 효율성과 높은 엔드 유저 데이터 전송 속도에 관한 측면에서 더욱 향상된 모바일 광대역 경험을 제공한다. 이는 보다 넓은 전송 대역폭 및 한층 진보된 다중 안테나 기술을 가능하게 하는 OFDM 기반 전송을 통해 제공된다. 또한, 3G는 특정 무선 액세스 기술 (TD-SCDMA)을 통해 unpaired 스펙트럼에서 이동통신을 허용하지만, LTE는 FDD 및 TDD 동작 모두를 지원하는데, 이것은 하나의 공통 무선 액세스 기술 안에서 paired 및 unpaired 스펙트럼 모두에서의 작동을 지원하는 것이다. 그리하여 LTE에 의해 세계는 본질적으로 모든 이동통신 네트워크 사업자들에 의해 사용되고 paired 및 unpaired 스펙트럼 모두에 적용이 가능한 단일 글로벌 이동통신 기술로 세계가 융합된다. 4장에서 좀 더 자세하게 설명할 텐데, LTE의 후기 진화는 또한 이동통신 네트워크의 운용을 비면허 스펙트럼으로 더욱 확장하였다.

1.1 3GPP와 이동통신의 표준

다국적 기술 규격 및 표준에 합의하는 것은 이동통신의 성공에 매우 중요한 요인이다. 이것은 서로 다른 제조사들의 단말과 인프라의 배치 및 상호 호환을 가능케 하고, 글로벌 기반으로 단말과 가입 등록이 운용되도록 해주었다.

이미 언급했듯이, 이미 1세대 NMT 기술이 다국적 기반으로 만들어져서 단말과 가입 등록이 북유럽 국가들 간에 국경을 넘어서도 이루어지도록 하였다. 다국적 규격/표준의 다음 단계는

GSM이 CEPT 내의 여러 국가 (나중에 ETSI (European Telecommunications Standards Institute)로 명명)들에 의해 공동으로 개발되었을 때 이루어졌다. 이에 대한 결과로 GSM 단말 및 많은 가입은 이미 초기부터 많은 국가에서 운영될 수 있었고, 많은 수의 잠재적 가입자를 다룰 수 있었다. 이 커다란 공동 시장은 단말의 가용성에 영향을 주어, 전례 없이 많은 수의 단말 유형과 단말 비용의 상당한 감소가 이루어지게 되었다.

하지만, 이동통신의 진정한 세계 표준화를 위한 마지막 단계는 3G 기술규격, 특히 WCDMA와 함께 왔다. 3G 기술에 대한 작업은 처음에는 지역 단위로 수행되었는데, 유럽 (ETSI), 북미 (TIA, T1P1), 일본 (ARIB) 등에서 별도로 수행된 것이었다. 그러나 GSM의 성공은 기술이 차지하는 영역의 크기가 얼마나 중요한지를 보여주었는데 특히 단말의 가용성 및 비용면에서 중요했다. 비록 작업이 다른 지역 표준 조직 내에서 개별적으로 수행되었지만, 추구되고 있는 기반 기술에는 많은 유사점이 있는 것 또한 명백해졌다. 특히 유럽과 일본의 경우 그러한데, 기술은 서로 다르게 개발되었지만, WCDMA (Wideband CDMA)기술과 매우 유사한 풍미를 갖고 있다.

결과로서, 1998년에는 다른 지역별 표준 조직들이 합쳐져서 공동으로 3GPP (Third-Generation Partnership Project)를 창설했는데 WCDMA 기반의 3G 기술개발을 완료하는 과업을 가졌다.

이와 병렬 조직이라고 할 수 있는 3GPP2가 얼마 후에 2세대 IS-95의 진화로서 cdma2000인 3G의 대안 기술을 개발하는 과업을 갖고 창설되었다. 수년 동안 두 조직 (3GPP 및 3GPP2)은 각각 자신의 3G 기술 (WCDMA 및 cdma2000)을 갖고 동시에 존재했다.

그러나 시간이 지남에 따라서 3GPP가 완전히 지배하게 되었고, 3GPP라는 이름에도 불구하고 4G (LTE) 및 5G 기술개발을 계속하게 되었다. 오늘날 3GPP는 이동통신용 기술 규격을 개발하는 유일한 중요 조직이다.

1.2 차세대 – 5G/NR

5세대 이동통신에 대한 논의는 2012년경에 시작되었다. 많은 토론에서 5G라는 용어는 특정 5G 무선 액세스 기술을 지칭하도록 사용된다. 그러나 5G는 더 넓은 맥락에서 자주 사용되는데, 단지 특정 무선 액세스 기술을 언급하는 것 말고도, 미래의 이동통신에 의해 사용 가능하게 될 것으로 기대되는 넓은 범위의 새로운 서비스들을 지칭하는 것이다.

1.2.1 5G 유즈 케이스들

5G의 맥락에서, 사람들은 흔히 세 가지 특유의 유즈 케이스 클래스를 얘기한다. 향상된 모바일 광대역 (eMBB), 대규모의 기계 유형 통신 (mMTC), 초 안정성 및 저 지연시간 통신 (URLLC)(그림 1.2 참조).

- eMBB는 오늘날의 모바일 광대역 서비스의 다소 복잡하지 않은 진화에 해당한다. 예를 들면 더욱 높은 엔드 유저 데이터 전송 속도를 지원하여, 데이터 볼륨은 더욱 커지고 사용자 체감속도는 더 향상되도록 한다.
- mMTC는 대량의 단말들로 특징지어지는 서비스에 해당한다. 예를 들어 원격 센서, 액추에이터 및 다양한 장비의 모니터링 등을 들 수 있다. 이러한 서비스의 핵심 요구사항은 매우 낮은 단말 비용 및 매우 낮은 단말 에너지 소비로 매우 긴 단말 배터리 수명 (적어도 7년까지는 가야 함)을 지원해야 하는 것이다, 일반적으로 각 단말은 오직 상대적으로 적은 양의 데이터를 소모하고 생성한다. 즉 높은 전송 속도에 대한 지원은 중요치 않다.
- URLLC 유형의 서비스는 매우 낮은 지연 시간과 극도로 높은 신뢰성을 요구할 것으로 예상한다. 이것의 예로는 교통안전, 자동제어 및 공장 자동화 등이 있다.

5G 유즈 케이스를 이렇게 3가지 대비적인 클래스로 분류하는 것이 좀 인위적이긴 하지만, 기술 규격의 요구사항 정의를 간단히 만드는 것을 주목표로 하고 있다는 사실을 이해하는 것이 중요하다. 이러한 클래스 중 하나에 정확히 들어맞지 않는 유즈 케이스가 많이 있을 것이다. 예를 들어, 매우 높은 신뢰성을 필요로 하는 서비스에 지연 시간 요구사항은 그다지 중요하지 않을 수 있다. 마찬가지로 가격은 매우 낮아야 하지만 긴 배터리 성능이 별로 중요하지 않은 단말들을 필요로 하는 유즈 케이스들도 있을 수 있다.

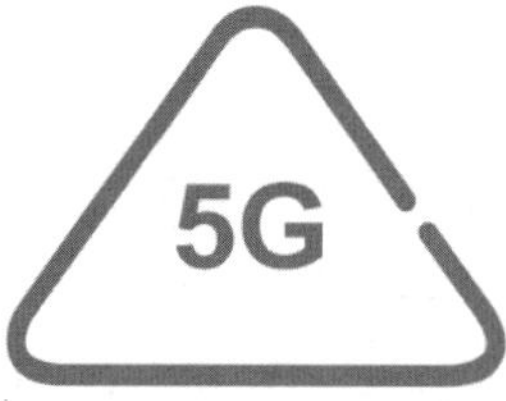

그림 1.2
높은 수준에서의 5G 유즈 케이스 분류

1.2.2 5G 역량에 맞추기 위한 LTE 진화 (EVOLVING LTE TO 5G CAPABILITY)

LTE 기술 규격의 첫 번째 릴리즈는 2009년에 도입되었다. 그 이후 LTE는 여러 단계의 진화를 통해 향상된 성능 및 확장된 기능을 제공해 왔다. 여기에는 향상된 모바일 광대역을 위한 기능들이 포함되어 있다. 이것은 더 높은 스펙트럼 효율성뿐만 아니라 달성 가능한 최종 사용자 데이터 전송률을 더 높이기 위한 수단을 포함하고 있다. 하지만 이것은 또한 LTE를 적용할 수 있는 유즈 케이스 세트를 확장할 수 있는 중요한 단계들을 포함하고 있다. 특히, 대규모 MTC 애플리케이션의 특성에 맞추어 매우 긴 배터리 수명을 갖춘 저가의 단말들을 가능하게 하는 중요한 진보들이 있어 왔다. 최근에는 LTE 무선 인터페이스 지연시간을 줄이기 위한 의미 있는 진보들이 있었다.

이러한 최종적이고 지속적인 진화 단계를 통해 LTE의 진화는 5G를 위해 계획된 광범위한 유즈 케이스를 지원할 수 있을 것이다. 5G가 특정 무선 액세스 기술만이 아니라 오히려 지원되는 유즈 케이스들에 의해 정의된다는 일반적인 견해를 고려하면, LTE의 진화는 전반적인 5G 무선 액세스 솔루션의 중요한 일부로서 간주되어야 할 것이다 (그림 1.3 참조). 본 책의 주된 목표는 아니지만, LTE 진화의 현재 상태 개관을 4장에서 설명할 것이다.

1.2.3 NR – 새로운 5G 무선 접속 기술

LTE가 매우 유용한 기술임에도 불구하고, LTE나 LTE의 진화로는 충족할 수 없는 불가능한 요구 사항들이 있다. 게다가 LTE에 대한 작업이 시작된 이후 10년 이상의 기간에 걸쳐 이루어진 기술의 발전으로 더욱 진보된 기술 솔루션이 가능해졌다.

이러한 요구 사항들을 충족하고 새로운 기술의 잠재력을 충분히 활용하기 위해, 3GPP는 NR (New Radio)로 알려진 새로운 무선 액세스 기술의 개발에 착수했다. 이 범위를 정하는 워크샵이 지난 2015년 가을에 개최되었고, 기술 작업은 2016년 봄에 시작되었다.

NR 규격의 첫 번째 버전은 2017년 말에 나와 2018년에 이미 5G 초기 배치에 필요한 상용 요구 사항들을 충족하게 되었다. NR은 LTE의 구조와 기능의 많은 부분을 재사용한다.

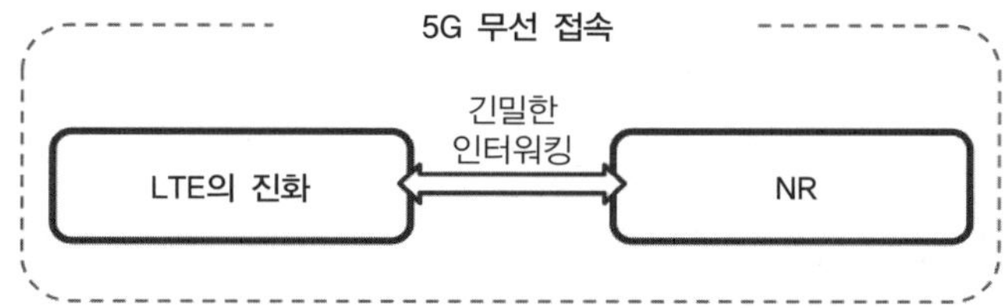

그림 1.3
LTE의 진화와 NR이 협력하여 전반적인 5G 무선 액세스 솔루션을 제공

그러나 새로운 무선 액세스 기술이라는 것은 LTE의 진화와 달리, NR이 역호환성을 유지하기 위한 필요에 의해 제한되지는 않는다는 것을 의미한다. NR에 대한 요구 사항은 LTE의 경우보다 광범위하여 부분적으로 다른 기술 솔루션 세트에 대한 동기를 부여한다.

2장에서는 NR과 관련된 표준화 활동에 대해 논의하고, 이어서 3장에서는 스펙트럼 개요, 4장에서는 LTE 및 그 진화에 대한 간략한 요약을 다룰 것이다.

이 책의 주요 부분인 5장부터 26장까지는 NR 기술 규격의 현재 단계에 대해 심층적으로 설명하였다. 마지막으로 27장에서는 NR의 미래 발전에 대한 전망을 다루는 것으로 마무리한다.

1.2.4 5GCN – 새로운 5G 코어 네트워크 (5G Core Network, 5GCN)

새로운 5G 무선 액세스 기술인 NR과 병행하여, 3GPP는 또한 5GCN이라고 하는 새로운 5G 코어 네트워크를 개발하고 있다. 새로운 5G 무선 액세스 기술이 5GCN에 연결될 것이다. 그러나 5GCN은 LTE 진화와의 연결성도 제공할 것이다. 동시에 LTE와 함께 이른바 Non-Standalone 모드에서 동작시 레거시 코어 네트워크 EPC를 통해 NR도 연결될 것이다 (6장에서 자세히 설명한다).

02 5G 표준화

CHAPTER

이동통신 시스템의 연구, 개발, 구현 및 배치는 무선 산업계 의해 수행되며, 이는 완전한 산업 표준을 정의하는 공통의 산업 규격을 합의하려는 노력을 통해 이루어진다. 이러한 작업은 특히 모든 무선 기술의 본질적인 구성요소인 스펙트럼 사용을 위해 세계적이고 지역적인 규제들에 크게 의존한다. 이번 장에서는 이동통신 시스템을 정의하는 데 필수적인 규제와 표준화 환경에 대해 설명한다. 이러한 규제와 환경 그동안 지속되어 왔고 앞으로도 계속될 것이다.

2.1 표준화와 규제 (Regulation) 개관

이동통신 영역에서는 규제뿐만 아니라 기술 규격과 표준을 만드는 데 관계된 많은 기관들이 있다. 이 기관들은 대략 다음과 같이 3가지 그룹으로 나눌 수 있다. : 표준 개발 조직, 규제 기관 및 행정기관, 산업 포럼.

여기서 **표준 개발기구** (Standards Developing Organizations, SDO)들은 이동통신 시스템의 기술 표준을 제정하고 합의한다. 이로써 산업계가 표준화된 제품을 생산 및 배포하고 이러한 제품들 간의 상호 운용성을 제공하는 것이 가능하게 된다. 기지국과 단말을 포함한 이동통신 시스템의 대부분의 구성 요소들은 어느 정도 표준화되어 있다. 물론 제품에서 독자적인 솔루션을 제공할 수 있는 어느 정도의 자유가 있지만, 통신 프로토콜은 명백한 이유로 상세화된 표준에 의존한다. SDO는 일반적으로 정부 통제를 받지 않는 비영리 산업 기관이다. 그들은 종종 정부로부터의 위임에 따라 특정 지역 내에 표준을 작성하지만, 표준에 더 높은 지위가 부여된다.

각 국가의 SDO가 있긴 하지만, 전 세계적으로 통신의 확산으로 인해 대부분의 SDO는 지역적이면서 또한 세계 수준에서 협력한다. 예를 들면, GSM, WCDMA/HSPA, LTE 및 NR의 기술 규격은 모두 3GPP (Third Generation Partnership Project)에 의해 만들어지는데 이 3GPP는 유럽 (ETSI), 일본 (ARIB 및 TTC), 미국 (ATIS), 중국 (CCSA), 한국 (TTA) 및 인도 (TSDSI) 등 7개의 지역 및 각 국가 정부 SDO로부터 만들어진 세계적인 기관이다.

SDO는 투명성에 다양한 수준을 갖는 경향이 있는 반면, 3GPP는 모든 기술 규격, 회의 문서, 보고서, 이메일 리플렉터 모두에게 비용 없이 공개적으로 사용할 수 있도록 하고, 심지어 비회원에게도 요금 없이 공개적으로 사용할 수 있는 이메일 리플렉터가 있다.

규제 기관 및 행정 기관은 정부 주도 기관으로서 이동통신 시스템 및 다른 통신시스템을 판매, 배포 및 운영하는 것에 대한 규제 및 법적 요구 사항을 설정한다. 가장 중요한 작업 중 하나는 라이선스가 부여된 이동통신 사업자가 이동통신 운용을 위한 **무선 주파수** 스펙트럼의 일부를 사용하도록 스펙트럼 사용을 제어하고 주파수 라이선스 조건을 설정하는 것이다. 다른 임무로는 단말, 기지국, 그리고 다른 장비들이 형식 승인을 받고 관련 법규를 충족하는지 표시한 법규 인증서를 통해 제품을 시장에 내놓을 수 있도록 규제하는 것이다.

스펙트럼 규제는 국가 차원에서 국가 행정뿐만 아니라 유럽 (CEPT/ECC), 아메리카 (CITEL) 및 아시아 (APT)의 지역기구를 통해 처리된다. 세계적 수준에서의 스펙트럼 규제는 **국제전기 통신연합** (ITU)에 의해 처리된다. 규제 기관은 스펙트럼을 어떤 서비스에 사용할지 규제하고 추가로 송신기로부터의 불요방사파에 대한 제한과 같은 보다 세부적인 요구 사항을 설정한다.

그들은 또한 규제를 통해 간접적으로 제품 표준에 대한 요구 사항을 설정하는 데 관여한다. 이동통신 기술 요구 사항 설정에 ITU가 관여하는 것은 2.2절에서 더 자세히 설명하겠다.

업계 포럼은 업계 주도 그룹으로 특정 기술이나 관심 사항 개발을 촉진하거나 로비한다. 이동통신 산업에서, 이들은 종종 통신 사업자들에 의해 이끌어지지만, 또한 업계 포럼을 만드는 제조사들도 있다. 이러한 그룹의 예는 GSM, WCDMA, LTE 및 NR을 기반으로 하는 이동통신 기술들을 촉진하는 GSMA (GSM 협회)가 있다. 업계 포럼의 다른 예로는 **차세대 모바일 네트워크** (Next Generation Mobile Network, NGMN)인데 이동통신 시스템의 진화에 대한 요구 사항을 정의하는 통신 사업자 그룹이다. 그리고 5G Americas가 있는데 이것은 4G Americas가 전신이며 여기서 진화한 지역 산업 포럼이다.

그림 2.1은 이동통신 시스템을 위한 규제 및 기술 조건을 설정하는 다른 유관 조직 간의 관계를 보여준다. 또한 제조사가 이동통신 시스템을 개발하고 이를 시장에 배치하며, 이동통신 시스템을 구매하고 배치하는 통신 사업자와 협상하는 이동통신 업계의 관점을 보여준다.

이 프로세스는 SDO가 발표한 기술 표준에 크게 의존하지만, 시장에 제품을 배치하는 것은 지역 또는 국가 수준의 제품 인증에 달려 있다. 유럽의 경우, 지역 SDO (ETSI)는 규제 기관, 이 경우 유럽 집행위원회 (European Commission)의 위임에 근거하여 제품 인증 (CE 마크를 통해)을 위해 사용되는 이른바 '**조화된 표준**'을 만들어 낸다는 사실에 유의하자. 이러한 표준은 또한 유럽 외의 많은 국가에서 인증에 사용된다.

그림 2.1에서 전체 화살표는 기술과 규정을 정의하는 기술 표준안, 권고안 및 규제 요구 사항과 같은 공식 문서를 나타낸다. 화살표가 있는 점선은 예를 들면 조직 간의 연락 문서 및 백서 등을 통한 더 간접적인 참여를 보여준다.

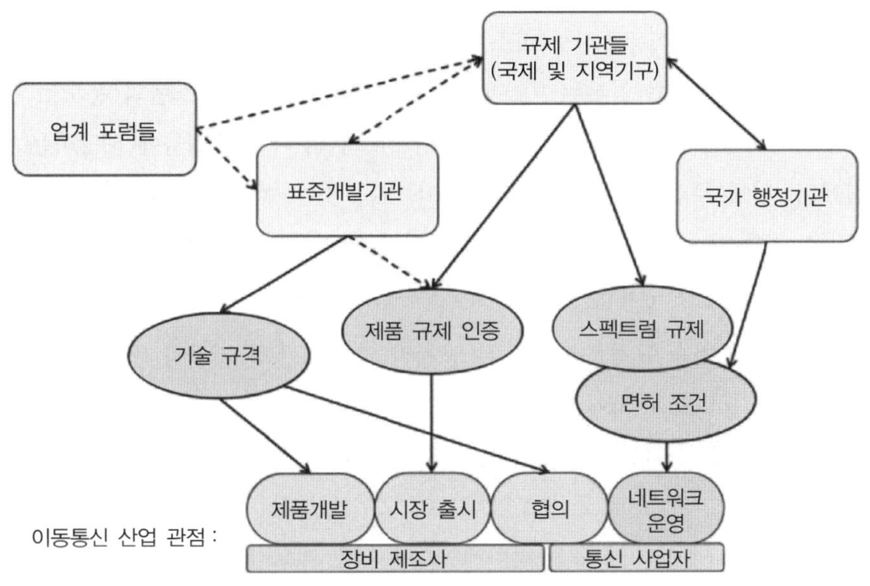

그림 2.1
규제 기관, 표준 개발 기관, 업계 포럼 및 이동통신 산업계 간의 관계에 대한 간략한 보기

2.2 3G에서 5G까지 ITU-R 활동

2.2.1 ITU-R의 역할

ITU-R은 국제통신연합의 무선통신 부문이다. ITU-R은 모든 무선 통신 서비스에 의한 RF 스펙트럼의 효율적이고 경제적인 사용을 보장하는 것을 담당한다. 여러 다른 하위 그룹과 작업반은 RF 스펙트럼을 사용하기 위한 조건을 분석하고 정의하는 보고서 및 권고 사항을 작성한다. ITU-R의 매우 야심찬 목표는 무선 규정 및 지역 협약을 시행하여 "무선통신 시스템의 간섭 없는 작동을 보장"하는 것이다. 전파 규정은 RF 스펙트럼이 사용되는 방법에 대한 국제적으로 구속력이 있는 조약이다.

3~4년마다 세계 무선통신 컨퍼런스 (WRC)가 개최된다. WRC에서는 무선 규정을 개정하고 업데이트하여 전 세계 RF 스펙트럼 용도가 개정 및 업데이트된다.

NR, LTE 및 WCDMA/HSPA와 같은 이동통신 기술의 기술적인 규격은 3GPP 내에서 다루어지지만, 이러한 기술들을, 특히 3GPP에 파트너인 SDO에 해당되지 않는 국가들을 위해, 국제 표준으로 변환하는 과정은 ITU-R이 책임을 맡고 있다.

ITU-R은 RF스펙트럼에서 이동통신 서비스를 포함하는 다양한 서비스에 대한 스펙트럼을 정의한다. 특히 그 스펙트럼 중 일부는 이른바 국제이동통신 (IMT) 시스템의 용도로 정의된다. ITU-R 내에 실제로는 3G부터 계속하여 이동통신 시스템의 다른 세대들에 해당하는 IMT 시스템의 관점에서, 전체 무선시스템에 대해 책임이 있는 곳은 WP5D (Working Party 5D)이다. WP5D는 기술, 운영 및 스펙트럼 관련 이슈를 포함하여 IMT의 지상파 구성 요소와 관련된 문제에 대해 ITU-R 내에서 주요한 책임을 갖고 있다.

WP5D는 IMT의 실제 기술 규격을 만들지는 않지만 지역 표준화 기관과 협력하여 IMT를 정의하고 RSPC (Radio Interface Specification) 세트를 포함하여 IMT에 대한 권고사항 및 보고서 세트를 유지하는 등의 역할을 지켜왔다. 이러한 권고사항에는 각 IMT 세대마다 RIT (Radio Interface Technologies)의 Family들을 포함하는데 모두 동등한 기준으로 포함된다. 각 무선 인터페이스에 대해 RSPC에는 해당 무선 인터페이스에 대한 개요가 포함되어 있으며 세부 규격에 대한 참조 목록이 뒤따른다.

실제 규격은 개별 SDO에 의해 유지되고, RSPC는 각 SDO에 의해 대체되고 유지되는 규격들에 대한 레퍼런스를 제공한다. 다음과 같은 RSPC 권고 사항이 존재하거나 계획되고 있다.

- ❑ **IMT-2000의 경우** : ITU-R 권고 M.1457[47]. WCDMA/HSPA와 같은 3G 기술을 포함하는 6가지 다른 RIT를 포함
- ❑ **IMT-Advanced의 경우** : ITU-R 권고 M.2012[43]. 4G/LTE가 가장 중요한 두 가지 다른 RIT를 포함. 이 중에서 4G/LTE가 가장 중요
- ❑ **IMT-2020** : 5G 기술을 위한 RIT를 포함하는 새로운 ITU-R 권고사항 이 임시 이름 "ITU-R M.[IMT-2020.SPECS]"로 시작되고, 2020년 11월 완료되는 것으로 계획됨.

각 RSPC는 WCDMA나 LTE 3GPP 규격과 같은 참조된 세부 규격에 새로운 개발사항을 지속적으로 반영하여 업데이트된다. 업데이트에 대한 입력은 SDO 및 파트너십 프로젝트에서 (요즘은 주로 3GPP임) 제공한다.

2.2.2 IMT-2000과 IMT-ADVANCED

3세대 이동통신에 해당하는 작업은 1980년대에 ITU-R에서 시작되었다. FPLMS (Future Public Land Mobile Systems)는 나중에 IMT-2000으로 이름이 변경되었다. 1990년대 후반 ITU-R에서의 작업은 새로운 세대의 이동통신 시스템을 개발하기 위해 전 세계 여러 SDO에서의 작업과 함께 동시에 진행되었다. IMT-2000을 위한 RSPC는 2000년도에 처음으로 발간되었고 RIT중 하나로서 3GPP의 WCDMA를 포함하였다.

ITU-R의 다음 단계는 IMT-Advanced에 대한 작업을 시작하는 것이었다. 이 IMT-Advanced는 IMT-2000 이후의 새로운 기능의 시스템을 지원하는 새로운 무선 인터페이스를 포함하는 시스템을 지칭하는 용어이다. 새로운 기능들은 ITU-R에서 발표한 프레임워크 권고안[39]에 정의되었고, 그림 2.2.에 나와 있는 "밴 다이어그램"과 함께 표시되어 있다. ITU-R에 의해 IMT-Advanced 기능으로 가는 진보는 3G 이후 차세대 이동통신 기술인 4G와 나란히 이루어졌다.

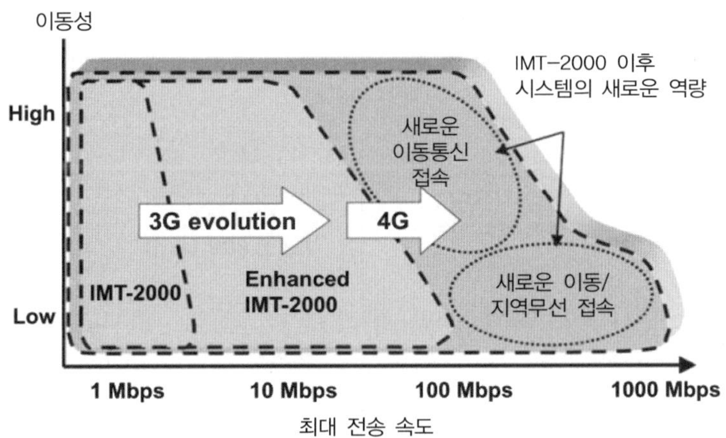

그림 2.2
ITU-R 권고안 M.1645[39]에 기술된 프레임워크에 기반을 둔 IMT-2000 및 IMT-Advanced의 기능에 대한 도식

3GPP가 개발한 LTE의 진화가 IMT-Advanced를 위한 하나의 후보로 제출되었다. 실제로 이것은 LTE 규격의 새로운 릴리즈 (릴리즈 10)가 되고, 그리하여 LTE의 지속적인 진화의 통합된 부분이 되긴 하지만, ITU-R에 제출할 목적으로 후보 명칭인 LTE-Advanced가 선정되었고, 이 명칭은 릴리즈 10의 LTE 규격에도 사용된다. ITU-R 작업과 병행하여, 3GPP는 ITU-R의 요구사항을 기본 토대로 하여[10] LTE-Advanced에 대한 기술 요구 사항을 설정하였다. ITU-R 프로세스의 목표는 공감대 형성을 통한 후보 기술들의 항구적인 조화이다.

ITU-R은 두 가지 기술을 IMT-Advanced의 첫 릴리즈에 포함시킬 것으로 정했는데 이 두 가지는 LTE-Advanced와 IEEE 802.16m 규격에 기반한 WirelessMAN-Advanced[35]이다. 이 두 가지는 그림 2.3에 나온 바와 같이 IMT-Advanced 기술의 "가족"으로 보일 수 있다. 이 두 가지 기술 중 현재까지 LTE가 지배적인 4G 기술로 나타났다.

2.2.3 ITU-R WP5D에서의 IMT-2020 프로세스

2012년부터 ITU-R WP5D는 차세대 IMT 시스템인 IMT-2020의 발판을 마련했다. 이는 2020년 이후 IMT의 지상 통신 시스템을 개발한 것인데, 실제로는 5세대 이동시스템인 "5G"로 더 일반적으로 불리는 것에 해당한다. IMT-2020의 프레임워크와 목표는 ITU-R 권고 M.2083[45]에 요약되어 있으며, 종종 "비전"권고라고 부른다. 이 권고안은 IMT의 새로운 발전을 정의하고, IMT의 향후 역할을 보며, 사회에 어떻게 기여할지, 시장, 사용자, 기술 동향 그리고 스펙트럼의 영향 등을 보는 것에 대한 첫 걸음을 제공한다.

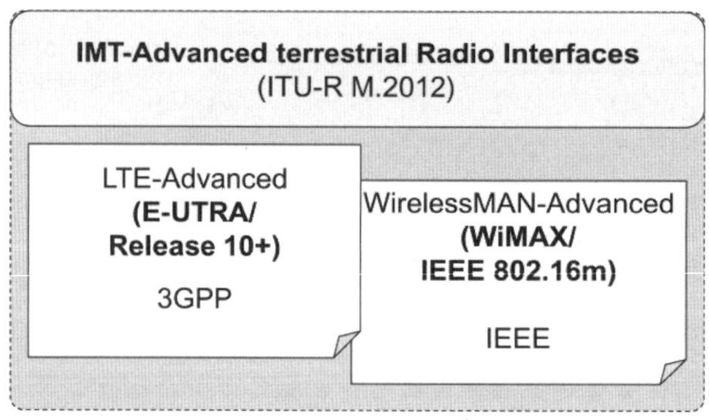

그림 2.3
IMT-Advanced의 무선 인터페이스 기술

미래 역할 및 시장과 함께 IMT에 대한 사용자 트렌드는 인간 중심적이고 기계 중심적인 의사소통 모두를 위해 계획된 일련의 사용 시나리오로 이어진다. 확인된 사용 시나리오로는 강화된 모바일 광대역 (eMBB), 초 안정성 및 저지연 통신 (URLLC) 및 대규모 기계 유형 통신 (mMTC)이 포함된다. eMBB 경험에 대한 수요는 새롭고 확장된 사용 시나리오와 함께 IMT-2020을 위한 확장된 기능 세트로 이어진다.

비전 권고안[45]은 구체적인 목표 숫자를 갖고 주요 기능 세트를 도입함으로써 IMT-2020의 요구 사항들에 대한 최초의 하이레벨 가이드를 제공한다. 주요 기능 및 이에 관련된 사용 시나리오는 2.3절에서 논의할 것이다.

이와 병행한 활동으로, ITU-R WP5D는 "지상 IMT 시스템의 미래 기술 트렌드"[41]에 관한 보고서를 만들었다. 여기에는 2015~2020년의 기간에 초점을 두었다. 이것은 미래의 IMT 기술 측면에 대한 트렌드를 다루는데, IMT 시스템의 기술 및 운영 특성을 보고 이것들이 IMT 기술의 진화와 함께 어떻게 개선되는지를 봄으로써 가능하다. 이러한 방법으로, 기술 트렌드에 대한 보고서는 3GPP 릴리즈 13 및 그 이후의 LTE와 연관되지만, 비전 권고안은 더 먼 미래인 2020년과 그 이후를 본다.

IMT-2020의 새로운 측면은 밀리미터파 (mmwave) 대역을 포함하여 6GHz 이상의 잠재적인 새로운 IMT 대역에서 작동할 수 있다는 것이다. 이를 염두에 두고 WP5D는 전파의 전파(Propagation), IMT 특성, 구현 기술 및 6GHz 이상 주파수에서의 배치를 연구하는 별도의 보고서를 만들었다.[42] WRC-15에서 IMT를 위한 잠재적인 새로운 대역이 논의되었고 의제 항목 1.13이 WRC-19를 위해 셋업 되어, 이동통신 서비스 및 향후 IMT 개발에 가능한 추가 할당을 다룬다. 이러한 할당은 24.25GHz에서 86GHz 사이 범위의 여러 주파수 대역에서 확인된다. 특정 대역과 그 대역에서의 세계적으로 사용 가능한지에 대해서는 3장에서 더 자세히 설명한다.

WRC-15 이후 ITU-R WP5D는 비전 권고[45]와 이전의 다른 연구 결과를 기반으로 하여 IMT-2020 시스템에 대한 요구 사항 설정 및 평가 방법 정의 프로세스를 진행해 왔다. 이 프로세스의 해당 단계는 그림 2.4의 IMT-2020 작업 계획에 나와 있는 것처럼 2017년 중반에 완료되었다. 그 결과는 2017년 후반에 발표된 세 개의 문서인데, 여기에는 IMT-2020에서 기대되는 성능 및 특성을 더욱 명확히 정의하고, 이것은 평가 단계에 적용될 것이다.

- **기술적 요구 사항** : 보고서 ITU-R M.2410[49]은 IMT-2020 무선 인터페이스의 기술적인 성능 관련한 최소 13개의 요구 사항을 정의한다. 이러한 요구 사항들은 큰 범위에서 비전 권고 사항 (ITU-R, 2015c)에 명시된 주요 기능에 주로 기반을 둔다[45]. 2.3절에서 더 자세히 설명한다.
- **평가 지침** : ITU-R M.2412 보고서는[48] 테스트 환경, 평가 구성 및 채널 모델을 포함하는 최소 요구 사항을 평가하기 위해 사용하는 상세 방법론을 정의한다. 자세한 내용은 2.3절에서 다룰 것이다.
- **제출 템플릿** : 보고서 ITU-R M.2411[50]은 평가를 위한 후보 기술을 제출하는 데 사용할 상세한 템플릿을 제공한다. 또한 이전에 언급한 두 개의 ITU-R 보고서 M.2410 및 M.2412를 기반으로 하여 서비스, 스펙트럼 및 기술적인 성능에 대한 평가 기준 및 요구 사항을 상세히 제공한다.

외부 기관들은 IMT-2020 프로세스에 대한 정보를 회람 편지로 받는다. IMT-2020 워크숍이 2017년 10월에 개최된 후, IMT-2020 프로세스는 후보 제안을 받기 위해 오픈되었다. 6개 proponent로부터 총 7개의 candidate가 제출되었고 이는 2.3.4절에 나와 있다.

그림 2.4에서 보듯이 IMT-2020 작업 계획은 2014년 기술동향 및 "비전"으로 시작하여, 2018년에는 제안서의 제출 및 평가로 이어지고, 2020년 후반에 IMT-2020을 위한 RSPC를 포함한 결과를 발간하는 것을 목표로 한다.

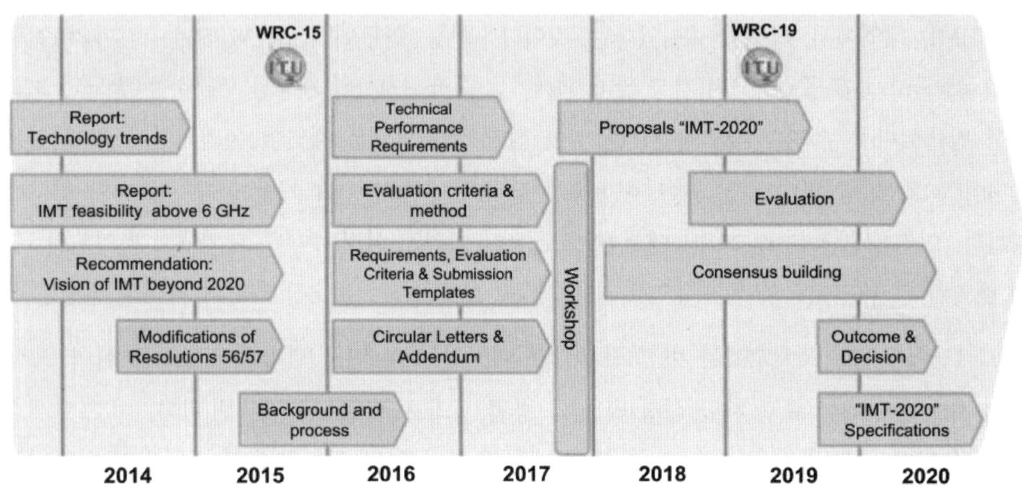

그림 2.4
IMT-2020 in ITU-R WP5D[38]을 위한 작업 플랜

2.3 5G와 IMT-2020

IMT-2020에 대한 세부 ITU-R 일정 계획은 그림 2.4에 요약된 가장 중요한 단계와 함께 나타나 있다. IMT-2020의 ITU-R 활동은 "비전" 권고안인 ITU-R M.2083[45]의 개발로 시작되었다. 그리고 IMT-2020의 예상되는 사용 시나리오와 상응하는 필요 기능을 개괄적으로 설명한다. 그 다음에 IMT-2020에 대한 더욱 상세한 요구 사항의 정의가 따르는데, 이것은 후보기술이 평가 지침에 문서로 만들어진 대로 평가되어야 한다는 요구 사항이다. 요구 사항 및 평가 지침은 2017년 중반에 완성되었다.

요구 사항이 마무리되면 후보 기술들은 ITU-R에 제출될 수 있다. 제안된 후보 기술들은 IMT-2020의 요구 사항에 맞는지 평가될 것이고, 이를 충족시키는 기술들은 2020년 하반기에 IMT-

2020 규격의 일부로 승인되고 게시될 것이다.

ITU-R에 제출된 후보 기술은 IMT-2020 요구사항을 기반으로 proponent 및 독립 평가 그룹 모두에 의한 자체 평가를 통해 평가된다. 요구 사항을 충족하는 기술이 승인되고, 2020년 하반기에 IMT-2020 규격의 일부로 게시된다.

ITU-R 프로세스에 대한 좀 더 자세한 내용은 2.2.3절에 다루었다.

2.3.1 IMT-2020에 대한 사용 시나리오

광범위한 새로운 유즈 케이스가 5G를 견인하는 하나의 핵심 요인이기에, ITU-R은 IMT 비전 권고의[45] 일부를 구성하는 세 가지 사용 시나리오를 정의하였다. 이동통신 산업 및 여러 지역과 운영 기관으로부터의 요구 사항들은 ITU-R WP5D의 IMT-2020 프로세스에 반영되어 다음 세 가지 시나리오로 나누어 녹아들어가 있다.

- **강화된 모바일 광대역 (eMBB)** : 오늘날의 모바일 광대역이 3G 및 4G 이동통신 시스템의 사용을 위한 주요 동인이었다면, eMBB 시나리오는 가장 중요한 사용 시나리오로서의 지속적인 역할에 초점을 두고 있다. 이러한 수요는 지속적으로 증가하고 있고, 새로운 응용 분야가 부상하고 있으며, ITU-R이 강화된 모바일 광대역 (Enhanced Mobile Broadband)이라 부르는 것에 대한 새로운 요구 사항을 설정하고 있다. 이러한 넓고 유비쿼터스적인 사용으로, eMBB는 다양한 도전들이 있는 유즈 케이스들의 범위를 커버한다. 핫스팟 및 광역 커버리지 모두를 포함하는데, 핫스팟의 경우 높은 데이터 전송률, 높은 사용자 밀도 및 매우 높은 용량에 대한 필요성을 가능하게 한다. 반면에 광역 커버리지의 경우 데이터 전송 속도 및 사용자 밀도에 대한 요구 사항은 상대적으로 낮지만, 이동성 및 끊김 없는 사용자 경험을 강조한다. 강화된 모바일 광대역 시나리오는 일반적으로 인간 중심의 통신에 역점을 둔 것으로 보인다.
- **초 안정성 및 저지연시간 통신 (URLLC)** : 이 시나리오는 인간과 기계 중심의 의사소통을 모두 커버하도록 한다. 여기서 후자인 기계 중심의 의사소통은 중요한 기계 유형 통신 (C-MTC : Critical Machine Type Communication)이라고도 한다. 이것은 지연시간, 신뢰성, 그리고 고가용성에 대한 엄격한 요구 사항을 가진 유즈 케이스가 특징이다. 예를 들면 안전성을 갖춘 차량 대 차량 (V2V) 통신, 산업 장비의 무선 제어, 원격 의료 수술, 그리고 스마트 그리드에서의 분배 자동화 등을 들 수 있다. 인간 중심의 유즈 케이스의 예로는 3D 게임과 "촉각적인 인터넷" 등을 들 수 있는데, 저지연 요구 사항 뿐만 아니라 높은 데이터 전송 속도와 결합한 케이스이다.

❑ **대량 (massive) 기계 유형 통신 (mMTC)** : 이것은 순수한 기계 중심의 유즈 케이스인데 주요 특성은 보통 지연에 민감하지 않은 작은 크기의 데이터를 매우 드물게 전송하는 네트워크에 연결된 많은 수의 단말들이라고 할 수 있다. 이 많은 수의 단말들은 지역적으로 연결 밀도가 매우 높다. 정말로 도전이 될 수 있으며 저비용의 필요성을 강조하는 것은 바로 하나의 시스템에 액세스되는 단말의 총 수량이다. mMTC 단말의 원격 배치의 가능성 때문에 이것은 또한 매우 긴 배터리 수명을 필요로 한다.

사용 시나리오는 몇 가지 유즈 케이스의 예와 함께 그림 2.5에 나와 있다. 위의 세 가지 시나리오는 가능한 모든 유즈 케이스를 다루는 것은 아니지만 현재 예상되는 대다수의 유즈 케이스들의 적절한 묶음을 제공하므로, IMT-2020을 위한 차세대 무선 인터페이스 기술에 필요한 주요 기능을 식별하는 데 사용될 수 있다.

새로운 유즈 케이스가 확실하게 생겨나는 것은 아니다. 이것은 우리가 당장 예측할 수 있는 것이 아니고, 세부적으로 설명할 수 없다. 이것은 또한 새로운 무선 인터페이스가 새로운 유즈 케이스에 적응할 수 있는 높은 유연성을 가져야 하며, 주요 기능들로 엮인 확장된 영역의 기능이 진화하는 유즈 케이스들로부터 나오는 관련 요구 사항을 지원해야 한다는 것을 의미한다.

그림 2.5
IMT-2020의 유즈 케이스와 사용 시나리오의 매핑 (ITU-R, Recommendation ITU-R M.2083[45], ITU로부터 허용받고 사용)

2.3.2 IMT-2020의 기능들

IMT 비전 권고안[45]에 문서화된 대로 IMT-2020을 위한 프레임 워크를 개발하는 과정으로서, ITU-R은 지역기구, 연구 프로젝트, 운영자, 주관청 및 기타 조직으로부터 input을 받았다. 이를 통해 식별된 5G 유즈 케이스 및 사용 시나리오를 지원하는 IMT-2020 기술에 필요한 기능 세트를 정의하였다. 총 13개의 기능이 ITU-R[45]에 정의되어 있고, 그 중 8개가 핵심 기능으로 선정되었다. 그 8가지 주요 기능은 아래 두 개의 "거미줄"처럼 생긴 다이어그램을 통해 설명된다(그림 2.6 및 2.7 참조).

그림 2.6은 현재 개발 중인 더욱 상세한 IMT-2020 요구 사항에 대한 첫 번째 높은 단계의 가이드를 주기 위한 의도로 구체적인 목표 수치와 함께 주요 기능들을 보여 준다. 그림에서 볼 수 있듯이 목표값은 IMT-Advanced에 해당하는 기능들에 비해 부분적으로 절대적이기도 하며 상대적이다. 다른 주요 기능에 대한 목표값은 동시에 도달할 필요가 없고 일부 목표는 어느 정도 상호 간에 배타적이다. 이러한 이유로, 그림 2.7에 표시된 두 번째 다이어그램은 이러한 ITU-R이 구상한 3개의 높은 단계의 사용 시나리오를 실현하기 위한 각 핵심 기능의 "중요성"을 보여 주고 있다.

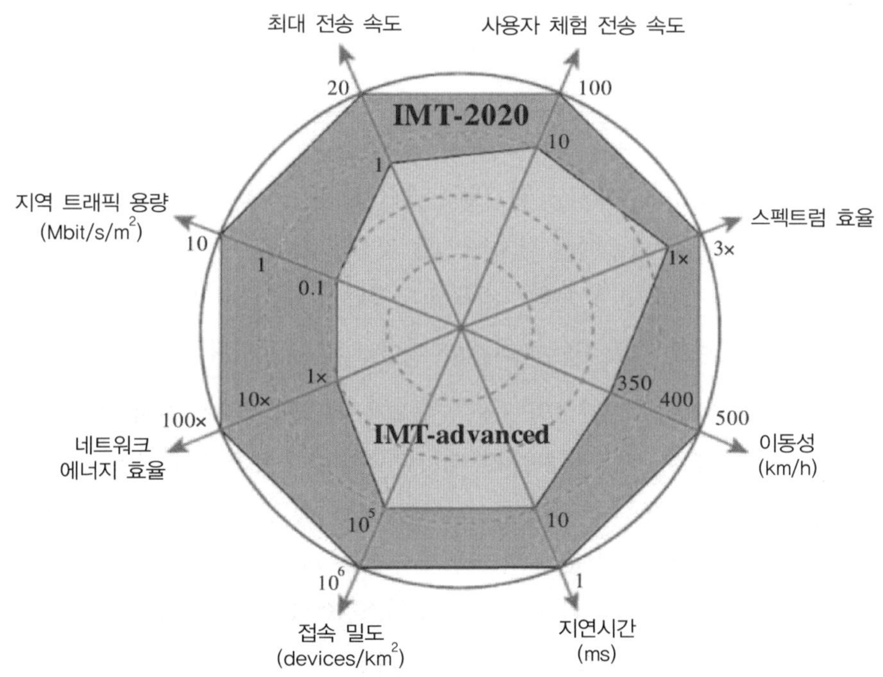

그림 2.6
IMT-2020의 주요 기능들 (ITU-R, Recommendation ITU-R M.2083[45], ITU로부터 허용받고 사용)

피크 데이터 속도는 항상 많은 초점을 받는 숫자이지만, 다분히 학술적인 도전값이라고 할 수 있다. ITU-R은 최대 데이터 속도를 이상적인 조건에서 최대로 달성 가능한 데이터 전송률로 정의한다. 즉, 구현상의 장애나 전파 (Propagation)의 관점에서 실제로 필드에 설치할 때 발생할 수 있는 영향 등을 배제한 것이다. 이것은 통신 사업자에게 사용 가능한 스펙트럼의 양에 크게 의존한다는 점에서 종속적인 KPI이다. 이것과 별도로 최대 데이터 속도는 최대 스펙트럼 효율에 달려 있다. 이것은 대역폭으로 정규화된 최고 데이터 속도를 의미한다.

Peak data rate = System bandwidth × Peak spectral efficiency

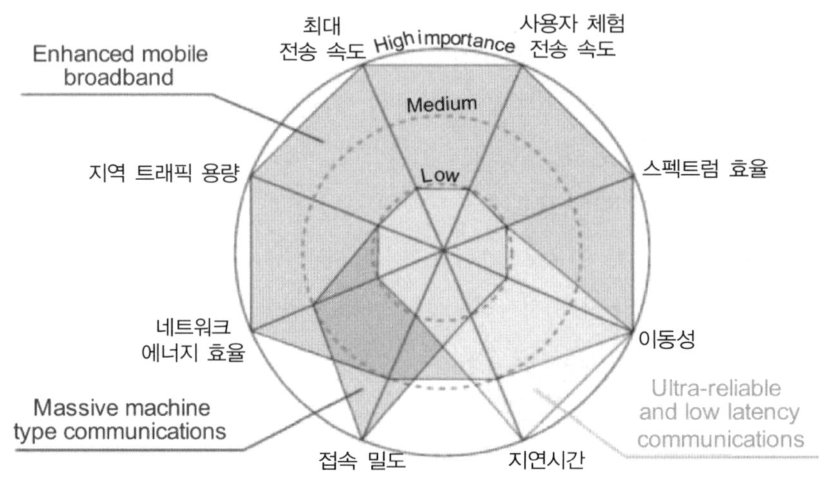

그림 2.7
주요 기능들과 ITU-R의 3가지 사용 시나리오들 (ITU-R, Recommendation ITU-R M.2083[45], ITU로부터 허용받고 사용)

6GHz 이하의 기존의 IMT 대역에서는 실제로 큰 대역폭을 사용할 수 없기 때문에, 매우 높은 데이터 전송 속도는 높은 주파수에서 쉽게 달성될 것으로 기대된다. 이는 결론적으로 가장 높은 데이터 전송 속도는 실내 및 핫스팟 환경에서 달성될 수 있다는 것이며, 이러한 환경에서는 높은 주파수에서의 불리한 전파 (Propagation) 특성이 덜 중요하다.

사용자 체감 데이터 전송률은 대다수의 사용자가 넓은 서비스 지역에 걸쳐 있을 때 달성될 수 있는 데이터 전송률이다. 이것은 사용자 간 데이터 전송률의 분포에서 95번째 percentile로써 평가될 수 있다. 이것은 또한 사용 가능한 스펙트럼뿐만 아니라 시스템이 어떻게 배포되느냐에 따른 의존적인 기능이다. 도시 및 준 교외 지역에서 넓은 커버리지의 경우 100Mbit/s의 목표가 설정되는 반면에, 실내 및 핫스팟 환경에서는 5G 시스템이 1Gbit/s 데이터 속도를 어디에서나 (유비쿼터스 하게) 제공할 수 있을 것으로 기대된다.

스펙트럼 효율성은 스펙트럼의 Hz 당, 셀 당, 아니면 오히려 무선 기기의 단위별로 (또한 TRP,

즉 'Transmission Reception Point'로 언급되기도 한다.) 평균 데이터 전송 속도를 제공한다. 네트워크 수요 예측 (Dimensioning)에 필수적인 파라미터이지만, 4G 시스템으로 달성된 수준은 이미 매우 높다.

이 목표는 기존 4G 시스템의 스펙트럼 효율 목표의 세 배까지로 설정되었다. 그러나 이러한 증가가 달성 가능할지는 설치 시나리오에 크게 의존한다.

영역 트래픽 용량은 또 다른 종속 기능이며, 이는 스펙트럼 효율 및 이용 가능한 대역폭뿐만 아니라 네트워크가 어떤 밀도로 배치되었는지에 따라 다르다.

$$\text{Area Traffic Capacity} = \text{Spectrum efficiency} \cdot \text{BW} \cdot \text{TRP density}$$

높은 주파수에서는 더 많은 스펙트럼이 가용하고 매우 높은 밀도로 배치를 할 수 있다고 가정함으로써, IMT-2020에는 4G 대비 100배 증가시키는 목표가 설정되었다.

이미 설명한 바와 같이 네트워크 에너지 효율은 점차 더 중요한 기능이 되고 있다. ITU-R이 제시한 전반적인 목표는 IMT-2020 무선 액세스 네트워크의 에너지 소비가 현재 운영 중인 IMT 네트워크보다 적어야 하며, 향상된 기능들을 계속 제공하여야 한다. 목표는 데이터 비트당 에너지 소비 측면에서 네트워크 에너지 효율성이 적어도 IMT-Advanced에 비해 IMT-2020의 트래픽 증가가 예상되는 만큼의 factor로 줄어들 필요가 있다.

이러한 처음 다섯 가지 주요 기능들은 이동성 및 데이터 전송 속도 기능이 동시에 동등한 중요성을 가질 수 없음에도 불구하고 강화된 모바일 광대역 사용 시나리오를 위해 가장 중요하다. 예를 들어, 핫스팟의 경우 이동성은 낮지만 매우 높은 사용자 체감 데이터 전송 속도와 최대 데이터 전송 속도가 넓은 지역 커버리지의 경우보다 더 필요하다.

그 다음 중요한 capability인 지연 시간은 소스가 패킷을 보낼 때로부터 목적지에서 수신할 때까지의 시간 중 무선 네트워크에 의해 점유되는 시간으로 정의된다. 그것은 URLLC 사용 시나리오를 위한 중요한 기능이고, ITU-R은 IMT-Advanced에서 지연 시간이 기존대비 10배 감소해야 한다고 구상한다.

이동성은 이동단말의 속도로만 정의된 핵심 기능들의 맥락에 있다. 특히 고속 열차의 경우 500km/h의 목표가 설정되었으며 이것은 IMT-Advanced로부터 (IMT-2020으로) 증가하는 KPI 중 유일하게 온건한 증가이다. 그러나 핵심 역량으로, 이동성은 고속의 critical한 차량 통신의 경우 URLLC 사용 시나리오에 필수적이고, 동시에 저지연시간과 중요성이 매우 높다. 이동성과 높은 사용자 체감 데이터 속도는 이 사용 시나리오에서 동시 목표가 아님에 유의하자.

연결 밀도는 단위 면적당 연결 및/또는 액세스 가능한 단말들의 총 개수로 정의된다. 목표는 높은 밀도로 연결된 많은 단말이 있는 mMTC 사용 시나리오와 관련이 있지만, eMBB의 밀집한 실내 사무실 또한 높은 연결 밀도를 제공한다. 그림 2.6에 제시된 8가지 기능 외에도 아래와 같이[45]에 정의된 5가지 추가 기능이 있다.

❑ **스펙트럼 및 대역폭 유연성**

스펙트럼 및 대역폭 유연성은 다양한 시나리오를 처리하는 시스템 설계의 유연성을 나타낸다. 특히 이전 세대보다 더 높은 주파수와 더 넓은 채널 대역폭을 포함하여 다른 주파수 범위에서 작동하는 기능을 말한다.

❑ **신뢰성**

신뢰성은 주어진 서비스를 매우 높은 수준의 가용성으로 제공하는 기능과 관련이 있다.

❑ **복원력**

복원력은 네트워크가 주전원 손실과 같은 자연적 또는 인위적 장애 상태에 있거나 그 이후에도 지속적으로 제대로 작동하는 능력이다.

❑ **보안 및 개인정보 보호**

보안 및 개인정보 보호는 최종 사용자 프라이버시, 무단 가입자의 추적 방지, 해킹, 사기, 서비스 거부 (Denial of Service), 중간 공격자 (Man in the Middle) 등으로부터의 네트워크 보호뿐만 아니라 사용자 데이터와 시그널링의 암호화 및 무결성 (Integrity) 보호를 의미한다.

❑ **운영 수명**

작동 수명 시간은 저장된 에너지 용량당 작동 시간을 나타낸다. 이것은 특히 매우 긴 배터리 수명 (예를 들면 10년 이상)을 필요로 하는 기계 유형 디바이스들에 매우 중요하다. 왜냐하면 이러한 디바이스의 정기적인 유지보수는 물리적인 이유와 경제적인 이유로 어렵기 때문이다.

그림 2.6에 나온 기능을 "핵심 기능"이라고 한다는 사실 때문에, 바로 위의 이러한 기능들의 중요도가 반드시 떨어지는 것은 아니다. 가장 큰 차이점으로 "핵심 기능"은 보다 쉽게 정량화할 수 있지만, 위의 5가지 기능들은 쉽게 정량화될 수 없는 좀 더 정성화된 기능에 해당한다는 것이다.

2.3.3 IMT-2020 성능 요구 사항 및 평가

비전 권고 사항 (ITU-R, 2015c)에 설명된 사용 시나리오 및 기능을 기반으로 ITU-R은 IMT-2020

을 위한 최소 기술 성능 요구 사항 세트를 개발했다. 이것들은 ITU-R 보고서 M.2410[49]에 문서화되어 있다. 그리고 IMT-2020 후보 기술 평가를 위한 기준이 될 것이다 (그림 2.4 참조). 이 보고서는 14가지 기술 파라미터와 그에 상응하는 최소 요구 사항들을 기술하고 있다. 이것들은 표 2.1에 요약되어 있다.

표 2.1 IMT-2020을 위한 최소 성능 요구 사항의 개요

파라미터	최소 기술 성능 요구 사항
최고 데이터	속도 하향링크 : 20Gbit/s 상향링크 : 10Gbit/s
피크 스펙트럼 효율	하향링크 : 30bit/s/Hz 상향링크 : 10bit/s/Hz
사용자 체감 데이터 속도	하향링크 : 100Mbit/s 상향링크 : 50Mbit/s
다섯 번째 백분위 수 사용자 스펙트럼 효율	3 × IMT-Advanced
평균 스펙트럼 효율	3 × IMT-Advanced
지역 트래픽 용량	10Mbit/s/m^2 (eMBB 용 실내 핫스팟)
eMBB의 유저 플레인 지연 시간	4ms URLLC의 경우 1ms
컨트롤 플레인 지연 시간	20ms
연결 밀도	km^2 당 1,000,000 단말
에너지 효율	eMBB의 두 가지 측면과 관련이 있음. a. 트래픽이 인가된 경우에 효율적인 데이터 전송 b. 데이터가 없을 때 낮은 에너지 소비 이 기술은 높은 휴면 비율과 긴 휴면 시간을 지원할 수 있는 기능을 가져야 함.
신뢰성	1ms 이내에 32 바이트 (PDU단위), URLLC를 위한 도심 매크로 셀의 가장자리에서 1~10^{-5}의 레이어2 PDU (Protocol Data Unit) 전송 성공률
이동성	IMT-Advanced 수치의 1.5배까지의 10, 30, 120Km/h의 경우에 정의된 정규화된 트래픽채널의 데이터 속도 (IMT-Advanced의 350km/h와 비교하여) 500km/h로 정의된 고속 차량을 위한 요구 사항
핸드오버시 서비스 방해 시간 (interruption time)	0ms
대역폭	고주파 대역에서 최소 100MHz부터 최대 1GHz, 확장 가능한 대역폭이 지원되어야 함.

IMT-2000의 무선 인터페이스 후보 기술의 평가 가이드라인은 ITU-R 보고서 M.2412[48]에 문서화되어 있으며 IMT-Advanced에 대한 이전 평가와 동일한 구조를 따른다. 이것은 14가지 최소 기술 성능 요구 사항에 대한 평가 방법론을 기술하고, 부가적으로 광범위한 서비스 지원과 스펙트럼 대역 지원이라는 2가지 부가 요구 사항도 포함한다.

평가는 비전 권고[45]에서의 사용 시나리오를 기반으로 하는 다섯 가지 테스트 환경을 참조하여 수행된다. 각 테스트 환경은 평가를 위한 시뮬레이션 및 분석에 사용되는 세부 파라미터를 설명하는 여러 개의 평가 구성들을 갖고 있다. 이 다섯 가지 테스트 환경은 다음과 같다.

❑ **실내 핫스팟 – eMBB** : 매우 높은 사용자 밀도를 갖는 고정점 및 보행자를 기반으로 하는 사무실 및/또는 쇼핑몰에서의 실내 고립된 환경

❑ **빽빽한 도심 – eMBB** : 보행자 및 차량 사용자에 초점을 둔 사용자 밀도와 트래픽 부하가 높은 도시 환경

❑ **지방 – MBB** : 넓고 연속적인 넓은 지역을 가진 시골 환경. 보행자, 차량 및 고속 차량 사용자 지원

❑ **도심 매크로셀 – mMTC** : 도시의 거시 환경 많은 수의 연결된 기계 유형 단말에 초점을 둔 연속적인 커버리지를 목표로 하는 도심 매크로셀 환경

❑ **도심 매크로셀 – URLLC** : 매우 안정적이고 적은 지연시간 통신을 목표로 하는 도심형 매크로셀 환경

후보 기술에 대해 요구 사항을 평가하는 세 가지 기본 방법이 있다.

❑ **시뮬레이션** : 요구 사항을 평가하는 가장 정교한 방법이며 무선 인터페이스 기술의 시스템 또는 링크 레벨 시뮬레이션 중 하나를 (혹은 둘 다) 포함한다. 시스템 수준 시뮬레이션의 경우 실내, 밀집된 도시 등과 같은 일련의 테스트 환경에 해당하는 설치 시나리오가 정의된다. 시뮬레이션을 통해 평가될 요구 사항은 평균 및 다섯 번째 백분위 수 스펙트럼 효율, 연결 밀도, 이동성 및 신뢰성이다.

❑ **분석** : 일부 요구 사항은 무선 인터페이스 파라미터에 기반을 둔 계산을 통해 평가될 수 있고, 다른 성능 값들로부터 도출될 수 있다. 분석을 통해 평가될 요구 사항들은 최대 스펙트럼 효율성, 최대 데이터 속도, 사용자 체감 데이터 속도, 영역 트래픽 용량, 컨트롤 플레인 및 유저 플레인 지연 시간 및 핸드오버 interruption 시간 등이다.

❑ **검사** : 일부 요구 사항은 무선 인터페이스 기술의 기능을 검토 및 평가를 통해 판단할 수

있다. 시뮬레이션을 통해 평가될 요구 사항은 대역폭, 에너지 효율, 광범위한 서비스의 지원 및 스펙트럼 대역의 지원 여부이다.

일단 후보 기술이 ITU-R에 제출되고 프로세스에 들어가게 되면, 평가 단계가 시작된다. 제안자는 평가를 수행할 수 있다. 이 제안자 ("자기 평가") 혹은 외부 평가 그룹에 의해 하나 이상의 후보 제안서에 대해, 부분적으로 또는 완전하게 평가가 진행된다.

2.3.4 IMT-2020 후보기술 및 평가

그림 2.4에서 보듯이 IMT-2020 작업 계획은 7년에 걸쳐 진행되어 2020년에 완료된다. IMT2000의 후보 기술 제출에 대한 세부 사항은 WP5D 합의 프로세스에 자세히 설명되어 있으며 9단계로 진행된다.[92] ITU-R WP5D는 현재(2020년 2월) 4단계와 5단계를 수행하고 있다.

- ❑ 1단계 - 제안을 초대하는 회람.
- ❑ 2단계 - 후보 기술 개발
- ❑ 3단계 - 제안서 제출
- ❑ 4단계 - 독립적인 평가 그룹에 의한 후보기술 평가
- ❑ 5단계 - 외부 평가 활동 검토 및 조정
- ❑ 6단계 - 최소 요구 사항 준수 여부를 평가하기 위한 검토
- ❑ 7단계 - 평가 결과 고려, 컨센서스 형성 및 결정
- ❑ 8단계 - 무선 인터페이스 권장 사항 개발
- ❑ 9단계 - 권장 사항 구현

후보기술 제출은 개별 RIT(Radio Interface Technology)으로서 또는 SRIT(RIT 집합, Set of RIT)으로서이다. 다음은 제출 기준이며 IMT-2020 최소요구사항과 관련하여 RIT 또는 SRIT가 될 수 있는 것을 정의한다.

- ❑ RIT는 최소 3가지 테스트 환경에 대한 최소 요구 사항을 충족해야 한다.
  eMBB에서의 2개 테스트 환경과 mMTC 혹은 URLLC에서의 1개 테스트 환경
- ❑ SRIT는 서로를 보완하는 여러 개의 구성요소 RIT로 구성된다. 각 구성요소 RIT은 적어도 2개 테스트 환경의 최소 요구 사항을 충족해야 하고, 더불어 SRIT은 세 가지 사용 시나리오로 구성된 적어도 4개 테스트 환경의 최소 요구 사항을 충족해야 한다.

많은 수의 IMT-2020 후보가 2019년 7월 2일 공식 마감일까지 ITU-R에 제출되었다. 각 제출된

내용에는 특성 템플릿, 규정 준수 템플릿, 링크-버짓 템플릿 및 자체 평가 보고서가 포함된다. 다음 7개의 제출물이 6명의 다른 제안자로부터 제출되었다.

- ❑ **3GPP(SRIT)** : 3GPP의 첫 번째 제출은 구성 요소 RIT로서 NR과 LTE로 구성된 SRIT이다. 개별 RIT 구성 요소와 완전한 SRIT 모두 기준을 충족한다. 이 자체 평가는 3GPP TR 37.910 [93]에 포함된다.
- ❑ **3GPP(RIT)** : 3GPP의 두 번째 제출물은 RIT로서의 NR이다. 이것은 모든 사용 시나리오에 대한 모든 테스트 환경을 충족한다. 동일한 자체 평가 문서가 첫 번째 3GPP 제출로서[93] 사용된다.
- ❑ **중국** : 중국 제출물은 구성 요소 RIT로 NR 및 NB-IoT로 구성된 SRIT이다. 이 RIT들은 5G NR RIT 및 3GPP에서 제출한 LTE RIT의 NB-IoT 부분과 동일하다. SRIT에 제출된 자체 평가는 중국 기업에서 3GPP에 제출한 평가와 동일했다.
- ❑ **한국** : 한국 제출물은 RIT로서의 NR로 구성되어 있다. 자기 평가를 위해 한국은 3GPP TR 37.910[93]에서 3GPP의 자체 평가를 지지한다.
- ❑ **ETSI TC DECT+DECT 포럼** : ETSI/DECT 포럼에서의 제출은 DECT-2020을 한 구성 요소 RIT로, 그리고 3GPP 5G NR을 두 번째 구성 요소 RIT로 구성하는 SRIT이다. 3GPP NR 제출 및 NR과 관계된 측면에 대해 [93]에서 3GPP 자체 평가로 레퍼런스가 만들어졌다.
- ❑ **Nufront** : Nufront 제출물은 EUHT(Enhanced Ultra HighThroughput) 기술로 구성된 RIT이다.
- ❑ **TSDSI** : TSDSI 제출은 3GPP 5G NR 기술을 기반으로 하는 RIT이며, 제한된 변경 사항이 사양에 적용되었다. 독립적인 평가 보고서가 RIT에 대해 제출되었다.

3개의 제출물은 SRIT이며 3GPP 5G NR이 하나의 구성요소 RIT라는 점에 유의해야 한다. 총 7개의 제출물 중 6개는 3GPP 5G NR을 SRIT의 구성 요소 RIT 또는 제출된 개별 RIT로서 포함한다.

ITU-R WP5D의 다음 목표는 위의 프로세스 중 step 4~7의 결과를 완성하고 문서화하는 것이다. 이 작업 결과를 기반으로 합의된 무선 인터페이스 기술은 2020년 말에 완료될 IMT-2020의 세부 규격에 포함될 것이다.

2.4 3GPP 표준화

ITU-R에 의해 설정된 IMT 시스템을 위한 프레임워크와 WRC에 의해 가용하도록 만들어진 스펙트럼, 그리고 더 나은 성능에 대한 증가하는 수요로 인해 3GPP와 같은 조직에 실제 이동통신 기술을 명시하는 과업이 주어진다. 보다 구체적으로, 3GPP는 2G GSM, 3G WCDMA/HSPA, 4G LTE 및 5G NR을 위한 기술 규격을 작성한다. 3GPP 기술은 세계에서 가장 널리 설치되고 있으며 2017년 4분기 기준으로[28] 전 세계의 78억 이동통신 가입자의 95% 이상에 의해 사용되고 있다. 3GPP가 어떻게 일하는지를 이해하기 위해, 규격 작성 과정을 이해하는 것 또한 중요하다.

2.4.1 3GPP 프로세스

이동통신 기술 규격을 개발하는 것은 일회성 작업이 아니고 지속적인 프로세스이다. 규격은 끊임없이 진화하며, 이를 통해 서비스와 기능에 대한 새로운 요구를 충족시키려고 한다. 이 프로세스는 포럼별로 다르지만, 일반적으로 그림 2.8에 나와 있는 다음 4단계를 포함한다.

1. **요구 사항**. 규격에 의해 무엇이 달성되어야 하는지 결정된다.
2. **아키텍처**. 주요 빌딩 블록과 인터페이스가 결정된다.
3. **상세 규격**. 모든 인터페이스가 상세하게 명시됨.
4. **테스트 및 검증**. 인터페이스 규격이 실제 장비에서 작동하는 것으로 입증

이 단계는 서로 겹치는 경우도 있고 반복적이다. 예를 들어 기술 솔루션이 요청할 경우, 다음 릴리즈에서 요구 사항들이 추가, 변경, 삭제될 수 있다. 마찬가지로 세부 규격의 기술 솔루션은 테스트 및 검증 단계에서 발견된 문제로 인해 변경될 수 있다.

규격은 요구 사항 단계부터 시작되는데, 여기서 해당 규격으로 무엇이 달성되어야 하는지가 결정된다. 이 단계는 일반적으로 비교적 짧다. 아키텍처 단계에서는 해당 아키텍처가 결정되는데, 이것은 해당 아키텍처가 요구 사항을 어떻게 충족시킬지에 대한 방법을 의미한다. 아키텍처 단계에는 표준화되어야 할 레퍼런스 포인트 및 인터페이스에 대한 결정이 포함된다. 이 단계는 대개 꽤 길고 요구 사항이 변경될 수도 있다.

아키텍처 단계 후에 세부 규격 단계가 시작된다. 이 단계에서는 각각의 아키텍처 단계에서 설정된 인터페이스의 세부사항이 규정된다. 이 인터페이스의 세부 규격을 논의하는 동안, 표준

기구는 아키텍처 상에나 심지어 요구 사항 단계에서의 이전 결정을 다시 논의할 필요가 있는지 찾게 될 것이다.

마지막으로 테스트 및 검증 단계가 시작된다. 일반적으로 이것은 실제 규격의 한 부분은 아니지만, 제조사에 의한 테스트와 제조사 간 상호 운용성 테스트를 병행하여 진행된다. 이 단계는 규격의 최종 증명 단계이다.

테스트 및 검증 단계에서 여전히 규격상의 오류가 발견될 수 있으며, 그러한 오류들은 상세 규격에서의 의사 결정 사항들을 바꿀 수 있다. 일반적인 경우는 아니지만, 아키텍처 또는 요구 사항에 대한 변경이 필요할 수 있다. 규격을 검증하려면 제품이 필요하다. 따라서 제품 구현은 세부 규격 단계 이후 (또는 그동안) 시작된다. 장비가 기술 규격을 충족하는지 확인하는 데 사용될 수 있는 테스트 규격이 안정될 때, 테스트 및 검증 단계가 종료된다.

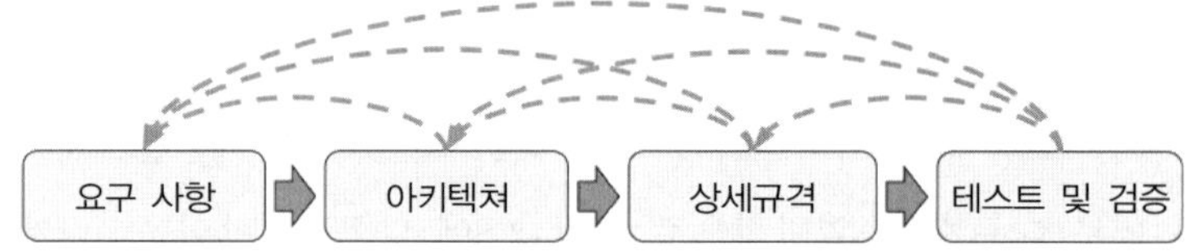

그림 2.8
표준화 단계와 반복적인 프로세스

일반적으로 규격이 작성된 시점에서 상용 제품이 시장에 나올 때까지 약 1년이 소요된다. 3GPP는 3가지 기술 규격 그룹 (TSG)으로 구성된다 (그림 2.9 참조). 여기서 TSG RAN (무선 액세스 네트워크)은 무선 액세스의 기능, 요구 사항, 그리고 인터페이스의 정의를 담당한다. TSG RAN은 6개의 워킹그룹 (WG)으로 구성된다.

1. 물리 계층 (layer) 규격을 다루는 RAN WG1
2. 계층 (layer) 2 및 계층 3 무선 인터페이스 규격을 처리하는 RAN WG2
3. 고정 RAN 인터페이스를 다루는 RAN WG3 (예 : RAN의 노드 간 인터페이스뿐만 아니라 코어 및 RAN과의 인터페이스)
4. 무선 주파수 (RF) 및 무선 자원 관리 (RRM) 성능 요구 사항을 다루는 RAN WG4
5. 단말 적합성 시험을 다루는 RAN WG5

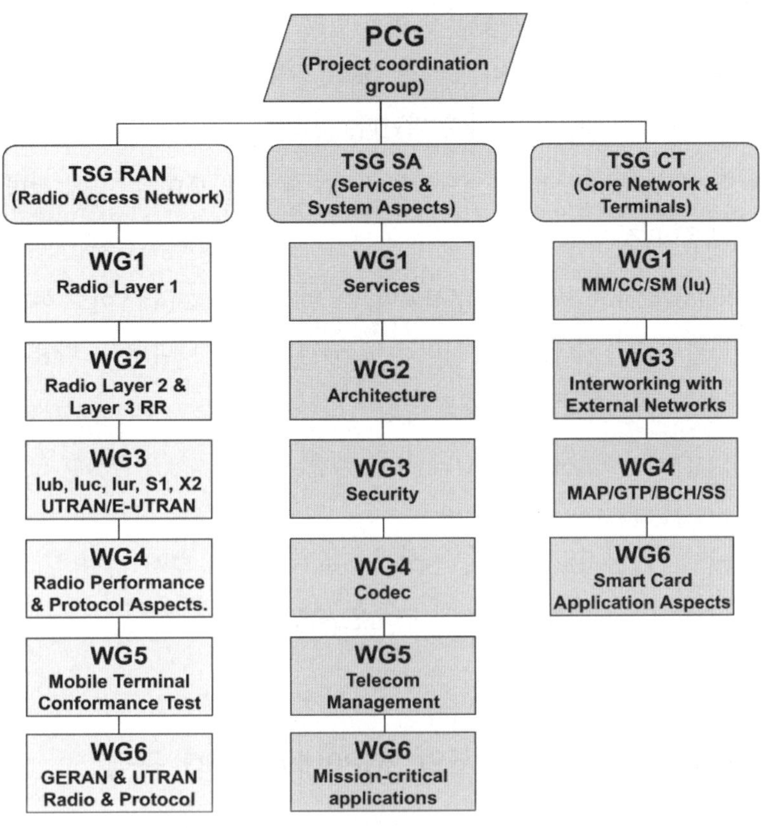

그림 2.9
3GPP 조직

3GPP의 작업은 관련 ITU-R 권고 사항에 따라 수행되고, 그 작업 결과는 또한 IMT-2000, IMT-Advanced의 일부로서 제출된다. 뿐만 아니라 이제는 NR의 형태로 IMT-2020의 후보로서 제출된다. 조직 파트너는 표준에 옵션 사항들로 이어질 수 있는 지역의 요구 사항들을 규명해야 한다. 예를 들면 특정 지역에 국한된 지역 주파수 대역과 특별 보호 요구 사항이 있다. 해당 규격들은 전 세계 로밍 및 단말 순환을 염두에 두고 개발된다. 이것은 로밍 단말이 모든 지역 요구 사항 중 가장 엄격한 요구 사항을 충족해야 하기 때문에 많은 지역 요구 사항들이 본질적으로 모든 단말들에 대한 글로벌 요구 사항이 될 것을 의미한다. 따라서 규격의 지역 옵션은 단말보다 기지국에 더 공통적이다.

1년에 4번 열리는 TSG 미팅의 각 분과 후에는, 모든 릴리즈의 규격을 업데이트할 수 있다. 3GPP 문서는 릴리즈 별로 분리되는데, 각 릴리즈에 이전 릴리즈와 비교하여 추가된 기능 세트가 있다. 이 기능들은 TSG에서 동의하고 수행한 워크 아이템에 정의되어 있다. LTE는 Release 8 이상에서 정의되며 LTE의 Release 10은 ITU-R에서 IMT-Advanced 기술로 승인한 최초의 버전이다. 따라서 LTE-Advanced로 명명된 첫 번째 릴리즈이다. 릴리즈 13부터 LTE의 마케팅 명칭이 LTE-Advanced Pro로 변경되었다. LTE의 개요는 4장에 설명하였다. LTE 무선 인터페이스의 좀 더 상세한 내용은 [26]을 참조하기 바란다.

NR의 첫 번째 릴리즈는 3GPP 릴리즈 15에 있다. NR에 대한 개요는 5장에 설명하였고 본 책 전체에 상세한 내용이 정리되어 있다.

3GPP 기술 규격 (TS)은 여러 시리즈로 구성되며, 그 번호는 TS XX.YYY이고 여기서 XX는 규격 시리즈 번호를 나타내고, YYY는 해당 시리즈 내 규격 번호를 나타낸다. 다음과 같은 일련의 규격은 3GPP의 무선 액세스 기술을 정의한다.

- **25 시리즈** : UTRA (WCDMA/HSPA)의 무선 측면
- **45 시리즈** : GSM/EDGE의 무선 측면
- **36 시리즈** : LTE, LTE-Advanced 및 LTE-Advanced Pro의 무선 측면
- **37 시리즈** : 다중 무선 액세스 기술과 관련된 측면
- **38 시리즈** : NR의 무선 측면

2.4.2 IMT-2020 후보 기술로서의 3GPP내에서 5G 규격

ITU-R에서 시작된 차세대 액세스의 정의 및 평가와 나란히, 3GPP는 차세대 3GPP 무선 액세스를 정의하기 시작했다. 5G 무선 액세스 워크숍은 2014년에 개최되었으며 5G 평가 기준을 정의하는 프로세스는 2015년 초 두 번째 워크숍에서 시작되었다. 평가 과정은 LTE-Advanced가 ITU-R에 제출되고 IMT-Advanced의 한 부분으로서 4G 기술로 승인되었을 때와 동일한 과정을 거친다. NR에 대한 평가 및 제출은 2.2.3절에 설명된 ITU-R의 일정표를 따른다.

새로운 5G 무선 액세스에 사용할 시나리오, 요구 사항 및 평가 기준은 일반적으로 해당 ITU-R 보고서 [48, 49]과 일치하는 3GPP 보고서 TR 38.913 [94]에 기술되어 있다. IMT-Advanced 평가의 경우, 차세대 무선 액세스에 대한 해당 3GPP 평가는 범위가 더 크며, ITU-R WP5D에서 정의한 IMT-2020 무선 인터페이스 기술의 후보에 대한 ITU-R의 평가보다 더욱 엄격한 요건을 가질 것이다.

3GPP TSG RAN은 ITU-R 리포트[50, 51]와 일반적으로 같이 맞춰진 TR 38.913[10]에 새로운 5G 무선 액세스에 대한 시나리오, 요구 사항 및 평가 기준을 문서화하였다. IMT-Advanced 측정의 경우, 차세대 무선 액세스의 해당하는 3GPP 평가는 ITU-R WP5D에 의해 정의된 IMT-2020 무선 인터페이스 후보 기술의 ITU-R 평가보다 더 넓은 범위를 가질 수 있으며 요구 사항도

더 엄격할 수 있다.

NR의 표준화 작업은 릴리즈 14의 스터디 아이템 단계에서 시작되었고, 릴리즈 15에서 워크 아이템을 통해 첫 번째 규격 세트 개발로 계속 이어졌다. 릴리즈 15 NR 규격의 첫 번째 세트는 2017년 12월에 나왔고, 2018년 중반에는 전체 규격이 나왔다. 해당 일정 및 NR 릴리즈 내용에 대한 좀 더 자세한 사항은 5장에서 다룬다.

3GPP는 2018년 2월 ITU-R WP5D 회의에 IMT-2020 후보 기술로 NR을 처음 제출했다. NR은 자체적으로 RIT로서, 그리고 LTE와 함께 SRIT (구성 요소 RIT 세트)로서 제출되었다. 다음 세 가지 후보 기술이 제출된 것인데, 모두 3GPP에서 개발된 것으로 NR을 포함한다.

- ❑ 3GPP는 "5G"라는 후보 기술을 제출했는데, 첫 번째 제출은 NR과 LTE, 두 개의 구성 요소 RIT를 포함하는 SRIT이었다. 두 번째 제출은 NR 별도의 RIT였다.
- ❑ 한국은 3GPP를 참조하여 NR을 RIT로 제출했다.
- ❑ 중국은 3GPP를 참조하여 NR과 NB-IoT를 SRIT로 제출했다.

2.3.4절에 설명된 프로세스의 일부로 2018년과 2019년에 특성 템플릿, 규정 준수 템플릿, 링크 버짓 템플릿 및 자체 평가 보고서가 추가로 제출되었다. 3GPP TSG RAN에 의해 수행되는 자체 평가는 3GPP TR 37.910[93]에 문서화되어 있다. 2020년 동안 ITU-R에 의해 개발 중인 IMT-2020에 대한 세부 사양의 일부가 될 텍스트의 ITU-R WP5D에 대한 추가 입력이 3GPP에 의해 이루어지고 있다.

03 5G를 위한 스펙트럼

CHAPTER

3.1 이동통신 시스템용 스펙트럼

역사적으로 1세대 및 2세대 이동통신 서비스의 대역은 800-900MHz의 주파수에 할당되었지만, 또한 좀 더 낮거나 좀 더 높은 주파수 대역들에도 할당되었다. 3G (IMT-2000)가 구축되었을 때, 2GHz 대역에 초점이 맞추어져 있었고, 3G 및 4G를 통한 IMT 서비스의 지속적인 확장으로 인해 새로운 주파수 대역이 저주파수와 고주파수 모두에 추가되어 현재는 450MHz-6GHz 정도까지 퍼져 있다. 이전에 사용하지 않은 새로운 주파수 대역이 지속적으로 새로운 이동통신 세대를 위해 정의되었지만, 이전 세대에 사용된 대역들 또한 새로운 세대를 위해 재사용된다. 3G와 4G가 도입될 때 그리하였고, 또한 5G의 경우도 마찬가지일 것이다.

다른 주파수들의 대역들은 각기 다른 특성을 가지고 있다. 전파 (Propagation) 특성으로 인해 낮은 주파수의 대역은 도시, 교외 및 시골 환경 모두에서 넓은 범위의 커버리지로 설치하는 데 적합하다. 그러나 높은 주파수의 경우 해당 전파 (Propagation)특성 때문에 넓은 범위의 커버리지에 적용하는 것은 어렵다. 그래서 높은 주파수 대역은 주로 밀집 지역 배치에서 용량을 증대하기 위해 사용되어 왔다.

5G 도입으로 까다로운 eMBB 사용 시나리오 및 관련 새로운 서비스를 사용하려면 고밀도 배포 시 더 높은 데이터 속도와 대용량이 필요하다. 많은 초기 5G 배포는 이전 세대들의 이미 사용된 대역에서 이루어지지만, 24GHz 이상의 주파수 대역은 6GHz 이하의 주파수 대역을 보완할 것으로 보인다. 매우 높은 데이터 전송 속도와 매우 높은 지역 트래픽 용량 수요가 있는 지역화된 커버리지를 위한 5G 요구 사항으로서 더 높은 주파수, 심지어 60GHz 이상을 사용하는 배치가 고려된다. 주파수 파장관점에서 이 대역들은 종종 밀리미터파 대역이라고 한다.

새로운 대역은 주로 LTE 규격에 대한 것뿐만 아니라 근래에는 주로 새로운 NR 규격에 대해서도 3GPP에 의해 지속적으로 정의된다. 많은 새로운 대역이 NR에서의 동작만을 위해 정의된다. 상향링크와 하향링크 각각을 위해 분리된 주파수 범위를 할당한 paired band와, 상향링크 및 하향링크 모두 단일 공유 주파수 범위를 가진 unpaired band 모두가 NR 규격에 포함되어 있다.

Paired band는 FDD (Frequency Division Duplex) 작동에 사용되며, unpaired band는 TDD (Time Division Duplex) 작동에 사용된다. NR의 듀플렉스 모드에 대해서는 7장에 자세히 설명되어 있다. 어떤 unpaired band들은 보조 하향링크 (SDL : Supplementary Downlink) 또는 보조 상향링크 (SDL : Supplementary Uplink)로서 정의된다. 이 대역들은 7.6절에서 설명한 것처럼 캐리어 애그리게이션 (Aggregation)을 통해 다른 대역의 상향링크 또는 하향링크와 페어링된다.

3.1.1 ITU-R에 의한 IMT 시스템을 위해 정의된 스펙트럼

ITU-R은 이동통신 서비스, 특히 IMT에 사용할 주파수 대역을 규정한다. 이들 중 다수는 원래 IMT-2000 (3G)에 대해 결정되었고 새로운 대역들이 IMT-Advanced (4G)의 도입과 함께 등장했다. 하지만 이러한 구분은 기술과 세대에 대해 "중립적"이라 할 수 있다. 왜냐하면, 일반적으로 IMT 주파수 결정은 세대 또는 무선 인터페이스 기술과 관계없는 것이기 때문이다. 다른 서비스 및 애플리케이션에 대한 글로벌 스펙트럼 지정은 ITU-R 내에서 이루어지고, ITU 무선 규정[46]에 문서화된다. 그리고 IMT 대역의 사용은 전 세계적으로 ITU-R 권고 M.1036[44]에 기술되어 있다.

ITU 무선 규정[46]의 주파수 목록은 IMT를 위한 대역을 직접적으로 나열하지는 않는다. 단지 그 대역이 IMT를 구현하기를 희망하는 국가 (Administration)에 의해 지정되었다라고 서술하는 각주로써 이동통신 서비스에 대한 대역을 할당한다. 이러한 지정은 주로 지역에서 이루어지지만, 어떠한 경우에는 국가 단위로도 규정된다. 모든 각주에는 "IMT"만 언급되므로, IMT의 다른 세대들에 대한 구체적인 언급은 없다. 일단 대역이 할당되면 일반적으로 IMT 사용을 위하거나, 아니면 특정 세대의 이동통신을 위한 대역을 정의하는 것은 지역 및 개별 국가의 행정부 (Local administration)에 달려 있다. 많은 경우, 지역 및 지역 과제는 "기술 중립적"이며 모든 종류의 IMT 기술을 허용한다. 이는 기존의 모든 IMT 대역이 이전 IMT에 사용된 것과 동일한 방식으로 IMT-2020 (5G)의 잠재적 대역임을 의미한다.

WARC-92 (World Administrative Radio Congress)는 IMT-2000 구현을 위한 목적으로 1885-2025MHz 및 2110-2200MHz 대역을 정의하였는데, 3G 스펙트럼 용도로 사용할 이 230MHz 이외에, 2×30MHz는 위성용으로, 그리고 나머지는 지상파용으로 정하였다. 이 대역들의 일부는 특별히 1990년대에 미주에서 2G 셀룰러 시스템의 배포에 사용되었다. 일본과 유럽에서는 2001~2002년에 처음으로 3G를 배포하면서 이 주파수 대역이 사용되었고, 이런 이유로 이것은 종종 IMT-2000의 "핵심 대역"으로 불린다.

IMT-2000의 추가 스펙트럼은 세계 무선 통신컨퍼런스인 WRC-2000[1]에서 규정되었다. 여기서 IMT-2000을 위한 160MHz의 스펙트럼에 대한 추가적인 요구가 ITU-R에 의해 예측되었다. 이러한 규정은 806-960MHz 및 1710-1885MHz에서의 2G 이동통신 시스템에 사용되는 대역을 포함한다. 그리고 2500-2690MHz의 대역에서 "새로운" 3G 스펙트럼도 포함한다.

이전에 2G에 할당된 대역의 지정도 현재 서비스 중인 2G 이동통신 시스템의 3G로의 진화에 대해 인정하는 것이었다. 추가 스펙트럼은 IMT-2000과 IMT-Advanced를 포함하여 IMT를 위한 WRC'07에서 지정되었다. 추가된 대역은 450-470MHz, 698-806MHz, 2300-2400MHz 및 3400-3600MHz이었지만 대역의 적용 가능성은 지역 및 국가에 따라 다르다.

WRC'12에서 IMT에 추가 스펙트럼 할당에 대한 지정은 없었지만, 이 문제는 WRC'15의 의제로 제기되었다. 또한, 지역 1 (유럽, 중동 및 아프리카)에서 이동통신 서비스를 위한 694-790MHz 대역의 사용을 연구하기로 결정되었다. WRC'15는 5G를 위한 무대를 설정하는 중요한 이정표였다. 먼저 대역들을 위한 새로운 세트가 IMT로 지정되었으며, 여기서 많은 대역이 전 세계적인 혹은 거의 전 세계적인 기준으로 IMT로 식별되었다.

- **470-694/698MHz (600MHz 대역)** : 미주 및 아시아 태평양 지역의 일부 국가의 경우에 식별됨. 지역 1의 경우 WRC-23의 IMT를 위한 새로운 안건으로 고려된다.
- **694-790MHz (700MHz 대역)** : 이 대역 또한 현재 지역 1에 대해 완전히 확인되었으며 그러므로 이제 글로벌 IMT 대역이다.
- **1427-1518MHz (L-대역)** : 모든 국가에서 식별된 새로운 글로벌 대역.
- **3300-3400MHz** : 많은 국가에서 지정되었지만 유럽이나 미주에서는 지정되지 않는 글로벌 대역.
- **3400-3600MHz (C-대역)** : 이제 모든 국가에 대해 지정된 글로벌 대역이다. 이 대역은 이미 유럽에 할당되었다.
- **3600-3700MHz (C-대역)** : 아프리카와 일부 아시아 태평양 지역을 제외한 많은 국가에서 지정된 글로벌 대역이다. 유럽에서 이 대역은 WRC'07 이후부터 사용이 가능했다.
- **4800-4990MHz** : 아시아 태평양의 일부 국가에서 식별된 새로운 대역임. 특히 3300-

1) WARC (World Administrative Radio Conference)는 1992년에 개편되어 세계 무선 통신 회의 (WRC)가 되었다.

4990MHz 주파수 범위는 5G를 위해 중요한데, 그 이유는 고주파 대역에서 새로운 스펙트럼이기 때문이다. 이것은 높은 데이터 전송률을 요구하는 새로운 사용 시나리오에 잘 맞을 뿐만 아니라, 또한 많은 소자를 갖는 어레이 (Array)들이 적당한 크기로 구현될 수 있는 대용량 MIMO를 구현하는 데 적합하다는 것을 의미한다. 이것은 현재 이동통신에 널리 사용되지 않는 새로운 스펙트럼이므로 더 큰 스펙트럼 블록에 할당하는 것이 용이할 것이다. 따라서 더 넓은 RF 반송파와 궁극적으로 더 높은 사용자 체감 데이터 속도를 가능하게 할 것이다.

WRC-15에서 의제 항목 1.13이 WRC-19에 지정되어 IMT를 위한 24GHz 이상의 고주파수 대역을 식별한다. WRC-15 이후에 ITU-R에서 수행한 연구에 따르면, WRC-19에서 IMT를 위한 새로운 대역 세트가 규정되었으며 주로 IMT-2020 및 5G 모바일 서비스를 타겟으로 한다. 새로운 대역은 고정 서비스 및 위성 서비스와 함께 대부분의 대역에서 기본적으로 이동 서비스에 할당되었다. 다음 대역 범위에서 보듯이 총 13.5GHz로 구성되며, 이제 모바일 서비스에 기본 할당을 받게 된다.

- 24.25-27.5GHz;
- 42.5-43.5GHz;
- 45.5-47GHz;
- 47.2-48.2GHz;
- 66-71GHz;

WRC-19에서 이러한 대역 중 일부에 대한 특정 기술 조건이 합의되었으며, 특히 주파수 범위 23.6-24.0GHz 및 36.0-37.0GHz에서 지구 탐사 위성 시스템(EESS, Earth Exploration Satellite Systems)의 보호 한계가 정의되었다. 새로운 밴드들은 그림 3.1에 명시되어있다.

IMT 식별을 위한 추가 대역을 고려하기 위해 차기 WRC-23에 대한 의제 항목도 만들어졌다. 처음 두 개는 언급된 일부 국가 및 지역에서 IMT에 대한 식별을 갖고 있지만 이제 다른 지역의 경우에 대한 추가 고려가 이루어질 것이다.

- 3300-3400MHz
- 3600-3800MHz
- 6425-7025MHz
- 7025-7125MHz
- 10.0-10.5GHz

또한, 이동통신 서비스를 위해 지정된 다수의 다른 주파수 대역이 있지만, 특히 IMT만을 위한 것은 아니라는 점에 유의해야 한다. 이 대역은 종종 지역 또는 국가별로 IMT에도 사용된다.

IMT에 할당된 주파수 대역의 영역들 간에 다소 다른 배열은 전 세계적으로 로밍에 사용될 수 있는 단일 대역이 없다는 것을 의미한다. 그러나 진정한 글로벌 로밍을 제공하는 데 사용될 수 있는 최소 대역 세트를 정의하기 위해 많은 노력을 기울여왔다. 이런 식으로, 다중 대역 단말을 통해 효율적인 전 세계 로밍이 가능하다. WRC'15에서 확인된 다수의 새로운 대역이 전 세계 또는 전 세계에 근접한 상태에서, 더 적은 수의 대역을 사용하는 단말에 대해 글로벌 로밍이 가능하며 장비 및 배치를 위한 규모의 경제를 촉진한다.

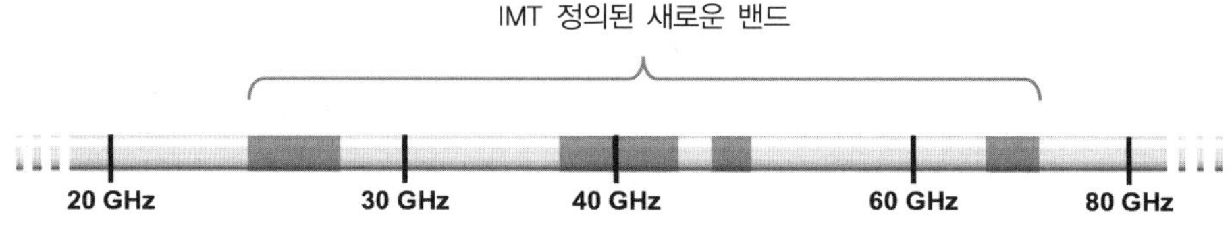

그림 3.1
WRC-19에서 IMT로 정의된 새로운 밴드 (약한 회색으로 표시된 구역)

3.1.2 5G를 위한 글로벌 스펙트럼 현황

5G 배포에 가용한 스펙트럼을 사용할 수 있게 하기 위해 전 세계적으로 상당한 관심이 있다. 이는 글로벌 모바일 공급 업체 협회 (Global mobile Suppliers Association)[33] 및 DIGITALEUROPE[27]와 같은 통신 사업자 및 산업 조직이 주도하지만, 다른 국가 및 지역의 규제 기관에서도 지원한다. 표준화에서 3GPP는 높은 관심을 받는 대역에 대한 활동에 중점을 두었다 (대역의 전체 목록은 3.2절에 있음). 관심 있는 스펙트럼은 저주파수, 중간 주파수 및 고주파수에서의 대역으로 나누어 질 수 있다.

저주파 대역은 2GHz 아래의 기존 LTE 대역에 해당하며, 커버리지 레이어로서 적합하며 실내를 포함하여 넓고 깊은 커버리지를 제공한다. 여기서 가장 관심을 받는 대역은 600MHz 및 700MHz 대역이며 3GPP의 NR 대역 n71 및 n28에 해당한다 (자세한 내용은 3.2절 참조). 대역이 매우 넓지 않기 때문에 저주파 대역에서 최대 20MHz 채널 대역폭이 예상된다. 초기 배포의 경우, 미국에서는 NR에 600MHz 대역이 고려되는 반면, 700MHz 대역은 유럽의 소위 "선구적" (Pioneer) 대역 중 하나로 정의된다. 또한, 3GHz 미만의 범위에서 다수의 추가 LTE 대역이 "주파수 re-farming"이 가능한 대역으로 지정되었고 NR 대역 번호가 할당되었다. 일반적으로 이 대역들은 LTE와 함께 이미 배포되었으므로, NR은 나중 단계에 점차 확대되어 설치될 것으로 예상된다.

중간 주파수 대역은 2-6GHz 범위에 있으며 가능한 넓은 채널 대역폭을 통해 커버리지, 용량 및 높은 데이터 속도를 제공할 수 있다. 전 세계적으로 가장 큰 관심은 3300-4200MHz 범위에 있으며, 3GPP는 여기에 NR 대역 n77 및 n78을 지정했다. 더 넓은 대역으로 인해 최대 100MHz의 채널 대역폭이 가능하다. 장기적으로는 이 주파수 범위에서 운영자당 최대 200MHz까지 할당될 수 있으며, 이 경우 캐리어 애그리게이션이 전체 대역폭을 배포하기 위해 사용될 수 있다. 3300-4200MHz의 범위는 전 세계적으로 관심의 대상이며 지역별로 일부 편차를 보이는 경우가 있다. 3400-3800MHz는 유럽의 선구적 (Pioneer)대역이며, 중국과 인도는 3300-3600MHz를 계획하고 있고, 일본에서는 3600-4200MHz를 고려하고 있다. 북미 (3550-3700MHz 및 3700-4200MHz에 대해서는 초기 논의 중), 라틴 아메리카, 중동, 아프리카, 인도, 호주 등에서도 비슷한 주파수 범위가 고려되고 있다. WRC-15에서 3300-3400MHz 대역을 IMT 용도로 지정하는 것에 대해 총 45개국의 합의가 있었다. 또한 중국 (주로 4800-5000MHz)과 일본 (4400-4900MHz)에서 더 높은 대역에 대한 많은 관심이 있다. 게다가 NR 대역으로 식별된 2-6GHz 범위에는 많은 잠재적 LTE re-farming 대역이 있다.

고주파 대역은 24GHz 이상의 밀리미터파 범위에 있다. 지역적으로 매우 높은 용량을 갖는 핫스팟 커버리지에 가장 적합하며, 매우 높은 데이터 속도를 제공할 수 있다. 3GPP NR 대역 n257 및 n258에 할당된 24.25-29.5GHz 범위가 가장 많은 관심을 받고 있다. 이 대역에 대해 최대 400MHz까지의 채널 대역폭이 정의되며, 캐리어 애그리게이션을 통해 더 높은 대역폭이 가능하다.

밀리미터파 주파수 범위는 위에서 설명한 대로 IMT 배포에 새로운 것이다. 27.5-28.35GHz 대역은 미국에서 초기 단계에서 지정되었지만, "26GHz 대역"이라고도 하는 24.25-27.5GHz 대역이 유럽의 선구적 대역인데, 모든 대역이 5G를 위한 것이 아닐 수 있음을 알아두자.

24.25-29.5GHz의 더 넓은 범위의 다른 부분이 전 세계적으로 고려되고 있다. 27.5-29.5GHz 범위는 일본에서 처음 계획된 범위이며, 한국에서는 26.5-29.5GHz이다. 전반적으로 이 대역은 지역별 편차가 있는 대역으로 볼 수 있다. 37-40GHz의 범위는 미국에도 계획되어 있으며, 중국을 포함한 다른 많은 지역에서도 40GHz 주변의 비슷한 범위가 고려된다.

6GHz-24GHz의 주파수 범위에서 IMT에 대해 규정된 주파수 대역은 아직 없다. 그러나 그 중 10-10.5GHz 대역에 대해 고려하기 위해 WRC-23에 도입된 의제 항목이 있으며 이 범위의 다른 대역에 대한 일부 지역 및 국가적 고려 사항도 있다. 3GPP는 릴리스 16[106]에서 7-24GHz 대역에서 작동하기 위해 NR을 구현하는 방법에 대한 철저한 기술 연구를 수행했다.

3.2 NR을 위한 주파수 대역들

5G NR은 3G UTRA 및 4G LTE에서 사용하는 기존 IMT 대역, WRC-19에서 IMT에 대해 정의된 새로운 대역 및 향후 WRC에서 식별될 수 있는 대역 또는 지역 기관 모두에 배포될 수 있다. 다른 주파수 대역에서 무선 액세스 기술을 운영할 수 있는 가능성은 글로벌 이동통신 서비스의 근본적인 요소이다. 대부분의 2G, 3G 및 4G 단말은 다중 대역을 지원하는 데, 여기에는 전 세계 로밍을 제공하기 위해 세계 여러 지역에서 사용되는 대역을 포함한다. 무선 액세스 기능의 관점에서 볼 때 이것은 영향이 제한적이며 NR에 대한 것과 같은 물리 계층 규격은 특정 주파수 대역을 가정하지 않는다. 그러나 NR은 광범위한 주파수 범위에 걸쳐 있기 때문에 특정 주파수 범위에만 적용되는 특정 조항이 있다. 여기에는 다양한 NR 뉴머롤로지 (Numerology)를 어떻게 적용할지에 대한 방법이 포함된다(7장 참조).

많은 RF 요구 사항은 대역에 따라 다른 요구 사항으로 지정된다. NR의 경우는 물론이고, 이전 세대의 경우도 마찬가지이다. 대역별 RF 요구 사항의 예는 허용되는 최대 전송 전력, 대역 외(OOB) 방출에 대한 요구 사항/제한, 그리고 수신 신호가 약해 수신이 불가한 레벨이다. 이러한 차이점의 이유는 종종 규제 기관에 의해 부과되는 다양한 외부 제약에 의한 것이고, 다른 경우에는 표준화 중에 고려되는 운영 환경상의 차이이다.

대역 간의 차이는 매우 넓은 범위의 주파수 대역으로 인해 NR에서 더욱 두드러진다. 24GHz 이상의 새로운 밀리미터파 대역에서 NR 작동을 위해, 단말과 기지국 모두 부분적으로 새로운 기술로 구현될 것이며 대규모 MIMO, 빔 포밍 및 고도로 통합된 고급 안테나 시스템이 더욱 널리 사용될 것이다. 이로 인해 RF 요구 사항이 정의되는 방식, 성능 평가를 위해 측정되는 방식 및 궁극적으로 요구 사항에 대한 한계로 무엇이 설정될 것인가가 달라진다. 3GPP에서 현 Release 15의 범위 내 주파수 대역은 이러한 이유로 다음 두 가지 주파수 범위로 나뉜다.

- 주파수 범위 1 (FR1)에는 410-7125MHz 범위의 모든 기존 및 새로운 대역이 포함된다.
- 주파수 범위 2 (FR2)에는 24.25-52.6GHz 범위의 새로운 대역이 포함된다. 이 주파수 범위는 향후 3GPP 릴리즈에서 새로운 범위로 확장되거나 보완될 수 있다. RF 요구 사항에 대한 주파수 범위의 영향은 25장에서 자세히 설명한다.

NR이 동작하는 주파수 대역은 짝을 이루는 (Paired) 스펙트럼과 짝을 이루지 않는 (Unpaired) 스펙트럼 모두에 있으며, 듀플렉스 조합의 유연성을 요구한다. 이러한 이유로 NR은 FDD 및 TDD 작업 모두를 지원한다. 일부 범위는 SDL (Supplementary Downlink) 또는 SUL (Supplementary

Uplink)을 위해 정의된다. 이러한 기능에 대해서는 7.7절에서 자세히 설명한다.

3GPP는 작동 대역을 정의하며, 여기서 각 작동 대역은 특정 RF 요구 사항 세트로 지정된 상향링크 및/또는 하향링크의 주파수 범위이다. 동작 대역은 각각 숫자를 가지며, 여기서 NR 대역은 n1, n2, n3 등으로 번호가 매겨진다. 상이한 무선 액세스 기술에 대한 동작 대역으로서 동일한 주파수 범위가 정의될 때, 동일한 번호가 사용되지만 다른 방식으로 기록된다. 4G LTE 대역은 아라비아 숫자 (1, 2, 3 등)로 작성되며 3G UTRA 대역은 로마 숫자 (I, II, II 등)로 작성된다.

NR과 공통으로 사용되는 LTE 운영 대역을 종종 "LTE re-farming 대역"이라고 한다. NR에 대한 3GPP 규격의 릴리즈 16에서는 FR1의 45개 작동 대역과 FR2의 5개 작동 대역 모두를 포함한다. NR의 대역에는 다음 규칙을 사용하여 n1에서 n512까지의 번호가 할당된 넘버링 체계가 있다.

1. LTE re-farming 대역의 NR의 경우, LTE 대역번호는 NR에 재사용되는데 단지 "n"만 추가된다.
2. NR의 새 대역에는 다음 번호가 할당된다.
    - n65-n256 범위는 FR1의 NR 대역에 예약되어 있다 (이 대역 중 일부는 LTE에 추가로 사용될 수 있음).
    - n257-n512 범위는 FR2의 새로운 NR 대역을 위해 마련되어 있다.

이 체계는 대역 번호를 "보존"하고 LTE (및 UTRA)와 역호환되며 256을 초과하는 새로운 LTE 번호를 만들지는 않는다. 이는 현재 가능한 최댓값이다. 새로운 LTE 전용 대역에는 65 미만의 미사용 번호를 할당할 수도 있다. 릴리즈 15에서 FR1의 작동 대역은 표 3.1에 표시된 것처럼 n1-n84 범위에 있다. FR2에서의 대역은 표 3.2와 같이 n257에서 n260 사이의 범위에 있다. NR에 대한 모든 대역은 그림 3.2~3.4에 요약되어 있으며, ITU-R에 의해 정의된 해당 주파수 할당도 같이 보여준다.

표 3.1 FR1에서 NR을 위해 3GPP에 의해 정의된 작동 대역

NR BAND	Uplink Range (MHZ)	Downlink Range (MHZ)	Duplex Mode	Main Region(s)
n1	1920–1980	2110–2170	FDD	Europe, Asia
n2	1850–1910	1930–1990	FDD	Americas (Aisa)
n3	1710–1785	1805–1880	FDD	Europe, Asia(Americas)
n5	824–849	869–894	FDD	Americas, Aisa
n7	2500–2570	2620–2690	FDD	Europe, Asia
n8	880–915	925–960	FDD	Europe, Asia
n12	699–716	729–746	FDD	US

n14	788–798	758–768	FDD	US
n18	815–830	860–875	FDD	Japan
n20	832–862	791–821	FDD	Europe
n25	1850–1915	1930–1995	FDD	Americas
n28	703–748	758–803	FDD	Asia/Pacific
n29	N/A	717–728	N/A	Americas
n30	2305–2315	2350–2360	FDD	Americas
n34	2010–2025	2010–2025	TDD	Asia
n38	2570–2620	2570–2620	TDD	Europe
n39	1880–1920	1880–1920	TDD	China
n40	2300–2400	2300–2400	TDD	Europe, Asia
n41	2496–2690	2496–2690	TDD	US, China
n48	3550–3700	3550–3700	TDD	US
n50	1432–1517	1432–1517	TDD	Europe
n51	1427–1432	1427–1432	TDD	Europe
n65	1920–2010	2110–2200	FDD	Europe
n66	1710–1780	2110–2200	FDD	Americas
n70	1695–1710	1995–2020	FDD	Americas
n71	663–698	617–652	FDD	Americas
n74	1427–1470	1475–1518	FDD	Japan
n75	N/A	1432–1517	SDL	Europe
n76	N/A	1427–1432	SDL	Europe
n77	3300–4200	3300–4200	TDD	Europe, Asia
n78	3300–3800	3300–3800	TDD	Europe, Asia
n79	4400–5500	4400–5500	TDD	Asia
n80	1710–1785	N/A	SUL	
n81	880–915	N/A	SUL	
n82	832–862	N/A	SUL	
n83	703–748	N/A	SUL	
n84	1920–1980	N/A	SUL	
n86	1710–1780	N/A	SUL	Americas
n89	824–849	N/A	SUL	
n90	2496–2690	2496–2690	TDD	US
n91	832–862	1427–1432	FDD	
n92	832–862	1432–1517	FDD	
n93	880–915	1427–1432	FDD	
n94	880–915	1432–1517	FDD	
n95	2010–2025	N/A	SUL	

표 3.2 Frequency Range 2(FR2)에서 NR에 대해 3GPP에 의해 정의된 작동 대역

NR BAND	Uplink and Downlink Range(MHZ)	Duplex Mode	Main Region(s)
n257	26500–29500	TDD	Asia, Americas (global)
n258	24250–27500	TDD	Europe, Asia (global)
n259	39500–43500	TDD	Global
n260	37000–40000	TDD	Americas (global)
n261	27500–28350	TDD	Americas

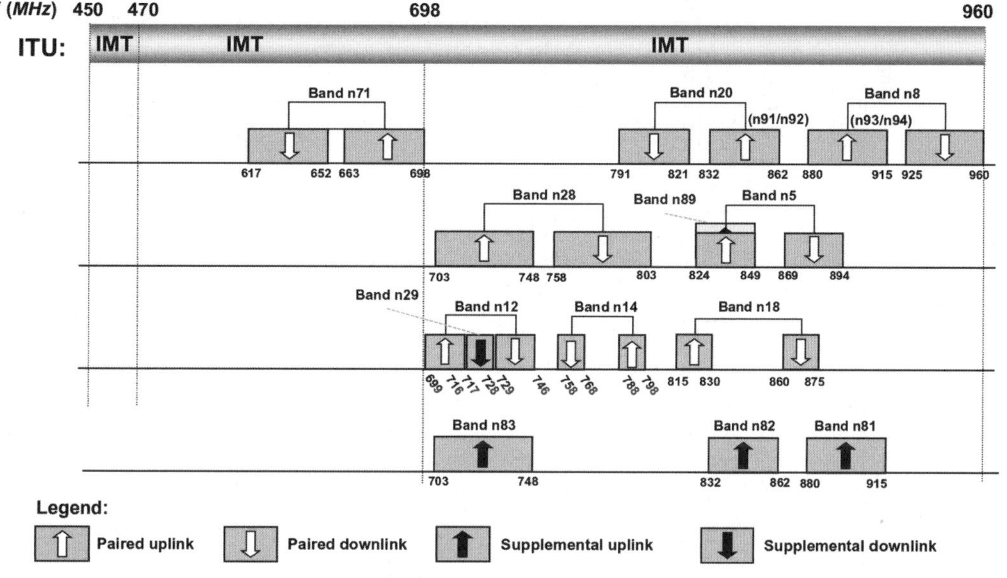

그림 3.2
1GHz 미만의 NR (FR1에서)에 대해 3GPP 릴리즈 16에 지정된 작동 대역 (해당 ITU-R 할당과 함께 표시). 주파수 대역 크기는 비율이 맞지 않을 수 있음

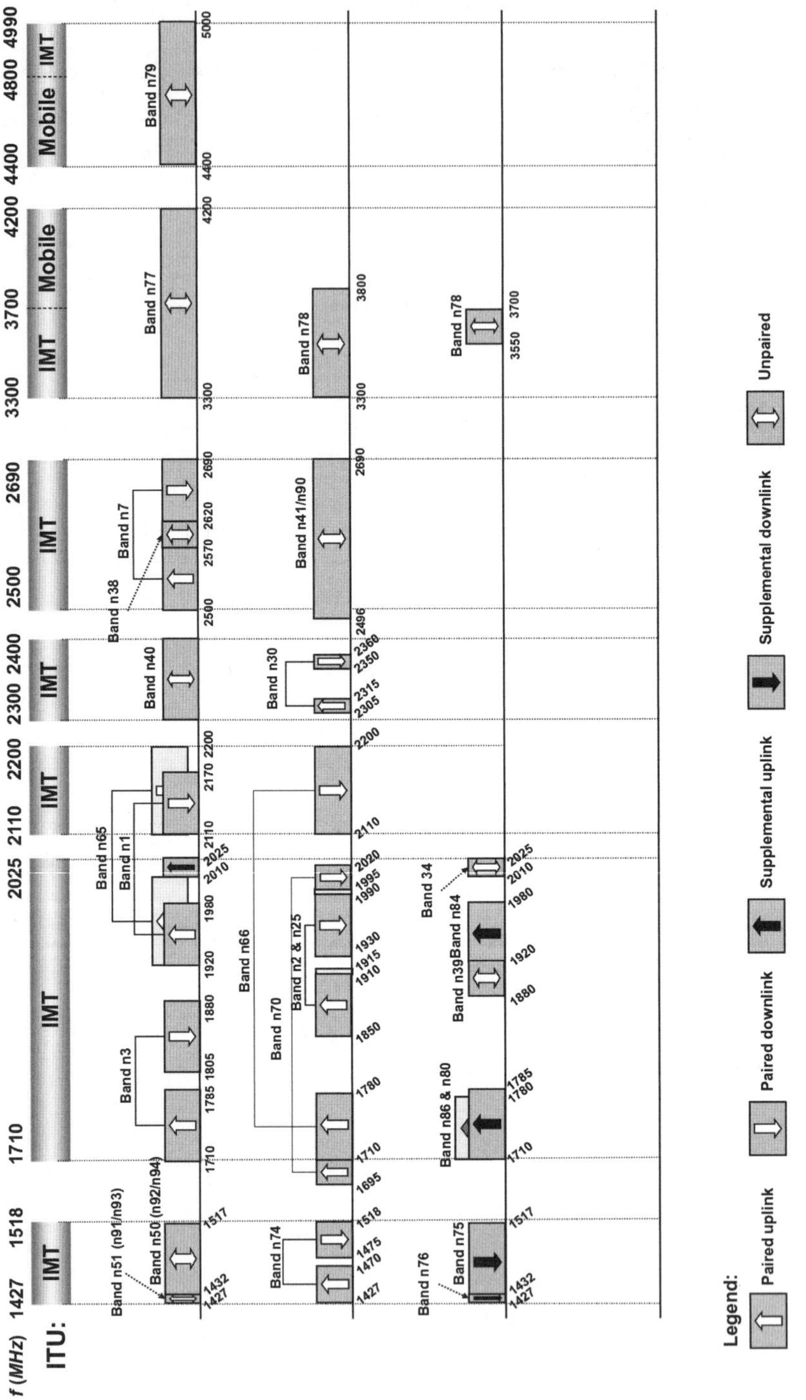

그림 3.3

1GHz–6GHz (FR1) 사이의 NR에 대해 3GPP 릴리즈 16에 지정된 작동 대역 (해당 ITU-R 할당과 함께 표시). 주파수 대역 크기는 비율이 맞지 않을 수 있음

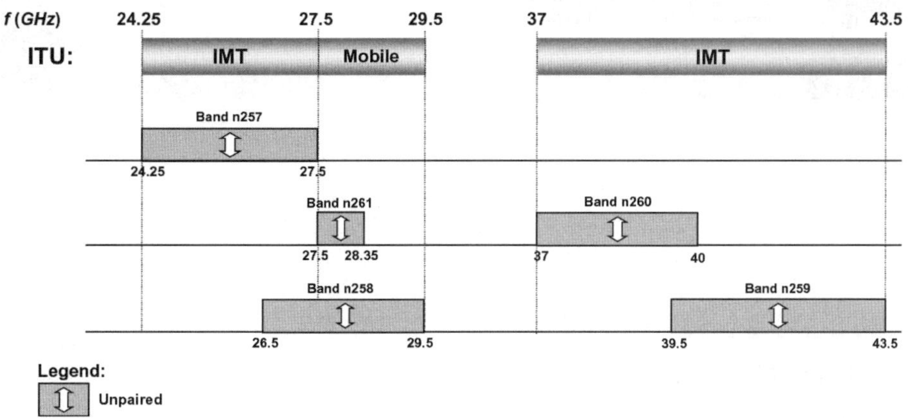

그림 3.4
24GHz 이상 FR2에서 NR에 대해 3GPP 릴리즈 16에 명시된 작동 대역 (해당 ITU-R 할당과 함께 표시). 주파수 대역 크기는 비율이 맞지 않을 수 있음

일부 주파수 대역은 부분적으로 또는 완전히 겹친다. 대부분의 경우 이는 ITU-R에 의해 정의된 대역이 구현되는 방식에 대한 지역적 차이로 설명된다. 동시에, 글로벌 로밍을 가능하게 하기 위해 대역들 사이의 높은 공통성이 요구된다. 전 세계, 지역 및 로컬 스펙트럼 개발에서 시작되어, 첫 번째 대역 세트는 UTRA의 대역으로 지정되었다. UTRA 대역의 전체 세트는 나중에 3GPP 릴리즈 8의 LTE 규격으로 넘어갔다. 이후 릴리즈에는 부가적인 대역이 추가되었다. 릴리즈 15에서는 많은 LTE 대역이 NR 규격으로 옮겨졌다.

04 LTE-개요

CHAPTER

이 책의 초점은 새로운 5G 무선 액세스인 NR이다. 그럼에도 불구하고 다음 장들을 위한 배경으로 LTE에 대한 간략한 정리가 필요하다. 이에 대한 한 가지 이유는 3GPP가 LTE와 NR 모두를 개발했기 때문에 공통의 배경을 가지고 있고, 서로 여러 기술 구성 요소를 공유하기 때문이다. NR의 많은 설계 선택사항들은 LTE의 경험을 기반으로 한다. 또한 LTE는 NR과 병행하여 계속 발전하고 있으며 5G 무선 액세스의 중요한 구성 요소이다. LTE에 대한 자세한 설명은 [123]을 참조하기 바란다.

LTE에 관한 연구는 2004년 후반에 패킷 교환 데이터에만 중점을 둔 새로운 무선 액세스 기술을 제공하려는 목적으로 시작되었다. LTE 규격의 첫 번째 릴리즈인 릴리즈8은 2009년에 완료되었고, 상용 네트워크 운영은 2009년 말에 시작되었다. 릴리즈8에 이어 후속 LTE 릴리즈가 이어졌고, 그림 4.1과 같이 추가 기능 및 다른 영역에서의 기능을 도입하였다. 특히 릴리즈 10과 13은 흥미롭다. 릴리즈 10은 LTE-Advanced의 첫 번째 릴리즈이고, 2016년 초에 완료된 릴리즈 13은 LTE-Advanced Pro의 첫 번째 릴리즈이다. 이 두 이름 중 어느 것도 이전 버전과의 호환성의 중단을 의미하지 않는다. 오히려 이것들은 새로운 기능의 분량이 새로운 이름을 가질 만큼 충분히 큰 것으로 간주되는 진화의 단계를 나타낸다. 현재 (이 글을 쓰는 시점에서) 3GPP는 이미 NR enhancement 외에도 LTE의 추가 진화를 포함하여 릴리즈 16 및 17을 이미 완료하였고 릴리스 18에 대한 작업을 시작했다.

4.1 LTE RELEASE 8 - 기본적인 무선 접속

릴리즈 8은 첫 번째 LTE 릴리즈이며 이어지는 모든 LTE 릴리즈의 기초를 형성하였다. LTE 무선 액세스 체계와 함께 새로운 코어 네트워크인 EPC (Evolved Packet Core)도 개발되었다.[60]

LTE 개발에 부과된 중요한 요구 사항 중 하나는 스펙트럼의 유연성이었다. 1GHz 미만에서 약 3GHz까지의 반송파 주파수에는 최대 20MHz를 포함하여 다양한 반송파 대역폭이 지원된다.

스펙트럼 유연성의 한 측면은 두 개의 서로 다른 프레임 구조임에도 불구하고 공통 설계로 각각 FDD (Frequency-Division Duplex) 및 TDD (Time-Division Duplex)를 사용하여 paired 및 unpaired 스펙트럼을 모두 지원한다는 점이다. 개발 작업의 초점은 주로 옥상 안테나와 상대적으로 큰 셀을 가진 매크로 네트워크였다. TDD의 경우, 상향링크-하향링크 할당은 모든 셀에 걸쳐 동일하게 상향링크-하향링크 할당을 하는 방식으로 본질적으로 정적 (Static)이라고 할 수 있다.

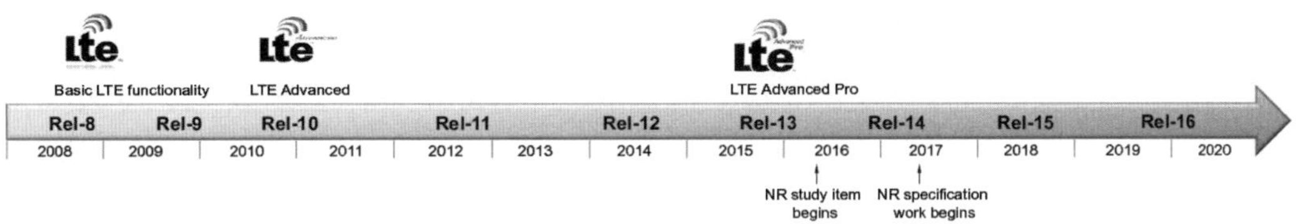

그림 4.1
LTE와 LTE의 진화

LTE의 기본 전송 방식은 직교 주파수 분할 다중화 (OFDM)이다. 이는 시간 분산에 대해 견고하고 시간 및 주파수 영역을 쉽게 이용할 수 있기 때문에 매력적인 선택이라고 할 수 있다. 또한, LTE의 고유 기능으로 볼 수 있는 공간 다중화 (MIMO)를 구현하기에 합리적 수준의 수신기 복잡도을 갖는다. LTE는 기본적으로 수 GHz까지의 반송파 주파수를 갖는 매크로 네트워크를 염두에 두고 설계되었기 때문에 단일 부반송파 간격은 15kHz이고, cyclic prefix는 약 4.7μs[1]로 하는 것이 좋은 선택으로 밝혀졌다. 총 1200개의 부반송파가 20MHz 스펙트럼 할당에 사용된다.

가용 전송 전력이 하향링크보다 현저하게 낮은 상향링크의 경우, LTE 설계는 높은 전력 증폭기 효율을 제공하기 위해 피크 대 평균 파워비 (Peak-to-Average Power Ratio, PAPR)가 낮은 방식으로 정해졌다. 이를 위해 하향링크와 동일한 뉴머롤로지를 갖는 DFT-precoded OFDM이 선택되었다. DFT-precoded OFDM의 단점은 수신기를 더 복잡하게 만들지만, LTE 릴리즈 8이 상향링크에서 공간 멀티플렉싱을 지원하지 않는다는 점을 고려할 때 이는 별로 큰 문제로 보이지 않았다.

시간 영역에서 LTE는 10ms 프레임으로 전송을 구성하며 각 프레임은 10개의 1ms 서브 프레임으로 구성된다. 14개의 OFDM 심볼에 상응하는 1ms의 서브 프레임 기간은 LTE에서 스케줄링 가능한 가장 작은 단위이다.

1) 16.7μs extended cyclic prefix도 가능하지만 실제로는 이 옵션이 거의 사용되지 않는다.

셀 특정 레퍼런스 시그널 (Cell-specific Reference Signal, CRS)은 LTE의 초석이다. 기지국은 전송할 하향링크 데이터가 있는지에 상관없이 하나 이상의 기준 신호 (계층 당 하나)를 지속적으로 전송한다. 이는 셀당 사용자 수가 많은 비교적 큰 셀을 목표로 설계된 LTE에 적합한 방식이다. CRS는 LTE에서 다음과 같이 많은 기능에 사용된다. 동기 (Coherent) 복조를 위한 하향링크 채널 추정, 스케줄링 목적으로 채널 상태 보고, 단말 측 주파수 오차의 보정, 초기 액세스 및 이동성을 위한 측정 등이 CRS가 이용되는 예이다.

LTE의 데이터 전송은 주로 상향링크와 하향링크 모두에서 동적으로 스케줄링 된다. 일반적으로 급변하는 무선 환경을 활용하기 위해, 채널 상태에 따른 스케줄링을 사용할 수 있다. 각각의 1ms 서브 프레임에 대해, 스케줄러는 어떤 단말이 어떤 주파수 자원을 송수신할 것인지를 제어한다.

QPSK에서 64-QAM까지 변조 방식을 변경하는 것은 물론 Turbo 코드의 코드 레이트 (Coding rate)를 조정하여 다른 데이터 속도를 선택할 수 있다. 전송 오류를 처리하기 위해 소프트 컴바이닝을 사용한 고속 하이브리드 ARQ가 LTE에서 사용된다. 하향링크 수신 시, 단말은 디코딩 동작의 결과를 기지국으로 알려주며, 이를 통해 잘못 수신된 데이터 블록을 재전송할 수 있다.

스케줄링 결정은 물리적 하향링크 제어 채널 (PDCCH)을 통해 단말에 제공된다. 동일한 서브 프레임에 여러 단말들이 예약되어 있는 경우 (일반적인 시나리오), 여러 개의 PDCCH가 있으며 스케줄링된 단말 당 하나씩 할당된다. 각 서브 프레임의 맨 앞 최대 3개의 OFDM 심볼은 하향링크 제어 채널의 전송에 사용된다. 각 제어 채널은 전체 반송파 대역폭에 걸쳐 있으므로 주파수 다이버시티를 최대한 활용하여 전송된다. 이는 또한 모든 단말이 최대 20MHz의 전체 반송파 대역폭을 지원해야 함을 의미한다. 단말로부터의 상향링크 제어 시그널링, 예를 들어 하향링크 스케줄링을 위한 하이브리드 ARQ ACK/NACK 정보 및 채널 상태 정보는 기본적으로 지속 시간이 1ms인 물리 상향링크 제어 채널 (PUCCH)을 통해 전달된다.

다중 안테나 방식, 특히 단일 사용자 MIMO는 LTE의 필수 부분이다. 다수의 전송 레이어는 크기 $N_A \times N_L$의 pre-coder 매트릭스에 의해 최대 4개의 안테나에 매핑되며, 여기서 전송 rank라고 하는 레이어의 수 N_L은 안테나의 수 N_A보다 작거나 같다. 정확한 pre-coder 매트릭스뿐만 아니라 전송 rank는 '폐쇄루프 공간 멀티플렉싱'으로도 알려졌으며, 단말에 의해 측정되어 보고된 채널 상태 측정에 기반을 두어 네트워크에 의해 선택될 수 있다. Pre-coder 선택을 위해 폐루프 피드백 없이 작동할 수도 있다. 상용시스템 설치에는 일반적으로 두 개의 레이어만 사용되지만, 하향링크에서는 최대 4개의 레이어가 가능하다. 상향링크에서는 오직 1개의 레이어 전송만 가능하다.

공간 다중화의 경우, rank-1 전송을 선택함으로써, $N_A \times 1$ pre-coder 벡터가 되는 pre-coder 매트릭스는 (단일 레이어) 빔포밍 기능을 수행한다. 이 유형의 빔포밍은 제한된 세트의 미리 정의된 빔포밍 (Pre-coder) 벡터에 따라서만 수행될 수 있기 때문에, 특히 코드북 기반 빔포밍으로 지칭된다.

위에서 설명한 기본 기능을 사용하여 LTE 릴리즈 8은 이론적으로 하향링크에서 20MHz 대역 및 2개 레이어 전송을 사용하여 최대 150Mbit/s, 상향링크에서는 75Mbit/s의 최고 데이터 속도를 제공할 수 있다. 지연시간 측면에서, LTE는 하이브리드 ARQ 프로토콜에서 8ms 왕복 시간을 제공하며, 이론적으론 5ms 미만의 단방향 지연을 제공한다. 전송 및 코어 네트워크 처리를 포함한 실제 배포 측면에서, 제대로 구축된 네트워크일 경우 약 10ms의 전체 end-to-end 지연 시간이 종종 측정된다.

릴리스 9에는 멀티캐스트/브로드캐스트 지원, 포지셔닝 및 일부 다중 안테나 개선과 같은 LTE에 약간의 enhancement가 추가되었다.

4.2 LTE 진화

릴리즈 8 및 9는 LTE의 토대를 형성하여 뛰어난 성능의 모바일 광대역 표준을 제공한다. 그러나 새로운 요구 사항과 기대를 충족시키기 위해, 이러한 기본 릴리즈 이후 나온 릴리즈는 다른 영역에서 추가 개선 및 기능을 제공한다. 그림 4.2는 LTE 도입 이후 10년 동안 LTE가 발전한 주요 영역 중 일부를 보여주고 있다. 다음은 이에 대해 상세하게 설명한다. 각 릴리스에 대한 추가 정보는 3GPP가 각 새로운 릴리스에 대해 준비하는 릴리스 명세에서 찾을 수 있다.

릴리즈 10은 LTE 발전의 시작을 의미한다. LTE 릴리즈 10의 주요 목표 중 하나는 LTE 무선 액세스 기술이 IMT-Advanced 요구 사항을 완전히 준수하도록 하는 것이므로 LTE-Advanced라는 이름이 LTE 릴리즈 10 이상에서 종종 사용된다. 그러나 3GPP는 ITU 요구 사항 외에도 LTE-Advanced[10]에 대한 자체 목표와 요구 사항도 정의했다. 이러한 목표/요구 사항은 ITU 요구 사항에 대해 더욱 적극적이며 추가 요구 사항을 포함하도록 촉진하였다.

중요한 요구 사항 중 하나는 이전 버전과의 호환성이었다. 본질적으로 이것은 해당 캐리어에서 이전 릴리스 LTE 단말이 모든 릴리즈-10 기능을 사용할 수는 없긴 하지만, LTE 릴리즈-10 기

능을 지원하는 캐리어에 액세스할 수 있어야 한다는 것을 의미한다. 이전 버전과의 호환성 원칙은 중요하며 모든 LTE 릴리즈에 대해 유지되었지만, 이로인해 기능을 향상시키는 데는 제한이 생기게 된다. NR과 같은 새로운 표준을 정의할 때는 이러한 제약사항을 배제할 수 있다.

LTE 릴리즈 10은 2011년 초반에 완료되었으며, 캐리어 애그리게이션을 통한 향상된 LTE 스펙트럼 유연성, 더욱 확장된 다중 안테나 전송, 릴레이 지원 및 이기종 네트워크 구축 시 셀 간 간섭 조정 관련 개선 등을 도입했다.

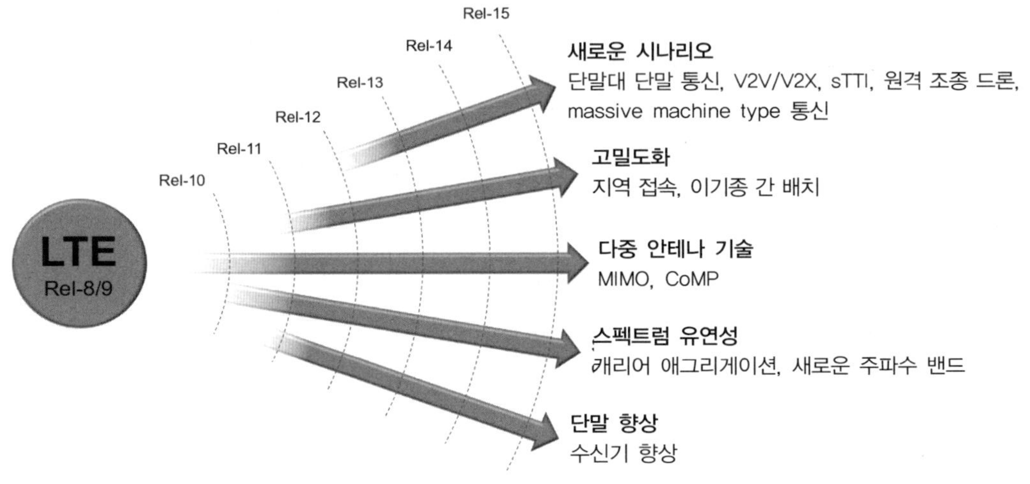

그림 4.2
LTE진화

릴리즈 11은 LTE의 성능과 기능을 더욱 확장했다. 2012년 말에 마무리된 LTE 릴리즈 11의 가장 주목할 만한 기능 중 하나는 CoMP (Coordinated Multipoint) 송수신을 위한 무선 인터페이스 기능이었다. 릴리즈 11에서 개선된 다른 예로는 캐리어 애그리게이션 개선, 새로운 제어 채널 구조 (EPDCCH) 및 더욱 진보된 단말 수신기의 성능 요구 사항 등이 있다.

릴리즈 12는 2014년에 완료되었으며 이중 연결 (Dual Connectivity), 스몰셀 온/오프, (반)다이나믹 TDD와 같은 기능을 가진 스몰셀뿐만 아니라, 디바이스 간 직접 통신의 도입, 복잡성이 감소된 기계 유형 통신 (기계유형 통신)을 제공하는 새로운 시나리오들에 집중하였다.

2015년 말에 마무리 된 릴리즈 13은 LTE Advanced Pro의 시작을 의미한다. 때로는 마케팅 용어로 4.5G라고 불리는데, LTE의 첫 번째 릴리즈에 의해 정의된 4G와 5G NR 무선 인터페이스 사이의 중간 기술 단계로 간주된다. 라이선스가 부여되지 않은 스펙트럼을 라이선스 스펙트럼에 대한 보완으로 지원하는 라이선스 지원 액세스 (License-assisted Access), 기계 유형 통신에 대한 개선된 지원, 캐리어 애그리게이션에서의 다양한 개선, 다중 안테나 전송, 그리고 디바이스 대 디바이스 통신 등은 릴리즈 13의 주요 특징이다. mMTC (massive Machine-Type Communication) 지원을 더욱 강화하고 협대역 사물인터넷(NB-IoT) 기술을 도입했다.

릴리즈 14는 2017년 봄에 완료되었다. 이전 릴리즈에서 도입된 일부 기능의 개선 (예 : 비면허 스펙트럼에서의 작동 개선) 외에도 '차량 간' (V2V : Vehicle to Vehicle) 및 '차량과 모든 것' (V2X : Vehicle to Everything) 사이의 통신에 대한 지원이 도입되었고, 감소된 부반송파 간격을 가진 광역 브로드캐스트도 지원도 도입되었다. 또한 릴리스 14에는 이동성 향상 세트, 특히 이중 수신기 체인이 있는 단말의 핸드오버 중단 시간을 줄이기 위한 make-before-break 핸드오버 및 RACH-less 핸드오버가 있다.

릴리즈 15는 2018년 중반에 완료되었다. 소위 sTTI 기능을 통해 대기 시간이 크게 줄어드는 것은 물론 항공을 이용한 통신은 이 릴리즈에서 향상된 기능의 두 가지 예이다. mMTC (massive Machine-Type Communication)에 대한 지원은 여러 릴리스를 통해 지속적으로 개선되었으며 릴리스 15에도 이 영역의 개선 사항이 포함되었다.

2019년 말에 완성된 릴리스 16은 향상된 상향링크 사운딩 용량, 지상파 방송 서비스에 대한 지원 강화, mMTC에 대한 추가 개선을 통해 다중 안테나 지원이 향상되었다.

단말이 타겟 셀 무선 링크를 설정하는 동안 소스 셀 무선 링크(데이터 흐름 포함)를 유지 관리하는 경우 DAPS(이중 활성 프로토콜 스택)라고도 하는 향상된 make-before-break 핸드오버를 통한 향상된 이동성이 도입되었다. 조건부 핸드오버도 구성할 수 있다. 여기서 사전 구성된 셀 세트에 대한 단말 개시 핸드오버는 네트워크에서 구성한 규칙에 의해 트리거된다.

일반적으로 LTE는 기존 모바일 광대역을 넘어 새로운 사용 사례로 확장하는 것이 이후 릴리즈의 초점이 되었고, 앞으로도 진화는 계속될 것이다. 이것은 전체적으로 5G의 중요한 부분이며, LTE가 여전히 중요하고 전반적인 5G 무선 액세스의 중요한 부분임을 보여준다.

4.3 스펙트럼 유연성

이미 LTE의 첫 번째 릴리즈는 다중 대역폭 지원 및 공동 FDD/TDD 설계 측면에서 어느 정도 스펙트럼 유연성을 제공한다. 이후 릴리즈에서는 캐리어 애그리게이션 및 라이선스 지원 액세스 (LAA)를 사용한 보완으로서 비면허 스펙트럼에 대한 액세스를 사용하여 더 높은 대역폭 및 단편화된 스펙트럼을 지원하여, 이러한 스펙트럼 유연성이 상당히 향상되었다.

4.3.1 캐리어 애그리게이션

앞서 언급했듯이 LTE의 첫 번째 릴리즈는 이미 다양한 특성의 스펙트럼 할당에 대한 광범위한 지원을 제공했으며, 대역폭은 paired 대역과 unpaired 대역 모두 약 1MHz에서 최대 20MHz까지이다.

LTE 릴리즈 10을 사용하면 캐리어 애그리게이션 (Carrier Aggregation, CA)를 통해 전송 대역폭을 추가로 확장할 수 있다. 이는 여러 컴포넌트 캐리어 (Component Carrier)를 연집하거나 단일 단말로의 송신 또는 수신에 가변적으로 이용함으로써 실현된다. 릴리즈 10에서는 최대 5개의 컴포넌트 캐리어 (각각 다른 대역폭)를 애그리게이션하여 최대 100MHz의 전송 대역폭을 허용할 수 있다. 모든 컴포넌트 캐리어 (Component Carrier)는 동일한 듀플렉스 방식을 가져야 하며, TDD의 경우 동일한 상향링크-하향링크 구성을 가져야 한다. 이후 릴리즈에서는 이 요구사항이 완화되었다. 애그리게이션할 수 있는 컴포넌트 캐리어의 수는 32개로 증가하여 총 640MHz의 대역폭이 가능하게 되었다. 각 구성요소 캐리어가 릴리즈 8 구조를 사용하므로 이전 버전과의 호환성이 보장되었다. 따라서 릴리즈 8/9 단말에 있어 각 컴포넌트 캐리어는 LTE 릴리즈 8 캐리어로서 나타날 것이며, 캐리어 애그리게이션이 가능한 단말은 전체 애그리게이션 대역폭을 이용하여 더 높은 데이터 속도가 가능해진다. 일반적인 경우에, 하향링크 및 상향링크에 대해 상이한 개수의 컴포넌트 캐리어가 애그리게이션될 수 있다. 이는 상향링크 복잡성을 증가시키지 않고 매우 높은 데이터 속도가 필요한 하향링크에서 애그리게이션을 지원함으로써 단말 복잡성의 관점에서 중요한 속성이다.

컴포넌트 캐리어는 주파수 도메인에서 연속적일 필요가 없어 단편화된 스펙트럼을 이용할 수 있다.

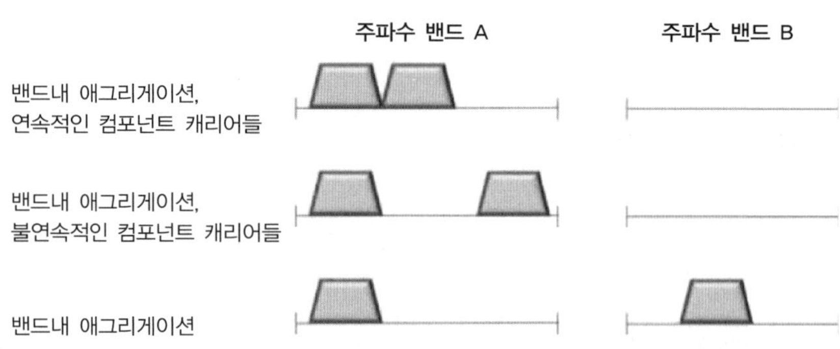

그림 4.3
캐리어 애그리게이션

베이스밴드 관점에서 볼 때, 그림 4.3의 케이스들 간에는 차이가 없고, 이것들 모두 LTE 릴리즈 10에서 지원된다. 그러나 RF 구현의 복잡성은 크게 다르며 이 중 첫 번째가 가장 덜 복잡한 경우이다. 따라서 기본 규격에서 캐리어 애그리게이션이 지원되지만 모든 단말이 이를 지원하지는 않는다. 게다가 릴리즈 10에는 물리 계층 및 관련 시그널링에 대해 지정된 것과 비교하여, RF 규격의 캐리어 애그리게이션에 대한 일부 제한이 있으며, 이후 릴리즈에서는 훨씬 더 많은 수의 대역 내에서 그리고 훨씬 더 많은 수의 대역 사이에서 캐리어 애그리게이션을 지원한다.

릴리즈 11은 TDD 캐리어의 애그리게이션을 위한 추가 유연성을 제공했다. 릴리즈 11 이전에는 모든 애그리게이션된 캐리어에 대해 동일한 하향링크-상향링크 할당이 필요했다. 각 대역의 구성이 특정 대역의 다른 무선 액세스 기술과 공존함으로 주어질 수 있으므로, 상이한 대역의 집합의 경우에는 불필요하게 제한적일 수 있다. 상이한 하향링크-상향링크 할당을 애그리게이션하는 경우 흥미로운 측면은 단말이 두 반송파를 완전히 활용하기 위해 동시에 수신 및 송신할 필요가 있다는 것이다. 따라서 이전 릴리즈와 달리, TDD 가능 단말은 FDD 가능 단말과 유사하게 듀플렉스 필터를 필요로 할 수 있다. 릴리즈 11은 또한 더 많은 대역 간 애그리게이션 시나리오를 지원할 뿐만 아니라 대역 간 및 비 인접 대역 내 애그리게이션에 대한 RF 요구 사항을 도입했다.

릴리즈 12는 하나의 듀플렉스 유형 내에서만 애그리게이션을 지원하는 이전 릴리즈와 달리 FDD와 TDD 캐리어 간의 애그리게이션을 정의했다. FDD-TDD 애그리게이션을 통해 운영자의 스펙트럼 자산을 효율적으로 활용할 수 있다. 또한 FDD 캐리어에서 연속적인 상향링크 전송 가능성에 의존하여 TDD의 상향링크 커버리지를 향상시키는 데 사용될 수 있다.

Release 13은 애그리게이션할 수 있는 반송파 개수를 5개에서 32개까지 증가시켜 최대 640MHz의 대역폭과 하향링크에서 약 25Gbit/s의 이론적 피크 데이터 속도를 제공했다. 부반송파의 수를 증가시키는 주된 동기는 라이선스가 부여되지 않은 스펙트럼에서 매우 큰 대역폭을 허용하는 것인데, 이는 아래 라이선스 지원 액세스와 관련하여 뒤에서 더 논의할 것이다. 캐리어 애그리게이션은 모든 릴리즈에 추가된 새로운 주파수 대역 조합을 사용할 수 있게 함으로써 현재까지 가장 성공적으로 개선된 LTE 기능 중 하나이다.

4.3.2 라이선스 지원 접속 (LICENSE-ASSISTED ACCESS)

원래 LTE는 통신 사업자가 특정 주파수 범위에 대한 독점 라이선스를 보유한 라이선스 스펙트럼용으로 설계되었다. 허가된 스펙트럼은 통신 사업자가 네트워크를 계획하고 간섭 상황을 제어할 수 있기 때문에 많은 이점을 제공하지만, 일반적으로 스펙트럼 라이선스를 얻는데 비용을

지불해야 하며 라이선스가 있는 스펙트럼의 양에는 제한이 있다. 따라서, 라이선스가 없는 스펙트럼을 보완하여 로컬 영역에서 더 높은 데이터 속도와 더 높은 용량을 제공하는 것에 관심이 많다.

Wi-Fi로 LTE 네트워크를 보완하는 것도 한 가지 가능성이지만, 라이선스 스펙트럼과 비면허 스펙트럼 사이의 긴밀한 결합으로 더 높은 성능을 달성할 수 있다. 따라서 LTE 릴리즈 13에는 라이선스 지원 액세스가 도입되었으며, 여기서 캐리어 애그리게이션 프레임워크는 비면허 주파수 대역, 주로 5GHz 범위의 하향링크 캐리어를 라이선스가 있는 주파수 대역의 캐리어와 애그리게이션하는 데 사용된다 (그림 4.4 참조). 높은 서비스 품질을 요구하는 이동성, 중요한 제어 시그널링 및 서비스가 매우 중요한 고품질 서비스는 라이선스 스펙트럼의 캐리어에 의존하는 반면, 이보다 덜한 수준의 서비스 품질을 요구하는 트래픽은 라이선스가 없는 스펙트럼을 사용하는 캐리어에 의해 처리될 수 있다. 운영자 제어 소형 셀 배포가 그 대상이다. 다른 시스템, 특히 Wi-Fi와 스펙트럼 자원을 공평하게 공유하는 것은 LAA의 중요한 특성으로, LBT (Listen-Before-Talk) 메커니즘을 필요로 한다.

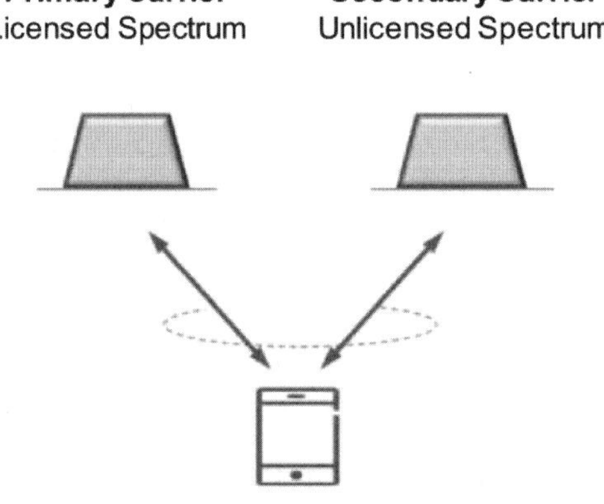

그림 4.4
라이선스 지원 액세스

릴리즈 14에서는 상향링크 전송도 해결하기 위해 라이선스 지원 액세스가 향상되었다. 3GPP로 표준화된 LTE 기술은 라이선스 캐리어가 필요한 라이선스 지원 액세스만 구현하지만, MulteFire 얼라이언스에서 3GPP 이외의 작업이 있었는데, 3GPP 표준을 기반으로 하는 standalone으로 동작 모드가 나오게 되었다.

4.4 다중 안테나 향상

다중 안테나 지원은 다른 릴리즈에 비해 향상되어 하향링크의 전송 레이어 수가 8개로 증가하고, 상향링크의 공간 멀티플렉싱은 4개 레이어까지 도입되었다. Full-dimension MIMO 및 2차원 빔포밍은 CoMP의 도입과 마찬가지로 별도의 개선사항이다.

4.4.1 확장된 다중 안테나 전송

릴리즈 10에서는 하향링크 공간 다중화가 확장되어 최대 8개의 전송 계층을 지원한다. 이것은 최대 8개의 안테나 포트와 8개의 해당 레이어를 지원하기 위해 릴리즈 9 듀얼 레이어 빔포밍의 확장으로 볼 수 있다. 캐리어 애그리게이션에 대한 지원과 함께, 이것으로 릴리즈 10에서 100MHz 스펙트럼으로 최대 3Gbit/s의 하향링크 데이터 속도가 가능하며, 32개의 반송파, 8개 레이어의 공간 멀티플렉싱 및 256QAM을 사용하여 릴리즈 13에서 25Gbit/s가 가능하다.

최대 4개 계층의 상향링크 공간 다중화가 LTE 릴리즈 10의 일부로 도입되었다. 상향링크 캐리어 애그리게이션의 가능성과 함께 100MHz 스펙트럼에서 최대 1.5Gbit/s의 상향링크 데이터속도가 가능할 것이다.

상향링크 공간 멀티플렉싱은 기지국의 제어 하에 코드북 기반 방식으로 구성되는데, 이는 상향링크 송신기 측면의 빔포밍에도 이 구조가 사용될 수 있음을 의미한다. LTE 릴리즈 10에서 다중 안테나 확장의 중요한 결과는 채널 추정 기능과 채널 상태 정보 획득 기능을 보다 광범위하게 분리한 향상된 하향링크 레퍼런스 시그널 구조의 도입이었다. 이것의 목표는 더 나은 새로운 안테나 배열 및 유연한 방식으로 정교한 다지점 협력 전송과 같은 새로운 기능을 더욱 가능하게 하는 것이었다.

릴리즈 13 및 계속해서 릴리즈 14에서, 주로 채널 상태 정보의 피드백을 확장함으로써, 대규모 안테나 어레이에 대한 개선된 지원이 도입되었다. 더 큰 자유도가 있어, 예를 들어 고도 및 방위각에서의 빔포밍에 사용될 수 있고, 아니면 다수의 공간적으로 분리된 단말이 동일한 시간-주파수 자원 사용이 동시에 제공되는 대규모 다중 사용자 MIMO에 사용될 수 있다. 이러한 개선을 때로는 full-dimension MIMO라고도 하며, 매우 큰 수의 조정 가능한 안테나 엘리먼트를 갖춘 대규모 MIMO로의 발판을 마련한다. TDD 기반 LTE 배치를 위한 massive MIMO를 더 잘 처리하기 위해 상향링크 사운딩 레퍼런스 시그널의 용량과 커버리지가 개선된 릴리스 16에 추가 개선 사항이 추가되었다.

4.4.2 다지점 협력 전송

LTE의 첫 번째 릴리즈에는 셀 간 간섭을 제어하기 위해 ICIC (Inter-Cell Interference Coordination) 라고 하는 전송 지점 간 협력에 대한 특별한 지원이 포함되었다. 그러나 이러한 협력에 대한 지원은 전송 지점 사이에 훨씬 더 동적인 협력 가능성을 포함하여 LTE 릴리즈 11의 일부로 크게 확장되었다.

셀 간의 조정을 지원하기 위해 기지국 간 특정 메시지들의 정의로 제한되었던 릴리즈 8의 ICIC와 대조적으로, 릴리즈 11 활동들은 다중 전송 지점에 대한 채널-상태 피드백에 대한 지원을 포함하여 상이한 조정 수단들을 지원하기 위한 무선 인터페이스 기능들 및 단말 기능에 초점을 두었다. 이러한 feature와 기능은 CoMP (Coordinated Multi-Point) 송신/수신이라는 이름으로 합쳐져 들어간다. 릴리즈 11의 일부로 도입된 향상된 제어 채널 구조와 마찬가지로, 레퍼런스 시그널 구조의 개선도 CoMP 지원의 중요한 부분이었다 (아래 참조).

CoMP에 대한 지원에는 다지점 조정이 포함된다. 즉, 단말로의 전송이 하나의 특정 전송 지점에서 수행되지만, 스케줄링 및 링크 적응이 전송 지점 사이에서 조정되는 경우, 단말로의 전송이 가능한 다중 지점 전송이 서로 다른 전송 포인트 사이에서 동적으로 전환될 수 있는 방식 (다이나믹 포인트 선택) 또는 여러 전송 포인트 (공동 전송)에서 공동으로 수행될 수 있는 방식으로 수행된다 (그림 4.5 참조).

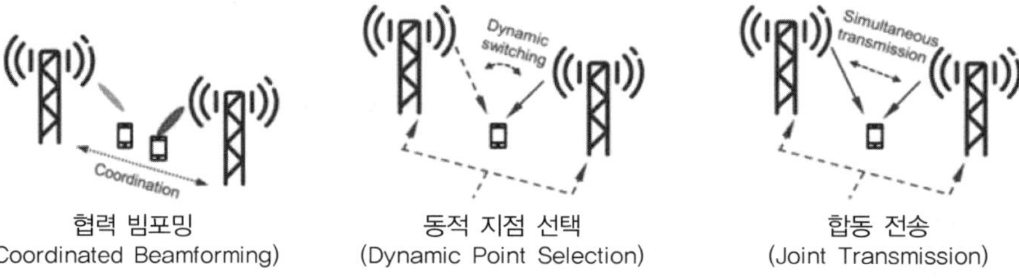

그림 4.5
CoMP의 다른 유형들

상향링크 다지점 조정과 다지점 수신을 구별할 수 있는 상향링크에 대해 유사한 구별이 가능하다. 일반적으로 상향링크 CoMP는 주로 네트워크 구현 문제이며 단말에 거의 영향을 미치지 않고 무선 인터페이스 규격에서 가시성이 거의 없다.

릴리즈 11의 CoMP 작업은 "이상적인" 백홀을 가정했으며, 실제로는 지연 시간이 짧은 광섬유 연결을 사용하여 안테나 사이트에 연결된 중앙 집중식 베이스밴드에서의 처리를 의미한다. 중앙 집중화되지 않은 베이스밴드 처리를 통한 완화된 백홀 시나리오로 확장하는 것은 릴리즈

12에 도입되었다. 주로 이러한 향상된 기능은 CoMP를 가능하게 하기 위해 기본적으로 필요한 잠재적인 자원 할당 및 관련 이득/비용 등에 대한 기지국 간 정보 교환을 위해 새로운 X2 메시지를 정의하는 것으로 구성되어 있다.

4.4.3 향상된 제어 채널 구조

릴리즈 11에서는 보완적인 제어 채널 구조를 새로 정의하여 셀 간 간섭 조정을 지원하고, 데이터 전송뿐만 아니라 제어 채널을 위해, 새로운 레퍼런스 시그널을 추가적으로 가질 수 있는 유연성을 도입했다. 릴리즈 10의 경우에는 데이터 전송만을 위해 레퍼런스 시그널을 추가할 수 있었다. 그러므로 새로운 제어 채널 구조는 빔포밍 및 주파수-도메인 간섭 조정에도 유리하지만 여러 가지 CoMP 방식에 대한 전제 조건으로 볼 수도 있다. 또한, 릴리즈 12 및 그 이후 릴리스에서 MTC 향상을 위한 협대역 작동을 지원하는 데 사용된다.

4.5 고밀화 (Densification), 스몰셀, 그리고 이기종 배포 (Hetero-geneous Deployments)

매우 높은 용량과 데이터 속도를 제공하기 위한 수단으로 스몰셀 및 고밀도 배포가 여러 릴리즈 동안 중점이 되어 왔다. 릴레이, 스몰셀 온/오프, 다이나믹 TDD 및 이기종 배포는 여러 릴리즈에 걸쳐 향상된 기능의 일부 예이다. 4.3.2절에서 논의된 라이선스 지원 액세스는 주로 소규모 셀을 대상으로 하는 또 다른 기능이다.

4.5.1 릴레이 (RELAYING)

LTE와 관련하여 릴레이는 단말이 LTE 무선 인터페이스 기술을 사용하여 도너 (Donor) 셀에 무선으로 연결된 릴레이 노드를 통해 네트워크와 통신하는 것을 의미 한다 (그림 4.6 참조). 단말 관점에서 릴레이 노드는 일반 셀로 보인다. 이는 단말 구현을 단순화하고 릴레이 노드가 이전 버전과 호환 가능하게 만드는 중요한 이점을 제공한다. 즉, LTE 릴리즈 8/9 단말은 릴레이 노드를 통해 네트워크에 액세스할 수도 있다. 본질적으로 릴레이는 네트워크의 나머지 부분에 무선으로 연결된 저전력 기지국이라고 할 수 있다.

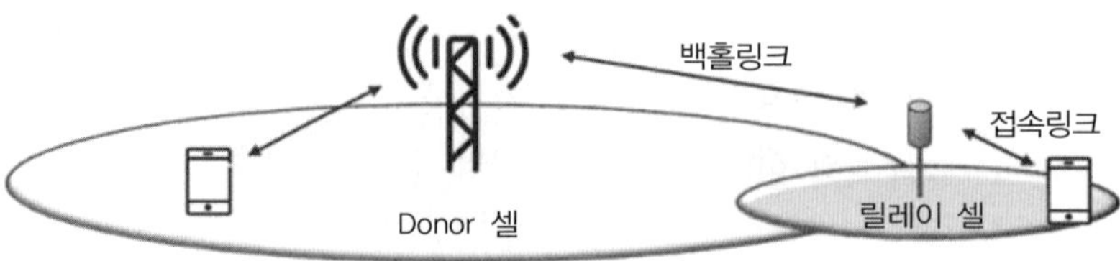

그림 4.6
릴레이의 예

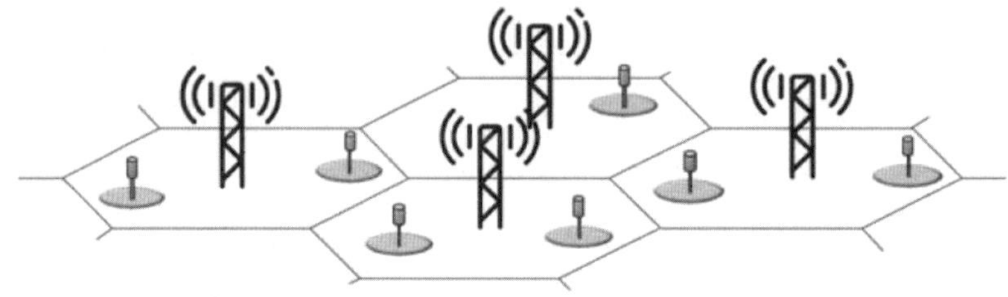

그림 4.7
매크로셀 내에 저전력 노드가 있는 이기종 배포의 예

4.5.2 이기종 배포 (HETEROGENEOUS DEPLOYMENTS)

이기종 배포는 전송 전력이 다르고 지리적 범위가 겹치는 네트워크 노드가 혼합된 배포를 의미한다 (그림 4.7). 전형적인 예는 매크로셀의 커버리지 영역 내에 배치된 피코 노드이다. 이러한 배포는 릴리즈 8에서 이미 지원되었지만, 릴리즈 10에는 예를 들어 피코 레이어와 중첩 매크로 사이에 발생할 수 있는 커버리지 계층 간 간섭을 처리하는 새로운 방법이 도입되었다. 릴리즈 11에 도입된 다지점 조정 기술은 이기종 배포를 지원하기 위한 도구 세트를 추가로 확장한다. 그리고 릴리즈 12에는 피코 계층과 매크로 계층 사이의 이동성을 향상시키는 개선 사항이 도입되었다.

4.5.3 스몰셀 온/오프

LTE에서의 셀들은 해당 셀에서의 트래픽 활동과 관계없이 셀 특정 레퍼런스 시그널 및 브로드캐스트 시스템 정보를 지속적으로 전송하고 있다. 이에 대한 한 가지 이유는 idle state의 단말들이 셀의 존재를 감지할 수 있도록 하기 위한 것이다. 셀로부터의 전송이 없다면, 단말이 측정할 것이 없으며 셀이 감지되지 않을 것이다. 또한, 대규모 마이크로셀 배치의 경우 레퍼런스 시그널의 연속적인 전송을 유발하는 셀에서 적어도 하나의 단말이 활성화될 가능성이 비교적 높다. 그러므로 지속적으로 레퍼런스 시그널을 전송해야 하는 이유가 된다.

그러나 상대적으로 작은 셀이 많은 고밀도 배포의 경우, 일부 시나리오에서는 모든 셀이 단말을 서비스하고 있지는 않을 가능성이 상당히 높다.이 경우 단말이 하향링크에서 겪는 간섭은 더 심각해진다. 그 이유는 비어있을 수도 있는 인접한 셀들로부터의 간섭으로 인해 SIR (신호 대 간섭 비율)이 매우 낮아지기 때문이다. 이는 다량의 가시거리 전파 (Line-of-Sight Propagation)가 있는 경우 특히 더 심각하다. 이를 해결하기 위해 릴리즈 12에서는 트래픽 상황에 따라 개별 셀을 켜고 끄는 메커니즘을 도입하여 평균 셀 간 간섭을 줄이고 전력 소비를 줄였다.

4.5.4 이중 연결 (DUAL CONNECTIVITY)

이중 연결은 한 개의 셀에만 연결된 단말과 같은 기본 케이스와 달리, 단말이 두 셀에 동시에 연결되어 있음을 나타낸다 (그림 4.8 참조). 단말이 여러 사이트에서 데이터 전송을 수신하는 유저 플레인 애그리게이션, 컨트롤 및 유저 플레인의 분리, 하향링크 전송이 상향링크 수신노드와 다른 노드에서 발생하는 상향링크-하향링크 분리는 이중 연결의 장점들 중 몇 가지 예이다. 완벽한 설명은 아니지만 어떤 면으로는 백홀의 경우로 확장된 캐리어 애그리게이션으로 볼 수 있다. 이중 연결 프레임워크는 WLAN과 같은 다른 무선 액세스 체계를 3GPP 네트워크에 통합하는 데 매우 유망한 것으로 밝혀졌다. 다음 챕터들에서 설명할텐데 이동성과 초기 액세스를 제공하는 LTE를 사용한 NSA 모드 (Non-Standalone Mode)에서 작동할 경우에도 이중 연결은 NR에 필수적이다.

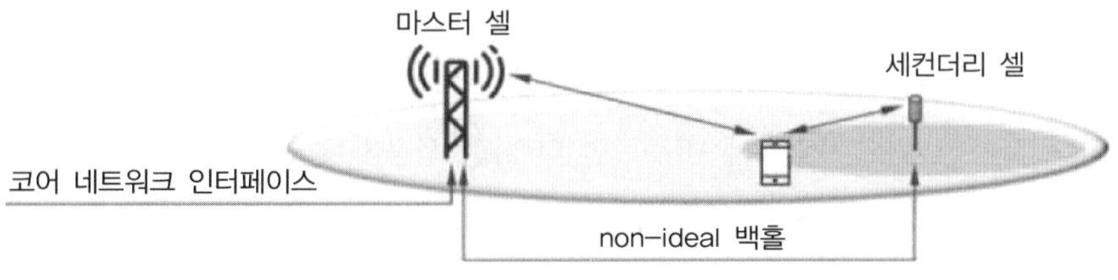

그림 4.8
이중 연결의 예

4.5.5 다이나믹 TDD

TDD에서 동일한 반송파 주파수는 상향링크와 하향링크에서 시간적으로 나뉘어 공유된다. LTE 및 다른 많은 TDD 시스템에서 이에 대한 기본 접근 방식은 리소스를 정적으로 상향링크 및 하향링크로 분할하는 것이다. 정적 분할을 갖는 것은 다수의 사용자가 있고 상향링크 및 하향링크에서 셀당 총 부하가 비교적 안정적이기 때문에 큰 매크로셀에서는 합리적인 가정이다.

그러나 비교적 좁은 지역에 셀을 설치하는 것에 대한 관심이 높아짐에 따라, TDD는 지금까지의 넓은 영역의 배치에 대한 상황에 비해 더 중요해질 것으로 예상된다. 한 가지 이유는 unpaired 스펙트럼 할당이 광역 커버리지에 적합하지 않은 고주파 대역에서 더욱 일반적이기 때문이다. 또 다른 이유는 광역 TDD 네트워크에서 많은 문제가 있는 간섭 시나리오가 소규모 노드의 옥내 배치의 경우에는 해당하지 않기 때문이다. 기존 광역 FDD 네트워크는 노드당 출력 전력이 일반적으로 낮은 TDD를 사용한 로컬 지역 레이어에 의해 보완되어 용량과 데이터 전송속도를 향상시킬 수 있게 된다.

로컬 영역 액세스 노드에서 송수신하는 단말의 수가 매우 적을 수 있는 로컬 영역 시나리오에서는 많은 트래픽의 다이나믹한 변화를 보다 잘 처리하기 위해서 다이나믹 TDD가 유리하다. 다이나믹 TDD에서는 네트워크가 순간적인 트래픽 상황에 맞추기 위해 상향링크 또는 하향링크 전송을 위해 리소스를 동적으로 사용할 수 있으며, 이는 상향링크와 하향링크 사이의 종래의 정적 자원 분할과 비교하여 최종 사용자의 체감 성능을 향상시킨다. 이러한 이점을 활용하기 위해 LTE 릴리즈 12에는 3GPP에서 이 기능의 공식 명칭인 다이나믹 TDD 혹은 향상된 간섭 완화 및 트래픽 적응 (eIMTA : enhanced Interference Mitigation and Traffic Adaptation)에 대한 지원이 포함된다.

4.5.6 WLAN 상호 연동

3GPP 아키텍처는 WLAN뿐만 아니라 cdma2000[12]과 같은 비-3GPP 액세스도 통합할 수 있다. 기본적으로 이러한 솔루션들은 비-3GPP 액세스를 EPC에 연결하므로 LTE 무선 액세스 네트워크에서는 존재 여부를 볼 수 없다. 이러한 WLAN 상호 연동 방식의 한 가지 단점은 네트워크 제어가 부족하다는 것이다. 단말이 LTE에 머무르면 더 나은 사용자 경험을 얻을 수 있음에도 불구하고, Wi-Fi를 선택하는 경우가 생길 수 있다는 의미이다. 이러한 상황의 한 예로는 Wi-Fi 네트워크가 과도하게 부하가 걸리는 반면, LTE 네트워크에는 부하가 별로 걸리지 않는 경우이다. 그러므로 릴리즈 12는 단말이 어느 네트워크로 액세스할 것인지를 선택하는 절차에서 네트워크가 단말을 도와줄 수 있는 수단을 도입했다. 기본적으로 네트워크는 단말이 LTE 또는 Wi-Fi를 선택해야 하는 시기를 제어하는 신호강도 임계값을 설정한다. 릴리즈 13은 단말이 Wi-Fi를 사용해야 할 때와 LTE를 사용해야 할 때에 대해 LTE RAN으로부터 보다 명시적으로 제어함으로써 WLAN 상호 연동할 때 추가적으로 향상된 기능을 제공한다. 또한, 릴리즈 13에는 LTE 및 WLAN이 이중 연결 (Dual Connectivity)과 매우 유사한 프레임워크를 사용하여 PDCP 수준에서 애그리게이션되는 "LTE-WLAN 애그리게이션"도 포함된다. 부가적인 개선사항들은 릴리즈 14에 추가되었다.

4.6 단말 개선 (DEVICE ENHANCEMENTS)

기본적으로 단말 공급 업체는 규격에 정의된 최소 요구 사항을 지원하는 범위에서 어떤 방식으로든 단말 수신기를 자유롭게 설계할 수 있다. 단말 공급 업체는 개선된 최종 사용자 데이터 전송 속도로 직접 바뀔 수 있으므로 훨씬 더 나은 수신기를 제공할 동기부여가 되어있다. 그러나 네트워크는 어떤 단말이 성능이 훨씬 우수한지 알 수 없으므로, 이러한 수신기 개선 기능을 최대한 활용하지 못할 수 있다. 따라서 네트워크 배포는 최소 요구 사항을 기반으로 해야 한다. 고급 수신기가 장착된 단말의 최소 성능이 알려져 있으므로, 더욱 개선된 고급 수신기 유형에 대한 성능 요구 사항을 어느 정도 정의하면 이를 완화할 수 있다. 릴리즈 11은 일부 오버헤드 시그널의 제거를 통한 수신기 개선, 그리고 릴리즈 12는 네트워크가 단말에 셀 간 간섭 제거를 지원하는 정보를 제공하는 네트워크 보조 간섭 제거 (NAICS : Network-Assisted Interference Cancellation)등 보다 일반적인 방식으로 수신기 개선에 많은 초점을 두었다.

4.7 새로운 시나리오들

LTE는 원래 모바일 광대역 시스템으로 설계되어 넓은 영역에서 높은 데이터 전송률과 대용량을 제공하는 것을 목표로 한다. LTE의 진화로 용량 및 데이터 속도를 향상시키는 기능이 추가되었을뿐만 아니라 LTE는 새로운 유즈 케이스에 관련성이 높아지도록 추가적으로 개선되었다. 네트워크 커버리지가 없는 지역에서, 예를 들면 재난 지역이 한 가지 예이며, LTE에 포함된 단말 대 단말 (Device-to-Device) 통신을 지원한다. 그리고 V2V/V2X 및 원격 제어 드론과 같은 또 다른 새로운 시나리오 예가 있다.

4.7.1 기계 유형 통신 (Machine type communication)

기계 유형 통신은 기본적으로 기계 간의 모든 유형의 통신을 포괄하는 매우 광범위한 용어이다. 아직까지 알려지지 않은 다양한 범위의 애플리케이션에 걸쳐 있음에도 불구하고, MTC 애플리케이션은 두 가지 주요 범주인 대규모 MTC와 초고신뢰도 저지연 통신 (URLLC)으로 나눌 수 있다. 대규모 MTC 시나리오의 예로는 다양한 유형의 센서, 액추에이터 (Actuator), 그리고 유사한 장치들을 들 수 있다. 이러한 장치들은 일반적으로 상당히 낮은 비용에 매우 낮은 에너지 소모를 갖추어야 하므로 배터리 수명이 매우 길어야 한다. 동시에, 각 장치에서 생성된 데이

터의 양은 일반적으로 매우 적으며, 매우 짧은 대기 시간을 충족해야 하는 것은 중요한 요구 사항이 아니다. 반면, URLLC는 교통안전/제어 혹은 산업 공정을 위한 무선 연결과 같은 응용 분야와, 일반적으로 낮은 지연 시간과 결합된 매우 높은 신뢰성과 가용성이 요구되는 시나리오에 해당한다.

mMTC를 더 잘 지원하기 위해 3GPP 규격은 eMTC와 NB-IoT라는 두 가지 병렬 및 보완 기술을 제공한다.

MTC 영역에 대한 문제 해결은 릴리스 12의 도입과 최대 1Mbit/s의 데이터 속도를 지원하는 새로운 저가형 단말 범주인 카테고리 0의 도입으로 시작되었다. 단말 전력 소비를 줄이기 위한 절전 모드도 정의되었다. 이러한 개선들은 향상된 MTC(eMTC) 혹은 LTE-M으로 불린다. 릴리스 13은 단말 비용을 더욱 줄이기 위해 시스템 대역폭과 관계없이 1.4MHz 단말 대역폭에 대한 지원 및 향상된 커버리지로 category-M1을 정의함으로써 MTC 지원을 더욱 개선했다. 네트워크 관점에서 이러한 단말들은 기능이 제한적이지만 일반 LTE 단말이며 캐리어에서 더 많은 기능이 있는 LTE 단말과 자유롭게 혼용될 수 있다. eMTC 기술은 스펙트럼 효율성을 개선하고 제어 신호의 양을 줄이기 위해 후속 릴리스에서 더욱 발전되었다.

단말 전력 소비를 줄이기 위한 절전 모드도 정의되었다. 이러한 향상은 종종 EnhancedMTC(eMTC) 또는 LTE-M이라고 한다. Release 13은 시스템 대역폭에 관계없이 1.4MHz 단말 대역폭을 지원하고 확장된 커버리지로 카테고리-M1을 정의하여 MTC 지원을 더욱 향상시켜 단말 비용을 추가로 줄였다. 네트워크 관점에서 볼 때 이러한 단말들은 기능이 제한적이지만 일반적인 LTE 단말이며, 한 개 캐리어 상에서 자신들보다 성능이 우수한 LTE 단말들과 함께 자유롭게 섞여서 사용될 수 있다. eMTC 기술은 스펙트럼 효율성을 개선하고 제어 신호의 양을 줄이기 위해 후속 릴리스에서 더욱 발전되었다.

협대역 IoT (Narrow band Internet-of- Things, NB-IoT)는 릴리즈 13에서 시작된 parallel한 트랙이다. 이 범주는 180kHz의 대역폭에서 250kbit/s 이하의 카테고리-M1보다 낮은 데이터 속도 및 저렴한 비용, 그리고 더욱 강화된 커버리지를 목표로 한다.

15kHz 부반송파 간격을 갖는 OFDM을 사용하므로, 이것은 LTE 캐리어의 대역 내, 별도의 스펙트럼 할당을 통한 대역 외 또는 LTE의 가드 대역에 배치할 수 있어 통신 사업자를 위해 높은 수준의 유연성을 제공한다.

상향링크에서, 단일 데이터 전송은 가장 낮은 데이터 전송 속도에 대해 매우 큰 커버리지를 얻기 위해 지원된다. NB-IoT는 LTE와 동일한 상위 계층 프로토콜 (MAC, RLC 및 PDCP)세트를 사용하며 NB-IoT 및 카테고리-M1 모두에 적용 가능한 빠른 연결 설정을 위한 확장 기능을 제공한다. 그리하여 기존에 배포된 네트워크에 쉽게 통합될 수 있다.

eMTC와 NB-IoT는 3GPP규격의 여러 릴리스를 통해 진화해왔고, 대규모 기계 유형 통신을 위해 5G 네트워크에서 중요한 역할을 할 것이다. NR의 도입으로 광대역 트래픽은 점차 LTE에서 NR로 이동할 것이다. 그러나 대규모 기계 유형 통신은 향후 수년간 eMTC 및 NB-IoT에 의존할 것으로 예상된다. 또한 릴리스 17에서 LTE 진화의 초점은 주로 대규모 기계 유형 통신이 될 것이며, 이는 지난 몇 가지 릴리스의 추세로도 확인할 수 있다.

따라서 대규모 기계 유형 통신에 사용되는 기존 캐리어 위에 NR을 배포하기 위한 특별한 방법이 포함되었다 (18장 참조). 이후 LTE 릴리즈에서는 URLLC에 대한 지원이 향상되었다. 이것의 예로서 릴리즈 15의 sTTI 기능 (다음 절 참조)과 릴리즈 15의 URLLC의 안정성 부분에 대한 일반적인 작업이 있다.

4.7.2 지연시간 감소

릴리즈 15에서는 전체 대기 시간을 줄이는 작업이 수행되어, 소위 짧은 TTI (Short Transmit Time Interval, sTTI)기능이 만들어졌다. 이 기능의 목표는 공장 자동화와 같이 매우 낮은 대기 시간이 중요한 유즈 케이스에 대해 낮은 대기 시간을 제공하는 것이다. 이것은 몇 OFDM 심볼의 전송 기간 및 감소된 단말 프로세싱 지연과 같은 NR에서 사용된 것과 유사한 기술을 사용하지만, LTE와 호환될 수 있는 방식으로 설계되었다. 따라서 지연 시간이 짧은 서비스를 기존 네트워크에 포함시킬 수 있지만 NR과 같은 clean-slate 설계에 비교할 때에는 특별한 제한 사항이 있게 된다.

4.7.3 단말 대 단말 통신 (DEVICE-TO-DEVICE COMMUNICATION)

LTE와 같은 셀룰러 시스템은 단말이 통신하기 위해 기지국에 연결되어 있다는 가정하에 설계된다. 대부분의 경우, 관심 있는 콘텐츠 서버가 일반적으로 단말 근처에 있지 않으므로 이것은 효율적인 접근 방식이다. 그러나 어떤 단말이 다른 인접 단말과의 통신에 관심이 있거나, 아니면 자신에 대해 관심이 있는 인접 단말이 있다는 것을 감지하는 경우, 네트워크 중심의 통신은 최선의 방법이 아닐 수 있다. 마찬가지로 공공안전을 위해, 예를 들면 재난 상황에서 도움을 필요로 하는 사람을 처음 발견한 수색 담당자는 일반적으로 네트워크 커버리지가 없는 경우에도 통신이 가능해야 한다는 요구 사항이 있다. 이러한 상황을 해결하기 위해 릴리즈 12에서는

상향링크 스펙트럼의 일부를 사용하여 네트워크 지원의 단말 대 단말 통신 (Network-Assisted Device-to-Device Communication)을 도입했다(그림 4.9).

첫째로 단말 대 단말 개선 사항을 개발할 때, 공공 안전을 위해 커버리지 외부뿐만 아니라 커버리지 내부에서의 통신, 둘째로 상용 유즈 케이스를 위한 주변 단말의 범위 검색, 이렇게 두 가지 경우에 대한 시나리오가 고려되었다.

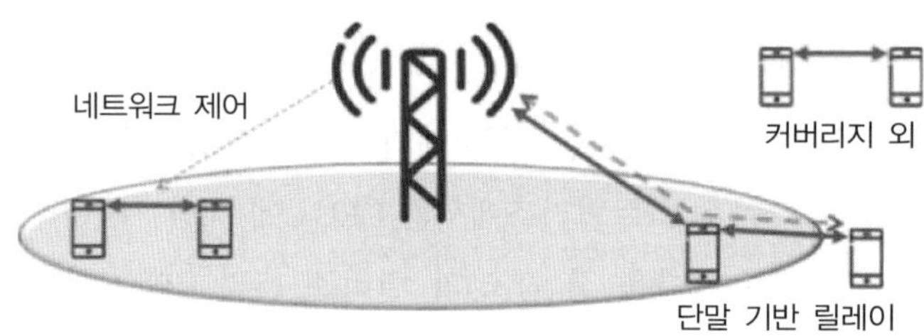

그림 4.9
단말 대 단말 통신

릴리즈 13에서는 확장된 커버리지를 위한 릴레이 솔루션을 통해 단말 대 단말 통신이 더욱 향상되었다. 단말 대 단말 통신의 설계는 또한 릴리즈 14에서 V2V 및 V2X 작업의 기초로 사용되었다

4.7.4 V2V와 V2X

지능형 교통 시스템 (ITS)은 교통안전을 개선하고 효율성을 높이기 위한 서비스를 말한다. 그 예로는 안전을 위한 차량 간 통신이 있다. 예를 들어 앞 차량이 고장 났을 때 차량 뒤에 메시지를 전송한다. 또 다른 예로는 여러 트럭이 서로 매우 가깝게 운전하며 해당 그룹에서 첫 번째 트럭을 따라 이동하여 연료를 절약하고 CO_2 배출량을 줄이는 군집 주행을 들 수 있다. 교통 상황, 날씨 업데이트 및 혼잡 시 대체 경로에 대한 정보를 얻는 등 차량과 인프라 간의 통신도 유용하다 (그림 4.10).

릴리즈 14에서 3GPP는 릴리즈 12에서 도입된 단말 대 단말 기술 및 네트워크의 서비스 품질 향상을 기반으로 이 영역의 개선 사항을 정의했다. 차량 간, 혹은 차량 및 인프라간 통신 모두에 동일한 기술을 사용하는 것은 성능을 향상시킬 뿐만 아니라 비용을 절감하기 위해서도 유익하다.

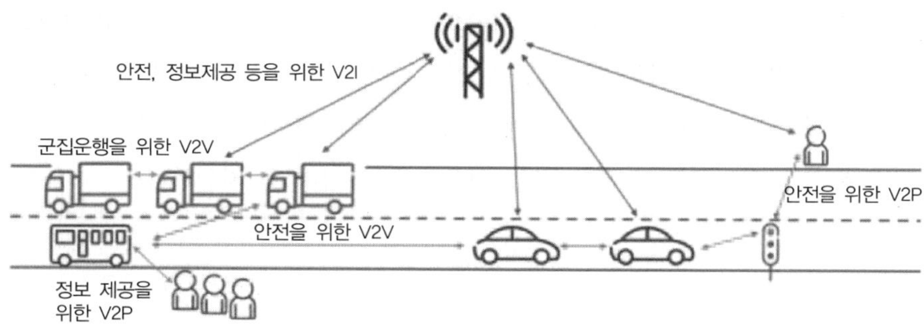

그림 4.10
V2V와 V2X의 도식

4.7.5 항공 분야 (AERIALS)

릴리즈 15의 항공에 대한 작업은 커버리지에 들어가지 않는 영역에 셀룰러 범위를 제공하기 위한 릴레이의 역할로서 드론을 통한 통신을 다룰 뿐만 아니라, 다양한 산업 및 상업용 응용 분야에 대한 드론의 원격 제어를 포함한다. 지상과 공중에 떠 있는 드론 간 전파 (Propagation) 조건이 지상 네트워크와는 다르기 때문에, 새로운 채널 모델이 릴리즈 15의 일부로 개발되었다. 드론에서는 많은 수의 기지국이 보이기 때문에, 드론의 간섭 상황은 지상에 있는 단말과 다르다. 이는 전력 제어 메커니즘에 대한 개선뿐만 아니라 빔포밍과 같은 간섭 완화 기술을 필요로 한다.

4.7.6 멀티캐스트/브로드캐스트

단일 전송으로 여러 단말에 동시에 동일한 컨텐츠를 전송하는 MBMS (Multimedia Broadcast Multicast Services)기능은 릴리스 9 이후 LTE의 일부였다. 릴리스 9의 초점은 동일한 신호가 준 정적이고 협력적인 방식으로 여러 셀을 통해 전송되는 15kHz의 원래 LTE 부반송파 간격을 사용하는 단일 주파수 네트워크에 대한 지원이었다. –이것은 MBSFN (Multimedia Broadcast Single-Frequency Network)이라고 한다.

릴리스 13에서는 추가 모드인 SC-PTM (Single-cell point-to-multipoint)이 단일 셀에서만의 관심 서비스를 위한 MBSFN에 대한 보완으로 추가되었다. 모든 전송은 동적으로 스케줄링 되지만, 단일 단말을 대상으로 하는 대신 동일한 전송이 여러 단말에서 동시에 수신된다.

더 넓은 지역에서 브로드캐스트 전용 MBSFN 캐리어에 대한 지원을 개선하기 위해, 더 긴 cyclic-prefix를 획득하기 위한 새로운 1.25kHz의 수비학 (Numerology)이 릴리스 14에 도입되

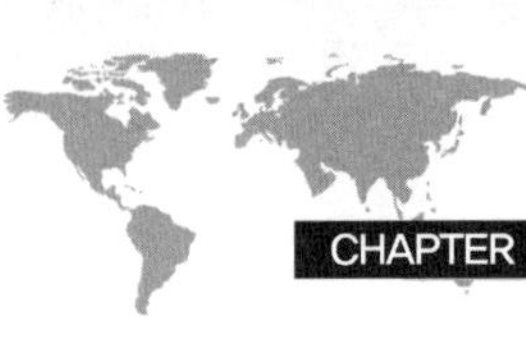

었다. 이것은 공식적으로 향상된 MBMS (eMBMS)로 알려져 있지만 때로는 LTE 브로드캐스트라고도 한다. LTE 기반 5G 지상파 방송으로 알려진 추가 향상 기능이 릴리스 16에 추가되었다. 100μs 및 400μs의 해당 cyclic prefix와 함께 2.5kHz 및 0.37kHz의 추가 부반송파 간격이 도입되어 고전력/높은 타워 시나리오에서 매우 넓은 영역의 전송을 지원한다.

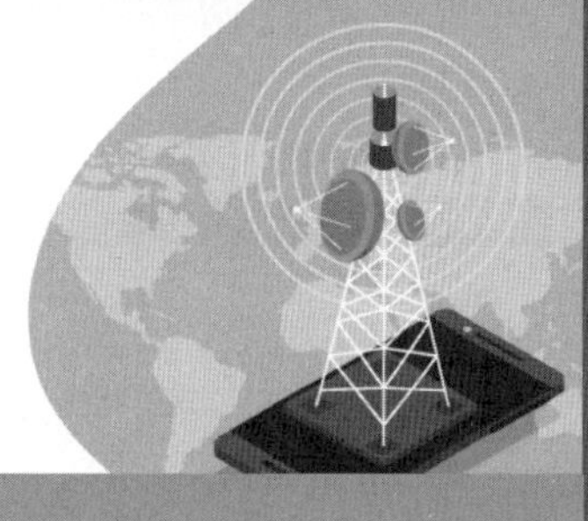

05 NR 개요

CHAPTER

NR에 대한 기술 작업은 2016년 봄에 3GPP 릴리즈 14에 스터디 아이템으로 시작되었는데 이것은 2015년 가을에 열린 킥오프 워크샵 내용에 기반을 두고 있다. (그림 5.1 참조) 스터디 아이템 단계에서는 다른 기술 솔루션들이 연구되었다. 하지만 충분하지 못한 일정으로 인해 몇몇 기술적인 결정들만 이 단계에서 이루어졌다. 그리고 해당 작업은 릴리즈15에서 워크 아이템 단계로 계속 이어지게 되었으며, 그 결과로서 2017년 연말까지 NR 표준의 첫 번째 버전이 나오게 된 것이다. 이러한 중간 수준의 표준안이 릴리즈 15가 끝나기 전에 나오게 된 것은 조기 5G망 상용화 적용을 위한 상업적인 요구 조건들을 맞추기 위한 것이었다.

2017년 12월에 만들어진 최초의 규격은 NSA(비독립형) NR 작동으로 제한되며(6장 참조), 이것이 의미하는 것은 NR 단말들이 초기 호 접속 및 이동성에 대해서는 LTE에 의존한다는 사실이다. 릴리즈 15의 마지막 버전은 SA NR도 지원한다. SA와 NSA의 차이는 주로 상위 레이어 및 코어 네트워크와의 인터페이스에 영향을 끼친다. 그리고 기본적인 무선 기술은 SA나 NSA 양자 모두 동일하다.

3GPP에서의 NR 무선 접속 기술에 대한 작업과 병행하여, 새롭게 5G 코어 네트워크가 개발되어 왔다. 이것은 무선 접속에 관련되지 않은 기능들이지만 완벽한 네트워크를 제공하기 위해 필요한 것이다. 하지만 기존 LTE 코어 네트워크인 EPC (Evolved Packet Core)에도 NR 무선 접속 네트워크를 연결하는 것이 가능하다. 실제로 이것은 LTE와 EPC가 호 셋업과 페이징을 담당하고 NR은 주로 데이터 전송 속도와 용량 증대 기능을 제공하는 'NSA에서의 NR'을 운영하는 경우에 해당한다.

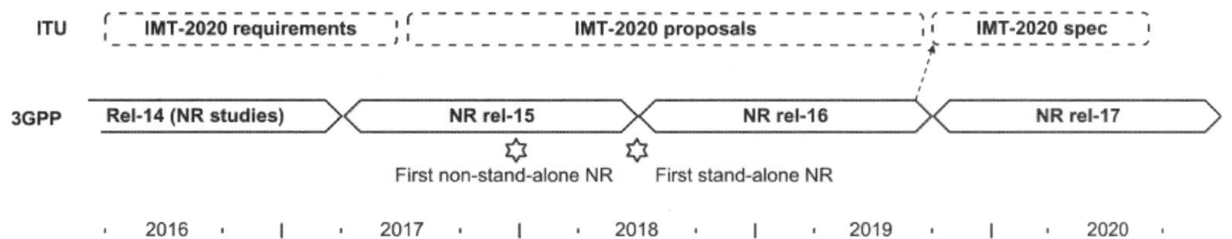

그림 5.1
3GPP 일정표

이 장의 나머지 부분에서는 NR 릴리스 15의 기본 설계 원칙 및 가장 중요한 기술 구성요소와 릴리스 16의 NR 발전을 포함하여 NR 무선 액세스에 대한 개요를 다룬다. 이번 장에서는 NR에 대한 높은 수준의 개요나, NR에 대한 자세한 설명을 제공하는 후속 6-26장에 대한 소개를 확인할 수 있다.

5.1 NR 릴리스 15 기본사항들

NR 릴리스 15는 NR의 첫 번째 버전이다. 개발 중에는 주로 eMBB 및 (어느 정도는) URLLC 서비스에 중점을 두었다. mMTC(Massive Machine-Type Communication)의 경우, eMTC 및 NB-IoT[26, 55]와 같은 LTE 기반 기술을 사용할 수 있으며 우수한 결과를 얻을 수 있다. NR 캐리어와 겹치는 캐리어에서 LTE 기반 대규모 MTC에 대한 지원은 NR의 설계(18장 참조)에서 처리되어, NR은 매우 광범위한 서비스를 처리할 수 있는 통합된 전체 시스템이 되었다.

LTE와 비교하여, NR은 여러 가지 이점을 제공한다. 몇 가지 주요 항목들은 다음과 같다.

- 높은 주파수 대역을 활용, 스펙트럼을 추가로 확보하여 매우 넓은 전송 대역을 제공함으로써 높은 데이터 전송률이 가능해짐
- 울트라-린 (Ultra-Lean) 설계를 통해 네트워크 에너지 효율을 향상시키고 간섭을 줄임
- (아직은 명확하지 않지만) 향후 등장하게 될 유즈 케이스 및 기술들을 위한 포워드 호환성 (Compatibility)
- 성능을 향상시키고 새로운 유즈 케이스를 가능케 할 저 지연시간
- (LTE에서도 어느 정도 가능한) 데이터 전송뿐만 아니라 초기 호 접속과 같은 컨트롤 플레인 절차를 위한 빔포밍과 대량의 안테나 소자를 가능하게 하는 빔 중심의 설계

위의 첫 번째 세 가지 이점들은 설계 원리 (혹은 설계 시 요구 사항)으로 분류될 수 있으며 먼저 다룰 것이다. 이어서 NR에 적용될 핵심 기술 구성요소들에 대해 살펴볼 것이다.

5.1.1 높은 주파수 대역의 운영 및 스펙트럼 유연성

NR의 주요 기능 중 하나로서 무선 접속 기술이 적용되는 스펙트럼 범위를 크게 확장하는 것을 들 수 있다. 3.5GHz에서는 허가받은 스펙트럼을 지원하고 5GHz에서는 비면허 대역을 지원하는 LTE와는 다르게, NR은 1GHz 아래 대역부터 52.6GHz[1)]까지 모두 허가받은 스펙트럼에서의

동작을 지원한다. 이것은 이미 첫 번째 릴리즈부터 이미 이렇게 지원되고 비면허 스펙트럼으로의 확장 또한 이미 계획되어 있다.

밀리미터파 주파수에서의 동작으로 대용량의 스펙트럼을 사용할 수 있으므로 매우 넓은 전송 대역폭이 상당히 넓고, 그리하여 매우 높은 트래픽 용량과 빠른 데이터 전송 속도가 가능해진다. 하지만 높은 주파수에는 더욱 높아진 무선 채널 손실이 있게 되어 네트워크 커버리지에 제약이 생긴다.

이러한 제약 사항은 빔 중심의 NR 설계로 가는 주요 동기가 되는데 개선된 다중안테나 송수신을 통해 부분적으로 보완이 가능하다. 그럼에도 불구하고, 커버리지 측면에서 상당히 불리한 점이 남아 있는데 특히 시야에 들어오지 않는 NLOS (Non-Line-Of-Sight)의 경우와 실외에서 실내로 전파되는 경우에 그렇다. 그래서 낮은 주파수 대역에서의 동작은 5G 시대에 있어 필수적인 기술 요소이다. 특별히 낮은 주파수 스펙트럼과 높은 주파수 스펙트럼 간의 협력 운용은 (예를 들면 2GHz와 28GHz 간) 상당히 큰 이점을 준다. 높은 주파수 레이어는 커버리지에 더 제약이 있긴 하지만 많은 스펙트럼을 사용하여 많은 가입자들에게 서비스를 제공할 수 있다. 이로 인해 높은 주파수에 비해 대역폭에 제약이 있는 낮은 주파수 대역의 스펙트럼에 걸리는 부하를 줄일 수 있을 것이며 특히 안 좋은 서비스 품질을 겪는 가입자들에게 더욱 도움이 될 것이다.[62]

높은 주파수 대역의 운영에 또 다른 도전 사항은 바로 규제 측면이다. 기술 이외의 이유로 6GHz에서의 전파 방사 허용을 정의하는 규정들, SAR 기반의 제약부터 더 나아가 EIRP 류의 제약 사항들이 있다. 단말 타입에 따라 (모바일폰, 고정 통신용 단말 등) 이것은 전송 전력의 감소를 야기하여 링크 버짓 (Budget)을 전파 (Propagation) 조건만으로 제한되는 것보다 더 어렵게 하고 저주파 대역 및 고주파 대역을 결합하여 운용하는 것의 이점을 더욱 감소시킨다.

5.1.2 울트라-린 설계

현재 이동통신 기술이 가진 한 가지 이슈로 사용자 트래픽의 양과 상관없이 네트워크 노드들에 의해 전송되는 신호를 들 수 있다. 그러한 신호는 'always-on' 신호라고 부르기도 하는데, 예를 들면 기지국의 감지를 위한 신호, 시스템 정보의 브로드캐스트, 항상 켜져 있는 채널 추정을 위한 레퍼런스 시그널 등을 들 수 있다. LTE가 설계된 일반적인 트래픽 조건에서는 그러한 전송들은 전체 네트워크 전송량 중에서 적은 부분을 차지하고 있으며 네트워크 성능에 상대적으로 적은 영향을 끼친다. 하지만 높은 최대 데이터 전송 속도를 제공하도록 배치된 고밀도 네트

1) 52.6GHz 까지의 상향 제한은 매우 특정적인 스펙트럼 상황 때문이다.

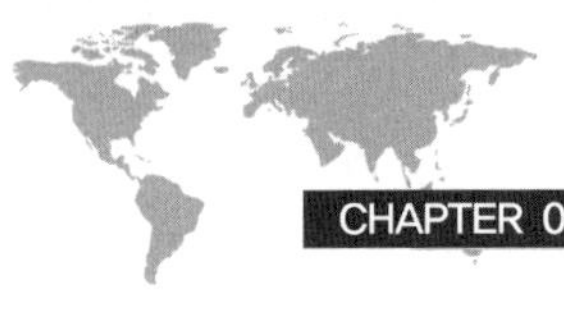

워크에는 네트워크 노드당 평균 트래픽 부하가 상대적으로 적을 것인데, 이는 'always-on' 전송이 전체 네트워크 전송에서 더 많은 비중을 차지하게 되는 것을 의미한다.

이 'always-on' 전송의 두 가지 부정적인 영향은 다음과 같다.

- ❑ 네트워크 에너지 효율을 높이는데 장벽이 됨
- ❑ 다른 셀들에 간섭을 야기하여 달성 가능한 데이터 전송률을 낮추어 버림.

그런데 울트라-린 설계 원리는 이렇게 항상 켜져 있는 전송을 최소화하는 것을 목표로 한다. 그리하여 높은 네트워크 에너지 효율을 달성하고 데이터 전송률도 높일 수 있는 것이다.

이에 비해 LTE의 설계는 셀 특정 레퍼런스 신호에 많은 기반을 두고 있다. 단말은 추정할 수 있는 신호들이 항상 존재한다고 가정하고 채널 추정, 트래킹, 이동성 측정 등에 이용한다. NR에서는 이러한 과정들의 대다수가 다시 논의되었고 울트라-린 설계 원리를 구현하도록 수정되었다. 예를 들면, 셀 탐색 과정은 LTE에 비해 울트라-린 패러다임을 더 잘 지원하도록 NR에서 재설계되었다. 다른 예로는 복조레퍼런스 신호 (Demodulation Reference-Signal, DMRS) 구조를 들 수 있는데, NR에서는 데이터가 전송될 때에만 존재하는 레퍼런스 시그널에 더욱 의존하고 그 외의 경우에는 그렇지 않도록 한다.

5.1.3 전방위 호환성 (Forward Compatibility)

NR 표준 개발의 중요한 목표는 무선 인터페이스 설계에서 높은 수준의 전방위 호환성을 보장하는 것이다. 여기서 전방위 호환성이라는 것은 새로운 기술을 도입하고 아직은 알 수 없는 요구 조건과 특성을 가진 새로운 서비스를 가능케 한다는 측면에서 상당히 향후 진화를 가능케 하는 무선 인터페이스 설계를 의미한다 (반면에 여전히 같은 캐리어에서의 기존 디바이스들을 지원할 수 있어야 한다).

본질적으로 전방위 호환성은 보장하기 어려운 것이다. 하지만 3G, 4G와 같은 이전 세대에서의 경험을 기반으로 3GPP는 NR의 전방위 호환성에 관계된 몇 가지 기본 설계 원리들에 동의했으며 다음과 같다.

- ❑ 후방위 호환성 (Backward Compatibility)이슈를 일으키지 않고, 향후에 유연하게 활용될 수 있거나 공란으로 남겨둘 수 있는 시간 및 주파수 자원의 양을 극대화
- ❑ always-on 신호들의 전송을 최소화
- ❑ 설정 및 할당이 가능한 시간/주파수 자원 범위 내에서 물리계층 기능들을 위한 시그널 등과 채널들을 제한

세 번째 항목에 따르면 표준에 의해 지정되어 시간/주파수 자원이 고정된 전송은 가급적이면 최대한 회피하려고 하는 것이다. 이러한 방법으로 향후를 위한 유연성을 유지하여 레거시 신호 및 채널들로부터 오는 제약들을 최소화하여 새로운 형식의 전송 방식을 향후에 도입할 수 있는 유연성을 갖게 하는 것이다. 이것은 기존 LTE에서 취한 접근 방식과는 다르다. 예를 들면, LTE에서는 동기 HARQ 프로토콜이 사용되는데 이것은 상향링크에서의 재전송이 초기전송 이후 시간상 정해진 지점에서 발생한다는 것을 의미한다. 컨트롤 채널들은 불필요하게 자원을 막지 않도록 하여 LTE에 비해 NR에서 훨씬 유연하다.

유의해야 할 것은 이러한 설계 원리들이 부분적으로는 앞서 언급한 울트라-린 설계의 목표와 일치한다는 것이다. NR에서는 또한 예비된 자원들을 설정할 수 있는데, 이것은 시간/주파수 자원들이 설정되긴 하지만 실질적으로 현재 전송에 사용되지 않고 추후 무선 인터페이스 확장에 사용될 수 있는 것이다. 또한, LTE와 NR의 캐리어가 겹치는 경우, 이와 같은 메커니즘이 LTE-NR 공존을 위해 사용될 수 있다.

5.1.4 전송 구조, 대역폭 파트 및 프레임 구조

LTE와 유사하게[26], OFDM은 시간 분산에 대한 대처가 용이하고 채널 및 시그널에 대한 구조를 정의할 때 시간 및 주파수 영역을 더 잘 활용할 수 있기 때문에 NR에도 적합한 파형으로 밝혀졌다. 하지만 DFT-precoded OFDM이 상향링크의 유일한 전송 방식인 LTE와는 다르게, NR은 공간 다중화와 함께 수신기 구조를 단순화하고, 또 한편으로는 전반적으로 상향링크, 하향링크 모두 동일한 전송 방식을 취하려는 필요 때문에 기본적인 상향전송방식으로 하향링크 전송방식과 같은 non-DFT-precoded OFDM을 사용한다. 그럼에도 불구하고, DFT-프리코딩은 LTE에서처럼 비슷한 이유로 상향링크에서 보완재로 쓰일 수 있다. 즉 cubic-metric[57]을 줄이면서 단말 단에서 높은 파워앰프효율이 가능해진다. 여기서 Cubic metric은 특정 신호 파형을 전송하기 위해 전력 증폭기 앞단에서 필요한 부가적인 전력 back-off의 양을 측정한 것이다.

1GHz 이하 주파수의 반경이 큰 셀부터 매우 넓은 스펙트럼이 할당되는 밀리미터파 적용까지의 넓은 범위의 적용 시나리오를 지원하기 위해, NR은 15kHz부터 240kHz까지의 범위에 걸쳐 부반송파 간격에 대해 유연한 OFDM 뉴머롤로지를 지원한다. 이때 사이클릭 프레픽스 (Cyclic Prefix) 길이도 부반송파 간격에 비례하여 변한다. 부반송파 간격을 줄이는 것은 적절한 오버헤드에서 절대 시간 내에 상대적으로 긴 cyclic-prefix를 제공하는 이점이 있다. 반면에 부반송파 간격이 클 경우, 예를 들면 높은 주파수 대역에서 증가된 위상 잡음을 관리하여야 한다. 최대

총대역폭이 400MHz까지 가능하지만 실제로는 3300개 부반송파까지 사용한다. 이로 인해 부반송파 간격이 15/30/60/120kHz일 때 최대 반송파 대역폭은 각각 50/100/200/400MHz가 되는 것이다. 만약 더 큰 대역폭이 지원되어야 한다면, 캐리어 애그리게이션이 사용될 수 있다.

NR 물리계층 표준이 대역에 구속받지 않음에도 불구하고, 지원되는 모든 뉴머롤로지가 모든 주파수 대역과 관련이 있는 것은 아니다 (그림 5.2 참조). 그림 5.2에 나온 것처럼 각 주파수 대역별로 무선 요구 사항이 지원되는 뉴머롤로지의 부분집합으로 정의된다. 0.45GHz에서 7.125GHz까지의 주파수 범위는 표준에서 공통적으로 FR1 (Frequency Range 1)[2)]이라고 하고, 24.25GHz부터 52.6GHz까지의 주파수 범위는 FR2라고 한다. 현재 7.125GHz와 24.25GHz 사이에 정의된 NR 스펙트럼은 없다. 하지만 기본적인 NR 무선접속 기술은 스펙트럼에 상관이 없고 NR 표준은 부가적인 스펙트럼을 커버할 수 있도록 쉽게 확장될 수 있다. 예를 들면 7.125GHz부터 24.25GHz까지의 주파수 스펙트럼으로도 확장할 수도 있다는 의미이다.

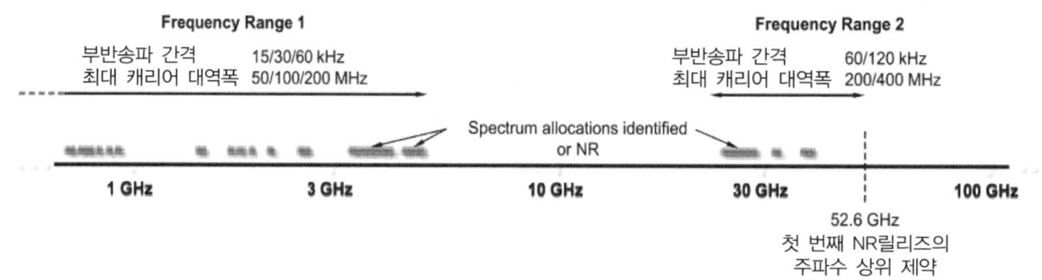

그림 5.2
NR을 위해 정의된 스펙트럼과 해당하는 부반송파 간격들

LTE에서는 모든 단말들이 20MHz 캐리어 대역폭까지 지원 가능했다. 하지만 NR에 가능한 매우 넓은 주파수 대역폭을 가정하면 모든 단말들이 최대 캐리어 대역폭을 지원하도록 요구하는 것은 합리적이지 않다. 이것은 여러 분야에 의미하는 바가 있고 LTE와 다른 설계를 필요로 하는 것이다. 예를 들면 뒤에 언급할 컨트롤 채널의 설계를 들 수 있다. 게다가 NR은 단말 측면의 '수신기-대역폭 적응'을 단말 에너지 소모를 줄이는 도구로 사용한다. 대역폭 적응은 상대적으로 적은 대역폭을 사용하여 컨트롤 채널을 모니터링하고 중간 수준 전송 속도의 데이터를 받는다. 또한, 높은 데이터 전송 속도가 지원되어야 할 경우에만 넓은 대역의 수신기가 동적으로 열리도록 해준다.

이러한 두 가지 측면을 다루기 위해 NR은 대역폭 파트 (Bandwidth Part)를 정의한다. 이것은 단말이 현재 특정 뉴머롤로지의 전송을 수신할 수 있을 것으로 기대되는 대역폭을 가리키는 것이다. 만약 단말이 여러 개의 대역폭 파트들로부터 동시에 수신할 수 있다면, 이것은 릴리즈

2) 원래 FR1은 6GHz에서 멈췄지만 나중에 6GHz 비면허 대역을 수용하기 위해 7.125GHz로 확장되었다.

15에서 한 순간에 단지 하나의 액티브 대역폭 파트를 지원하지만, 원칙적으로 단일 캐리어에서 하나의 단말에 대해 다른 뉴머롤로지들을 혼합하여 전송하는 것이 가능하다.

NR의 시간 도메인 구조는 그림 5.3에 기술하였는데, 10ms 무선 프레임이 10개의 1ms 서브프레임으로 나누어진다. 하나의 서브프레임은 14개의 OFDM 심볼로 각각 구성된 슬롯들로 나누어지는데, 1ms (milli-second)안에 있는 각 슬롯의 기간은 뉴머롤로지에 따라 다르다. 15kHz 부반송파 간격일 경우, NR 슬롯은 기존 LTE 서브프레임의 구조와 동일하며 LTE와의 공존하는 측면에서 이점이 있다. 슬롯은 고정된 OFDM 심볼 수로 정의되기 때문에 높은 부반송파 간격으로 갈수록 슬롯 간격은 짧아진다. 이론상으로 이것은 낮은 지연시간 전송을 지원하는 데 사용될 수 있다. 하지만 부반송파 간격이 증가할 때 사이클릭 프레픽스 또한 줄어듦으로써 이러한 접근법은 모든 네트워크 적용에는 불가한 것이다. 그러므로 NR은 '미니 슬롯 전송'이라고 하여 슬롯의 일부분에 전송하는 것을 허용함으로써 적은 지연시간을 더욱 효율적인 방법으로 지원할 수 있다. 이러한 전송은 또한 다른 단말에 이미 진행 중인 슬롯 기반의 전송을 미리 선취 (Preempt)하여 매우 낮은 지연 시간을 필요로 하는 데이터를 즉각적으로 전송할 수 있다.

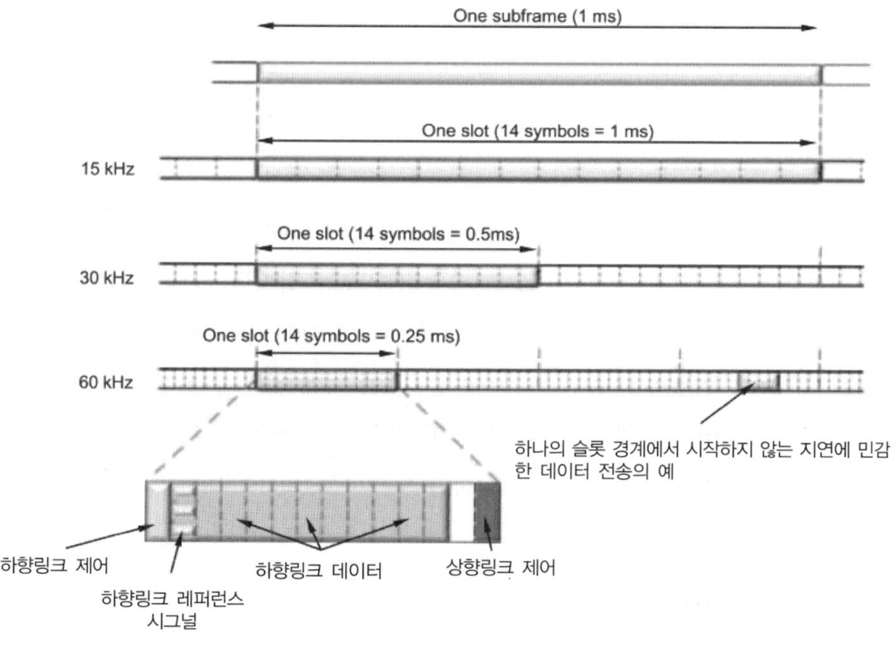

그림 5.3
프레임 구조 (TDD 가정됨)

슬롯 경계에서뿐만 아닌 다른 지점에서도 데이터 전송을 시작할 수 있는 유연성이 있다는 것은 또한 비면허 대역 스펙트럼을 운용할 때 유용하다. 비면허 대역에서는 송신기는 LBT (Listen-

Before-Talk)로 알려진 과정인, 전송 전에 이미 다른 전송 과정에 의해 무선 채널이 점유되어 있는지를 확인하게 되어 있다. 일단 채널이 사용 가능한 것으로 밝혀지면 다음 슬롯의 시작점이 도래할 때까지 기다리지 않고 전송을 즉시 시작할 수 있는 이점이 있다. 해당 채널에 전송을 시작함으로써 다른 전송기와의 충돌을 피할 수 있는 것이다.

밀리미터파 영역에서의 동작에서도 미니 슬롯 전송이 유용한 것을 확인할 수 있다. 즉 밀리미터파 적용 시, 가용한 대역폭은 대개 매우 크고, 적은 OFDM 심볼들로 가용한 페이로드를 전송하기에 충분할 수 있다. 이것은 뒤에서 언급될 아날로그 빔포밍과 함께 이용될 때 특히 유용하다. 여기서 각기 다른 빔 상에 있는 여러 단말들에 대한 전송은 주파수 대역에서 멀티플렉싱될 수 없고 오직 시간 영역에서만 멀티플렉싱될 수 있다.

LTE와 달리 NR은 셀 특정 레퍼런스 신호를 사용하지 않는다. 오직 채널 추정을 위해 사용자 특정 복조레퍼런스에만 의존한다. 이것은 뒤에 언급될 효율적인 빔포밍 및 다중 안테나 동작을 가능하게 할 뿐만 아니라 앞에서 언급했던 울트라-린 설계 원리에도 부합된다. 셀 특정 레퍼런스 신호와는 다르게, 만약 전송할 데이터가 없을 때에는 복조레퍼런스들도 전송되지 않는다. 그리하여 네트워크 에너지 효율이 향상되고 간섭도 줄일 수 있게 된다.

대역폭 파트를 포함한 전반적인 NR의 시간/주파수 구조는 7장에서 다룰 것이다.

5.1.5 듀플렉스 구조

사용하게 될 듀플렉스 구조는 일반적으로 스펙트럼 할당에 의해 주어진다. 낮은 주파수 대역에서의 할당은 주로 쌍을 이루는데, 바로 그림 5.4에 나온 것처럼 FDD (Frequency-Division Duplex) 방식을 의미한다. 높은 주파수 대역에서는 TDD (Time-Division Duplex)와 같이 쌍을 이루지 않는 스펙트럼 할당이 주를 이루게 된다. LTE에 비해 NR이 지원하는 높은 캐리어 주파수를 가정할 때, 쌍을 이루지 않고 스펙트럼 사용 효율이 높은 TDD 방식은 LTE에 비해 NR에서 매우 중요한 기술 요소이다.

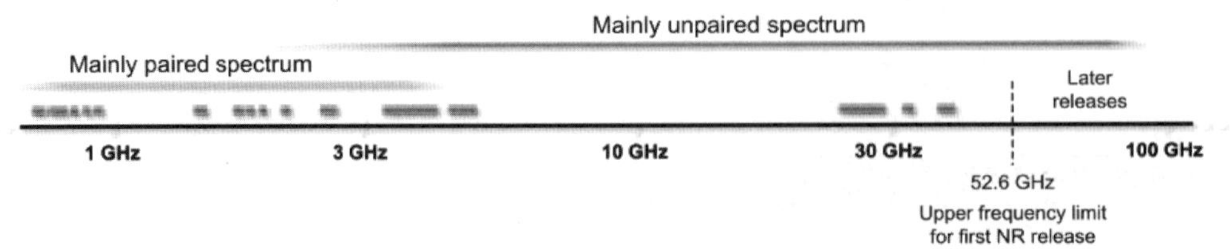

그림 5.4
스펙트럼과 듀플렉스 방식

NR은 하나의 공통 프레임 구조를 사용하여 쌍을 이루는 스펙트럼과 그렇지 않은 스펙트럼 모두에서 운용될 수 있다. 이와 달리 LTE는 두 개의 다른 프레임 구조가 사용된다 (그리고 나중에 비면허 대역 스펙트럼이 지원이 릴리즈 13에 도입되었을 때는 3가지 다른 프레임 구조가 사용된다). 기본적인 NR 프레임 구조는 half-duplex와 full-duplex 모두를 지원할 수 있도록 설계되었다. half-duplex에서 단말은 동시에 송수신을 할 수 없다. 이러한 half-duplex의 예를 들면 TDD와 half-duplex FDD의 경우를 들 수 있다. 반면에 full-duplex에서는 일반적인 예로서 FDD가 있으며 동시에 송수신이 가능하다.

이미 언급한 바와 같이, TDD는 unpaired 스펙트럼 할당이 더 많이 사용되는 높은 주파수 대역으로 갈 때 그 중요성이 커진다. 이러한 주파수 대역들은 자체의 전파 특성 때문에 매우 넓은 셀을 갖는 넓은 커버리지의 경우 별로 유용하지 못하고, 작은 셀 사이즈의 작은 커버리지일 경우 더욱 적절하다. 넓은 지역의 TDD 네트워크에서는 간섭 문제 가 야기되는 경우가 발생하지만, 적은 전송 전력과 옥상 바로 아래에 안테나를 설치한 작은 지역에 배치 시 문제가 줄어든다. 이렇게 작은 셀 반경에서 고밀도 배치를 하게 되면 셀 당 많은 수의 활성화된 단말들을 갖고 있는 넓은 셀 배치의 경우에 비해 셀 당 트래픽 변동은 급격해질 것이다. 이러한 상황에 대처하기 위해 상향링크와 하향링크 전송 방향 간의 시간 영역에서의 자원을 다이나믹하게 할당 및 재할당할 수 있는 다이나믹 TDD가 바로 NR 기술의 핵심 요소이다. 이것은 상향링크/하향링크 할당이 시간에 따라 동적으로 변하지 않는 LTE에 대비된다.[3] 다이나믹 TDD는 셀당 상대적으로 적은 수의 가입자가 있는 고밀도 배치에서 급격한 트래픽 변동을 따라갈 수 있다. 예를 들면, 가입자가 하나의 셀에서 거의 혼자이고 대용량 파일을 다운로드 받아야 한다고 가정하면, 대부분의 자원들이 하향링크에서 활용되고 상향링크로는 단지 적은 양만이 활용될 것이다. 나중에는 상황이 달라져서 대부분의 자원 용량이 상향링크에 필요하게 되는 경우도 생길 수 있다.

다이나믹 TDD의 기본적인 접근법은 단말이 하향링크 제어 신호를 모니터링하고 스케줄링 결정을 따르는 것이다. 만약 단말이 전송하도록 지시를 받는다면, 단말은 상향링크로 전송한다. 그렇지 않다면 단말은 하향링크 전송을 수신하려고 시도할 것이다. 상향링크-하향링크 할당은 전적으로 스케줄러의 통제 아래에 있고 어떠한 트래픽 변동도 동적으로 계속 추적된다.

동적인 TDD가 유용하지 않은 현장 배치 시나리오도 있다. 그러나 LTE처럼 근본적으로 준정적(Semi-Static)으로 설계해 놓고 거기에 동적인 특성을 추가하려고 시도하는 것보다 차라리 그러한 시나리오의 경우 필요할 때에 동적인 구조에서의 역동성을 제한하는 것이 훨씬 간단하다.

3) LTE 후반 릴리즈에서는, eIMTA 기능이 상향링크 및 하향링크 할당에 있어 다이나믹한 변화를 허용할 것이다.

예를 들면 옥상 위 안테나를 사용하는 넓은 커버리지의 매크로 네트워크에서, 셀 간 간섭 상황은 셀 간에 상향링크-하향링크의 조정을 필요로 한다. 그러한 상황에서 준정적인 할당은 LTE의 경우에만 운용할 때 적절하다. 이것은 적절한 스케줄러 구현에 의해 이루어 질 수 있다. 또한, 몇 개 혹은 모든 슬롯에 준정적으로 송신 방향을 설정해 줄 수도 있다. 이것은 상향링크 용도에 예비된 것으로 이미 알려져 있는 슬롯들에서는 하향링크 제어 채널들을 모니터링하는 것이 불필요하기 때문에, 단말 에너지 소모를 줄이도록 할 수 있는 기능이다.

5.1.6 저지연 지원

초저지연을 구현할 수 있는 것은 NR의 중요 특성이고 NR 설계할 때 많은 부분에 영향을 미친다. 한 가지 예를 들면 그림 5.3에 나온 레퍼런스 시그널과 제어 신호를 "앞 단에 싣는" 방식이다. 레퍼런스 시그널과 스케줄링 정보를 싣고 있는 하향 링크 제어 신호를 전송의 앞부분에 위치시키고, OFDM 심볼들에 시간 영역 인터리빙을 사용하지 않음으로써, 단말은 사전 버퍼링 없이 수신 데이터 처리를 즉시 시작할 수 있다. 그래서 디코딩 지연시간을 최소화하게 된다. 또 다른 예로 흔히 '미니 슬롯' 전송으로 알려진 하나의 슬롯 중 일부분에 전송하는 것이 있다.

단말이나 네트워크 상의 프로세싱 시간에 대한 요구 조건은 LTE에 비해 NR에서 매우 엄격해졌다. 예를 들면 단말은 하향링크 데이터 전송을 받은 후 대략 한 슬롯 (아니면 단말의 능력에 따라 한 슬롯보다 더 짧도록) 이내에 HARQ (Hybrid-ARQ) 피드백으로 응답하여야 한다. 유사하게 그랜트 수신으로부터 실제 상향링크 데이터 전송까지의 시간은 위와 동일한 범위에 있어야 한다.

또한, MAC과 RLC같은 상위 레이어 프로토콜은 전송해야 할 데이터양을 알 필요 없이 프로세싱을 가능케 하도록 만들어진 헤더 구조를 적용하여 적은 지연시간이 가능하도록 설계되었다 (6장 참조). 이것은 상향링크에 특히 중요한데, 단말은 상향링크 그랜트를 받은 후 적은 수의 OFDM 심볼 후에 전송을 해야 하기 때문이다. NR과는 달리 LTE 프로토콜 설계는 MAC과 RLC 프로토콜 레이어가 어떤 프로세싱이 발생하기 전에 전송해야 할 데이터의 양을 알아야 하는데, 이로 인해 초저지연시간 지원이 어려워질 수 있다.

5.1.7 스케줄링과 데이터 전송

무선 이동통신의 중요한 특성으로는 다른 셀이나 다른 단말에 의한 전송으로 인해 랜덤하게 간섭이 변화하는 것, 주파수 선택적 페이딩, 거리에 따른 경로 손실 등으로부터 유래한 순시 채널 조건에서의 일반적이고 매우 큰 급격한 변화를 들 수 있다. 이러한 변동 사항들을 극복하기 위해 방법을 강구하는 대신, 시간-주파수 자원들이 사용자 간에 동적으로 공유되는 채널 의존 스케줄링을 통한 방법을 활용할 수 있다 (상세한 내용은 14장 참조). 동적 스케줄링은 LTE에서 사용되고 있으며, 넓은 의미로 NR 스케줄링 프레임워크는 LTE와 유사하다고 할 수 있다. 스케줄러는 기지국에 탑재되어 있으며 단말로부터 보고되는 채널 품질 정보를 바탕으로 스케줄링 의사 결정을 내린다. 또한, 스케줄링 대상 단말로 보내질 스케줄링 의사 결정 시에는 서로 다른 트래픽 우선순위와 QoS (Quality of Service) 요구 조건도 고려한다.

각 단말은 초저지연 시간을 필요로 하는 트래픽을 지원하기 위해 더욱 자주 모니터링을 할 수 있지만, 보통 슬롯당 한 번씩 여러 개의 PDCCH (Physical Downlink Control Channel)를 모니터링한다. 유효한 PDCCH를 감지하게 되면, 단말은 스케줄링 결정사항을 따르고 NR에서 전송 블록이라고 하는 한 단위의 데이터를 수신하거나 송신하게 된다.

하향링크 데이터 전송의 경우, 단말은 하향링크 전송 내용에 대해 디코딩을 시도한다. NR에 의해 지원되는 높은 데이터 전송 속도를 고려하여, 채널 코딩 데이터 전송은 LDPC (Low-Density Parity-Check)코드[64]에 기반을 둔다. LDPC 코드는 LTE에서 사용되는 터보 코드보다 복잡도가 낮기 때문에, 특히 높은 코드 비율일 경우 구현 관점에서 매력적이라고 할 수 있다.

증분 (Incremental)하는 리던던시 (Redundancy)를 사용하는 HARQ(Hybrid Automatic Repeat-Qequest) 재전송은 단말이 기지국에 디코딩 결과를 보고하는 경우에 사용된다 (13장 참조). 데이터 수신이 잘못된 경우, 네트워크는 데이터를 재전송할 수 있고, 단말은 몇 번에 걸친 전송 시도로부터 소프트 정보를 결합 (Combining) 한다. 하지만, 이 경우 전송 블록 전체를 재전송하는 것은 비효율적이다. 그래서 NR은 CBG (Code-Block Group)이라고 하는 더 세밀한 단위의 재전송을 지원한다. 이것은 또한 선취 (Preemption)를 다루는 경우에도 유용하다. 두 번째 단말에 대한 긴급한 전송은 아마도 한 개 혹은 약간의 OFDM 심볼만을 사용하게 될 것이다. 그래서 첫 번째 단말의 몇몇 OFDM 심볼에만 높은 간섭을 일으킬 것이다. 이 경우 간섭을 받은 CBG를 재전송하는 것만으로 충분하며 모든 데이터 블록을 재전송할 필요는 없다. 프리엠션 전송의 처리는 선취를 당한 단말에 간섭 영향을 받은 시간-주파수 자원들을 알려주어 해당 정보를 수신 과정에서 고려할 수 있게 하는 것이다.

동적 스케줄링이 NR의 기본 동작이긴 하지만, 동적 승인 (Grant) 없는 동작도 설정이 가능하다. 이 경우, 상향링크 데이터 전송에 사용될 수 있는 자원이 미리 설정되어야 한다. 일단 단말이 보낼 데이터를 갖고 있으면, 기존의 상향링크에서 스케줄링 요청-승인 과정을 거치지 않고 즉시 상향링크 전송을 시작할 수 있다. 이로써 저지연이 가능해진다.

5.1.8 제어 채널들

NR의 동작은 일단의 물리계층 제어 채널들을 이용하여 하향링크의 스케줄링 결정을 보내고 상향링크로는 피드백 정보를 제공하게 된다. 이러한 제어 채널들의 구조에 대해 10장에서 자세히 다루겠다.

하향링크 제어 채널은 PDCCH (Physical Downlink Control Channels)라고 한다. LTE에 비해 주요한 차이점은 PDCCH가 한 개 이상의 제어 자원 집합 (Control Resource Sets - CORESETs) 안에 전송되는 하향링크 제어 채널의 시간-주파수 구조가 더욱 유연해졌다는 점이다. 전체 캐리어 대역폭이 사용되는 LTE와 다르게 NR에서는 캐리어 대역폭의 일부분만 점유하도록 설정이 가능하다. 이것은 서로 다른 대역폭 처리 능력을 갖고 있는 단말들을 다루기 위해 필요하며, 또한 위에서 언급한 대로 전방위 (Forward) 호환성을 위한 원리에 맞추어져 있다. LTE와 또 다른 주요한 차이점으로는 제어 채널에 대한 빔포밍을 지원한다는 것이다. 빔포밍이 가능하려면 제어 채널이 자신의 전용 레퍼런스 신호를 갖고 있도록 설계되어야 한다.

HARQ 피드백, 다중 안테나 동작에 대한 채널 상태 피드백, 전송을 기다리고 있는 상향 데이터에 대한 스케줄링 요청 등과 같은 상향링크 제어 정보는 PUCCH (Physical Uplink Control Channel)을 통해 전송된다. 다양한 다른 PUCCH 포맷이 있는데 이것은 전송할 정보량과 PUCCH 전송 시간에 따라 다르다. 짧은 PUCCH는 한 슬롯의 마지막 한 개 혹은 두 개 심볼에 전송되며 이른바 셀프 컨테인드 슬롯 (Self-Contained Slots)을 구현하여 HARQ ACK에 대한 매우 빠른 피드백을 지원할 수 있다. 셀프 컨테이드 슬롯이란 데이터 전송의 끝부터 단말로부터 오는 ACK의 수신까지 걸리는 지연시간이 수 개의 OFDM 심볼 길이만큼만 걸리도록 설계된 것으로 사용되는 뉴머롤로지에 따라 수십 마이크로세컨드 (us) 정도의 시간이 된다. 이것은 LTE에서 거의 3ms인 것에 비해 많이 짧아진 편이고, 저지연시간에 대해 초점을 두는 것이 어떻게 NR 설계에 영향을 미치는지에 대한 또 다른 예이다. 그리고 짧은 PUCCH의 지속 시간이 너무 짧아서 충분한 커버리지를 제공하지 못하는 경우를 위해, PUCCH 지속 시간을 좀 더 늘릴 수도 있다.

물리계층 제어 채널에 대해서는, 해당 정보 블록들이 데이터 전송에 비해 작고 HARQ가 사용되지 않기 때문에, 폴라 (Polar) 코드가 선정되었다. 가장 작은 제어 페이로드를 위해서는 리드-뮬러 (Reed-Muller) 코드가 사용된다. 데이터 전송에 비해 정보 블록이 작고 Hybrid-ARQ를 사용하지 않는 물리 계층 제어 채널의 코딩을 위해 폴라 코드[17]와 Reed-Muller 코드가 선택되었다.

5.1.9 빔 중심의 설계 및 다중 안테나 전송

송신 및 수신 모두를 위한 (많은 수의) 제어 가능한 안테나 엘리먼트들을 지원하는 것도 NR의 주요 기능이다. 높은 주파수 대역의 경우, 많은 수의 안테나 엘리먼트들이 주로 커버리지 확장 목적으로 빔포밍에 사용된다. 반면에 낮은 주파수 대역에서는 대량 (Massive) MIMO라고 하는 다차원 MIMO를 지원하고 공간 (Spatial)의 분리를 통해 간섭을 회피할 수 있다.

제어 및 동기화에 사용되는 것들을 포함하여 NR 채널들과 시그널들은 모두 빔포밍을 지원하도록 설계되었다 (그림 5.5 참조). 대량 다중 안테나 구조를 이용한 통신에 필요한 채널 상태 정보 (CSI)는 하향링크에서 CSI 레퍼런스 시그널 전송에 기반을 둔 CSI 보고 피드백을 통해 획득된다. 또한, 양방향 무선 채널 특성이 비슷한 점 (Reciprocity)을 활용하여 상향링크 측정을 이용할 수도 있다.

구현상의 유연성을 위해, NR은 계획적으로 디지털 프리코딩/빔포밍뿐만 아니라 아날로그 빔포밍을 지원하기 위한 기능을 지원한다 (11장 참조). 높은 주파수 대역에서는, 신호를 디지털에서 아날로그로 변환한 후 빔을 형성하는 아날로그 빔포밍은 적어도 초기에는 구현 측면에서 필수적일 것이다. 아날로그 빔포밍은 수신 빔이나 송신 빔이 주어진 시점에서 한 방향으로만 형성될 수 있는 제약을 갖고 있다. 그리고 아날로그 빔포밍은 동일한 신호가 복수 개의 OFDM 심볼에서 반복되지만 다른 송신 빔들로 전송해야하는 과정, 즉, 빔 스위핑을 필요로 한다. 빔 스위핑 기능을 가짐으로써, 신호를 어떠한 방향으로도 높은 이득으로 전송할 수 있으므로, 좁은 빔을 통해 의도했던 전체 커버리지 영역에 도달할 수 있다.

(아날로그 수신 빔포밍의 경우) 데이터 및 제어 정보의 수신 빔 선택을 지원하기 위해 단말에 인디케이션이 사용된다. 이러한 빔 관리 절차를 지원하는 시그널링이 특별히 규정되어 있다. 많은 수의 안테나를 이용하므로 빔들은 폭이 좁고, 때로는 빔 추적이 실패하는 경우도 있을 수 있다. 그래서 단말이 빔-복구 절차를 시작할 수 있는 절차 또한 정의되었다. 게다가, 셀은 여러 개의 전송 지점을 갖게 될 것이고, 빔과 빔 관리 절차 각각은 다른 지점들에서의 빔 간 끊김 없는 핸드오버를 위한 단말의 투명한 이동성을 허용한다. 덧붙여서, 상향링크를 활용하여 상향링크 중심 및 상호 호혜성 (Reciprocity) 기반의 빔 관리가 가능하다.

낮은 주파수 대역에서는 많은 수의 안테나 엘리먼트들을 사용하여, 상향링크 및 하향링크 모두에서 공간적으로 사용자들을 분리할 수 있는 가능성이 높아진다. 하지만 송신기 측에서는 해당 채널에 대한 지식이 있어야 한다. NR의 경우 DFT 벡터들의 선형 조합을 사용한 높은 분해능의 채널 상태 정보 피드백을 사용하거나, 아니면 채널 상호 호혜성 (Reciprocity)을 최대한 활용하

는 것을 목표로 한 사운딩 레퍼런스 시그널을 사용하여 이 복수 사용자 공간 멀티플랙싱을 지원하기 위한 기술이 확장되었다.

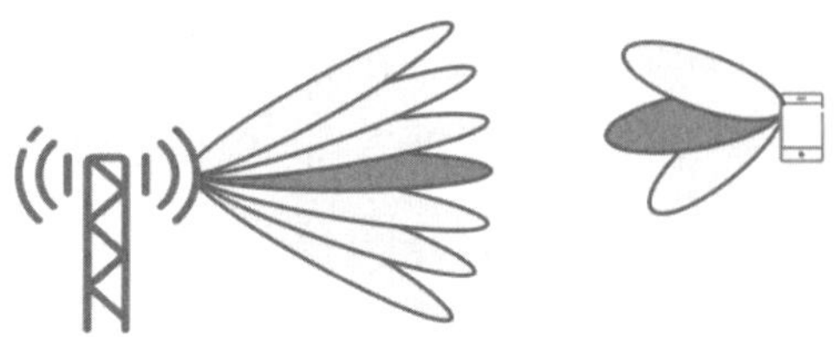

그림 5.5
NR에서의 빔포밍

12개의 직교 복조레퍼런스가 다중 사용자 MIMO 전송의 용도로 명시된다. NR 단말은 하향링크에서 최대 8개의 MIMO 레이어를 수신할 수 있고, 상향링크에서는 4개 레이어까지 가능하다. 게다가, 높은 주파수 대역에서 증가된 위상 잡음 전력 때문에 위상 트래킹 (Phase Tracking) 레퍼런스 시그널이라는 부가적인 환경이 NR에 도입되었다. 이것이 없을 경우 64QAM과 같이 높은 변조 constellation에 대한 복조 성능이 저하될 것이다.

부가적으로, 릴리즈 15에서는 완전히 지원되는 것은 아니지만, NR이 분산 MIMO를 지원할 수 있도록 준비되어 있다. 분산 MIMO는 해당 단말이 슬롯당 여러 개의 독립적인 PDSCH (Physical Downlink Shared Channel)를 수신할 수 있어 다중 전송 지점으로부터 하나의 동일한 사용자에게 동시에 데이터 전송을 할 수 있다는 것을 의미한다. 본질적으로, 몇몇 MIMO 레이어들은 하나의 사이트에서 전송되지만, 다른 레이어들은 다른 사이트로부터 전송되는 것이다.

분산 MIMO는 단말이 슬롯당 여러 개의 독립적인 물리 데이터 공유 채널(PDSCH)을 수신하여 여러 전송 지점에서 동일한 사용자에게 데이터를 동시에 전송할 수 있음을 의미한다. 본질적으로 일부 MIMO 레이어들은 한 사이트에서 전송되고 다른 레이어들은 다른 사이트에서 전송된다. 이것은 릴리스 15의 적절한 네트워크 구현을 통해 처리할 수 있지만 릴리스 16의 다중 TRP(다중 전송 지점) 지원은 추가 개선 사항을 제공한다.

일반적인 다중 안테나 전송 및 NR의 다중 안테나 프리코딩에 대한 더욱 자세한 논의는 11장에서 다루기로 한다. 그리고 12장에서는 빔 관리에 대해 알아본다.

5.1.10 초기 호 접속

초기 호 접속은 단말이 셀을 찾아서 자리를 잡고, 필요한 시스템 정보를 수신하며, 랜덤 엑세스를 통해 기지국에 연결을 요청하는 일련의 과정이다. NR 초기 호 접속의 기본 구조는 16장과

17장에 상세히 기술했으며, LTE의 초기 호 접속과 유사하다.[26] :

- ❑ PSS (Primary Synchronization Signal)와 SSS (Secondary Synchronization Signal) 이렇게 한 쌍의 하향링크 시그널이 있는데, 이것은 단말이 네트워크를 찾고 동기를 맞추며 네트워크를 확인하기 위해 사용한다.
- ❑ PSS/SSS와 함께 전송되는 PBCH (Physical Broadcast Channel)가 있다. PBCH는 남은 브로드캐스트 시스템 정보가 전달되는 표시를 포함한 최소 양의 시스템 정보를 전달한다. NR 환경에서 PSS, SSS, 그리고 PBCH는 SSB (Synchronization Signal Block)로서 함께 언급된다.
- ❑ 랜덤 엑세스 과정은 랜덤 엑세스 프리앰블의 상향링크 전송부터 시작하여 4단계가 있다.

하지만 LTE와 NR 간 비교를 하면, 초기 호 접속 측면에서 몇 가지 중요한 차이가 있다. 이러한 차이점들은 주로 울트라-린 원칙과 빔-중심 설계에서 기인한 것이며, 양자 모두 초기 호 접속 과정에 영향을 주며 LTE와 비교하여 부분적으로 다른 솔루션이 나오게 되는 것이다.

LTE에서는 PSS, SSS, PBCH가 캐리어의 중앙에 위치하며 매 5ms 간격으로 전송된다. 그래서 최소한 5ms 동안 각각 가능한 캐리어 주파수에 머물러 있으며, 캐리어가 특정 주파수에 존재할 경우 단말은 적어도 하나의 PSS/SSS/PBCH 전송을 받을 수 있도록 보장된다. 아무런 사전 인지 없이, 단말은 100kHz의 캐리어 래스터 (Raster)에 걸쳐 모든 가능한 캐리어 주파수들을 찾아야 한다.

울트라-린 원칙에 맞추어 높은 NR네트워크 에너지 성능을 가능케 하기 위해, SS 블록은 디폴트로 매 20ms마다 전송되어야 한다. LTE의 상응하는 시그널/채널들에 비해 연속적인 SS 블록 간의 더 긴 주기로 인해, NR 캐리어를 찾는 단말은 조금 더 긴 시간 동안 각각의 가능한 주파수에 머물러 있어야 한다. 단말의 복잡도를 LTE에 비슷한 수준으로 유지하면서 전체적인 탐색 시간을 줄이기 위해, NR은 SS 블록에 대해 sparse frequency raster를 지원한다. 이것은 NR 캐리어 (Carrier Raster)의 가능한 위치에 비해 SS 블록의 가능한 주파수 영역 위치가 매우 흩어질 수 있다는 것을 의미한다. 결과로서, SS 블록은 일반적으로 NR 캐리어의 중심에 위치하지 않을 것인데, 이것이 NR 설계에 영향을 미친다.

흩어진 SS 블록의 raster는 초기 셀 탐색을 위한 시간을 상당히 줄여준다. 동시에 네트워크 에너지 성능도 더 긴 SS 블록 주기 덕분에 상당히 개선될 수 있다.

네트워크 측의 빔 스위핑은 특히 높은 주파수에서 운용 시 커버리지 개선의 수단으로써 하향링크 SS 블록 전송과 상향링크 랜덤 엑세스 수신에 적용된다. 빔 스위핑은 NR 설계로 인한 것이며, 단순히 그러한 동작이 가능하다는 것임을 아는 것이 중요하다. 즉, 이것이 꼭 필수로 사용되어야 한다는 의미는 아니다. 특히 낮은 주파수에서 빔 스위핑은 아마 불필요할 것이다.

5.1.11 상호 연동 및 LTE와의 공존

높은 주파수에서 완전한 커버리지를 제공하기가 어렵기 때문에, 낮은 주파수에서 동작하는 시스템과의 상호 연동은 중요하다. 특별히 상향링크와 하향링크 간의 커버리지 불균형이 일반적인 경우가 많은데 상향링크와 하향링크가 다른 주파수 대역일 경우 더욱 심하다고 할 수 있다. 단말에 비해 기지국은 높은 전력으로 송신할 수 있으므로 하향링크의 달성 가능한 데이터 전송 속도는 전력에 의한 것보다는 대개 대역폭의 부족으로 제한을 받게 되는데, 이로 인해 더 넓은 대역폭이 가능한 높은 주파수 스펙트럼에서 하향링크가 동작하는 것이 더욱 합당하다고 할 수 있다. 반대로, 상향링크는 전력으로 인해 자주 제한이 걸리는데 이로 인해 더 넓은 대역폭에 대한 수요가 줄어들게 된다. 대신 낮은 주파수 대역에서는 가용한 대역폭이 더 부족하긴 해도, 무선 채널 손실이 더 작기 때문에 높은 데이터 전송 속도가 달성될 수 있을 것이다.

상호 연동을 통해 높은 주파수 대역의 NR 시스템은 낮은 주파수 시스템을 보완할 수 있다 (18장에 상세히 설명). 낮은 주파수 시스템은 NR이나 LTE 어떤 것이라도 될 수 있고, NR은 이 두 가지 경우 중 하나에 상호 연동할 수 있게 된다. 이러한 상호 연동은 다른 수준에서 구현될 수 있으며 NR 캐리어 간 집성 (Aggregation), PDCP 레이어를 공유하는 이중 연결 (Dual Connectivity)[4], 핸드 오버 등이 있다.

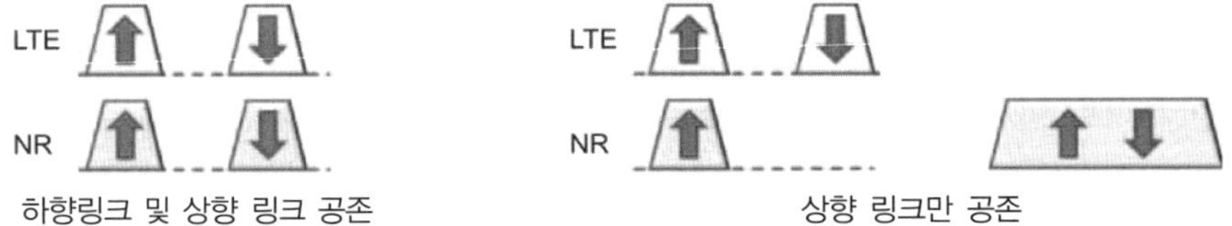

그림 5.6
NR-LTE 공존의 예

하지만, 낮은 주파수 대역은 특히 LTE의 경우처럼 이미 기존 기술들에 의해 점유되어 있는 경우가 많다. 게다가 상대적으로 근래에 LTE와 함께 추가적으로 낮은 주파수 스펙트럼이 현장에 적용될 것이다. LTE/NR 스펙트럼의 공존, 즉 통신 사업자가 이미 현재 LTE에서 사용하고 있는 것과 같은 주파수 스펙트럼에 NR을 적용할 수 있는 가능성은 LTE에 가용한 스펙트럼의 양을 줄이지 않고도 낮은 주파수 스펙트럼에 NR을 조기에 적용할 수 있는 방법으로 입증되어 왔다.

아래 두 가지 공존 시나리오가 3GPP에서 정리되었고 NR 설계에 반영되었다.

4) 릴리스 15의 12월 버전에는, 이중연결은 오직 NR과 LTE간 지원된다. NR과 NR간 이중연결은 릴리스 15의 2018년 6월말 버전의 한 부분이다.

- 첫 번째 시나리오의 경우, 그림 5.6의 왼쪽 파트에 명시된 것처럼 상향링크와 하향링크 모두에 LTE/NR이 공존한다. 이것은 paired 스펙트럼이나 unpaired 스펙트럼 모두의 경우와 관련이 있다 (본 그림에는 paired 스펙트럼의 경우만 예로 들었다).
- 두 번째 시나리오의 경우, 그림 5.6의 오른쪽 파트에 명시된 것처럼 상향링크 전송 방향으로만 LTE/NR이 공존한다. 일반적으로 낮은 주파수의 paired 스펙트럼의 상향링크 파트 내에서만 해당하며, NR 하향링크 전송은 NR에 전적으로 할당된 스펙트럼에서만 발생하는데 주로 높은 주파수 대역에 해당한다. 이런 시나리오는 앞서 언급한 상향링크-하향링크 불균형을 해결해 보려고 시도하는 경우다. NR은 SUL (Supplementary Uplink)를 지원하여 특정하게 이런 시나리오를 다룬다.

15kHz 부반송파 스페이싱 (Sub-Carrier Spacing)에 기반을 두어 LTE에 호환되는 NR 뉴머롤로지의 가능성으로 NR과 LTE의 시간/주파수 리소스 그리드가 서로 유사하게 될 수 있는데, 이것은 이러한 공존의 기본적인 도구들 중 하나이다. 하나의 심볼과 같이 작은 스케줄링 최소 단위로 NR 스케줄링을 유연하게 할 수 있어 LTE의 셀-특정 레퍼런스 시그널, CSI-RS 또는 LTE의 초기 접속에 사용되는 신호/채널들과 NR의 스케줄링된 전송이 충돌하는 것을 회피해 줄 수 있다. 예비된 자원들은 전방위 호환성에 적용하기 위한 것이지만 (5.1.3절 참조), 또한 NR-LTE 공존을 더욱 향상시키는 데 사용될 수도 있다. LTE에서 셀 특정 레퍼런스 신호들과 매칭되게 예비된 자원들을 설정하면, 하향링크에서 향상된 NR-LTE 오버레이가 가능해진다.

5.2 NR 릴리스 16 기본사항들

릴리스 16은 기본 릴리스 15에 여러 기능들과 개선 사항들을 추가하여 NR 진화의 시작을 열었다. 릴리스 16은 NR 표준의 중요한 개선 사항이지만 여러 단계 중 첫 번째 단계일 뿐이며 진화는 수년 동안 계속될 것이다. 향후 릴리스에서 계획된 일부 단계에 대한 논의는 27장을 참조하기 바란다.

크게 보면, 릴리스 16의 향상된 기능은 아래와 같이 두 가지 범주로 그룹화할 수 있다.

- 다중 안테나 향상, 캐리어 에그리게이션 향상, 이동성 향상 및 절전 향상과 같은 기존 기능의 향상.

그리고

- 통합 액세스 및 백홀(IAB), 비면허 스펙트럼 지원, 지능형 운송 시스템 및 산업용 IoT와

같은 새로운 배포 시나리오 및 버티컬 분야를 다루는 새로운 기능.

지금부터는 이러한 개선 사항에 대한 간략한 개요이다.

5.2.1 다중 안테나 향상 (Multi-Antenna Enhancements)

릴리스 16의 다중 안테나 작업은 11장 및 12장에 자세히 설명되었고 여러 측면을 다룬다. MU-MIMO를 위한 CSI 보고에 대한 개선 사항은 새로운 코드북을 정의하여 전송속도 증가 및/또는 오버헤드 감소를 제공함으로써 지원된다. 빔 복구 절차도 개선되어 빔 오류로 인한 영향을 줄인다. 마지막으로, 필요한 제어 신호 향상 기능을 포함하여 다중 TRP (Multi-TRP)라고도 하는 다중 전송 지점에서 단일 단말로의 전송에 대한 지원도 추가되었다. 다중 TRP는 기지국에서 단말로의 신호차단에 대한 추가 견고성을 제공할 수 있는데 이는 URLLC 시나리오에서 특히 중요하다.

5.2.2 캐리어 에그리게이션과 이중 연결 (Dual Connectivity) 개선

이중 연결 및 캐리어 에그리게이션은 모두 첫 번째 릴리스에서 NR의 양대 파트이다. 한 가지 사용 사례는 전체 데이터 속도를 개선하는 것이다. 대부분 데이터 트래픽의 버스트 특성을 감안할 때, 캐리어 에그리게이션으로 인한 높은 데이터 전송속도의 이점을 얻으려면 추가 캐리어를 신속하게 설정하고 활성화하는 것이 중요하다. 추가 캐리어가 빠르게 활성화되지 않으면 이러한 추가 캐리어가 활성화되기 전에 데이터 트랜잭션이 종료될 수 있다. 그렇다고 지연 시간 측면을 해결하려고 단말의 모든 캐리어를 영구적으로 활성화하는 것은 전력 소비 측면에서 현실적이지 않다. 따라서 릴리스 16은 서빙 및 인접 셀에 대한 측정의 조기 보고를 위한 기능과, 추가 셀을 활성화하기 위한 신호 오버헤드 및 지연 시간을 줄이는 메커니즘을 제공한다. 다양한 측정에 대한 조기 지식이 있으면 네트워크에서, 예를 들어 적절한 MIMO 방식을 신속하게 선택할 수 있다. 조기 보고가 없으면 네트워크는 필요한 채널 상태 정보를 사용할 수 있을 때까지 덜 효율적인 단일 레이어 전송에 의존해야 한다.

LTE와 같은 초기 기술에서는 초기 RRC 시그널링에 대한 암호화가 없기 때문에 일반적으로 보안 프로토콜 설정을 위한 (광범위한) 시그널링이 완료될 때까지 측정 보고가 지연된다. 따라서 네트워크가 장치의 상황을 완전히 인식하고 그에 따라 데이터를 스케줄링할 수 있으려면 시간이 걸린다. 그러나 NR에 새로 도입된 RRC_INACTIVE 상태를 사용하면 보안 구성을 포함한 단말의 컨텍스트가 보존될 수 있으며 광범위한 시그널링 없이도 비활성 기간 후에 RRC 연결이 재개될 수 있다. 이것은 더 빠른 측정 보고와 캐리어 어그리게이션 및 이중 연결의 더 빠른 설정의 가능성을 열어준다. 예를 들어, 릴리스 16은 단말이 RRC_INACTIVE 상태에 들어갈 때 측정 구성을 활성화하고 재개 절차 동안 측정 보고를 활성화한다.

릴리스 16은 또한 스케줄링 및 스케줄링된 캐리어에 대해 서로 다른 뉴모롤로지 사용하여 교차 캐리어 (cross-carrier) 스케줄링을 지원함으로써 서로 다른 캐리어에 대한 서로 다른 뉴모롤로지들의 공존을 향상시킨다. 이것은 원래 릴리스 15의 일부로 계획되었지만 시간 제약으로 인해 릴리스 16으로 연기되었다.

5.2.3 이동성 향상

이동성은 모든 셀룰러 시스템에 필수적이며 NR은 이미 처음부터 이 영역에서 광범위한 기능을 갖추고 있다. 그럼에도 불구하고 지연 시간 및 견고성 측면의 향상은 성능을 더욱 향상시키는 것과 관련이 있다.

핸드오버를 수행하는 데 걸리는 지연시간은 충분히 작아야 한다. 고주파수 범위에서는 빔포밍을 광범위하게 사용해야 한다. 빔 스위핑 사용으로 인해 핸드오버 시 중단 시간은 더 낮은 주파수에서보다 길 수 있다. 따라서 릴리스 16에는 DAPS(듀얼 활성 프로토콜 스택)와 같은 향상된 기능이 도입되었다. 이는 본질적으로 핸드오버시 중단 시간을 크게 줄이기 위한 Make-before-Break 솔루션이다.

셀 간의 이동성 및 핸드오버를 처리하는 기본 방법은 단말의 측정 보고를 사용하는 것이다(예를 들면 다른 인접 셀에서 수신된 전력에 대한 보고). 이러한 보고를 기반으로 네트워크는 핸드오버가 바람직하다고 결정하면 단말에 새로운 셀에 대한 연결을 설정하도록 지시한다. 단말은 이러한 지침을 따르고 새로운 셀과의 연결이 설정되면 승인 메시지로 응답한다. 이 절차는 대부분의 경우 잘 작동하지만 단말에게 서빙 기지국에서 신호 품질이 급격히 떨어지는 시나리오에서는 연결이 끊어지기 전에 핸드오버 명령을 수신하지 못할 수 있다. 이를 완화하기 위해 릴리스 16은 조건부 핸드오버를 제공한다. 여기서 단말은 핸드오버할 후보 셀 및 특정 셀로 핸드오버를 실행할 때의 조건 세트에 대해 미리 정보를 받게 된다. 이러한 방식으로, 단말은 핸드오버를 수행할 때를 스스로 결정할 수 있고, 따라서 서빙 셀의 링크에 품질이 매우 갑자기 떨어지는 경우에도 연결을 유지할 수 있다.

5.2.4 단말 파워 세이빙 향상 (Device Power Saving Enhancements)

최종 사용자의 관점에서 단말 전력 소비는 매우 중요한 측면이다. 특히 불연속 수신 및 대역폭

적응을 통해 단말 전력 소비를 줄이는 데 도움이 되는 메커니즘이 NR의 첫 번째 릴리스에 이미 있다. 이러한 향상은 간단히 말하면 데이터만 능동적으로 전송할 때 필요한 기능을 빠르게 켜고 끄는 메커니즘으로 볼 수 있다. 예를 들어 데이터를 전송할 때 높은 데이터 전송속도와 낮은 지연 시간이 중요하므로 NR은 제어 신호와 관련 데이터 사이의 짧은 지연에 대한 기능뿐만 아니라 다수의 레이어를 지원하는 유연한 MIMO 방식을 사용한다. 그러나 데이터를 적극적으로 전송하지 않을 때 이러한 측면 중 일부는 관련성이 떨어지며 지연 시간 버짓(budge)을 완화하고 MIMO 레이어 수를 줄이면 단말의 전력 소비를 줄이는 데 도움이 될 수 있다. 따라서 릴리스 16은 단말이 관련된 PDCCH와 동일한 슬롯에서 데이터를 수신하도록 준비할 필요가 없게 해주는 교차 슬롯 스케줄링 기능을 향상시키고, PDCCH 기반 wake-up 신호에 대한 가능성을 추가하고, 빠르게 셀 휴면 활성화/비활성화 하는 기능을 도입하였다. (모두 14장에서 설명). 단말이 connected state에서 idle/inactive state로의 전환에 대한 선호도를 나타낼 수 있는 신호 및 절전이득을 최대화하기 위해 권장되는 파라미터 집합에 대한 단말의 지원 정보는 릴리스 16에서 향상된 기능의 다른 예이다.

5.2.5 교차 링크 간섭 처리 및 원격 간섭 관리 (Crosslink Interference Mitigation and Remote Interference Management)

교차 링크 간섭(CLI) 처리 및 원격 간섭 관리(RIM)는 TDD 시스템의 간섭 시나리오를 처리하기 위해 릴리스 16에 추가된 두 가지 개선 사항을 의미한다 (그림 5.7 참조). 두 가지 개선 사항 모두 21장에서 더 자세히 논의될 것이며, 아래에 요약되어 있다.

CLI는 주로 동적 TDD를 사용하는 소규모 셀 배치를 대상으로 하며 한 셀의 하향링크 전송이 이웃 셀의 상향링크 수신을 방해하는 (또는 그 반대의 경우) 하향링크와 상향링크 간의 교차 링크 간섭을 감지하는 새로운 측정을 도입한다. 단말 및 인접 셀 모두에 의한 측정을 기반으로 스케줄러는 교차 링크 간섭의 영향을 줄이기 위해 스케줄링 정책을 개선할 수 있다.

RIM은 특정 기상 조건이 대기 덕트를 생성하여 매우 먼 기지국의 간섭을 유발할 수 있는 광역 TDD 배치를 대상으로 한다. 덕팅은 드문 경우이지만 이것이 발생하면 수백 킬로미터 떨어진 기지국에서 하향링크 전송이 수천 개의 기지국에서 상향링크 수신에 매우 강한 간섭을 발생할 수 있다. 네트워크 성능에 미치는 영향은 상당하다. RIM을 사용하면 오늘날 대부분의 수동 개입 접근 방식과 달리 문제가 있는 간섭 시나리오를 자동화된 방식으로 관리할 수 있다.

5.2.6 통합 액세스 및 백홀 (Integrated Access and Backhaul)

IAB (통합 액세스 및 백홀)는 NR을 확장하여 (예를 들어 광섬유 케이블 백홀의 대안으로) 무선 백홀도 지원한다. 이것은 중앙 위치에서 분산 셀 사이트로 및 셀 사이트 간에 무선 링크를 위해 NR을 사용할 수 있게 한다. 예를 들어 밀집된 도시 네트워크에서 소규모 셀의 배치를 단순화하거나 특별 이벤트에 사용되는 임시 사이트의 배치를 가능케 할 수 있다.

IAB는 NR이 작동할 수 있는 모든 주파수 대역에서 사용될 수 있다. 그러나 밀리미터파 스펙트럼은 사용 가능한 스펙트럼의 양으로 인해 IAB와 가장 관련성이 높은 스펙트럼이 될 것으로 예상된다. 더 높은 주파수 스펙트럼은 일반적으로 쌍을 이루지 않기 때문에 IAB는 주로 백홀 링크에서 TDD 모드로 작동할 것으로 예상할 수 있다.

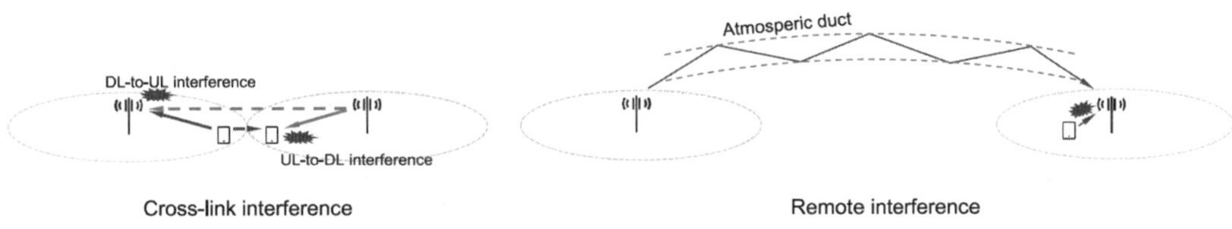

그림 5.7
크로스링크 간섭(왼쪽)과 원격 간섭(오른쪽).

그림 5.8은 IAB를 활용한 네트워크의 기본 구조를 나타낸 것이다. IAB 노드는 기본적으로 기존 (비 IAB) 백홀을 사용하는 일반 기지국인 (IAB) 도너 노드를 통해 네트워크에 연결된다. IAB 노드는 자체 셀을 생성하고 여기에 연결된 단말들에 일반 기지국으로 보이게 된다. 따라서 네트워크 기능일 뿐인 IAB로부터 특정 단말에 영향은 없다. 이는 레거시 (릴리스 15) 단말도 IAB 노드를 통해 네트워크에 액세스할 수 있도록 하기에 중요하다. 추가 IAB 노드들은 IAB 노드에 의해 생성된 셀들을 통해 네트워크에 연결할 수 있으므로 다중 홉 무선 백홀링이 가능하다. IAB에 대한 자세한 내용은 22장에서 다룬다.

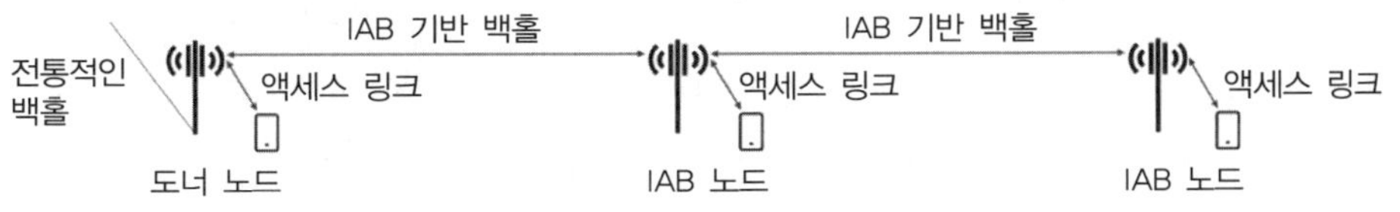

그림 5.8
통합 액세스 및 백홀.

5.2.7 비면허 스펙트럼에서의 NR

스펙트럼 가용성은 무선 통신에 필수적이며 비면허 대역에서 사용할 수 있는 많은 양의 스펙트럼은 3GPP 시스템의 데이터 속도와 용량을 증가시키는 데 매력적이다. 릴리스 16에서는 비면허 스펙트럼에서 작동할 수 있도록 NR이 향상되었다.

NR은 LTE (라이선스 지원 액세스)와 유사한 설정을 지원한다. 여기서 단말은 라이선스가 부여된 캐리어를 사용하여 네트워크에 연결되고 하나 이상의 비면허 캐리어가 캐리어 어그리게이션 프레임워크를 사용하여 데이터 전송 속도를 높이는 데 사용된다. 그러나 LTE와 달리 NR은 라이선스 스펙트럼에서 캐리어의 지원 없이 독립형 (standalone) 비면허 스펙트럼 작업도 지원한다 (그림 5.9 참조). 이는 LTE-LAA에 비해 비면허 스펙트럼에서 NR의 배치 유연성을 크게 추가할 것이다.

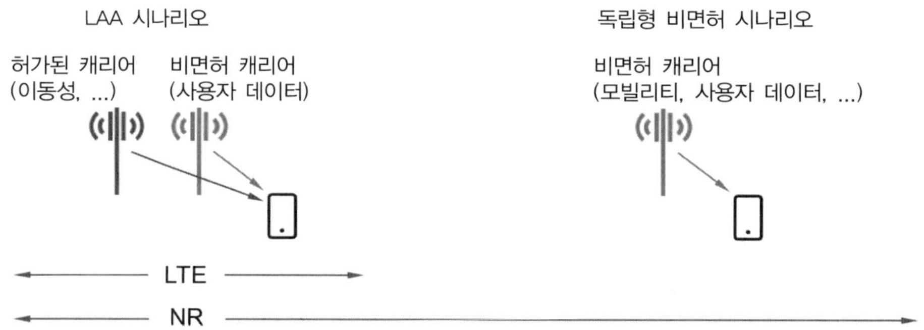

그림 5.9
비면허 스펙트럼의 NR; 라이선스 지원 작업(왼쪽) 및 완전 독립 형(오른쪽).

Release 16은 기존의 5GHz 비면허 대역 (5150-5925MHz)뿐만 아니라 6GHz 대역 (5925-7125MHz)이 사용 가능하게 되면 이러한 새로운 대역에서도 작동할 수 있는 글로벌 프레임워크를 제공한다.

비면허 스펙트럼에서 작동하는 데 중요한 몇 가지 핵심 원칙은 이미 릴리스 15의 NR에 포함되어 있다 (예: 울트라-린 전송 및 유연한 프레임 구조). 그러나 릴리스 16에는 또한 새로운 메커니즘이 추가되었으며 가장 주목할만한 채널 액세스 절차가 LBT(listen-before-talk)를 지원하도록 사용된다. 실제로 LTE와 NR 모두에 동일한 다중 표준 사양[88]이 사용된다. LTE-LAA용으로 개발된 메커니즘 (Wi-Fi에서도 많이 사용됨)을 재사용하면 공존의 관점에서 매우 큰 이점이 있다. 3GPP에 대한 연구에서 하나의 Wi-Fi 네트워크를 비면허 스펙트럼의 NR 네트워크로 교체하면 NR로 마이그레이션된 네트워크뿐만 아니라 남은 Wi-Fi 네트워크의 성능이 향상될 수 있음이 입증되었다.

5.2.8 지능형 교통 시스템 (ITS)과 V2X (Vehicle-to-Anything)

지능형 교통 시스템 (ITS)은 NR 릴리스 16에 초점을 맞춘 새로운 버티컬 분야의 한 예이다. ITS는 교통 안전을 개선하고 교통 혼잡, 연료 소비 및 환경 영향을 줄이는 다양한 교통 및 교통 관리 서비스를 제공한다. 여기에는 차량 군집 주행, 충돌 회피, 협력 차선 변경 및 원격 운전 등이 있다. ITS를 원활하게 하기 위해서는 차량과 고정 인프라 사이 뿐만 아니라 차량간에도 통신이 필요하다.

고정 인프라와의 통신은 분명히 상향링크 및 하향링크를 사용하여 이미 충족된다. 차량 간의 직접 통신 (차량 간 (V2V) 통신)의 경우를 처리하기 위해 릴리스 16에서는 23장에 설명된 사이드링크를 도입했다. 사이드링크는 향후 릴리스에서 ITS와 관련되지 않은 기타 개선 사항을 위한 기초 역할도 하므로 특정 버티컬에 종속되지 않은 일반적인 추가 기능으로 볼 수 있다. 사이드링크 외에도 셀룰러 상향링크/하향링크 인터페이스에 도입된 많은 개선 사항은 ITS 서비스 지원과도 관련이 있다. 특히 URLLC (Ultra-Reliable Low Latency Communication)는 원격 운전 서비스를 가능하게 하는 데 중요한 역할을 한다.

사이드링크는 물리 계층 유니캐스트 전송뿐만 아니라 그룹캐스트 및 브로드캐스트 전송도 지원한다. 두 단말이 직접 통신하는 유니캐스트 전송은 CSI 피드백, 하이브리드 ARQ 및 링크 적응에 의존하는 고급 다중 안테나 방식을 지원한다. 브로드캐스트 및 멀티캐스트 모드는 이웃에 있는 여러 단말들에 관련된 정보(예: 안전 메시지)를 전송할 때 적합하다. 이 경우 피드백 기반 전송 방식은 하이브리드 ARQ가 가능함에 불구하고 덜 적합하다.

사이드링크는 커버리지 내, 커버리지 외 및 부분적 커버리지 시나리오에서 작동할 수 있으며 (그림 5.10 참조) 모든 NR 주파수 대역을 사용할 수 있다. 셀룰러 커버리지가 있는 경우 기지국은 모든 사이드링크 전송을 스케줄링하는 역할을 할 수도 있다.

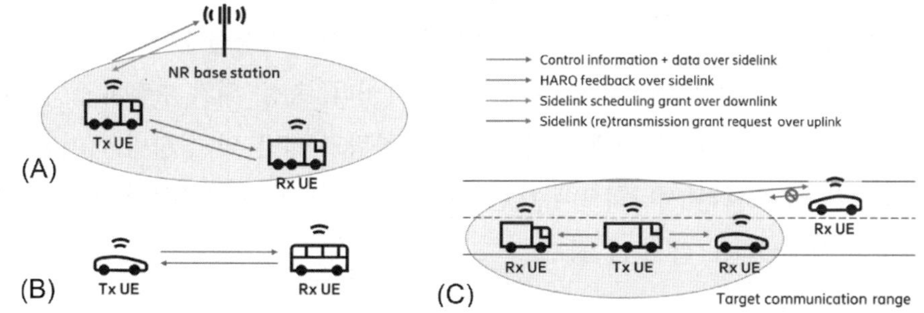

그림 5.10
(a) 네트워크 제어가 있는 셀룰러 커버리지의 유니캐스트 V2V 통신 (b) 자율적 스케줄링이 있는 셀룰러 커버리지 외부의 유니캐스트 V2V 통신; (c) 거리 기반 HARQ 피드백을 사용한 그룹캐스트 V2V 통신.

5.2.9 Industrial IoT와 Ultra-Reliable Low-Latency Communication

산업용 IoT(Internet-of-Things)는 릴리스 16에서 초점을 맞추고 있는 또 다른 주요 새로운 버티컬이다. 릴리스 15는 매우 낮은 무선 인터페이스 지연 및 높은 안정성을 제공할 수 있지만 릴리스 16에서는 지연 및 안정성에 대한 추가 개선 사항이 도입되었다. 이것은 산업용 IoT 사용 사례 세트의 해결을 확대하고, 공장 자동화, 배전 및 운송 산업(원격 운전 사용 사례 포함)과 같은 새로운 사용 사례를 더 잘 지원하도록 한다. 대기 시간 변화와 정확한 클록 분포가 낮은 지연 시간 자체만큼 중요한 TSN(Time-Sensitive Networking)은 이 개선의 대상인 또 다른 영역이다. 또 다른 예는 단말 내부 및 단말 간의 트래픽 흐름의 우선 순위를 지정하는 메커니즘이다. 예를 들어, 진행 중인 낮은 우선순위의 상향링크 전송을 취소할 수 있는 상향링크 선취(preemption)와, 높은 우선순위의 상향링크 전송의 전송 전력을 증가시키는 향상된 전력 제어가 도입된다.

일반적으로 많은 추가 사항은 URLLC 영역에서 NR을 함께 크게 향상시키는 작은 개선 사항들의 모음으로 볼 수 있다.

산업용 IoT 및 URLLC 개선 사항은 20장에서 자세히 설명한다.

5.2.10 위치측위

실외뿐만 아니라 실내에서도 정확한 위치측위가 필요한 물류 및 제조와 같은 다양한 응용 분야가 있다. 따라서 NR은 릴리스 16에서 확장되어 더 나은 위치측위 지원을 제공한다. 셀룰러 네트워크의 지원을 받는 GNSS(Global Navigation Satellite System)는 수년 동안 위치측위에 사용되었다. 이것은 정확한 위치측위를 제공하지만 일반적으로 위성 가시성이 있는 실외 영역으로 제한되므로 추가 위치측위 방법이 중요하다.

아키텍처 측면에서 NR 위치측위는 LTE때와 유사한 위치 서버 사용을 기반으로 한다. 위치 서버는 위치 확인과 관련된 정보(단말 capability, 지원 데이터, 측정, 위치 추정치 등)를 수집하여 위치 확인 절차에 관련된 다른 개체에 배포한다. 하향링크 기반 및 상향링크 기반의 다양한 위치측위 방법은 서로 다른 시나리오에 대한 정확도 요구 사항을 충족하기 위해 개별적으로 또는 조합하여 사용된다(그림 5.11 참조).

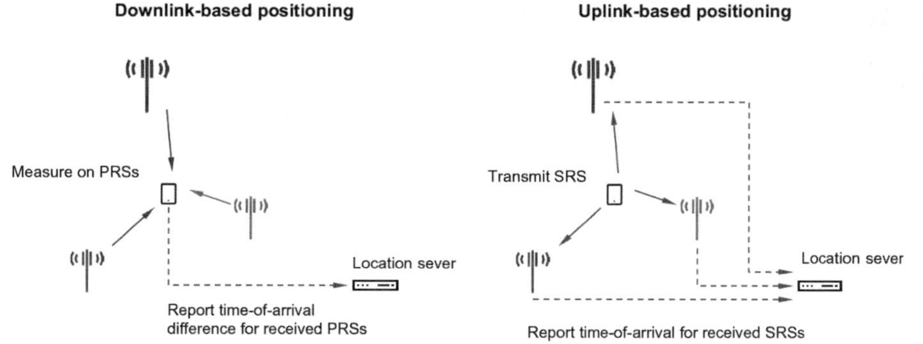

그림 5.11
(a) 하향링크 기반(좌측) 및 상향링크 기반(우측)의 위치측위의 예

하향링크 기반 위치측위는 새로운 기준 신호인 PRS (Positioning Reference Signal)를 제공하여 지원된다. LTE에 비해 PRS는 더 규칙적인 구조와 훨씬 더 큰 대역폭을 가지므로 더 정확한 도착 시간 추정이 가능하다. 단말은 여러 개별 기지국에서 수신된 PRS에 대한 도착 시간 차이를 측정하고 보고할 수 있으며 이 보고들은 위치 서버에서 단말의 위치를 결정하는 데 사용된다. 서로 다른 PRS가 서로 다른 빔으로 전송되는 경우 이 보고들은 기지국에서 단말이 위치한 방향에 대한 정보를 간접적으로 제공한다.

상향링크 기반 위치측위는 정확도 향상을 위해 확장된 단말에서 전송된 SRS (사운딩 참조 신호)를 기반으로 한다. 이러한 (확장된) SRS를 사용하여 기지국은 도달 시간, 수신 전력, 도달 각도 (수신기 빔포밍이 사용되는 경우) 및 하향링크 전송 시간과 상향링크 SRS 수신 시간의 차이를 측정하고 보고할 수 있다. 이러한 모든 측정값은 기지국에서 수집되어 위치를 결정하기 위해 위치 서버에 제공된다.

위치측위 및 관련 기준 신호는 24장의 주제이다.

06 무선 인터페이스 구조

CHAPTER

이번 장에서는 NR 무선 접속 네트워크 (RAN : Radio Access Network)와 관련된 코어 네트워크의 전반적인 구조를 간략하게 살펴본다. 그리고 무선 접속 네트워크의 유저-플레인과 컨트롤-플레인에 대해서도 알아본다.

6.1 전반적인 시스템 구조

3GPP에서의 NR 무선 접속 기술에 대한 워크 아이템과 맥을 같이 하여, RAN과 코어 네트워크(CN)의 전반적인 시스템 구조를 다시 살펴보고 이 두 네트워크 간 기능 분할에 대해서도 알아보기로 한다.

RAN은 전반적인 네트워크의 무선에 관련된 기능들을 담당한다. 예를 들면, 스케줄링, 무선 자원 핸들링, 재전송 프로토콜, 코딩, 그리고 다양한 다중 안테나 구조 등을 들 수 있다. 이러한 기능들은 뒤에 이어지는 장에서 자세히 다룰 것이다.

5G 코어 네트워크는 무선 접속과 관계되지 않지만 완전한 네트워크를 제공하는 데 필요한 기능들을 담당한다. 예를 들면, 인증, 과금 기능, 종단 간 (End-to-End) 연결 설정 등을 들 수 있다. 여러 가지 무선 접속 기술이 동일한 코어 네트워크에서 지원되기 때문에, 이러한 기능들을 분리하여 다루는 것이 RAN에 합치는 것보다 얻을 수 있는 것들이 더욱 많다.

하지만 기존 LTE 코어 네트워크인 EPC (Evolved Packet Core)에 NR의 무선 액세스 네트워크를 연결하는 것 또한 가능하다. 실제로 이것은 LTE와 EPC가 연결 셋업 및 페이징과 같은 기능을 담당하는 NSA (Non-Standalone Mode)에서 NR을 운영하는 경우에 해당한다. 추후 릴리즈에서는 NR이 5G 코어 네트워크에 연결되는 경우의 단독 (Standalone) 동작뿐만 아니라 5G 코어에 LTE를 연결하는 것까지 도입하게 될 것이다. 그러므로 LTE와 NR의 무선 접속 구조 및 이에 상응하는 코어 네트워크가 밀접하게 연관이 있고, 이것은 기존 3G에서 4G로 전환할 때 4G LTE의 무선 접속 기술이 3G 코어 네트워크에 연결될 수 없었던 것과는 사뭇 다르다.

본 책에서는 NR의 무선 접속 기술에 중점을 두고 있지만, 5G 코어 네트워크의 개관도 간단히 살펴보며 어떻게 하면 RAN과 연결이 되는지도 확인하므로 배경 지식으로 유용할 것이다. 5G 코어 네트워크에 대한 자세한 설명은 [84]를 참조 바란다.

6.1.1 5G 코어 네트워크

EPC를 기반으로 설계된 5G 코어 네트워크는 기존의 EPC와 비교해 볼 때 다음 3가지 향상된 분야가 새롭게 추가되었다. 즉, 서비스 기반의 아키텍처, 네트워크 슬라이싱 지원, 그리고 컨트롤 플레인/유저 플레인 분리 등이다.

서비스 기반 아키텍처는 5G 코어의 초석이다. 이것은 표준 규격이 기지국보다는 코어 네트워크에 의해 제공되는 서비스 및 기능들에 더 집중하고 있다는 것을 의미한다. 이것은 근래 다수의 코어 네트워크가 이미 높은 수준으로 범용 컴퓨터 하드웨어 위에 구동되는 코어 네트워크 기능들로 가상화되어 있기에 자연스러운 것이다.

네트워크 슬라이싱은 5G 컨텍스트에서 공통으로 언급되는 용어이다. 네트워크 슬라이스는 어떠한 비즈니스나 고객의 필요를 지원하는 논리적 네트워크이며 서비스 기반 아키텍처와 함께 설정된 것으로부터 필요한 기능들로 구성되어 있다. 예를 들면, 하나의 네트워크 슬라이스는 LTE에서 지원하는 것과 유사하게 완전한 이동성 지원을 갖춘 이동 광대역 애플리케이션을 지원하도록 설정되고, 다른 슬라이스는 이동성은 필요 없지만 지연시간에 민감한 특정한 인더스트리 자동화 애플리케이션을 지원하도록 설정될 수 있다. 이러한 슬라이스들은 동일한 기반의 물리적인 코어 네트워크 및 무선 네트워크 위에서 동작할 것이다. 하지만 최종 사용자 애플리케이션의 관점에서 보면, 이것들은 각각 독립적인 네트워크들로 보인다. 여러 측면에서 이것은 동일한 물리적인 컴퓨터 위에 다수의 가상 컴퓨터들을 설정하는 것과 유사하다. 초저지연시간을 지원하기 위해서 최종 사용자 애플리케이션의 일부분이 코어 네트워크 엣지 (Edge) 가까이에서 운영되는 엣지 컴퓨팅 또한 이러한 네트워크 슬라이스의 한 부분이 될 수 있다.

그 다음으로, 컨트롤 플레인/유저 플레인 분리가 5G 코어 네트워크 아키텍처에서 강조되는데, 컨트롤 플레인/유저 플레인 각자의 용량을 독립적으로 스케일링할 수 있다. 예를 들면, 만약 컨트롤 플레인 용량이 추가로 필요하다면, 그 네트워크의 유저 플레인에 영향을 끼치지 않고 바로 컨트롤 플레인 용량 추가가 가능해야 한다.

높은 수준에서의 5G 코어 네트워크는 아래 그림 6.1에 명시되어 있다. 이 그림은 서비스 기반으로 표현하였으며 서비스와 기능들에 초점을 두었다. 표준 규격에는 대안으로 기능들 간 포인트-투-포인트의 상호 작용에 초점을 둔 레퍼런스-포인트 기술 사항 또한 명시되어 있다. 하지만 본 그림에는 표기하지 않았다.

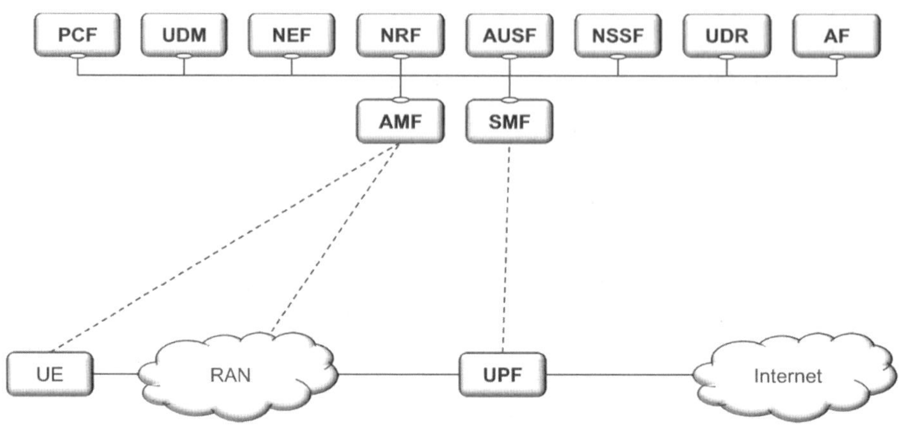

그림 6.1
높은 수준의 코어 네트워크 구조 (서비스 기반으로 기술)

유저 플레인 기능은 인터넷과 같이 RAN과 외부 네트워크 간의 게이트웨이인 User Plane Function (UPF)으로 구성되어 있다. 이것의 역할은 패킷 라우팅, 포워딩, 패킷 검사, QoS 처리, 패킷 필터링, 그리고 트래픽 측정 등이다. 또한 필요할 경우에는 inter-RAT (이기종 Radio Access Technology) 간 연동을 위한 앵커 포인트로 동작한다.

컨트롤 플레인 기능들은 여러 가지 파트로 구성된다. 여러 다른 기능들 중 SMF (Session Management Function)는 단말에 대한 IP 주소 할당 및 정책 (Policy) 집행의 제어, 일반적인 세션 관리 기능들을 수행한다. AMF (Access and Mobility Management Function)는 코어 네트워크와 단말 간의 제어 신호를 담당하고 유저 데이터에 대한 보안, idle state에서의 이동성, 인증 등을 담당한다. 코어 네트워크, 좀 더 구체적으로 AMF와 단말 간 동작하는 기능은 종종 NAS (Non-Access Stratum)라고 하는데 단말과 무선 액세스 네트워크 간에 동작하는 기능을 다루는 AS (Access Stratum)와 분리된 의미를 갖는다.

덧붙여서 코어 네트워크는 다른 유형의 기능들도 지원한다. 예를 들면 PCF (Policy Control Function)는 정책 규칙을 담당한다. UDM (Unified Data Management)은 인증 증명서와 액세스 허가를 담당한다. NEF (Network Exposure Function), NRF (NR Repository Function), 인증 기능을 담당하는 AUSF (Authentication Server Function), AF (Application Function), 단말을 지원하도록 선택된 슬라이스를 처리하는 NSSF(Network Slice Selection Function), UDR(Unified Data Repository), 트래픽 라우팅 및 정책 제어와의 상호 작용에 영향을 미치는 AF(응용 프로그

램 기능) 등이 있다. 이러한 기능들은 본 책에서는 더 이상 다루지 않겠으므로, 독자들은 further detail의 [13]을 참고하기 바란다.

코어 네트워크 기능들이 여러 가지 방법으로 구현될 수 있다는 점에 유의하여야 한다. 예를 들면 모든 기능들은 단일 물리적인 노드에 구현될 수 있거나, 여러 노드에 분산되거나, 아니면 클라우드 플랫폼 상에서 실행될 수 있다.

새로운 5G 코어 네트워크에 초점을 두어 위에 기술한 사항들은 NR의 무선 액세스와 병행하여 개발되었고 NR과 LTE 무선 액세스 모두를 다룰 수 있다. 하지만, 현재 상용 중인 네트워크에 NR을 조기 도입하기 위해, NR을 LTE의 코어 네트워크인 EPC에 연결하는 것 또한 가능하다. 아래 그림 6.2를 보면 "옵션 3"가 나와 있는데 이것은 바로 LTE가 초기 호 접속, 페이징, 이동성과 같은 컨트롤 플레인 기능에 이용되는 NSA (Non-Standalone Operation)형상이다. eNB와 gNB로 표기된 노드들은 다음 절에서 좀 더 자세히 다룰 것이다. 당분간 eNB와 gNB는 각각 LTE와 NR의 기지국으로 간주할 것이다.

옵션 3에서 EPC 코어 네트워크는 eNB에 연결된다. 모든 컨트롤 플레인 기능들은 LTE에서 처리한다. 그리고 NR은 유저 플레인 데이터 처리를 위해서만 사용된다. gNB는 eNB에 연결되고 EPC로부터의 유저 플레인 데이터는 eNB에서 gNB로 포워딩될 수 있다. 또한, 여기에는 옵션 3a과 옵션 3x와 같은 변형 옵션이 있다. 옵션 3a에서는 eNB와 gNB 양자의 유저 플레인 파트가 직접적으로 EPC에 연결된다. 옵션 3x에서는 오로지 gNB의 유저 플레인만 EPC에 연결되고 eNB로 가는 유저 데이터는 gNB를 통해 라우팅된다.

하지만 SA (Standalone) 형상에서는, gNB는 옵션 2에 나온 것처럼 5G 코어 네트워크에 직접 연결된다. 유저 플레인과 컨트롤 플레인 모두 gNB에 의해 다루어진다. 그리고 옵션 4, 5, 7을 보면 LTE eNB를 5G 코어 네트워크에 연결하는 데 다양한 방법이 있음을 알 수 있다.

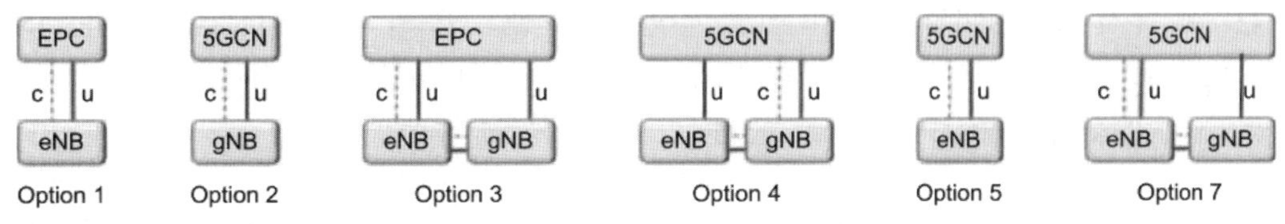

그림 6.2
코어 네트워크 및 무선 접속 기술의 다른 조합들

6.1.2 무선 액세스 네트워크

무선 액세스 네트워크는 5G 코어 네트워크에 연결되는 두 가지 유형의 노드를 가질 수 있다.

- ❑ **gNB** : NR의 유저 플레인과 컨트롤 플레인 프로토콜을 사용하는 NR 단말들을 서비스
- ❑ **ng-eNB** : LTE의 유저 플레인과 컨트롤 플레인을 사용하는 LTE 단말들을 서비스[1)]

RAN이라는 용어를 아래에서부터는 단순성을 위해 사용하겠지만, LTE 무선 액세스를 위한 ng-eNB와 NR 무선 액세스를 위한 gNB 양자 모두로 구성된 액세스 네트워크는 NG-RAN이라고 한다. 게다가 RAN은 5G 코어에 연결되고 gNB와 같은 5G 용어가 사용될 것이다. 달리 말하면, 그림 6.2의 옵션 2에 나온 대로 5G 코어 네트워크와 NR 기반의 RAN을 가정한다. 하지만 이미 언급한 바와 같이, NR의 첫 번째 버전은 옵션 3을 사용하는 EPC에 NR이 연결되는 NSA 모드에서 동작한다. 이 노드 및 인터페이스들의 명칭은 약간 다르긴 하지만, 이 경우의 원리는 유사하다.

gNB (혹은 ng-eNB)는 하나 이상의 셀들의 모든 무선 관련 기능들을 담당한다. 예를 들면, 무선 자원 관리, 호 수락 제어, 호 접속 설정, 유저 플레인 데이터의 UPF로의 라우팅, 컨트롤 플레인 정보의 AMF로의 라우팅, QoS 플로우 관리 등이 있다. gNB는 논리적인 노드이며 물리적인 구현 사항이 아니라는 사실에 유의해야 한다. gNB의 한 가지 공통적인 구현 사항으로는, 여러 개의 RRH (Remote Radio Head)가 연결되는 한 개의 베이스밴드 프로세싱 유닛과 같이 다른 구현 사항들은 유사한 것으로 보이긴 하지만, 3개 섹터 사이트라는 점, 즉 기지국이 3개 셀의 전송을 담당하고 있다는 것이다. 이러한 예로는 같은 gNB에 속해 있는 많은 수의 실내(Indoor)셀들, 혹은 고속도로를 따라 놓인 여러 셀들을 들 수 있다. 그러므로 기지국은 gNB와 완전히 동일하지는 않지만, gNB의 가능한 구현인 것이다.

그림 6.3에서 보듯이, gNB는 NG 인터페이스를 통해 5G 네트워크에 연결된다. 좀 더 구체적으로는, NG 유저 플레인 파트 (NG-u)는 UPF에 연결되고 NG 컨트롤 플레인 파트 (NG-c)는 AMF에 연결되는 것이다. 하나의 gNB는 부하 (Load)공유 및 중복 (Redundancy)을 위해 여러 개의 UPF 및 AMF에 연결될 수 있다.

gNB들이 서로 연결되는 Xn 인터페이스는 주로 RRC active state에서의 이동성과 이중 연결 (Dual Connectivity)을 지원하는 데 사용된다. 이러한 인터페이스는 또한 다중 셀의 무선 자원 관리 (Radio Resource Management) 기능을 위해 사용될 수도 있다.

---

1) 그림 6.2는 EPC에 연결된 eNB와 5GCN에 연결된 ng-eNB를 구분하지 않기 때문에 단순화되었다.

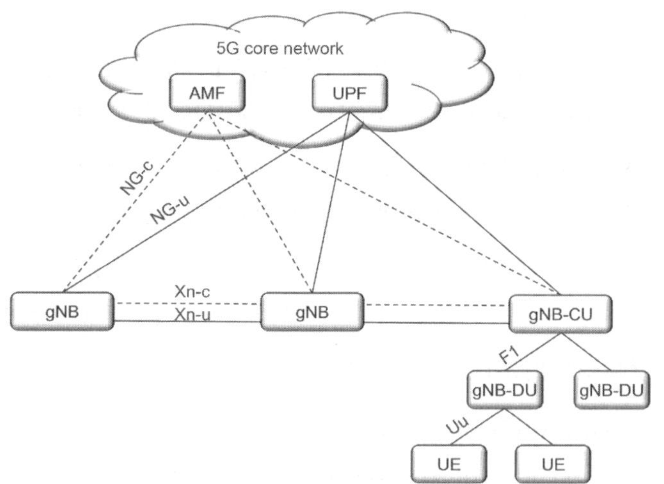

그림 6.3
무선 액세스 네트워크 인터페이스

그리고 gNB를 두 가지 파트로 분리하는 표준화된 방식이 있다. 이것은 F1 인터페이스를 사용하는 중앙 유닛 (Central Unit : gNB-CU)과 한 개 이상의 분산 유닛 (Distributed Unit : gNB-DU)으로 분리하는 것이다. 이러한 분산형 gNB의 경우, 아래에 좀 더 자세히 기술된 바와 같이 RRC, PDCP, SDAP 프로토콜은 gNB-CU에 배치되고, RLC, MAC, PHY 등 남은 프로토콜 엔티티들은 gNB-DU에 배치된다.

gNB (엄밀히 말하면 gNB-DU)와 단말 인터페이스는 Uu 인터페이스이다.

단말이 통신하기 위해 적어도 단말과 네트워크 간 하나의 연결이 필요하다. 그 기준으로서, 단말은 하향링크 및 상향링크 모두를 다루는 하나의 셀에 연결된다.

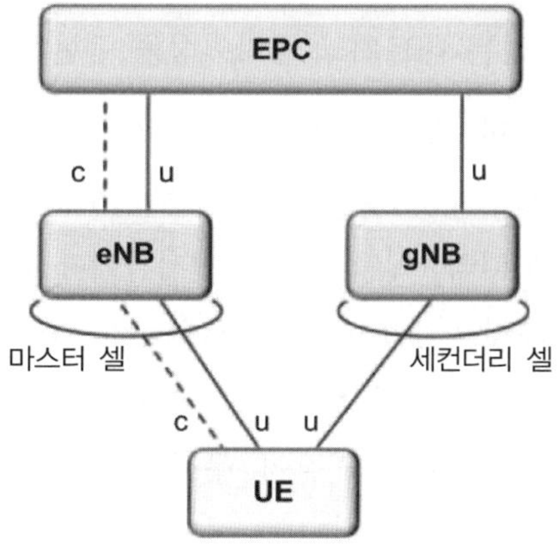

그림 6.4
옵션 3을 사용한 LTE-NR 이중 연결 (Dual Connectivity)

RRC 시그널링 뿐만 아니라, 모든 데이터 플로우, 사용자 데이터들은 이러한 셀에서 처리된다. 이것은 넓은 범위의 현장 배치에 적합한 매우 간단하면서 적당한 접근 방식이다. 하지만 단말이 여러 셀들을 통해 네트워크에 접속할 수 있도록 허용하는 것이 어떤 시나리오에서는 더 이득이 있다. 한 가지 예로서 유저 플레인 집성, 즉 애그리게이션 (Aggregation)이 있는데, 이것은 데이터의 전송 속도를 높이기 위해 복수 개의 셀로부터 플로우들이 합쳐지는 것이다. 다른 예로서 컨트롤 플레인 분리가 있는데, 이것은 컨트롤 플레인 관련 통신은 하나의 노드에서만 처리되고, 나머지 노드가 유저 플레인을 처리하는 것이다. 단말이 두 개의 셀에 붙는 시나리오는 이중 연결 (Dual Connectivity)이라고 한다.[2)]

LTE와 NR 간 Dual Connectivity는 특히 그림 6.4에 나온 NSA 모드의 옵션3의 기반이 되기 때문에 중요하다. LTE 기반 마스터 셀이 컨트롤 플레인 (잠재적으로)과 유저 플레인 시그널링까지도) 다루고 NR 기반 세컨더리 셀은 유저 플레인만 다루는데 이것은 본질적으로 데이터 전송 속도를 높일 수 있게 해준다.

NR과 NR 간 Dual Connectivity는 3GPP 릴리즈 15의 2017년 12월 버전의 내용은 아니고 릴리즈 15의 2018년 6월 최종 버전에 가능하게 되었다.

6.2 QoS 처리

다른 QoS 요구 조건을 처리하는 것은 이미 LTE에서도 가능했다. 그런데 NR에서는 이러한 프레임워크를 기반으로 더욱 향상되었다. LTE의 주요 원리는 유지되는데, 다시 말하면 네트워크는 QoS 제어를 담당하고, 5G 코어 네트워크는 이 서비스를 인식하지만 무선 액세스 네트워크는 인식하지 못한다. QoS 처리는 네트워크 슬라이싱을 구현하는 데에도 매우 중요하다.

각각의 접속된 단말들에 대해 한 개 이상의 PDU 세션이 있는데, 여기에 각각 한 개 이상의 QoS 플로우와 데이터 무선 베어러가 있다. 해당 IP 패킷은 코어 네트워크의 UDF 기능 중 한 부분으로서, QoS 요구 조건에 따라 (예를 들면 지연시간이나 요구되는 데이터 전송 속도 등) QoS 플로우에 매핑된다. 각 패킷은 QFI (QoS Flow Identifier)로 마킹되어 상향링크 QoS 처리를 지원할 수 있다. 두 번째 단계는 QoS 플로우를 데이터 무선 베어러에 매핑시키는 것인데, 무선 액세스 네트워크에서 진행된다. 이와 같이, 무선 액세스 네트워크는 단지 QoS 플로우를

2) 실제로, 캐리어 애그리게이션의 경우, 2개의 셀 그룹, 즉 마스터 셀 그룹 (MCG) 및 세컨더리 셀 그룹(SCG)은 2개의 셀 그룹 각각에 있는 다수의 셀을 의미한다.

무선 베어러에 매핑시키는 역할을 하지만, 코어 네트워크는 서비스 요구 사항을 인지하고 있다. QoS 플로우와 무선 베어러가 꼭 1대1로 매핑되는 것은 아니다. 복수의 QoS 플로우들이 동일한 데이터 무선 베어러에 매핑될 수도 있다 (그림 6.5 참조).

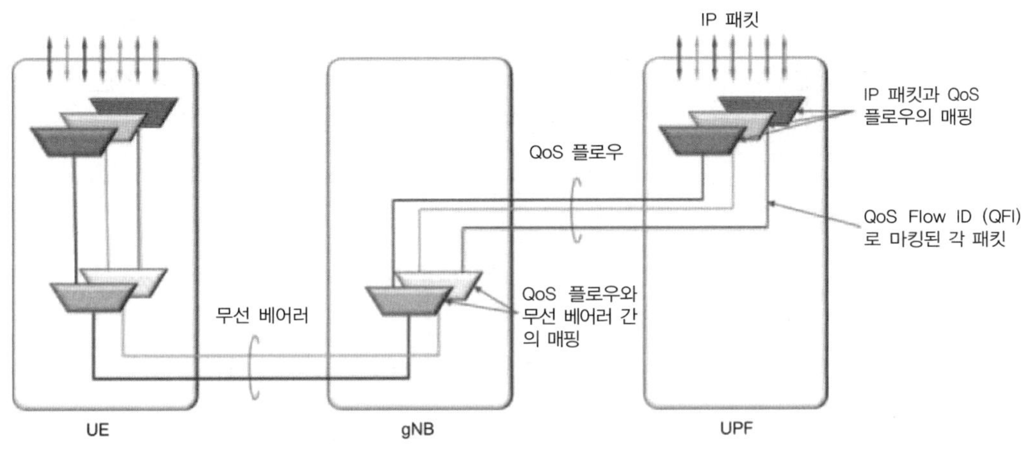

그림 6.5
PDU 세션 동안의 QoS 플로우와 무선 베어러

상향링크에서 QoS 플로우를 데이터 무선 베어러에 매핑시키는 것을 조정하기 위해 두 가지 방법이 있는데, reflective mapping과 explicit configuration이다.

Reflective mapping의 경우, NR이 5G 코어 네트워크에 접속될 때 지원되는 새로운 기능인데, 단말은 PDU 세션에 대한 하향링크 패킷에서의 QFI를 본다. 이를 통해 단말에게 어떤 IP 플로우가 어떤 QoS 플로우 및 무선 베어러에 매핑 되는지에 대한 정보를 제공한다. 그리고 단말은 상향링크에 대해서도 동일한 매핑 방식을 적용하게 된다.

Explicit mapping의 경우, 데이터 무선 베어러에 대한 QoS 플로우 매핑은 RRC 시그널링을 사용하는 단말에 설정된다.

6.3 무선 프로토콜 아키텍처

전반적인 네트워크 구조를 염두에 두고, 유저 플레인과 컨트롤 플레인에 대한 RAN 프로토콜 아키텍처가 논의될 수 있다. RAN 프로토콜 아키텍처는 그림 6.6에 명시되어 있다 (앞 절에서 언급하였듯이, AMF는 RAN의 일부가 아니지만 전체 구조의 이해를 돕기 위해 그림에 넣었다).

이어서 6.4절에서는 유저 플레인 프로토콜, 6.5절에는 컨트롤 플레인 프로토콜에 대해 설명한다. 그림 6.6에서 보듯이, 대부분의 프로토콜 엔티티들은 유저 플레인과 컨트롤 플레인에 공통이므로 PDCP, RLC, MAC 및 PHY에 대해서는 유저 플레인 부분만 언급하기로 한다.

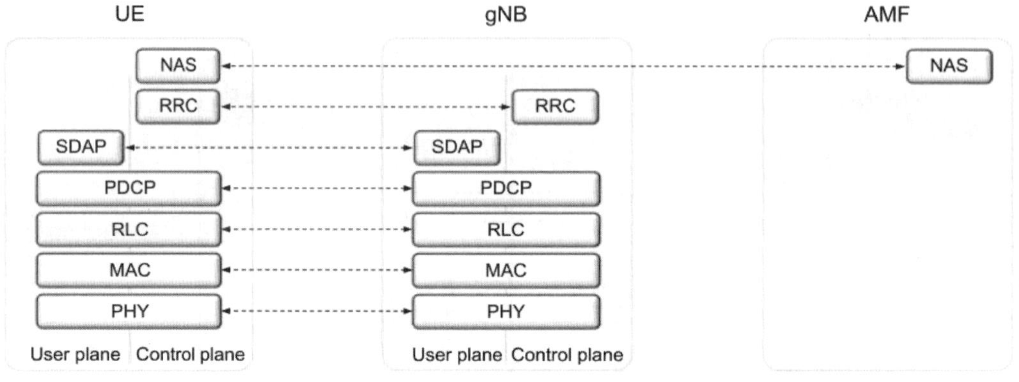

그림 6.6
유저 플레인과 컨트롤 플레인 프로토콜 스택

6.4 유저 플레인 프로토콜

그림 6.7을 보면 하향링크에 대한 NR 유저 플레인 프로토콜 아키텍처에 대해 전반적으로 볼 수 있다. 몇몇 차이가 나는 부분이 있긴 하지만, 프로토콜의 많은 부분이 LTE와 유사하다.

그러한 차이점들 중의 하나가 5G 코어 네트워크에 연결될 때, NR에서 처리하는 QoS이다. 여기서 SDAP 프로토콜 레이어는 해당 QoS 요구 조건에 따라 IP 패킷을 운반하는 한 개 이상의 QoS 플로우를 받아들이게 된다. EPC에 연결되는 NR 유저 플레인의 경우, SDAP는 사용되지 않는다.

이어지는 설명을 통해 좀 더 명확해지겠지만, 그림 6.7에 있는 모든 엔티티들이 모든 상황에 적용되는 것은 아니다. 예를 들면, 암호화는 기본적인 시스템 정보의 브로드캐스팅에 사용되지 않는다. 상향링크 프로토콜은 그림 6.7의 하향링크 구조와 유사하지만, (예를 들면) 전송 포맷 선택과 논리 채널 멀티플렉싱의 제어 등에 관하여는 다소 차이점이 있다. 무선 액세스 네트워크의 다른 프로토콜 엔티티들은 아래 정리하였다 (그리고 다음 절에 좀 더 자세히 설명할 것이다).

- SDAP (Service Data Application Protocol)는 해당 QoS 요구 조건에 따라 QoS 베어러와 무선 베어러를 매핑시킨다. 이 프로토콜 레이어는 LTE에는 없었고 5G 코어 네트워크에 연결될 때 새로운 QoS 처리 때문에 NR에 새로 도입되었다.

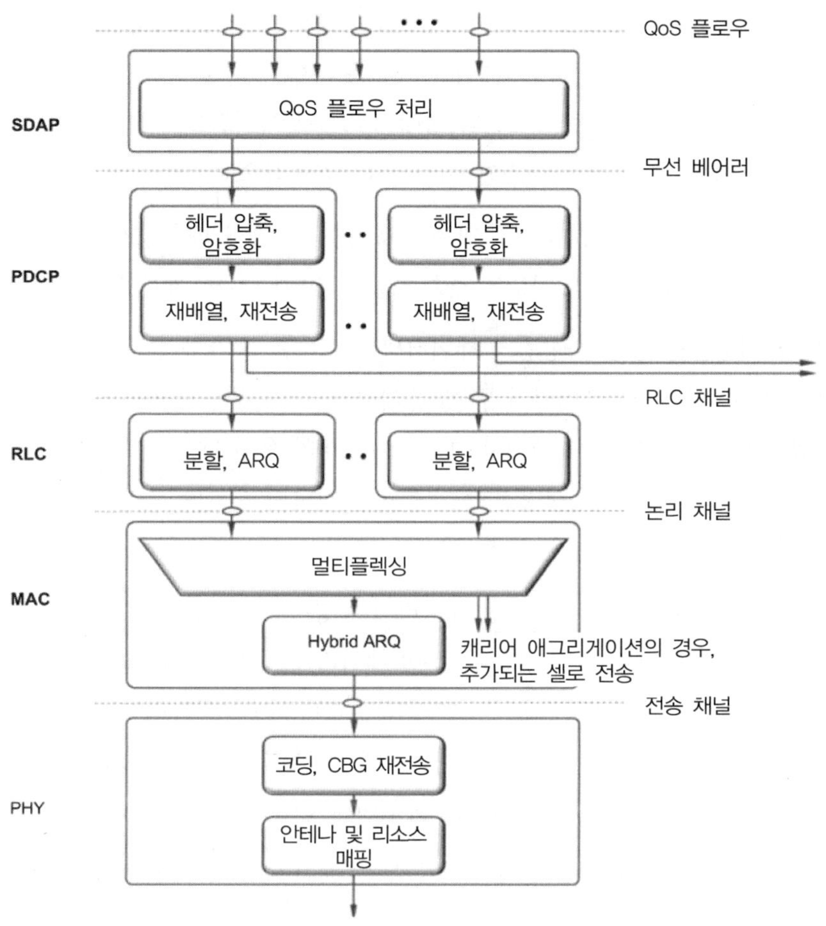

그림 6.7
단말에서 본 NR 하향링크 유저 플레인 프로토콜 구조

- PDCP (Packet Data Convergence Protocol)는 IP 헤더 압축, 암호화, 무결성 보호를 수행한다. 또한, 재전송, 순차 전달, 핸드오버 시 중복된 것의 삭제[3] 등도 처리한다. 스플릿 베어러의 이중 연결 (Dual Connectivity)에 대해, PDCP는 라우팅과 복제를 지원한다. 하나의 단말에 설정된 무선 베어러당 하나의 PDCP 엔티티가 존재한다.
- RLC (Radio-Link Control)은 세그먼테이션과 재전송을 담당한다. RLC는 RLC 채널의 형태로 PDCP에 서비스를 제공한다. 하나의 단말에 설정된 RLC 채널 당 (그리고 무선 베어러당) 하나의 RLC 엔티티가 존재한다. LTE에 비해, NR RLC는 상위 프로토콜 레이어들에 데이터의 순차 전달을 지원하지 않는다. 이것은 아래 설명할 텐데 지연시간을 줄이기 위한 변화이다.

3) 복제 감지는 2018년 6월 릴리즈 표준에 포함되지만, 2017년 12월 버전에는 기술되어 있지 않다.

- MAC (Medium-Access Control)은 논리 채널들의 멀티플렉싱, HARQ 재전송, 스케줄링과 이에 연관된 기능들을 처리한다. 스케줄링 기능은 상향링크 및 하향링크 모두에 대해 gNB에 탑재되어 있다. MAC은 논리 채널의 형태로 RLC에 서비스를 제공한다. MAC 레이어의 헤더 구조는 LTE보다 NR에서 저지연 처리를 더 효율적으로 지원하기 위해 변경되었다.
- PHY (Physical Layer)는 코딩/디코딩, 변조/복조, 다중 안테나 매핑, 그 외의 전형적인 물리 계층 기능들을 수행한다. 물리 계층은 전송 채널의 형태로 MAC 계층에 서비스를 제공한다.

모든 프로토콜 계층들을 통한 하향링크 데이터의 플로우를 요약하기 위해, 그림 6.8과 같이 3개의 IP 패킷을 하나의 무선 베어러에 두 개 올리고, 나머지 무선 베어러에 남은 하나를 올리는 경우를 생각해 볼 수 있다. 이 예에서 보듯이, 두 개의 무선 베어러가 있는데 그중 하나의 RLC SDU는 세그먼트 되었고 두 개의 다른 전송에서 전달되고 있다. 상향링크의 데이터 플로우도 유사하다.

SDAP 프로토콜은 IP 패킷들을 다른 무선 베어러에 매핑시킨다. 이번 예에서 IP 패킷 n과 n+1은 무선 베어러 x에 매핑되고, IP 패킷 m은 무선 베어러 y에 매핑된다. 일반적으로, 상위 계층으로 보내거나 상위 계층에서 받는 데이터 엔티티는 SDU (Service Data Unit)이라고 하고 이것을 아래 계층에서 받거나 아래 계층으로 보내는 경우는 PDU (Protocol Data Unit)이라고 한다. 그리하여 SDAP로부터 오는 결과물은 SDAP PDU인데 이것은 PDCP SDU와 같은 의미이다.

PDCP 프로토콜은 (필수는 아니고 선택 시) 각 무선 베어러에 대해 IP 헤더 압축을 수행하고 이어서 암호화를 수행한다. 설정 시에 재전송과 순차 전달을 위해 사용되는 시퀀스 번호 뿐만 아니라 단말의 암호 해독 (Deciphering)에 필요한 정보를 전달하는 PDCP 헤더가 추가된다.

PDCP로부터 나오는 결과는 RLC로 포워딩된다. RLC 프로토콜은 필요할 경우 PDCP PDU의 분할을 수행하고, 재전송을 처리하기 위해 사용되는 시퀀스 번호를 포함하는 RLC 헤더를 추가한다. LTE와 다르게, NR RLC는 상위 계층으로 데이터의 순차 전달을 제공하지 않는다. 그 이유는 재정렬 (Reordering) 메커니즘에 의해 발생하는 부가적인 지연시간 때문인데, 이것은 초저지연 시간을 요구하는 서비스들에는 나쁜 영향을 끼칠 수 있다. 필요하다면 순차 전달은 PDCP 계층에서 대신 제공할 수 있다.

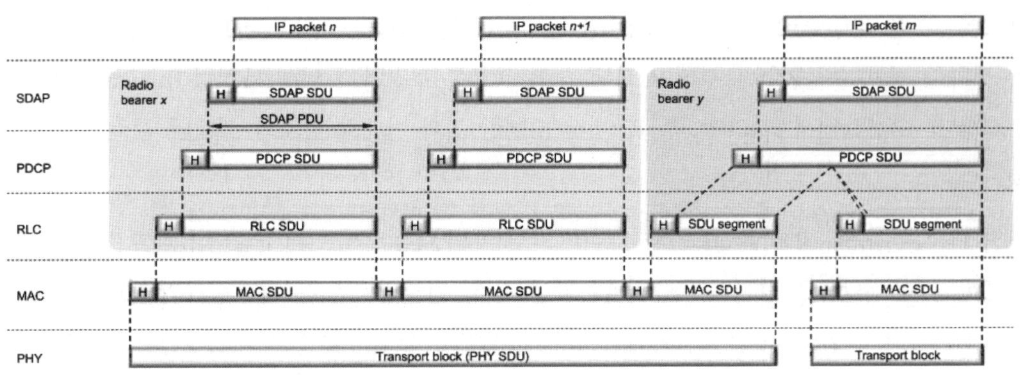

그림 6.8
유저 플레인 플로우의 예

RLC PDU는 MAC 계층으로 포워딩된다. 여기서 여러 개의 RLC PDU를 멀티플렉싱하고, MAC 헤더를 붙여 전송 블록을 형성한다. MAC 헤더는 MAC PDU에 걸쳐 분산되는데 이것은 어떠한 RLC PDU에 관계된 MAC 헤더가 RLC PDU 바로 앞서 배치된다는 것에 유의한다. 이것은 LTE에 비해 다른 점이다. 즉 MAC PDU의 시작 부분에 모든 헤더 정보를 가져 효율적인 저지연 처리가 가능해지는 것이다. NR 구조에서 MAC 헤더 구조는 MAC PDU는 헤더 필드가 계산되기 전에 모든 MAC PDU가 모일 때까지 기다릴 필요가 없기 때문에 "그때 그 즉시 (On The Fly)" 결집할 수 있다. 이로써 프로세싱 타임을 줄일 수 있고, 덕분에 전체적인 지연시간이 줄어드는 것이다.

본 장의 남은 부분에서 SDAP, RLC, MAC, 그리고 물리계층별로 개관을 다루겠다.

6.4.1 Service Data Adaptation Protocol (SDAP)

SDAP, 즉 서비스 데이터 적응 프로토콜 (Service Data Adaptation Protocol)은 상향링크/하향링크 패킷에서 QFI (Quality-of-Service Flow Identifier)를 마킹하는 것뿐만 아니라, 5G 코어 네트워크로부터의 QoS 플로우와 데이터 무선 베어러 간의 매핑을 담당한다. 이렇게 NR에서 SDAP를 도입하게 된 것은 5G 코어 네트워크에 접속될 때 LTE에 비해 새로운 QoS를 처리하기 위해서이다. 만약 gNB가 EPC에 접속하게 된다면 (즉 NSA 모드의 경우), SDAP는 사용되지 않는다.

6.4.2 Packet-Data Convergence Protocol (PDCP)

PDCP는 무선 인터페이스에 전송할 데이터 비트의 수를 줄이기 위해 IP 헤더 압축을 수행한다. 헤더 압축 메커니즘은 ROHC (Robust Header Compression) 프레임워크에[36] 기반을 두고 있다. 이것은 다른 여러 이동통신 기술을 위해서도 사용되는 표준화된 헤더 압축 알고리즘이다.

PDCP는 또한 도청으로부터 보호를 위해 암호화를 담당한다. 그리고 컨트롤 플레인에 대해서는 정확한 정보 송신점 으로부터 시작된 제어 정보를 보장하기 위해 무결성 (Integrity) 보호도 수행한다. 수신단에서 PDCP는 송신단에서 수행한 것과 반대로 암호화 해제와 압축 해제를 수행한다.

또한 PDCP는 중복 (Duplication)된 데이터의 삭제와, (선택적으로) gNB 내 핸드오버의 경우 유용한 순차 전달을 담당한다. 핸드오버 발생 직후, 전달되지 않은 하향링크의 데이터 패킷은 PDCP에 의해, 단말이 기존에 접속되어 있던 gNB에서 새로운 gNB로 포워딩된다. 단말에서의 PDCP 엔티티는 또한 핸드오버시 HARQ 버퍼가 넘칠 경우 gNB로 아직 전달되지 않은 모든 상향링크 패킷으로 재전송을 처리할 것이다. 이 경우, 어떤 PDU들은 기존 gNB와 새로운 gNB 모두에 연결되기 때문에 중복으로 수신될 수 있는데 PDCP가 이러한 중복을 제거해 주는 것이다. PDCP는 또한 바람직하게 상위 계층 프로토콜로 SDU의 순차 전달을 보장하기 위해 재정렬을 수행하도록 설정될 수 있다.

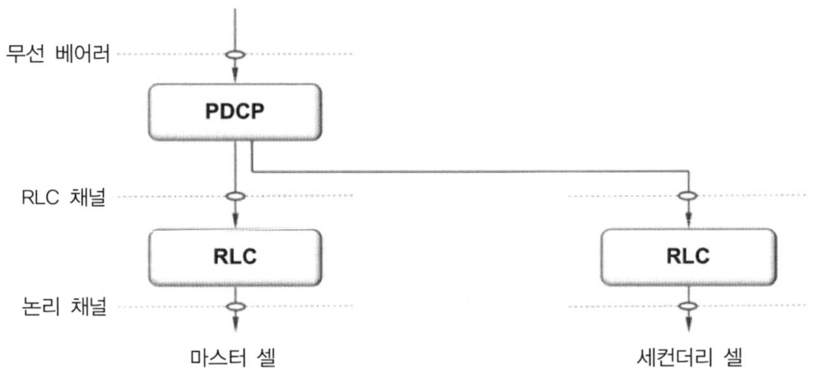

그림 6.9
분할 베어러 (Split Bearer)가 있는 이중 연결 (Dual Connectivity)

또한, PDCP에서의 중복은 부가적인 다이버시티를 위해 사용될 수 있다. 이것은 매우 높은 신뢰성을 필요로 하는 서비스에 유용할 수 있다. 수신단에서 중복된 PDCP에 대한 삭제 기능은 어떠한 중복이라도 제거한다. 본질적으로 이것은 선택적 다이버시티가 된다.

이중 연결 (Dual Connectivity)은 PDCP가 중요한 역할을 하는 또 다른 분야이다. 이중 연결에서 단말은 두 개의 셀에 접속하거나, 아니면 일반적으로 마스터 셀 그룹인 MCG와 세컨더리 셀 그룹인 SCG인 두 개의 셀 그룹에 접속한다.[4)]

---

4) 셀 그룹이라는 용어의 의미는 각 셀 그룹에 애그리게이션된 캐리어별로 하나씩 여러 개의 셀이 있을 때 캐리어 애그리게이션의 경우를 처리한다는 것이다.

두 개의 셀 그룹은 각각 다른 gNB들에 의해 처리될 수 있다. 무선 베어러는 일반적으로 셀 그룹 중 하나에 의해 처리되나, 하나의 무선 베어러가 두 개의 그룹에 의해 처리되는 것처럼 베어러를 분할하는 것도 가능하다. 이 경우, PDCP는 그림 6.9에서 보듯이 MCG와 SCG 간의 데이터 분배를 담당한다.

2017년 12월 버전 릴리즈 15 표준은 LTE와 NR 간의 이중 연결에 제약이 있지만 2018년 6월 버전은 일반적으로 이중 연결을 지원한다. 이것은 그림 6.4에 나온 것처럼 옵션 3을 이용한 NSA 모드의 기본이 되기 때문에 특히 중요하다. LTE 기반의 마스터 셀은 컨트롤 플레인과 (잠재적으로) 유저 플레인 시그널링을 처리한다, 그리고 NR 기반의 세컨더리 셀은 유저 플레인만 처리하여 본질적으로 데이터 전송 속도를 높인다.

6.4.3 Radio-Link Control (RLC)

RLC 프로토콜은 PDCP를 적절한 크기의 RLC PDU들로 만들도록 RLC SDU들을 세그먼트 처리한다. 또한 중복된 PDU를 삭제할 뿐 아니라 잘못 수신된 PDU의 재전송도 처리한다. 각 서비스 유형에 따라 RLC는 다음과 같이 Transparent Mode, Unacknowledged Mode, Acknowledged Mode 세 가지 모드 중 하나로 설정될 수 있고, 이 기능들 중 일부 혹은 전부를 수행하게 된다. Transparent Mode는 말 그대로 투명하게 통과시키고, 헤더가 붙지 않는 경우이다. Unacknowledged Mode는 분할 및 복제 감지를 지원한다. Acknowledged Mode는 여기에 부가적으로 잘못된 패킷에 대한 재전송까지도 지원한다.

LTE와 비교하여 주요한 차이점으로는 상위 계층으로 SDU들이 순서에 맞게 전송되는 것을 의미하는 in-sequence delivery를 RLC가 보장하지 않는다는 것이다. RLC에서 in-sequency delivery를 제외하여 전체적인 지연시간을 줄일 수 있는데, 그 이유는 앞서 들어왔지만 놓친 (Missing) 패킷의 재전송을 기다리지 않고 나중에 들어온 패킷을 즉시 포워딩할 수 있기 때문이다. 또 다른 차이점으로는 상향링크 스케줄링 승인을 받기 전에 RLC PDU들을 미리 모을 수 있도록 RLC 프로토콜에서의 연접하는 과정을 제외시킨 것이다. 이것은 또한 전반적인 지연시간을 줄이는 데 도움이 된다 (13장에서 더 다룰 것이다).

그림 6.10을 보면 RLC주요 기능들 중 하나인 분할이 나와 있다. 본 그림에 이에 상응하는 LTE 기능도 같이 나와 있는데, LTE의 경우에는 연접까지도 지원한다. 스케줄러의 결정 사항에 따라 일정량의 데이터, 즉 전송 블록의 크기가 결정된다. NR에서 전반적인 저지연시간 설계의 한 부분으로서, 상향링크 전송의 경우 전송에 사용되는 OFDM 심볼의 개수에 대한 스케줄링 의사

결정이 전송 직전에 단말에게 알려진다. LTE에서 연접의 경우 RLC PDU는 스케줄링 의사 결정이 알려질 때까지 모을 수 없다. 이로 인해 상향링크 전송 때까지 부가적인 지연시간이 발생하며 NR의 저지연 요구 조건을 맞출 수 없게 된다.

NR의 경우 RLC에서 연접을 제외함으로써, RLC PDU들은 미리 헤더를 붙여놓고 대기 상태에 있다가 전송 블록 크기가 결정되는 순간 바로 조립 (Assemble)될 수 있다. 그러므로 단말은 스케줄링 결정을 받자마자 스케줄링된 전송 블록 크기에 따라 적절한 수의 RLC PDU를 MAC 계층으로 포워딩하기만 하면 된다.

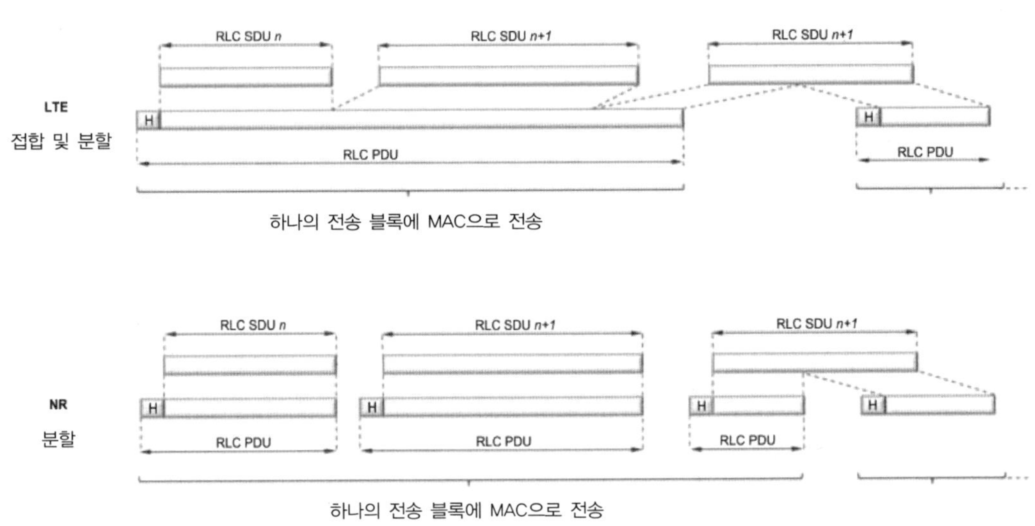

그림 6.10
RLC 분할

완전히 전송 블록 크기를 채우기 위해, 마지막 RLC PDU는 하나의 SDU의 분할을 포함한다. 분할 과정은 간단하다. 스케줄링 승인을 받자마자, 단말은 전송 블록에 맞게 필요한 양의 데이터를 모은다. 그리고 헤더를 업데이트하여 이것이 분할된 SDU라는 것을 지시한다.

RLC 재전송 메커니즘은 또한 상위 계층으로 데이터들을 에러 없이 전송해준다. 이를 달성하기 위해, 재전송 프로토콜은 송신단과 수신단 양쪽의 RLC 엔티티들 간에 동작한다. 유입되는 PDU의 헤더에 표시된 시퀀스 번호를 모니터링함으로써, 수신단의 RLC는 빠진 PDU들이 무엇인지 알 수 있다 (RLC시퀀스 번호는 PDCP 시퀀스 번호와 독립적인 것이다). 상태 리포트(Status report)는 빠진 PDU의 재전송을 요청하며 송신 RLC 엔티티 (Entity)로 피드백된다. 수신된 상태 리포트에 기반을 두어, 송신단의 RLC 엔티티는 적절한 행동을 취하며 필요할 경우 빠진 PDU를 재전송하게 된다.

RLC는 잡음, 예측이 불가한 채널의 변동 등으로 인한 전송 에러를 다룰 수 있음에도 불구하고, 에러가 없는 전달 (Error-Lree Delivery)은 대부분의 경우 MAC 기반의 HARQ에 의해 처리된다. RLC에서의 재전송 메커니즘을 사용하는 것은 일견 지나친 것으로 보일 수도 있다. 하지만 13장에서 언급할 텐데, 실제로 지나친 것이 아니라, RLC 기반과 MAC 기반의 재전송 메커니즘 사용은 피드백 시그널링의 차이에 의해, 서로 다른 역할과 용도를 갖는다.

RLC의 좀 더 상세한 사항은 13.2절에서 다룰 것이다.

6.4.4 Medium-Access Control (MAC)

MAC 계층은 논리 채널의 멀티플렉싱, HARQ, 스케줄링 및 이에 관계된 기능을 처리하고 또한 다양한 뉴머롤로지도 처리한다. 그리고 캐리어 애그리게이션이 사용될 때 다중의 컴포넌트 캐리어에 대해 데이터를 멀티플렉싱/디멀티플렉싱하는 기능도 담당한다.

6.4.4.1 논리 채널과 전송 채널

MAC은 논리 채널의 형태로 RLC에 서비스를 제공한다. 논리 채널은 이것이 실어 나르는 정보의 형태에 의해 정의가 되며, 일반적으로 제어 채널과 트래픽 채널로 나뉘는데, 제어 채널은 NR 시스템이 동작하는 데 필요한 제어 및 설정 정보를 전송하는 데 쓰이고, 트래픽 채널은 사용자 데이터를 위한 것이다. NR에 특화된 논리 채널의 유형들은 다음과 같다.

- **브로드캐스트 제어 채널 (BCCH)** : 네트워크에서 해당 셀 안에 있는 모든 단말들에게 시스템 정보를 전송하는 데 쓰인다. 시스템에 접속하기 전에, 일반적으로 단말은 시스템 정보를 획득하여 시스템이 어떻게 설정되어 있고, 셀 안에서 어떻게 적절하게 동작할 수 있는지에 대해 알아야 한다. NSA 모드의 경우, 시스템 정보는 LTE 시스템에 의해 제공되고 이 BCCH는 사용되지 않는다.
- **페이징 제어 채널 (PCCH)** : 셀 단위에서 단말의 위치가 네트워크에 알려지지 않은 경우의 페이징에 사용된다. 그리하여 페이징 메시지는 여러 개의 셀에 전송될 필요가 있다. NSA 모드에서 페이징은 LTE가 제공하기 때문에 이 PCCH 채널은 없다.
- **공통 제어 채널 (CCCH)** : 랜덤 엑세스와 결합되어 제어 정보를 전송하는 데 사용된다.
- **전용 제어 채널 (DCCH)** : 특정 단말로부터, 혹은 단말에게 제어 정보를 전송하는 데 사용된다. 이 채널은 단말에 다양한 파라미터를 설정하는 것처럼 단말 개개의 환경설정에 사용된다.
- **전용 트래픽 채널 (DTCH)** : 특정 단말로부터, 혹은 단말에게 사용자 데이터를 전송하는 데 사용된다. 이것은 모든 유니캐스트 상향링크/하향링크 가입자 데이터의 전송에 필요한

논리 채널 유형이다.

상기 논리 채널들은 일반적으로 LTE 시스템에도 있으며 유사한 기능을 수행한다. 하지만 LTE는 NR에서는 아직 지원되지 않는 (하지만 향후 릴리스에는 도입될 것으로 보이는) 기능을 위한 부가적인 논리 채널들을 제공하고 있다.

물리 채널로부터, MAC 계층은 전송 채널 (Transport Channel)의 형태로 수신한다. 전송 채널은 무선 인터페이스에 전송되는 정보가 어떻게 전달되고 무슨 특성을 갖고 있는지에 따라 정의된다. 전송 채널에서의 데이터는 전송 블록으로 구성된다. 각 전송 시간 간격 (Transmit Time Interval, TTI) 내에서, 대부분 유동적인 크기의 하나의 전송 블록은 단말로혹은 단말로부터 무선 인터페이스를 통해 전송된다 (참고로 4개 이상의 레이어를 공간 멀티플렉싱 하는 경우, TTI 당 2개의 전송 블록이 있다).

전송 포맷 (TF)는 각 전송 블록과 연관이 있는데, 이것은 어떻게 전송 블록이 무선 인터페이스로 전송되는지를 명시해 준다. 전송 블록 포맷은 전송 블록의 크기, 변조 및 코딩 방식, 그리고 안테나 매핑에 대한 정보를 포함한다. 전송 포맷을 제어함으로써, MAC 계층은 다양한 데이터 전송 속도를 구현할 수 있다. 이것이 전송 포맷 선택이라는 프로세스이다.

NR을 위한 전송 채널 유형은 다음과 같다.

- ❑ BCH는 표준으로 확립된 정해진 전송 포맷을 갖고 있다. 이것은 BCCH 시스템 정보의 일부를 전송하는 데 사용되며, 좀 더 구체적으로 말하면 16장에서 설명할 MIB (Master Information Block)를 말하는 것이다.
- ❑ 페이징 채널 (PCH)은 PCCH 논리 채널로부터 페이징 정보를 전송하는 데 사용된다. PCH는 미리 정해진 시간 동안에만 단말이 PCH를 받도록 wake up하여 단말의 배터리 전력을 절약해주는 DRX (Discontinuous Reception) 기능을 지원한다.
- ❑ DL-SCH (Downlink Shared Channel), 즉 하향링크 공유 채널은 NR에서 하향링크 데이터의 전송을 위해 사용되는 주요 전송 채널이다. 이것은 다이나믹한 전송 속도 적응 및 시간/주파수 도메인에서의 채널 의존의 스케줄링, HARQ 소프트 컴바이닝, 그리고 공간 멀티플렉싱과 같은 NR의 주요 기능들을 지원한다. 또한, 항상 always-on처럼 느끼도록하면서도 전력 소모를 줄여주는 DRX를 지원한다. DL-SCH는 또한 BCH에 매핑되지 않은 일부분의 BCCH 시스템 정보를 전송하는 데 사용되기도 한다. BCCH 정보 전송을 위해 각 단말은 접속된 셀마다 정해진 DL-SCH를 갖게 된다. 이렇게 시스템 정보가 수신되는 슬롯들에는 단말 입장에서 보면 부가적인 DL-SCH가 하나 더 있는 것이다.

- UL-SCH (Uplink Shared Channel), 즉 상향링크 공유 채널은 DL-SCH의 상향링크에 대한 짝이 된다. 즉, 상향링크 데이터의 전송에 쓰이는 상향링크 전송 채널인 것이다.

덧붙여서, 랜덤 엑세스 채널 (RACH)은 전송 블록을 전송하는 것은 아니지만, 전송 채널로서 정의되어 있다. 릴리스 16에 사이드링크가 도입되면서 추가 전송 채널이 생겼다. 자세한 내용은 23장을 참조하기 바란다.

MAC 기능의 일부로 여러 논리 채널들을 멀티플렉싱하는 것과 논리 채널들을 적절한 전송 채널로 매핑하는 기능이 있다. 논리 채널 유형과 전송 채널 유형간의 매핑은 그림 6.11에 나와 있다. 이 그림은 DL-SCH와 UL-SCH가 각각 왜 하향링크와 상향링크의 주요 전송 채널인지를 명확히 보여준다. 그림에 각각에 대응하는 물리 채널들이 (뒤에 상세히 기술할텐데)해당 전송 채널과 물리 채널 간의 매핑과 함께 포함되어 있다.

우선순위 처리를 지원하기 위해, 각 논리 채널별로 각자의 RLC 엔티티를 갖고 있는 다중의 논리 채널들이 MAC 계층에 의해 하나의 전송 채널로 멀티플렉싱될 수 있다. 수신단에서는, MAC 계층이 이에 상응하는 디멀티플렉싱을 처리하고 RLC PDU를 각자의 RLC 엔티티에 포워딩한다. 수신단에서의 디멀티플렉싱을 지원하기 위해서는 MAC 헤더가 사용된다. LTE에 비해 MAC 헤더들의 배치가 개선되어, 저지연 동작 지원이 향상되었다. LTE에서 MAC PDU의 시작부분에 모든 MAC 헤더 정보를 배치하는 것 대신 (이것은 MAC PDU의 조립이 스케줄링 의사 결정이 가능할 때까지는 시작될 수 없다는 것을 의미한다), 그림 6.12에 나온 것처럼, 어떤 MAC SDU에 상응하는 서브헤더가 이 SDU 바로 앞에 배치된다. 이것은 스케줄링 의사 결정을 받기 전에 PDU가 사전 처리될 수 있도록 해준다. NR에서 지원되는 기능 중의 하나로서 필요할 경우 전송 블록 크기를 맞추기 위해 패딩으로 채워질 수 있다.

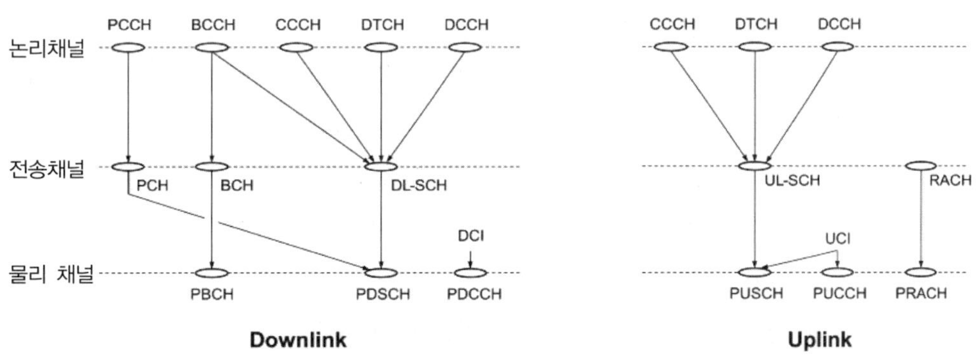

그림 6.11
논리채널, 전송채널, 그리고 물리 채널 간 매핑

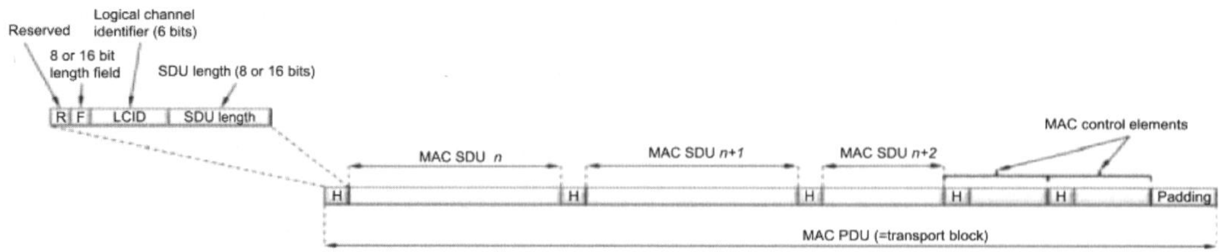

그림 6.12
MAC SDU 멀티플렉싱과 헤더 삽입 (상향링크의 경우임)

서브 헤더는 RLC PDU가 시작된 논리 채널의 아이디 (LCID)와 바이트 단위의 PDU 길이를 포함한다. 또한 길이 표시자 (Length Indicator)의 크기를 가리키는 플래그와 향후 사용 목적으로 예비된 비트가 있다.

여러 논리 채널을 멀티플렉싱하는 기능에 더하여, MAC 계층은 또한 MAC 제어 엘리먼트를 전송 블록들에 삽입하여 전송 채널을 통해 보낼 수 있다. MAC 제어 엘리먼트는 인밴드 (Inband) 제어 신호를 위해 사용되고 LCID 필드에 예비된 값으로 식별된다. 여기서 LCID 값은 제어 정보의 유형을 가리킨다. 고정된 길이나 가변 길이의 MAC 제어 엘리먼트가 그 용도에 따라 지원된다. 하향링크 전송에 대해, MAC 제어 엘리먼트가 MAC PDU의 시작 부분에 배치된다. 반면에 상향링크 전송의 경우, MAC 제어 엘리먼트는 끝부분에 배치되는데 패딩이 있을 경우 패딩 바로 앞에 배치된다. 다시 말하면, 이러한 배치는 단말에서의 저지연 동작을 가능케 하기 위한 것이다.

MAC 제어 엘리먼트는 위에서 언급한 대로 인밴드 (Inband) 컨트롤 시그널링을 위해 사용된다. 이것은 페이로드 크기에 관한 제약 사항이나 물리계층의 L1/L2 제어 시그널링인 PDCCH 혹은 PUCCH 등에 의해 제공되는 신뢰성 등에 구애받지 않고 RLC보다 더 빠르게 제어 신호를 보낼 수 있는 방법을 제공한다.

다양한 목적으로 쓰이는 다중의 MAC 제어 엘리먼트들이 있는데, 예를 들면 다음과 같다.

- ❑ (14장에서 다룰) 상향링크 스케줄링을 지원하기 위해 사용되는 버퍼 상태 보고 (BSR)나 전력 헤드룸 보고 (PHR)와 같이 스케줄링에 관련된 MAC 제어 엘리먼트들과 준지속적인 (Semi-Persistent) 스케줄링을 설정할 때 사용되는 설정된 반지속적 스케줄링 그랜트 수락 응답 관련 MAC 제어 엘리먼트
- ❑ C-RNTI나 경쟁-해소 MAC 제어 엘리먼트와 같은 랜덤 엑세스 관련 MAC 컨트롤 엘리먼트
- ❑ (15장에서 다룰) timing-advance를 처리하는 timing-advance MAC 제어 엘리먼트
- ❑ 이전에 설정된 컴포넌트들을 활성화/비활성화

- ❏ DRX에 관계된 MAC 제어 엘리먼트들
- ❏ PDCP 중복 감지의 활성화/비활성화
- ❏ (8장에서 다룰) CSI 보고 및 SRS 전송의 활성화/비활성화

또한, 캐리어 애그리게이션의 경우, MAC 엔티티는 캐리어 애그리게이션의 다른 컴포넌트 캐리어나 셀이 가지고 있는 각 플로우 (Flow)로부터의 데이터를 분산하는 것을 담당한다.

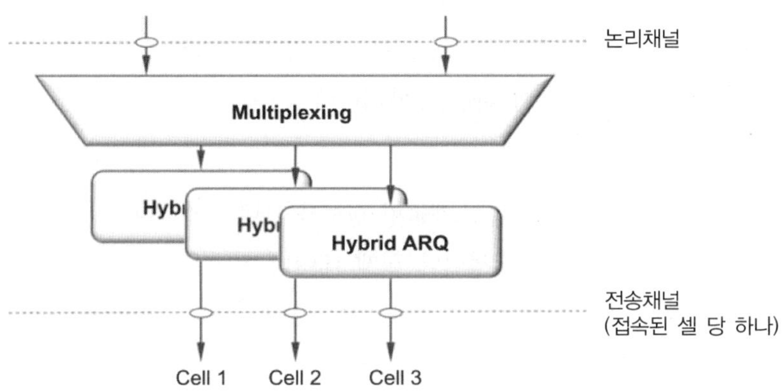

그림 6.13
캐리어 애그리게이션

기본적인 캐리어 애그리게이션의 원리는 물리 계층에서 컴포넌트 캐리어들을 독립적으로 처리하는 것인데 여기에는 제어 신호, 스케줄링, HARQ 재전송을 모두 포함한다. 하지만 MAC 계층 위로는 캐리어 애그리게이션이 보이지 않는다. 그리하여 캐리어 애그리게이션은 주로 MAC 계층에서 보이게 된다 (그림 6.13 참고). 여기에 MAC 제어 엘리먼트를 포함한 논리채널은 각 컴포넌트 캐리어별로 전송 블록을 구성하도록 멀티플렉싱된다. 여기서 각각의 컴포넌트 캐리어는 자신만의 HARQ 엔티티를 갖게 된다.

캐리어 애그리게이션이나 이중 연결의 경우 단말은 한 개 이상의 셀에 접속되게 된다. 둘 간에 유사점도 있지만, 근본적인 차이가 있는데 이러한 것들은 주로 여러 셀들이 얼마나 밀접하게 협력하는가와, 다른 셀들이 같은 gNB에 있는지 아니면 다른 gNB에 있는지에 기인한 것이다.

캐리어 애그리게이션은 매우 밀접한 협력을 의미한다. 모든 셀들이 동일한 gNB에 속하게 된다. 스케줄링 결정은 단말이 접속해 있는 모든 셀에 대해 하나의 공동 스케줄러에 의해 공동으로 이루어진다.

반면에, 이중 연결은 셀 간 훨씬 느슨한 협력을 허용한다. 셀들은 다른 gNB에 속하며 심지어 다른 무선 접속 기술에 속하는 경우도 있는데 이것은 NSA 모드에서 NR-LTE 이중 연결에 해당한다.

캐리어 애그리게이션과 이중 연결은 또한 결합될 수 있다. 이것이 마스터 셀 그룹과 세컨더리 셀 그룹이라는 용어가 생긴 이유이다. 각 셀 그룹 안에서 캐리어 애그리게이션이 사용될 수 있다.

6.4.4.2 스케줄링

NR 무선 접속의 기본 원리 중 하나가 바로 공통 채널 전송이다. 즉, 시간/주파수 자원들이 동적으로 사용자 간에 공유된다. 스케줄러는 MAC 계층의 한 부분이고 (대개 분리된 엔티티로 간주되긴 하지만) 주파수 도메인에서는 리소스 블록의 할당을, 시간 도메인에서는 OFDM 심볼과 슬롯에 대해 상향/하향 자원들의 할당을 제어한다.

스케줄러의 기본적인 동작은 동적 스케줄링이다. 이것은 보통 gNB가 슬롯당 한 번씩 스케줄링 의사 결정을 내리고 선택한 단말들에게 스케줄링 정보를 보내는 것이다. 비록 슬롯당 스케줄링이 일반적인 경우이지만, 스케줄링 결정이나 실제 데이터 전송은 슬롯 경계에서 시작되거나 끝나는 것에 제약을 받지 않는다. 이것은 7장에서 언급할텐데 향후 비면허 스펙트럼으로 확장하는 것뿐만 아니라 저지연 동작을 지원하는 것에도 유용하다.

상향링크와 하향링크 스케줄링은 NR에서 분리되어 있다. 그리고 상향링크와 하향링크 스케줄링 결정은 서로 독립적으로 이루어진다 (Half-Duplex의 경우 듀플렉스 구조에 기인한 제한 내에서 이루어진다).

하향링크 스케줄러는 어떤 단말에게 데이터를 전송할 것인가, 그리고 이러한 단말들에 대해 각 단말의 DL-SCH에 사용될 리소스 블록들을 (동적으로) 제어하는 것을 담당한다. 전송 포맷 선택 (이것은 전송 블록 크기, 변조 방식, 그리고 안테나 매핑의 선택을 의미한다)과 하향링크에 대한 논리 채널 멀티플렉싱은 gNB에 의해 제어된다 (그림 6.14의 좌측 부분 참조).

상향링크 스케줄러도 유사한 목적을 갖고 수행한다. 즉 어떤 단말들이 각자의 UL-SCH에 전송할 것이며, 어떤 상향링크 시간/주파수 자원들을 이용해 전송할 것인지를 (동적으로) 결정한다. gNB 스케줄러가 단말에 대한 전송 포맷을 결정한다는 사실에도 불구하고, 상향링크 스케줄링 결정은 명백히 어떠한 논리채널을 전송할 것인지를 지정하지 않고 단지 단말을 결정하는 것임을 알아야 한다.

그래서 gNB가 스케줄링 대상 단말의 페이로드를 제어함에도 불구하고, 단말은 gNB에서 설정될 수 있는 일련의 규칙 및 파라미터들에 따라 어떠한 무선 베어러로부터 데이터를 가져갈지를 선택한다 (이것은 그림 6.14에 나와 있다). 여기서 gNB 스케줄러는 전송 포맷을 제어하고 단말은 논리채널 멀티플렉싱을 제어한다.

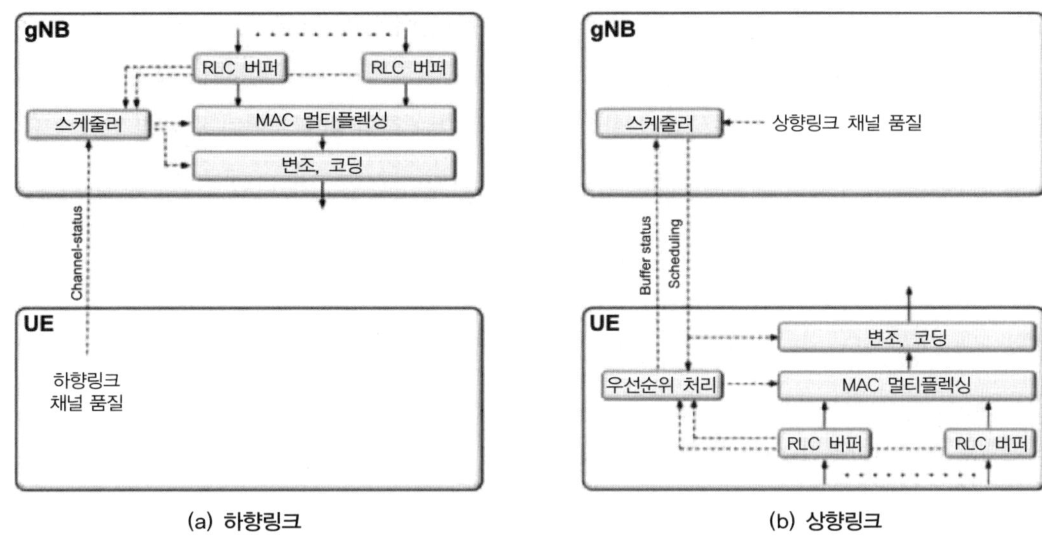

그림 6.14
하향링크(a)와 상향링크(b)에서의 전송 포맷 선택

비록 스케줄링을 어떻게 할지는 제조사별 구현 사항이고 3GPP에 의해 지정된 것은 아니지만, 대부분 스케줄러의 전체적인 목표는 채널 의존 스케줄링, 즉 단말 간의 채널 변동을 활용하고, 가급적 시간과 주파수 영역 모두에 유리한 채널 조건을 가진 리소스들을 사용하여 단말에 스케줄링 전송을 하는 것이다.

하향링크 채널 의존 스케줄링은 CSI (Channel-State Information)를 통해 지원되는데, 단말이 시간/주파수 도메인에서의 즉각적인 하향링크 채널 품질을 반영하여 CSI를 gNB에 보고한다. 또한, CSI는 spatial multiplexing의 경우 적절한 안테나를 선택하는 데 필요한 정보이기도 하다. 상향링크에서는, 상향링크 채널 의존 스케줄링에 필요한 CSI 정보가 각 단말로부터 전송된 SRS (Sounding Reference Signal)에 기반을 둘 수도 있다. SRS는 gNB가 특정 단말의 상향링크 채널 품질을 알고 싶을 때 단말에게 전송을 명령하여 측정하는 채널이다. 상향링크 스케줄러가 이러한 의사 결정하는 데 도움을 주기 위해, 단말은 MAC 제어 엘리먼트를 사용하여 gNB에 버퍼 상태와 전력-헤드룸 정보를 전송할 수 있다. 이 정보는 단말이 유효한 스케줄링 승인을 받았을 경우에만 전송될 수 있다. 그런 경우가 아니라면, 단말이 상향링크 리소스를 필요로 한다는 지시자 (Indicator)가 상향링크 L1/L2 제어 시그널링 구조의 한 부분으로 제공된다 (10장 참조).

동적 스케줄링이 기준이 되는 동작 모드이지만, 또한 컨트롤 시그널링으로 인한 오버헤드를 줄이기 위해 동적인 승인 (Grant) 없이도 송신/수신을 할 수 있다. 세부적으로는 하향링크와 상향링크 간에 차이가 있다. 하향링크의 경우, LTE의 준지속적인 스케줄링과 유사한 방식이 사용된다. 준정적인 (Semistatic) 스케줄링 패턴은 미리 단말에게 보내진다. 사용할 시간/주파수 자원들과 코팅-변조 방식과 같은 파라미터들을 포함되어 있는 L1/L2 제어 시그널링을 통해 활성화 명령을 받으면, 단말은 사전에 설정된 패턴에 따라 하향링크 데이터 전송을 받게 된다.

상향링크에서는, 서로 약간 차이가 있는 두 가지의 방식인 타입 1과 타입 2가 있는데 어떻게 그 방식을 활성화할 것인가에 대한 차이가 있다. 타입 1의 경우, RRC는 사용할 시간/주파수 자원들과 코딩-변조 방식을 포함하는 모든 파라미터를 설정한다. 또한, 이 RRC 메시지를 통해 semistatic 상향링크 전송을 활성화한다.

반면에 타입 2의 경우, RRC가 시간 축에서 스케줄링 패턴을 설정하는 준지속적 (Semi-Persistent) 스케줄링과 유사하지만 이의 활성화는 L1/L2 시그널링을 사용하여 이루어지는데, 여기에는 필요한 전송 파라미터를 포함한다 (RRC 시그널링을 통해 제공되는 주기는 제외된다).

타입 1과 타입 2 모두에서 단말은 전달할 데이터가 없으면 상향링크로 전송하지 않는다.

6.4.4.3 소프트 컴바이닝을 수반한 HARQ

소프트 컴바이닝을 수반한 HARQ는 전송 에러에 대해 견고성 (Robustness)을 제공한다. HARQ 재전송이 빠르기 때문에, 많은 서비스들이 한 개 이상의 재전송을 허용하며, HARQ 메커니즘은 내재적으로 (폐루프) 전송 속도 제어 매커니즘을 형성하게 된다. HARQ 프로토콜은 MAC 계층의 한 부분이지만 실질적으로 소프트 컴바이닝은 물리계층에서 처리한다.[5)]

HARQ는 모든 유형의 트래픽에 적용되는 것은 아니다. 예를 들면, 브로드 캐스트 전송의 경우 동일한 정보가 복수 개의 단말들을 위한 것인데 일반적으로 HARQ에 의존하지는 않는다. 그래서 HARQ는 그 용도가 gNB 구현에 따라 다르긴 하지만, DL-SCH와 UL-SCH만을 위해 지원된다.

HARQ 프로토콜은 LTE와 유사하게 다중의 병렬적인 stop-and-wait 프로세스를 사용한다. 전송 블록을 받자마자, 수신단에서는 전송 블록의 디코딩을 시도하고 송신단에게 디코딩의 성공 여부나 전송 블록의 재전송이 필요한지 여부를 단일 acknowledgement 비트를 통해 알려주게 된다. 명백하게, 수신단은 수신된 acknowledgement가 어떤 HARQ 프로세스와 연관이 있는지를 알아야 한다. 이를 해결하기 위한 기본 솔루션은 특정 Hybrid-ARQ 프로세스와의 연관을 위해 하향링크 데이터 전송과 관련된 확인 타이밍을 사용하거나, 아니면 동시에 전송된 다중 acknowledgement의 경우 HARQ 코드북에서의 acknowledgement의 위치를 사용하여 해결할 수 있다 (자세한 내용은 섹션 13.1 참조, 비면허 스펙트럼에 액세스할 때 이 베이스라인과의

5) 소프트 컴바이닝은 물리 계층 기능인 채널 디코딩 이전 또는 일부로서 수행된다. 또한, CBG별 재전송 처리는 공식적으로 물리 계층의 일부이다.

편차에 대한 내용은 19장 참조).

하향링크와 상향링크 모두에 비대칭적인 HARQ 프로토콜이 쓰인다. 즉 명시적인 HARQ 프로세스 번호로 현재 어떤 프로세스를 다루고 있는지를 가리키는 데 사용한다. 비대칭 HARQ 프로토콜에서 재전송은 원칙적으로 초기 전송과 유사하게 스케줄링 된다. LTE에서의 대칭 상향링크 프로토콜 대신 NR에서 비대칭 상향링크 프로토콜을 사용하는 것은 고정된 상향링크/하향링크 할당이 없는 동적인 TDD를 지원하는 데 필요하기 때문이다. 이것은 또한 데이터 플로우와 단말 간의 우선순위에 관한 더 나은 유연성을 제공하고 릴리스16에서 비면허 스펙트럼으로의 확장에도 유리하다.

HARQ 프로세스는 16개까지 지원이 된다. LTE보다[6] 더 많은 최대 HARQ 프로세스 수를 가지는 것은 RRH (Remote Radio Head)에 대한 가능성으로 인한 것인데, RRH는 높은 주파수에서의 슬롯 기간이 더 짧아지는 것과 더불어 프론트홀에서의 지연을 초래한다. 더 많은 최대 HARQ 프로세스의 수는 모든 프로세스가 다 사용되어야 할 필요가 없으므로 더 긴 roundtrip 시간이 초래되는 것을 의미하는 것이 아니다. 이것은 단지 가능한 프로세스의 수에 대한 상한선일 뿐이다.

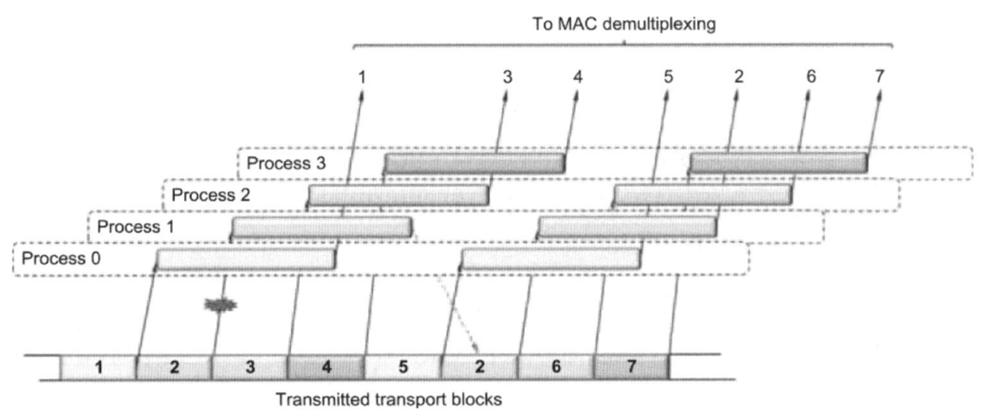

그림 6.15
다중 병렬 HARQ 프로세스

그림 6.15에 나온 것처럼, 단말에 대해 다중 병렬 HARQ 프로세스를 사용하면 HARQ 메커니즘으로부터 전달되는 데이터가 'out-of-sequence' 될 수도 있다. 예를 들면, 그림에서의 전송블록 3은 재전송이 필요한 전송블록 2 앞에 성공적으로 디코딩되었다.

대부분의 애플리케이션들에 대해서는 순서가 맞지 않아도 수용 가능하다. 하지만 그렇지 않은 경우에는 PDCP 프로토콜을 통해 in-sequence delivery가 제공될 수도 있다. RLC단에서 in-sequence

6) LTE에서는 FDD에는 8개의 프로세스가, TDD에는 상향링크/하향링크 구성에 따라 최대 15개의 프로세스가 사용된다.

delivery를 제공하지 않는 것은 지연시간을 줄이기 위해서이다. 만약 그림 6.15와 같이 수신된 패킷에 in-sequence delivery가 적용된다면, 패킷 번호 3, 4, 5는 이것들이 상위 계층으로 전달되기 전에 패킷 번호 2가 제대로 수신될 때까지 지연될 것이다. 하지만 in-sequence delivery가 없게 되면, 각 패킷들은 제대로 수신되기만 하면 곧바로 포워딩될 수 있는 것이다.

LTE에 비해 NR에서 또 하나의 부가적인 HARQ 메커니즘의 기능으로는 코드블록 그룹 단위로 재전송이 가능하다는 것이다. 이것은 매우 큰 전송블록에 유익할 수 있거나 아니면 전송블록이 부분적으로 다른 preempting전송에 의해 간섭을 받을 때 유용한 기능이다. 물리계층에서의 채널 코딩 동작의 일부분으로써, 채널 코딩의 복잡성을 적정한 수준으로 유지해주기 위해 최대 8448비트[7)]의 코드블록에 개별적으로 적용될 수 있는 error-correcting 코딩을 갖추고 있으며 전송블록은 하나 이상의 코드블록으로 분할된다. 그리하여 보통의 데이터 전송 속도에서는 전송블록당 다중의 코드 블록이 있을 수 있고, Gbps급 전송 속도에서는 전송블록당 수백 개의 코드 블록이 있을 수 있다. 여러 케이스에서, 특히 간섭이 간격을 두고 계속 발생하여 한 슬롯에 있는 적은 수의 OFDM 심볼에 영향을 줄 경우, 전송 블록에서 대다수의 코드 블록은 제대로 수신되고 오직 적은 수의 코드 블록에 오류가 발생할 수 있다. 이때 전체 전송 블록을 제대로 수신하기 위해, 단지 잘못된 코드 블록만 재전송 하는 것으로 충분하다. 그렇지만 동시에, 개개의 코드 블록들이 HARQ 메커니즘에 의해 다루어진다면, 제어 시그널링의 오버헤드는 너무 커질 것이다.

그리하여, 코드 블록 그룹 (CBG)이 정의된다. 만약 CBG당 재전송이 설정되면, 피드백은 CBG당 제공되며 단지 잘못 수신된 코드 블록 그룹들만 재전송된다 (그림 6.16 참조). 이로써 모든 전송 블록을 재전송하는 것보다 적은 리소스를 쓰면 된다. CBG 재전송은 HARQ 메커니즘의 일부분임에도 불구하고, MAC 계층에서는 보이지 않고 물리계층에서 처리된다. 이것은 기술적인 이유가 아니고, 순전히 규격 구조 때문이다. MAC 계층의 관점에서, 모든 CBG가 제대로 수신될 때까지 해당 전송블록은 제대로 수신된 것이 아니다.

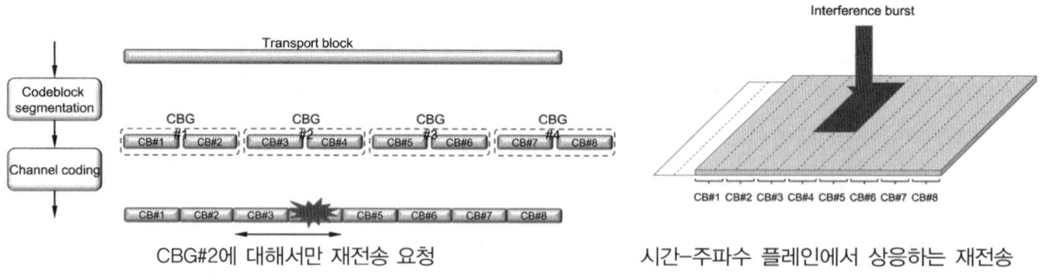

그림 6.16
코드블록 그룹 재전송

7) 코드 rate가 1/4 이하인 경우, 코드 블록 사이즈는 3840이다.

하나의 HARQ 프로세스 안에, 다른 전송블록에 속한 새로운 CBG의 전송과 오류가 발생한 전송블록에 속해 있는 CBG의 재전송을 섞는 것은 허용하지 않는다.

HARQ 메커니즘은 잡음이나 예측 불가한 채널환경의 변동으로 인한 전송 에러를 재빠르게 수정해줄 것이다. 앞에서 언급한 대로, RLC도 재전송을 요청할 수 있는데, 처음 보면 불필요해 보이긴 하지만, 두 가지 재전송 메커니즘이 있는 이유는 피드백 시그널링에서 찾을 수 있다. 즉 HARQ는 빠른 재전송을 제공하지만, 피드백에서의 에러들로 인해 잔여 (Residual) 에러율이 좋은 TCP 성능을 내기에는 너무 높다. 반면에 RLC에서 (대부분) 에러가 없는 데이터 전송을 보장하지만 HARQ 프로토콜보다 재전송은 늦게 된다. 그리하여 HARQ와 RLC의 조합으로 짧은 왕복 시간과 신뢰성 있는 데이터 전달 두 가지가 가능해지는 것이다.

6.4.5 물리 계층

물리 계층은 코딩, 물리 계층에서의 HARQ 프로세싱, 변조, 다중 안테나 처리, 신호와 적절한 물리 시간/주파수 자원들의 매핑 등을 담당한다. 또한, 그림 6.11에 나온 것처럼 전송 채널과 물리 채널의 매핑도 처리한다.

도입부에 언급했던 것처럼 물리 계층은 전송 채널의 형태로 MAC 계층에 서비스를 제공한다. 하향링크와 상향링크에서의 데이터 전송은 각각 DL-SCH와 UL-SCH를 사용한다. DL-SCH나 UL-SCH에서는 TTI당 하나의 단말에 많아야 하나의 전송 블록이 있다 (하향링크에서 4개 레이어 이상의 공간 (Spatial) 멀티플렉싱의 경우 두 개의 전송 블록임). 캐리어 애그리게이션의 경우, 단말에서 보이는 컴포넌트 캐리어당 하나의 DL-SCH (혹은 UL-SCH)가 있다.

물리 채널은 특정 전송 채널의 송신에 쓰이는 시간/주파수 자원의 집합에 상응한다. 그리고 그림 6.11에서 보듯이, 각 전송채널은 이에 상응하는 물리 채널에 매핑된다. 자신과 짝을 이루는 전송 채널을 갖는 물리 채널과, 그렇지 않은 물리 채널도 있다. 이러한 채널들을 L1/L2 제어 채널이라고 하는데, DCI (Downlink Control Information)에 사용되고, 하향링크 데이터 전송의 적절한 수신과 디코딩을 위해 필요한 정보를 단말에게 제공한다. UCI (Uplink Control Information)는 단말의 상황에 대한 정보를 스케줄러와 HARQ 프로토콜에게 제공하는 데 사용된다.

다음과 같은 물리 채널 유형들이 NR에 정의되어 있다.

- **PDSCH** : 물리 하향링크 공유 채널 (Physical Downlink Shared Channel)은 주요한 물리 채널로서 유니캐스트 데이터의 전송뿐만 아니라, 페이징 정보, 랜덤 엑세스 응답 메시지, 부분적인 시스템 정보 전달 등을 담당한다.

- **PBCH** : 물리 브로드케스트 채널 (Physical Broadcast Channel)은 단말이 네트워크에 접속하기 위해 필요한 시스템 정보의 일부를 전달한다.
- **PDCCH** : 물리 하향링크 제어 채널 (Physical Downlink Control Channel)은 하향링크 제어 정보를 위해 사용되는데, 주로 PDSCH의 수신에 필요한 스케줄링 결정, 그리고 PUSCH로 데이터를 전송하도록 해주는 스케줄링 승인 (Grant)을 위해 사용된다.
- **PUSCH** : 물리 상향링크 공유 채널 (PUSCH)은 PDSCH의 상향링크 버전이라고 할 수 있다. 대부분 단말 1대에 상향링크 컴포넌트 캐리어당 하나의 PUSCH가 있다.
- **PUCCH** : 물리 상향링크 제어 채널 (PUCCH)은 단말이 HARQ acknowledgement를 보내는데 사용되어 gNB에게 하향링크 전송 블록이 성공적으로 수신되었는지의 여부를 알려주게 된다. 또한, 채널 상태 리포트 (Channel-State Report)를 보내어 하향링크 채널 의존 스케줄링을 돕는다. 그리고 상향링크 데이터를 전송할 자원들을 요청하는 데 사용된다.
- **PRACH** : 물리 랜덤 엑세스 채널 (Physical Random-Access Channel)은 랜덤 엑세스에 사용된다.

몇몇 물리 채널, 좀 더 구체적으로 하향링크와 상향링크 제어 정보에 사용되는 채널 (PDCCH, PUCCH)들은 이에 상응한 매핑되는 전송 채널을 갖고 있지 않다.

릴리스 16에 사이드링크가 도입되면서 추가 물리적 채널이 정의되었다. 자세한 내용은 23장을 참조하기 바란다.

6.5 컨트롤 플레인 프로토콜

컨트롤 플레인 프로토콜은 다른 것들 중에서 연결 설정, 이동성, 보안 등을 담당한다.

NAS 컨트롤 플레인 기능은 코어 네트워크의 AMF와 단말 사이에서 동작한다. 여기에는 인증, 보안, 등록 관리 및 이동성 관리가 포함된다(나중에 설명할텐데 이 중 페이징은 하위 기능이다.). 또한 세션 관리 기능의 일부로 장치에 IP 주소를 할당하는 역할도 한다.

RRC (Radio Resource Control) 컨트롤 플레인 기능은 gNB에 위치한 RRC 간에 동작한다. RRC는 RAN이 관련된 컨트롤 플레인 과정을 처리하는데, 다음과 같은 기능들을 포함한다.

- 단말이 셀과 통신하는 데 필요한 시스템 정보의 브로드캐스트 (16장에서 시스템 정보를 획득하는 것에 대해 다룬다)

- 단말에게 들어오는 연결 요청에 대해 MME가 단말에게 알려주기 위한 페이징 메시지의 전송. 페이징은 단말이 셀에 연결되어 있지 않은 RRC-IDLE 상태에서 사용된다 (아래서 좀 더 설명할 것이다). 들어오는 connection request에 대해 단말에 알리기 위해 코어 네트워크에서 시작한 페이징 메시지들의 전송. 페이징은 단말이 셀에 연결되어 있지 않을 때 idle state(나중에 설명됨)에서 사용된다. 단말이 inactive state일 때는 무선 액세스 네트워크에서도 페이징을 시작할 수 있다. 시스템 정보의 업데이트를 알려주는 것은 'public warning' 시스템과 같은 페이징 메커니즘의 또 다른 사용 사례이다.
- RRCcontext의 설정을 포함한 연결 관리. 즉 단말과 무선 액세스 네트워크 간의 통신을 위해 필요한 파라미터들을 설정하는 것이다.
- 셀 (re)selection과 같은 이동성 기능들
- Measurement 설정과 리포트
- 단말 capability의 처리 : 연결이 설정되면 모든 단말들이 표준규격에 명시된 모든 기능을 지원할 수 있는 것은 아니므로, 네트워크의 요청에 따라 단말이 자신의 capability를 알리게 된다.

RRC 메시지는 (6.4절에 기술한대로) 프로토콜 레이어들의 (PDCP, RLC, MAC, and PHY) 동일한 set를 사용하여 SRB (Signaling Radio Bearers)를 사용하는 단말에 전송된다. SRB는 연결이 설정되는 동안 CCCH (Common Control Channel)에 매핑된다. 그리고 일단 연결이 설정되면 DCCH (Dedicated Control Channel)에 매핑된다. 컨트롤 플레인 데이터와 유저 플레인 데이터는 MAC 계층에서 멀티플렉싱될 수 있고, 같은 TTI에 단말로 전송된다. 적은 지연시간이 암호화 (Ciphering), 무결성 보호 및 신뢰성 높은 전송보다 중요한 특정의 경우에 앞서 언급한 MAC 컨트롤 엘리먼트가 무선 자원들의 제어를 위해 사용될 수 있다.

6.5.1 RRC state machine

대부분의 무선 통신 시스템에서, 단말은 트래픽의 활동에 따라 다른 상태에 있을 수 있다. 이것은 NR에도 적용되며, NR 단말은 다음 세 가지 RRC 상태중 하나에 있게 된다. RRC_IDLE, RRC_ACTIVE, 그리고 RRC_INACTIVE 이상 3가지이다 (그림 6.17 참조).
첫 번째 두 개의 RRC state는 RRC_IDLE과 RRC_CONNECTED state인데 LTE에서의 RRC_IDLE 및 RRC_CONNECTED state와 유사하다. 하지만 RRC_INACTIVE state는 NR에 새로 도입된 state이고 기존 LTE 설계에는 없는 것이다. 또한, 여기서 자세히 다루지는 않겠지만 코어 네트워크의 state로 CN_IDLE과 CN_CONNECTED가 있는데, 이것은 단말이 코어 네트워크와 연결을 establish하는지 여부에 따라 정해진다.

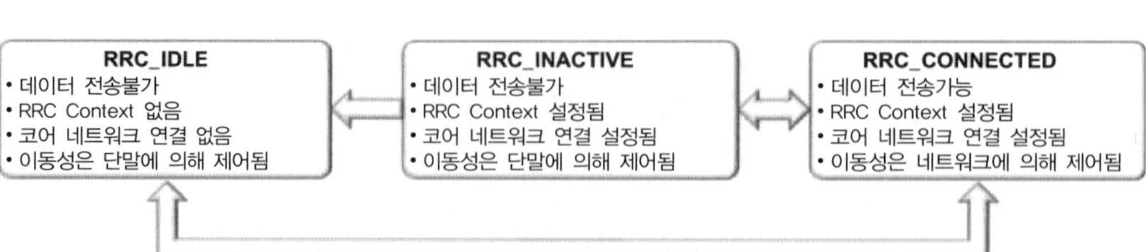

그림 6.17
RRC 상태

RRC_IDLE의 경우, 무선 네트워크에서 RRC context, 즉 단말과 네트워크 간 통신에 필요한 파라미터는 없는 것이고 단말은 특정 셀에 속하지 않는다. 코어 네트워크 측면에서 단말은 CN_IDLE state에 있는 것이다. 이 경우, 아무런 데이터 전송이 발생하지 않는데 이것은 단말이 대부분의 시간 동안 idle state로 들어가 배터리 소모를 줄이기 때문이다. 하향링크에서 idle state의 단말들은 주기적으로 깨어나 네트워크로부터 페이징 메시지가 있을 경우 이를 수신한다. 이동성은 6.5.2절에 언급한 대로 셀 reselection을 통해 단말에 의해 처리된다. 상향링크 동기화는 유지되지 않고, 이로 인해 발생하는 유일한 상향링크 전송활동은 connected state로 넘어가기 위한 랜덤 엑세스이다 (16장에서 다룰 것이다). connected state로 넘어가는 한 부분으로서, RRC context는 단말과 네트워크 양쪽에 모두 establish된다.

RRC_CONNECTED에서 RRC context는 establish되고 단말과 무선 액세스 네트워크 간의 통신에 필요한 모든 파라미터들은 단말과 무선 액세스 네트워크 모두에 알려지게 된다. 코어 네트워크의 측면에서, 단말은 CN_CONNECTED state에 있다. 단말이 속해 있는 셀이 알려지고, 단말과 네트워크 간의 시그널링 목적으로 이용되는 단말의 identity인 C-RNTI (Cell Radio-Network Temporary Identifier)가 설정된다.

Connected state는 단말의 데이터 송수신을 위해 있는 것이다. 하지만 DRX (Discontinuous Reception)가 단말의 전력 소모를 줄이기 위해 설정될 수도 있다 (DRX에 대한 내용은 14.5절에서 자세히 다루기로 한다). Connected state에서 gNB에 establish된 RRC context가 있기 때문에 DRX 모드에서 벗어나 데이터를 송수신하기 시작하는 것은 마치 연관된 시그널링에 connection setup이 필요하지 않은 것처럼 상대적으로 빠르다.

이동성은 무선 액세스 네트워크에서 관리한다. 즉 단말은 자신에게 핸드오버를 수행하라고 명령을 내리는 네트워크에게 인접 셀에 대한 measurement를 제공한다. 상향링크 time alignment는 존재할 수도 있고 그렇지 않을 수도 있다. 하지만 데이터 전송이 발생하기 위해 랜덤 엑세스를 사용하여 establish되고 유지될 필요가 있다 (16.2절에서 다룰 것이다).

LTE에서는 idle state와 connected state만 지원된다.[8] 실제로 흔한 경우는 단말 전력 소모를 줄이기 위해 primary sleep state로서 idle state를 이용하는 것이다. 하지만 많은 스마트폰 애플리케이션에 작은 크기의 패킷 전송이 빈번하게 발생하기 때문에, 그 결과로 코어 네트워크에 idle state에서 active state로의 전환이 상당히 많이 발생한다. 이런 전환 때문에 시그널링 부하가 늘어나고 지연시간이 늘어난다. 그러므로 시그널링 부하 및 지연시간을 줄이기 위해, NR에서는 제3의 state가 정의되는데, 바로 RRC_INACTIVE state이다. 이 RRC_INACTIVE state에서 RRC context는 단말과 gNB 양쪽에 모두 유지된다.

코어 네트워크 connection 또한 유지된다. 즉 단말은 코어 네트워크 입장에서 보면 CN_CONNECTED 상태가 되는 것이다. 그러므로 데이터 전송을 위한 connected state으로의 전환이 빠른데 이것은 코어 네트워크와의 시그널링이 필요 없기 때문이다. RRC context는 이미 네트워크에 준비되어 있고, idle-to-active 전환은 무선 액세스 네트워크에서 처리될 수 있다. 동시에, 단말은 idle state에서와 유사한 방법으로 sleep이 허용된다. 그리고 이동성은 셀 reselection을 통해 처리된다. 그래서 RRC_INACTIVE는 idle state와 connected state의 혼합처럼 보일 수 있다.[9]

6.6 Mobility

효율적인 이동성 처리는 모든 이동통신 시스템의 중요한 부분이고 NR도 예외는 아니다. 이동성은 단말의 측정 보고뿐만 아니라 무선 액세스 네트워크에 구현된 네트워크 장비제조사 독점 알고리즘, 코어 네트워크의 관여, 전송 네트워크의 데이터 라우팅 업데이트 방법을 포함하는 크고 상당히 복잡한 영역이다. 이동성은 또한 예를 들어 NR과 LTE 간과 같이 서로 다른 무선 액세스 기술 간에도 발생할 수 있다. 전체 이동성 영역을 자세히 다루면 책 한 권도 채울 수 있는 분량인데, 다음에서는 무선 네트워크 측면에 초점을 맞춘 간단한 요약만 다룬다.

Idle, Inactive, 또는 Connected와 같은 단말의 상태에 따라 다른 이동성 원칙이 사용된다. Connected state의 경우 단말이 인접 후보 셀에 대한 신호 품질을 측정 및 보고하고 네트워크가 언제 다른 셀로 핸드오버할지 결정하는 네트워크 제어 이동성이 사용된다. Inactive 및 Idle

8) EPC에 연결된 LTE의 경우에도 마찬가지이다. 릴리스 15부터 inactive state에 대한 LTE 지원이 있는 경우 LTE도 5G 코어 네트워크에 연결 가능하다.

9) LTE 릴리즈 13에서, RRC suspend/resume 메커니즘이 도입되어 NR에서의 RRC_INACTIVE와 유사한 기능을 제공하였다. 하지만 코어 네트워크로의 연결은 RRC suspend/resume에서 유지가 되지 않는 차이가 있다.

state의 경우 단말은 셀 재선택(reselection)을 사용하여 이동성을 처리한다. 이 두 가지 메커니즘을 다음에서 간략하게 설명한다.

6.6.1 Network-Controlled Mobility

Connected state에서 단말은 네트워크에 establish된 connection을 갖게 된다. 이 경우 이동성의 목표는 단말이 네트워크 내에서 이동함에 따라 어떠한 interruption이나 눈에 띄는 서비스 저하 없이 단말의 연결을 유지하는 것이다. 이를 위한 기반은 네트워크 제어 이동성이며, 빔 수준 이동성과 셀 수준 이동성 이렇게 두 가지 특징이 있다.

빔 수준의 이동성은 하위 계층인 MAC 및 물리 계층에서 처리되며 12장에서 설명한 빔 관리와 본질적으로 동일하다. 단말은 동일한 셀에 유지된다.

반면에 셀 레벨 이동성은 RRC 시그널링을 필요로 하며 서빙 셀의 변경을 의미한다. 단말은 후보 셀에서 수행할 측정, 측정 필터링 및 네트워크에 대한 이벤트 트리거 보고등으로 설정된다. 네트워크는 단말을 다른 셀로 이동해야 하는 시기를 결정하는 역할을 하기 때문에 단말 위치는 셀 레벨에서 네트워크에 알려진다. (또는 더 세밀한 수준에서도 가능할 수 있겠지만 이번 논의와 관련이 없다.)

Connected state에서 연속적으로 실행되는 셀 수준 이동성의 첫 번째 단계는 16장에서 설명할 셀 검색 메커니즘을 사용하여 후보 셀을 검색하는 것이다. 검색은 현재 연결된 셀과 동일한 주파수에서 수행될 수 있을 뿐만 아니라 다른 주파수(또는 다른 무선 액세스 기술)를 검색하는 것도 가능하다. 후자의 경우, 단말은 데이터 수신이 중지되고 수신기가 다른 주파수로 재동조되는 측정 간격(measurement gap)을 사용해야 할 수 있다.

후보 셀이 발견되면 단말은 레퍼런스 시그널 수신 전력(RSRP, 전력 측정) 또는 레퍼런스 시그널 수신 품질(RSRQ, 기본적으로 신호 대 잡음 및 간섭 측정)을 측정한다. NR에서 측정은 일반적으로 SS 블록에서 수행되지만 CSI-RS에서도 측정이 가능하다. 필터링(예: 수백 밀리초에서의 평균)을 구성이 가능하며 일반적으로 사용된다. 측정 보고를 평균화하지 않으면 계속 변동될 수 있으며 두 셀 사이에서 단말이 반복적으로 앞뒤로 이동하면서 잘못된 핸드오버 결정과 핑퐁 효과가 발생할 수 있다. 안정적인 작동을 위해 핸드오버 결정은 밀리초 단위의 빠른 페이딩 현상을 고려하지 않고 평균 신호 강도에 따라 이루어져야 한다.

측정 이벤트는 측정된 값이 네트워크에 보고되기 전에 충족되어야 하는 조건이다. NR에서는 6가지 다른 트리거 조건 또는 이벤트를 구성할 수 있다(예: 이벤트 A3(이웃셀이 SpCell보다 더 나은 오프셋 가짐)). 이 이벤트는 후보 셀에 대한 필터링된 측정값(RSRP 또는 RSRQ)을 현재 단말에 서비스를 제공하는 셀에 대한 동일한 측정값과 비교한다. 현재 셀과 후보 셀 모두에 대해 구성 가능한 셀별 오프셋이 포함될 수 있어 두 셀 사이의 전송 전력의 어떤 차이도 다룰 수 있다. 두 셀 간의 차이가 매우 작은 경우 이벤트를 트리거하지 않도록 구성할 수 있는 임계값도 포함되어 있다. 오프셋 및 임계값을 포함하여 후보 셀에 대한 측정 값이 현재 셀보다 나은 경우 이벤트가 트리거되고 측정 보고가 네트워크로 전송된다. 단말에서 다른 이벤트를 구성하는 것도 가능하다. 사용할 이벤트의 구성 및 선택은 특정 배치를 위해 네트워크에 구현된 이동성 전략에 따라 다르다.

구성 가능한 이벤트를 사용하는 목적은 네트워크에 대한 불필요한 측정 보고를 방지하는 것이다. 이벤트 기반 보고의 대안은 주기적인 보고이지만, 대부분의 경우 이러한 보고가 네트워크에서 이동하는 단말을 설명할 만큼 충분히 자주 수행되어야 하므로 오버헤드가 상당히 높아진다. 빈번하지 않은 주기적 보고는 상향링크 오버헤드 관점에서 바람직하지만 중요한 핸드오버 기회를 놓칠 위험 또한 증가한다. 관심 이벤트를 구성하면 상황이 변경된 경우에만 보고가 전송되므로 훨씬 더 나은 선택이라고 할 수 있다[72].

측정 보고를 수신한 네트워크는 핸드오버 수행 여부를 결정할 수 있다. 핸드오버 수용을 위해 후보 타겟 셀에 사용 가능한 충분한 용량이 있는지 여부와 같은 측정 보고 이외의 추가 정보가 고려될 수 있다. 네트워크는 또한 예를 들어 로드 밸런싱 목적으로 측정 보고가 수신되지 않은 경우라도 단말을 다른 셀로 핸드오버하기로 결정할 수 있다. 네트워크가 단말을 다른 셀로 핸드오버하기로 결정하면 일련의 메시지가 교환된다. 단순화된 보기는 그림 6.18을 참조하기 바란다.

소스 gNB는 타겟 gNB로 핸드오버 요청을 보낸다(만약 소스 셀과 타겟 셀이 동일한 gNB에 속하는 경우 타겟 셀의 상황이 이미 gNB에 알려져 있으므로 이 핸드오버 요청 메시지는 필요하지 않다). 타겟 gNB가 수락하면 (하지만 해당 셀의 부하가 너무 높은 경우와 같은 몇몇 상황에서 요청을 거부할 수 있음) 소스 gNB는 단말에 타겟 셀로 전환하도록 지시한다. 이것은 단말이 타겟 셀에 액세스하는 데 필요한 정보를 포함하는 RRCreconfiguration 메시지를 단말에 전송하여 수행된다.

새 셀에 연결하려면 상향링크 동기화가 필요하다. 따라서 장치는 일반적으로 타겟 셀에 대한 랜덤 액세스를 수행하도록 지시된다. 일단 동기화가 설정되면 단말이 새 셀에 성공적으로 연결되었음을 나타내는 핸드오버 완료 메시지가 타겟 셀로 전송된다. 동시에, 소스 gNB에 버퍼링된 모든 데이터는 타겟 gNB로 이동되고 새로운 수신 하향링크 데이터는 타겟 셀(현재 서빙 셀이 됨)로 다시 라우팅된다.

6.6.2 셀 재선택 (Cell Reselection)

셀 재선택은 idle 및 inactive state에서 단말 이동에 사용되는 메커니즘이다. 단말은 자체적으로 캠핑(camp on)에 가장 적합한 셀을 찾아 선택하며 네트워크는 (단말에 구성을 제공하는 것 이외에) 이동성 이벤트에 직접 관여하지 않는다.

connected state와 다른 방식을 사용하는 한 가지 이유는 요구 사항이 다르기 때문이다. 예를 들어 진행 중인 데이터 전송이 없기 때문에 핸드오버로 인한 중단시간에 대해 걱정할 필요가 없다. 반면에 단말은 일반적으로 대부분의 시간을 idle state에서 보내기 때문에 낮은 전력 소비는 중요한 측면이다.

캠핑할 최적의 셀을 찾기 위해 단말은 16장에서 설명한 초기 셀 검색과 유사하게 SS 블록을 검색하고 측정한다. 단말이 특정 임계값만큼 현재 SS 블록의 수신 전력을 초과하는 수신 전력을 가진 SS 블록을 발견하면 새 셀의 시스템 정보(SIB1)를 읽고 (다른 것들 중에서) 캠프 온(camp on)이 허용되는지 여부를 결정한다.

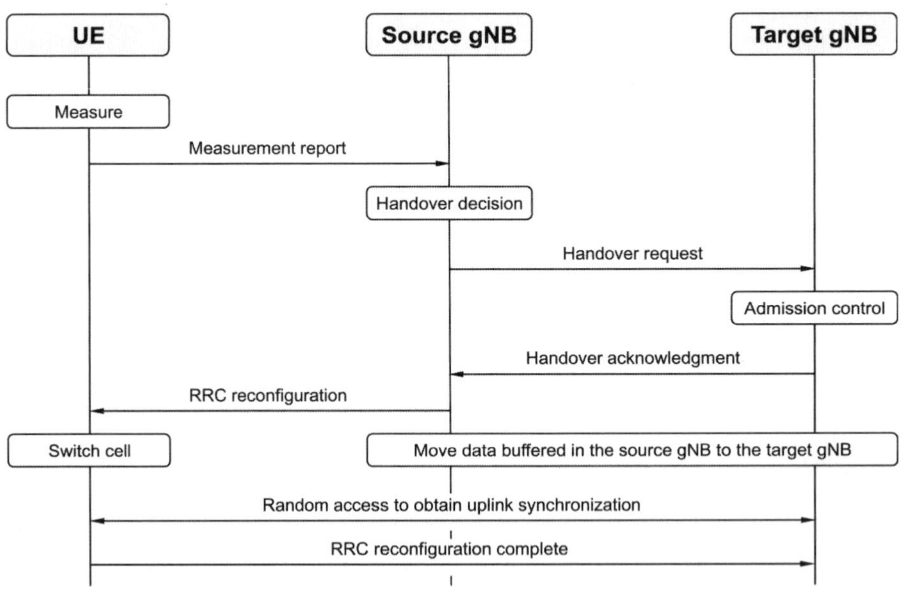

그림 6.18
Connected state 핸드오버(단순 보기).

단말에서 시작하는 데이터 트랜잭션의 관점에서 보면, 단말의 위치에 대한 정보로 네트워크를 업데이트할 필요가 없으며 지금까지 설명한 idle state 이동 절차로 충분하다. 상향링크에서 전송할 데이터가 있는 경우 단말은 idle(혹은 inactive) state에서 connected state로의 전환을 시작할 수 있다. 그러나 네트워크로 들어오는 데이터도 있을 수 있으며, 이 데이터는 단말로 전송되어야 하므로 이 경우 단말이 네트워크에 연결될 수 있도록 보장하는 메커니즘이 필요하다. 이 메커니즘을 페이징이라고 하며, 여기서 네트워크는 페이징 메시지를 통해 단말에 알린다. 6.6.4절에서 페이징 메시지의 전송을 설명하기 전에, (페이징의 주요 측면인) 이러한 페이징 메시지가 전송되는 영역에 대해 설명한다.

6.6.3 Tracking the device

원칙적으로 네트워크는 모든 셀로부터 페이징 메시지를 브로드캐스팅 함으로써, 자신의 커버리지 전체에 존재하는 단말에 페이징을 보낼 수 있다. 하지만 이것은 페이징 대상 단말이 커버리지 내에 존재하지 않은 셀들에서 대량의 페이징 전송이 발생하므로 페이징 메시지 전송에 있어서 매우 큰 오버헤드임이 명백하다. 반면에, 만약 페이징 메시지가 해당 단말이 위치한 셀에만 전송되게 하려면, 셀 수준에서 단말을 추적할 필요가 있다. 이것은 해당 단말이 현재 셀의 커버리지를 벗어나 다른 셀의 커버리지로 넘어갈 때마다 네트워크에 이 사실을 알려주어야 한다는 것을 의미한다. 또한, 이 경우 네트워크에 알려주는 단말의 위치 업데이트 시그널링에 대해 매우 높은 오버헤드를 일으키게 된다. 이러한 이유로 두 가지 극단적인 경우를 절충한 방안이 보통 사용되는데, 단말들은 셀 그룹 수준에서만 추적된다.

- 네트워크는 단말이 현재 셀 그룹의 외부에 있는 셀로 이동할 경우에만 단말 정보에 대한 새로운 정보를 수신한다.
- 단말을 페이징할 때, 페이징 메시지는 해당 셀 그룹의 모든 셀들에 브로드캐스팅 된다.

NR에 대해, 이러한 추적의 기본 원리는, idle state와 inactive state에 grouping이 어느 정도 다르긴 하지만, 이 두 가지 state에 동일하게 적용된다.

그림 6.19에서 보듯이, NR 셀들은 RAN area로 grouping되는데, 각 RAN area는 RAN Area Identifier (RAI)로 알아보게 된다. RAN area는 번갈아 가며 더 큰 tracking area로 grouping 되며, 각 tracking area는 Tracking Area Identifier (TAI)로 식별된다. 그리하여 각 셀은 각자의 identity가 셀 시스템 정보의 일부로서 제공되는 하나의 RAN area와 하나의 tracking area에 속하게 된다.

Tracking Area들은 코어 네트워크 수준에서 단말 트래킹의 기본 단위가 된다. 각 단말은 코어 네트워크에 의해 UE Registration Area를 할당받게 된다. 이것은 tracking area identifier의 목록으로 구성되어 있다. 단말에게 부여된 UE Registration Area에 포함되지 않은 Tracking Area의 셀로 단말이 들어갈 때, 해당 단말은 코어 네트워크를 포함하여 네트워크에 접속한다. 그리고 NAS registration Update를 수행한다. 코어 네트워크는 단말 위치를 등록하고 단말에게 UE Registration Area를 업데이트해 주는데, 실질적으로는 새로운 TAI를 포함하는 새로운 TAI 리스트를 단말에게 제공해 주는 것이다.

단말이 TAI 세트, 즉 Tracking Area의 set에 배정되는 이유는 단말이 두 개의 인접 Tracking Area의 경계를 계속 왕복할 경우 생기는 반복적인 NAS Registration 업데이트를 회피하기 위해서이다. 기존의 TAI를 업데이트된 UE Registration area내에 유지함으로써, 단말이 기존의 TAI로 되돌아가더라도 새로운 업데이트는 불필요하게 된다.

RAN area는 무선 접속 네트워크 수준에서 단말 tracking의 기반이 된다. inactive state에 있는 단말들은 다음 중 하나로 구성된 RAN Notification Area에 배정된다.

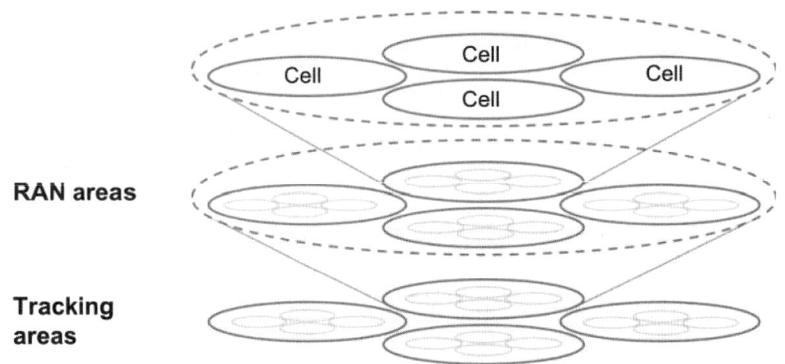

그림 6.19
RAN Area와 Tracking Area

- ❑ 셀 identity의 리스트
- ❑ RAI의 리스트, 실제로는 RAN Area의 리스트이다. 혹은
- ❑ TAI의 리스트. 실제로는 Tracking Area의 리스트이다.

위의 첫 번째 경우는 본질적으로 단일 셀로 구성된 각 RAN area를 갖는 것과 같다. 반면에 세 번째 경우 본질적으로 RAN Notification Area Update 과정은 UE Registration Area의 업데이트 과정과 유사하다. (단말이 RAN/Tracking Area를 통하지 않고) RAN Notification Area에 직접적 혹은 간접적으로 포함되지 않은 셀에 들어갈 경우, 단말은 네트워크에 접속하여 RRC RAN

Notification Area Update를 하게 된다. 무선 네트워크는 해당 단말의 위치를 등록하고 단말에게 RAN Notification Area 업데이트를 해준다.

Tracking Area가 바뀌는 것은 항상 단말의 RAN Area도 바뀌는 것을 의미하는 것처럼, RRC RAN Notification Area update는 단말이 UE Registration update를 할 때마다 반드시 이루어진다.

6.6.4 페이징

페이징은 장치가 idle state 또는 inactive state일 때 네트워크에서 시작한 연결 설정에 사용되며, 시스템 정보 업데이트 및/또는 공공 경보(public warning) 표시를 위해 모든 상태에서 짧은 메시지(short message)를 전달하는 데 사용된다.[10] DL-SCH를 통한 "정상" 하향링크 데이터 전송과 동일한 메커니즘이 사용되며 단말은 페이징 목적을 위한 특수 RNTI인 P-RNTI를 사용하여 하향링크 스케줄링 할당을 위한 L1/L2 제어 시그널링을 모니터링 한다. 단말의 위치는 셀 수준에서 알려져 있지 않기 때문에(단말이 connected state가 아닐 경우) 페이징 메시지는 일반적으로 tracking area (CN 개시 페이징의 경우) 또는 RAN notification area (RAN 개시 페이징의 경우)의 여러 셀을 통해 전송된다.

P-RNTI가 있는 PDCCH를 감지하면 단말은 PDCCH의 내용을 확인한다. PDCCH의 두 비트는 PDCCH상의 short message나 PDSCH를 통해 전달되는 페이징 정보 중 하나 또는 양자 모두를 나타낸다.

이 Short message는 idle sate, inactive state 또는 connected state에 관계없이 모든 단말과 관련이 있으며 PDCCH는 (다른 필드 중에서) short message에 대한 8비트를 포함한다. 8비트 중 하나는 시스템 정보 (특히 SIB6, 7 또는 8 이외의 SIB)가 업데이트되었는지 여부를 나타낸다. 그럴 경우 단말은 16장에 설명된 대로 업데이트된 SIB를 다시 획득한다. 유사하게, 다른 비트들은 발생 중인 지진에 대한 경우와 같은 공공 경보 (Public warning) 메시지의 수신을 나타내는 데 사용된다.

페이징 메시지는 사용자 데이터와 유사하게 PDSCH를 통해 전송되며 PDCCH에는 이 전송을 수신하는 데 필요한 스케줄링 정보가 포함된다. active state의 단말은 다른 방법들을 통해 네트워크에 연결될 수 있으므로 idle 또는 inactive state의 단말만 페이징 메시지에 대한 영향을 받는다. DL-SCH상 하나의 페이징 메시지에는 여러 단말에 대한 페이징이 포함될 수 있다. 페이징 메시지를 수신하는 idle 또는 inactive state의 단말은 자신의 ID가 포함되어 있는지 확인한

10) 이러한 경고 메시지는 지진 및 쓰나미 경보 시스템(ETWS) 및 상업용 모바일 경보 서비스(CMAS)로 알려져 있다.

다. 그럴 경우 단말은 idle/inactive state에서 connected state로 이동하기 위해 랜덤 액세스 절차를 시작한다. idle 및 inctive state에서는 상향링크 타이밍을 알 수 없기 때문에, 하이브리드 ARQ 승인이 전송될 수 없으며 결과적으로 소프트 결합이 있는 하이브리드 ARQ (Hybrid-ARQ with soft combining)는 페이징 메시지에 사용되지 않는다.

효율적인 페이징 절차는 페이징 메시지를 전달하는 것 외에 전력을 보존해야 한다. 따라서 비연속 수신이 사용되어 idle 또는 inactive state의 단말이 대부분의 시간에 수신기 처리 없이 절전 모드로 전환되고 페이징 기회 (paging occasion)라고 하는 미리 정의된 시간 간격으로 잠시 깨어날 수 있다. 하나 이상의 연속 슬롯일 수 있는 페이징의 경우, 단말은 P-RNTI가 있는 PDCCH를 모니터링 한다. 단말은 페이징 기회 시 P-RNTI와 함께 전송된 PDCCH를 검출하면 앞서 설명한 바와 같이 페이징 메시지를 처리하지만, 그렇지 않을 경우 다음 페이징 기회까지 페이징 주기에 따라 휴면한다.

페이징 기회는 시스템 프레임 넘버, 단말 ID 및 네트워크에서 구성한 페이징 주기와 같은 파라미터에 의해 결정된다.

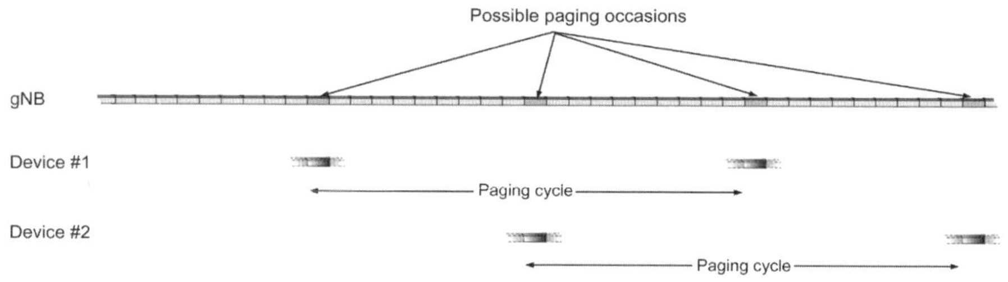

그림 6.20
페이징 주기의 도해

사용된 identity는 이른바 5G-S-TMSI이며, idle state 단말로서 subscription에 결합된 identity에는 할당된 C-RNTI가 없다. RAN 개시 페이징의 경우 이전에 단말에 구성된 ID를 사용할 수도 있다. 무선 액세스 네트워크 (32, 64, 128 또는 256 프레임마다 한 번) 및 코어 네트워크에 의해 개시된 페이징에 대해 서로 다른 페이징 주기를 구성할 수도 있다.

단말마다 5G-S-TMSI가 다르기 때문에 서로 다른 페이징 인스턴스를 계산한다. 따라서 네트워크 관점에서 페이징은 32 프레임당 한 번보다 더 자주 전송될 수 있지만 모든 단말들이 그림 6.20과 같이 가능한 페이징 인스턴스에 걸쳐 분산되어 있으므로 모든 페이징 경우에 페이징될 수 있는 것은 아니다.

또한, 페이징에 사용되지 않는 자원은 정상적인 데이터 전송에 사용될 수 있어 낭비되지 않기 때문에 짧은 페이징 주기의 비용은 네트워크 관점에서 최소화된다. 그러나 단말 관점에서 페이징 주기가 짧으면 단말이 페이징 순간을 모니터링하기 위해 자주 깨어나야 하므로 전력 소비가 증가하게 된다. 따라서 구성은 빠른 페이징과 낮은 장치 전력 소비 간의 균형이 되겠다.

07 전반적인 전송 구조 (Overall Transmission)

CHAPTER

NR의 하향링크 및 상향링크에 전송 방식에 대한 상세한 논의에 앞서, 이번 장에서는 NR의 기본적인 시간/주파수 전송 자원, 대역폭 파트 (Bandwidth Part), Supplementary 상향링크, 캐리어 애그리게이션, 듀플렉스 scheme, 안테나 포트, 그리고 quasi-colocation 등을 다룰 것이다.

7.1 전송 구조

OFDM은 다른 채널 및 시그널에 대한 구조를 정의할 때, time dispersion에 대해 견고하고 시간 및 주파수 영역 모두를 활용하는 데 용이하기 때문에 NR에 대해 적당한 파형이라고 할 수 있다. 그러므로 OFDM은 NR에서 하향링크, 상향링크 양방향 전송을 위한 전송 방식이다. 하지만 DFT-precoded OFDM이 상향링크의 유일한 전송 scheme인 LTE와는 다르게, NR은 보완적으로 DFT-precoded OFDM도 가능하면서 OFDM을 기본적인 상향링크 전송 scheme으로 사용한다. 상향링크에서 DFT-precoded을 사용하는 이유는 LTE의 경우와 같은데, 즉 cubic metric을 줄이고 높은 파워 앰프 효율을 달성하는 것이다. 하지만 DFT-precoding을 사용하면 다음과 같은 여러 가지 단점이 있다.

- Spatial multiplexing ("MIMO") 수신기가 더욱 복잡해진다. DFT-precoding이 LTE 최초 릴리즈에서 확립되었을 때에는 상향링크 spatial multiplexing을 지원하지 않았기 때문에 이슈가 되지 않았다. 하지만 상향링크 spatial multiplexing을 지원하게 되면서 이것은 중요한 이슈가 되었다.
- 상향링크와 하향링크 전송 scheme 간 대칭성을 유지하는 것이 많은 경우에 유익하지만, 상향링크에서 DFT-precoded를 사용할 때에는 이러한 장점을 잃게 된다. 한 가지 예로서, Sidelink 전송을 들 수 있다. 이것은 단말 간의 직접적인 전송을 말하는 것이다. Sidelink가 LTE에 도입될 때, 단말이 이미 하향링크를 위해 갖추어진 OFDM 수신기에 덧붙여 DFT-precoded OFDM을 위한 수신기를 구현하기 위해 요구되는 상향링크 전송 scheme을

유지하도록 협의되었다. NR 릴리스 16에 사이드링크 지원을 도입한 것은(23장 참조) 단말이 이미 OFDM 전송 및 수신을 지원하기 때문에 더 간단했다.

이런 이유로, NR은 데이터 전송을 위해 DFT-precoding을 보완적으로 지원하는 상향링크에서의 OFDM을 채택한 것이다. DFT-precoding이 사용될 때, 상향링크 전송은 한 개의 레이어로만 제한된다. 하지만 OFDM으로는 4개 레이어 까지 상향링크 전송이 가능하다. DFT 프리코딩에 대한 지원은 단말에서 필수이므로 네트워크는 필요할 때 특정 단말에 대해 DFT 프리코딩을 구성할 수 있다.[1)]

OFDM의 중요한 측면은 뉴머롤로지를 선택하는 것이다. 특히 subcarrier spacing과 cyclic prefix길이에 대한 것이다. 큰 subcarrier spacing은 주파수 에러의 관점에서 유익한데, 이것이 주파수 에러와 phase noise로 인한 영향을 줄여주기 때문이다. 또한, 적당한 FFT 크기로 큰 대역폭을 커버하는 구현도 가능해진다. 그러나 마이크로초 단위의 주어진 cyclic prefix 길이에 대해 상대적 오버헤드는 부반송파 간격이 클수록 증가하고, 이러한 관점에서 보면 더 작은 부반송파 간격이 바람직할 것이다.

그러므로 subcarrier spacing의 선택은 cyclic prefix로부터의 오버 헤드와 도플러 확산(Spread)/시프트 (Shift) 및 위상 노이즈에 대한 감도의 균형을 신중하게 유지해야 한다.

LTE의 경우 15kHz의 subcarrier spacing과 대략 4.7μs의 cyclic prefix가 LTE의 원래 설계되었던 시나리오 (대략 3GHz 캐리어 주파수까지의 outdoor 셀룰러 현장 배치)에서 여러 제약 사항들 간의 균형을 맞추는 데 좋은 것으로 판명되었다.

반면에 NR은 sub-1GHz 캐리어 주파수의 큰 반경의 셀부터 매우 넓은 스펙트럼 할당을 갖는 밀리미터파의 현장 적용까지 넓은 범위의 배치 시나리오를 지원하도록 설계된다. 이러한 모든 시나리오에 대해 단일 뉴머롤로지를 갖는 것은 효율적이지 않거나 심지어 가능하지도 않다. 1GHz부터 몇 GHz까지의 낮은 캐리어 주파수 범위에 대해, 셀 크기는 상대적으로 크고 cyclic prefix는 이러한 유형의 시나리오에서 예상되는 delay spread를 처리하기 위해 몇 밀리 세컨드 단위가 되어야 한다. 결과적으로, LTE 범위나 좀 더 높은, 즉 15-30kHz 범위의 subcarrier spacing이 필요하다. 밀리미터파에 근접한 높은 캐리어 주파수에 대해, phase noise와 같은 구현상 제약 사항들은 높은 subcarrier spacing을 필요로 하며 더욱 영향도가 커진다. 동시에 예상되는 셀 크기는 더욱 어려워진 propagation 환경으로 인해 높은 주파수 대역에서 더 작아진다. 높은 주파수 대역에서 빔포밍을 광범위하게 사용하는 것은 예상되는 delay spread를 줄이는 데

1) 상향링크 랜덤 액세스 메시지에 사용할 파형은 시스템 정보의 일부로 구성된다.

도움이 된다. 그리하여, 더 높은 subcarrier spacing과 더 짧아진 cyclic prefix를 사용하는 배치가 적절한 것이다.

위에서 언급한 대로, 크기 조정이 가능한 뉴머롤로지가 필요한 것으로 보인다. 그리고 NR은 subcarrier spacing의 범위 내에서 유연한 뉴머롤로지를 지원하는 것이다. 15kHz를 선택하여 사용하는 이유는 동일한 캐리어 상에서 LTE 및 LTE 기반 NB-IoT와의 공존을 위한 것이다. 예를 들면 NB-IoT나 eMTC를 적용하여 기계유형 통신 (Machine-Type Communication)을 지원하는 통신 사업자에게 이것은 중요한 요건이다. 스마트폰과는 다르게 이러한 MTC 단말들은 10년 이상의 상대적으로 긴 교체 주기를 가져야 한다. LTE와의 공존을 제공하지 않고서는, 통신 사업자는 모든 MTC 단말들이 교체될 때까지 NR로 캐리어를 마이그레이션할 수는 없을 것이다. 다른 예로는 제한된 스펙트럼의 가용성으로 인해 시간 영역에서 LTE와 NR 간 하나의 캐리어를 공유하게 될지 모르는 점진적인 마이그레이션이다. LTE와의 공존은 18장에서 좀 더 다룰 것이다.

결과적으로 15kHz subcarrier spacing은 NR의 기준으로 선정되었다. 기준적인 subcarrier spacing으로부터, 15kHz부터 240kHz까지 걸치는 subcarrier spacing으로 표 7.1에 나온 것처럼 cyclic prefix 시간에도 비례하는 변화가 생긴다. 240kHz는 SS 블록에만 지원된다 (16.1절 참조). 그리고 보통의 데이터 전송에는 지원되지 않는다.

NR 물리계층 표준이 사용 주파수 대역에 상관없음 (Band-Agnostic)에도 불구하고, 지원되는 모든 뉴머롤로지가 모든 주파수 대역에 대해 동작하는 것은 아니다. 그러므로 각 주파수 대역에 대해 무선 요구 사항은 25장에 논의한 것처럼 뉴머롤로지를 지원하는 부분 집합으로 정의된다.

유효 심볼 시간 Tu는 표 7.1에 표시된 부반송파 간격에 따라 달라지며 전체 OFDM 심볼 시간은 유효 심볼 시간과 cyclic prefix 길이인 Tcp의 합이다. LTE에서는 두 개의 서로 다른 cyclic prefix, 즉 normal cyclic prefix와 extended cyclic prefix가 정의되었다. Extended cyclic prefix는 cyclic prefix 오버헤드 관점에서 덜 효율적이지만 시간 분산(time dispersion)으로 인해 성능이 제한되는 과도한 지연 확산이 있는 특정 환경의 경우를 위한 것이다. 그러나 extended cyclic prefix는 실제 배포(MBSFN 전송 제외)에서 사용되지 않아 유니캐스트 전송을 위한 LTE에서는 불필요한 기능이 되었다. 이를 염두에 두고 NR은 cyclic prefix만 정의한다. 단, 60kHz 부반송파 간격에서는 normal cyclic prefix 및 extended cyclic prefix 모두 정의되는데 그 이유는 나중에 설명하기로 하자.

타이밍에 대해 일관적이고 정확한 정의를 제공하기 위해, NR 표준 내에서의 다른 시간 간격들이 기본 시간 단위인 $T_c = 1/(480000 \cdot 4096)$의 배수로 정의된다. 이와 같이 기본 시간 단위 Tc는 FFT 크기가 4096과 같은 480kHz subcarrier spacing을 위한 FFT 기반의 송신기/수신기 구현의 샘플링 시간으로 보일 수 있다. 이것은 기본 시간 단위로 $T_s = 64T_c$를 사용하는 LTE에서 취한 접근법과 유사하다.

표 7.1 NR이 지원하는 Subcarrier Spacing

부반송파 간격	유효 심볼 시간, $T_u(\mu s)$	Cyclic Prefix, $T_{CP}(\mu s)$
15	66.7	4.7
30	33.3	2.3
60	16.7	1.2
120	8.33	0.59
240	4.17	0.29

7.2 시간 영역 (TIME-DOMAIN) 구조

시간 영역에서는, NR 전송은 10ms 길이의 프레임으로 구성된다. 각각은 10개의 1ms 길이의 동일한 크기 단위로 나누어진다. 하나의 서브프레임은 각 14개의 OFDM 심볼로 구성된 슬롯들로 나누어진다. 즉 한 슬롯의 기간은 그림 7.2에 나온 대로 뉴머롤로지에 따라 다르다. 좀 더 높은 레벨에서 각 프레임은 SFN (System Frame Number)으로 구분된다.

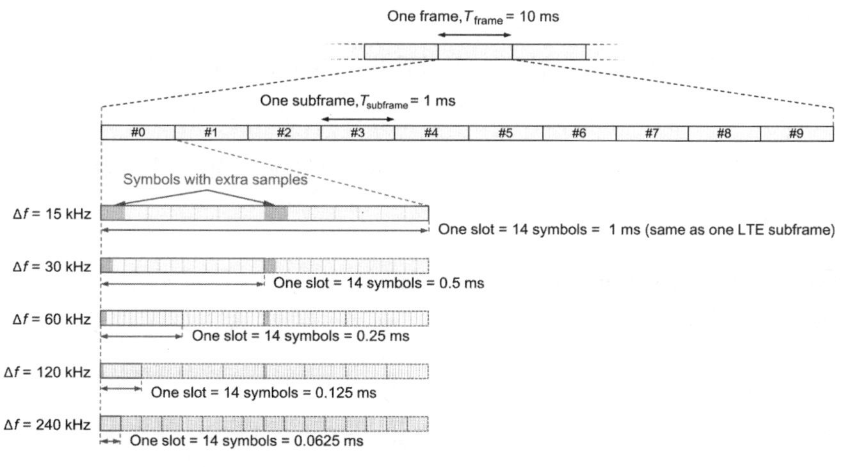

그림 7.1
NR에서의 프레임, 서브프레임, 그리고 슬롯

SFN은 예를 들면 페이징 슬립 모드 주기와 같이 하나의 프레임보다 긴 주기를 갖는 다른 전송 주기들을 정의하는 데 사용된다. SFN 주기는 1024이다. 이것은 SFN이 1024 프레임 후에, 혹은 10.24초마다 반복된다는 것을 의미한다.

15kHz 부반송파 간격의 경우 NR 슬롯은 Normal Cyclic Prefix를 갖는 LTE 서브프레임과 동일한 구조를 갖는다. 이는 NR-LTE 공존 관점에서 유리하며 앞서 언급한 바와 같이 기본 부반송파 간격으로 15kHz를 선택하는 이유이기도 하다. 그러나 이는 15kHz 슬롯에서 첫 번째 및 여덟 번째 심볼에 대한 cyclic prefix가 다른 심볼보다 약간 길다는 것을 의미하기도 한다.

NR에서 더 높은 부반송파 간격에 대한 시간 영역 구조는 베이스라인 15kHz에 2의 거듭제곱으로 스케일링하여 도출된다. 본질적으로, OFDM 심볼은 다음 상위 뉴모롤로지의 두 OFDM 심볼로 분할되며 (그림 7.1 참조), 14개의 연속 심볼이 하나의 슬롯을 형성한다. 2의 거듭제곱에 의한 스케일링은 뉴모롤로지 전반에 걸쳐 심볼 경계를 유지하므로 이점이 있다. 이는 동일한 반송파에서 서로 다른 뉴모롤로지를 혼합하는 것을 단순화하고 이는 더 높은 부반송파 간격이 $2^{\mu} \cdot 15$kHz로 표현되게 된 동기이며, 여기서 수량 μ는 부반송파 간격으로 알려져 있다.

다소 큰 cyclic prefix를 갖는 OFDM 심볼의 경우 초과 샘플은 그림 7.1과 같이 하나의 심볼을 분할할 때 얻은 두 심볼 중 첫 번째 심볼에 할당된다.[2)]

뉴모롤로지에 관계없이 서브프레임은 1ms의 지속 시간을 가지며 2μ 슬롯으로 구성된다. 따라서 슬롯은 일반적인 동적 스케줄링 단위인 반면, 동일한 캐리어에서 여러 뉴모롤로지가 혼합되는 경우에 특히 유용한 뉴모롤로지 독립적인 시간 레퍼런스 역할을 한다. 대조적으로, 단일 부반송파 간격을 갖는 LTE는 이러한 두 가지 목적을 위해 서브프레임 용어를 사용한다.

하나의 슬롯은 고정된 수의 OFDM 심볼로 정의되며, subcarrier spacing이 더 커지면 슬롯 기간은 더 짧아진다. 원칙적으로, 이것은 저지연 전송을 지원하는 데 사용될 수 있다. 하지만 subcarrier spacing을 증가할 때 cyclic prefix 또한 줄어드는데 이것은 모든 경우의 현장 적용에 가능한 접근법이 아니다.

따라서 15kHz subcarrier spacing의 경우와 유사한 cyclic prefix를 유지하면서 슬롯 지속 시간 및 관련 지연의 4배 감소를 용이하게 하기 위해, 확장된 (Extended) cyclic prefix가 60kHz 서브캐리어 간격에 대해 정의된다. 하지만, cyclic prefix에 대해서는 오버 헤드라는 비용을 치러야 하고 저 지연시간을 제공하는 데 별로 효율적이지 못하다. 그러므로 예를 들면 캐리어 주파수,

2) 이것은 또한 60/120/240kHz의 부반송파 간격에 대한 슬롯 길이가 정확히 0.25/0.125/0.0625ms가 아니라는 것을 의미한다. 일부 슬롯에는 초과 샘플이 있지만 다른 슬롯에는 그렇지 않기 때문이다.

무선 채널에서의 확장된 (Expected) 지연 스프레드 (Delay Spread), 그리고 동일한 캐리어에서 LTE 기반 시스템과의 공존을 위한 요건들과 같은 관점에서 현장 배치 시나리오를 주로 충족하기 위해 Subcarrier spacing이 선택된다.

저 지연시간을 지원하기 위한 대안이자 더욱 효율적인 방법은 슬롯 duration에서 전송 duration을 떼어 내는 것이다. subcarrier spacing과/혹은 슬롯 duration을 바꾸는 대신에, 지연시간에 민감한 전송은 페이로드를 전달하기에 필요한 OFDM 심볼을 가변적으로 이용한다. 그러므로 NR은 전송에 대해 한 슬롯의 일부분만 점유하는 것을 지원한다. 달리 말하면, 슬롯이라는 용어는 주로 뉴머롤로지에 의존적인 시간 기준이고 실제 전송 duration에 오직 느슨하게 결속 (Coupled)될 뿐이다.

그림 7.2에 나온 것처럼, 전송이 한 슬롯의 일부분만 점유하도록 하는 것이 이로운 것에는 여러 가지 이유가 있다. 그중 한 가지 이유는 이미 언급한 대로 초저지연을 지원하는 것이다. 이러한 전송은 이미 진행 중이고 더 긴 전송을 하는 다른 단말에게 선취 (Preempt)할 수 있다. 그리하여 초저지연을 필요로 하는 데이터의 즉각적인 전송을 가능하게 한다 (14.1.2절 참조).

두 번째 이유로는 한 번에 많아야 하나의 전송을 위해 사용되는 아날로그 빔포밍을 지원하는 것이다 (본 책의 11장과 12장에 언급된다). 그러므로 다른 단말들은 time-multiplexed될 필요가 있다. 매우 큰 대역폭을 갖는 밀리미터파 대역에서 단지 몇 개의 OFDM 심볼들이 상대적으로 큰 페이로드에도 충분할 수 있고, 모든 슬롯을 사용하는 것은 과도한 일이 될 것이다.

세 번째 이유로는 비면허 스펙트럼에서의 작동이다. 비면허 대역 작동은 릴리스 15의 일부가 아니지만 릴리스 16의 비면허 스펙트럼 운영 확장은 NR 설계의 초기 단계에서 이미 예견되었다. 비면허 스펙트럼에서는 일반적으로 무선 채널을 전송에 사용할 수 있도록 하기 위해 Listen-before-talk가 사용된다. 일단 listen-before-talk 동작으로 채널이 가용하다고 판단되면, 바로 전송을 시작함으로써 해당 채널을 점유하고 있는 다른 단말을 회피하는 것에 이득이 있다. 만약 데이터 전송이 슬롯 경계의 시작까지 기다려야 한다면, 데이터 전송이 시작되기 전에 다른 단말이 해당 채널을 점유할 위험이 있을 수 있다.

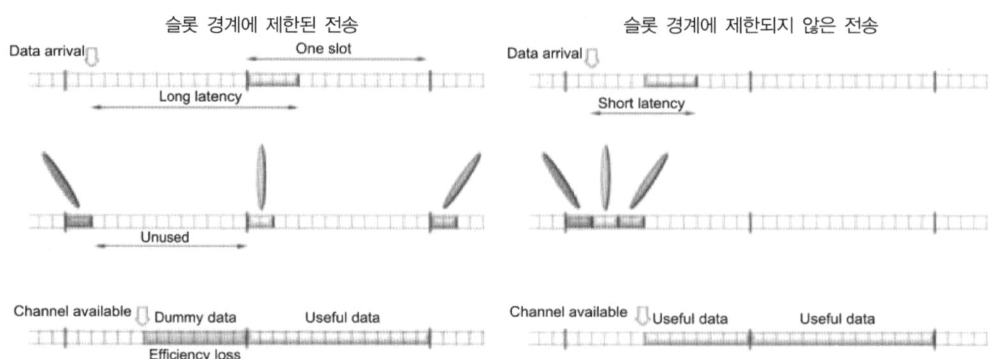

그림 7.2
슬롯 경계에서 전송을 분리하여 낮은 대기 시간 (위)/보다 효율적인 빔 스위핑 (중간)/비면허 스펙트럼 (아래)에 대한 지원의 향상

7.3 주파수 영역 (FREQUENCY-DOMAIN STRUCTURE) 구조

LTE 최초 릴리즈가 설계되었을 때, 모든 단말들이 20MHz 최대 캐리어 대역폭을 지원하도록 결정되었다. 이것은 NR에 비해서는 상대적으로 보통인 대역폭으로 타당한 값이었다.

반면에, NR은 하나의 캐리어에 대해 매우 큰 대역폭인 400MHz까지 지원하도록 설계되었다. 모든 단말들이 이렇게 넓은 대역폭을 지원하도록 해야 하는 것은 비용 측면에서 볼 때 합리적이지 않다. 이런 이유로 NR 단말은 캐리어의 일부분에만 할당되게 할 수 있다. 그리고 캐리어의 효율적인 utilization을 위해 단말로부터 수신된 캐리어의 일부는 해당 캐리어 주파수 중앙에 집중되지 않을 수도 있다.

이것은 다른 여러 가지에도 영향을 주지만 DC 부반송파를 사용한다는 것을 의미하기도 한다. 예를 들면 local-oscillator leakage에 의해 불균형하게 높은 간섭의 영향을 받게 될지 모르기 때문에 LTE에서 DC 부반송파는 사용되지 않는다. 모든 LTE 단말들은 전체 캐리어 대역폭을 수신할 수 있고 캐리어 주파수에 집중되기 때문에 이것은 당연하였다.[3)]

반면에 모든 단말들이 일반적으로 해당 캐리어의 중심에 일치하는 DC를 갖게 되는 LTE와는 다르게, NR 단말들은 캐리어 주파수 내에 분산될 수 있고, 각 NR 단말은 자신의 DC 성분이 캐리어의 다른 위치에 존재할 수도 있는 것이다. 그러므로 DC 부반송파의 특별한 처리를 하는 것은 NR에서 어려운 일이 될 것이다. 대신 그림 7.3에 나온 것처럼 이 부반송파의 품질이 어떠

3) 캐리어 애그리게이션의 경우, 복수의 캐리어들은 아마 동일한 파워 앰프를 사용하게 될 것이다. 이 경우 해당 전송의 DC 부반송파는 LTE 그리드에서 사용하지 않은 DC 부반송파와 반드시 일치하는 것은 아니다.

한 상황에서 열화될 수 있다는 사실을 수용하면서, 데이터에 대한 DC 부반송파를 활용하는 것으로 결정되었다.

리소스 엘리먼트는 하나의 OFDM 심볼 기간에 하나의 부반송파로 구성된 것인데, NR에서 가장 작은 물리 리소스이다. 더욱이 그림 7.4에 나온 것처럼, 주파수 영역에서의 12개의 연속적인 부반송파들은 리소스 블록으로 불린다. 리소스 블록의 NR에서의 정의가 LTE에서와 다른 것을 유의해야 한다. NR의 리소스 블록은 주파수 영역만을 포괄하는 1차원적인 물리적인 단위이다. 하지만 LTE의 경우 주파수 영역에서 12개 부반송파 및 시간 영역에서 1개 슬롯으로 구성된 2차원적인 리소스 블록을 사용한다.

NR에서 주파수 영역에서만 이렇게 리소스 블록을 정의하는 한 가지 이유는 다른 전송들에 대해 시간 duration에서의 유연성 때문이다. 반면에 LTE는 적어도 초기 릴리즈에서 전송은 하나의 전체 슬롯을 점유하였다.[4]

NR은 동일 캐리어에 여러 뉴머롤로지를 지원한다. 리소스 블록이 12개의 서브캐리어이므로, Hz 단위로 측정된 주파수 span은 다르다. Δf subcarrier spacing인 뉴머롤로지에서 두개의 리소스 블록이 $2\Delta f$ subcarrier spacing뉴머롤로지 시스템에서 하나의 리소스 블록과 동일한 주파수 범위를 점유하고 있는 것과 같이, 이 리소스 블록 경계가 뉴머롤로지에 맞춰 조정된다.

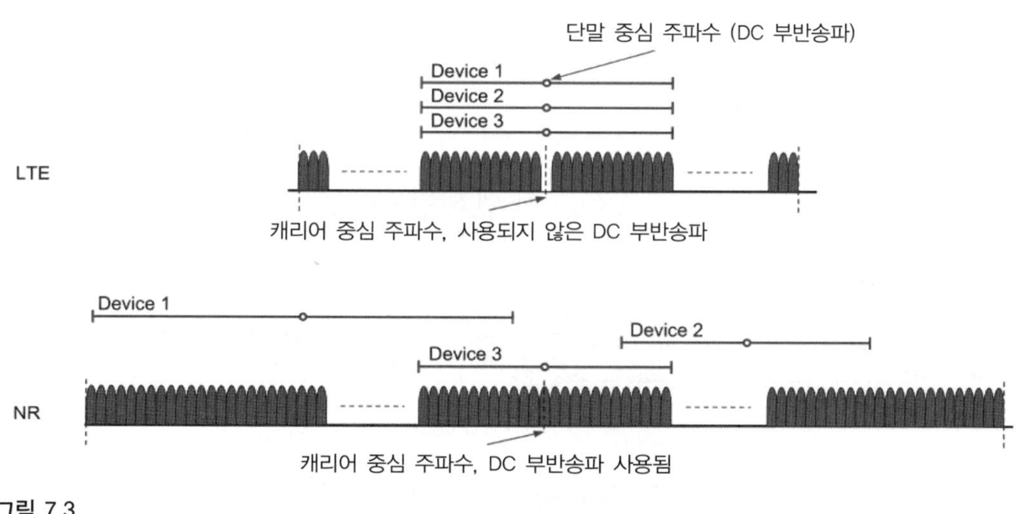

그림 7.3
LTE와 NR에서 DC 부반송파의 처리

4) LTE에서 이에 해당하는 경우가 있는데, 예를 들면 LTE TDD에서 DwPTS가 해당한다. 하나의 전송이 하나의 슬롯 전체를 다 점유하지는 않는다.

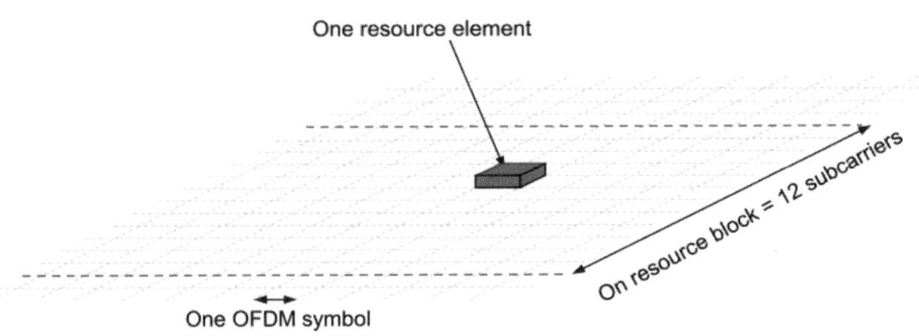

그림 7.4
리소스 앨리먼트와 리소스 블록

NR 표준에서 심볼 경계 뿐만 아니라 리소스 블록 경계에 관해 뉴머롤로지에 맞추어 조정되는 것은 subcarrier spacing 및 안테나 포트당 하나의 리소스 그리드가 있는 다중 리소스 그리드를 통해 기술되어 있다. (7.9절의 안테나 포트에 대한 언급 참조할 것) 이렇게 하여 주파수 영역에서 모든 캐리어 대역폭을, 시간 영역에서는 하나의 서브 프레임을 커버한다 (그림 7.5 참조).

리소스 그리드는 주어진 subcarrier spacing에 대해 단말에서 볼 수 있는 전송 신호를 모델링한다. 하지만 단말은 해당 캐리어에서 어디에 리소스 블록이 위치해 있는지 알아야 한다. 하나의 뉴머롤로지만 있고 모든 단말들이 모든 캐리어 대역폭을 지원하는 LTE에서 이것은 간단하다. 반면에 대역폭 파트와 함께 다음 절에서 언급하겠지만, NR에서는 복수의 뉴머롤로지를 지원한다. 그리고 모든 단말들이 full 캐리어 대역폭을 지원하지 않는 경우도 있다. 그러므로 point A라고 하는 공통 레퍼런스 포인트가 두 가지 유형의 리소스 블록, 즉 공통 리소스 블록과 물리 리소스 블록의 개념과 함께 사용된다.[5)]

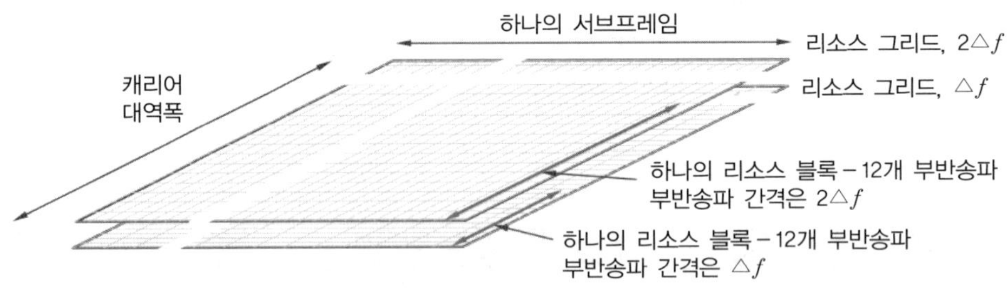

그림 7.5
두 개의 다른 subcarrier spacing에 대한 리소스 그리드

5) 리소스 블록에 세 번째 유형이 있는데, 가상 리소스 블록이다. 이것은 PDSCH/PUSCH의 매핑을 기술할 때 물리 리소스 블록에 매핑된다 (9장 참조). 릴리스 16에서는 비면허 스펙트럼을 지원하도록 인터리브된(interleaved) 리소스 블록이 정의된다 (19장 참조).

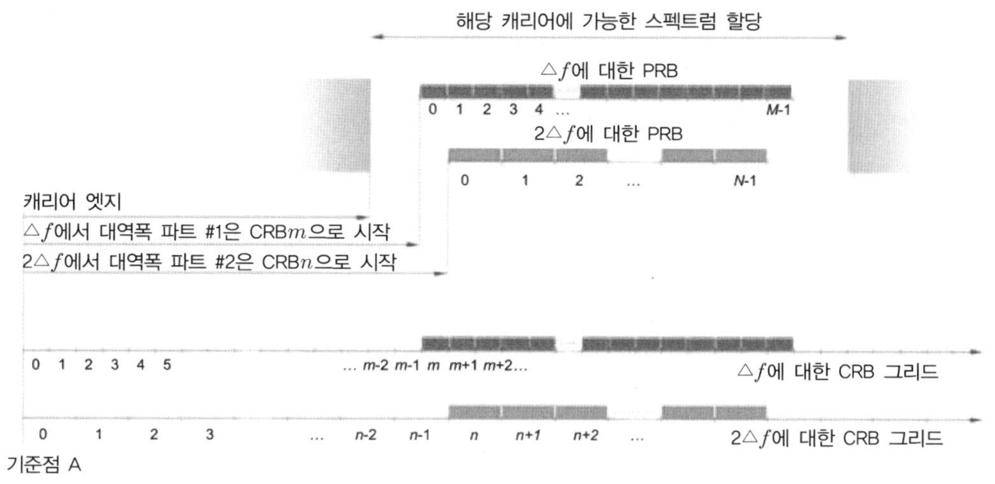

그림 7.6
공통 및 물리 리소스 블록

레퍼런스 포인트 A는 모든 subcarrier spacing에 대해 공통 리소스 블록 0의 부반송파 0에 일치한다. 이 포인트는 어떤 주파수 구조가 기술될 수 있는지에 대한 레퍼런스로 사용되고, 포인트 A는 실제 캐리어 밖에 위치할 수도 있다.

초기 접속의 한 과정으로 SS 블록을 감지하면, 단말에 (16장 참고) 브로드캐스트 시스템 정보 (SIB1)의 한 부분으로서 포인트 A의 위치가 신호로 알려진다. 물리 리소스 블록은 실제 전송 신호를 기술하는 데 사용되는데, 그림 7.6에 나온 대로 이 레퍼런스 포인트에 대해 상대적으로 위치한다. 예를 들면, subcarrier spacing Δf에 대한 물리 리소스 블록 0은 레퍼런스 포인트 A로부터 m 리소스 블록에 위치한다. 다르게 표현하면, 공통 리소스 블록 m에 부합하는 것이다. 이와 유사하게, subcarrier spacing $2\Delta f$에 대한 물리 리소스 블록 0은 공통 리소스 블록 n에 해당한다. 물리 리소스 블록의 starting point는 각 뉴머롤로지에 대해 독립적인 신호로 보내진다 (그림 7.6의 예에 있는 m과 n임). 이것은 out-of-band 방사 요구 조건을 만족하기 위해 필요한 필터를 구현하는 데 유용한 기능이다 (25장 참조). 캐리어의 edge와 처음 사용된 부반송파의 Hz단위 guard가 클수록, subcarrier spacing이 더 커지는데, 이것은 처음 사용된 리소스 블록과 레퍼런스 포인트 A 간의 offset을 독립적으로 세팅함으로써 처리될 수 있다.

그림 7.6의 예에서, subcarrier spacing $2\Delta f$에 대해 처음 사용된 리소스 블록은 subcarrier spacing Δf의 경우보다 캐리어 edge로부터 더 멀리 위치하여, 높은 단계의 뉴머롤로지에 대해 과도하게 급격한 필터링 요구 사항을 피하게 된다. 달리 말하면 낮은 단계의 subcarrier spacing에 대해 사용될 수 있는 더 큰 fraction의 spectrum을 허용하는 것이다.

최초에 가용한 리소스 블록의 위치는, 주파수 영역에서 리소스 그리드의 출발점과 동일하며, 단말에게 신호로 보내진다. 이것은 대역폭 파트의 최초 리소스 블록과 동일할 수도 있고 그렇지 않을 수도 있다 (대역폭 파트는 7.4절에 기술되어 있다).

NR 캐리어는 최대로 275개 리소스 블록 크기가 될 수 있다. 이것은 275*12=3300개의 부반송파에 해당한다. 이것은 또한 각 뉴머롤로지별로 NR에서 가장 큰 캐리어 대역폭을 정의한 것이다.

하지만, 5장에서 설명한 대로, 캐리어 대역폭당 400MHz까지 제한을 두도록 되어있는데, subcarrier spacing 15/30/60/120 kHz에 대해 최대 캐리어 대역폭이 각각 50/100/200/400MHz이다. 11개의 리소스 블록을 사용하는 최소의 가능한 캐리어 대역폭은 스펙트럼 utilization에 대한 RF요구 조건에 의해 주어진다 (25장 참조).

하지만 SS 블록에 사용되는 뉴머롤로지에 대해 (16장 참조), 적어도 20개의 리소스 블록이 필요한데, 이는 단말이 캐리어를 찾고 동기를 맞출 수 있게 하기 위해서이다.

7.4 대역폭 파트 (Bandwidth parts)

위에서 언급한 대로, LTE는 모든 단말들이 최대한 20MHz의 캐리어 대역폭을 지원한다는 전제하에 설계된 것이다. 이것은 예를 들면 이미 언급한 대로 단말 비용에 무시할 수준의 영향을 주긴 하지만 DC 부반송파의 처리에 관한 여러 가지 복잡한 문제들을 피할 수 있게 해준다.

또한 컨트롤 채널이 주파수 다이버시티를 극대화하기 위해 전체 캐리어 대역폭에 걸쳐 전송되는 구조를 허용한다.

동일한 전제인 모든 단말들이 full 캐리어 대역폭을 수신할 수 있다는 것은 매우 넓은 캐리어 대역폭이 지원되는 NR에 합당한 것이 아니다. 결과로서 대역폭 지원에 관련한 다른 단말 capability를 처리하는 방법들이 설계에 포함되어야 한다. 게다가 매우 넓은 대역폭을 수신하는 것은 좁은 대역폭을 수신하는 것에 비해 단말 에너지 소모 관점에서 비용이 크다. 하향링크 제어 채널이 full 캐리어 대역폭을 점유하는 LTE와 같이 동일한 접근법을 사용하는 것은 결국 단말의 파워 소모를 상당히 증가시킬 것이다. 더 나은 접근방법으로, NR에서 하는 대로, 단말이 제어 채널을 모니터링하기 위해 더 좁은 대역폭을 사용할 수 있는 것처럼 수신기 대역폭 adaptation을 사용하면서 작거나 중간 크기의 데이터 전송을 수신하고, 대용량 데이터가 스케줄링될 때에는 full 대역폭을 개방하는 것이다.

이러한 두 가지 측면을 처리하기 위해 (즉 full 캐리어 대역폭을 수신할 능력이 안 되는 단말들을 지원하는 것과 수신측 대역폭 adaptation을 지원하는 것), NR은 대역폭 파트 (Bandwidth Parts : BWPs)를 정의한다 (그림 7.7 참조). 대역폭 파트는 뉴머롤로지 (Subcarrier Spacing과 Cyclic Prefix) 및 공통 리소스 블록에서 출발하는 BWP의 뉴머롤로지의 연속적인 리소스 블록의 집합으로 정해진다. Non-standalone NR 동작의 경우, 초기 상향링크 및 하향링크 대역폭 파트는 LTE 캐리어를 통해 제공되는 구성 정보로부터 획득한다.

단말이 connected state가 되면, PBCH로부터 제어 리소스 셋인 CORESET (10.1.2절 참고) 에 대한 정보를 획득한다. 이 CORESET은 남아 있는 시스템 정보를 스케줄링하는 데 사용되는 제어 채널이다. 이러한 PBCH로부터 획득한 CORESET 환경은 또한 하향링크에서 초기 대역폭 파트를 정의하고 활성화한다. 초기 액티브 상향링크 대역폭 파트는 하향링크 PDCCH를 사용하여 스케줄링된 시스템 정보로부터 획득된다.

한 번 connected state가 되면, 단말에는 각 서빙 셀에 대해 4개까지의 하향링크 대역폭 파트 및 4개까지의 상향링크 대역폭 파트가 설정될 수 있다. SUL 동작의 경우 (7.7절 참조), supplementary 상향링크 캐리어에 4개의 부가적인 상향링크 대역폭 파트까지 가능하다.

각 서빙 셀에서 주어진 시간 instant에, 설정된 하향링크 대역폭 파트 중 하나가 해당 서빙 셀에 대한 액티브 하향링크 대역폭 파트가 되고, 설정된 상향링크 대역폭 파트 중 하나가 해당 서빙 셀에 대한 액티브 상향링크 대역폭 파트가 된다. unpaired 스펙트럼의 경우, 단말은 서빙 셀의 액티브 하향링크 대역폭 파트와 액티브 상향링크 대역폭 파트가 동일한 중심 주파수를 갖고 있다고 추정한다. 이로 인해 단일 오실레이터가 양방향에 사용될 수 있도록 구현을 단순하게 한다. gNB는 스케줄링 정보를 전송하는 하향링크 제어 시그널링을 사용하여 대역폭 파트를 활성화 혹은 비활성화시킬 수 있다 (10장 참조). 그래서 다른 대역폭 파트간 빠른 스위칭을 할 수 있다.

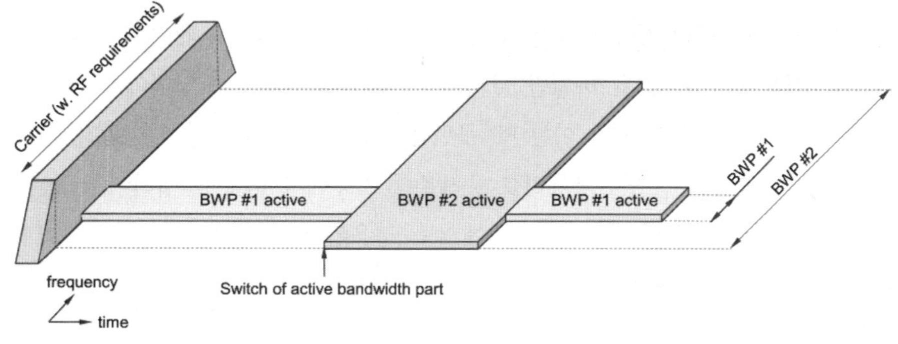

그림 7.7
대역폭 파트를 사용한 대역폭 적응 (Bandwidth Adaptation)의 예

하향링크에서 단말은 하향링크 데이터 전송, 더 구체적으로 말하면, active 대역폭 파트 밖의 PDCCH나 PDSCH를 수신할 수 없을 것이다. 게다가 PDCCH와 PDSCH의 뉴머롤로지는 대역폭 파트에 대해 설정된 뉴머롤로지에 국한한다. 그래서 3GPP 릴리즈 15에서, 단말은 복수의 대역폭 파트가 동시에 active될 수 없기 때문에 한 순간에 하나의 뉴머롤로지만 수신할 수 있다.[6)] 이동성을 위한 measurement는 여전히 active 대역폭 파트바깥에서 이루어질 수 있지만 셀간 measurement와 유사하게 measurement gap을 필요로 한다. 이런 이유로, 단말은 active 대역폭 파트 바깥에서 measurement가 이루어지는 동안, 하향링크 제어 채널을 모니터링하지 않는다.

상향링크에서 단말은 active 상향링크 대역폭 파트에만 PUSCH와 PUCCH를 보내는데, 이에 대한 질문으로, 캐리어 애그리게이션 프레임워크만을 사용하는 것 대신에 왜 캐리어 애그리게이션과 대역폭 파트 메커니즘 둘 다 정의하는지를 생각해 볼 수 있다. 어느 정도까지는, 캐리어 애그리게이션은 대역폭 적응 (Bandwidth Adaptation)뿐 아니라 다른 대역폭 capability를 갖고 있는 단말을 처리하는 데 사용될 수 있었다. 하지만 RF 관점에서는, 하나의 큰 차이가 있다. 컴포넌트 캐리어는 out-of-band 방사 요건과 같은 (25장에서 언급) 여러 가지의 RF 요구 조건과 연계되어 있다. 하지만 캐리어 안의 대역폭 파트에 대해서는 그런 요구 사항이 없다. 이처럼 이것은 캐리어에 설정된 요구 조건에 의해 모두 처리된다. 뿐만 아니라 MAC 관점에서 보면, 또한 컴포넌트 캐리어 간 이동이 불가한 HARQ 재전송의 처리에 몇 가지 차이점들이 있다. 그러나 동일한 캐리어의 대역폭 파트 간 이동은 가능하다.

7.5 NR 캐리어의 주파수 영역에서의 위치 (FREQUENCY-DOMAIN LOCATION OF NR CARRIERS)

원칙적으로, NR 캐리어 주파수는 스펙트럼 내에서 어디에나 위치할 수 있다. 그리고 LTE와 유사하게 기본적인 NR 물리 계층 표준은 주파수 대역을 포함하여 NR 캐리어의 정확한 주파수 위치에 대해 명시하고 있지 않다. 하지만 실제로 NR 캐리어가 주파수 영역에서 어디에 배치될 수 있느냐에 대해 제약이 필요하다. 이는 RF 구현을 단순화하고 다른 통신 사업자 간에 주파수 대역에서의 캐리어 할당에 구조를 제공하도록 해준다. LTE에서 100kHz 캐리어 raster는 이러한 목적으로 사용되었고, 동일한 접근법이 NR에서도 적용된다. 하지만 NR raster는 더 미세한 granularity를 갖게 되는데, 3GHz 캐리어 주파수 까지는 5kHz 단위, 3-24.25GHz에 대해서는

6) NR 구조는 원칙적으로 다중 active 대역폭 파트를 허용하지만 지금까지 필요성이 확인되지 않았으며, 결과적으로 단말들은 캐리어당 단일 active 대역폭 파트와 "전송 방향"(상향링크 혹은 하향링크)을 지원하기만 하면 된다.

15kHz, 24.25GHz 위로는 60kHz의 granularity가 된다.

이러한 raster는 LTE가 현장 적용되는 (3GHz 이하) 대역에서의 100kHz LTE raster에 호환이 되는 것뿐만 아니라 각 주파수 범위에 연관 있는 subcarrier spacing에 기본 배수가 되는 이점을 갖고 있다.

LTE에서, 이러한 캐리어 raster는 또한 단말이 초기 호 접속 과정의 한 부분으로 탐색해야 하는 주파수 위치를 결정한다. 하지만, NR이 더욱 미세한 raster granularity 뿐만 아니라, 더 많은 수의 대역에 설치될 수 있고 훨씬 넓은 캐리어가 가능하다는 것을 고려하면, 모든 가능한 raster 위치에 초기 셀 탐색을 수행하는 것에는 시간이 너무 많이 소비될 것이다.

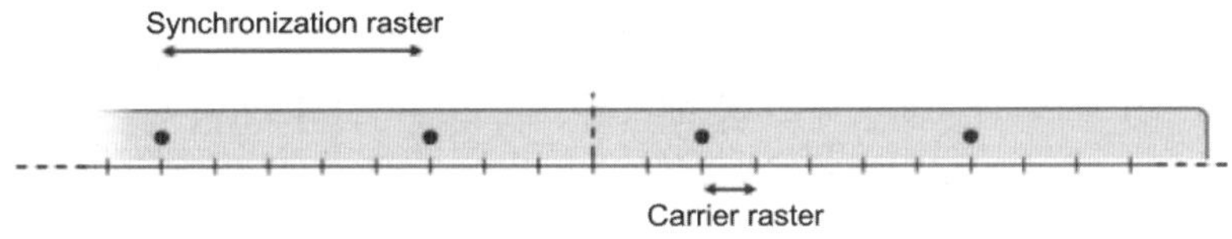

그림 7.8
NR 캐리어 raster

대신 전체적으로 복잡도를 줄이고 셀 탐색에 불필요한 시간을 소모하지 않기 위해, NR은 또한 sparser synchronization raster를 정의하는 데, NR 단말이 초기 접속 시에 이 raster를 적용해 탐색해야 한다. carrier raster보다 sparser한 synchronization raster를 갖게 된 결과, LTE와는 다르게 synchronization signal이 캐리어의 중앙에 배치되지 않을 수 있게 된다 (그림 7.8 참조, 자세한 사항은 16장에 서술).

7.6 캐리어 애그리게이션 (CARRIER AGGREGATION)

캐리어 애그리게이션의 가능성은 최초 릴리즈부터 NR의 한 부분이다. LTE와 유사하게, 복수 개의 NR 캐리어는 하나의 단말에게 송신 또는 수신함에 있어 parallel하게 애그리게이션되고 전송될 수 있다. 그렇게 함으로써, 전반적으로 더 넓은 대역폭과 이에 상응하는 더 높은 링크당 데이터 전송률을 달성할 수 있게 된다. 캐리어들은 다른 주파수 대역 뿐만 아니라 같은 주파수 대역에서도 주파수 영역에서는 연속적일 필요는 없고, 흩어질 수도 있다. 그리고 이로 인해 다음 세 가지 시나리오가 나오게 된다.

- ❑ 주파수 연속적인 컴포넌트 캐리어가 있는 대역 내 애그리게이션

❑ 비연속적인 컴포넌트 캐리어가 있는 대역 내 애그리게이션
❑ 비연속적인 컴포넌트 캐리어가 있는 대역 간 애그리게이션

전반적인 구조는 위의 세 가지 경우에 모두 동일하지만, RF 복잡도는 대단히 다를 수 있다. 가능한 다른 대역폭과 다른 duplex scheme의 16개 캐리어까지 애그리게이션될 수 있어 16*400MHz=6.4GHz까지 전체 전송 대역폭이 가능하다. 이것은 전형적인 스펙트럼 할당에서 많이 벗어난 것이다.

캐리어 애그리게이션이 가능한 단말은 그렇지 않은 단말이 컴포넌트 캐리어 하나에 접속할 수 있는 것에 비해 복수 개의 컴포넌트 캐리어에 동시에 데이터를 수신하거나 전송할 것이다. 그리하여 이후의 모든 경우에 별도로 언급하지 않는다면, 다음 장들에서 물리 계층에 대한 설명은 캐리어 애그리게이션의 경우 각각의 캐리어 컴포넌트에 분리되어 적용된다. 복수 개의 half-duplex (TDD) 캐리어에 대한 대역 간 캐리어 애그리게이션의 경우, 다른 캐리어들의 전송 방향은 반드시 동일할 필요는 없다.

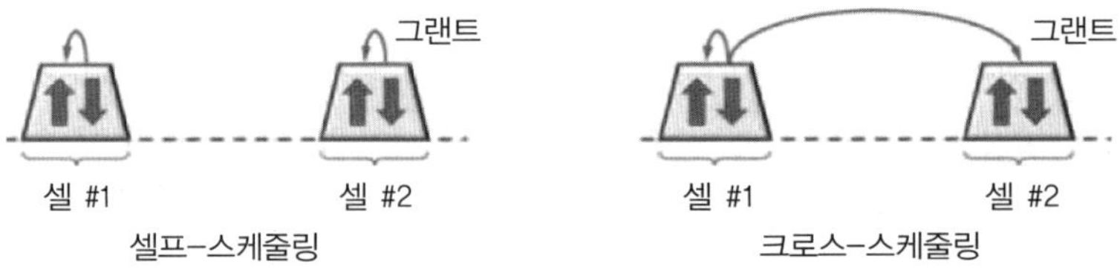

그림 7.9
셀프-스케줄링과 크로스-스케줄링

이것은 캐리어 애그리게이션 미지원 단말에 대한 전형적인 시나리오와는 다르게, 캐리어 애그리게이션이 지원되는 TDD 단말이 듀플렉스 필터를 필요로 할 수도 있다. 규격에서 캐리어 애그리게이션은 셀을 용어로 사용하여 기술되어 있는데, 이것은 캐리어 애그리게이션 지원 단말이 여러 개의 셀로부터 송수신을 할 수 있다는 것이다. 이러한 셀들의 하나로는 primary cell (PCell)이 있다. 이것은 캐리어 애그리게이션 지원 단말이 초기에 찾고 접속하는 셀인데, 일단 해당 단말이 connected state가 되면 하나 이상의 secondary cell (SCell)이 설정될 수 있다. secondary cell이 빠르게 활성화/비활성화될 수 있는 것은 트래픽 패턴의 변동에 대응하기 위해서이다. 각각의 단말들은 아마도 각자의 primary 셀로서 서로 다른 셀들을 갖고 있을 것이다. 즉 primary 셀의 설정은 단말마다 고유하다. 게다가, 캐리어 (혹은 셀)의 수는 상향링크와 하향링크가 동일할 필요는 없다. 실제로 보통의 경우 하향링크가 상향링크보다 더 많은 캐리어 애그리게이션 셀을 갖는다. 이것에는 여러 가지 이유가 있는데, 보통 상향링크보다 하향링크에 더 많은 트래픽이 실리기 때문이다. 더욱이, 여러 개의 동시에 active된 상향링크 캐리어로 인

한 RF 복잡도는 일반적으로 하향링크에 비해 그 복잡도가 더 크다.

스케줄링 승인과 스케줄링 할당이 셀프-스케줄링 (Self-Scheduling)으로 알려진 대로 상응하는 데이터와 동일한 셀에 전송될 수 있거나, 아니면 크로스-스케줄링 (Cross-Carrier Scheduling)으로 알려진 대로 상응하는 데이터와 다른 셀에 전송될 수도 있다 (그림 7.9 참조). 대부분의 경우, self-scheduling으로 충분하다. 대부분의 경우 셀프-스케줄링으로 충분하다. PCell의 전송은 항상 셀프-스케줄링을 사용한다.

7.6.1 제어 시그널링 (CONTROL SIGNALING)

캐리어 애그리게이션은 단일 캐리어로 동작할 때와 같은 이유로 L1/L2 제어 시그널링을 사용한다. 스케줄링 정보에 대한 하향링크 제어 신호를 사용하는 것은 앞 절에서 다루었다. 또한 상향링크 시그널링에 대한 필요가 있는데, 예를 들면 하향링크 데이터 수신이 성공인지 아니면 실패인지에 대해 gNB에 알려주는 HARQ acknowledgment를 들 수 있다. 모든 피드백은 Pcell (Primary Cell)에 전송하는 것을 기본으로 가정하는데, 상향링크 캐리어의 수에 관계없이 단말에 의해 지원되는 하향링크 캐리어의 수와 비대칭적인 캐리어 애그리게이션을 지원할 필요가 있기 때문에 모든 피드백은 Pcell에 전송되는 것이다. 많은 수의 하향링크 컴포넌트 캐리어가 존재하면, 단일 상향링크 캐리어는 많은 수의 acknowledgment를 보내게 될 것이다. 이러한 단일 캐리어의 과부하를 방지하기 위해 두 개의 PUCCH 그룹(그림 7.10 참조)을 구성할 수 있는데, 여기서 첫 번째 그룹의 캐리어에 관한 피드백은 PCell의 상향링크에서 전송되고 두 번째 그룹의 캐리어와 관련된 피드백은 PUCCH-SCell로 알려진 다른 셀을 통해 전송된다.

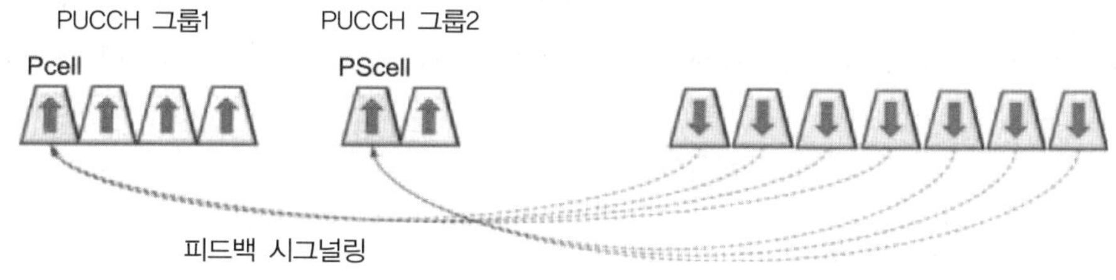

그림 7.10
다중 PUCCH 그룹들

캐리어 애그리게이션이 사용된다면, 단말은 복수 개의 캐리어를 통해 송수신을 하게 된다. 하지만 복수 개의 캐리어에서 수신은 일반적으로 최고 전송 속도의 경우에만 필요하다. 그러므로 환경을 그대로 유지하면서 사용되지 않는 캐리어의 수신을 비활성화시키는 것이 유익하다. 컴포넌트 캐리어를 활성화하거나 비활성화하는 것은 MAC시그널링을 통해 가능한데 (좀 더 구체

적으로, MAC 제어 엘리먼트인데, 6.4.4.1절에 언급되어 있다), 여기에는 각 비트가 설정된 SCell이 활성화되어야 할지 아닐지를 가리키는 비트맵이 포함되어 있다.

7.7 보조 상향링크 (SUPPLEMENTARY UPLINK)

캐리어 애그리게이션에 덧붙여, NR은 또한 이른바 보조 상향링크 (SUL : Supplementary Uplink)를 지원한다. 그림 7.11에 나온 것처럼, SUL은 종래의 하향링크/상향링크 캐리어 pair에 일반적으로 낮은 주파수 대역의 SUL 캐리어로 연결되어 있는 보조 상향링크 캐리어를 갖고 있다는 것을 의미한다. 예를 들면, 3.5GHz에서 동작하는 하향링크/상향링크 캐리어 pair는 800MHz에 있는 보조 상향링크로 보완될 수 있다. 그림 7.11이 하향링크와 상향링크 간의 주파수 분리와 함께 paired spectra에서 종래의 DL/UL 캐리어 pair가 운영된다는 것을 의미하지만, 중요한 것은 종래의 캐리어 pair가 TDD를 사용하여 하향링크/상향링크 분리로 unpaired spectra에서 동등하게 잘 동작할 수 있다는 사실이다. 예를 들면, 이것은 종래의 캐리어 pair가 unpaired 3.5GHz 대역에서 동작하는 SUL 시나리오에서의 경우에 해당한다.

캐리어 애그리게이션의 주요 목표는 단말에서 송수신이 가능한 대역폭을 증가시켜 더 높은 전송 속도를 가능하게 하는 것인 반면에, SUL의 일반적인 목표는 상향링크 커버리지를 확장하는 것이다. 즉 낮은 주파수에서의 낮은 경로 손실을 활용하여 전력이 제한적인 상황에서 높은 상향링크 데이터 전송 속도를 제공하는 것이다.

뿐만 아니라, SUL 시나리오에서 non-SUL 상향링크 캐리어는 일반적으로 SUL 캐리어에 비해 더 큰 광대역이다. 그리하여, 단말이 셀 사이트에 상대적으로 근접하여 위치한 경우와 같이 좋은 채널 환경에서는, non-SUL 캐리어는 SUL 캐리어에 비해 일반적으로 상당히 더 높은 데이터 전송 속도를 제공한다.

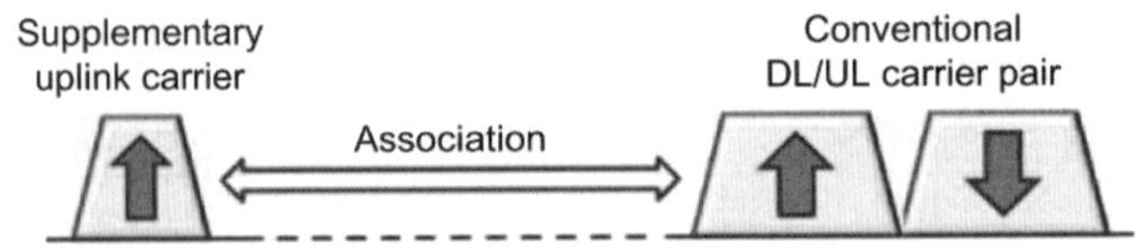

그림 7.11 일반적인 DL/UL 캐리어 pair를 보완하는 SUL (Supplementary Uplink Carrier)

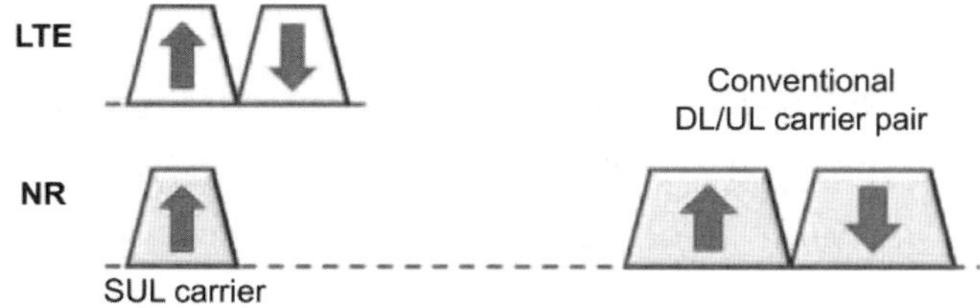

그림 7.12
LTE 상향링크 캐리어와 공존하는 SUL 캐리어

동시에, cell edge에서와 같이 나쁜 채널 환경에서는, 낮은 주파수 SUL 캐리어가 non-SUL 캐리어에 비해 일반적으로 상당히 높은 데이터 전송 속도를 제공할 수 있는데 이것은 낮은 주파수에서 예상되는 낮은 경로 손실 덕분이다. 그러므로 오직 상대적으로 제한적인 영역에서 두 개의 캐리어는 유사한 데이터 전송 속도를 제공한다. 그 결과로서, 두 개 캐리어의 데이터 전송 속도를 합하는 것은 대부분의 경우 얻을 수 있는 이득은 제한되어 있다. 동시에, 한 번에 오직 하나의 상향링크를 스케줄링 하는 것은 전송 프로토콜을 단순화시키고 특별히 다양한 상호 변조 관련 이슈들을 회피하기 위한 RF 구현도 단순화시킨다.

캐리어 애그리게이션에 대해 상황이 다른 것에 유의해야 한다.

- 캐리어 애그리게이션 시나리오에서 두 개 이상의 캐리어들은 보통 동일한 대역폭에 유사한 캐리어 주파수에서 동작한다. 이 경우 두 개 캐리어 전송 속도의 애그리게이션을 만드는 것이 더욱 유익하다.
- 각 캐리어 애그리게이션 시나리오에서 각 상향링크 캐리어는 상응하는 자신의 하향링크 캐리어와 함께 동작하며, 이 경우 복수 개의 상향링크 전송을 동시에 스케줄링하는 것을 단순화한다.

그리하여 오직 한 개의 SUL과 non-SUL이 전송되고 하나의 단말에서 동시 SUL 및 non-SUL전송은 불가하다.

한 개의 SUL 시나리오는 SUL 캐리어가 LTE에 의해 이미 사용된 paired 스펙트럼의 상향링크 부분에 위치하는 경우이다 (그림 7.12 참조). 달리 말하면, SUL 캐리어는 LTE/NR 상향링크 공존 시나리오에서 존재한다 (18장 참조). 많은 LTE 현장 적용의 경우, 상향링크 트래픽은 이에 상응하는 하향링크 트래픽보다 상당히 적다. 결과로서, 많은 현장 적용의 경우에, paired spectra의 상향링크 부분은 완전히 활용되지 않는다. 그러한 스펙트럼에서 LTE의 상향링크 캐리어 위에 NR supplementary uplink 캐리어를 적용하는 것은 LTE 네트워크에 제한적인 영향을 주면서 NR사용자 체감품질을 향상시킬 수 있는 방법이 된다.

마지막으로, supplementary uplink는 또한 지연시간을 감소시키는 데 사용될 수 있다. TDD의 경우, 시간 영역에서 상향링크와 하향링크를 분리하는 것은 언제 상향링크 데이터가 전송될 수 있는지에 대한 제약이 있는 것을 의미한다. TDD 캐리어에 paired spectra의 supplementary 캐리어를 결합하여, 지연시간에 민감한 데이터는 일반 캐리어에 상향링크와 하향링크를 파티셔닝하여 제약 받는 것 없이 즉시 supplementary uplink로 전송될 수 있다.

7.7.1 캐리어 애그리게이션과의 관계 (RELATION TO CARRIER AGGREGATION)

SUL이 상향링크 캐리어 애그리게이션과 유사하게 보일수도 있지만, 근본적인 차이점들이 존재한다. 캐리어 애그리게이션의 경우, 각 상향링크 캐리어는 자신과 연관된 각자의 하향링크 캐리어를 갖는다. 형식적으로는, 그러한 각각의 하향링크 캐리어는 자신의 셀에 상응하며, 그러므로 캐리어 애그리게이션 시나리오에서의 다른 상향링크 캐리어는 다른 셀에 상응한다 (그림 7.13의 좌측 부분을 참조).

반대로 SUL의 경우, 보조 상향링크 캐리어는 자신과 연관된 하향링크 캐리어를 갖지 않는다. 오히려 보조 캐리어와 기존의 상향링크 캐리어는 동일한 하향링크 캐리어를 공유한다. 이 결과로, 보조 상향링크 캐리어는 자신의 셀에 상응하지 않는다.

대신 SUL 시나리오에서는 하나의 하향링크 캐리어와 두 개의 상향링크 캐리어를 갖는 하나의 셀이 있는 것이다 (그림 7.13의 우측 참조).

원칙적으로 아무것도 캐리어 애그리게이션의 결합을 막지는 않는다. 예를 들면 두 셀 (두 개의 하향링크/상향링크 캐리어 pair임) 중에서 하나가 부가적인 보조 상향링크 캐리어를 갖는 SUL 셀인 경우, 이러한 두 셀간 캐리어 애그리게이션이 있는 상황을 들 수 있다. 하지만 현재 이러한 캐리어 애그리게이션과 SUL의 조합에 대해 정의된 밴드 조합은 없다.

연관된 질문으로, 만약 보조 상향링크가 있다면, “보조 하향링크도 있는가?”를 들 수 있다. 답은 yes이다. 왜냐하면 캐리어 애그리게이션 프레임워크는 하향링크 캐리어의 수가 상향링크 캐리어의 수보다 더 크도록 허용하며, 하향링크 캐리어의 일부는 보조 하향링크로 보일 수 있다. 하나의 보통 시나리오로는 unpaired spectra에 부가적인 하향링크 캐리어를 적용하고 이것을 paired spectra에서의 캐리어 하나와 애그리게이션하여 용량과 데이터 전송 속도를 높이는 것이다. 캐리어 애그리게이션을 넘는 어떠한 부가적인 매커니즘도 필요하지 않으므로 보조 하향링크는 주로 3장에서 언급되었던 스펙트럼 관점에서 사용된다.

그림 7.13
캐리어 애그리게이션과 보조 상향링크 (Supplementary Uplink)

7.7.2 제어 시그널링(CONTROL SIGNALING)

보조 상향링크 동작의 경우, 단말은 명시적으로는 설정되어 (RRC 시그널링에 의해) PUCCH를 SUL 캐리어에나 기존의 (non-SUL) 캐리어에 PUCCH를 전송한다. PUSCH 전송에 관해, 단말은 PUCCH와 동일한 캐리어에 PUSCH를 전송하도록 설정될 수 있다. 대안으로, SUL로 동작하도록 설정된 단말은 SUL 캐리어나 non-SUL 캐리어 둘 중 하나를 다이나믹하게 선택하도록 설정될 수도 있다. 후자의 경우, 상향링크 스케줄링 그랜트는 SUL/non-SUL indicator를 포함할 것이다. 이 indicator는 스케줄링된 PUSCH가 어떤 캐리어 상에 전송되어야 할지를 가리킨다. 그리하여 보조 상향링크의 경우, 단말이 SUL 캐리어와 non-SUL 캐리어 모두 동시에 PUSCH를 전송하는 일은 결코 없을 것이다.

10.2절에 언급한 바와 같이, 단말이 동일한 캐리어 위에 스케줄링된 PUSCH 전송과 겹치는 time interval동안 PUCCH상에 UCI를 전송해야 할 경우 단말은 PUCC 대신에 PUSCH에 UCI를 멀티플렉싱한다. 동일한 법칙이 SUL 시나리오에도 적용된다. 즉, 심지어 다른 캐리어에도 동시에 PUCCH와 PUSCH를 전송하는 경우는 없다. 오히려 SUL이나 non-SUL 중 하나의 캐리어에 스케줄링된 PUSCH 전송과 겹치는 time interval동안 단말이 SUL이나 non-SUL 중 PUCCH 한 캐리어에 UCI를 전송해야 할 경우, 단말은 대신 PUSCH상에 UCI를 멀티플렉싱한다.

보조 상향링크의 대안으로 낮은 주파수에 있는 LTE와 높은 주파수에 있는 NR의 이중 연결 (Dual Connectivity)에 의지하는 것이다. 이 경우 상향링크 데이터 전송은 LTE 캐리어에 의해 처리된다. 데이터 전송 측면에서, 이득은 supplementary uplink와 유사할 것이다. 하지만 이 경우, NR 하향링크 전송과 관계된 상향링크 제어 시그널링은 각 캐리어 pair가 L1/L2 제어 시그널링에 관하여 self-contained가 되어야 하므로, 높은 주파수의 NR 상향링크 캐리어에 의해 처리되어야 한다. supplementary uplink를 사용하는 것은 이러한 단점을 피하고 L1/L2 제어 시그널링이 낮은 주파수의 상향링크를 충분히 활용할 수 있도록 해준다. 다른 가능성은 캐리어 애그리게이션을 이용하는 것이다. 이 경우 낮은 주파수의 하향링크 캐리어 또한 설정되어야 하는데, 이것은 LTE와 공존할 경우 문제를 야기할 수 있다.

7.8 듀플렉스 방식 (DUPLEX SCHEMES)

스펙트럼 유연성은 NR의 주요 기능중 하나이다. 전송 대역폭의 유연성에 덧붙여, 기본적인 NR 구조 또한 half duplex나 full duplex중 하나에 속하여 시간영역이나/혹은 주파수 영역에서의 상향링크 및 하향링크의 분리를 지원하는 데 모두 동일한 단일 프레임 구조를 사용한다. 이것은 높은 수준의 유연성을 제공한다 (그림 7.14 참조).

- ❑ **TDD** : 상향링크와 하향링크 전송은 동일한 캐리어 주파수를 사용하고 시간 영역에서만 분리된다.
- ❑ **FDD** : 상향링크와 하향링크 전송은 다른 주파수를 사용하지만 동시에 발생할 수 있다. 그리고
- ❑ **Half-duplex FDD** : 상향링크와 하향링크 전송은 주파수와 시간에 분리되어 있다. 이것은 paired spectra에서 동작하는 더욱 단순한 단말들에 적합하다.

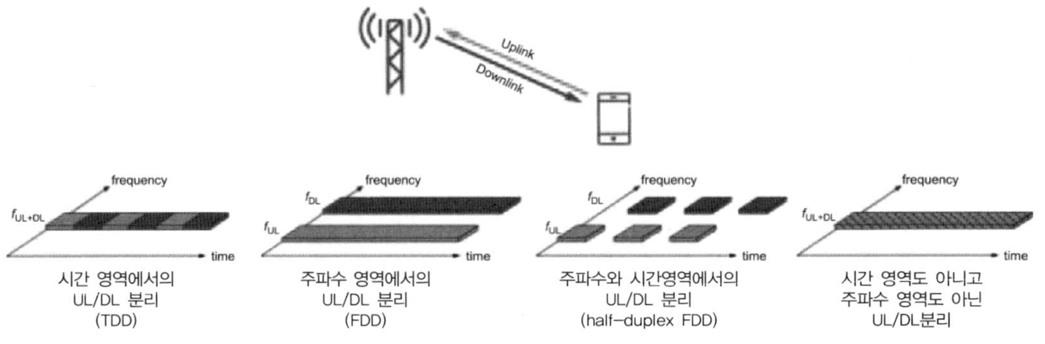

그림 7.14
듀플렉스 방식

원칙적으로, 동일한 기본적인 NR 구조는 또한 시간 영역이나 주파수 영역에서 분리되지 않은 상향링크와 하향링크와 함께 full duplex 동작을 허용한다. 그러나 이것은 상당한 transmitter-to-receiver 간섭을 일으킬 것이며, 이것의 해결책은 여전히 연구 중에 있고 향후를 위해 남겨져 있다. LTE는 또한 TDD와 FDD 모두를 지원하지만, NR에서의 단일 프레임 구조와는 다르게 LTE는 두 개의 다른 프레임 구조 타입을 사용했다.[7)]

게다가 상향링크와 하향링크 할당이 시간에 따라 달라지지 않는 LTE와는 다르게,[8)] NR에서의 TDD 동작은 주요 기술 요소로서 다이나믹 TDD와 함께 설계된다.

7) 원래 LTE는 FDD에 대해 프레임구조 타입 1을 지원하고 TDD에 대해서는 프레임구조 타입 2를 지원한다. 하지만 추후 릴리즈에서 프레임구조 3이 추가되는데 비면허 스펙트럼에서의 동작을 처리한다.
8) LTE Rel-12에서 eIMTA 기능은 time-varying 상향링크/하향링크 할당을 일부 지원한다.

7.8.1 시분할 듀플렉스 (TIME-DIVISION DUPLEX : TDD)

TDD 동작의 경우, 단일 캐리어 주파수가 있고, 셀 마다 시간 영역에서 상향링크 및 하향링크 전송이 분리된다. 상향링크 및 하향링크 전송은 셀 관점에서나 단말 양쪽 관점에서 시간에 겹치지 않는다. 그러므로 TDD는 half-duplex 동작으로 분류될 수 있다.

LTE에서는 시간 영역에서의 상향링크와 하향링크 리소스의 분리가 준정적으로(semistatistically) 결정되고 실질적으로 그대로 유지된다. 하지만, NR은 스케줄러 결정의 일부분으로 하나의 슬롯 (혹은 그 중 일부분)이 상향링크나 하향링크에 다이나믹하게 할당될 수 있는 기반으로서 다이나믹 TDD를 사용한다. 이것으로 기지국당 상대적으로 적은 수의 가입자가 있는 고밀도 배치 시나리오의 경우 구체적으로 표명된 급속한 트래픽 변동 상황에 잘 적응하여 따르는 것이 가능해진다.

다이나믹 TDD는 스몰 셀과/혹은 isolated 셀 배치에 특히 유용한데, 단말과 기지국의 전송 파워가 동일한 order이고 사이트 간 간섭이 크지 않은 경우이다. 필요하다면 다른 사이트 간 스케줄링 결정에 대해 서로 협력할 수 있다. 그리고 필요할 경우 상향링크 및 하향링크 할당의 dynamics를 제한하여 좀 더 정적인(static) 동작을 하는 것이, 근본적으로 정적인 방식에 dynamics 추가를 시도해 보는 것보다 훨씬 간단하다. 이것은 릴리즈 12에서 LTE에 대해 eIMTA (enhanced Interference Mitigation and Traffic Adaptation)를 도입할 때 이루어졌다.

사이트 간 협력이 유용한 하나의 예는 전통적인 매크로 셀 배치의 경우이다. 이러한 광역 매크로 유형 배치에서 기지국 안테나는 커버리지 확보 이유로 옥상 위에 배치하는 경우가 많다. 즉, 단말에 비해 상대적으로 지면에서 멀리 떨어져 있다. 이로 인해 셀 사이트 간에 (가까운) line-of-site 전파(propagation)가 발생할 수 있다. 이러한 유형의 네트워크에서 전송 전력의 상대적 큰 차이와 결부되면, 한 셀 사이트의 고전력 하향링크 전송은 인접 셀에서 약한 상향링크 신호를 수신하는 능력에 상당한 영향을 미칠 수 있다(그림 7.15 참조). 이웃 셀에서 하향링크 전송을 수신할 가능성에 영향을 미치는 상향링크 전송으로부터의 간섭도 있을 수 있지만, 이는 일반적으로 셀의 사용자들의 일부분에만 영향을 미치기 때문에 문제가 덜된다.

그림 7.15
TDD 네트워크에서 간섭이 발생하는 시나리오

이러한 간섭 문제를 처리하는 고전적인 방법은 네트워크의 모든 셀에서 동일한 방식으로 상향링크와 하향링크 간에 리소스를 (반)정적으로 분할하는 것이다. 특히, 한 셀에서의 상향링크 수신은 이웃 셀에서의 하향링크 전송과 시간적으로 겹치지 않는다. 특정 전송 방향(상향링크 또는 하향링크)에 할당된 슬롯 (또는 일반적으로 시간 영역 자원)들의 집합은 전체 네트워크에서 동일하며 (반)정적 기초임에도 불구하고 셀간 협력의 간단한 형태로서 보일 수 있다. LTE 캐리어와 NR 캐리어가 동일한 사이트와 동일한 주파수 대역을 사용하는 경우와 같이 LTE와의 공존을 처리하기 위해서는 Static 또는 Semi-Static TDD 동작도 필요하다. 상향링크-하향링크 할당에서의 이러한 제한은 각 기지국에서 고정 패턴을 사용하여 스케줄링 구현의 일부로 쉽게 달성될 수 있다. 7.8.3절에서 논의된 바와 같이 슬롯의 일부 또는 전체의 전송 방향을 반정적으로 (semi-statically) 구성할 가능성도 있다. 이 기능은 상향링크 사용을 위해 예약된 것으로 선험적으로 알려진 슬롯에서의 하향링크 제어 채널을 모니터링할 필요가 없기 때문에 단말 에너지 소비를 줄일 수 있다.

일반적으로 어떠한 TDD 시스템이나 half-duplex 시스템의 본질적인 측면은 하향링크나 상향링크 어느 방향으로의 전송도 발생하지 않는 충분히 큰 guard period (혹은 guard time)을 제공할 수 있는 가능성이다. 이 guard period는 하향링크에서 상향링크 전송으로 전환하거나 그 반대로도 필요하며, 상향링크의 시작보다 충분히 앞서서 하향링크가 끝나는 슬롯 포맷을 사용하는 방식으로 처리된다. guard period의 요구되는 길이는 여러 가지 요인들에 달려 있다. 이것은 우선 기지국과 단말의 내부 회로가 하향링크에서 상향링크로 전환하는 데 필요한 시간을 제공하기에 충분히 커야 한다. 스위칭은 보통 20μs이하의 단위로 상대적으로 빠르다. 그리고 대부분의 배치에서 요구되는 guard time을 변경할 정도로 영향을 주진 않는다.

두 번째로, guard time은 또한 상향링크 및 하향링크 전송이 기지국과 서로 간섭을 일으키지 않도록 보장하여야 한다. 이는 기지국에서 상향링크-하향링크 전환 이전의 마지막 상향링크 서브 프레임이 첫 번째 하향링크 서브 프레임의 시작 전에 끝나도록 단말에서 상향링크 타이밍을 전진시킴으로써 처리된다. 각 단말의 상향링크 타이밍은 timing advance 방식을 사용하여 기지국에 의해 제어될 수 있다. 이것은 15장에서 자세히 다루도록 하겠다. 명확하게 guard period는 단말이 (Timing-Advance된) 상향링크 전송 (그림 7.16 참조)을 시작하기 전에 단말이 하향링크 전송을 받아들이고 수신에서 송신으로 전환하도록 해주기에 충분히 커야 한다. Timing advance가 기지국으로의 거리에 비례하므로, 스몰 셀에 비해 매크로 셀에서 동작할 때 더 큰 guard period가 필요하다.

마지막으로, guard period의 선택 시 기지국 간의 간섭 또한 고려할 필요가 있다. 다중 셀 네트워크에서 인접 셀에서의 하향링크 전송으로 인한 셀 간 간섭은 기지국이 상향링크 전송을 받기 시작하기 전에 충분히 낮은 레벨로 작아져야 한다. 이런 이유로, 멀리 있는 기지국으로부터 하향링크 전송의 마지막 파트로서 셀 크기 자체에 의해 필요한 것보다 더 큰 guard period가 필요할 수 있다. 그렇지 않을 경우, 상향링크 수신과의 간섭이 생길 수 있기 때문이다.

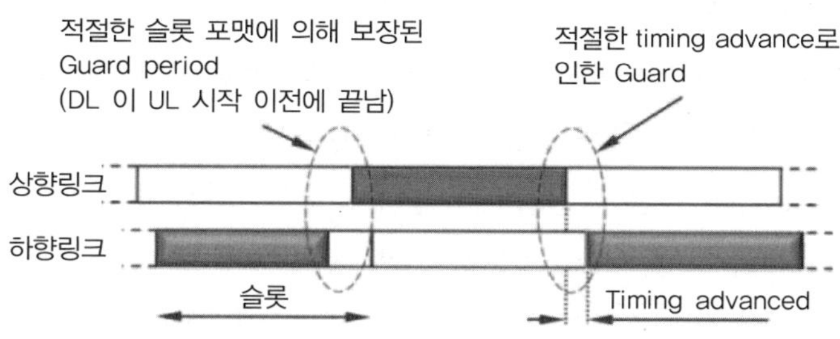

그림 7.16
TDD 동작을 위한 guard time의 생성

guard period의 크기는 전파 환경에 달려있지만, 대개의 매크로셀 배치 (Deployment)환경에서는 기지국 간 간섭은 guard period를 정할 때 무시할만한 수준이다. guard period에 따라 몇 residual 간섭은 상향링크 주기의 시작 시점에 남아 있을 수 있다. 이런 이유로 상향링크 버스트의 시작 시점에는 간섭에 민감한 시그널을 배치하지 않는 것이 좋다. 21장에서는 TDD 네트워크에서 간섭 처리 및 guard period 설정을 개선하는 데 유용한 릴리스 16의 일부 개선 사항에 대해 설명한다.

7.8.2 주파수-분할 듀플렉스 (FREQUENCY-DIVISION DUPLEX : FDD)

FDD의 경우, 상향링크와 하향링크가 다른 캐리어 주파수에 전송된다. 이것은 그림 7.15에서 보듯이 fUL과 fDL로 표기된다. 각 프레임 동안, 상향링크와 하향링크 모두 슬롯들의 전체 집합 (Full Set)이 있다. 그리고 상향링크와 하향링크 전송은 셀 안에서 동시에 발생할 수 있다. 하향링크와 상향링크 전송을 격리하는 것은 듀플렉스 필터라고 하는 송신/수신 필터와 주파수 영역에서 충분히 큰 듀플렉스 분리에 의해 가능하다. FDD의 경우, 하나의 셀 안에서 상향링크와 하향링크 전송이 동시에 발생할 수 있음에도 불구하고 단말은 full-duplex 동작을 할 수 있거나 어떤 주파수 대역에 대해서는 half-duplex 동작만 할 수도 있다. 이것은 단말이 동시에 송신과 수신을 할 수 있느냐에 따라 다르다.

full-duplex가 가능한 경우, 송신 및 수신은 단말에서 동시에 발생할 수 있다. 반면에 half- duplex만 가능한 단말은 송신 및 수신을 동시에 할 수 없다. half-duplex는 relaxed 필터나 duplex-필터가 없기 때문에 단말 구현이 간단할 수 있다. 이것은 단말 비용을 줄이는 데 사용될 수 있는데, 예를 들면 비용에 민감한 애플리케이션에 사용되는 저가의 단말을 위한 경우이다.

다른 예로는 듀플렉스로 설계하게 되면 상당히 까다로울 정도로 매우 좁은 듀플렉스 gap을 갖는 어떤 주파수 대역에서의 동작을 들 수 있다. 이 경우, 단말이 다른 대역에서는 full-duplex 동작이 가능한 반면에, 어떤 특정 주파수 대역에서는 half-duplex만 지원할 수 있게 할 수도 있으므로 full 듀플렉스 지원은 주파수 대역에 의존적이다. full-duplex나 half-duplex를 지원하는 것은 단말의 특성이다. 기지국은 단말의 capability와 무관하게 full-duplex에서 동작할 수 있다. 예를 들면, 기지국은 다른 단말로부터 동시에 수신하면서 하나의 단말에게 송신할 수 있다. 네트워크 관점에서 보면, half-duplex는 단일 단말에게 또는 단일 단말로 부터 제공될 수 있는 지속적인 데이터 전송 속도에 영향을 줄 수 있다. 왜냐하면 기지국은 상향링크 서브프레임에는 어떠한 전송할 수 없기 때문이다. 셀 용량은 주어진 서브프레임에서 상향링크와 하향링크에 다른 단말들을 스케줄링하는 것이 가능하기 때문에 거의 영향을 받지 않게 된다. Guard period에 대한 프로비저닝 (Provisioning)은 네트워크 관점에서 필요없으며, 네트워크가 full-duplex에서 여전히 동작하고 있어서 동시에 송신 및 수신을 할 수 있기 때문이다. 연관된 전송 구조 및 타이밍 relation은 full-duplex와 half-duplex 사이에서 유사하므로, 단일 셀은 full-duplex와 half-duplex FDD 단말의 혼합을 동시에 지원하게 된다. half-duplex 단말은 동시에 송신과 수신을 할 수 없기 때문에, 스케줄링 결정은 이점을 고려해야 하고 half-duplex 동작은 스케줄링에서의 제약 사항으로 보이게 된다.

7.8.3 슬롯 포맷과 슬롯-포맷 인디케이션 (SLOT FORMAT AND SLOT-FORMAT INDICATION)

7.2절에서 언급된 슬롯 구조로 돌아가면, 상향링크에서 하나의 슬롯 집합이 있고 하향링크에서는 다른 슬롯 집합이 있는데, 그 이유가 timing advance의 기능으로서 둘 간의 time offset인 것에 유의해야 한다. 문헌에서 종종 보이는 것처럼 만약 상향링크와 하향링크 전송이 동일한 슬롯을 사용하는 것처럼 기술된다면, 둘 간의 필수적인 timing 차이를 명시하는 것이 불가할 것이다.

단말이 FDD의 경우처럼 full-duplex를 지원하는지 여부, 혹은 TDD의 경우처럼 half-duplex만 지원하는지 여부에 따라, 하나의 슬롯은 상향링크나 하향링크 전송에 완전히 사용되는 것은 아니다. 예로써 그림 7.16의 하향링크 전송은 슬롯의 마지막보다 앞서 멈추어야 하는데, 이것은 하향링크 수신으로 전환하기 위한 충분한 시간을 허용하기 위해서이다. 하향링크와 상향링크 간 필요한 시간이 여러 가지 요인들에 달려 있기 때문에, NR은 슬롯의 어느 부분이 상향링크나 하향링크를 위해 사용되는지를 정의하는 넓은 범위의 슬롯 포맷을 정의한다. 각 슬롯 포맷에서 각 심볼은 하향링크, 유연한 심볼, 또는 상향링크로 사용될 수 있으며 하나의 슬롯은 이러한 심볼들의 조합이다. 여기서 세 번째 state인 flexible을 갖는 이유는 아래서 더 언급하겠지만, 그 중 하나는 half-duplex 방식에 필요한 guard period를 처리하기 위해서이다. NR에서 지원되는 슬롯 포맷의 subset는 그림 7.17에 나와 있다. 그림에서 보듯이, half-duplex인 TDD의 경우를 처리하기 위한 상향링크와 하향링크 슬롯을 부분적으로 채우는 것뿐만 아니라, full-duplex인 FDD에 유용한 하향링크 단독 또는 상향링크 단독 슬롯 포맷이 있다. 슬롯 포맷이라는 명칭은 상향링크 및 하향링크 전송에 분리된 슬롯이 있고, TDD의 경우 동시에 송수신을 하는 경우가 없는 데이터로 각각이 채워지기 때문에 다소 오해의 소지가 있는 것이다. 이런 이유로, 하향링크 전송은 하향링크에서는 "하향링크 심볼" 혹은 "Flexible 심볼"에서만 발생할 수 있고, 상향링크 슬롯에서 상향링크 전송은 "상향링크 심볼" 혹은 "Flexible 심볼"에서만 발생할 수 있는 것으로, 슬롯 포맷이 이해되어야 한다. TDD로 동작을 위해 필요한 guard period는 flexible 심볼로부터 취해진다.

앞에서 언급한 대로, NR의 주요 기능 중 하나는 스케줄러가 다이나믹하게 전송 방향 (상향링크인지 하향링크인지)을 결정하는 다이나믹 TDD를 지원하는 것이다. half-duplex 단말은 동시에 송신 및 수신을 할 수 없기 때문에, 두 방향간 자원을 분할할 필요가 있다. NR에서는 아래와 같이 세 가지 다른 시그널링 메커니즘으로 자원들이 상향링크 전송용인지 아니면 하향링크 전송용인지에 대한 정보를 단말에게 제공한다.

- ❑ 스케줄링 단말을 위한 다이나믹 시그널링
- ❑ RRC를 이용한 준정적인 시그널링
- ❑ 단말 그룹에 의해 공유되는 다이나믹 슬롯 포맷 indication

DDDDDDDDDDDDDD	-------------U
UUUUUUUUUUUUUU	------------UU
--------------	-UUUUUUUUUUUUU
DDDDDDDDDDDDD-	--UUUUUUUUUUUU
DDDDDDDDDDDD--	D-UUUUUUUUUUUU
DDDDDDDDDDD---	DD-UUUUUUUUUUU
DDDDDDDDDD----	DDD-UUUUUUUUUU
DDDDDDDDD-----	DDD--------UUU
DDDDDDDDDDDD-U	···
DDDDDDDDDDD--U	···

그림 7.17
NR에서 가능한 슬롯 형식의 부분 집합 ("D"는 하향링크, "U"는 상향링크, "–"은 Flexible).

이러한 메커니즘의 일부 혹은 전부는 아래 언급될 전송 방향을 즉각적으로 결정하는 것과 조합되어 사용될 것이다. 아래 기술 사항이 다이나믹 TDD라는 용어를 사용하긴 하지만, 이러한 프레임워크는 일반적으로 half-duplex FDD를 포함한 half-duplex 동작에도 적용될 수 있다. 첫 번째 메커니즘과 기본 원리는 단말이 하향링크에서의 제어 시그널링을 모니터링하고, 수신된 스케줄링 승인/할당에 따라 데이터를 송신 및 수신하는 것이다. 본질적으로 half-duplex 단말은 상향링크로 전송하도록 지시받지 않을 경우 각 OFDM 심볼을 하향링크 심볼로 보게 된다. half-duplex가 지원되는 단말이 동시에 수신 및 송신을 하게 요청받지 않도록 보장하는 것은 스케줄러에 달려 있다. full-duplex가 가능한 FDD 단말에 대해서는, 그러한 제약은 명확히 없고 스케줄러는 독립적으로 상향링크와 하향링크를 스케줄링해 줄 수 있다. 위의 일반적인 원리는 간단하고, 유연한 프레임워크를 제공한다. 하지만 네트워크가 예를 들어 어떤 다른 TDD 기술과의 공존을 제공하기 위해서나, 어떠한 스펙트럼의 규제 요구 조건을 충족하기 위해 상향링크 및 하향링크 할당에서 따를 우선순위를 안다면, 단말에게도 이러한 정보를 제공하는 것이 유익할 수 있다. 예를 들면, 단말에게 어떠한 OFDM 심볼 set가 상향링크에 할당되었다는 것이 단말에게 알려진다면, 이러한 심볼들과 겹치는 하향링크 슬롯의 일부분에 대해 해당 단말이 하향링크 제어 시그널링을 모니터링할 필요는 없을 것이다. 이것은 단말 전력 소모를 줄이는 데 도움이 될 수 있다. 그러므로 NR은 RRC 시그널링을 통해 상향링크 및 하향링크 할당을 최적으로 시그널링할 수 있는 가능성을 제공하는 것이다. RRC 시그널링된 패턴은 OFDM 심볼들을 "하향링크," "flexible" 혹은 "상향링크" 등으로 분류한다. half-duplex 단말에 대해, "하향링크"로 분류된 하나의 심볼은 동일한 시간동안에는 상향링크 전송이 없이 오직 하향링크 전송용으로만 사용될 수 있다. 유사하게, "상향링크"로 분류된 하나의 심볼은 단말이 하향링크 전송과 겹치는 어떤 것도 예상하면 안 되는 것을 의미한다. 그리고 "Flexible"은 단말이 전송 방향에 대한 어떠한 추정도 할 수 없다는 것을 의미한다. 하향링크 제어 시그널링은 모니터링되어야 하며 만약 스케줄링 메시지가 발견되면 단말은 이에 따라 송신 및 수신을 해야 한다. 이와 같이 위에 정리된 fully 다이나믹 방식은 모든 심볼들을 "flexible"로 준정적으로 선언하는 것과 같다고 할 수 있다. RRC-시그널링된 패턴은 0.5ms에서 10ms까지의 설정 가능한 기간을 spanning하면서 함께 "downlink", "flexible", 혹은 "uplink"의 시퀀스 두 개까지의 concatenation으로 표현된다. 더욱이 두 개의 패턴이 설정될 수 있으며, 시스템 정보의 일부로서 제공되는 cell-specific한 것과 device-specific한 방식으로 시그널링 되는 다른 하나가 있다. 패턴의 결과는 이 두 가지를 결합하여 나오게 되는데 dedicated한 패턴은 cell-specific한 패턴에 시그널링된 flexible 심볼을 하향링크 혹은 상향링크 둘 중 하나로 더욱 제한할 수 있다. cell-specific한 패턴과 device-specific한 패턴 모두가 "flexible"을 가리킬 경우에만, 해당 심볼들은 "flexible"로 사용되어야 한다 (그림 7.18 참조).

세 번째 메커니즘은 dynamically하게 현재의 상향링크-하향링크 할당을 슬롯-포멧 indicator (SFI)로 알려진 특별한 하향링크 제어 메시지를 모니터링 하는 단말의 그룹에 알려주는 것이다. 이전의 메커니즘과 유사하게, 슬롯 포멧은 "하향링크", "flexible", 혹은 "상향링크"인 OFDM 심볼의 수를 가리킬 수 있다. 그리고 해당 메시지는 하나 이상의 슬롯에 유효하다.

SFI 메시지는 한 개 이상의 단말의 설정된 그룹에 의해 수신될 것이다. 그리고 RRC-configured 테이블의 인덱스를 나타내며, 테이블에서 각 행은 하나의 슬롯 duration동안 사전에 정의된 하향링크/flexible/상향링크 패턴을 나타낸다. SFI를 일단 받으면, 해당 값은 SFI 테이블에서 index로 사용되어 하나 이상의 슬롯에 대한 상향링크-하향링크 패턴을 획득하게 된다 (그림 7.19 참조). 사전에 정의된 하향링크/flexible/상향링크 패턴의 집합은 NR 규격에 기술되어 있으며 넓은 범위의 가능성을 다루게 되는데 몇 가지 예가 그림 7.17과 그림 7.19의 왼쪽 부분에 나와 있다. 이 SFI는 또한 다른 셀들에 대해 상향링크-하향링크 상황을 가리킬 수 있다 (Cross-Carrier Indication이라고 한다).

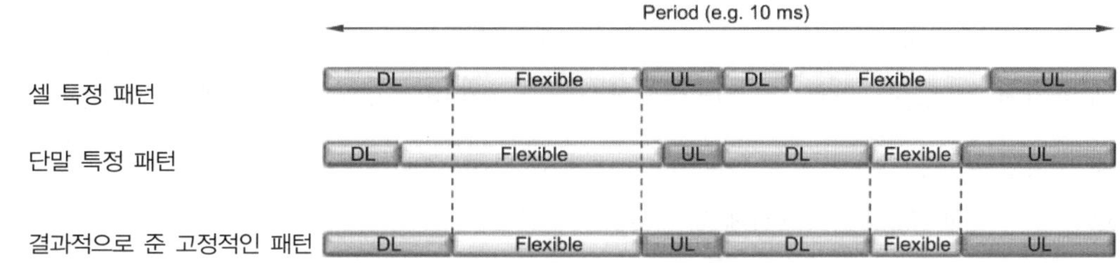

Period (e.g. 10 ms)
셀 특정 패턴: DL | Flexible | UL | DL | Flexible | UL
단말 특정 패턴: DL | Flexible | UL | DL | Flexible | UL
결과적으로 준 고정적인 패턴: DL | Flexible | UL | DL | Flexible | UL

그림 7.18
셀 특정 (Cell-Specific) 및 단말 특정 (Device-Specific)의 상향링크/하향링크 패턴의 예

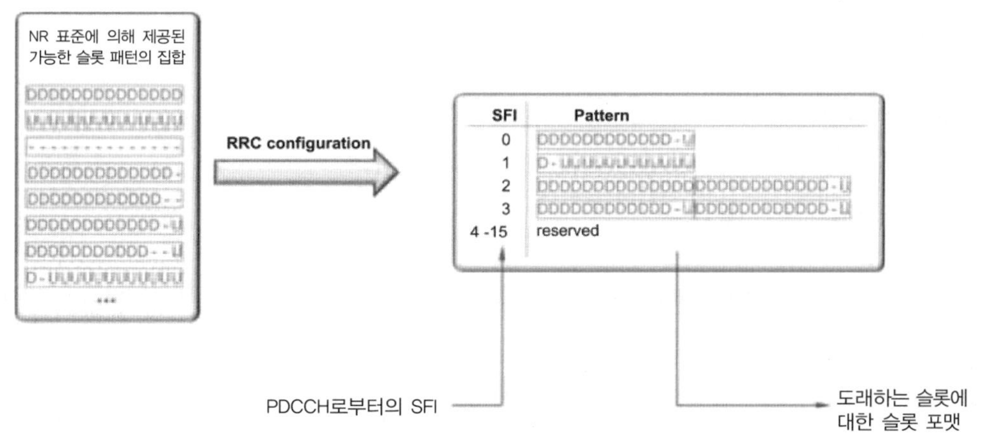

그림 7.19
SFI 테이블을 환경 설정하는 예

다이나믹하게 스케줄링된 단말은 캐리어가 현재 스케줄링을 통해 상향링크 전송용인지 아니면 하향링크 전송용인지를 알게 될 것이다. 그리고 group-common SFI 시그널링은 주로 스케줄링 되지 않은 단말에 대한 용도로 쓰이게 된다. 특히 이를 통해 네트워크는 상향링크 SRS (Sounding Reference Signal)나 CSI-RS (Channel-State Information reference signal)에 대한 하향링크 measurement의 주기적인 전송을 뒤바꾸는 것이 가능하다. SRS 전송과 CSI-RS measurement는 8장에서 언급할 텐데 채널 품질을 평가하는 용도로 사용되고 준정적으로 설정될 수 있다. 이 주기적인 설정을 Overriding하는 것은 다이나믹 TDD로 운영되는 네트워크에서 유용할 수 있다 (그림 7.20 예시 참조). SFI는 준정적으로 설정된 상향링크 혹은 하향링크 주기를 override할 수 없다. 이것은 SFI와 상관없이 발생하는 다이나믹하게 스케줄링된 상향링크 혹은 하향링크 전송을 override할 수 없다는 것이다. 그러나 SFI는 하향링크 또는 상향링크로 제한하여 심볼 기간을 semi-static 하도록 유연하게 표시한다. 이것은 예약된 리소스를 제공하는 데 사용될 수도 있다. 만약 SFI 및 준정적인 시그널링 모두가 특정 심볼이 유연하다는 것을 나타내면, 해당 심볼은 예약된 것으로 취급되어 전송에 사용되지 않아야 하고, 단말이 하향링크 전송에 대해 어떠한 가정도 하지 않아야 한다. 이것은 예를 들면 다른 무선 접속 기술이나 NR 표준의 향후 릴리즈에 추가될 기능들을 위해 NR 캐리어상의 자원을 예비하는 도구로 사용될 수 있다.

위에 설명한 내용은 일반적으로 half-duplex 단말, 특히 TDD에 초점을 두었다. 하지만 SFI는 FDD와 같은 full-duplex 시스템에도 유용할 수 있다.

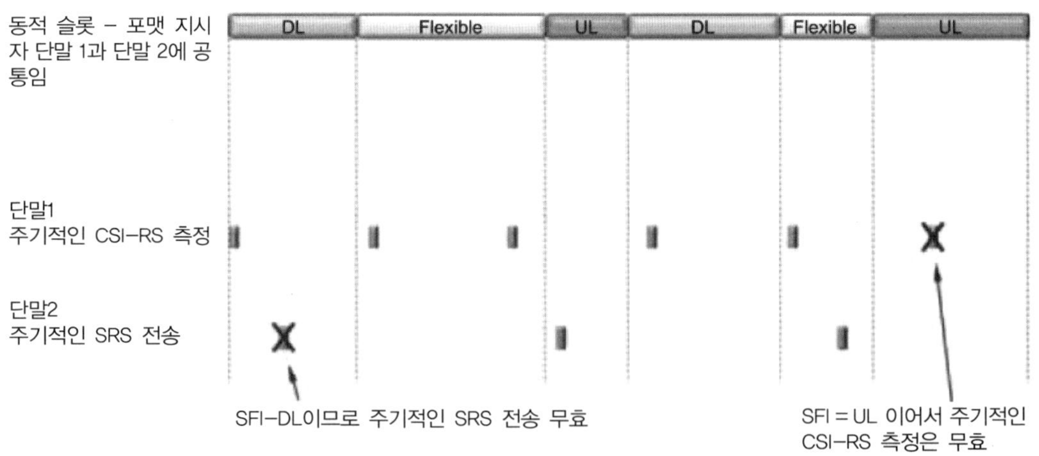

그림 7.20
SFI를 사용하여 주기적 CSI-RS 측정 및 SRS 전송 제어

예를 들면 주기적인 SRS 전송을 override하는 것이다. 이 경우 두 개의 독립적인 캐리어 (하나는 상향링크용으로, 다른 하나는 하향링크용으로)가 있기 때문에, 각 캐리어별로 하나씩 두 개의 SFI가 필요하다. 이것은 SFI에서 멀티 슬롯 지원을 사용하여 해결될 수 있다. 즉 한 슬롯은 하향링크에 대한 현재 SFI로 해석되고, 나머지 한 슬롯은 상향링크에 대한 현재 SFI로서 해석되는 것이다.

7.9 안테나 포트 (ANTENNA PORTS)

하향링크 다중 안테나 전송은 NR의 주요 기술이다. 서로 다른 안테나로부터 전송된 신호들 혹은 수신기에는 알려지지 않은 서로 다른 다중 안테나 프리코더 (9장 참조)에 의한 신호들은, 비록 동일한 국사에 위치한 안테나를 통하여 전송되더라도 서로 다른 '무선채널'을 경험할 수 있다.[9)]

일반적으로 단말 입장에서는 서로 다른 하향링크 전송이 겪는 무선채널들 사이의 관계를 어떻게 해석해야 하는지를 이해하는 것이 중요하다. 예를 들어, 단말 입장에서는 특정한 하향링크 전송에 대한 채널 추정을 하는 데 어떤 레퍼런스 신호를 사용해야 하는지를 아는 것이 중요하다. 또한, 단말 입장에서는 스케줄링 및 링크적응 동작을 위하여 적절한 채널상태 정보 (Channel-State Information)를 정하는 것 역시 중요하다.

이러한 목적을 위하여 NR 규격에는 LTE에서와 동일한 원리를 따르는 안테나 포트라는 개념이 도입되었다. 안테나 포트 상의 심볼이 전달되는 채널이 동일한 안테나 포트 상의 다른 심볼이 전달되는 채널로부터 추정될 수 있다면 두 심볼은 같은 안테나 포트를 사용하는 것이다. 달리 표현하면, 각각의 하향링크 전송은 특정한 안테나 포트를 통하여 이루어지며, 각 안테나 포트는 구분되어 단말에게 알려진다.

게다가 단말은 두 개의 전송 신호가 동일한 안테나 포트에서 전송된 경우에는 두 신호가 동일한 무선채널을 통과한 것으로 가정해야 한다.[10)]

적어도 하향링크의 경우에, 실질적으로 각 안테나 포트는 특정 레퍼런스 신호에 해당된다. 따라서 단말은 특정 레퍼런스 신호를 사용하여 특정 안테나 포트에 해당하는 채널을 추정할 수 있다. 또한, 레퍼런스 신호를 통하여 단말은 특정 안테나 포트에 관련한 자세한 채널상태정보를 추출해낼 수도 있다.

9) 수신기 입장에서는 알려지지 않은 송신단의 프리코더는 전체적인 무선채널의 일부분으로 볼 수 있다.
10) 어떠한 안테나 포트에 대해, 특히 복조레퍼런스에 해당하는 안테나 포트의 경우에는, 이러한 동일 무선채널 가정이 주어진 스케줄링의 경우에만 유효한 것임에 유의해야 한다.

표 7.2 NR에서의 안테나 포트들

안테나 포트	상향링크	하향링크	사이드링크
0-series	PUSCH와 관계된 DM-RS	-	-
1000-series	SRS, 프리코딩된 PUSCH	PDSCH	PSSCH
2000-series	PUCCH	PDCCH	PSCCH
3000-series	-	CSI-RS	CSI-RS
4000-series	PRACH	SS block	SS block
5000-series	-	PRS	PSFCH

NR에 정의된 안테나 포트의 set는 표 7.2에 대략적으로 나와 있다. 표에서 보듯이, 다른 목적을 갖는 안테나 포트들이 다른 범위의 숫자들을 갖는 것처럼, 안테나 포트 채번 (Numbering)에 특정 구조가 있다. 예를 들면, 1000과 1001은 2개 레이어의 PDSCH전송을 위한 것이다. 다른 안테나 포트와 그것의 용도는 각각의 기능과 결합되어 좀 더 자세히 논의될 것이다.

안테나 포트는 추상적인 개념으로서 반드시 특정한 물리적인 안테나에 해당하는 것은 아님에 유의해야 한다.

- 서로 다른 두 개의 신호가 복수 개의 물리적인 안테나들로부터 같은 방식으로 전송될 수도 있다. 이런 경우에는, 단말은 두 개의 신호가 서로 다른 안테나들로부터의 채널들의 합 (Sum)에 해당하는 단일 채널을 통과하여 전송되는 것으로 이해하게 되며, 전체적인 전송은 단일 안테나 포트가 두 개의 신호에 동일하게 적용된 전송으로 보일 수 있다.
- 두 개의 신호가 같은 안테나 집합들로부터 전송되지만, 수신기에는 알려져 있지 않은 서로 다른 송신기 측의 프리코더에 의하여 프리코딩된 후에 전송될 수도 있다. 수신기에게 알려져 있지 않은 프리코더는 전체적인 채널의 일부로 파악되므로, 이 경우에는 두 신호가 서로 다른 안테나 포트로부터 전송된 것으로 보이게 된다. 물론, 안테나 프리코더가 동일한 것으로 알려졌다면 두 전송이 동일한 안테나 포트로부터 전송된 것으로 보일 수 있다. 아울러 만약 프리코더 정보가 수신기에게 알려져 있다면, 프리코더가 무선채널의 일부분으로 보일 필요가 없으므로, 이 경우 또한 두 전송은 동일한 포트로 전송된 것으로 볼 수 있다.

이러한 두 가지 측면의 마지막은 다음 절에 언급할 QCL 프레임워크 도입의 동기가 된다.

7.10 Quasi-Colocation

두 신호가 비록 서로 다른 두 개의 안테나로부터 전송되었더라도, 두 신호가 겪는 채널이 large-scale 채널 관점에서는 상당히 많은 부분이 비슷할 수 있다. 일례로, 동일한 국사에 위치한 서로 다른 물리적인 안테나에 해당하는 서로 다른 두 개의 안테나 포트로부터 전송된 두 개의 신호가 경험하는 채널의 경우에는, 아주 세세한 부분에서는 다를지라도 일반적으로 도플러 스프레드/시프트, 평균 지연 확산 (Delay Spread), 평균 이득 등과 같은 large-scale 특성들이 같거나 비슷할 수 있다. 또한, 채널들은 비슷한 정도의 평균 지연을 겪을 것으로 예상된다. 두 개의 서로 다른 안테나 포트들에 해당하는 무선채널이 비슷한 large-scale 특성을 가지고 있다는 것을 알면, 단말의 수신기는 채널 추정을 위한 파라미터를 설정하는 데 이를 활용할 수 있다.

단일 안테나 전송의 경우, 이것은 복잡하지 않다. 하지만 NR의 하나의 필수적인 파트는 다중 안테나 전송, 빔포밍, 그리고 지리적으로 분리된 다중 사이트에서의 동시 전송에 대한 폭넓은 지원이다. 이러한 경우에는 해당 단말에 대한 서로 다른 안테나 포트의 채널들의 large-scale 특성들이 다를 수 있다. 이러한 이유로 NR에는 안테나 포트에 관하여 quasi-co-location 개념이 도입되었다. 만약 안테나 포트들이 quasi-co-located로 지정되어 있다면, 단말 수신기는 서로 다른 안테나 포트들에 해당하는 무선채널이 평균 지연, 평균 지연확산, 도플러 스프레드/시프트, 평균 이득, 그리고 spatial Rx 파라미터와 같은 특정 파라미터의 관점에서 large-scale 특성들이 같다고 가정할 수 있다. 구체적으로 두 개의 안테나 포트를 quasi-co-located로 가정할 수 있는지 아닌지의 여부는 LTE 규격에 의하여 주어진다. 즉, 단말은 특정한 두 개의 안테나 포트를 quasi-co-located라고 가정할 수 있는지 아닌지의 여부를 시그널링을 통하여 네트워크로부터 전달받을 수도 있다.

quasi-colocation의 일반적인 원리 중 temporal 파라미터에 관해서는 이미 LTE 후기 버전에 나와 있다. 하지만, NR에서의 빔포밍에 대한 폭넓은 지원과 함께, QCL 프레임워크는 공간(Spatial)영역으로 확장되었다. Spatial quasi-colocation, 좀 더 정식으로 말하면 Rx 파라미터에 대한 quasi-colocation은 빔 매니지먼트의 핵심 부분이다. 정식 정의가 좀 모호하긴 하지만, 실제로 두 개의 다른 신호 간 spatial QCL은 이것들이 같은 장소에서 같은 빔으로 전송된다는 것을 의미한다. 결과로서 만약 단말이 어떤 수신 빔 방향이 그 신호들 중 하나에 유리하다는 것을 안다면, 이것은 동일한 빔 방향이 또한 다른 신호들의 수신에도 적합하다는 것을 추정할 수 있다.

보통의 경우, NR 규격은 예를 들면 PDSCH와 PDCCH 전송과 같은 어떠한 전송이 공간적으로 (Spatially) CSI-RS나 SS 블록과 같은 특정 레퍼런스 시그널과 quasi-colocated된다고 기술한다.

단말은 PDSCH/PDCCH와 quasi-colocated된 레퍼런스 시그널의 측정에 기반 하여 특정 수신기 빔 방향을 결정하게 될 것이고, 그 다음 이 단말은 동일한 빔 방향이 또한 PDSCH/PDCCH 수신에 유리하다는 것을 추정할 수 있다.

요약하면, NR에는 총 4가지 다른 QCL 유형이 정의되어 있다.

- ❑ **QCL-TypeA** : 도플러 천이, 도플러 확산, 평균 지연 및 지연 확산과 관련된 QCL;
- ❑ **QCL-TypeB** : 도플러 천이 및 도플러 확산에 대한 QCL;
- ❑ **QCL-TypeC** : 도플러 천이 및 평균 지연에 대한 QCL;
- ❑ **QCL-TypeD** : 공간 Rx 파라미터들에 대한 QCL

프레임워크가 일반적이기 때문에 필요한 경우 향후 릴리스에서 추가 QCL 유형이 추가될 수 있다.

08 채널 사운딩

CHAPTER

무선 전송 기술은 전파가 전송되는 구간의 특성에 대한 정보를 어떻게 효율적으로 이용할 것인가에 기초하고 있다고 말할 수 있다. 무선 전송 구간 특성에 대한 정보란 송신 전력 보정을 위한 전송 손실 특성에서부터 시공간 또는 주파수 영역에서의 진폭과 위상에 대한 것을 망라한다. 또한, 수신기에 미치는 간섭의 정도에 대해 알게 되면 성능 향상을 기대할 수 있다.

이러한 다양한 채널 특성에 대한 정보는 무선링크에 사용되는 송신기 또는 수신기의 측정 값을 통해서 얻을 수 있다. 예를 들어 하향링크 채널의 특성은 단말기에서 측정하는 값으로 얻을 수 있고 이 정보는 네트워크에 보고되어 다음에 전송될 데이터의 파라미터를 세팅하는 데 사용될 수 있다. 또 한편, TDD 시스템에서는 채널의 상하향링크 특성이 서로 비슷하다고 가정할 수 있으며 이에 따라 상향링크에서 측정한 채널의 상태로 하향링크의 상태를 추정할 수 있다.

마찬가지로 상향링크에 채널의 특성을 파악하는 데도 하향링크를 이용할 수 있다.

- 네트워크는 직접 상향링크 채널의 특성을 측정하여 채널 정보를 단말기에게 전달하거나 그 다음의 상향링크 채널의 전송에 이용할 수 있다.
- 상향/하향의 가역성을 가정하여 단말기는 스스로 하향링크에서 측정한 정보를 상향링크의 채널 정보로 이용할 수 있다.

채널 정보를 얻기 위해서는 대상이 되는 채널의 특성을 측정하고 추정하는 데 이용할 수 있는 특정 신호가 필요하다. 이렇게 채널 추정하는 과정을 **채널 사운딩**이라 한다.

이 장에서는 NR에서 지원하는 채널 사운딩에 대해 설명한다. 특히 하향링크의 채널 사운딩에 사용되는 Channel-state-information reference signal (CSI-RS)와 상향링크의 sounding reference signal (SRS)에 초점을 두어 설명하려고 한다. 또한, NR에서 하향링크 물리 채널의 측정과 단말에서 측정 정보를 네트워크에 보고하는 과정에 대해서도 짚어보고자 한다.

8.1 하향링크 채널 사운딩 — CSI-RS

LTE의 첫 릴리스인 Release 8에서 하향링크의 채널 정보는 오로지 셀 특유의 기준 신호인 cell-specific reference signal (CRS)에 의해 얻을 수 있었다. LTE의 CRS는 1m인 서브프레임마다 전 대역에 전송되었다. 그러므로 네트워크에 접속하는 모든 단말기는 CRS가 항상 존재한다고 가정할 수 있었고 이를 통해 하향링크 상태를 측정할 수 있었다.

LTE의 Release 10에서는 CRS 이외에 CSI-RS에 의한 채널 정보 획득 방법이 보강되었다. CSI-RS는 CRS와 달리 계속 전송될 필요는 없다. 단지, LTE 단말기는 CSI-RS의 특정 셋을 측정하라는 설정 값을 받게 되고 그때만 채널 측정을 하게 된다.

CSI-RS가 도입된 이유는 Release 8에서 지원할 수 없었던 네 개 이상의 레이어 전송을 LTE에서 지원할 수 있게 하기 위해서였다. 그러나 CSI-RS를 사용하면서 CRS에 비해 채널 사운딩에 더 효과적임이 밝혀졌다. LTE의 최종 릴리스에서는 CSI-RS 개념이 간섭 추정과 다중 포인트 전송에 이용될 수 있도록 더욱 확장되었다.

앞선 장에서 설명하였듯이 NR에서는 항상 켜둬야 하는 (Always-On) 신호를 가능한 줄이기 위한 것이 핵심 개발 사항 중의 하나였다. 이러한 이유로 NR에서는 CRS와 같은 신호를 최소화하기로 하였다. 그래서 NR에서 항상 켜두는 (Always-On) 신호로 16장에서 설명한 SS (Synchronization Signal) 블록이라 불리는 신호를 두고 있다. SS 블록은 제한된 대역에 전송되며 LTE CRS와 비교하면 상대적으로 큰 주기로 전송될 수 있도록 하였다. SS 블록은 전송 손실 또는 평균적인 신호 품질을 측정하는 데에 사용된다. 그러나 제한된 대역폭과 큰 주기성으로 인해 SS 블록은 시간과 주파수에서 빠르게 변하는 채널 특성을 추적해야 하는 세밀한 채널 사운딩에 적합하지 않다.

그리하여 CSI-RS는 SS 블록을 대신하여 NR에서 빔 관리와 이동성을 지원하는 용도로 확장되어 사용되게 되었다.

8.1.1 CSI-RS 기본 구조

CSI-RS는 32개까지의 안테나 포트를 지원할 수 있도록 설정할 수 있다. 하나의 안테나 포트는 각각 하나의 채널에 해당한다. NR에서 CSI-RS는 단말기당 설정을 하게 된다. 그러나 단말기당 설정한다는 것이 꼭 전송되는 CSI-RS 한 개가 하나의 단말기만을 위해서 전송된다는 것은 아니다. 즉, 동일 CSI-RS가 여러 개의 단말에서 동시에 사용되어 여러 단말에서 동시에 하향링크 상태를 측정하는 데 사용될 수 있다.

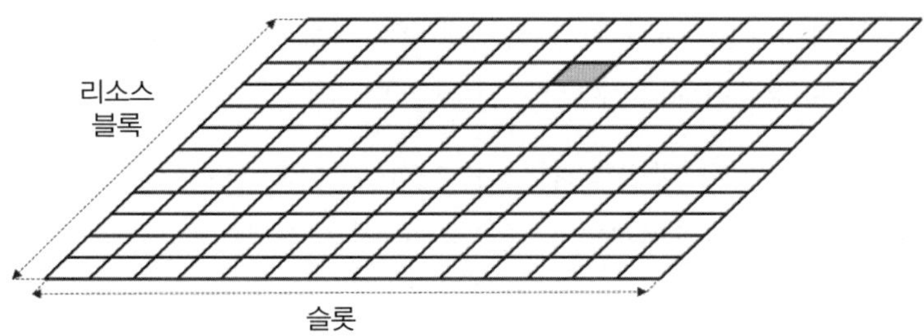

그림 8.1
하나의 CSI-RS 포트가 하나의 슬롯/RB 내에서 하나의 리소스 엘리먼트 (Resource Element)에 매핑된 구조

그림 8.1에서 볼 수 있듯이 하나의 CSI-RS 포트는 시간 축에서 한 슬롯, 주파수 축에서 하나의 리소스 블록 내에 하나의 리소스 엘리먼트를 점유하고 있다. 원칙적으로 CSI-RS는 리소스 블록 내에 어디에든 위치할 수 있으나 실제적으로는 다른 하향링크 채널이나 신호들과 겹치지 않도록 해야 하므로 제약이 따르게 된다. 특히, 단말기는 CSI-RS가 다음의 신호들과 겹치지 않을 것이라고 가정한다.

- ❑ 단말에 설정된 CORESET (Control Resource Set)
- ❑ 단말에 대해 스케줄링된 PDSCH전송과 연계된 Demodulation Reference Signal (DMRS)
- ❑ 전송된 SS 블록

다중 포트 CSI-RS는 서로 직교하는 안테나 포트 신호로 볼 수 있으며 다중 포트 CSI-RS로 할당된 리소스 엘리먼트를 공유한다. 즉, 다중포트는 서로 같은 자원을 사용하며 다음과 같은 방법으로 구분된다.

- ❑ **코드 분할 (Code-domain multiplexing, CDM)** : 여러 개의 안테나 포트에 해당하는 CSI-RS가 같은 자원을 공유하며 CSI-RS 마다 서로 직교하는 패턴으로 변조하여 구분한다.
- ❑ **주파수 분할 (Frequency-domain multiplexing, FDM)** : 여러 개의 안테나 포트가 하나의 OFDM 심볼에서 서로 다른 서브캐리어에 전송되어 구분된다.
- ❑ **시간 분할 (Time-domain multiplexing, TDM)** : 여러 개의 안테나 포트가 하나의 슬롯 내에서 서로 다른 OFDM 심볼에 전송되어 구분된다.

이에 덧붙여 그림 8.2에 표시되었듯이 다중 안테나 포트의 CSI-RS가 CDM으로 구분될 때,

- ❑ 주파수 영역에서 두 개의 인접 서브캐리어에 CDM (2×CDM)으로 구분되며, 이 안에 두 개의 안테나 포트 CSI-RS가 포함된다.
- ❑ 주파수와 시간 두 가지 영역에서 인접하는 것을 이용하는 방법으로 인접한 두 개의 서브캐리어와 인접한 두 개의 OFDM 심볼에 4×CDM 방법으로 네 개까지 CSI-RS 안테나 포트를 전송할 수 있다.

- 주파수와 시간 영역에서 두 개의 인접 서브캐리어와 네 개의 OFDM 심볼에 8 × CDM 방법으로 여덟 개의 CSI-RS 안테나 포트를 전송할 수 있다.

그림 8.2에 표시된 여러 CDM 방법과 같이 FDM과 TDM을 조합하여 서로 다른 다중 포트 CSI-RS를 전송할 수 있으며 일반적으로 N 포트 CSI-RS는 하나의 RB/슬롯 안에 N개의 리소스 엘리먼트를 점유한다.[1)]

그림 8.3에서 두 개의 CSI-RS 포트가 주파수 영역에서 인접한 두 개의 리소스 엘리먼트를 이용하여 어떻게 CDM으로 구분하여 전송되는지 설명하고 있다. 두 포트 CSI-RS는 모두 기본적으로 그림 8.3에 나타낸 2×CDM과 동일한 방법으로 전송된다.

두 개 이상의 CSI-RS 안테나 포트가 전송되는 경우에는 좀 더 유연한 방식이 허용되어 CDM, TDM, FDM을 다양하게 조합하여 다중 포트 CSI-RS를 전송하게 된다.

그 예로 그림 8.4에서 8 포트 CSI-RS의 다양한 구조를 설명하고 있다.

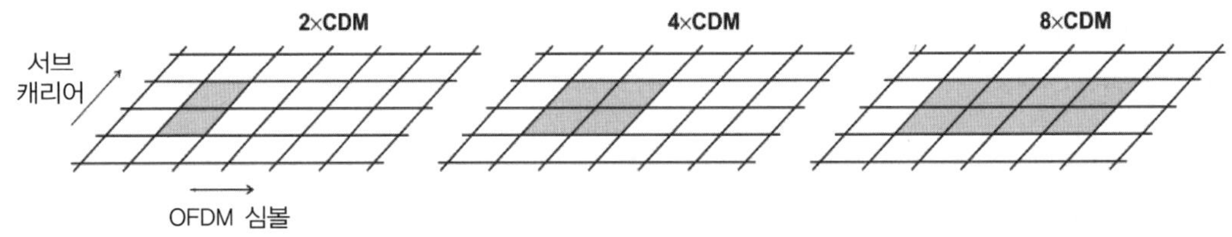

그림 8.2
per-antenna-port CSI-RS를 멀티플렉싱 하기 위한 다른 CDM 구조들

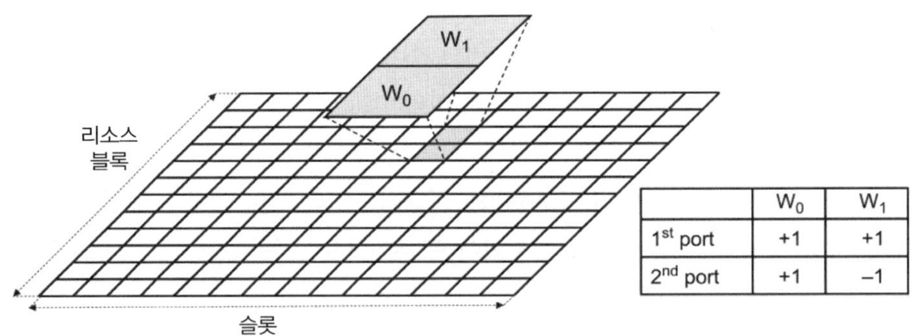

	W_0	W_1
1st port	+1	+1
2nd port	+1	–1

그림 8.3
두 개의 CSI-RS 포트가 (2 × CDM)으로 구분되는 구조. 그림으로부터 각 포트가 사용하는 CDM 직교 패턴 방법을 알 수 있음

1) CSI-RS "밀집도-3"을 이용하는 TRS (8.1.7절 참조)는 이 규칙에 위배된다.

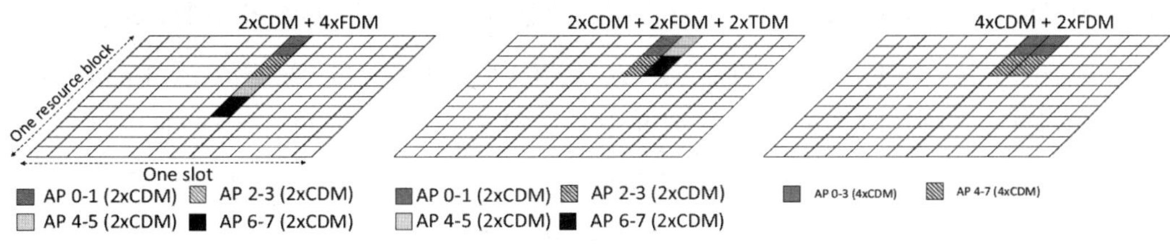

그림 8.4
8 포트 CSI-RS의 3가지 다른 구조

- 그림 8.4의 제일 왼쪽 그림에서는 주파수 영역에서 인접한 두 개의 리소스 엘리먼트는 2×CDM으로 구분하고 주파수 영역에서 네 번 반복된다. 그러므로 CSI-RS는 전체적으로 동일 OFDM 심볼에서 여덟 개의 서브캐리어를 사용한다.
- 그림 8.4의 중간 그림에서는 주파수 영역에서 두 개의 리소스 엘리먼트를 이용한 2×CDM으로 구분하고 주파수와 시간 영역에서 또한 멀티플렉싱한다. 전체적으로 네 개의 서브캐리어와 두 개의 OFDM 심볼을 사용한다.
- 그림 8.4의 오른쪽 그림에서는 시간/주파수 영역에서 네 개의 리소스 엘리먼트를 4×CDM으로 구분하고 이를 주파수 영역에서 두 번 반복한다. 전체적으로 네 개의 서브캐리어와 두 개의 OFDM 심볼을 점유한다.

마지막으로 그림 8.5에서 32 포트 CSI-RS의 한 예를 설명하고 있다. 이는 8×CDM 을 주파수 영역에서 네 번 멀티플렉싱하는 것을 기본 조합으로 사용하고 있다. 이 예에서 또한 CSI-RS가 꼭 연속되는 서브캐리어를 점유하는 것은 아니라는 것을 설명하고 있다. 마찬가지로 CSI-RS는 시간 영역에서도 꼭 연속되는 OFDM 심볼에 할당될 필요는 없다.

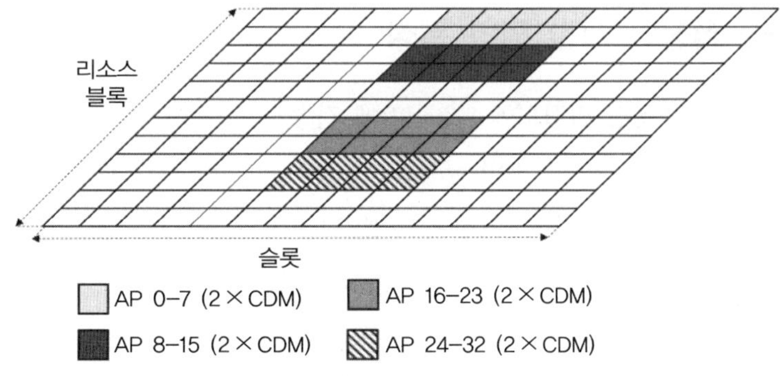

그림 8.5
32 포트 CSI-RS의 3가지 가능 구조 중 하나의 실시 예

다중 CSI-RS포트의 경우에 CSI-RS 포트의 번호 매김 순서는 우선 CDM 영역에서 할당되고 그 다음 주파수 영역으로 이어진다. 예를 들어 그림 8.4에서의 8 포트 CSI-RS의 경우, CDM으로 구분된 8개의 포트에 연속되는 번호가 매겨진다. 그림 8.4의 가운데 그림의 FDM+TDM 경우엔 포트 0-3는 같은 OFDM 심볼에 전송되고 포트 4-7은 그다음 OFDM 심볼에 전송된다. 그러므로 포트 0-3과 포트 4-7은 TDM으로 구분되고 있는 것이다.

8.1.2 CSI-RS 설정의 주파수 영역 구조

CSI-RS는 주어진 하향링크 대역폭 파트 (Bandwidth Part, BWP)에 설정되며 이 BWP에 국한되어 전송된다. 또한 뉴머롤로지 (Numorology)도 해당 BWP의 설정을 따른다.

CSI-RS는 BWP의 전대역에 걸쳐 설정되거나 또는 대역의 일부에 설정될 수도 있다. BWP 일부 대역에 설정될 경우 주파수 영역의 시작 지점은 CSI-RS의 설정 값으로 정해진다.

CSI-RS 설정 대역 내에서 CSI-RS는 매 리소스 블록 (Resource Block, RB)마다 전송되도록 설정될 수 있으며 이는 "밀집도 1"이라 부른다. CSI-RS가 매 두 개의 RB마다 전송되도록 설정될 수도 있으며 이때는 "밀집도 1/2"이라 부른다. 밀집도 1/2의 경우 CSI-RS 설정은 홀수 또는 짝수 RB인지에 대한 정보를 포함한다. 밀집도 1/2인 CSI-RS는 4, 8 또는 12 안테나 포트 CSI-RS의 경우는 지원하지 않는다.

1 포트 CSI-RS는 "밀집도 3"으로 설정될 수 있다. 이때 CSI-RS는 각 RB 내에서 세 개의 서브캐리어를 점유한다. 이러한 CSI-RS 구조는 Tacking Reference Signal (TRS)에서 이용된다. 자세한 내용은 8.1.7절을 참고하기 바란다.

8.1.3 CSI-RS 설정의 시간 영역 특성

위에서 설명한 CSI-RS가 특정 밀집도에 따라 RB에 전송되는 구조는 CSI-RS가 한 슬롯 내에서의 구조이다. CSI-RS의 전송 슬롯은 일반적으로 주기적 (Periodic), 준지속적 (Semi-persistent), 또는 비주기적 (Apeirodic) 방법으로 설정될 수 있다.

주기적 CSI-RS 전송의 경우 단말기는 설정된 CSI-RS가 매 N 번째 슬롯에 전송된다고 가정한다. 여기서 N은 작게는 4, 즉 4개의 슬롯마다 CSI-RS가 전송되거나, 최대로 큰 주기는 640 슬롯으로 설정될 수 있다. 이러한 주기성에 더해서 단말기마다 CSI-RS가 전송되는 슬롯 오프셋이 다르게 설정된다. 그림 8.6을 참고하기 바란다.

준지속적 CSI-RS 전송의 경우 CSI-RS는 주기와 슬롯 오프셋이 설정된다. 그러나 실제적인 전송은 활성화/비활성화가 될 수 있으며 이는 MAC 제어 엘리먼트 (MAC Control Element, MAC CE)에 의해 이루어진다. 이에 대한 설명은 6.4.4절을 참고하기 바란다. 일단 CSI-RS가 활성화되면 단말기는 CSI-RS가 주기적으로 계속 전송될 것이라 가정한다. 그리고 이 전송은 비활성화될 때까지 이어진다. CSI-RS가 비활성화되면 단말기는 다시 재활성화되기 전까지 전송되는 CSI-RS가 없다고 가정한다.

비주기적 CSI-RS의 경우 주기가 설정되지 않는다. 반면 단말기는 DCI (Downlink Control Information)를 통해 CSI-RS가 슬롯에 전송됨을 알게 된다.

주기적, 준지속적, 비주기적은 엄밀히 말하면 CSI-RS 자체의 설정은 아니며 CSI-RS의 리소스 셋 (Resource Set) 설정의 일부라고 볼 수 있다. 리소스 셋의 자세한 내용은 8.1.6절을 참고하기 바란다. 결과적으로 활성화/비활성화 그리고 준지속적 비주기적 CSI-RS의 시작은 개별 CSI-RS에 해당되는 것이 아니라 리소스 셋 내의 몇 개의 CSI-RS에 동시에 적용된다.

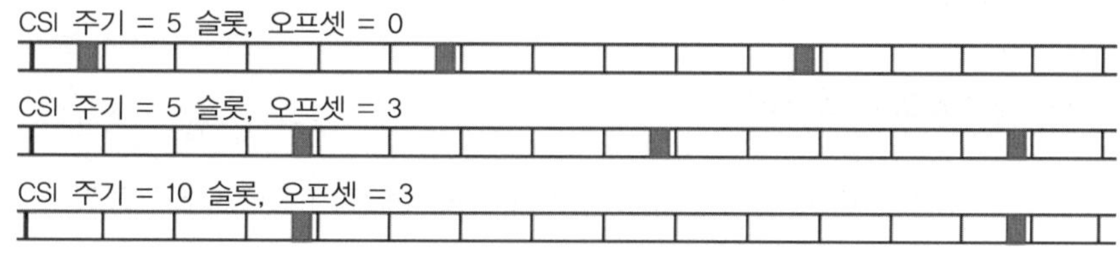

그림 8.6
CSI-RS의 주기 및 슬롯 오프셋 실시 예

8.1.4 간섭 측정을 위해 사용되는 CSI-IM

설정된 CSI-RS는 CSI-RS가 전송되는 대역의 채널 특성 정보를 추출하는 데 이용된다. CSI-RS는 또한 간섭 레벨을 추정하는 데에 이용될 수 있으며 이는 CSI-RS 리소스를 이용해 실제로 수신한 레벨에서 기대되는 수신 레벨을 뺌으로써 얻을 수 있다.

또한, 간섭 레벨은 CSI-IM (Interference Measurement)라고 불리는 리소스의 측정으로도 추정될 수 있다.

그림 8.7은 CSI-IM의 구조를 설명한다. 그림에서 보듯이 두 개의 CSI-IM 구조가 있으며 각각 네 개의 리소스 엘리먼트로 이루어지고 서로 다른 시간/주파수 구조로 되어 있다. CSI-RS와 비슷하게 RB/슬롯 내에서 CSI-IM 리소스의 위치는 유연하며 이는 CSI-IM의 설정 값의 일부이다.

CSI-IM의 시간 영역 설정은 CSI-RS와 같다. 즉, CSI-IM 또한 주기적, MAC CE를 통해 활성화/비활성화되는 준지속적, DCI에 의해 전달되는 비주기적인 시간 영역 설정이 있다. 덧붙여 주기적 준지속적 CSI-IM에서 지원되는 주기는 CSI-RS와 같다.

전형적으로 CSI-IM의 리소스에는 현재 소속된 셀은 아무것도 보내지 않고 주위의 셀들은 정상적인 동작을 하는 구간으로 설정된다. 그리하여 CSI-IM 구간에서 측정된 수신 전력은 인접 셀로부터 전달되는 간섭의 양으로 간주할 수 있다.

CSI-RS 리소스에 현재 셀로부터 전송되는 신호가 없으므로 단말기는 해당 리소스를 ZP (Zero Power)-CSI-RS라고 불리는 리소스로 설정된다. 이에 대한 설명은 다음 절을 참고하기 바란다.

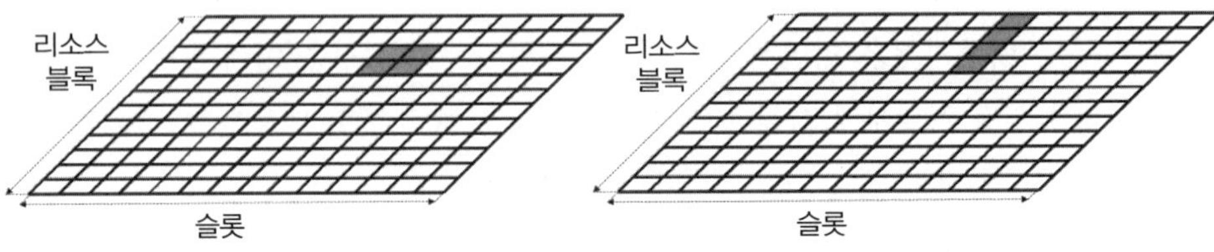

그림 8.7
선택 가능한 CSI-IM 리소스 구조

8.1.5 Zero-Power CSI-RS

앞에서 설명한 CSI-RS는 엄밀히 말하면 non-zero-power (NZP) CSI-RS라고 불러야 한다. 이는 단말기에 설정되는 ZP (zero-power) CSI-RS와 구분된다.

단말기에 PDSCH가 CSI-RS로 설정된 리소스에 전송될 경우 단말은 CSI-RS로 설정된 영역을 제외한 영역에 PDSCH가 전송되도록 rate matching 되고 매핑되었다고 가정한다. 그러나 다른 단말에게 설정된 CSI-RS 리소스에 PDSCH가 스케줄링될 수도 있다. PDSCH는 이러한 경우에도 CSI-RS 영역을 제외한 부분에 매핑되어야 한다. ZP-CSI-RS는 PDSCH가 이렇게 rate matching 되었다는 정보를 단말에게 알려주는 방법으로 사용한다.

ZP-CSI-RS에 사용되는 리소스 엘리먼트들은 NZP-CSI-RS와 동일한 구조를 가진다. 그러나 단말기는 NZP-CSI-RS 영역에서 신호가 실제로 전송되었고 이를 통해 측정을 수행해야 하는 영역으로 인식하는 반면 ZP-CSI-RS에는 단지 PDSCH가 이 부분에 전송되지 않았음을 알려주는 정보로 활용된다.

ZP-CSI-RS 영역에서 zero-power라는 이름에도 불구하고 단말기는 이 부분에 아무런 전송이 없다고 가정할 수 없다는 것을 다시 강조한다. 이미 언급했듯이 ZP-CSI-RS 영역이 다른 단말기에는 NZP-CSI-RS로 설정될 수 있다. NR 표준은 단말기가 설정된 ZP-CSI-RS 영역에 어떤 전송이 있을 거라 예단해선 안 되고 해당 단말기에 전송되는 PDSCH 가 ZP-CSI-RS로 지정된 영역에 매핑되어 있지 않다는 것만을 알려주는 것이라고 기술하고 있다.

8.1.6 CSI-RS 리소스 셋 (Resource set)

CSI-RS의 주기성 설정에 더하여 단말기에 하나 또는 그 이상의 CSI-RS 리소스 셋, 정확히 말하면 NZP-CSI-RS 리소스 셋을 설정할 수 있다. 각 리소스 셋은 하나 또는 그 이상의 CSI-RS에 대한 설정을 포함한다.[2] 그리고 리소스 셋은 채널의 측정 결과를 보고하는 보고 설정 (Report configuration)으로도 이용된다. 좀 더 자세한 보고 설정은 8.2절을 참고하기 바란다. NZP-CSI-RS라는 이름에도 불구하고 또 다른 용도로서, NZP-CSI-RS 리소스 셋은 SS 블록의 위치를 지정하는 데에도 사용될 수 있다. 16장을 참고하기 바란다. 이는 빔 관리와 이동성에 관련된 측정은 CSI-RS 또는 SS 블록을 통해 측정 가능하다는 것을 시사한다.

위에서 CSI-RS가 주기적, 준지속적 또는 비주기적으로 전송될 수 있도록 설정될 수 있다고 하였다. 그때 언급되었듯이 이러한 것은 CSI-RS 자체의 특성이라기보다 리소스 셋에 해당한다. 예를 들어 준지속적 리소스 셋 내의 모든 CSI-RS는 MAC CE 명령에 의해 동시에 활성화 또는 비활성화된다. 마찬가지로 비주기적 리소스 셋 내의 모든 CSI-RS는 DCI를 통해 다같이 지시를 받는다.

CSI-IM도 마찬가지로 준지속적 CSI-IM 리소스 셋 내의 CSI-IM들은 다 같이 활성화/비활성화되며 비주기적 CSI-IM 리소스 셋 내의 CSI-IM도 동시에 지시를 받는다.

8.1.7 추적 기준 신호 (Tracking Reference Signal, TRS)

단말기 발진기소자의 불완전성을 보정하기 위해 단말기는 수신한 하향링크 신호에 시간과 주파수 동기를 맞춰야 한다. 이러한 일을 수행할 수 있도록 TRS가 설정될 수 있다. TRS는 단순히 CSI-RS가 아니라 여러 개의 주기적 NZP-CSI-RS라고 보는 것이 맞다. 좀 더 정확히 말하면 TRS는 네 개의 1 포트 밀집도 3의 CSI-RS가 두 개의 연속된 슬롯에 매핑되어 있는 것과 같다. 그림 8.8을 보기 바란다. 리소스 셋 내에 CSI-RS로 구성된 TRS는 10, 20, 40 또는 80ms의 주기로 설정될 수 있다. TRS CSI-RS에 이용되는 서브캐리어와 OFDM 심볼로 이루어진 리소스 엘리먼트들은 변할 수 있다. 하지만 한 슬롯 내의 두 CSI-RS는 항상 네 개의 OFDM 심볼 간격을 가진다. 이러한 시간 영역에서의 간격에 의해 추적할 수 있는 주파수 오차의 한계가 정해진다. 마찬가지로 네 개의 서브캐리어로 정해진 주파수 영역에서의 간격에 의해 추적할 수 있는 시간 오차의 한계가 정해진다.

---

2) 엄밀히 말하면, 이 리소스 셋에는 구성된 CSI-RS에 대한 레퍼런스가 포함된다.

그림 8.8에 나타낸 연속 슬롯에 동일하게 할당된 TRS의 구조가 그려져 있다. 이와 달리 한 개의 슬롯에 동일한 모양의 리소스를 사용하는 TRS 구조도 설정이 가능하다. 이때 한 슬롯 내에서도 똑같이 두 개의 CSI-RS가 네 개의 OFDM 심볼 간격으로 존재한다.

LTE에서는 CRS가 TRS와 같은 목적으로 이용되었다. 그러나 LTE의 CRS와 비교하여 TRS는 하나의 안테나 포트가 TRS 주기마다 두 개의 연속 슬롯에만 할당되므로 오버헤드가 훨씬 적다.

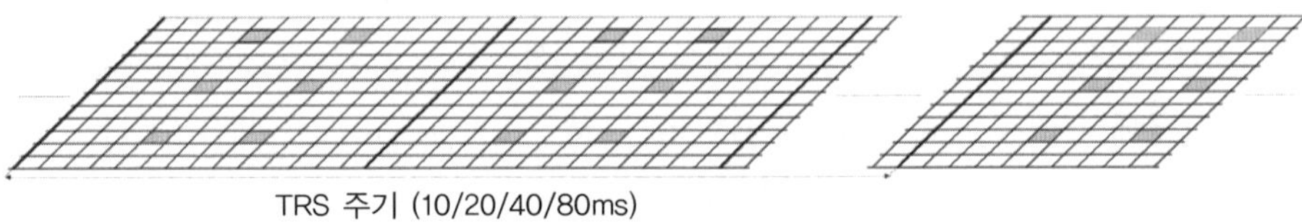

그림 8.8
두 개의 연속된 슬롯에 할당되며 네 개의 1 포트 밀집도 3인 CSI-RS로 구성된 TRS

8.1.8 물리 안테나로의 매핑

7장에서 안테나 포트의 개념과 기준 신호와의 관계에 관해 설명하였다. 다수 개의 CSI-RS 포트는 다수 개의 안테나 포트에 해당한다. 그리고 CSI-RS는 해당 안테나의 채널 사운딩에 이용된다. 그러나 CSI-RS는 물리적 안테나에 직접 매핑되는 경우는 흔치 않다. 이는 CSI-RS를 이용한 채널 사운딩이 실제적인 물리적 무선 채널의 특성을 측정하는 것이 아님을 의미한다. 대개 CSI-RS가 물리적 안테나에 매핑되기 전에 그림 8.9에 F로 표시된 일종의 선형 치환 행렬 또는 공간 필터가 적용된다. 게다가 그림 8.9에 N으로 표시된 물리적 안테나 개수는 그림에서 M으로 표시된 CSI-RS의 포트 개수보다 훨씬 많을 수 있다.[3] 단말기가 CSI-RS를 이용하여 채널 사운딩을 할 때, F나 N은 알 수 없다. 단말기는 단지 CSI-RS의 포트 수에 해당하는 M만을 알 뿐이다.

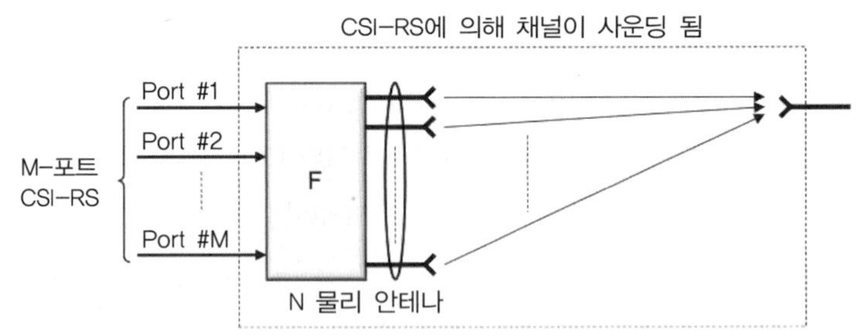

그림 8.9
CSI-RS가 물리적 안테나에 매핑되기 전 공간 필터 (F)가 적용되는 경우

3) M보다 작은 N을 갖는 것은 타당하지 않다.

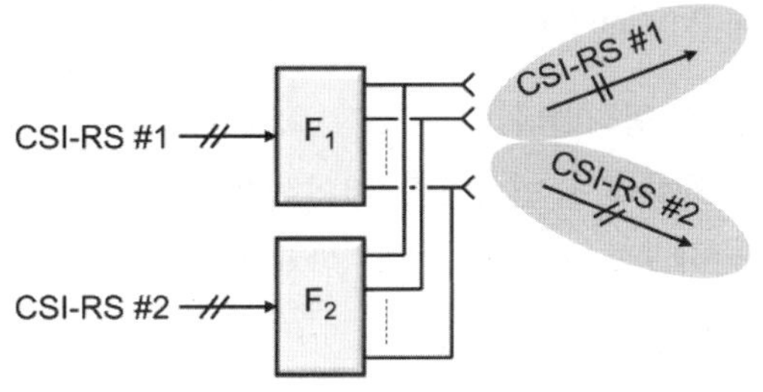

그림 8.10
각각 다른 CSI-RS에 적용된 공간 필터

공간 필터 F는 CSI-RS 마다 크게 다를 수 있다. 예를 들어 그림 8.10과 같이 네트워크는 서로 다른 방향으로 빔포밍된 두 개의 CSI-RS를 설정할 수 있다. 단말기 입장에서는 이는 비록 같은 물리적 안테나로부터 전송되고 같은 물리 채널을 통해 전달되지만 두 개의 CSI-RS가 서로 다른 채널로 전송되는 것으로 볼 수 있다.

공간 필터 F는 단말기가 모를지라도 단말기는 F에 대해 다음과 같은 가정을 할 수 있다. F는 7장에서 논의되었듯이 안테나 포트의 개념과 밀접한 관계가 있으며 본질적으로 두 신호가 같은 치환 행렬 F에 의해 같은 물리적 안테나에 매핑되어 있으면 두 신호는 같은 안테나로 전송된다고 말할 수 있다.

예를 들어 11장에서 설명할 하향링크 다중 안테나 전송의 경우, 단말기는 CSI-RS를 측정하여 가장 좋은 사전 코딩 행렬 (Precoder Matrix)을 네트워크에 보고한다. 그러면 네트워크는 전송 레이어를 안테나에 매핑할 때 보고받은 precoder matrix를 이용한다. 단말기가 최적의 precoder matrix를 결정할 때 단말기는 네트워크가 선택된 매트릭스를 적용하여 전송할 것이라고 가정한다. 즉 CSI-RS에 적용된 공간 필터 F와 동일한 방법으로 사전 코딩되어 하향링크 신호가 전달될 것이라고 가정하는 것이다.

8.2 하향링크 측정 및 보고

NR 단말기들은 각종 측정을 수행하고 거의 모든 경우에 네트워크에 그에 해당하는 보고를 하여야 한다. 일반적으로 측정과 보고에 대한 설정은 보고 설정 (Reporting Configuration)에 의해 정의되고 3GPP 표준[15]에서는 CSI-ReportConfig라고 불린다.[4]

4) 여기서는 물리 계층의 측정과 보고를 언급하고 있으며 RRC 시스널링에 의해 정의되는 상위 계층 보고와는 구별됨에 유의하라.

각 보고 설정은 다음 사항을 정의한다.

- ❑ 보고해야 할 정보의 양을 정의한다.
- ❑ 실제로 측정에 이용될 하향링크 리소스를 정의한다.
- ❑ 어떻게 보고가 이루어져야 하는지, 예를 들어 언제 보고되어야 할지, 보고에 어떤 상향링크 물리 채널을 이용할지를 정의한다.

8.2.1 보고 정보 (Report Quantity)

보고 설정은 단말기가 보고해야 할 정보를 정의한다. 예를 들어 보고는 channel-qualitiy indicator (CQI), rank indicator (RI), 그리고 precoder-matrix indicator (PMI) 등의 여러 조합을 포함할 수 있다. CQI, RI, PMI를 통틀어 channel-state information (CSI)라고 부른다. 또한, 보고 설정은 수신 신호 세기, 정확한 용어로 reference-signal received power (RSRP)를 보고하라고 지시할 수도 있다. RSRP는 전통적으로 상위 계층의 radio-resource management (RRM)의 핵심 정보로 활용되었고 NR에서도 마찬가지이다. 그러나 NR에서는 빔 관리 같은 것을 위해 1계층에서의 RSRP 보고도 지원한다. 자세한 것은 12장을 참고하기 바란다. 이러한 보고를 L1-RSRP라고 부르며 상위 계층에 보고하는 RSRP에 적용되는 누적 구간이 긴 3계층 필터링을 포함하지 않는다.

8.2.2 측정 리소스

보고할 정보의 종류와 더불어 보고 설정은 보고 정보를 추출할 하향링크 리소스에 대한 정보를 정의한다. 이는 보고 설정을 하나 또는 그 이상의 리소스에 연계함으로써 가능하다. 8.1.6절의 설명을 참고하기 바란다.

보고 설정은 채널 특성을 측정하기 위해 적어도 한 개의 NZP-CSI-RS-ResourceSet과 연계되어 있다. 8.1.6절에서 설명하였듯이 NZP-CSI-RS-ResourceSet은 CSI-RS 묶음이나 SS 블록의 묶음을 포함할 수 있다. 그러므로 빔 관리를 위해 L1-RSRP는 CSI-RS를 이용하거나 SS 블록을 이용하여 측정을 수행할 수 있다.

주의할 것은 보고 정보는 리소스 셋과 연계되어 있다는 것이다. 그러므로 측정과 그에 해당하는 보고는 대부분의 경우 여러 개의 CSI-RS 또는 여러 개의 SS 블록을 이용하게 된다.

어떤 경우에는 셋이 단 하나의 기준 신호를 포함할 수도 있다. 이러한 예로 LTE에도 사용하고 있는 링크 적응 (Link Adaptation) 피드백 또는 다중 안테나 사전 코딩 (Precoding)을 들 수 있다. 이러한 경우에 단말기는 대개 CQI, RI, PMI를 측정하고 보고할 하나의 다중 포트 CSI-RS가 포함된 하나의 리소스 셋이 설정된다.

또 한편, 빔 관리를 위한 리소스 셋은 대개 다수 개의 CSI-RS 또는 다수 개의 SS 블록 이루어져 있으며 대개의 경우 각 CSI-RS 또는 SS 블록은 하나의 빔과 연결되어 있다. 단말은 리소스 셋 내의 여러 신호에 대해 측정을 수행하고 그 결과를 빔 관리 기능을 하는 네트워크에 보고한다.

어떤 경우에는 네트워크에 보고 없이 단말이 독자적으로 측정을 수행하기도 한다. 단말에서 수신 관점의 하향링크 빔포밍을 측정하는 것이 이러한 경우에 해당한다. 12장에서 좀 더 자세히 설명하겠지만 단말기는 하향링크 기준 신호를 서로 다른 수신 빔으로 측정을 한다. 그러나 측정 결과는 네트워크에 보고되지 않으며 단지 단말기가 적합한 수신 빔을 찾는 데 이용된다. 이때 단말기는 어느 기준 신호를 이용하여 측정할 것인지가 설정되어야 하며 보고 항목에 "None"으로 설정되어 보고되지 않는다.

8.2.3 보고 타입 (Report Types)

보고 정보와 측정을 수행할 하향링크 리소소에 더하여 보고 정보는 언제 어떻게 보고를 해야 하는지를 기술한다.

CSI-RS 전송과 비슷하게 보고는 주기적, 준지속적, 또는 비주기적일 수 있다.

용어로 알 수 있듯이 주기적 보고는 설정된 주기대로 보고하는 것이다. 주기적 보고는 언제나 PUCCH 물리 채널을 이용한다. 그러므로 주기적 보고의 경우 리소스 설정은 보고에 이용될 주기적으로 사용 가능한 PUCCH 리소스에 대한 정보를 포함한다.

준지속적 보고의 경우 단말기는 주기적 보고의 경우와 마찬가지로 주기적으로 일어나는 보고를 말한다. 그러나 실제적인 보고는 MAC CE를 통해 활성화 또는 비활성화된다.

주기적 보고와 비슷하게 준지속적 보고는 주기적으로 할당된 PUCCH 리소스를 통해 보고된다. 또한 준지속적 보고는 준지속적으로 할당된 PUSCH를 통해 전달되기도 한다. PUSCH를 통해 전송되는 것은 대개 보고할 양이 많은 경우이다.

비주기적 보고는 DCI 신호로 지시를 받는다. 좀 더 정확히는 DCI format 0-1의 상향링크 스케줄링 그랜트 안의 CSI-Request 필드를 통해 지시된다. DCI 필드는 6개의 bit로 이루어져 있으며 비주기적 보고는 특정 비트의 조합과 연계되어 있다. 그러므로 총 63개의 서로 다른 비주기적 보고를 지시할 수 있다.[5]

---

5) 모든 bit이 0이면 "no triggering"을 의미한다.

비주기적 보고는 항상 스케줄링된 PUSCH를 통해서 전송되며 그러므로 항상 상향링크 스케줄링 그랜트가 필요하다. 이때문에 비주기적 보고는 다른 DCI format이 아닌 상향링크 스케줄링 그랜트 안에 CSI-Request 필드를 포함한다.

비주기적 보고의 경우 보고 설정은 실제적으로 채널 측정을 위한 다수 개의 리소스 셋을 포함하고 있으며 각 리소스 셋은 CSI-RS 또는 SS 블록 묶음을 포함하고 있음에 유의해야 한다. 각 리소스 셋은 DCI 내에 특정 CSI-Request 값과 연계되어 있다. 네트워크는 이 CSI-Request로 각자 다른 리소스로 측정을 수행했지만 같은 타입으로 보고하도록 설정할 수 있다. 이는 원칙적으로 여러 개의 보고 설정을 하고 각각의 보고 설정은 측정 리소스는 다르면서 같은 보고 설정과 보고 타입을 갖도록 하는 것과 같다.

주기적, 준지속적, 비주기적 보고는 8.1.3에서 설명된 주기적, 준지속적, 비주기적 CSI-RS와 교차하여 설정될 수 없다. 예를 들어 비주기적 보고와 준지속적 보고는 주기적 CSI-RS 측정을 이용할 수 있다. 또 다른 한편으로 주기적 보고는 주기적 CSI-RS 측정을 이용할 수 있지만 비주기적이나 준지속적 CSI-RS를 이용할 수는 없다. 표 8.1은 보고 타입 (주기적, 준지속적, 비주기적)과 리소스 타입 (주기적, 준지속적, 비주기적)의 가능한 조합을 요약한 것이다.

표 8.1 허용된 보고 타입과 리소스 타입의 조합

보고 타입	리소스 타입		
	주기적	준지속적	비주기적
주기적	YES	–	–
준지속적	YES	YES	–
비주기적	YES	YES	YES

8.3 상향링크 사운딩 — SRS

상향링크 채널 사운딩을 하기 위해 Sounding Reference signal (SRS)를 설정할 수 있다. 비록 전송 방향은 다르지만 CSI-RS나 SRS 모두 채널 사운딩을 위해 존재한다는 면에서 SRS는 하향링크의 CSI-RS와 거의 유사하다. 다른 물리 채널이 CSI-RS나 SRS와 유사적으로 같은 곳에서 전송된다고 (Quasi-Colocated) 설정할 수 있다는 면에서 QCL 기준으로 사용될 수 있다. 그러므로 수신기가 CSI-RS/SRS로부터 최적의 빔을 알 수 있다면 물리 채널의 빔으로도 최적이라고 판단하게 된다.

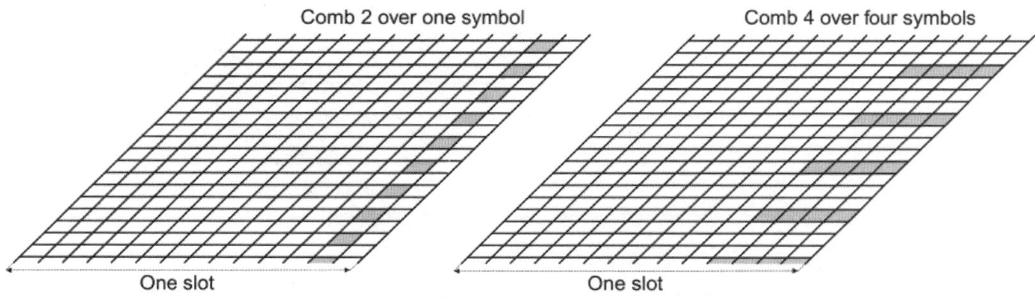

그림 8.11
SRS의 시간/주파수 영역에서의 기본적인 구조의 예

그러나 좀 더 자세히 들여다보면 SRS는 CSI-RS와 상당히 다른 구조를 갖는다.

- SRS는 최대 네 개의 안테나로 제한되지만 CSI-RS는 32개의 안테나 포트를 지원한다.
- SRS는 상향링크 전송에 이용되므로 높은 전력 증폭 효과를 낼 수 있도록 작은 cube-metric[57]을 가지도록 설계되었다.

그림 8.11에 SRS의 시간/주파수 영역에서의 기본적인 구조를 표시하였다. 일반적으로 SRS는 1, 2, 또는 4개의 연속된 OFDM 심볼에 전송되며 한 슬롯 안에서 끝쪽 6개 심볼 내에 위치하게 된다.[6] 주파수 영역에서는 SRS는 "빗 (Comb)"이라 불리는 구조로 되어있으며 이는 SRS가 N개의 서브캐리어마다 전송되기 때문이다. N은 2 또는 4의 값을 가지며 각각 comb-2, comb-4라고 부른다.

서로 다른 단말은 같은 주파수 영역에 SRS를 전송하지만 각각 다른 주파수 오프셋을 할당하여 서로 다른 comb이 멀티플렉싱되는 형식으로 전송된다. SRS가 두 서브캐리어마다 전송되는 2-comb의 경우 두 개의 SRS가 멀티플렉싱될 수 있다. comb-4의 경우엔 네 개의 SRS가 주파수 영역에서 멀티플렉싱될 수 있다. 그림 8.12에 두 심볼을 사용하는 comb-2 SRS가 멀티플렉되는 예를 표시하였다.

6) 릴리스 16에서 위치 측위 및 NR-U용 슬롯의 아무 곳으로나 확장된다.

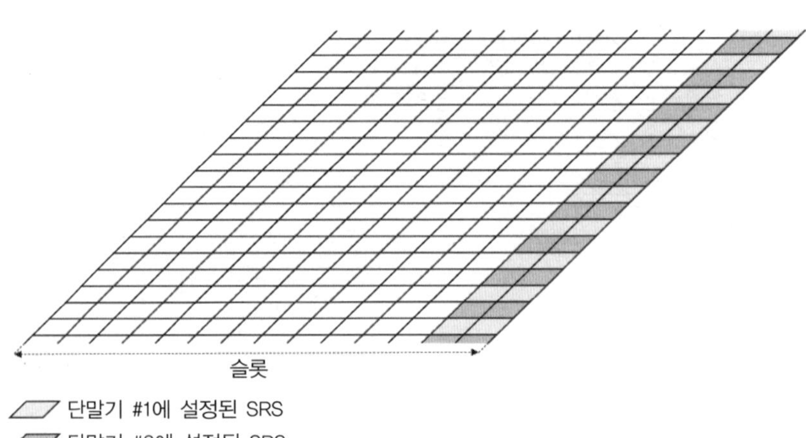

그림 8.12
comb-2를 추정한 두 개의 다른 단말로부터 SRS의 comb 기반 주파수 멀티플렉싱 되는 예

8.3.1 SRS 시퀀스와 Zadoff-Chu 시퀀스

SRS 리소스 엘리먼트에 적용되는 시퀀스는 Zadoff-Chu 시퀀스에 바탕을 두고 있다.[23] Zadoff-Chu 시퀀스가 갖는 성질에 의하여 NR 표준의 여러 곳에서 사용되며 특히 상향링크에 많이 사용된다. Zadoff-Chu 시퀀스는 LTE에서도 광범위하게 사용된다.[26]

길이 M의 Zadoff-Chu 시퀀스는 아래 수식에 의해 생성된다.

$$z_i^u = e^{-j\frac{\pi u i(i+1)}{M}};0 \le i < M \tag{8.1}$$

식 8.1에서 알 수 있듯이 Zadoff-Chu 시퀀스는 root index라고 하는 변수 u에 의해 특성이 결정된다. 길이 M의 Zadoff-Chu 시퀀스의 root index 개수는 M보다 작으며 M과 서로소인 정수의 개수와 같다. 이러한 이유로 가능한 Zadoff-Chu 시퀀스의 개수를 최대화하는 수로 M을 잡는 것이 중요하다. 그러므로 M을 소수로 잡으면 $M-1$개의 Zadoff-Chu 시퀀스가 존재하게 된다.

Zadoff-Chu 시퀀스의 가장 중요한 성질은 Zadoff-Chu 시퀀스의 이산 푸리에 변환 (Discrete Fourier Transform, DFT)도 Zadoff-Chu 시퀀스가 된다는 것이다.7) 식 8.1로부터 Zadoff-Chu 시퀀스는 시간 영역에서 일정한 진폭을 갖는다는 것을 알 수 있다. 이러한 특성은 전력 증폭기 관점에서 매우 유용하다. Zadoff-Chu 시퀀스의 푸리에변환 또한 Zadoff-Chu 시퀀스이므로 주파수 영역에서 일정한 전력을 가지게 되고, 이는 또한 시간 영역에서 일정한 진폭을 갖고 평탄한 스펙트럼을 갖게 된다. 평탄한 스펙트럼을 갖는다는 것은 순환 변동 (Cyclic Shift)시킨 코드

7) 그 역도 당연히 성립한다. 즉, Zadoff-Chu의 IDFT(Inverse-DFT)도 Zadoff-Chu 시퀀스가 된다.

와 자기상관이 없다는 것을 의미한다. 이는 또한 시간 영역에서 동일한 Zadoff-Chu 시퀀스를 순환 변동 시킬지라도 서로 직교한다는 것을 의미한다. 시간 영역에서의 순환 변동은 주파수 영역에서 연속 위상 회전 $e^{j2\pi\frac{\Delta}{M}}$을 적용하는 것과 효과와 같음에 유의하기 바란다.

가능한 시퀀스 개수를 최대화하기 위해 Zadoff-Chu 시퀀스의 길이는 소수가 유리하지만 SRS 시퀀스의 길이는 소수가 아니다. 그러므로 SRS는 확장된 Zadoff-Chu 시퀀스라고 할 수 있으며 원하는 SRS 시퀀스 길이보다 작거나 같은 길이의 M을 고르고, 이 중에 가장 긴 소수를 Zadoff-Chu 시퀀스의 길이로 잡는다. 그리고 주파수 영역에서 원하는 SRS 영역에 맞게 순환적으로 확장시킨다. 주파수 영역에서 확장이 되기 때문에 여전히 일정한 진폭의 주파수 스펙트럼을 갖게 되고 완벽한 순환 자기상관을 갖게 된다. 반면 시간 영역에서는 진폭이 다소 변하게 된다.

확장 Zadoff-Chu 시퀀스는 36 또는 그 이상 길이의 SRS 시퀀스에 사용된다. 이는 comb-2일 경우 6개의 리소스 블록 (RB), comb-4의 경우 12개의 리소스 블록에 해당한다. 더 작은 시퀀스 길이에는 시간 영역에서 좋은 포락선 특성을 가지고 평탄한 스펙트럼을 가지는 특별한 시퀀스만을 컴퓨터 계산으로 찾아서 표준에 정의해 놓았다. 그 이유는 시퀀스 길이가 짧을수록 Zadoff-Chu 시퀀스 개수가 충분하지 않기 때문이다.

Zadoff-Chu 시퀀스를 사용하는 NR 표준의 다른 신호에서도 위와 같은 Zadoff-Chu 원리가 이용된다. 상향링크 DMRS가 이런 예에 포함된다. 9.11.1절을 참고하기 바란다.

8.3.2 다중 포트 SRS

한 개 이상의 안테나 포트를 지원하는 SRS의 경우 같은 리소스 엘리먼트를 공유하며 같은 SRS 시퀀스가 사용된다. 그리고 안테나 포트를 구분하기 위해 서로 다른 위상 회전이 적용된다. 그림 8.13에 이를 표시하였다.

	x_0	x_1	x_2	x_3	x_4	x_5	
	×	×	×	×	×	×	
AP #0	e^{j0}	e^{j0}	e^{j0}	e^{j0}	e^{j0}	e^{j0}	---
AP #1	e^{j0}	$e^{j\pi}$	$e^{j2\pi}$	$e^{j3\pi}$	$e^{j4\pi}$	$e^{j5\pi}$	---
AP #2	e^{j0}	$e^{j\pi/2}$	$e^{j2\pi/2}$	$e^{j3\pi/2}$	$e^{j4\pi/2}$	$e^{j5\pi/2}$	---
AP #3	e^{j0}	$e^{j3\pi/2}$	$e^{j6\pi/2}$	$e^{j9\pi/2}$	$e^{j12\pi/2}$	$e^{j15\pi/2}$	---

그림 8.13
주파수 영역에서 동일한 SRS 시퀀스 x_0, x_1, x_2, ...에 안테나마다 다른 위상 변환을 적용하여 포트를 구분하는 예. comb-4 SRS를 가정한 것임

8.3.3 SRS 시간 영역 구조

CSI-RS와 비슷하게 SRS도 주기적, 준지속적, 비주기적 전송으로 설정될 수 있다.

- ❑ 주기적 SRS는 주기와 주기 내에서의 슬롯 오프셋이 설정되고 이에 따라 전송된다.
- ❑ 준지속적 SRS는 주기적 전송과 마찬가지로 주기와 주기 내의 슬롯 오프셋이 설정된다. 하지만 실제적인 SRS 전송은 MAC CE를 통해 활성화/비활성화 된다.
- ❑ 비주기적 SRS는 DCI에 의해 지시받았을 때만 전송된다.

CSI-RS와 비슷하게 준지속적 SRS의 활성화/비활성화 또는 비주기적 SRS의 시작은 하나의 SRS에 행해지는 것이 아니라 SRS 리소스 셋에 있는 SRS 묶음에 적용된다. 다음 절을 참고하기 바란다.

8.3.4 SRS 리소스 셋 (Resource Set)

CSI-RS와 비슷하게 단말기는 하나 또는 그 이상의 SRS 리소스 셋을 할당받을 수 있다. 각 리소스 셋엔 하나 또는 그 이상의 SRS 설정이 포함된다. 위에서 설명하였듯이 SRS는 주기적, 준지속적, 비주기적 전송으로 설정될 수 있다. 설정된 리소스 셋 내의 모든 SRS는 같은 타입으로 설정된다. 그러니까 주기적, 준지속적, 비주기적 전송은 SRS 리소스 셋의 한 요소인 것이다.

하나의 단말에 서로 다른 목적으로 여러 개의 SRS 리소스 셋이 할당될 수 있다. 예를 들어 하향링크와 상향링크가 다중 안테나 프리코딩 또는 하향링크 상향링크의 빔 관리 등을 위해서 여러 리소스 셋이 필요할 수 있다.

비주기적 SRS 리소스 셋 내의 SRS 전송은 DCI를 통해 지시된다. DCI-format 0-1 (상향링크 스케줄링 그랜트)와 DCI-format 1-1 (하향링크 스케줄링 할당)은 2비트 길이의 SRS-Request를 포함하고 있다. 이는 단말에 설정된 세 개의 비주기적 SRS 리소스 셋의 전송을 지시할 수 있다. 2비트의 마지막 비트 조합 (대개 비트 조합 00)은 전송하지 않을 것 (No Triggering)을 지시한다.

8.3.5 물리 안테나에 매핑하기

CSI-RS와 마찬가지로 SRS 포트 또한 물리적 안테나에 직접 매핑되지 않는다. 그림 8.14에 표시된 대로 M개의 SRS 포트는 N개의 물리 채널에 매핑되기 전에 공간 필터 F를 거치게 된다.

단말기가 방향을 회전하여도 이와 관계없이 연결이 유지되도록 고주파로 동작하는 NR 단말기들은 다른 방향을 향하는 다수 개의 안테나 패널을 가지고 있다. SRS를 이러한 패널에 매핑하는 것은 치환 행렬 F를 이용해 SRS 포트를 물리적 안테나에 매핑하는 과정이라고 볼 수 있다. 그림 8.15에서 표시된 대로 서로 다른 패널에서 전송하는 것은 서로 다른 공간 필터 F를 적용하는 것과 같다.

하향링크와 비슷하게 공간 필터 F는 기지국에서 수신할 때는 보이지 않는 부분이지만 전체적으로 채널이 통합된 것과 같은 효과를 낸다. 그 예로 네트워크는 단말기가 전송한 SRS 채널을 사운딩하여 상향링크 전송에 사용할 프리코더 행렬을 결정한다. 그러므로 단말기는 데이터 전송할 때 SRS 전송에 적용된 것과 같은 공간 필터 F의 조합을 적용하여야 한다. 또한, 스케줄러는 단말기에 설정된 SRS에 정의된 안테나 포트를 이용하여 데이터를 전송할 것을 지시한다. 이는 실제 운용 시 단말기가 SRS 전송에 사용된 공간 필터 F와 동일한 공간 필터를 이용해 데이터를 전송한다는 것을 의미한다. 이는 또한 SRS 전송에 사용한 것과 같은 패널과 같은 빔을 이용해 데이터 전송에 이용한다는 것을 의미한다.

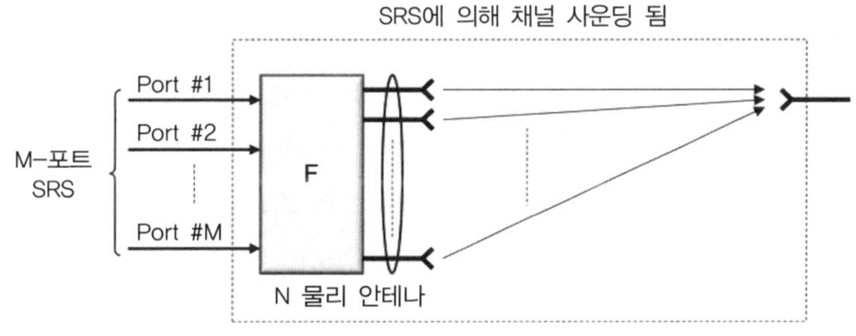

그림 8.14
물리 안테나에 매핑하기 전 공간 필터 F를 적용하여 SRS를 전송하는 구조

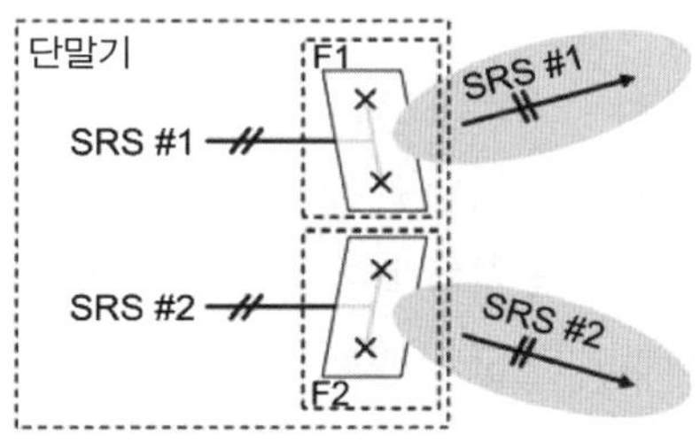

그림 8.15
서로 다른 SRS에 서로 다른 공간 필터를 적용한 예

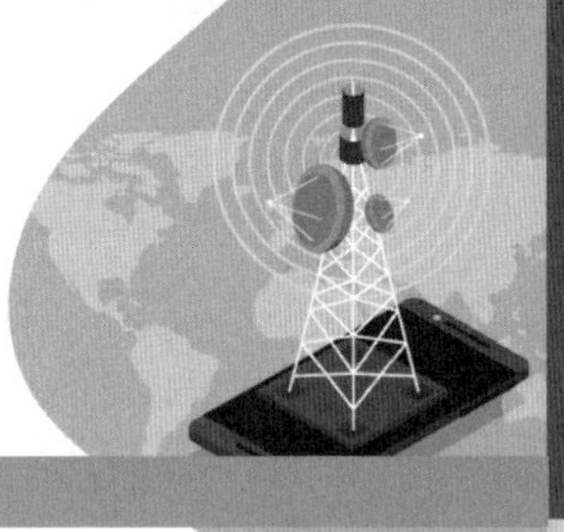

09 전송 채널 프로세싱

CHAPTER

이 장에서는 코딩, 변조, 다중 안테나 프리코딩, 리소스 블록 매핑, 레퍼런스 시그널 (Reference Signal) 구조와 같은 하향링크와 상향링크의 물리 계층 기능에 대한 자세한 설명을 다룬다.

9.1 개요

물리 계층은 6.4.5절에서 설명하였듯이 전송 채널 (Transport Channel)의 형태로 MAC 계층에 서비스를 제공한다. NR 하향링크에는 세 개의 서로 다른 전송 채널 타입이 있다. 하향링크 공유 채널 (Downlink Shared Channel, DL-SCH), 페이징 채널 (Paging Channel, PCH) 그리고 방송 채널 (Broadcast Channel, BCH)이 이에 해당한다. PCH와 BCH는 단독으로 동작을 하는 것은 아니다. 상향링크에는 NR에 전송 블록을 전송하는 단 하나의 전송 채널이 존재한다.[1] 이는 상향링크 공유 채널 (Uplink Shared Channel, UL-SCH)이다. 그림 9.1에서 보듯이 전체적인 NR 전송 채널의 프로세싱은 LTE와 흡사하다. 상향링크와 하향링크의 구조가 비슷하며 그림 9.1의 구조는 하향링크의 DL-SCH, BCH, PCH와 상향링크의 UL-SCH에 공통으로 적용된다. BCH의 일부는 PBCH에 매핑되고 16장에서 설명 하겠지만 조금 다른 프로세싱 구조를 갖는다. RACH 또한 17장에서 설명할텐데 약간 다른 구조를 지닌다.

각 전송 시간 간격 (Transmit Time Interval, TTI) 내에서 두 개까지의 가변 길이 전송 블록이 물리 계층에 전달되고 각 component carrier의 무선 구간을 통해 전송된다. 두 개의 전송 블록이 전송될 때는 네 개의 계층 이상으로 공간 다중화될 때만 사용되고 하향링크에서만 가능하며 주로 높은 SNR을 갖는 경우에만 쓰이게 된다. 그러므로 실제로는 각 컴포넌트 캐리어 (Component Carrier)의 한 TTI에 하나의 전송 블록만 전송되는 것이 대부분이다.

각 전송 블록은 에러 정정을 위해 LDPC 인코딩을 하며 에러 검출을 위해 CRC가 추가된다.

1) 엄밀히 말하면 16장에서 설명할 Random-Access 채널(RACH) 또한 정의되어 있다. 그렇지만 RACH는 단지 1계층의 프리앰블만을 포함하며 전송 블록 형태의 데이터는 전송하지 않는다.

Rate matching은 물리 계층 Hybrid-ARQ 기능을 지원함과 동시에 코딩된 비트를 스케줄링된 리소스에 맞게 조절한다. 코딩된 비트는 스크램블링되며 변조기에 입력되어 변조 심볼로 변환되어 공간적으로 분리된 물리적 리소스에 매핑된다. 상향링크에는 DFT-precoding이 추가될 수도 있다. DFT-precoding이 상향링크에 추가될 수 있다는 것 외에도 안테나 매핑과 Reference Signal 부분에서 상향링크와 하향링크가 다를 수 있다.

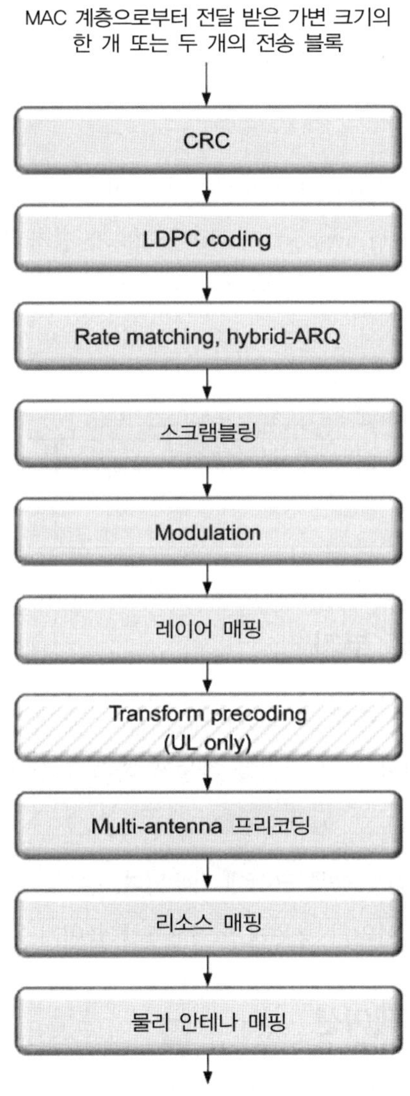

그림 9.1
일반적인 전송 채널 프로세싱

다음 절에서는 프로세싱의 과정의 각 단계를 상세히 설명한다. 캐리어 애그리게이션 (Carrier Aggregation)을 위해서는 프로세싱 단계가 각 캐리어별로 반복되므로 이어지는 설명은 개별 캐리어에 적용되는 것으로 보면 된다. 대부분의 프로세싱 단계는 상향링크와 하향링크에서 동일하므로 프로세싱 과정은 통합해서 설명할 것이고 필요할 때는 상향링크와 하향링크를 구분해서 설명하겠다.

9.2 채널 코딩

채널 코딩의 전체적인 구조를 그림 9.2에 표시하였고 이어지는 절에서 각 과정을 상세히 설명하기로 한다. 우선, 전송 블록 (Transport Block)에 CRC가 첨가되고 코드블록 세그멘테이션이 수행된다. 각 코드블록은 LDPC로 인코딩되며 hibrid-ARQ기능을 동반하는 rate matching을 거치고 최종 비트는 다시 연집하여 코딩된 전송 블록의 비트열로 만들어진다.

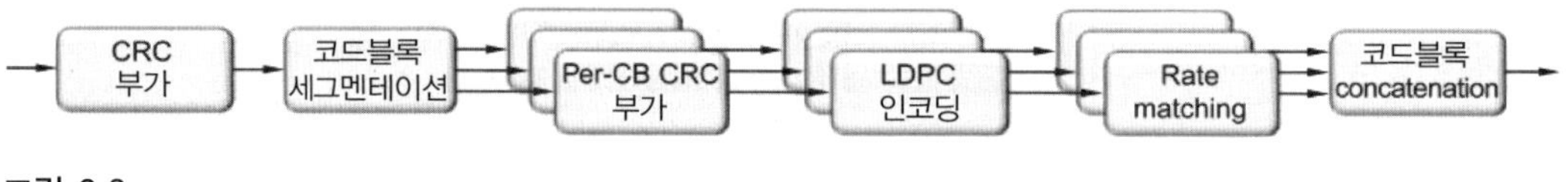

그림 9.2
채널 코딩

9.2.1 전송 블록에 CRC 부가

물리 계층 프로세싱의 첫 번째 단계로 CRC가 계산되어 전송 블록에 덧붙여진다. CRC는 수신단에서 디코딩된 전송 블록에서 에러 검출을 가능케 하며, hybrid-ARQ를 통해 재전송 요청에 쓰일 수 있다.

부가되는 CRC 비트의 크기는 전송 블록 크기에 좌우된다. 길이가 3824비트보다 큰 전송 블록에는 24비트의 CRC가 사용되고, 그 이외의 경우엔 오버헤드를 줄이기 위해 16비트의 CRC가 사용된다.

9.2.2 코드블록 세그멘테이션

NR에서 LDPC 인코딩을 위한 코드블록 크기가 정해져 있다. base 그래프 1에서는 8424비트, base 그래프 2에서는 3840비트로 코드블록 크기가 정의되어 있다. 이보다 큰 전송 블록을 지원하기 위해 코드블록 세그멘테이션이 이루어지며 그림 9.3에 그려진 것처럼 CRC를 포함한 전송 블록은 몇 개의 동일한 크기[2]의 코드블록으로 나뉜다.

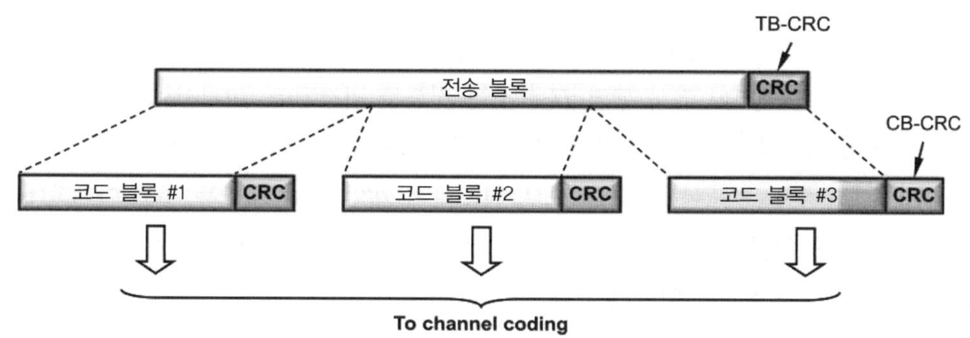

그림 9.3
코드블록 세그멘테이션

그림 9.3에서 볼 수 있듯이 코드블록 세그멘테이션 과정에서 전송 블록에 추가된 CRC와 별개로 추가적인 24비트의 CRC가 각 코드블록에 추가된다. 단 한 개의 코드블록으로 전송될 경우에는 코드블록에 CRC가 추가되지 않는다.

코드블록 세그멘테이션이 이루어질 경우 전송 블록의 CRC는 필요하지 않다고 생각할 수도 있다. 코드블록에 추가된 CRC로부터 전송 블록의 무결성을 추정할 수 있으므로 전송 블록 CRC는 불필요한 오버헤드라고 볼 수 있다. 그러나 13장에서 설명할 code-block group (CBG) 재전송을 지원하기 위해 각 코드블록 마다 에러를 검출하는 기능이 필요하다. 에러가 발견된 CBG을 재전송할 때 전송 효율을 높이기 위해 전체 전송 블록을 전송하지 않고 해당 CBG 만을 전송한다. 코드블록 CRC는 CBG 단위의 재전송이 아닐지라도 수신기가 CRC가 맞지 않았던 코드블록만을 디코딩하도록 제한하는 데 이용될 수도 있다. 이는 수신기의 프로세싱 부담을 줄여준다. 전송 블록 CRC는 에러 검출에 한 단계 높은 보호 장치를 추가한 것이다. 코드블록 세그멘테이션은 큰 전송 블록에만 적용되며 이는 추가되는 전송 블록 CRC에 의한 오버헤드가 상대적으로 작은 경우임을 알아둘 필요가 있다.

9.2.3 채널 코딩

채널 코딩은 LDPC 코드에 기반을 둔다. 원래 코드 설계는 1960년대에 제안되었으나[32] 오랫동안 잊혀 있다가 1990년대 재발견되었으며[56] 구현 관점에서 매력적인 선택임이 판명되었다. 에러 정정 효과 면에서 LTE에서 이용되었던 터보 코드도 비슷한 성능을 내지만 높은 code rate에

2) 큰 사이즈의 전송 블록의 경우 동일한 크기의 작은 코드블록으로 나뉠 수 있도록 설계되었다.

서 LDPC가 복잡도가 낮다는 이유에서 NR에서 LDPC를 선택하게 되었다.

LDPC 코드는 희박한 저 밀집 (Sparse Low-Density) 패리티 검사 행렬 H를 근간으로 하고 있다. H는 코드워드 c가 유효하면 $Hc^t = 0$이 성립한다. 좋은 LDPC 코드를 설계한다는 것은 대부분의 경우 좋은 패리티 검사 행렬 H를 찾는 것으로 귀결된다. 여기서 좋은 H라는 것은 희박 (Sparse)하다는 것이고, 희박하다는 것은 상대적으로 디코딩이 단순해진다는 것을 의미한다. 패리티 검사 행렬을 표현하는 방식으로 위쪽에 n 개의 변수 노드를 두고 아래쪽에 n-k 개의 제한 노드를 연결하는 그래프를 그리는 것이 일반적이다. 이러한 표현 방식은 다양한 (n,k) LDPC 코드의 성질을 반영하고 있다. 이러한 연유로 NR 표준에서 base 그래프라는 이름이 붙여졌다. LDPC의 배경에 대한 상세한 설명은 이 책의 범위를 벗어난다. 이 분야에 관해 다양한 자료가 있으니 참고하기 바라며 (예를 들면 [64])도 그중에 하나이다.

NR에 사용되는 준순환 (Quasi-Cyclic) LDPC 코드에서 패리티 체크 행렬의 핵심 구조는 듀얼 대각선 (Dual-Diagonal) 구조로 되어 있다. 이로 인해 디코딩 복잡도가 코딩 비트의 수에 비례하는 성질을 갖게 되는 반면 인코딩은 단순해진다. BG1과 BG2로 정의된 두 개의 기본적인 base 그래프가 정의되어 있다. 하나가 아닌 두 개의 base 그래프가 존재하는 이유는 두 배의 페이로드 크기를 지원할 수 있고 다양한 code rate를 효율적으로 대처할 수 있기 때문이다. 빠른 데이터 속도를 지원하는 경우에 큰 사이즈의 페이로드를 중간 code rate부터 높은 code rate까지 지원해야 하며, 이 경우에 낮은 code rate로 동작하도록 설계된 코딩 방식은 효율적이지 못하다. 또한, 동시에 환경이 열악한 경우 좋은 성능을 내기 위해서는 낮은 code rate가 필수적이다. 그러므로 NR에서는 BG1은 1/3부터 22/24 (약 0.33-0.92)의 code rate를 지원하도록 설계되었고 BG2는 1/5부터 5/6 (약 0.2-0.83)까지 지원하도록 설계되었다. 비트천공(Puncturing) 방식을 통해 가장 높은 code rate는 약 0.95까지 올라갈 수 있다. 그 이상의 code rate는 수신기가 디코딩하지 못하여도 상관없다. BG1과 BG2의 선택은 첫 번째 전송에 사용되는 전송 블록의 크기와 code rate에 의해 결정된다. 그림 9.4에 그 관계가 표시되었다.

base 그래프는 base 행렬과 관계되며 LDPC 코드의 일반적인 구조를 대변한다. 다양한 페이로드 크기를 지원하기 위해 51가지의 서로 다른 lifting size와 shift coefficients 셋이 정의되어 base 행렬에 적용된다.

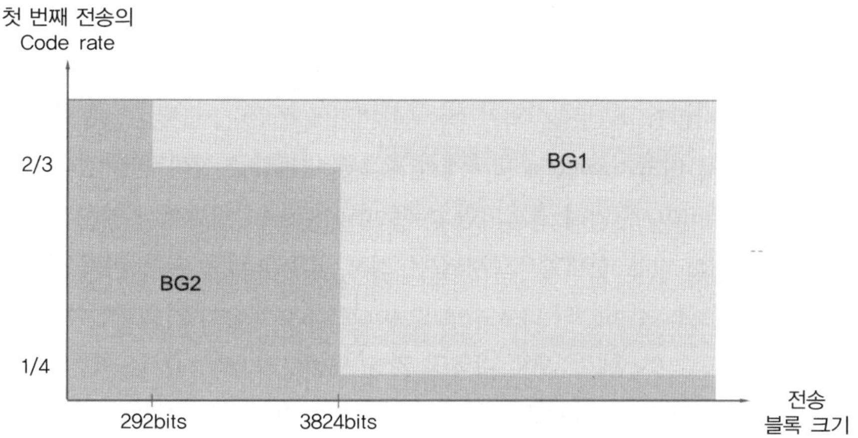

그림 9.4
LDPC 코드의 base 그래프 선택

요약해서 설명하면, 주어진 lifting size가 Z라면 base 행렬에서 각 "1"은 shift coefficient로 순환된 $Z \times Z$ 크기의 identity 행렬로 대치된다. 그리고 base 행렬에서 각 "0"은 모든 행렬값이 0인 $Z \times Z$ 크기의 정방행렬로 대치된다. 그러므로 비교적 큰 패리티 체크 행렬이 생성되어 일반적인 LDPC 구조를 유지하면서도 다양한 페이로드 사이즈를 지원할 수 있다. 51가지로 정의된 패리티 체크 행렬이 지원하는 페이로드 크기가 아닌 경우에는 인코딩 전에 사전에 알려진 filler 비트를 코드블록에 첨부할 수 있다. NR의 LDPC 코드는 systematic 코드이므로 filler 비트는 전송 전에 제거될 수 있다.

9.3 Rate maching과 물리 계층 hybrid-ARQ 기능

Rate matching과 물리 계층 hybrid-ARQ 기능은 두 가지 목적을 실현한다. 하나는 전송에 할당된 리소스에 맞게 코딩된 비트의 수를 뽑아내는 기능이고, 다른 하나는 hybrid-ARQ 프로토콜을 위해 다른 종류의 redundancy version을 만들어내는 것이다. PDSCH 또는 PUSCH를 통해 전송되는 비트의 수는 리소스 블록과 스케줄된 OFDM 심볼 수뿐만 아니라 레퍼런스 시그널(Reference Signal), 제어 채널 또는 시스템 정보 등과 같은 리소스 엘리먼트들과 얼마나 많이 겹치는지에 따라 결정된다. 또한, 하향링크에는 미래의 용도를 위해 예약된 리소스가 존재한다. 이는 9.10절에서 심도있게 언급하게 될 것이다. 이러한 예약된 리소스는 PDSCH에 사용가능한 리소스 엘리먼트의 수에 영향을 준다.

rate matching은 각 코드블록별로 따로 수행된다. 수행 과정의 첫 단계는 정해진 수의 천공이다. systematic 비트가 천공되는 비율은 코드블록 크기에 따라 최대 1/3까지로 비교적 크다. systematic 비트 뒤에 나머지 코딩된 비트가 circular 버퍼에 쓰인다. 그림 9.5에 이 과정이 그려져 있다. 전송에 사용될 비트는 circular 버퍼에서 필요한 비트만큼 선택된다. 전송 비트의 위치는 redundancy version (RV)에 의해 결정되면 RV에 따라 circular 버퍼에서 읽을 시작점이 달라진다. 그러므로 다른 RV 값을 선택함으로써 같은 정보 비트를 서로 다른 비트 셋으로 전송할 수 있으며, 이로 인해 hybrid-ARQ의 incremental redundancy 전송이 가능해진다. circular 버퍼를 읽는 시작점은 RV0과 RV3에서 자체 디코딩 가능 (Self-Decodable)하도록 정의되어 있다. 이는 RV0과 RV3에서 systematic 비트를 포함하고 있으므로 가능하다. 이것이 그림 9.5에서 9시 위치에서 RV3이 시작하여서 가능한 많은 systematic 비트가 포함되도록 설계된 이유이다.

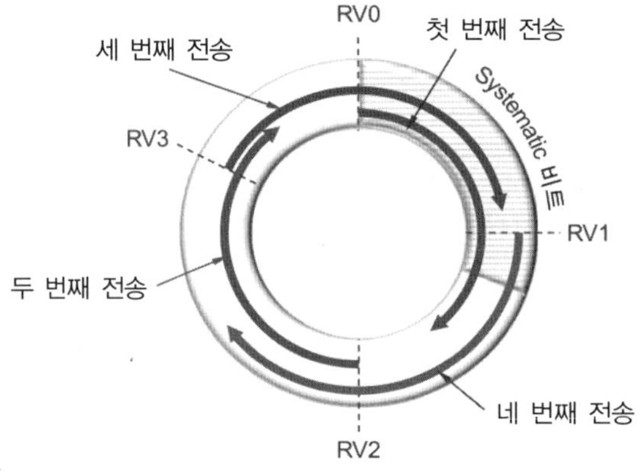

그림 9.5
incremental redundancy를 위한 circular 버퍼의 예

13.1절에서 설명하게 될 hybrid-ARQ 기능을 위해 수신기에서 soft combining이 중요하다. 수신기에서 코딩된 비트를 나타내는 soft value는 버퍼에 저장되고 재전송이 발생하면 버퍼에 저장된 비트, 즉, soft value와 재전송된 비트를 결합하여 디코딩한다. 수신 E_b/N_0를 누적하여 이득을 얻는 것 이외에 추가적인 패리티 비트를 전송받음으로써 soft combining한 후의 결과적인 code rate는 최초의 전송 code rate보다 낮아지는 이득을 얻을 수 있다.

soft combining을 위해서는 수신기에 버퍼가 필요하다. 일반적으로 최초 전송에 상당히 높은 성공률로 전송하는 경우가 많으므로 대부분의 시간 동안 버퍼는 사용되지 않는다. 그렇지만 soft buffer의 크기는 가장 큰 전송 블록을 코딩한 soft bit의 양만큼 최대로 가지고 있어야 하므로 매우 크다. 이는 메모리와 프로세싱의 증가에 대한 비용과 성능의 트레이드오프 (Tradeoff) 관계라고 볼 수 있다. 그림 9.6의 예에서 보듯이 제한된 크기의 버퍼를 사용하는 rate matching

또한 지원된다. 원론적으로 수신기가 버퍼에 저장할 수 있는 양만큼만 circular 버퍼에 비트가 저장된다. circular 버퍼의 크기는 수신기의 soft buffering capability에 의해 결정되며 이는 통화 연결 초기에 기지국과 단말기 간 상위 메시지를 통해 서로 알게 된다.

하향링크에서 단말기는 가장 큰 전송 블록이 2/3 code rate로 코딩되었을 때의 크기 이상을 저장할 버퍼를 꼭 가지고 있을 필요는 없다. 이렇게 하면 가장 빠른 속도에 사용되는 가장 큰 전송 블록 크기를 지원할 때만 제약이 있고 더 작은 전송 블록에 대해서는 모든 soft bit를 가장 작은 code rate까지 저장할 수 있는 용량이 된다.

상향링크에서는 대부분의 경우에 gNB에 충분한 메모리가 있으므로 전송 블록 크기와 관계없이 모든 soft bit를 저장할 수 있어 full-buffer rate matching이 가능하다. 또한, 이론적으로 하향링크와 같이 제약이 있는 rate matching도 가능하며 RRC 시그널링을 통해 초기에 설정된다.

rate matching의 마지막 단계는 블록 인터리버를 써서 각 코드블록의 비트를 인터리빙하는 것이다. circular 버퍼의 비트들은 블록 인터리버에 가로 방향으로 쓰고 세로 방향으로 읽는다. 인터리버의 행의 개수는 변조 지수에 의해 결정되므로 열에 쓰이는 비트는 하나의 변조 심볼에 해당한다. 그림 9.7을 보기 바란다. 결과적으로 systematic 비트는 변조 심볼에 흩뿌려지게 되므로 성능이 향상된다. 비트를 다시 모으는 과정도 코드블록 단위로 이루어진다.

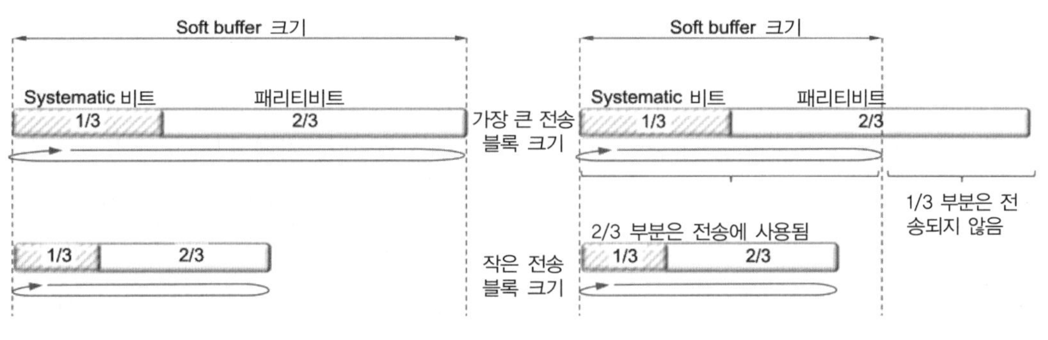

그림 9.6
limited-buffer rate matching

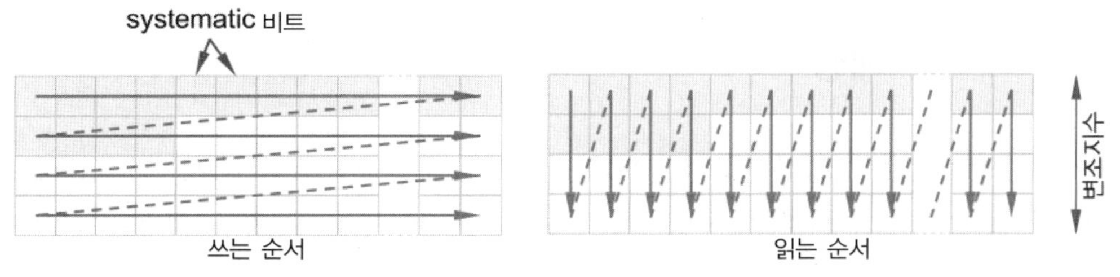

그림 9.7
비트 인터리버 (16QAM을 예로 듦)

9.4 스크램블링

hybrid-ARQ 블록에서 이어서 코딩된 비트는 스크램블링이 적용된다. 스크램블링은 스크램블링 시퀀스로 비트 레벨에서 코딩된 비트를 서로 배타논리합 (Exclusive-OR)하는 과정이다. 스크램블링이 없다면 수신기에서 채널 디코더는 원하는 신호가 간섭 신호와 대등하게 처리되어 간섭을 적절하게 억압할 수 없게 된다. 하향링크에서 셀마다 또는 상향링크에서 단말기마다 다른 스크램블링 시퀀스를 적용함으로써 디스크램블링한 후의 간섭신호가 무작위화 (Randomize) 되어 채널코딩에서 제공하는 프로세싱 이득을 최대한 활용할 수 있게 된다.

하향링크 PDSCH와 상향링크의 PUSCH에 적용하는 스크램블링 시퀀스는 단말기의 ID에 해당하는 C-RNTI와 단말기마다 설정된 데이터 스크램블링 identity에 의해 결정된다. 데이터 스크램블링 identity가 설정되지 않았을 때는 물리 계층 cell identity가 사용된다. 이를 통해 단말기가 같은 셀에 있든지 다른 셀에 있든지 모든 단말은 서로 다른 스크램블링 시퀀스를 사용하게 된다. 또한 하향링크에서 4개의 레이어 이상의 전송을 할 때 두 개의 전송 블록이 전송되는데 전송 블록마다 다른 스크램블링 시퀀스가 적용된다.

9.5 변조

변조 과정에서 스크램블링된 비트를 복소수의 변조 심볼로 변환해준다. 변조 방법은 상향링크와 하향링크에서 QPSK, 16QAM, 64QAM, 256QAM이 지원된다. 이에 더하여 상향링크에서 DFT-precoding이 사용되는 경우 $\pi/2-BPSK$가 지원된다. DFT-precoding는 cubic metric [57]을 줄임으로써 전력 증폭기 효율을 높이고 이에 따라 커버리지를 늘리기 위해 사용된다. DFT- precoding이 없는 경우에는 $\pi/2-BPSK$는 지원되지 않는다. 이 경우엔 cubic metric이 OFDM 파형에 좌우되기 때문에 $\pi/2-BPSK$를 쓰는 것이 유용하지도 않다.

9.6 레이어 매핑

레이어 매핑의 목적은 변조 심볼을 서로 다른 전송 레이어로 흩뿌리기 위해서이다. LTE에서와 비슷한 방법으로 이루어지는데 매 n번째 심볼은 n번째 레이어로 매핑된다. 코딩된 하나의 전송 블록은 최대 네 개의 레이어에 매핑될 수 있다. 하향링크에서만 가능한 5-8개의 레이어를 갖는 경우가 지원되는데 이때 첫 번째 전송 블록이 매핑되는 원리와 마찬가지로 두 번째 전송 블록은 5-8번째 레이어에 매핑된다.

NR에서 파형을 형성하는 기본은 OFDM 기술이고 OFDM에서만 다중 레이어 전송이 효과를 발휘한다. DFT-precoding이 지원되는 상향링크에서는 하나의 전송 레이어만이 지원된다. 그 이유는 수신기의 복잡도에 기인한 것으로 DFT-precoding이 있는 경우 다중 레이어 전송을 하게 되면 복잡도가 크게 증가한다. 여러 차례 언급했지만 DFT-precoding은 커버리지가 제한된 경우에 쓰이도록 고안된 기술이다. 이 경우엔 SNR이 매우 낮아 공간 멀티플렉싱의 효과가 미약하므로 공간 멀티플렉싱의 필요가 없게 된다.

9.7 상향링크 DFT-precoding

DFT-precoding은 상향링크에서만 설정 가능하다. 하향링크 또는 상향링크 OFDM의 경우에는 DFT-precoding은 실행되지 않는다.

상향링크에서 DFT-precoding이 적용되는 경우 M개의 심볼로 구성된 블록이 size-M DFT 모듈에 인가된다. 그림 9.8에 그 전송 과정이 그려져 있다. DFT-precoding을 하는 이유는 전송되는 신호의 cubic metric을 줄여 전력 증폭기 효율을 극대화하기 위해서이다. 구현의 편의성을 위해 DFT 크기는 2의 자승인 것이 좋다. 그러나 스케줄러에서 상향링크 전송에 필요한 리소스의 양을 이에 맞춰 유연하게 조절해야 하는 제약이 따른다. 그러므로 스케줄러의 자유도를 높여주기 위해 다른 DFT 크기도 가능하도록 되어 있다. NR에서는 LTE에서 채택된 것과 같이 2, 3, 5의 배수 크기의 DFT가 가능하다. 그러므로 예를 들어 60, 72, 96 크기의 DFT는 가능하지만 84 크기의 DFT는 허용되지 않는다.[3] 그러므로 DFT는 radix-2, radix-3, radix-5의 FFT 모듈의 조합으로 복잡도를 낮춰 구현할 수 있다.

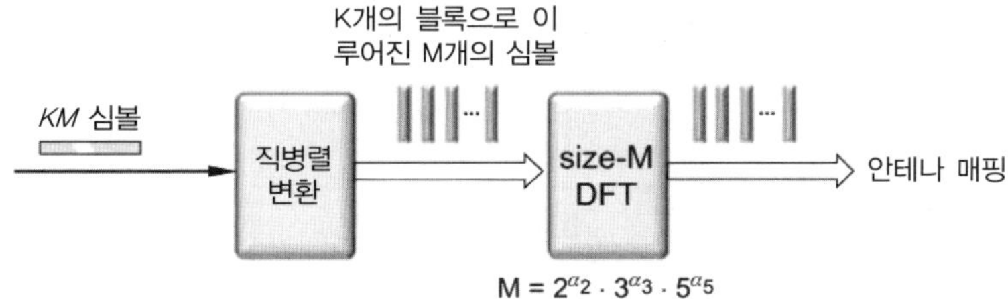

그림 9.8
DFT-precoding

3) 상향링크의 리소스 할당은 12개의 서브캐리어로 이루어진 리소스 블록 단위로 이루어지므로 DFT 크기는 항상 12의 배수이다.

9.8 다중 안테나 프리코딩

다중 안테나 프리코딩의 목적은 각 전송 레이어를 프리코더 행렬을 통해 서로 다른 안테나 포트의 셋으로 매핑하기 위해서이다. NR에서는 프리코딩과 다중 안테나 방법이 하향링크와 상향링크가 다르다. 코드북에 기초한 프리코딩은 CSI를 제외하고는 상향링크 방향에서만 사용된다. 어떻게 프리코딩이 이루어져 빔포밍을 실현하고 다중 안테나 전송이 이루어지는지는 11, 12장에서 자세히 다루기로 한다.

9.8.1 하향링크 프리코딩

하향링크에서 demodulation reference signal (DMRS)는 채널 추정을 위해 사용되며 PDSCH에서 사용하는 것과 같은 프리코딩을 사용하도록 되어 있다. 그림 9.9를 보기 바란다. 그러므로 어떤 프리코딩이 수행되었는지 수신기에서 알지 않아도 되고 수신기에는 프리코딩이 단지 무선 채널에 의한 효과의 일부로만 받아들여진다. 이것은 8장에서 언급한 CSI-RS와 SRS와 같은 맥락으로 receiver-transparent 공간 필터링과 비슷하다. 본질적으로 실제적인 하향링크 전송의 관점에서 어떤 다중 안테나 프리코딩이든 단말에게는 trasparent 공간 필터링으로 생각될 수 있다. 즉, 어떠한 프리코딩을 적용하더라도 단말은 송신기에서 적용한 프리코딩 방법을 알 필요가 없이 채널 추정 결과를 이용해 무선 채널의 왜곡을 복원하는 과정에서 프리코딩의 역과정이 자연히 수행된다.

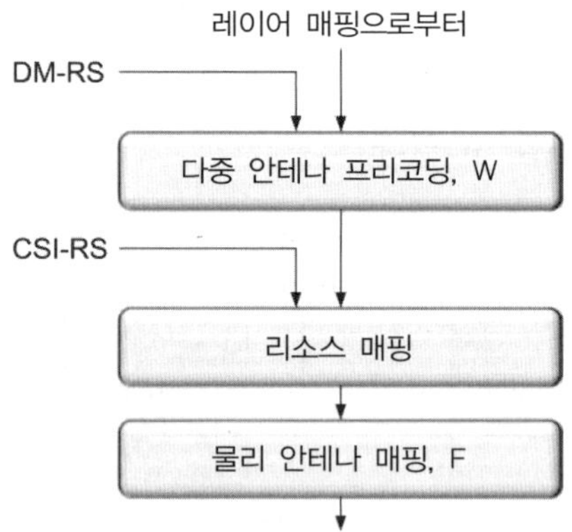

그림 9.9
하향링크 프리코딩

CSI 보고를 위해서 단말은 특별한 프리코딩 행렬 W가 기지국에서 적용되었다고 가정할 수도 있다. 단말은 보고에 이용할 목적으로 측정을 하는 CSI-RS의 안테나로 기지국에서 신호를 매핑할 때 그 프리코더가 쓰였다고 가정한다.

PDSCH 전송에 사용하는 안테나는 DMRS와 같다.[4] 수신단에서의 빔포밍을 지원하거나, DMRS 포트 그룹 간의 QCL 관계로 대변되는 서로 다른 공간 특성을 지닌 다중 안테나 수신을 위해, CSI-RS나 SS 블록 전송을 특정한 안테나 포트로 설정할 수 있다. 스케줄링 정보의 일부로 제공되는 Transmission Configuration Index (TCI)는 QCL 관계를 명시적으로 알려준다. QCL 관계는 다른 말로 표현하면 어떤 빔을 사용할 것인지를 나타낸다. 이에 대한 내용은 12장에서 좀 더 자세히 다루기로 한다.

DMRS는 9.11절에서 설명하였듯이 스케줄링된 리소스 블록에 전송되며 단말에서는 PDSCH 수신을 위해 DMRS를 이용하여 채널 추정을 하며, 이때 프리코딩 W와 공간 필터 F의 영향이 채널 추정에 포함된다. DMRS에 존재하는 상호관계 (Correlation)는 무선 채널 자체에서 기인한 것과 프리코더에 기인한 것이 서로 섞여 있으며 이론적으로는 이에 대한 정보를 단말기가 알 수 있으면 채널 추정의 정확도를 높여 성능을 향상할 여지가 있다.

단말은 DMRS와 PDSCH가 시간 영역에서 서로 영향을 받지 않는다고 가정한다. 이것은 스케줄링 측면에서 빔포밍과 공간 처리에 유연성을 높여준다.

단말은 주파수 영역에서 correlation 정보를 제공받을 수 있다. 이것은 physical resource-block group (PRGs)로 형식으로 표현되며 하나의 PRG 구간의 주파수 영역에서 단말기는 하향링크 프리코더가 동일하게 적용되었다고 가정하고 채널 추정 과정에서 이를 이용할 수 있다. 그러나 서로 다른 PRG 사이에는 어떠한 가정도 할 수 없다. 이로써 프리코딩 자유도와 채널 추정 정확도 사이에는 트레이드오프 관계가 있다고 말할 수 있다. 큰 PRG는 채널 추정 정확도를 높일 수 있는 반면 프리코딩의 자유도가 떨어지는 단점이 있고, 작은 PRG는 그 반대이다. 그러므로 gNB는 단말기에게 가능한 PRG 크기를 알려주게 되어 있다. 하나의 PRG 크기는 두 개 RB, 네 개 RB, 또는 스케줄링 대역폭만큼을 가질 수 있으며 그림 9.10에 이에 대한 관계의 예가 그려져 있다. PRG 크기는 PDSCH 전송에 하나의 값으로 설정될 수 있고 DCI를 통해 가변적으로 조절할 수 있다. 또한, 단말기는 스케줄링된 대역폭이 총 bandwidth part (BWP)의 반 이상을 차지할 경우 PRG 크기는 스케줄링된 대역폭과 동일하다고 가정하도록 설정될 수도 있다.

4) 릴리스 16의 다중 TRP 지원을 위해 두 개의 DM-RS 포트 그룹을 사용할 수 있다. PDSCH 계층 중 일부는 하나의 DM-RS 포트 그룹에 속하고, 나머지 계층들은 다른 DM-RS 포트 그룹에 속한다.

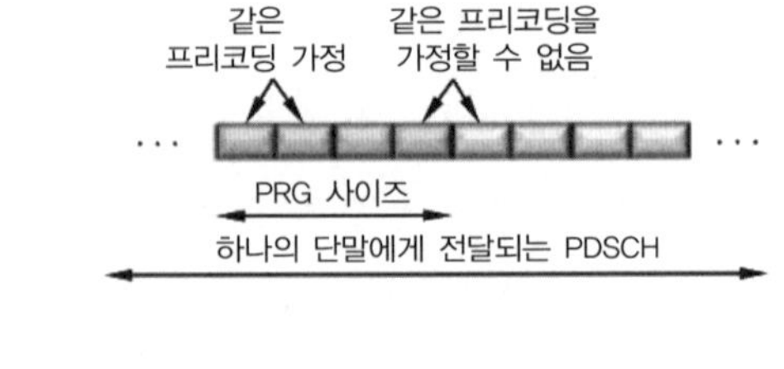

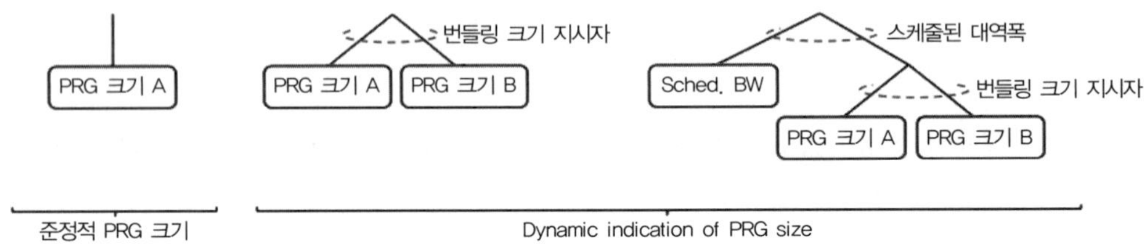

그림 9.10
Physical resource-block group (위)와 PRG 크기에 대한 명시 (아래)

9.8.2 상향링크 프리코딩

하향링크와 비슷하게 상향링크에도 채널 추정을 위해 DMRS가 사용되며 PUSCH와 동일한 프리코딩을 적용하게 되어 있다. 그러므로 마찬가지로 수신단에 프리코딩 방법이 명시되어 전달되지 않고 무선 채널 영향의 일부로 처리된다. 그림 9.11은 상향링크 프리코딩 과정을 그린 것이다.

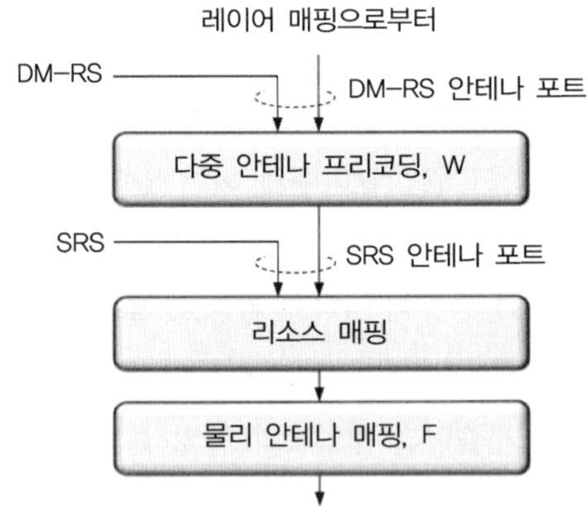

그림 9.11
상향링크 프리코딩

스케줄링할 때 기지국은 단말에서 그림 9.1의 다중 안테나 프리코딩에 사용할 프리코더 행렬 W를 알려줄 수도 있다. DCI에 포함된 precoding information과 antenna port 필드를 통해 이러한 정보가 전달된다. 프리코더는 또한, 기지국에 의해 설정된 SRS 전송 시 서로 다른 레이어 신호를 안테나 포트에 매핑할 때 사용된다. 기지국은 설정된 SRS로부터 프리코더를 측정하고 선택하게 된다. 기지국은 가능한 코드북에서 프리코딩 행렬 W를 선택하고 이를 단말에게 알려 주게 되는데 이러한 방법을 codebook-based 프리코딩이라 부른다. 공간 필터 F는 단말이 선택하게 되며, 이것 또한 프리코딩 동작의 하나라고 볼 수 있으며 기지국에 의해 명시적으로 제어되지 않음에 유의해야 한다. 그러나 기지국은 DCI를 통해 전달되는 SRS resource indicator (SRI)를 이용해 단말기가 선택할 수 있는 F를 제한할 수 있다.

기지국은 또한, non-codebook-based 프리코딩 방식으로 동작하도록 지시할 수 있다. 이 경우에 W는 identity 행렬과 같으며 프리코딩은 오로지 단말이 선택하는 공간 필터 F에 의해 좌우된다.

codebook-based와 non-codebook-based 프리코딩에 대해 11장에서 더 자세히 다룰 것이다.

9.9 리소스 매핑

리소스 블록 매핑은 변조 심볼을 안테나 포트에 매핑하는 과정으로 기지국의 MAC 스케줄러가 할당한 리소스 블록들 안에 있는 사용 가능한 리소스 엘리먼트에 매핑한다. 7.3절에서 설명하였듯이 리소스 블록은 12개의 서브캐리어와 다수 개의 OFDM 심볼로 구성되어 있다. 전송에 사용될 시간과 주파수 영역의 리소스는 스케줄러에 의해 정해진다. 그러나 스케줄된 리소스 블록의 일부는 전송 채널의 전송에 쓰이지 않고 다음의 용도로 사용될 수 있다.

- 9.11에서 설명할 DMRS (Multi-User MIMO의 경우엔 다른 사용자를 위한 DMRS를 포함할 수 있음)
- CSI-RS 또는 SRS와 같은 DMRS와 다른 타입의 reference signal (8장 참고)
- 하향링크 L1/L2 제어 신호 (10장 참고)
- 16장에서 설명할 Synchronization signal과 system information
- 9.10절에서 설명할 미래 활용성을 위한 하향링크 예약 리소스

전송에 사용되는 시간 주파수 영역은 스케줄러에 의해 일련의 가상 리소스 블록 (Virtual Resource Block)과 OFDM 심볼로 단말에게 시그널링된다. 변조 심볼은 스케줄링된 리소스의 리소스 엘리먼트에 주파수 방향으로 우선 채우고 시간 방향으로 채우는 순서로 매핑된다. 이렇게 주파수에 먼저 채우고 시간을 나중 순으로 매핑하는 것은 저지연을 실현하기 위함이고, 이

로써 "on-the-fly"로 송신기와 수신기가 데이터를 처리할 수 있다. 고속 데이터의 경우에는 하나의 OFDM 심볼에 다수 개의 코드 블록이 존재하게 되며 수신기는 하나의 심볼에서 수신한 블록을 디코딩하면서 동시에 다음 심볼을 수신할 수 있다. 비슷하게 송신기에서도 이전 심볼의 데이터를 보내면서 데이터를 처리할 수 있어 파이프라인 (병렬처리) 구현이 가능하다. 시간 영역 매핑을 먼저 했다면 전송 시작 전에 전체 슬롯의 데이터가 준비되어 있어야 하므로 파이프라인 효과를 얻지 못한다.

가상 리소스 블록은 전송에 사용되는 BWP 내의 물리 리소스 블록에 매핑된다. 전송에 사용되는 BWP에 따라 캐리어 리소스 블록이 정의되며 정확한 캐리어 주파수 위치가 정해진다. 그림 9.12의 예를 참고하기 바란다. 매핑 과정이 처음에는 다소 복잡해 보이지만 이렇게 된 이유는 가상 리소스 블록과 물리 리소스 블록을 이용해 많은 시나리오에 유연하게 대처할 수 있기 때문이다.

가상 리소스 블록을 물리 리소스 블록에 매핑하는 방법은 두 가지이다. 그림 9.12의 위쪽에 그려진 non-interleaved 매핑과 그림 아래쪽에 그려진 interleaved 매핑이 있다. 두 매핑 방법의 선택은 DCI에 포함된 비트를 이용해 다이나믹하게 가변적으로 제어할 수 있다.

non-interleaved 매핑의 의미는 BWP 내의 가상 리소스 블록이 같은 BWP의 물리 리소스 블록에 동일하게 매핑된다는 것을 말한다. 이 방법은 기지국이 채널 환경에 빠르게 대응하여 환경이 좋은 물리 리소스에 전송 데이터를 모아서 송신하고자 할 때 유용하다. 예를 들어 그림 9.8에서 물리 리소스 블록 6-9의 채널 환경이 좋다는 것을 안다면 이 경우에 non-interleaved 매핑을 활용해 이 리소스 블록으로 전송을 하도록 할당하게 된다.

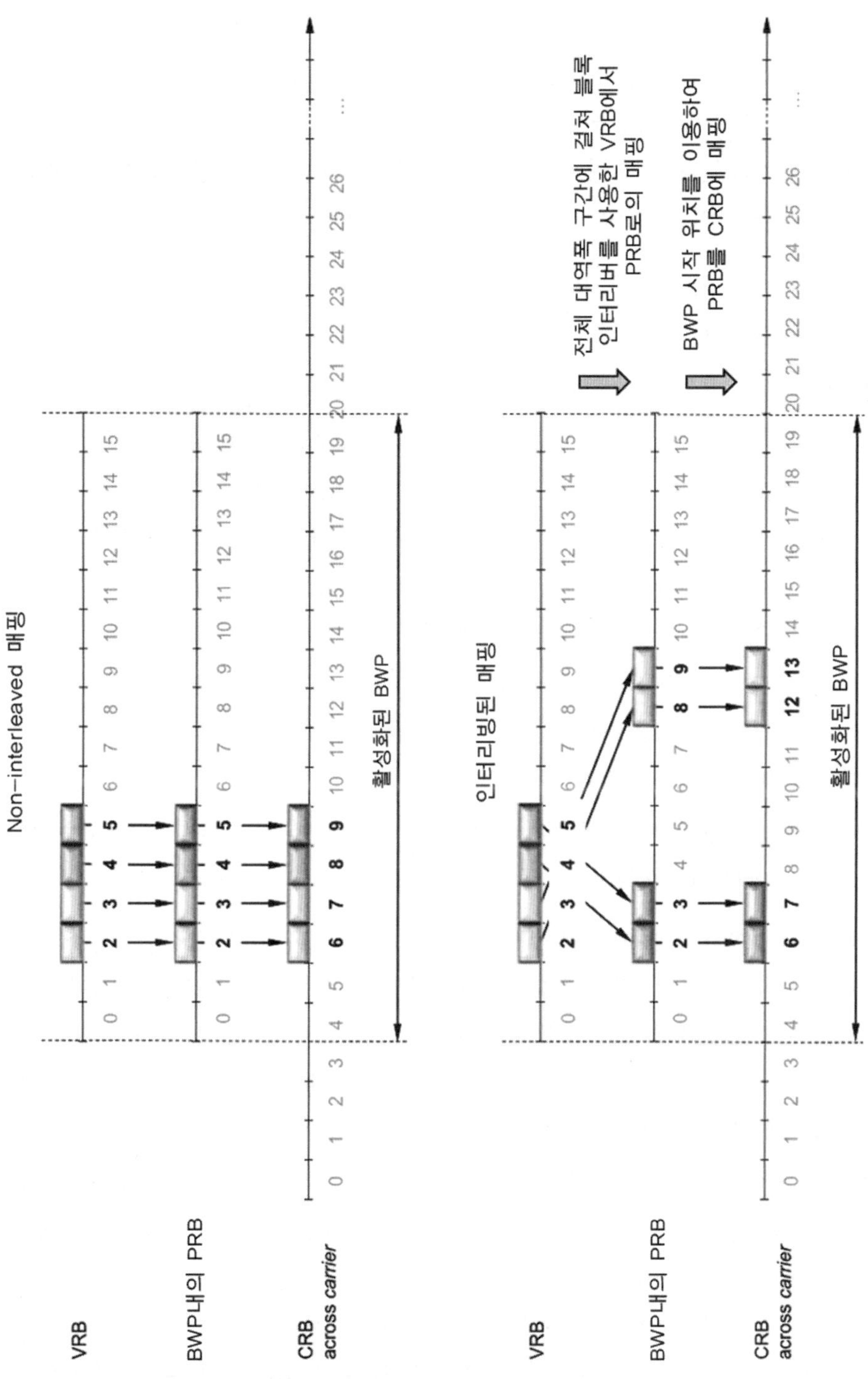

그림 9.12

가상 리소스 블록을 물리 리소스 블록과 캐리어 리소스 블록에 매핑하는 과정, VRB : Virtual Resource Block, PRB : Physical Resource Block, CRB : Carrier Resource Block

interleaved 매핑은 가상 리소스 블록을 물리 리소스 블록에 매핑할 때 전대역에 흩뿌리는 인터리버를 이용해 매핑한다. 흩뿌리는 단위는 두 개 또는 네 개의 리소스 블록이다. 블록 인터리버는 두 개의 행이 존재한다. 둘 또는 네 개 단위의 리소스 블록을 열의 순서로 인터리버에 쓰고 행의 순서로 읽는다. 인터리빙 과정에서 리소스 블록을 둘씩 할 것인지 네 개의 블록 단위로 할 것인지는 상위 계층 시그널링을 통해 설정된다.

interleaved 리소스 블록 매핑 방식에 의해 주파수 다이버시티를 얻을 수 있으며 이를 통해 얻을 수 있는 혜택은 리소스 할당 크기에 따라 다르다.

음성 서비스와 같은 작은 리소스 할당의 경우 채널 환경에 따라 리소스 블록을 선택해 스케줄링하는 것은 피드백 신호가 많아지므로 오버헤드가 많아 효율적이지 않다. 때로는 단말의 이동 속도가 빨라 채널의 변화를 추적하기 힘들어 적용할 수 없을 수도 있다. 이러한 경우에 주파수에 흩뿌려 전송함으로써 주파수 다이버시티를 이용하면 채널 변화로 인한 영향을 줄일 수 있다. 주파수 다이버시티는 10.1.10에서 설명할 allocation type 0의 방법으로 얻을 수도 있지만, 이 방법은 전송되는 데이터 페이로드에 비해 비교적 많은 제어 시그널 오버헤드가 필요하고 매우 적은 리소스가 할당되었을 경우 시그널링이 제한될 수 있다. 대신에 좀 더 간편한 resource allocation type 1 방식과 interleaved 리소스 매핑을 결합하여 사용함으로써 적은 오버헤드로 주파수 다이버시티를 얻을 수 있다. 이 방법은 LTE의 분산 (Distributed) 리소스 매핑과 유사하다. allocation type 0은 리소스 할당에 이미 많은 자유도가 있으므로 interleaved 매핑은 allocation type 1에서만 지원된다.

큰 사이즈 리소스 할당의 경우 BWP 전체를 차지할 수도 있다. 이러한 경우에도 주파수 다이버시티는 여전히 이점이 있다. 고속 전송 시 큰 전송 블록을 전송할 경우 전송 블록은 9.2.2절에서 설명하였듯이 여러 개의 코드 블록으로 나뉜다. 저지연을 위해 코딩된 데이터는 주파수 방향으로 우선 매핑된다고 하였다. 이로 인해 각 코드 블록은 몇 안 되는 연속되는 물리 리소스 블록을 차지하게 된다. 그러므로 전송에 사용되는 주파수 대역에서 채널이 변화하게 되면 몇 개의 코드블록들이 한꺼번에 영향을 받게 된다. 이러한 경우 다른 코드 블록은 제대로 디코딩이 되었을지라도 전체 전송 블록은 에러로 판별된다. 이러한 주파수 대역에서의 채널 변화는 무선 채널은 일정할지라도 RF 소자의 불완전성에 의해 생길 수도 있다. interleaved 리소스 블록 매핑을 사용하게 되면 하나의 코드 블록이 차지하는 영역이 가상 리소스 블록에서는 연속되지만 물리 리소스 블록에서는 주파수 영역에서 흩뿌려지게 된다. 코드 블록 하나를 두고 보면 위에서 말한 작은 리소스 할당의 경우와 마찬가지이다. interleaved VRB-to-PRB 매핑은 전체 코드 블록에 걸쳐 고른 성능 평준화 효과를 내는 것으로 큰 전송 블록의 경우에 디코딩 성능을 향상시키는 효과를 낸다. 이러한 리소스 블록 매핑의 측면은 LTE에서는 주목받지 않았다. 그 이유는 데이터 속도가 NR만큼 빠르지 않았던 것도 있고 LTE에서는 코드 블록이 인터리빙되었기 때문이기도 하다.

위의 설명은 대체적으로 타당한 것이고 하향링크에 대하여 모두 맞는 설명이다. 릴리스 15에서는 상향링크에서 연속된 리소스 할당만을 명시하고 있다. 그러므로 interleaved 매핑은 하향링크 전송에서만 지원된다. 상향링크에서도 주파수 다이버시티를 얻기 위해 주파수 호핑이 사용될 수 있다. 주파수 호핑을 사용하게 되면 한 슬롯에서 초반부 OFDM 심볼에서 전송에 사용하는 리소스 블록이 있고 후반부의 OFDM 심볼에서는 초반부와 다른 리소스 블록을 이용해 전송된다. 초반부와 후반부의 리소스 블록은 오프셋으로 제어되며, DCI에 있는 비트를 활용해 상향링크 주파수 호핑을 다이나믹하게 제어할 수 있다.

9.10 하향링크 예약 리소스 (Reserved resource)

NR의 중요한 요구 사항 중의 하나는 미래 호환성이다. 즉, 미래의 확장성을 고려해 도입될 기술을 쉽게 채용할 수 있어야 하고 그 시기에 이미 설치되어 있을 과거의 NR 네트워크 기술과 호환 문제로 어려움을 겪지 않아야 한다는 것이다. 몇 가지 NR 기술 요소들은 이미 이러한 요구 사항을 만족하고 있으며 하향링크에 예약된 자원을 정의하여 더욱 중요한 도구로 활용될 가능성을 열어놓고 있다. 시간과 주파수 상에서 예약된 자원을 PDSCH에서 비울 수 있도록 준정적 (Semistatic)으로 설정 가능하다.

예약된 자원은 다음과 같은 세 가지 다른 방법으로 설정할 수 있다.

- ❑ LTE의 캐리어 설정을 이용한 방법으로 LTE 캐리어와 같은 대역에 NR을 전송하며 (LTE/NR 스펙트럼 공유) LTE의 셀 고유의 러퍼런스 시그널 (CRS) 부분을 비운다. 좀 더 자세한 사항은 18장을 참고하기 바란다
- ❑ CORESET을 이용하는 방법
- ❑ 비트맵을 이용하여 리소스 셋을 설정하는 방법

상향링크에는 예약된 자원이 없고 스케줄링을 통해 특정 자원에는 전송하지 않는 방식을 사용한다.[5]

5) 한 가지 이유로는, 릴리스 15에서 상향링크에 연속된 주파수 자원을 할당하는 방식만이 지원되기 때문이다. 그러므로 “bitmap-1”은 비연속 주파수 자원 할당이 될 수 있으므로 사용될 수 없다.

CORESET을 사용하여 예약된 자원을 설정하는 방법은 제어 신호를 위한 리소스를 데이터를 위해 재사용할지의 여부를 다이나믹하게 설정하는 데 이용한다. 10.1.2절을 참고하기 바란다. 이 경우에 예약된 자원은 CORESET과 동일하며 gNB는 이 리소스가 PDSCH에 사용 가능한지 여부를 다이나믹하게 조절할 수 있다. 그러므로 예약된 자원은 주기적일 필요가 없으며 필요할 때마다 사용할 수 있다.

세 번째 방법인 예약된 자원 설정은 비트맵에 기초하고 있다. 자원 설정은 시간 영역에서 하나 또는 두 개의 슬롯에 걸쳐 설정 가능하며, 그림 9.13에 그려진 대로 두 개의 bitmap에 의해 설정된다.

- 첫 번째로 시간 영역 비트맵은 NR에서는 "bitmap-2"라고 부르며, 하나 또는 두 개의 슬롯 내에 존재하는 OFDM 심볼을 설정한다.
- bitmap-2에 의해 설정된 OFDM 심볼 내에서 주파수 영역에서 12개의 리소스 엘리먼트로 이루어진 리소스 블록을 개별적으로 예약할 수 있다. 리소스 블록의 예약은 NR에서 "bitmap-1"이라 불리는 비트맵으로 설정 가능하다.

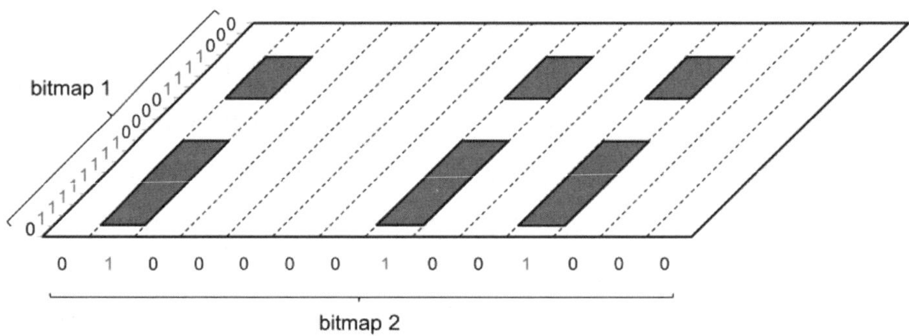

그림 9.13
예약된 자원 설정

하나의 캐리어로 리소스 전체가 구성된 경우 bitmap-1은 캐리어 내의 전체 리소스 블록을 지칭할 수 있는 길이를 갖는다. 만약 리소스가 특정 BWP로 제한된 경우에는 bitmap-1은 BWP의 대역폭으로 길이가 정해진다.

같은 bitmap-1은 bitmap-2에 지정된 모든 OFDM 심볼에서 유효하다. 그러므로 동일한 리소스 엘리먼트가 bitmap-2로 설정된 모든 OFDM 심볼에서 예약되는 것이다. bitmap-1의 단위는 리소스 블록이므로 한 리소스 블록 내의 모든 리소스 엘리먼트는 동시에 예약되거나 예약이 해제된다.

예약된 자원이 실제로 예약이 되어 PDSCH가 비워지거나 예약이 풀려 PDSCH로 사용되는 것은 준정적 또는 다이나믹하게 조절 가능하다.

준정적의 경우 세 번째 비트맵 (bitmap-3)을 이용하여 bitmap-1/2에 의해 정해진 자원 또는 CORESET으로 지정된 자원을 특정 슬롯에서 예약된 자원으로 사용할지 말지를 지정한다. bitmap-3의 단위는 bitmap-2의 길이 (한 슬롯 또는 두 슬롯)와 같고 40 슬롯의 길이를 갖는다. 그러므로 결과적으로 시간 영역에서의 준정적 자원 예약의 주기는 {bitmap-1, bitmap-2, bitmap-3}의 조합으로 정해지며 총 40 슬롯의 길이이다.

다이나믹 자원 예약의 경우 준정적으로 설정된 패턴이 특정 스케줄링 구간에서 활성화/비활성화하는 것을 다이나믹하게 제어한다. 그림 9.14에서는 하나의 슬롯 단위로 표시하였지만 다이나믹 예약은 하나의 슬롯보다 작은 전송 구간에도 적용 가능함에 유의하라. DCI에 포함된 지시 (Indicator)는 하나의 슬롯에 해당하는 것으로 생각해선 안 된다. 대신 특정한 스케줄링 구간에 해당한다고 보아야 한다. DCI 필드의 지시는 DCI에 정의된 스케줄링 할당에 대하여 작용하며, 설정된 리소스 셋이 활성화/비활성화를 지시하는 것으로 스케줄링 할당이 유효한 전 구간에 적용된다.

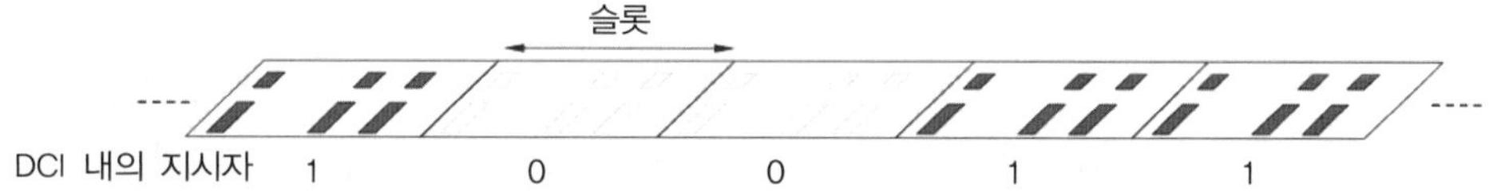

그림 9.14
DCI 지시에 따른 리소스 셋의 다이나믹 활성화

일반적으로 단말기는 최대 8개까지 서로 다른 리소스 셋이 설정될 수 있다. 각 리소스 셋은 위에서 언급한 CORESET이나 bitmap으로 설정된다. 여러 개의 리소스 셋이 설정됨으로써 세밀한 리소스 셋의 패턴 설정이 가능하다. 그림 9.15에 이를 그려 보았다.

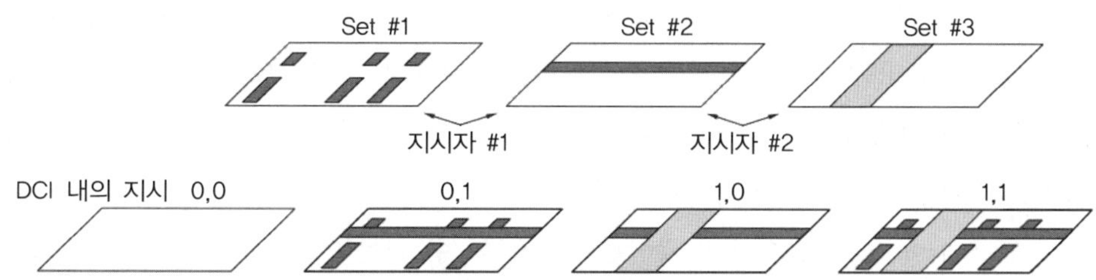

그림 9.15
여러 개의 리소스 셋이 설정되었을 때 다이나믹 활성화 하는 예

단말기에 최대 8개까지 서로 다른 리소스 셋이 설정될 수 있고 각자 다이나믹 활성화로 설정될 수 있지만, 스케줄링 할당은 독립적으로 설정될 수 없다. 대신 적절한 오버헤드를 갖도록 스케줄링 할당은 두 개까지의 지시자를 갖는다. 다이나믹하게 활성화 또는 비활성화를 조절하기 위해 두 셋의 조합으로 설정된다. 이로써 리소스 셋이 하나 또는 두 개가 동시에 활성화 또는 비활성화될 수 있다. 그림 9.15에 세 개의 리소스 셋에 대한 예를 표시하였다. 이 예에서 리소스 셋 #1과 #2는 지시자 #1로 제어되며, 리소스 셋 #2와 #3은 지시자 #2로 제어된다. 리소스 셋 #3은 지시자 #2로 설정한다. 지시자가 1,1로 지시자 #1과 지시자 #2가 모두 켜져 있으면 리소스 셋 #1, #2, #3을 모두 활성화한다. 그림 9.15의 패턴은 실제적이지 않고 다만 이해를 돕기 위한 것이다.

9.11 레퍼런스 시그널 (Reference Signal, RS)

RS는 미리 정해진 신호로서 하향링크 시간-주파수 상의 특정 리소스 엘리먼트를 차지한다. NR에서는 서로 다른 방식으로 전송되며 단말 장치에서 서로 다른 목적으로 이용되는 몇 가지 타입의 RS를 표준으로 정하고 있다.

LTE에서는 always-on 방식으로 설계되어 하향링크 coherent 복조, 채널의 품질을 측정하는 CSI 보고, 그리고 시간-주파수 추적에도 활용되는 CRS가 있었다. NR에서는 LTE와 다른 목적과 용도로 몇 가지 RS를 사용한다. 이로써 각 RS를 용도에 맞게 사용하여 최적화를 이룰 수 있도록 하였다. 필요할 때만 RS를 전송함으로써 ultra-lean 전송을 실현하고자 하는 의도이다. LTE 표준도 나중에는 이러한 방향으로 진화하였으나 NR에서는 이를 더욱 발전시켰다.

NR에서 규정하는 RS는 다음과 같다.

- PDSCH에 포함된 Demodulation reference signals (DM-RS)는 coherent 복조를 위해 단말에서 채널 추정 용도로 사용된다. PDSCH가 전송되는 리소스 블록에만 존재한다. 비슷하게 PUSCH에도 DM-RS가 있어 기지국에서 coherent 복조를 가능하게 한다. 이번 절에서는 PDSCH와 PUSCH에 있는 DM-RS에 초점을 맞춰 설명한다. PDCCH와 PBCH에 있는 DM-RS는 10장과 16장에서 각각 설명하기로 한다.
- PDSCH/PUSCH에 있는 DM-RS의 확장판이라고 볼 수 있는 Phase tracking reference signal (PT-RS)는 위상노이즈 보상을 위해 사용된다. PT-RS는 DM-RS에 비해 시간 영역에서 더 조밀하고 주파수 면에서는 더 희박하게 전송된다. 언제나 DM-RS와의 조합으로 설정되며

PT-RS의 설명은 이 장의 마지막 부분에서 다룰 것이다.

- CSI-RS는 단말기가 하향링크의 채널 상태 정보 (Channel-state information, CSI)를 측정할 수 있도록 한다. CSI-RS는 시간/주파수 추적과 이동성을 위한 측정 용도로 사용된다. CSI-RS에 대한 설명은 8.1절에서 다뤘다.
- Tracking reference signal (TRS)는 단말기가 시간과 주파수를 보정할 수 있도록 가끔 보내지는 RS이다. 특정 CSI-RS 설정은 TRS 용도로 사용된다. 8.1.7절을 참고하라.
- Sounding reference signal (SRS)는 상향링크에 존재하는 RS로서 기지국에서 상향링크의 채널 상태 정보를 얻는 데 사용된다. SRS에 대한 설명은 8.3절을 참고하라.
- Positioning reference signal(PRS)는 위치측위 지원을 위한 하향링크 RS로 릴리스 16에 도입되었고 24장에 설명될 기능이다.

이어지는 절에서는 PDSCH와 PUSCH의 coherent 복조에 사용되는 DM-RS에 대해 상세히 다룰 것이다. OFDM 심볼을 이루는 DM-RS 구조부터 설명을 시작할 것이다. DM-RS는 OFDM의 경우 하향링크와 상향링크 구조가 같다. 반면 상향링크의 DFT-spread OFDM의 경우에는 LTE에 쓰인 것처럼 Zadoff-Chu 시퀀스에 기초한 RS가 사용되며 이로써 전력 증폭기의 효율을 높일 수 있다. DM-RS에 이어 설명할 DFT-spread OFDM에 사용하는 RS는 연속되는 리소스 블록에만 할당되고 하나의 레이어 전송 시에만 사용된다. 마지막으로 PT-RS를 설명하겠다.

9.11.1 OFDM 기반의 하향링크와 상향링크를 위한 DM-RS

NR에서 정한 DM-RS는 여러 동작 시나리오와 용도에 유연하게 대처할 수 있도록 설계되었다. 슬롯의 앞부분에 전송되어 저지연 효과를 얻을 수 있고 MIMO를 위해 12개까지 직교 안테나 포트를 지원하고, 2-14 심볼 구간 동안 전송할 수 있고, 고속으로 움직이는 단말을 지원하기 위해 한 슬롯에 4개까지 RS를 둘 수 있다.

저지연 효과를 달성하기 위해서 전송의 초기에 DM-RS를 놓는 것이 유리하다. 그래서 front-loaded RS라고 불리기도 한다. 이렇게 하면 수신기는 채널 추정을 미리 할 수 있고 수신 심볼을 받자마자 처리할 수 있어 전체 슬롯 데이터를 버퍼에 저장할 필요가 없다. 이는 기본적으로 데이터를 리소스 엘리먼트에 매핑할 때 주파수 영역으로 먼저 매핑하는 이유와 비슷하다.

첫 DM-RS 심볼의 위치에 따라 두 가지 시간 영역 구조가 지원된다.

- **Mapping type A** : 첫 DM-RS 심볼이 슬롯의 경계를 시작점으로 심볼 2 또는 3에 매핑된다. 슬롯 내에서 데이터가 어디서 시작하는지와는 무관하다. 이러한 매핑 타입은 데이터가

슬롯의 대부분에 전송될 때 유용하다. 심볼 2 또는 3에 위치하는 이유는 하향링크에서 슬롯 내에서 CORESET 다음에 위치하도록 한 것이다.

- **Mapping type B** : DM-RS의 첫 심볼이 데이터가 할당된 영역의 시작 심볼에 위치한다. DM-RS는 슬롯 경계를 기준으로 하지 않고 데이터가 존재하는 부분을 기준으로 한다. 이 매핑 방법은 데이터가 슬롯의 전구간에 존재하지 않고 일부 영역을 차지할 때를 목적으로 설계되었다. 이로써 저지연을 지원할 수 있고 슬롯 경계를 기다리지 않고 데이터 전송 구간에 상관없이 사용할 수 있다.

PDSCH의 전송에 대한 매핑 타입은 DCI를 통해 다이나믹하게 조절 가능한 (상세한 내용은 9.11절을 참고) 반면 PUSCH 매핑 타입은 준정적으로 설정될 수 있다.

front-loaded RS가 지연 측면에서 이점이 있지만 채널이 빠르게 변하는 환경에서는 충분히 조밀하지 않을 수 있다. 고속으로 움직이는 단말을 지원하기 위해 한 슬롯 내에 추가로 세 개의 DM-RS를 더 설정할 수 있다. 수신기의 채널 추정기는 추가된 DM-RS를 이용하여 슬롯 내에서 각 DM-RS 결과를 보간 (Interpolation)하여 더 정확한 채널 추정을 할 수 있다. 그러나 슬롯 간에는 채널 추정을 보간해선 안 된다. 왜냐하면, 슬롯이 다르면 다른 단말에게 전달되는 전송일 수 있고 빔 방향이 다를 수 있기 때문이다. LTE에서는 슬롯 간 채널 추정을 보간할 수 있고 그럼으로써 다중 안테나와 빔포밍의 유연성이 제약받는다는 점에서 NR과 LTE가 다르다.

그림 9.16에 DM-RS가 시간 영역에서 하나의 심볼을 사용할 때와 두 개의 심볼을 사용할 경우의 예를 그려보았다. 두 개의 DM-RS 심볼을 사용하는 목적은 주로 하나의 심볼을 사용할 때보다 많은 안테나 포트를 지원하는 데 있다. DM-RS의 시간 영역 위치는 데이터 전송과 관계가 있다. 그리고 9.16에 그려진 모든 패턴이 PDSCH에 적용 가능한 것은 아니다. 예를 들어 PDSCH의 mapping type B는 릴리스 15에서 전송 구간이 2, 4, 7 심볼인 경우에만 지원된다. 19장에서 논의된 바와 같이 비면허 스펙트럼을 더 잘 지원하고 동일한 캐리어에서 NR과 LTE 간의 동적 스펙트럼 공유 (Dynamic Spectrum Sharing)에 대한 지원을 개선하기 위해 2에서 13 사이의 어떠한 전송 구간 길이도 지원하도록 릴리스 16에서 해제되었다. 이러한 길이 중 일부의 경우 PDSCH 매핑은 PUSCH 매핑과 약간 다르다.[6)]

다중 직교 RS는 DM-RS가 있을 때마다 생성된다. 서로 다른 RS는 주파수와 코드 영역에서 구분되며 두 심볼을 쓰는 DM-RS의 경우엔 추가적으로 시간 영역에서도 구분된다. type 1과 type 2의 두 가지 종류의 DM-RS가 있으며 주파수 영역에 매핑되는 방법과 직교 RS의 최대 개수 측면에서

---

6) LTE CRS 구성에 기반한 예약 자원을 사용하는 LTE 공존의 경우, PDSCH DMRS 위치는 때로는 LTE CRS 위치와 충돌하지 않도록 시간적으로 이동될 수 있다.

두 종류가 다르다. Type 1 방법은 하나의 DM-RS 심볼에 최대 네 개까지의 직교 RS를 넣을 수 있고, 두 개의 DM-RS 심볼에 최대 8개 까지의 직교 RS를 넣을 수 있다. type 2의 경우에는 한 심볼에 최대 6개, 두 심볼에 최대 12개를 지원한다. RS type 1, 2를 mappting type A, B와 혼동하지 않아야 한다. 서로 다른 mapping type은 서로 다른 RS 타입과 교차하여 조합될 수 있다.

RS는 RS가 차지하는 전체 주파수 영역에서 비슷한 채널 추정 품질을 얻기 위해 주파수 영역에서 전력 변동이 적은 것이 좋다. 이러한 성질은 전송되는 RS가 시간 영역에서 좋은 자기 상관 특성을 가져야 한다는 것과 같은 얘기이다. OFDM 기반의 변조 방식에서 RS 시퀀스는 의사 잡음 (Pseudo-random) 시퀀스가 사용된다. 더 정확히 말하면 자기상관 특성이 좋은 길이가 $2^{31}-1$인 Gold 시퀀스가 사용된다. 시퀀스는 주파수 영역에서 공통 리소스 블록 (Common RB, CRB)에 해당하는 전 영역에 걸쳐 생성되고 데이터가 전송되는 리소스 블록에서만 실제 전송된다. 데이터가 전송되지 않는 바깥 영역의 주파수에서는 채널 추정을 할 필요가 없다. 시간-주파수 자원을 겹쳐 사용하는 multi-user MIMO의 경우에 전 대역에 걸친 동일한 근저 (Underlying) RS 시퀀스를 생성하여 사용한다. 동일한 pseudo-randmo 시퀀스에 직교 코드를 추가로 사용함으로써 다중 직교 RS를 만들어 사용한다. 이 내용은 뒷부분에 다시 설명하기로 한다. pesudo-random 시퀀스가 같은 자원을 사용하는 사용자마다 다르면 결과적으로 RS가 서로 직교하지 않는다. pseudo-random 시퀀스는 LTE에서 가상 cell ID와 같이 설정 가능한 ID를 이용해 생성된다. ID가 따로 설정되지 않았을 경우엔 암묵적으로 물리적인 cell ID가 사용된다.[7)]

7) 릴리스 16에서 CDM 그룹 번호는 전송된 신호의 cubic metric을 낮추기 위해 시퀀스 생성에 포함될 수도 있다.

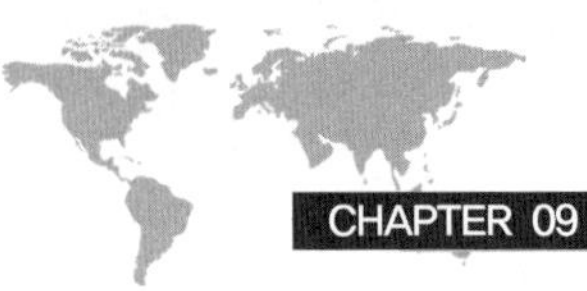

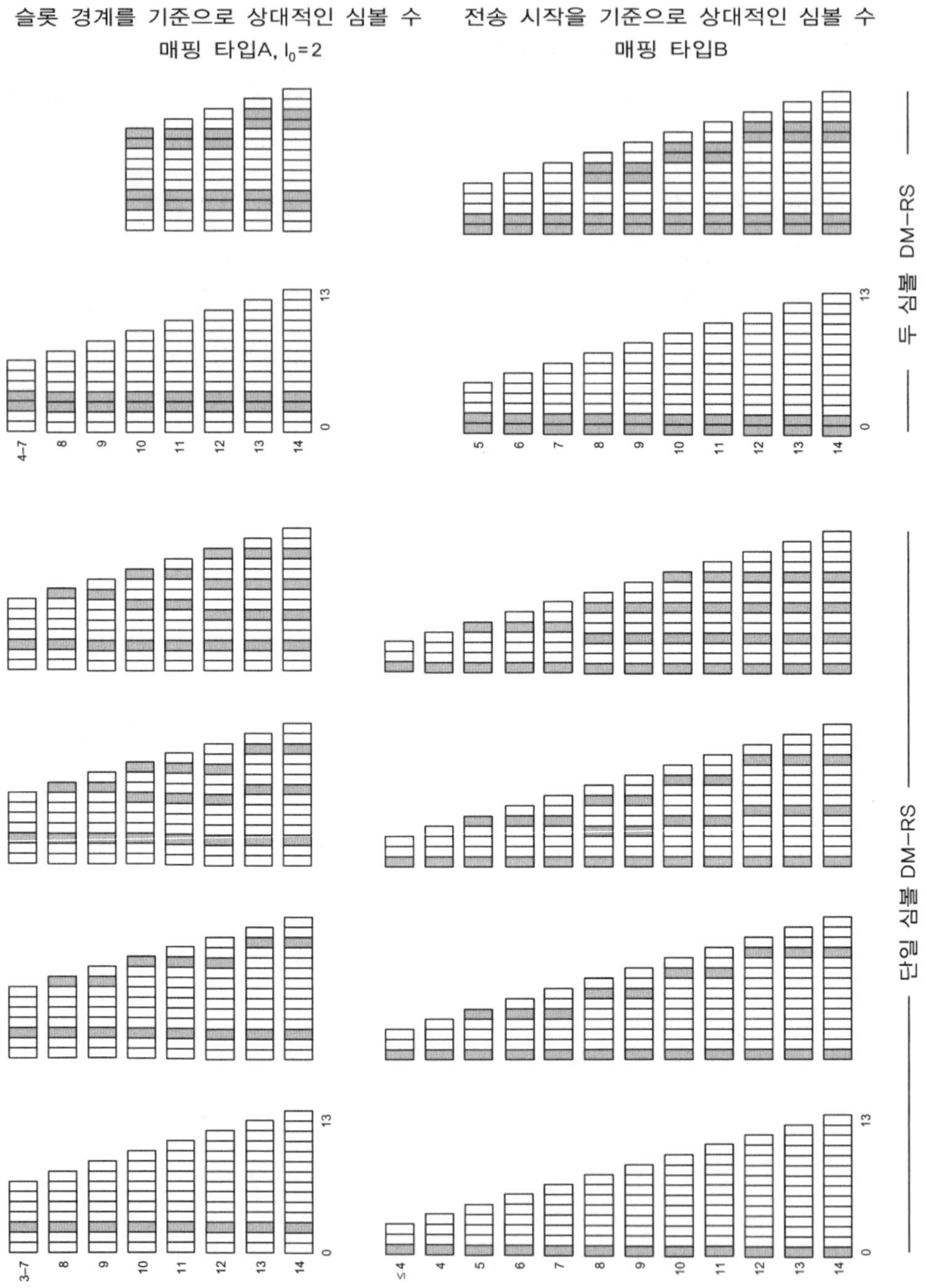
슬롯 경계를 기준으로 상대적인 심볼 수
매핑 타입A, l_0=2
전송 시작을 기준으로 상대적인 심볼 수
매핑 타입B
두 심볼 DM-RS
단일 심볼 DM-RS
0
13
4–7
3–7
≤4
8
9
10
11
12
13
14

그림 9.16
DM-RS의 시간 영역 위치

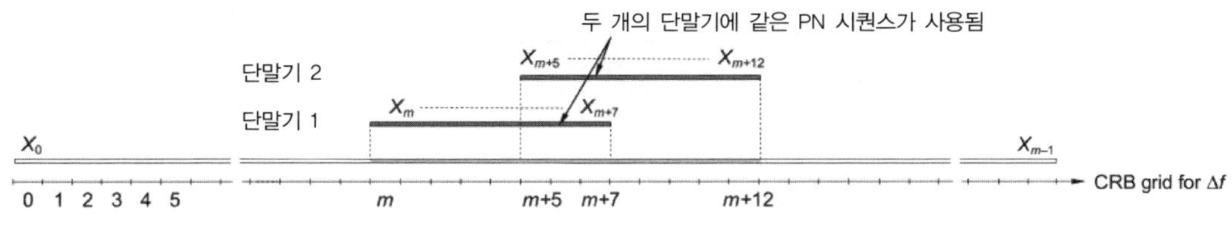

그림 9.17
CRB 0에 기초한 DM-RS 시퀀스의 생성

type 1 RS로 돌아가 설명하면 underlying psueo-random 시퀀스는 RS 전송에 사용되는 OFDM 심볼의 주파수 영역에서 매 두 개의 서브캐리어마다 한 번씩 매핑된다. 그림 9.18에 front-loaded RS의 경우에 어떻게 매핑되는지 그려보았다. 안테나 포트 1000과 1001은[8] 짝수 번째 서브캐리어에 매핑되고, underlying pseudo-random 시퀀스와 주파수 영역에서 길이가 2인 서로 다른 직교 코드를 곱해서 두 시퀀스를 구분한다. 이로써 직교하는 두 RS를 생성하여 두 안테나 포트를 통해 전송하게 된다. 무선 채널이 연속하는 네 개의 서브캐리어 동안 평탄 (Flat)하기만 하면 두 개의 RS는 수신단에서 직교하게 될 것이다. 여기서의 flat의 의미는 다중 경로에 의한 페이딩의 영향이 없음을 의미한다. 안테나 포트 1000과 1001은 같은 서브캐리어를 사용하고 직교 코드를 써서 코드 도메인에서 구분하므로 CDM 그룹 0에 속한다고 말할 수 있다. RS 안테나 포트 1002, 1003은 CDM 그룹 1에 속하고 같은 방식으로 시퀀스가 생성되고 홀수 번째 서브캐리어에 매핑된다. 그러므로 CDM그룹 내에서 코드로 구분되고 CDM 그룹 간에는 주파수 영역에서 구분된다. 4개보다 더 많은 안테나 포트가 필요할 경우 두 개의 연속되는 OFDM 심볼이 이용된다. 이렇게 시간 영역에서 두 개의 OFDM 심볼과 주파수 영역에서 길이가 2인 직교 코드를 사용하여 총 8개의 직교 코드를 사용할 수 있다.

8) 이 예에서는 하향링크 안테나 포트 번호 지정을 가정한다. 상향링크 구조는 유사하지만 안테나 포트 번호는 다르다.

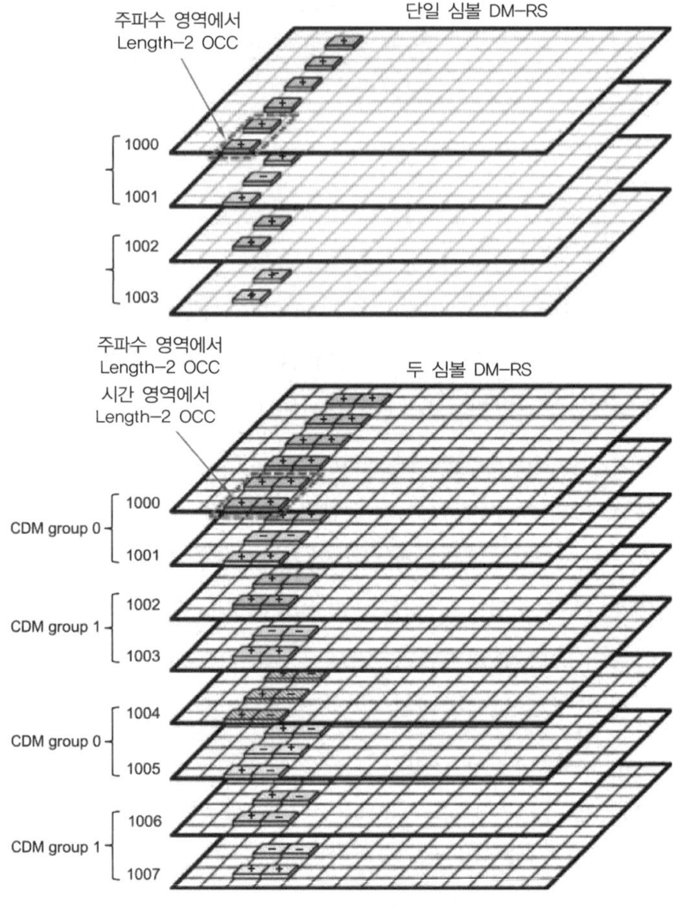

그림 9.18
type 1 DM-RS

DM-RS type 2는 type 1과 비슷한 구조로 되어있지만 몇 가지 다른 점이 있다. 가장 주목할만한 것은 지원되는 안테나 개수이다. 그림 9.19를 보라. type 2의 각 CDM 그룹은 두 개의 인접 서브캐리어를 사용하고 길이가 2인 직교 코드를 이용해 안테나를 구분한다. 대신 같은 서브캐리어를 공유한다. 이런 한 쌍의 서브캐리어 두 개를 묶어 한 CDM 그룹으로 한다. 하나의 리소스 블록에는 12개의 서브캐리어가 있으므로 3개의 CDM 그룹이 존재하며 하나의 그룹당 2개의 직교 RS가 생성될 수 있다. type 1과 비슷한 방법으로 두 번째 OFDM 심볼을 사용하여 시간 영역에서 길이 2짜리의 직교 코드를 사용하면 type 2를 이용하여 최대 12개의 직교 코드를 사용할 수 있다. type 1과 type 2는 구조적인 면에서는 매우 비슷하지만 다른 점도 존재한다. type 1은 주파수 영역에서 좀 더 조밀하지만, type 2는 주파수 영역의 조밀성을 희생하여 더 많은 개수의 직교 RS 코드를 멀티플렉싱할 수 있다. type 2는 더 많은 단말을 동시에 지원할 수 있는 multi-user MIMO에 유용하도록 고안되었다.

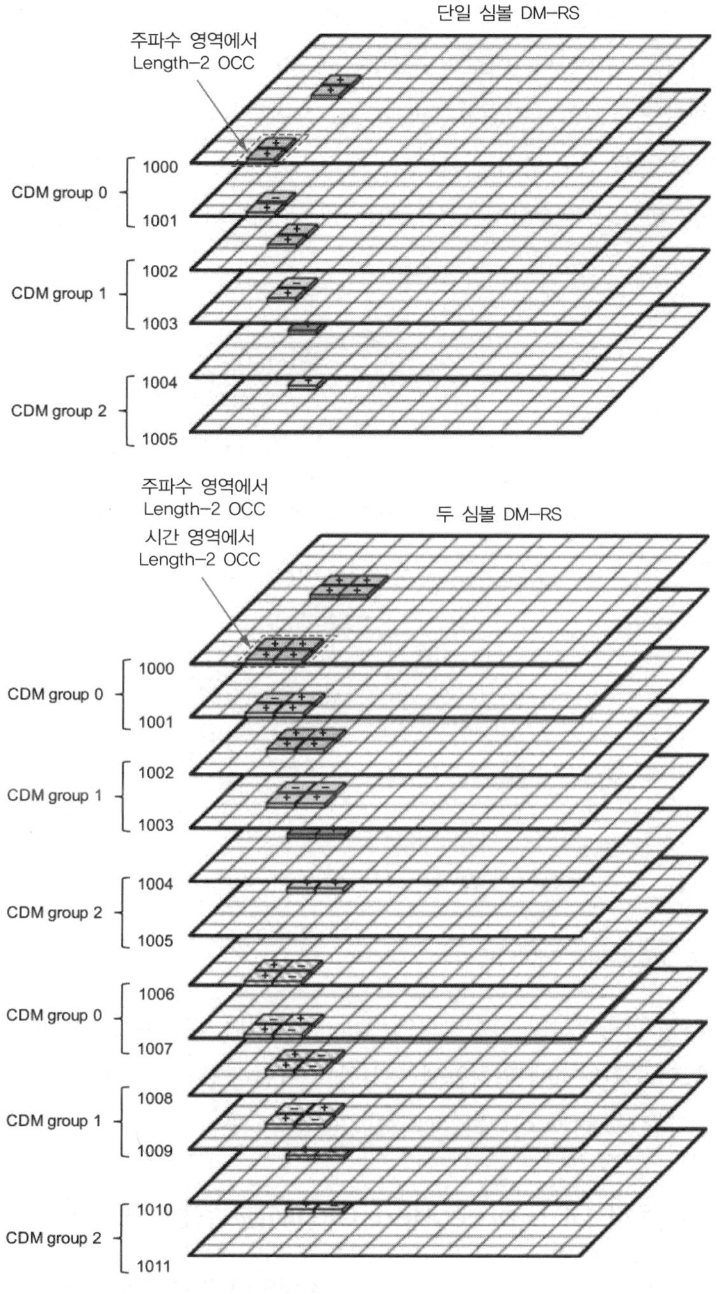

그림 9.19
type 2 DM-RS

어떠한 RS 구조를 사용할 것인지는 다이나믹 스케줄링과 상위 계층 설정의 조합으로 결정된다. 두 심볼 RS가 설정되었을 경우에 스케줄러는 DCI를 통해 단말에게 DM-RS를 1 또는 2 심볼을 사용할 것은 지시한다. 스케줄러는 또한 다른 사용자에게 할당된 CDM 그룹 정보를 단말

에게 알려준다. 그림 9.20을 보라. 스케줄링된 단말은 자신의 RS와 다른 사용자의 RS 자리를 모두 비워서 데이터를 전송한다. 이로써 multi-user MIMO의 경우 동시 스케줄링된 다른 사용자들의 수가 변하여도 지원할 수 있다. single-user MIMO인 다중 레이어를 공간 멀티플렉싱하여 전송하는 단말도 같은 접근 방식을 따른다. 즉, 각 레이어는 같은 단말의 다른 레이어가 사용하는 CDM 그룹을 비우고 전송하게 된다. 이는 RS의 레이어 간 간섭을 없애기 위한 것이다.

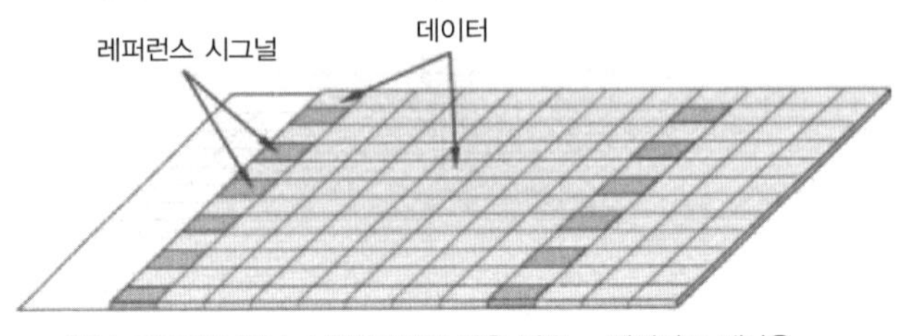

CDM 그룹으로 동시 스케쥴링되지 않을 경우 - 데이터로 재사용

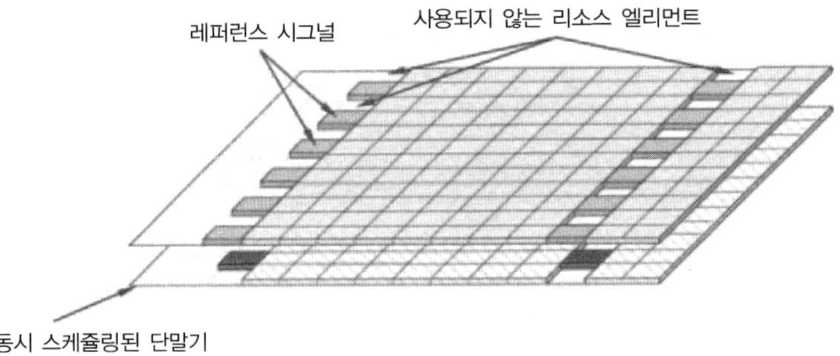

CDM 그룹으로 동시 스케쥴링된 경우 - 리소스 엘리먼트를 비워둠

그림 9.20
동시 스케줄된 CDM 그룹 주위로 데이터를 rate matching 함

위에서 설명한 RS는 상향링크와 하향링크에 모두 적용된다. 그러나 precoder-based 상향링크 전송에서는 RS가 프리코더 전에 위치함에 유의하기 바란다 (그림 9.11). 그러므로 앞에서 언급한 DM-RS 전송 구조는 RS가 아니라 프리코딩된 RS인 것이다.[9]

9.11.2 상향링크의 DFT-precoded OFDM을 위한 DM-RS

DFT-precoded OFDM은 하나의 레이어 전송만을 지원하며 주로 커버리지 제한된 상황에서 사용된다. 상향링크 DFT-precoded OFDM에서는 낮은 cubic metric을 가져 고효율로 전력을 증폭할 수 있는 것이 중요하므로 RS 구조가 OFDM의 경우와 다르다. 기본적으로 하나의 단말에

9) 일반적으로 RS는 다중 안테나 처리를 위해 9.8절에서 설명한 공간 필터 F를 어떻게 구현하는가에 영향을 받는다. 그러므로 "전송"의 의미는 표준 규격의 관점으로 이해해야 한다.

서 RS를 다른 상향링크 전송과 섞어 전송하는 것은 cubic metric이 증가하고 단말 장치의 전력 증폭 효율을 저해하므로 적절하지 않다. 대신에 슬롯 내에 특정 OFDM 심볼을 오로지 DM-RS 전송에만 사용한다. 그러니까 RS는 다른 PUSCH 데이터와 시간으로 멀티플렉싱되는 것이다. 그리하여 RS 구조는 (뒤에 설명하겠지만) 이러한 심볼 내에서는 낮은 cubic metric을 갖는 것을 보장한다.

시간 영역에서 RS는 type 1의 설정과 같은 매핑 방식을 따른다. DFT-precoded OFDM은 하나의 레이어 전송만을 지원하므로 type 2 구조를 지원할 필요가 없다. type 2는 multi-user MIMO를 지원하기 위한 용도이다. 게다가 DFT-precoded OFDM은 multi-user MIMO를 겨냥한 것이 아니므로, RS 시퀀스를 모든 CRB에 걸쳐 정의할 필요가 없고 전송되는 물리적 리소스 블록 내에서만 정의하는 것으로 충분하다.

상향링크 RS가 전송되는 주파수 영역에서 고른 채널 추정 품질을 얻기 위해 RS는 주파수 영역에서 작은 전력 변동을 갖는 것이 좋다. 앞에서 언급했듯이 OFDM 방식의 경우 좋은 자기상관 특성을 갖는 pesudo-random 시퀀스를 써서 이런 효과를 얻는다. 그러나 DFT-precoded OFDM에서는 낮은 cubic metric을 얻기 위해 일정 시간 구간에서 전력 변동이 낮은 것도 중요하다. 게다가 다른 셀에서 다른 사용자가 스케줄링될 때를 고려하여 주어진 길이의 충분한 RS 시퀀스 개수가 있어야 한다. 이러한 두 가지 요구 사항을 만족하는 것이 8장에서 언급한 Zadoff-Chu 시퀀스이다. 주어진 그룹과 시퀀스 인덱스를 이용해 Zadoff-Chu 시퀀스를 생성하고, 여기에 부가적으로 주파수 영역에서 서로 다른 선형 위상 회전을 인가하여 시퀀스를 생성한다. 이것은 LTE와 같은 개념이고 그림 9.21에 그림으로 예시하였다.

Zaodoff-Chu 기반 시퀀스는 낮은 cubic metric을 제공하지만 PUSCH 데이터에 대한 cubic metric은 $\pi/2$-BPSK 변조의 경우 훨씬 더 낮다. 따라서 이 경우 상향링크 커버리지는 복조 RS에 의해 제한되어 낮은 cubic metric $\pi/2$-BPSK 변조로 얻은 이득을 부분적으로 상쇄한다 (QPSK 및 더 높은 변조 방식의 경우 해당 없음). 이를 완화하기 위해 릴리스 16에서는 대체 복조 RS 시퀀스를 허용한다. 이 대체 시퀀스는 신중하게 선택된 컴퓨터 생성 시퀀스가 사용되는 가장 짧은 시퀀스 길이를 제외하고 $\pi/2$-BPSK 로 변조된 pseudorandom 시퀀스를 기반으로 한다.

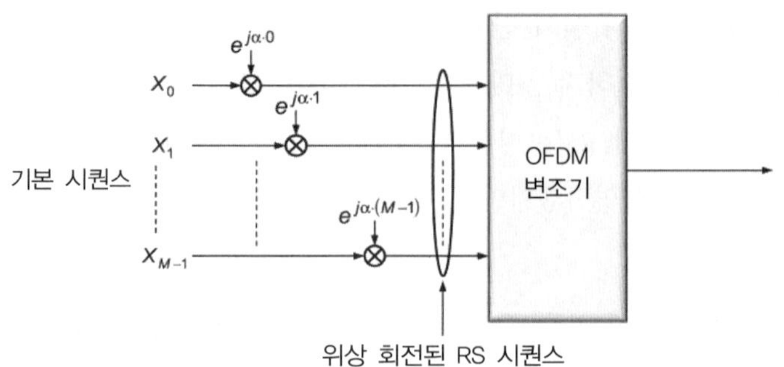

그림 9.21
위상 회전 기본 시퀀스로부터 상향링크 RS 시퀀스 생성

9.11.3 위상 추적 RS (phase-tracking RS)

PT-RS는 DM-RS의 확장이라고 볼 수 있다. PT-RS는 전송 구간 (예를 들어 한 슬롯) 내에서 위상 변화를 추적하기 위한 것이다. 위상 변화는 주로 오실레이터의 위상노이즈에서 기인하며 고주파로 동작할 때 위상노이즈가 커지는 경향이 있다. PT-RS는 NR에서만 존재하고 LTE엔 없었다. 그 이유는 LTE는 비교적 낮은 주파수 대역에서 동작하였고 이로 인해 위상노이즈에 의한 영향이 미미했었기 때문이며, 또 한편으로는 LTE에서는 위상 추적 목적으로 사용할 수 있는 CRS (Cell-Specific RS)가 있었기 때문이기도 하다. 위상노이즈를 추적하는 것이 주요 목적이므로 PT-RS는 시간 영역에서 조밀하고 주파수 영역에선 희박해도 된다. PT-RS는 DM-RS와의 조합으로만 설정되며 기지국이 PT-RS를 설정할 때만 동작한다. OFDM 또는 DFT-Spread-OFDM인지에 따라 그 구조가 다르다.

OFDM의 경우 PDSCH/PUSCH에 있는 RS 심볼은 할당 구간의 첫 OFDM에서 시작하여 매 L 번째 OFDM 심볼마다 반복된다. DM-RS 바로 다음엔 PT-RS가 필요없으므로 반복되는 주기는 매 DM-RS 심볼에서 초기화된다. 시간 영역에서의 밀집도는 스케줄된 MCS (Modulation and Scheme)와 관계되며 조절이 가능하다.

주파수 영역에서 PT-RS는 매 2 또는 4개의 리소스 블록마다 전송되어 주파수 축에서 희박한 구조를 갖는다. 주파수 영역에서의 밀집도는 스케줄링되어 전송되는 대역폭과 관계가 있으며 대역폭이 클수록 밀집도는 더 작다. 최소의 대역폭에서는 PT-RS가 전송되지 않는다.

같은 주파수 자원에 스케줄된 다른 사용자와 PT-RS가 서로 겹치는 경우를 줄이기 위해 PT-RS에 사용되는 리소스 블록과 서브캐리어 위치는 C-RNTI에 따라 다르다. PT-RS 전송에 사용되는 안테나 포트는 DM-RS 안테나 포트 그룹의 가장 낮은 번호의 안테나 포트가 사용된다. 그림 9.22에 PT-RS가 매핑되는 몇 가지 예가 그려져 있다.

상향링크의 DFT-precoded OFDM의 경우 PT-RS가 DFT-precoding 전에 삽입된다. 시간 영역 매핑은 OFDM의 경우와 같은 원칙을 따른다.

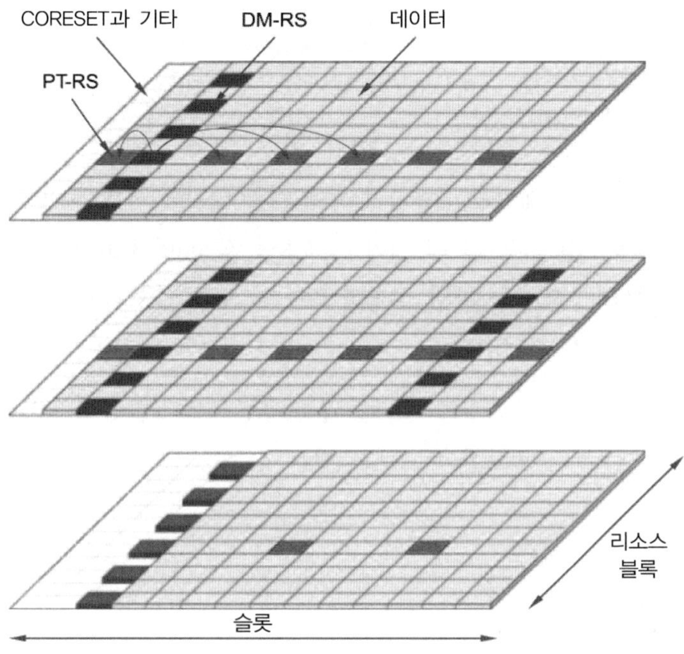

그림 9.22
하나의 리소스 블록과 하나의 슬롯에 매핑된 PT-RS의 예

10 물리 계층 제어 시그널링

CHAPTER

하향링크와 상향링크의 전송 채널을 전송하기 위해 이와 연관된 특정 제어 시그널링이 필요하다. 이러한 제어 시그널링을 보통 L1/L2 제어 시그널링 (Control signaling)이라 부른다. L1/L2 제어 시그널링으로 부르는 이유는 해당 정보의 일부는 물리 계층 (L1)에서 발생하고, 일부는 MAC (L2) 계층에서 나오기 때문이다.

이 장에서는 상향링크 스케줄링 그랜트 (Grant)와 하향링크 스케줄링 할당을 포함하는 하향링크 시그널링과 단말기로부터 필요한 피드백을 받는 상향링크 시그널링에 대해 설명한다.

10.1 하향링크

하향링크 L1/L2 제어 시그널링은 하향링크 스케줄링 할당과 상향링크 스케줄링 그랜트로 이루어져 있다. 하향링크 스케줄링 할당은 단말기가 DL-SCH를 적절히 수신하고 복조하고 디코딩하는 데 필요한 정보를 포함하고 있다. 상향링크 스케줄링 그랜트는 단말에게 UL-SCH 전송에 사용되는 리소스와 전송구조 등을 단말에게 알려준다. 또한, 하향링크 제어 시그널링은 상향링크와 하향링크 슬롯에 사용되는 심볼, 선취권 지시 (Preemption Indication), 전력 제어 등의 특별한 목적의 정보 전달에 이용되기도 한다.

NR에서는 physical downlink control channel (PDCCH) 한 종류의 제어 채널이 존재한다. 넓게 보면 NR에서의 PDCCH 프로세싱은 LTE와 비슷해서 단말은 하나 또는 그 이상의 탐색 영역에서 PDCCH의 후보를 모두 블라인드 (Blind) 디코딩 시도해본다. 그러나 NR에서는 LTE의 경험을 살리고 NR 자체의 목적을 위해 몇 가지 다른 점이 존재한다.

- LTE PDCCH와는 달리 NR에서는 PDCCH가 캐리어의 전 대역폭에 존재할 필요가 없다. 이것은 5장에서 설명하였듯이 NR 단말기가 전 대역폭을 수신할 필요가 없다는 사실의 당연한 결과이다. 그리하여 NR에서는 제어 채널이 더욱 일반화된 구조로 되었다.

- NR에서는 PDCCH가 특정 단말을 향한 빔포밍이 지원되도록 설계되었다. 이는 NR이 빔지향주의적인 설계를 따르고 있다는 것을 보여주고 고주파 대역에서 동작함으로써 링크버짓(Link Budget)이 매우 제한적인 경우에 PDCCH에 빔을 사용하는 것이 필요하기도 하다.

이러한 개념은 릴리스 11의 LTE EPDCCH에서도 어느 정도 다루어지기도 했다. 그러나 EPDCCH는 실제 eMTC (enhanced Machine-Type Communication)를 위한 제어 시그널링의 도구로 활용된 것을 제외하고는 널리 쓰이지 않았다.

LTE에서는 PHICH와 PCFICH의 두 가지 제어 채널이 존재했으나 NR에서는 필요하지 않게 되었다. PHICH는 LTE에서 동기적 (Synchronous) hybrid-ARQ 프로토콜과 밀접하게 맞물려 상향링크의 재전송을 제어했었다. 그러나 NR에서는 상향링크와 하향링크에서 모두 hybrid-ARQ가 비동기적으로 동작하므로 PHICH는 더는 필요하지 않게 되었다. PCFICH가 필요하지 않은 이유는 NR에서는 control resource set (CORESET)이 다이나믹하게 변하지 않기 때문이다. 데이터를 위한 제어 리소스의 재사용은 LTE와 다른 방식으로 관리된다.

다음 절에서는 NR 하향링크 제어 채널인 PDCCH를 설명할 것이다. CORESET의 개념과 PDCCH가 전송되는 시간-주파수 자원에 관해 설명할 것이다. 우선 PDCCH의 코딩, 변조를 설명할 것이고 CORESET의 구조를 설명할 것이다. 하나의 캐리어 안에 다중 CORESET이 존재할 수 있고 CORESET 설명의 일부로서 리소스 엘리먼트를 control channel element (CCE)에 매핑하는 것을 설명할 것이다. 하나의 CORESET에 하나 또는 그 이상의 CCE를 모아 하나의 PDCCH를 전송하는 자원으로 활용한다. 단말기는 자신에게 전송된 PDCCH가 있는지 검색 공간 (탐색 영역) 내에서 맹목적으로 뒤지는 블라인드 검색 (Blind Detection)으로 PDCCH를 탐색한다. 하나의 CORESET 안에 있는 자원들 내에 다수의 검색 공간이 존재할 수 있다. 그림 10.1에 전체 구조를 그렸다. 마지막으로 하향링크 제어 정보 (Downlink Control Information, DCI)의 내용을 설명할 것이다.

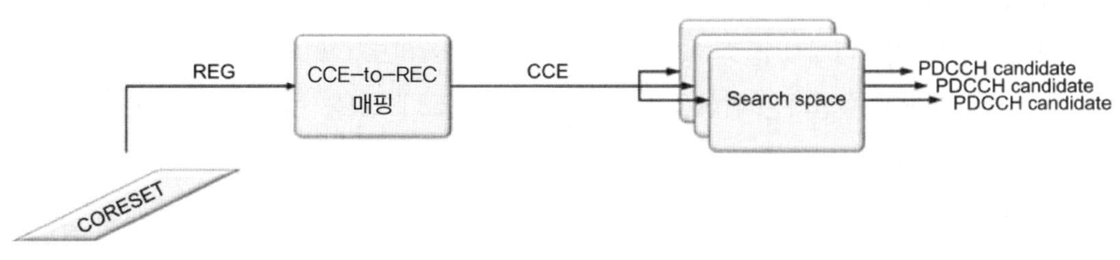

그림 10.1
단말 관점에서 본 NR에서 PDCCH 처리의 전체 구조

10.1.1 물리적 하향링크 제어 채널

PDCCH의 프로세싱 절차가 그림 10.2에 그려져 있다. 대부분 NR에서의 PDCCH 프로세싱은 각 PDCCH가 독립적으로 처리된다는 의미에서 LTE의 PDCCH보다 LTE EPDCCH에 가깝다.

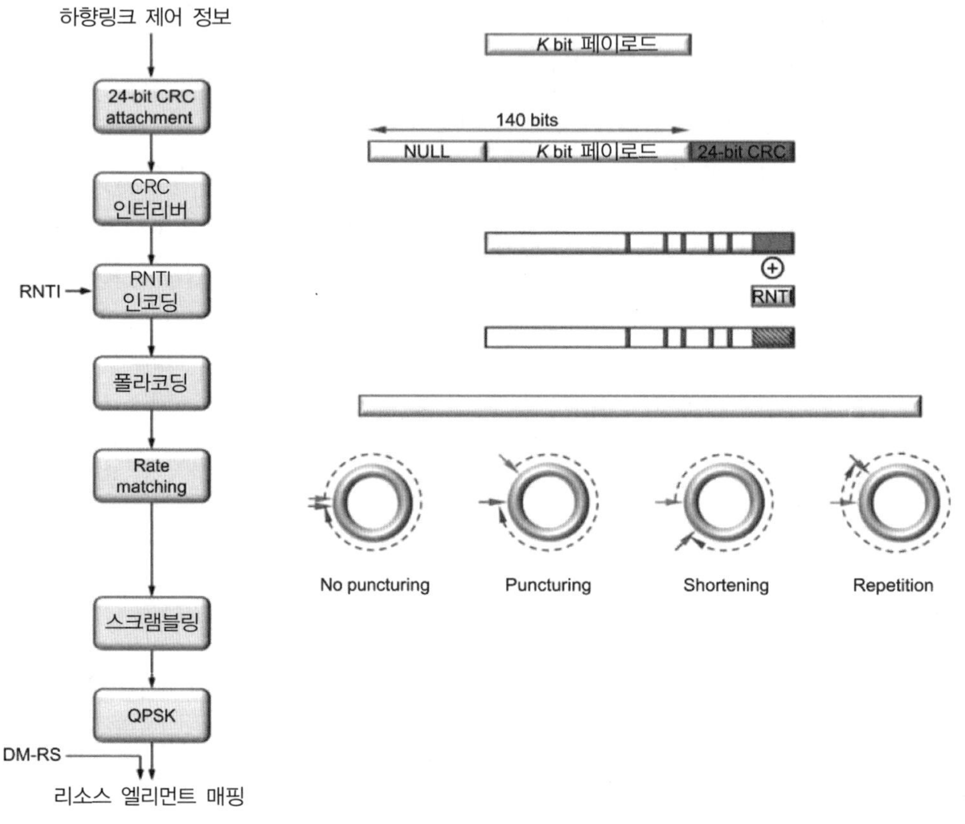

그림 10.2
PDCCH 프로세싱

PDCCH에 전송되는 페이로드는 하향링크 제어 정보 (Downlink Control Information, DCI)라고 부르며 수신단의 디코더에서 전송에러를 검출하기 위해 24비트 CRC가 붙는다. LTE와 비교하여 제어 비트가 잘못 수신되는 위험을 줄이고 수신단에서 디코딩을 미리 끝낼 수 있도록 CRC 크기가 늘어났다.

LTE에서처럼 단말의 고유 ID를 이용해 스크램블링을 하며 이에 따라 계산된 CRC 값이 달라지게 된다. 단말은 DCI를 받으면 스크램블링된 페이로드로부터 CRC를 계산하고 수신된 CRC와 같은지 비교한다. CRC가 맞으면 메시지는 그 단말로 정상적으로 수신된 것으로 간주한다. 그러므로 단말의 고유 ID는 DCI 메시지를 수신하는 데 사용되어 CRC에 함축적으로 인코딩되어 전달되고 따로 전송되지는 않는다. 이러한 방법은 PDCCH에 전송에 필요한 비트 수를 줄이고 CRC가 맞지 않는다는 것은 다른 단말에게 전송되는 메시지라는 것을 의미한다. RNTI는 꼭 단말의 고유 ID일 필요는 없으며 페이징이나 랜덤 엑세스 응답에 사용되는 것처럼 그룹의 타입 또는 공통 RNTI가 될 수도 있다.

PDCCH의 채널코딩은 비교적 최신의 채널코딩 기술인 폴라코드에 기초하고 있다. 폴라 (Polar) 코드의 기본 개념은 무선 채널을 잡음이 없는 채널과 잡음이 많은 채널 등의 여러 가지 셋 (set)으로 변형하고 정보 비트를 잡음이 없는 채널로 전송한다. 디코딩 과정은 몇 가지 방법이 있으나 전형적으로 successive cancellation과 리스트 (List) 디코딩 방법이 사용된다. 리스트 디코딩은 CRC를 디코딩 과정의 일부로 사용한다. 이로 인해 에러 검출 성능이 떨어진다. 예를 들어 8 사이즈의 리스트 디코딩은 에러 검출의 관점에서는 3비트를 잃는 것이다. 에러 검출을 위해 전송한 24비트 CRC는 결국 21비트의 CRC를 보낸 것과 같은 성능을 내게 된다. 이것이 LTE보다 더 많은 CRC 비트를 보내는 이유이기도 하다.

LTE에서는 tail biting convolutional 코드가 사용되어 정보 비트의 수가 변해도 처리할 수 있었지만, 폴라코드는 최대 비트 수를 고려하여 설계된다. NR에서 폴라코드는 하향링크에서 rate matching 전에 코딩된 비트 수가 최대 512비트가 되도록 설계되었다. 이는 최대 140개의 정보 비트를 지원할 수 있으며 릴리스 15에서는 DCI 페이로드 크기가 이보다 훨씬 작고 미래 확장을 위해서도 이 정도면 충분하다. 디코딩 처리 과정에서 early termination을 지원하기 위해 CRC는 정보 비트의 끝에 첨가되는 것이 아니라 폴라코드가 적용된 후에 분산되어 삽입된다. 디코더에서 path metric을 검사하여 early termination을 할 수도 있다.

rate matching은 코딩된 비트 수를 PDCCH 전송에 할당된 자원에 맞게 조절하는 것이다. 이 과정은 32개의 블록으로 sub-block 인터리빙한 후에 코딩된 비트열을 shortening, puncturing, 또는 repetition하는 과정으로 다소 복잡하다. shortening, puncturing, repetition 중에서 언제 어느 방법을 선택할 것인지는 성능을 최대화하는 방법으로 결정된다.

코딩과 rate-matching 과정을 통과한 비트열은 마지막으로 스크램블링되고 QPSK로 변조되어 PDCCH에 할당된 리소스 엘리먼트에 매핑된다. 각 PDCCH는 각자의 RS (Reference Signal)를 가지고 있어 특정 방향으로 빔포밍하는 기능도 지원하며 서로 다른 안테나 형상을 지원할 수 있다. PDCCH의 모든 처리 절차가 그림 10.2에 그려져 있다.

코딩 및 변조된 DCI를 리소스 엘리먼트에 매핑하는 것은 control-channel element (CCE)와

resource-element group (REG)를 사용하는 것을 특징으로 한다. LTE와 이름은 같지만, CCE와 REG 크기는 LTE와 다르며 CCE-to-REG 매핑 또한 다르다.

PDCCH는 aggregation level에 따라 1, 2, 4, 8, 16개의 연속된 CCE로 전송된다. CCE는 10.1.3에서 설명할 blind decoding을 하는 검색 영역의 단위가 된다. CCE는 6개의 REG로 이루어져 있으며 하나의 REG는 하나의 OFDM 심볼 안에 있는 RB (Resource Block)와 같다. 하나의 CCE에는 DM-RS 오버헤드를 제외하고 54개의 리소스 엘리먼트가 있으며 이는 108bit에 해당한다.

CCE-to-REG 매핑은 인터리빙과 non-interleaving 두 가지 방식이 있다. 두 가지 매핑 방식이 존재하게 된 동기는 LTE EPDCCH와 마찬가지로 인터리빙을 통해 주파수 다이버시티 효과를 얻거나 non-interleaving 방식으로 간섭을 피해 주파수 선택적 송신할 수 있는 기능을 얻기 위해서이다. 자세한 CCE-to-REG 매핑은 CORESET의 구조의 일부로서 다음 절에서 설명하기로 한다.

10.1.2 제어 리소스 셋 (Control Resource Set, CORESET)

NR 하향링크 제어 시그널링의 핵심은 CORESET을 이해하는 것이다. CORESET은 단말기가 다수 개의 탐색 공간에서 제어 시그널의 후보를 디코딩 시도하는 시간-주파수로 설정된 자원을 말한다. 시간-주파수 영역에서 CORESET의 크기와 위치는 네트워크에 의해 준정적 (Semistatically)으로 설정되고 캐리어 대역폭보다 작게 설정된다. NR에서 대역폭이 400MHz까지 넓을 수 있으므로 이렇게 넓은 대역폭을 모든 단말이 수신할 수 있다고 가정하지 않는 것이 합리적이다.

LTE에서는 CORESET의 개념이 확실하지 않았다. 대신 하향링크 제어 시그널은 첫 OFDM 심볼부터 1-3개의 심볼에 전대역 리소스를 사용하였다. 극단적인 저대역폭의 경우엔 4개의 심볼도 사용하였다. LTE에서는 제어 시그널 영역으로 알려져 있는데, 이것을 개념적으로 LTE의 CORESET이라고 볼 수 있다. 제어 시그널에 전 주파수 대역을 사용하는 것은 주파수 다이버시티를 얻기 위함이었고 적어도 릴리스 8이 정해질 때 모든 단말이 전 대역 20MHz를 지원한다는 사실에 기인한 것이다. 그러나 나중의 LTE 릴리스에서는 전 대역을 지원하지 않는 단말이 도입되면서 복잡해졌다. 이런 단말로는 릴리스 12에서 도입된 eMTC 단말이 그 예이다. LTE 방식의 제어 시그널 영역의 문제점은 주파수 영역에서 다른 셀의 하향링크 제어시그널과의 간섭을 회피하기 어렵다는 것이다. 릴리스 11에서 EPDCCH를 도입하면서 이러한 LTE의 제어 시그널 설계의 문제가 어느 정도 해결은 되었지만 EPDCCH 기능은 실제로 많이 사용되지 않고, 아직까지 LTE는 초기 접속과, EPDCCH를 지원하지 않는 단말들을 위해 PDCCH를 사용해야 한다. 그러므로 유연한 구조를 NR을 시작할 때부터 고민하게 되었다.

구성된 최대 4개의 대역폭 파트까지 각각에 대해 최대 3개의 CORESET을 구성할 수 있다. 주파수 영역의 위치는 6개의 리소스 블록 단위로 대역폭 파트 내 어디든지 있을 수 있다(그림 10.3 참조). 그러나 단말은 활성화된 BWP (Bandwidth Part) 밖에서는 CORESET을 처리할 필요가 없다.

첫 번째 CORESET인 CORESET 0은 특별한 방식으로 처리된다. 주파수 영역에서의 위치는 6개의 리소스 블록의 배수로 제한되지 않으며 SA(stand-alone) 동작을 위한 마스터 정보 블록(MIB)의 일부로 신호를 받고 나머지 시스템 정보(SIB)를 수신하는 데 사용된다. NSA (Non-standalone) 동작의 경우, CEOREST 0의 위치는 LTE 캐리어에 시그널링 된다. 연결이 설정된 후에 RRC 시그널링을 통해 하나의 단말에 다수 개의 중첩 가능한 CORESET을 설정할 수 있다.

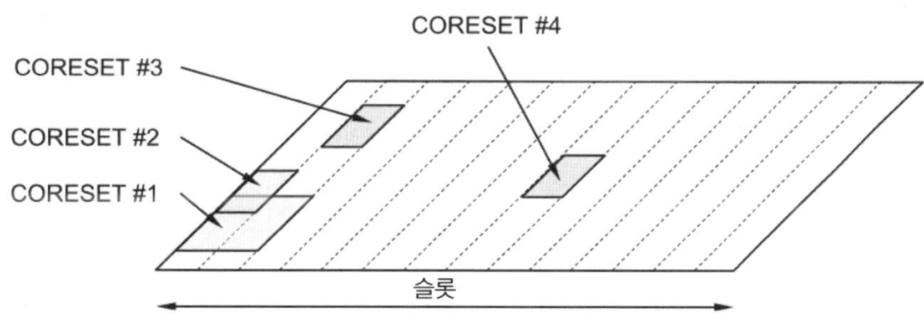

그림 10.3
다수 개의 CORESET가 설정된 예

CORESET은 시간 영역에서 세 개의 OFDM 심볼까지 사용 가능하고 하나의 슬롯 내에[1] 어디에든 위치할 수 있다.

매 슬롯마다 스케줄링 결정이 이루어지는 대부분의 경우에는 슬롯의 앞부분에 CORESET이 위치하는 것이 일반적이다. LTE에서 매 서브프레임의 첫 부분에 제어 채널이 있는 것과 같다. 그러나 다른 시간에도 CORESET을 설정할 수 있다. 저지연을 실현하기 위해 적은 수의 OFDM 심볼을 사용하는 전송의 경우, 다음 슬롯을 기다릴 필요가 없으므로 유용하게 사용할 수 있다. CORESET은 단말마다 정해지며 단지 어디에서 PDCCH를 수신할 것인지를 알려준다는 것임을 명심해야 한다. 이는 gNB에서 그 영역에 PDCCH를 전송할지 말지와는 상관없는 것이다.

PDSCH의 front-loaded DM-RS가 슬롯에서 세 번째 혹은 네 번째 심볼 중 어디에 있느냐에 따

1) CORESET의 시간 영역 위치는 해당 CORESET을 사용하여 탐색 영역 환경으로부터 획득한다.

라 CORESET의 최대 길이는 2개 또는 3개 OFDM 심볼이 될 수 있다. 이는 하향링크 RS와 데이터보다 앞부분에 CORESET을 위치시키기 위함이다.

LTE에서는 PCFICH를 통해 제어 시그널 길이가 다이나믹하게 변할 수 있었지만 NR CORESET은 길이가 고정적이다. 이는 기지국과 단말의 구현이 간편해지는 이점이 있다. 단말 관점에서 LTE에서는 PCFICH를 먼저 디코딩해야 했지만 NR에서는 PDCCH를 즉각 시작할 수 있으므로 구현이 간단해진다. PDCCH의 구조가 간소화되고 구현이 용이하게 된 것은 NR에서 저지연을 실현하기 위해 중요한 요소이다. 그러나 주파수 효율성 (Spectral Efficiency) 측면에서는 제어 시그널과 데이터를 다이나믹하게 섞을 수 있는 것이 더 효율적이긴 하다. 그러므로 NR 표준은 CORESET의 마지막 심볼 전에 PDSCH가 시작할 수 있는 것도 지원한다. 또한, 그림 10.4의 예와 같이 특정 단말에게 사용되지 않는 CORESET의 자원을 재사용할 수 있는 길을 열어 놓고 있다. 이를 위해 예약된 자원의 사용을 일반화하였다 (9.10절 참고). CORESET과 중첩되는 예약 자원은 DCI를 통해 예약 자원이 PDSCH로 사용될 수 있는지 여부를 알려주게 된다. 만약 DCI 필드 값이 "예약"으로 지시되면 PDSCH는 CORESET과 중첩되는 예약 자원을 비우도록 rate match된다. 만약 "사용 가능"으로 지시되면 DCI를 수신한 PDCCH 영역을 제외한 예약 자원을 PDSCH에 사용한다.

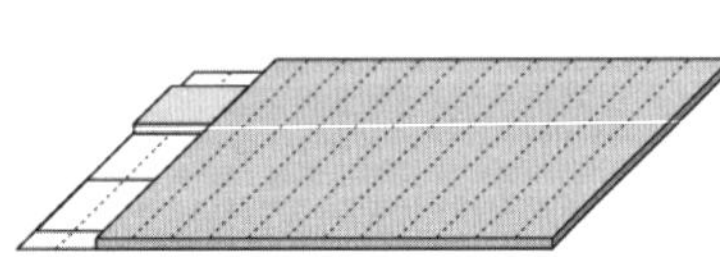

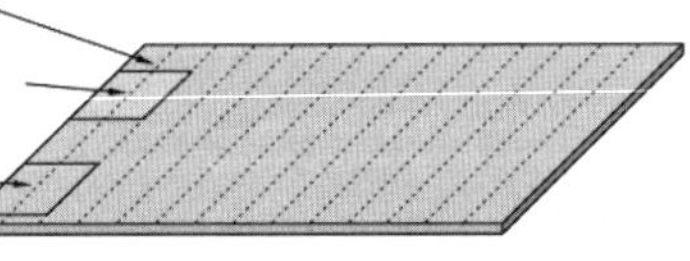

그림 10.4
CORESET 자원을 데이터 전송에 사용하지 않는 예 (왼쪽)와 사용하는 예 (오른쪽). 단말은 두 개의 CORESET이 설정되어 있다고 가정함

각 CORESET 마다 각각 CCE-to-REG 매핑이 있다. 이 매핑 과정은 REG 번들링이라는 용어를 이용한다. REG 번들은 REG의 묶음이고 단말은 그 내에서 프리코딩이 일정하다고 가정한다. 프리코딩이 일정하다고 가정하는 것은 PDSCH에서 RB 번들링하는 것과 마찬가지로 채널 추정 성능을 개선할 수 있다.

앞에서 언급했듯이 CCE-to-REG 매핑은 인터리빙과 비인터리빙 (Non-Interleaving) 방식이 있다. 이 둘은 주파수 다이버시티 또는 주파수 선택적 전송 중 어느 것을 선호하느냐에 따라 선택된다. 하나의 CORESET은 하나의 CCE-to-REG 매핑 방식을 따르지만 각 CORESET 마다 서로 다른 매핑 방식을 가질 수 있다. 이로써 non-interleaving 방식의 CORESET을 사용하여 주파수 선택적 스케줄링의 효과를 얻을 수 있고, 단말이 이동 속도가 빨라 채널 상태 정보 피드백이 정확하지 않을 땐 인터리빙 방식으로 설정된 CORESET을 사용하여 주파수 다이버시티 효과를 얻을 수 있다.

non-interleaving 방식의 매핑 과정은 간단한데 여섯 개의 연속된 REG로 하나의 CCE를 형성한다. 단말은 그 CCE안에서 프리코딩이 일정하다고 가정한다.

인터리빙 방식은 조금 복잡하다. 이 경우 REG 번들 크기는 두 가지 설정이 가능하다. 첫 번째로 전체 CORESET 구간에서 동일하게 REG 번들 크기가 6인 경우이다. 다른 방법은 REG 번들 크기가 2 또는 3으로 CORESET마다 다를 수 있다. 두 개의 OFDM 심볼을 쓰는 경우에는 번들 크기는 2 또는 6이다. 세 개의 OFDM 심볼을 쓰는 경우에는 CCE를 형성하는 REG 번들이 주파수 다이버시티를 얻기 위해 블록 인터리버를 이용해 주파수 축에서 흩뿌려진다. 블록 인터리버 행의 수는 다양한 경우에 사용할 수 있도록 가변적이다 (그림 10.5 참고).

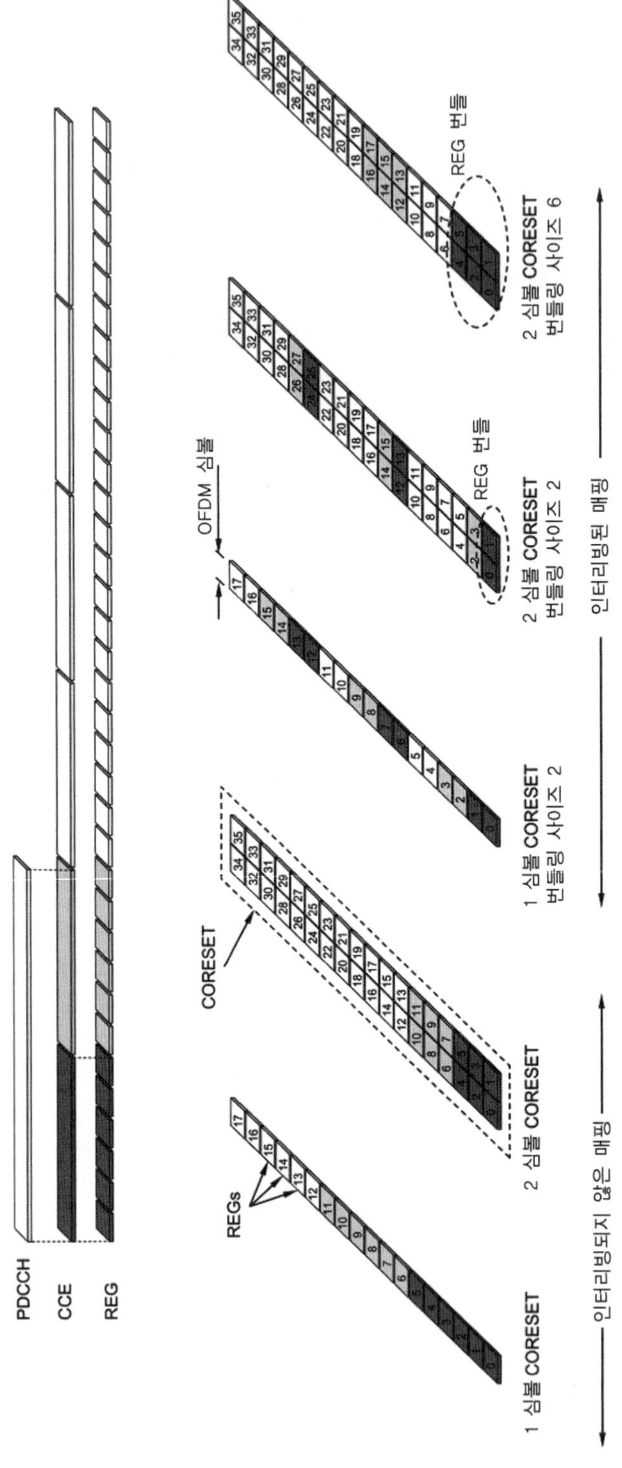

그림 10.5

CCE-to-REG 매핑의 예

PDCCH 수신 과정에서 단말은 RS를 이용해 채널 추정을 해야 한다. PDCCH는 하나의 포트를 이용하며 이는 송신 다이버시티나 multi-user MIMO와 관계없이 단말로서는 하나의 포트로 수신한다는 관점에서는 똑같다.

각 PDCCH는 PDSCH와 같이 의사 잡음 (Pseudo-Random) 시퀀스에 기초한 DM-RS를 가지고 있다. 의사 잡음 시퀀스는 주파수 영역에서 전체 공통 리소스 블록 (Common Resource Block) 길이로 생성된다. 그리고 PDCCH로 설정된 리소스 블록만 실제로 전송된다. 그러나 하나의 예외가 존재한다. 공통 리소스 블록의 위치는 시스템 정보의 일부로 시그널링되므로 초기 접속 (Initial Access)의 경우에 단말은 알 수 없다. 그러므로 PBCH로 설정되는 CORESET 0에 사용되는 시퀀스는 CORESET의 첫 리소스 블록에서 시작하도록 생성된다.

PDCCH에 사용되는 DM-RS는 REG 내에서 4개의 서브캐리어마다 매핑된다. 그러므로 RS의 오버헤드는 1/4이 된다. 이는 RS 오버헤드가 1/6인 LTE보다 조밀한 RS 패턴이다. LTE에서는 모든 단말에 공통으로 사용할 수 있는 CRS (Cell-Specific RS)가 존재했으므로 이를 이용해 시간-주파수 채널 추정을 할 수 있었기 때문이다. CRS는 제어 채널을 송신하는지에 관계없이 항상 전송된다. PDCCH 마다 자신의 RS를 가지고 있는 것은 약간의 오버헤드가 더 있지만 단말에게 빔포밍을 이용할 수 있다는 장점이 있다. 빔포밍된 제어 채널을 사용함으로써 빔포밍을 사용하지 않는 LTE보다 커버리지와 성능이 향상된다.[2)] 이러한 개념이 빔 지향적인 NR의 중요한 부분이다.

일정 CCE 묶음 내에서 PDCCH 후보를 디코딩하고자 할 때 PDCCH에 사용될 것으로 추측되는 REG 번들을 계산한다. 기지국은 REG 번들마다 프리코딩을 변경할 수 있으므로 채널 추정은 REG마다 이루어져야 한다. 일반적으로 이러한 방법으로 PDCCH 수신에 정확한 채널 추정을 할 수 있다. CORESET 내의 연속되는 리소스 블록에 동일한 프리코딩이 적용되도록 설정할 수 있다. 이를 이용하면 채널 추정을 주파수 영역에서 보간할 수 있다. 이는 단말이 PDCCH를 검출하기 위한 영역 밖의 RS를 이용할 수도 있음을 의미한다 (그림 10.6을 참고). 어떤 의미에서는 이는 주파수 영역에서 LTE의 CRS를 일부 모방한 것이라고 볼 수 있으며 빔포밍 기능은 이에 따라 제약받게 된다.

다른 채널에서 몇 차례 언급했듯이 채널 추정과 관련하여 QCL (Quasi-Colocation) 관계를 RS에 적용할 수 있다. 단말이 두 개의 RS가 QCL 관계에 있다는 것을 안다면 이 사실을 채널 추정을 향상시키는 데 이용할 수 있다. 이것은 단말에서 서로 다른 빔으로 PDCCH를 수신할 때

2) LTE EPDCCH에는 빔포밍을 지원하기 위해 단말 고유의 RS가 도입되었다.

더욱 중요하다. 빔 관리와 QCL에 대해 12장에서 더욱 상세하게 다룬다. QCL 관계를 처리할 수 있도록 각 CORESET은 transmission configuration indication (TCI) 상태와 함께 설정된다. TCI는 PDCCH 안테나 포트와 QCL 관계에 있는 안테나의 정보를 제공한다. 만약 단말에게 설정된 특정 CORESET과 특정 CSI-RS와 공간적으로 QCL 관계에 있다면 단말은 이 CORESET에 속한 PDCCH를 수신하고자 할 때 어떤 수신 방법이 적합한지를 결정할 수 있다. 그림 10.7의 예에서 CORESET 두 개가 설정되었는데 하나는 CSI-RS #1과 DM-RS가 QCL 관계이고, 다른 하나는 DM-RS가 CSI-RS #2와 QCL 관계에 있다. 단말은 CSI-RS의 측정에 기반하여 두 CSI-RS에 쓰인 빔 정보를 이용하여 최적의 수신 빔을 결정하게 된다. CORESET #1 영역에서 PDCCH가 전송되었는지를 탐색할 때 단말은 공간적인 QCL 관계를 알고 있으므로 적합한 수신 빔을 적용하는 것이다. CORESET #2에 대해서도 마찬가지이다. 이러한 방법으로 단말은 블라인드 디코딩의 큰 테두리 안에서도 다양한 수신 빔을 적용하게 된다.

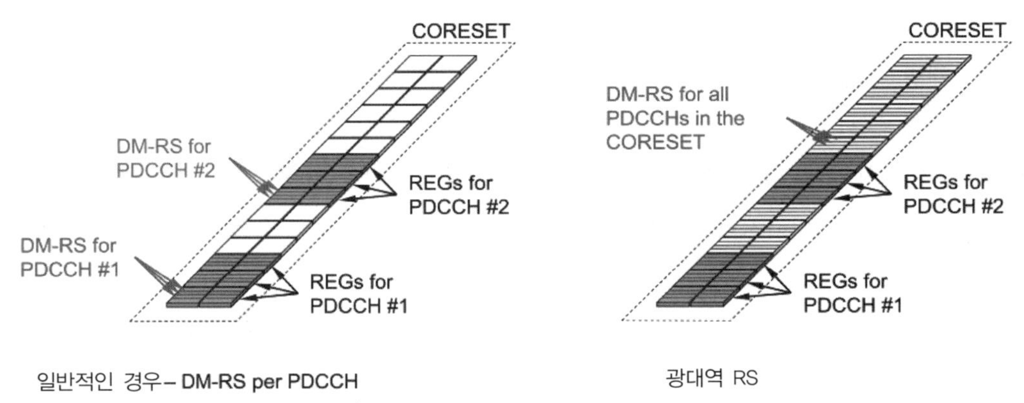

그림 10.6
정상적인 RS 구조 (왼쪽)와 광대역 RS 구조 (오른쪽)

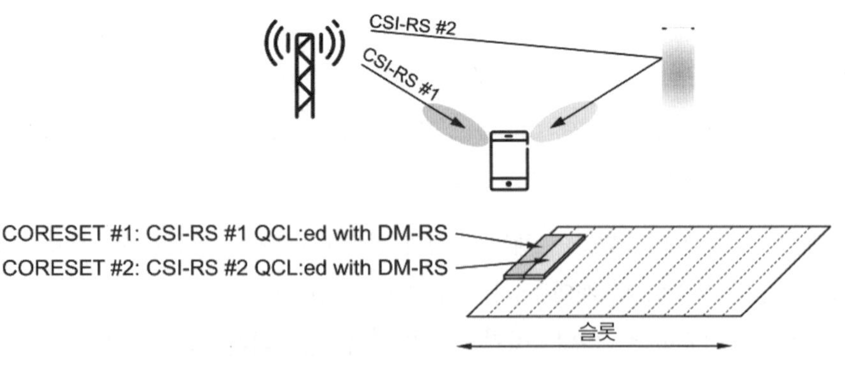

그림 10.7
PDCCH 빔 관리를 위한 QCL 관계의 예

어떠한 QCL 관계도 설정되지 않았으면 단말은 CORESET이 지연 분산, 도플러 확장, 도플러 주파수 변환, 평균 지연, 수신 안테나의 공간 특성 등의 관점에서 SS 블록과 QCL 관계에 있다고 가정한다. 이것은 단말이 시스템에 접속하기 위해 PBCH를 디코딩하고 수신할 수 있었으므로 타당한 가정이라고 볼 수 있다.

10.1.3 블라인드 디코딩과 탐색 영역

하향링크 제어 시그널링은 다양한 용도로 사용되며 제어 메시지의 용도에 따라 필요한 비트 수는 달라질 수 있다. 따라서 DCI 메시지는 DCI 크기와 DCI 유형의 두 가지 측면으로 특징지어진다. 이 크기와 유형은 단말이 모르므로 PDCCH 후보를 블라인드 디코딩해야 한다. 이 프로세스의 일부로 code rate가 알려져야 한다. 페이로드 크기와 시간-주파수 자원 양의 조합과 같은 다양한 가설을 사용하여 디코딩을 시도하고 CRC를 확인함으로써 단말은 유효한 제어 정보가 있는 경우 이를 감지할 수 있다. 제어 정보의 목적, 즉 DCI 유형도 결정되어야 한다.

한 가지 일반적인 접근 방식은 DCI 크기와 DCI 유형을 별도로 처리하는 것인데, 단말이 여러 다른 DCI 크기를 블라인드 디코딩하고 후보 PDCCH가 성공적으로 디코딩되면 처음 몇 비트의 헤더가 나머지 비트를 해석하는 방법을 단말에 알릴 수 있도록 하는 것이다. 그러나 부분적으로 그동안의 역사적 이유 때문에 NR 설계는 크기와 유형이 함께 DCI 형식으로 묶인 LTE 구조를 계승했지만 둘 사이의 결합은 LTE보다 다소 덜 엄격하다. 따라서 DCI 형식은 DCI의 유형 또는 목적뿐만 아니라 크기도 특성화한다. 다른 형식들은 여전히 동일한 DCI 크기를 가질 수 있지만, 이 경우 DCI의 목적을 나타내기 위해 페이로드에 추가 비트가 필요하다.

블라인드 디코딩은 단말에게는 무시할 수 없는 정도로 프로세싱에 대해 부담을 주며 하향링크 제어 채널 설계의 많은 부분이 이 복잡성을 줄이는 것과 관련이 있다. 블라인드 디코딩 복잡성을 제한하는 두 가지 중요한 측면은 시간-주파수 영역에서 위치를 제한하고 임의의 aggregation level들을 허용하지 않음으로써 PDCCH 후보의 수를 제한하고 모니터링할 DCI 크기 집합을 제한하는 것이다.

이전 섹션에서 설명한 CCE 구조는 후보 수를 제한하는 데 유용한 잘 정의된 시간-주파수 구조를 제공하지만 이것으로는 충분치 않다. 분명히, 스케줄링 관점에서 허용된 aggregation level의 제한은 스케줄링 유연성을 감소시키고 송신기 측에서 추가 프로세싱을 요구할 수 있으므로 바람직하지 않다. 동시에 단말이 구성된 모든 CORESET에서 가능한 모든 CCE aggregation 및 그 위치를 모니터링하도록 요구하는 것은 단말 복잡성의 관점에서 볼 때 합당치 않다. 스케줄러에 가능한 한 제한을 적게 부과하는 동시에 단말에서 블라인드 디코딩 시도의 최대 횟수를 제한하기 위해 NR은 이른바 탐색 영역을 정의한다. 이 탐색 영역은 주어진 aggregation level에서 CCE에 의해 형성된 후보 제어 채널의 집합으로, 단말이 디코딩을 시도하도록 되어있다. 여러 aggregation level이 있으므로 단말은 여러 탐색 영역을 가질 수 있다. 탐색 영역 집합은 동일한 CORESET에 연결된 다른 aggregation level을 가진 탐색 영역의 집합이다. 따라서 CORESET 및 탐색 영역 집합을 구성하여 단말은 aggregation level은 다르지만 동일한 시간-주파수 자원을 사용하는 제어 채널의 존재를 모니터링할 수 있다. 이렇게 서로 다른 aggregation level의 목적은 PDCCH의 code rate를 제어하여 PDCCH의 링크 적응을 수행할 수 있도록 하는 것이다. aggregation level이 높을수록 고정 DCI 크기가 주어지면 code rate는 낮아진다. 따라서, 열악한 채널 조건에서 gNB는 유리한 채널 조건에서보다 더 높은 aggregation level을 선택할 것이다.

4개의 대역폭 파트 각각에 대해 최대 10개의 탐색 영역 세트가 구성될 수 있다 (그림 10.8). 각 탐색 영역에 대해 해당 탐색 영역이 발생하는 시점에 대한 정보와 함께 연관된 CORESET이 구성된다. 따라서 CORESET의 시간 영역 측면은 CORESET 구성의 일부로 구성되지 않고 탐색 영역 집합 구성에서 가져온다. 탐색 영역 집합 구성에는 각 aggregation level에 대한 PDCCH 후보의 수와 모니터링할 DCI 형식에 대한 정보도 포함된다. 단말은 대역폭 파트의 전반적인 목적에 따라 활성 대역폭 파트 외부에서 PDCCH를 수신해서는 안 된다.

탐색 영역을 모니터링할 주기가 되면 단말은 탐색 영역에 속한 PDCCH 후보를 디코딩 시도하게 된다. 1, 2, 4, 8 그리고 16 CCE의 다섯 종류 aggregation level이 설정 가능하다. 가장 큰 aggregation level인 16은 LTE에서는 지원되지 않았으나 NR에서는 커버리지 확장을 위해 추가하였다. 탐색 영역별로 PDCCH 후보 개수와 aggregation level 설정이 가능하다. 이런 면에서 NR은 LTE에 비해 aggregation level에 따라 블라인드 디코딩 시도를 유연하게 조절할 수 있다. LTE에서는 각 aggregation level마다 블라인드 디코딩 개수가 정해져 있었다. 이런 유연성을 둔 이유는 NR에서 다양한 운용 환경이 있을 수 있기 때문이다. 예를 들어 소형 기지국에서는 큰 aggregation length를 사용하지 않을 것이고 단말은 절대로 사용하지 않을 aggregation level을 블라인드 디코딩하지 않고 작은 aggregation level 블라인드 디코딩에 자원을 사용하는 것이 효율적이다.

탐색 영역 세트 0은 특별하다. 이것은 CORESET 0에 연결되고 MIB의 정보를 기반으로 구성된다. 이 탐색 영역 집합의 목적은 다른 용도로도 사용될 수 있지만, 나머지 시스템 정보를 수신할 수 있게 하는 것이다. 나머지 탐색 영역 세트는 시스템 정보의 일부 또는 전용 RRC 신호를 사용하는 방식으로써 RRC 신호를 사용하여 구성된다.

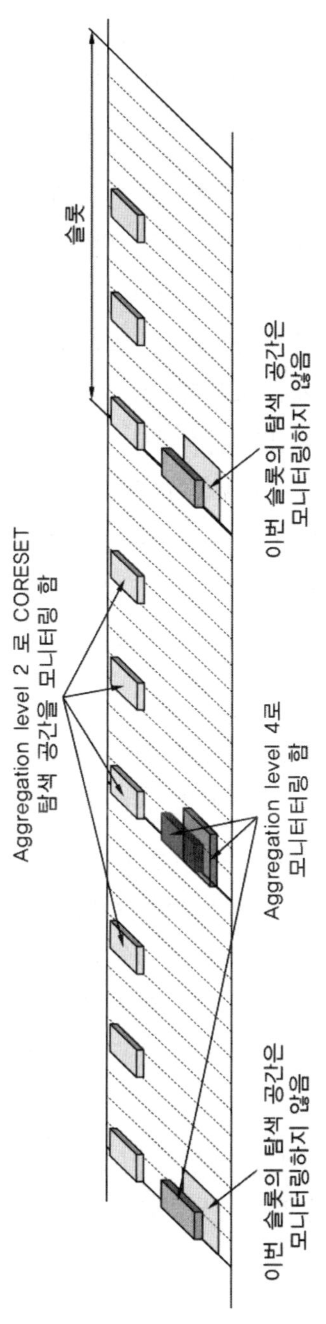

그림 10.8
탐색 영역 set 설정의 예시

PDCCH 후보를 디코딩 시도하는 과정에서 CRC를 통과하게 되면 단말은 제어 채널 정보가 유효하다고 판단하고 그 안에 포함된 스케줄링 할당, 스케줄링 그랜트 등을 처리하게 된다. CRC

를 통과하지 못하면 해당 정보는 정정 불가의 전송에러를 가진 것으로 판단하거나 다른 단말 장치로 전송되는 것으로 여기고 PDCCH를 폐기한다.

탐색 영역에 대해 논의했는데, 제어 정보가 어떤 단말의 탐색 영역 중 하나에서 CCE에 의해 형성된 PDCCH를 통해 전송되는 경우에만 네트워크가 해당 단말에게 알려줄 수 있는 것이 분명하다. 예를 들어 그림 10.9에서 device A는 CCE 20번에서 시작하는 PDCCH로는 제어 정보를 보낼 수 없다. 또한 단말 A가 CCE 16-23번을 사용하고 있으면 aggregation level 4 탐색 영역의 모든 CCE들을 다른 단말 장치가 이미 사용하고 있으므로 단말 B는 aggregation level 4를 사용할 수 없다. 이로부터 알 수 있는 것은 효율적으로 CCE를 사용하기 위해서는 탐색 영역이 단말마다 달라야 한다는 것이다. (복잡성의 관점에서 현실적이지는 않지만, 모든 단말들이 모든 CCE들을 모니터링할 수 있는 경우를 제외하고) 각 단말은 몇 개의 단말 고유의 탐색 영역(단말 특정 탐색 영역라고도 하며 - USS : UE-specific 탐색 영역s)을 설정한다. .복잡성 이유로 인해 단말 고유의 탐색 영역은 일반적으로 네트워크가 해당 aggregation level로 전송할 수 있는 모든 CCE를 포함할 수는 없다. 그러므로 단말 고유의 탐색 영역이 사용하는 CCE를 정하는 방법이 필요하다.

한 가지 방법은 단말 고유의 탐색 영역을 설정할 때 CORESET을 설정하는 것과 비슷한 방법을 사용하는 것이다. 그러나 이는 따로 단말에게 시그널링이 필요하고 핸드오버가 일어나면 재설정이 필요하다. 대신, 시작 CCE 번호로 표현되는 단말 고유의 탐색 영역 위치는 셀내에서 고유한 단말의 ID, 즉 C-RNTI를 이용하게 되면 명시적인 시그널링 없이 설정할 수 있다. 단말이 특정 aggregation level을 모니터링해야 하는 CCE들도 두 단말끼리 서로 겹칠 수 있으므로 시간에 따라 변해야 한다. 이것은 시간 경과에 따라 탐색 영역의 위치를 무작위로 만든다. 두 검색 공간이 한 순간에 충돌하면 다음 순간에 충돌할 가능성은 없다. 특정 순간에는 두 탐색 영역이겹칠 수 있지만, 다음번엔 겹치지 않는다. 각 단말은 단말 고유의 C-RNTI를 이용해 각자 고유의 탐색 영역에서 PDCCH 디코딩을 시도하게 된다.[3] 만약 그 영역에서 스케줄링 그랜트와 같은 유효한 제어 정보가 찾아지면 단말은 그것에 맞게 동작하게 된다.

3) 가끔은 추가적은 단말 고유의 ID가 있을 수 있다. 그중에 하나가 CS-RNTI인데 이는 준지속적 스케줄링에 사용된다. 14장에서 이에 대해 다룬다. 그리고 MCS-CRNTI는 C-RNTI와 같은 방식으로 사용되지만 10.1.16절에서 논의된 바와 같이 보다 강력한 전송이 가능함을 의미한다.

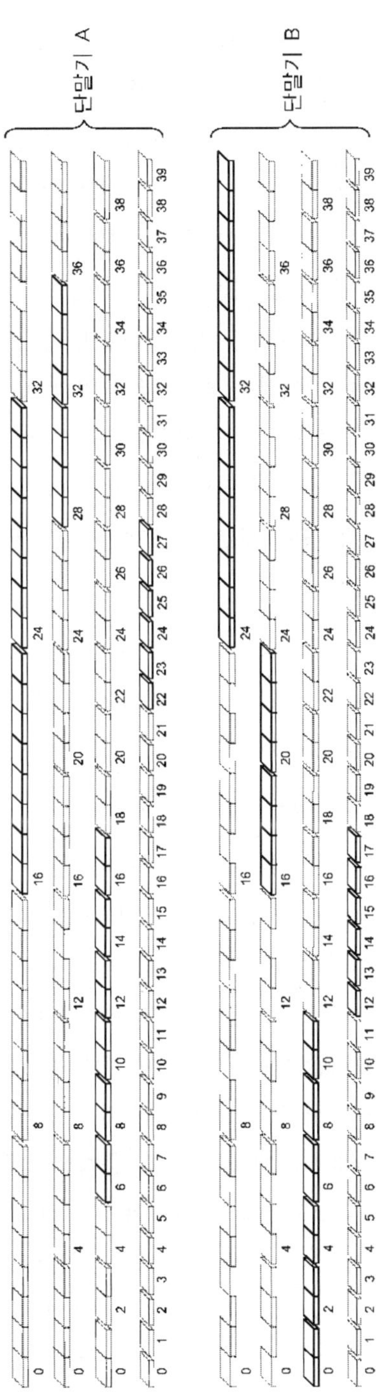

그림 10.9
두 단말에게 할당된 탐색 영역의 예

때로는 단말 그룹에게 전송하고자 하는 정보가 있을 수 있다. 또는 랜덤 엑세스 절차의 일부로 단말 고유의 ID가 할당되기 전에 단말에게 정보를 전달해야 할 때가 있다. 이러한 메시지들은 미리 정해진 여러 개의 서로 다른 RNTI들을 사용해 스케줄링된다. 시스템 정보를 전송할 때는 SI-RNTI를 사용하고, 페이징 메시지는 P-RNTI, 랜덤 엑세스 전송은 RA-RNTI, 상향링크 전력 제어 응답은 TPC-RNTI를 사용한다. 다른 예도 존재하는데 선취권 지시를 위해 INT-RNTI를 사용하고 슬롯에 관계된 정보를 전송할 때는 SFI-RNTI를 이용하는 것들이다. 이러한 정보는 모든 단말에게 전송하고자 하는 것이지만 단말들은 각자 고유의 탐색 영역을 모니터링하므로 다른 방법이 필요하다. 그리하여 NR에서는 공통 탐색 영역 (Common 탐색 영역)를 정의하고 있다.[4] 공통 탐색 영역은 단말 고유의 탐색 영역과 구조가 비슷한데 다른 점은 단말의 ID와 관계없이 사용하는 CCE들이 미리 정해져 단말이 알고 있다는 점이다. 탐색 영역이 공통인지 혹은 단말 고유인지 여부는 탐색 영역 세트 구성의 일부로 제공된다.

다음 섹션에서 더 자세히 설명할 다양한 DCI 형식들과 탐색 영역 및 RNTI는 표 10.1에 요약되어 있다. DCI 형식의 크기는 그 구성 및 존재하는 필드에 무엇이냐에 따라 크게 달라지므로 해당 구성을 명시하지 않고는 DCI 크기를 명시하기가 어렵지만, 상향링크 및 하향링크 스케줄링을 위한 DCI 크기는 70비트의 내외가 될 수 있다 (CRC 제외).

앞서 논의한 바와 같이 블라인드 디코딩은 단말에 대한 무시할 수 없을 정도로 프로세싱 측면에 부담이 된다. 따라서 단말의 복잡성을 제한하기 위해 "3+1"의 기본적인 DCI 크기 budget이 사용된다. 즉, 단말이 C-RNTI를 사용하여 최대 3개의 다른 DCI 크기를 모니터링하거나 (스케줄링에 time-critical함) 다른 RNTI들을 사용하여 하나의 DCI 크기를 모니터링 한다는 것이다 (덜 time critical함). 어떤 상황에서 일부 단말들은 "3+1" budget이 제안하는 것보다 더 많은 블라인드 디코딩을 수행할 수 있지만 모든 단말에 이 기능이 있는 것은 아니다. 따라서 상대적으로 많은 수의 서로 다른 DCI 메시지(및 DCI 형식)가 있을 수 있음에도 불구하고 페이로드 크기는 단말의 프로세싱 capability의 제약 조건을 충족하도록 조정되어야 한다. DCI 크기 budget은 특정 DCI 형식이 다른 DCI 형식의 크기와 일치하도록 패딩되는 복잡한 크기 조정 규칙 세트(자세한 내용은 [90] 참조)에 의해 강제적으로 적용된다. 크기 정렬의 결과는 구성에 달려있는데 결국 단말이 모니터링해야 하는 DCI 형식의 세트에 따라 다르지만, 상당히 일반적인 설정으로 스케줄링을 위한 세 가지 다른 DCI 크기와 다양한 제어 목적을 위한 하나의 DCI 크기가 있다.

4) NR 표준은 RNTI에 따라 서로 다른 공통 탐색 영역의 타입을 정의하고 있다. 하지만 이는 탐색 영역의 일반적 개념을 이해하는 데는 중요하지 않다.

표 10.1 DCI 형식, 탐색 영역 및 RNTI 요약

DCI Format	Search Space	Possible RNTIs[a]	Usage
0_0	USS	C-RNTI	상향링크 스케줄링 (fallback)
	CSS in PCell		
	CSS in PCell	TC-RNTI	랜덤 엑세스 절차
0_1	USS	C-RNTI	상향링크 스케줄링
		SP-CSI-RNTI	semi-persistent CSI 보고의 활성화
0_2	USS	C-RNTI	상향링크 스케줄링
		SP-CSI-RNTI	semi-persistent CSI 보고의 활성화
1_0	USS	C-RNTI	하향링크 스케줄링 (fallback)
	CSS in PCell		
	CSS in PCell	SI-RNTI	시스템 정보의 스케줄링
		RA-RNTI, msgB-RNTI	랜덤 엑세스 응답
		TC-RNTI	랜덤 엑세스 절차
		P-RNTI	페이징 메시지
1_1	USS	C-RNTI	하향링크 스케줄링
1_2	USS	C-RNTI	하향링크 스케줄링
2_0	CSS	SFI-RNTI	슬랏 포멧 지시자
2_1	CSS	INT-RNTI	선취 지시자
2_2	CSS	TPC-PUCCH-RNTI	PUCCH 전력 제어
		TPC-PUSCH-RNTI	PUSCH 전력 제어
2_3	CSS	TPC-SRS-RNTI	SRS 전력 제어
2_4	CSS	CI-RNTI	Uplink cancelation 지시자
2_5		AI-RNTI	IAB를 위한 슬랏 자원 가용성
2_6	CSS	PS-RNTI	파워 세이빙 정보
3_0	USS	SL-RNTI, SL-CS-RNTI	NR 사이드링크의 스케줄링
3_1	USS	SL-L-CS-RNTI	LTE 사이드링크의 스케줄링

[a]C-RNTI는 C-RNTI, MCS-C-RNTI, CS-RNTI 세 가지를 모두 포함하는 것으로 이해해야 한다.

- DCI 형식 0_0/1_0에 의해 지정된 크기, 단말별 탐색 영역에서 C-RNTI를 사용하여 모니터링되고, 공통 탐색 영역에서는 C-RNTI 및 기타 다양한 RNTI들을 사용하여 모니터링됨;
- DCI 형식 0_1에 의해 지정된 크기, 단말별 탐색 영역에서 C-RNTI를 사용하여 모니터링됨;
- DCI 형식 1_1에 의해 지정된 크기, 단말별 탐색 영역에서 C-RNTI를 사용하여 모니터링됨;
- 그리고 공통 탐색 영역에서 모니터링되고 C-RNTI 이외의 다양한 RNTI를 사용하여 2_x 계열의 DCI 형식에 의해 지정된 크기. 이 구성은 2_x 계열에서 모니터링되는 모든 형식이 동일한 크기인지 보장되어야 한다.

예를 들어 스케줄링을 위해 형식 0_0/1_0만 사용하여 2_x 계열을 구성할 때 더 큰 자유도를 허용하는 것과 같은 다른 구성도 물론 가능하다.

"3+1" budget은 단말 복잡성을 제어하기에 충분하지 않다. DCI 크기의 수가 제한되어 있더라도 여러 탐색 영역이 있을 수 있으므로 블라인드 디코딩의 총 시도 횟수에 대한 제한도 필요하다. NR에서 블라인드 디코딩 시도 횟수는 부반송파 간격, 즉 슬롯 길에에 따라 다르다. 15/30/60/120kHz 부반송파 간격의 경우 슬롯당 최대 44/36/22/20개의 블라인드 디코딩 시도가 모든 DCI 크기에서 지원될 수 있다. 그러나 블라인드 디코딩의 수는 복잡성의 척도일 뿐만 아니라 채널 추정도 고려되어야 한다. 15/30/60/120kHz의 부반송파 간격에 대한 채널 추정의 수는 슬롯 하나의 모든 CORESET에서 56/56/48/32 CCE로 제한되었다. 구성에 따라 PDCCH 후보의 수는 블라인드 디코딩의 수 또는 채널 추정의 수에 의해 제한될 수 있다. CRC 검사는 복잡성이 낮기 때문에 동일한 페이로드 크기로 여러 RNTI를 모니터링하는 것은 비용이 많이 들지 않으며 거의 "무료"라고 할 수 있다.

탐색 영역 세트 구성에 따라 블라인드 디코딩 시도 횟수는 슬롯마다 다를 수 있다. 다른 두 슬롯에 비해 중간 슬롯에서 더 많은 블라인드 디코딩 시도가 필요하거나 (다르게 표현하면) 단말의 모든 블라인드 디코딩 기능이 세 슬롯 중 두 슬롯에서 사용되지 않는 경우가 그림 10.8에 한 가지 예로 나와 있다. 이러한 블라인드 디코딩 기능의 낭비를 피하기 위해 블라인드 디코딩 시도 횟수가 초과 예약으로 알려진 최대 허용 값보다 크도록 단말 구성이 가능하다. 우선순위 지정 규칙은 블라인드 디코딩 budget을 위반하지 않고 슬롯의 공통 탐색 영역에 우선 순위를 부여하는 경우, 단말이 블라인드 디코딩 시도를 어떻게 사용해야 하는지를 정의한다.

캐리어 애그리게이션 (Carrier Aggregation)을 하는 경우에는 위에서 언급한 블라인드 디코딩의 동작은 컴포넌트 (Component) 캐리어 마다 적용된다. 그러므로 채널 추정과 블라인드 디코딩의 총 횟수는 하나의 캐리어를 쓸 때보다 늘어난다. 그렇지만 사용하는 캐리어 수대로 비례하여 증가하지는 않는다.

10.1.4 하향링크 스케줄링 할당 - DCI 포맷 1_0, 1_1, 그리고 1_2

PDCCH에 DCI를 전송하는 방법을 설명하였으므로 이제는 하향링크 스케줄링 할당부터 시작해 제어 정보에 전송되는 내용을 자세히 살펴보자. 하향링크 스케줄링 할당은 non-fallback 포맷인 DCI format 1_1 또는 fallback 포맷으로 알려진 DCI format 1_0을 이용한다. 그리고 URLLC에 대한 향상된 지원의 일부로 릴리스 16에 도입된 세 번째 형식인 1_2도 있다. 내용은 기본적으로 형식 1_1과 동일하지만 많은 필드들을 더 크게 구성할 수 있다. DCI 형식 1_2에 대한 자세한 내용은 20장을 참조하기 바란다. 이 섹션의 나머지 부분은 이미 릴리스 15에 있는 형식 1_0 및 1_1에 초점을 맞출 것이다.

non-fallback 포맷 1_1은 NR의 모든 기능을 지원한다. 설정에 따라 어떤 항목은 값이 존재할 수도 존재하지 않을 수도 있다. 예를 들어 캐리어 애그리게이션이 설정되어 있지 않으면 DCI에 캐리어 애그리게이션에 관련된 정보를 포함할 필요가 없다. 그러므로 DCI 포맷 1_1의 비트 사이즈는 설정에 따라 다르며 단말이 어떤 기능들이 설정되어 있는지를 알면 비트 사이즈를 알게 되고 이에 따라 블라인드 디코딩을 한다.

fallback 포맷 1_0은 비트 사이즈가 작으며 제한된 NR 기능들을 지원한다. 사용하는 정보 필드는 대개 정해져 있고 비트 크기도 모든 경우에 다 그런 건 아니지만 대개 고정되어 있다. fallback 포맷을 쓰는 예로는 단말이 새로운 설정을 적용해야 할 시간을 모르는 경우이다. 전송 에러가 난 경우가 이에 해당한다. fallback을 쓰는 다른 예로는 제어 시그널링의 오버헤드를 줄이고자 하는 경우이다. fallback 포맷은 더 작은 데이터 패킷을 스케줄링할 때 충분한 유연성을 발휘하는 경우가 많다.

표 10.2에서 볼 수 있듯이 내용 일부는 다른 DCI 포맷 간에서도 동일하다. 그러나 서로 다른 capability 및 다른 릴리스에서 비롯되어(표에 있는 작은 첨자에 명시됨) DCI 항목 종류는 다르다. 하향링크 스케줄링에 사용되는 DCI 포맷에 있는 정보는 크게 두 개의 그룹으로 나눌 수 있다. 각 필드는 DCI 포맷마다 존재할 수도 있고 존재하지 않을 수도 있다. 하향링크 스케줄링 할당 DCI 포맷의 내용은 다음과 같다.

- **DCI 포맷 identifier (1bit)** : DCI가 하향링크 할당인지 상향링크 그랜트인지를 알려주는 지시자이다. 이 필드는 여러 DCI 포맷의 페이로드 사이즈가 같아서 사이즈만으로 DCI 포맷을 구분하기 어려울 때 중요하게 사용된다. 예를 들어 fallback 포맷 0_0과 1_0은 같은 사이즈이다.
- **리소스 정보 (Resource information)**는 아래 내용으로 이루어져 있다.
    - 캐리어 지시자 (0 또는 3bit) : 이 필드는 캐리어 간 교차 스케줄링이 가능하도록 설정되

어 있을 때 존재한다. 캐리어 지시자는 다수의 단말에게 공통으로 시그널링을 하는 데 이용되는 fallback DCI에는 존재하지 않는다. 모든 단말이 캐리어 애그리게이션으로 동작하지는 않기 때문이다.

- BWP 지시자 (0-2bit) : 상위 계층 시그널링에 의해 설정되는 BWP를 활성화하는 데 이용된다. 최대 4개까지 BWP를 활성화할 수 있으며 fallback DCI에는 존재하지 않는다.
- 주파수 영역 자원 할당 : 단말이 해당 캐리어에서 PDSCH를 수신해야 하는 리소스 블록을 표시한다. 이 필드의 비트 사이즈는 대역폭에 따라 다르며 또한 10.1.1절에 설명하게 될 type 0, type 1, 다이나믹 스위칭 등의 리소스 할당 타입에 따라 다르다. 포맷 1_0은 모든 리소스 할당 방식을 지원할 필요가 없으므로 type 1 리소스 할당만을 지원한다.
- 시간 영역 리소스 할당 (1-4bit) : 이 필드는 10.1.11절에서 설명하게 될 시간영역에서의 리소스 할당을 표시한다.
- VRB-to-PRB 매핑 (0 또는 1bit) : 9.9절에서 설명한 인터리빙 또는 non-interleaved 방식의 VRB-to-PRB 매핑을 표시한다. 리소스 할당 type 1에만 존재한다.
- PRB 사이즈 지시자 (0 또는 1bit) : 9.9절에서 설명한 PDSCH 번들링 크기를 표시한다.
- 예약 자원 (0-2bit) : 9.10절에서 설명하였듯이 예약 자원이 PDSCH에 사용될 수 있는지 여부를 표시한다.
- zero-power CSI-RS 시작 (0-2bit) : 8.1절에서 설명한 CSI-RS 내용을 참고하기 바란다.
- 19장에 설명된 대로 사용할 채널 액세스 절차를 나타내기 위해 비면허 스펙트럼에서 사용되는 채널 액세스 유형 및 순환 확장.
- 휴면 지시자(0-5bit), 섹션 14.5.4에 설명된 대로 셀 휴면 및 절전에 사용된다.
- 스케줄링 오프셋 지시자(1bit), 섹션 14.5.3에 설명된 대로 절전 목적으로 크로스-슬롯 스케줄링을 제어하는 데 사용된다.

❑ **전송 블록 관련 정보**

- 변조 및 코딩 기법 (MCS, 5bit) : 사용된 변조 방식, code rate, 전송 블록 크기에 대한 정보를 제공하는 필드이다. (뒤에 추가설명)
- new-data 지시자 (NDI, 1bit) : 새로운 전송을 위해 소프트 버퍼를 초기화할 것을 지시하는 데 사용한다. 13.1절에서 설명하게 될 것이다.
- Redundancy version (RV, 2bit) : 13.1절의 설명을 참고하라
- DCI 포맷 1_1에서 네 개 레이어 이상의 공간 멀티플렉싱이 될 경우 두 번째 전송 블록이 존재하게 된다. 이 경우엔 두 번째 전송 블록을 위해 위에서 언급한 세 개의 필드가 반복된다.
- 향상된 URLLC 지원의 일부로 릴리스 16에 도입된 우선 순위 지시자(0 또는 1bit). 이것은

하이브리드 ARQ acknowledgement와 같은 관련된 상향링크 전송의 우선 순위를 나타내는 데 사용된다.

❑ Hybrid-ARQ에 관계된 정보

- Hybrid-ARQ 프로세스 넘버 (4bit) : 단말에서 소프트 combining에 사용할 hybrid-ARQ 프로세스의 인덱스를 알려준다.
- 하향링크 할당 인덱스 (DAI, 0, 2, 또는 4bit) : 13.1.5절에 설명하게될 다이나믹 hybrid-ARQ 코드북을 사용하는 경우에만 존재한다. DCI포맷 1_1은 0, 2, 4비트를 지원하며 DCI 포맷 1_0은 2비트를 사용한다.
- HARQ 피드백 시간 (3bit) : 현재의 PDSCH 대비 언제 ARQ 피드백 정보를 전송할 것인지를 알려주는 정보이다.
- CBG 전송 지시자 (CBGTI, 0, 2, 4, 6, 또는 8bit) : 13.1.2절에서 설명하게 될 것으로 재전송되는 코드 블록 그룹에 대한 지시자이다. DCI 포맷 1_1에서 CBG 재전송이 필요할 때만 존재한다.
- CBG 초기화 지시자 (CBG flush indicator, CBGFI, 0-1bit) : 13.1.2절에서 설명하게 될 소프트 버퍼를 초기화할 것을 지시한다. DCI 포맷 1-1에서 CBG 재전송이 필요할 때만 존재한다.
- PDSCH 그룹을 표시하고 하이브리드 ARQ 코드북을 제어하기 위해 비면허 스펙트럼에서 사용되는 PDSCH 그룹 인덱스(0-1bit), 19장 참조.
- 하이브리드 ARQ 피드백이 현재 PDSCH 그룹만 포함해야 하는지 아니면 다른 PDSCH 그룹도 포함해야 하는지 여부를 나타내기 위해 비면허 스펙트럼에서 사용되는 요청된 PDSCH 그룹의 수(0-1bit), 19장 참조.
- 모든 캐리어 및 PDSCH 그룹에 걸쳐 모든 하이브리드 ARQ 프로세스에 대한 하이브리드 ARQ 보고를 트리거하기 위해 비면허 스펙트럼에서 사용되는 one-shot 하이브리드 ARQ 요청(0-1bit), 19장 참조.
- gNB가 하이브리드 ARQ 피드백을 수신했는지 여부를 나타내기 위해 비면허 스펙트럼에서 사용되는 새로운 피드백 지시자(0-2bit), 19장 참조.

❑ 다중 안테나 관계된 정보 (DCI 포맷 1_1에만 존재함)

- 안테나 포트 (4-6bit) : 데이터가 전송되는 안테나 포트와 9장과 11장에서 설명하는 다른 사용자에게 스케줄링된 안테나 포트 정보를 제공한다.
- Transmission configuration 지시자 (TCI, 0 또는 3bit) : 12장에서 설명하게 될 하향링크 전송의 QCL 관계를 표시한다.

- SRS 요청 (2bit) : 8.3절에서 설명한 SRS를 전송할 것을 요청하는 필드이다.
- DM-RS 시퀀스 초기화 (0 또는 1bit) : DM-RS 시퀀스에 미리 정의된 두 개의 초기화 값 중에서 어느 것을 선택할지를 결정하는 데 사용한다.

❑ PUCCH에 관계된 정보

- PUCCH 전력 제어 (2bit) : PUCCH 전송 전력을 제어하는 데 이용한다.
- PUCCH 리소스 지시자 (3bit) : 미리 정의된 리소스 셋으로부터 PUCCH 리소스를 선택하는 데 사용한다 (10.2.7절 참고).

DCI 형식 1_0은 또한 페이징(P-RNTI와 함께), 랜덤 액세스 응답(RA-RNTI 또는 msgB-RNTI와 함께), 시스템 정보 전달(SI-RNTI와 함께) 또는 PDCCH 순서의 랜덤 액세스 절차(C-RNTI와 함께)에 쓰인다. 이 모든 경우에 DCI 크기는 동일하지만 DCI의 내용은 설명된 것과 (부분적으로)다르다.

표 10.2 C-RNTI와 함께 하향링크 스케줄링에 사용되는 DCI 형식 1_0, 1_1, 및 1_2

Field		포맷 1_0	포맷 1_1	포맷 1_2
포맷 identifier		•	•	•[16]
리소스 정보	CFI		•	•[16]
	BWP 지시자		•	•[16]
	주파수영역 자원 할당	•	•	•[16]
	시간영역 리소스 할당	•	•	•[16]
	VRB-to-PRB 매핑	•	•	•[16]
	PRB 번들링 사이즈 지시자		•	•[16]
	예약 지원		•	•[16]
	Zero-power CSI-RS 시작		•	•[16]
	스케줄링 오프셋		•[16]	
	채널-접속 유형	•[16]	•[16]	
	휴면 지시자		•[16]	
전송블록 관련 정보	MCS	•	•	•[16]
	NDI	•	•	•[16]
	RV	•	•	•[16]
	MCS, 두 번째 TB		•	
	NDI, 두 번째 TB		•	
	RV, 두 번째 TB		•	
	우선순위 지시자			•[16]

Hybrid-ARQ 관련 정보	프로세스 넘버	•	•	•[16]
	DAI	•	•	•[16]
	PDSCH-to-HARQ 피드백 시간	•	•	•[16]
	CBGTI		•	
	CBGFI		•	
	PDSCH 그룹 인덱스		•[16]	
	One-shot HARQ 요청		•[16]	
	PDSCH 그룹 넘버		•[16]	
	New feedback indicator		•[16]	
다중 안테나 관련 정보	안테나 포트		•	•[16]
	TCI		•	•[16]
	SRS 요청		•	•[16]
	DM-RS시퀀스 초기화		•	•[16]
PUCCH 관련 정보	PUCCH 전력 제어	•	•	•[16]
	PUCCH 리소스 지시자		•	•[16]

릴리스 15 이후에 도입된 필드의 경우 위 첨자는 필드가 도입된 첫 번째 릴리스를 나타낸다.

10.1.5 상향링크 스케줄링 인가 (grant) - DCI 포맷 0_0과 0_1 및 0_2

상향링크 스케줄링 그랜트는 non-fallback 포맷인 DCI 포맷 0_1 또는 fallback 포맷으로 알려진 DCI 포맷 0_0 중에 하나를 사용한다. fallback과 non-fallback 두 가지 포맷이 존재하는 이유는 하향링크와 같다. 즉, fallback은 RRC reconfiguration 동안에 불확실성에 대응하고 모든 상향링크 기능을 제공하지 않고 오버헤드가 적은 포맷을 지원하기 위함이다. DCI 형식 1_1의 경우 non-fallback 형식 0_1에 있는 정보 필드는 구성된 기능에 따라 다르다. URLLC에 대한 향상된 지원의 일부로 릴리스 16에 도입된 상향링크 스케줄링을 위한 세 번째 형식인 형식 0_2도 있다. 하향링크와 유사하게 형식 0_2는 형식 0_1을 기반으로 하는데 필드 크기에 유연성이 추가되었다. 자세한 내용은 20장에 서술한다.

블라인드 디코딩 횟수를 줄이기 위해 상향링크의 DCI 포맷 0_0과 하향링크의 DCI 포맷 1_0은 더 작은 쪽에 패딩 비트를 추가하여 같은 DCI 사이즈를 사용하게 되어 있다.

표 10.3에서 볼 수 있듯이 DCI 내용의 일부는 다른 DCI 포맷 간에서도 동일하다. 그러나 서로 다른 용도에서 비롯되었기 때문에 DCI 내용이 다른 부분도 존재한다. 상향링크 스케줄링에 사

용되는 DCI 포맷에 있는 정보는 몇 개의 그룹으로 나눌 수 있다. 각 필드는 DCI 포맷마다 존재할 수도 있고 존재하지 않을 수도 있다. DCI 포맷 0_1과 0_0에 포함된 내용은 다음과 같다.

- ❑ **DCI 포맷 지시자 (1bit)** : DCI가 하향링크 할당인지 상향링크 그랜트인지를 판별하게 해주는 지시자이다.
- ❑ DFI 플래그(1bit)는 19장에 설명된 대로 DCI가 상향링크 승인인지 아니면 하향링크 피드백 정보(DFI) 요청인지를 나타내는 헤더 역할을 하는 경우에만 비면허 스펙트럼에 존재한다.
- ❑ **리소스 정보**는 다음으로 구성되어 있다.
  - 캐리어 지시자 (0 또는 3bit) : 이 필드는 캐리어 간 교차 스케줄링이 가능하도록 설정되어 있을 때 존재한다. DCI가 지칭하는 component 캐리어가 어느 것인지를 지시하는 데 사용된다. DCI 포맷 0-0에는 존재하지 않는다.
  - UL/SUL 지시자 (0 또는 1bit) : 그랜트가 보조 (Supplementary) 상향링크인지 정상적인 상향링크인지를 알려주는 지시자이다. 보조 상향링크와 정상적인 상향링크에 대한 설명은 7.7절을 참고하기 바란다. 시스템 정보로 보조 상향링크가 설정되었을 때만 존재한다.
  - BWP 지시자 (0–2bit) : 상위 계층 시그널링에 의해 설정되는 BWP를 활성화하는 데 이용된다. 최대 4개까지 BWP를 활성화할 수 있으며, fallback DCI인 DCI 포맷 0_0에는 존재하지 않는다.
  - 주파수 영역 자원 할당 : 단말이 해당 캐리어에서 PUSCH를 전송해야 하는 리소스 블록을 표시한다. 이 필드의 비트 사이즈는 대역폭에 따라 다르며 또한 10.1.10절에 설명하게 될 type 0, type 1, 다이나믹 스위칭 등의 리소스 할당 타입에 따라 다르다. 포맷 0-0은 type 1 리소스 할당 방식만을 지원한다.
  - 시간 영역 리소스 할당 (0–4bit) : 이 필드는 10.1.11절에서 설명할 시간영역에서의 리소스 할당을 표시한다.
  - 19장에 설명된 대로 사용할 채널 액세스 절차를 나타내기 위해 비면허 스펙트럼에서 사용되는 채널 액세스 유형 및 순환 확장(cyclic extension, 0bit 또는 2bit).
  - 스케줄링 오프셋 지시자(1bit), 섹션 14.5.3에 설명된 대로 절전 목적으로 교차 슬롯 스케줄링을 제어하는 데 사용된다.
  - 휴면 지시자(0–5bit), 섹션 14.5.4에 설명된 대로 셀 휴면 및 절전에 사용된다.
  - 20장에서 설명한 것처럼 향상된 URLLC 지원에 사용되는 무효한 심볼 패턴 지시자(0 또는 1bit).
- ❑ **전송 블록 관련 정보**
  - 변조 및 코딩 기법 (MCS, 5bit) : 사용된 변조 방식, code rate, 전송 블록 크기에 대한

정보를 제공하는 필드이다.

- new-data 지시자 (NDI, 1bit) : 그랜트가 새로운 전송 블록의 전송인지 재전송인지를 표시해주는 지시자이다. 릴리스 16에서 하나의 DCI 메시지는 19장에서 설명한 대로 비면허 스펙트럼을 더 잘 활용하기 위해 최대 8개의 전송 블록을 예약할 수 있으며 결과적으로 전송 블록당 하나의 새로운 데이터 지시자를 제공하려면 최대 8비트가 필요하다.
- Redundancy version (RV, 2bit). 새로운 데이터 지시자와 유사하게 이 필드는 릴리스 16에서 확장되어 하나의 DCI 메시지에 의해 예약된 다중 전송 블록을 지원할 수 있다.
- UL-SCH 표시자(1bit), PUSCH가 UL-SCH의 데이터를 포함해야 하는지 여부를 나타내는 데 사용된다. UL-SCH의 데이터가 포함되지 않은 경우 PUSCH는 UCI 피드백만 포함한다.
- 우선 순위 지시 (0 또는 1bit), 향상된 URLLC 지원의 일부로 릴리스 16에 도입되었으며 상향링크 전송의 우선 순위를 나타내는 데 사용된다.

❑ Hybrid-ARQ에 관계된 정보

- Hybrid-ARQ 프로세스 넘버 (4bit) : 단말에서 전송할 hybrid-ARQ 프로세스의 인덱스를 알려준다.
- 하향링크 할당 인덱스 : PUSCH를 통해 UCI가 전송될 때 hybrid-ARQ 코드북을 처리하기 위해 사용한다. DCI 포맷 0_0에는 존재하지 않는다.
- CBG 전송 지시자 (CBGTI, 0, 2, 4, 또는 6bit) : 13.1절에서 설명하게 될 것으로 재전송되는 코드북 그룹에 대한 지시자이다. DCI 포맷 0_1에서 CBG 재전송이 필요할 때만 존재한다.

❑ 다중 안테나 관계된 정보 (DCI 포맷 0-1에만 존재함)

- DM-RS 시퀀스 초기화 (1bit) : DM-RS 시퀀스에 미리 정의된 두 개의 초기화 값 중에서 어느 것을 선택할지를 결정하는 데 사용한다.
- 안테나 포트 (2-5bit) : 데이터가 전송되는 안테나 포트와 9장과 11장에서 설명된, 다른 사용자에게 스케줄링된 안테나 포트 정보를 제공한다.
- SRS 리소스 지시자 (SRI) : SRS 전송에 사용할 안테나 포트와 상향링크 송신 빔을 지시하는 데 이용한다. 11.3절을 참고하기 바란다. 사용되는 비트 수는 설정된 SRS 그룹의 수와 codebook-based/non-codebook-based 중 어떤 프리코딩 방식을 사용하는지에 따라 다르다.
- 프리코딩 정보 (0-6bit) : 11.3절에서 설명하는 프리코딩 행렬 W와 codebook-based 프리코딩의 레이어 수를 지시하는 데 사용된다. 비트 수는 단말이 지원하는 안테나 포트 수와 최대 랭크 (Rank)에 의해 결정된다.

표 10.3 상향링크 스케줄링에 사용되는 DCI 포맷 0_0, 0_1 및 0_2

Field		포맷 0-0	포맷 0-1	포맷 0-2
Identifier	DCI fomat	•	•	•[16]
	DFI flag		•[16]	
리소스 정보	CFI		•	•[16]
	UL/SUL	•	•	•[16]
	BWP 지시자		•	•[16]
	주파수영역 자원 할당	•	•	•[16]
	시간영역 리소스 할당	•	•	•[16]
	주파수 호핑	•	•	•[16]
	채널 접속 유형	•[16]	•[16]	
	휴면 지시자		•[16]	
	스케줄링 오프셋		•[16]	
	유효하지 않은 심볼 패턴		•[16]	•[16]
전송블록 관련 정보	MCS	•	•	•[16]
	NDI	•	•	•[16]
	RV	•	•	
	UL-SCH 지시자		•	•[16]
	우선순위		•[16]	•[16]
Hybrid-ARQ 관련 정보	프로세스 넘버	•	•	•[16]
	DAI		•	•[16]
	CBGTI		•	
다중 안테나 관련 정보	DM-RS 시퀀스 초기화		•	•[16]
	안테나 포트		•	•[16]
	SRI		•	•[16]
	프리코딩 정보		•	•[16]
	PTRS-DMRS association		•	•[16]
	SRS 요청		•	•[16]
	CSI 요청		•	•[16]
전력 제어	PUSCH 전력 제어	•	•	•[16]
	베타 오프셋		•	
	전력 제어 파라미터 셋			•[16]

릴리스 15 이후에 도입된 필드의 경우 위 첨자는 해당 필드가 도입된 첫 번째 릴리스를 나타낸다.

- PTRS-DMRS 연계 (Association) (0 또는 2bit) : DM-RS와 PT-RS 포트가 어떻게 연계되어 있는지를 표시한다.
- SRS 요청 (2bit) : 8.3절에서 설명한 SRS를 전송할 것을 요청하는 필드이다.
- CSI 요청 (0-6bit) : 8.1절에서 설명한 CSI 보고를 요청하는 필드이다.

❑ **전력 제어에 관계된 정보**

- PUSCH 전력 제어 (2bit) : PUSCH 전송 전력을 제어하는 데 이용한다.
- Beta offset (0 또는 2bit) : 10.2.8절에 설명하게 될 것으로 dynamic beta offset 시그널링이 설정된 DCI 포맷 0-1에서 UCI가 PUSCH를 통해 전송될 때 UCI에 할당되는 자원의 양을 표시한다.
- 전력 제어 파라미터 집합 (0-2bit) : 20장에서 설명한 것처럼 상향링크 선취를 위한 PUSCH 전송 전력을 높이는 데 사용됨.

10.1.6 슬롯 포맷 지시 - DCI 포맷 2_0

DCI 포맷 2_0은 7.8.3절에서 설명한 슬롯 포맷 정보 (Slot format information, SFI)을 시그널링하는 데 사용된다. SFI는 단말에 공통인 SFI-RNTI를 이용해 정상적인 PDCCH 형태로 전송된다. 단말에서 블라인드 디코딩 부담을 줄이기 위해 SFI가 전송될 수 있는 PDCCH 후보는 최대 2개까지로 설정된다.

10.1.7 선취권 (Preemption) 지시 - DCI 포맷 2_1

DCI 포맷 2-1은 단말에게 선취권 지시를 내릴 때 사용한다. 단말에 공통인 INT-RNTI를 이용해 정상적인 PDCCH 형태로 전송된다. 선취권 지시에 대한 세부 사항과 사용 방법은 14.1.2절에서 다룰 것이다.

10.1.8 상향링크 전력 제어 명령 - DCI 포맷 2_2

하향링크 스케줄링 할당과 상향링크 스케줄링 그랜트에서 제공하는 전력 제어 명령의 보완 도구로서 전력 제어 명령을 DCI 포맷 2_2를 이용해 전송할 수도 있다. DCI 포맷 2_2를 사용하는 주요 동기는 준지속적 (Semi-Persistent) 스케줄링 및 구성된 그랜트 (configured grant)를 위한 전력 제어 지원을 위해서이다. 준지속적 스케줄링이 동작할 경우에는 PUCCH 전력 제어를 위한 하향링크 스케줄링 할당이나 PUSCH 전력 제어를 위한 상향링크 스케줄링 그랜트가 없다. 그러므로 다른 대안으로 DCI 포맷 2-2를 통해 이를 해결한다. 매우 작은 전력 제어 메시지를 정의하는

것이 하나의 가능성이 될 수 있겠지만, 이는 모니터링할 DCI 크기를 추가로 발생하게 한다. 대신, DCI 형식 2_2의 크기는 블라인드 디코딩 복잡성을 줄이기 위해 DCI 형식 0_0/1_0의 크기와 맞춰져서 여러 단말에 대한 전력 제어 비트를 포함할 수 있다. 각 단말은 DCI 형식 2_2와 함께 사용하기 위해 TPC 관련 RNTI로 구성되며 DCI에서 이 장치를 위한 전력 제어 비트이다.5)

10.1.9 SRS 제어 명령 - DCI 포맷 2_3

DCI 포맷 2_3은 SRS 송신 전력이 PUSCH 전력과 연동되도록 설정되지 않은 단말의 SRS 전송 전력을 제어하기 위해 사용된다. 이것의 구조는 DCI 형식 2_2와 유사하지만 각 단말에 대해 2개의 전력 제어 비트 외에 SRS 요청에 대해 2개의 비트를 구성할 수가 있다.DCI 포맷 2_3은 블라인드 디코딩 복잡도를 줄이기 위해 DCI 포맷 0_0/1_0과 같은 사이즈이다.

10.1.10 Uplink Cancelation Indicator (상향링크 취소 지시자) - DCI 포맷 2_4

취소 지시자는 릴리스 16에서 상향링크 단말 간 선취의 일부로 사용된다 (20장 참조). CI-RNTI 및 일반적인 PDCCH 구조와 함께 DCI 형식 2_4를 사용하여 전송된다.

10.1.11 Soft Resource Indicator (소프트 자원 지시자) - DCI 포맷 2_5

DCI 형식 2_5는 IAB 기능을 지원하기 위해 릴리스 16에 도입되었다. 그 목적은 IAB 노드의 액세스 링크를 위해 특정 시간 자원이 사용 가능한지 여부를 나타내는 것이다(22장 참조). DCI 형식 2_5를 사용하는 메시지는 AI-RNTI를 사용한다.

10.1.12 DRX 활성화 - DCI 포맷 2_6

단말 전력 소비를 줄이기 위해 릴리스 16에는 필요한 제어 시그널링을 위해 DCI 형식 2_6에 의존하는 웨이크업 신호와 셀 휴면 상태로 들어가는 메커니즘이 도입되었다. 웨이크업 신호 및 셀 휴면은 섹션 14.5에 설명되어 있다.

10.1.13 사이트링크 스케줄링 - DCI 포맷 3_0과 3_1

23장에 설명된 대로 두 단말이 직접 데이터를 교환하는 사이드링크 데이터 전송은 단말에서 자율적으로 처리하거나 네트워크에서 스케줄링 할 수 있다. 후자의 경우 DCI 형식 3_0이 사이

5) TPC-PUCCH-RNTI는 PUCCH 전력 제어를 위해 사용되고 TPC-PUSCH-RNTI는 PUSCH 전력 제어를 위해 사용된다.

드링크 스케줄링 정보를 전달하는 데 사용된다 (자세한 내용은 23장을 참조). DCI 형식 3_1이 사용되는 경우 NR 네트워크가 LTE 사이드링크 전송을 스케줄링하는 것도 가능하다. 두 DCI 형식은 필요한 경우 형식 3_0의 크기와 일치할 때까지 형식 3_1을 패딩하여 채워서 크기가 서로 맞춰진다.

10.1.14 주파수 영역 리소스 시그널링

전송하고 수신할 주파수 영역의 리소스를 결정하기 위해 두 가지 필드가 중요하다. 하나는 리소스 블록 필드이고, 또 다른 하나는 BWP 지시자이다.

리소스 블록 필드는 활성화된 BWP 내에서 데이터가 전송되는 리소스 블록을 결정한다. 리소스 블록 할당을 알려주는 방법으로 type 0과 type 1, 그리고 type 2의 세 가지 방식이 있다. 앞의 두 가지 방법은 LTE에서 하향링크 리소스 할당 type 0과 type 1으로 알려진 방식을 그대로 따르긴 했지만 약간의 차이점이 있다.[6]

LTE에서 리소스 블록 할당은 캐리어의 전체 대역폭에 걸친 것이었지만 NR에서는 활성화된 BWP 내에 걸친 것이다. 세 번째 대안인 리소스 할당 type 2는 상향링크에서 interlaced (얽힌) 리소스 할당을 지원하기 위해 릴리스 16에 추가되었다. interlace 및 관련 리소스 할당 메커니즘에 대한 설명은 19장을 참고하기 바란다.

Type 0은 bitmap으로 할당하는 방식이다. 가장 유연하게 리소스 블록을 할당한다면 bitmap 사이즈가 BWP 내의 리소스 블록 수와 동일해야 한다. 그러면 임의의 리소스 블록 조합도 표현할 수 있다. 그렇지만 대역폭이 커지면 많은 수의 bit가 필요하게 된다. 만약 대역폭 내에 100개의 리소스 블록이 있다면 100개의 비트가 필요하고 여기에 다른 정보가 부가되어야 한다. 이렇게 제어 시그널의 오버헤드가 커지면 하향링크 커버리지에 문제가 생기게 된다. 하나의 OFDM 심볼에 100비트 이상을 전송하게 되면 15KHz 서브캐리어 간격 시스템의 경우 1.4Mbit/s 의 데이터 속도를 초과하고 더 큰 서브캐리어 간격 시스템의 경우엔 이보다 더하다. 그러므로 할당의 유연성을 잃지 않고 비트맵 사이즈를 줄이는 방법이 필요하다. 이는 하나의 비트가 주파수 영역에서 개개의 리소스 블록을 지칭하지 않고 그림 10.10의 위쪽에 보인 것처럼 연속된 리소스 블록 그룹을 지칭하도록 하면 된다. 리소스 블록의 그룹 크기는 BWP의 대역 크기에 의해 결정된다. BWP의 크기를 정하는 방식이 두 가지가 존재하며 이에 따라 할당되는 리소스 블록 그룹 크기도 달라진다.

---

6) LTE에서는 각각 type 0와 type 2 리소스 할당 방식으로 불렸다

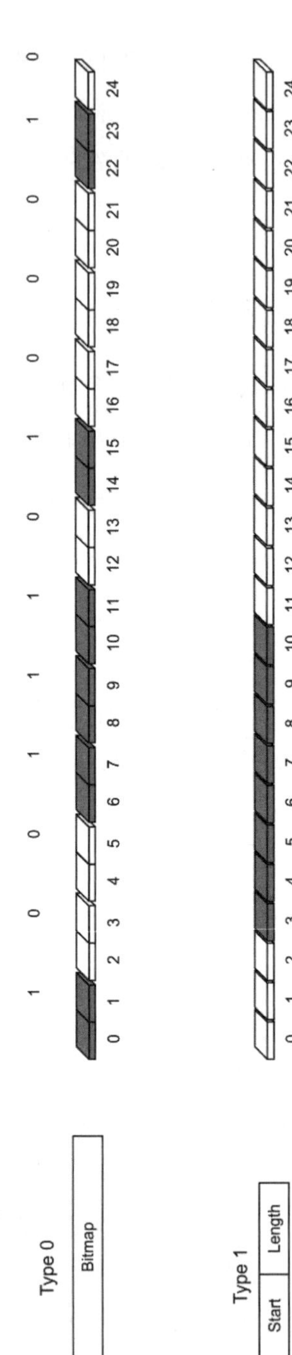

그림 10.10
리소스 블록 타입 0과 1의 예시 (BWP 안에 25개의 리소스 블록이 있는 경우의 예임)

리소스 할당 type 1은 비트맵을 사용하지 않는다. 대신 할당된 리소스 블록의 시작과 길이를 이용한다. 이 방식은 임의의 리소스 블록 조합을 지원하지 않고 단지 연속된 주파수 상의 리소스 블록 할당 만을 지원한다. 이로 인해 리소스 블록 할당에 드는 시그널링 비트 사이즈를 줄일 수 있다.

리소스 할당 방식의 선택은 type 0, type 1, 그리고 type 0,1,2 사이의 dynamic 선택 등 세 가지가 있을 수 있으며 DCI에 있는 비트를 이용하여 제어한다. fallback DCI에서는 리소스 블록 type 1만이 지원된다. fallback 에서는 비연속적인 리소스를 설정할 수 있는 스케줄링의 유연성보다 적은 오버헤드가 더 중요하기 때문이다.

모든 리소스 할당 타입들은 모두 가상 (Virtual) 리소스 블록에 작용한다. 가상 리소스 블록 타입에 대해서는 7.3절을 참고하기 바란다. 리소스 할당 type 0은 VRB에서 PRB로 매핑할 때 non-interleaved 방식을 사용한다. 즉 VRB가 PRB로 그대로 매핑되는 것이다. 리소스 할당 type 1은 interleaved와 non-interleaved 방식 두 가지를 모두 지원한다. DCI에 VRB-to-PRB 매핑 비트를 이용해 interleaved와 non-interleaved 방식을 선택한다.

BWP 지시자에 대해 살펴보자. 이 필드는 활성화된 BWP를 변경하는 데 사용된다. 이는 현재 활성화된 BWP를 지칭하거나 다른 BWP를 활성화하는 데 사용된다. 이 필드 값이 현재의 활성화된 BWP를 지칭하면 DCI 내용의 해석은 직관적으로 위에서 설명한 방식대로 리소스 할당이 현재의 활성화된 BWP에 적용된다.

그러나 BWP 지시자가 활성화된 BWP가 아닌 다른 BWP를 나타낼 때는 처리가 조금 복잡해진다. 대부분의 전송 파라미터는 BWP 단위로 설정된다. 그러므로 DCI 페이로드 사이즈는 BWP 마다 다르게 된다. 주파수 영역 리소스 할당 필드가 쉬운 예이다. BWP가 클수록 주파수 영역 할당 비트 수는 커진다. 동시에 블라인드 검출을 할 때 DCI 비트 사이즈는 BWP 지시자가 가리키는 BWP가 아니라 현재 활성화된 BWP에 대한 것으로 가정한다. 모든 BWP 설정에 맞는 DCI 사이즈를 모두 블라인드 검출하는 것은 너무 복잡하다. 그러므로 현재의 활성화된 BWP에서 획득한 DCI 정보를 새로운 BWP로 변형해야 한다. 새로운 BWP에서는 일반적으로 DCI 사이즈가 다르고 다른 전송 파라미터들을 가지고 있게 된다. 직접적인 예로 TCI 상태는 BWP 마다 정해진다. 새로운 BWP에 맞게 변형하는 것은 각 DCI 필드를 padding/truncation함으로써 이루어진다. 변형이 이루어지면 BWP 지시자에 의해 설정된 BWP는 새롭게 활성화된 BWP가 되며 스케줄링 그랜트는 새로운 BWP에 대해 적용된다. 이렇게 변형해서 사용하지 않으면 "3+1" DCI size budget 규칙이 깨질 수도 있으며 이런 경우는 가끔 DCI 포맷 0-0과 1-0에서 발생하게 된다.

10.1.15 시간 영역 리소스 시그널링

수신하거나 전송하는 데이터의 시간 영역 할당은 DCI 시그널링을 통해 다이나믹하게 조절된다. 이는 다이나믹 TDD에 의해 슬롯마다 하향링크 수신과 상향링크 송신이 변하는 상황 또는 상향링크 제어 시그널링에 사용되는 리소스 양이 수시로 변하는 상황에서 유용하다. 전송이 발생하는 슬롯 또한 시간 영역 할당의 일부로서 시그널링되어야 한다. 대부분의 경우 하향링크 데이터는 할당이 있는 같은 슬롯에서 전송이 이루어지지만 상향링크 전송은 그렇지 않은 경우가 대부분이다.

쉽게 생각할 수 있는 방법은 전송이나 수신에 사용되는 슬롯 넘버와 시작 OFDM 심볼, OFDM 심볼의 개수를 따로 시그널링하는 것이다. 그러나 불필요하게 많은 비트가 필요해진다. NR에서는 설정표에 근거한 방식을 채택하고 있다. 그림 10.11에 표시된 듯이 RRC 메시지로 교환되어 송수신단에서 설정된 전송 심볼 표를 가지고 있고 DCI에 있는 시간 영역 할당 필드는 이 표의 인덱스를 의미한다.

상향링크 스케줄링 그랜트를 위한 표가 하나 있고 하향링크 스케줄링 할당을 위한 표가 따로 하나 있다. 총 16개의 행까지 설정 가능하고 각 행은 다음 내용을 포함하고 있다.

- **슬롯 오프셋** : DCI가 수신된 슬롯으로부터의 슬롯 단위 상대 거리이다. 하향링크는 0-3 슬롯 오프셋이 가능하고, 상향링크는 0-7 슬롯 오프셋이 가능하다. 상향링크에서 더 큰 이유는 미래에 LTE TDD와 공존할 경우 상향링크 전송을 스케줄링할 때 필요하기 때문이다.
- 슬롯 내에서 데이터가 전송되는 첫 번째 OFDM 심볼
- 슬롯 내에서 전송이 지속되는 OFDM 심볼의 개수. 시작 심볼과 길이의 모든 조합이 유효한 것은 아니다. 예를 들면 OFDM 12에서 시작해서 5개의 OFDM 심볼 길이를 갖게 되면 슬롯 경계를 넘게 되므로 유효한 조합이 아니다. 그러므로 시작과 길이는 유효한 조합만을 갖도록 설정된다. 그림 10.11은 두 개의 열이 있지만, 이는 설명을 위한 예일 뿐이다.
- 하향링크에는 PDSCH 매핑 타입이 포함된다. 즉, 9.11절에서 설명한 DM-RS 위치도 표에 표시된다. 매핑 타입을 DCI를 통해 따로 주는 것보다 이 방법이 더 효율적이다.

슬롯 aggregation을 설정하는 것 또한 가능하다. 슬롯 aggregation은 같은 전송 블록이 최대 8개의 슬롯에 반복되는 것을 말한다. 그러나 이것은 표를 이용한 다이나믹 시그널링에 의해서 설정되는 것이 아니라 RRC configuration의 일부이다. 슬롯 aggregation은 커버리지가 제한되는 상황에서 실효성이 높고 이때는 다이나믹 schemem이 별로 필요하지 않다.

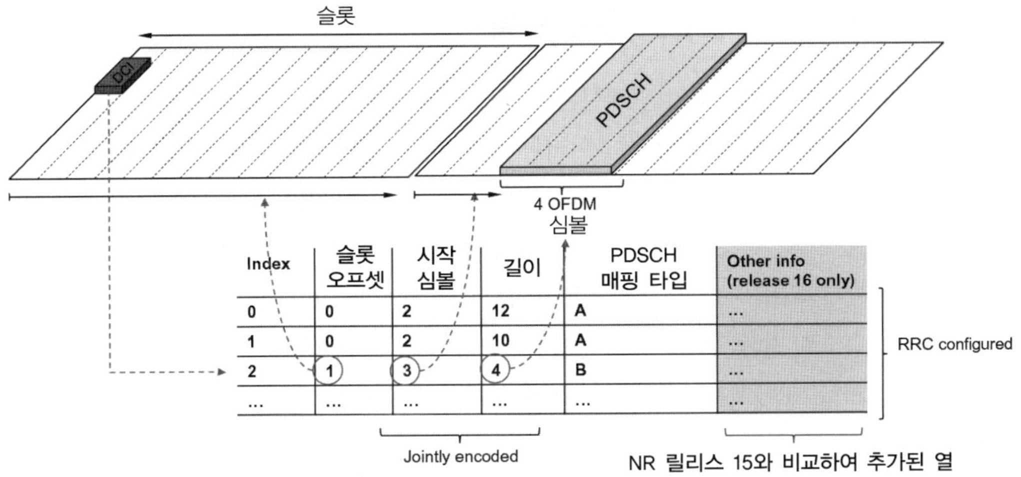

그림 10.11
시간 영역 할당의 시그널링 (하향링크의 예)

릴리스 16에서는 추가 정보를 제공하기 위해 테이블에 추가 열을 구성할 수 있다. 예를 들어, 비면허 스펙트럼에서 작동할 때 스케줄링된 연속적인 전송 블록의 수는 추가 열에서 가져온다 (섹션 19.6.4.2 참조). 이와 유사하게, URLLC를 더 잘 지원하기 위해 전송이 반복되어야 하는 횟수를 나타내는 열 (column)도 20장에서 언급한 동기로 구성될 수 있다. 따라서 릴리스 15와 달리 릴리스 16에서는 시간 영역 리소스 할당 테이블을 적절하게 구성하여 동적 방식으로 실제로 슬롯 에그리게이션을 나타내는 것이 가능하다. (즉, 반복 횟수를 의미)

여기에 설명된 대로 구성 가능한 테이블을 사용하면 매우 유연한 프레임워크가 생성된다. 적절한 테이블을 제대로 구성하면 거의 모든 시나리오와 스케줄링 전략을 지원할 수 있다. 그러나 이것은 또한 닭과 달걀의 문제를 야기한다. 즉 테이블을 구성하기 위해 RRC 시그널링을 전달하는 하향링크 데이터 전송이 필요하지만, 또한 하향링크에서 데이터를 전송하기 위해 테이블이 제공되어야 한다. 이것은 PDSCH 및 사용자 데이터에 대한 동일한 할당 원칙을 사용하여 전송되기 때문에 시스템 정보를 수신하는 것조차 불가능하다. 이 문제를 해결하기 위해 규격은 테이블이 구성되지 않은 경우 사용되는 기본 시간 도메인 할당 테이블을 제공한다.

표의 항목들은 시스템 정보 전달에 사용되는 일반적인 시나리오와 사용자 데이터 전송을 위한 몇 가지 일반적인 할당에 맞게 선택된다. 자세한 내용은 16장을 참고하기 바란다. 이러한 기본 테이블은 필요한 테이블 구성이 단말에 제공될 때까지 사용할 수 있다. 대부분의 경우 기본 테이블이면 충분하므로 다른 값을 구성할 필요가 없다.

10.1.16 전송 블록 사이즈의 시그널링

하향링크 전송을 제대로 수신하기 위해서는 할당된 리소스 블록 정보 이외에 변조 기법과 전송 블록의 크기에 관한 정보가 필요하다. 이러한 정보는 5비트의 MCS 필드에 의해 간접적으로 제공된다. 기본적으로 LTE와 비슷하며 MCS 필드 값과 할당된 리소스 블록을 가지고 테이블 형식으로 된 전송 블록 사이즈를 알아낼 수 있다. 그러나 NR에서 표에 기반한 방법을 고려하게 되면 매우 큰 대역폭을 지원하고 다양한 전송 시간이 존재하고 CSI-RS와 같은 기능에 의해 오버헤드 양이 수시로 변하므로 다양한 전송 블록 사이즈를 지원하기 위해 많은 수의 테이블이 필요하다. 그러므로 NR에서는 작은 전송 블록 사이즈로 정의된 테이블과 특정한 식으로 정의된 방법을 사용하고 있다.

첫 번째 단계로 MCS 필드로부터 변조 기법과 code rate를 결정한다. 이는 256QAM이 설정된 것과 256QAM이 설정되지 않은 두 개의 테이블 중 하나를 이용한다. 5비트의 MCS로 32가지 조합을 표시할 수 있는데 29개는 변조와 코딩 정보를 시그널링하는 데 사용되고 나머지 3개는 쓰이지 않는다. 그 이유는 다음에 설명할 것이다. 29개의 값은 각각 변조 기법과 채널 coding rate의 조합을 나타낸다. 이는 변조 심볼당 정보 비트의 양으로 측정되는 spectral efficiency로 표현하는 것과 동등하다고 볼 수 있다. spectral efficiency는 0.2-5.5bit/s/Hz의 범위에 있다. 256QAM이 설정된 단말은 32개의 조합중 4개는 예약되어 있고, 나머지 28개의 조합은 spectral efficiency를 나타내고 0.2-7.4bit/s/Hz의 범위에 있다.

여기까지는 NR의 방법이나 LTE 방법이 비슷했다. 하지만 더욱 큰 유연성을 갖기 위해 다음 단계에선 LTE와 다르게 전개된다.

변조 기법과 리소스 블록의 개수 그리고 전송 기간을 알게 되면 유효한 리소스 엘리먼트 개수를 계산할 수 있다. 여기서 DM-RS에 사용되는 리소스 엘리먼트 개수는 뺀다. 여기에 CSI-RS 또는 SRS가 사용하는 리소스 엘리먼트 개수도 뺀다. 이제 데이터에 사용된 리소스 엘리먼트 수와 전송 레이어 수, MCS에서 얻은 code rate를 이용해 정보 비트수를 임시로 계산한다. 이 임시 비트수는 코드 블록은 바이트 단위이고, LDPC에서는 filler bit가 없다는 것을 이용해서 8비트 양자화 과정으로 전송 블록 사이즈로 변환된다. 양자화는 할당된 리소스가 조금 변하더라도 같은 전송 블록 사이즈로 계산되는데 이는 재전송에서 초기 전송과 다른 리소스를 할당할 경우 유용하다.

MCS 조합에서 예약된 3개 또는 4개의 조합에 대해 살펴보자. 이들은 재전송에만 사용되는 것들이다. 재전송의 경우에는 정의상으로 전송 블록 사이즈가 변하지 않으므로 기본적으로 MCS 정보를 보낼 필요가 없다. 대신 이러한 3 또는 4개의 값은 QPSK, 16QAM, 64QAM, 256QAM이 설정되었을 때는 256QAM의 변조 정보를 표현한다. 이는 스케줄러가 재전송을 위한 리소스 블록을 거의 임의적으로 할당하는 것을 가능하게 한다. 3-4의 예약된 조합은 당연히 단말이 첫 전송의 제어 정보를 제대로 받았다는 것을 가정한다. 그렇지 않다면 재전송은 전송 블록 사이즈를 별도로 알려줘야 한다.

MCS와 스케줄링된 리소스 블록으로부터 전송 블록 크기를 추출하는 과정이 그림 10.12에 그려져 있다.

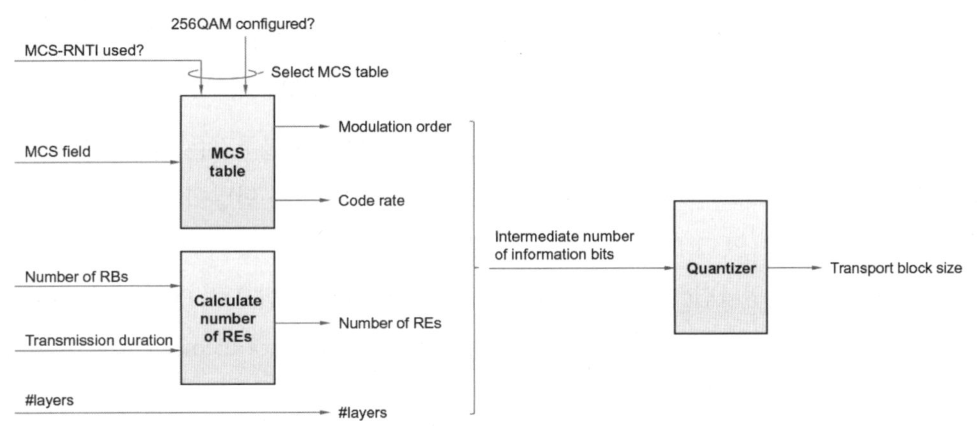

그림 10.12
전송 블록 사이즈 계산 과정

10.2 상향링크

LTE에서와 마찬가지로 하향링크 또는 상향링크 전송 채널을 전송하기 위해 L1/L2 제어 시그널링이 존재한다. 상향링크 L1/L2 제어 시그널링은 다음으로 구성되어 있다.

- ❑ 단말이 수신한 DL-SCH 전송 블록에 대한 Hybrid-ARQ ack 혹은 nack
- ❑ 하향링크 채널 상태에 대한 Channel-state Information (CSI)
- ❑ 단말이 UL-SCH에 필요한 상향링크 리소스를 요청하는 스케줄링 요청

상향링크 전송에는 UL-SCH 전송 포맷 정보가 포함되어 있지 않다. 6.4.4에서 언급하였듯이 gNB는 UL-SCH 전송에 대한 모든 제어권을 가지고 있고 단말은 항상 기지국으로부터 받은 스케줄링 그랜트의 지시를 따른다. 그랜트에는 UL-SCH 전송 포맷 정보가 포함되어 있다. 기지국은 UL-SCH에 사용된 전송 포맷에 대한 정보를 이미 알고 있으므로 상향링크 전송엔 별도의 전송 포맷 시그널링이 필요하지 않다.

physical uplink control channel (PUCCH)는 상향링크 제어를 위한 전송의 근간이 된다. 단말이 PUSCH를 통해 데이터를 전송하는 것과 관계없이 UCI는 PUCCH를 통해 전송될 수 있다. 그러나 PUSCH와 PUCCH가 같은 캐리어 내에 있고 (더 정확히 같은 전력 증폭기를 사용하고) 주파수 영역에서 멀리 떨어진 자원을 사용하면 단말은 전파 방사 요구 사항을 만족하기 위해 전력 back-off를 많이 해야 한다. 이로 인해 전력 증폭기 출력이 낮아지고 결과적으로 상향링크 커버리지에 영향을 주게 된다. 그러므로 LTE에서와 비슷하게 NR은 데이터와 제어 신호를 동시에 묶어 전송하는 방식으로 UCI를 PUSCH에 전송하는 것을 지원한다. 단말은 PUSCH를 전송하고 있으면 PUCCH로 UCI를 전송하지 않고 할당받은 PUSCH 리소스에 UCI를 멀티플렉싱해서 전송한다. PUSCH와 PUCCH를 동시에 전송하는 것은 릴리스 15에 포함되어 있지 않으나 향후엔 도입될 수도 있다.

PUCCH에 빔포밍이 적용될 수 있다. 이는 PUCCH와 CSI-RS나 SS 블록같은 하향링크 시그널과 공간적 관계를 설정함으로써 가능하다. 공간적 관계가 같다는 것은 단말이 하향링크 시그널을 받을 때 사용한 빔으로 PUCCH를 전송한다는 것을 의미한다. 예를 들어 PUCCH와 SS 블록이 공간적 관계가 협약되었다면 단말은 SS 블록을 받을 때 사용한 빔으로 PUCCH를 전송한다. 다수의 공간적 협약이 맺어질 수 있으며 MAC 제어 엘리먼트 (Control Elemement)로 어떤 협약을 사용할 것인지를 설정한다.

캐리어 애그리게이션의 경우에 상향링크 제어 정보는 primary 셀 (PCell)로 전송하는 것이 기본이다. 이는 하향링크 캐리어 수와 상향링크 캐리어 수가 다른 비대칭 캐리어 애그리게이션을 지원할 필요가 있기 때문이다. 하향링크 캐리어가 많을 때 하나의 상향링크 캐리어는 많은 수의 ack/nack 정보를 전송해야 한다. 하나의 캐리어에 전송 부담이 커지는 것을 막기 위해 PUCCH 그룹을 두어 첫 그룹에 대한 피드백은 PCell의 상향링크로 전송하고, 다른 그룹의 캐리어에 대한 피드백은 Primary second cell (PSCell)로 전송하는 것이 가능하다. 그림 10.13에 그 예가 그려져 있다.

다음 절에서는 PUCCH의 기본 구조와 PUCCH 제어 시그널링의 원칙들을 살펴볼 것이다. 그 이후엔 PUSCH를 통해 전송하는 제어 시그널링을 다룰 것이다.

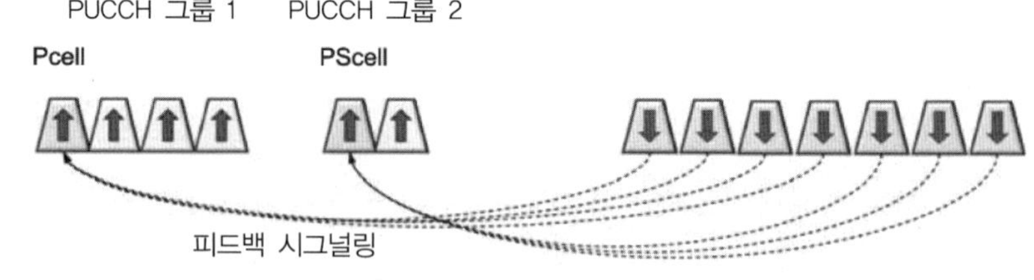

그림 10.13
다수의 PUCCH 그룹

10.2.1 기본적인 PUCCH 구조

상향링크 제어 정보는 몇 가지 다른 포맷을 사용하여 PUCCH를 통해 전송될 수 있다.

short PUCCH format으로 불리는 포맷 0과 포맷 2는 최대 2개의 OFDM 심볼을 사용한다. 대부분의 경우 하향링크 데이터 전송에 대한 hybrid-ARQ ack을 전송하기 위해 마지막 한 심볼 또는 두 심볼을 PUCCH 전송에 사용한다. short PUCCH 포맷은 다음을 포함한다.

- PUCCH 포맷 0은 하나 또는 두 개의 비트를 전송할 수 있으며 하나 또는 두 개의 심볼을 이용한다. 이 포맷은 대개 하향링크 데이터에 대한 hybrid-ARQ ack/nack을 전송하거나 스케줄링 요청을 전송하는 데 사용한다.
- PUCCH 포맷 2는 2비트를 초과하는 비트를 전송할 수 있으며 하나 또는 두 개의 OFDM 심볼을 사용한다. 이 포맷은 CSI 보고, 캐리어 애그리게이션의 경우 hybrid-ARQ ack/nack, per-CBG 재전송 등의 경우에 사용할 수 있다.

long PUCCH format으로 불리는 포맷 1, 3, 4는 4에서 14개 OFDM 심볼을 이용한다. 앞선 두 개의 포맷보다 더 긴 시간 동안 보내는 이유는 커버리지를 늘리기 위해서이다. 1 또는 2개의 OFDM 심볼을 이용한 전송이 수신에 충분한 에너지를 제공하지 못하면 더 긴 시간이 필요하고 이때 long PUCCH 포맷 중 하나가 사용될 수 있다. long PUCCH 포맷은 다음을 포함한다.

- PUCCH 포맷 1은 최대 2비트를 전송할 수 있다.
- PUCCH 포맷 3과 4는 모두 2비트보다 많은 비트를 전송할 수 있으나 멀티플렉싱 관점에서 다르다. 즉 얼마나 많은 단말이 동시에 같은 시간-주파수 자원을 사용할 수 있느냐 하는 점에서 다르다.

상향링크 PUSCH는 OFDM이나 DFT-spread OFDM 두 가지로 설정할 수 있으므로 PUCCH도 같을 거라고 생각할 수 있으나 표준화에서 정해야 할 선택지를 줄이기 위해 그렇지 않다. PUCCH 포맷 2는 예외이긴 하지만 PUCCH 포맷은 일반적으로 작은 cubic metric을 갖도록 설계되어 있으므로 OFDM 방식만을 사용한다. 전체 구조를 단순화하기 위한 또 하나의 방편으로 specification-transparent 송신 다이버시티 만을 지원한다. 즉, 다른 말로 PUCCH 전송에 오직 하나의 안테나 포트만을 사용하며 여러 안테나로 송신할 수 있는 단말은 이러한 이점을 이용해 전송할 수 있으며 단말이 알아서 구현하면 된다는 것이다. 예를 들어 여러 안테나를 가지고 있으면 지연 다이버시티를 사용할 수도 있다. 기지국은 단말이 송신 다이버시티를 썼는지 아닌지에 관계없이 수신할 수 있다.

이러한 PUCCH 형식 중 일부(형식 0, 1, 2 및 3은 전송이 더 많은 수의 리소스 블록에 걸쳐 분산되는 interlaced 리소스 매핑에서도 사용될 수 있다. 이것은 19장에서 논의된 바와 같이 규제상의 이유로 비면허 스펙트럼에서 사용된다.

다음 절에서는 non-interlaced 매핑을 가정하고 각 PUCCH의 구조에 대해 상세히 살펴보겠다. 한번 non-interleaved mapping을 보면 19장에 기술된대로 interlaced mapping으로의 확장은 간단하다.

10.2.2 PUCCH 포맷 0

그림 10.14에 그려진 PUCCH 포맷 0은 short PUCCH 포맷 중의 하나로서 두 비트까지 전송할 수 있다. 이는 hybrid-ARQ ack/nack 또는 스케줄링 요청 (Scheduling Request, SR)을 전송할 때 사용한다.

PUCCH 포맷 0의 기본은 시퀀스 선택이라고 할 수 있다. PUCCH 포맷 0은 매우 적은 정보 비트를 사용하므로 coherent 수신의 이점이 그다지 크지 않다. 또한, 하나의 OFDM 심볼에 작은 cubic metric을 유지하면서 정보 비트와 RS를 멀티플렉싱하는 것은 불가능하다. 그러므로 정보 비트로 전송할 시퀀스를 선택하는 구조가 쓰인다. 전송되는 시퀀스는 서로 다른 위상 회전을 가진 길이 12의 시퀀스를 기본으로 사용한다. 기본 시퀀스는 9.11.2절에서 설명한 DFT-precoded OFDM에서 RS를 생성할 때 정의된 것과 같은 base 시퀀스이다. base 시퀀스에 인가된 위상 회전에 정보를 실어서 전송한다. 다른 말로 정보 비트에 의해 시퀀스의 위상 회전이 정해지는 것이다.

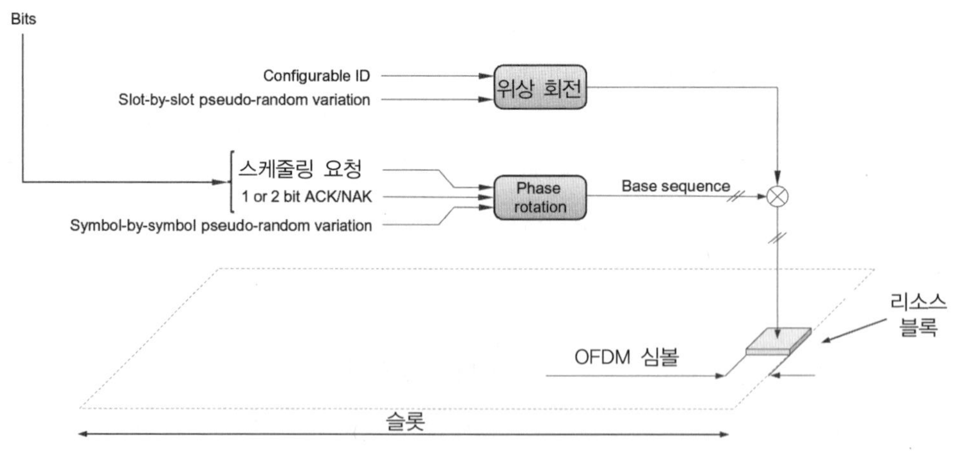

그림 10.14
PUCCH 포맷 0

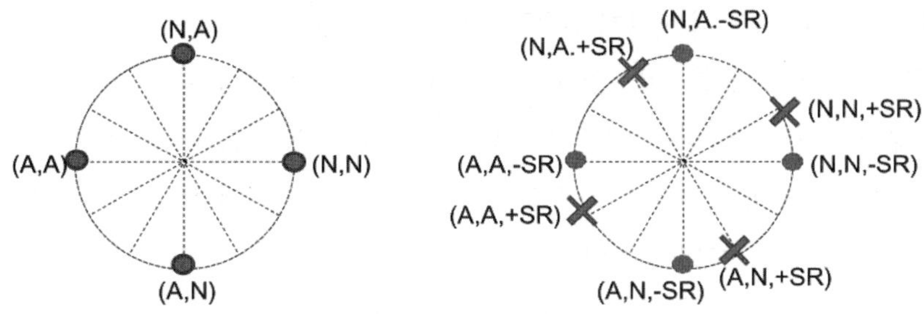

그림 10.15
hybrid-ARQ의 acknowledgement와 스케줄링 요청의 함수로서 위상 회전의 예

동일한 base 시퀀스에 12가지의 다른 위상 회전이 정의되어 있다. 그러므로 하나의 base 시퀀스에 12개의 서로 다른 직교하는 시퀀스가 존재하는 것이다. 주파수 영역에서 선형적으로 위상 회전을 시키는 것은 시간 영역에서 순환 이동을 적용하는 것과 동일하다. 그러므로 암묵적으로 시간 영역을 기준으로 "cyclic shift"라는 이름으로도 불린다.

성능을 최대화하기 위해 정보 비트에 의한 위상 회전은 정보 비트가 한 비트일 경우 $2\pi \cdot 6/12$이고, 두 비트일 경우 $2\pi \cdot 3/12$이다. Ack/nack 비트와 스케줄링 요청을 동시에 전송할 경우 ack/nack이 한 비트일 경우 $3\pi/12$, 두 비트일 경우 $2\pi/12$ 만큼 더 회전시킨다. 그림 10.15에 이에 대한 그림이 그려져 있다.

PUCCH 포맷 0을 전송하는 OFDM 심볼에 인가되는 위상 회전은 위에서 언급했듯이 정보 비트에 의해 변하기도 하지만 10.2.7에서 설명했듯이 PUCCH 리소스 할당 방법에 의한 기준 회전도 있다. 기준 회전은 다수의 단말에게 같은 시간-주파수 자원을 할당하기 위한 의도이다. 예를 들어 두 개의 단말이 한 비트의 hybrid-ARQ ack/nack 비트를 전송할 경우 서로 다른 기준 위상 회전을 가질 수 있다. 한 단말은 0과 $2\pi \cdot 6/12$를 사용하고, 다른 단말은 $2\pi \cdot 3/12$와 $2\pi \cdot 9/12$를 사용하는 것이다. 마지막으로 위상 오프셋이 슬롯마다 호핑하도록 설정할 수 있다. 오프셋은 의사 잡음 시퀀스에 의해 결정된다. 이것은 서로 다른 단말 간에 간섭을 랜더마이즈 (Randomize)하려는 의도이다.

기준 시퀀스는 셀마다 설정되며 시스템 정보의 일부로서 제공되는 ID를 이용해 생성한다. 또한, 슬롯마다 기준 시퀀스가 변하는 시퀀스 호핑은 셀간 간섭을 랜더마이즈하는 효과가 있다. 이렇게 간섭을 완화하려는 노력이 많이 들어가 있다.

PUCCH 포맷 0은 그림 10.14에 예시된 것처럼 대개 슬롯의 마지막에 전송된다. 그러나 슬롯의 다른 위치에 PUCCH 포맷 0을 전송하는 것도 가능하다. 예를 들어 스케줄링 요청이 매우 빈번하게 발생되는 경우 매 2개의 OFDM 심볼마다 전송하도록 설정할 수도 있다. 또 다른 예로

하향링크 전송에 대해 ack을 더 빠르게 전송하여 더 큰 서브캐리어 간격 즉, 더 작은 하향링크 슬롯을 쓰는 것처럼 동작하도록 할 수도 있다. 이는 캐리어 애그리게이션이나 보조 (Supplementary) 상향링크 (7장 참고)를 사용하는 상황이라고 볼 수 있다. 저지연이 중요하다면 hybrid-ARQ ack/nack이 하향링크 슬롯이 끝난 다음 되도록 빨리 전송될 수 있어야 한다. 서브캐리어 간격이 상향링크와 하향링크가 다르면 hybrid-ARQ 응답이 상향링크 슬롯의 맨 끝에 올 필요는 없다.

PUCCH 포맷 0에 두 개의 OFDM 심볼이 사용되는 경우 두 개의 OFDM 심볼에 같은 정보가 전송된다. 그러나 주파수 영역의 리소스 뿐만 아니라 기준 위상 회전이 심볼에 따라 달라져 주파수 호핑 방식을 쓰는 것과 같은 결과이다.

10.2.3 PUCCH 포맷 1

PUCCH 포맷 1은 어떤 의미로는 PUCCH 포맷 0의 긴 PUCCH 버전이라고 할 수 있다. OFDM 심볼 4-14개를 활용하여 2비트까지 전송할 수 있고 주파수 축에서 하나의 리소스 블록을 사용한다. 제어 정보를 전송하는 OFDM 심볼과 coherent 수신을 위한 RS용 심볼이 서로 분리되어 있다. 제어 정보를 전송하는 심볼과 RS용 심볼의 개수는 채널 추정의 정확도와 정보 비트의 수신 에너지 사이에 트레이드오프 (Tradeoff) 관계가 있다. RS를 위해 대략 반 정도의 심볼을 쓰는 것이 PUCCH 포맷 1에 의해 지원되는 페이로드에 대해 좋은 절충선이라고 본다.

한 비트 정보일 때는 BPSK, 두 비트 정보는 QPSK로 변조하고 여기에 PUCCH 포맷 0에서 사용된 것과 같은 길이 12짜리 low-PAPR 시퀀스가 곱해진다. 포맷 0과 마찬가지로 서로 다른 시퀀스와 순환 변환 호핑을 이용하여 간섭을 랜더마이즈한다. 변조된 길이 12짜리 시퀀스는 다시 직교 DFT 코드가 곱해져 블록 단위로 심볼로 흩뿌려진다. 직교 코드의 길이는 제어 정보가 실리는 심볼의 수와 같다. 시간 영역에서 직교 코드를 사용하는 것은 다수의 단말이 같은 기준 시퀀스와 위상을 사용하면서도 직교 코드로 분리할 수 있게 됨으로써 멀티플렉싱 용량이 늘어나게 된다.

RS는 같은 구조로서, 변조를 거치지 않은 길이 12짜리 시퀀스가 블록 단위로 직교 코드가 곱해져 RS가 전송되는 심볼에 매핑된다. 그러므로 직교 코드이 길이와 순환 변환 (Cyclic Shift) 개수로 같은 리소스에 PUCCH 포맷 1을 보낼 수 있는 단말의 개수가 정해진다. 그림 10.16의 예시에는 9개의 OFDM 심볼이 PUCCH 전송에 사용되고 있다. 이 중 4개는 정보를 전송하고 5개는 RS에 사용된다. 이 예에서는 정보 부분이 길이 4로 더 짧은 직교 코드를 쓰므로 4개까지의 단말이 동일한 PUCCH 리소스를 사용하여 base 시퀀스의 같은 cyclic shift를 사용할 수 있다. 만약 셀 고유의 base 시퀀스에 지연 확산 관점에서 12개의 cyclic shift 중 6개를 이용할 수 있다면 같은 시간-주파수 자원을 이용하여 총 24개의 단말이 멀티플렉싱될 수 있다.

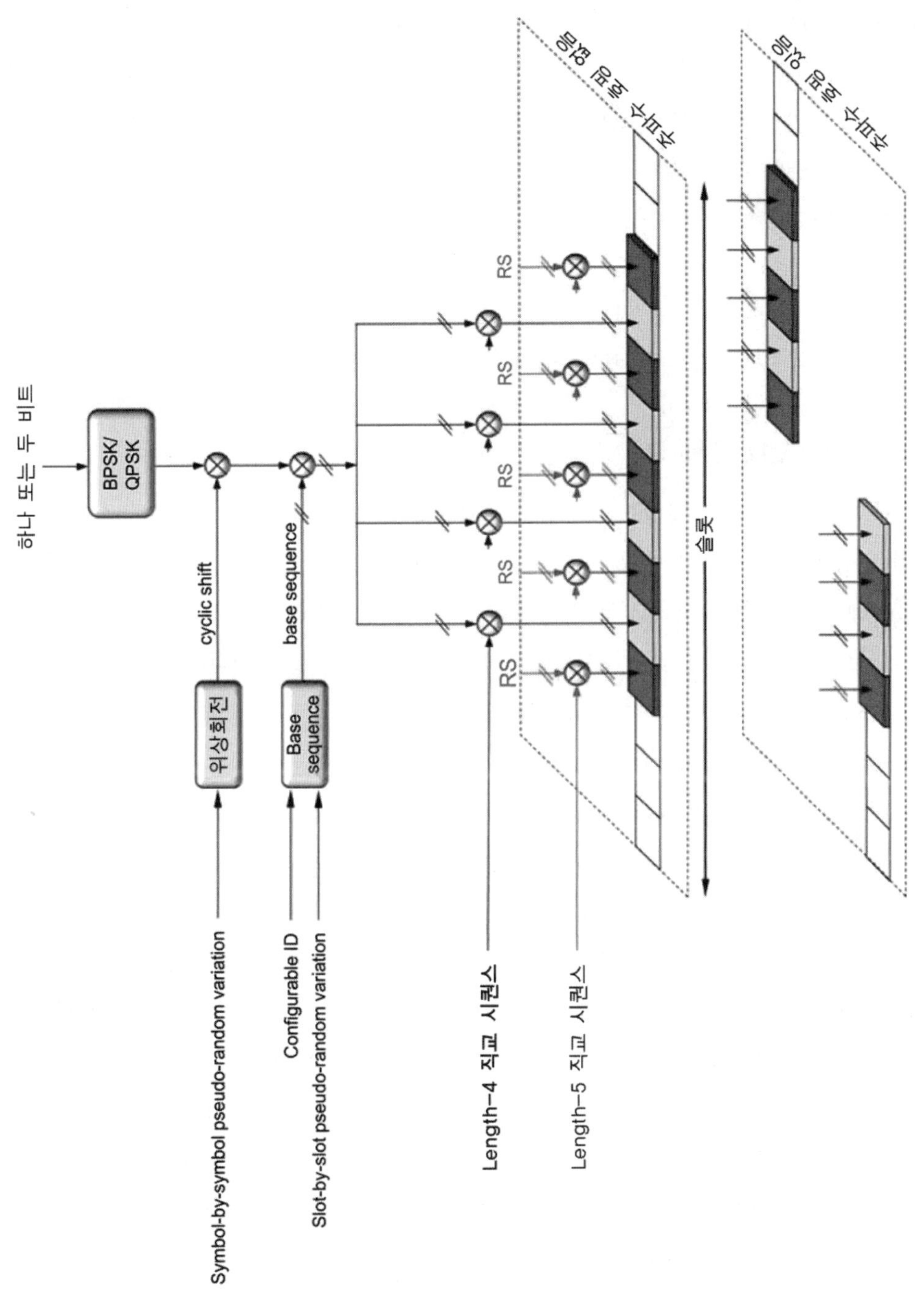

그림 10.16
PUCCH 포맷 1 주파수 호핑이 없는 경우 (위), 주파수 호핑이 있는 경우 (아래) 전송 예

short-PUCCH 포맷에 비해 더 많은 심볼을 사용해 전송하는 long-PUCCH는 LTE에서와 마찬가지로 주파수 다이버시티 효과를 얻기 위해 주파수 호핑 기능을 사용하기에 적합하다. LTE에서

는 주파수 호핑은 언제나 PUCCH가 전송되는 두 슬롯의 경계에서 이루어졌다. 그러나 NR에서는 PUCCH의 전송 기간이 스케줄링과 시스템 설정에 따라 다르므로 추가적인 유연성이 필요해졌다. 또한, 단말은 활성화된 BWP 내에서만 전송해야 하므로 LTE에서처럼 호핑이 캐리어 대역폭의 가장자리에서 일어날 수 없다. 그러므로 호핑을 할 것인지는 PUCCH 리소스 설정에 의해 결정된다. 호핑이 일어나는 위치는 PUCCH 전송 심볼 길이에 의해 정해진다. 주파수 호핑이 설정되면 홉마다 다른 직교 블록 코드가 사용된다. 그림 10.16의 이전 예를 사용하여, 길이-4/길이-5 직교 시퀀스의 단일 세트 대신 그림 하단에 표시된 것처럼 길이-2/길이-2 및 길이-2/길이-3 시퀀스의 두 세트가 첫 번째 및 두 번째 홉에 각각 사용된다.

10.2.4 PUCCH 포맷 2

PUCCH 포맷 2는 OFDM 형식으로 전송되는 short PUCCH 포맷이다. 두 비트보다 많은 정보 비트를 전송할 때 사용하며 대개 CSI 보고와 hybrid-ARQ ack/nack을 동시에 보내거나 많은 수의 hybrid-ARQ ack/nack을 보낼 때가 이런 경우이다. 스케줄링 요청도 정보 비트에 포함되어 인코딩될 수 있다. 만약 인코딩해야 할 비트 수가 너무 크면 CSI 보고는 누락시키고 더 중요한 정보인 hybrid-ARQ ack/nack만을 보낸다.

전체적인 송신 구조는 간단하다. 페이로드 크기가 큰 경우엔 CRC가 덧붙여진다. 이후 채널 코딩이 된다. CRC를 포함한 비트 수가 11비트 이하이면 Reed-Muller로 채널 코딩하고, 이보다 많을 때는 폴라 코딩[7] 방식으로 채널 코딩한다. 그리고 스크램블링을 하고 QPSK 변조 과정을 거친다. 스크램블링 시퀀스는 단말의 고유 ID (C-RNTI)와 셀 ID (또는 설정 가능한 가상 셀 ID)를 이용하여 생성한다. 이로써 셀 간 또는 같은 시간-주파수 자원을 사용하는 단말 간 간섭을 랜더마이즈한다. QPSK 변조 심볼은 하나 또는 두 개의 OFDM 심볼에 다수의 리소스 블록 서브캐리어에 매핑된다. 각 OFDM 심볼에서 세 개의 서브캐리어마다 의사 잡음 QPSK 시퀀스를 매핑해서 DM-RS로 쓰일 수 있도록 한다. 이를 통해 기지국은 동기 (Coherent) 수신을 할 수 있게 된다.

PUCCH 포맷 2가 사용하는 리소스 블록의 개수는 페이로드 크기와 설정 가능한 code rate의 최곳값에 의해 결정된다. 그러므로 페이로드 크기가 작으면 리소스 블록 수가 줄어 유효한 code rate이 일정해진다. 리소스 블록 개수의 최대값은 설정에 의해 한계가 정해진다.

그림 10.17에 예시된 것처럼 PUCCH 포맷 2는 일반적으로 슬롯의 맨 끝에 전송된다. 그러나 포맷 0에서 그랬던 것과 같은 이유로 슬롯 내의 다른 위치에 PUCCH 포맷 2를 전송할 수도 있다.

7) 폴라 코딩은 DCI 인코딩에도 사용된다. 하지만 세부적으로 들어가면 UCI에 사용하는 폴라 코딩과 조금 다르다.

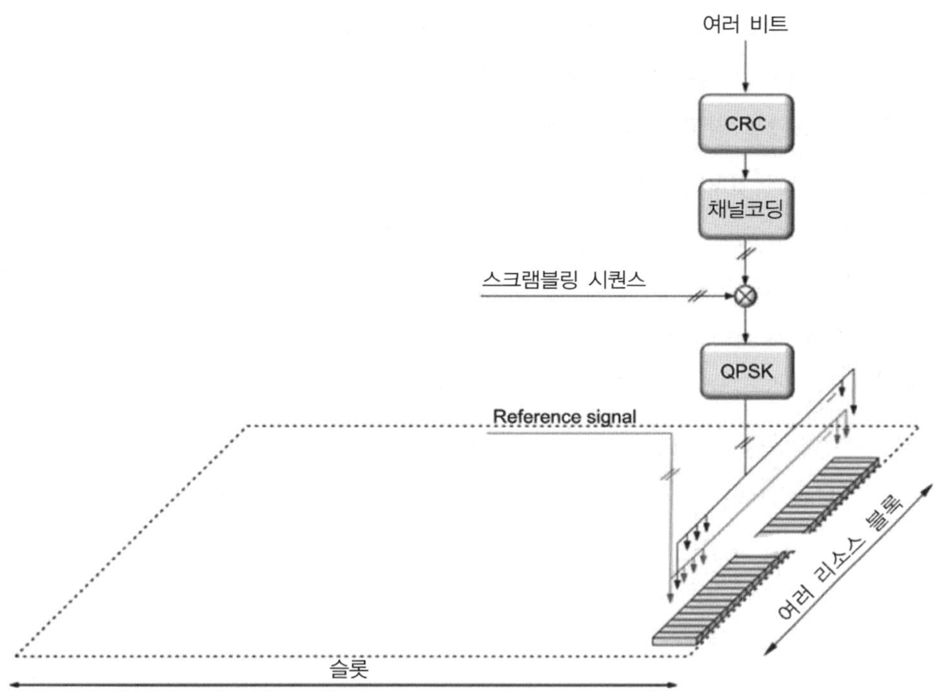

그림 10.17
PUCCH 포맷 2의 전송 구조 (CRC는 페이로드 사이즈가 클 때만 붙는다)

10.2.5 PUCCH 포맷 3

PUCCH 포맷 3은 PUCCH 포맷 2의 long PUCCH 버전이라고 볼 수 있다. 정보 비트가 2비트보다 많을 때 PUCCH 포맷 3이 이용되며 4-14개의 OFDM 심볼에 다수의 리소스 블록을 통해 전송된다. 그러므로 가장 큰 페이로드 용량을 가지고 있는 PUCCH 포맷이라고 볼 수 있다. PUCCH 포맷 1과 비슷하게 제어 정보를 보내는 OFDM 심볼과 RS를 보내는 OFDM 심볼이 분리되어 있어 최종 출력단의 파형이 낮은 cubic metric을 갖도록 설계되었다.

전체적인 송신 구조는 PUCCH 포맷 2와 거의 같다. 페이로드 크기가 큰 경우엔 CRC가 덧붙여진다. 이후 채널 코딩이 된다. CRC를 포함한 비트 수가 11비트 이하이면 Reed-Muller로 채널 코딩하고, 이보다 많을 때는 폴라 코딩 방식으로 채널 코딩한다. 그리고 스크램블링을 하고 변조 과정을 거친다. 스크램블링 시퀀스는 단말의 고유 ID (C-RNTI)와 셀 ID (또는 설정 가능한 가상 셀 ID)를 이용하여 생성한다. 이로써 셀 간 또는 같은 시간-주파수 자원을 사용하는 단말 간 간섭을 랜더마이즈한다. PUCCH 포맷 2에서와 마찬가지로 정보 비트의 수가 클 때만 CRC가 붙는다. 변조 기술은 QPSK가 사용되지만 추가적으로 $\pi/2-BPSK$를 사용할 수 있다. 링크 성능의 손실이 많은 경우 cubic metric을 낮추기 위해 $\pi/2-BPSK$를 이용한다.

최종 변조 심볼은 OFDM 심볼에 분배되어 매핑된다. cubic metric을 낮추고 전력 증폭기 효율을 높이기 위해 DFT-precoding을 적용한다. RS는 DFT-precoded PUSCH 전송과 같은 방법으로 생성된다 (9.11.2절 참고). 이는 PUSCH와 같이 cubic metric을 낮추기 위함이다.

그림 10.18에 예시된 것처럼 PUCCH 포맷 3에 주파수 다이버시티의 이점을 살리기 위해 주파수 호핑이 설정될 수 있다. 물론 주파수 호핑 없도록 설정될 수도 있다. RS 심볼의 위치는 주파수 호핑이 설정되었는지 여부와 PUCCH가 전송되는 심볼 길이에 의해 결정된다. 주파수 호핑이 설정되면 홉 안에 적어도 한 개의 RS가 있어야 한다. PUCCH 전송 심볼 길이가 길면 하나의 홉 안에 두 개의 RS를 넣을 수 있도록 추가 설정이 가능하다.

UCI 비트는 좀 더 중요한 비트를 DM-RS 가까이에 위치시키는 방식으로 매핑된다. 좀 더 중요한 정보로는 hybrd-ARQ, 스케줄링 요청, CSI part1 등이 있고 이를 다 같이 한꺼번에 코딩하고 변조한다. 덜 중요한 비트는 먼 쪽에 매핑된다.

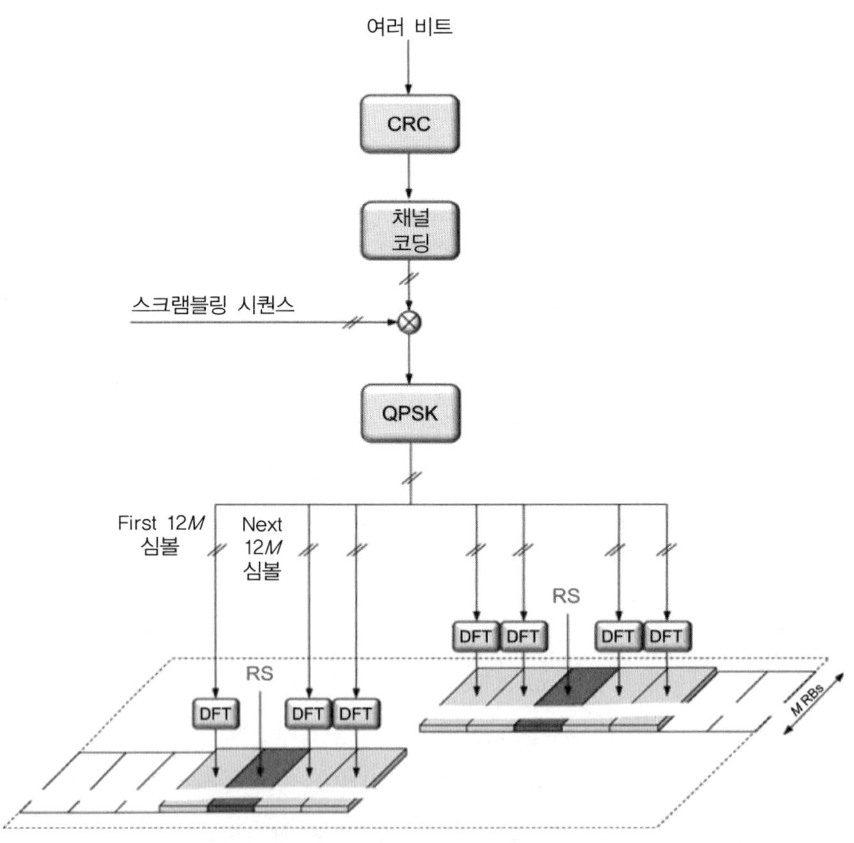

그림 10.18
PUCCH 포맷 3의 전송 구조 (CRC는 페이로드 사이즈가 클 때만 붙는다)

10.2.6 PUCCH 포맷 4

PUCCH 포맷 4는 핵심 부분은 PUCCH 포맷 3과 같으나 같은 리소스를 쓰는 여러 개의 단말에 코드 멀티플렉싱을 할 수 있고 주파수 영역에서 하나의 리소스 블록만을 사용한다. 그러므로 하나의 제어 정보가 실리는 OFDM 심볼은 $12/N_{SF}$개의 고유 변조 심볼을 전송한다. DFT-precoding 전에 각 변조 심볼은 N_{SF} 길이의 직교 시퀀스로 블록 확산된다. 확산 계수는 2 또는 4가 지원된다. 이는 같은 리소스 블록을 쓰는 단말이 2개 또는 4개까지 멀티플렉싱될 수 있음을 의미한다.

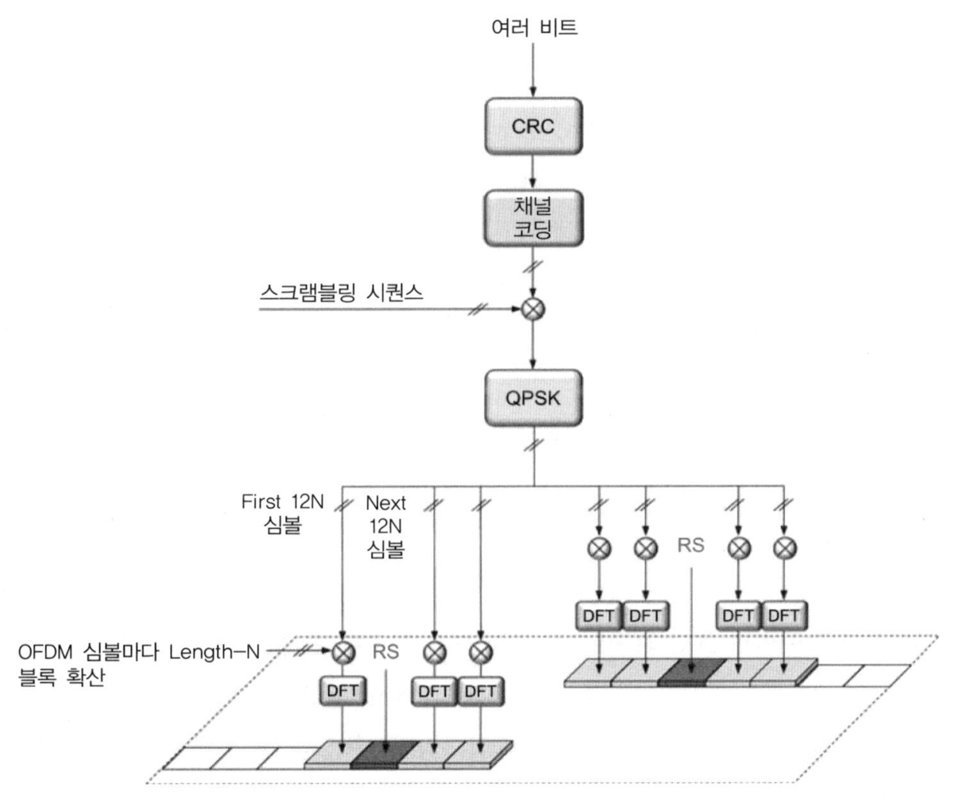

그림 10.19
PUCCH 포맷 4의 전송 구조

10.2.7 PUCCH 전송을 위한 리소스와 파라미터

앞선 절들에서 다양한 PUCCH 포맷들을 설명하면서 여기에 필요한 파라미터는 이미 알려진 것으로 가정하였다. 파라미터에는 전송 신호가 매핑될 리소스 블록, PUCCH 포맷 0의 초기 위상 회전값, 주파수 호핑의 여부, PUCCH 전송에 사용되는 OFDM 심볼의 수 등 다양하다. 또한,

단말은 어떤 PUCCH 포맷을 사용할 것인지 사용할 시간-주파수 자원은 무엇인지를 알아야 한다.

LTE에서는, 특히 첫 릴리스에서 더욱 그러한데, 상향링크 제어 정보와 PUCCH 포맷, 그리고 전송 파라미터 사이에 고정적인 관계가 있었다. 예를 들어 LTE PUCCH 포맷 1a/1b는 hybrid-ARQ에 사용되었고, 시간-주파수-코드 자원은 하향링크 스케줄링 할당을 받은 시간으로부터 고정된 시간 오프셋과 하향링크 할당에 쓰인 자원에 의해 결정되었다. 이는 적은 오버헤드를 갖는 해결책이긴 하지만 유연성이 부족한 단점을 가지고 있었다. 뒤에 릴리스된 LTE는 캐리어 애그리게이션을 지원해야 했고 다른 더 많은 향상된 기능들을 지원해야 했으므로 이에 유연성을 확장했다.

NR은 초기부터 더 유연한 방식을 채택하였다. NR은 매우 다양한 서비스 요구 사항으로부터 유연한 구조의 필요성이 커졌다. NR이 가진 서비스 요구 사항은 지연과 주파수 효율성(Spectral Efficiency), 미리 정의된 상향링크-하향링크 TDD 패턴이 없는 것, 서로 다른 개수의 캐리어를 합하는 단말들을 지원하는 것, 안테나 방식이 달라 피드백 양이 달라지는 것 등 다양하다. 이들을 지원하는 핵심 개념을 이해하기 위해서는 PUCCH 리소스 셋에 대한 이해가 필수이다. 하나의 PUCCH 리소스 셋은 적어도 4개의 PUCCH 리소스 설정을 가지고 있다. 각 리소스 설정은 PUCCH 포맷과 그 포맷에 필요한 각종 파라미터를 포함한다. 총 4개까지 PUCCH 리소스 셋이 설정될 수 있고, 각 리소스 셋은 전송할 UCI 피드백의 범위를 결정한다. PUCCH 리소스 셋 0은 2비트까지의 UCI 페이로드를 처리할 수 있다. 따라서 PUCCH 포맷 0과 1만을 포함할 수 있다. 한편 다른 PUCCH 리소스 셋은 PUCCH 포맷 0, 1을 제외한 다른 PUCCH 포맷을 포함한다.

단말이 UCI를 전송하고자 할 때 UCI 페이로드 크기로 PUCCH 리소스 셋을 선택하고, DCI에 포함된 ARI 필드에 의해 PUCCH 리소스 셋 내에서 사용할 PUCCH 리소스 설정이 결정된다(그림 10.20을 보라). 그러므로 스케줄러가 상향링크 제어 정보가 어디서 전송될 것인지에 대한 선택권을 가지고 있다. 최대 32개의 리소스를 포함할 수 있는 첫 번째 리소스 세트의 경우, 3비트 PUCCH 리소스 지시자로 표시할 수 있는 것보다 더 많은 리소스가 있을 수 있다. 이 경우 상향링크를 스케줄링하는 PDCCH의 첫 번째 CCE의 인덱스를 PUCCH resource 지시자와 함께 사용하여 세트 내 PUCCH 자원을 결정한다.[8)]

주기적인 CSI 보고나 스케줄링 요청을 보낼 수 있는 PUCCH 슬롯 등은 준정적으로 설정되는 값들인데 여기에 쓰이는 PUCCH 리소스는 CSI나 SR의 초기 설정에 의해 결정된다.

---

8) 따라서 DCI 포맷 1_1을 0비트 PUCCH 자원 지시자로 구성함으로써 LTE의 암시적 PUCCH 자원 할당 방식을 모방할 수 있다.

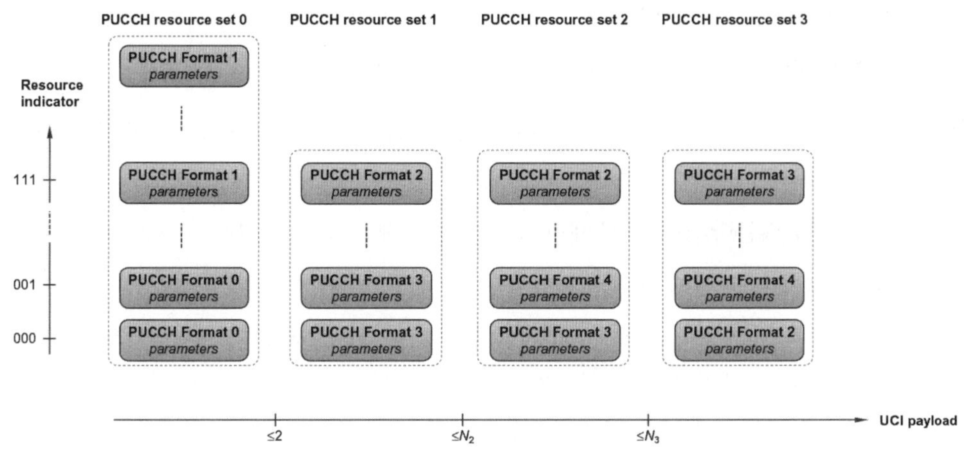

그림 10.20
PUCCH 리소스 셋의 예

10.2.8 PUSCH로 통해 전달되는 상향링크 제어 시그널

단말이 PUSCH로 데이터를 전송하고 있을 때, 즉, 유효한 스케줄링 그랜트가 있을 때 동시에 전송되는 제어 시그널링은 원론적으론 PUCCH로 전송해도 된다. 그러나 이미 언급했듯이 그렇게 하지 않고 데이터와 제어 신호를 PUSCH에 멀티플렉싱해서 보내는 것이 PUSCH와 PUCCH를 분리해 같은 슬롯에 보내는 것보다 선호된다. 그 한 가지 이유는 PUCCH와 PUSCH를 동시에 전송하면 PUCCH에 DFT-precoded OFDM을 쓰는 것이 UCI를 PUSCH에 전송하는 것보다 cubic metric이 증가하기 때문이다. 또 다른 이유는 PUSCH와 PUCCH가 주파수 영역에서 멀리 떨어져 있으면 송신 전력이 높을 때 밴드 외방사 (Out-of-Band Emission) 요구 조건을 만족하기 어렵다는 것이다. 그러므로 LTE와 마찬가지로 UCI와 PUSCH를 동시에 전송해야 할 때 UCI를 PUSCH를 통해 전송하는 것이다. 같은 원리가 상향링크의 OFDM과 DFT-precoded OFDM 방식에 적용된다.

hybrid-ARQ ack/nack과 CSI 보고만이 PUSCH를 통해 전송될 수 있다. 단말이 이미 상향링크 그랜트를 가지고 있는 상황에선 스케줄링 요청을 보낼 필요가 없다. 다만 14.2.3에서 설명할 예정인 버퍼 상태 보고 (Buffer-Status Report)는 PUSCH를 통해 전송될 수 있다.

하향링크 스케줄링을 할 때 이미 기지국은 단말기가 언제 hybrid-ARQ ack/nack을 보낼지를 알고 있다. 그러므로 ack/nack과 데이터를 어떻게 분리해낼지를 알고 있다. 하지만 단말기가 하향링크 스케줄링 할당을 받지 못하는 경우가 발생할 수 있다. 이러한 경우에 단말기는 hybrid-ARQ ack/nack을 전송하지 않았는데 기지국은 이를 기대하고 있는 상황이 발생한다.

rate-matching 패턴이 ack/nack의 전송 유무에 따라 달라지게 될 경우, 하향링크 할당 수신에 오류가 발생하면 데이터 부분에 전송된 비트가 영향을 받고 UL-SCH 디코딩이 실패하게 된다.

이러한 오류를 회피하는 방법은 hybrid-ARQ ack/nack을 코딩된 UL-SCH 스트림에 puncturing 해서 전송하는 것이다. 이렇게 하면 non-punctured 비트는 hybrid-ARQ ack/nack의 유무에 상관없이 영향을 받지 않는다. 이는 LTE에서도 사용하는 해결책이다. 그러나 NR에서는 ack/nack 비트 수가 상당히 커질 수가 있고 이런 경우 비트 천공 (Puncturing)이 일반적인 해결책으로 적합하지 않다. 많은 수의 ack/nack이 전송되는 것은 코드북 그룹 재전송을 사용하거나 캐리어 애그리게이션과 같은 경우이다. 그래서 NR에서는 두 비트 이하의 hybrid-ARQ ack/nack 은 비트 천공 방식을 사용하고 더 많은 수의 비트는 상향링크 데이터를 rate-matching하는 방법을 사용한다. 앞에서 말한 오류 경우를 회피하기 위해 DCI에 있는 상향링크 DAI 필드는 상향링크 hybrid-ARQ를 위한 예약된 리소스의 양을 알려준다. 그러므로 스케줄링 할당을 잃어버린 것에 상관없이 상향링크 hybrid-ARQ 피드백에 사용할 리소스 양을 단말이 알 수 있게 된다.

UCI의 매핑은 더 중요한 비트, 즉, hybrid-ARQ ack/nack은 첫 DM-RS 심볼 다음의 첫 OFDM 심볼에 매핑된다. 덜 중요한 비트인 CSI 보고는 이어지는 심볼에 매핑된다.

변동하는 무선 상황에 대처하기 위해 데이터 부분에는 code rate을 조절하는 방식을 사용하는데 L1/L2 제어 시그널 부분에는 이를 사용할 수 없다. 그 대안으로 전력 제어를 사용하는 방법을 생각할 수 있다. 그러나 전력 제어를 하게 되면 시간 영역에서 전력이 빠르게 변동하고 이는 RF 성능에 악영향을 끼칠 수 있다. 그러므로 PUSCH가 전송되는 구간에 전송 전력은 일정하게 유지되고 L1/L2 제어 신호에 할당된 리소스 엘리먼트 수를 제어하여 수신 성능을 유지하는 방법을 이용한다. 즉, 이는 제어 시그널링의 code rate이 변하는 것과 같다. PUSCH 자원에서 UCI가 차지하는 비율을 준정적으로 설정할 수 있기도 하고 좀 더 빠르게 제어하길 원하면 DCI 내의 필드로 이 비율을 알려줄 수도 있다.

11 다중 안테나 전송

CHAPTER

다중 안테나 전송은 NR의 핵심 기능으로 고주파를 쓰는 경우에 더욱 효용성이 높다. 이 장에서는 일반적인 관점에서 다중 안테나 전송의 배경을 설명하고 NR에서의 다중 안테나 프리코딩에 대해 상세히 다룬다.

11.1 개요

다중 안테나를 이용해 송수신하는 것은 이동통신 시스템에서 매우 큰 이점이 있다.

다중 안테나를 송신에 사용하면 무선 채널을 안테나마다 독립적으로 만들 수 있다는 점을 이용하면 페이딩에 효과적으로 대처할 수 있는 다이버시티 이득을 얻을 수 있다. 채널을 독립적으로 만들기 위해서는 안테나 간 간격이 크거나 서로 다른 편파를 쓰면 된다.

또한, 각 안테나의 위상을 잘 맞추고 거기에 진폭까지 잘 조절하면 송신단에서의 다중 안테나가 방향성을 갖도록 할 수 있다. 전송되는 전력을 어느 일정한 방향으로 모아서 원하는 공간에 전력을 집중해서 빔을 형성해 전송할 수 있다. 이렇게 방향성을 형성하면 원하는 수신기로 전달되는 전력이 높아져 데이터 속도와 커버리지를 증대시킬 수 있다. 방향성은 다른 수신기에 간섭을 줄일 수 있어 전체적으로 스펙트럼 효율이 향상된다.

송신과 마찬가지로 수신단에서 다중 안테나는 수신 방향성을 제공하고 원하는 방향에서 수신되는 신호의 전력을 키워 결과적으로 다른 방향으로부터의 간섭을 억제할 수 있다.

그러므로 송신단과 수신단의 다중 안테나를 잘 활용하면 공간 멀티플렉싱을 할 수 있다. 즉, 같은 시간-주파수 자원을 공통으로 사용하여 다중 레이어 전송이 가능해지는 것이다.

LTE에서도 다중 안테나를 이용한 송수신은 다이버시티, 방향성 그리고 공간 멀티플렉싱을 제공하여 고속 데이터와 높은 시스템 효율을 얻을 수 있게 하는 중요한 도구였다. NR에서는 LTE에 비해 고주파를 사용할 가능성이 크고 이에 따라 다중 안테나 송수신 기술은 더욱더 중요한

요소가 되었다.

고주파 통신 환경에서는 전파 손실이 많이 발생하고 통신 거리가 짧아진다는 것은 이미 잘 알려진 사실이다. 그 한 가지 이유로 수신 안테나의 크기는 파장에 좌우되며 다른 말로 캐리어 주파수의 역수 관계가 되어 고주파일수록 안테나 크기가 작아지는 것에 기인한다. 예를 들어 주파수가 10배 증가하면 파장이 10배 증가하고 수신 안테나의 크기는 10배 작아져야 한다. 물리적 안테나의 면적은 100배 감소하게 되고 이에 따라 수신 안테나에서 수집할 수 있는 에너지의 양은 20dB 감소하게 된다.

캐리어 주파수가 증가해도 수신 안테나 크기를 일정하게 할 수만 있다면 수신 전파 에너지의 감소를 막을 수 있다. 그러나 안테나 크기를 일정하게 유지한다는 것은 결과적으로 파장에 비해 안테나 크기가 크다는 의미가 된다. 이는 안테나 고유의 특성상 안테나의 방향성을 증가시키게 된다.[1)] 그러므로 안테나 크기를 키움으로써 이득을 얻기 위해서는 수신 안테나를 원하는 신호의 방향에 잘 맞춰야 한다는 결론에 다다른다.

고주파에서 송신 안테나 크기를 유지함으로써 송신 전파의 방향성이 증가하고 링크 버짓 (Link Budget)이 향상된다. 가시거리 (Line-of-Sight, LOS) 환경에서 다른 손실이 없다고 가정하면 전체적인 링크 버짓이 고주파에서 증가할 것이다. 그러나 실제적으로는 고주파에서 전파 손실에 부정적이 영향을 미치는 요소가 많이 있다. 대기에 의한 손실이 크고 회절이 작아 비가시거리에서의 전파 (Propagation) 특성이 좋지 않은 것이 그러한 요소들이다. 그러나 여전히 고주파에서의 높은 안테나 지향성은 점-대-점 무선 링크에서 광범위하게 이용되고 있다. 고주파로 동작하더라도 이러한 특성을 이용하면 LOS에서 상대적으로 긴 커버리지를 확보할 수 있다.

이동통신 환경에서 단말은 기지국으로부터 어느 방향에나 있을 수 있고 단말 자체도 이동 및 휴대의 특성상 방향을 고정할 수 없다. 그러므로 지향성이 높은 안테나는 당연히 적용이 어렵다. 그러나 매우 작은 안테나 소자로 이루어진 안테나 패널을 이용하여 수신 안테나의 면적을 확장하면 지향성 높은 송신을 할 수 있다. 안테나 소자의 크기와 안테나 소자 간 거리는 파장에 비례해야 한다. 따라서 주파수가 높아지면 안테나 소자의 크기와 서로 간의 거리는 줄어든다. 그러나 안테나 전체 크기를 일정하게 유지한다고 가정하면 안테나 소자의 개수를 증가시킬 수 있어 안테나 소자 넓이의 총합은 비슷하게 가져갈 수 있다.

하나의 큰 안테나에 비해 작은 안테나 소자가 많이 있는 안테나 패널을 사용하는 이점은 송신 빔에 지향성을 줄 수 있다는 것이다. 각 안테나 소자에 위상을 적절히 조절하면 방향성이 생기도록 할 수 있다. 안테나 패널을 여러 개 사용하면 각 패널마다 동일한 효과를 얻을 수 있다.

1) 안테나의 방향성은 대략 안테나의 물리적 넓이를 파장의 제곱으로 나눈 값에 비례한다고 볼 수 있다.

그림 11.1은 안테나 패널이 수신단에 사용한 예이다. 각 안테나 소자에서 수신되는 신호의 위상을 적절히 조절하면 수신 빔이 형성된다.

그림 11.1
64개의 쌍편파 안테나 소자를 사용하는 정방형 안테나 패널

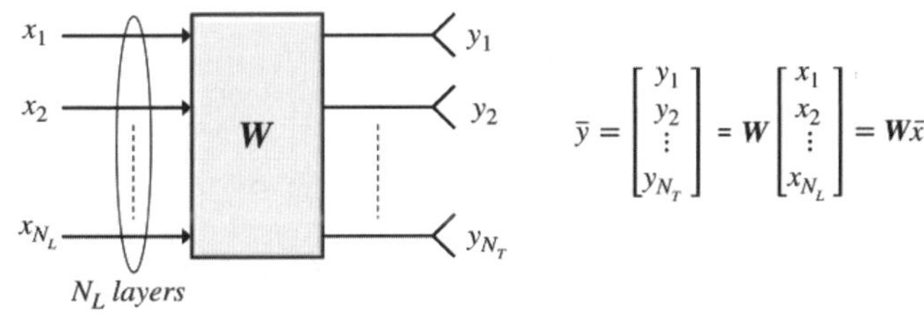

그림 11.2
N_L개의 레이어를 N_T개의 안테나에 매핑하는 다중 안테나 전송의 일반적인 모델

일반적으로 선형 다중 안테나 전송의 방법은 그림 11.2처럼 모델링할 수 있다. 벡터 $\bar{x}$로 표시된 N_L개의 레이어를 $N_T \times N_L$행렬 W를 곱해 벡터 $\bar{y}$로 표시된 N_T개의 안테나로 매핑하는 예이다.

그림 11.2의 일반적인 모델은 거의 모든 경우의 다중 안테나 전송에 적용된다. 그러나 구현에 따라 실제적으로 다중 안테나 전송의 기능에 영향을 주는 다양한 제약 사항이 있게 된다.

구현 관점에서 이와 관련된 것으로는 그림 11.3에 예시된 것처럼 송신 신호를 만드는 전체 구조에서 행렬 W를 인가하는 다중 안테나 처리를 어디에서 구현하느냐이다. 그림 11.3에는 두 가지 경우를 예시하였다.

- 다중 안테나 처리 부분이 DAC (Digital-to-Analog Conversion)의 뒤에 송신기의 아날로그 부분에 있는 경우 (그림 11.3의 왼쪽)

❑ 다중 안테나 처리 부분이 DAC (Digital-to-Analog Conversion)의 앞쪽 송신기의 디지털 부분에 있는 경우 (그림 11.3의 오른쪽)

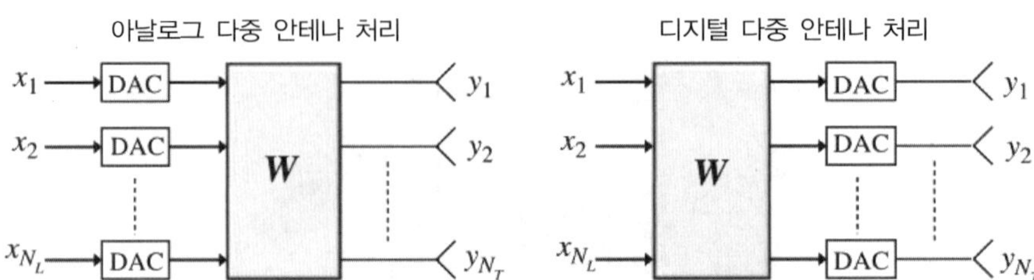

그림 11.3
아날로그와 디지털 다중 안테나 프로세싱 비교

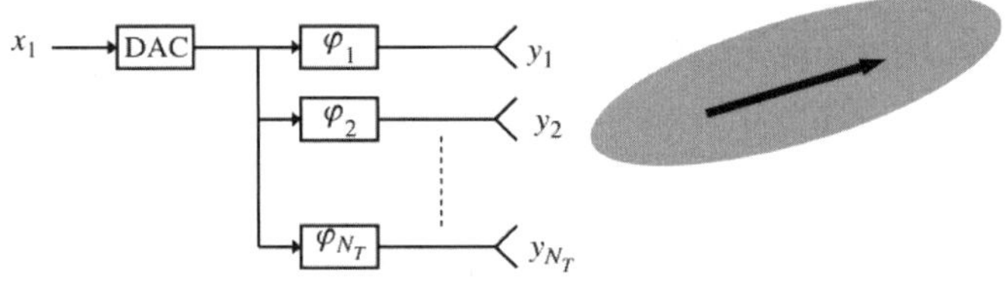

그림 11.4
빔포밍을 위한 아날로그 다중 안테나 프로세싱

그림 11.3의 오른쪽 그림처럼 디지털 프로세싱으로 다중 안테나 처리를 하는 것의 단점은 구현이 복잡해진다는 것이다. 하나의 안테나 소자마다 DAC가 하나씩 필요해지기 때문이다. 그러므로 고주파에서 촘촘하게 붙어있는 많은 안테나 소자를 이용하는 경우에 그림 11.3의 왼쪽처럼 아날로그 부에서 다중 안테나 처리를 하는 것이 일반적이고, 기술이 획기적으로 향상되기 전까지 향후 얼마간은 이런 구조를 유지하게 될 것이다. 아날로그에서 다중 안테나 처리를 한다는 것은 그림 11.4에 나타낸 것처럼 빔포밍을 위하여 하나의 레이어를 안테나마다 각각 다른 위상 천이를 해야 한다는 것을 의미한다.

고주파 시스템에서는 일반적으로 전력에 의해 제한은 되지만 대역폭의 제한은 상대적으로 덜한 편이다. 이미 대역폭이 크므로 높은 rank를 쓰는 공간 멀티플렉싱보다 빔포밍이 더 중요하게 된다. 반대의 경우, 즉, 낮은 주파수 대역에서는 전송을 위해 큰 대역폭을 찾기 힘들다.

아날로그에서의 빔포밍 프로세싱은 캐리어마다 수행되어야 한다. 하향링크 전송의 경우 이는 기지국으로부터 다른 방향에 있는 단말에게 빔포밍 전송을 할 경우에 주파수 멀티플렉싱이 불가능하다는 것을 의미한다. 즉, 그림 11.5에 나타낸 것처럼 다른 방향에 있는 단말에게 빔포밍 전송을 하려면 시간적으로 분리되어 있어야 한다는 것이다.

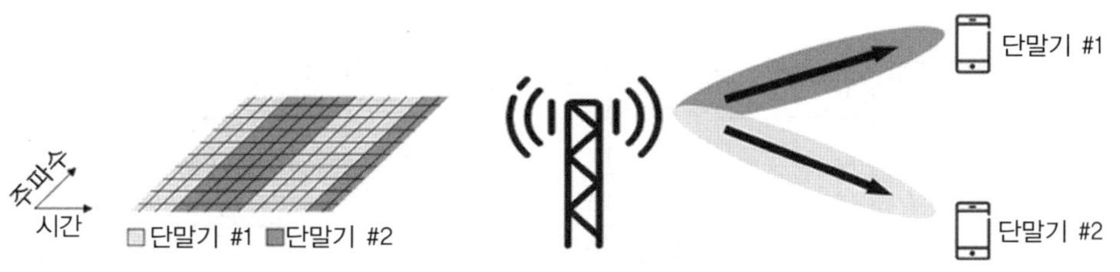

그림 11.5
여러 방향에 시간적으로 분리하여 빔포밍을 수행하는 예

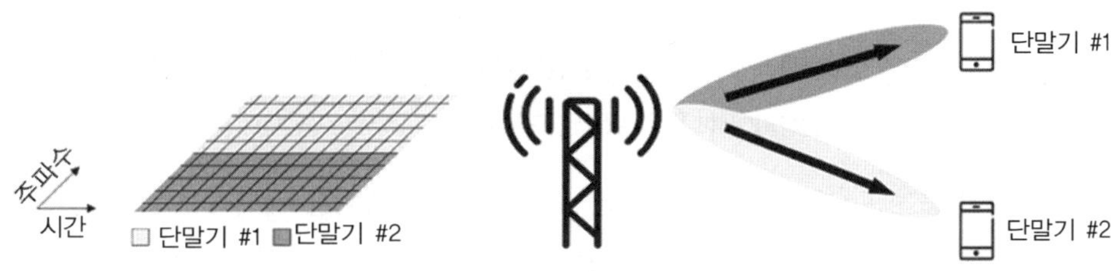

그림 11.6
여러 방향에 동시에 주파수 멀티플렉싱하여 빔포밍을 수행하는 예

적은 수의 안테나 소자가 쓰이는 저주파 대역에서의 다중 안테나 프로세싱은 그림 11.3의 오른쪽처럼 디지털 부분에서 수행될 수 있다. 이렇게 하면 다중 안테나 처리에 여러 가지 기능을 추가할 수 있는 여지가 생긴다. 더 높은 공간 멀티플렉싱이 가능해지며 $N_T \times N_L$행렬 W를 곱할 때 위상과 진폭에 이득을 줄 수 있다. 디지털 처리는 또한 같은 대역폭 안에서 두 신호를 독립적으로 다중 안테나 처리가 가능하므로 두 방향의 단말에 주파수 멀티플렉싱을 하여 빔포밍 전송을 할 수 있다. 이에 대한 예시가 그림 11.6에 그려져 있다.

디지털 프로세싱에서는 안테나 가중치를 유연하게 조절할 수 있으므로 전송 행렬 W를 보통 프리코더 행렬 (Precoder Matrix)라고 부르며 다중 안테나 처리를 다중 안테나 프리코딩 (Multi-Antenna Precoding)이라고 부른다.

아날로그 또는 디지털 다중 안테나 처리의 차이는 수신단에도 적용된다. 아날로그 처리의 경우 다중 안테나 처리는 ADC (Analog-to-Digital Conversion) 전에 아날로그 수신부에서 처리된다. 실제 구현에서 다중 안테나 처리는 한순간에 하나의 방향으로 밖에 수신하지 못하는 제약이 따른다. 그러므로 두 방향으로부터의 수신은 시간적으로 분리되어야 한다.

한편 디지털 수신부에서의 다중 안테나 처리는 다른 방향으로부터 도달하는 다중 신호를 동시에 빔포밍할 수 있어 다중 레이어 수신이 가능해진다.

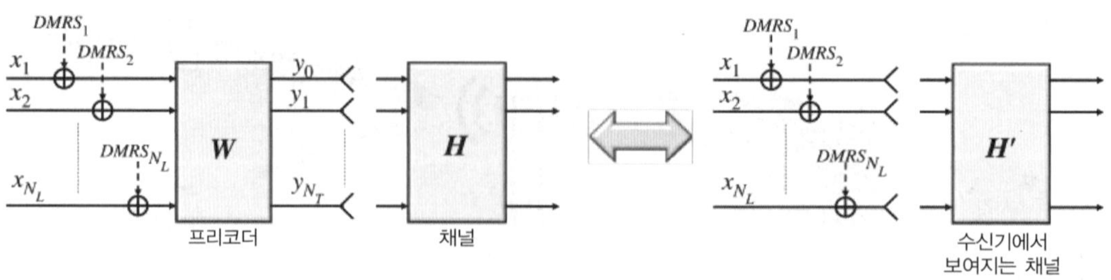

그림 11.7
어떠한 다중 안테나 프리코딩도 수신기에 transparent하다는 사실을 의미하는, 데이터와 공동으로 프리코딩된 DM-RS

전송단과 마찬가지로 수신단에서 디지털 다중 안테나 처리의 단점은 복잡도가 커진다는 것이다. 즉, 안테나 소자마다 ADC가 하나씩 필요해진다.

이 장의 나머지 부분은 다중 안테나 프리코딩, 즉, 프리코더 행렬을 제어하는 다중 안테나 전송 시스템에 초점을 맞출 것이다. 아날로그 다중 안테나 처리의 제약 사항이 NR에 어떤 영향을 미치는지는 12장에 다룰 것이다.

또 한 가지 다중 안테나 프리코딩에서 중요한 사항은 프리코딩된 신호를 동기 수신하는 데 이용되는 DM-RS에 프리코딩이 적용되는지의 여부이다.

만약 RS도 데이터와 같은 방법으로 프리코딩 되면 수신기의 입장에서 전체적으로 프리코딩은 무선 채널의 일부로 보인다 (그림 11.7을 참고하라). 간단히 말해서 수신단에서는 실제의 $N_R \times N_T$ 크기의 채널 행렬 H가 아니라 H와 프리코딩 행렬 W가 곱해진 $N_R \times N_T$ 크기의 행렬 H'가 채널 행렬로 보이게 된다. 그러므로 프리코딩은 수신단에서 없는 것처럼 보여 적어도 이론적으로는 송신단에서 임의의 어떤 프리코더 행렬을 적용해도 되며 선택한 프리코더를 수신기에게 알려줄 필요가 없다.

11.2 하향링크 다중 안테나 프리코딩

모든 NR 하향링크 물리 채널은 동기 (Coherent) 복조를 위하여 각자의 DM-RS를 가지고 있다. 그리고 단말은 그림 11.7에서처럼 DM-RS가 데이터와 같은 방식으로 프리코딩 되어 있다고 가정한다. 결과적으로 어떠한 하향링크 다중 안테나 프리코딩이든 단말에게 투명하며 기지국은 이론적으로 단말에게 알려줄 필요 없이 어떤 송신 프리코딩을 적용해도 된다. 단말은 여전히 전송 레이어의 수, 즉 송신기 측에 적용된 프리코더 행렬의 열(column) 수를 알고 있어야 한다.

그러므로 표준에서 하향링크 안테나 프리코딩에 관하여 규정하고 있는 부분은 단말에서 수행하는 측정과 보고에 관련한 것들이다. 기지국은 이들 보고를 이용해 하향링크 PDSCH 전송에 사용할 프리코더를 선택한다. 이러한 프리코더와 관련된 측정과 보고는 8.2절에서 설명한 보고 설정의 큰 틀 안에 있다. 8.2절에서 설명하였듯이 CSI 보고는 다음의 정보로 구성되어 있다.

- **랭크 지시자 (Rank Indicator, RI)** : 단말기가 적절하다고 생각하는 전송 랭크, 즉, 적절한 하향링크 전송 레이어 N_L을 나타냄
- **프리코더 행렬 지시자 (Precoder-Matrix Indicator, PMI)** : 단말기가 선택한 랭크 상황에서 적절하다고 생각하는 프리코더 행렬
- **채널 품질 지시자 (Channel Quality Indicator, CQI)** : 단말기가 선택한 프리코더 행렬을 쓸 때 적절하다고 생각하는 채널 코드율 (Coding Rate)과 변조 기법

위에서 언급했듯이 PMI는 단말이 하향링크 전송에 적절하다고 측정한 프리코더 행렬을 나타낸다. PMI 값은 특정한 프리코더 행렬을 지칭한다. 그러므로 PMI 값들의 셋은 프리코더 행렬의 셋을 나타내고 이를 프리코더 코드북이라고 부른다. 단말은 PMI를 보고할 때 프리코더 코드북 중의 하나를 선택한다. 단말은 자신에게 설정된 CSI-RS에 포함된 안테나 개수 정보와 선택한 랭크 N_L에 기반하여 PMI를 선택한다.

하향링크 다중 안테나 프리코딩에 사용되는 프리코더 코드북은 PMI를 보고할 때만 이용된다는 것을 알아야 한다. 표준에서 정한 코드북은 PMI를 선택할 때만 이용되고 실제 기지국이 하향링크 전송에는 프리코더에 대한 제약이 없다. 기지국은 어떠한 프리코더를 써도 되고 기지국에서 선택한 프리코더는 코드북에 정의되지 않은 것을 써도 괜찮다는 것이다.

대부분의 경우 보고된 프리코더를 기지국에서 선택하는 것이 일반적이다. 그러나 어떤 경우에 기지국은 다른 프리코더가 더 좋다는 추가 정보를 얻을 수 있다. 다중 사용자 MIMO (Multi-User MIMO, MU-MIMO)가 그러한 예로써 기지국은 같은 시간-주파수 자원을 사용하여 여러 개의 단말에게 동시에 하향링크 전송을 할 수 있다. MU-MIMO는 목표로 하는 단말에게 에너지를 집중시킬 뿐만 아니라 동시 사용자에게 간섭을 억제할 수 있는 프리코딩 행렬을 선택하는 것을 기본으로 한다. 이러한 경우에 송신에 사용하는 프리코딩의 선택은 단말이 보고한 PMI를 고려할 뿐만 아니라 (단말에게 전송할 때 겪게 되는 무선 채널의 영향이 PMI에 포함됨) 동시에 다른 동시 사용자로부터 보고된 PMI들도 고려하여야 한다.

결론적으로 MU-MIMO의 경우 프리코딩의 선택은 하나의 특정 단말에게 전송할 때의 프리코딩과는 달리 개개의 단말이 받게 되는 채널의 정보를 종합적으로 이용해야 한다는 것이다. 이

러한 이유로 NR에서는 두 가지 타입의 CSI를 정의하고 있다. Type I CSI와 Type II CSI 가 있는데 이 둘은 프리코더의 구조와 크기 면에서 차이가 있다.

- Type I CSI는 주로 non-MU-MIMO 상황으로 한 명의 사용자가 하나의 시간-주파수 자원을 사용하는 경우를 가정한다. 높은 차수의 공간 멀티플렉싱을 지향하여 비교적 많은 수의 레이어 전송을 염두에 두고 있다.
- Type II CSI는 MU-MIMO 상황을 목표로 한다. 스케줄된 단말마다 한정된 공간 레이어 (최대 두 개의 레이어)를 가지면서 다중 단말이 동일한 시간-주파수를 사용하는 상황에 쓰이는 것을 목표로 한다.

Type I CSI의 코드북은 비교적 간단하고 전송 에너지를 목표로 하는 수신기에 집중할 수 있도록 설계되었다. 동시에 전송되는 레이어 간 간섭은 단말기에서 여러 개의 수신 안테나를 사용하여 제거하는 것을 기본으로 가정하고 있다.

Type II의 코드북은 매우 광범위하여 공간을 훨씬 세밀하게 나눠 각각의 채널 정보를 제공할 수 있도록 PMI가 설계되었다. 이러한 광범위한 채널 정보로부터 기지국은 하향링크 프리코더 선택 시 원하는 단말에 전송 에너지를 집중할 수 있을 뿐만 아니라 시간-주파수를 공유하고 있는 동시 사용자에게 간섭을 억제할 수 있다. 이렇게 세밀한 공간 분해능을 가진 PMI의 피드백은 시그널링 오버헤드의 증가라는 비용이 따른다. Type I의 PMI 보고는 수십 비트로 충분하지만, Type II CSI의 PMI 보고는 수백 비트가 될 수 있다. 그러므로 Type II CSI는 주로 피드백 주기가 작아도 되는 저속도 단말에 유용하다.

이어지는 절에서 두 가지 타입의 CSI의 개괄적인 설명을 할 것이며 더욱 자세한 내용은 참고문헌 [100]을 보기 바란다.

11.2.1 Type I CSI

Type I CSI에는 Type I 단일 패널 CSI와 Type I 다중 패널 CSI 두 가지 종류가 있으며 이 둘은 서로 다른 코드북을 사용한다. 명칭으로부터 알 수 있듯이 코드북은 기지국 송신 측에서 서로 다른 안테나 구조를 가정하고 있다.

코드북을 설계할 때 특정한 안테나 구조를 가정하는 것은 꼭 코드북이 다른 환경에서는 사용할 수 없다는 것을 의미하는 것은 아니라는 것을 명심하여야 한다. 단말기가 하향링크 수신에 기반하여 코드북으로부터 프리코더 행렬을 선택할 때 기지국의 안테나 구조에 상관없이 각 안테나포트의 추정된 채널조건이 주어지면 단지 코드북으로부터 가장 적절하다고 생각하는 프리코더를 선택한다.

11.2.1.1 단일 패널 CSI

명칭으로부터 알 수 있듯이 Type I 단일 패널 CSI의 코드북은 $N_1 \times N_2$ 쌍편파 안테나 소자로 이루어진 단일 안테나 패널을 가정한다. 그림 11.8에 $(N_1, N_2) = (4,2)$로 16포트 안테나의 예가 그려져 있다.[2)]

그림 11.8
Type I 단일 패널 CSI 안테나 구조로 $(N_1, N_2) = (4,2)$의 예

일반적으로 Type I 단일 패널 CSI의 프리코더 행렬 W는 두 행렬 W_1, W_2의 곱으로 표현된다. W_1, W_2는 PMI의 일부로서 각각 따로 보고된다.

$$W = W_1 W_2$$

행렬 W_1은 채널의 장기 (Long Term) 주파수 독립적 특성을 나타낸다. 그러므로 전체 보고 대역폭에 하나의 W_1이 선택되어 보고 (Wideband 피드백)된다.

이와는 대조적으로 W_2는 채널의 단기 (Short term) 주파수 종속적 특성을 나타낸다. 이 행렬은 그러므로 서브밴드 단위로 측정 보고된다. 각 서브밴드는 전체 보고 대역폭의 일부만을 나타낸다. 단말은 W_2를 보고하지 않을 수도 있으며 이때는 기지국이 PRG (Physical Resource Block Group, 9.8절 참고) 별로 다른 W_2를 무작위로 선택한다고 가정하고 CQI를 선택한다. 이는 기지국이 어떤 프리코딩을 적용할 것인지에 대한 제약을 두는 것이 아니라 단지 단말이 CQI를 선택할 때 단말이 가정하는 것에 지나지 않음에 유의하기 바란다.

행렬 W_1는 넓은 관점에서 다른 방향들을 가리키는 빔 세트를 설정하는 것으로 볼 수 있다. 좀 더 구체적으로 W_1 행렬은 다음과 같이 쓰여질 수 있다.

$$W_1 = \begin{bmatrix} B & 0 \\ 0 & B \end{bmatrix}$$

여기서 행렬 B의 각 열은 빔을 정의하고 쌍편파로 인해 2×2 블록 구조이다. 행렬 W_1은 단지 장기 주파수 독립적 채널 특성만을 대변한다고 가정하므로 같은 빔 방향이 두 개의 편파 방향

2) 각각의 쌍편파 안테나 소자에 두 개의 안테나 포트가 있음에 유의하라.

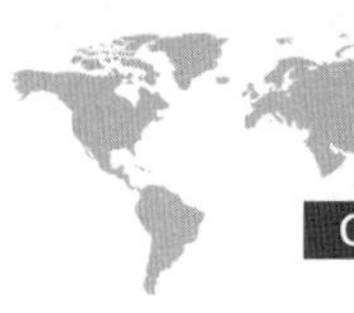

에 적용될 수 있다.

행렬 W_1을 선택하는 것은 B를 선택하는 것과 같은 의미로 코드북 내에 있는 이미 여러 빔의 방향으로 정의된 W_1 행렬의 셋으로부터 특정 빔의 방향을 선택하는 것으로 볼 수 있다.

랭크 1 또는 2로 전송하는 경우에 W_1에 의해 한 개 또는 네 개의 빔이 선택된다. 4차원 행렬 B로 이루어진 네 개의 이웃 빔들을 이용할 때 행렬 W_2는 전송에 이용할 정확한 빔을 선택하는 역할을 한다. W_2는 서브밴드마다 보고되므로 서브밴드 별로 미세하게 조정된 빔 방향을 지정할 수 있다. 여기에 더해 W_2는 두 개의 편파가 동일 위상이 되도록 한다. W_1가 하나의 방향을 지정할 때 여기에 해당하는 B는 1차원 행렬로서 W_2는 단지 두 편파가 같은 위상이 되도록 한다.

랭크 R이 2보다 클 경우에 W_1는 N개의 직교하는 빔을 지정하게 된다. 여기서 $N = \lceil R/2 \rceil$의 관계가 성립한다. 하나의 빔마다 방향을 지정하는 N개의 빔은 R 레이어를 전송하는 데 이용되고 W_2는 단지 하나의 빔 안에 있는 두 편파가 동일 위상이 되도록 한다. 하나의 단말에 최대 8개의 레이어 전송이 가능하다.

11.2.1.2 다중 패널 CSI

Type 1 다중 패널 CSI의 코드북은 단일 패널 CSI와 달리 기지국 측에서 여러 개의 안테나 패널을 동시에 이용하도록 설계되었다. 이때 서로 다른 패널간 전송 동기 (Coherence)를 확보하기가 어렵다는 것을 고려하여야 한다. 좀 더 구체적으로 다중 패널 코드북은 2 또는 4개의 2차원 패널을 가정하고 각 안테나 패널은 $N_1 \times N_2$ 쌍편파 안테나 소자를 가지고 있다. 그림 11.9에 각 패널이 $(N_1, N_2) = (4, 1)$인 네 개의 안테나 패널로 이루어져 총 32개의 안테나 포트가 있는 다중 패널 안테나의 구조가 그려져 있다.

단일 패널의 경우와 다중 패널 경우의 근본적인 차이점은 서로 다른 패널의 안테나 포트 간에 일관성을 가정할 수 없다는 것이다.

Type I 다중 패널 CSI의 기본 개념은 Type I 단일 패널 CSI와 같다. 즉, 전체 프리코더는 두 개의 행렬 W_1과 W_2의 곱으로 표현될 수 있다. 여기서 W_1의 구조는 Type I 단일 패널 CSI와 동일하다. 즉, 다른 편광 및 패널에 대해 동일한 것으로 가정되는 빔 집합을 정의한다. 차이점은 다중 패널의 경우 매트릭스 W_2가 편광 간에 뿐만 아니라 패널 간에도 서브밴드별 cophasing을 제공한다는 것이다. 단말 보고를 기반으로 하는 패널 간의 cophasing은 서로 다른 패널 간의 일관성의 부족을 가정하기 때문에 필요하다.

Type I 다중 패널 CSI는 4개 레이어까지 공간 멀티플렉싱을 지원한다.

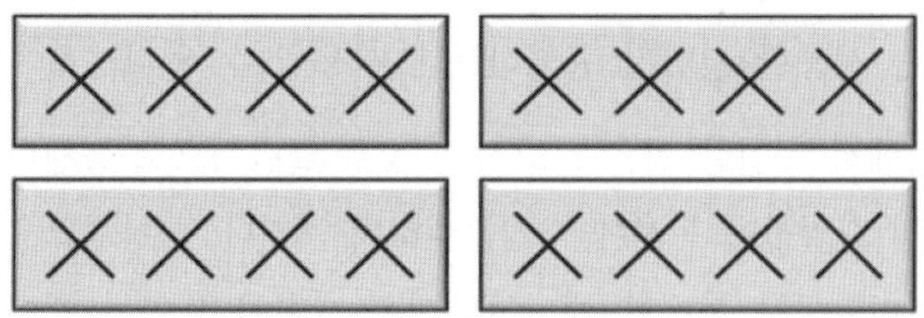

그림 11.9
(N_1, N_2)=(4, 1)인 인 네 개의 안테나 패널로 이루어진 Type I 다중 패널 CSI 32 포트 안테나의 구조의 예

11.2.2 Type II CSI

Type II CSI는 Type I CSI와 함께 첫 번째 NR 릴리스(3GPP 릴리스 15)의 일부로 도입되었다. Type II CSI에 대한 몇 가지 중요한 확장 및 개선 사항이 릴리스 16에 도입되었다. 이러한 개선 사항/확장은 보고된 PMI의 전체 구조를 어느 정도 변경한다. 따라서 이 섹션에서는 릴리스 15 Type II CSI를 설명하고 다음 섹션에서는 릴리스 16의 향상된 Type II CSI를 별도로 설명할 것이다.

이미 언급했듯이 Type II CSI는 Type I CSI에 비해 훨씬 더 높은 공간 단위로 채널 정보를 제공한다. 동시에 Type II CSI는 MU-MIMO 시나리오를 대상으로 하기 때문에 초기에는 최대 2 rank로 제한되었다. 뒤에 보겠지만, 이것은 릴리스 16에서 최대 4 rank로 확장되었다.

Type I CSI와 유사하게 release-15 Type II CSI 프리코더는 두 행렬의 곱으로 표현될 수 있다.

$$W = W_1 W_2$$

여기서 W_1은 광대역으로 보고되고 다음과 같은 구조를 갖는다.

$$W_1 = \begin{bmatrix} B & 0 \\ 0 & B \end{bmatrix}$$

즉, W_1은 CSI의 일부로 보고되는 빔 세트를 정의한다. Type II CSI의 경우, B의 최대 4개 열(column)에 해당하는 최대 4개의 빔이 보고될 수 있다. 최대 4개의 보고된 빔 각각과 2개의 편광 각각에 대해 행렬 W_2는 진폭 값(부분적으로 광대역 및 부분적으로 서브밴드 보고) 및 위상 값(서브밴드 보고)을 제공한다.

Type I CSI와 비교하여 이것은 채널의 훨씬 더 상세한 모델을 제공하여 주된 경로와 해당 진폭 및 위상을 캡처한다.

네트워크 측에서, 여러 단말로부터 보고된 CSI는 MU-MIMO, 즉 시간/주파수 리소스 세트 상에서 동시에 전송이 수행될 수 있는 단말 세트를 식별하는데 사용될 수 있고 아울러 각 전송에 대해 어떤 프리코더를 사용할 것인지 규정하는데 사용될 수 있다.

예를 들어, 여러 단말에서 동일한 빔을 보고하는 경우 일반적으로 동일한 리소스 (MU-MIMO의 경우)상에서 이러한 단말들을 동시에 스케줄링하지 않거나, 하향링크 전송을 위해 네트워크에서 사용할 최종 프리코더를 선택할 때 공통 빔을 포함하지 않는 것이 바람직하다.

11.2.3 Release-16 Enhanced Type II CSI

이미 언급했듯이 릴리스 16에는 향상된 type II CSI가 도입되었다. Release-16 Type II CSI의 기본 원리는 Release-15 Type II CSI와 동일하다. 즉, 광대역 기반의 빔 세트 보고와 더 좁은 협대역 기반의 결합 계수(combining coefficient) 세트 보고로 이루어진다. 보고된 빔은 각 레이어에 대해 하나씩 프리코더 벡터 세트를 제공하기 위해 결합 계수를 통해 선형으로 결합된다.

Release-15 Type II CSI의 경우 인접 서브밴드들의 채널들이 종종 상당한 상호 상관 관계를 갖고 있음에도 불구하고 결합 계수는 각 부대역에 대해 별도로 보고된다. 릴리스-15의 Type II CSI에 대한 상대적으로 큰 보고(reporting) 오버헤드를 초래하는 것은 각 서브밴드 기반의 상대적으로 많은 수의 결합 계수를 보고하는 것이다.

관련하여 릴리스 16의 향상된 Type II CSI의 중요 기능은 보고 오버헤드를 줄이기 위해 주파수 영역에서 상관 관계를 활용할 수 있다는 것이다. 동시에, 릴리스 16 Type II CSI는 PMI 보고의 주파수 영역 분해능 (granularity)의 2배 개선을 허용한다. 이것은 FD (frequency-domain) unit이라는 개념과 압축 (compression) 작업을 함께 도입하여 달성될 수 있는데, 여기서 각 FD 단위는 서브밴드 (subband) 혹은 한 서브밴드의 절반에 해당한다.

결국 Release-15 Type II CSI에서 서브밴드당 1개의 프리코더를 제공하는 것과 비교하여 Release-16 Type II CSI는 FD 단위당 권장 프리코더를 송신기 측으로 제공한다. 즉, 서브밴드당 2개의 FD 단위를 가정하는 주파수 영역 분해능의 2배 개선이 가능해지는 것이다. 그러나 Release-15 Type II CSI와 달리 실제 보고는 각 FD 단위에 대해 개별적으로 수행되지 않고 모든 FD 단위에 대해 공동으로, 즉 CSI 보고가 다루는 전체 주파수 대역에 대해 수행된다.

좀 더 자세하게, 릴리스-16 Type II CSI에서, 주어진 레이어 k에 대해 모든 FD 유닛에 대해 보고된 프리코더 벡터는 다음과 같이 표현될 수 있다.

$$\left[w_K^{(0)} \cdots\ w_k^{(N-1)}\right] = W_1 \widetilde{W}_{2,k} W_{f,k}^H$$

여기서 N은 보고될 FD 단위의 수이다.

$\left[w_K^{(0)} \cdots\ w_k^{(N-1)}\right]$ 는 안테나 포트에 레이어를 매핑하는 프리코더 매트릭스가 아니라 주어진 레이어 k에 대한 전체 FD 단위 세트에 대한 프리코더 벡터 세트를 설명한다 (각 FD 단위에 대해서 하나의 프리코더 벡터임).총 K개의 계층에 대해 K개의 이러한 프리코더 벡터 세트가 있으며, 각 세트는 N개의 프리코더 벡터로 구성된다. 주어진 FD 단위 n에 대해 안테나 포트에 레이어를 매핑하는 실제 보고된 프리코더는 다음과 같다.

$$W^{(n)} = \left[w_0^{(n)} \cdots\ w_{k-1}^{(n)}\right]$$

프리코더 벡터 $\left[w_0^{(n)} \cdots\ w_{k-1}^{(n)}\right]$ 에 대한 표현식에서, W_1은 릴리스15 Type II CSI와 동일하다. 즉, 다음과 같이 표현될 수 있다.

$$W_1 = \begin{bmatrix} B & 0 \\ 0 & B \end{bmatrix}$$

여기서 B의 열은 L개의 선택된 빔들에 해당한다. W_1은 모든 FD 단위(광대역 보고)에 대해 동일하고 모든 계층에 대해서도 동일하다.

Release-16 Type II CSI의 새로운 주요 기능은 $M \times N$ 행렬의 압축행렬(compression matrix) $W_{f,k}^H$ 이다. 이 압축행렬은 DFT 기반의 행 벡터 세트로 구성되며 CSI 보고에 의해 커버되는 N FD 단위에 대응하는 N차원의 주파수 영역에서 더 작은 M차원의 지연(delay) 도메인으로의 변환을 제공한다. $W_{f,k}^H$ 는 주파수 독립적(모든 FD 단위에 대한 하나의 공통 행렬)이지만 각 계층에 대해 별도로 보고된다.

$W_{f,k}^H$ 의 행 수는 $M = \left\lceil p \cdot \frac{N}{R} \right\rceil$ 와 같다. 여기서 R은 서브프레임당 FD 단위 수($R=1$ 또는 $R=2$)이고 p는 압축량을 제어하는 변경 가능한 파라미터이다.

마지막으로 행렬 $\widetilde{W}_{2,k}$ (크기 $2L \times M$)는 지연 도메인에서 빔 도메인으로 매핑된다. 모든 서브밴드에 대한 행렬 W_2를 기반으로 릴리스 15 Type II CSI에 대해 유사한 행렬을 구성할 수 있다. 이러한 행렬은 주파수(subband) 도메인에서 빔 도메인으로 매핑된다. 대조적으로, $\widetilde{W}_{2,k}$ 는 더 작은 지연 도메인에서 빔 도메인으로 매핑되며, 이는 $\widetilde{W}_{2,k}$의 크기가 더 작아지고 결과적으로 보고할 파라미터가 전반적으로 더 적음을 의미한다. 또한 $\widetilde{W}_{2,k}$의 전체 $2LM$ 요소 중

일부 β만이 $\widetilde{W}_{2,k}$는 0이 아닌 것으로 가정하므로 보고되어야 한다. 여기서 β는 구성 가능한 파라미터이다.

따라서 Release-16의 향상된 Type II CSI로 인한 오버헤드 감소는 다음 두 가지 이유로 가능한 것이다.

- ❑ 파라미터 p에 의해 주어진 주파수 공간의 차원에 비해 지연 공간의 더 작은 차원
- ❑ $\widetilde{W}_{2,k}$의 0이 아닌 요소의 제한된 부분, 이것은 파라미터 β에 의해 주어진다.

표 11.1에 나와 있는 것처럼 릴리스 16 Type II CSI에는 8가지 다른 구성이 가능하다. 이러한 8가지 구성은 다음과 같은 측면에서 차이가 있다.

- ❑ 보고할 빔 수(L).
- ❑ 압축 계수 p. 여기서 주어진 구성별 정확한 값은 reported rank에 따라 다르다.
- ❑ 행렬 $\widetilde{W}_{2,k}$에서 0이 아닌 요소의 분수 β

표 11.1 Release-16 Type II CSI의 가능한 구성

		p		
Configuration Index	L	RI51 or 2	RI53 or 4	β
1	2	1/4	1/8	1/4
2	2	1/4	1/8	1/2
3	4	1/4	1/8	1/4
4	4	1/4	1/8	1/2
5	4	1/4	1/8	3/4
6	4	1/2	1/8	1/2
7	6	1/4	N/A	1/2
8	6	1/4	N/A	1/2

표 11.1에서 알 수 있듯이, 감소된 오버헤드와 향상된 주파수 도메인 분해능 이외에도 release-16 Type II CSI는 또한 최대 reported rank를 4개로, 선택/보고할 최대 빔 수를 6개로 확장한다. 후자는 제한된 조건, 즉 32개의 안테나 포트에 대해 reported rank가 1 또는 2로 제한되고 주파수 도메인 분해능에 대한 개선은 없는 경우, 즉 FD 단위가 서브밴드와 동일한 경우에만 지원된다는 점에 유의해야 한다.

11.3 NR 상향링크 다중 안테나 프리코딩

NR은 상향링크 PUSCH에 최대 4개 레이어까지 다중 안테나 프리코딩하는 것을 지원한다. 그러나 미리 언급했듯이 DFT-precoding 방식 (9장 참고)에서는 한 개의 레이어 전송만이 지원된다.

PUSCH 다중 안테나 프리코딩은 codebook-based 전송과 non-codebook-based 전송의 두 가지 모드가 있다. 두 가지 전송 모드 중에 어떤 것을 선택할지는 상향링크와 하향링크의 채널의 가역성 (Reciprocity)과 일정 부분 관계가 있다. 즉, 상향링크 채널 상황이 하향링크 측정 값으로부터 얼마나 정확하게 예측할 수 있는가에 따라 두 가지 전송 모드 중에서의 선택 기준이 된다.

하향링크와 마찬가지로 동기 (Coherent) 복조에 사용되는 DM-RS도 PUSCH 데이터와 같은 다중 안테나 프리코딩이 적용된다. 그러므로 상향링크 프리코딩도 수신단 측에 투명하게 보여 단말의 송신단에서 어떤 프리코딩을 적용했는지 몰라도 기지국에서 복조가 가능하다. 그렇다 할지라도 단말이 PUSCH 프리코더를 자유롭게 선택할 수 있다는 것을 의미하는 것은 아니다. codebook-based 프리코딩의 경우 스케줄링 그랜트는 프리코더에 대한 정보를 가지고 있다. 이는 단말이 하향링크 다중 안테나 프리코딩을 위해 PMI를 기지국에 보고하는 것과 비슷하다. 그러나 하향링크에서는 기지국이 PMI로 보고된 프리코더 행렬을 사용해도 되고 다른 것을 사용해도 되지만 상향링크에서 단말은 기지국이 지시한 프리코더를 사용하는 것을 기본으로 가정한다. 11.3.2절에서 설명할텐데 non-codebook-based 전송의 경우에도 기지국이 상향링크 프리코더의 최종 선택권을 가지고 있다.

상향링크 다중 안테나 전송에 또 한 가지 제약 사항으로는 단말의 안테나 간 신호가 얼마나 같은가이다. 즉, 두 개의 안테나로 전송되는 신호 간 상대적 위상을 얼마나 잘 제어할 수 있는가이다. 특정 위상 천이를 포함하여 안테나마다 전송되는 신호에 가중치를 적용하는 일반적인 다중 안테나 프리코딩의 경우 이러한 동기성 (Coherence)을 확보하는 것이 중요하다. 안테나 포트 간에 동기성을 유지할 수 없으면 각 안테나 포트가 무작위적인 상대적 위상을 갖게 되어 안테나 포트마다 가중치를 적용하는 것이 무의미하다.

NR 표준은 단말기에서 안테나 간 동기성의 능력치를 full coherence, partial coherence, no coherence 등으로 레벨을 규정하고 있다.

완전 동기성 (Full Coherence)의 경우 단말이 전송에 사용되는 최대 네 개까지의 안테나 포트 간에 상대적 위상을 제어할 수 있다는 것을 가정한다.

부분 동기성 (Partial Coherence)의 경우 단말은 두 안테나를 쌍으로 그 쌍 안에서는 동기성을

확보할 수 있다고 가정한다. 그러나 쌍 간에는 위상을 제어하는 능력을 보장할 수 없다. 마지막으로 무 동기성 (No Coherence)의 경우 어느 안테나 포트 간에도 동기성에 대한 보장을 할 수 없다.

11.3.1 코드북에 기반한 (Codebook-Based) 전송

코드북에 기반한 전송의 기본 개념은 기지국이 상향링크 전송 랭크 (Rank)를 결정한다는 것이다. 전송 랭크는 전송 레이어의 수이며 따라서 전송에 사용할 프리코더 행렬과 관계된다. 기지국은 선택한 전송 랭크와 프리코더 행렬을 상향링크 스케줄링 그랜트를 통해 단말에게 알려준다. 단말 측에서는 프리코더 행렬을 이용하여 전송 레이어를 안테나 포트에 매핑하여 PUSCH를 전송한다.

적절한 랭크와 프리코더 행렬을 선택하기 위해 기지국은 단말 안테나 포트와 기지국 수신 안테나 간에 채널을 추정해야 한다. 이를 위해 코드북에 기반한 전송 모드로 설정된 단말은 적어도 한 개 이상의 다중 포트 SRS 전송이 설정되어 있다. 기지국은 설정된 SRS로 측정된 결과로부터 적절한 랭크와 프리코더 행렬을 결정한다.

기지국은 임의의 프리코더를 선택할 수 없고 단말의 송신 안테나 포트 개수 N_T ($N_T=2$ 또는 4)와 전송 랭크 N_L ($N_L \leq N_T$)의 조합에 의해 "상향링크 코드북"으로 이미 정의된 프리코더 셋에서 하나의 프리코더 행렬을 선택한다.

그림 11.10에서는 두 안테나 포트의 경우 선택 가능한 프리코더 행렬의 셋, 즉, 코드북에 대한 예를 보여주고 있다.

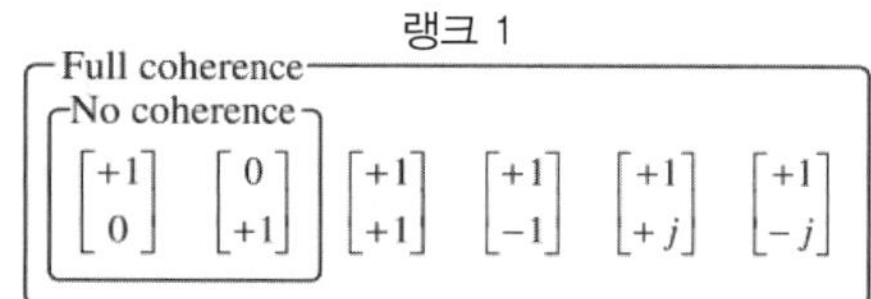

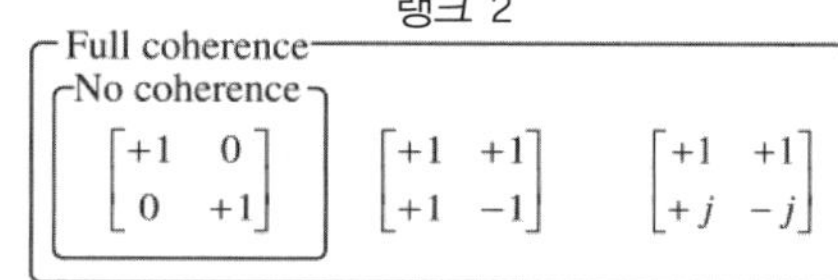

그림 11.10
두 안테나 포트의 경우 상향링크 코드북

프리코더 행렬을 선택할 때 기지국은 위에서 언급한 단말의 안테나 포트 간의 동기성 능력치를 고려하여야 한다. 동기성이 제공되지 않는 단말에게는 랭크 1로 전송할 경우 프리코더 행렬 셋에서 첫 두 개의 프리코더 만이 사용된다.

랭크 2 ($N_L=2$) 전송의 경우 동기성이 제공되지 않는 단말에게 프리코더 행렬 셋에서 첫 프리코더 행렬이 사용되며 이는 안테나 포트 간 커플링 (Coupling)이 없어 서로 영향을 주지 않는다는 것을 의미한다.

no, partial, full 동기성에 대한 영향을 조금 더 설명하기 위해 그림 11.11에서는 4개의 안테나를 쓰는 랭크 1 프리코더 행렬의 전체 셋을 표시하고 있다.

위에서 설명한 NR에서 코드북에 기반한 PUSCH 전송은 근본적으로 LTE에서 코드북에 기반한 전송과 동일하다. 그러나 NR은 좀 더 광범위한 코드북을 지원한다. LTE와 비교해 NR 코드북 기반 PUSCH 전송에서 확장된 것 중에 또 한 가지는 단말이 다중 포트 SRS가 복수 개로 설정될 수 있다는 것이다.[3] 이렇게 복수 개의 SRS를 전송하는 경우에 단말에게 설정된 SRS 중에 하나를 지칭하는 1비트 SRS resource indicator (SRI)가 DCI 포맷의 필드에 추가되었다. 단말은 스케줄링 그랜트로 제공된 프리코더를 적용하고, SRI에서 지시하는 SRS 전송 포트와 같은 안테나 포트에 프리코딩된 결과를 매핑한다. 8장에서 공간 필터 F에 대하여 언급했었는데 서로 다른 SRS는 서로 다른 공간 필터를 사용해 전송한다. 단말기는 SRI에서 지시된 SRS에 사용했던 것과 같은 공간 필터를 이용하여 프리코딩된 신호를 전송하여야 한다.

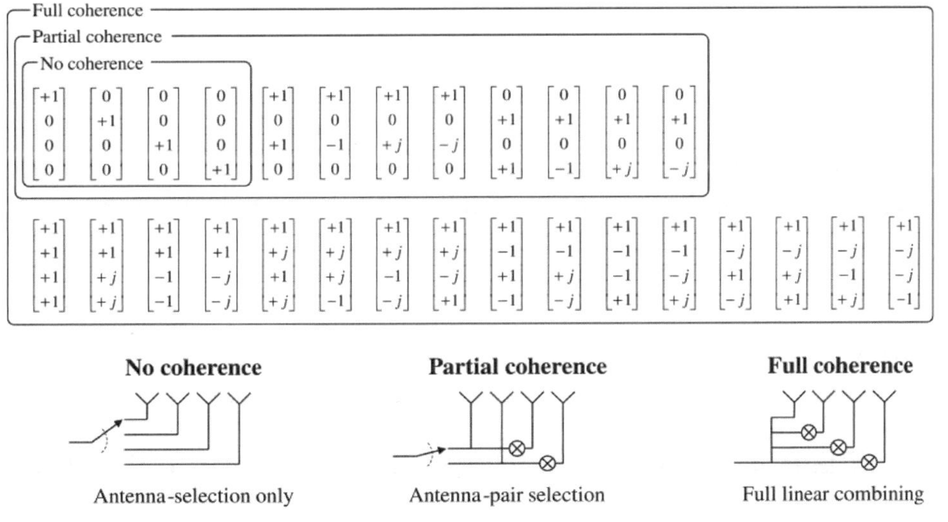

그림 11.11
4개의 안테나 포트를 가지는 경우 단일 레이어 상향링크 코드북

그림 11.12에 코드북에 기반한 PUSCH 전송을 위해 여러 개의 SRS를 사용하는 것을 시각화하여 그렸다. 여기서 단말은 비교적 크게 떨어진 두 빔으로 다중 포트 SRS를 전송하는 것으로 가정하였다. 이 빔들은 서로 다른 안테나 패널에서 다른 방향으로 전송되는 빔이라고 볼 수 있고, 각 안테나 패널은 안테나 소자를 여러 개 포함하고 있으며 하나의 패널은 다중 포트 SRS

3) 릴리스 15에서는 SRS 두 개로 국한됨.

의 각 안테나 포트에 해당한다. 기지국으로부터 SRI를 받으면 어떤 빔을 이용하여 전송할 것인지를 결정하고 프리코더 정보 (레이어 수와 프리코더)는 빔 내에서 어떻게 전송할 것인지를 결정한다. 예를 들어 그림 11.12의 위쪽 그림에서 기지국이 선택하여 SRI를 통해 지시한 SRS에 해당하는 빔 내에서 단말은 full-rank 전송을 한다. 한편 단일 랭크 전송을 하는 경우 프리코딩은 SRI에 의해 지시된 넓은 빔 내에서 추가적인 빔을 형성하게 된다. 그림 11.12의 아래쪽에 이러한 예가 그려져 있다.

코드북에 기반한 프리코딩은 전형적으로 상향링크와 하향링크가 서로 가역성이 성립하지 않을 때, 즉 적절한 상향링크 프리코딩을 결정하기 위하여 상향링크 측정이 필요할 때 사용된다.

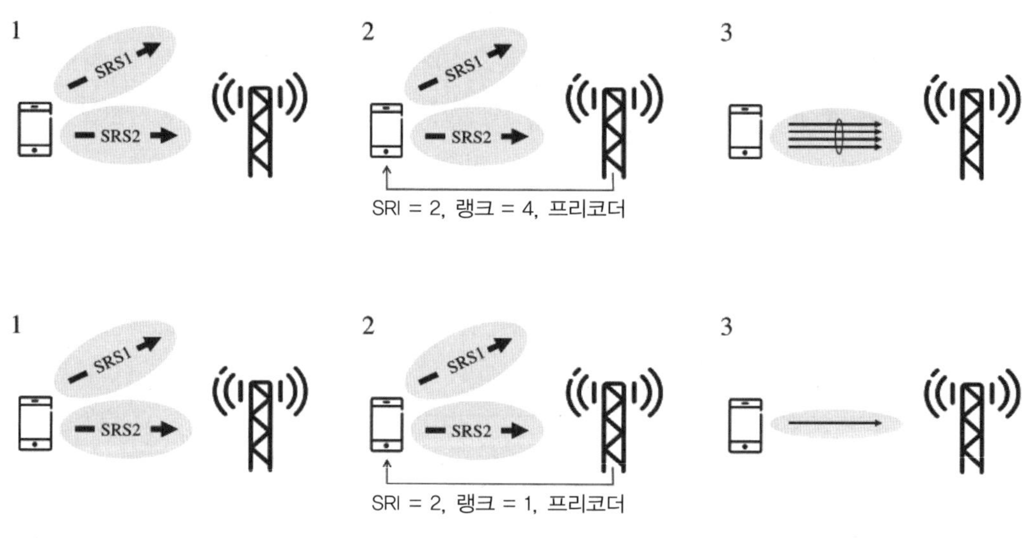

그림 11.12
다중 SRS를 이용하는 코드북에 기반한 전송. full-rank (위쪽)와 단일 랭크 전송 (아래쪽)

11.3.2 코드북에 기반하지 않는 (Non-Codebook-Based) 프리코딩

기지국이 측정을 통해 상향링크 프리코더를 결정하는 코드북 기반 프리코딩과는 반대로 코드북에 기반하지 않는 프리코딩 방식은 단말이 측정하여 기지국에 보고하는 프리코더를 이용한다. 그림 11.13에 코드북에 기반하지 않는 상향링크 프리코딩의 기본 개념이 그려져 있다. 자세한 설명은 아래에 이어진다.

하향링크 측정은 보통 CSI-RS를 이용하여 측정하게 된다. 단말은 이 측정 값으로부터 최적이라고 예상되는 상향링크 다중 레이어 프리코더를 선택한다. 그러므로 코드북에 기반하지 않는 프리코딩은 채널이 가역성이 있다. 즉, 단말이 하향링크 측정에 기초하여 상향링크 채널의 세세한 정보를 알 수 있다는 가정에서 출발한다. 단말이 선택할 수 있는 코드북에 제약이 없다. 그래서 "코드북에 기반하지 않는 (Non-Codebook-Based)"이라는 명칭이 붙었다.

프리코더 행렬 W의 각 열은 해당 레이어의 디지털 빔으로 생각할 수 있다. 그래서 단말은 N_L레이어를 위한 프리코더를 선택한다는 것은 N_L개의 서로 다른 빔을 선택하는 것으로 생각할 수 있다. 각 빔은 각 레이어를 위한 것이다.

이론적으로 단말이 선택한 프리코딩을 적용하여 N_L개의 레이어로 직접 PUSCH 전송을 해도 된다. 그러나 하향링크 측정 값으로부터 도출한 프리코더의 선택은 기지국 측면에서는 최적의 프리코더가 아닐 수도 있다. 그러므로 NR non-codebook-based 프리코딩은 단말이 선택한 프리코더를 변경할 수 있는 과정이 추가되어 있다. 실제적으로는 단말이 선택한 빔 중에서 열을 지워 몇 개의 빔을 제거하는 것이다.

이를 가능하게 하는 것은 단말이 선택한 프리코더를 설정된 SRS에 적용하는 것이다. 각각의 SRS는 프리코더에서 정의한 빔으로 전송한다. 그림 11.13의 step 2를 보기 바란다. 기지국은 수신한 SRS의 측정 값으로부터 PUSCH 전송에 단말이 적용할 프리코더를 결정한다. 이 과정은 스케줄링 그랜트에 포함된 SRI를 통해 설정된 SRS중의 일부를 알려주는 방식으로 수행된다 (step 3).[4] 단말기는 이제 SRI에 지시된 SRS의 열로 이루어진 프리코더를 이용하여 스케줄링된 PUSCH를 전송한다 (step 4). SRI는 암묵적으로 전송할 레이어 수를 알려주는 기능도 있음에 유의하라.

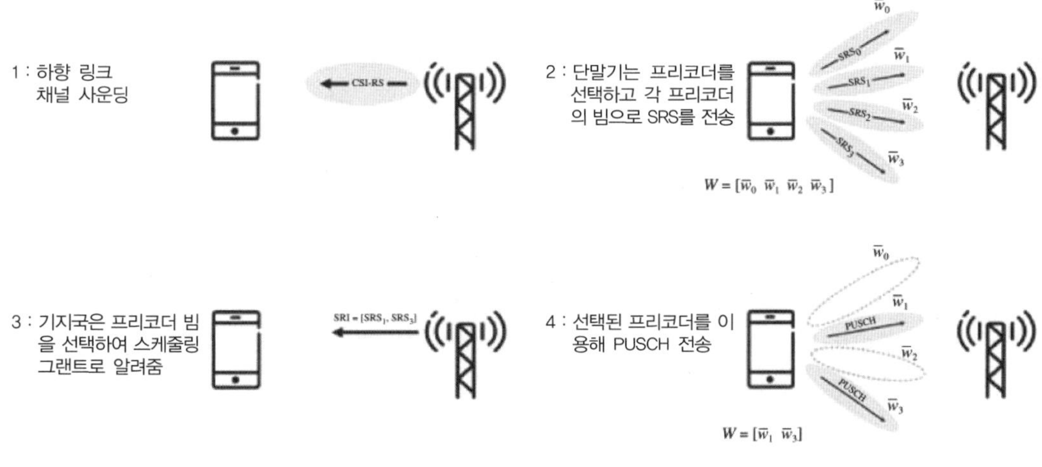

그림 11.13
코드북에 기반하지 않는 프리코딩

4) 코드북에 기반하지 않는 프리코딩 모드로 설정된 단말은 SRI가 여러 개의 SRS를 가리킬 수도 있다. 코드북 기반 프리코딩에서는 하나의 SRS를 지칭하였다(11.3.1절 참고).

그림 11.13의 step 2에서 단말이 선택한 프리코더를 전송하는 것은 스케줄러의 지시를 받는 것은 아니다. 상향링크 SRS는 주기적으로 (주기적 또는 준지속적) 또는 요청이 있을 때만 (Aperiodic SRS) 전송된다. 이와는 대조적으로 기지국에서 단말이 선택한 프리코더 중에서 일부 빔을 선택해 알려주는 것은 스케줄링된 PUSCH마다 수행됨에 유의하기 바란다.

12 빔 관리

CHAPTER

11장에서 다중 안테나 전송의 일반적인 개념을 설명하고 11장의 뒷부분에서는 다중 안테나 프리코딩에 초점을 맞춰 설명하였다. 이러한 다중 안테나 프리코딩의 저변에 깔린 기본 가정은 안테나마다 위상과 진폭을 세세하게 조절할 수 있다는 것이다. 이것이 가능하기 위해서는 다중 안테나 프로세싱이 송신단 DAC 전에 디지털 모듈 부분에서 이루어져야 한다. 마찬가지로 수신 다중 안테나 처리 또한 ADC 후에서 처리되어야 한다.

그러나 높은 주파수로 동작하는 경우에 안테나 소자가 조밀하게 많이 있어 안테나 프로세싱은 주로 아날로그 부에서 처리되고 이렇게 되면 빔포밍에 초점을 맞출 수밖에 없게 된다. 아날로그 안테나 처리는 캐리어 단위로 수행되고, 이는 빔을 형성하여 전송하는 것은 한순간에는 하나의 방향으로만 가능하다는 의미가 된다. 기지국으로부터 다른 방향에 있는 여러 개의 단말로 하향링크 전송하는 것은 시간상으로 분리가 되어야 한다. 마찬가지로 아날로그에 기반한 수신측 빔 포밍도 수신기가 한순간에는 한 방향 밖에 수신할 수 없다.

이러한 상황에서 빔 관리의 궁극적 목표는 적절한 송신측 빔 방향과 여기에 알맞은 수신측 빔의 조합 (Beam Pair)을 잘 선택하여 좋은 통신 품질을 얻는 것이다.

그림 12.1에 예시된 것처럼 최적의 빔 조합은 물리적으로 기지국과 단말기의 직접적 방향이 일치하지 않을 수도 있다. 주변 환경에 있는 장애물에 의해 송수신 간 직접 경로가 막혀 있고 오히려 반사 경로가 최적의 연결성을 보일 수 있다. 이러한 예가 그림 12.1의 오른쪽에 있다. 이러한 예는 건물의 모서리에서 회절이 거의 없는 높은 주파수 대역에서 동작할 때 흔히 볼 수 있게 된다. 빔 관리 기능은 적절한 송수신 빔쌍 (Beam Pair)을 확립하여 이러한 상황에 대처할 수 있어야 한다.

그림 12.1은 기지국에서 빔을 이용하여 전송하고 단말기에서 빔 수신을 하는 하향링크 방향의 빔 포밍 경우를 예로 그렸다. 그렇지만 빔포밍은 단말에서 빔 기반 송신을 하고 기지국에서 수신 빔을 이용하여 수신하는 상향링크에서도 똑같이 쓰일 수 있다.

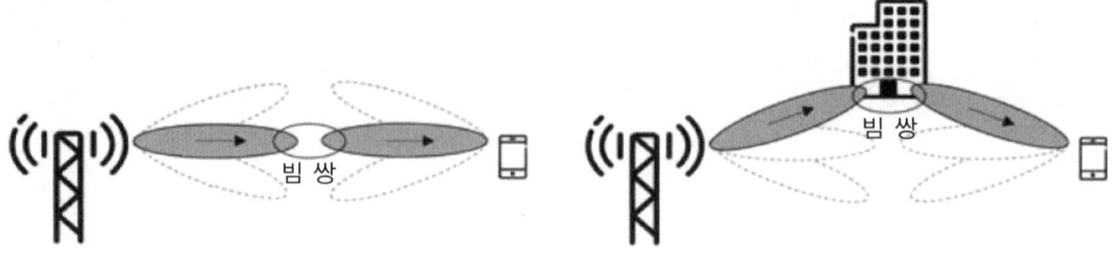

그림 12.1
하향링크 방향 빔쌍의 예. 직접파 (왼쪽)와 반사파 (오른쪽)의 경우

대개 하향링크 방향에서의 적절한 송수신 빔쌍은 상향링크 전송에서도 최적이다. 마찬가지로 상향링크 최적 빔이 하향링크에도 적용된다. 3GPP에서는 이를 (하향링크/상향링크)빔 부합성 (Beam Correspondence)라고 불렀다. 빔 부합성이 성립하는 경우에 한쪽 전송 방향에서의 최적 빔쌍을 결정하는 것으로 충분하다. 같은 빔쌍이 반대 방향 전송에도 이용될 수 있다. 그렇지 않으면 하향링크 및 상향링크 전송 방향에 대해 빔 쌍을 별도로 설정해야 한다. 이것이 필요한지 여부는 하향링크와 상향링크 방향 간의 소위 빔 부합성과 관련이 있다 (25장 참조).

일반적으로 빔 관리는 아래와 같은 여러 부분으로 나눌 수 있다.

- 초기 빔 확보
- **빔 조정** : 주로 단말의 움직임과 회전, 또한 주변 환경이 차츰 변하는 것을 보상하기 위한 것이다.
- **빔 복원** : 환경이 급작스럽게 변하여 현재의 빔쌍 관계가 무너졌을 때 새롭게 빔쌍을 확립하는 것

12.1 초기 빔 확보

초기 빔 확보는 통화가 시작될 때처럼 하향링크와 상향링크 방향의 초기 빔쌍을 설정하는 절차와 기능을 말한다. 16장에서 자세히 설명하게 될 초기 셀 탐색 과정에서 단말은 기지국에 전송하는 SS 블록을 획득하게 된다. 서로 다른 하향링크 빔으로 여러 개의 SS 블록이 전송될 수 있다. 각 빔에 대응하는 랜덤 엑세스 (Random-Access) 송신 시간과 프리앰블 (Preamble)이 선택되며 기지국은 수신된 랜덤 엑세스를 이용하여 단말이 수신한 하향링크 빔을 알아낼 수 있다. 이런 절차에 의해 초기 빔쌍이 설정된다.

연결이 설정된 후 통신이 이어질 때 단말은 기지국이 전송할 때 동일한 공간 필터를 사용할

것이라고 가정한다. 같은 공간 필터라 함은 단말이 SS 블록을 획득한 것과 같은 송신 빔을 사용한다는 것을 의미한다. 결과적으로 단말은 SS 블록을 수신할 때 사용한 수신 빔이 이어지는 하향링크 전송을 수신하는 데도 적합한 빔이라고 생각한다. 마찬가지로 이어지는 상향링크 전송인 랜덤 엑세스도 같은 공간 필터 (같은 빔)로 전송한다. 기지국은 또한 초기 랜덤 엑세스를 수신할 때 사용한 상향링크 수신 빔이 계속 유효하다고 가정한다.

12.2 빔 조정

초기 빔쌍이 확립되고 나면 단말의 이동과 회전에 의해 송신빔과 수신빔을 주기적으로 재확인하는 것이 필요하다. 고정된 단말의 경우에도 주변에 있는 다른 물체가 움직여 빔을 가리거나 가렸던 빔이 해제되는 경우가 발생하므로 선택된 빔 방향을 재확인하는 것이 필요하게 된다. 초기 설정된 빔은 상대적으로 넓은데 빔 조정 과정은 빔의 모양을 정밀 조정하여 빔을 좁게 만드는 것도 포함한다.

일반적인 경우 빔 포밍은 송신 측에서의 빔 포밍과 수신 측에서의 빔 포밍으로 구성된 빔 쌍에 관한 것이다. 그러므로 빔 조정은 다음과 같은 두 개의 절차로 나뉠 수 있다.

- ❑ 주어진 수신 측 빔 방향에서 송신 측 빔 방향을 조정하고 재평가하는 것
- ❑ 주어진 송신 측 빔 방향에서 수신 측 빔 방향을 조정하고 재평가하는 것

빔 조정을 포함하여 일반적인 의미의 빔포밍은 하향링크와 상향링크 전송 양 방향에 모두 수행되어야 한다. 그러나 위에서 언급하였듯이 하향링크/상향링크 빔 부합성이 성립한다면 빔 조정은 한쪽 방향에 대해서만 수행하면 된다. 대개 하향링크 방향에서 수행되며 하향링크 빔 쌍은 상향링크 방향에도 적용된다고 가정한다.

12.2.1 하향링크 송신 측 빔 조정

하향링크 송신 측 빔 조정은 단말에서 사용하고 있는 수신 빔은 유지한 채 기지국의 송신 빔을 미세 조정하는 것이다. 이를 위해 단말은 서로 다른 하향링크 빔을 대표하는 RS를 측정한다. 그림 12.2를 보라. 아날로그 빔포밍을 가정하므로 서로 다른 하향링크 빔을 순서대로 전송하여야 한다. 이렇게 순서대로 빔을 전송하는 것을 빔 스윕 (Beam Sweep)이라 부른다.

송신 측 빔 조정을 위한 것이므로 측정을 하는 동안 단말에서의 수신 빔은 고정되어야 한다. 그래야 주어진 현재의 수신 빔 상황에서 송신 측의 서로 다른 빔의 품질을 측정할 수 있다.

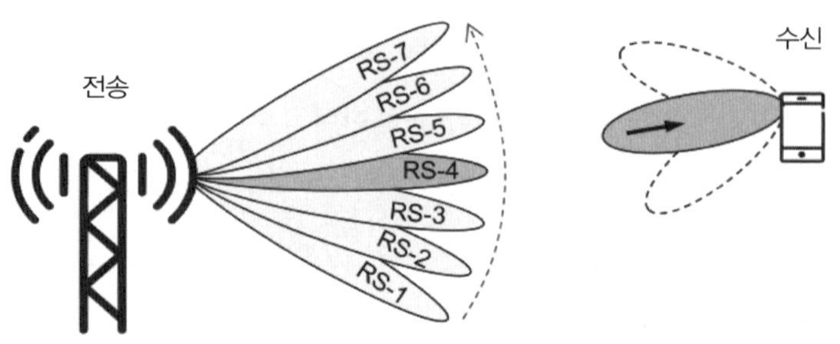

그림 12.2
하향링크 송신 측 빔 조정

그림 12.2에 개념적으로 그려진 빔들의 셋에 대해 측정하고 보고하기 위해 8.2절에서 설명한 보고 설정의 체계를 사용할 수 있다. 좀 더 세부적으로 말하면 측정/보고의 동작은 보고 설정(Report Configuration)으로 전달되며, 보고해야 하는 값은 L1-RSRP이다.

각 빔 측정에 이용되는 RS의 셋은 보고 설정에 연계된 NZP-CSI-RS 리소스 셋에 포함되어 있어야 한다. 8.1.6절에서 기술하였듯이 그러한 리소스 셋은 CSI-RS 또는 SS 블록을 포함하고 있다. 따라서 빔 관리를 위한 측정은 CSI-RS 또는 SS 블록에 대해 수행되어야 한다. CSI-RS에 기반하여 L1-RSRP를 측정하는 경우에 CSI-RS는 단일 포트 또는 2개의 포트를 사용하는 CSI-RS로 제한된다. 2개의 포트를 사용할 때 L1-RSRP는 각 포트에서의 측정 값을 평균하여 보고해야 한다.

단말은 한 번에 최대 4개의 RS (CSI-RS 또는 SS 블록)에 대해 측정 값을 보고할 수 있다. 이는 실제 구현상으로 4개의 빔에 해당한다. 각 보고는 다음 사항을 포함한다.

- ❑ 현재의 보고에 포함된 최대 4개의 RS에 대한 정보
- ❑ 가장 센 빔의 L1-RSRP 측정 값
- ❑ 나머지 세 개의 빔에 대해서는 가장 센 빔의 L1-RSRP와의 차이 값

12.2.2 하향링크 수신 측 빔 조정

수신 측 빔 조정은 송신 빔은 유지한 채 최적의 수신 빔을 찾는 과정이다. 이를 위해 단말기는 또 한 번 하향링크 RS의 셋을 설정받는다. 하지만 이 경우에 기지국에서 RS 전송에 사용하는 빔은 모두 현재 전송되는 빔과 같은 빔이다. 그림 12.3에 개괄적으로 그렸듯이 단말은 설정된 RS에 대해 수신 측 빔 스윕 과정을 통해 수신 빔을 순차적으로 적용하여 측정을 수행한다. 측정 값으로부터 단말은 현재의 수신 빔을 조정할 수 있다.

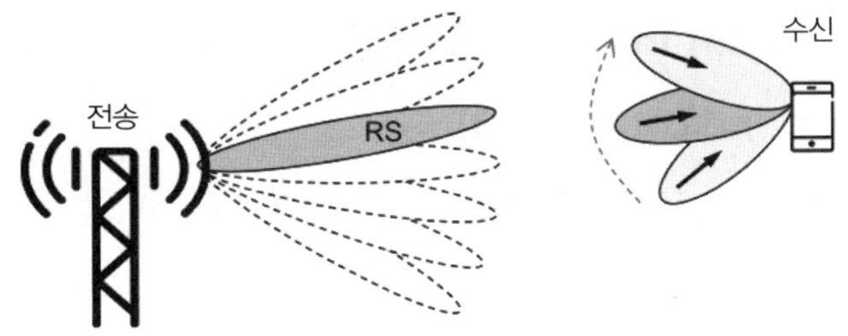

그림 12.3
하향링크 수신 측 빔 조정

하향링크 수신 측 빔 조정은 송신 측 빔 조정에 사용한 보고 설정을 비슷하게 사용한다. 그러나 수신 측 빔 조정은 단말 자체 내에서 수행되므로 수신 측 빔 조정 결과에 연계된 보고는 없다. 그러므로 8.2절에 설명한 것처럼 이때 보고할 값은 "none"으로 세팅되어야 한다.

수신단에서 아날로그 빔 포밍이 가능하도록 리소스 셋 내의 서로 다른 RS는 서로 다른 심볼에 전송되어야 한다. 그래야 RS에 대해 수신 측 빔 스윕을 적용할 수 있다. 동시에 단말은 서로 다른 RS 들이 모두 같은 공간 필터, 즉, 같은 송신 빔으로 전송되었을 것이라고 가정한다. 리소스 셋을 설정할 때 "반복" 필드가 포함되어 단말이 리소스 셋 내의 모든 RS가 동일한 공간 필터를 가졌다고 가정할 수 있는지 여부를 알 수 있게 한다. 그러므로 하향링크 수신 측 빔 조정에 사용되는 리소스 셋에서는 반복 필드가 켜짐으로 설정되어야 한다.

12.2.3 상향링크 빔 조정

상향링크 빔 조정은 하향링크 빔 조정과 같은 목적으로 수행된다. 즉, 상향링크 빔에서 적절한 빔쌍을 확보하는 것은 단말에서의 송신 빔과 기지국에서의 수신 빔을 찾는 것이다.

위에서 언급하였듯이 빔 부합성이 성립하고 하향링크 빔쌍이 설정되어 유지되고 있으면 상향링크 빔 관리는 따로 필요하지 않다. 간단히 하향링크에 적절한 빔쌍이 상향링크에도 적절하다고 가정한다. 반대의 경우로 상향링크에서 적절한 빔쌍이 유지되고 있으면 하향링크에서도 빔 관리 필요 없이 같은 빔쌍을 이용할 수 있다.

따로 상향링크 빔 관리가 필요하면 하향링크 빔 관리에서 사용한 방법이 그대로 적용된다. 다만 차이점은 CSI-RS나 SS 블록이 아니라 SRS를 이용하여 기지국 측에서 측정이 이루어진다는 것이다.

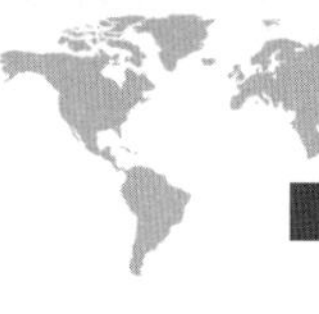

12.2.4 빔 명시 (Beam Indication)와 전송 설정 명시 (Transmission Confi-Guration Indication, TCI)

하향링크 빔포밍은 단말에게 투명하다. 즉, 단말은 송신단에서 어떤 빔을 사용했는지 알 필요가 없다.

그러나 NR은 빔 명시를 지원한다. 이는 설정된 RS (CSI-RS 또는 SS 블록)와 같은 빔으로 PDSCH와 PDCCH를 전송하고 있다는 것을 알려주기 위해서이다. 표준에 따라 설명하면 PDSCH와 PDCCH가 설정된 RS와 동일한 공간 필터를 이용하여 전송된다는 것을 알려주는 것이다.

좀 더 상세히 설명하면, 빔 명시는 TCI 상태라 부르는 하향링크 시그널링을 통해 통보된다. TCI 상태는 다른 정보도 있지만, RS (CSI-RS 또는 SS 블록)에 대한 정보를 포함하고 있다. 하향링크 전송 (PDCCH와 PDSCH)이 어느 TCI와 연계되었는지를 알려주어 단말은 TCI에 기술된 것과 동일한 공간 필터가 적용되었다고 가정하게 된다.

하나의 단말에 최대 64개의 후보 TCI 상태를 설정할 수 있다. PDCCH에 사용된 빔을 알려주기 위해 M개의 설정된 후보 TCI 상태에서 RRC 시그널링으로 그 중 몇 개가 선택되어 각 CORESET에 할당된다. 기지국은 MAC 시그널링을 통해 각 CORESET마다 설정된 TCI 상태를 좀 더 다이나믹하게 설정한다. 단말은 MAC에서 알려준 TCI와 연계된 RS와 같은 공간 필터를 사용하여 PDCCH가 전송되었다고 가정한다. 단말이 RS에 대해 이미 적절한 수신 빔을 가지고 있었으면 단말은 같은 빔 방향이 PDCCH 수신에도 적절하다고 가정한다.

PDSCH 빔 지시는 스케줄링 오프셋에 따라 두 개의 가능성이 있다. 스케줄링 오프셋은 PDSCH 스케줄링 정보를 담고 있는 PDCCH로부터 PDSCH의 상대적인 시간 차이를 말한다.

스케줄링 오프셋이 N 심볼보다 크면 스케줄링 할당에 사용한 DCI는 PDSCH 전송에 대한 TCI 상태를 명시적으로 가리킨다.[1)] 이를 위해 단말에는 초기에 후보 TCI 상태로 설정된 셋 중에서 최대 8개의 TCI 상태가 먼저 설정되어 있다. DCI에 있는 3개의 비트로 스케줄된 PDSCH 전송에 유효한 정확한 TCI 상태를 알려준다.

스케줄링 오프셋이 N 심볼 이하일 경우에는 단말은 PDSCH 전송이 PDCCH와 QCL 관계에 있다고 가정해야 한다. 다른 말로 MAC 시그널링으로 명시된 PDCCH 상태가 PDSCH 전송에도 그대로 유효하다고 가정한다.

DCI 시그널링에 근거한 다이나믹한 TCI 선택을 스케줄링 오프셋이 일정 값보다 큰 경우로만 한정하는 것은 스케줄링 오프셋이 작을 경우 단말이 DCI 내에 있는 TCI 정보를 디코딩하고 PDSCH 수신하기 전에 수신 빔을 조정할 시간이 충분하지 않기 때문이다.

1) N의 정확한 값은 주파수 대역에도 의존하는 UE capability이다.

12.3 빔 회복 (Recovery)

환경의 급격한 변화나 어떤 사건으로 현재 사용하고 빔 조정 결과가 새로운 환경에 적응할 충분한 시간 없이 갑작스럽게 효용성을 잃어버리는 결과를 초래할 수 있다. NR에서는 이러한 빔 실패 (Beam-Failure)를 처리하기 위한 절차를 빔 회복 (Beam Failure Recovery)이라는 이름으로 규정하고 있다.

여러 측면에서, 빔 회복은 개념적으로 LTE에서 정의된 RLF (Radio Link Failure)와 비슷하고 RLF 회복 과정에서 이미 정의된 절차를 빔 회복 절차로 이용할 수 있다. 그러나 빔 회복 과정을 위해 특별히 추가된 과정도 있으며 그 이유는 다음과 같다.

- 좁은 빔을 쓰는 경우에, 특히, 현재의 빔쌍에 급격한 연결성 품질 저하로 생긴 빔 실패는 RLF에 비해 좀 더 자주 발생할 수 있다. RLF는 단말이 현재의 서빙 셀로부터 커버리지 밖으로 이동했을 때 주로 발생한다.
- RLF는 주로 현재 셀의 커버리지를 잃어버려 새로운 셀 또는 새로운 캐리어로 연결을 재설정해야 한다. 빔 실패 이후엔 주로 현재의 셀 내에서 새로운 빔쌍을 설정함으로써 연결을 재설정한다. 결과적으로 빔 실패 후 회복은 대개 L1의 낮은 계층의 기능으로 달성할 수 있다. 이는 상위 계층을 통해 회복하는 RLF에 비해 회복에 걸리는 시간이 빠르다.

일반적으로 빔 실패와 회복은 다음의 단계로 이루어져 있다.

- **빔 실패 검출** : 단말이 빔 실패가 발생했다는 사실을 검출하는 것을 말한다.
- **후보 빔 확인** : 단말이 새로운 빔, 좀 더 정확히 말하면 연결이 회복될 새로운 빔쌍을 탐색하는 것
- **회복 요청 전송** : 단말이 빔 회복을 기지국에 요청하는 것
- 기지국이 빔 회복 요청에 응답하는 것

12.3.1 빔 실패 검출

기본적으로 PDCCH의 오류 확률이 특정 값을 초과하면 빔 실패가 발생했다고 가정한다. 그러나 RLF와 비슷하게 실제로 PDCCH의 오류 확률을 측정하는 것은 아니고, 단말은 RS 품질의 측정 값으로부터 빔 실패를 선언한다. 이것을 가설적 에러율 (Hypothetical Error Rate)을 측정하는 것이라고 말한다. 좀 더 자세히 설명하면, 단말은 PDCCH와 공간적으로 QCL인 주기적 CSI-RS나 SS 블록의 L1-RSRP를 측정하여 이를 근거로 빔 실패를 선언한다. 기본적으로 단말은

PDCCH TCI 상태와 연계된 CSI-RS 또는 SS 블록의 측정 값을 이용해 빔 실패를 선언하는 것이다. L1-RSRP가 설정된 값 아래로 연속해서 측정되는 횟수가 특정 값을 초과하면 단말은 빔 실패를 선언하고 빔 회복 절차를 시작한다.

12.3.2 새로운 후보 빔 확인

빔 회복의 첫 번째 절차로 단말은 연결을 회복할 새로운 빔쌍을 찾기 시작한다. 단말에게 CSI-RS 또는 SS 블록의 셋이 설정되어 있다. 이러한 RS는 각자 특정한 하향링크 빔으로 전송된다. 그러므로 리소스 셋은 후보 빔으로 이용될 수 있다.

정상적인 빔 설정과 비슷하게, 단말은 후보 빔의 셋 내의 RS들에 대해 L1-RSRP를 측정한다. 만약 L1-RSRP가 특정 값보다 크면 그 RS는 연결을 회복할 수 있는 빔인 것으로 생각한다. 이 과정에서 단말은 자기가 가지고 있는 수신 빔을 일일이 적용해 수신해봄으로써 단말이 빔을 결정한 것은 실제로는 빔쌍을 결정한 것이 된다.

12.3.3 빔 회복 요청과 기지국 응답

빔 실패가 선언되고 새로운 빔쌍 후보가 찾아지면 단말은 빔 회복 요청을 전송한다. 빔 회복 요청을 보내는 목적은 단말이 빔 실패를 검출했다는 것을 기지국에게 알리기 위함이다. 빔 회복 요청은 단말이 탐색한 후보 빔에 대한 정보를 포함할 수 있다.

빔 회복 요청은 기본적으로 프리앰블 전송을 포함하는 무경쟁 (Contention-Free) 랜덤 엑세스 요청과 랜덤 엑세스 응답 (Random-Access Response)의 두 과정으로 이루어져 있다.[2] 서로 다른 후보 빔을 나타내는 각 RS는 특정 프리앰블 설정과 연계되어 있다. 즉, 특정 빔에 따라 RACH 시점, 프리앰블 시퀀스가 달라진다. 이에 대한 것은 17장을 참고하기 바란다. 빔을 탐색하고 나면 프리앰블 설정에 따라 프리앰블을 전송한다. 프리앰블은 탐색된 하향링크 빔과 일치하는 상향링크 빔으로 전송되어야 한다.

각 후보 빔은 꼭 하나의 프리앰블 설정과 연계되어 있을 필요는 없음에 유의하라. 이에는 다음과 같은 선택 방법들이 있다.

- 각 빔이 고유의 프리앰블 설정과 연계되어 있을 수 있다. 이 경우에 기지국은 수신한 프리앰블로부터 하향링크 빔을 직접 알아낼 수 있다.
- 후보 빔이 몇 개의 그룹으로 나뉠 수도 있다. 그룹 내의 모든 빔은 동일한 프리앰블 구조에

2) 17장에 NR의 랜덤 엑세스 과정이 상세하게 설명되어 있다.

대응한다. 서로 다른 그룹은 다른 프리앰블 구조에 대응한다. 이 경우에 수신한 프리앰블로부터 단지 하향링크 빔이 속한 그룹만을 알 수 있다.

- ❑ 모든 후보 빔들이 같은 프리앰블 설정과 연계되어 있다. 이 경우에 프리앰블 수신은 단지 빔 실패가 발생했다는 것과 단말이 빔 회복을 원한다는 것만을 알려준다.

후보 빔은 랜덤 엑세스 신호를 보낸 것과 같은 지역에서 송신하여 검출된 것이므로 랜덤 엑세스를 수신한 기지국의 입장에서는 단말이 시간 동기가 잘 맞아 있을 것이라 예상할 수 있다. 그러나 서로 다른 후보 빔쌍 간의 전송 손실은 확연한 차이가 있을 수도 있다. 그러므로 빔 회복 전송의 설정은 전력을 점차 높이는 power ramping 기능이 켜져 있다. 17.1.5절을 참고하기 바란다.

단말이 빔 회복 요청을 전송하면 기지국의 응답을 기다린다. 이 과정에서 단말은 기지국이 요청에 대한 응답을 전송할 때 요청에 포함된 후보 빔과 연계된 RS와 QCL 관계에 있는 PDCCH로 전송할 것이라고 기대한다.

빔 회복 응답을 기다리는 것은 회복 요청을 보낸 후 4개 슬롯 후부터 시작한다. 설정된 윈도우 내에 응답을 받지 못하면 단말은 전력 증가 (Power-Ramping) 설정 값에 따라 전력을 더 키워 회복 요청을 재전송한다.

12.4 Multi-TRP (다중 TRP) 전송

릴리스 16은 하향링크 다중 TRP 전송, 즉 지리적으로 분리된 두 개의 전송 지점 (TRP)에서 PDSCH를 동시에 전송할 수 있는 가능성을 지원함으로써 NR을 확장하였다 (그림 12.4 참조). 예를 들어 2개의 전송 포인트는 서로 다른 물리적 셀 사이트에 상응한다고 할 수 있다. 단말 관점에서 다지점 전송은 여전히 단일 논리 셀에서 시작된다는 점에 유의하기 바란다.

다중 TRP 전송에는 몇 가지 잠재적인 이점이 있다.

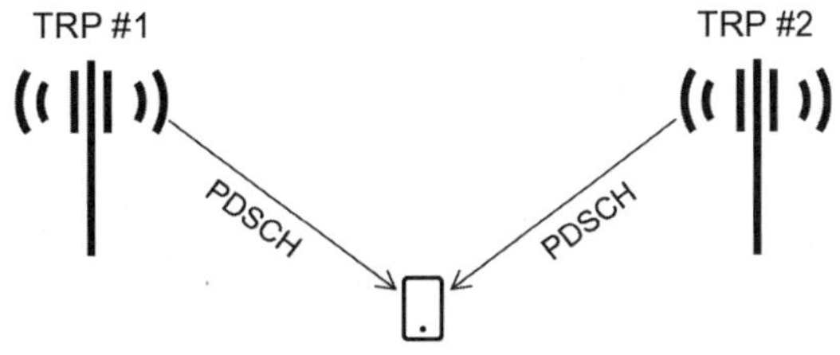

그림 12.4
다중 TRP 전송

❑ 여러 전송 지점에서 사용할 수 있는 전체 전력을 활용하여 단일 단말로 하향링크 전송에 사용할 수 있는 전체 전송 전력을 확장하는 데 사용할 수 있다.

❑ 예를 들어 line of sight 전파 조건으로 인해 단일 전송 지점의 rank가 제한되는 경우, 채널의 전체 rank로 확장하는 데 사용될 수 있다.

릴리스 16 다중 TRP 전송에는 단일 DCI 기반 전송과 다중 DCI 기반 전송의 두 가지 접근 방식이 있다 (그림 12.5 참조). 이름과 그림에서 알 수 있듯이 이 두 가지 접근 방식은 스케줄링 DCI의 구조 측면에서 다르다. 또한 두 전송 지점에서 하나의 공통 PDSCH가 있는지 또는 두 개의 개별 PDSCH가 있는지에 따라 다르다.

12.4.1 단일 DCI 기반 다중 TRP 전송

단일 DCI 기반 다중 TRP 전송의 경우(그림 12.5의 왼쪽 부분) 단일 DCI는 서로 다른 전송 지점에서 서로 다른 PDSCH 계층이 전송될 수 있는 단일 다중 계층 PDSCH를 스케줄링 한다.

단일 DCI 기반 다중 TRP 전송의 주요 규격 영향은 서로 다른 전송 지점에서 전송되는 PDSCH 계층이 서로 다른 QCL 관계를 가져야 한다는 사실에서 비롯된다. 이미 설명한 바와 같이, PDSCH에 대한 QCL 관계는 최대 8개의 MAC-CE-configured TCI 상태의 집합에서 특정 TCI 상태를 지시함으로써 스케줄링 DCI에서 동적으로 지시될 수 있다. 단일 DCI 기반 다중 TRP 전송을 가능하게 하기 위해 릴리스-16은 DCI가 해당 QCL 관계로 두 개의 서로 다른 TCI 상태를 동시에 나타낼 수 있는 가능성을 도입하였다. 그 다음, 이들 2개의 TCI 상태는 PDSCH DMRS 포트의 상이한 세트, 즉 실제로 상이한 세트의 PDSCH 계층에 대한 QCL 관계를 제공한다. 보다 구체적으로, 첫 번째 TCI 상태는 최하위 CDM 그룹(9장 참조)의 DMRS 포트에 대한 QCL 관계를 제공하고 두 번째 TCI 상태는 나머지 DMRS 포트에 대한 QCL 관계를 제공한다.

단일 DCI 기반 다중 TRP 전송과 관련된 두 개의 전송 지점으로부터의 전송은 동일한 PDSCH의 서로 다른 계층에 대응하므로, 두 개의 전송 지점으로부터의 전송이 밀접하게 시간 정렬된다는 기본 가정이 있는 것이다.

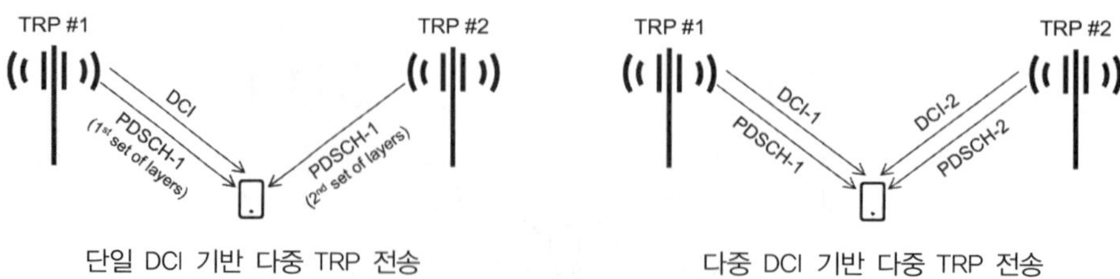

그림 12.5
단일 DCI 기반 대 다중 DCI 기반 다중 TRP 전송.

12.4.2 다중 DCI 기반 다중 TRP 전송

다중 DCI 기반 전송의 경우(그림 12.5의 오른쪽 부분), 각 전송 지점에서 전송된 관련 전송 블록과 각 PDSCH가 개별 PDCCH에 의해 전송되는 개별 DCI에 의해 스케줄링되는 하나의 PDSCH가 있다. 각 PDSCH의 최대 전송 rank는 4로 제한되어 주어진 단말에 전송되는 총 레이어 수가 여전히 8로 제한됨을 의미한다.

2개의 PDSCH가 독립적으로 수신될 수 있기 때문에, 원칙적으로 2개의 전송 지점으로부터의 전송의 완전히 독립적인 타이밍을 구상해 볼 수도 있다. 그러나 단일 DFT를 사용하여 두 개의 전송을 수신할 수 있도록 하기 위해 다중 DCI 기반 전송의 경우에도 두 전송 지점의 전송이 시간적으로 밀접하게 정렬된다는 가정이 있다.

다중 DCI 기반 다중 TRP 전송의 경우 각 전송 지점에서 하나씩 두 개의 전송 블록이 있다. 결과적으로 각 전송 블록에 대해 하나씩 두 개의 개별 HARQ 피드백이 있다. 그림 12.6에 설명된 대로 이 HARQ 피드백에는 아래와 같은 두 가지 대안이 있다.

- ❑ 단일 PUCCH를 사용한 공동 피드백
- ❑ 별도의 PUCCH를 사용한 분리된 피드백

비록 그림 12.5 및 12.6은 스케줄링 DCI(들)가 각각의 PDSCH(S)와 동일한 전송 포인트에서 발생함을 나타내지만, 반드시 그런 것은 아닐 수 있다. 이미 논의된 바와 같이, NR은 PDCCH 및 PDSCH에 대한 독립적인 QCL 관계를 지원하며, 이는 일반적으로 PDCCH/DCI가 해당하는 스케줄링된 PDSCH와 비교하여 다른 전송 지점에서 전송될 수 있음을 의미한다. 그림 12.5 및 12.6에 명시된 내용은 분명히 다중 TRP 전송에 대한 가장 간단한 시나리오이다. 그러나 예를 들어 두 DCI가 동일한 전송 지점에서 전송되는 다중 DCI 전송을 생각해 볼 수 있다(여전히 두 개의 다른 PDCCH를 통해). 단일 DCI와 다중 DCI의 차이점은 본질적으로 다중 DCI 전송의 경우 다중 TRP 전송은 항상 두 개의 서로 다른 전송 블록의 전송을 의미하는 반면 단일 DCI 전송의 경우에는 종종 단일 전송 블록만 있을 것이다.

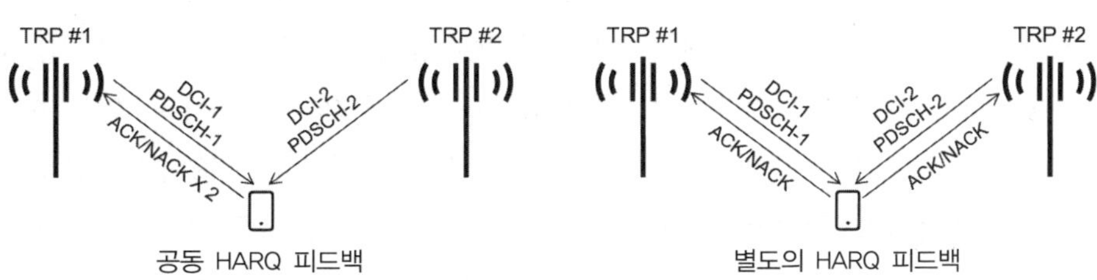

그림 12.6
다중 DCI 기반 전송을 위한 공동 HARQ 피드백 대 개별 HARQ 피드백.

13 재전송 프로토콜

CHAPTER

무선 채널을 통한 전송은 수신 신호의 품질이 변화하게 되므로 오류가 발생하기 마련이다. 그러한 변화는 14장에서 설명할 링크 적응 과정을 통해 어느 정도는 대처할 수 있다. 그러나 수신기의 잡음이나 예측 불가능한 간섭의 변화는 통제가 불가능하다. 그러므로 거의 모든 무선 통신 시스템은 오류 정정 (Forward Error Correction, FEC) 기법을 채용하고 있다. 이를 통해 송신 신호에 redundancy를 추가함으로써 수신기가 오류를 정정하고 샤논의 업적인 채널 용량 [65]의 한계에 근접한 성능을 내려고 노력한다. NR에서는 9.2절에서 설명하였듯이 LDPC 코딩을 오류 정정 코드로 사용한다.

오류 정정 코드를 사용하여도 너무 많은 잡음이나 간섭 등으로 수신 데이터에 오류가 생길 수 있다. Hybrid Automatic Repeat Request (HARQ)는 Wozencraft과 Horstein에 의해 처음 제안되었으며[68] 오류 정정 코딩과 오류 데이터를 재전송하는 방법을 결합한 것으로, 현대의 거의 모든 통신 시스템에 일반적으로 사용되고 있다. 수신단에서 오류 정정 코딩을 적용해도 오류가 발견된 데이터는 송신단에게 재전송을 요청한다.

6장의 개요 부분에서 언급하였듯이 NR에서는 MAC, RLC, PDCP 등 3개의 프로토콜 계층에 재전송 기능이 있다. 서로 다른 레벨에서의 재전송 구조를 갖는 이유는 빠른 속도와 상태보고 피드백의 정확성 간의 트레이드오프 관계 때문이다. MAC 계층에서의 hybrid-ARQ 기능은 매우 빠른 재전송을 지향하여 하향링크 전송에 대한 성공 또는 실패를 알려주는 피드백이 전송 블록마다 gNB에 제공된다. 상향링크 전송은 수신기와 스케줄러가 gNB에 같이 있으므로 피드백이 필요하지 않다. 원리상으로는 hybrid-ARQ 피드백으로부터 매우 낮은 오류율을 얻을 수 있지만 이를 위해서는 송신 전력 면에서 송신 자원의 비용이 많이 든다. 대개 피드백으로 보고되는 오류율은 0.1~1%가 적정 수준이다. 이때 hybrid-ARQ에 의해 복구될 수 없는 잔여 오류율 (Residual Error Rate)도 비슷한 수준이 된다. 대부분은 이 정도 잔여 오류율이면 충분히 낮으나 그렇지 않은 경우도 존재한다. 저지연과 매우 높은 신뢰도를 요구하는 서비스의 경우가 이에 해당한다. 이 경우엔 피드백으로 보고되는 오류율이 낮고 피드백 시그널링의 증가로 인한 비용이 적정하거나, 피드백 시그널링에 의존하지 않고도 추가 재전송이 될 수 있어야 하는데

이는 스펙트럼 효율의 저하로 이어진다.

낮은 오류율은 URLLC (Ultra-Reliable Low Latency Communication) 타입 서비스의 관심 대상일 뿐만 아니라 데이터 속도 관점에서도 중요하다. 고속의 TCP 데이터는 사실상 0에 가까운 오류율로 상대편 TCP 계층에게 패킷을 전달해야 한다. 그 예로 지속적으로 100Mbit/s를 넘는 데이터 속도를 내기 위해서는 패킷 오류율이 10^{-5}보다 작아야 한다.[61] 그 이유는 TCP는 패킷 오류가 네트워크의 혼잡 때문이라고 가정하고 패킷 오류가 발생하면, TCP는 혼잡 회피 기능이 동작하여 데이터 속도를 낮추기 때문이다.

hybrid-ARQ의 ack에 비교하여 RLC 상태 보고는 상대적으로 덜 자주 전송되며 이에 따라 10^{-5} 이하의 신뢰도를 얻기 위한 비용이 상대적으로 적다. 그러므로 hybrid-ARQ와 RLC를 결합하는 것으로 적은 RTT (Round-Trip Time)와 적정한 수준의 피드팩 오버헤드를 유지할 수 있다. hybrid-ARQ의 빠른 재전송과 RLC 계층에서의 신뢰도 높은 패킷 전송이 상호 보완적이기 때문이다.

PDCP 프로토콜 또한 재전송을 처리할 수 있고 동시에 순차적 (In-Sequence) 배달을 책임지고 있다. PDCP 계층의 재전송은 gNB 간 핸드오버 시에 주로 이용된다. 핸드오버가 일어나면 낮은 계층의 프로토콜은 초기화되기 때문에 핸드오버 시에 아직 ack을 전송받지 못한 PDCP PDU는 새로운 gNB에 전달되어 단말에게 전송된다. 단말기가 이미 받은 데이터일 경우 PDCP의 중복 검사에 의해 중복된 데이터를 폐기한다. PDCP 프로토콜은 또한 동일한 PDU를 여러 캐리어에 전송함으로써 선택 다이버시티를 얻는 용도로도 사용된다. 이 경우 PDCP 수신단은 성공적으로 받은 데이터가 있으면 그 이후에 중복 수신된 동일한 데이터는 삭제한다.

다음 절에서는 hybrid-ARQ, RLC, PDCP 프로토콜의 원리를 상세히 기술할 것이다. 이 프로토콜은 LTE에서도 존재했었고 대부분 같은 기능을 제공한다. 그러나 NR에서는 지연을 획기적으로 줄이기 위해 확장 개선되었다.

13.1 소프트 결합 (Soft Combining)을 이용하는 hybrid-ARQ

hybrid-ARQ 프로토콜은 NR에서 재전송을 처리하는 가장 주요한 방법이다. 오류 패킷을 수신했을 때 재전송을 요청한다. 패킷을 디코딩하는 데 실패했을지라도 수신한 신호에는 여전히 정보가 포함되어 있다. 오류 패킷을 폐기하게 되면 패킷에 포함된 정보 또한 버리는 것이 된다. 이러한 정보의 유실을 해결하기 위해 소프트 결합과 함께 hybrid-ARQ가 등장했다.

hybrid-ARQ와 소프트 결합 과정에서 오류가 발생된 수신 패킷은 버퍼의 메모리에 저장되고 나중에 재전송 패킷과 결합하여 좀 더 신뢰도 높은 패킷을 생성해낸다. 이 결합된 신호에 대해 디코딩을 수행한다.

프로토콜 자체는 MAC 계층에 있지만, 소프트 결합은 물리 계층의 기능이다. 전송 블록의 일부인 코드 블록 그룹을 재전송하는 것은 비록 MAC 계층 규격에 기술되어 있지만 실제로는 물리 계층에서 처리된다.

NR의 hybrid-ARQ 기본 방식은 LTE와 비슷하여 다중 SAW (Stop-And-Wait) 프로세스의 구조로 되어 있으며 하나의 SAW 프로세스는 하나의 전송 블록에 대해 동작한다. SAW 프로토콜에서 송신기는 각 전송 블록을 전송한 후에 전송을 멈추고 ack을 기다린다. 이는 매우 간단한 방법이고 피드백은 단지 제대로 수신했는지를 알려주는 1bit ack이면 된다. 그러나 송신기가 매 전송마다 기다리게 되므로 시스템 효율 (Throughput)은 낮다. 그러므로 여러 개의 SAW 프로세스를 동시에 동작시켜 하나의 프로세스에서 ack을 기다리는 동안에 송신기는 다른 hybrid-ARQ 프로세스의 데이터를 전송한다. 그림 13.1에 이 과정이 그려져 있다. 첫 번째 hybrid-ARQ 프로세스로부터 받은 데이터를 처리하는 동안 수신기는 두 번째 프로세스로 계속해서 데이터를 수신한다. 이러한 구조는 여러 개의 hybrid-ARQ 프로세스를 병렬로 동작시켜 하나의 hybrid-ARQ entity를 만들어낸다. 이 방법은 NR뿐만 아니라 LTE에서도 사용되었고 이로써 SAW의 간단함과 지속적인 데이터 전송을 동시에 얻을 수 있다.

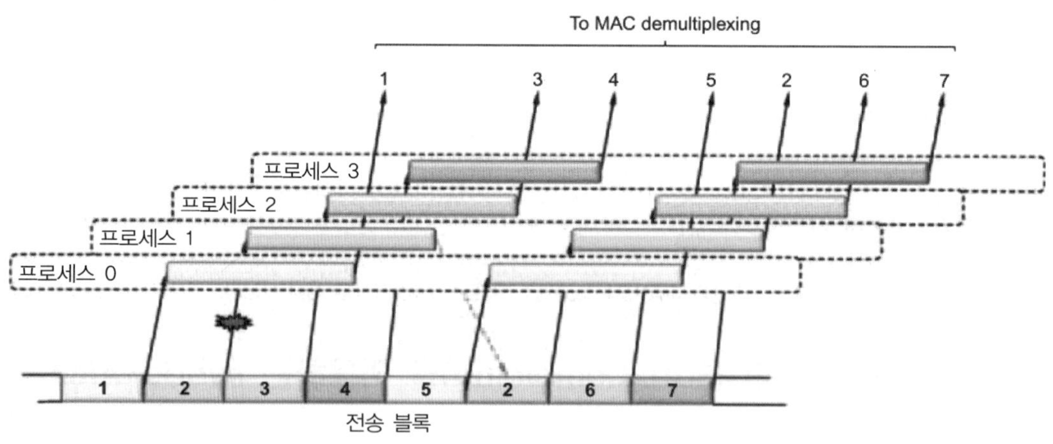

그림 13.1
다중 hybrid-ARQ 프로세스

연결을 유지하고 있는 캐리어마다 하나의 hybrid-ARQ entity가 존재한다. 하향링크에서 4개 이상의 레이어를 공간 멀티플렉싱 방법으로 하나의 단말기에 전송하는 경우 하나의 전송 채널에서 두 개의 전송 블록이 전송된다 (9.1절 참고). 이는 두 개의 hybrid-ARQ 프로세스로 이루어진 hybrid-ARQ entity에 의해 지원되며 각자 독립적으로 hybrid-ARQ ack을 통보해야 한다.

NR은 하향링크와 상향링크에 모두 비동기 hybrid-ARQ 프로토콜을 사용한다. 비동기 방식은 전송에 사용할 hybrid-ARQ 프로세스를 DCI를 통해 명시하여 시그널링하게 된다. LTE에서는 하향링크에 비동기 방식을 썼지만 상향링크에는 동기 방식을 썼다 (그 후에 릴리스된 LTE에서는 상향링크에도 비동기 방식을 지원하는 것이 추가되긴 했다). NR에서 양방향에 비동기 방식을 선택한 것엔 여러 가지 이유가 있다. 그 한 가지가 동기 방식 hybrid-ARQ는 다이나믹 TDD를 지원할 수 없다는 것이다. 또 다른 이유로는 향후 릴리스될 비면허 대역에서 동작하는 NR 시스템은 동기 방식의 재전송 시간에 무선 자원이 사용 가능할지를 보장할 수 없으므로 비동기 방식이 더 효율적이다. 그리하여 NR에서는 상향링크와 하향링크에 최대 16개의 프로세스로 이루어진 비동기 방식을 결정하였다. LTE보다 더 많은 hybrid-ARQ 프로세스를 갖게 된 것은[1] RRH (Remote Radio Head)의 도입이 예상되고 고주파수 대역에서 슬롯 길이가 더 짧아지는 것에 기인한다. RRH를 도입하면 기지국과 RRH 간 지연이 발생하게 된다. 그러나 hybrid-ARQ 프로세스의 최대 수가 증가한 것은 RTT가 더 증가했다는 것을 의미하는 것이 아님에 유의해야 한다. 프로세스를 사용할 수 있는 최대 수에 불과하고 모든 프로세스가 항상 사용될 필요는 없다.

큰 사이즈의 전송 블록은 코딩 전에 코드 블록으로 나뉜다. 전송 블록 전체에 CRC가 붙는 것 이외에 각 코드 블록에 24비트 CRC가 붙는다. 9.2절에서 이미 언급하였듯이 코드 블록으로 나누는 이유는 복잡도 때문이다. 즉, 코드 블록의 크기는 디코딩 복잡도는 적절하게 유지하면서 좋은 성능을 낼 수 있을 만큼 충분한 정도이다. 각 코드 블록은 각자의 CRC를 가지고 있으므로 전송 블록에 대해서 뿐만 아니라 개개의 코드 블록에 대해서 오류를 발견해낼 수 있다. 재전송이 전송 블록 단위로만 이루어져야 하는지 또는 수신 오류가 발생한 코드 블록만을 재전송하여 얻을 수 있는 이점이 있는지는 따져 볼 만하다. giga-bit/s의 고속의 데이터를 지원하기 위해 매우 큰 전송 블록 크기를 사용할 경우에는 하나의 전송 블록에 수백 개의 코드 블록이 있게 된다. 그중에 몇 개만 오류가 발생했다면 오류가 난 코드 블록만 재전송하는 것에 비해 전체 전송 블록을 재전송하는 것은 스펙트럼 효율이 낮아지는 현상을 초래할 것이다. 14.1.2절에서 다루게 될 하향링크 전송이 다른 전송을 선취 (Preempting)하는 경우가 그 예로 이때는 몇 개의 OFDM 심볼에 갑작스런 간섭이 발생하여 코드 블록 몇 개에 오류가 발생할 수 있다. 그림 13.2에 이런 상황이 예시되었다.

1) LTE FDD에는 8개의 프로세스가 있고 TDD에는 상향링크-하향링크 설정에 따라 최대 15개의 프로세스가 있다.

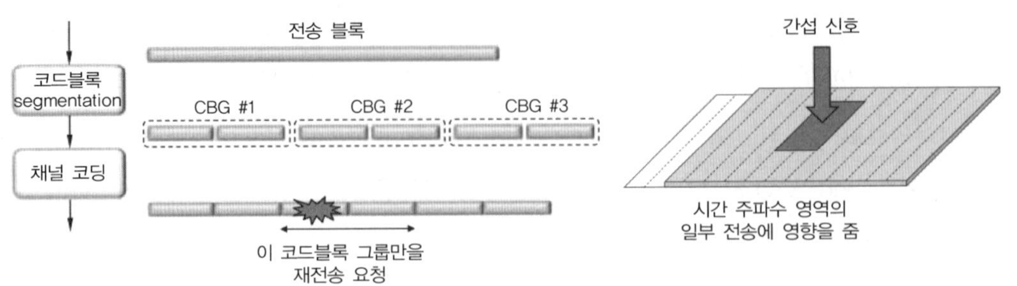

그림 13.2
코드 블록 그룹의 재전송

위에서 든 예로 보면 전체 전송 블록을 오류 없이 수신하기 위해서는 오류가 생긴 코드 블록만을 재전송하는 것으로 충분하다. 또한, 생각하여야 하는 것은 hybrid-ARQ을 위해 개개의 코드 블록을 명시하는 것은 때로는 너무나 많은 시그널링 오버헤드가 들 수 있다는 것이다. 그러므로 코드 블록 그룹 (Codeblock Group, CBG)이 정의되었다. per-CBG 재전송이 설정되면 전송 블록 단위가 아닌 CBG 단위로 피드백이 제공되고 오류가 발생한 코드 블록 그룹만 재전송된다. 이로써 전체 전송 블록을 재전송하는 것보다 자원을 덜 소모하게 된다. 코드 블록 그룹의 개수는 2, 4, 6, 8 등으로 설정될 수 있으며 초기 전송에서 총 코드 블록 개수가 몇 개였는지에 따라 하나의 코드 블록 그룹 내의 코드 블록 수가 결정된다. 코드 블록이 어느 코드 블록 그룹에 속하는지는 초기 전송에서 결정되며 전송 내내 변하지 않는다는 것에 유의하라. 이는 코드 블록이 재전송 과정에서 또다시 분할되면서 발생할 수 있는 오류를 피하기 위함이다.

CBG 재전송은 물리 계층의 규격에서 다루어지고 있다. 이는 CBG 레벨에서의 재전송으로 규격이 복잡해지는 것을 줄이기 위한 것으로 기술적인 이유가 있는 것은 아니다. 그 결과로 하나의 hybrid-ARQ 프로세스 안에 새로운 CBG와 수신 오류가 발생한 전송 블록의 재전송 CBG를 혼합하여 전송하는 것은 불가능하다.

13.1.1 소프트 결합

hybrid-ARQ 방식의 중요한 부분은 소프트 결합의 사용이다. 소프트 결합은 수신기에서 여러 번의 수신 신호를 합하는 것이다. 정의상으로 hybrid-ARQ 재전송은 제일 처음의 전송에 사용한 것과 같은 정보 비트를 사용하여야 한다. 그러나 각 재전송에 전송되는 코딩된 비트가 동일한 정보 비트로 만들어진 것이기만 하면 다르게 선택된 비트열을 전송해도 된다. 재전송에 사용되는 코딩된 비트가 초기 전송에 사용된 것과 동일하면 chase combining (CC)이라 부르며 참고 문헌 [20]에서 처음 제안되었다. 초기 전송에 사용된 것과 동일하지 않으면 incremental redundancy (IR)라고 부르며 NR에서는 이 IR 방식이 사용된다. IR 방식에서는 코딩된 비트가 여러 셋으로 생성되고 각각은 모두 같은 정보 비트를 이용하여 코딩한 것이다.[63, 67] 9.3절에서 설명한 NR의 rate-matching 기능은 그림 13.3에 설명된 것처럼, 코딩된 비트로부터 서로 다른 리던던시 버전 (Redundancy Version, RV)을 만들어내는 기능을 수행한다.

IR 방식을 사용하는 것은 E_b/N_0를 축적함으로써 얻는 이득뿐만 아니라 애초의 코드율 (Mother Code Rate)이 만들어 질 때까지 매 재전송마다 코딩 이득 (Coding Gain)이 생긴다. 그러므로 초기 코드율이 높은 경우에 단순히 에너지가 축적되는 CC 방식보다 IR 방식이 이득이 더 높다.[22] 또한, 참고 문헌 [31]에서 밝혔듯이 CC 방식에 비해 IR 방식의 성능은 전송 시도 간의 전력 차이에 영향을 받는다.

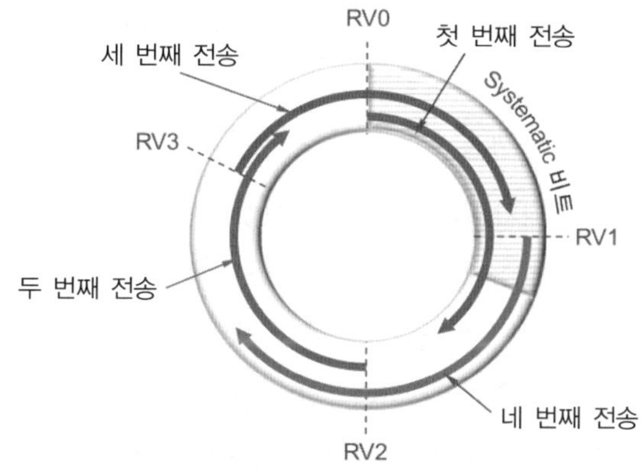

그림 13.3
incremental redundancy의 예

지금까지의 설명에서 수신기는 이미 전송된 모든 리던던시 버전을 수신했다고 가정하였다. 만약 모든 리던던시 버전이 동일한 양의 데이터 패킷 정보를 제공한다면 리던던시 버전의 전송 순서는 별로 중요하지 않다. 그러나 코딩 구조에 따라 모든 리던던시 버전이 동일한 중요성을 갖지 않는다. NR에서 사용하는 LDPC 코딩이 이런 경우로 시스템 비트 (Systematic Bit)가 패리티 비트보다 중요하다. 그러므로 적어도 첫 전송은 모든 시스템 비트를 포함하고 있어야 하고, 약간의 패리티 비트를 포함할 수 있다. 재전송 과정에서 첫 전송에 포함되지 않은 패리티 비트를 포함할 수 있다. 이것이 9.3절에서 설명한 순환 버퍼 (Circular Buffer)의 처음에 시스템 비트가 들어가는 이유이다. RV0과 RV3은 자체 디코딩이 가능하도록 순환 버퍼의 시작 위치가 정해진다. 자체 디코딩 가능하기 위해서는 일반적으로 시스템 비트를 포함하고 있어야 한다. 이것이 그림 13.3에서 RV3의 시작점이 9시 위치 이후에 존재하는 이유이며 이로써 더 많은 시스템

비트를 전송에 포함시킬 수 있다. 리던던시 버전 전송을 0, 2, 3, 1의 순서로 보냄으로써 재전송 두 번마다 자체 디코딩을 가능하게 한다.

hybrid-ARQ와 소프트 결합은 CC나 IR 방식에 상관없이 재전송을 함으로써 데이터 속도를 줄이는 결과를 낳게 되고 암묵적으로 링크 적응의 일종으로 보일 수 있다. 그러나 링크 적응은 매순간의 채널 상황에 대한 예측을 바탕으로 이루어지는 것에 비해 hybrid-ARQ와 소프트 결합은 묵시적으로 디코딩 결과에 따라 코드율을 조절하는 것으로 볼 수 있다. 전체적인 시스템 효율 면에서 이러한 묵시적인 링크 적응이 명시적인 링크 적응보다 더 뛰어날 수 있다. 이는 이미 진행되고 있는 고속의 전송이 제대로 디코딩되지 않았을 때만 추가적인 리던던시를 보냄으로써 얻어지는 것이다. 또한, hybrid-ARQ는 채널의 변화를 예측하지 않으면서도 단말이 이동하는 속도와 관계없이 잘 동작한다. 암묵적인 링크 적응이 시스템 효율면에서 이득이 있다면 왜 명시적인 링크 적응이 필요한가? 명시적인 링크 적응을 갖는 주요 이유는 지연이 줄어들기 때문이다. 시스템 효율 면에서는 암묵적인 링크 적응으로 충분하지만 최종단 사용자 서비스의 지연 품질 관점에서 만족스럽지 못할 수가 있다.

소프트 결합이 잘 동작하기 위해서는 수신기가 디코딩 전에 언제 소프트 결합을 해야 하고 언제 소프트 버퍼를 초기화해야 하는지를 알아야 한다. 수신기는 첫 전송 전에 소프트 버퍼를 초기화하고 재전송을 받아야 한다. 마찬가지로 송신기는 수신기에서 오류가 생긴 데이터를 재전송해야 하는지, 아니면 새로운 데이터를 전송해야 하는지를 알아야 한다. 이는 NDI (New-Data Indication)에 의해 처리되며 이어지는 절에서 하향링크와 상향링크의 동작에 대해 자세히 설명한다.

13.1.2 하향링크 hybrid-ARQ

하향링크에서 재전송은 새로운 데이터 전송과 같은 방식으로 스케줄링된다. 즉, 재전송은 언제든지 하향링크 셀 대역폭의 어느 주파수 영역에서든 생길 수 있다는 것이다. 스케줄링 할당은 필요한 hybrid-ARQ에 관계된 제어 시그널을 포함하고 있다. hybrid-ARQ에 관계된 제어 시그널로는 hybrid-ARQ 프로세스 번호, NDI, CBGTI, per-CBG 재전송이 설정되어 있는 경우 CBGFI, 그리고 상향링크에 ack을 전송할 시간과 자원에 대한 정보 등이 있다.

DCI를 통해 스케줄링 할당을 받으면 단말기는 전송 블록에 대한 디코딩을 시도한다. 만약 이미 전송 시도가 있었으면 디코딩 전에 소프트 결합을 한다. 초기 전송과 재전송 모두 같은 스케줄링 방식을 사용하기 때문에 단말기는 이 둘을 구별하여 새로운 데이터라면 소프트 버퍼를 초기화하고, 재전송일 경우 소프트 결합을 수행해야 한다. 그러므로 명시적인 NDI (New-Data Indication)가 하향링크 스케줄링 할당의 정보로서 DCI에 포함된다. NDI는 한 비트로서 새로운 전송 블록을 보낼 때마다 반전 (Toggle)된다. 하향링크 스케줄링 할당을 받으면 단말기는 NDI를 확인하여 현재의 전송을 hybrid-ARQ 프로세스에 해당하는 소프트 버퍼에 있는 이미 수신한 데이터와 소프트 결합할 것인지 아니면 소프트 버퍼를 초기화할 것인지를 결정한다.

NDI는 전송 블록 레벨에서 동작한다. 그러나 per-CBG 재전송이 설정되어 있으면 단말은 어느 CBG가 재전송된 것이지 또는 소프트 버퍼를 초기화할 것인지 여부를 알아야 한다. 이는 DCI에 있는 추가적인 두 개의 필드, 즉 CBG Transmit Indicator (CBGTI)와 CBG Flush Indicator (CBGFI)를 통해 처리된다. CBGTI는 특정 CBG가 이번 하향링크 전송에 존재하는지 여부를 알려주는 비트맵이다. 그림 13.4를 보라. CBGFI는 한 비트로 CBGTI로 명시된 CBG들이 들어갈 소프트 버퍼를 초기화할 것인지 소프트 결합할 것인지를 알려준다.

디코딩 결과로서 디코딩에 성공하면 positive ack이, 실패하면 negative ack이 상향링크 제어 정보의 일부로서 gNB에 피드백된다. CBG 재전송이 설정되어 있으면, 전체 전송 블록에 대한 1bit이 아니라, CBG당 하나의 비트로 이루어진 비트맵이 기지국에 피드백된다.

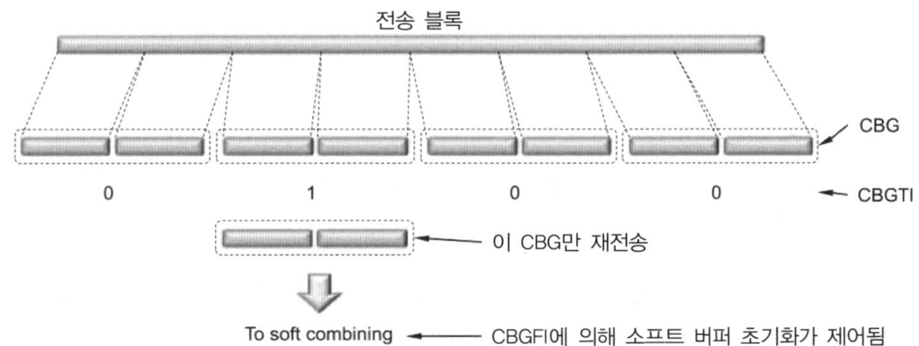

그림 13.4
per-CBG 재전송의 예시

13.1.3 상향링크 hybrid-ARQ

상향링크도 하향링크와 마찬가지로 비동기 hybrid-ARQ 방식을 사용한다. hybrid-ARQ 프로세스 번호, NDI, per-CBG 재전송이 설정되어 있을 경우, CBGTI 등이 스케줄링 그랜트에 포함되어 있다.

첫 전송과 재전송을 구분하기 위해 NDI가 사용된다. NDI가 반전되면 새로운 전송 블록 전송을

요청하는 것이다. 그렇지 않으면 이 hybrid-ARQ 프로세스 번호에 해당하는 이전의 전송 블록을 재전송해야 한다. CBGTI는 하향링크와 같은 방식으로 사용되어 per-CBG 재전송이 설정되어 있을 때 재전송해야 할 코드 블록 그룹을 알려준다. CBGFI 필드는 상향링크에 존재하지 않음에 유의하라. 그 이유는 소프트 버퍼가 gNB에 있으며 스케줄링 결정에 따라 버퍼를 초기화해야 할지 여부를 gNB가 결정할 수 있기 때문이다.

13.1.4 상향링크 ack을 전송하는 시간

LTE에서는 하향링크로 데이터를 수신한 후 ack을 전송하기까지 시간이 규격으로 고정되어 있었다. 이는 LTE FDD에서는 데이터를 받은 후 대략 3ms 이후에 ack이 전송되었다.[2] 고정 시간 후에 ack을 전송하는 것은 이렇게 전 양방향 (Full-Duplex) 전송이 지원되는 시스템에서는 가능하였다. LTE의 준정적 TDD로 동작하는 반 양방향 (Half-Duplex) 시스템에서는 상향링크-하향링크 할당이 거의 고정되어 있으므로 ack 전송 시간을 고정하는 방식을 사용할 수 있다. 그러나 이렇게 ack을 전송하는 시간을 고정하는 것은 다이나믹 TDD에서는 사용하기 어렵다. 다이나믹 TDD는 NR의 중요한 기능 중의 하나이다. 다이나믹 TDD에서는 상향링크-하향링크 방향이 스케줄러에 의해 다이나믹하게 제어되므로 하향링크 전송 후에 상향링크의 기회가 있는 시간을 보장할 수 없다. 같은 주파수 대역에 다른 TDD 패턴으로 동작하는 시스템이 공존할 경우도 상향링크의 적절한 타이밍을 미리 확보하기 힘들다. 만약 상향링크 슬롯을 확보했다 하더라도 하향링크에서 상향링크로 방향을 바꾸는 것은 스위칭 오버헤드가 많이 들어가므로 바람직하지 않을 수도 있다. 그리하여 NR에서는 ack이 전송되는 시간을 다이나믹하게 제어하는 유연한 방식을 채택하였다.

하향링크 DCI에 있는 hybrid-ARQ 타이밍 필드가 상향링크로 ack을 전송하는 시간을 제어하는 데 이용된다. RRC로 설정된 테이블은 PDSCH의 수신 시간을 기점으로 hybrid-ARQ ack을 언제 보낼 수 있는지 그 후보들을 정의한다. hybrid-ARQ 타이밍 필드 3비트는 이 테이블의 인덱스를 지칭하며 테이블로부터 언제 ack을 전송해야 하는지를 알 수 있다. 그림 13.5는 상향링크로 ack을 전송하는 데 3 슬롯이 설정된 경우의 예를 그린 것이다. 그림 13.5의 예에서 서로 다른 하향링크 할당이 서로 다른 ack 타이밍으로 설정되어 결과적으로 세 개의 ack이 동시에 전송되어야 한다 (ack을 같은 슬롯에 멀티플렉싱하는 것에 대한 설명은 다음으로 미룬다).

---

2) 이 시간은 timing advance값에 따라 다르다. LTE에서 가장 큰 time advance를 고려하면 이 시간은 2.3ms이다.

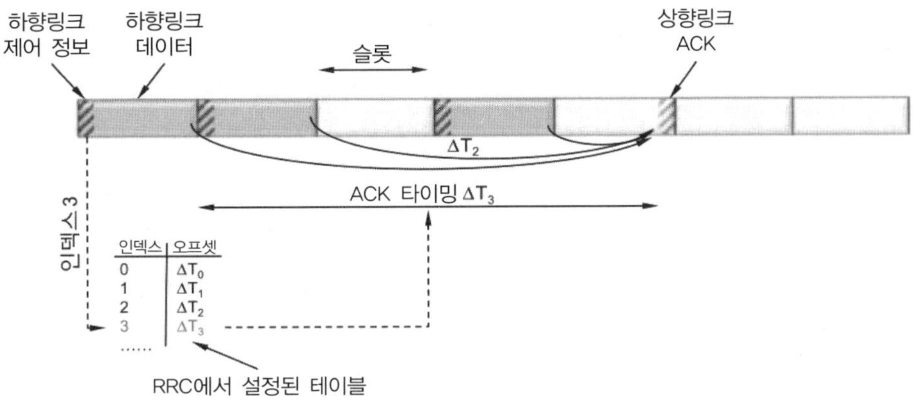

그림 13.5
ack 타이밍 결정

한편 NR은 매우 적은 지연을 갖도록 설계되었음을 기억하라. 그러므로 LTE보다 데이터 수신 후 ack을 전송하는 시간이 무척 빨라야 한다. 모든 단말은 표 13.1에 나열된 baseline 프로세싱 타임을 지원해야 하고 더욱 빠른 프로세싱 타임을 지원하는 것이 선택사항인 단말도 있다. 이러한 능력은 서브캐리어 간격이 다른 시스템마다 요구 조건이 다르다. 대개의 경우 프로세싱 타임은 서브캐리어 간격의 작아짐에 따라 요구되는 시간이 작아지며 그 비율이 비슷하다. 이는 서브캐리어 간격에 따라 수 microsecond 수준의 편차를 보인다. 또한, 한편으로는 서브캐리어 간격에 상관없이 프로세싱 타임이 microsecond 수준으로 고정된 부분도 있다. 그러므로 표에 나열된 프로세싱 타임은 서브캐리어 간격과 관계는 있지만, 꼭 비례하지는 않는다. 프로세싱 타임은 또한 RS 설정과도 관계가 있다. 단말이 슬롯의 후반부에 추가적인 RS를 설정받았을 경우에 단말은 RS를 수신하기 전까지 프로세싱을 시작할 수 없다. 그러므로 전체적인 프로세싱 타임은 길어진다. 그럼에도 불구하고 프로세싱 타임은 LTE의 경우보다 훨씬 빠르다. 이는 NR 설계에서 저지연의 중요성을 강조한 결과이다.

표 13.1 최소 프로세싱 시간 (PDSCH 매핑 Type A, PUCCH를 통한 피드백)

DM-RS Configuration	Device Capability	서스캐리어 간격				LTE Rel 8
		15kHz	30kHz	60kHz	120kHz	
Front-loaded	Baseline	0.57ms	0.36ms	0.30ms	0.18ms	2.3ms
	Aggressive	0.08-0.29ms	0.08-0.17ms			
Additional	Baseline	0.92ms	0.46ms	0.36ms	0.21ms	
	Aggressive	0.85ms	0.4ms			

ack 전송을 위하여 DCI의 타이밍 필드로부터 얻은 정보인 언제 전송할 것인지를 아는 것만으로는 충분하지 않다. 단말은 어떤 리소스 (주파수, PUCCH 포맷, 코드 영역)를 이용하여 ack을 전송할 것인지도 알아야 한다. 애초 LTE 설계 시 이러한 정보는 PDCCH의 위치로부터 얻을 수 있었다. ack 전송 타이밍의 유연성을 가진 NR에서는 이런 방법으로는 충분하지 않다. 두 개의 단말이 스케줄링은 다른 시간에 되었지만 같은 시간에 ack을 전송할 것을 명령받을 수 있다. 그러므로 ack을 전송할 때 단말마다 분리된 자원을 가져야 한다. 이는 PUCCH resource indicator를 통해 처리되며 3비트로 이루어져 10.2.7절에서 설명한 RRC에서 설정한 리소스 셋 중에 하나를 선택하는 인덱스로 사용된다.

13.1.5 Hybrid-ARQ ack 멀티플렉싱

이전 절에서 hybrid-ARQ ack을 보내는 타이밍에 여러 개의 전송 블록에 대한 ack을 동시에 전송해야 하는 예를 보았다. 여러 개의 ack이 같은 시간에 상향링크로 전송되어야 하는 또 다른 예는 캐리어 애그리게이션 (Carrier Aggregation)과 per-CBG 재전송의 경우이다. NR에서는 여러 전송 블록의 ack을 하나의 다중 비트 ack 메시지로 멀티플렉싱하여 전송하는 것을 지원한다. 다중 비트는 준정적 (Semi-Static) 코드북이나 다이나믹 코드북 중 하나를 선택 사용하여 멀티플렉싱 된다.

준정적 코드북은 시간 영역과 컴포넌트 캐리어 (또는, CBG 또는 MIMO 레이어)로 이루어진 행렬로 볼 수 있다. 이 두 가지는 준정적으로 설정된다. 시간 영역의 크기는 표 13.1에 표시된 것처럼 hybrid-ARQ ack 타이밍의 최소값과 최대값으로 주어진다. 캐리어 영역의 크기는 모든 컴포넌트 캐리어에 동시에 전송될 수 있는 전송 블록 (또는 CBG)의 개수로 주어진다. 그림 13.6에 ack 타이밍이 1, 2, 3, 4이고 세 개의 캐리어 중 한 캐리어는 두 개의 전송 블록, 또 한 캐리어는 하나의 전송 블록, 나머지 캐리어는 4개의 CBG를 가지고 있을 경우의 그림이 그려져 있다. 코드북 크기는 정해져 있으므로 hybrid-ARQ ack을 전송해야 할 비트 수는 이미 $4 \cdot 7 = 28$ 비트로 알려져 있다. 그림 13.6에 상향링크 제어 시그널링의 적절한 포맷이 그려져 있다. 행렬의 각 자리에 표시된 AN 또는 N은 각각 positive 또는 negative ack으로 디코딩 결과를 나타낸다. 이 예에서는 코드북의 모든 전송 기회가 사용되지 않았다고 가정한다. 실제 전송이 없었던 경우엔 negative ack을 전송한다. negative ack을 전송하면 단말기가 PDCCH의 하향링크 할당을 제대로 수신하지 못한 경우에 기지국은 잃어버린 전송 블록이나 CBG를 재전송할 수 있는 장점이 있다.

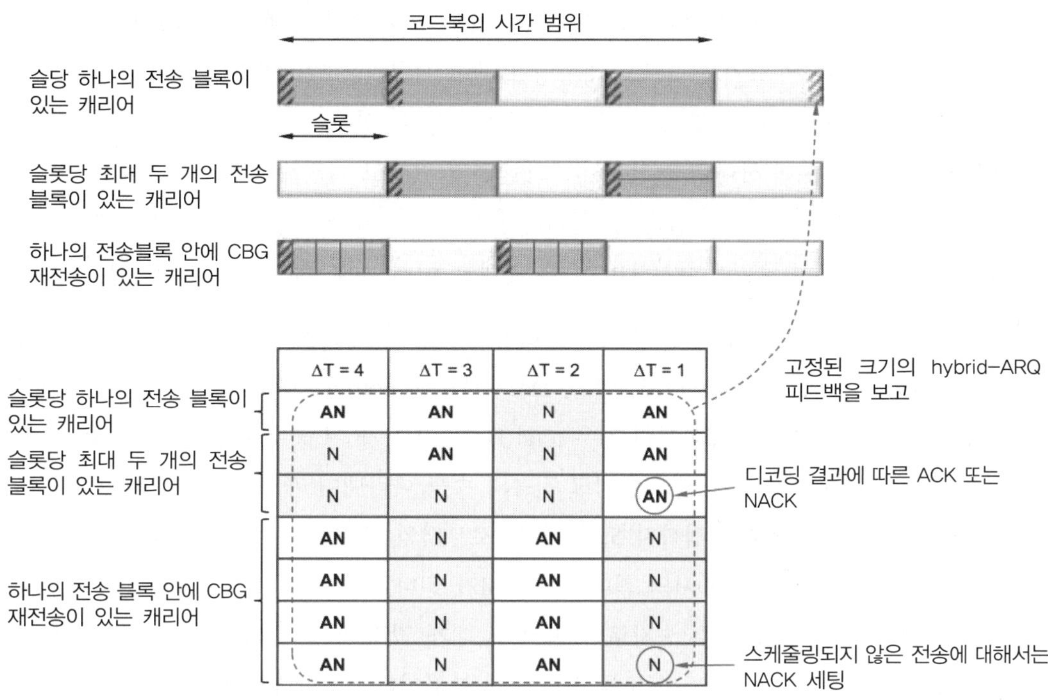

그림 13.6
준정적 hybrid-ARQ ack 코드북의 예

준정적 코드북의 단점은 hybrid-ARQ 보고의 크기가 커질 수 있다는 것이다. 컴포넌트 캐리어 수가 적고 CBG 재전송이 설정되지 않았을 때는 별로 문제가 되지 않는다. 그렇지만, 캐리어 수가 많고 CBG 재전송이 설정되어 있는데 이 중에 적은 개수만을 전송에 이용되는 상황에선 문제가 될 수 있다.

이렇게 준정적 코드북의 크기가 커질 수 있는 단점을 해결하기 위해 NR에서는 다이나믹 코드북을 지원한다. 시스템이 따로 설정되지 않으면 사실 이 다이나믹 코드북 방법이 기본적으로 사용된다. 준정적 코드북의 경우엔 스케줄링이 됐든 안됐든 상관없이 모든 캐리어의 ack을 hybrid-ARQ 보고에 포함하지만, 다이나믹 코드북에서는 스케줄링이 된 캐리어에 대해서만 ack 정보가 보고에 포함된다.[3] 그러므로 그림 13.6의 경우 코드북 크기가 스케줄링된 캐리어 수에 따라 다이나믹하게 변한다. 그림 13.6의 코드북에서 굵은 글씨체로 쓴 것들만 hybrid-ARQ 보고에 포함되고 굵은 글씨체가 아니거나 연한 회색 바탕의 값 (스케줄링되지 않았음을 의미)들은 보고에 포함되지 않는다. 이는 ack 메시지의 크기를 줄여준다.

다이나믹 코드북은 하향링크 제어 신호에 오류가 없다면 문제가 되지 않는다. 그러나 하향링크

3) 이 문장에서 캐리어라는 용어를 사용하였지만 같은 원리가 per-CBG 재전송의 경우 또는 MIMO로 여러 전송 블록을 전송하는 경우에도 적용될 수 있다.

제어 시그널에 오류가 발생하면 단말과 기지국은 스케줄링된 캐리어 개수를 서로 다르게 인식할 수 있다. 이는 코드북 크기가 다르고 하향링크 제어 시그널을 잃어버린 캐리어 뿐만 아니라 모든 캐리어로부터의 피드백 보고를 오류로 만들어버릴 수 있다. 예를 들어 하나의 단말기로 두 개의 연속적인 슬롯에 하향링크 전송이 스케줄링 되었다고 가정해보자. 이때 단말이 첫 슬롯의 PDCCH를 잃어버렸다면 단말은 두 번째 슬롯에 대한 ack만을 전송할 것이다. 그러나 기지국은 두 슬롯에 대한 ack을 수신하려고 할 것이고 이때 서로 불일치가 발생한다.

이러한 오류 상황을 처리하기 위해 NR에서는 하향링크 할당 정보를 전송하는 DCI에 downlink assignment index (DAI)를 포함시키고 있다. DAI 필드는 다시 두 개의 파트로 나뉜다. 카운터 DAI (cDAI)와 캐리어 애그리게이션의 경우 total DAI (tDAI)가 이들 두 부분이다. cDAI는 DCI를 수신하는 시점까지 스케줄링된 하향링크 전송의 수를 나타내며 캐리어수-시간의 순으로 숫자가 증가한다. tDAI는 현재 시점까지 모든 캐리어로부터의 하향링크 전송의 총 개수를 나타낸다. 그러므로 현재 시점에서 cDAI의 최대값이 tDAI가 된다. 이에 대한 예가 그림 13.7에 그려져 있다. cDAI와 tDAI는 10진수 숫자로 표현된다. 대개 각각 두 비트가 사용되며 값은 wrap around되고 시그널링되는 값은 4의 모듈로 (Modulo) 값이다. 이 예에서 볼 수 있듯이 다이나믹 코드북에서는 17개의 ack (인덱스로는 0-16)을 전송해야 한다. 이는 준정적 코드북에서는 전송 개수에 상관없이 28개의 엔트리가 필요했던 것과 비교된다.

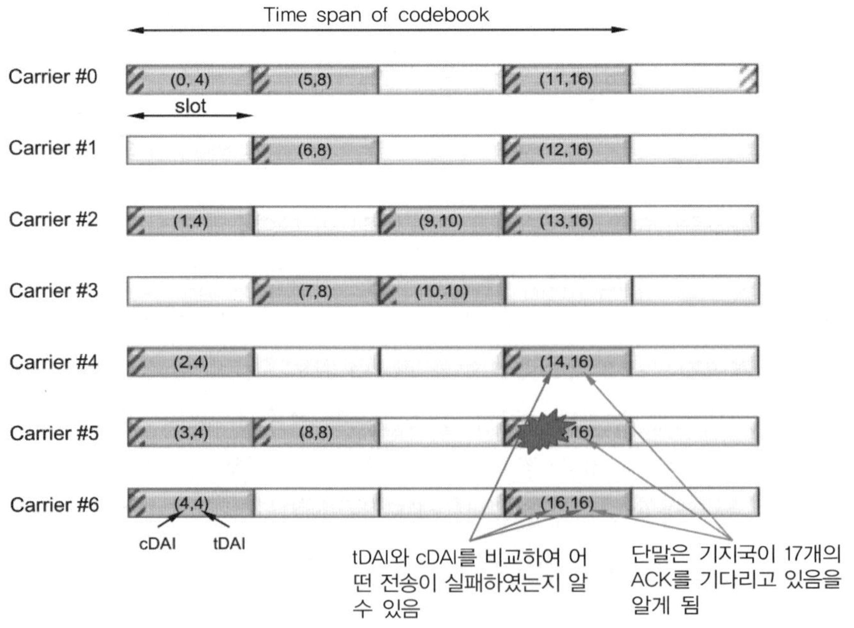

그림 13.7
다이나믹 hybrid-ARQ ack 코드북의 예

그림 13.7의 예에서 컴포넌트 캐리어 5에서 하향링크 전송 하나에 오류가 생겼다. DAI가 없었으면 이는 단말과 기지국간 코드북 해석의 오류가 발생했을 것이다. 그러나 단말기가 적어도 하나 이상의 컴포넌트 캐리어로부터 하향링크를 수신하면 tDAI를 알게 되고 그러므로 현재까지의 코드북 크기를 알 수 있게 된다. cDAI 값을 확인하면 단말기는 어느 컴포넌트 캐리어에 오류가 났는지를 알게 되고 코드북의 이 위치엔 negative ack을 전송한다.

캐리어 중에 어떤 캐리어에는 CBG 재전송이 설정되어 있고 나머지는 CBG 재전송이 설정되지 않을 수 있다. 이 경우 다이나믹 코드북은 하나는 non-CBG를 전송하는 것, 다른 하나는 CBG 캐리어를 위한 것으로 두 개의 파트로 나뉜다. 각 코드북은 위에서 설명한 것과 같은 원리로 처리된다. 코드북을 분리하는 이유는 단말이 CBG를 지원하는 각각의 캐리어를 위해서 가장 큰 CBG 설정에 맞춰 피드백을 생성해야 하기 때문이다.

13.2 RLC

Radio Link Control (RLC) 프로토콜은 PDCP로부터 RLC SDU의 형태로 데이터를 받아 MAC과 물리 계층의 기능을 이용하여 수신단의 RLC에게 전달하는 역할을 한다. RLC와 MAC의 관계는 여러 논리 채널을 멀티플렉싱하여 하나의 트랜스프트 채널을 만드는 과정을 포함하며 그림 13.8에 설명되어 있다.

논리 채널마다 하나의 RLC 엔터티가 있으며 RLC는 다음의 기능을 수행한다.

- RLC SDU를 세그먼트로 나눔
- 중복 제거
- RLC 재전송

LTE와는 달리 NR RLC 프로토콜에서는 접합 (Concatenation)과 순차 배달 (In-Sequence Delivery)은 지원하지 않는다. 그 이유는 전체적인 지연을 줄이기 위해서이며 많은 논의를 거쳐 결정된 것이다. 이런 결정은 헤더를 정의하는 데도 영향을 줬다. 논리 채널 당 하나의 RLC 엔터티가 있고 셀 (또는 컴포넌트 캐리어) 당 하나의 hybrid-ARQ 엔터티가 있다는 것에 유의하기 바란다. 이는 RLC 재전송이 원래 전송이 이루어졌던 것과 다른 셀 (또는 컴포넌트 캐리어)로 이루어질 수 있다는 것을 의미한다. 이는 재전송이 애초의 전송과 같은 컴포넌트 캐리어를 통해서 이루어져야 한다는 hybrid-ARQ 프로토콜과는 다른 것이다.

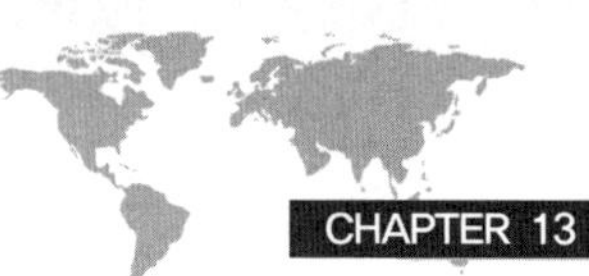

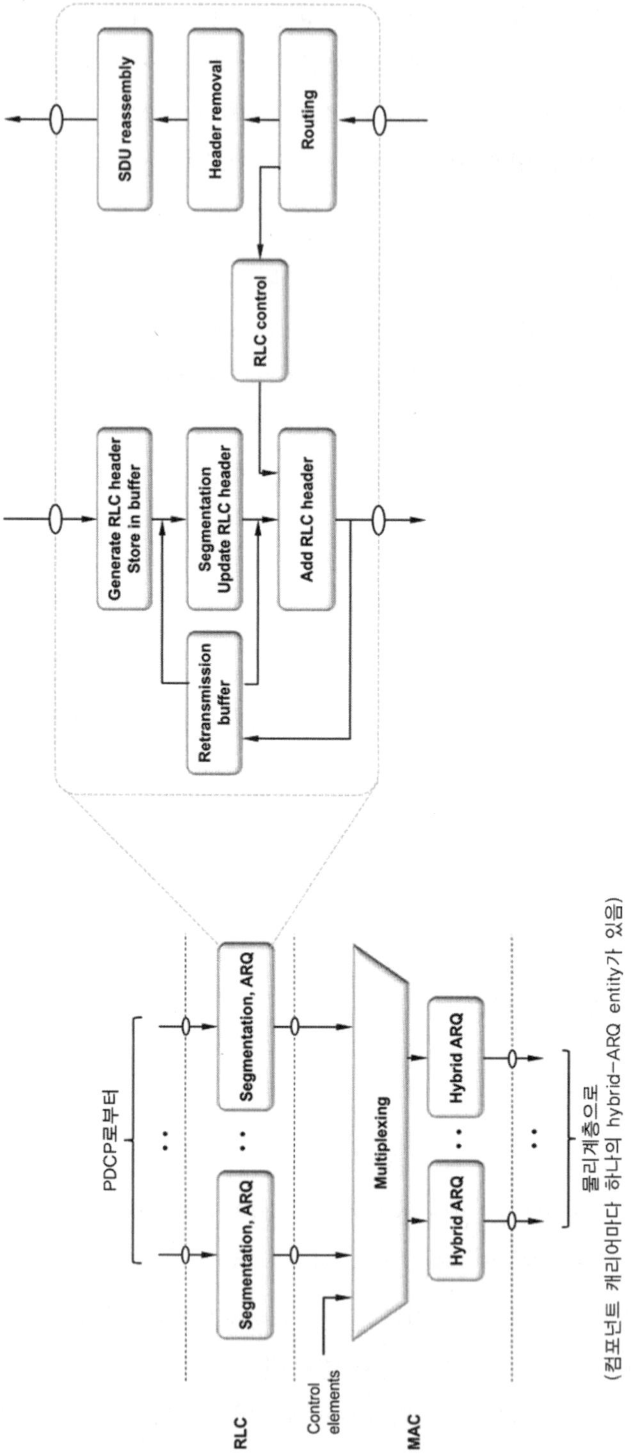

그림 13.8
MAC과 RLC

RLC를 통해 이루어지는 서비스마다 다른 요구 사항을 가지고 있다. 예를 들어 대용량 파일을 전송하는 것과 같은 서비스에서는 오류 없이 데이터를 전송하는 것이 중요하지만, 스트리밍 같은 서비스에서는 약간의 패킷 손실은 문제가 되지 않는다. 그러므로 RLC는 응용되는 용도에 따라 다음 세 가지 모드로 동작할 수 있다.

- ❑ **transparent mode (TM)** : 이 모드에서 RLC는 완전히 투명하여 실제적으로 바이패스(Bypass)된다. 재전송이나 중복 탐지 또는 세그먼트로 나누거나 조합하는 기능이 없다. TM 모드는 정보가 다수의 사용자에게 전달되어야 하는 BCCH, CCCH, PCCH와 같은 제어용 방송 채널에 사용된다. 메시지의 크기는 많은 수의 단말에게 높은 수신 성능으로 전달되도록 선택되므로 변동하는 채널 상황에 대처하기 위한 세그멘테이션이나 무오류 데이터 전송을 제공하기 위한 재전송 기능이 필요하지 않다. 게다가 단말에게 상태 보고를 위한 상향링크 피드백이 설정되지 않으므로 이러한 채널들에 대해 재전송을 할 수도 없다.
- ❑ **unacknowledge mode (UM)** : 세그멘테이션을 지원하지만, 재전송 기능은 없다. UM은 voice-over-IP같이 무오류 전송이 필요한 서비스에 사용된다.
- ❑ **acknowledge mode (AM)** : DL-SCH와 UL-SCH에 사용되는 주요 모드로서 세그멘테이션, 중복 제거, 오류 데이터의 재전송 등 모든 기능이 지원된다.

다음 절에서는 AM에 초점을 맞춰 RLC 프로토콜의 동작을 설명할 것이다.

13.2.1 시퀀스 번호 매기기와 세그멘테이션

UM과 AM에서는 입력되는 SDU마다 시퀀스 번호를 붙인다. 시퀀스 번호에 사용되는 비트 수는 UM에서는 6 또는 12비트를 사용하고, AM에서는 12 또는 18bit를 사용한다. 시퀀스 번호는 그림 13.9에 나타낸 것처럼 RLC PDU 헤더에 포함되어 있다. 세그먼트되지 않은 SDU의 경우 RLC PDU는 단순히 RLC SDU에 헤더가 붙는 형태가 된다. 전송 블록 크기보다 큰 페이로드는 전송 블록 크기에 맞춰 세그멘테이션을 해야 한다. 세그먼트가 되지 않으면 헤더는 스케줄링된 전송 블록 크기와 무관하므로 미리 RLC PDU를 생성할 수 있다는 것에 주목하라. 이는 지연 측면에서 이점이 있고 LTE에서와 다른 헤더 구조를 갖게 된 이유이기도 하다.

그러나 MAC 멀티플렉싱 이후의 전송 블록 크기에 따라, 전송 블록 내의 (마지막) RLC PDU의 크기는 RLC SDU 크기와 맞지 않을 수 있다. 이런 경우를 처리하기 위해 SDU는 여러 개의 세그먼트로 나뉠 수 있다. 세그멘테이션이 일어나지 않을 때는, 세그멘테이션 대신에 패딩이 필요할 수도 있다. 그렇게 하면 스펙트럼 효율을 떨어뜨리게 된다. 그러므로 전송 블록을 채우는 RLC PDU의 개수를 동적으로 조절하고 마지막 RLC PDU를 크기에 맞게 세그멘테이션 함으로써 전송 블록을 효율적으로 활용한다.

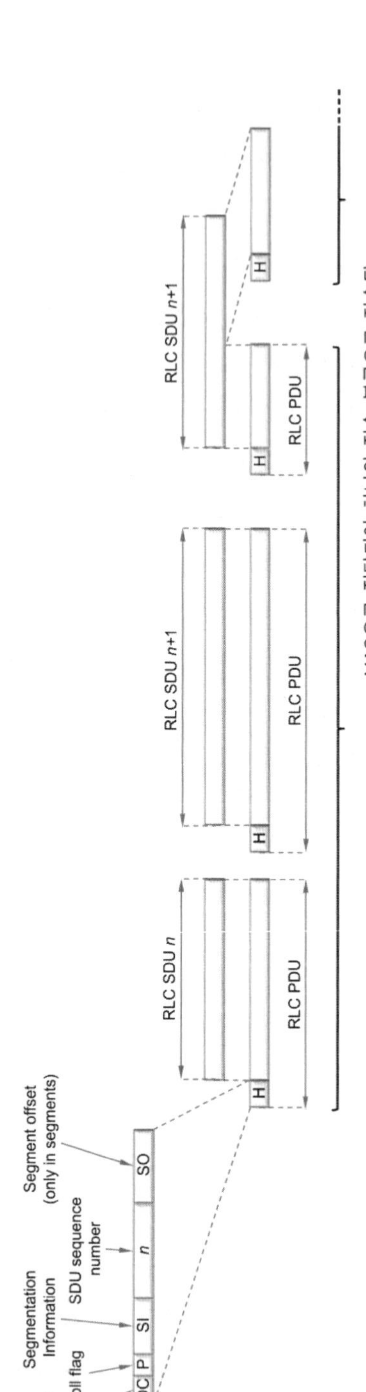

그림 13.9
RLC SDU로부터 RLC PDU를 생성하는 방법 (헤더의 구조는 AM을 가정하였음)

세그멘테이션은 간단하다. 마지막으로 처리되는 RLC SDU가 두 개의 세그먼트로 나뉠 수 있다. 첫 세그먼트의 헤더가 업데이트되고 두 번째 세그먼트에는 새로운 헤더가 붙는다. 두 번째 세그먼트에 헤더를 붙이는 일은 이번 전송 블록에 전송하는 것이 아니므로 시간이 중요하지 않다. 두 개의 SDU 세그먼트는 처음에 세그먼트되기 전의 시퀀스 번호와 같은 번호로 매겨진다. 시퀀스 번호는 RLC 헤더의 일부이다. PDU가 세그먼트되지 않은 완전한 SDU인지 또는 세그먼트된 것을 포함하는 것인지를 구분하기 위해 RLC 헤더의 일부로서 segmentation info (SI) 필드가 사용된다. SI 필드는 PDU에 포함된 SDU가 통째의 SDU인지, 세그먼트된 SDU의 첫 번째 것인지, 세그먼트된 SDU의 마지막 것인지, 또는 세그먼트의 처음과 마지막 사이의 것인지에 대한 정보를 알려준다. 세그먼트된 SDU의 경우 첫 세그먼트를 제외하고 모든 세그먼트된 SDU에 16비트의 segmentation offset (SO) 필드가 포함된다. 이로써 원래의 SDU에서 어느 부분에 해당하는 것인지를 알 수 있다. 헤더에는 또한 poll bit (P)가 있어 UM에서 상태 보고를 요청하는 데 사용된다. data/control indicator 필드는 RLC PDU가 논리 채널의 데이터를 포함하고 있는지 또는 RLC 동작을 위한 제어 정보를 포함하고 있는지를 알려준다.

위에서 언급한 헤더의 구조는 AM에서 유효하다. UM의 헤더도 비슷하지만, poll bit나 data/control indicator는 포함되지 않는다. 또한, 시퀀스 번호는 세그먼트된 경우에만 포함된다.

LTE에서는 RLC SDU를 하나의 PDU로 조합 (Concatenation)하는 기능이 있었다. 그러나 이 기능은 지연을 줄이기 위해 NR에서는 없어졌다. 조합을 지원하기 위해서는, RLC PDU는 상향링크 그랜트를 수신하기 전까지는 RLC PDU를 조립 (Assemble)할 수 없다. 왜냐하면, 스케줄링된 전송 블록 크기를 상향링크 그랜트 받기 전까지는 알 수 없기 때문이다. 그러므로 단말기에게 충분한 조합 시간을 주기 위해서는 훨씬 전에 상향링크 그랜트를 수신하여야 한다. 이러한 조합 기능을 없앰으로써 상향링크 그랜트를 수신하기 전에 RLC PDU를 조립할 수 있고, 그럼으로써 상향링크 그랜트를 수신하고 실제 상향링크 전송을 하는 사이의 프로세싱 시간을 줄일 수 있다.

13.2.2 AM과 RLC 재전송

AM에서 잃어버린 PDU를 재전송하는 것은 RLC의 중요 기능 중의 하나이다. 대부분 오류는 hybrid-ARQ에서 대처가 되지만 이 장의 처음 부분에서 언급하였듯이 RLC 레벨에서 두 번째 단계의 재전송 기능을 가짐으로써 오류 복구의 보조도구로서 혜택이 있다. RLC 레벨에서는 수신된 PDU의 시퀀스 번호를 확인하여 잃어버린 PDU를 탐지해낼 수 있고, 송신 측에 재전송을 요청한다.

NR에서의 RLC AM은 LTE와 거의 같으나 한 가지 예외가 있다. NR에서는 순차 배달을 위한 순서정렬 기능은 제공되지 않는다. 순차 배달 기능을 RLC에서 제거함으로써 전체적인 지연이 줄어들게 된다. 그 이유는 이전에 잃어버린 패킷이 있다 하더라도 재전송을 기다리지 않고 늦게 들어온 패킷을 곧바로 상위 계층에 전달할 수 있기 때문이다. 이는 또한 버퍼링 부담을 줄여주고 RLC 버퍼링을 위한 메모리 사용도 줄일 수 있게 한다. LTE에서는 RLC 프로토콜에서 순차 배달을 지원하므로 이전의 모든 SDU를 제대로 수신하기 전까지는 RLC SDU를 상위 계층에 전달할 수 없었다. 예를 들어 순간적인 간섭의 영향으로 하나의 SDU를 잃어버렸을 때 이로 인해 상당한 시간 동안 SDU를 상위에 전달할 수 없게 된다. 배달이 멈춰진 SDU가 어플리케이션에 유용한 경우에도 이런 일이 발생할 수 있어 저 지연을 목표로 하는 시스템에서는 바람직하지 않은 것이었다.

AM에서 RLC 엔터티는 양방향이다. 즉, 서로 상대방의 RLC 단에 양방향으로 동시에 데이터가 전송된다. 이는 PDU를 수신하면 PDU를 송신한 RLC 엔터티에게 ack을 전송해야 하기 때문이다. 잃어버린 PDU에 대한 정보는 수신단에서 상태 보고 (Status Report)의 형태로 송신단에게 제공된다. 상태 보고는 수신단에서 자체적으로 전송될 수도 있고 송신단에서 요청할 수도 있다. PDU 전송을 추적하기 위해 헤더의 시퀀스 번호가 사용된다.

AM에서 송수신 RLC 엔터티는 송신 윈도우와 수신 윈도우, 두 개의 윈도우를 운영한다. 송신 윈도우 내의 PDU들만 전송이 가능하다. 윈도우의 시작점보다 작은 시퀀스 번호 PDU는 이미 수신 RLC로부터 ack을 받은 것이다. 마찬가지로 수신 측은 수신 윈도우 안에 있는 시퀀스 번호의 PDU만 받아들인다. 수신기는 하나의 SDU만 상위 계층에 전달되며 중복된 PDU는 폐기한다.

RLC 재전송은 그림 13.10에 잘 예시되었다. 그림에 송신단과 수신단의 두 RLC 엔터티가 그려져 있다. AM으로 동작할 때 각 RLC 엔터티는 송신과 수신 기능을 모두 하지만 그림에서는 한쪽 방향만을 예시하였다. 반대 방향도 동일하게 이루어진다. 그림의 예에서 n부터 $n+4$까지 번호가 매겨져 있는 PDU들이 송신 버퍼에서 전송을 기다리고 있다. t_0 시간에 n번째 PDU까지 전송되어 오류 없이 수신되었다. 그러나 송신단은 $n-1$번째 PDU까지만 ack을 전송받았다. 그림에서 볼 수 있듯이 송신 윈도우는 n에서 시작한다. n은 아직 ack을 받지 못한 첫 번째 PDU이다. 반면 수신 윈도우는 $n+1$부터 시작한다. $n+1$은 수신을 기다리는 다음 PDU이다. PDU n을 수신하면 SDU는 재조립되고 상위 계층인 PDCP에 전달된다. 통째의 SDU로 이루어진 PDU는 재조립 (Reassembly)은 헤더를 제거하기만 하면 되므로 간단하다. 그러나 세그먼트 된 SDU의 경우 모든 세그먼트에 해당하는 PDU를 모두 수신하기 전까지는 SDU를 상위에 전달할 수 없다.

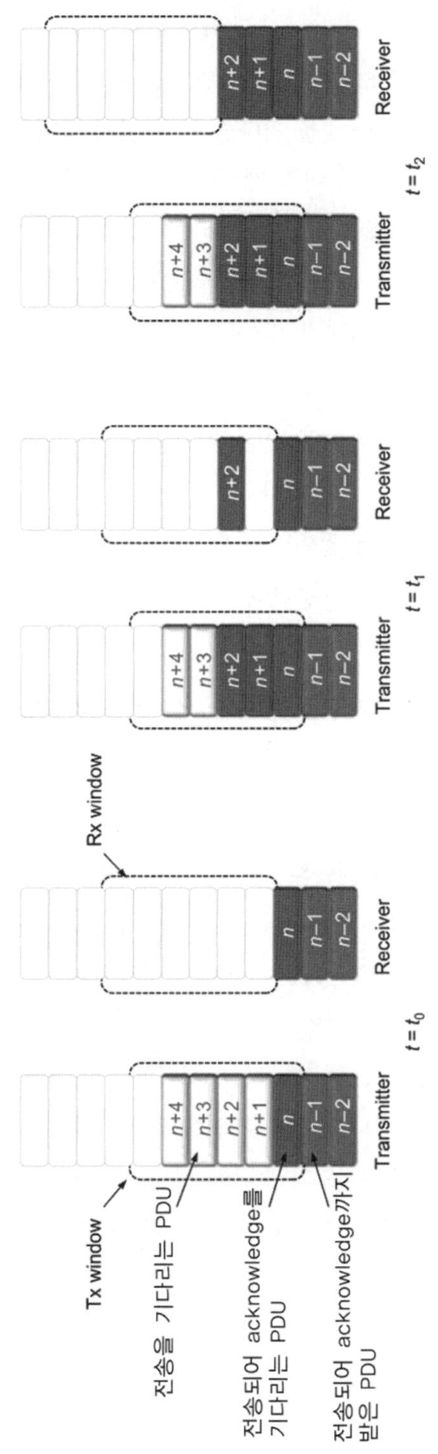

그림 13.10
AM에서 SDU 전달

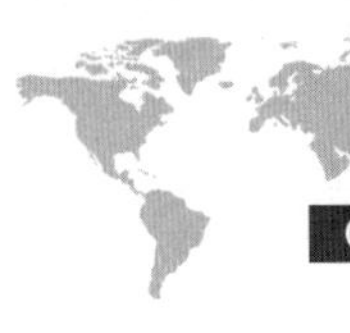

PDU 전송이 계속되어 t_1 순간에 PDU $n+1$과 $n+2$가 전송되었다. 그러나 수신단에서 $n+2$만을 수신하였다. 하나의 완벽한 SDU를 수신하면 곧바로 상위 계층에 전달해야 한다. 그러므로 PDU $n+2$는 잃어버린 PDU $n+1$을 기다릴 필요 없이 상위 계층에 전달된다. PDU $n+1$을 잃어버린 이유는 hybrid-ARQ에서 아직 재전송 중일 수 있다. 그래서 hybrid-ARQ에서 RLC로 아직 전달되지 않은 것이다. PDU n과 그보다 큰 번호의 PDU에 대해 ack을 받지 못했으므로 송신 윈도우는 변하지 않은 채 그대로이다. 보낸 PDU들이 제대로 수신되었는지 아닌지를 아직 모르므로 PDU 재전송은 일어나지 않는다.

PDU $n+2$를 수신했을 때 PDU $n+1$을 받지 못했으므로 수신 윈도우는 업데이트되지 않는다. 대신 수신기는 t-Reassembly라는 타이머를 시작한다. 만약 PDU $n+1$이 타이머가 종료될 때까지 도착하지 않으면 재전송을 요청한다. 다행스럽게도 그림의 예에선 타이머가 종료되기 전 t_2의 순간에 hybrid-ARQ로부터 잃어버린 PDU가 도착하였다. 잃어버린 PDU가 도착하면 수신 윈도우가 전진하고 t-Reassembly를 멈춘다. PDU $n+1$은 SDU $n+1$ 조립 프로세싱에 전달된다.

중복 탐색 또한 RLC의 역할이다. 시퀀스 번호가 재전송을 처리할 때 사용되었듯이 중복 체크에도 시퀀스 번호가 이용된다. 만약 수신 윈도우 내에 있는 PDU $n+2$를 이미 수신했는데도 한 번 더 도착하면 새로 받은 PDU $n+2$는 폐기된다.

그림 13.11에 그려진 대로 전송이 계속되어 PDU $n+3$, $n+4$, $n+5$가 전송된다. t_3의 순간에 $n+5$까지 PDU가 전송되었다. 수신단에서는 PDU $n+5$만 도착하고 $n+3$과 $n+4$는 오지 않았다. 위의 경우와 마찬가지로 t-Reassembly가 시작한다. 그러나 이번에는 타이머가 종료되기 전까지 어떤 PDU도 도착하지 않았다. t_4의 순간에 타이머가 종료되어 이때 수신측은 잃어버린 PDU를 알려주는 상태 보고를 포함하는 제어 PDU를 상대편 RLC 엔터티에게 보낸다. 상태 보고가 불필요하게 늦어지거나 재전송 지연을 악화시키는 것을 방지하기 위해 제어 PDU는 데이터 PDU보다 우선권이 높다. t_5의 순간에 상태 보고를 수신한 송신 측은 $n+2$까지 제대로 수신했다는 것을 알고 송신 윈도우를 전진시킨다. 잃어버린 PDU $n+3$과 $n+4$가 재전송되어 이번에는 제대로 수신되었다.

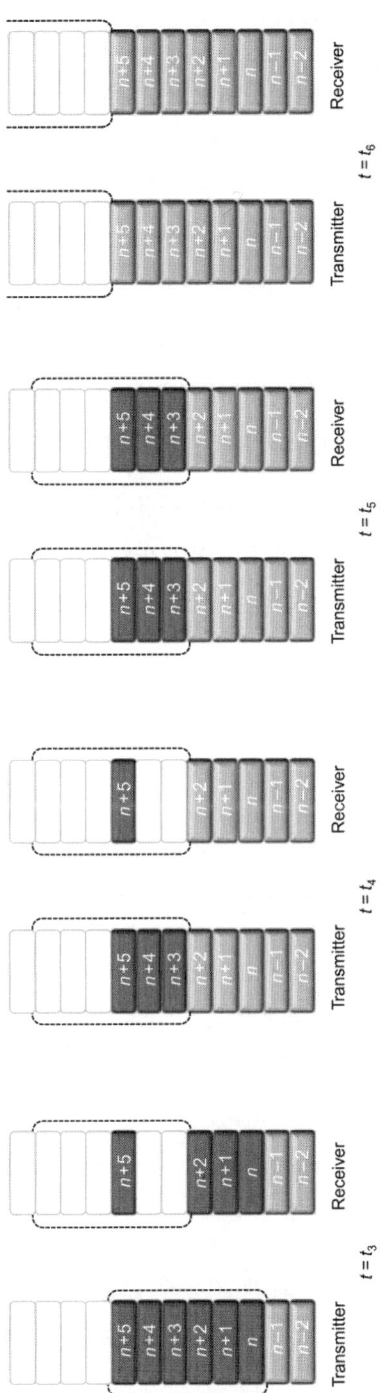

그림 13.11
잃어버린 PDU의 재전송

마지막으로 t_6의 순간에 재전송을 포함한 모든 PDU들이 제대로 전송되고 수신되었다. PDU $n+5$가 전송 버퍼에 있던 마지막 PDU이기 때문에 송신단은 수신단에게 마지막 RLC 데이터 PDU의 헤더에 플래그 (Flag)를 세팅하여 상태 보고를 요청한다. 플래그가 세팅된 PDU를 받으면 수신단은 $n+5$까지 PDU를 제대로 수신하였다는 정보를 포함하여 요청받은 상태 보고에 응답을 전송하다. 송신단에서는 상태 보고를 받고 모든 PDU들이 제대로 수신되었다는 것을 알고 송신 윈도우를 전진시킨다.

상태 보고는 앞에서 언급했듯이 여러 가지 이유로 전송될 수 있다. 그러나 상태 보고의 양을 조절하고 과대한 상태 보고로 과부하되는 것을 방지하기 위해 status prohibit 타이머를 사용할 수 있다. 이 타이머가 설정되면 타이머의 주기에 한 번을 초과해서 상태 보고를 보낼 수가 없다.

위의 예에서 각 PDU는 세그먼트되지 않았음을 가정하였다. 세그먼트된 SDU도 같은 방식으로 처리된다. 하지만 모든 세그먼트를 수신하기 전까지 SDU를 PDCP 프로토콜에 전달할 수 없다. 상태 보고와 재전송은 개별 세그먼트에 동작한다. 즉, 잃어버린 세그먼트의 PDU만 재전송하면 된다.

재전송의 경우, 모든 RLC PDU가 전송 블록 사이즈에 맞지 않을 수 있다. 이럴 경우엔 재세그멘테이션 (Resegmentation)이 되며 원리는 초기의 세그멘테이션과 같다.

13.3 PDCP

Packet Data Convergence Protocol (PDCP)는 다음의 역할을 수행한다.

- ❑ 헤더 압축
- ❑ 암호화와 무결성 보호
- ❑ 나뉘어진 베어러에 대한 라우팅과 반복
- ❑ 재전송, 재정렬과 SDU 폐기

헤더 압축은 수신측에서의 헤더 압축 해제 기능과 더불어 무선 구간을 통해 전송되는 비트의 수를 줄이기 위해 사용된다. voice-over-IP나 TCP ack과 같이 적은 페이로드를 가지는 경우에 압축되지 않은 IP 헤더는 페이로드만큼이나 큰 사이즈를 갖는다. 헤더 크기는 IP 버전 4에서는 40바이트, IPv6에서는 60바이트로 전송되는 총 비트의 약 60%에 달한다. 이러한 헤더를 두세 바이트로 압축하면 스펙트럼 효율을 상당히 높일 수 있다. NR에서의 헤더 압축은 LTE나 그 밖의 여러 이동통신 기술에서 표준화된 헤더 압축 기술인 Robust Header Compression (ROHC)[36]에 바탕을 두고 있다. 많은 압축 알고리즘들이 제안되었고 TCP/IP나 RTP/UDP/IP와 같이 특정한 네트워크 계층과 전송 계층에 적용된다. 헤더 압축은 IP 패킷을 압축하기 위해서 개발된 것이므로 데이터 파트에만 적용되고 Service Data Adaptation Protocol (SDAP) 헤더에는 적용되지 않는다.

무결성 보호는 데이터가 올바른 소스로부터 생성되었다는 것을 보장하고, 암호화는 도청을 방지한다. PDCP는 이러한 기능이 설정되었을 때 정상적으로 동작하도록 하게 한다. 무결성 보호와 암호화는 데이터와 제어 신호 모두의 페이로드에 적용되고 PDCP 제어 PDU나 SDAP 헤더에는 적용되지 않는다.

이중 연결 (Dual Connectivity)과 베어러 분리 (Split Bearer)에 대해서, PDCP는 라우팅, 복제 (Duplication) 기능을 제공한다 (이중 연결의 심도 있는 설명은 6장을 참고하기 바란다). 이중 연결이 켜지면 무선 베어러의 일부는 마스터 셀 그룹에서 처리되고 다른 베어러는 세컨더리 (Secondary) 셀 그룹에서 처리된다. 두 셀 그룹에 베어러를 분리할 수도 있다. PDCP의 라우팅 기능은 서로 다른 베어러의 데이터를 알맞은 셀 그룹으로 보내는 역할을 수행한다. 또한, gNB가 분리된 경우에 중앙 장치 (gNB Central Unit, gNB-CU)와 분배장치 (gNB Distributed Unit, gNB-DU) 간에 흐름 제어 (Flow Control) 기능을 수행한다.

복제 기능은 두 개의 개별적인 논리 채널로 같은 데이터를 전송하는 것이다. 이때 두 개의 논리 채널은 서로 다른 캐리어로 매핑되어 있다. 이는 캐리어 애그리게이션이나 이중 연결과 함께 동작하여 추가적인 다이버시티를 제공한다. 같은 데이터를 보내는 데 여러 캐리어가 사용되면 데이터를 올바르게 수신할 가능성이 커진다. 같은 SDU에 대해 여러 복사본을 받으면 수신 측의 PDCP는 중복된 것을 버린다. 이로써 매우 높은 신뢰도를 갖는 수신 다이버시티를 실현할 수 있다. 하향링크의 경우 송신기 측 복제는 (제조사의) 구현에 달려 있지만 상향링크의 경우 사양에서 명시적인 지원이 필요하다. 릴리스 15에서는 최대 2개의 사본 복제를 구성할 수 있으며 릴리스 16에서는 그 숫자가 4개로 증가한다 (20장 참조).

재전송 기능은 순차 전달을 위한 재정렬 기능을 포함하기도 하며, 이 또한 PDCP 기능의 일부이다. RLC ARQ와 MAC hybrid-ARQ등 하위 계층에서 재전송 기능이 있는데도 왜 PDCP에서 재전송 기능이 필요한지에 대한 질문이 있을 것이다. 한 가지 이유는 gNB 간 핸드오버 때문이다. 핸드오버 시에 전달되지 않은 데이터 패킷은 이전 gNB의 PDCP로부터 새로운 gNB로 전달된다. 이러한 경우에 새로운 gNB에 새로운 RLC 엔터티 (그리고 hybrid-ARQ 엔터티)가 생성되

고 그전의 RLC 상태는 없어진다. PDCP의 재전송은 핸드오버로 잃어버리는 패킷이 없도록 보장한다. 상향링크에서 단말기의 PDCP 엔터티는 gNB에 전달되지 않은 상향링크 패킷의 재전송 기능을 처리한다. 이때 hybrid-ARQ 버퍼는 핸드오버에 의해 이미 초기화된 이후이다.

RLC에서는 지연을 줄이기 위해 순차 배달 기능은 제공되지 않는다. 많은 경우에 패킷을 빠르게 배달하는 것이 순차 배달을 보장하는 것보다 중요하다. 그러나 순차 배달이 중요한 경우엔 PDCP에서 이 기능을 수행할 수 있다.

재전송과 순차 배달은 동일한 프로토콜 내에서 함께 처리되며, 세그멘테이션이 지원되지 않는 것만 제외하고 RLC ARQ와 비슷하게 동작한다. 각 SDU마다 count value라 불리는 숫자가 연동되어 있다. count value는 PDCP 시퀀스 번호와 hyper-frame 번호의 조합으로 이루어져 있다. 이 count value는 잃어버린 SDU를 찾아내고 재전송을 요청하고, 수신된 SDU를 상위 계층에 전달하기 전에 재정렬하는 데 이용된다. 재정렬 기능에 의해 수신된 SDU를 버퍼에 저장하고 이보다 작은 번호의 SDU를 모두 전달하기 전까지 상위 계층에 전달하지 않는다. 그림 13.10을 참고하면 이는 SDU $n+1$이 성공적으로 수신되기 전까지 $n+2$를 전달하지 않는 것과 비슷하다. 각 PDCP SDU에 폐기 타이머를 설정하여 타이머가 종료되면 해당 SDU를 버리고 전송하지 않을 수도 있다.

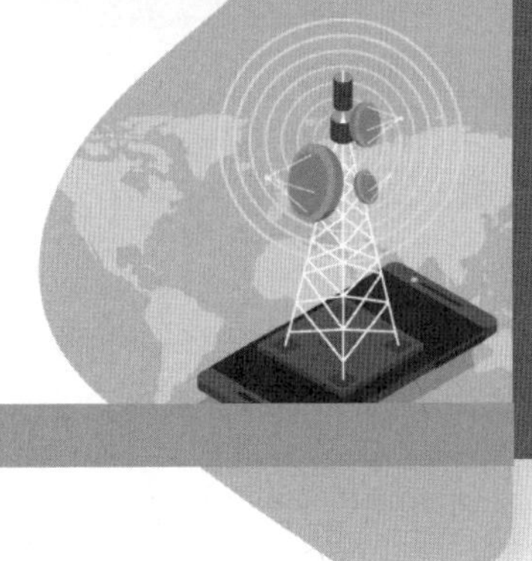

14 스케줄링

CHAPTER

NR은 기본적으로 스케줄링되는 시스템이다. 무슨 말인가 하면 스케줄러가 거의 모든 것을 관리한다는 것이다. 스케줄러가 언제 어떤 단말에게 어떤 시간, 주파수, 공간 자원을 할당할 것인지 어떤 전송 파라미터를 사용하고 데이터 속도는 어떻게 할 것인지를 결정한다. 스케줄링은 다이나믹할 수도 있고 준정적 (Semistatic)일 수도 있다. 다이나믹 스케줄링에서는 스케줄러가 매 주기에 - 주로 슬롯 단위로 - 어떤 단말에게 전송하고 수신받을지를 결정한다. 스케줄러의 결정이 매우 빠르게 되므로 무선 채널 품질의 변화에 맞춰 적절히 자원을 효율적으로 이용함으로써 빠르게 트래픽의 요구 사항을 맞춰 나간다. 준정적 스케줄링이라 함은 전송 파라미터가 다이나믹하게 변하지 않고 단말에게 미리 전달된다는 뜻이다.

이번 절에서는 다이나믹 하향링크 상향링크 스케줄링을 설명할 것이다. 이어서 대역폭 적응, non-dynamic 스케줄링, 단말의 전력 소모를 줄이기 위한 단속적인 (Discontinuous) 수신에 관해 설명할 것이다.

14.1 다이나믹 하향링크 스케줄링

작은 규모 (Small-Scale) 또는 큰 규모 (Large-Scale)의 무선환경 변화로 인한 수신 신호의 품질이 출렁이는 현상은 무선 통신 시스템에서는 피할 수 없다. 무선 통신에서 이러한 변동은 언제나 문제가 되어 왔고 채널 의존적 스케줄링 (Channel Dependent Scheduling)은 무선 채널 환경이 좋을 때 개개의 단말에 전송을 함으로써 이러한 채널 변화를 극복한다. 셀 내에 충분히 많은 수의 단말이 존재한다면 한순간에 적어도 몇 개의 단말에게는 좋은 채널 환경이 있을 수 있으며 이를 이용해 높은 데이터 속도의 서비스가 가능하다. 매 순간 무선 환경이 좋은 사용자에게 전송함으로써 얻는 이득은 보통 다중 사용자 다이버시티로 알려져 있다. 채널의 변동이 크고 셀 내에 사용자가 많을수록 다중 사용자 다이버시티 이득은 커진다. 채널 의존적 스케줄링은 3G의 후반에 HSPA[19]에 적용되어 등장했었고, 그 이후 LTE와 NR에서도 이용되고 있다.

시간과 공간 영역의 변동에 대처하려는 스케줄링에 관해 많은 자료가 있다. 참고 문헌 [26]과 그 안에 들어 있는 참고 문헌들을 참고하기 바란다. 최근에는 MU (Multi-User)-MIMO[53]에 관해 지대한 관심이 쏟아지고 있다. 이 기술은 많은 수의 안테나 소자를 이용하여 좁은 빔을 형성하는 것으로 다르게 말하면 다른 사용자를 공간 영역에서 고립시키는 것이라고 볼 수 있다. 어떤 조건에서는 많은 수의 안테나를 사용하는 것은 채널 고정화 (Channel Hardening)라고 부르는 효과를 낼 수 있다. 이렇게 하면 무선 채널의 빠른 변화는 사라지고 시간-주파수 상에 존재하는 스케줄러의 문제점을 단순화하게 된다. 대신 그에 대한 비용은 공간 영역을 다루는 것이 복잡해진다는 것이다.

NR에서 하향링크 스케줄러는 전송할 단말을 다이나믹하게 제어하는 동작을 수행한다. 스케줄링된 각 단말에게 스케줄링 할당을 전송하여 단말에게 전송하는 DL-SCH의 시간-주파수 자원, 변조와 코딩 방법 등을 알려준다.[1] 대부분의 경우에 스케줄링 할당은 PDSCH 데이터 전에 전송된다. 스케줄링 할당 내의 타이밍 정보가 가리키는 PDSCH 타이밍은 슬롯의 후반부 OFDM 심볼 또는 그 이후 슬롯을 나타낼 수도 있다. 이러한 예가 대역폭 적응의 경우이다. BWP를 변경하는 것은 시간이 걸리는 일이므로 제어 시그널을 수신한 동일 슬롯 내에 데이터 전송이 일어나지 않을 수도 있다.

NR은 스케줄러의 동작을 표준으로 정해놓지 않는다는 것에 유의하라. 단지 지원되는 기능만을 정의하고 이러한 기능들을 이용하여 제조사가 자유롭게 스케줄러를 구현할 수 있다. 스케줄러가 필요로 하는 정보는 스케줄러의 구현에 따라 다르지만, 대부분의 스케줄러는 다음과 같은 정보가 있어야 한다.

- ❑ 공간 영역의 특성을 포함한 단말의 채널 상황
- ❑ 서로 다른 데이터 흐름 (Flow) 각각의 버퍼 상태
- ❑ 기다리고 있는 재전송을 포함하여 서로 다른 데이터 흐름의 우선권

위에서 나열한 것 이외에 이웃 셀의 간섭을 알고 있으면 간섭 협응 (Coordination)을 구현할 수 있어 유용한 정보가 된다.

단말기에서의 채널 상태 정보는 여러 가지 방법으로 얻을 수 있다. 기본적으로 gNB는 어떤 정보든 활용할 수 있지만, 보통은 8.1절에서 다뤘던 CSI 보고를 단말로부터 받는다. 시간, 주파수, 공간 영역에서의 채널 품질 정보를 얻을 수 있도록 다양하게 CSI 보고를 설정할 수 있다. MU-MIMO를 사용하는 환경에서는 동일한 시간-주파수 자원을 이용하여 두 단말에게 동시에

---

1) 캐리어 애그리게이션 (Carrier Aggregation)의 경우에는 컴포넌트 캐리어마다 DL-SCH (또는 UL-SCH)가 존재한다.

스케줄링하므로 후보 단말 간의 채널 상관성 또한 주요 관심사가 될 것이다. 채널의 양방향 상호일치성 (Reciprocity)이 성립한다면 상향링크 SRS를 이용하여 하향링크 채널의 품질을 측정할 수 있다. 또한, 서로 다른 빔 후보에 대한 신호 세기도 유용한 품질 정보가 된다.

버퍼의 상태나 트래픽의 우선권은 하향링크에서는 스케줄러와 송신 버퍼가 같은 노드에 있으므로 쉽게 알 수 있다. 서로 다른 트래픽 흐름의 우선권 제어는 전적으로 구현에 맡겨지지만, 재전송은 적어도 같은 레벨의 우선권을 가진 새로운 데이터보다 우선권이 높다. NR은 이전의 기술인 LTE보다 훨씬 다양한 트래픽 타입과 응용을 제공하도록 설계되어 있으므로 스케줄러에서의 우선권 제어는 이전보다 상당히 중요하다. 어떤 데이터 흐름을 선택할지와 더불어 전송하는 기간을 선택하는 것 또한 중요하다. 예를 들어 지연에 민감한 서비스에서는 논리 채널 데이터를 슬롯의 일부 시간만을 활용해서 전송하는 것이 좋다. 반면 다른 서비스의 논리 채널 데이터는 예전 방식대로 전체 슬롯으로 데이터를 전송하는 것이 유리하다. 자원이 부족한 상황에서 적은 횟수의 전송으로 이루어진 긴급한 메시지 전송은 지연을 줄이고자 전체 슬롯으로 전송이 진행 중인 데이터 안의 내용을 긴급 메시지를 바꿔 전송할 (Preempt) 필요가 있기도 하다. 이럴 때 기존에 진행 중이던 데이터 전송은 실패하고 재전송을 요청하게 될 것이다. 그러나 이는 높은 우선권을 지닌 저지연 전송을 위해서는 어쩔 수 없다. 14.1.1에 이런 상황의 문제를 완화할 수 있는 몇 가지 방법이 소개되어 있다.

셀마다 서로 다른 스케줄러가 서로 협조하여 전체적인 성능을 높일 수도 있다. 예를 들어 한 셀에서 특정 주파수 대역에 전송하지 않음으로써 다른 셀에 간섭을 줄이는 것이다. (다이나믹) TDD 시스템의 경우 셀들끼리 상향링크 또는 하향링크의 TDD 방향을 서로 간섭을 줄이도록 설정할 수도 있다. 이러한 공조는 환경에 따라 다른 시간 간격으로 일어날 수 있다. 보통 스케줄링 결정이 일어나는 속도보다 느려야 한다. 그렇지 않으면 gNB 간을 연결하는 백홀에 대한 요구 조건을 맞추기 힘들기 때문이다.

캐리어 애그리게이션의 경우 스케줄링 결정은 각 캐리어마다 이루어지고 스케줄링 할당 또한 각 캐리어에 개별적으로 전송된다. 그러므로 단말은 여러 캐리어로부터 동시에 다수의 PDCCH를 수신받는다. 수신받은 PDCCH는 같은 캐리어를 지정할 수도 있고 다른 캐리어를 지정할 수도 있다. 이 두 방법을 각각 self-스케줄링과 cross-캐리어 스케줄링이라 부른다. 그림 14.1을 보라. PDCCH이 전송된 캐리어와 다른 뉴머롤로지 (Numerology)를 이용하는 캐리어로 cross-캐리어 스케줄링하게 되는 경우, 스케줄링 할당의 타이밍 오프셋 정보는 PDSCH가 전송될 캐리어의 뉴머롤로지로 해석된다.

다른 캐리어로의 스케줄링 결정은 외따로 독립적으로 이루지는 것이 아니다. 여러 캐리어들에

게 보내지는 스케줄링들이 서로 협조가 되어야 한다. 만약 데이터를 어느 특정 캐리어로 전송하기로 결정하면 동일한 데이터는 다른 캐리어로 스케줄링하지 않는 게 정상적이다. 그러나 같은 데이터를 여러 캐리어에 전송하는 것도 가능하긴 하다. 신뢰도를 높이기 위해 이런 기능이 사용되기도 한다. 여러 캐리어로 동일 데이터를 전송하면 성공적으로 수신할 확률이 높아지기 때문이다. 수신단의 RLC 또는 PDCP 계층에서 동일 데이터를 중복해서 받으면 폐기하는 기능을 설정할 수 있다. 이러한 동작은 결과적으로 선택 다이버시티 이득을 제공한다.

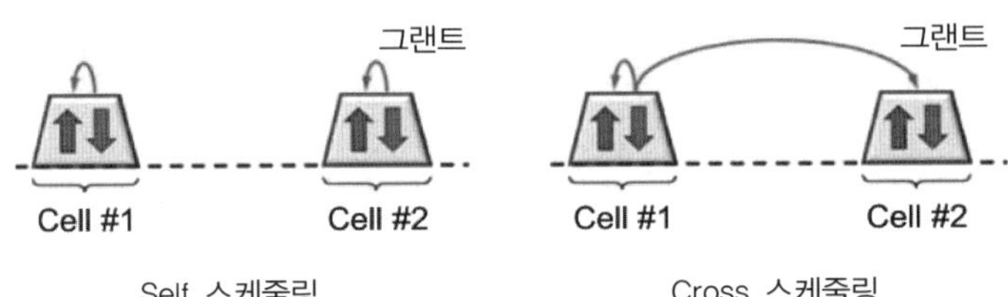

그림 14.1
self-스케줄링과 cross-캐리어 스케줄링

14.1.1 하향링크 선취 (Preempting) 처리

다이나믹 스케줄링이라는 것은 스케줄링이 개별적으로 주기마다 새롭게 이루어진다는 것을 의미한다. 많은 경우 시간 주기는 슬롯이다. 스케줄링 결정이 매 슬롯마다 이루어지는 것이다. 슬롯의 길이는 서브캐리어 간격에 따라 다르다. 서브캐리어 간격이 크면 슬롯 길이는 짧아진다. 이론적으로 슬롯이 짧으면 저지연 전송에 유리하지만 서브캐리어 간격이 커지면서 CP (Cyclic Prefix)도 작아져 모든 경우에 사용할 수 있는 것은 아니다. 그러므로 7.2절에서 설명했듯이 NR은 슬롯의 일부만을 사용해 전송하는 기술을 도입하여 저지연 전송에 효율적으로 대처하고 있다. 슬롯의 일부만을 전송할 때는 어느 OFDM 심볼에서도 전송을 시작할 수 있다. 이는 무선 전파 환경의 지연 분산에 잘 대처할 수 있으면서도 저지연 전송을 가능하게 한다.

그림 14.2에 이러한 예가 도시되어 있다. 단말기 A는 하나의 슬롯 길이를 모두 쓰는 하향링크 전송이 스케줄링 되었다. 단말기 A에 전송하는 동안 단말기 B로 전송할 지연에 민감한 데이터가 기지국에 도착했다. 이 데이터는 단말기 B로 즉시 전송해야 하는 것이다. 만약 주파수 자원에 여유가 있으면 단말기 B로의 전송은 현재 진행 중인 단말기 A와 겹치지 않는 자원을 이용하여 전송이 이루어지는 것이 보통이다. 그러나 네트워크에 데이터 로드가 많아 여유 자원이 없는 경우가 있을 수 있고 이때는 단말기 A로 사용하려던 자원을 단말기 B로 지연에 민감한 데이터를 전송해야 하는 경우가 발생한다. 이러한 것을 단말기 B로의 전송이 단말기 A로의

전송을 '선취한다 (Preempting)'라고 한다. 이러한 경우 결과적으로 단말기 A에 할당된 자원에 갑자기 단말기 B의 데이터가 끼어들게 된다.

NR에서는 이러한 상황을 처리하는 몇 가지 방법이 있다. 그 하나로 hybrid-ARQ에게 맡기는 것이다. 단말기 A는 자원이 선취됨으로써 디코딩에 실패한다. 그러면 기지국에 negative ack을 보고할 것이고 기지국은 다음에 데이터를 재전송한다. 전송 블록 전체를 재전송할 수도 있고 13.1에서 설명한 CBG-based 재전송에서처럼 오류가 난 코드 블록 그룹만을 재전송할 수도 있다.

다른 방법으로는 단말기 A로 전송하는 자원의 일부가 선취되어 다른 용도로 사용되었다는 것을 A에게 통보하는 것이다. 이는 단말기 A로 선취 지시자 (Preemption Indicator)를 전송함으로써 가능하다. 선취 지시자는 데이터 전송이 이루어진 다음 슬롯에 전송한다. 선취 지시자는 DCI 포맷 2-1을 사용하고 14개의 비트로 되어 있는 비트맵 필드를 사용한다. DCI 포맷 필드에 대한 자세한 설명은 10장을 참고하기 바란다. 비트맵을 해석하는 방법은 따로 설정이 가능하며 각 비트가 시간 영역에서 하나의 OFDM 심볼 전대역을 나타낼 수도 있고 또는, 시간 영역에서 두 개의 OFDM 심볼에 BWP의 반을 나타낼 수도 있다. 또한, 단말에게 선취 지시자를 주기적으로 가령 매 n 슬롯마다 모니터링할 것을 지시할 수도 있다.

선취 지시자를 수신받았을 때 단말의 동작은 아직 표준에 정의되지 않았다. 그러나 데이터가 재전송될 때를 대비하여 선취된 시간-주파수 영역에 해당하는 소프트 버퍼를 리셋하는 것이 정상적으로 생각할 수 있는 동작이다. 단말의 소프트 버퍼의 처리 관점에서 선취 지시자를 자주 모니터링하는 것이 좋고 데이터 선취가 일어난 이후에 곧바로 모니터링할 수 있으면 더 좋을 것이다.

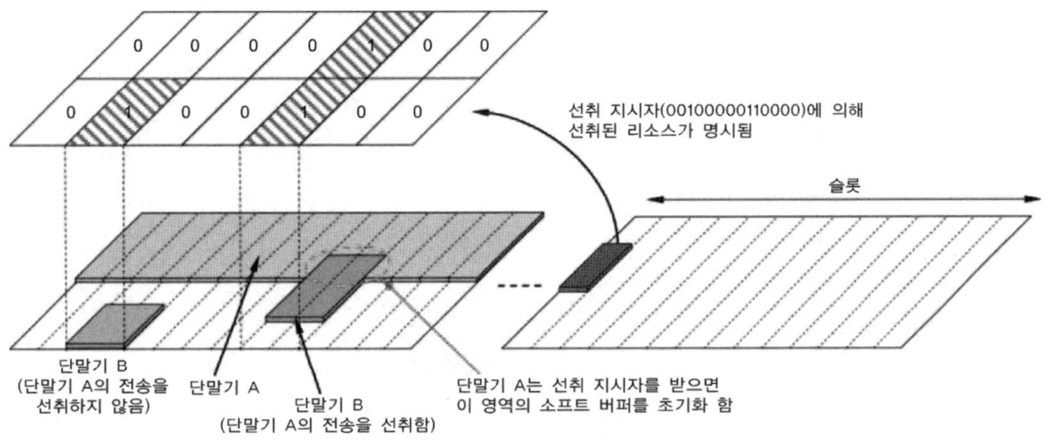

그림 14.2
하향링크 선취 지시자

14.2 다이나믹 상향링크 스케줄링

상향링크 스케줄러의 기능은 하향링크의 다이나믹 스케줄링과 거의 대동소이하다. 상향링크 스케줄링은 어떤 단말기에게 어느 리소스를 이용하여 어떤 전송 파라미터로 전송할 것인지를 다이나믹하게 제어하는 것이다.

일반적인 하향링크 스케줄링의 설명이 상향링크에도 적용될 수 있다. 그러나 둘 사이에는 기본적인 상이점이 존재한다. 예를 들어 상향링크의 전력 자원은 단말들에게 분배되어 있다는 것이다. 하향링크에서는 전력 자원은 기지국 내로 한정되어 있다. 또한, 단말기의 상향링크 최대 전송 전력은 기지국의 출력보다 훨씬 작은 것이 일반적이다. 이는 스케줄링에 중요한 영향을 미친다. 상향링크로 많은 데이터를 전송할 필요가 있지만 가용한 충분한 전력이 없는 경우가 있다. 상향링크는 기본적으로 전력에 의해 제한되고 대역폭의 제한은 받지 않는다. 반면 하향링크는 그 반대이다. 그러므로 일반적으로 상향링크 스케줄링은 많은 단말을 주파수 영역에서 멀티플렉싱할 때 하향링크에 비해 훨씬 자유도가 높다.

단말은 스케줄링될 때 스케줄링 그랜트를 제공받는다. 스케줄링 그랜트는 UL-SCH에 사용할 시간/주파수/공간 자원에 대한 지시와 이와 연계된 전송 포맷을 포함하고 있다. 상향링크 데이터 전송은 단말기가 유효한 그랜트를 받았을 때만 이루어진다. 그랜트 없이는 어떤 데이터도 전송되지 않는다.

상향링크 스케줄러는 단말이 사용한 전송 포맷의 모든 제어권을 가지고 있으며 단말은 스케줄링 그랜트를 꼭 따라야 한다. 유일한 예외는 전송 버퍼에 데이터가 없을 때 그랜트를 받았음에도 불구하고 단말은 아무것도 전송하지 않을 수 있다. 이는 불필요한 전송을 하지 않음으로써 간섭을 줄이는 효과가 있다.

논리 채널을 멀티플렉싱하는 것은 14.2.1절에서 설명할 몇 가지 규칙에 따라서 단말이 수행하게 된다. 그러므로 스케줄링 그랜트는 특정 논리 채널을 명시하지 않고 단말이 결정한다. 상향링크 스케줄링은 주로 단말 단위로 이루어지는 것이고 무선 베어러 (Bearer) 단위로 이루어지지 않는다. 단, 우선권 제어는 다음에 설명되겠지만 무선 베어러 단위로 설정된다. 상향링크 스케줄링은 그림 14.3의 오른쪽에 예시된 것처럼 스케줄러가 전송 포맷을 결정하고 단말은 논리 채널 멀티플렉싱을 제어한다. 자원 사용을 최대화하는 관점에서 단말기가 자체적으로 전송 속도를 결정하는 것보다 스케줄러가 상향링크 전송을 결정하는 것이 더 효과적이다. 스케줄러가 전송 포맷을 결정하기 위해 단말의 버퍼 상태 또는 가용한 전력 등의 상태에 대해 정확하고 자세한 정보가 필요하다.

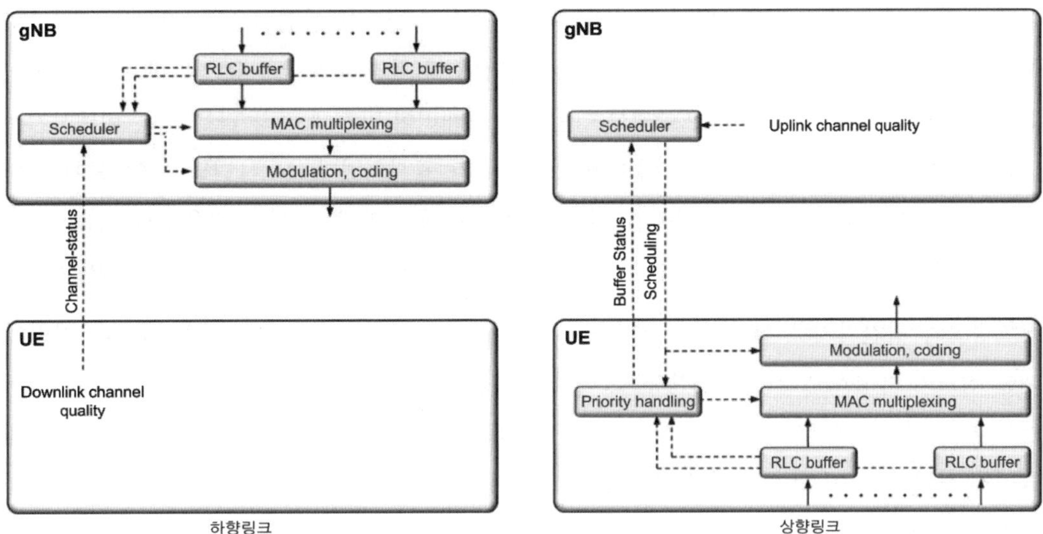

그림 14.3
NR 하향링크와 상향링크 스케줄링

10.1.11에서 설명하였듯이 단말기가 DCI를 받고 상향링크로 실제로 전송하는 시간까지의 길이는 DCI에 필드로 지시된다. 하향링크에서는 스케줄링 할당이 주로 데이터 전송에 시간적으로 가깝게 전송되지만 상향링크는 조금 다르다. 그랜트는 하향링크 제어 시그널로 전송되고 반양방향(Half-Duplex) 단말은 상향링크 전송을 하기 전에 전송 방향을 바꿔야 한다. 게다가 상향링크-하향링크 할당에 따라 하나의 하향링크 기회에 여러 개의 그랜트를 전송함으로써 여러 개의 상향링크 슬롯이 한 번에 스케줄링될 수 있다.[2] 그러므로 상향링크 그랜트에 시간 필드는 중요하다.

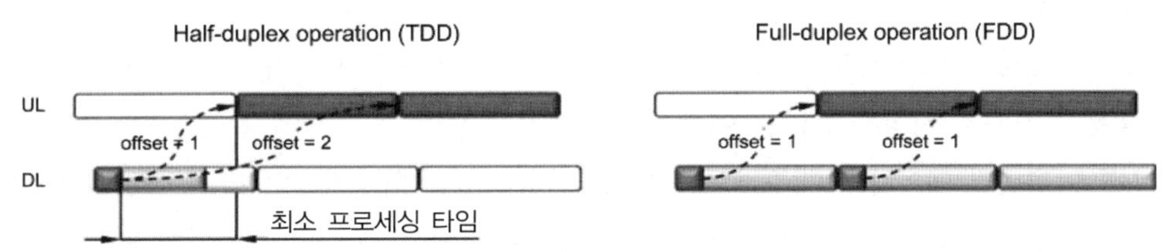

그림 14.4
미래의 슬롯에 할당하는 상향링크 스케줄링 예

그림 14.4에 그려진 것처럼 단말은 전송을 준비할 일정 시간이 필요하다. 전체적인 성능 관점에서 시간이 짧을수록 좋겠지만 단말의 복잡도 측면에서 프로세싱 시간은 무턱대고 짧아질 수 없다. LTE에서는 상향링크 전송을 준비하기 위해 최소 3ms이 제공되었다. NR에서는 저지연

2) 릴리스 16에서는 비면허 대역 지원을 확장하는 기능으로 하나의 그랜트를 이용해 다수의 상향링크 전송을 스케줄링할 수 있다. 19장을 참고하기 바란다.

설계에 맞춰 MAC과 RLC 헤더의 구조가 바뀌었고 기술의 발전에 힘입어 이 시간이 획기적으로 줄었다. 그랜트의 수신으로부터 상향링크 데이터 전송에 걸리는 시간은 표 14.1에 표시되었다. 표의 숫자로부터 알 수 있듯이 프로세싱 타임은 서브캐리어 간격에 따라 다르고 꼭 비례하지는 않는다. 표에는 단말의 두 가지 능력치 (Capability)가 표시되었다. 모든 단말은 이 표에 있는 baseline 요구 사항을 만족해야 하지만 어떤 단말은 표에 나와 있는 더욱 짧은 aggressive 프로세싱 타임을 가지고 있다고 선언할 수도 있다. 이는 지연에 민감한 응용서비스에 유용하다.

하향링크와 마찬가지로 상향링크 스케줄러에도 채널 상황, 버퍼 상태 그리고 가용한 전력에 대한 정보가 유용하게 쓰일 수 있다. 그러나 전송 버퍼와 전력 증폭기는 모두 단말에게 있는 것이다. 그러므로 이러한 정보를 스케줄러에게 제공할 수 있는 보고 기능이 있어야 한다. 스케줄러와 전력 증폭기, 전송 버퍼가 모두 같은 노드에 있는 하향링크와 다른 점이다. 앞에서 언급하였듯이 상향링크 우선권 제어 또한 상향링크와 하향링크 스케줄링이 다른 점이다.

표 14.1 그랜트 수신으로부터 데이터 전송까지 걸리는 최소 프로세싱 타임

Device Capability	서브캐리어 간격				LTE Rel 8
	15kHz	30kHz	60kHz	120kHz	
Baseline	0.71ms	0.43ms	0.41ms	0.32ms	3ms
Aggressive	0.18–0.39ms	0.08–0.2ms			

14.2.1 상향링크 우선권 제어

MAC의 멀티플렉싱 기능에 의해 우선순위가 서로 다른 여러 개의 논리 채널이 하나의 전송 채널에 멀티플렉싱될 수 있다. 상향링크 스케줄링 그랜트가 논리 채널의 모든 데이터를 전송할 만큼 충분한 자원을 지정하지 않는 이상 멀티플렉싱은 논리 채널 간에 우선순위를 정해야 한다. 그러나 우선권 제어가 스케줄러의 구현에 맡겨져 있는 하향링크와 달리 상향링크에서는 기지국에서 정해준 파라미터를 이용하여 잘 정의된 규칙에 따라 단말기가 멀티플렉싱을 수행한다. 스케줄링 그랜트는 단말의 특정한 상향링크 캐리어에 적용되는 것이지 캐리어 내의 특정 논리 채널을 명시적으로 지정하지 않기 때문이다.

간단한 방법은 논리 채널들을 엄격하게 우선순위 순서에 따라 처리하는 것이다. 그러나 이 방법은 우선순위가 높은 채널의 버퍼가 비워질 때까지 모든 자원이 높은 우선순위의 논리 채널에 할당됨으로써, 우선순위가 낮은 채널들이 전송되지 않는 결과를 초래하게 된다. 일반적으로 사업자는 낮은 우선순위 서비스에게도 일정량의 전송처리량 (Throughput)을 제공하는 것을 선호

한다. NR은 다양한 타입의 트래픽을 혼합하는 것을 지원하도록 설계되었으므로 잘 정해진 규칙이 필요하다. 예를 들어 파일 업로드와 같은 트래픽은 지연에 민감한 서비스용으로 받은 그랜트에 사용할 필요가 없다.

우선순위가 낮은 채널이 오랫동안 스케줄링 되지 않는 문제는 LTE에서도 있었다. 모든 채널이 보장 (Guaranteed) 데이터 속도로 설정되어 있으면 이런 현상이 발생한다. 보장 데이터 속도의 논리 채널들을 우선순위대로 처리한다. 스케줄링된 데이터의 속도가 모든 보장 데이터 속도의 합보다 크기만 하면 이런 현상을 회피할 수 있다. 보장 데이터 속도 이외의 채널들은 유용한 그랜트가 존재하면 버퍼가 비워질 때까지 엄격하게 우선순위대로 처리된다.

NR도 비슷한 방법을 적용하지만 다양한 전송 기간을 설정할 수 있고 다양한 타입의 트래픽이 지원되는 유연성을 가지고 있어 좀 더 발전된 방법이 필요하다. 한 가지 방법은 프로파일이라는 것을 정의하여 이 프로파일이 논리 채널의 허용 조합을 지시하고 그랜트에 사용할 프로파일을 명시적으로 시그널링 하는 것이다. 그러나 NR에서는 사용할 프로파일을 명시적으로 시그널링하는 것이 아니라 그랜트에서 제공하는 정보들로부터 암묵적으로 추출할 수 있도록 하였다.

상향링크 그랜트를 받으면 두 가지 절차가 수행된다. 첫 번째로, 단말은 이 그랜트를 사용하여 멀티플렉싱할 수 있는 논리 채널을 결정한다. 두 번째로 단말은 각 논리 채널에게 할당되는 자원의 양을 결정한다.

첫 단계에서 주어진 그랜트에 어떤 논리 채널의 데이터를 전송할 것인지를 결정한다. 이는 암묵적으로 추출된 프로파일이라고 볼 수 있다. 단말은 각 논리 채널마다 아래의 사항들을 설정한다.

- ❑ 논리 채널에 사용 가능한 서브캐리어 간격
- ❑ 논리 채널에 사용 가능한 PUSCH 최대 길이
- ❑ 셀들의 집합, 이는 논리 채널들의 전송이 허용된 상향링크 컴포넌트 캐리어의 집합을 말한다.

추가적으로 릴리즈 16에서는 상향링크 전송의 우선권을 다이나믹하게 “normal” 또는 “high”로 시그널링할 수 있다. 이에 대해서는 20장에서 설명한다.

스케줄링 그랜트가 위에 언급한 사항들을 만족하는 논리 채널들만이 이번 그랜트에 전송될 수 있다. 즉, 이번 순간에 멀티플렉싱 자격이 되는 것이다. 논리 채널 멀티플렉싱은 configured 그랜트를 사용하는 상향링크 전송에만 적용되도록 제한할 수 있다. 그렇지만 모든 논리 채널이 configured 그랜트를 사용할 수 있는 것은 아니다.

3GPP에서 PUSCH 길이를 멀티플렉싱 기준에 포함한 이유는 지연에 민감한 데이터가 지연에 덜 민감한 데이터를 위한 그랜트를 사용해 전송되는 것을 제어하기 위함이다.

예를 들어 각자 다른 논리 채널로 두 개의 데이터 흐름 (Flow)이 있다고 가정해보자. 하나는 지연에 민감하고 높은 우선순위를 가진 논리 채널이고, 다른 하나는 지연에 덜 민감한 낮은 우선순위를 가진 논리 채널이다. 기지국은 단말이 제공한 버퍼 상태 정보에 근거하여 스케줄링 결정을 한다. 기지국이 지연 정보 없이 버퍼의 상태 정보에만 근거하여 상대적으로 긴 PUSCH를 스케줄링하였다고 가정하자. 스케줄링 그랜트를 받는 동안 시간에 민감한 정보가 단말기에 도착했다. 허용된 최대 PUSCH 길이의 제한이 없다면 단말기는 상대적으로 긴 전송 기간을 이용해 지연에 민감한 데이터와 다른 데이터를 멀티플렉싱하여 전송할 것이다. 이는 특정 서비스에 요구되는 지연 특성을 만족시키지 못할 수도 있다. 대신에 더 좋은 접근 방법은 지연에 민감한 데이터를 위해 짧은 PUSCH 전송을 따로 요청하는 것이다. 이는 PUSCH 최대 길이를 적절하게 설정함으로써 가능하다. 지연에 민감한 논리 채널은 지연에 덜 민감한 서비스의 채널보다 높은 우선순위로 설정되므로 짧은 PUSCH 전송 구간에 시간이 덜 중요한 서비스의 데이터로 인해 지연에 민감한 데이터의 전송이 영향을 받지 않는다.

서브캐리어 간격이 포함된 이유도 전송 구간과 같은 이유이다. 단말에서 다수의 서브캐리어 간격이 지원될 경우 작은 서브캐리어 간격은 긴 슬롯 길이를 의미하므로 위에서 서술한 내용이 동일하게 적용될 수 있다.

특정 논리채널에 상향링크 캐리어를 제한하는 것은 이중 연결 (Dual Connection)을 사용하거나 다른 캐리어 간의 서로 다른 무선 환경을 이용하기 위함이다. 두 개의 상향링크 캐리어는 주파수에 따라 서로 다른 신뢰도를 갖는다. 높은 수신 신뢰도가 요구되는 데이터는 좋은 커버리지를 위해 낮은 주파수의 캐리어를 사용하는 게 좋고 이에 덜 민감한 데이터는 높은 주파수의 캐리어에 전송하는 것이다. 높은 주파수에서는 커버리지가 점 (Spot)적 구조를 가질 가능성이 높다. 또 다른 이유는 6.4.2절에서 언급한 중복, 즉, 다이버시티를 얻기 위해 동일한 데이터를 다수의 캐리어에 전송하는 것이다. 두 개의 논리 채널이 모두 하나의 상향링크 캐리어에 전송되면 다이버시티 이득을 얻기 위한 중복 전송을 실현할 수 없다. 상향링크 중복 전송은 릴리즈 16에서 확장되었다. 20장에서 상세히 다룬다.

여기까지 그랜트를 수신했을 때 어떤 논리 채널의 데이터를 멀티플렉싱할 것인지를 설명하였다. 이는 매핑에 관련된 파라미터 설정에 근거한 것이었다. 논리 채널을 멀티플렉싱할 때 또 한 가지 고려해야 하는 것은 전송에 허용된 논리 채널들에게 어떻게 자원을 분배할 것인가이다. 이는 각 논리 채널마다 다음과 같은 우선순위에 관계된 설정에 따라 멀티플렉싱된다.

- 우선순위
- 우선화된 비트 속도 (Priotized Bit Rate, PBR)

❑ 버킷 크기 구간 (Bucket Size Duration, BSD)

PBR과 함께 BSD는 LTE의 GBR (Guaranteed Bit Rate)과 유사한 기능을 수행하며 NR에서의 다양한 전송 길이를 고려하여 설정할 수 있다. PBR과 BSD의 곱은 논리 채널이 특정 기간동안 전송해야 하는 비트의 최소 버킷 양이 된다. 매 전송 시간마다 우선순위 순으로 논리 채널 데이터를 전송할 것이다. 이동안 단말은 각 논리 채널당 전송해야 할 비트의 최소 버킷 양을 충족시키려고 노력한다. 버킷 크기를 모두 전송하고도 남는 용량은 엄격하게 우선순위 대로 분배된다.

우선순위 처리와 논리 채널 멀티플렉싱은 그림 14.5에 도시되었다.

14.2.2 스케줄링 요청

상향링크 스케줄러는 단말기가 전송할 데이터를 가지고 있는지를 알아야 한다. 전송할 데이터가 없는 단말기에겐 상향링크 리소스를 제공할 필요가 없다. 그러므로 스케줄러는 단말기가 전송할 데이터가 있는지, 그래서 그랜트를 줘야 하는지를 알아야 한다. 단말이 이를 기지국에게 알려주는 것을 스케줄링 요청 (Scheduling Request, SR)이라 한다. SR은 유효한 그랜트가 없는 단말이 이용한다. 유효한 그랜트가 있는 단말은 좀 더 상세한 스케줄링에 관한 정보를 기지국에게 전송한다. 이 과정은 다음 절에서 설명하기로 한다.

스케줄링 요청은 단말이 상향링크 스케줄러에게 상향링크 자원을 요청하는 하나의 플래그 (Flag)이다. 정의로부터 알 수 있듯이 자원을 요청하는 단말은 PUSCH 리소스가 없는 상황이므로 스케줄링 요청은 단말에게 지정된 정기적인 PUCCH 자원을 이용해서 전송된다. 스케줄링을 요청할 때 단말의 ID를 전송할 필요는 없다. 왜냐하면, SR이 전송되는 리소스로부터 ID를 암묵적으로 알 수 있기 때문이다. 전송 버퍼에 이미 존재하는 데이터보다 우선순위가 높은 데이터가 단말에게 도착했는데 단말은 그랜트가 없어서 데이터를 전송할 수 없는 상황에서도 단말은 스케줄링 요청을 전송하고 이에 따라 기지국은 단말에게 그랜트를 할당할 수 있다. 그림 14.6을 참고하기 바란다.

LTE와 동작이 비슷하지만 NR에서는 단말에게 다수의 스케줄링 요청을 설정할 수 있다는 것이 다른 점이다. 하나의 논리 채널은 0 또는 여러 개의 스케줄링 요청 설정에 매핑될 수 있다. 이를 통해 기지국이 단말에게 전송을 기다리는 데이터가 있다는 정보와 함께 어떤 타입의 데이터가 전송을 기다리고 있는지에 관한 정보를 제공할 수 있다. 다양한 트래픽 타입을 처리할 수 있도록 설계된 NR 기지국에 이는 유용한 정보이다. 예를 들어 기지국은 지연에 둔감한 것보다 지연에 민감한 정보의 전송이 필요한 단말에게 스케줄링하는 것이 좋기 때문이다.

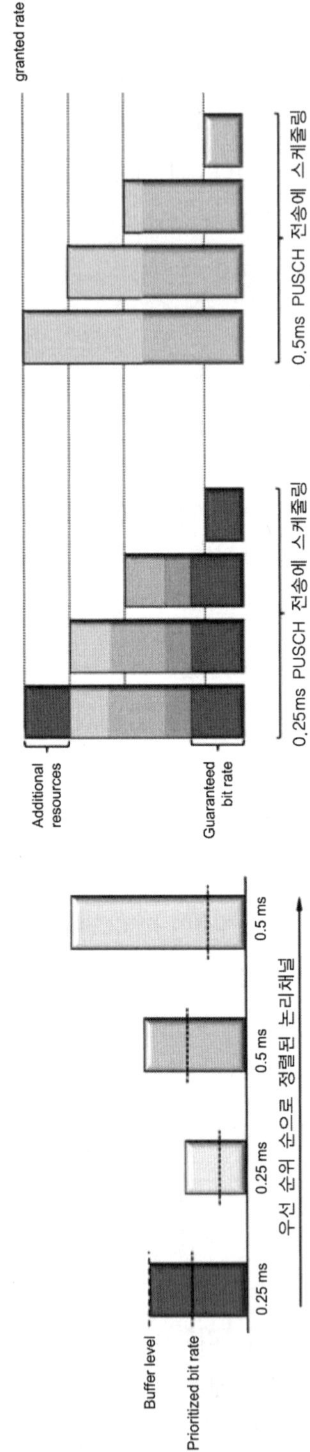

그림 14.5
4개의 서로 다른 데이터 속도로 스케줄링된 논리 채널을 두 개의 서로 다른 PUSCH 전송 길이에 우선순위를 적용하는 예

각 단말마다 특정의 PUCCH SR 자원이 할당되어 있다. PUCCH 설정은 주기적이고 매우 지연에 민감한 서비스를 위해 두 OFDM 심볼마다 전송할 수 있으며, 오버헤드를 줄이기 위해 길게는 80ms마다 SR을 전송할 수 있다. 한순간에는 오로지 하나의 SR만이 전송될 수 있다. 여러 개의 논리 채널에 전송할 데이터가 있는 경우 가장 우선순위가 높은 논리 채널에 해당하는 SR을 전송하는 것이 일반적이다. 기지국으로부터 그랜트를 받을 때까지 설정된 제한 횟수만큼 계속해서 PUCCH 자원이 있을 때마다 반복해서 SR을 전송한다. 재전송 금지 (Prohibit) 타이머를 설정할 수도 있다. 이는 얼마나 자주 스케줄링 요청을 전송할 것인지를 제어한다. 하나의 단말에 다수의 SR 자원이 있을 경우 주기와 재전송 금지 타이머는 스케줄링 요청 자원마다 설정된다.

스케줄링 요청을 위한 자원이 설정되지 않은 단말기는 자원 요청의 방법으로 랜덤 엑세스를 사용한다. 자원 요청을 위해 경쟁에 기반한 (Contention-Based) RACH를 사용한다. 기본적으로 경쟁 기반 방법은 셀 내에 많은 수의 단말이 존재하고 트래픽의 강도가 낮아 스케줄링의 부담이 낮은 경우에 유용하다. 트래픽 강도가 높은 경우에는 단말마다 적어도 하나의 스케줄링 요청 자원을 설정하는 것이 좋다.

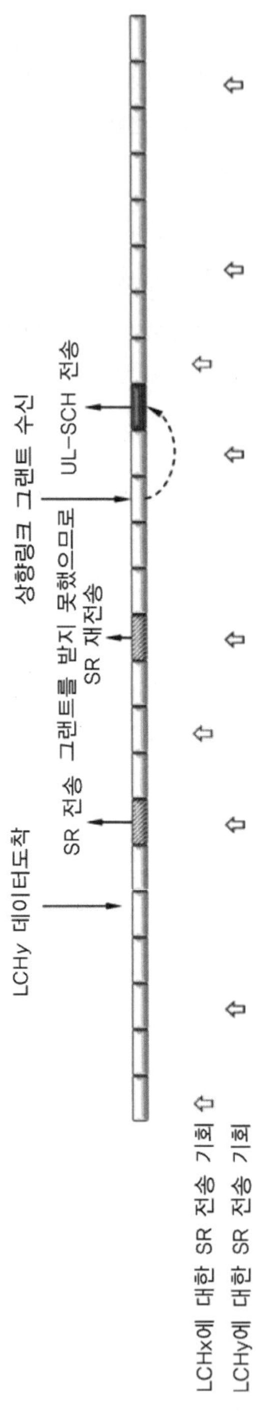

그림 14.6
스케줄링 요청 절차의 예, LCH : Logical channel

14.2.3 버퍼 상태 보고

유효한 그랜트를 가지고 있는 단말은 상향링크 자원을 요청할 필요가 없다. 그러나 스케줄러가 각 단말에게 미래에 할당할 자원의 양을 결정할 수 있도록 버퍼 상태와 가용 전력에 관한 정보가 유용하게 쓰일 수 있다. 버퍼 상태에 관한 정보는 이번 절에서, 가용 전력에 대해서는 다음 절에서 다루도록 한다. 이러한 정보는 MAC 제어 엘리먼트 (Control Element, CE)를 통해 상향링크 전송의 일부로서 스케줄러에게 전달된다. MAC CE와 MAC 헤더의 일반적 구조는 6.4.4.1절을 참고하기 바란다. MAC 헤더의 LCID (Logical Channel ID) 중에 버퍼 상태 보고의 유무를 명시하는 LCID 필드 값이 지정되어 있다. 그림 14.7을 참고하기 바란다.

스케줄링 관점에서 각 논리 채널의 버퍼 정보는 상당한 양의 오버헤드를 불러올 수 있지만 유용한 정보이다. 논리 채널들을 8개의 논리 채널 그룹으로 묶어 그룹 단위로 버퍼 상태 보고를 전송한다. 버퍼 상태 보고의 버퍼 사이즈 필드는 하나의 논리 채널 그룹 안에 있는 모든 논리 채널에서 전송을 기다리는 데이터의 양을 나타낸다. 버퍼 상태 보고를 위해 4가지 포맷이 정의되어 있다. 각각의 포맷은 하나의 보고가 몇 개의 논리 채널 그룹을 포함하는지, 그리고 버퍼 상태 보고 내의 버퍼 사이즈를 나타내는 값의 단위가 다르다. 버퍼 상태 보고는 다음과 같은 상황에서 전송될 수 있다.

- 현재 전송 버퍼에 있는 것보다 우선순위가 높은 데이터가 도착한 경우, 즉 현재 전송되는 것보다 높은 우선순위를 지닌 논리 채널 그룹에 데이터가 도착한 경우이다. 이는 스케줄링 결정에 영향을 미친다.
- 타이머에 의해 주기적으로 제어되는 경우
- 패딩 대신에 버퍼 상태를 전송하는 경우도 있다. 스케줄링된 전송 블록 크기를 맞추기 위해 패딩을 추가해야 하는 경우 버퍼 상태 보고를 삽입한다. 왜냐하면, 패딩 대신에 스케줄링에 유용한 정보로 데이터를 채우는 것이 더 유용하기 때문이다.

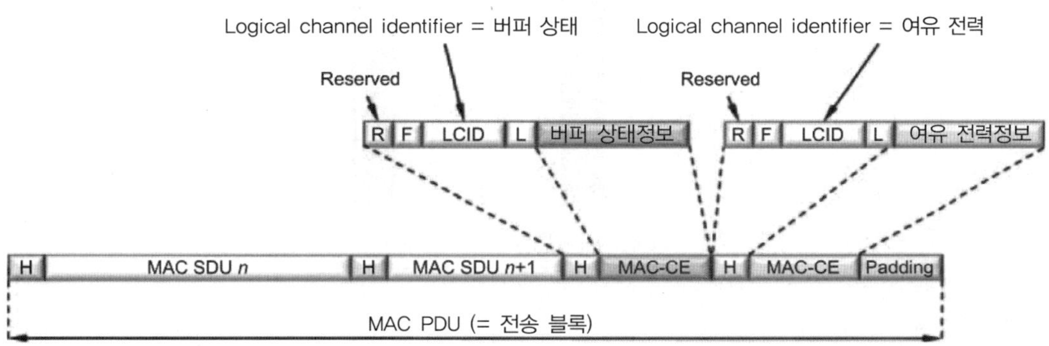

그림 14.7
버퍼 상태와 여유 전력 (Headroom)을 보고하는 MAC CE

14.2.4 여유 전력 (Power Headroom) 보고

버퍼 상태 이외에도 각 단말기의 가용한 전송 전력의 양 또한 상향링크 스케줄러에게 필요한 정보이다. 가용한 전송 전력으로 전송할 수 있는 것보다 더 높은 데이터 속도를 스케줄링할 필요가 없다. 하향링크에서는 전력 증폭기가 스케줄러와 같은 노드에 있으므로 스케줄러가 가용 전력을 즉각 알 수 있다. 상향링크에서는 가용 전력 또는 여유 전력 (Power Headroom)을 기지국에게 알려줘야 한다. 여유 전력 보고는 버퍼 상태 보고와 비슷한 방법으로 기지국에게 전달된다. 여유 전력은 UL-SCH를 전송할 때만 정보를 전송할 수 있다. 여유 전력 보고는 다음과 같은 상황에서 전송된다.

- 타이머에 의해 정기적으로 전송되는 경우
- 전송 손실에 변동이 생긴 경우, 이로 인해 현재의 여유 전력과 마지막으로 보고한 값의 차이가 일정 범위를 넘은 경우
- 패딩 대신에 전송하는 경우 (버퍼 상태 보고와 같은 이유이다)

두 여유 전력 보고 사이의 최소 시간을 제어하기 위해 재전송 금지 (Prohibit) 타이머를 설정할 수 있다. 이로 인해 상향링크의 시그널링 오버헤드를 제어할 수 있다.

NR에는 Type 1, 2, 3의 세 가지 타입 여유 전력 보고가 정의되어 있다. 캐리어 애그리게이션이나 이중 연결의 경우 다수의 여유 전력 보고가 하나의 MAC CE 메시지 안에 포함될 수 있다.

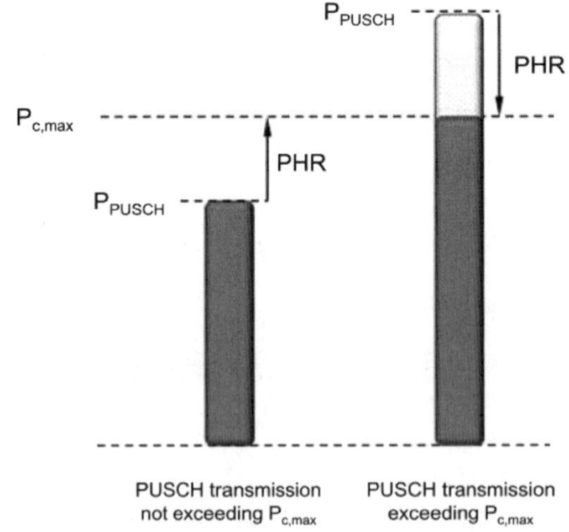

그림 14.8
여유전력 보고 예시

Type 1 여유 전력 보고는 캐리어에 PUSCH 만을 전송한다고 가정할 때의 여유 전력을 반영한다. 단말기가 일정 기간 동안 PUSCH 전송을 스케줄링 받았을 경우에 이는 특정 컴포넌트 캐리어에 유효한데, 이때 여유 전력 보고는 여유 전력과 함께 컴포넌트 캐리어의 캐리어당 최대 전송 전력 (Maximum Per-Carrier Transmit Power) $P_{CMAX,c}$를 포함한다. $P_{CMAX,c}$는 명시적으로 설정되는 것이므로 기지국도 알고 있게 된다. 그러나 정상적인 상향링크 캐리어와 보조 상향링크 캐리어가 서로 다르게 설정될 수 있고 모두 같은 셀에 속해 있다면 기지국은 단말이 어떤 값을 사용했는지, 그리고 보고가 어떤 캐리어에 속하는 지를 알아야 한다.

여유 전력은 $P_{CMAX,c}$와 실제 캐리어 전송 전력의 차이를 재는 것이 아님에 유의해야 한다. 여유 전력은 전송 전력의 위쪽 한계가 없다고 가정했을 때 전송했을 전력과 $P_{CMAX,c}$와의 차이를 나타낸다 (그림 14.8을 보라). 그러므로 여유 전력은 마이너스 값이 될 수 있다. 이는 여유 전력을 전송할 당시에 캐리어 당 전송 전력이 $P_{CMAX,c}$에 의해 제한되었다는 것을 의미한다. 즉, 기지국이 단말기가 지원할 수 있는 것보다 더 큰 속도의 데이터를 스케줄링 했다는 것을 의미한다. 기지국은 그 기간 동안 단말기가 사용했던 변조와 코딩, 자원의 크기를 알고 있으므로 기지국은 하향링크 전송 손실이 일정하다고 가정한 상태에서 유효한 변조와 코딩, 할당할 자원크기 등의 조합을 결정할 수 있다.

Type 1은 실제로 PUSCH 전송이 없는 상태에 대해서도 여유 전력을 측정하여 보고할 수 있다. 최소의 자원을 이용하여 전송하였을 경우를 가정한 상태에서의 여유 전력이라고 볼 수 있다.

Type 2의 여유 전력 보고는 Type 1과 비슷하나 PUSCH와 PUCCH를 동시에 전송했을 때의 여유 전력이다. 이 기능은 NR의 첫 릴리즈에서는 완벽하게 지원되지 않으나 향후 릴리즈에서는 규격 작업을 마무리할 예정이다.

Type 3는 SRS 스위칭을 처리할 때 사용한다. 즉, PUSCH가 설정되지 않았을 때 상향링크 캐리어에 SRS를 전송하는 경우이다. 이 보고는 다른 캐리어의 상향링크 품질을 측정하고 괜찮다고 판단되면 이 캐리어로 상향링크 전송을 할 수 있도록 하기 위함이다.

다른 빔쌍의 링크에 대해 다른 전력 제어가 동작하지만 (15장 참고) 여유 전력 보고는 캐리어 단위로 이루어지고 명시적으로 빔에 근거한 동작을 수행하지 않는다. 기지국은 전송에 사용되는 빔을 제어하고 있으므로 여유 전력 보고에 기반하여 빔을 선택할 수 있기 때문이다.

14.3 스케줄링과 다이나믹 TDD

NR의 주요 기능 중의 하나는 다이나믹 TDD를 지원한다는 것이다. 다이나믹 TDD는 스케줄러가 다이나믹하게 전송 방향을 결정한다는 것이다. 다음의 설명은 다이나믹 TDD라는 용어를 사용하고 있지만 개념은 반양방향 (Half-Duplex) 또는 반양방향 FDD에 적용될 수 있다. 반양방향 단말기는 전송과 수신을 동시에 할 수 없으므로 두 방향 사이에 자원을 분리할 필요가 있다. 7장에서 설명하였듯이 3개의 시그널링 방법으로 자원이 상향링크 또는 하향링크 전송에 사용되고 있는지를 단말에게 알려준다.

- ❑ 스케줄링 되는 단말에게 다이나믹 시그널링을 통한 방법
- ❑ RRC를 이용하여 준정적인 시그널링을 이용하는 방법
- ❑ 다이나믹 슬롯 포맷 지시자를 통한 방법으로 동시에 여러 단말에게 전송되며 주로 스케줄링되지 않은 단말들을 위한 것

스케줄러는 위에서 언급한 세 가지 중에 첫 번째 것에 해당하는 다이나믹 시그널링을 책임지고 있다.

단말기가 전양방향 동작이 가능한 경우에 스케줄러는 상향링크와 하향링크를 서로 독립적으로 스케줄링할 수 있고 상향링크와 하향링크 스케줄러가 서로 협조하여 결정을 내릴 필요가 별로 없다.

그러나 반양방향 단말의 경우 스케줄러는 단말이 동시에 수신과 송신을 하지 않도록 스케줄링 해야 한다. 만약 준정적으로 상향링크-하향링크 패턴이 설정되었을 경우 스케줄러는 당연히 이러한 패턴을 따라야 한다. 예를 들어 하향링크 용도로만 설정된 슬롯에 상향링크 전송을 스케줄링해서는 안 된다.

14.4 다이나믹 그랜트 없는 전송 : semi-persistent 스케줄링과 configured 그랜트

다이나믹 스케줄링은 NR에서 주로 사용되는 동작 모드이다. 매 전송 간격마다 스케줄러는 제어 시그널을 이용하여 단말에게 송신 또는 수신을 지시한다. 이는 빠르게 변하는 트래픽의 특성에 유연하게 대처할 수 있다. 그렇지만 또한, 관련된 제어 시그널이 필요할 수밖에 없고 어떤

상황에서는 제어 시그널이 없이 동작하도록 하고 싶은 경우도 있다. 그래서 NR에서는 다이나믹 그랜트 없이도 전송할 수 있는 방법을 제공한다.

하향링크에서 RRC 시그널링을 통해 단말이 주기적으로 데이터를 전송할 수 있는 설정을 지원한다. 이를 준지속적 (Semi-Persistent) 스케줄링이라 한다. 준지속적 스케줄링의 시작은 다이나믹 스케줄링의 PDCCH를 이용하는데 이때 C-RNTI가 아닌 CS-RNTI를 사용한다.[3] PDCCH는 다이나믹 스케줄링과 비슷하며 준지속적 스케줄링에 필요한 시간–주파수 자원 그리고 다른 여러 가지 파라미터를 가지고 있다. hybrid-ARQ 프로세스 번호는 규칙에 따라 하향링크 전송이 시작되는 시점에 계산된다. 준지속적 스케줄링이 활성화되면 단말기는 RRC에서 설정된 주기마다 준지속적 스케줄링을 활성화시킨 PDCCH에 지시된 전송 파라미터에 따라 하향링크 전송을 수신한다.[4] 제어 시그널은 단 한 번만 이용되므로 오버헤드가 줄어든다. 준지속적 스케줄링이 시작된 후에도 단말은 상향링크 하향링크 스케줄링 명령을 포함하고 있는 정상적인 PDCCH 후보를 계속해서 감시한다. 이는 준지속적 스케줄링으로 충분하지 않은 큰 데이터를 때때로 전송해야 할 때 유용하다. 이는 또한 다이나믹 스케줄링된 hybrid-ARQ의 재전송을 처리할 때도 이용된다.

다이나믹 그랜트가 없는 상황에서 상향링크는 두 가지 전송 모드가 지원되며 어떻게 활성화되는지에 따라 구분된다. 그림 14.9를 참고해서 보기 바란다.

- ❑ **설정된 (Configured) 그랜트 Type 1** : 상향링크 그랜트가 RRC 메시지로 전달된다. 그랜트의 활성화 또한 여기에 포함되어 있다.
- ❑ **설정된 그랜트 Type 2** : 전송 주기는 RRC에 의해서 결정되고 L1/L2 제어 시그널로는 하향링크와 비슷하게 활성화/비활성화에 이용한다.

제어 시그널의 오버헤드를 줄인다는 면에서 두 가지 타입 방법은 비슷하다. 그리고 데이터 전송 전에 스케줄링 요청이나 그랜트를 받고 시작할 필요가 없으므로 어느 정도는 상향링크 데이터 전송에 걸리는 시간을 줄일 수 있다.

Type 1 방법은 주기, 시간 오프셋, 주파수 자원, 변조 및 코딩 방법 등 상향링크 전송에 필요한 모든 전송 파라미터를 RRC 시그널링으로 전달한다. 단말은 RRC 시그널링을 받으면 그랜트로 주어진 주기와 오프셋을 이용해 설정된 시간에 전송을 한다. 시간 오프셋을 두는 것은 단말에

3) 각 단말은 두 개의 ID를 가지고 있다. 보통의 경우 C-RNTI를 이용하고 다이나믹 스케줄링에 사용한다. CS-RNTI는 준지속적 스케줄링의 활성화/비활성화에 사용한다.

4) 릴리즈 15에서 10m 이상으로 설정할 수 있었던 주기는 이후 릴리즈에서는 더 작게 설정할 수 있게 되었다. 20장에서 설명할 예정이다.

게 전송이 허락된 시간을 제어하기 위해서이다. RRC 시그널링에는 활성화에 대한 시간이 들어있지는 않다. RRC 설정은 수신하자마자 곧바로 효력이 발생한다. 이 시점에서 RRC 메시지를 전송하기 위해 RLC 재전송이 필요했을 수도 있기 때문에 RRC 메시지 수신 시간이 유동적이다. 이러한 애매한 상황을 제거하기 위해 SFN을 기준으로 상대적인 시간 오프셋이 설정에 포함되는 것이다.

Type 2는 하향링크 준지속적 스케줄링과 비슷하다. RRC 시그널링은 주기를 설정하는 데 쓰이고 전송 파라미터는 상향링크 전송을 활성화하는 PDCCH를 통해 전달된다. 단말기는 활성화 명령을 받으면 미리 설정된 주기마다 버퍼에 데이터가 있으면 상향링크 전송을 한다. 전송할 데이터가 없으면 Type 1과 마찬가지로 전송을 하지 않는다. 이 경우에는 활성화 시간이 PDCCH에 의해 전달되므로 RRC 시그널링에 시간 오프셋을 설정할 필요가 없다.

단말은 Type 2의 활성화/비활성화에 대해 상향링크의 MAC CE를 통해 응답을 보낸다. 활성화 명령을 받았는데 전송 대기 중인 데이터가 없어 단말이 전송을 하지 않으면 기지국은 단말이 활성화 명령을 못 받아서 그런 것인지 전송 버퍼가 비어서 그런 것인지를 알 수 없다. 이때, 응답은 이러한 모호성을 해결하는 데 도움을 준다.

두 가지 모드에서 다수의 단말에게 서로 겹치는 시간-주파수 상향링크 자원을 할당할 수도 있다. 이런 경우 서로 다른 단말로부터의 전송을 구분해서 수신하는 것은 전적으로 기지국의 몫이다.

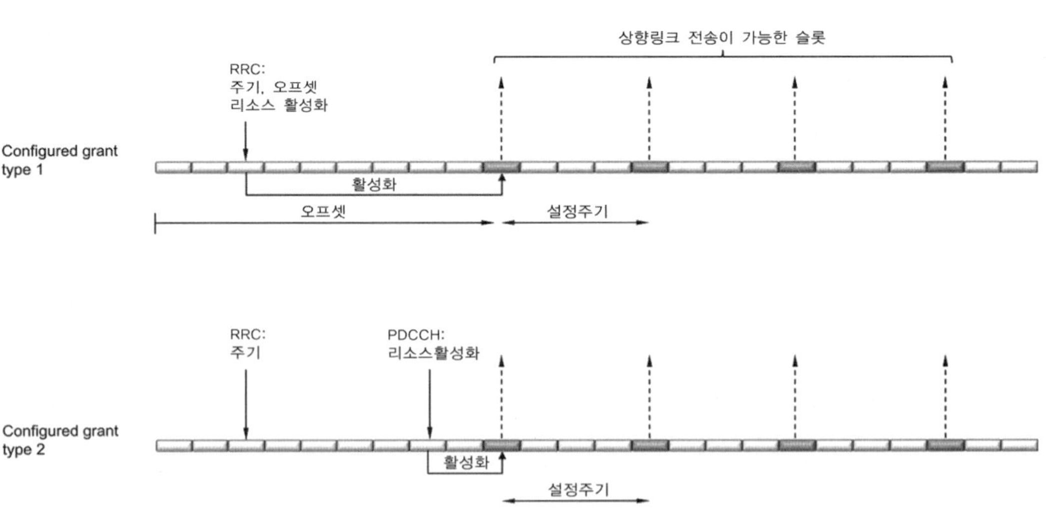

그림 14.9
다이나믹 그랜트가 없이 동작하는 상향링크 전송

14.5 전력 절감 (Power-Saving) 메커니즘

패킷 데이터 트래픽의 속성은 보통 긴 시간 동안 데이터가 없다가 갑자기 집중적으로 소규모로 발송되는 버스티 (Bursty)한 특성을 가진다. 지연 관점에서 하향링크 제어 시그널을 매 슬롯 (또는 더 자주)마다 상향링크 그랜트 또는 하향링크 데이터 전송을 모니터링하여 트래픽의 특성변화에 빠르게 대응하는 것이 좋을 것이다. 그러나 이는 단말기의 전력 소모를 대가로 치러야 하는 것이다. 수신 회로에서 사용하는 전력 소모는 무시하지 못할 양이다. 배터리 사용시간은 사용자가 가장 중요하게 생각하는 것 중의 하나이다.

단말기 전력 소모를 모델링하는 것은 복잡하고 여러 가지 요소가 복합적이다. 단말에서 가장 적은 전력이 소모되는 시간은 RRC_IDLE 상태에서 때 로 페이징만 확인하는 때이다. 그러므로 단말은 네트워크의 지시에 의하든 아니면 단말 자체적으로 시작하게 되든 가능하면 idle 상태로 가려고 한다. 그러나 데이터를 전송하기 위해서는 RRC_CONNECTED 상태로 천이하여야 한다. 단말이 RRC_IDLE에서 RRC_CONNECTED 상태로 천이하는 것은 많은 파라미터가 전송되고 컨텍스트가 재설정되어야 하므로 시간이 걸린다. 그러므로 단말은 마지막 패킷을 전송하고 idle 상태로 전환하기 전에 추가적인 데이터 패킷이 있을지 모르므로 수 초간 connected 상태를 유지한다. 단말의 컨텍스트가 네트워크에 유지되는 RRC_INACTIVE의 중간 상태가 유용하게 사용될 수 있다. 이를 사용하면 RRC_CONNECTED 상태로 천이하는 데 필요한 시그널링의 양을 줄일 수 있다.

RRC_CONNECTED 상태에서만 데이터 수신이 가능하므로 이 상태에서 단말의 전력 소모를 줄일 수 있는 방법을 찾는 것이 중요하다. 단말이 계속 idle 상태에 머무르는 것이 꼭 좋은 것은 아니다. 단말이 활성화 상태라고 해도 대부분의 시간은 데이터를 전송하거나 수신하는 상태는 아니다. 대신 PDCCH를 모니터링하며 잠재적인 스케줄링 정보를 감시한다. 그러므로 시간적으로 볼 때 단말은 대부분의 시간을 idle 모드로 보낸다고 할 수 있다. 그러나 에너지 측면에서 데이터 송수신이 없는데도 PDCCH를 모니터링하는 데 많은 에너지를 소비하는 것이다. 이에 비해 실제 데이터 송수신에는 상대적으로 적은 에너지를 소비한다.

이러한 모순적인 상황을 개선하고 배터리 수명을 연장하고 지연을 줄이기 위해 NR은 몇가지 전력 절감 방법을 채택했다. Discontinuous reception(DRX)가 기본적인 방법으로 NR의 첫 릴리즈에 포함되어 있다. 대역폭 적응 (Bandwidth adaptation)과 캐리어 비활성화 또한 같은 것이다. 릴리즈 16에서는 추가로 wake-up 시그널, 다이나믹 cross-slot 스케줄링 지연, 그리고 셀

수면(dormancy) 모드가 도입되었다. 19장에서 설명하게 될 비면허 스펙트럼을 지원하기 위해 PDCCH 모니터링하는 주파수를 제어하는 탐색 영역(search space)을 스위칭하는 것도 단말의 전력 소모를 줄이기 위한 방법이다. 이러한 표준화된 방법 이외에도 구현하는 회사에 따라 다양한 방법이 있을 수 있다. 예를 들어 단말이 PDCCH를 모니터링하는데 슬롯의 초기에 한 번만 하도록 설정되면 슬롯의 나머지 구간에서는 sleep 상태로 바꿀 수 있다. 이는 microsleep이라고 부른다.

14.5.1 불연속 (Discontinuous) 수신

단말기의 전력 소모를 줄이기 위해 NR은 불연속 수신 (Discontinuous Reception, DRX) 기능을 지원한다. LTE와 비슷한 개념이지만 다양한 뉴머롤로지를 처리하기 위해 이를 개선하였다. 대역폭 적응과 캐리어 활성화도 전력 절약을 위한 방법이라고 볼 수 있다.

DRX는 단말에게 DRX 주기를 설정함으로써 이루어진다. DRX 주기가 설정되면 단말은 활성화 시간에만 하향링크 제어 시그널을 모니터링하고 나머지 시간에는 수신 회로의 전원을 차단하고 슬립모드로 들어간다. 이로 인해 전력 소모를 상당히 줄일 수 있다. 주기가 길수록 전력 소모는 줄어든다. 이는 당연히 스케줄러가 단말이 DRX 주기에 따라 활성화되었을 때만 단말에게 전송이 가능하므로 제약이 있게 된다.

단말이 스케줄링되어 왔고 데이터 송수신이 진행 중인 단말의 경우 대부분 가까운 미래에 또다시 스케줄링될 가능성이 크다. 그 이유는 전송 버퍼에 있는 모든 데이터를 한 번의 스케줄링으로 모두 전송할 수 없고 또 다른 스케줄링이 필요할 경우가 많기 때문이다. DRX 사이클에 따라 다음 활성화 주기를 기다리는 것도 가능하긴 하겠지만 지연을 초래하게 된다. 그러므로 지연을 줄이기 위해 단말은 스케줄링이 된 후 설정된 시간 동안 활성화 상태를 유지한다. 단말에서는 스케줄링이 되었을 때마다 비활성화 타이머를 재시작하여 타이머가 종료될 때까지 깨어있다. 이에 대한 것이 그림 14.10에 도시되었다. NR은 다양한 뉴머롤로지를 처리해야 하므로 DRX 주기가 특정 뉴머롤로지에 국한되지 않도록 DRX 타이머는 ms 단위로 설정된다.

Hybrid-ARQ 재전송은 상향링크와 하향링크에서 모두 비동기 모드로 동작한다. 단말이 하향링크로 스케줄링된 데이터를 받았으나 디코딩에 실패했을 때 기지국은 가능한 한 빨리 다음 전송 시간에 재전송을 하려고 한다. 그러므로 DRX 기능은 전송 블록에 오류가 발생했을 때 시작하는 타이머를 두고 기지국이 재전송할 것 같은 시간 동안 단말의 수신기를 깨어 있게 한다. 타이머 종료 시간은 hybrid-ARQ의 RTT (Roundtrip Time)에 맞추는 것이 일반적이다. RTT는 구현에 따라 다르다.

비교적 긴 DRX 사이클과 위에서 설명한 단말기가 스케줄링된 후 잠시 깨어 있는 시간을 두는 것으로 거의 모든 경우에 충분히 잘 동작한다. 그러나 특정 서비스의 경우 일정한 시간마다 전송하고 그 이후 아예 없거나 매우 작은 전송이 이어지는 경우가 있다. 대표적으로voice-over-IP가 이런 서비스 예에 속한다. 이러한 서비스를 처리하기 위해 위에서 설명한 긴 사이클에 추가로 두 번째의 짧은 DRX 사이클을 설정할 수 있다. 기본적으로 단말은 긴 DRX 사이클을 따르지만, 최근에 스케줄링되었다면 그 후 얼마 동안 짧은 DRX 사이클을 따른다. 예로 든 voice-over-IP 서비스의 경우 음성 코덱이 보통 voice-over-IP 패킷을 20ms마다 생성하므로 짧은 DRX 사이클을 20ms으로 설정한다. 긴 DRX 사이클은 말 사이의 긴 침묵 시간을 처리하는 데 사용된다.

DRX 파라미터를 포함하고 있는 RRC 설정 이외에도 기지국은 "현재 사이클 구간 (On Duration)"을 멈추고 긴 DRX 사이클을 따를 것을 명령할 수도 있다. 이는 기지국이 하향링크로 전송을 기다리고 있는 데이터가 없어 단말이 깨어 있을 필요가 없다는 것을 알 때, 단말의 소모 전력을 줄이기 위해 사용한다.

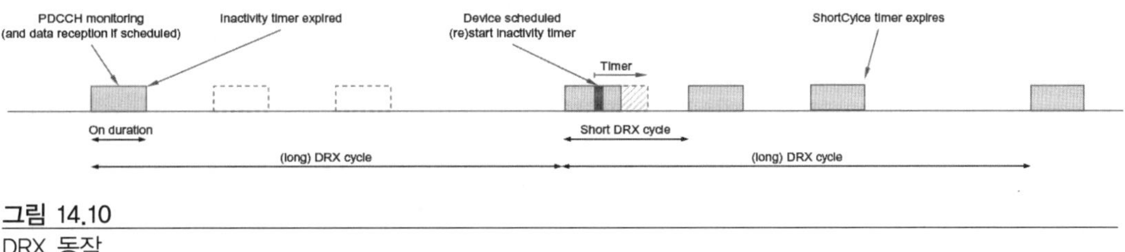

그림 14.10
DRX 동작

14.5.2 wake-up 신호

위에서 설명한 DRX 방법은 단말이 계속 활성화 상태에 있는 것에 비해 전력 소모를 상당히 줄이는 효과가 있다. 그러나 하향링크 데이터가 한동안 없을 거라는 것을 알게 되면 네트워크가 단말이 긴 DRX 구간 동안 주기적으로 깨어나서 PDCCH를 모니터링하는 대신 슬립 상태로 유지하도록 지시하면 추가적인 향상을 기대할 수 있다. 그러므로 릴리즈 16에서는 wake-up 시그널을 사용할 수 있도록 하였다. wake-up 시그널이 설정되면 단말은 긴 DRX 사이클을 시작하기 전에 설정된 시간에 깨어나서 wake-up 시그널을 확인한다. 깨어있지 않아도 된다는 지시를 받으면 다음 긴 DRX 사이클 동안 슬립모드로 들어간다. 그림 14.11의 예를 보기 바란다. wake-up 시그널은 전력 절감을 지원하기 위해 도입된 DCI 포맷 2_6을 사용한다. 다수의 단말에게 전송되는 wake-up 시그널이 DCI 포맷 2_6으로 전송될 수 있으며 단말은 wake-up 신호에서 자신에게 전송되는 비트를 보고 wake-up을 판단한다. wake-up 시그널을 확인하는 것은 다른 많은 DCI 포맷과 PDCCH 후보들을 블라인드 탐색하는 것보다 적은 전력이 소모된다. DRX 사이클에 명시된 깨어 있는 구간보다 wake-up 신호를 확인하는 구간이 훨씬 짧아서 전력 소모 감소가 배가된다.

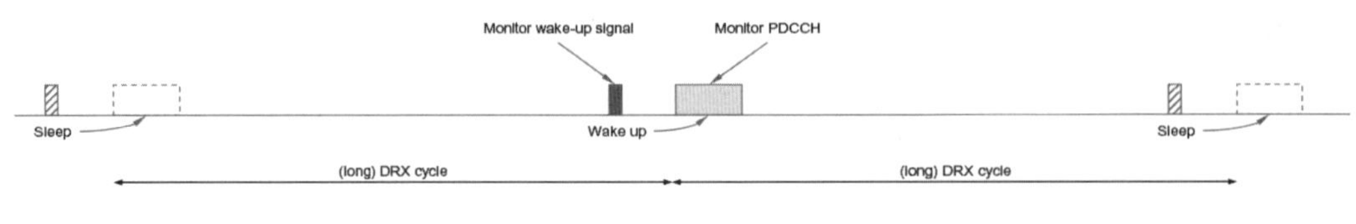

그림 14.11
릴리즈 16에서의 wake-up 신호

14.5.3 전력 절감을 위한 cross-slot 스케줄링

NR에서는 10장에서 설명하였듯이 PDCCH 바로 다음에 데이터 전송을 시작하거나 적절한 설정에 의해 PDCCH와 동시에 전송하는 것이 가능하다. 지연 관점에서 이는 확실히 장점이 있지만 수신기를 켜놓고 PDCCH 디코딩이 완료될 때까지 수신 신호를 버퍼에 저장해야 한다. 많은 경우 단말에 대한 스케줄링은 없고 버퍼에 저장해둔 수신 신호는 쓸모없게 되어 버린다. 이런 관점에서 크로스슬롯 스케줄링은 PDSCH가 PDCCH의 다음 슬롯에 전송되어 수신 신호를 버퍼에 저장할 필요가 없으므로 장점이 있다. 10장에서 설명하였듯이 NR에서 크로스슬롯 스케줄링은 시간 영역 리소스 할당 테이블을 설정함으로써 지원된다. 시간 영역 할당이 다음 슬롯에 되도록 설정되면 단말은 신호 버퍼링을 안할 수 있다. 그러나 전송할 데이터 양이 많을 때 크로스슬롯 스케줄링이 모든 전송에 사용되면 지연을 증가시킨다. 그러므로 릴리즈 16에서는 최소 스케줄링 오프셋을 다이나믹하게 시그널링해줄 수 있다. 이는 DCI의 한 비트를 이용하여 미리 설정된 두 개의 오프셋 중에 하나를 선택함으로써 가능하다. 단말에게 최소 슬롯 오프셋이 0으로 설정되면 시간 영역 할당 테이블의 모든 값들이 유효하고 단말은 PDCCH 바로 다음 또는 동시에 PDSCH를 받을 준비가 되어 있어야 한다. 그러므로 수신 신호를 버퍼링해야 한다. 그러나 예를 들어 최소 슬롯 오프셋이 1로 설정되면 시간 영역 리소스 할당 테이블에서 슬롯 오프셋이 0으로 된 모든 설정은 유효하지 않은 것으로 되고 따라서 단말은 수신 신호를 버퍼링하지 않고 PDSCH 전송이 위치한 다음 슬롯까지 슬립 모드로 동작할 수 있어 전력 절감 효과가 있다. 그림 14.12에 그 예가 표시되어 있다. 최소 슬롯 오프셋을 다이나믹하게 지시하는 것은 DCI포맷 0_1과 1_1을 쓰는 유니캐스트 상향링크와 하향링크 스케줄링에 적용될 수 있다. 시스템 정보나 랜덤 액세스에 대한 응답에는 적용할 수 없다. 최소 슬롯 오프셋은 시그널링이 전송된 그 슬롯엔 당연히 적용될 수 없고 그 이후의 다음 슬롯부터 적용된다.

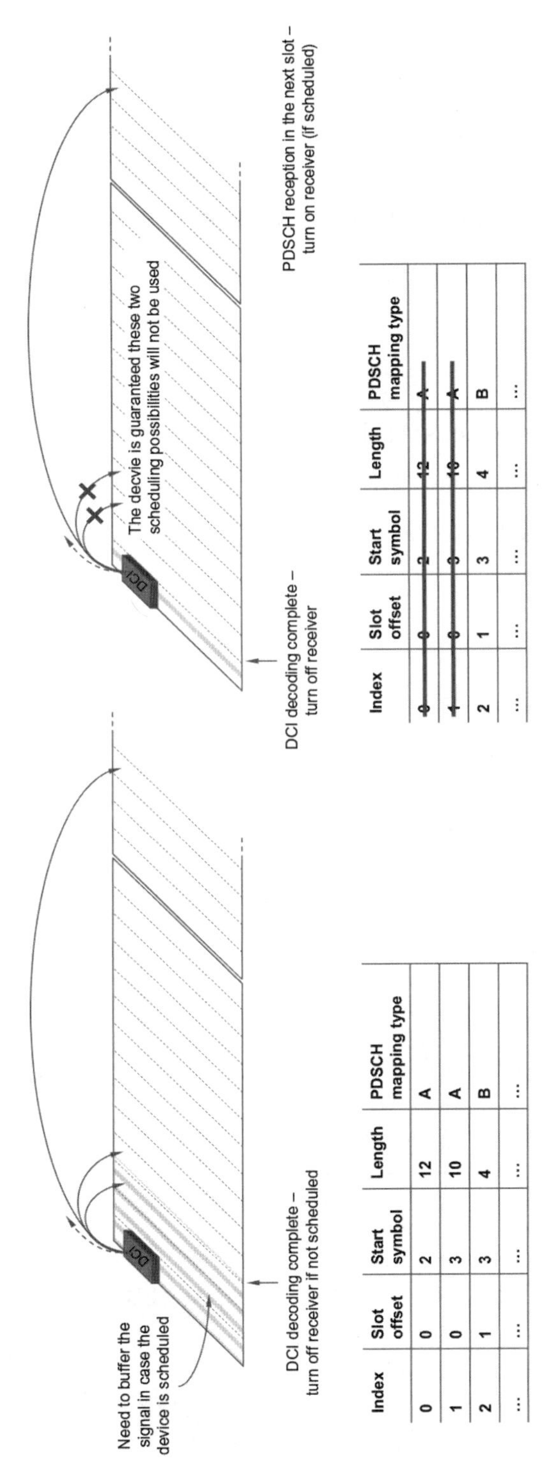

그림 14.12
전력 절감을 위한 최소 슬롯 오프셋을 다이나믹하게 설정하는 예

14.5.4 셀 수면 (dormancy)

캐리어 애그리게이션이 동작하는 환경에서 전력 절감을 향상시키기 위해 릴리즈 16에서는 SCell dormancy 기능이 도입되었다. dormant 셀에서는 단말은 PDCCH 모니터링을 중지하고 CSI 측정과 빔 관리는 지속한다. dormant 셀은 여전히 활성화 상태로 간주되지만 단말 관점에서 상당히 활성도가 낮아서 전력을 절약할 수 있다. 셀을 비활성화 하는 것도 또한 또 다른 전력 절감을 가져온다. 그러나 이 경우엔 CSI 보고가 되지 않으므로 SCell을 dormancy에서 정상 상태로 돌리는 데 시간이 많이 소요된다.

dormancy 동작은 bandwidth part 동작에 기초를 두고 있다. PDCCH 모니터링이 없는 bandwidth part가 정상적인 bandwidth part 동작에 추가로 설정된다. dormant 셀에는 dormant bandwidth part도 활성화된 bandwidth part가 되고 다른 정상적인 bandwidth part로 스위칭함으로써 dormancy 모드에서 빠져나올 수 있다.

dormant bandwidth part와 정상적인 bandwidth part로 스위칭하는 것은 L1/L2 시그널링을 통해 이루어진다. 상향링크 전송에 사용되는 DCI 포맷 0_1, 하향링크 전송에 쓰이는 DCI포맷 1_1, 그리고 wake-up 시그널에 사용되는 DCI 포맷 2_6에서 사용될 수 있다.

DCI 포맷 2_6은 단말이 DRX 모드이고 wake-up 시그널을 모니터링할 때 사용된다. 이 경우 wake-up 시그널과 함께 최대 5비트의 dormancy 지시자가 전송될 수 있다. 그림 14.13을 보기 바란다. dormancy 지시자의 각 비트는 RRC에서 설정된 SCell 그룹에 해당하여 각 SCell이 dormancy 모드로 들어간다는 것을 명시한다.

그림 14.13
DCI 포맷 2_6에서 wake-up 시그널과 dormancy 지시자

DRX 모드에 있지 않은 단말엔 DCI 포맷 0_1과 1_1이 사용된다. DCI 사이즈는 DCI 포맷 2_6에서처럼 SCell의 dormancy를 지시하기 위해 5비트가 늘어나게 된다. 만약 DCI 사이즈가 문제가 되면 DCI 포맷 1_1에서 standalone dormancy를 지시할 수도 있다. 이때는 리소스 할당 필드의 값을 특별한 값으로 표시하고 각 비트가 각 SCell을 지칭하도록 새롭게 해석하는 방법을 사용한다. 이 경우에는 당연히 데이터와 동시에 스케줄링할 수는 없다.

14.5.5 대역폭 적응

NR은 하나의 캐리어에 100MHz 씩, 총 수백 MHz의 넓은 전송 대역폭을 지원한다. 이는 많은 양의 페이로드를 빠르게 전송하는 데에는 유용하지만, 적은 페이로드를 전송하거나 스케줄링이 되지 않고 있을 때 하향링크 제어 채널을 감시하는 용도로는 불필요하다. 그러므로 5장에서 이미 언급했듯이 NR은 수신 대역폭 적응 (Receiver Bandwidth Adaptation) 기능을 지원한다. 이를 통해 단말기는 좁은 대역폭을 이용해 제어 채널을 감시하고 많은 양의 데이터가 스케줄링 될 때만 전 대역폭을 열어 전송한다. 이는 주파수 영역에서의 불연속 수신 (Discontinuous Reception)이라고 볼 수 있다.

큰 수신 대역폭을 여는 것은 DCI 내의 대역폭 부분 지시자 (Bandwidth Part Indicator, BWP Indicator) 필드를 이용한다. 만약 대역폭 부분 지시자가 현재 활성화된 BWP와 다른 BWP를 지시하면 활성 BWP는 지시된 BWP로 바뀌게 된다. 그림 14.2를 보라. 활성 BWP를 변경하는 데 걸리는 시간을 좌우하는 것은 여러 요인이 있다. 중심 주파수를 변경하는 것이어서 수신기가 재탐색을 해야 할 수도 있다. 경우에 따라 다르긴 하지만 활성 BWP를 변경하는 것은 몇 슬롯 이내이다.

큰 대역폭을 요구하는 데이터 전송이 끝나면 같은 방식으로 원래의 작은 BWP로 돌아간다. BWP를 스위칭하는 데 명시적인 시그널링을 사용하지 않고 타이머를 설정하여 처리할 수도 있다. BWP 중 하나가 기본 동작 모드 BWP로 설정되어 있다. 초기 BWP가 명시적으로 설정되어 있지 않으면 랜덤 액세스 절차로 획득한 BWP가 초기 BWP가 된다. 현재와 다른 BWP를 지시하는 DCI를 받으면 타이머를 시작한다. 타이머가 종료되면 단말은 원래의 초기 BWP로 돌아온다. 대개 초기의 BWP는 대역폭이 좁아서 단말기의 소모 전력을 줄일 수 있다.

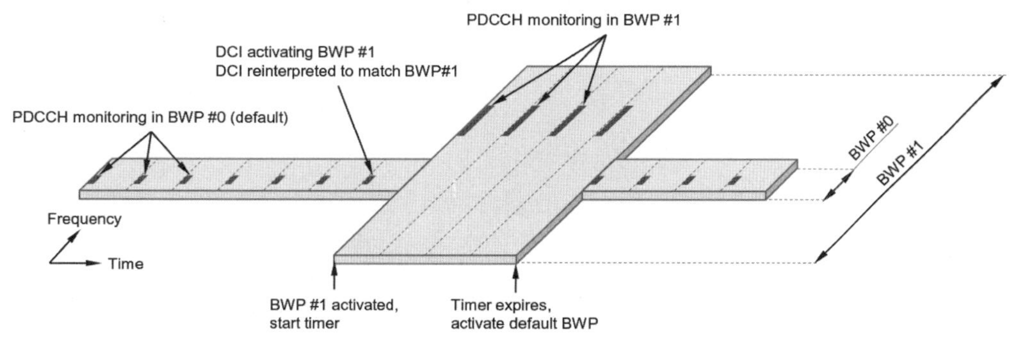

그림 14.14
대역폭 적응의 원리

NR에서 대역폭 적응이 도입될 당시 LTE에선 없었던 설계에 대한 몇 가지 이슈들이 제기되었다. 그중에서 여기서 언급해야 할 것은 제어 시그널의 처리에 관련된 것이다. 전송 파라미터 중 상당수는 BWP 당 설정된다. 그러므로 DCI 페이로드 크기 또한 BWP마다 서로 다를 수 있다. 주파수 영역에서의 자원 할당 필드가 가장 뚜렷한 예이다. BWP가 클수록 주파수 영역 자원 할당 필드의 비트 수가 커져야 한다. 하향링크 데이터 전송이 DCI 제어 시그널과 같은 BWP를 사용한다면 이런 문제는 없다.[5] 그러나 대역폭 적응의 경우엔 이것이 더 이상 유효하지 않다. DCI의 BWP 지시자가 현재와 다른 크기의 BWP로 데이터 수신을 가리킬 수 있다. 그리고 DCI의 각 필드 값들은 새롭게 지정된 BWP에서 필요한 것들과 맞지 않을 수 있다.

한 해결책으로 생각해 볼 수 있는 것은 모든 BWP에 해당하는 DCI 페이로드 사이즈를 모두 blind 방식으로 검색하는 것이다. 그러나 이는 단말에 너무 큰 부담이 된다. 그래서 수신된 DCI 필드 값들을 새롭게 지정된 BWP에 맞게 재해석하는 식으로 접근했다. 간단한 방법으로 새롭게 스케줄된 BWP에 맞게 DCI 비트를 패딩 또는 잘라내는 것이다. 당연히 이러한 방법은 스케줄링 결정에 제약을 가하게 된다. 그러나 새로운 BWP가 활성화된 후로는 단말기는 하향링크 제어 시그널을 새로운 DCI 크기에 맞춰 모니터링하고 이제 완전히 유연하게 데이터를 스케줄링할 수 있다.

지금까지 BWP를 하향링크에서 처리하는 방법을 기술하였지만, 동일하게 DCI를 재해석하는 방법이 상향링크에도 적용된다.

---

5) 엄밀히 말해서 PDCCH와 PDSCH에 사용되는 BWP의 설정과 크기가 같은 것으로 충분하다.

15 상향링크 전력 및 타이밍 제어

CHAPTER

이 장의 주제는 상향링크 전력 제어와 타이밍 제어이다. 전력 제어는 주로 다른 셀에 주는 간섭을 제어하려는 목적이다. 같은 셀 내에서의 전송은 대개 신호들이 직교한다. 타이밍 제어는 서로 다른 단말의 신호를 같은 타이밍에 수신하는 것을 보장하기 위해서이다. 이는 서로 다른 단말로부터의 신호가 직교성을 유지하기 위한 전제 조건이 된다.

15.1 상향링크 전력 제어

NR의 상향링크 전력 제어는 단말이 전송한 물리 채널 트래픽과 제어 신호를 기지국에서 적정 레벨로 수신할 수 있도록 단말의 송신 전력을 제어하는 일련의 알고리즘과 도구이다. 상향링크 물리 채널의 경우 적정한 송신 전력은 물리 채널이 포함하고 있는 정보를 올바르게 디코딩하는 데 필요한 전력으로 수신하게 하는 양이다. 이와 동시에 송신 전력은 불필요하게 높아서는 안 된다. 왜냐하면, 이는 다른 상향링크 전송에 불필요한 간섭을 주기 때문이다.

적적절한 송신 전력은 채널 감쇄, 잡음 수신기에서의 간섭 레벨 등을 포함하는 채널 특성에 좌우된다. 또한, 요구되는 수신 전력은 데이터 속도와도 직접적인 관련이 있음에 주목해야 한다. 수신 전력이 너무 낮으면 송신 전력을 높이거나 데이터 속도를 낮추면 된다. 즉, 다른 말로 PUSCH 전송에 있어 전력 제어와 링크 적응 (데이터 속도 조절)은 밀접한 관련이 있다.

LTE의 전력 제어[26]와 마찬가지로 NR 상향링크 전력 제어는 다음의 조합에 기초하여 동작한다.

- **개방 회로 (Open-Loop) 전력 제어** : 전송 손실의 일부를 보상하는 것으로 단말기는 하향링크 측정에 근거하여 상향링크 전송 손실을 예측하고 이에 따라 송신 전력을 결정한다.
- **폐쇄 회로 (Closed-Loop) 전력 제어** : 기지국에서 제공하는 명시적인 전력 제어 명령에 따라 단말기의 송신 전력 제어를 한다. 전력 제어 명령은 기지국에서 상향링크 수신 전력 측정을 바탕으로 결정된다. 그래서 “폐쇄 회로 (Closed-Loop)”라는 용어로 불린다.

이전 LTE에 비해 뚜렷한 차이점 또는 확장이라고 볼 수 있는 것은 NR 상향링크 전력 제어는 빔 단위 전력 제어가 가능하다는 것이다. 이에 관한 내용은 15.1.2에서 다룬다.

15.1.1 전력 제어의 기초

PUSCH 송신 전력 제어는 다음과 같은 수식으로 간략하게 표현될 수 있다.

$$P_{PUSCH} = \min\left\{P_{CMAX}, P_0(j) + \alpha(j)PL(q) + 10\log_{10}\left(2^{\mu}M_{RB}\right) + \Delta_{TF} + \delta(l)\right\} \quad (15.1)$$

여기서

- P_{PUSCH}는 PUSCH의 전송 전력
- P_{CMAX}는 캐리어당 허용된 최대 전력
- $P_0(\cdot)$는 네트워크가 설정하는 값으로 개념적으로 간단히 말하면 수신 목표 전력이라고 볼 수 있다.
- $PL(\cdot)$는 상향링크 전송 손실의 예측 값
- $\alpha(\cdot)$는 네트워크가 설정하는 값으로 전송 손실 보상 비율
- μ는 PUSCH 전송에 사용되는 서브캐리어 간격 Δf에 관계된 값으로 좀 더 자세히 표현하면 $\Delta f = 2^{\mu} \times 15\text{kHz}$이다.
- M_{RB}는 PUSCH 전송에 할당된 리소스 블록의 개수
- Δ_{TF}는 PUSCH 전송에 사용되는 변조 방법 및 채널 코딩 비율에 관계된 것[1)]
- $\delta(\cdot)$는 폐쇄 회로 전력 제어에 의한 전력 조정 값

을 의미한다.

위의 수식은 캐리어 당 상향링크 전력 제어의 표현이다. 단말기가 캐리어 애그리게이션 또는 보조 상향링크 등으로 다수의 상향링크 캐리어가 설정되었다면, 식 15.1의 전력 제어는 각 캐리어에 독립적으로 적용된다. 전력 제어 수식에서 $\min\{P_{CMAX}, \ldots\}$ 는 캐리어 전력이 캐리어 당 최대 허용된 전력을 초과할 수 없다는 것을 의미한다. 그러나 단말기가 전체 캐리어를 통해 전송하는 전력 또한 어느 한계를 넘을 수 없다. 이 한계 밑으로 전송하기 위하여 최종단에서 캐리어들의 전력값을 서로 다시 맞추는 작업이 필요하다. 이 내용은 15.1.4에서 상세히 다루기로 한다. 이러한 재조정은 LTE에서도 필요했고 NR 이중 연결 (Dual-Connectivity)에서도 필요하다.

1) TF는 transport format의 약자이다. 이 용어는 3GPP 기술이 도입될 초창기에 사용되었던 것으로 NR에서는 공식적 용어는 아니다.

이제 위의 전력 제어 수식의 각 부분에 대해 좀 더 상세히 알아보자. 이 과정에서 우리는 처음에는 j, q, l등은 무시할 것이다. 이 변수들이 미치는 영향에 대해서는 15.1.2에서 설명할 것이다.

$P_0+\alpha PL$은 전송 손실의 일부를 보상하는 개방 회로 전력 제어의 기본 공식이다. 전체 전송 손실을 보상하기 위해서는 상향링크 전송 손실의 예측 값 PL이 정확하다는 가정 하에 $\alpha=1$이면 된다. 개방 회로 전력 제어는 수신 전력이 "목표 수신 전력 (Target Received Power)" P_0가 되도록 PUSCH 송신 전력을 조정하는 것이다. P_0는 전력 제어 설정 값의 하나로서 대개 목표로 하는 데이터 속도와 잡음 그리고 수신기에서 겪는 간섭 레벨에 좌우된다.

단말기는 하향링크 신호의 측정 값으로부터 상향링크 전송 손실을 예측한다. 그러므로 전송 손실의 정확도는 얼마나 하향링크와 상향링크 유사성이 성립하느냐에 달려 있다. 특히 주파수를 쌍으로 쓰는 FDD 동작의 경우, 전송 손실이 주파수에 따라 달라지는 특성을 구분해서 예측할 수가 없다.

전송 손실을 부분 보상할 경우 즉, $\alpha<1$인 경우 전송 손실이 모두 보상되지 않을 것이고 셀 내에 단말이 어디에 있느냐에 따라 수신 전력의 평균 또한 변하게 될 것이다. 단말이 기지국으로부터 멀리 있어 손실이 큰 단말은 수신 전력이 낮을 것이다. 그러므로 상향링크 데이터 속도를 여기에 맞춰 보상해야 한다.

전력 손실 일부만을 보상함으로써 좋은 점은 이웃 셀에 간섭을 줄일 수 있다는 것이다. 이는 서비스 품질의 변화와 셀 경계에 있는 단말의 데이터 속도 저하라는 비용이 따른다.

$10\log\left(2^{\mu}M_{RB}\right)$는 모든 것이 변하지 않았을 때 송신 전력이 전송에 할당된 대역폭에 비례하여 변해야 한다는 것을 반영한다. 그러므로 경로 손실을 모두 보상할 경우 $(\alpha=1)$, P_0는 정규화된 목표 수신 전력으로 표현되어야 한다. 경로 손실을 모두 보상한다고 가정하면 P_0는 15kHz 뉴머롤로지로 보면 하나의 리소스 블록에 전송했을 때 목표로 하는 수신 전력이다.

Δ_{TF}는 다른 변조와 채널 코딩 비율에 의해 리소스 엘리먼트 당 정보 비트의 수가 변하게 되고 이에 따라 요구되는 수신 전력이 변하는 것을 반영하기 위함이다. 좀 더 정확히는 다음과 같다.

$$\Delta_{TF}=10\log\left(\left(2^{1.25\gamma}-1\right)\beta\right) \tag{15.2}$$

여기서 γ는 PUSCH 전송에 포함된 정보 비트의 수를 DM-RS를 제외한 리소스 엘리먼트 수로 나눈 값이다.

β는 PUSCH를 통한 데이터 전송의 경우에는 1이고, PUSCH에 물리 계층 제어 시그널 (Uplink Control Information, UCI)가 포함되어 전송될 때는 다른 값으로 세팅할 수 있다.[2)]

β항을 무시하면 Δ_{TF}는 샤논의 채널 용량 $C = W\log_2(1+SNR)$에 추가로 1.25를 적용한 것임을 알 수 있다. 다른 말로 Δ_{TF}는 샤논의 최대 용량의 80%로 링크 용량을 설정한 것으로 볼 수 있다.

Δ_{TF}는 PUSCH 전송 전력을 결정할 때 항상 포함되는 것은 아니다.

- ❑ Δ_{TF}는 전송 레이어가 1일 때만 사용된다. 즉, 상향링크에 다중 레이어 전송을 할 경우에는 $\Delta_{TF} = 0$이다.
- ❑ Δ_{TF}는 사용하지 않도록 설정할 수도 있다. 예를 들어 Δ_{TF}는 경로 손실 일부만을 보상할 경우에는 사용하지 말아야 한다. 데이터 속도에 따라 송신 전력을 조절하는 것은 손실 일부만을 보상함으로써 발생하는 수신 전력의 변화에 반대로 작용한다.

마지막으로 $\delta(\cdot)$항은 폐쇄 회로 전력 제어와 관련된 조정 값이다. 기지국은 전력 제어 명령(Power Control Command)를 이용하여 일정 단계로 $\delta(\cdot)$를 조절한다. 기지국에서 수신 전력의 측정 값을 바탕으로 송신 전력을 조절하는 것이다. 전력 제어 명령은 상향링크 스케줄링 그랜트인 DCI 포맷 0-0와 0-1에 TPC 필드로 전달된다. 전력 제어 명령은 또한 DCI 포맷 2-2에 멀티플렉싱되어 다수의 단말에게 전송될 수도 있다. 각 전력 제어 명령은 2비트로 이루어져 있으며 네 개의 값은 각각 -1dB, 0dB, +1dB, +3dB의 단계로 전력을 제어한다. 0dB가 전력 조절 단계에 포함되는 이유는 전력 제어 명령이 모든 스케줄링 그랜트에 포함되며 매번 PUSCH 송신 전력을 변경하는 것은 바람직하지 않기 때문이다.

15.1.2 빔에 근거한 전력 제어

위의 설명에서 개방 회로 전력 제어를 위한 $P_0(\cdot)$와 $\alpha(\cdot)$에 들어가는 j변수와, 경로 손실 $PL(\cdot)$에 들어가는 q 그리고 폐쇄 회로 전력 제어 조정 값 $\delta(\cdot)$에 들어가는 l 변수를 무시했었다. 이러한 변수들이 포함된 주된 이유는 상향링크 전력 제어에 빔포밍을 고려하기 위함이다.

15.1.2.1 다중 경로 손실 예측 프로세스

$PL(q)$는 경로 손실을 나타내고 식 15.1에 따라 송신 전력을 결정하는 데 이용된다. 빔 포밍의 경우, 전송 손실은 PUSCH 전송에 사용되는 상향링크 빔 쌍의 빔 포밍 이득을 포함한다. 즉,

2) PUSCH가 UCI를 전송할 때는 10log(β)를 독립적인 항으로 적용하는 것으로 설명할 수도 있다.

빔 포밍 이득이 커지면 전송 손실 총량은 줄어든다. 하향링크에 사용되는 빔과 같은 빔이 상향링크에도 사용된다면 하향링크 RS를 측정한 값으로부터 상향링크 전송 손실을 예측할 수 있다. 상향링크 전송에 사용되는 송수신 빔은 PUSCH 전송마다 바뀔 수 있으므로 단말기는 다수의 경로 손실 값을 보유하고 있어야 한다. 이들 경로 손실 값들은 하향링크 RS로 잰 것들이다. 특정 빔 쌍을 이용해 PUSCH 전송할 때 식 15.1에 따라 PUSCH 전송 전력을 결정할 때 이 빔 쌍의 경로 손실 예측 값을 이용해야 한다.

전송 손실 예측 값 $PL(q)$에서 q가 의미하는 것이 바로 선택된 빔 쌍에 관한 정보이다. 기지국은 단말에게 CSI-RS 또는 SS 블록 등 여러 가지 하향링크 RS를 설정하고 이에 따라 경로 손실을 측정한다. 여기서 각 RS는 특정 q 값에 연계되어 있다. 단말에게 너무 과중한 요구 조건을 주지 않기 위해 동시에 진행 중인 경로 손실 예측 프로세스는 최대 4개까지 설정할 수 있으며 각각 서로 다른 q 값에 매핑되어 있다. 또한 기지국은 스케줄링 그랜트로 제공하는 SRI 값을 4개의 다른 q 값에 매핑할 수 있다. 결국 스케줄링 그랜트의 SRI (SRS Resource Indicator) 값과 4개의 하향링크 RS와 매핑되고, 이는 암묵적으로 SRI가 4개의 특정 빔 쌍에 해당하는 전송 손실 예측 값과 연결된 것으로 볼 수 있다. SRI를 포함하는 스케줄링 그랜트로 PUSCH가 전송될 때 전송 손실 예측 값은 SRI에 연결된 것을 사용하여 PUSCH 전송 전력을 결정하게 된다.

그림 15.1에 두 개의 빔 쌍이 있는 경우에 SRI를 이용하여 상향링크 전력 제어가 되는 과정이 그려져 있다. 단말은 CSI-RS 또는 SS 블록으로 두 개의 하향링크 RS가 설정되어 있고 각각은 서로 다른 빔 쌍으로 전송된다. 단말은 두 개의 경로 손실 프로세스가 동시에 진행되고 있고 RS-1을 이용하여 첫 번째 빔 쌍에 대한 경로 손실 $PL(1)$를 예측하고, RS-2를 이용하여 두 번째 빔 쌍에 대한 경로 손실 $PL(2)$를 예측한다. q 값은 SRI=1과 RS-1을 연결하고 이는 간접적으로 $PL(1)$과 연결된다. 마찬가지로 SRI=2과 RS-2이 연결되어 있고 이는 간접적으로 $PL(2)$과 연결된다. 단말기가 SRI가 1로 세팅되어 있는 스케줄링 그랜트로 PUSCH 전송을 할 때 RS-1을 이용하여 측정한 경로 손실 값인 $PL(1)$을 이용해 송신 전력을 계산한다. 그러므로 경로 손실 예측 값을 빔에 연결하는 것은 PUSCH를 전송할 때의 빔 쌍을 염두에 둔 것이다.

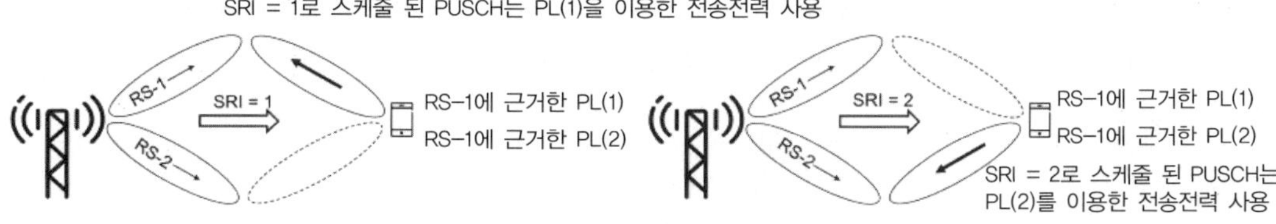

그림 15.1
다이나믹 빔 관리의 경우 다수의 전력 측정 프로세스를 이용한 상향링크 전력 제어의 예

15.1.2.2 다중 개방 루프 변수

PUSCH 전력 제어 식 15.1에서 개방 루프 변수 $P_0(\cdot)$와 $\alpha(\cdot)$는 변수 j와 연결되어 있다. 이는 개방 루프 변수 쌍 $\{P_0, \alpha\}$이 여러 개 있을 수 있다는 것을 의미한다. 각각의 개방 루프 변수는 서로 다른 타입의 PUSCH 전송에 사용되는 것이라고 설명할 수 있다. PUSCH 전송 타입으로는 17장에서 설명하게 될 랜덤엑세스 메시지 3, 그랜트 없이 동작하는 PUSCH, 정상적인 PUSCH 전송 등이 있을 수 있다. 그러나 정상적으로 스케줄링된 PUSCH에도 또한 여러 개의 개방 루프 쌍이 있을 수 있다. 이 쌍의 선택은 위에서 설명한 경로 손실을 선택하는 것처럼 SRI를 이용해 선택한다. 실제 운영상에서 개방 루프 변수 $P_0(\cdot)$와 $\alpha(\cdot)$는 상향링크 빔에 관계된 값이다.

NR 표준에서는 랜덤엑세스 메시지 3의 전력을 결정할 때 $j=0$으로 간주하고 $\alpha(0)=1$이다. 즉, 메시지 3 전송에는 경로 손실을 부분 보상하지 않는다. 그리고 메시지 3를 위한 $P_0(\cdot)$는 랜덤엑세스 정보를 이용해 계산하여 얻어진다.

다른 PUSCH 전송을 위해서는 단말기에 다른 j값을 갖는 서로 다른 개방 루프 변수 쌍 $\{P_0(j), \alpha(j)\}$이 설정된다. $\{P_0(1), \alpha(1)\}$은 그랜트 없이 동작하는 PUSCH에 사용된다. 그리고 나머지 변수 쌍은 정상적으로 스케줄링된 PUSCH 전송에 이용된다. 상향링크 스케줄링 그랜트로 전달되는 SRI 값은 이 개발 루프 변수 쌍의 하나와 연계되어 있다. 스케줄링 그랜트에 SRI가 포함되어 PUSCH 전송이 될 때 SRI와 연계된 개방 루프 변수를 이용하여 PUSCH 송신 전력을 결정한다.

상향링크 선취(preemption)를 위해 여러 개의 개방 루프 파라미터 셋이 사용될 수 있다. 이에 대한 릴리즈 16에서의 개선 사항은 20장에서 설명하게 될 것이다.

15.1.2.3 다중 폐쇄 루프 프로세스

마지막으로 폐쇄 루프 프로세스에 포함된 변수 l에 대해 살펴보자. PUSCH 전력 제어는 $l=1$ 또는 $l=2$인 두 개의 독립적인 폐쇄 루프 프로세스 설정을 허용한다. 여러 개의 경로 손실 예측 또는 개방 루프 변수들이 있는 것처럼 변수 l의 선택은 폐쇄 회로 루프의 프로세스 선택으로 이어진다. 변수 l은 스케줄링 그랜트에 포함된 SRI와 연결되어 폐쇄 루프 프로세스 중의 하나와 매핑되어 있다.

15.1.3 PUCCH 전력 제어

PUCCH에 대한 전력 제어는 원리적으로 PUSCH와 같고 몇 가지 사소한 차이점이 있다. 우선 PUCCH 전력 제어에는 경로 손실의 일부를 보상하는 개념이 없다. 즉, α는 언제나 1이다. 그리고 폐쇄 루프 전력 제어 명령은 DCI 포맷 1-0 또는 1-1로 전송된다. PUSCH의 전력 제어에는 상향링크 그랜트를 통해 명령이 전달되었지만, PUCCH는 하향링크 스케줄링 할당에 전송된다. 상향링크 PUCCH를 전송하게 되는 이유 중의 하나는 하향링크 전송에 대한 응답으로 hybrid-ARQ ack을 전송하기 위해서이다. 그러한 하향링크 전송은 대개의 경우 PDCCH를 통한 하향링크 스케줄링 할당에 의해 동작하므로 PDCCH 안의 전력 제어 명령은 hybrid-ARQ ack을 전송에 사용되는 PUCCH 송신 전력을 조정하는 데 이용된다. PUSCH와 마찬가지로 DCI 포맷 2-2로 다수의 단말기에 대한 전력 제어 명령이 멀티플렉싱되어 전달될 수 있다.

15.1.4 여러 개의 상향링크 캐리어가 있는 경우의 전력 제어

앞에서 설명한 과정은 한 개의 상향링크 캐리어의 경우 특정 물리 채널의 송신 전력을 어떻게 결정할 것인가에 관한 것이었다. 개개의 캐리어는 최대로 허용된 송신 전력 P_{CMAX}를 가지고 있고 전력 제어 수식의 $\min\{P_{CMAX}, \ldots\}$는 캐리어당 송신 전력이 P_{CMAX}를 넘지 않도록 해준다.[3)]

단말에게 다수의 상향링크 캐리어가 설정되는 경우는 흔히 존재하며 다음과 같은 경우가 이에 해당한다.

- ❑ 캐리어 애그리게이션의 경우 멀티 캐리어
- ❑ SUL의 경우 추가적인 보조 상향링크 캐리어

캐리어당 최대 전송 전력 P_{CMAX}와는 별도로 전체 캐리어로 전송되는 최대 전력 P_{TMAX}가 존재한다. 다수의 상향링크 캐리어로 NR 전송을 하는 단말기에서 P_{CMAX}는 당연히 P_{TMAX}를 넘을 수 없다. 그러나 설정된 모든 상향링크 캐리어의 P_{CMAX}를 더하면 P_{TMAX}를 넘는 경우가 종종 있다. 그 이유는 단말이 설정된 모든 상향링크 캐리어로 동시에 전송하는 경우가 흔하지 않기 때문이다. 그래서 단말은 이런 경우 최대 허용 전력 P_{TMAX}으로 전송할 수 있다. 그러므로 각 캐리어에서 전력 제어 식 15.1로 결정된 송신 전력의 합이 P_{TMAX}를 넘는 상황이 발생한다. 이러한 경우 각 캐리어의 전력을 조금씩 낮춰 최종적인 단말의 송신 전력이 최대

---

3) LTE와는 대조적으로 NR 릴리스 15에서는 하나의 캐리어에 PUSCH와 PUCCH 전송이 동시에, 즉, 같은 심볼에 존재하지 않는다. 그러므로 상향링크 캐리어에 한순간에는 하나의 물리 채널만이 전송된다.

허용값 P_{TMAX}을 넘지 않도록 한다.

주의 깊게 살펴볼 또 다른 상황은 단말이 LTE와 NR 이중 연결로 동작하면 LTE와 NR 상향링크가 동시에 존재한다. NR 네트워크가 설치되는 초기에는 이것이 기본 모드가 될 것이다. 왜냐하면, NR 표준이 처음 릴리즈 되는 것은 비단독 (Non-Standalone) 모드만을 지원할 것이기 때문이다. 이 경우 LTE 송신이 NR 전송의 가용 전력을 제한하게 될 것이다. 또는 반대로 NR 전력이 LTE 송신 전력을 제한하게 될 수도 있다. 기본 가정은 LTE 전송이 우선권을 갖는다는 것이다. 즉, LTE 캐리어는 LTE 상향링크 전력 제어로 동작하게 된다는 것을 의미한다.[28] 그리고 나서 NR 상향링크 전력은 나머지 전력과 식 15.1에 의해 주어지는 전력 중에서 작은 전력을 사용하여 전송한다.

LTE가 NR에 비해 우선순위가 높은 이유는 다음과 같다.

- NR 표준의 경우, NR/LTE 이중 연결을 지원하는 것을 포함하여, LTE에 영향을 미치는 것을 최소화한다는 목표가 있다. NR을 동시에 전송하기 위해 LTE 전력 제어에 제한을 가한다는 것은 이러한 취지에 어긋나는 것이다.
- LTE/NR 이중 연결 초기 단계에서는 LTE는 컨트롤 플레인 시그널링을 전송할 것이다. 이는 LTE가 master cell group (MCG)에 사용된다는 것이다. 그러므로 LTE의 연결이 통화를 유지하는 데 더 중요하고 "2차"에 해당하는 NR보다 높은 우선권을 갖는 게 합리적이다.

15.2 상향링크 타이밍 제어

NR 상향링크는 셀 내부에서 직교성이 존재한다. 이는 서로 다른 단말로부터 수신한 상향링크 전송은 셀 내부에서는 서로 간섭이 없다는 것을 의미한다. 상향링크 직교성이 성립하기 위한 전제 조건은 주어진 뉴머롤로지의 슬롯 경계가 기지국 수신단에서 시간이 얼추 맞아야 한다는 것이다. 좀 더 구체적으로 기지국에서의 수신 타이밍의 차이가 CP (Cyclic Prefix) 안에 오도록 맞춰져야 한다는 것이다. 이렇게 수신단에서의 시간 정렬을 보장하기 위해 NR에서는 송신 시간 전진 (Transmit-Timing Advance, TA) 기능을 포함하고 있다. 이 기능은 LTE와 비슷한데 주요 차이점은 NR에서는 여러 가지 뉴머롤로지가 존재하며 각각 다른 TA 스텝 크기를 사용한다는 것이다.

엄밀히 말해 시간을 전진시킨다는 것은 단말기 측에서 하향링크 슬롯 시작점에서 상향링크 슬롯의 시작점까지 음수의 오프셋이다. 각 단말의 송신 오프셋을 적절하게 제어함으로써 기지국은 단말로부터 수신하는 신호의 타이밍을 제어할 수 있다. 기지국으로 멀리 떨어져 있는 단말기는 전송 지연이 커지므로 기지국에 가까이 있는 단말보다 더 일찍 상향링크 전송을 해야 한다. 이에 대한 것이 그림 15.2에 도시되었다. 이 예에서 첫 단말은 기지국 가까이에 있으므로 작은 전송지연 $T_{P,1}$을 겪는다. 그러므로 단말에게는 작은 TA 오프셋 $T_{A,1}$으로도 충분히 전송 지연을 보상하고 기지국에 정확한 타이밍으로 수신된다. 그러나 기지국으로부터 멀리 떨어져 있어 전송 지연이 큰 두 번째 단말에게는 큰 TA가 필요하다.

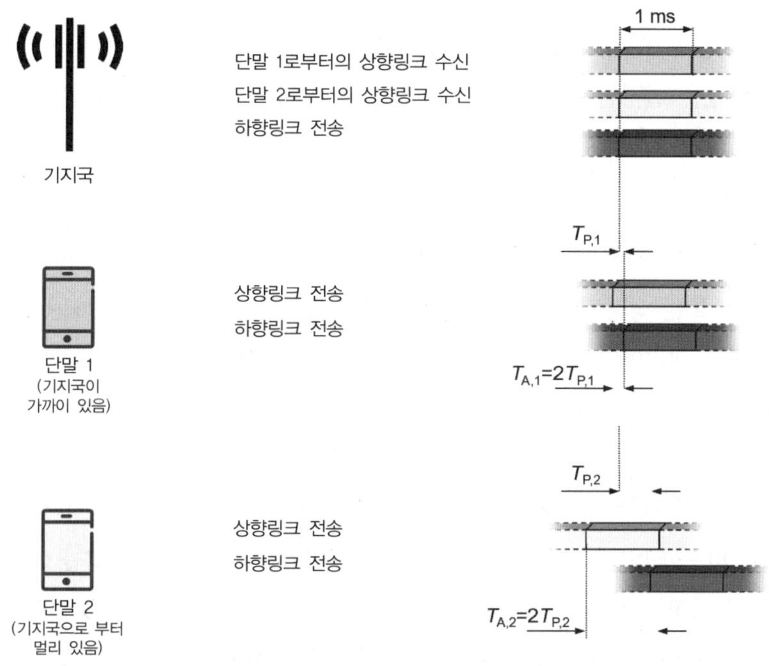

그림 15.2
상향링크 timing advance

각 단말의 TA 값은 각 단말의 상향링크 전송에 대한 측정으로부터 기지국이 결정한다. 단말이 상향링크 데이터 전송을 하면 수신 측인 기지국은 상향링크 수신 타이밍을 측정할 수 있고 이를 TA 명령을 생성하는 데 이용한다. SRS가 이러한 측정을 하는 대표적인 신호가 되지만 기지국은 원리적으로 단말기가 전송하는 어떤 시그널이라도 모두 이용할 수 있다.

상향링크 측정 값에 근거하여 기지국은 각 단말에게 요구되는 타이밍 수정 값을 결정한다. 특정 단말의 타이밍을 수정하려면 기지국은 이 특정 단말에게 TA 명령을 전달한다. TA 명령은 현재의 상향링크 타이밍보다 빠르게 또는 느리게 전송하라는 지시이다. 이러한 단말기마다의 TA

명령은 DL-SCH의 MAC 제어엘리먼트 (Control Element, CE)로 전달된다. 일반적으로 TA 명령은 비교적 덜 자주 전송된다. 보통 1초에 2-3번 정도인데 단말이 얼마나 빠르게 움직이느냐에 달려 있다.

여기까지 설명된 내용은 LTE에서와 본질적으로 동일하다. 위에서 말했듯이 TA의 목적은 타이밍 차이가 CP 내로 들어오도록 유지하는 것이고 TA의 스텝 크기는 CP보다 작은 어느 값이 되어야 한다. 그러나 NR은 다수의 뉴머롤로지를 지원하고 서브캐리어 간격이 커짐에 따라 CP 크기는 작아진다. TA 스텝 크기는 CP 길이에 비례하며 이는 활성화된 상향링크 BWP의 서브캐리어 간격으로 결정된다.

단말이 일정 시간 동안 TA 명령을 받지 못했다면 단말은 상향링크 동기를 잃어버렸다고 가정한다. 그 일정 시간은 설정할 수 있다. 이렇게 TA를 받지 못해 동기를 잃어버린 경우 단말은 상향링크로 PUSCH나 PUCCH를 전송하기 전에 랜덤엑세스 과정을 통해 상향링크 타이밍을 다시 확보해야 한다.

캐리어 애그리게이션의 경우 하나의 단말기는 다수의 컴포넌트 캐리어로 상향링크를 전송한다. 손쉬운 방법은 모든 상향링크 컴포넌트 캐리어에 동일한 TA 값을 적용하는 것이다. 그러나 서로 다른 상향링크 캐리어가 지형적으로 다른 위치에서 수신할 수 있다. 예를 들어 몇몇 캐리어는 RRH (Rmote Radio Head)에 의해 전달되고 다른 캐리어는 그렇지 않은 경우이다. 이때 서로 다른 캐리어는 서로 다른 TA 값을 필요로 한다. 이중 연결로 인해 서로 다른 상향링크 캐리어가 서로 다른 기지국으로 전송되는 것도 이러한 예 중의 하나이다. 이러한 경우를 처리하기 위해 LTE와 비슷한 방법이 사용된다. 상향링크 캐리어를 타이밍 전진 그룹 (Timing Advance Group, TAG)으로 묶고 서로 다른 TAG마다 서로 다른 TA 값을 적용하는 것이다. 하나의 그룹 안에 있는 모든 컴포넌트 캐리어는 같은 TA 명령으로 움직이다. TA 스텝 크기는 그룹 내의 캐리어 중에서 서브캐리어 간격이 가장 큰 것으로 결정한다.

16 셀 탐색 및 시스템 정보

CHAPTER

셀 탐색은 단말이 새로운 셀을 찾는 기능과 과정을 다룬다. 셀 탐색은 단말이 초기에 시스템의 커버리지 영역에 들어갈 때 수행된다. 이동성을 가능케 하기 위해, 셀 탐색은 또한 시스템 내에서도 이동하는 단말에 의해 지속적으로 수행된다. 이 경우 단말이 connected state와 idle/inactive state일 때 모두 수행된다. 이제 이른바 SS-블록에 기반을 둔 셀 탐색을 설명할 텐데, 이것은 idle/inactive state의 이동성뿐만 아니라 초기 셀 탐색을 위해서도 사용된다. idle/inactive state의 이동성의 경우 셀 탐색이 단말에 명백히 설정된 CSI-RS를 기반으로 할 수 있지만, SS 블록에 기반을 둔 셀 탐색이 connected state 이동성을 위해서도 사용될 수 있다.

16.1 SS 블록

시스템 내에서 단말이 이동할 때 새로운 셀을 찾을 뿐 아니라, 단말이 시스템으로 들어갈 때 단말이 셀을 찾을 수 있도록 해주기 위해, 두 파트로 구성된 동기 시그널인 PSS (Primary Synchronization Signal)와 SSS (Secondary Synchronization Signal)가 주기적으로 각 NR 셀로부터 하향링크에 전송된다.

PSS/SSS는 PBCH (Physical Broadcast Channel)와 함께 동기 시그널 블록이나 SS 블록으로 언급된다.1) SS 블록은 여러 가지 면에서 동일한 목적으로 쓰이며, LTE의 PSS/SSS/PBCH[26]와 유사한 구조를 갖는다.2) 하지만 LTE의 PSS/SSS/PBCH와 NR의 SS 블록과는 중요한 차이점들이 있다. 적어도 부분적으로, 이러한 차이점들의 근원은 5.2절에 언급된 "always-on"시그널의 양을 줄이는 목적을 포함하는 몇 가지 NR 특정의 요구 사항 및 특성 및 초기 접속 동안의 빔포밍 가능성까지 거슬러 올라갈 수 있다.

1) 때로는 PSS와 SSS만 "SS 블록"이라는 용어에 포함된다. 하지만 본 책에서는 SS 블록을 PSS, SSS, 그리고 PBCH 모두 포함하는 것으로 한다.

2) PSS, SSS, 그리고 PBCH라는 용어는 LTE에서도 쓰인다, 하지만 SS 블록이라는 용어는 LTE의 문맥에서는 사용되지 않는다.

16.1.1 기본 구조

모든 NR 하향링크 전송과 같이 SS 블록 전송은 OFDM을 기반으로 한다. 달리 말하면, SS 블록은 7.3절에서 언급된 기본적인 OFDM 그리드 내에서 시간/주파수 자원들 (리소스 엘리먼트)의 집합으로 전송된다. 그림 16.1은 단일 SS 블록 전송의 시간/주파수 구조를 보여준다. 이 그림에서 보듯이, SS 블록은 시간 영역에서 네 개의 OFDM 심볼을, 주파수 영역에서는 240개의 부반송파에 걸쳐 있다.

- ❑ PSS는 SS 블록의 첫 번째 OFDM 심볼에서 전송되고, 주파수 영역에서 127개 부반송파를 점유한다. 남은 부반송파는 비워둔다.
- ❑ SSS는 SS 블록의 세 번째 OFDM 심볼에 전송되고, PSS와 동일한 부반송파 set를 점유한다. SSS의 양쪽에는 (그림 16.1에 나와 있듯이) 각각 8개와 9개의 비어 있는 부반송파가 있다.
- ❑ PBCH는 SS 블록의 두 번째와 네 번째 OFDM 심볼 내에서 전송된다. 덧붙여서 PBCH 전송은 또한 SSS의 각 사이드에서 48개 부반송파를 사용한다. SS 블록당 PBCH 전송을 위해 사용되는 리소스 엘리먼트의 총 수는 576이 된다. 이것은 PBCH 자체를 위한 리소스 엘리먼트를 포함할 뿐 아니라, PBCH의 coherent 복조를 위해 필요한 DMRS (Demo-Dulation Reference Signal)을 위한 리소스 엘리먼트도 포함한다.

다른 뉴머롤로지들도 SS 블록 전송을 위해 쓰일 수 있다. 하지만, 단말이 동시에 다른 뉴머롤로지의 SS 블록을 탐색하는 필요를 제한하기 위해, 많은 경우 주어진 주파수 대역을 위해 정의된 단일 SS 블록 뉴머롤로지만 존재한다.

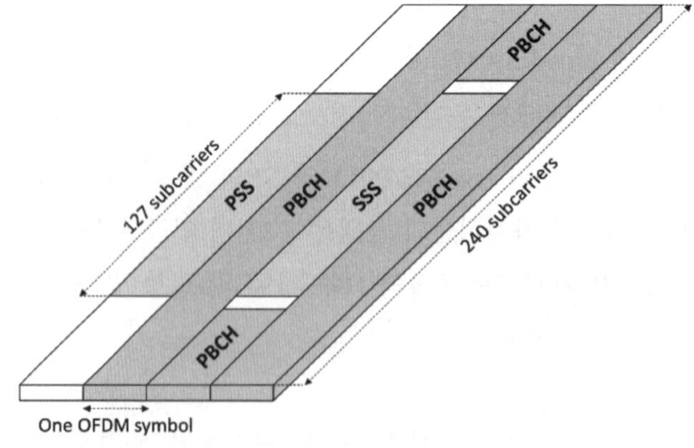

그림 16.1

PSS, SSS 및 PBCH로 구성된 단일 SS 블록의 시간/주파수 구조

표 16.1은 SS 블록 전송과 함께 이에 상응하는 SS 블록 대역폭과 시간 duration에 대해 적용될 수 있는 다른 뉴머롤로지들을 보여준다. 그리고 각 특정 뉴머롤로지가 적용되는 주파수 범위도 보여준다.[3] 60 kHz 뉴머롤로지는 주파수 범위와 상관없이 SS 블록 전송에 쓰일 수 없음에 유의해야 한다. 반대로 240 kHz 뉴머롤로지는 현재 다른 하향링크 전송에 쓰이지 않더라도, 이 뉴머롤로지는 SS 블록 전송에 사용될 수 있다. 240 kHz SS 블록 뉴머롤로지를 지원하는 이유는 각 SS 블록에 대해 매우 짧은 시간 동안 가능케 하기 위해서이다. 이것은 시간적으로 멀티플렉싱된 SS 블록에 각각의 빔을 할당하여 빔 스위핑하는 경우에 적절한 뉴머롤로지이다 (좀 더 자세한 사항은 16.2절 참조).

표 16.1 SS 블록 뉴머롤로지와 대응되는 주파수 범위들

뉴머롤로지 (kHz)	SSB 대역폭[a]	SSB 기간	주파수 범위
15	3.6	≈ 285	FR1(3GHz)
30	7.2	≈ 143	FR1
120	28.8	≈ 36	FR2
240	5.7	≈ 18	FR2

[a] SS 블록의 대역폭은 단순히 SS 블록 (240)에 사용된 subcarrier의 수와 SS 블록 subcarrier spacing의 곱이다.

16.1.2 SS 블록의 주파수 영역에서의 위치

LTE에서, PSS와 SSS는 항상 캐리어의 중앙에 위치한다. 그래서 일단 LTE 단말이 PSS/SSS를 찾으면, 즉 캐리어를 발견하면 LTE 단말은 발견된 캐리어의 중앙 주파수를 알게 된다. 항상 캐리어의 중앙에 PSS/SSS를 위치시키는 이러한 접근법의 단점은, 주파수 영역 캐리어 위치를 사전에 알지 못하는 (With No a Priori Knowledge) 단말이 모든 가능한 캐리어 위치 (혹은 Carrier raster)에서 PSS/SSS를 탐색하여야 한다는 것이다.

좀 더 빠른 셀 탐색을 가능케 하기 위해, NR에 대해서는 다른 접근법이 적용되어 왔다. SS 블록이 항상 캐리어의 중앙에 위치하고 있다는 것은 SS 블록이 캐리어 래스터와 일치한다는 것을 의미한다. NR에서는 SS 블록이 캐리어 중심에 위치하기보다는 "동기화 래스터"라고 하는 각 주파수 대역 내에 보다 제한된 SS 블록 세트의 위치에 있다. 단말은 이 carrier raster의 각 위치에서 SS 블록을 탐색하는 대신, 오직 띄엄띄엄 있는 synchronization raster에서만 SS 블록을 찾으면 된다.

3) 비록 30kHz SS-블록 뉴머롤리지에 대한 주파수 범위가 15kHz 뉴머롤로지를 위한 주파수 범위와 완전히 겹치지만, 낮은 주파수 내의 주어진 주파수 대역에 대해 많은 경우 오직 지원되는 단일 뉴머롤로지만 있다.

캐리어들이 여전히 더욱 촘촘한 캐리어 raster에서 임의의 자리에 위치할 수 있기 때문에, SS 블록은 캐리어의 중앙에서 끝나지 않을 것이다. SS 블록은 리소스 블록 그리드와 정렬되어 끝나지는 않는다. 이런 이유로 일단 SS 블록이 발견되면 단말은 캐리어 내에서 정확한 SS 블록의 주파수 영역 위치에 대해 명시적으로 정보를 받아야 한다. 이것은 SS 블록 자체 내에서 부분적인 정보에 의해 이루어지며, 더 구체적으로는 PBCH (16.3.3절 참조)에 의해 전달되는 정보와, 남은 브로드케스트 시스템 정보 내에서 부분적으로 이루어지는 것이다 (좀 더 자세한 사항은 16.4절 참조).

16.1.3 SS 블록의 주기

SS 블록은 5ms에서 160ms까지 다양한 주기로 전송된다. 하지만, 초기 셀 탐색을 하는 단말과 inactive/idle state에서 이동성을 위해 셀 탐색을 하는 단말들은 SS 블록이 적어도 매 20ms마다 반복되는 것을 추정할 수 있다. 이로써 주파수 영역에서 SS 블록을 탐색하는 단말이 PSS/SSS가 존재하지 않다고 판단하거나, 동기 raster 내에서 다음 주파수로 이동해야 할지를 결론내리기 전에, 주파수 영역에서 SS 블록을 탐색하는 단말이 각 주파수에 얼마 동안 머물러야 할지를 해당 단말이 알 수 있도록 해준다.

20ms의 SS 블록 주기는 LTE에서 상응하는 PSS/SSS 전송 주기인 5ms보다 4배 길다. 이렇게 더 긴 SS 블록 주기는 NR네트워크 에너지 성능을 향상시키고 5.2절에서 언급되었던 울트라-린 설계 패러다임을 따르도록 선택된 것이다. 더 길어진 SS 블록으로 인한 단점은, 단말이 해당 주파수에 PSS/SSS가 없다고 결정을 내리기 위해 더 긴 시간 동안 각 주파수에 머물러 있어야 한다는 것이다. 하지만 이것은 위에서 언급된 좀 더 촘촘하지 않은 동기 raster에 의해 보상될 수 있다. 이로 인해 단말이 SS 블록을 탐색해야 하는 주파수 영역 위치의 수가 줄어든다.

비록 초기 셀 탐색을 하는 단말들이 SS 블록이 매 20ms에 적어도 한 번씩 반복된다는 것을 추정할 수 있지만, 더 짧거나 더 긴 SS 블록 주기를 사용해야 할 사유가 있는 경우가 있다.

- 더 짧은 SS 블록 주기는 connected state의 단말을 위해 좀 더 빠른 셀 탐색을 가능케 하는 데 사용될 수 있다.
- 더 긴 SS 블록 주기는 네트워크 에너지 성능을 더 향상시키기 위해 사용될 수 있다. 20ms 이상의 SS 블록 주기를 갖는 캐리어는 초기 접속을 수행하는 단말에 의해서는 발견되지 않을 것이다. 하지만 그러한 캐리어는 여전히 connected state의 단말에 의해 사용될 수 있다. 예를 들면 캐리어 애그리게이션 시나리오에서 secondary 캐리어로서 사용되는 것이다.

16.2 SS 버스트 셋 : 시간 영역에서의 다중 SS 블록들

SS 블록과 LTE에서 이에 상응하는 시그널 간의 주요한 차이점은 SS 블록 전송을 위한 빔 스위핑을 적용할 수 있는 가능성이다. 즉 time-multiplexed 방식에서 다른 빔들에서 SS 블록을 전송할 수 있는 가능성을 얘기하는 것이다 (그림 16.2 참조). 빔 스위프 안에서 SS 블록의 set는 SS 버스트 셋이라고 한다.[4] 앞의 절에서 언급된 SS 블록 주기는 특정 빔 안에서의 SS 블록 전송 간의 시간임을 알아두자. 즉 이것은 실제로 SS 버스트 셋의 주기인 것이다. 이것은 어떤 하향링크 빔에 위치한 단말은 단지 하나의 SS 블록을 수신하고 해당 셀로부터 전송되는 다른 SS 블록을 모를 수도 있다.

SS 블록에 빔포밍을 적용함으로써, 단일 SS 블록 전송의 커버리지는 증가한다. SS 블록 전송을 위한 빔 스위핑은 또한 랜덤 엑세스 응답을 위한 하향링크 빔포밍뿐만 아니라, 상향링크 랜덤 엑세스의 수신을 위한 수신측의 빔포밍을 가능하게 해준다 (더 자세한 사항은 17장에 설명되어 있다).

SS 버스트 셋의 주기가 최소 주기 5ms에서 최대 주기 160ms까지 유연함에도 불구하고, 각 SS 버스트 셋은 항상 10ms 프레임의 첫 번째 절반이나 두 번째 절반에서의 5ms 시간 간격 내에 있다.

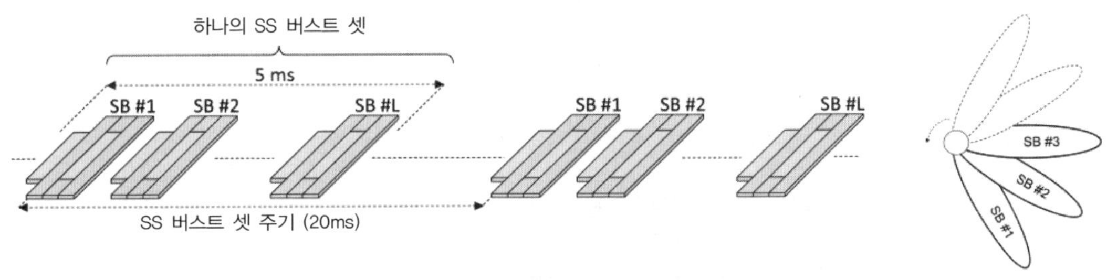

그림 16.2
SS 버스트셋 주기 안의 다중 time-multiplexed SS 블록

SS 버스트 셋 안의 SS 블록의 최대 수는 주파수 대역에 따라 다르다.

- 3GHz 이하의 주파수 대역에 대해서는, SS 버스트 셋 안에 4개까지의 SS 블록이 있을 수 있다. 이로 인해 4개의 빔에 대한 SS 블록 빔-스위핑이 가능하다.

4) SS 버스트 셋은 SS 블록이 SS 버스트로 묶이고 그 다음 SS 버스트는 SS 버스트 셋으로 묶일 것으로 추정되었던 3GPP 초기 논의로부터 나온 용어이다. 중간 단계의 SS 버스트를 묶은 과정은 결국 사용되지 않았고 전체 SS 블록 set에 대해 설정된 SS 버스트 셋이라는 용어는 그대로 유지되었다.

- 3GHz와 6GHz 사이의 주파수 대역에 대해서는, SS 버스트 셋 안에 8개까지의 SS lock이 있을 수 있다. 이로 인해 8개의 빔에 대한 빔-스위핑이 가능하다.
- 높은 주파수 대역 (FR2)에 대해서는, SS 버스트 셋 안에 64개까지의 SS 블록이 있을 수 있다. 이로 인해 64개의 빔에 대한 빔-스위핑이 가능하다.

SS 버스트 셋 내에 SS 블록의 최대 수, 그리고 이로 인한 SS 버스트 셋이 스위핑될 수 있는 최대 빔의 수가 높은 주파수 대역에서 더 큰 이유로는 다음과 같은 2가지가 있다.

- 더 좁은 빔 폭을 갖는 큰 수의 빔을 사용하는 것은 전형적으로 높은 주파수에 대해 더욱 연관이 있다.
- SS 블록의 지속 시간이 SS 블록 뉴머롤로지 (표 16.1 참조)에 의존하기 때문에, SS 버스트 셋 내에 많은 수의 SS 블록이 있다는 것은, 낮은 SS 블록 뉴머롤로지 (15kHz 또는 30kHz)를 사용해야 하는 낮은 주파수에 대해 매우 큰 SS 블록 오버헤드를 갖는다는 것을 의미한다.

시간 영역에서 가능한 SS 블록 위치의 set는 다른 SS 블록 뉴머롤로지 사이에 다소 차이가 있다. 예로써, 그림 16.3은 15kHz 뉴머롤로지의 경우에 대한 SS 버스트 셋 주기 내에서 가능한 SS 블록의 위치들을 보여주고 있다. 그림과 같이 처음 4개 슬롯의 어디에나 SS 블록 전송이 있을 수 있다.[5] 더욱이, 각각의 슬롯에 두 개의 SS 블록까지 전송 가능하고, 첫 번째 가능 위치는 심볼 2부터 5까지이고, 두 번째 가능 위치는 심볼 8부터 11까지이다.

마지막으로, 한 슬롯의 첫 심볼과 마지막 두 개의 OFDM 심볼들은 SS 블록 전송에 사용되지 않는다는 것을 알아두자. 이 OFDM 심볼들은 이미 네트워크에 접속한 단말들을 위해 하향링크 및 상향링크 제어 시그널링을 위해 사용된다. 이것은 모든 SS 블록 뉴머롤로지에 동일하게 적용된다.

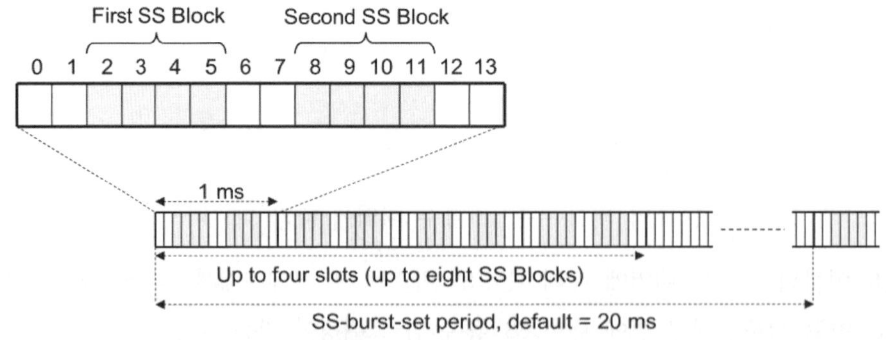

그림 16.3
15kHz 뉴머롤로지의 경우 SS 버스트 내에서 SS 블록의 가능한 시간 영역 위치

5) 3GHz 미만으로 작동하는 경우 SS 블록은 처음 두 슬롯 내에만 있을 수 있다.

그림 16.3에 그려진 SS 블록 위치는 가능한 SS 블록 위치인 것임에 유의해야 한다. 즉 SS 블록은 그림 16.3에 나온 모든 위치들에 필수적으로 전송되는 것은 아니다. SS 블록이 빔 스위핑되어야 하는 빔의 수에 따라, SS 버스트 셋 내에서 SS 블록의 개수는 하나에서 최대 SS 블록 수까지 어떤 값일 수 있다.

게다가 SS 블록의 최대 개수보다 적은 수가 전송된다면, 전송된 SS 블록은 연속적인 SS 블록 위치로 전송될 필요는 없다. 오히려 그림 16.3에 명시된 SS 블록의 위치에 대한 가능한 집합의 어떠한 부분집합이라도 실제 SS 블록 전송을 위해 사용될 수 있다. SS 버스트 셋 이내의 4개의 SS 블록의 경우, 첫 번째 두 개의 각 슬롯 이내에서 두 개의 SS 블록으로 위치되거나, 아니면 그림 16.3에 나온 대로 4개의 각 슬롯에 하나의 SS 블록으로 위치될 수도 있다.

SS 블록의 PSS나 SSS만 PSC (Physical Cell Identity)에 의존한다 (아래 참조). 그러므로 하나의 셀 안에 있는 모든 SS 블록의 PSS와 SSS는 동일하고, 가능한 SS 블록 위치의 집합 내에서 획득된 SS 블록의 상대적 위치를 단말이 결정하는 데 사용될 수 없다. 이러한 이유로 각 SS 블록, 좀 더 구체적으로 PBCH는 가능한 SS 블록 위치의 시퀀스 내에서 SS 블록의 상대적 위치를 명확히 제공하는 "time index"를 포함한다 (16.3.3 참조). SS 블록의 상대적인 위치를 아는 것은 다음과 같은 여러 가지 이유로 중요하다.

- ❑ 단말이 프레임 타이밍을 결정할 수 있게 해준다 (16.3.3절 참조).
- ❑ 시스템 운용 시 다른 SS 블록은 다른 빔으로 전송되며, 이는 또 RACH 전송 시간과 연계된다. 그래서 이것은 랜덤 엑세스 수신 동안에 네트워크 측의 빔을 형성하는 용도에 필수 조건이다 (17장에 좀 더 상세한 내용이 기술되어 있다).

16.3 PSS, SSS 및 PBCH의 상세 내용

위에 SS 블록의 전체적인 구조 및 어떻게 다음 3개 파트 (PSS, SSS 및 PBCH)로 구성되었는지 설명하였다. 또한 시간 영역에서의 다중 SS 블록이 어떻게 SS 버스트 셋을 구성하고 어떻게 SS 블록이 어떤 OFDM 심볼에 매핑 되는지를 설명하였다. 이번 절에서는 다른 SS 블록 구성요소들의 상세 구조를 설명하겠다.

16.3.1 PSS (Primary Synchronization Sequence)

SS는 시스템으로 접속하려는 단말이 탐색하는 첫 번째 시그널이다. 이 단계에서 단말은 시스템

타이밍에 대해 알지 못한다. 게다가 단말이 주어진 캐리어 주파수에서 셀을 탐색함에도 불구하고, 단말의 내부 주파수 레퍼런스의 부정확성 때문에, 단말과 네트워크 캐리어 주파수 간 에 상대적으로 큰 편차가 있을 수 있다. PSS는 이러한 불확실성에도 불구하고 감지될 수 있도록 설계되었다.

일단 단말이 PSS를 발견하면, PSS의 주기까지 동기를 찾아낸 것과 같다. 또한, 기지국이 전송하는 신호를 이용하여 내부 주파수 생성의 기준으로 활용한다. 이로써 단말과 네트워크 간에 주파수 편차가 크더라도 이를 상쇄할 수 있다.

위에서 언급한 대로, PSS는 PSS 시퀀스인 $\{x_n\} = x_n(0), x_n(1), \ldots, x_n(126)$ 가 127개의 리소스 엘리먼트에 매핑된다 (그림 16.4 참조).

3가지 PSS 시퀀스인 $\{x_0\}$, $\{x_1\}$, $\{x_2\}$가 있는데, 이것은 다음 recursive 공식에 따라 생성된 (그림 16.5 참조) 기본적인 length-127 M-sequence [70] $\{x\} = x(0), x(1), \ldots, x(126)$ 의 다른 사이클릭 쉬프트에서 나온 것이다.

$$x(n) = x(n-7) \oplus x(n-3)$$

기본적인 M-시퀀스 $x(n)$에 다른 cyclic 쉬프트를 적용함으로써, 3가지 다른 PSS 시퀀스 $x_0(n)$, $x_1(n)$, $x_2(n)$가 다음과 같이 생성될 수 있다.

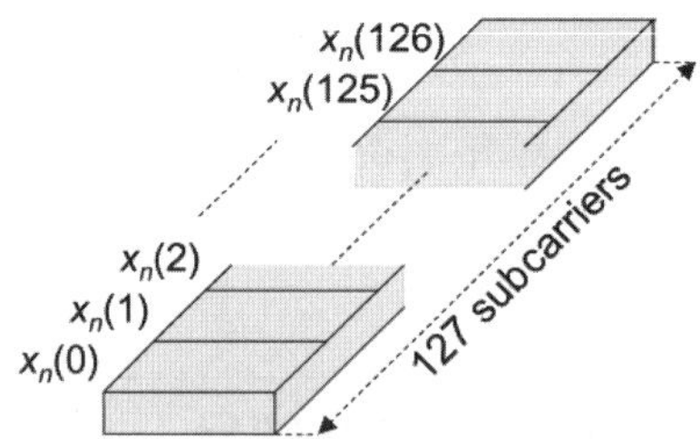

그림 16.4
PSS 구조

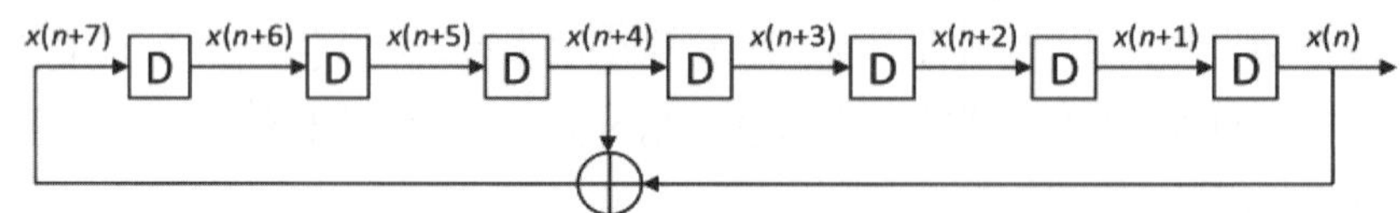

Initial value: [x(6) x(5) x(4) x(3) x(2) x(1) x(0)] = [1 1 1 0 1 1 0]

그림 16.5
3가지 다른 PSS 시퀀스가 도출되는 기본적인 M-시퀀스의 생성

$$x_0(n) = x(n);$$
$$x_1(n) = x(n+43 \ mod \ 127);$$
$$x_2(n) = x(n+86 \ mod \ 127)$$

셀에서 3가지 PSS 시퀀스 중 무엇을 사용할 것인지는 해당 셀의 PCI (Physical Cell Identity)에 의해 정해진다. 그러므로 단말이 새로운 셀들을 탐색할 때 이 3가지 PSS 모두를 탐색해야 한다.

16.3.2 SSS (Secondary Synchronization Sequence)

일단 단말이 PSS를 인식하면, SSS의 전송 타이밍을 알게 된다. SSS를 인식함으로써 단말은 인식한 셀의 PCI를 결정할 수 있다. 1008개의 다른 PCI가 있다. 하지만 이미 PSS 인식을 통해 단말은 factor 3으로 후보 PCI의 집합을 줄일 수 있게 된다. 그래서 336개의 다른 SSS가 있게 되고, 이것은 이미 인식된 PSS와 함께 조합하면 정확한 PCI를 계산해낼 수 있다.

PSS에 의해 SSS의 타이밍은 단말이 이미 알고 있으므로 PSS에 비해 시퀀스 당 탐색의 복잡도는 감소되며, 이로 인해 더 큰 수의 SSS 시퀀스 후보를 탐색할 수 있다. SSS의 기본 구조는 PSS의 기본 구조와 동일하다 (그림 16.4 참조). 즉 SSS 시퀀스가 적용되는 127개 부반송파로 구성된다. 더 상세한 수준에서, 각 SSS는 recursive formula에 따라 두 개의 기본 M-시퀀스로부터 도출된다.

$$x(n) = x(n-7) \oplus x(n-3)$$
$$y(n) = y(n-7) \oplus y(n-6)$$

실제의 SSS 시퀀스는 두 개의 시퀀스에 적용되는 다른 쉬프트와 함께 두 개의 M시퀀스를 더하여 도출된다.

$$x_{m_1, m_2}(n) = x(n+m_1) + y(n+m_2)$$

16.3.3 PBCH

PSS와 SSS가 특정 구조를 갖춘 물리 신호인 반면에, PBCH는 명백한 채널 코딩된 정보가 전송되는 더욱 일반적인 물리 채널이다. PBCH는 MIB (Master Information Block)를 전송하는 데 MIB 안에는 단말이 알아야 하는 잔여 시스템 정보 (Remaining System Information)를 포함하고 있다.[6)]

표 16.2에 PBCH를 통해 전송되는 정보들이 있다. 캐리어가 낮은 주파수 대역인 FR1인지 아니

6) PBCH 상의 일부 정보는 엄격히 말하면 MIB의 일부가 아니다 (아래 참조).

면 높은 주파수 대역인 FR2에서 동작하는지에 따라 해당 정보가 약간 다르다.

이미 언급한 대로 SS 블록 time index는 SS 버스트 셋 안에서 SS 블록의 위치를 규명해준다. 16.2절에 기술한 대로, 각 SS 블록은 SS 버스트 셋 안에 잘 정의된 위치를 갖고 있으며, 이에 대해 5ms 프레임의 첫 번째 절반 혹은 두 번째 절반에 포함된다. 그리하여 이러한 half-프레임 비트 (아래 참조)과 함께 SS 블록 타임 인덱스로부터 단말은 프레임 경계를 결정할 수 있다.

표 16.2 PBCH로 전송되는 정보들

정보	비트수
SS 블록 타임 인덱스	0 (FR1/3 (FR2))
셀 barred 플래그	2
첫 번째 PDSCH MDRS 위치	1
SIB1 뉴머롤로지	1
SIB1 configuration	8
CRB 그리드 오프셋	5 (FR1)/4 (FR2)
하프-프레임 비트	1
시스템 프레임 넘버 (SFN)	10
CRC (Cyclic Redundancy Check)	24

SS 블록 타임 인덱스는 다음 두 가지 파트로 단말에 제공된다.

- ❑ PBCH에 적용된 스크램블링 내에 인코딩된 내포 (Implicit)된 파트
- ❑ PBCH 페이로드에 포함된 명백 (Explicit)한 파트

PBCH에는 여덟 개의 다른 스크램블링 패턴들이 사용될 수 있는데, 이를 통해 여덟 개까지의 다른 SS 블록 타임 인덱스의 내포된 표시가 가능하다. 이것은 SS 버스트 셋 안에 최대로 여덟 개의 SS 블록이 있을 수 있는 6GHz 이하인 FR1 운용에 충분하다.[7)]

높은 주파수 범위인 FR2에서의 동작에 대해서는, 하나의 버스트 세트 안에 최대 64개의 SS 블록이 있을 수 있다. 이것은 SS 블록 타임 인덱스를 표시하는 3개의 추가 비트가 필요하다는 사실을 의미한다. 이러한 3개 비트들은 10GHz 이상의 운용에만 필요한데, PBCH 페이로드 안에 명백한 정보로서 포함된다.

셀 Barred 플래그는 다음 두 비트로 구성된다.

7) 3GHz 이하 운용의 경우 4개 SS 블록까지만 있음

- ❏ 처음 비트는 실제의 셀 Barred 플래그로서 보이는데, 단말이 셀에 접속하도록 허용할지의 여부를 나타낸다.
- ❏ 단말이 셀에 접속하도록 허용하지 않는다는 전제하에, 두 번째 비트는 주파수 내 reselection 플래그로 언급되기도 하는데, 동일 주파수의 다른 셀로 접속이 허용되는지 여부를 나타낸다.

만약 셀이 barred되어 있고 동일 주파수에서의 다른 셀들에도 액세스가 허용되지 않는 것을 단말이 감지한다면, 단말은 즉시 다른 캐리어 주파수 상의 셀 탐색을 다시 착수할 수 있어야 하고, 또 그렇게 해야 한다.

셀을 설치하고 단말의 접근을 막는 것은 좀 이상해 보일 수 있다. 이러한 종류의 기능은 네트워크 유지보수 중에 어떤 셀로 액세스하는 것을 일시적으로 방지하는 데 사용되어 왔다. 하지만 이 기능은 단말이 상응하는 LTE 캐리어를 통해 네트워크에 액세스해야 하는 NSA NR 배치에 대한 가능성 때문에 NR 내에서 부가적인 용도 또한 갖는다.

NSA deployment에서 NR 캐리어에 대한 셀 barred 플래그를 세팅함으로써, 네트워크는 NR 단말들이 NR 캐리어를 통해 시스템에 액세스하는 것을 막게 된다. 첫 번째 PDSCH DMRS의 위치는 DMRS Mapping Type A를 추정하는 첫 번째 DMRS 심볼의 시간영역 위치를 가리킨다 (9.11절 참조).

SIB1 뉴머롤로지는 시스템 정보의 일부인 이른바 SIB1의 전송을 위해 사용되는 서브캐리어 스페이싱에 대한 정보를 제공한다 (16.4절 참조). 또한, 동일한 뉴머롤로지가 랜덤 엑세스 절차의 부분인 하향링크 Message 2와 Message 4에 사용된다 (17장 참조). NR이 데이터 전송을 위해 4가지 다른 뉴머롤로지 (15kHz, 30kHz, 60kHz 및 120kHz)를 지원함에도 불구하고, 하나의 주어진 주파수 대역에 대해서는 실제로 2개의 뉴머롤러지만 가능하다. 그리하여 어떤 SIB1 뉴머롤로지를 사용하는지 알려주기 위해 한 비트만 있으면 충분하다.

SIB1 설정은 셀 탐색, 단말이 SIB1의 스케줄링을 모니터하기 위해 필요한 PDCCH 연관된 다른 파라미터들에 대한 정보를 제공한다. 16.4절을 참고하기 바란다.

CRB 그리드 오프셋은 SS 블록과 공통 리소스 블록 그리드 간의 주파수 오프셋에 대한 정보를 제공한다. 16.1.2에 언급한 바와 같이, 해당 캐리어에 대해 상대적인 SS 블록의 주파수 도메인 위치는 유연하고, 심지어 캐리어 CRB 그리드와 꼭 일치할 필요는 없다. 하지만 SIB1 수신에 대해 단말은 CRB 그리드를 알아야 한다. 그리하여, SS 블록과 CRB 그리드 간의 주파수 오프셋에 대한 정보는 SIB1 수신에 앞서 단말이 알 수 있도록 PBCH 내에 제공되어야 한다.

CRB 그리드 오프셋은 SS 블록과 CRB 그리드 간의 오프셋만 제공한다는 사실을 유의해야 한

다. 그러므로 전반적인 캐리어 내에서 SS 블록의 절대적인 위치에 대한 정보는 SIB1 내에 제공된다.

하프-프레임 (Half-Prame) 비트는 SS 블록이 하나의 10ms 프레임에서 첫 번째 혹은 두 번째 5ms 부분에 위치하는지를 나타낸다. 위에 언급한 대로, 하프-프레임 비트는 SS-블록 타임 인덱스와 함께 단말이 셀 프레임 경계를 결정하도록 한다.

위의 모든 정보는 함께 연결되어 CRC가 붙고 채널 코딩되고 SS 블록의 PBCH 페이로드에 맞도록 rate-matching 된다.

위의 모든 정보가 PBCH 내에 전송되고 공동 채널 코딩 및 CRC-protected됨에도 불구하고, 엄격히 말하면 이 정보의 일부는 MIB의 한 부분이 아니다. MIB는 하나의 SS 버스트 셋 내에서 모든 SS 블록에 대해서 뿐만 아니라 80ms time interval (여덟 개의 서브프레임)에 대해서도 동일할 것이다. 그러므로 SS 블록 인덱스는 하나의 SS 버스트 셋 내에서 다른 SS 블록과 다를 수밖에 없고, 하프-프레임 비트와 SFN의 4개의 LSB (Least Significant Bit)는 SSB블록마다 다른 값을 가지며 MIB에 속하지 않은 PBCH 정보인 것이다.[8)]

16.4 잔여 (REMAINING) 시스템 정보의 제공

시스템 정보는 하나의 단말이 네트워크 내에서 적절히 동작하기 위해 필요한 모든 공통 (각 단말에 특정하지 않은) 정보에 대한 공동의 명칭이다. 일반적으로, 시스템 정보는 여러 종류의 SIB들 안에 전송된다. 그리고 각각의 SIB는 다른 유형의 시스템 정보로 구성된다. SIB는 단말이 네트워크에 연결되어 있는지 아닌지에 따라 다른 방법으로 전달된다.

- 만약 단말이 이미 네트워크에 연결되어 있으면 dedicated RRC 시그널링이 사용된다. 이에 대한 간단한 예가 초기 접속과 이동성 지원이 LTE를 통해 이루어지는 non-standalone 모드에서의 동작이다. 이 경우 단말은 LTE에 연결되어 NR 캐리어 세팅에 필요한 시스템 정보를 LTE 연결을 통해 전달받는다. 또 다른 예는 캐리어 애그리게이션으로 이 때는 이미 가지고 있는 NR 연결을 통해 dedicated RRC 시그널을 전송하여 새로운 캐리어를 추가한다.
- 단말이 네트워크에 연결되어 있지 않으면 브로드캐스트 시그널이 사용된다. 이는 standalone 모드에서 단말이 idle 모드이고 유효한 시스템 정보를 가지고 있지 않을 경우이다.

8) SFN이 매 10ms마다 업데이트되기 때문에, SFN의 LSB 3비트를 MIB 밖으로 배치하는 것으로 충분하다.

시스템 정보를 브로드캐스팅하는 것은 LTE에서도 마찬가지였다. NR에서는 이 기능을 한층 개선하였다. LTE에서는 모든 시스템 정보를 주기적으로 전 셀 영역에 주기적으로 방송하였다. 이로 인해 항시 시스템 정보 획득이 가능하지만, 한편으로는 셀 안에 단말이 없는 경우에도 시스템 정보가 송신된다는 것을 의미한다.

NR에서는 접근 방법을 달리하여, 시스템 정보를 둘로 나눠 MIB안에 전송되는 아주 제한적인 정보와 다른 정보로 나누는 방법을 채택하였다.

SIB1은 RMSI (Remaining Minimum System Information)라고도 일컬어지는데, 단말이 시스템에 액세스하기 전에 알아야 할 시스템 정보들로 구성되어 있다.

SIB1은 셀 영역 전체에 대해 항상 주기적으로 브로드캐스트 된다. SIB1의 중요한 역할 중 하나는 단말이 초기 랜덤 엑세스를 수행하기 위해 필요한 정보들을 제공하는 것이다 (17장 참조).

SIB1은 160ms의 주기로 보통 스케줄링되는 PDSCH 전송으로 제공된다. 위에 언급한 것처럼, PBCH/MIB는 SIB1의 스케줄링에 사용되는 search space와 이에 상응하는 CORESET 뿐만 아니라, SIB1 전송에 사용되는 뉴머롤로지에 대한 정보를 제공한다. MIB 내의 SIB1 configuration 필드는 미리 약속된 테이블의 인덱스를 나타낸다. 주파수 대역에 따라 여러 개의 테이블이 표준으로 제공된다. 해당 테이블을 이용하여 CORESET 정보를 획득한다. CORESET#0라 불리는 이 CORESET 안에서 단말은 스케줄링되는 SIB1을 모니터링한다. SIB1은 SI-RNTI (Special System Information RNTI)값으로 스케줄링된다.

CORESET#0의 위치와 탐색 영역은 수신된 SSB의 상대적 위치로 결정되며 상대적 위치는 테이블에 정의되어 있다. SSB와 CORESET#0를 멀티플렉싱하는 방법은 세 가지가 있다. 그림 16.6으로 보기 바란다. 모든 멀티플렉싱 방법이 모든 주파수 대역에서 가능한 것은 아니다.

패턴 1은 FR1에서 사용된다. CORESET#0의 사이즈는 캐리어 대역폭에 맞도록 시그널링된다. 5MHz 대역폭에서 CORESET#0 크기가 가장 작고, 20MHz 대역폭에서 가장 크다. 그러므로 5MHz에 맞는 CORESET#0 사이즈가 FR1 대역에 알맞은 값이고 5MHz 대역폭이 CORESET#0가 전달될 수 있는 가장 작은 대역폭이 된다.

패턴 2와 3는 FR2을 위한 것이다. 그러나 여전히 패턴 1이 FR2에 사용될 수 있다. 패턴 2와 3는 SSB와 시스템 정보 전달 시 빔 스위핑을 효율적으로 하기 위한 패턴이다. SSB와 CORESET#0를 주파수 영역에서 멀티플렉싱함으로써 최소 캐리어 대역폭이 커지는 반면 빔 스위핑 시간이 줄어든다.

SIB1을 PDSCH에 스케줄링하는 것은 SI-RNTI를 이용하여 CORESET#0의 탐색 중의 한 영역에

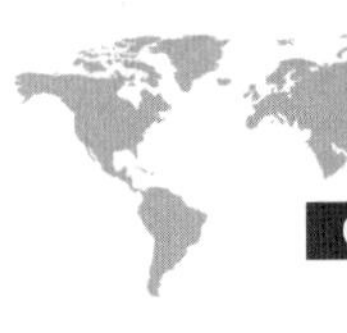

전송한다. 그러나 7장에서 설명하였듯이 NR에서의 데이터 전송은 bandwidth part 개념을 사용한다. 다수 개의 bandwidth part가 설정될 수 있으며 데이터를 수신하는 데 적어도 한 개는 필요하다. 그러므로 초기의 하향링크 bandwidth part는 CORESET#0가 커버하는 리소스 블록과 동일하다. 이는 주파수 대역과 서브캐리어 간격에 따라 초기 하향링크 bandwidth part가 96개의 리소스 블록까지 가능함을 의미한다. 추가적인 bandwidth part가 설정될 수 있지만 단말이 연결상태가 되면 대개 한 개의 bandwidth part만으로도 충분하다. 이러한 경우 bandwidth part가 전 캐리어 대역폭을 커버하는 것이 좋을 것이다. 그러므로 SIB1의 초기 하향링크 bandwidth part를 추가적인 bandwidth part를 설정하거나 CORSET#0를 협소한 대역폭으로 제한하는 것을 피하도록 시그널링할 수 있다.

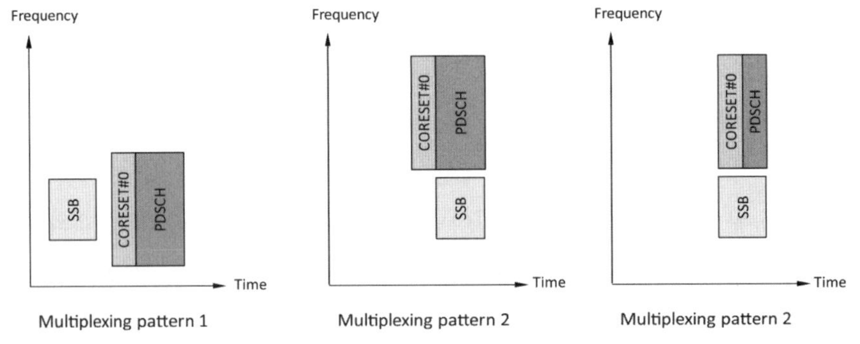

그림 16.6
SSB, CORESET#0 그리고 SIB1을 전달하는 PDSCH의 멀티플렉싱 패턴

SIB1을 제외한 남은 SIB들은 단말이 시스템에 액세스하기 전에는 알 필요가 없는 시스템 정보로 구성되어 있다. 이러한 SIB들은 또한 SIB1과 유사하게 주기적으로 브로드캐스트될 수 있다. 그리고 이러한 SIB들은 필요 시에만 전송될 수도 있다. 즉 접속된 단말에 명시적으로 요청될 때에만 전송될 수 있다는 의미이다. 이것은 단말이 현재 camping되지 않은 셀들에 대해 네트워크가 주기적으로 이러한 SIB들을 전송하는 것을 회피할 수 있다는 것을 의미하고, 이로 인해 네트워크 에너지 성능을 향상시킬 수 있게 된다.

17 랜덤 엑세스

CHAPTER

대부분의 경우 NR의 상향링크는 네트워크/셀로부터 할당받은 단말 전용의 리소스를 이용하여 전송된다. 그러므로 셀 내의 다른 단말과 전송 충돌을 염려할 필요가 없다. 이는 PUSCH를 통한 데이터 전송이나 PUCCH와 같은 스케줄링된 데이터 전송에는 맞는 말이다. 또한 사운딩 레퍼런스 시그널인 SRS도 마찬가지이다.

우리가 단말에게 할당된 전용 상향링크 전송 리소스가 있다고 말하는 것이 서로 다른 단말이 겹치지 않는 시간/주파수 리소스를 통해 상향링크 전송이 된다는 것을 의미하지는 않는다는 사실에 유의해야 한다. 그 예로 서로 다른 단말의 PUCCH 전송은 때로는 같은 시간/주파수 리소스를 공유하지만 서로 다른 시퀀스로 구분되는 방식으로 전송된다. 이는 SRS에서도 마찬가지이다. 8장을 참고하기 바란다. 서로 다른 상향링크 전송이 다중 안테나를 이용하여 공간적으로 분리될 수도 있다. 이러한 경우 공간 다중화는 대개 각 전송에 다른 DM-RS (Demodulation reference signal)을 사용함으로써 이루어진다. 이는 네트워크는 서로 다른 단말의 DM-RS로부터의 간섭을 제거하고 채널을 추정해야 한다. 이러한 채널 추정 기법은 수신기가 다중 수신 안테나를 활용하여 겹쳐진 서로 다른 전송을 분리해낸다. 때로는 이를 다른 DM-RS 리소스를 썼다고 말하기도 한다.

대개의 경우 서로 다른 상향링크 전송이 모두 기지국에서 아주 작은 시간 윈도우 내에 도달하도록 상향링크 전송 타이밍이 closed-loop 방식으로 기지국에 의해 제어된다. 15.2절을 참고하기 바란다.

그러나 단말이 idle/inactive 상태에서 네트워크에 초기 접속을 시도하는 경우 초기 전송에 사용할 전용 리소스를 할당받을 연결이 존재하지 않는다. 더군다나 단말은 다른 단말과 공유된 상향링크 리소스로 초기 전송을 해야 한다. 즉, 동시에 여러 단말이 리소스를 사용하려고 하면 충돌이 발생할 수 있다는 것이다.

그리고 초기 접속에는 네트워크가 전에 받은 신호를 바탕으로 전송 타이밍을 제어할 방법이 없다. 단말의 전송은 오로지 단말이 네트워크로부터의 브로드캐스팅 시그널을 수신한 타이밍을 바탕으로 단말 스스로 결정할 수 밖에 없다. NR의 경우에는 브로드캐스팅 시그널은 SSB에 해당한다. 네트워크에서 상향링크를 수신하는 타이밍은 대략 전파 지연의 두 배 이내의 불확실

성을 갖게 된다. 이는 아래 두 가지 영향을 끼친다.

- ❑ 셀이 무척 작은 경우를 제외하고 서로 다른 단말로부터의 송신된 신호를 수신한 타이밍의 최대 차이는 cyclic prefix를 넘는다. 그러므로 주파수 영역에서의 이웃 OFDM 서브캐리어와의 직교성이 유지되지 않으므로 사용자 간 간섭을 유발하거나 추가적인 가드밴드 (guardband)가 필요하게 된다.
- ❑ 초기 접속 신호와 서로 다른 시간 영역 리소스로 전송된 다른 시그널 사이에 간섭이나 겹치는 것을 피하기 위해 추가적인 가드 타임 (guard time) 또한 필요하다.

랜덤 액세스 시그널은 이러한 충돌의 위험과 정교한 타임 제어의 부재를 해결할 수 있도록 설계되었다. 기본적인 NR 랜덤 액세스 절차는 다음의 4 단계로 이루어져 있다. 그림 17.1과 함께 보기 바란다.

- ❑ **1단계** : PRACH (Physical Random-Access Channel)로서 언급된 프리앰블의 단말 전송. 프리앰블은 정교한 시간 제어는 되지 않지만 복잡하지 않게 수신할 수 있도록 설계되었다. 아래에서 설명하겠지만 프리앰블은 랜덤 액세스 응답을 받을 때까지 (Step2) 송신 전력을 단계적으로 높이며 반복적으로 전송하게 된다.
- ❑ **2단계** : 프리앰블의 수신을 가리키고 수신된 프리앰블의 타이밍에 기반을 두어 단말의 전송 타이밍을 조정하는 time-alignment command를 제공하는 랜덤 엑세스 응답, 즉 RAR (Random-Access Response)의 네트워크 전송
- ❑ **3/4단계** : 셀 내에서 복수 개의 단말들로부터 동일한 프리앰블의 동시 전송으로 인해 생길 수 있는 잠재적 충돌을 해결하는 것을 목표로 메시지들의 (상향링크는 Message 3, 그 다음 이어지는 하향링크는 Message 4) 단말과 네트워크의 교환. 만약 성공할 경우 message 4는 또한 단말을 connected state로 변경시킨다.

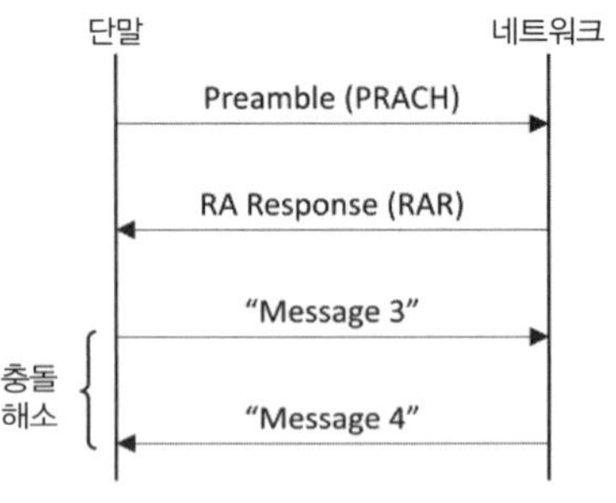

그림 17.1
4단계의 랜덤 엑세스 과정

앞으로 좀 더 상세하게 설명할 NR 랜덤 액세스 절차는 초기 접속 시나리오를 가정하고 있다. 하지만 17.5절에서 좀 더 상세히 다루게 될텐데 NR 랜덤 액세스 절차는 다음과 같은 여러 다른 상황에서도 이용될 수 있다.

- 핸드오버의 경우, 동기화가 새로운 셀에서 이루어져야 할 경우
- 오랜 시간 동안 단말로부터 어떠한 상향링크 전송도 발생하지 않아 동기화를 잃어버린 경우 현재 셀에 대해 상향링크 동기화를 설정하기 위해
- 단말에 대해 dedicated된 스케줄링 요청 자원이 설정된 것이 없는 경우 상향링크 스케줄링을 요청하기 위해
- 16장에서 간단히 다룬 non-broadcast 시스템 정보의 전송을 요청할 때

또한 기본적인 랜덤 엑세스 절차의 일부분들이 빔 복구 (Beam-Recovery) 절차에서도 사용된다 (12.3절 참조).

이러한 상황에서 단말은 실제로는 랜덤 액세스 전송을 위한 전용 프리앰블과 dedicated 리소스를 할당받는다. 이러한 경우를 공통의 리소스와 프리앰블을 사용하여 수행되는 CBRA (contention-based random acess)와 대비하여 CFRA (contention-free random acess)라고 부른다.

17.1 1단계 - 프리앰블 전송

위에서 언급한 대로, 랜덤 엑세스 프리앰블은 또한 PRACH (Physical Random Access Channel) 라고도 일컬어지는데, 랜덤 엑세스가 관련된 다른 전송과는 반대로, 프리앰블은 특별한 물리 채널이라고 할 수 있다.

17.1.1 RACH configuration과 RACH 리소스

프리앰블의 전송에 대한 상세 정보는 SIB1의 일부로 제공되는 random-access configuration에 의해 전달된다. 랜덤 액세스 설정 정보는 셀 내에서 프리앰블 전송에 사용되는 시간/주파수에 대한 정보 등이다. 또한 셀 내에서 어떤 프리앰블이 사용 가능한지와 프리앰블 전송 전력에 대한 파라미터들도 제공된다. RACH configuration은 또한 SSB 인덱스와 RACH 전송 타이밍을 매핑하는 정보도 포함된다. SSB인덱스와 RACH 타이밍에 대한 매핑은 mm-wave 주파수에서 초기 빔을 설정하는데 매우 중요하다. 12장을 참고하기 바란다.

프리앰블의 전송 시간에 대한 미세한 제어가 되지 않으므로 셀에 프리앰블이 언제 도착할지에 대한 불확실성이 존재한다. 불확실성의 범위는 셀 내에서 최대 전파 지연에 달려있다. 몇백 미터의 셀 크기에 대해서는 이러한 불확실성은 몇 μs의 시간이 될 것이다. 하지만 보다 큰 셀에 대해 이러한 불확실성은 100μs 단위이거나 그 이상이 될 것이다.

일반적으로, 프리앰블 전송이 발생하는 상향링크 자원에서 다른 전송이 확실히 없도록 하는 것은 기지국 스케줄러에 달려 있다. 이를 수행할 경우, 네트워크는 프리앰블 수신 타이밍의 불확실성을 고려할 필요가 있다. 실제로 스케줄러는 이러한 불확실성을 해결하기 위해 추가적인 guard time을 제공할 필요가 있다 (그림 17.2 참조).

이러한 guard time의 존재는 NR 규격의 한 파트가 아니고 단지 스케줄링 상의 제약으로 인한 결과임에 유의해야 한다. 셀의 크기가 다르면 프리앰블 수신 타이밍에서 불확실성이 달라지게 된다. 스케줄러는 이러한 불확실성에 맞게 guard time을 쉽게 설정할 수 있다.

그림 17.3은 전반적인 RACH 리소스의 구조를 나타낸다. 프리앰블 전송이 발생하는 시간/주파수 리소스이다. 셀 내에서 프리앰블 전송은 특정 프레임에서 RACH 슬롯이라 불리는 슬롯에서 설정된 셋의 일부 슬롯 내에서만 이루어질 수 있다. RACH 슬롯의 셋은 매 N 프레임마다 반복된다. N은 모든 프레임의 RACH 슬롯을 나타내는 1부터 16까지 가질 수 있다. 프레임 내에서 RACH 슬롯의 수는 셀의 RACH 설정에 따라 1에서 8까지의 값이다.

RACH 슬롯 내에서 다수의 주파수 영역 RACH occasion이 있을 수 있으며 이는 K×M 개의 연속된 리소스 블록으로 이루어져 있다. M은 하나의 RACH occasion이 차지하는 주파수 영역에서의 리소스 블록 개수이고 K는 주파수 영역의 RACH occasion의 수이다. 그러므로 하나의 슬롯 내에서 K개의 서로 다른 단말로부터의 프리앰블 전송이 멀티플렉싱될 수 있다.

앞에서 M으로 표시된 RACH occasion의 주파수 영역 크기는 프리앰블 타입에 따라 다르다. 나중에 long 프리앰블과 short 프리앰블을 설명하게 될 것이다. 또한 프리앰블이 실제 사용하는 서브캐리어의 수는 리소스 블록의 정수배와 맞아 떨어지지 않을 수 있다. 이는 RACH occasion의 서브캐리어 수는 전송된 프리앰블이 실제 사용하는 서브캐리어 수보다 많을 수 있다는 것을 의미한다.

주어진 프리앰블 타입에 따라 프리앰블 대역폭이 있고 셀 내에서 사용가능한 시간/주파수로 이루어진 RACH 리소스는 다음과 같이 설명될 수 있다.

- ❑ 10ms부터 160ms 까지 설정 가능한 RACH 주기
- ❑ RACH 주기내에서 RACH 슬롯의 셋, 이는 모두 같은 프레임 내에 있어야 함

❑ 주파수 영역에서의 RACH 리소스, 리소스 내에서 첫 리소스 블록의 인덱스와 주파수 영역에서의 RACH occasion 수로 이루어져 있다.

앞으로 설명하겠지만 셀 내에서 사용되는 프리앰블의 셋에 따라 RACH 슬롯에서 다수의 RACH occasion이 발생할 수 있다.

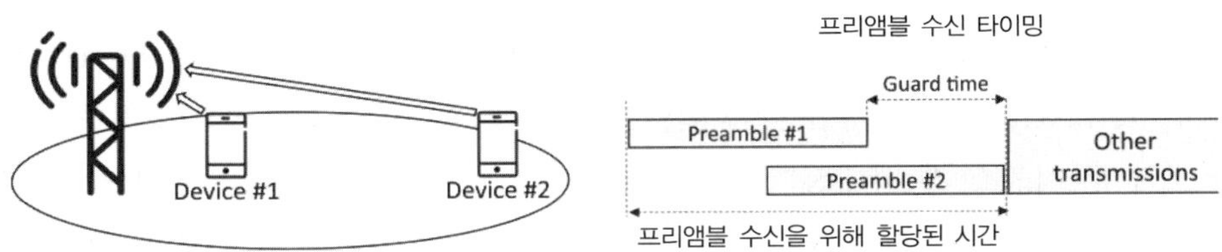

그림 17.2
프리앰블 전송을 위한 Guard-time

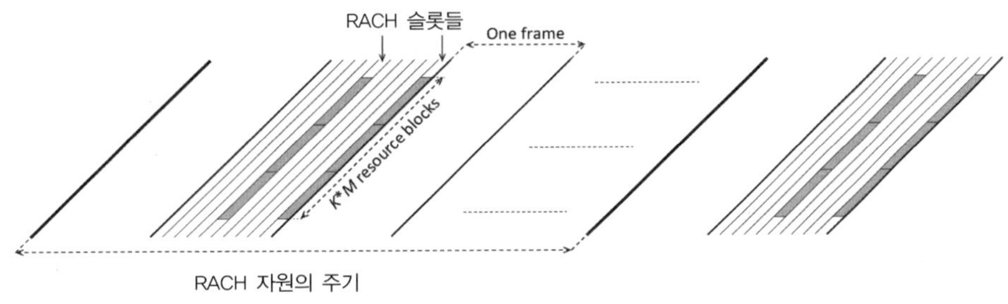

그림 17.3
하나의 RACH 슬롯 set 내에서 연속적인 리소스 블록으로 구성된 전체적인 RACH 자원과 매 RACH-자원 주기마다 슬롯 패턴이 반복됨

17.1.2 기본적인 프리앰블 구조

그림 17.4를 보면 NR 랜덤 엑세스 프리앰블을 생성하는 기본 구조를 볼 수 있다. 하나의 프리앰블은 일반적으로 길이 L의 프리앰블 시퀀스 $p_0, p_1, \cdots, p_{L-1}$ 을 기반으로 하여 생성되는데 이것은 일반적인 OFDM modulator에 적용되기 전에 DFT프리코딩된 것이다. 그리하여 프리앰블은 DFTS-OFDM으로 보일 수 있다. 그렇지만 시퀀스 $p_0, p_1, \cdots, p_{L-1}$ 의 discrete Fourier transform인 주파수 영역의 시퀀스 $P_0, P_1, \cdots, P_{L-1}$ 에 기반으로 한 일반적인 OFDM 시그널로서 동등하게 프리앰블을 볼 수 있다는 점도 알아야 한다.

OFDM modulator의 출력은 N번 반복되고 그 이후에 cyclic prefix가 삽입된다. 그러므로 프리앰블에 대해서 cyclic prefix는 OFDM 심볼당 삽입되는 것이 아니고, N번 반복된 심볼의 블록에 단 한 번 삽입되는 것이다.

다른 프리엠블 시퀀스들이 NR 프리앰블에 사용될 수 있다. 예를 들면 상향링크 SRS와 유사하게, 프리엠블 시퀀스는 ZadoffChu 시퀀스에 기반을 둔다.[23] 8.3.1절에 설명한 바와 같이, NR 프리앰블 시퀀스의 토대로서 사용되는 소수 길이의 ZC sequences에 대해, 고유의 root index에 상응하는 L-1개의 다른 시퀀스가 존재한다.

다른 프리앰블 스퀀스들이 다른 root indice에 해당하는 다른 ZadoffChu 시퀀스로부터 생성된다. 하지만, 다른 프리앰블 시퀀스들은 또한 동일한 root 시퀀스의 다른 cyclic shift를 통해서도 생성될 수 있다. 8.3.1절에 설명한 바와 같이, 그러한 시퀀스들은 본질적으로 서로 직교한다. 하지만 오직 두 시퀀스 간 상대적인 cyclic shift가 그것들 각각의 수신 타이밍에서의 어떠한 차이보다 클 경우에만 이러한 직교성이 수신단에서 유지되는 것이다. 그리하여 실제적으로 오직 cyclic shift의 subset만 다른 프리앰블을 생성하는 데 사용될 수 있다. 여기서 가능한 shift의 수는 최대 타이밍 불확실성에 달려 있다. 예를 들면 결국 셀 크기에 달려 있는 것이다. 스몰 셀의 경우 상대적으로 여러 개의 cyclic shift를 사용될 수 있다. 큰 규모의 셀일 경우, 전형적으로 적은 수의 cyclic shift가 가능할 것이다.

하나의 셀 안에서 사용될 수 있는 cyclic shift의 set은 SIB1 안에 제공되는 셀 랜덤 엑세스 환경의 부분인 이른바 zero-correlation zone 파라미터에 의해 주어진다. 실제로 zero-correlation zone 파라미터는 셀 안에 가능한 cyclic shift의 set을 보여주는 테이블을 가리킨다. "zero-correlation zone"이라는 명칭은 zero-correlation-zone 파라미터가 보여주는 다른 테이블들이 cyclic-shift별로 다른 거리를 갖기 때문에, 직교성 (즉 Zero Correlation)이 유지되기 위한 타이밍 에러 관점에서 더 크거나 더 작은 "zone"을 제공한다는 사실로부터 유래한 것이다.

셀 내에는 0부터 63까지 프리앰블 인덱스 (preamble index) 로 구분된 최대 64개의 서로 다른 프리앰블이 있을 수 있다. 셀 내에 어떤 프리앰블이 사용 가능한지는 RACH configuration의 일부로 root-sequence 인덱스로 제공된다. 64개의 서로 다른 프리앰블은 root-sequence 인덱스로 정의된 root-sequence를 우선 zero-correlation이 가능한 cyclic shift로 나눈다. 만약 충분한 프리앰블 개수가 생성되지 않으면, 그러니까 zero-correlation이 가능한 cyclic shift가 충분하지 않으면 다음 root sequence의 프리앰블을 cyclic shift로 나눠 생성한다. 이렇게 64개의 프리앰블이 생성될 수 있을 때까지 root sequence를 더해 나간다.

17.5절에서 설명하게 될텐데 64개의 모든 프리앰블이 정상적인 contention-based 랜덤 액세스로 사용되지 않을 수도 있다. 그럴 경우 남은 프리앰블은 이동성과 핸드오버 지원을 위해 contention-free 랜덤 액세스로 이용된다.

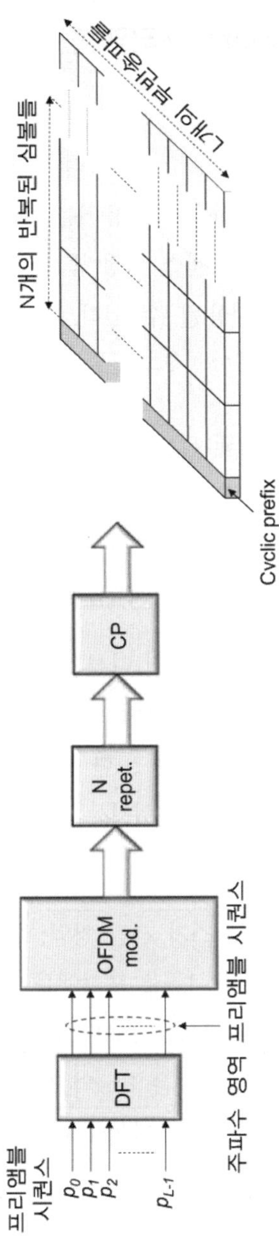

그림 17.4
NR 랜덤 엑세스 프리앰블 생성을 위한 기본적인 구조

17.1.3 Long 프리앰블과 Short 프리앰블

NR은 두 가지 타입의 프리앰블을 정의하는 데 하나는 long 프리앰블이고 또 하나는 short 프리앰블이다. 이 명칭이 의미하는 것처럼, 두 가지 프리앰블 타입은 프리앰블 시퀀스의 길이에 따라 다르다. 이것들은 또한 프리앰블 전송에 사용되는 뉴머롤로지 (Subcarrier Spacing)에서도 다르다. 프리앰블의 유형은 셀의 랜덤 엑세스 설정 중 한 부분인데, 즉 셀 안에서 오직 하나의 프리앰블 타입이 초기 접속을 위해 사용될 수 있다.

17.1.3.1 Long 프리앰블

Long 프리앰블은 시퀀스 길이 L=839 및 1.25kHz나 5kHz의 subcarrier spacing을 기반으로 한다. subcarrier spacing으로부터 Long 프리앰블은 어떠한 다른 NR 전송과 다른 뉴머롤로지를 사용한다는 것을 알 수 있다. Long 프리앰블은 부분적으로 LTE 랜덤 엑세스에 사용되는 프리앰블에서 유래한다.[26] Long 프리앰블은 오직 6GHz 이하의 주파수 대역에만 사용된다 (FR1).

표 17.1에 나온 대로 Long 프리앰블에는 4가지 다른 포맷이 있고, 각 포맷에는 특정 뉴머롤로지 (1.25kHz 혹은 5kHz) 및 특정 반복 횟수 (그림 17.4에 나온 파라미터 N), 그리고 특정 cyclic prefix 길이가 정의되어 있다. 프리앰블 포맷은 또한 셀 랜덤 엑세스 설정의 한 부분인데, 이것은 각 셀이 프리앰블 포맷 하나에만 국한되어 있다는 것을 의미한다. 표 17.1에서 앞의 두 가지 포맷은 LTE 프리앰블 포맷 0 및 2와 같다.[14]

앞의 절에서 어떻게 전반적인 RACH 리소스가 시간 영역, 주파수 영역 각각에 슬롯들 및 리소스 블록들의 set로 구성되는지를 설명하였다. Long 프리앰블에 대해서는 다른 NR 전송과 다른 뉴머롤로지를 사용하는데, 슬롯과 리소스 블록은 15kHz 뉴머롤로지의 관점에서 봐야 한다. 그리하여 Long 프리앰블의 맥락에서 하나의 슬롯은 1ms의 길이를 갖지만, 리소스 블록은 180kHz의 대역폭을 갖는다. 그러므로 1.25kHz 뉴머롤로지의 Long 프리앰블은 주파수 영역에서는 6개의 리소스 블록을 갖지만, 5kHz 뉴머롤로지의 프리앰블 하나는 24개의 리소스 블록을 갖는다.

표 17.1에 있는 프리앰블 포맷1과 포맷2는 하나의 슬롯을 초과하는 하나의 프리앰블 길이에 해당한다. 이것은 17.1.1절에 언급된 대로 1ms 길이의 RACH 슬롯에 발생하는 프리앰블 전송의 가정에 위배되는 것으로 보일 수 있다. 하지만 RACH 슬롯은 프리앰블 전송에 대해 가능한 시작 위치만을 보여준다. 만약 프리앰블 전송이 이어지는 슬롯으로 확장될 경우, 이것은 스케줄러가 그 슬롯의 상응하는 주파수 영역 리소스 내에서 다른 전송이 발생하지 않도록 보장해야 한다는 것을 의미한다.

표 17.1 Long 프리앰블을 위한 프리앰블 포맷

포맷	수비학(Numerology) (kHz)	반복 횟수	CP 길이 (μs)	프리앰블 길이 (CP 제외)(μs)
0	1.25	1	≈100	800
1	1.25	2	≈680	1600
2	1.25	4	≈15	3200
3	5	1	≈100	800

17.1.3.2 Short 프리앰블

Short 프리앰블은 시퀀스 길이 L = 139에 기반하고, normal NR subcarrier spacing과 일치하는 subcarrier spacing을 사용한다. 더욱 구체적으로, short 프리앰블은 다음의 subcarrier spacing을 사용한다.

- 6GHz 이하 (FR1)에 대해서는 15kHz 혹은 30kHz
- 이보다 높은 NR 주파수 대역 (FR2)에 대해서는 60kHz 혹은 120kHz

Short 프리앰블의 경우, 17.1.1에 기술된 RACH 자원은 프리앰블과 동일한 뉴머롤로지에 기반한다. 그리하여 짧은 프리앰블은 항상 해당 프리앰블의 뉴머롤로지와 상관없이 항상 주파수 영역에서 12개의 리소스 블록을 점유한다.

표 17.2 Short 프리앰블에 대한 프리앰블 포맷

포맷	반복 횟수	CP 길이 (μs)	프리앰블 길이 (CP 제외)(μs)
A1	2	9.4	133
A2	4	18.7	267
A3	6	28.1	400
B1	2	7.0	133
B2	4	11.7	267
B3	6	16.4	400
B4	12	30.5	800
C0	1	40.4	66.7
C2	4	66.7	267

표 17.2에 short 프리앰블에 대해 가능한 프리앰블 포맷을 정리하였다. 더욱 큰 프리앰블 포맷 set이 3GPP 표준화에서 논의되는 동안 다른 프리앰블 포맷에 대한 레이블들이 나오고 있다. 이 표에서는 15kHz의 프리앰블 subcarrier spacing을 가정한다. 다른 뉴머롤로지에 대해서, cyclic prefix 크기뿐만 아니라 해당 프리앰블의 길이는 subcarrier spcaing의 역수에 해당한다.

Short 프리앰블은 일반적으로 long 프리앰블보다 짧으며 종종 단지 몇 개의 OFDM 심볼들에 걸쳐 있다. 따라서 대부분의 경우 단일 RACH 슬롯 내에서 시간상 다중화된 다수의 프리앰블 전송을 가질 수 있다. 즉, short 프리앰블의 경우 주파수 영역에서 뿐만 아니라 시간 영역에서 단일 RACH 슬롯 내에서도 multiple RACH 상황이 있을 수 있다 (표 17.3 참조).

표 17.3에는 부가적인 형식인 A1/B1, A2/B2 및 A3/B3가 있다. 이러한 형식은 표 17.2의 "A" 및 "B" 형식을 혼합하여 사용하는 것에 해당하며 여기서 A 형식은 하나의 RACH 슬롯 내에서 마지막 RACH의 경우를 제외한 모든 경우에 사용된다. A 프리앰블 포맷 및 B 프리앰블 포맷은 B 포맷에 대한 다소 짧은 cyclic prefix를 제외하고는 동일하다는 것에 유의해야 한다.

표 17.3 Short 프리앰블에 대해 하나의 RACH 슬롯 내에서 RACH 시간 영역의 발생 횟수

	A1	A2	A3	B1	B4	C0	C2	A1/B1	A2/B2	A3/B3
RACH 발생의 수	6	3	2	7	1	7	2	7	3	2

같은 이유로 표 17.3의 명시적인 포맷 B2 및 B3은 존재하지 않는데, 이는 앞에 설명한 바와 같이 이러한 포맷이 해당하는 포맷 A (A2 및 A3)와 조합으로 항상 사용되기 때문이다.

17.1.3.3 비면허 대역에서의 Short 프리앰블

19장에서 설명할 예정인데, 릴리즈 16은 비면허 대역에서의 NR이 동작할 수 있도록 확장하였다. 그 일환으로 추가적인 프리앰블 타입이 도입되었다. 이 프리앰블은 위에서 설명한 short 프리앰블과 같은 구조를 가지며 시퀀스 길이 L이 571과 1151을 갖는다. 이 프리앰블은 오직 30kHz 서브캐리어 간격 (여기서 L=571) 또는 15kHz 서브캐리어 간격 (여기서 L=1151) 에서만 사용될 수 있다.

더 긴 시퀀스 길이를 갖는다는 것은 프리앰블 대역폭이 더 넓다는 것을 의미한다. 이렇게 더 넓은 대역폭의 프리앰블을 도입하게 된 이유는 비면허 대역에서 허용된 전송 전력 밀도 (W/Hz)의 제한 내에서 충분한 송신 전력을 제공하기 위해서이다.

17.1.4 SSB 인덱스를 RACH occasion과 프리앰블에 매핑하는 방법

앞선 장에서 설명하였듯이 하나의 SSB burst set 내에 다수의 SSB 전송이 있다. 각 SSB 전송은 MIB/PBCH 로 시그널링된 SS-블록의 인덱스와 연계되어 있다. 실질적으로 서로 다른 SSB 전송 또는 SS 블록 인덱스는 SSB가 전송되는 서로 다른 하향링크 빔과 연계되어 있다.

NR 초기 접속의 핵심적인 기능은 이미 초기 접속 단계 동안 적절한 빔 pair를 establish할 수 있는 것과, 프리앰블 수신을 위해 수신기 측에 아날로그 빔 스위핑을 적용할 수 있는 것이다. 이는 서로 다른 SS 블록 시간 인덱스를 상이한 RACH 시간/주파수 케이스 혹은 상이한 프리앰블 시퀀스와 연관시킴으로써 구현된다. 실제로 다른 SS 블록 시간 인덱스가 다른 하향링크 빔들에서의 SS 블록 전송에 해당하므로, 이것은 수신 프리앰블에 기반을 두고 네트워크가 이에 상응하는 단말이 위치한 하향링크 빔을 결정할 수 있다는 것을 의미한다. 이 빔은 단말에게 후속 하향링크 전송을 위한 초기 빔으로 사용될 수 있다.

더욱이, SS 블록 시간 인덱스와 RACH의 발생 경우 사이의 연관성은 주어진 시간 영역의 RACH 경우가 하나의 특정 SS 블록 시간 인덱스에 해당하므로 네트워크는 특정 하향링크 빔 안에서 언제 단말로부터 프리앰블 전송이 발생할지를 알게 될 것이다. 빔 correspondence를 가정하면, 네트워크는 빔포밍된 프리앰블 수신을 위해 해당 방향에서 상향링크 수신기 빔에 초점을 맞출 수 있다. 실제로 이는 SS 블록 송신에 사용한 하향링크 빔 스윕과 동기화 되어, 수신기 빔이 스위핑 될 것임을 의미한다.

프리앰블 전송을 위한 빔 스위핑은 아날로그 빔포밍이 수신기 측에서 적용될 때에만 관련이 있다. 디지털 빔포밍이 적용된다면, 빔포밍된 프리앰블 수신은 동시에 여러 방향에서 수행될 수 있다.

특정 랜덤 엑세스 경우의 어떤 SS 블록 타임 인덱스를 특정 프리앰블 집합과 결합시키기 위해, 해당 셀의 랜덤 엑세스 설정에는 RACH 시간/주파수 별로 SS 블록 타임 인덱스의 수를 규정한다. 또한 SS 블록 타임 인덱스 마다의 프리앰블 수를 지정한다.

RACH 시간/주파수 별 SS 블록의 수는 1보다 클 수 있는데 이는 다수의 SS 블록 타임 인덱스가 하나의 RACH 시간/주파수 occasion에 매핑되어 있음을 의미한다. 그러나 이 수가 1보다 작을 수 있으며 이는 하나의 SS 블록 타임 인덱스가 다수의 RACH 시간/주파수 occasion에 매핑되어 있음을 의미한다.

후자의 경우 각 RACH occasion은 하나의 SS 블록 인덱스와 연계되어 있으며 RACH occasion

자체가 SS 블록 인덱스를 지칭한다. 이 경우 각 SS 블록 인덱스는 같은 프리앰블 셋과 매핑되어 있다.

이와는 반대로 전자의 경우에는 각 RACH occasion이 다수의 SS 블록 인덱스와 대응되어 있으며 이러한 서로 다른 SS 블록 인덱스는 프리앰블의 서로 다른 셋과 매핑되어 있다.

SS 블록의 타임 인덱스를 RACH occasion과 연계시키는 방법은 다음의 순서에 따른다.

- ❑ 주파수 영역에서 첫 번째 ;
- ❑ 셀에 대해 설정된 프리앰블 포맷이 하나의 슬롯 안에서 여러 시간 영역 RACH 경우에 대해 허용한다는 것을 가정한다면, 슬롯 내의 시간 영역 (오직 Short 프리앰블과 연관이 있다);
- ❑ 마지막으로 RACH 슬롯 사이의 시간 영역.

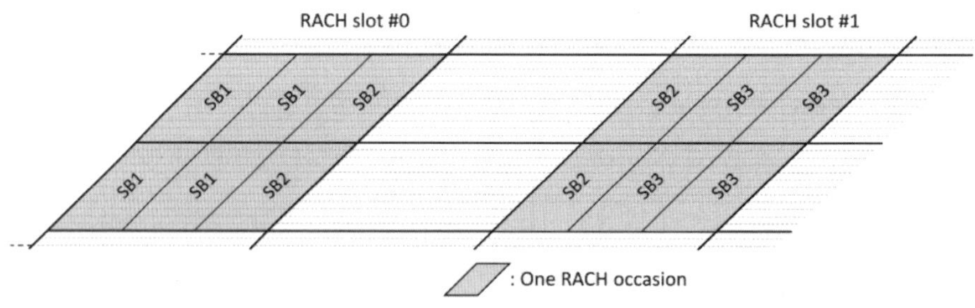

그림 17.5
SS 블록 시간 인덱스와 RACH 경우 간의 연관 (사례)

그림 17.5는 다음과 같은 가정하에 SS 블록 시간 인덱스와 RACH 전송 시간의 연관의 예이다.

- ❑ 주파수 영역에서 두 개의 RACH
- ❑ RACH 슬롯 당 3 회의 RACH 횟수
- ❑ 각 SS 블록 타임 인덱스는 4개 RACH의 경우와 연관됨

17.1.5 프리앰블 파워 컨트롤 및 파워 램핑

위에서 설명한 바와 같이, 프리앰블 전송 시 요구되는 프리앰블 송신 전력은 상대적으로 큰 불확실성을 수반한다. 따라서 프리앰블 송신은 프리앰블이 각 송신 사이에 증가되는 송신 전력으로 반복적으로 송신될 수 있는 파워-램핑 (Ramping) 메커니즘을 포함한다.

단말은 네트워크에 의해 설정된 목표 수신 프리앰블 전력과 하향링크 경로 손실을 추정한 것에 기반을 두어 초기 프리앰블 송신 전력을 선택한다. 경로 손실은 SS 블록의 수신 전력에 기초하

여 추정되어야 하고 이 경로 손실로부터 프리앰블 전송을 위해 사용할 RACH 리소스를 결정한다. 이것은, 프리앰블이 빔포밍에 의해 수신되는 경우, 상응하는 SS 블록 또한 같은 빔포밍으로 전송된다는 가정과 일치한다. 만약 임의의 액세스 응답 (아래 참조)이 미리 정해진 윈도우 내에 수신되지 않으면, 아마 대부분 프리앰블이 너무 낮은 전력으로 전송되었다는 사실 때문에, 단말 입장에서는 상기 프리앰블이 네트워크에 의해 제대로 수신되지 않았다고 추정할 수 있다.

이런 경우가 발생하면, 단말은 정해진 오프셋만큼 증가된 프리앰블 전송 전력으로 프리앰블 전송을 반복한다. 이러한 파워 램핑은 랜덤 엑세스 응답이 수신 될 때까지 또는 구성 가능한 최대 재전송 횟수가 수행될 때까지 계속되거나, 정해진 최대 프리앰블 전송 전력에 도달할 때까지 계속된다. 이렇게 두 가지의 경우에 도달했을 경우, 랜덤 엑세스 시도는 실패로 선언된다.

17.2 2단계 – 랜덤 엑세스 응답

일단 단말이 랜덤 엑세스 프리앰블을 전송하면, 랜덤 엑세스 응답, 즉 프리앰블을 적절하게 수신했다는 응답을 네트워크로부터 기다린다. 랜덤 엑세스 응답은 공통 search space 내에서 전송된 대응하는 PDCCH와 함께 종래의 하향링크 PDCCH/PDSCH 전송으로서 전송된다. 랜덤 엑세스 응답은 다음을 포함한다.

- ❑ 네트워크가 감지하고 응답이 유효한 랜덤 엑세스 프리앰블 시퀀스에 대한 정보
- ❑ 프리앰블 수신 타이밍에 기반을 둔 네트워크에 의해 계산된 타이밍 보정
- ❑ 스케줄링 승인 : 후속 메시지 3의 전송을 위해 단말이 사용할 리소스를 나타냄 (아래 참조)
- ❑ 단말과 네트워크 간 추가적인 통신에 사용되는 임시 identity인 TC-RNTI

네트워크가 (서로 다른 단말로부터의) 복수 개의 랜덤 엑세스 시도를 검출한 경우, 복수 개의 단말에 대한 개별적인 응답 메시지는 단일 전송으로 합쳐질 수 있다. 따라서 응답 메시지는 DL-SCH 상으로 스케줄링되고, 랜덤 엑세스 응답을 위한 신원 (Identity)인 RA-RNTI를 사용하는 PDCCH 상에 표시된다. 단말이 C-RNTI를 할당받지 않아서 아직 유일한 신원을 가지지 못한 상태일 수도 있으므로, 이러한 경우에도 RA-RNTI의 사용이 필요하다. 프리앰블을 전송하였던 모든 단말들은 설정된 시간 윈도우 내에서 랜덤 엑세스 응답을 위한 L1/L2 제어 채널들을 관찰한다. 동시에 충분히 많은 랜덤 엑세스들에 대하여 응답할 수 있도록 하기 위해, 응답 메시지의 타이밍은 규격에 의하여 고정되어 있지 않다. 이는 또한 기지국 구현에 일정한 유연성을 제공한다. 만약 단말이 시간 윈도우 내에서 랜덤 엑세스 응답을 검출하지 못하면, 프리앰블은

위에서 언급한 프리앰블 파워 램핑 스텝 (Ramping Step)에 따라 더 높은 파워로 전송된다.

랜덤 엑세스를 수행하는 단말들이 서로 다른 프리앰블을 사용하는 한, 동일한 자원을 사용하더라도 충돌은 발생하지 않으며 어느 단말이 해당 응답과 관련이 있는지는 하향링크 시그널링으로부터 확실하게 알 수 있다. 그러나 여러 단말이 동시에 동일한 랜덤 엑세스 프리앰블을 사용할 가능성도 어느 정도는 있으며, 이러한 경우에는 여러 단말들이 같은 하향링크 응답 메시지에 반응하여 충돌이 발생하게 된다. 이러한 충돌을 해소하는 것은 아래에 설명되는 뒤따르는 단계들의 몫이다.

이 단계의 랜덤 엑세스 응답의 수신에 맞춰, 단말은 자신의 상향링크 전송 타이밍을 조절하고 3단계로 진행할 것이다. 지정된 프리앰블을 사용하는 경쟁이 없는 랜덤 엑세스를 사용하는 경우에는, 경쟁을 다루어야 할 필요가 없기 때문에 이 2단계가 랜덤 엑세스 과정의 마지막 단계가 된다. 더욱이 단말이 이미 C-RNTI의 형태로 할당된 유일한 신원 (Unique Identity)을 가지고 있다.

하향 링크 빔포밍의 경우, 랜덤 엑세스 응답은 초기 셀 검색 동안 획득된 SS 블록에 사용된 빔포밍을 따라야 한다. 이것은 단말이 수신측 빔포밍을 사용할 수 있고, 어떻게 수신기 빔을 지시할 것인지 방법을 알아야 하기 때문에 중요하다. SS 블록과 동일한 빔을 사용하는 랜덤 엑세스 응답을 송신함으로써 단말은 셀 탐색 중에 식별된 것과 동일한 수신기 빔을 사용할 수 있다는 것을 알게 된다.

17.3 3/4단계 – 경쟁 해소

17.3.1 Message 3

두 번째 단계 이후, 단말의 상향링크는 시간 동기가 맞춰진다. 그러나 사용자 데이터가 단말로 또는 단말로부터 전송되기 이전에 C-RNTI라는 셀 내 유일한 신원이 단말에 할당되어야 한다. 또한, 단말의 상태에 따라서 연결을 설정하기 위해 추가적인 메시지 교환이 필요할 수도 있다.

세 번째 단계에서, 단말은 두 번째 단계에서의 랜덤 엑세스 응답에서 할당된 UL-SCH 자원을 사용하여 gNB로 필요한 메시지를 전송한다.

상향링크 메시지의 주요 부분은 단말의 신원이다. 왜냐하면 이것이 네 번째 단계에서 경쟁 해소 방식에 사용되기 때문이다. 단말이 무선 액세스 네트워크에 의해 이미 알려진 경우, 즉

RC_CONNECTED 또는 RRC_INACTIVE 상태에서, 이미 할당된 C-RNTI는 단말 식별자로 사용된다.[1] 그렇지 않을 경우 코어 네트워크 단말 식별자가 사용되고, gNB는 4단계에서 상향링크 메시지에 응답하기 전에 코어 네트워크를 개입시켜야 한다 (아래 참조).

17.3.2 Message 4

랜덤 엑세스 과정의 마지막 단계는 경쟁 해소 (Contention Resolution)를 위한 하향링크 메시지로 구성되어 있다. 첫 번째 단계에서 동일한 프리앰블 시퀀스를 사용하여 동시에 랜덤 엑세스 시도를 수행한 여러 단말들은 두 번째 단계에서 동일한 응답 메시지를 수신하고 따라서 동일한 임시 신원을 갖고 있음에 유의한다. 따라서 랜덤 엑세스 과정의 4번째 단계는 단말이 다른 단말의 신원을 잘못 사용하는 일이 없도록 하는 경쟁 해소 단계이다. 경쟁 해소 방식은 단말이 이미 C-RNTI의 형태의 유효한 신원을 가지고 있는지의 여부에 따라서 약간 달라진다. 3번째 단계에서 수신되는 상향링크 메시지를 통하여 네트워크는 단말이 유효한 C-RNTI를 가지고 있는지의 여부를 알 수 있음에 유의한다.

만약 단말이 이미 할당된 C-RNTI를 가지고 있다면, 경쟁 해소는 C-RNTI를 사용하는 단말을 PDCCH 상에서 표시해주면 된다. 즉, PDCCH 상에서 자신의 C-RNTI를 검출함에 따라서 단말은 랜덤 엑세스 시도가 성공했음을 선언하게 되며, DL-SCH 상으로는 경쟁 해소에 관계된 별도의 정보가 필요하지 않다. C-RNTI는 해당 단말에게 유일한 것이므로, 그 단말이 아닌 다른 단말은 이 PDCCH 전송을 무시하게 된다.

만약 단말이 아직 C-RNTI를 할당받지 못했다면, 경쟁 해소 메시지는 TC-RNTI를 사용하게 되며 해당 PDCCH에 의해 어드레싱되는 DL-SCH는 경쟁 해소 메시지를 포함하게 된다. 단말은 이 메시지 내의 신원과 3번째 단계에서 전송되었던 신원을 비교하게 된다. 3번째 단계의 일부로서 전송된 신원과 4번째 단계에서 수신된 신원이 맞는 단말만 랜덤 엑세스 과정이 성공했음을 선언하고, 두 번째 단계에서 받은 TC-RNTI를 C-RNTI로 승격시킨다. 이미 상향링크 동기가 형성되어 있으므로 이 단계의 하향링크 시그널링에는 HARQ가 적용된다. 또한, 세 번째 단계에서 전송된 신원과 네 번째 단계에서 수신된 메시지의 신원이 맞는 단말은 상향링크에서 HARQ acknowledge-ment를 전송한다.

자신의 C-RNTI로 PDCCH 전송을 감지하지 못하거나 세 번째 단계에서 전송된 신원과 네 번째 단계에서 수신된 신원이 맞지 않는 단말들은 랜덤 엑세스 과정이 실패한 것으로 간주하여 첫

1) 단말의 신원 (Identity)은 UL-SCH 상의 MAC 제어 요소로서 포함된다.

단계부터 다시 시작한다. 당연히 이러한 단말들로부터는 HARQ acknowledgement가 전송되지 않는다. 또한, 세 번째 단계에서의 상향링크 메시지 전송으로부터 특정 시간 내에 네 번째 단계의 하향링크 메시지를 수신하지 못한 단말도 랜덤 엑세스 과정이 실패했음을 선언하고 첫 단계부터 다시 시작한다.

17.4 보조 상향링크 (SUPPLEMENTARY UPLINK)를 위한 랜덤 엑세스

7.7절에서 보조 상향링크 (Supplementary Uplink ; SUL)의 개념에 대해 설명했는데 이것은 하향링크 캐리어가 두 개의 상향링크 캐리어와 연계되어 (즉 non-SUL 캐리어와 SUL 캐리어) 여기서 SUL 캐리어는 전형적으로 낮은 주파수 대역에 위치하여 향상된 상향링크 커버리지를 제공할 수 있다.

하나의 셀이 SUL 셀이라는 사실은 보완적인 SUL 캐리어를 포함한다는 것이다. 그리고 SIB1의 일부로 표시된다. 처음에는 셀에 액세스하기 전에 단말이 해당 셀이 SUL 셀인지 아닌지를 알 것이다. 만약 해당 셀이 SUL 셀이고 단말이 주어진 대역 조합에 SUL을 지원한다면, 초기 랜덤 엑세스는 SUL 캐리어나 non-SUL 캐리어를 사용하여 수행될 것이다. 셀 시스템 정보는 SUL 캐리어와 non-SUL 캐리어에 대해 분리된 RACH 설정을 제공한다. 그리고 SUL을 지원하는 단말은 어떤 캐리어가 랜덤 엑세스에 사용될 것인지를 결정한다. 이것은 선택된 SS 블록의 측정된 RSRP를 셀 시스템 정보의 한 부분으로 제공된 캐리어 선택 임계 값과 비교하여 결정하는 것이다.

- ❑ RSRP가 임계 값을 초과하면 랜덤 엑세스는 non-SUL 캐리어에서 수행된다.
- ❑ RSRP가 임계 값보다 낮으면 SUL에서 랜덤 엑세스가 수행된다.

실제로, SUL 캐리어는 셀에 대한 (하향링크) 경로 손실이 어떠한 값보다 큰 단말들에 의해 선택된다. 랜덤 엑세스 전송을 수행하는 단말은 프리앰블 전송에 사용되는 동일 캐리어에 랜덤 엑세스 메시지 3을 전송한다. 단말이 랜덤 엑세스를 수행하는 다른 시나리오의 경우, 즉 단말이 connected mode에 있는 경우, 해당 단말은 상향링크 랜덤 엑세스를 위해 SUL 캐리어 혹은 non-SUL 캐리어를 사용하도록 명시적으로 설정될 수 있다.

17.5 초기 접속 이후의 랜덤 액세스

이 장의 앞에서 언급하였듯이 NR 랜덤 액세스 절차는 단말이 idle/inactive 상태에서 초기에 네트워크에 접속할 때에만 이용되는 것이 아니다. 이 절에서는 랜덤 액세스 절차가 이용되는 다른 상황에 대해 간단히 설명한다.

17.5.1 핸드오버에서의 랜덤 액세스

단말이 연결상태에서 새로운 셀에 핸드오버를 하려고 할 때는 그 셀에 충분히 동기화가 되어 있지 않은 상태이다. 셀들이 서로 확실하게 동기되어 있지 않은 비동기 네트워크라면 더욱 더 그렇다. 이러한 경우 단말은 우선 랜덤 액세스를 수행하여 동기를 획득하고 목적 셀과 RRC 연결을 맺는다. 이미 connected 상태인 단말이 랜덤 액세스를 수행할 때 단말은 특정 프리앰블 시퀀스와 시퀀스 shift에 해당하는 프리앰블 인덱스를 할당 받는다. 새로운 셀에 이런 방식으로 랜덤 액세스를 수행하는 것은 충돌의 위험이 없으므로 contention-free 방식이다.

새 셀이 여러 SSB로 이루어진 다중 빔을 사용하면 실제 사용하는 프리앰블은 선택된 SSB 인덱스와 연계된 프리앰플 인덱스에 해당하는 시간/주파수 occasion에 전송된다. 이는 17.1.4에서 설명한 초기 랜덤 액세스에서와 마찬가지 방식이다.

17.5.2 SI 요청을 위한 랜덤 액세스

앞선 장에서 시스템 정보가 어떻게 SI (system information) 메시지 형태로 단말에게 제공되는지 설명하였다. 또한 SI 메시지가 어떻게 브로드캐스트되고 idle/inactive 상태의 단말들이 항상 사용가능하게 되는지를 설명하였다. 또 다른 방식으로 SI 메시지는 브로드캐스트 되지 않을 수도 있으며 이 때 idle/inactive 상태의 단말은 SI 요청을 따로 해야만 한다.

단말이 SI 메시지 전송을 요청하는 하나의 방법으로 우선 단말은 기존의 랜덤 액세스를 이용하여 connected 상태로 들어가서 기존의 RRC 시그널링[2]을 이용하여 SI 메시지를 요청할 수 있다. 그러나 NR에서는 idle/inactive 상태의 단말이 랜덤 액세스 절차로 직접 SI 메시지를 요청하는 데 이용할 수 있다. 이 때 단말은 connected 상태로 갈 필요가 없다.

앞 장에서 설명하였듯이 SIB1은 잔여 시스템 정보 블록 (RMSI, Remaining System Information)

2) 시스템에 접속하기 전에 필요한 유일한 SIB인 SIB1은 항상 브로드캐스트된다는 사실에 유의하라

의 매핑 정보, SI 메시지의 전송 주기, 그리고 SI 메시지가 브로드캐스트 되는지 아닌지에 대한 정보를 포함한다. SI 메시지가 브로드캐스트 되지 않으면 SIB1은 request configuration의 형태로 랜덤 액세스 configuration과 프리앰블 인덱스를 포함하고 있다. 이렇게 주어진 랜덤 액세스 configuration으로 랜덤 액세스를 수행함으로써 단말은 직접 SI 전송을 요청할 수 있다.

SIB1은 방송되지 않는 모든 SI 메시지에 대해 한 번 전송을 요청하는 configuration을 제공할 수도 있고 여러 프리앰블 인덱스로 각각의 SI 메시지를 요청하는 configuration을 제공할 수도 있다. 전자의 경우 네트워크는 SI 요청을 수신하면 모든 SI를 전송하고 후자의 경우 요청된 SI 메시지만 전송한다. 이 두 방식은 서로 다른 SI를 요청하는 RACH 리소스의 오버헤드와 단말이 실제 필요한 특정 SI 메시지를 위해 모든 SI 메시지를 전송하는 오버헤드 간 트레이드오프가 있다.

셀이 다중 빔으로 구성된 SSB를 사용하면 시스템 정보 요청과 연계된 프리앰블 인덱스는 수신된 SSB 를 이용하여 프리앰블 인덱스와 RACH occasion을 결정한다는 것을 다시 한번 강조한다. 이는 17.1.4에서 설명한 초기 랜덤 액세스와 유사하다.

17.5.3 PDCCH order를 이용한 동기 재설정

한동안 상향링크 전송이 없어서 단말이 connected 상태에서 빠져나와 inactive 상태가 되면 네트워크에 대한 동기를 잃게 된다. 네트워크가 상향링크 동기를 잃었다는 것을 알게되면 PDCCH order라는 기능을 이용하여 단말이 랜덤 액세스를 하도록 요청할 수 있다.

PDCCH order는 주파수 영역에서의 할당을 모두 1로 세팅한 DCI 포맷 1_0을 이용한다. 이는 DCI가 하향링크 스케줄링을 하는 것이 아니라 랜덤 액세스를 위한 PDCCH order라는 것을 의미한다. DCI는 단말이 contention-free 랜덤 액세스에 사용할 특정 프리앰블 인덱스를 포함한다. 그리고 랜덤 액세스를 전송할 RACH occasion을 결정하는데 필요한 SSB 인덱스 또한 포함한다.

17.6 Two-step RACH

여태까지의 NR 랜덤 액세스 절차는 다음의 4 단계로 이루어져 있었다.

❑ **Step 1**: 상향링크 프리앰블/PRACH 전송

- **Step 2**: 하향링크 랜덤 액세스 응답 (PDSCH 이용)
- **Step 3/4**: 상향링크 message 3 전송 (PUSCH 이용), 충돌을 해소하는 절차로 네트워크는 이에 상응하는 message 4 응답 (PDSCH 이용)

이러한 4 단계의 랜덤 액세스 절차는 4-step RACH라고 불린다. 이는 NR의 초기 릴리즈인 릴리즈 15에서 도입되었다.

보조적으로 2-step 랜덤 액세스 절차가 릴리즈 16에서 도입되었다.[3] 다소 간소화된 two-step 랜덤 액세스 과정은 step 1과 step 3를 하나의 Step A로 묶고 step 2와 4를 하나의 단계인 Step B로 묶었다. 좀 더 구체적으로 two-step 랜덤 액세스 과정은 다음으로 이루어져 있다.

- **Step A**: PUSCH 데이터와 함께 상향링크 프리앰블/PRACH 전송. 함께 묶어 message A라고 부름
- **Step B**: message A 수신에 대한 응답으로 message B라고 불리는 하향링크 전송. 시간 동기를 제공하고 message A 전송 시 발생했을 수도 있는 충돌을 해소한다. 17.6.2에서 설명할 예정인데 message B는 또한 4-stage RACH에 대한 fallback으로 fallback indication을 포함할 수도 있다.

4 step 랜덤 액세스 절차의 step 1과 비슷하게, 프리앰블과 message A PUSCH를 전송하는 Step A는 Step B 응답을 받을 때까지 송신 전력을 높이며 반복해서 전송할 수 있다.

two-step RACH의 장점은 4 step RACH와 비교하여 빠르게 접속을 할 수 있다는 것이다. 그러나 기지국이 message A를 받는 데 여러 번 시도를 거쳐야 한다면 그 장점은 금세 없어지게 된다.

two-step RACH는 19장의 비면허 대역에서 추가적인 장점이 있다. 프리앰블과 PUSCH를 동시에 전송하고 step 2와 4를 묶어 하나의 step A로 전송함으로써 LBT (Listen-Before-Talk) 동작의 횟수를 줄일 수 있다. 이는 오버헤드와 지연을 감소시키는 결과를 갖는다.

two-step RACH의 단점은 Step B의 응답을 받기까지 수 차례 프리앰블 전송 시 four-step RACH의 메시지 3에 해당하는 message-A PUSCH 전송에 오버헤드가 든다는 것이다. 또한 message A PUSCH 자체도 시간 동기가 부족하므로 message 3 PUSCH에 비해 다소 비효율적이다.

---

3) 규격에서는, 4 step RACH와 2 step RACH를 각각 Type-1 랜덤 액세스와 Type-2 랜덤 액세스라고 한다.

17.6.1 two-step RACH - Step A

Step A는 앞에서 설명한 것처럼 프리앰블과 PUSCH 전송으로 이루어져 있다.

17.6.1.1 프리앰블 전송

two-step RACH에서의 프리앰블 전송은 기본적으로 four-step RACH와 동일하다.

- ❏ four-step RACH와 같은 프리앰블을 사용
- ❏ SSB 인덱스와 RACH occasion / 프리앰블 인덱스를 연계시키는 개념도 four-step RACH와 동일

two-step RACH에서의 RACH occasion은 four-step RACH와 동일하거나 또는 다르게 설정될 수 있다. four-step RACH와 동일하게 설정될 경우 이는 동일한 RACH occasion을 의미하고 two-step RACH의 프리앰블은 SSB 인덱스와 연계된 contention-free 프리앰블 셋으로부터 선택된다. 그러므로 two-step RACH에서는 contention-free 프리앰블 셋에서 선택된 프리앰블을 contention-based 프리앰블로 사용하는 것이다. 이런 방법으로 네트워크는 contention-based 프리앰블이 four-step RACH 또는 two-step RACH 과정 중 어느 과정으로부터 올라온 것인지를 구분해낼 수 있다. 이는 two-step RACH와 four-step RACH에서 프리앰블 응답을 달리 보내야 하므로 중요하다. 만약 RACH occasion이 two-step과 four-step에서 다르게 설정되면 프리앰블도 같은 셋에서 선택된다.

17.6.1.2 PUSCH 전송

message A PUSCH 전송은 여러 측면에서 정상적인 PUSCH와 유사하나 다음과 같은 다른 점들이 있다.

- ❏ message A PUSCH 전송은 단말이 특정한 리소스를 할당받지 않는다는 면에서 스케줄링되어 전송된다고 볼 수 없다. message A PUSCH 전송은 RACH occasion과 프리앰블 인덱스의 조합으로부터 결정된다.
- ❏ message A PUSCH를 전송할 시점에서는 아직 closed-loop 타이밍 컨트롤이 되어 있지 않다. 결과적으로 message A PUSCH 전송은 다른 일반적인 상향링크 전송에 비해 상대적으로 크게 타이밍이 벗어나서 도착할 것이다. 그러므로 message A PUSCH로부터 유발되는 셀 내 간섭을 처리하기 위해 보호 시간과 보호 대역이 필요하다.

PRACH 전송이 RACH occasion에 일어나는 것처럼 message A PUSCH 전송은 그림 17.6에 나타낸 것처럼 PUSCH occasion에 일어난다.

시간 영역에서 PUSCH occasion의 크기는 한 심볼에서 14 심볼까지 변할 수 있다. 그림 17.6에서는 3 심볼을 가정하였다. 주파수 영역에서 PUSCH occasion의 크기는 한 RB (resource block)에서 최대 32 RB 까지 가질 수 있다. 그림 17.6에서는 5 RB를 가정하였다.

슬롯 내에서 PUSCH occasion은 시간 영역에서 최대 6개까지 멀티플렉싱될 수 있다. 이때 PUSCH occasion 사이에는 보호 구간이 존재할 수 있다. 그림 17.6에서는 3개의 time-multiplexed PUSCH occasion을 가정하였다.[4] 보호 구간은 0 심볼에서 3 심볼까지 설정할 수 있다. 보호 구간이 0 심볼이라는 것은 보호 구간이 없다는 뜻이다. 그림 17.6에서는 1심볼 보호 구간을 가정하였다. 보호 구간을 두는 이유는 수신단에서 타이밍 컨트롤이 부족하므로 서로 다른 message A PUSCH occasion 끼리 겹치는 것을 방지하기 위해서이다.

PUSCH occasion은 주파수 영역에서도 멀티플렉싱될 수 있으며 중간에 1 RB의 보호 대역을 둘 수 있다. 그림 17.6은 보호 대역이 설정된 예이다. 시간 영역에서의 보호 구간과 마찬가지로 보호 대역은 다른 단말로부터의 message A PUSCH 전송 간에 수신 타이밍의 불일치로부터 발생할 수 있는 간섭을 처리하기 위해 필요하다. 만약 타이밍 불일치가 cyclic prefix를 넘어가면 주파수 영역에서의 직교성이 유지되지 않아 inter-PUSCH 간섭을 줄이거나 피하기 위해 보호 대역이 필요하다.

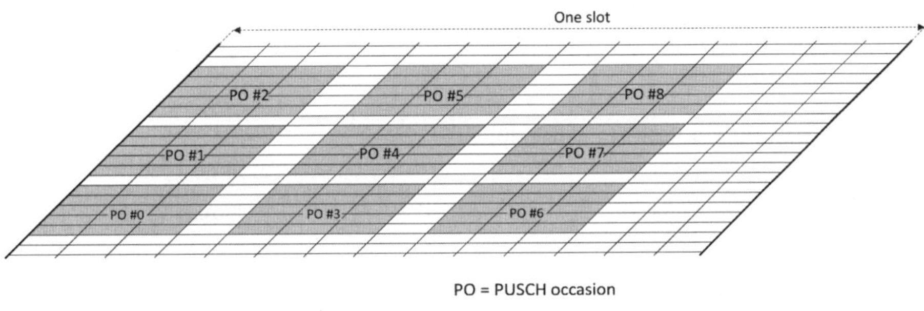

그림 17.6
슬롯 내에서의 PUSCH occasion (PO)

PUSCH occasion을 시간과 주파수 영역에서 분리하여 전송하는 것 이외에도 message A PUSCH 전송은 공간 영역에서도 분리될 수 있다. 이는 message A PUSCH에 다른 DMRS 포트와 시퀀스를 사용함으로써 가능하다. PUSCH occasion과 더불어 PUSCH occasion과 특정한 DMRS 포트 / 시퀀스를 조합하여 정의된 PUSCH resource unit (PRU) 개념이 two-step RACH

4) 하나의 슬롯 내에서 시간 다중화된 PUSCH occasion의 최대 수는 구성된 보호 구간의 크기뿐만 아니라 message A PUSCH의 심볼 기간에 의해 분명히 제한된다.

표준화 작업 시에 도입되었다. 최종적으로는 PRU 명칭은 스펙에서는 사용되지 않고 좀 더 복잡한 명칭인 "PUSCH occasion with DMRS resource"로 변경되었지만 여기서는 간단히 PRU라는 이름을 사용하겠다.

17.6.1.3 PRACH 슬롯과 PUSCH 리소스를 매핑하는 방법

17.1.1 절에서 설명하였듯이 PRACH 프리앰블 전송은 RACH 슬롯에서 이루어지며 시간과 주파수 영역에서 다수의 랜덤 액세스 occasion이 존재할 수 있다.

two-step RACH에서 각 RACH 슬롯은 특정 DMRS 포트 / 시퀀스를 사용하는 message A PUSCH occasion 셋과 연계되어 있다. 여기서는 PRU 셋이라 부른다. 그림 17.7은 PRU 셋의 구조를 나타낸다. PRU 셋은 최대 4 슬롯에 걸쳐 있을 수 있다. 그림 17.7은 3 슬롯의 예이다. 각 슬롯에는 시간과 주파수 영역에서 다수의 PUSCH occasion이 있다.

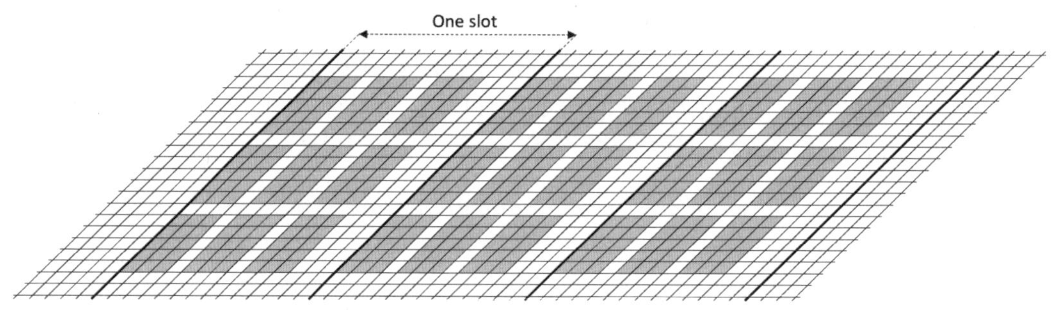

그림 17.7
3 슬롯에 걸쳐 한 슬롯에 9개의 PUSCH occasion이 있는 경우

또한, 각 PUSCH occasion은 N_{DMRS} 개의 PRU를 의미한다. 여기서 N_{DMRS} 는 사용가능한 DMRS 포트 / 시퀀스의 수이다.

PRU 셋과 각각이 연계된 PRU, 그리고 PRU occasion은 다음과 같은 파라미터를 갖는다.

- ❑ PRU 셋 내에서의 슬롯 수, 최대 4개
- ❑ 한 슬롯 내에서 시간 영역에서의 PUSCH occasion 수
- ❑ 각 PUSCH occasion의 심볼 길이
- ❑ 한 슬롯 내에서 각 PUSCH occasion 간의 보호 구역 심볼 길이
- ❑ 주파수 영역에서 PUSCH occasion의 수
- ❑ 주파수 영역에서 첫 PUSCH occasion의 위치
- ❑ 주파수 영역에서 PUSCH occasion이 멀티플렉싱 되었을 때 보호 대역의 유무 여부

❑ DMRS 포트 / 시퀀스의 수. 이는 PUSCH occasion에서의 PRU의 수를 나타낸다.

two-step RACH의 여러 RACH occasion이 있을 수 있으며 각 RACH 슬롯은 하나의 특정 PRU 셋에 해당한다. PRU 셋은 그림 17.8에서처럼 RACH 슬롯으로부터 T_{PUSCH} 의 설정가능한 시간적 오프셋을 가지고 있다. RACH 슬롯 내에서 각 RACH occasion 과 프리앰블의 조합은 해당하는 PRU 셋의 특정 PRU에 매핑되어 있다.

단말이 RACH occasion과 전송한 프리앰블을 선택하면 message A PUSCH를 전송할 PRU를 알게된다. 같은 방식으로 네트워크가 RACH occasion 내에서 프리앰블을 수신하면 message A PUSCH를 수신할 PRU를 알게된다.

RACH occasion과 프리앰블 조합의 수가 사용가능한 PRU 수보다 많으면 다수의 RACH occasion과 프리앰블 조합이 같은 PRU에 매핑될 수 있다. 이 경우 두 단말이 two-step RACH의 서로 다른 RACH occasion / 프리앰블 조합을 사용하였지만, message A PUSCH 전송에서 충돌이 발생할 수 있다. 원리적으로는 PUSCH 전송을 여전히 수신할 수 있다. 그러나 이는 공간적 분리가 필요하고 PUSCH 복조를 위한 채널 추정은 DMRS를 이용하지 않고 수신된 프리앰블을 이용한다. 왜냐하면, 동일한 PRU에서는 DMRS도 동일하기 때문이다.

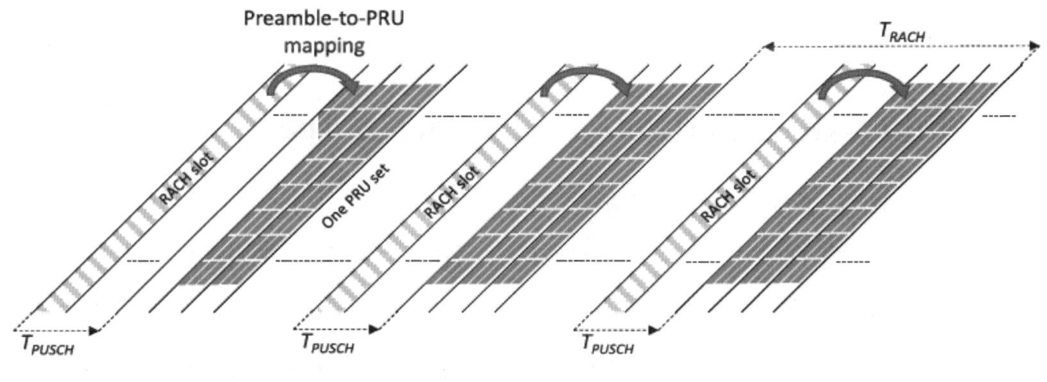

그림 17.8
RACH 슬롯과 PRU 셋과의 매핑

17.6.2 two-step RACH – Step B

two-step RACH 과정의 Step B는 message B를 전송하는 것으로 일반적인 PDCCH/PDSCH 전송과정이다. 그렇지만 PDCCH는 four-step RACH에서 RI-RNTI로 PDCCH 가 인코딩 (17.2절) 되는 반면 two-step RACH에서는 MsgB-RNTI로 인코딩된다. four-step RACH에서의 랜덤 액세

스 응답과 마찬가지고 다른 단말로의 two-step RACH 랜덤 액세스 응답이 동일한 message B PDSCH 에 전송될 수 있다.

네트워크가 message A PUSCH를 수신할 수 있었는지 여부에 따라 또 다른 two-step RACH 랜덤 액세스 응답 방법이 있다.

네트워크가 message A PUSCH를 수신할 수 있으면 다음 정보를 포함한 Success RAR를 송신한다.

- 타이밍 조절을 위한 TA(Timing adjustment) 명령 (12비트)
- C-RNTI (16비트)
- 경쟁 해소 ID (48비트)

message B PDSCH 안에 connection setup과 같은 RRC 시그널링 메시지를 포함할 수도 있다. 그러나 messag B PDSCH 안에는 하나의 RRC 시그널링 메시지만 포함할 수 있고 여러 단말로의 RRC 시그널링 메시지를 멀티플렉싱할 수 없다.

네트워크가 프리앰블을 수신하였지만 message A PUSCH를 정상적으로 디코딩할 수 없었으며 Fallback RAR를 전송한다. Fallback RAR은 four-step RACH의 랜덤 액세스 응답과 같은 정보를 포함한다. 이는 단말이 four-step RACH처럼 랜덤 엑세스 과정을 계속 진행할 것을 지시하는 것이다. message 3는 Fallback RAR에 포함된 스케줄링 그랜트를 이용한다.

17.6.3 two-step RACH와 four-step RACH의 선택

릴리즈 16 이전의 단말을 지원하기 위해 셀 내에는 초기 접속을 위해 four-step RACH가 언제나 있을 수 있다. 셀 내에서 two-step RACH가 가능하다면 two-step RACH가 가능한 단말은 둘 중 어느 것을 선택할지 결정해야 한다.

two-step RACH나 four-step RACH를 선택하는 것은 단말의 셀과의 근접성을 기준으로 정할 수 있다. 셀로부터의 RSRP가 설정된 값보다 크면 two-step RACH를 사용하고 아니면 four-step RACH를 사용하는 것이다.

네트워크는 two-step RACH에서 message A의 최대 전송 횟수를 설정할 수 있다. 랜덤 액세스 응답이 없어 전송 횟수의 제한이 걸리면 단말은 four-step RACH로 전환해야 한다.

18 LTE와 NR의 연동 및 공존

CHAPTER

차세대 이동 통신 기술의 초기 현장 적용은 일반적으로 트래픽 밀도가 높고, 가능한 새로운 서비스에 대한 수요가 많은 지역에서 이루어진다. 그다음에 점차적으로 추가 배치가 이루어지는데 이것은 통신 사업자의 전략에 따라 다소 빨라질 수 있다.

이러한 점진적 배포가 진행되는 동안 운영자 네트워크에 대한 유비쿼터스 커버리지는 신기술이 적용되는 영역을 오가며 계속 이동하는 단말과 함께 새로운 기술과 기존 기술이 혼합되어 제공될 것이다.

따라서 신기술과 레거시 기술 간의 끊김 없는 핸드 오버는 적어도 3G 네트워크가 최초로 도입된 이래로 핵심 요구 사항이었다.

또한, 신기술이 적용된 지역에서도 신기술을 지원하지 않는 기존 단말들에 대해 지속적인 서비스를 보장하기 위해 상대적으로 긴 시간 동안 이전 세대의 기술들은 일반적으로 신기술과 함께 유지되고 운용되어야 한다.

대다수의 사용자는 몇 년 안에 최신 기술을 지원하는 새로운 단말로 마이그레이션할 것이다. 그러나 제한된 양의 레거시 단말이 오랫동안 남아 있을 수 있다. 이것은 사람에 의해 직접적으로 사용되는 것보다, 주차 미터기, 카드 리더기, 감시 카메라 등과 같이 다른 장비의 통합된 단말들이 늘어나며 레거시 단말의 수명을 더욱 오래 가게 만들 것이다.

그러한 장비는 10년 이상의 수명을 지닐 수 있으며 그 기간 동안 기지국과 계속 연결가능해야 할 것으로 예상된다. 이것은 실제로 3G 및 4G 네트워크가 차례로 배치된 후에도 많은 2세대 GSM 네트워크가 여전히 운용 중인 중요한 이유 중 하나이다.

그러나 NR과 LTE 간의 상호 연동은 단지 두 기술 간의 원활한 핸드 오버가 가능하게 되고 병렬적으로 현장에 배포되는 것 이상이라고 할 수 있다.

- ❑ NR은 LTE와의 이중 연결 (Dual-Connectivity)을 허용하는데 이것은 단말들이 LTE 및 NR 모두에 대해 동시 이중 연결할 수 있다는 것이다. 5장에서 이미 언급한 바와 같이, NR의 첫 번째 릴리즈는 실제로 그러한 이중 연결 (Dual-Connectivity)에 의존하며, 여기서 LTE는

컨트롤 플레인을 제공하고 NR은 오직 추가적인 유저 플레인을 제공하게 된다.

- NR은 LTE와 동일한 스펙트럼으로 배치될 수 있는데, 이것은 전체 스펙트럼 용량이 두 기술 간에 동적으로 공유될 수 있는 방식으로 이루어진다. 이러한 스펙트럼 공존으로 이미 LTE에 의해 점유된 스펙트럼에 NR의 보다 원활한 도입이 가능하다.

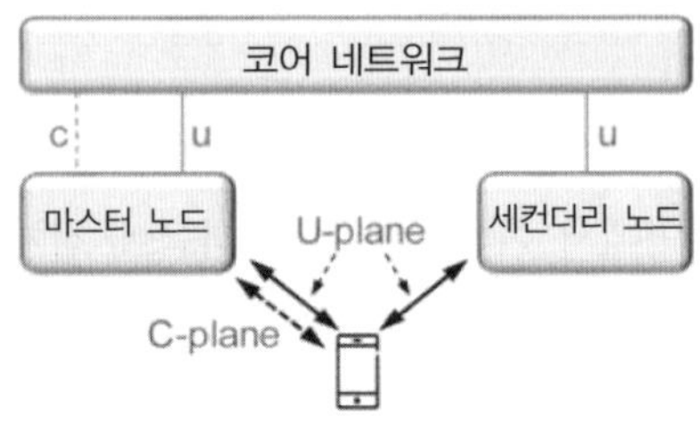

그림 18.1
dual-connectivity의 기본적인 원리

18.1 LTE/NR 이중 연결 (DUAL-CONNECTIVITY)

LTE/NR 이중 연결의 기본 원리는 LTE에서의 이중 연결의 원리와 같다[26] (그림 18.1 참조).

- 단말은 무선 액세스 네트워크 (LTE에서는 eNB, NR에서는 gNB) 내에서 여러 노드들에 동시에 연결된다.
- 하나의 마스터 노드 (일반적으로 eNB 또는 gNB 중 하나)가 있어서 무선 액세스 컨트롤 플레인을 담당한다. 달리 말하면 네트워크 상에서 시그널링 무선 베어러는 마스터 노드에서 책임지며, 단말의 모든 RRC 계층의 연결을 제어한다.
- 하나 또는 일반적으로 복수의 secondary 노드 (eNB 또는 gNB)가 있어서, 단말에 대한 추가적인 유저 플레인 링크를 제공한다.

18.1.1 배포 시나리오

LTE 이중 연결의 경우, 단말이 동시 연결을 갖는 여러 노드들은 보통 지리적으로 분리되어 있다. 예를 들어 단말은 스몰 셀 레이어와 오버레이 (Overlay)된 매크로 레이어에 대해 동시 연결성을 갖는다.

즉, 동일한 시나리오로 스몰 셀 레이어와 오버레이된 매크로 레이어에 대한 동시 연결성은 LTE/NR 이중 연결에 또한 매우 높은 관련성 있는 시나리오가 된다.

특히 높은 주파수 대역의 NR은 (그림 18.2 참조) LTE에 기반을 둔 기존 매크로 레이어 아래의 스몰 셀 레이어로서 배치된다. LTE 매크로 레이어는 마스터 노드를 제공하며, 연결성이 높은 주파수 스몰 셀 레이어에 연결성이 일시적으로 손실되더라도 컨트롤 플레인이 유지됨을 보장한다. 이 경우 NR 레이어는 매우 높은 용량 및 매우 높은 데이터 전송률을 제공하게 된다. 반면에 높은 주파수 대역의 스몰셀 레이어가 본질적으로 덜 견고하기 때문에 낮은 주파수의 LTE 기반의 매크로 레이어에 대한 이중 연결 (Dual-Connectivity)은 추가적인 견고성을 제공한다. 이것은 스몰 셀 레이어에서 LTE 대신 NR 사용하는 경우를 제외하고 위에서 설명한 LTE 이중 연결 시나리오와 본질적으로 동일한 시나리오임을 유의해야 한다.

그러나 LTE / NR 이중 연결 (Dual-Connectivity)은 LTE와 NR 노드들의 co-site의 경우에도 적절하다 (그림 18.3 참조).[1)] 예를 들어 초기 NR 배치에 대해 네트워크 사업자는 이미 배포된 LTE 사이트 그리드를 NR에도 재사용하여 추가 사이트 배치 시 발생하는 비용을 줄이고 싶어할 것이다. 이런 시나리오에서 이중 연결은 NR과 LTE 캐리어의 전송 속도에 대한 애그리게이션을 허용하여 가입자 체감 전송 속도를 향상시킬 수 있다.

단일 무선 접속 기술의 경우, 동일 노드로부터 전송되는 캐리어 간의 이러한 애그리게이션은 캐리어 애그리게이션 (7.6절 참조) 기술에 의해 보다 효율적으로 구현될 수 있다. 그러나 NR은 LTE와의 캐리어 애그리게이션을 지원하지 않으므로 LTE 및 NR의 데이터 전송 속도의 애그리게이션을 지원하려면 이중 연결이 필요하다.

NR이 낮은 주파수, 즉 LTE와 동일하거나 유사한 스펙트럼에서 운용될 경우에 Co-sited 배치가 더 잘 적용된다. 하지만 Co-site 배치는 또한 밀리미터파 대역에서 NR이 운용 중일 때의 경우를 포함하여 매우 다른 스펙트럼에서 두 가지 기술이 운용될 때에도 사용될 수 있다 (그림 18.4 참조). 이 경우, NR은 전체 셀 영역에 커버리지를 제공이 불가할 수 있다. 하지만 네트워크의 NR 부분은 여전히 전체 트래픽의 큰 부분을 차지하며, LTE는 서비스가 안 되는 위치에 있는 단말에 서비스를 제공하는 것에 집중한다.

그림 18.4의 시나리오에서, NR 캐리어는 일반적으로 대역폭이 LTE에 비해 훨씬 더 넓다. 그러므로 서비스가 닿는 거리에 있기만 하면, NR 캐리어는 대부분의 경우 LTE에 비해 상당히 높은 데이터 속도를 제공한다. 이러한 경우 전송 속도의 애그리게이션이 덜 중요해진다. 다시 한번 강조하면, 이 시나리오에서 이중 연결의 주요 이점은 높은 주파수 적용에 대한 견고성이 될 것이다.

---

1) 이 경우 세 가지는 동일한 물리적 하드웨어에 구현될 수 있지만, 여전히 두 개의 다른 논리 노드 (eNB와 gNB)라는 사실에 유의한다.

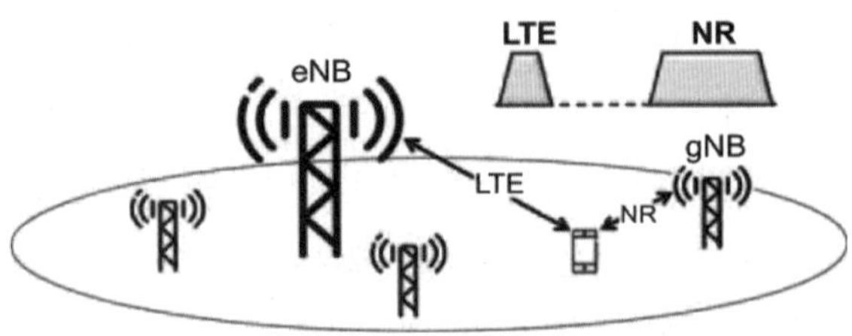

그림 18.2
멀티 레이어 시나리오에서 LTE/NR dual-connectivity.

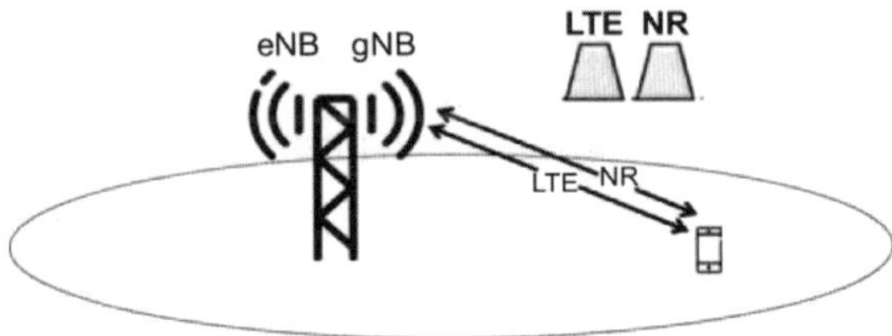

그림 18.3
LTE/NR dual-connectivity, co-sited 배치

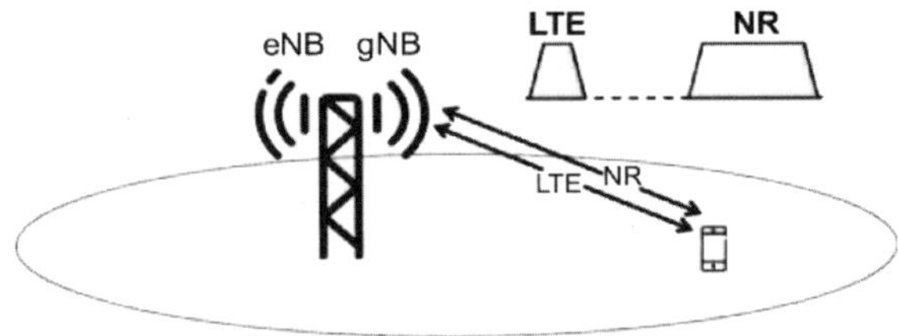

그림 18.4
LTE/NR dual-connectivity, 다른 스펙트럼에서 co-sited 배치

18.1.2 아키텍처 옵션들

4G 코어 네트워크 (EPC)에 대한 대안으로서 새로운 5G 코어 네트워크의 미래의 가용성뿐만 아니라, 서로 다른 두 가지 무선 액세스 기술 (LTE 및 NR)의 존재로 인해, LTE / NR 이중 연결 아키텍처 (그림 18.5 참조)에 대해 여러 가지 대안 혹은 옵션이 있다. 그림 18.5의 다른 옵션들의 레이블링은 테이블에 다양한 대안이 존재하는 NR 아키텍처 옵션에 대한 초기 3GPP 논의에서 나왔으며, 그중 하나의 subset이 지원되기로 결국 합의되었다 (6장의 부가적인 non-dual-connectivity 옵션).

18.1.3 단일-Tx 동작 (SINGLE-TX OPERATION)

LTE와 NR 간 이중 연결의 경우, 동일한 단말로부터 송신된 여러 개의 상향링크 캐리어들 (적어도 하나의 LTE 상향링크 캐리어 및 하나의 NR 상향링크 캐리어)이 있을 것이다. RF 회로의 비선형성으로 인해 두 개의 캐리어에서 동시 전송은 송신기 출력에서 상호 변조 (Intermodulation Products)의 결과를 초래한다.

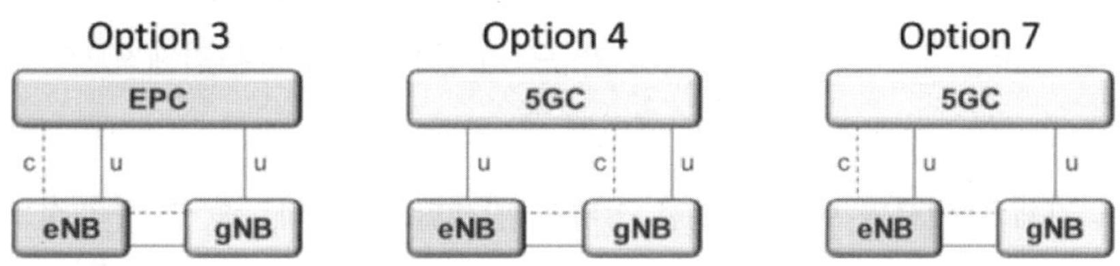

그림 18.5
LTE/NR dual-connectivity의 다른 아키텍처 옵션들

전송된 신호의 특정 캐리어 주파수에 따라, 이러한 상호 변조의 부산물 중 일부는 단말 수신 대역 내에서 "상호 변조 왜곡 (Intermodulation Distortion, IMD)"이라고도 하는 "자기 간섭 (Self-Interference)"을 발생시킬 수 있다. 이 IMD는 수신기 잡음을 증가시키고 수신기 감도의 저하를 초래할 것이다. IMD의 영향은 단말에 엄격한 선형성 요구 사항을 적용함으로써 감소될 수 있다.

그러나 이는 단말 비용과 에너지 소비에 부정적 영향을 미친다. 매우 엄격한 RF 요구 사항을 모든 단말에 적용하지 않고 IMD의 영향을 줄이기 위해, NR은 "어려운 대역 조합"에 대해 단일-TX 이중 연결을 허용한다.

여기서 "어려운 대역 조합"의 문맥적 의미는 실질적으로 LTE 및 NR 주파수 대역의 조합에 해당하는데, 동시 전송된 LTE와 NR 상향링크 간의 낮은 차의 상호 변조의 결과 (Lower-Order Intermodulation Product)가 대응하는 하향링크 대역에 겹칠 수 있다. 단일-TX 동작은 단말이 LTE/NR Dual-connectivity에서 동작하더라도 단말 내에서 LTE와 NR의 상향링크 캐리어에 동시 전송이 없을 것이라는 사실을 의미한다.

Single-TX 동작의 경우에 LTE 및 NR 상향링크 캐리어를 통한 동시 송신을 방지하는 것은 LTE와 NR 스케줄러의 역할이다. 이것은 eNB와 gNB의 스케줄러 간 협력을 필요로 한다. 3GPP 규격은 이를 위해 표준화된 노드 간 메시지의 교환에 대한 명시적인 지원을 포함한다.

단일-TX 동작은 본질적으로 LTE와 NR의 상향링크 전송 간 시간 멀티플렉싱을 해야 한다는 뜻이 된다.

이 상향링크 중 어느 것도 연속적으로 이용 가능한 것은 없다. 하지만 대응하는 하향링크 캐리어를 최대로 활용할 수 있도록 유지하는 것이 여전히 권고된다.

높은 수준의 스케줄링 및 HARQ 유연성을 갖춘 NR의 경우, 이것은 NR 규격에 대한 추가 적인 영향 없이 쉽게 달성될 수 있다. 하지만 LTE 연결에 대해 상황은 다소 다르다. LTE FDD는 동기식 HARQ에 기반하며, 여기서 상향링크 HARQ 피드백은 대응하는 하향링크 전송의 수신이 있고 나서 특정수의 서브 프레임 후에 전송한다. Single-TX 제약으로서, 모든 상향링크 서브프레임들이 HARQ 피드백의 전송에 이용 가능하지 않을 수 있으며, 잠재적으로 하향링크 전송이 발생할 수 있는 서브 프레임들이 제한될 수 있다.

그러나 LTE 자체 내에서도 이미 동일한 상황이 발생할 수 있다. 좀 더 구체적으로 말하면 FDD/TDD 캐리어 애그리게이션에서 TDD 캐리어가 primary 셀인 경우이다.[26] 이 경우에, 본질적으로 상향링크 전송을 위해 연속적으로 이용 가능하지 않은 TDD 캐리어는 FDD 캐리어상의 하향링크 전송에 대응하는 상향링크 HARQ 피드백을 전송한다. 이러한 상황을 처리하기 위해 LTE 릴리즈 13은 이른바 DL/UL 레퍼런스 구성 [26]을 도입하여 FDD 캐리어에 대한 상향링크 피드백에 TDD와 유사한 타이밍 relation을 허용하였다. Single-TX에 의해 제한된 LTE/NR 이중 연결의 경우, 동일한 기능을 사용하여 연속 LTE 하향링크를 지원할 수 있다.
LTE FDD/TDD 캐리어 애그리게이션의 시나리오에서, 상향링크 제약은 셀 레벨에서의 하향링크/상향링크 시간 구분 설정에 기인한다. 반면에, Single-TX 이중 연결의 경우, LTE 및 NR 상향링크 캐리어에서 동시 전송을 피할 필요가 있지만 다른 단말 간에는 긴밀한 상호 의존성이 없다. 따라서 이용 불가능한 상향링크 서브 프레임들의 세트는 다른 단말들에 대해 동일할 필요는 없다. 그러므로 LTE 상향링크 상에서 보다 균일한 부하를 가능하게 하기 위해, Single-TX 동작의 경우 DL/UL 기준 구성들이 단말마다 시간에 따라 다를 수 있다.

18.2 LTE/NR 공존

초기 세대 이동통신의 도입은 항상 새로운 기술이 적용되는 새로운 스펙트럼의 도입과 관련되어 왔다. 이것은 NR의 경우도 마찬가지이며, 밀리미터파 대역에서의 운영에 대한 지원이 이전에 적용되지 않은 스펙트럼 범위의 사용을 위해 개방되었다.

광범위한 빔포밍을 가능하게 하는 많은 수의 안테나 엘리먼트를 갖춘 안테나 구성의 사용을 고려하더라도, 이러한 높은 주파수 스펙트럼에서의 동작은 본질적으로 커버리지 측면에서 불리하다. 오히려 진정한 광역 NR 커버리지를 제공하기 위해서는 낮은 주파수 스펙트럼이 사용되어야 한다.

그러나 대부분의 낮은 주파수 스펙트럼은 이미 현재의 기술, 특히 LTE에 의해 이미 점유되어 있다. 게다가 추가적인 낮은 주파수 스펙트럼은 가까운 장래에 LTE와 함께 배치될 예정이다. 많은 경우 낮은 주파수 스펙트럼에서의 NR 배치는 이미 LTE에 의해 사용 중인 스펙트럼에서 이루어져야 할 필요가 있다.

LTE를 위해 이미 사용 중인 스펙트럼에서 NR을 배포하는 가장 직접적인 방법은 LTE 스펙트럼의 일부를 NR로 마이그레이션하는 정적 주파수 영역 공유이다 (그림 18.6 참조).

이 방법에는 두 가지 단점이 있다. 최소한 초기 단계에서 트래픽의 주요 부분은 여전히 LTE를 통해 이루어질 것이다. 그런데 동시에 정적 주파수 영역의 공유는 LTE를 위해 사용 가능한 스펙트럼을 줄이게 될 것이다. 이로 인해 트래픽 요구 사항을 충족시키기가 더욱 어려워질 것이다.

게다가 정적 주파수 영역의 공유는 각 기술별로 사용 가능한 대역폭을 줄이게 될 것이고, 이로 인해 캐리어당 최대 전송 속도는 줄어들게 될 것이다. LTE/NR 이중 연결의 가능한 사용은 이 동작이 가능한 새로운 단말들을 위해 이러한 이슈들을 보완할 것이다. 그러나 적어도 기존 LTE 단말들의 경우, 달성 가능한 데이터 속도에 직접적인 영향을 받게 된다.

더 매력적인 솔루션으로는 NR과 LTE가 동적으로 같은 스펙트럼을 공유하도록 하는 것이다 (그림 18.7 참조). 이러한 스펙트럼 공존은 전체 대역폭을 유지하고 각 기술에 대한 해당 최고 데이터 속도도 유지한다. 더욱이, 전체 스펙트럼 용량은 각 기술의 트래픽 조건과 일치하도록 동적으로 할당할 수 있다.

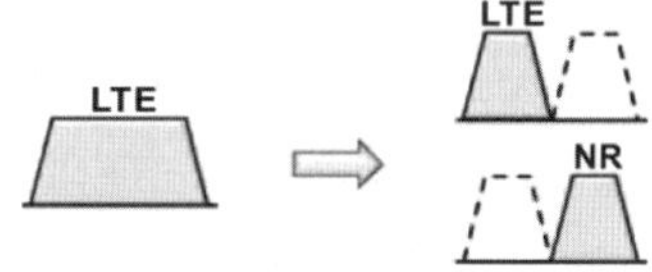

그림 18.6
LTE스펙트럼의 NR로의 마이그레이션

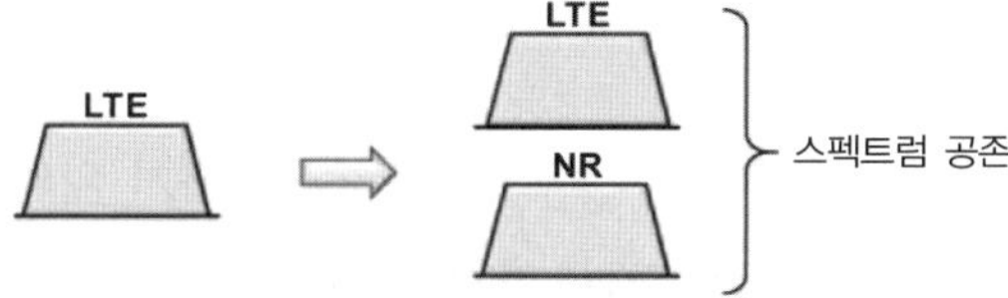

그림 18.7
LTE/NR 스펙트럼 공존

이러한 LTE/NR 스펙트럼 공존을 가능하게 하는 기본적인 도구는 LTE와 NR 모두의 동적 스케줄링이다. 그러나 LTE/NR 스펙트럼 공존을 지원하는 데 전반적인 역할을 하는 다른 여러 가지 NR 기능들이 있다.

- LTE 호환 15 kHz NR 뉴머롤로지의 가용성. LTE와 NR이 공통의 시간/주파수 그리드 상에서 동작함
- 앞의 5.1.3절에 언급되었던 일반적인 NR 순방향 호환성 설계 원칙들. 여기에는 앞의 9.10절에서 설명한 대로 비트맵을 기반으로 하여 예비된 리소스를 정의할 수 있는 가능성도 포함한다.
- NR PDSCH 매핑이 LTE의 cell-specific 레퍼런스 시그널에 해당하는 자원 요소를 피할 수 있는 가능성 (아래 언급한 좀 더 자세한 내용 참조)

앞의 5.1.11절에서 이미 언급했듯이, LTE/NR 공존에는 2가지 주요 시나리오가 있다 (그림 18.8 참조).

- 하향링크 및 상향링크 모두에서의 공존
- 상향링크 전용 공존

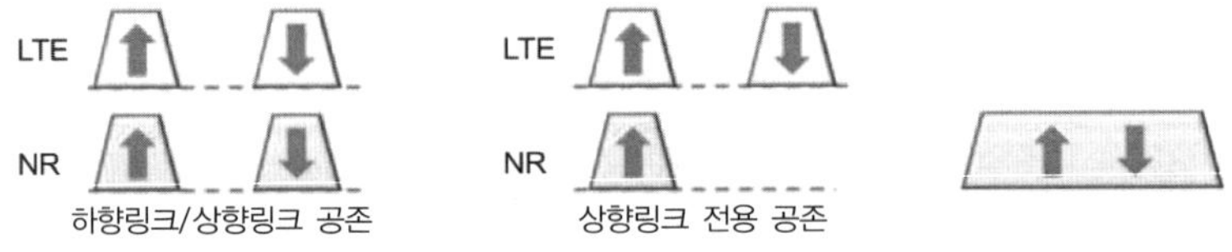

그림 18.8
하향링크/상향링크 공존과 상향링크 전용 공존의 비교

일반적으로 상향링크 방향에서의 공존은 하향링크 방향에 비해 더욱 간단하고, 스케줄링 조정 및 제약의 방법으로 상당 부분 지원될 수 있다. NR 및 LTE의 상향링크 스케줄링은 LTE와 NR의 PUSCH 전송 간의 충돌을 피하기 위해 조정되어야 한다. 게다가, NR 스케줄러는 LTE 상향링크 레이어1의 제어 시그널링 (PUCCH)에 사용되는 자원들을 회피하도록 제한되어야 한다. 그 반대의 경우도 마찬가지이다. eNB와 gNB 간의 상호 작용의 수준에 따라, 그러한 조정 및 제약은 다소 다이나믹할 수 있다.

또한, 하향 링크의 경우 예정된 LTE와 NR 전송 간 충돌을 피하기 위해 스케줄링 조정이 사용되어야 한다. 하지만 LTE 하향 링크는 또한 쉽게 스케줄링될 수 없는 여러 non-scheduled "always-on" 신호들을 포함하고 있다. 이것은 다음을 포함한다 (자세한 내용은 [26] 참조).

- ❑ 매 다섯 번째 서브프레임마다 두 개의 OFDM 심볼과 주파수 영역에서 여섯 개의 리소스 블록으로 전송되는 LTE PSS 및 SSS
- ❑ 매 프레임 (10개의 서브 프레임)마다 한 번씩 4개의 OFDM 심볼 및 6 개의 리소스 블록으로 전송되는 LTE PBCH
- ❑ CRS 안테나 포트[2]의 수에 따라 주파수 영역 및 매 서브프레임마다 4개 혹은 6개의 심볼에서 규칙적으로 전송되는 LTE CRS

스케줄링으로 피하는 것이 아니라 예약된 자원 (9.10절 참조)의 개념은 이러한 신호들 주변의 NR PDSCH를 rate-match하는 데 사용될 수 있다.

앞의 9.10절에서 설명한 대로 비트맵에 따라 예비 (Reserved) 리소스를 정의하여 LTE PSS/SSS의 rate-matching이 가능하다. 보다 구체적으로는 {bitmap-1, bitmap-2, bitmap-3} 세 개의 세트에 의해 제공되는 단일 예비 리소스는 다음과 같이 정의될 수 있다 (그림 18.9 참조).

- ❑ 주파수 영역에서의 NR 리소스 블록의 수와 동일한 길이의 비트맵-1. 이것은 LTE PSS와 SSS가 전송되는 6개의 리소스 블록을 나타낸다.

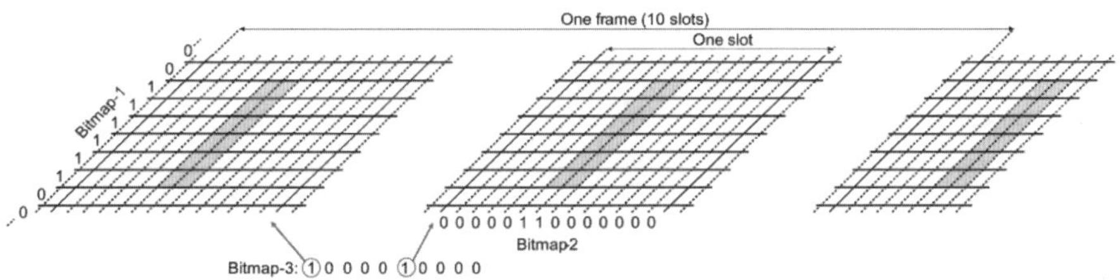

그림 18.9 LTE PSS/SSS
주변의 PDSCH가 rate matching되도록 하는 예비 리소스의 설정. 15kHz NR 뉴머롤로지를 가정함

- ❑ 길이 14의 비트맵-2 (하나의 슬롯), 2개의 OFDM 심볼을 나타낸다. 이 안에서 PSS 및 SSS가 LTE 서브 프레임 내에서 전송된다.
- ❑ 길이 10의 비트맵-3은 두 개의 서브 프레임을 나타낸다. 이 안에서 PSS 및 SSS는 10ms 프레임 내에 전송된다.

이것은 15kHz NR 뉴머롤로지를 가정한다. 그러나 비트맵에 기반을 둔 예비 리소스의 사용은 15kHz 뉴머롤로지에 국한되지 않으며, 원칙적으로 LTE PSS 및 SSS와 유사하게 rate matching 하는 유사한 접근 방식이 (예를 들어) 30kHz NR 뉴머롤로지에 사용될 수 있다.

---

2) 이른바 MBSFN 서브 프레임의 경우 오직 하나 또는 두 개의 심볼

LTE PBCH 주위의 rate matching을 위해 동일한 접근법이 사용될 수 있는데, 이 경우 유일한 차이점은 비트맵-2가 PBCH가 전송되는 4개의 심볼을 가리키고 반면에 비트맵-3는 하나의 서브프레임을 나타낸다는 것이다.

LTE CRS와 관련하여 NR 규격은 오버레이된 LTE 캐리어의 CRS에 대응하는 리소스 엘리먼트 주변의 PDSCH rate matching을 명백히 지원하도록 기술 사항을 포함하고 있다. 이러한 rate matching된 PDSCH을 적절하게 수신할 수 있도록 단말은 다음 정보로 설정된다.

- LTE 캐리어 대역폭 및 주파수 도메인 위치, LTE 캐리어가 NR 반송파와 비교하여 다른 대역폭을 갖거나, 다른 중심 캐리어 위치를 가질 수 있음에도 불구하고 LTE/NR 공존을 허용
- LTE MBSFN 서브 프레임 설정. 이것은 CRS 전송이 주어진 LTE 서브프레임 내에서 발생하는 OFDM 심볼의 set에 영향을 줄 것이다.
- 주파수 영역에서의 리소스 블록 당 CRS 리소스 엘리먼트의 수뿐만 아니라 LTE CRS 안테나 포트의 수는 CRS 전송이 발생하는 OFDM 심볼의 set에 영향을 미친다.
- LTE CRS 시프트, 즉 LTE CRS의 정확한 주파수 영역 위치

릴리즈 16에서는 LTE CRS 전송 주위에 NR rate matching하는 것은 다수의 LTE CRS 패턴을 지원하는 것으로 확장되었다. 이는 캐리어 애그리게이션의 경우 유용하다. 그러나 LTE CRS를 둘러싼 rate matching은 15kHz NR 뉴머롤로지에서만 가능하다는 것에 유념하자.

19 비면허 대역 NR

CHAPTER

첫 NR 릴리즈는 주로 면허 대역에서 동작하는 것에 초점을 두고 설계가 되었다. 그러나 처음부터 향후에 비면허 대역으로 확장될 수 있는 기능들도 고려되었다. 면허 대역이란 특정 주파수 대역에서 사업자들이 독자적인 사용권을 가지고 있는 대역으로 망을 설계하면서 간섭을 제어할 수 있는 등 많은 혜택이 존재한다. 이는 넓은 커버리지와 우수한 품질을 유지할 수 있다는 뜻이다. 그러나 사업자들이 사용할 수 있는 면허 대역은 충분하지 않고 대역의 면허권을 획득하고 사용하는 데 비용이 들게 마련이다.

이에 반해 비면허 대역은 비용이 들지 않고 누구나 사용할 수 있다. 여기에는 최대 송신 전력의 제한이라든지 몇 가지 제약 조건이 존재한다. 누구나 대역을 사용할 수 있으므로 면허 대역에 비해 예기치 못한 간섭 상황이 자주 발생한다. 게다가 최대 허용 전력은 낮게 설정되므로 넓은 지역에 서비스를 제공하기는 힘들다. 와이파이, 블루투스 등이 비면허 대역에서 사용되는 통신 시스템의 주요한 예이다.

NR 릴리스 16은 면허 대역뿐만 아니라 비면허 대역, 주로 5GHz와 6GHz에서 사용을 목표로 비면허 대역을 지원할 수 있도록 확정되었다. 독립형 (Standalone)과 면허보조접속 (LAA, License-Assisted Access) 두 가지가 모두 지원된다. 그림 19.1을 보기 바란다.

LAA 모드로 운영할 때는 면허 대역 주파수는 초기 접속과 이동성 지원에 이용되고 비면허 대역은 용량과 데이터 속도를 증대시키기 위해 사용된다. 이것은 4장의 LTE-LAA와 비슷하다. 면허 대역이 LTE로 운영될 때는 NR은 dual-connectivity로 동작하게 된다. 이는 비독립형 (non-stand-alone) NR과 같은 접근 방식이다. 면허 대역이 NR로 운영될 때는 dual connectivity나 carrier aggregation 방식이 사용된다.

한편 Standalone 모드에서는 면허 대역의 지원 없이 NR이 비면허 대역에서 동작한다는 것을 의미한다. 초기 접속과 이동성이 모두 비면허 대역에서 처리된다. 이는 NR이 면허 대역에 접근하지 않고 동작하고 설치되는 것을 허용하는 것이다. 그러므로 이는 공장 같은 곳에 지역적으로 설치 운영될 수 있도록 함으로써 사용 가치가 높다.

이 장의 나머지 부분에서는 목표로 하는 비면허 대역 주파수, 이러한 대역에서 운영할 때의 제도적 규약, 그리고 비면허 대역에서의 운용을 지원하기 위해 NR에 추가된 내용을 설명한다.

그림 19.1
비면허대역에서의 면허 보조 (License–assisted) 운영: 왼쪽과 중간, 독립(Standalone) 운영: 오른쪽

19.1 NR을 위한 비면허 대역

비면허 대역은 여러 주파수 대역에 존재한다. 원칙적으로 어떠한 비면허 대역에서도 NR이 이용될 수 있다. 하지만 릴리즈 16은 5GHz와 6GHz 대역에 초점이 맞춰져 있다. 그 이유는 5GHz 대역에 사용할 수 있는 주파수가 상당히 넓게 있고 주로 쓰이는 비면허 대역인 2.4GHz 대역에 비해 사용량이 많지 않기 때문이다.

19.1.1 5GHz 대역

그림 19.2에서 볼 수 있듯이 5GHz 대역은 세계의 여러 나라에서 사용 가능한 대역이다. 나라마다 차이는 존재하며 자세한 것은 참고문헌 [86]에 설명되어 있다. 5GHz 대역에 대한 규제는 상당히 성숙된 단계이고 와이파이와 LTE-LAA 같은 기술들이 수년간 사용되고 있었다. 이 대역은 채널이라 불리는 20MHz 단위로 나뉘어 있다. 채널이란 단어는 채널 접근 방식을 설명할 때 자주 거론될 것이다.

5GHz의 낮은 주파수 대역인 5150-5350MHz 대역은 대부분 지역에서 최대 송신 전력 23dBm으로 주로 실내에서 사용된다. 총 200MHz가 사용 가능하고 100MHz 단위로 두 개의 대역으로 나뉜다. 5470MHz 대역 이상에서는 많은 지역에서 송신 전력이 30dBm으로 높아지고 실외 사용이 허가되어 있다. 사용할 수 있는 주파수는 나라마다 다르지만 최대 255MHz까지 사용 가능하다

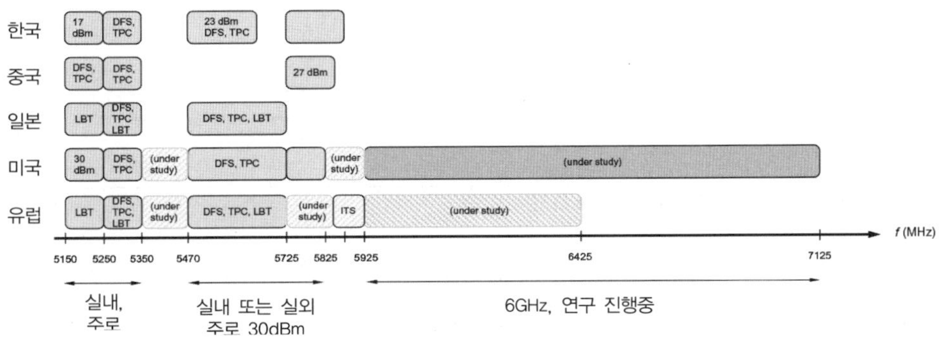

그림 19.2
세계 여러 나라의 비면허 대역 주파수

최대송신 전력은 대개 실효 등방성 복사 전력 (EIRP, Effective Isotropically Radiated Power, 실효 출력)으로 정해지게 되는데 몇몇 나라에서는 추가 제약 조건이 있다. 이러한 제약은 무선 연결 기술 설계에 영향을 주게 된다. 자세한 것은 다음 절에서 이어서 설명하겠다. 추가 제약의 예로는 전력 스펙트럼 밀도, 최대 채널 점유 시간, 최소 점유 대역폭, 다이나믹 주파수 선택, 송신 전력 제어, 그리고 listen-before-talk 등에 대한 것이다.

전력 스펙트럼 밀도 (PSD, Power Spectral Density)에 대한 제한은 장치가 적은 대역폭에 모든 전력을 집중해서 사용할 수 없게 하는 것이다. 예를 들어 유럽에서는 5150-5350MHz 대역에서는 10dBm/MHz를 넘을 수 없다. 그러므로 20MHz 대역폭을 사용하지 않는 한 23dBm을 송신할 수 없다. 원론적으로 규제에 맞게 송신 전력을 제한하는 것이 가장 쉬운 방법이다. 그러나 이로 인해 전송할 데이터 양이 적어서 적은 주파수 대역폭만이 이용될 수 있는 환경에서는 커버리지가 제한된다. 그러므로 비면허 대역에서의 동작은 상당히 넓은 대역폭을 전송에 이용함으로써 혜택을 받을 수 있다. 그림 19.3으로 보기 바란다. 이는 커버리지 문제를 해결할 뿐만 아니라 특정 주파수 대역에서 최소 점유 대역폭에 대한 규제를 만족시키는 면에서도 도움이 된다.

지속적인 전송이 허용되는 최대 시간, 즉, 최대 채널 점유 시간 (COT, Channel Occupancy Time) 또한 제한된다. 일본에서는 최대 COT가 4ms로 제한되고 유럽에서는 8ms 또는 10ms로 제한된다. 또한, 유럽에서는 참고문헌 [87]에 설명된 것처럼 비면허 대역을 사용할 때 두 개의 규칙 셋이 정해져 있다. 프레임에 근거한 장치 (FBE, Frame-based Equipment)에 적용되는 규칙과 작업량에 근거한 장치 (LBE, Load-based Equipment)에 적용되는 규칙 두 가지가 있다. 두 가지 규칙 셋은 각각 현재는 소멸된 (now-defunct) Hiperlan/2 규격과 와이파이에 적용된다. NR은 설치 시나리오에 따라 FBE 또는 LBE 방식 중의 하나를 지원할 수 있는 채널 접근 방식을 포함하고 있다. 마지막으로 송신기가 채널을 idle 상태로 유지해야 하는 시간 비율 또한 규제 대상이다. 이러한 요구사항은 스케줄러의 동작에 영향을 준다.

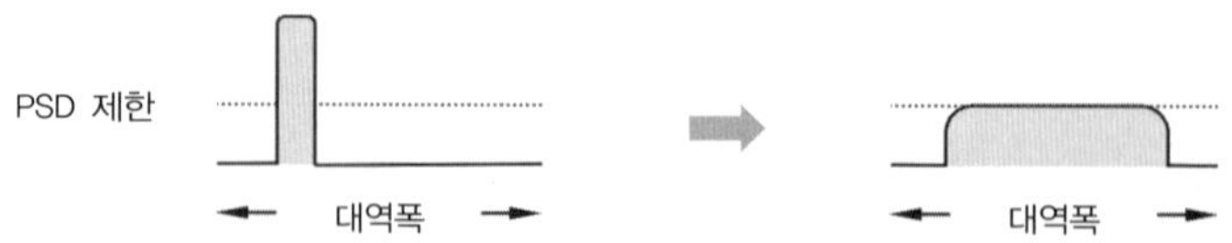

그림 19.3
대역폭을 늘림으로써 PDS 요구 조건을 만족시키는 방법

다이나믹 주파수 선택 (DFS, Dynamic Frequency Selection)은 송신기가 해당 주파수가 다른 목적으로 사용되고 있는지를 지속적으로 모니터링하고 있어야 한다는 것을 의미한다. 다른 목적으로 사용되고 있음이 감지되면 송신기는 정해진 시간, 예를 들어 10초, 내에 주파수를 비워주고 정해진 시간, 예를 들어 30분이 지난 후에나 그 주파수를 다시 사용해야 한다. 이는 레이더와 같이 비면허 대역에 대한 사용 우선권이 높은 시스템이 주파수를 사용하는 것을 보호해야 하기 때문이다.

전송 전력 제어 (TPC, Transmit Power Control)는 전반적인 간섭 레벨을 줄이려는 의도로 최대 전송 전력이 일정 수준 이하가 되도록 낮출 수 있어야 한다는 것을 의미한다.

LBT (Listen Before Talk)는 송신기가 채널이 이미 사용 중일 때 전송 전에 채널을 먼저 듣는(Listen) 방식을 말한다. 이는 DFS보다 좀 더 다이나믹하게 다른 시스템과 공존을 가능하게 하는 것이다. 유럽과 일본에서는 LBT가 요구 조건이고 미국에서는 LBT 요구사항이 없고 대신 위해적인 간섭에 대한 요구사항이 있다.

19.1.2 6GHz 대역

6GHz 대역은 규제 기구에서 현재 논의 중이다. 그림 19.2를 보면 알 수 있듯이 이 대역에서는 매우 넓은 주파수가 사용 가능하다. 유럽에서는 500MHz가, 미국에서는 1200MHz가 사용 가능하다. 이 대역에 대한 규제는 좀 더 논의가 필요한데 5GHz에 비교해서 큰 차이점은 5GHz에서는 이미 사용 중인 이동 통신 기술이 존재했고 6GHz에는 없었다는 것이다. 5GHz 대역은 수년 동안 이미 와이파이나 LTE-LAA 기술들이 사용하고 있었다. 기술적인 면에서 NR 송신기가 채널을 사용 가능한지 판별하는 에너지 기준을 똑같이 적용할 수 있는가에 대한 논의가 필요하다. NR은 ETSI BRAN[87]에 기술된 LTE-LAA가 사용하는 에너지 문턱값을 같이 적용한다. 그러나 6GHz는 고정 통신, 또는 고정 위성 통신에 사용되고 현재 (2020년 2월)까지는 이동통신에 사용되지 않고 있다. 그러므로 다른 통신 방식에 비해 혜택을 주는 방식으로 규제가 만들어져서는 안 된다.

19.2 비면허 대역에서의 기술 요소

비면허 대역을 다루는 것은 면허 대역과는 다르며 이는 기술적인 해결책이 다름을 의미한다. 비면허 대역을 지원하는 기술이 비교적 늦게 도입된 LTE와는 다르게 비면허, NR에서는 대역을 측정하고 사용하는 기술이 처음부터 고려되어 설계되었다. NR은 미래 기술 양립성을 처음부터 중점적으로 고민했기 때문이다. 그 결과로 비면허 대역 사용에 적절한 기술들이 릴리즈 15에 다수 포함되어 있다. 예를 들어 ultra-lean 전송, 유연한 프레임 구조 그리고 Dynamic TDD 같은 기술들은 비면허 대역을 사용하기 위한 중요한 기술 요소들이다.

필요한 때에 필요한 신호만 전송하는 방식인 ultra-lean 설계는 이러한 면에서 매우 중요한 기술 요소이다. 비면허 대역의 채널 사용은 LBT 요구 조건이 있으므로, 자주 그리고 정해진 시간에 전송이 이루어져야 하는 always-on 신호를 전송하기 어렵다. LTE의 cell-specific reference signal이 always-on 신호의 한 예이다. NR에서는 ultra-lean 설계로 always-on 신호의 양이 매우 적다. SS 블록이 유일한 always-on 신호이고 단말기는 20ms[1]마다 한 번씩만 이 신호를 측정한다. non-standalone 모드의 단말기는 이보다 더 긴 시간이 사용되기도 한다.

NR에서 유연한 프레임 구조는 또 다른 기술요소이다. 30kHz 서브캐리어 간격은 비면허 5GHz, 6GHz 대역에 적합하다. SCell (Secondary Cell)에서는 15kHz 서브캐리어 간격이 30kHz로 대체될 수 있다. 그러나 더욱 중요한 것은 릴리즈 15에서는 7장에서 설명한 미니 슬롯 개념이 적용되어 슬롯의 일부만 전송에 이용될 수 있는 기능이다. 이는 그림 19.4에서 설명돼 있다. 이 기능은 채널 접속 절차와 함께 상당히 유용하게 사용될 수 있다. 채널 접속 과정이 성공하면 다른 장치가 채널을 점유하는 것을 방지하기 위해 즉각적으로 전송이 이루어져야 한다. 어떠한 OFDM 심볼에서도 전송이 시작될 수 있는 것과 더불어 cyclic prefix 길이가 sub-OFDM 심볼의 간격으로 조정될 수 있다. NR에서 신호 복조를 위한 front-loaded reference 신호의 사용과 전반적으로 짧은 프로세싱 시간은 비면허 대역을 효율적으로 사용하는 데 많은 도움이 된다.

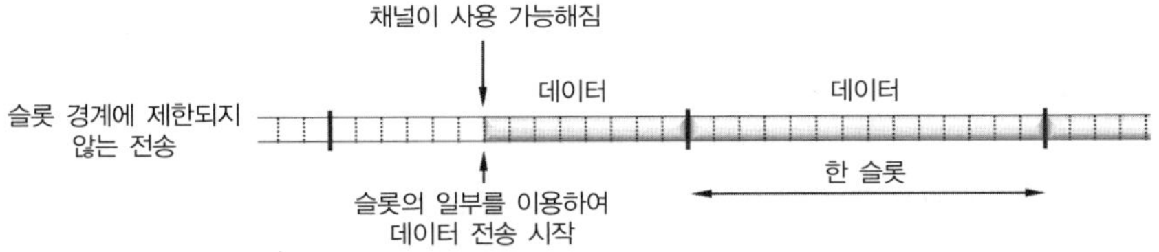

그림 19.4
비면허 대역을 효율적으로 사용할 수 있도록 슬롯 경계에 구애받지 않고 전송이 이루어지는 과정

1) 통화 연결 상태 (connected mode)에서도 단말은 추적 참조 신호 (tracking reference signal)가 여전히 존재한다고 가정한다.

Dynamic TDD는 업다운 쌍으로 이루어지지 않은 대역에서 동작하는 NR의 기본 기능으로 비면허 대역 사용에 효과적이다. 준 고정(semi-static) 상향링크 하향링크 할당으로 시스템은 채널 접속을 시도할 때 제약이 발생한다. gNB가 채널 접근에 성공하면 dynamic TDD는 준 고정적인 상향링크 하향링크 할당에 구애받지 않고 상향링크와 하향링크로 유연하게 채널을 사용할 수 있다.

NR이 비면허 대역 사용에 잘 적용될 수 있지만, 여전히 완벽한 지원을 위해서 몇 가지 성능향상이 필요하다. dynamic 주파수 선택적 전송 전력 제어, 채널 접속 절차, 리소스 블록 매핑, 설정된 전송 허가 (Configured Grant Transmission), 그리고 Hybrid-ARQ 등은 비면허 대역 사용에 의해 영향받는다. 릴리즈 16은 비면허 대역에서 동작을 지원하기 위해 몇 가지 개선이 이루어졌다. 그 한 예로 PDSCH 매핑 타입 B에서 2, 4 ,7 OFDM 심볼만 지원되던 제약이 심볼 2에서 13까지 어느 심볼에서나 가능하게 되었다. 이어지는 단락에서 몇 가지 개선 사항에 대해 짧게 설명하고 다음 절에서 상세하게 다루기로 하겠다.

Dynamic 주파수 선택(DFS)은 레이더 시스템으로부터의 간섭이 탐지되면 곧바로 채널을 비우는 용도로 사용된다. 이는 몇몇 주파수 대역에서 필요한 기능이다. 또한, DFS는 장치가 켜질 때, 사용되지 않거나 거의 사용되지 않는 주파수 부분을 찾아내기 위해 사용되기도 한다. DFS를 지원하기 위해 표준에서 정의할 필요는 없다. 단지 gNB의 구현 알고리즘으로도 충분하다.

전송 전력 제어는 몇몇 나라의 특정 대역에서 필요하며 최대 전송 전력에 비해 3dB 또는 6dB씩 낮추는 기능이다. 이 또한 순전히 구현 이슈이며 표준에서는 정의되지 않는다.

LBT를 포함하는 채널 접속 과정은 전송 전에 채널을 사용할 수 있는지를 확인하는 것이다. 이는 와이파이와 같은 다른 기술들과 NR이 공존하며 주파수를 공평하게 이용하는 데 꼭 필요한 기능이다. 유럽과 일본과 같은 몇몇 나라에서는 이는 의무적인 기능이다. NR에 추가된 채널 접속 과정은 와이파이 그리고 LTE-LAA에 사용되는 기능과 상당히 유사하다.

19.3 비면허 대역 채널 접속

비면허 대역의 무선 채널을 접속하는 것은 몇 가지 측면에서 면허 대역과 차이점이 존재한다. 면허 대역에서는 스케줄러가 셀에서 이루어지는 모든 전송을 제어하고 여러 단말 장치의 주파수 사용을 제어할 수 있다. SS 블록과 같은 주기적은 전송은 일정한 간격으로 이루어진다. 한편 비면허 대역에서는 상황이 다르다. 통제가 되지 않는 여러 사용자가 서로 다른 무선 기술을 사용하므로 이에 대처하기 위해 NR에서는 두 가지 접근 방법을 가지고 있다.

- ❑ Dynamic 채널 접속(LBE)은 LBT에 근거한다. 송신기는 채널의 전송 활동을 감시하고 전송 전에 무작위 전송 지연(random back-off)을 적용한다. 이는 와이파이에서의 기본 기능으로 이를 준수하는 것이다. 일본과 유럽에서는 LBT는 의무 기능이고 다른 지역에서는 다소 제약이 약하다. Dynamic 채널 접속은 19.3.1절에서 좀 더 상세하게 다룬다.
- ❑ 준 고정 채널 접속(FBE)은 19.3.2절에서 설명하게 될 텐데 채널이 사용 가능하면 무작위 전송 지연 대신 특정 시점에서 전송이 이루어진다. 규제나 특정 빌딩과 같은 제한적이고 통제된 지역에서 동작함으로써 채널을 공유하는 다른 기술이 비교적 긴 시간 동안 채널을 사용하지 않아 유휴 상태로 비어있는 것이 보장될 때 사용된다.

dynamic 또는 준 고정 채널 접속 과정을 통해 채널접속이 성공하면 COT 구간 동안은 채널을 이용할 수 있게 된다. COT 구간 내에서는 하나 또는 다수의 전송 버스트(burst)가 이루어질 수 있고 전송 버스트는 하향링크 또는 상향링크일 수 있다.

다음 절에서는 dynamic 채널 접속과 준 고정 채널 접속 과정에 관해 설명하기로 한다.

19.3.1 Dynamic 채널 접속 과정

다이나믹 채널 접속 과정은 Listen-Before-Talk에 기초한 과정으로 전송 전에 채널에 다른 전송이 있는지를 먼저 확인하고 무작위 전송 지연을 한 후에 전송을 시작한다. 이는 와이파이나 LTE-LAA의 동작과 같은 것이며 이로써 다른 기술들과 비면허 대역을 공평하게 사용하게 된다. LBT 동작은 매번 송신할 버스트가 있을 때 전송 전에 수행하게 되므로 DFS보다 더 다이나믹한 동작이다. 채널 전송을 매우 빠른 간격으로 조절함으로써, 기본적으로 수 밀리초 단위로 채널 사용률을 조절한다. 채널 접속이 성공하면 COT 동안 채널을 사용한다.

NR에는 두 가지 타입의 다이나믹 채널 접속 과정이 있다.

- ❑ Type 1(LBT cat4로 알려져 있음)은 COT 시작 시점에 상향링크와 하향링크 데이터 전송을 시작한다[2)].
- ❑ Type 2는 19.3.1.2에 설명된 방식으로 디스커버리 버스트(discovery burst)를 사용하여 COT를 공유한다. Type 2에는 COT 간 간격에 따라 세 가지 채널 접속 방법이 있다.
  - Type 2A(LBT cat2로 알려져 있음)는 COT 이격이 25㎲ 이상일 때 사용하고 디스커버리

2) 표준화 과정에서 LBT cat3 도 논의가 되었으나 결구 표준에 포함되지 않았다. cat3는 cat4와 비슷하고 고정된 크기의 경쟁 윈도우를 사용하는 것이 다르다.

버스트 전송에 사용한다.

- Type 2B는 이격이 16μs 일 때 사용하고
- Type 2C(LBT cat1으로 다소 잘못 알려져 있음)는 16μs보다 작을 때 사용한다.

서로 다른 채널 접속 과정은 다음 절에서 자세히 설명한다.

19.3.1.1 채널 접속 과정 Type 1과 Listen-Before-Talk

채널 접속 과정 type 1 (LBT cat4)은 동일 COT 내에서 또 다른 전송을 시작할 때 사용하는 과정이다. 전송을 시작하려고 하는 것은 기지국일 수 있고 또는 단말이 될 수도 있으며 LBT 과정을 수행하여 채널이 사용 가능한지 여부를 평가하고 그림 19.5에 나타낸 것처럼 무작위 전송 지연 (random back-off)을 수행한다.

우선 전송을 시작하는 장치는 적어도 "지연 기간(defer period)"이라고 알려진 기간 동안 채널이 사용 가능할 때까지 모니터링하고 있으며 기다린다. 지연 기간은 16μs과 9μs 슬롯의 합으로 이루어져 있다. 지연 기간은 표 19.1에 설명한 것처럼 장치의 우선순위에 의해 결정된다. 수신 에너지가 매 9μs 슬롯 동안 적어도 4μs 이상 특정 문턱값 이하를 유지하면 채널을 사용 가능하다고 판단한다. 지연 기간은 최소 25μs 이상인데[3] 다른 전송과 충돌을 피하는 목적으로 사용되며 데이터 상대 수신 응답 요청에 대한 상대 노드의 acknowledgement 전송에 이용된다. 만약 수신 노드가 데이터 수신 후 16μs 안에 ack를 보낸다면 다른 노드가 ack 전송 전에 채널을 가로채는 것을 막을 수 있다.

채널이 지연 기간에 사용 가능하다고 판단되면 전송 시작 노드는 백오프를 시작하여 무작위 기간 기다린다. 백오프는 경쟁 윈도우(CW, Contention Window) 내에서 무작위 변수만큼 백오프를 수행하는 과정이다. 무작위 변수는 [0, CW] 안에 일정하게 분포하는 확률 변수이고 9μs의 배수 값을 갖는다. 전송 전에 채널이 이 기간 동안 사용 가능한 상태이어야 한다. CW가 크면 클수록 평균 백오프가 크게 되며 충돌 가능성이 그만큼 작아진다. 백오프 타이머는 채널이 유휴상태이면 9μs 씩 줄어들고 채널이 사용 상태가 감지되면 지연 기간 동안 채널이 유휴 상태가 될 때가지 백오프 타이머를 멈춘다. 앞에서 설명한 것처럼 9μs 슬롯마다 수신 에너지가 문턱값 이하로 될 때 유휴 상태로 판정한다. 타이머가 종료되면 무작위 전송 지연 과정은 종료되고 송신기는 채널을 획득하고 단말 클래스에 정의된 최대 COT 기간 동안 채널을 사용한다.

무작위 전송 지연은 여러 송신기 간에 충돌을 피하기 위한 과정이다. 무작위 전송 지연이 없으

---

3) 25μs 시간은 Wi-Fi에서 AIFS(arbitration inter-frame space)로 알려져 있으며 16μs SIFS(Short inter-frame space)와 9 μs 슬롯 지속 시간의 합과 같다.

면 두 노드는 채널을 사용 가능하자마자 동시에 전송을 시작하고 이로 인해 전송이 실패하게 된다. 무작위 전송 지연으로 여러 송신기가 채널을 동시에 사용하는 확률을 획기적으로 낮출 수 있다.

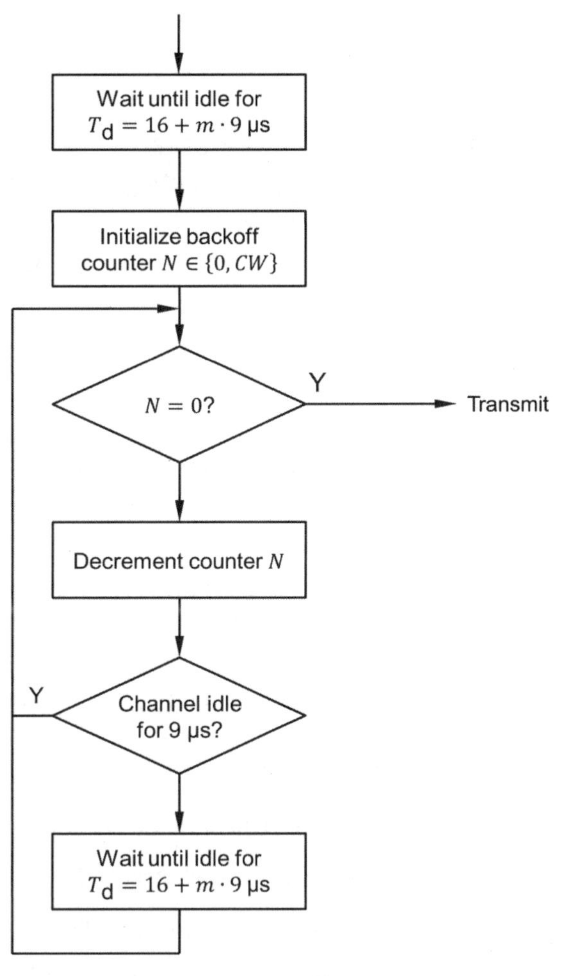

그림 19.5

채널 접속 과정 Type 1

표 19.1에 표시된 것처럼 각기 다른 최대 최소 CW 값을 가지고 있는 네 개의 클래스로 분류된다. 우선순위가 높은 클래스는 작은 경쟁 윈도를 가지고 있어 우선순위가 높은 트래픽을 빠르게 전송하는 데 사용 되고, 낮은 우선순위를 갖는 트래픽은 큰 경쟁 윈도우를 가진다. 이로써 우선순위가 높은 데이터가 낮은 순위 데이터보다 빨리 전송될 확률을 높여준다. 우선순위 클래스는 논리 채널마다 정해진다. 마찬가지로 클래스마다 서로 다른 지연 기간이 적용되어 우선순

위가 높은 트래픽은 더 짧은 기간 동안 채널을 감시하고 채널을 획득할 수 있도록 한다. 또한, 테이블에서 볼 수 있듯이 하향링크 전송이 상향링크 전송보다 짧은 전송 지연 시간을 갖는다. 이로써 채널이 붐빌 때 하향링크 전송이 상향링크보다 좀 더 높은 우선순위로 전송될 수 있다. 그러므로 다수의 사용자를 지원해야 하는 기지국이 상향링크 전송을 위한 단말이나 하나의 사용자를 지원하는 기지국보다 높은 우선순위를 갖는다.

표 19.1 우선순위에 따른 경쟁 윈도우 크기

우선순위		지연기간 $T_d = 16+m \cdot 9(\mu s)$	가능한 *CW* 값 $\{CW_{min} \cdots, CW_{max}\}$	Max COT[a,b] (ms)
1	DL	25	{3,7}	2
	UL	34		2
2	DL	25	{7,15}	3
	UL	34		4
3	DL	43	{15,31,63}	8 or 10
	UL		{15,31,63,127,255,511,1023}	6 or 10
4	DL	79	{15,31,63,127,255,511,1023}	8 or 10
	UL			6 or 10

[a]규제에 따라 이 표에 있는 것보다 더 짧은 버스트 길이를 지정할 수 있다. 채널을 공유하는 다른 기술의 노드가 없을 경우 10ms가 사용되고 아닐 경우 6ms가 사용된다.

[b]한 개 이상의 이격을 추가함으로써 6ms는 8ms로 증가될 수 있다. 최소 이격은 100μs이다. 이러한 이격 거리가 없을 때 최대 시간은 6ms이다.

경쟁 윈도우의 크기는 송신기가 기준 기간 동안 hybrid-ARQ의 ack을 받는 것에 의해 조절된다. 간단히 말하면 이는 COT의 시작을 조절하는 것과 같다. 매 hybrid-ARQ 보고에 대하여 negative acknowledgement를 받으면 CW는 CWmax 내에서 대략 두 배로 증가한다[4]. positive acknowledgement를 받았을 경우 CW는 CWmin 으로 초기화된다. 이러한 동작을 하는 이유는 전송이 성공하지 못했을 때 덜 공격적으로 채널을 사용하게 하기 위한 것이다. negative ack은 다른 전송과 충돌에 의한 것일 가능성이 크고 이는 또한 시스템에 부하가 많다는 표시이기도 하다. COT 시작할 때만 ack을 고려하는 것은 COT의 첫 전송에 대한 negative ack은 충돌에 기인한 것일 가능성이 크고 이때는 경쟁 윈도우를 늘려야 하기 때문이다. 하지만 COT 중간에 받는 negative ack은 충돌에 의한 것이 아닐 가능성이 크므로 윈도우 크기를 바꾸지 않는다.

4) 여기서의 설명은 다소 단순화된 경향이 있다. ack 묶음에 대한 자세한 동작은 참고문헌 [88]을 참고하기 바란다.

하향링크와 상향링크의 Configured grant에 대해서는 상향링크와 하향링크 피드백 채널(19.5.3절 참고)로 전송된 ack을 곧바로 경쟁 윈도우 조절에 사용한다. Configured grant가 아닌 정상적인 상향링크 스케줄링은 하향링크로 명시적인 ack이 없고 new-data 지시자, 새 전송에 대한 토글(toggle), 그리고 재전송에 대한 not-toggle이 대신 사용된다.

여기에 설명된 대로 9μs 단위 시간 동안 4μs 동안 문턱값 아래의 에너지가 측정되면 채널이 유휴 상태인 것으로 판단한다. 문턱값은 채널 대역폭에 따라 변하고[5] 그보다 더 중요한 와이파이와 같은 다른 무선 접속 기술에 의해 긴 시간 동안 주파수가 공유되었는가 또는 NR 단독으로 그 주파수를 사용할 수 있도록 설치되었는가에 따라 문턱값이 조절된다. 그리고 시스템이 운영되는 주파수 대역에 의해서도 변한다[88].

다른 무선 기술과 같은 주파수를 공유할 경우 5MHz 대역에서는 20MHz 대역폭에서 다소 보수적인 -72dBm이 최대 문턱값으로 사용된다. 이는 와이파이 프리앰블이 탐지되지 않는 경우 -62dBm, 프리앰블이 탐지되는 경우 -82dBm의 두 가지 문턱값을 가지고 있는 와이파이와 비교된다. -72dBm을 선택한 것은 NR (그리고 LTE-LAA)에서 와이파이의 두 레벨 사이 값으로 타협한 것이고 어느 정도는 와이파이에 양보한 것이기도 하다.

그 주파수 영역에서 NR만이 유일한 사용 기술일 경우, 문턱값은 20MHz 채널에 다른 규제가 더 작은 값으로 정하지 않는 한 -62dBm으로 정해져 있다. 규제에서 정한 요구사항이 있을 경우 RRC 시그널링으로 상향링크 전송의 문턱값을 조정할 수 있다.

19.3.1.2 채널 접속 과정 Type 2 그리고 채널 점유 시간(COT) 공유

위에서 언급했듯이 Type 1은 하나의 COT 내에서 전송을 시작하는 과정이다. 기지국이 단말에게 전송을 시작하는 것과 같은 하나의 전송에 대한 예이다. 그러나 기지국이나 단말에서 전송이 일단 채널의 점유권을 획득하고 전송이 이루어지면 여러 노드들로부터 전송이 이루어질 수 있고 초기 전송과 같은 Type 1 과정이 필요하지 않다[6]. COT 내에서 두 전송 버스트 간 간격에 따라 채널 접속 과정 Type 2A, 2B, 2C 등 서로 다른 채널 접속 과정이 쓰인다. 어느 접속 과정이 쓰일지는 두 전송 버스트 간격에 따라 결정된다.

다음 전속이 이전 과정이 이루어진 후 16μs 이내에 있게 되면 그림 19.6에서처럼 전송 버스트 중간에 유휴 과정 탐지가 필요하지 않다. 이것이 type 2C 채널 접속 과정이다. 이는 LBT cat 1이라 불리기도 하는데 엄밀히 말하면 중간에 LBT 과정이 없고 이격에 대한 제한만 있으므로

5) 채널 대역폭에 따른 문턱값이므로 결국은 전력이 아니라 전력 스펙트럼 밀도로 문턱값이 정해지는 것이다.

6) 기지국에서 시작된 COT의 경우 DL-UL 또는 DL-UL-DL의 전송이 지원되고 단말에서 시작한 COT의 경우 UL-DL 전송이 허락되는 제한이 있다.

맞지 않는 것이다. 전송 버스트 기간은 584㎲으로 제한된다. 이렇게 짧은 기간에는 hybrid-ARQ 상태 보고나 CSI 보고 등의 상향링크 제어 정보와 같은 중요하지만 작은 사용자 데이터만 전송할 수 있다. 본질적으로 상향링크 전송은 최대 COT를 초과하지 않는 선에서 하향링크 전송에 수행된 type 1에 끼어들어 전송된다.

type 1에서 25㎲의 지연 시간은 type 2C와 피드백 정보를 위한 COT 공유를 염두에 두고 설계되었다. 다음 전송이 16㎲ 이내에 이루어지기만 하면 최소 25㎲의 지연 시간은 type 1을 이용해 채널을 점유하려는 다른 전송이 진행 중인 COT를 방해할 수 없다.

COT 공유에서 전송 간 긴 간격 또한 가능한데 이때는 채널 모니터링과 채널 접속 과정 Type 2A 또는 2B 과정이 필요하다. 근본적으로 2A 와 2B는 무작위 전송 지연이 없는 Type 1과 같다고 볼 수 있다. 채널이 유휴 상태로 판정되면 사용하고, 사용 중이면 COT 공유는 실패하고 현재 진행 중인 COT 구간 내에서는 COT 공유를 이용한 전송이 일어날 수 없다.

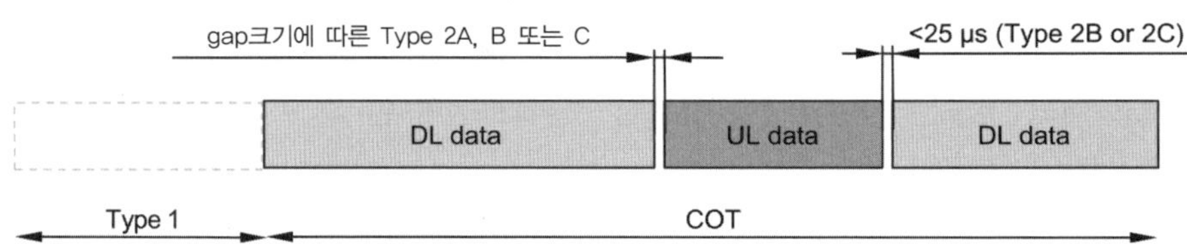

그림 19.6
COT 공유 예

COT 공유 기간이 16㎲이면 채널 접속 과정 Type 2B가 이용되고 전송 전에 16㎲ 동안 유휴 상태로 판정되어야 한다.

COT 공유 기간이 25㎲ 이상이고 여전히 COT 구간 내이면 채널 접속 과정 type 2A가 이용된다. 다음 전송이 일어나기 전에 최소 25㎲ 동안 채널이 유휴 상태로 판정되어야 한다. Type 2A는 19.8.2에서 설명하게 될 단독 모드(standalone)의 SS 블록과 같이 듀티 싸이클 (duty cycle)이 1/20 이내이고 채널 점유 시간이 1ms 이내인 non-unicast 전송에 이용될 수 있다.

COT 공유를 이용하기 위해서는 전송 버스트 간의 간격이 대개는 OFDM 심볼보다 작아야 한다. 그러므로 통상적인 시간 영역에서 OFDM 단위로의 리소스 할당으로는 충분하지 않은 경우가 많다. 이러한 문제를 해결하기 위해 그림 19.7에서 볼 수 있듯이 OFDM 심볼 경계보다 전에 cyclic prefix가 전송될 수 있도록 확장하는 것이 방안으로 제시되었다. cyclic prefix를 전혀 전송하지 않는 것을 포함하여 세 가지 cyclic prefix 타입으로 확장할 수 있도록 상향링크 스케줄링 그랜트의 일부로 시그널링을 해줄 수 있다: 세 가지 타입은 $C_2T_{symb}-T_{TA}-16$㎲, $C_3T_{symb}-T_{TA}-25$

μs, T_{symb}−16μs 등이다.

$C_2T_{symb}-T_{TA}$−16μs로 cyclic을 확장하는 것은 하향링크 버스트와 상향링크 버스트 사이에 16μs의 길이로 COT를 공유하는 것이 바람직할 경우에 채널 접속 과정 Type 2B와 함께 사용되는 것이 일반적이다. 수식에서 timing advance를 포함하는 이유는 단말 송신기에서 timing advance가 적용되어 있을지라도 기지국이 하향링크에서 상향링크로 바뀌는 부분에서 적어도 16μs의 간격을 확보해주기 위해서이다. 그림 19.6이 하향링크에서 상향링크로의 COT 공유가 이루어지는지를 설명하고 있다. 마찬가지로 $C_3T_{symb}-T_{TA}$−25μs cyclic prefix 확장은 채널 접속 과정 Type 2A와 함께 25μs의 간격을 확보하려고 할 때 이용한다. T_{symb}−16μs cyclic prefix 확장도 가능한데 이는 timing advance를 보상하지 않는 방법이다.

C_2와 C_3는 RRC 시그널링으로 결정되는 정숫값이다. 이는 큰 timing advance가 요구되는 경우에 대처하기 위해서 사용된다. 이러한 경우에 만약 C_2 또는 C_3가 1보다 큰 수가 아니라면 전체 값은 음수가 되어 유효하지 않은 값이 된다.

상향링크에서 사용하는 확장값은 19.6.4.2에서 설명하게 될 텐데 스케줄링 그랜트로 전달된다. cyclic prefix 확장은 상향링크에서와 같은 이유로 하향링크에서도 유용하다. 그러나 하향링크 전송 과정은 대개 구현하는 방법에 따라 다르며 표준에서는 이를 명시적으로 언급하지 않고 구현에 맡겨둔다.

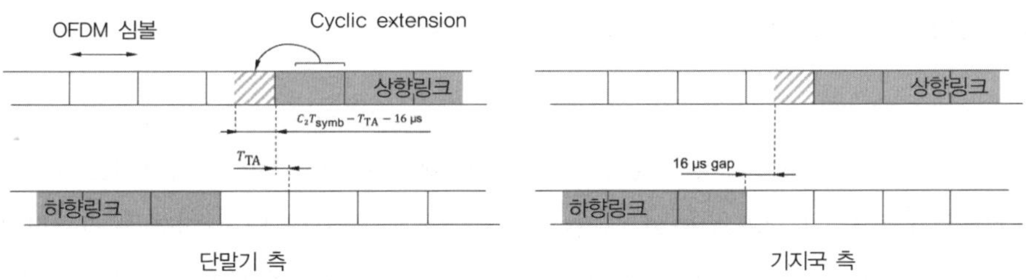

그림 19.7
하향링크에서 상향링크로 변하는 구간에서 COT를 공유하는 경우 상향링크에서 cyclic prefix를 확장하는 방법의 예시 (16μs 간격이고 C_2=1로 가정하였다)

19.3.2 준고정적 채널 접속 과정

만약 규제에 의해 또는 망 관리 측면에서 장기간 다른 무선 기술과 주파수를 공유하지 않는 것이 보장될 때 LBE 대신에 준고정적 채널 접속 과정을 이용할 수 있다. 상향링크에서 단말기

는 다이나믹 또는 준고정적 채널 접속과정으로 설정될 수 있고 하향링크에서는 구현 업체의 선택에 맡긴다.

준고정적 채널 접속 과정에서 COT는 정해진 시간에 시작된다. COT 시작 전에 최소 9μs 동안 채널이 유휴 상태이기만 하면 매 T_x ms 마다 COT가 시작할 수 있다. 시간 간격 T_x는 1ms부터 10ms로 설정 가능하다. 다른 송신기가 무선 채널을 획득할 기회를 주기 위해 COT사이에 최소 100μs 이상 그리고 T_x의 적어도 5% 이상은 간격이 있어야 한다. COT 시작할 때 채널이 busy로 탐지되면 다음 COT를 시도하는 것은 다음 T_x 이후에 하게 된다. 그림 19.8에 이 과정이 설명되었다.

COT 공유는 다이나믹 채널 접속과 유사하며 COT 내에서 하향링크 상향링크 채널 간격은 16μs 이내이어야 한다. 더 긴 간격에 대해서는 적어도 9μs 동안 채널이 유휴 상태로 판정되어야 한다.

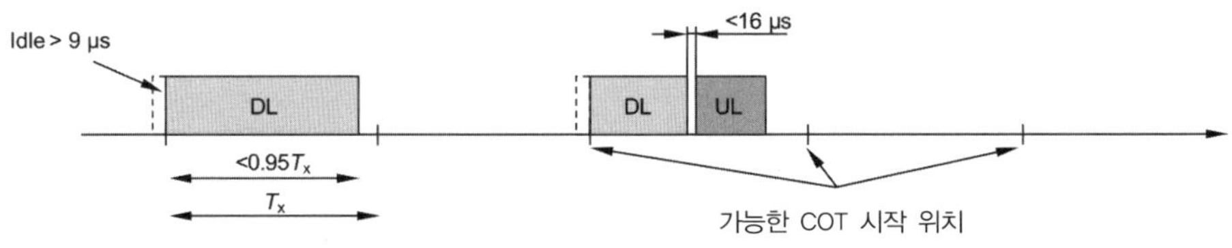

그림 19.8
준고정적 채널 접속 과정 예시

19.3.3 carrier aggregation과 광대역 동작

위에서 언급한 것은 20MHz 대역폭을 가정한 채널 접속 과정이다. 이는 대부분의 규격이 주파수를 20MHz 대역폭의 채널로 나누는 것이 일반적이기 때문에 타당한 시나리오이다. 그러나 비면허 대역에서 동작하는 NR은 면허 대역에서 동작할 때처럼 더 넓은 대역을 지원한다. 채널 접속과정에서 우리가 흔히 부르는 LBT 대역폭이라 부르는 채널을 어떻게 취급하느냐에 따라 두 가지 접근 방식이 있다.

- carrier aggregation은 최소 20MHz인 채널을 여러 개 모아서 원하는 총 대역폭을 얻는 것이다.
- 20MHz보다 큰 대역폭을 여러 개의 채널로 나누어 채널 접속 과정을 수행하는 것이다. carrier aggregation이 이 경우에도 사용될 수 있으며 이때는 20MHz보다 큰 대역은 20MHz 단위의 채널로 나눈다.

carrier aggregation 접근 방식은 논리적으로 단순하다. 여러 개의 캐리어는 각각 20MHz의 폭을 가지고 있으며 채널 접속을 위해 개별 주파수에 대해 채널 접속을 수행한다. 각 캐리어는 개별적으로 스케줄링된다. 그렇지만 하나의 백오프 카운터를 공유하여 다수의 채널을 접속하거나 각각의 백오프 카운터를 사용할 수도 있다.

하나의 백오프가 다수의 채널에 공유되어 사용될 때 백오프 카운터가 종료되면 전송 버스트는 다수의 캐리어에 동시에 전송된다. 모든 캐리어는 최소 25μs 동안 유휴 상태라고 판정되어야 한다. 그림 19.9에 이러한 경우의 예가 그려져 있다.

각 컴포넌트 캐리어마다 하나씩 다수의 백오프 카운터가 사용되면 각 캐리어의 백오프 카운터가 0가 되면 전송이 이루어진다. 각 캐리어의 백오프는 서로 다른 시간에 0이 될 수 있다. 그러므로 각 캐리어는 서로 다른 시간에 전송이 시작된다. 그러나 실제로는 모든 캐리어에서 백오프 절차를 완료할 때까지 첫 캐리어에 대한 전송을 하지 못한다. 왜냐하면, 한 캐리어에서 전송이 이루어지면 다른 캐리어를 들을(listen) 수 없기 때문이다. 19.9의 오른쪽 그림을 보기 바란다.

20MHz보다 넓은 주파수 대역에 대한 또 다른 접근은 넓은 대역폭을 다수의 20MHz 채널로 나눠 각각에 대해 채널 접속 과정이 수행하는 것이다. 총 대역폭은 다수의 리소스 블록(resource block) 셋으로 나누고 각 리소스 블록셋은 하나의 채널 또는 LBT 대역폭으로 정의된다. 채널 접속 과정은 각 리소스 블록셋에 행해질지라도 실제 전송의 스케줄링은 리소스 블록들이 채널 접속 과정에서 사용될 수 있는 것으로 판정되면 전 대역에 대해 동시에 행해진다. 예를 들어 80MHz 대역폭을 가질 때 20MHz 네 개의 리소스 블록셋으로 나눠진다. 이 중에 마지막 한 개를 제외하고 세 개의 셋이 채널 접속 과정에 의해 사용 가능하다고 판정되면 마지막 한 개의 리소스 블록에는 스케줄링 할당이 돼서는 안 된다. 채널 접속 과정이 성공한 직후에 곧바로 전송이 이루어져야 하므로 하향링크 스케줄링 할당이 되고 보낼 데이터를 모으기까지 수 μs 이내로 무척 짧아야 한다.7)

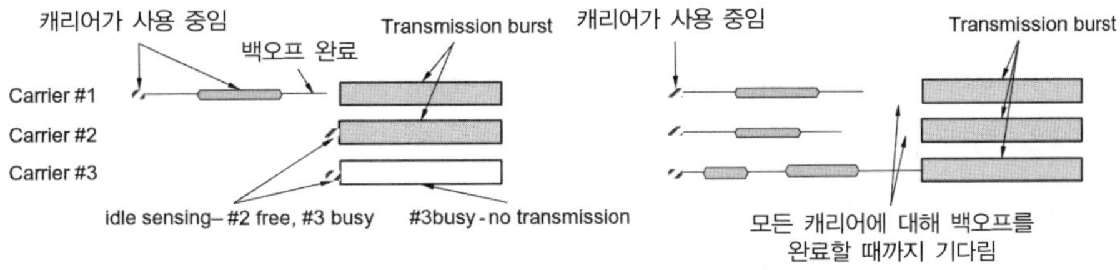

그림 19.9
다수의 캐리어에 행해지는 LBT 과정, 하나의 백오프 카운터 이용 (왼쪽), 개별적인 카운터 이용 (오른쪽)

7) 이를 해결하기 위해서는 기지국에서 하나 이상의 가능한 리소스 블록 셋 조합을 미리 준비하는 것이다. 이는 최적은 아니지만 간단한 구현 방법 중의 하나이다.

carrier aggregation 식으로 접근하는 것은 스케줄링 결정과 전송 데이터를 모으는 과정이 미리 이루어지고 채널 간 의존성이 없으므로 좀 더 편한 방법이다. 넓은 주파수 대역에서 상향링크에 대해 단말은 모든 리소스 블록이 사용 가능하고 모두 이어진 주파수여야 하는 조건이 만족될 때만 전송이 이루어질 수 있다. 그러므로 리소스 블록셋에 속한 한 개 이상의 스케줄링 블록이라도 채널 접속에 성공하지 못하면 상향링크는 어느 리소스 블록셋에도 전송할 수 없다.

넓은 대역폭에서 동작하기 위해서는 그림 19.10에 표시된 것처럼 리소스 블록 셋 사이에 보호대역이 필요하다. 보호대역의 크기는 필터를 사용하지 않고도 전송 할당 받지 않은 이웃한 리소스 블록 셋에 심각한 영향을 줄 만한 간섭을 주지 않을 만큼으로 선택한다. 보호 대역은 RRC 시그널링으로 전달되거나 RF 요구사항에 의해 채택된다.

20MHz 대역폭이나 이보다 큰 대역폭에서 하향링크 전송에 사용할 수 없는 리소스 블록 셋이 그룹 공통 시그널링으로 명시될 수 있다. 이는 단말이 하향링크 전송에 사용하지 않는 리소스 블록 셋에 속한 PDCCH를 모니터링하지 않아 전력 소모를 줄이기 위해 유용하다.

그림 19.10
하나의 넓은 대역폭에서 동작하는 예

19.4 하향링크 데이터 전송

비면허 대역에 하향링크 데이터를 전송하는 것은 채널 접속 과정을 제외하고는 면허 대역과 큰 틀에서 비슷하다. 비면허 대역에 특수한 요구 조건은 제조사의 구현에 따라 다를 수 있다. 예를 들어 전력 스펙트럼 밀도 요구 조건을 만족하기 위해 넓은 대역폭에 전송을 흩뿌리는 것은 NR 릴리즈 15에서 스케줄러가 할당 가능한 리소스를 결정하는 것으로 구현될 수 있다.

채널 접속 과정이 성공하면 기지국은 이전 장에서 설명한 방법으로 하나 또는 그 이상의 단말에 스케줄링을 시작할 수 있다. NR에서 슬롯 경계에 데이터 전송이 국한되지 않는 유연한 프레임 구조는 채널 획득 성공에서부터 데이터 버스트 전송까지 또는 COT 공유의 경우 데이터 버스트 전송 간 지연을 줄이는 데 효과적이다. PDSCH 매핑 Type B에서 reference 신호가 전송의 시작 시점에 위치하는 NR의 front-loaded DM-RS 기법은 단말의 프로세싱 시간을 줄이는 데 또한 상당히 유용하다. 이러한 이점을 최대한 살리기 위해 PDSCH 매핑 Type B는 PDSCH 길이가 2에서 13 심볼까지 어느 길이로든 확장될 수 있다. (일반적인 구조는 어느 길이든 가능하였지만, 릴리즈 15에서 단말의 capability에 따라 2, 4 그리고 7 심볼 길이만이 하향링크 전송에 지원되었다).

19.4.1 하향링크 Hybrid-ARQ

하향링크 전송에 대한 hybrid-ARQ 피드백 응답은 다수의 응답에 사용되는 코드북을 포함하여 릴리즈 16에서 개선되었다. 간단히 말해서 13장에서 설명되었듯이 릴리즈 15에서의 설계는 hybrid-ARQ 응답을 언제 보낼 것인지 그리고 PDSCH 전송에 대응하는 피드백을 어느 시점에 보낼 것인지에 대한 매핑을 기지국이 모두 제어한다. 개선된 hybrid-ARQ 설계를 위해 필요한 하향링크 전송과 상향링크 피드백 정보의 정확한 시간은 비면허 대역에서는 채널 접속과정을 성공한다는 조건에서만 가능하므로 이러한 가정은 더 이상 유효하지 않다.

13장에서 설명하였듯이 면허 대역에서 기지국은 hybrid-ARQ 타이밍 필드를 통해 단말이 언제 hybrid-ARQ 응답을 보낼 것인지를 지시한다. 이는 언제 응답을 보낼 것인지에 대한 유연성을 제공하는데 이는 비면허 대역에서도 필요하다. 그러나 기지국이 일단 단말에게 언제 응답을 보낼 것인지를 지시하였을 때 단말은 그 시간에 전송하는 수밖에 없다. 비면허 대역에서는 채널 접속 과정에 실패했을 때 응답을 보낼 수 없으므로 이러한 응답 지시 방법은 채널 접속과정과 잘 융화되지 못한다. 13.1.4절에서 설명하였듯이 모든 단말이 프로세싱을 무척 빨리하고 PDSCH 전송 후에 곧바로 응답을 생성할 수 있다면 원칙적으로는 동일한 COT 내에 응답을 보낼 수 있다. 그러나 몇몇 단말기는 복조 능력이 떨어지는 단말이 있을 수밖에 없고 동일한 COT 내에 응답을 보내지 못하고 일정 시간이 지난 후에 보낼 수 있다.

게다가 단말이 hybrid-ARQ 응답을 전송할지라도 기지국이 이를 적절히 수신하지 못할 수 있다. 기지국 관점에서 단말이 상향링크 채널 접속 과정에 실패했는지 hybrid-ARQ 응답을 전송했는데 못 받았는지를 구분할 수 없다. PDSCH와 해당 피드백 시간이 서로 일대일 매핑되어 있으므로 기지국에서 정해진 타임에 피드백을 정상적으로 수신하지 못하면 NACK으로 처리하고 PDSCH를 재전송할 수밖에 없다. 면허대역에서는 PUCCH를 놓칠 확률이 낮지만 비면허 대역에서는 충돌로 인해서 훨씬 자주 발생할 수 있다.

마지막으로 단말이 PDCCH 전송을 놓치게 되면 단말과 기지국은 응답을 해야 하는 PDSCH 전송 개수를 서로 다르게 인식하게 된다. 이러한 상황에 대처하기 위해 13장에서 설명하였듯이

코드북 크기를 계산하는 데 DAI가 이용된다. 매 PDSCH 전송에 대해 DAI에서 cDAI가 하나씩 증가하고 이는 PDCCH가 수신되었을 때까지의 총 PDSCH 개수를 의미한다. cDAI와 수신한 PDCCH 수를 서로 비교하여 단말은 PDCCH를 놓쳤는지를 알 수 있고 hybrid-ARQ 응답을 생성할 때 이를 이용한다. 릴리즈 15에서는 DAI에 두 비트를 이용하여 DAI가 최댓값에 도달한 후에는 다시 0으로 리셋된다. 이런 결과로 PDCCH를 네 개 이상 놓쳤을 때는 단말은 코드북 크기를 정확하게 계산할 수 없다. 면허 대역에서 네 개 이상 PDCCH를 놓치는 일은 거의 발생하지 않으므로 DAI 크기가 문제가 되지 않는다. 그러나 비면허 대역에서는 전송 중에 충돌이 발생할 수 있어 DAI 크기가 문제가 된다.

이러한 문제에 대처하기 위해 릴리즈 16에서는 hybrid-ARQ 응답을 미래의 시점으로 지연시키는 방안이 도입되었다. 10장에서 설명하였듯이 hybrid-ARQ 타이밍 필드 지시자는 RRC에서 설정한 테이블로부터 실제 타이밍을 참조한다. 테이블에서 "later"로 표시된 인덱스를 타이밍 지시자로 알려줌으로써 기지국은 단말이 hybrid-ARQ 응답을 지금 보내지 말고 미래의 어느 시점까지 저장해두기를 지시할 수 있다. 그림 19.11에서 이에 대한 예시를 보기 바란다.

제한된 DAI 필드 크기와 다이내믹 hybrid-ARQ 코드북에서 연속되는 PDSCH 전송을 놓치는 영향에 대처하기 위해 다이내믹 hybrid-ARQ 코드북의 개선의 목적으로 PDSCH 그룹 개념이 도입되었다 두 개까지 PDSCH 그룹이 설정될 수 있고 DAI는 두 그룹에 독립적으로 동작한다[8]. PUCCH로 전송되는 응답은 두 개의 그룹에 대한 응답을 포함할 수 있다. 하향링크 제어 신호는 단말기가 코드북과 응답해야 하는 개수를 계산하는 데 보조해주기 위해 PDSCH 전송을 스케줄링할 때 그룹의 개수를 포함한다. 또한, 하향링크 제어 시그널에 NFI(New Feedback Indicator) 필드가 도입되어 기지국이 이전 그룹에 대한 응답을 받았는지에 대한 정보를 전달한다. NFI는 기지국이 응답을 제대로 수신했을 때마다 토글된다. 이 지시자를 이용하여 단말은 이번 그룹에 이전 하향링크의 응답을 포함할 것인지를 결정한다.

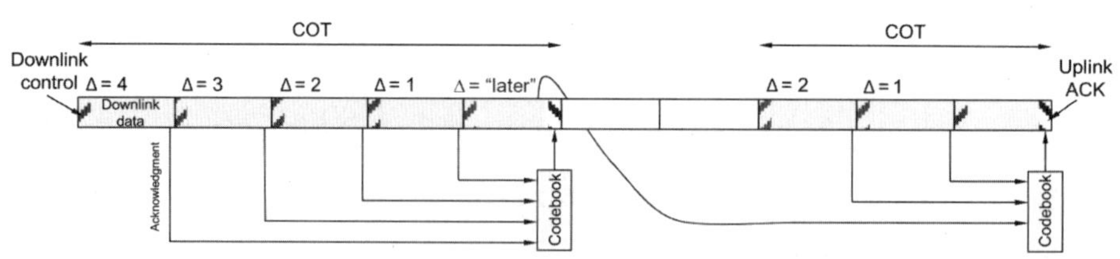

그림 19.11
동일한 COT 또는 교차 COT에서의 hybrid-ARQ 응답

8) DAI의 크기 변화에 주목하라; 현재 지원되는 그룹에 대한 cDAI와 tDAI 정보와 함께 다른 그룹의 tDAI도 함께 전달된다.

그림 19.12에 동작의 예시가 그려져 있다. 그림 왼쪽의 첫 두 개의 하향링크 전송은 PDSCH 그룹 0에 속하고 단말이 정상적으로 수신하였다. 정상적으로 수신했다는 것은 하향링크 제어 시그널을 말하는 것이고 데이터 디코딩은 성공했을 수도 있고 아닐 수도 있다. 이어지는 두 개의 전송은 비면허 대역에서 전송 충돌 등에 의해 단말이 수신하지 못했다. 그 결과로 PDSCH 그룹에 대한 hybrid-ARQ 응답을 보고해야 하는 시점인 5번째 슬롯에서 기지국은 4개의 PDSCH 전송에 대한 결과를 기다리고 단말은 단지 두 개의 전송만을 알고 있어 두 개에 대해서만 응답을 보낸다. 즉, 단말과 기지국 사이에 hybrid-ARQ 응답 보고의 크기에 불일치가 생겨 PUCCH 디코딩에 실패하게 된다.

그룹 0의 5번째 슬롯에서 또 하나의 하향링크 전송이 있었고 다음 그룹에서 응답 전송을 지시하는 "later"로 세팅되었다. 단말이 5번째 슬롯에서 상향링크로 hybrid-ARQ 응답을 보낼 수 있을 정도로 빠르게 하향링크 전송을 디코딩할 수 있었으면 놓친 두 개의 전송이 감지될 수 있었다. 그러나 예에서는 그렇지 못한 경우를 그려놓았다. 5번째 슬롯의 하향링크 전송에 대한 응답은 그룹 1로 지시되어 다음 그룹의 응답에 포함시킬 것을 지시하였다.

이제 PDSCH 그룹 1에서는 두 개의 전송이 이루어진다. 기지국은 PDSCH 그룹 0에 대한 hybrid-ARQ 응답을 받지 못하였으므로 NFI를 토글하지 않음으로써 두 그룹에 대한 피드백을 요청한다. 단말은 NFI가 토글되지 않을 것을 확인하고 PDSCH 그룹1과 함께 응답 받지 못한 그룹 0의 응답을 함께 전송한다.

그림의 예에선 두 개의 하향링크 전송이 유실되었지만 연속되는 4개의 전송이 유실되었어도 정상 동작한다. PDSCH 그룹이 없었더라면 두 개의 DAI 비트로는 처리할 수 없었을 것이다.

위에 기술된 다이내믹 코드북을 이용하는 응답 보고 이외에 one-shot 피드백도 가능하여 한 번에 모든 hybrid-ARQ 프로세스에 대한 상태, positive 또는 negative 응답을 전송할 수 있다. 하향링크의 DCI 스케줄링에 하나의 플래그를 두어 이를 세팅하면 그 응답으로 단말은 모든 hybrid-ARQ 프로세스에 대한 상태 보고를 전송한다.

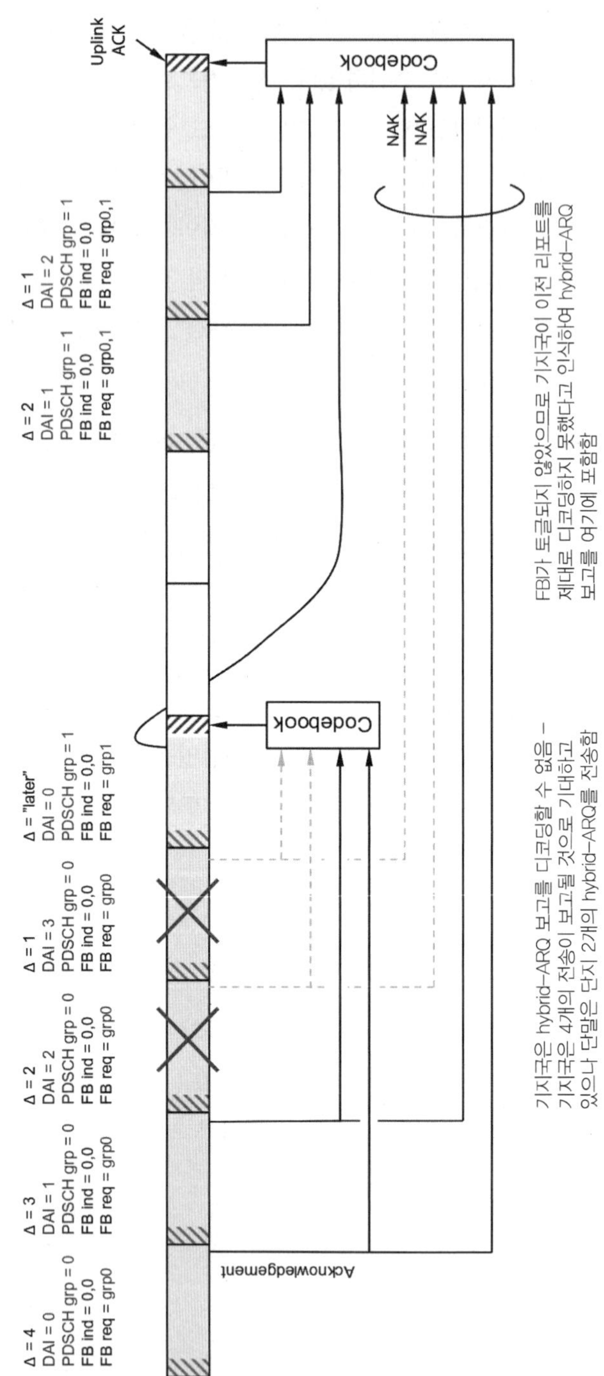

그림 19.12
두 PDSCH 그룹에 걸친 hybrid-ARQ 피드백

19.4.2 레퍼런스 시그널(Reference Signal)

레퍼런스 시그널의 구조는 큰 틀에서 릴리즈 15와 동일하다.

PDSCH 매핑 type B용 DMRS는 슬롯의 일부만을 스케줄링하는 데 필요한 추가적인 유연성을 제공하고 있다. PDSCH 매핑 type B는 9장에서 설명하였듯이 2, 4 또는 4 심볼 길이의 전송에만 국한되지 않고 2에서 13 심볼까지 어느 길이의 전송도 지원 가능하도록 확장되었다.

릴리즈 15에서 이미 CSI-RS는 충분히 유연하게 설계되었고 리소스 블록 셋 안에 CSI-RS 리소스를 제한하는 방법으로 적절히 설정 가능하다. CSI-RS를 여러 리소스 블록 셋에 걸쳐 설정될 수 있으며 단말은 DCI 포맷 2_0으로 특정 CSI-RS 블록이 유효하지 않다고 지시할 수 있으며 이를 받으면 단말은 즉시 CSI-RS가 전송되지 않는다고 가정한다.

9장에서 설명하였듯이 CSI-RS의 특별한 형태인 TRS는 릴리즈 15에서 52개의 리소스 블록에 걸쳐 설정될 수 있었으나 48개의 리소스 블록만 설정할 수 있게 되었다. 그 이유는 TRS가 리소스 블록 셋 안에 매핑될 수 있게 하기 위함이다.

19.5 상향링크 데이터 전송

하향링크보다 상향링크 데이터 전송을 개선시키는 작업이 표준에 더 큰 영향을 끼쳤다.

19.5.1 인터레이스드 전송(Interlaced Transmission)

NR 표준에 개선이 필요했던 비면허 대역 동작의 한 특성으로 장치가 사용할 수 있는 최대 전력에 대한 제한과 특정 나라에서 10dBm/MHz라는 최대 전력 스펙트럼 밀도에 대한 제한을 들 수 있다. 원칙적으로 생각할 수 있는 접근 방법은 NR의 기본 구조를 재활용하여 출력 전력과 전력 스펙트럼 밀도의 제한을 충족하도록 세팅하는 것이다. 그러나 데이터양이 적고 전송에 주파수 일부만이 필요할 때와 같은 경우 위의 방법은 커버리지의 제한을 가져온다. 그러므로 위의 방법 대신에 전송 전력을 높이기 위해 더 큰 대역폭에 보낼 데이터를 펼쳐 전송하는 것이 효율적이다. 이러한 방법은 하향링크에서 주파수 영역에서 비연속적인 리소스를 할당하는 type 0을 활용하여 달성할 수 있으나 릴리즈 15에서 상향링크는 type 1만이 지원되었다. 그러므로 더 큰 대역폭에 펼쳐 전송하는 방법으로 interlace 리소스 할당 type 2가 상향링크 리소스 할당 방법으로 도입되었다. 이는 커버리지 이슈를 해결할 뿐만 아니라 몇몇 나라에서 정의된

최소 점유 주파수 요구 사항을 동시에 충족시키는 데 효과적이다.

interlaced 전송을 지원하기 위해 10MHz보다 큰 주파수 대역을 몇 개의 인터레이스로 나눈다. 인터레이스의 개수는 서브캐리어 간격에 따라 정해진다. 15kHz 서브캐리어 간격에서는 10개의 인터레이스가, 30kHz의 경우엔 5개의 인터레이스가 정해진다. 그러므로 15/30kHz 서브캐리어 간격에서 매 10/5번째 리소스 블록이 같은 인터레이스가 된다.

인터레이스는 공통 리소스 블록, 그러니까 point A를 기준으로 상대적인 값으로 정해진다. 공통 기준점을 가지고 있으면 간편한 리소스 할당과 깔끔한 구조가 된다. 그렇지 않으면 동일한 인터레이스를 가리키고자 할 때 bandwidth part가 다르면 다른 인터레이스 인덱스를 사용하여야 하므로 서로 다른 사용자에게 PUSCH와 PUCCH 리소스 할당할 때 스케줄러 동작이 복잡해진다.

그림 19.13에 인터레이스 동작의 예가 그려져 있다. 인터레이스 i는 CRB m, m+M, m+2M으로 구성된다. 여기서 M은 서브캐리어 간격에 따른 5 또는 10의 인터레이스의 개수이다. bandwidth part의 첫 번째 리소스 블록이 꼭 첫 번째 인터레이스가 될 필요는 없음에 주목하자.

단말이 상향링크에 인터레이스 전송을 사용하도록 설정되면 PUSCH 리소스 할당 type 2가 사용된다. 스케줄링 그랜트는 전송에 어떤 리소스 블록 셋과 어떤 인터레이스를 이용할지에 대한 정보를 포함한다. 자세한 것은 19.6.3 절을 참고하기 바란다. 19.7.1에서 설명할 예정인 PUCCH 포맷을 변경하도록 설정되면 PUCCH 전송 또한 인터레이스 구조를 사용한다.

인터레이스가 설정되지 않았으면 릴리즈 10장에서 설명한 15의 리소스 할당, 그러니까 리소스 할당 type 0이 PUSCH와 PUCCH에 이용된다.

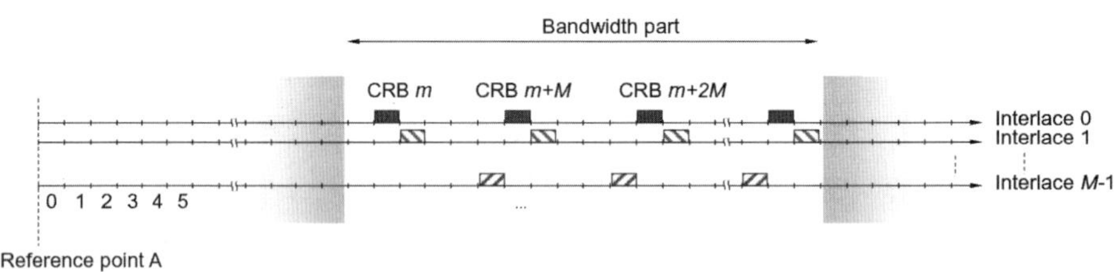

그림 19.13
인터레이스 정의

19.5.2 상향링크 데이터 전송을 위한 다이내믹 스케줄링

비면허 대역에서 상향링크 데이터 전송은 다이내믹 스케줄링이나 Configured 그랜트를 이용하는 면에서 릴리즈 15와 비슷하다.

일반적으로 사용되는 다이내믹 스케줄링된 상향링크 전송은 비교적 직관적이다. 기지국은 단말에게 스케줄링 그랜트를 전달한다. 이는 릴리즈 15의 과정과 동일하다. 추가된 개선은 인터레이스 전송을 지원하거나 19.6.4.2절에서 설명하게 될 다수의 전송 블록을 하나의 그랜트로 스케줄링하고 또는 19.3절에서 설명한 상향링크 전송 전에 채널 접속 과정을 거치는 부분이다. 스케줄링 그랜트는 향상된 리소스 할당, cyclic prefix의 확장 그리고 전송 전에 해야 하는 채널 접속 과정에 필요한 정보를 포함한다. 기지국이 스케줄링 그랜트를 전송하는 시점에서는 채널 접속 과정이 성공할지 실패할지를 모른다는 것에 유념하라. 그러므로 단말이 상향링크를 전송하리라는 것을 보장할 수 없다. 이것은 단말이 그랜트를 제대로 수신했다면 상향링크 전송이 보장되는 면허대역 동작과 다른 면이다.

NR의 첫 릴리즈에서 스케줄링 그랜트는 하나의 전송 블록 전송을 지시하였다. 이것은 비면허대역에서도 가능하다. 그러나 스케줄링 그랜트를 전송하는 시점에서 성공 여부가 예측 불가능한 채널 접속 과정에 의해 실제 상향링크 전송 유무가 달라지므로 성공적인 상향링크 전송은 하향링크 상향링크 양방향 모두 채널 접속 과정이 성공하여야 한다는 조건이 따른다. 이러한 문제를 해결하고 많은 양의 데이터를 한 번에 전송하기 위해 그림 19.14에서 도시되었듯이 하나의 하향링크 스케줄링 그랜트가 다수의 상향링크 전송 블록을 스케줄링할 수 있다. 전송 블록은 하나씩 순차적으로 전송되며 각각은 미니 슬롯이라 불리는 서로 다른 슬롯에 전송된다. 이러한 개선이 없었으면 매 상향링크 전송에 대해 채널 접속 과정과 이에 연관된 백오프(전송 지연) 여부에 따라 새로운 스케줄링 그랜트가 하향링크에 필요했을 것이다.

새로운 그랜트는 전송 블록들의 NDI(New Data Indication)와 RV(Redundancy Version)를 포함하고 있다. 반면 MCS(Modulation and Coding Scheme)와 주파수 영역 할당은 모든 전송 블록에 대해 동일하게 적용된다.

다수의 상향링크 전송을 스케줄링하는 그랜트는 엄밀하게 말하면 면허 대역에서도 오버헤드를 줄이는 데 효과적이지만 비면허 대역에서 앞에서 언급한 이유로 인해 훨씬 중요한 필요성을 가진다.

다이내믹 스케줄링을 요청하는 SR(Scheduling Request)은 채널 접속 과정을 제외하면 릴리즈 15와 같다. 그러나 SR prohibit 타이머를 처리하는 부분은 약간 변경되었다. 채널 접속 과정의 실패로 SR이 정상적으로 전송되지 않았을 경우 단말은 타이머가 종료되었을지라도 SR을 전송할 수 있다.

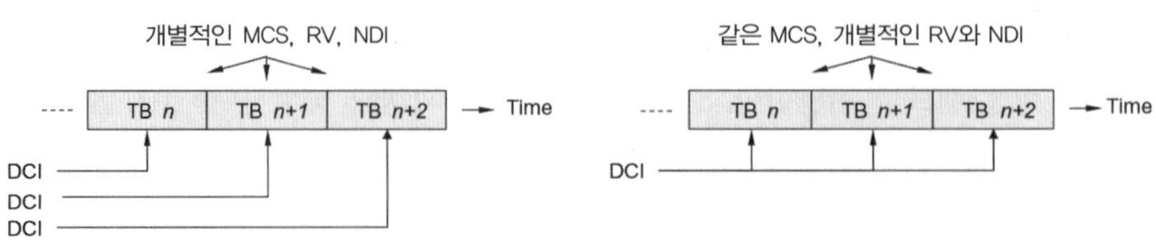

그림 19.14
개별적인 스케줄링 그랜트(왼쪽)와 다수의 상향링크 전송에 하나의 DCI 스케줄링을 하는 예(오른쪽)

19.5.3 CG(Configured Grant)를 이용한 상향링크 데이터 전송

14.4절에서 설명한 CG 전송은 첫 NR 릴리즈 때부터 제어 신호의 오버헤드를 줄이기 위한 수단으로 이미 면허 대역에서 지원되었다. 이러한 목적은 비면허 대역에서도 유효하지만, 더욱 중요한 것은 CG가 사전에 데이터 전송을 요청하는 그랜트 없이 데이터를 전송하므로 매 전송에 실패할지도 모르는 채널 접속과정이 필요하다는 문제에 훨씬 중요하게 작용한다. 그 결과로 채널 접속 과정이 성공하기만 하면 type 1과 type 2 CG 모두 비면허 대역에서도 지원된다. 채널 접속 과정은 논외로 하고 비면허 대역에서 더 잘 지원될 수 있도록 두 가지 주요 개선이 이루어졌다.

- 하나의 COT 내에서 백투백(Back-to-Back) 전송이 지원되며 동시에 기지국이 업하향링크 제어 신호와 같은 목적으로 슬롯을 예약할 수 있는 기능이 있다.
- hybrid-ARQ 프로세스와 슬롯 넘버와의 매핑을 해제한 것이다. 이는 CG 동작에서 단말에게 상향링크 전송이 성공적으로 수신되었는지 여부를 확인하는 하향링크 피드백 정보와 함께 상향링크 제어 정보를 필요로 한다.

릴리즈 15에서와 비슷하게 단말은 CG 주기가 설정된다. type 1에서는 설정에 의해, type 2에서는 PDCCH에 의해 언제 시작할지가 지시된다. CG로 지정된 슬롯에서 단말은 채널 접속 과정을 수행하고 성공하면 상향링크로 데이터를 전송한다. 다이내믹 스케줄링과 같은 맥락으로 다수의 연속적인 전송 블록이 전송될 수 있다. 만약 채널 접속에 실패하면 단말은 새로 시도하기 전에 다음으로 사용 가능한 시간까지 기다려야 한다.

단말이 전송 기회를 더 잘 포착하는 데 도움을 주기 위해 CG는 다수의 전송 블록을 백투백으로 전송하는 것을 지원하다. 이로 인해 하나의 COT 안에서 다수의 슬롯에 다수의 전송 블록을 전송할 수 있으므로 릴리즈 15에서 하나의 전송 블록이 허용되었던 것보다 긴 COT가 되었다.

COT가 CG를 이용하는 단말에서 시작되었을 때 역시 19.3.1.2에서 설명한 COT 공유가 지원된다. 이는 단말에서 기지국으로 단말기 ID와 COT 공유에 필요한 정보를 PUSCH에 상향링크 제어 신호로 시그널링해줌으로써 이루어진다. 그러므로 상향링크에서 COT가 단말에 의해 시작되었을지라도 기지국은 상향링크 제어 정보를 활용하여 무작위 전송 지연을 포함하는 type 1 대신 빠른 type 2 채널 접속 과정을 이용해 하향링크 전송에 혜택을 받을 수 있다.

비면허 대역에서 CG에 의해 영향받는 다른 부분은 hybrid-ARQ 프로토콜에 있다. 릴리즈 15에서는 hybrid-ARQ 프로세스 번호는 CG 전송에 설정된 주기 내에서 슬롯 넘버와 연관되어 있었다. 이는 단말과 기지국이 전송에 사용된 hybrid-ARQ 프로세스 번호를 동일하게 해석하게 할 뿐만 아니라 지정된 시점에 전송이 이루어지도록 하는 데 필요했다. 그렇지만 이러한 가정은 채널 접속 과정이 사용되는 비면허 대역에서는 유효하지 않다. 그러므로 hybrid-ARQ 프로세스 번호는 상향링크로 시그널링될 필요가 있고 그 결과로 PUSCH에 UCI가 포함된다. 프로세스 번호 이외에 UCI에는 기지국이 수신하는 데 필요한 NDI와 RV와 같은 hybrid-ARQ 관련 정보가 포함된다.

NR 릴리즈 15에서 재전송은 초기 전송이 다이내믹 스케줄링으로 되었든 CG로 되었든 동일하게 PDCCH의 NDI를 이용하여 다이내믹하게 스케줄링되었다. 이것은 비면허 대역에서도 가능하다. 하지만 CG를 사용할 때는 재전송이 더 발생할 수 있다.

면허 대역에서 초기 전송은 CG에서 미리 정의된 시점에 이루어지며 기지국은 언제 상향링크 전송이 발생할지 미리 알고 있다. 그러므로 재전송을 다이내믹하게 스케줄링하는 것은 명확했다. 그러나 비면허 대역에서는 초기 전송이 채널 접속 과정을 성공했는지에 따라 달려 있다. 기지국은 채널 접속 과정이 실패했는지 아니면 성공했지만 초기 전송 수신에 실패했는지 구분할 수 없다. 그러므로 재전송은 기지국으로부터 negative ack을 받거나 기지국으로부터 아무런 응답이 없으면 타이머 종료에 의해 단말에서 시작될 수 있다. 초기 전송이 이루어질 때마다 타이머가 초기화되고 기지국이 데이터를 제대로 수신할 때까지 재전송을 수행할 목적으로 사용된다.

기지국에서 하향링크로 전달되는 hybrid-ARQ 피드백을 DFI(Downlink Feedback Information)이라 부른다. 이는 PDCCH를 이용해 전송되므로 새로운 물리 채널이 정의되진 않았다. DFI는 설정된 hybrid-ARQ 프로세스마다 한 비트의 ack이 매핑된 비트맵으로 이루어져 있다. PUSCH를 수신하고 DFI를 전송하기까지 최소 시간은 조절 가능하다. 단말은 hybrid-ARQ 프로세스에 할당된 acknowledge 비트를 관찰함으로써 기지국이 상향링크 데이터를 성공적으로 수신하였는지를 판단하고 새로운 전송 블록 전송에 그 프로세스를 이용할 수 있는지를 결정한다. 새로운 전송 블록이 전송될 때마다 UCI의 해당 hybrid-ARQ 프로세스 자리의 NDI 필드값이 토글된다.

19.5.4 상향링크 사운딩 레퍼런스 시그널 (SRS, Sounding Reference Signal)

면허 대역에서와 마찬가지로 상향링크 사운딩은 비면허 대역에서도 유용하다. 많은 경우에 추가적인 채널 접속 과정을 회피하기 위해 다른 전송과 함께 상향링크 사운딩을 수행하는 것이 바람직하다. 그러므로 SRS 설정은 슬롯에서 마지막 6 심볼에만 국한되지 않고 릴리즈 16에서는 슬롯 내에서 어느 OFDM 심볼이든 이용할 수 있도록 확장되었다.

19.6 하향링크 제어 시그널

비면허 대역에서 NR 동작에 필요한 하향링크 제어 시그널링은 면허 대역의 원칙과 구조를 따르지만 새로운 기능을 지원하기 위해 몇 가지 추가적인 변경이 있다. PDCCH 구조는 변함이 없고 주요한 개선 사항은 블라인드 디코딩(Blind Decoding)과 DCI 내용 등과 같은 CORESET 설정에 있다.

19.6.1 CORESET

릴리즈 15에서 CORESET 설정은 유연하다. 비록 릴리즈 15 용 단말은 이를 지원하지 않고 있었지만[9], 원칙적으로 매 OFDM 심볼마다 PDCCH 모니터링을 할 수 있도록 CORESET을 설정할 수 있었다. 이렇게 자주 모니터링을 할 수 있는 것은 하향링크 데이터 전송이 어느 OFDM 심볼에서도 시작할 수 있게 해준다. 이는 비면허 대역에서의 동작에 유용하며 비면허 대역을 지원하는 단말은 더욱더 자주 모니터링할 수 있는 설정이 가능하다.

더 크고 연속적인 대역폭을 사용하기 위해 다수의 20MHz를 애그리게이션(aggregation)하는 것은 새로운 개선이 필요하지 않다. 왜냐하면, carrier aggregation은 이미 캐리어마다 CORESET을 처리하고 있었으며 필요할 경우 각 캐리어를 독립적으로 스케줄링할 수 있기 때문이다.

20MHz보다 큰 대역폭의 캐리어의 경우 추가적인 개선이 필요하다. 넓은 대역폭에서 특정 리소스 블록이 사용 가능한지를 미리 알 수 없으므로 리소스 블록이 사용 가능할 때 스케줄링 정보를 전송하기 위해 리소스 블록마다 적어도 한 개 이상의 CORESET이 있어야 한다. 그림 19.15에서 알 수 있듯이 주파수 영역에서 모든 리소스 블록 셋에 반복적으로 적용되는 CORESET을 설정할 수 있도록 CORESET 설정을 확장하는 방식으로 이를 해결한다[10]. 이를 통

9) 표준 규격에 시간적인 CORESET 위치는 search-space 설정으로 주어진다.
10) 규격에서는 주파수 영역에서의 CORSET 확장은 CORESET 설정 자체가 아니라 시간 영역에서 탐색 영역 설정의 일부로 정의된다.

해 단말은 개별 리소스 블록 셋의 제어 채널을 모니터링할 수 있게 된다.

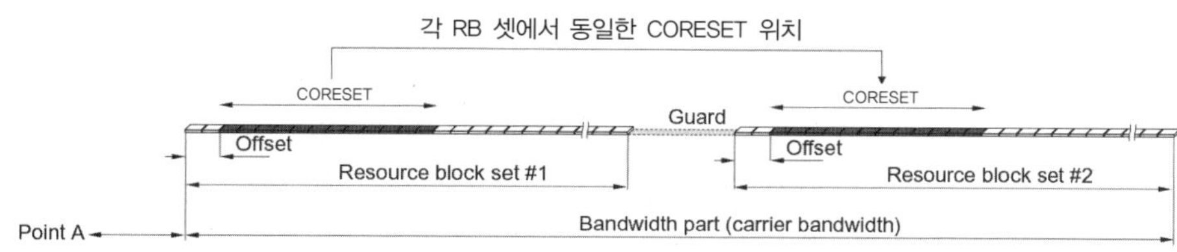

그림 19.15
하나의 넓은 대역폭에서 동작하는 경우 CORESET의 확장 예시

19.6.2 블라인드 디코딩과 탐색 영역(Search Space) 그룹

블라인드 디코딩은 릴리즈 15와 비교하여 단말 고유의 탐색 영역에 두 개까지 탐색 영역 그룹을 둘 수 있도록 확장하는 것이 추가되었다. 탐색 영역 그룹은 공통 탐색 영역(Common Search Space)에는 사용되지 않는다. 두 개의 탐색 영역 그룹이 설정되면 각 탐색 영역은 단일 또는 두 개 모두의 탐색 영역 그룹에 대한 것이다. 하나의 그룹이 active 상태에서 단말은 다이내믹 그룹 공통 시그널링에 의해 명시적으로 또는 하나의 그룹에서 PDCCH를 수신하여 암묵적으로 둘 중 하나의 그룹으로 스위칭 된다. 두 가지 접근 모두 디폴트(default) 그룹으로 스위칭하여 되돌아가는 타이머를 사용한다.

다수의 탐색 영역 그룹을 정의하는 이유는 단말의 전력 소모를 줄이기 위함이다. COT 시작 전에 언제 COT가 시작하는지 그리고 단말이 스케줄링 되었는지를 알기 위해 자주 PDCCH를 모니터링하는 것은 효과적인 방법이다. 매 OFDM 심볼마다 모니터링하도록 설정될 수 있다. 일단 COT가 시작하면 대개는 덜 자주 모니터링하는 것만으로 충분하다. 예를 들어 매 슬롯의 초기에만 PDCCH를 모니터링하면 된다. 그룹 0은 자주 모니터링하고 그룹 1은 덜 자주 모니터링하는 방법으로 탐색 영역 그룹을 나눔으로써 유연성을 확보할 수 있다.

탐색 영역 그룹을 스위칭하는 것은 어느 그룹을 활성화할 것인지를 지정하는 비트를 포함하고 있는 DCI 포맷 2_0을 다이내믹하게 시그널링함으로써 이룰 수 있다. DCI 포맷 2_0에 대해서는 다음에 설명할 것이다. 어느 그룹을 사용할 것인지는 기지국이 직접 제어한다. 또한, 타이머 개념이 도입되어 탐색 영역의 다이내믹 시그널링을 보완한다. 이 경우엔 단말은 유효한 DCI를 수신하면 덜 자주 모니터링하는 그룹 1로 스위칭한다. 설정된 시간 동안 유효한 DCI를 수신하지 못하면 단말은 탐색 영역 그룹 0으로 되돌아간다. 그림 19.16을 보기 바란다.

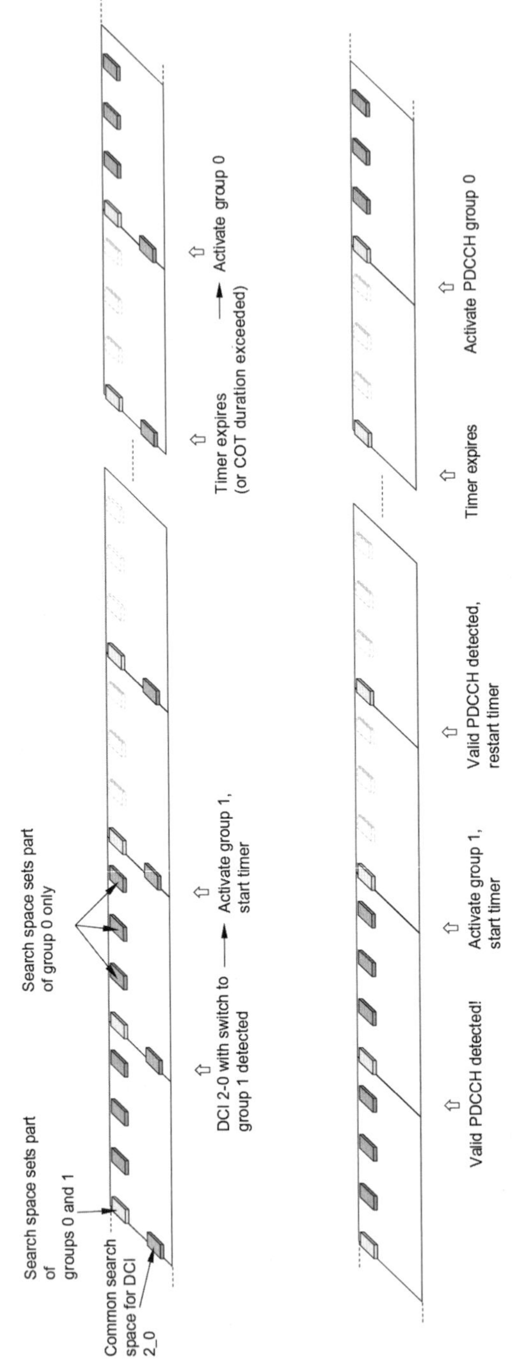

그림 19.16
DCI 포맷 2_0을 이용하거나 (위) 타이머에 기반하여 (아래) 탐색 영역 그룹 간 스위칭을 하는 예시

19.6.3 하향링크 스케줄링 할당 - DCI 포맷 1_0과 1_1

비면허 대역에서 더 잘 동작하기 위해서 DCI에 새로운 정보 비트가 추가될 필요가 있다. DCI 포맷 1_0 또는 1_1을 사용하는 하향링크 스케줄링 할당은 릴리즈 15에 정의된 동일한 비트 필드를 이용하지만, 다음과 같은 내용이 추가 확장되었다.

- Hybrid-ARQ에 관련된 정보 (개선은 DCI 포맷 1_1에만 해당된다)
  - PDSCH 그룹 인덱스 (0 또는 1비트): PDSCH 그룹을 지시하고 19.4.1에서 설명한 hybrid-ARQ 코드북을 제어하는 데 이용한다.
  - 하향링크 할당 인덱스 (DAI, Downlink Assignment Indication): 19.4.1에서 설명하였듯이 비활성화된 PDSCH 그룹에 대해서도 tDAI를 전송할 수 있도록 6비트로 확장되었다.
  - one-shot hybrid-ARQ request (0 또는 1비트): 19.4.1에서 설명하였듯이 모든 주파수와 PDSCH 그룹의 모든 hybrid-ARQ 프로세스에 대한 hybrid-ARQ 보고를 요청하는 데 이용된다.
  - 요청하는 PDSCH 그룹의 수 (0 또는 1비트): hybrid-ARQ 응답이 현재의 PDSCH 그룹만을 포함할 것인지 다른 PDSCH 그룹도 포함할 것인지를 알려주는 데 이용한다. 19.3.1을 보라
  - NFI (New Feedback Indicator, 0-2비트): 기지국이 hybrid-ARQ 피드백을 제대로 받았는지를 알려주는 데 사용한다. 19.4.1을 보라
- 채널 접속 그리고 CP 확장 (0-4비트): 상향링크 전송에 19.3.1에서 설명한 것 중 어떤 채널 접속 과정을 사용할 것인지를 지시한다. 이 필드는 DCI 포맷 1_0과 1_1에 공통으로 존재한다. 그러므로 비면허 대역에서 동작할 때 fallback 포맷 1_0은 2비트가 더 많아졌다. 단말은 면허 대역에서 동작하는지 또는 비면허 대역에서 동작하는지를 알기 때문에 비트 크기가 달라진 것은 문제가 되지 않는다. PDSCH 스케줄링 할당에 PUSCH 관련 정보가 있는 이유는 스케줄링된 PDSCH 전송이 PUSCH 전송 후에 일어나는 COT 때문이다.

19.6.4 상향링크 스케줄링 그랜트 - DCI 포맷 0_0과 0_1

하향링크와 비슷하게 상향링크 DCI 포맷 0_0과 0_1 또한 새로운 기능을 지원하기 위해 확장되었다. 다음에 설명하듯이 대부분의 추가는 hybrid-ARQ 프로토콜의 개선 사항 때문이다.

- DFI 플래그(flag) (0 또는 1비트): 포맷 0_1에만 존재하며 DCI가 상향링크 그랜트를 위한 것인지 하향링크 피드백 정보를 요청하는 것인지를 알려주는 데 이용한다. 플래그가

CS-RNTI로 DCI 포맷 0_1에서 1로 세팅되면 DCI 내용은 하향링크 피드백 요청으로 해석되고 (19.6.5를 보기 바란다), 그렇지 않으면 스케줄링 그랜트로 해석한다. CS-RNTI가 아닌 다른 RNTI에 대해서는 이 비트는 쓰이지 않는다.

- hybrid-ARQ 관련 정보 (DCI 포맷 0_1에만 해당된다)
  - NDI(New Data Indicator)는 비트가 확장되었다. 다수의 PUSCH가 스케줄링 되었을 때, DCI에 포함된 전송 블록마다 NDI를 나타낸다[11].
  - RV의 비트 수가 확장되었다. 다수의 PUSCH가 스케줄링 되었을 때, DCI에 포함된 전송 블록마다의 RV를 나타낸다.
  - DAI는 PUSCH에 포함된 UCI를 처리하기 위해 사용되며 두 개의 PDSCH 그룹에 대한 tDAI를 전송할 수 있기 위해 6비트까지 확장되었다.
- 채널 접속과 CP 확장 (0-4비트): 상향링크 전송에 어떤 채널 접속 과정을 사용할 것인지를 지시한다. 이 필드는 포맷 0_0과 0_1에 모두 존재한다. fallback DCI 크기에 미치는 영향은 뒤에 설명한다.
- 시간과 주파수 영역에서의 리소스 할당: 면허 대역에서의 사용 목적과 동일하지만 주파수 영역에서 인터레이스 리소스 할당과 시간 영역에서 다수의 PUSCH 스케줄링을 지원하기 위해 비트가 확장되었다.

19.6.4.1 주파수 영역 리소스 할당 시그널링

상향링크에서 주파수와 시간 영역 리소스 할당은 리소스 할당 type 1에 대해 10장에서 설명한 기본 원리를 따르는 것에 추가적으로 인터레이스 매핑을 제공한다. 인터레이스 매핑이 설정되어 있지 않으면 10장에서 설명한 리소스 할당 type 1이 이용된다. 인터레이스 매핑이 설정되어 있으면 자연적으로 type 2 리소스 할당이 사용되고 DCI의 주파수 영역에서의 리소스 할당 비트는 하나 또는 그 이상의 인터레이스와 인터레이스 내의 리소스 블록을 지시한다. RRC 시그널링으로 인터레이스 전송을 설정하므로 type 2와 다른 타입 간에 스위칭되는 경우는 없다. 이는 종종 바람직한 리소스 할당 방법이 규제에 의해 명시되고 시간에 따라 변하지 않으므로 문제가 되지 않는다.

리소스 할당 type 2의 주파수 영역에서의 리소스 할당 필드는 인터레이스를 지시하는 부분과 리소스 블록 셋을 지정하는 두 부분으로 나뉜다. 실제 전송에 사용되는 리소스 블록은 이러한

---

11) DCI 비트 크기의 모호성을 제거하기 위해 NDI 필드의 비트 수는 스케줄링된 전송 블록의 실제 수가 아니라 현재의 설정에서 스케줄링 가능한 전송 블록의 최대수로 결정된다. RV(Redundancy Version)의 비트 수도 마찬가지이다.

두 부분에 의해 명시된 리소스 블록을 통해 이루어진다.

첫 부분인 인터레이스를 명시하는 부분은 15kHz와 30kHz 서브캐리어 간격에서 서로 다른 방법으로 인코딩된다. 30kHz에서는 다섯 개의 인터레이스를 지칭하기 위해 5비트의 비트맵이 사용된다. 15kHz에 대해서는 비트맵이 이용되지 않고 대신 첫 인터레이스와 연속적으로 이어지는 인터레이스 개수를 6비트로 코딩해서 사용한다. 6비트로 가능한 총 $2^6 = 64$개의 표현에서 56개는 시작 인터레이스와 연속되는 인터레이스 개수의 조합을 표현하는 데 사용된다. 나머지 8가지는 공통 비연속 인터레이스 할당의 경우를 표현하는 데 이용된다.

두 번째 부분인 리소스 블록을 설정하는 부분은 15kHz와 30kHz 서브캐리어 간격에서 같은 방식으로 인코딩된다. 활성화된 bandwidth part 내에서 시작 리소스 블록 셋(이는 시작 LBT 대역폭으로 알려져 있다)과 연속되는 리소스 블록 셋을 같이 엮어 인코딩한다.

마지막으로 스케줄링 되는 가상 리소스 블록은 선택된 인터레이스와 리소스 블록 셋의 공통부분으로 결정된다. non-interleaved 매핑만이 지원되기 때문에 스케줄링 되는 가상 리소스 블록은 활성화된 상향링크 bandwidth part 내에서 물리적인 리소스 블록과 직접적으로 매핑되어 있다. 리소스 할당 type 2는 그림 19.17에 예시되어 있다.

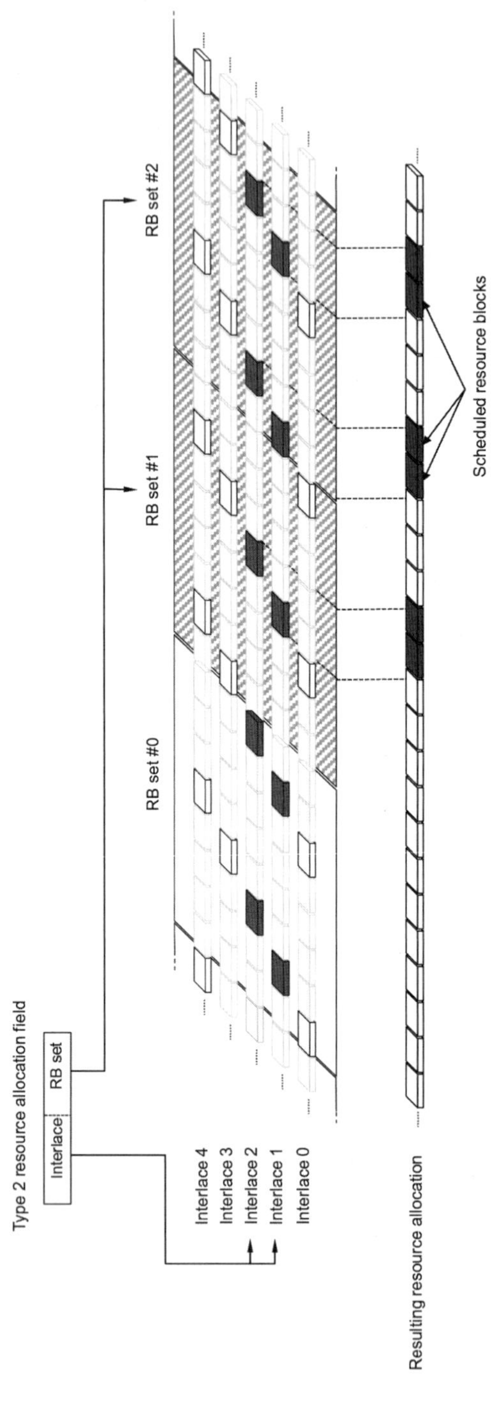

그림 19.17
리소스 할당 type 2에서의 작동 원리 예시

19.6.4.2 시간 영역 리소스 할당 시그널링

시간 영역에서 상향링크 자원 할당은 10장에서 설명한 원칙을 똑같이 따른다. 즉, 어느 OFDM 심볼을 이용할 것인지를 RRC에서 설정한 테이블로부터 얻는다. 여기서 한 가지 향상된 점은 하나의 스케줄링 그랜트가 다수의 전송 블록을 스케줄링할 수 있다는 것이다. 전송할 전송 블록의 수는 RRC 설정 테이블로부터 얻어지는데 이 테이블의 각 행은 개별 전송의 시간 영역 할당 정보를 지시하는 열이 추가되었다. 그림 19.18을 보기 바란다. 그랜트에는 각 전송 블록에 대한 NDI와 RV를 포함하고 있다는 것은 앞에서 설명하였다. MCS와 주파수 영역의 할당은 스케줄링된 전송 블록에 공통으로 적용된다.

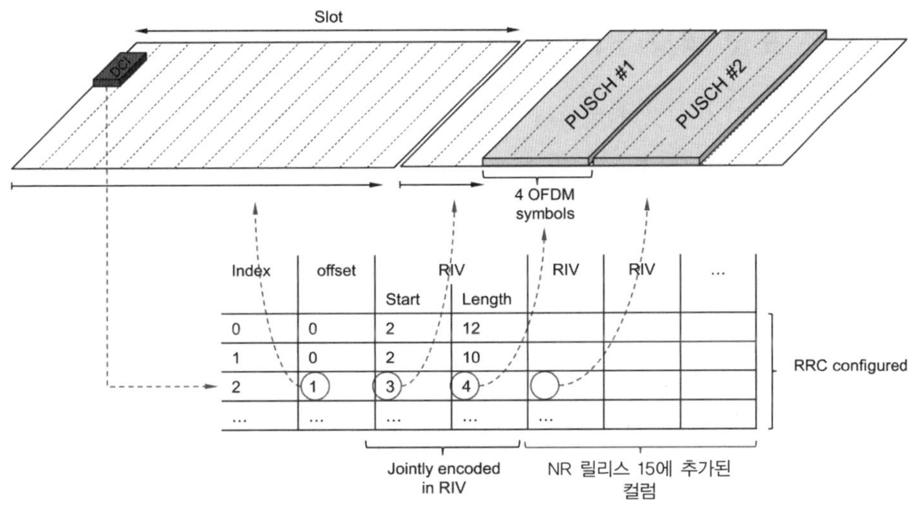

그림 19.18
시간 영역 자원 할당의 원리

19.6.4.3 Cyclic Prefix 확장과 채널 접속 타입

COT 공유를 사용하기 위해 전송 버스트 간의 간격은 OFDM 심볼 간격보다 작아야 한다. OFDM 심볼 단위로 행해지는 시간 영역 리소스에 대한 시그널링은 이러한 목적을 달성하기에 충분하지 않다. 그러므로 19.3.1.2에서 언급하였듯이 상향링크에서 심볼 경계에 위치한 OFDM 심볼보다 일찍 전송을 시작할 수 있도록 cyclic prefix를 확장하는 기능이 추가되었다. 19.3에서 설명하였듯이 채널 접속 방법도 단말에게 명시될 필요가 있다. 이는 RRC 설정 테이블에 채널 접속 방법과 CP extension 필드를 추가함으로써 해결되었다.

19.6.5 하향링크 피드백 정보 – DCI 포맷 0_1

DFI(Downlink Feedback Information)는 상향링크에서 CG(Configured Grant)와 더불어 hybrid-ARQ 프로토콜을 처리하는 데 필요하다. 이는 일반적인 PDCCH 구조에 CS-RNTI를 이용하여 전송된다. 그러므로 새로운 물리 채널이 따로 정의되지 않았다. 대신 DCI를 상향링크 스케줄링으로 해석할지 DFI로 해석할지를 구분하는 DFI flag를 두어 DCI 포맷 0_1이 재사용된다

DFI flag가 세팅되면 DCI의 나머지는 hybrid-ARQ의 positive 또는 negative acknowledge를 비트맵으로 표현하는 것으로 해석한다. DCI 포맷 0_1이 상향링크 그랜트이든 DFI이든 같은 사이즈가 될 수 있도록 예약 비트가 포함된다. 그러므로 블라인드 디코딩 시도 횟수는 증가하지 않는다.

19.6.6 슬롯 포맷 명시 – DCI 포맷 2_0

슬롯 포맷 명시는 면허 대역보다 비면허 대역 동작에서 더 다양한 용도로 사용된다. 10.1.6에서 설명한 슬롯 포맷 명시뿐만 아니라 다음과 같은 정보를 포함할 수 있도록 확장되었다.

- COT 유지 시간: 남아있는 COT 시간을 OFDM 심볼 개수로 표현한 RRC 설정 테이블의 인덱스. carrier aggregation의 경우 셀마다 하나씩 있다.
- RB 셋 사용 가능성: 19.3.3에서 설명한 캐리어 내에서 각 리소스 블록 셋(또는 LBT 대역폭)이 사용 가능한지를 알려주는 비트맵. carrier aggregation의 경우 캐리어마다 존재한다.
- 탐색 영역 그룹 스위칭: 19.6.2에서 설명한 어느 탐색 영역을 활성화할 것인지를 지시하는 비트. carrier aggregation의 경우 셀 그룹마다 존재

이러한 모든 필드는 optional이다. 즉, 이러한 필드 없이도 비면허 대역에서 동작이 가능하다. DCI 포맷 2_0이 없이도 가능한 것이다.

19.7 상향링크 제어 시그널링

비면허 대역에서 상향링크 제어 시그널링은 기본적으로 릴리즈 15와 동일한 구조를 가지고 있으며 PUCCH 또는 PUSCH에 실려 전송된다.

19.7.1 PUCC에 실리는 상향링크 제어 시그널

면허 대역과는 다르게 비면허 대역에서는 채널 접속 과정이 성공해야 PUCCH 전송이 일어난

다. 하향링크 전송을 수신하자마자 PUCCH가 전송되면 COT 공유가 사용될 수 있다. 반면에 COT 공유가 안 되는 상황에서는 type 1 채널 접속 과정이 성공해야 한다. 이 결과로 기지국은 언제 PUCCH가 전송될지 알 수 없다. 이러한 불확실성을 처리하기 위해 디코딩 전에 PUCCH의 유무를 에너지를 수신해서 탐지하는 것 같은 방법을 사용한다.

채널 접속 과정은 차치하고 비면허 대역에서 PUCCH 동작의 주요한 개선 사항은 인터레이스 전송을 지원하기 위해 수정된 것이다. 또한, 같은 이유로 PUSCH를 이용한 상향링크 데이터 전송에도 수정이 되었다. 인터레이스 전송의 사용은 RRC 시그널링으로 설정된다. 인터레이스 전송이 사용되지 않으면 PUCCH 포맷은 릴리즈 15와 같다. 인터레이스 전송이 설정되면 활성화된 bandwidth에 속한 인터레이스의 한 리소스 블록 셋 내에 있는 모든 리소스 블록이 전송에 이용된다. 이 경우 주파수 호핑(Frequency Hopping)은 지원되지 않는다. 인터레이스 전송 방법 자체에 포함된 다이버시티로 충분하기 때문이다. 20MHz 이하의 캐리어에 대해서는 하나의 리소스 블록 셋이 존재하므로 모든 인터레이스가 이용된다.

인터레이스 매핑을 위한 PUCCH 포맷 0은 하나의 인터레이스 내의 전송을 지시한다. 이는 릴리즈 15의 개념으로 정의된 하나의 리소스 블록을 인터레이스 그리고 리소스 블록 셋 내의 모든 리소스 블록에 반복해서 적용함으로써 이루어진다. 모든 리소스 블록에 반복해서 적용하는 것은 cubic metric을 증가시키는 영향이 있으므로 전력 증폭기에서 큰 back-off를 요구할 수도 있다. 이러한 영향을 해결하기 위해 12개의 다른 가능성에 따라 인터레이스 내의 리소스 블록에 걸쳐 서로 다른 12개의 위상값으로 회전시킨다. 이는 시간 영역에서 cyclic shift를 한 것과 같다. 그림 19.19를 보기 바란다.

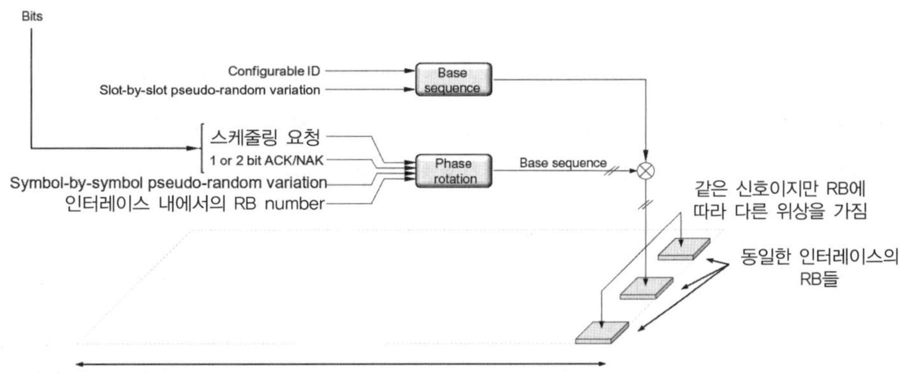

그림 19.19
인터레이스 매핑을 지원하는 PUCCH 포맷 0의 예

PUCCH 포맷 1 또한 인터레이스 전송을 지원하기 위해 포맷 0과 비슷한 방식으로 확장되었다. 각 OFDM 심볼에 대해 릴리즈 15의 개념으로 정의된 하나의 전송 블록의 내용은 인터레이스 안의 모든 리소스 블록에 반복 적용된다. 인터레이스 매핑의 경우 PUCCH 포맷 0과 같은 방법으로 모든 리소스 블록에 걸쳐 위상을 회전시켜 적용한다. 그림 19.20과 인터레이스를 하지 않는 그림 10.16을 비교해서 보기 바란다.

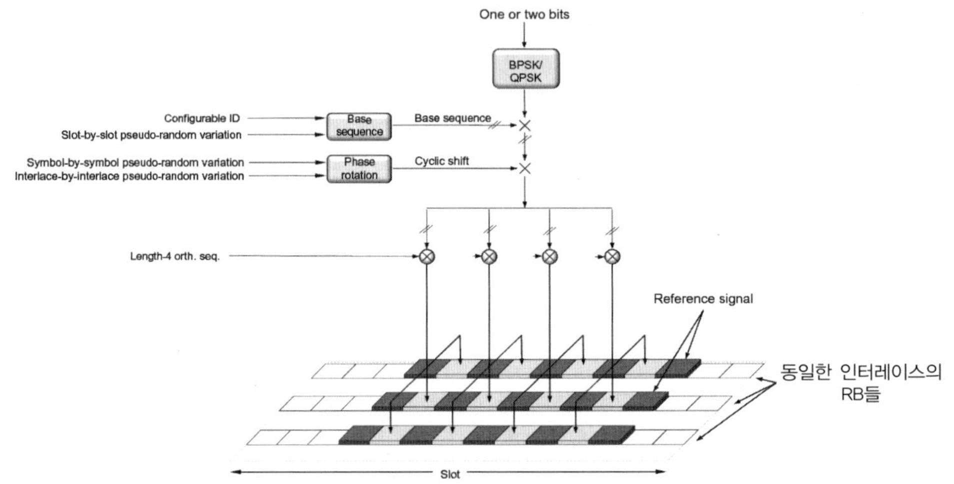

그림 19.20
인터레이스 매핑을 지원하는 PUCCH 포맷 1의 예

PUCCH 포맷 2 또한 인터레이스 매핑을 지원한다. 이때는 단말이 사용해야 할 인터레이스를 상위 계층 시그널링으로 한 개 또는 두 개의 인터레이스를 사용한다. 보낼 데이터가 적을 때는 하나의 인터레이스가 사용되고 데이터가 많으면 두 개의 인터레이스가 필요하다.

인터레이스를 지원하는 PUCCH 포맷 2는 코딩, 스크램블링 그리고 QPSK 변조를 사용한다는 면에서 인터레이스를 하지 않는 경우와 비슷하다. 그러나 그림 19.21에 설명되었듯이 리소스 블록에 매핑하기 전에 하나의 인터레이스를 사용하는 인터레이스 버전인 길이가 2 또는 4인 직교 코드가 적용되는 QPSK 심볼로 흩뿌려질 수 있다. 인터레이스 매핑은 단순히 페이로드 크기에 의해 결정되는 것이 아니라 더 많은 리소스 블록이 전송에 사용된다는 것을 의미하므로 2-4로 확정하는 것은 다수의 단말이 동일한 리소스 블록을 사용하고 이들을 코드 영역에서 분리하는 것으로서 확장이 유익하게 이용될 수 있다. 직교 코드를 이용함으로써 인터레이스 매핑을 하면 전반적으로 대역폭이 커짐에도 불구하고 PUCCH 포맷 2의 리소스 활용성을 적절한 레벨로 조절할 수 있다. 전송 신호의 cubic metric을 제어하기 위해 직교 코드의 사용은 리소스 블록과 인터레이스에 따라 달라진다.

인터레이스를 지원하지 않는 PUCCH 포맷 2 또는 두 개의 인터레이스를 지원하는 PUCCH 포맷 2는 이러한 확산이 사용되지 않는다.

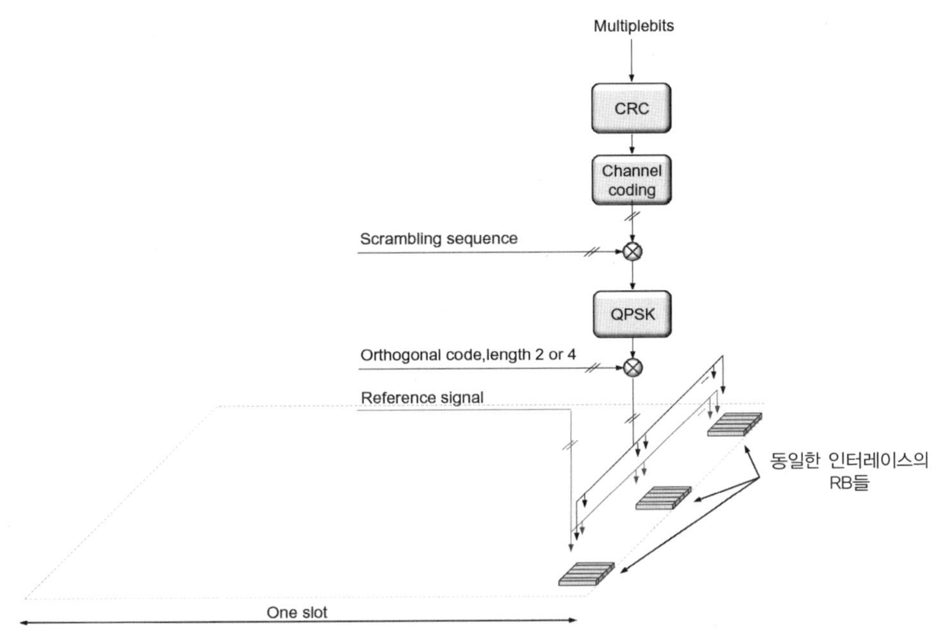

그림 19.21
인터레이스 매핑을 지원하는 PUCCH 포맷 2의 예

PUCCH 포맷 3 또한 하나 또는 두 개의 인터레이스 매핑을 지원되도록 확장되었다. 인터레이스 개수는 보낼 페이로드 크기에 의해 결정된다. 멀티플렉싱 용량을 증가시키기 위해 길이 2 또는 4의 직교코드로 확산시키는 것은 하나의 인터레이스 경우에도 사용할 수 있도록 확장되었다. PUCCH 포맷 4에 대해서도 마찬가지다.

여기서 언급한 모든 PUCCH 포맷이 사용할 리소스를 구하는 방법은 10.2.7에서 설명한 원칙을 따른다. 다른 말로 UCI 페이로드가 PUCCH 리소스 셋을 결정하고 DCI내의 PUCCH 리소스 지시자가 PUCCH 리소스 셋 내의 PUCCH 리소스 설정을 결정한다.

19.7.2 PUSCH에 실리는 상향링크 제어 시그널링

10.2.8절에서 설명한 방식으로 상향링크 제어 정보는 PUSCH에 실릴 수 있다. 그렇지만 면허 대역에서의 동작과 비교하여 CG(Configured Grant)로 전송되는 PUSCH에 UCI를 실는 것에 관

하여 한 가지 개선점이 있다. 19.5.3에서 설명하였듯이 CG를 사용하기 위해서 초기 전송뿐만 아니라 재전송을 허락함으로써 CG에 대한 hybrid-ARQ 관련된 정보를 전송할 필요가 있다. CG를 사용하는 것으로 설정되면 PUSCH에는 언제나 UCI 정보가 존재하게 된다. UCI를 PUSCH에 멀티플렉싱하는 것은 10.2.8에서 설명한 릴리즈 15에 정의된 원칙을 따른다. CG에 관련된 UCI는 최고의 우선순위를 가지고 있는 것으로 처리되어 demodulation RS(Reference Signal) 뒤에 오는 첫 OFDM 심볼에 매핑된다.

19.8 초기 접속

초기 접속은 단말이 기지국을 찾고 필요한 시스템 정보를 획득하고 셀에 연결하기 위해 랜덤 엑세스를 수행하는 일련의 과정을 말한다. 면허 대역에서의 엑세스의 보조를 받아 비면허 대역의 엑세스 과정이 수행된다. 이러한 거의 모든 과정은 면허 대역의 primary 셀에 의해 처리된다. 한편 NR이 비면허 대역에 standalone 모드로 접속할 때 이러한 모든 과정이 비면허 대역에서 수행되어야 한다. 채널 접속 과정과 같은 비면허 대역의 특별한 요구 사항 때문에 면허 대역과 비교하여 수정 사항이 필요하다. 다음에 설명하게 될 수정 사항 이외에 채널 접속 과정 때문에 페이징이 되지 못하는 경우를 보상하기 위해 페이징의 수가 늘어났다. RLF (Radio Link Failure) 과정에서 반복된 채널 접속 과정의 실패로 인한 것이라는 것을 구별하기 위해 추가 수정이 발생했다.

19.8.1 다이내믹 주파수 선택 (DFS, Dynamic Frequency Selection)

DFS는 가용한 또는 로드가 덜한 주파수를 찾기 위한 목적으로 도입되었다. 5GHz 대역에서 20MHz씩 약 25개의 주파수 채널이 있고 출력 전력이 상당히 낮으므로 사용되지 않거나 로드가 덜한 채널을 찾을 가능성이 꽤 높은 편이다.

DFS는 비면허 대역에서 NR 셀을 킬 때 수행된다. 추가로 기지국은 주파수가 다른 용도로 사용되고 있는지 또는 좀 더 적절한 주파수가 있는지 확인하기 위해 주기적으로 간섭과 전력량을 측정한다. 만약 새로운 주파수를 찾으면 기지국은 다른 주파수 대역으로 재설정(reconfigure)을 하는데 이는 원리적으로 inter-frequency 핸드오버가 수행되는 것과 같다.

DFS는 앞에서 언급했듯이 많은 나라에서 주파수 밴드에 대한 사용 규제에 의한 요구사항이다. DFS를 강제적으로 사용해야 하는 한 가지 예가 레이더 시스템이다. 레이더 시스템은 대개 다른 주파수에 비해 높은 우선권을 가지고 있다. NR 기지국이 레이더 사용을 감지하면 보통 10초 이내에 주파수 사용을 멈춰야 한다. 해당 주파수는 최소 30분이 지나기 전까지는 다시 사용할 수 없다.

DFS에 대한 자세한 사항은 기지국 구현에 맡기고 표준에서는 특별한 해결책을 강제하지 않는다.

19.8.2 셀 탐색, 버스트 discovery, 그리고 standalone 동작

셀 탐색은 새로운 셀에 시간 동기를 찾는 과정을 말한다. 면허 대역에서 이를 위해 16장에서 설명한 SSB(SS 블록)의 일부로 주기적으로 전송되는 동기 sequence를 사용한다. SSB를 수신하고 MIB(Master Information Block)을 수신하면 PDSCH를 통해 전송되는 RMSI(Remaining System Information, SIB1)과 다른 SIB을 수신한다.

비면허 대역에서도 비슷한 접근이 이루어지지만, 채널 접속 과정이 필요하므로 SSB 전송 타임이 보장되지 않을 수 있다. 대신에 일정한 시간 윈도우 내에 SSB를 기대할 수 있는 SSB 윈도우 개념이 도입되었다. 또한, SIB1을 SSB 가까이 전송하여 하나의 채널 접속으로 SSB와 SIB1을 동시에 수신할 수 있도록 하였다. SSB와 SIB1을 전송하는 PDSCH 그리고 PDSCH를 스케줄링하는 PDCCH를 함께 묶어서 DB (Discovery Burst)라고 부른다. DB는 짧은 기간 동안 비교적 자주 발행하므로 채널 접속 과정 type 2A가 이용될 수 있다.

DB를 위해 릴리즈 15에서의 CORESET#0과 SSB 설정이 이용된다. 하지만 CORESET에 제약사항이 있다. CORESET은 시간 영역에서 2 OFDM 심볼까지만 확장될 수 있다. 주파수 영역에서 CORESET#0은 30kHz 서브캐리어 간격에서 언제나 48개의 리소스 블록만 이용된다. 30kHz 간격은 비면허 5 또는 6GHz 대역에서 단말이 초기 접속으로 가정하는 서브캐리어 간격이다. secondary 셀에 대해서는 단말은 추가로 15kHz 간격으로 SSB가 설정될 수 있고 이때는 96개의 리소스 블록을 이용한다.

SSB, PDSCH 그리고 PDCCH는 하나의 시간 연속된 (time-contiguous) 블록에 전송되도록 위치한다. 결과적으로 릴리즈 15에서 정의된 모든 조합의 SSB와 CORESET#0가 지원되는 것은 아니다. 서로 다른 DB에 시간 차를 두도록 설정하는 것은 다수의 독립적인 채널 접속 과정을 필요로 하며 이는 단말이 DB의 일부만 수신하는 결과를 초래한다. DB의 일부를 받는 것 자체는 단말이 계속해서 완전한 DB를 받으면 되므로 큰 문제가 되지 않으나 시스템을 운용하는 데는 비효율적인 방법이다.

전송 윈도우는 DBW(Discovery Burst Window)라고 부르며 5ms까지 설정될 수 있다. DB 윈도우는 첫 번째 두 번째 half-frame의 첫 OFDM 심볼에서 시작하여 윈도우 구간 내에서 어디에든 DB가 전송될 수 있다. 15kHz 서브캐리어 간격에서는 DB 윈도우 내에서 총 10개의 가능한 SSB 위치를 모니터링한다. 30kHz 간격에서는 20개의 위치를 모니터링한다. 캐리어 래스터(Carrier Raster)는 SSB가 DB의 가장자리에 위치하고 있는 것으로 정의된다. 그림 19.22를 보라. SSB 주위로 PDSCH rate matching은 사용하지 않는다. 그러므로 SSB와 SIB1은 주파수 영역에서 멀티플렉싱된다.

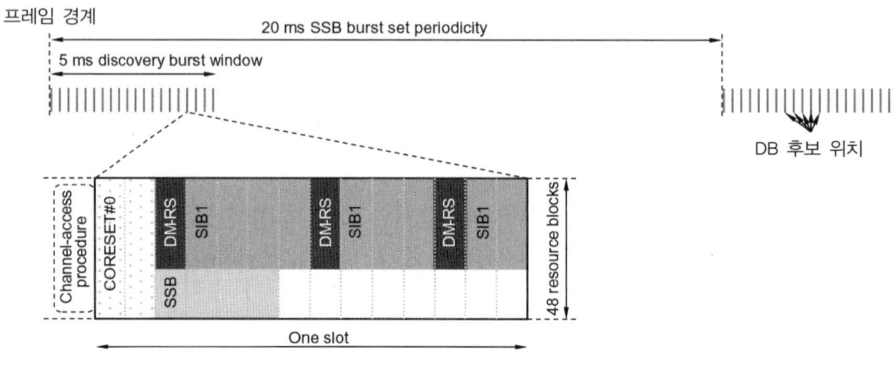

그림 19.22
DB 윈도우와 DB 구조의 예 (30kHz 서브캐리어 간격으로 가정)

DB의 정확한 송신 시간은 단말에게 알려져 있지 않으므로 DB 윈도우 내에서 전송 시간에 대한 정보가 DB에 포함되어야 한다. 이는 16장에서 설명한 면허 대역 FR2에서의 동작과 비슷하다. PBCH 스크램블링 시퀀스와 PBCH 데이터의 하나 또는 두 개의 비트의 조합으로 세 개의 전송 타이밍 비트가 암묵적으로 인코딩된다. 이는 15kHz 서브캐리어 간격에서는 4비트, 30kHz에서는 5비트가 이용되는 것과 같다. 이는 10 또는 20개의 후보 SSB 위치를 표현하는 데 충분하다. SSB를 받아 디코딩하면 단말은 프레임 내에서 SSB의 시간 위치를 알아낼 수 있다.

면허 대역에서 SSB 시간 위치와 QCL 관계는 동일하다. 서로 다른 SS 버스트 셋에 전송되지만 같은 시간에 전송되는 SSB는 quasi-collocated 되어 있다. 즉, 같은 빔으로 전송된다. DB 윈도우 내에서 정확한 전송 시간이 보장될 수 없으므로 SSB를 시간적으로 쉬프트하는 것은 새로운 QCL 관계가 필요하다. 그러므로 QCL 가정은 PBCH DMRS 시퀀스 인덱스와 연계되어 있다. 시퀀스 인덱스를 Q 값으로 모듈로(modulo) 연산을 취해서 같은 DB들은 모두 같은 QCL 관계를 갖는다. 그림 19.23을 보기 바란다. Q값은 서빙 셀의 시스템 정보로 단말에게 시그널링된다.

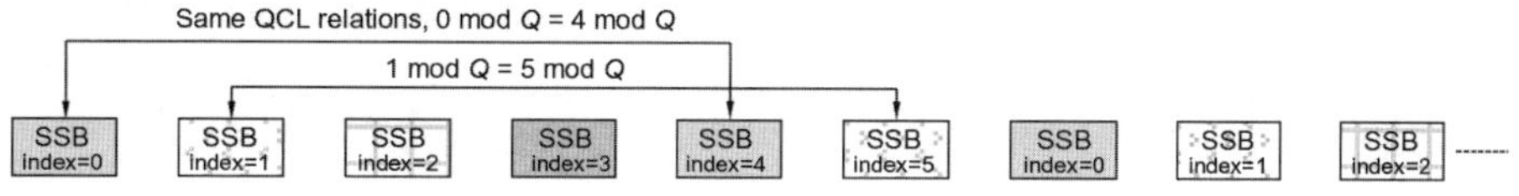

그림 19.23
DRS의 QCL 관계의 예 (Q=4로 가정하였음)

19.8.3 랜덤 엑세스

단말이 셀 탐색 과정을 거쳐 기지국을 찾으면 랜덤 엑세스를 이용하여 연결을 설정하기 위한 과정을 시작하게 된다. 릴리즈 16에서 소개된 면허 대역의 4 단계의 과정 또는 두 단계의 과정이 동일하게 사용된다. 그렇지만 전송 전에 type 1 채널 접속 과정이 성공하여야 한다. 대부분의 경우 2 단계 과정이 비면허 대역에서는 유용하다. 채널 접속 과정의 횟수를 줄이고 따라서 지연이 작기 때문이다.

두 개의 새롭고 더 긴 프리앰블이 비면허 대역에서 동작을 위해 추가되었다. 15kHz 서브캐리어 간격에서 1151 길이와 30kHz 간격에서 571 길이의 프리앰블이 추가되었다. 그 이유는 20MHz 전 채널 대역을 커버하는 프리앰블을 만들기 위해서이다. 이로 인해 규제에서 정한 전력 스펙트럼 밀도를 만족하고 전체 송신 전력을 증가시킬 수 있다. 이는 또한 진행 중인 랜덤 엑세스 전송에도 불구하고 다른 단말이 채널을 사용 가능으로 판단하는 확률을 낮출 수 있다. 더 짧은 길이의 프리앰블을 사용하면 이런 확률이 높아진다. 릴리즈 15에서 정의한 139나 839 또는 새로 정의한 길이의 프리앰블 중 어떤 것을 쓸 것인지 시스템 정보로 전달된다. 새로운 프리앰블 길이는 cyclic shift를 유추하는 데 필요한 테이블을 별도로 가지고 있다. 이러한 설계는 비면허 대역에서 전송 전력이 작아서 넓은 지역에 설치될 가능성이 작으므로 small cell의 용량 증대에 초점이 맞춰져 있다.

단말이 기지국으로부터 응답을 받지 못했을 경우 2 단계나 4 단계 과정에서 모두 17장에서 설명한 power ramping이 사용된다. 그러나 채널 접속 과정이 실패하면 프리앰블 전송은 취소되고 power ramping도 수행되지 않는다.

20 산업 현장의 IoT URLLC 향상

CHAPTER

산업 현장의 IoT(IIoT, Industrial Internet-of-Things)는 릴리스 16이 개선한 부분 중의 하나이다. 릴리스 15가 매우 작은 무선 구간 지연과 높은 신뢰도를 제공하는 데에 더해 릴리스 16에서는 지연과 신뢰도에 한층 더 개선이 이루어졌다. 이는 좀 더 다양한 IIoT use case를 가능하게 하고 공장 자동화, 전력 배분, 그리고 운송 산업 같은 새로운 use case에 대한 요구사항을 지원하기 위해서이다.

NR은 초기 릴리스부터 높은 신뢰도와 동시에 낮은 지연을 제공할 수 있었다. 이는 NR에서 다음과 같은 방법들과 원리를 이용했기 때문에 가능하였다.

- ❑ 7장에서 언급한 미니 슬롯 전송이라 불리는 방법이 있는 것처럼 전송이 슬롯의 경계에 국한되지 않는다.
- ❑ 9장에서 설명하였듯이 front-loaded 설계와 함께 빠른 프로세싱 타임을 요구한다.
- ❑ 하향링크 디바이스 간 preemption: 한 단말에게 현재 진행 중인 전송이 다른 단말의 지연에 민감한 전송에 덮어 써질 수 있는 기능. 14장 설명을 참고하기 바람.
- ❑ 채널에 덜 영향을 받는 보수적인 MCS 및 CQI 테이블이 설정될 수 있음. 10장에서 설명한 스펙트럼 효율성을 약간 줄이면서 전송의 강건함(robustness)을 증대시키는 방법.
- ❑ 6장에서 설명한 신뢰도를 향상시키기 위한 데이터 이중화 및 multi-site 연결성

많은 경우에 위의 방법으로도 충분하다. 그러나 좀 더 향상된 지원을 위해 릴리스 16에서 몇 가지 개선이 이루어졌다. 각각의 개선은 그 자체로는 작은 기술이지만 다른 기능들과 함께 사용됨으로써 산업용 IoT와 URLLC 측면에서 NR의 기능을 상당히 개선할 수 있다. 주요한 개선 사항은 다음과 같다.

- ❑ 20.1절에서 설명하게 될 텐데 다른 단말의 상향링크 전송을 처리하기 위해 preemption 기능을 확장한 것
- ❑ 20.2절에서 설명하게 될 동일 단말 안에서 상향링크 전송의 우선 순위를 개선한 것
- ❑ 20.3절에서 설명하게 될 CG(Configured Grant)를 다수의 설정이 가능하도록 한 부분과 특

정 트래픽에 대해 grant를 조정할 수 있는 것

- ❑ 20.4절에서 설명하게 될 PUSCH의 시간 영역 리소스 할당을 더 잘 제어하여 지연을 줄이는 방법.
- ❑ 20.5절에서 설명하게 될 PDCCH 개선
- ❑ 20.6절에서 설명하게 될 다수의 연결성 및 PDCP 이중화를 통한 robustness의 증대
- ❑ 단말 간에 타임 동기화와 지연의 작은 변화에도 민감한 분야에서 time-sensitive 네트워킹을 제공하는 것. 20.7절에서 설명할 것임

다음 절들에서 위에서 언급한 개선 사항을 자세히 기술한다.

20.1 상향링크 preemption

이동 통신 시스템에서 서로 다른 서비스는 서로 다른 우선 순위를 가진다. 어떤 서비스는 매우 작은 지연(latency)을 요구하고 어떤 서비스는 지연 요구 조건이 좀 더 느슨하다. 14장에서 설명하였듯이 이러한 차이를 처리하는 것은 스케줄러가 알아서 하는 것이었다. 많은 경우에 가용한 대역폭이 충분해서 다른 단말에 데이터 전송이 진행 중에 지연에 민감한 데이터가 도착해도 진행 중인 전송이 사용하지 않는 리소스 블록을 이용하여 스케줄링이 가능하다. 이로써 충돌을 회피할 수 있다. 그러나 시스템의 부하가 클 경우에는 이는 불가능한 방법이고 스케줄러는 현재 진행 중인 낮은 우선 순위의 전송이 사용하는 리소스 블록에 지연에 민감한 데이터를 실을 수 있어야 한다.

하향링크에서 이러한 처리는 알기 쉽다. 지연에 민감한 하향링크 전송은 다른 단말에 전송 중이든 아니든 어느 리소스 블록에도 스케줄링할 수 있다. preemption을 당한 데이터의 수신은 당연히 영향을 받을 수 있다. 그렇지만 이 데이터는 지연에 민감하지 않은 특성이 있으므로 hybrid-ARQ 같은 정상적인 재전송 기능으로 복구될 수 있다. 14장에서 설명하였듯이 하향링크 preemption indicator를 통해 premption을 당한 낮은 우선 순위 데이터의 복구를 보조할 수 있는 방법이 있다.

상향링크에서는 상황이 좀 더 복잡하다. 만약 하나의 단말에서 높은 우선 순위와 낮은 우선 순위 데이터가 동시에 발생하면 20.2절에서 설명하게 될 텐데 어떻게 멀티플렉싱할 것인가의 문제가 생긴다. 한편 높은 우선 순위와 낮은 우선 순위 데이터가 서로 다른 단말에서 발생하면 이는 단순히 상향링크 preemption의 문제이다. 현재 진행 중인 다른 단말의 낮은 우선 순위

전송 위에 높은 우선 순위 상향링크 전송을 스케줄링하는 것이 가능하다. 그러나 두 전송 간에 간섭이 발생하여 둘 모두 제대로 수신되기 어렵다. 그러므로 릴리스 16은 이러한 간섭 상황을 제어하기 위해 단말 간 상향링크 preemption을 지원하는 기능이 추가되었다. 다음과 두 가지 방법이 있다.

- 취소: 낮은 우선 순위 전송이 취소된다.
- 전력 증대: 높은 우선 순위 데이터 전송이 preemption이 없었을 때보다 좀 더 높은 전력을 사용한다. 그림 20.1을 보라.

20.1.1 상향링크 취소

취소 기법을 지원하기 위해 추가된 것은 취소 지시자(Cancellation Indicator)를 도입한 것이다. DCI 포맷 2_4로 전송되며 CI-RNTI로 스크램블링되어 전송된다. 취소 지시자는 14.1.1에서 설명한 하향링크 preemption indicator와 비슷한 포맷이다. 이로써 비트맵으로 지시하는 특정 OFDM 심볼 및 리소스 블록의 전송이 취소된다. 취소 지시자를 수신하면 단말은 취소된 리소스와 겹치는 PUSCH와 SRS 전송을 멈춘다. 그렇지만 PUCCH는 멈추지 않는다.

취소 지시는 전송이 취소되기 위해서는 PUSCH 또는 SRS 전송 시작 전에 도착해야 한다. 단말이 취소 지시를 수신하여 처리하는 시간적 여유를 주는 것이 필요하다. 이는 또한 현재 이미 진행 중인 PUSCH 전송을 멈출 수는 없다는 것을 의미한다. PUSCH를 반복해서 전송하는 경우엔 반복 중간에 전송을 멈출 수는 있다. 한 예로 두 번 반복하는 것으로 설정된 PUSCH에 대해 첫 전송 중간에 취소 지시를 받으면 두 번째 전송은 취소될 수 있다. 그림 20.2를 보기 바란다. 여기서는 단말이 전송과 수신을 동시에 할 수 있다고 가정하였고 PUSCH 반복을 취소하기에 충분한 시간이 있다고 가정하였다.

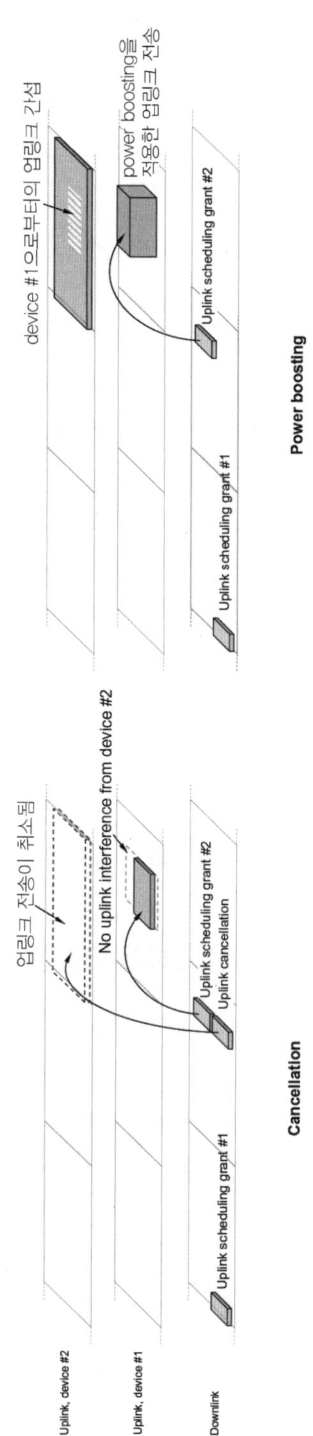

그림 20.1
취소기법을 이용한 상향링크 preemption 방법(왼쪽)과 전력 증대 기법(오른쪽)

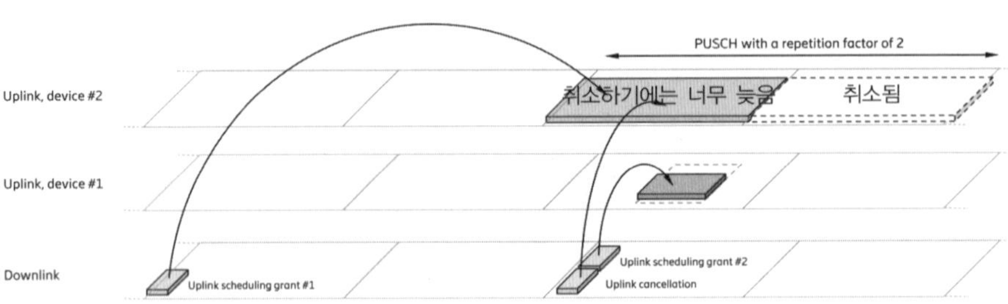

그림 20.2
PUSCH 반복을 취소하는 경우

취소를 이용한 preemption은 취소된 리소스로부터 간섭을 완전히 없앨 수 있는 장점이 있다. 이는 셀 경계에 단말이 있어 전력 증폭의 기법으로는 충분한 전송 전력을 가질 수 없는 경우에 지연에 민감한 전송을 보호하는 데 효과적이다. 단점은 자주 취소 지시자를 모니터링해야 한다는 것이다. 대개 preemption을 당하는 단말은 한 슬롯에 여러 번 모니터링해야 한다. 이렇게 할 수 없는 경우 단말은 그림 20.1의 #2 단말처럼 preemption을 당한 단말이 상향링크 전송을 취소하지 못하고 우선 순위 높은 트래픽에 간섭을 주게 된다. 릴리스 15 단말과 같이 이러한 기능을 탑재하지 못한 단말은 우선 순위가 높은 트래픽이 사용하게 될 시간-주파수 영역 리소스에 스케줄링되지 못한다. 이는 DCI 포맷 2_4를 자주 모니터링할 수 있는 단말에 인센티브로 보일 수 있다. 즉, 단말이 이러한 기능을 가지고 있으면 기지국은 리소스 할당 면에서 스케줄링의 유연성이 더 커지며 단말은 더 높은 데이터 속도를 갖게 될 것이다.

20.1.2 다이내믹 스케줄링을 위한 상향링크 전력 증대 (Power Boosting)

preemption 이외의 또 다른 방법은 상향링크 전력 증강이다. 단말의 open loop 전력 제어를 위한 PUSCH의 P_0 값을 세 가지로 설정할 수 있다. 15.1 절을 참고하기 바란다. P_0 값은 일반적인 릴리스 15 단말기에 행해지듯 일반적인 전송 전력으로 설정될 수 있다. 또 다른 방법으로 일반적인 경우에 비해 전송 전력을 증가시켜 설정할 수 있다. 어떤 P0 값을 사용할지는 DCI 스케줄링으로 결정된다. 이러한 방법을 통해 기지국은 다이내믹하게 우선 순위가 높은 단말의 전력을 증대시킬 수 있다. 이로써 시간-주파수 영역에 겹치는 다른 단말로부터의 간섭으로 인한 문제를 줄이고 우선 순위가 높은 전송의 수신 확률을 높인다. preemption의 희생이 된 데이터의 수신은 기지국에서 간섭 제거 수신 기법을 사용하지 않을 경우 성공할 확률이 낮아지지만, 이 전송은 치명적으로 영향을 주지 않으므로 hybrid-ARQ의 재전송으로 쉽게 극복될 수 있다.

전력 증대 기법은 취소 지시자를 사용하지 않는다. 높은 우선 순위의 트래픽을 전송하고자 하는 단말은 특별한 기능을 구현할 필요가 없으므로 기존의 네트워크에 유용하게 사용할 수 있는 장점이 있다. 높은 우선 순위의 트래픽이 있는 단말은 전력 증대 기능만을 구현하면 된다. 다른 한편으로 다이내믹 전력 증대는 CG에는 적용할 수 없다. 단말이 전력을 증대시킬 여유가 있어야 한다는 가정이 필요하다. 단말이 이미 최대 전력에 도달해 있는 커버리지 경계에 있는 경우에는 적용이 불가능하다. 그리고 여전히 다른 단말로부터 간섭이 존재하므로 간섭에 의해 얻을 수 있는 오류 확률이 0이 되지 못하고 일정 수준을 유지하게 된다.

20.2 상향링크 충돌 해결

단말에서 상향링크 리소스의 충돌을 해결하는 것 또한 작은 지연을 확보하는 데 또 다른 중요한 측면이다. 여러 상향링크 채널과 트래픽이 하나의 단말 내에서 동일한 리소스를 두고 서로 경쟁한다. 다이내믹 그랜트와 configured 그랜트, 다수의 상향링크 configured 그랜트 간, 또는 상향링크 제어 신호와 트래픽의 충돌, 상향링크 제어 신호 간의 충돌 등이 그 예이다. 이러한 충돌을 해결함으로써 서로 다른 트래픽의 흐름을 섞어 전송할 때 리소스의 효율성을 증대시킬 수 있다. 이는 URLLC를 이동통신 환경에 도입하는 데 필요하다. 릴리스 15에도 서로 이러한 충돌에 우선 순위를 매기는 방법이 있었다. 예를 들어 다이내믹 그랜트가 동시에 발생하면 configured 그랜트를 무시하거나 상향링크 제어 정보를 PUCCH에 싣지 않고 PUSCH로 전송하는 것들이 그 예이다. 그러나 릴리스 16에서는 우선 순위가 높거나 낮은 제어 신호와 데이터가 동시에 존재하는 경우를 해결하기 위해 규칙이 더 확장되었다.

서로 다른 단말 간의 상향링크 전송 충돌은 두 단계로 해결한다. 우선 동일한 우선 순위의 상향링크 전송 간 충돌은 14장에서 설명한 릴리스 15의 규칙을 사용하여 해결한다. 서로 다른 우선 순위의 상향링크 전송은 낮은 순위 전송을 하지 않음으로써 해결한다. 따라서 스케줄링 요청, hybrid-ARQ 응답, CSI 피드백 그리고 데이터는 각자 충돌 해결을 위한 우선 순위를 가지고 있다. 기본적으로 우선 순위는 "normal"로 설정되어 있다. 그러나 상향링크 전송을 "high"로 우선 순위를 높일 수 있다. 높은 우선 순위 상향링크 전송이 낮은 우선 순위와 충돌할 경우 normal 우선 순위 상향링크 전송은 취소와 제거에 충분한 시간이 있다는 전제하에 누락된다. 이러한 방법으로 그림 20.3에서 예시하였듯이 높은 우선 순위 상향링크 전송을 지원할 수 있다. 예를 들어 높은 우선 순위 하향링크 전송에 대한 hybrid-ARQ 응답은 낮은 우선 순위 상향

링크 전송에 의해 누락되지 않는 과정이 그림의 왼쪽 부분에 나타나 있다. 비슷하게 진행 중인 normal 우선 순위의 PUSCH 전송은 높은 우선 순위의 스케줄링 요청을 막지 않는데 그 과정이 그림의 오른쪽 부분에 그려져 있다. 이러한 기법이 없으면 스케줄링 요청은 길지도 모르는 normal 우선 순위 PUSCH 전송이 끝날 때까지 연기된다. PUSCH 전송은 릴리스 16에서 16까지 반복될 수 있으므로 PUCCH 전송이 끝나서 스케줄링 요청이 전송되기까지 꽤 길 수 있다. 또 다른 경우에는 높은 우선 순위 전송에 의해 낮은 우선 순위 데이터는 침해를 받기도 한다.

다이내믹하게 스케줄링 되는 상향링크 데이터나 하향링크 데이터 전송에 의한 상향링크 제어 정보는 DCI의 스케줄링 그랜트 또는 할당 내에 우선 순위 지시자가 포함될 수 있다. 상향링크 configured 그랜트의 우선 순위는 RRC 설정에 의해 제공된다. 스케줄링 요청의 우선 순위는 스케줄링 요청 설정의 일부로 제공된다. 일반적으로 높은 우선 순위 스케줄링 요청은 높은 우선 순위 논리 채널과 연계된다. 14장의 논리 채널 멀티플렉싱 부분을 참고하기 바란다. 명시적으로 스케줄링 요청의 우선 순위를 설정하는 것은 두 레벨 스케줄링 요청을 16개의 논리 채널 우선 순위에 매핑을 결정하는 것을 피할 수 있게 해준다.

20.3 configured 그랜트와 semi-persistent 스케줄링

상향링크 configured 그랜트 전송은 상향링크 데이터 전송 전에 필요한 스케줄링 요청과 스케줄링 그랜트의 과정 없이 미리 리소스를 할당하여 전송하므로 낮은 지연으로 데이터를 전송하게 해주는 유용한 방법이다. 하향링크에서 semi-persistent 스케줄링도 상향링크의 configured 그랜트와 마찬가지로 제어 시그널링을 감소시키는 유용한 툴이다. 14.4에서 설명하였듯이 둘 모두 릴리스 15에서 이미 지원되었다. 이들은 데이터 전송을 위한 PDCCH 필요성이 없어지므로 robustness 관점에서도 유용한 기능이다.

릴리스 16에서 높은 신뢰도와 낮은 전송 지연을 지원하기 위해 configured 그랜트와 semi-persistent 스케줄링에 몇 가지 개선이 이루어졌다.

하향링크 semi-persistent 스케줄링에 릴리스 15에서는 가장 작은 주기가 10ms이었으나 이제 한 슬롯까지 작은 주기를 제공한다. 한 슬롯은 120kHz 서브캐리어 간격으로는 0.125ms에 해당한다. 상향링크 configured 그랜트에서는 릴리스 15에서 이미 한 슬롯 건너 한 슬롯까지 가능하므로 매우 작은 주기를 제공하였다.

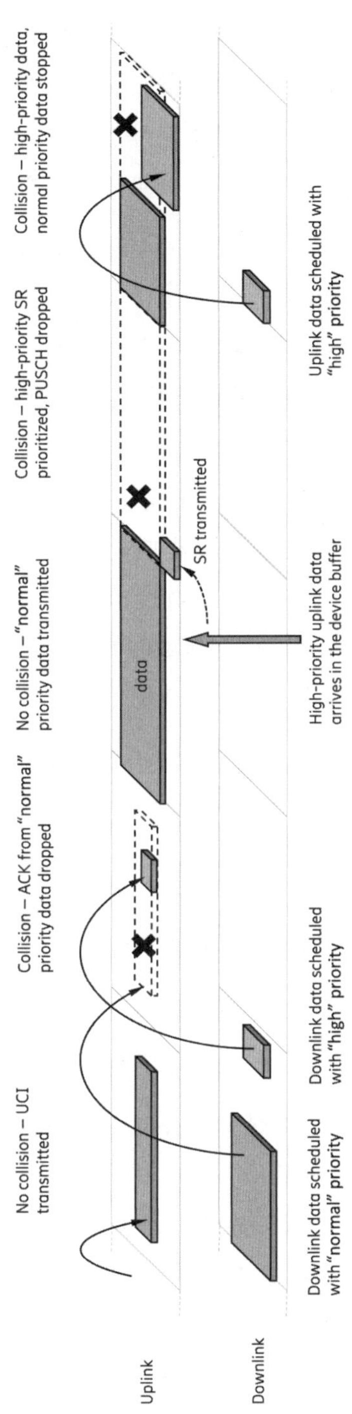

그림 20.3
단말기 안에서 상향링크 우선 순위를 처리하는 예

상향링크 configured 그랜트와 하향링크 semi-persistent 스케줄링에 다수의 설정이 동시에 활성화될 수 있다. 이는 지연과 신뢰도 측면에서 서로 다른 성능 요구 사항을 가지고 있는 다수의 서비스를 지원하는 데 이용될 수 있다. 시작 시점만 다른 다수의 설정은 지연을 감소시키는 데 이용될 수 있다. 패킷이 도달했을 때 가장 빠르게 전송할 수 있는 설정을 이용한다.

어떤 트래픽이 어떤 그랜트를 사용할 것인지를 제어하기 위해 특정한 configured 그랜트에 허용 가능한 논리 채널을 설정에 의해 제한할 수 있다. 예를 들어 그림 20.4에 표시되었듯이 두 개의 설정이 활성화되어 있다. 하나는 트래픽 #1이 요구하는 지연 요구사항을 만족하기 위해 전송 주기를 갖고 있고 다른 하나는 트래픽 #2에서 필요한 많은 데이터를 많은 리소스 할당을 통해 전송하지만, 전송 지연에 덜 민감하여 전송주기가 길다. 낮은 우선 순위 데이터가 빠른 주기의 그랜트를 사용하는 것을 막기 위해 논리 채널이 특정한 configured 그랜트에만 매핑되도록 제한할 수 있다. 논리 채널의 제한을 설정할 때 높은 우선 순위 논리 채널은 덜 자주 있는 그랜트에 전송되는 것은 괜찮다. 서로 다른 설정의 그랜트 기회가 normal 과 high 우선 순위 트래픽 동시에 발생하면 충돌을 해결하기 위해 20.2에서 설명한 우선 순위 규칙이 이용된다.

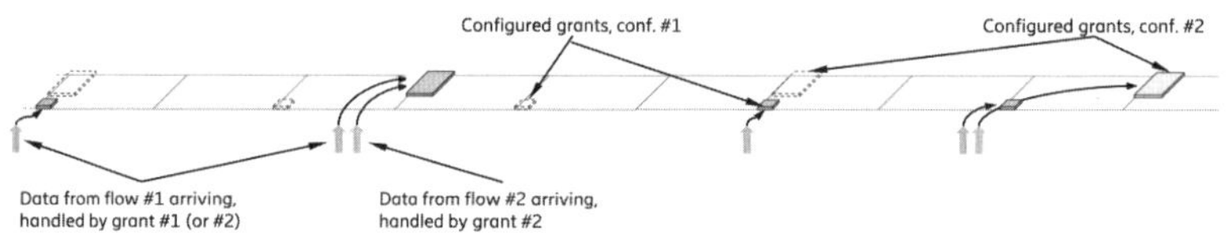

그림 20.4
다중 상향링크 configured 그랜트와 다른 논리채널 우선순위의 예

어떤 논리 채널이 어떤 configured 그랜트에 허용되어 있는지를 설정하는 것 외에 다이내믹 그랜트가 configured 그랜트를 오버라이딩 할지 말지를 설정할 수 있다.

릴리스 15에서는 단말이 configured 그랜트와 동시에 전송하도록 명시된 다이내믹 그랜트를 받으면 단말은 언제나 다이내믹 그랜트를 따랐다. 이는 전송을 기다리는 많은 양의 데이터가 있을 때 단말에게 많은 리소스를 할당하여 전송을 요청하는 다이내믹 그랜트를 주기 때문에 대부분 적절했다. 많은 경우 MBB(Mobile Broad Band)와 비슷한 트래픽이 산발적으로 발생한다. 이는 시간적으로 유동성이 많고 필요한 리소스 양에서도 변동성이 많으므로 다이내믹 그랜트가 효과적으로 리소스를 사용하는 데 필요하다. 다른 한편으로 중요한 트래픽은 주기성을 갖고 정해진 트래픽일 경우가 많다. 그러므로 트래픽이 혼합된 경우 다이내믹 그랜트를 항상 우선시하는 것이 바람직하지 않을 수 있다. 다이내믹 그랜트가 중요한 트래픽을 위해서 configured 그랜트와 동시에 전송할 것을 지시하는 경우가 그런 예이다. 다이내믹 그랜트로부터의 전송을 기지국이 제대로 수신하지 못하면 데이터가 재전송될 때까지 걸리는 지연이 치명적일 수 있다. 왜냐하면, 기지국은 우선 순위의 데이터의 존재를 알지 못하기 때문이다.

이러한 문제를 해결하기 위해 normal과 high 같은 우선 순위의 레벨을 사용할 수 있다. 중요한 트래픽이 주기성을 가지고 있으므로 configured 그랜트가 잘 들어맞는다. configured 그랜트의 우선 순위를 "high"로 설정하고 다이내믹 그랜트를 normal 순위로 사용하면 앞에서 설명한 우선 순위 규칙에 따라 원하는 대로 동작한다. 만약 다이내믹 그랜트와 configured 그랜트가 충돌하면 높은 우선 순위의 configured 그랜트가 우세하므로 상향링크 전송을 차지하게 된다. 전송할 중요한 데이터가 없을 경우 단말은 다이내믹 그랜트를 따른다. 같은 우선 순위의 configured 그랜트와 다이내믹 그랜트가 동시에 발생하면 다이내믹 그랜트의 지시를 따르고 이는 릴리스 15의 동작과 같다.

기지국은 어떤 상향링크 전송이 이루어졌는지를 blind하게 수신해야 할 수도 있음에 유의하라. 하나는 configured 그랜트와 또 다른 하나는 다이내믹 그랜트에 의한 전송이 있을 수 있다. 충돌이 발생하지 않게 스케줄링하는 것도 하나의 방법이다. 이러한 잠재적인 모호성을 해결하는 것은 구현에 맡긴다.

20.4 PUSCH 리소스 할당의 개선

릴리스 15에도 있었던 상향링크 데이터를 슬롯의 일부만을 사용해 전송하는 기능은 미니 슬롯 전송이라고도 부르는데 전반적인 지연을 줄이는데 유용한 기능이다. 그러나 릴리스 15에서는 슬롯 경계를 넘는 전송은 지원되지 않았다. 이때는 다음 슬롯까지 전송을 미루거나 데이터양이나 MCS로 정해지는 것보다 더 짧은 구간에 전송해야 했다. 그림 20.5의 왼쪽 부분을 보기 바란다. 이러한 제약은 릴리스 16에서 없어졌으며 어떻게 반복할 것인지가 DCI에 다이내믹하게 명시된다. 슬롯 경계를 벗어나는 4 심볼을 이용한 전송이 필요하다고 가정해 보자. 스케줄링 그랜트는 이러한 경우 첫 슬롯의 마지막 OFDM 두 심볼을 이용해 전송하고 한 번의 반복을 지시한다. 그림 20.5의 오른쪽을 보기 바란다. 전송 블록은 이때 첫 슬롯의 마지막 두 심볼에 전송되도록 코딩과 변조가 되고 두 번째 슬롯의 첫 두 심볼에는 다른 RV(Redundancy Version)로 반복되어 전송된다. 결과적으로 이는 슬롯 경계를 관통하여 4 심볼 전송이 이루어진 것이다. 반복이 없었으면 전송은 첫 슬롯의 마지막 두 심볼만을 이용해 전송되어 robustness를 잃거나 다음 슬롯의 첫 4 심볼을 이용하여 결국은 지연이 발생했을 것이다.

반복이 다른 전송과 충돌하는 것을 방지하기 위해 무효 심볼 패턴(invalid symbol pattern)을 설정할 수 있다. 이는 하나 또는 두 개의 슬롯에 걸쳐 적용되는 비트맵으로 반복에 사용되는 것을 방지하는 OFDM 심볼을 명시한다. 또한, 이 비트맵이 무효의 OFDM 심볼을 지시하는지 아닌지를 DCI의 일부로 다이내믹하게 제어할 수 있다.

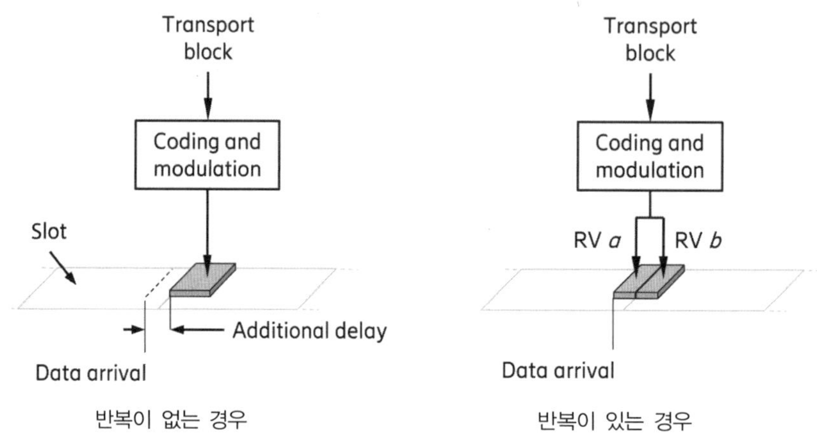

그림 20.5
미니 슬롯의 반복을 통한 지연 이득

20.5 하향링크 제어 채널

NR에서 단말은 자신이 송신이나 수신을 해야 하는 스케줄링을 결정하는 하향링크 제어 채널을 모니터링해야 한다. 지연을 줄이기 위해 릴리스 15에서는 대개 한 슬롯에 한 번 모니터링하던 것이 이제는 극단의 경우 OFDM 하나 걸러 한 번씩 모니터링하도록 설정될 수 있다. 또한, 향상된 URLLC와 IIoT 지원을 위해 DCI에 새로운 필드가 추가가 필요해졌다.

하향링크 스케줄링에 normal 또는 high 우선 순위를 명시하기 위해 DCI 포맷 1_1에 선택적으로 한 비트의 우선 순위 명시자가 설정될 수 있다. 이는 하향링크 PDSCH 전송에 대한 응답이나 DCI 포맷 1_1에 의해 명령된 CSI 보고와 같은 상향링크 피드백 정보를 제어하는 데 이용한다. 상향링크 피드백 정보와 다른 상향링크 전송 간에 충돌이 발생했을 경우 우선 순위를 결정해야 할 필요가 있다. DCI에 우선 순위 정보를 포함함으로써 20.2에 소개된 방법으로 충돌을 해결한다.

상향링크 스케줄링에서 DCI 포맷 0_1은 새로운 필드가 추가되거나 기존의 필드가 확장되었다.

- ❑ open-loop 전력 제어: 20.1.2에서 설명한 대로 open-loop 전력 제어 변수인 P0 를 다른 값으로 선택하여 상향링크 전력 증대를 가능하게 한다.
- ❑ 우선 순위 지시자: 20.2에서 설명한 PUSCH의 우선 순위 레벨을 제어
- ❑ 시간 영역 할당 필드: 20.4에서 설명한 반복에 의해 새로운 컬럼이 추가된 확장된 테이블에서 어떤 시간 영역 할당인지를 명시하는 필드. 이로써 그림 10.11에서 각각의 테이블 행은 리소스의 시작과 길이뿐만 아니라 할당이 반복되는 횟수가 추가되었다. 이는 준 고정적으로 설정되는 릴리스 15와는 다른 점이며 다이내믹하게 반복 횟수를 제어할 수 있게 한다. 이러한 추가적인 유연성을 활용하기 위해 할당 테이블은 기존의 16행에서 64행까지 지원할 수 있도록 증가되었다.
- ❑ 무효 심볼 패턴 지시자: PUSCH에 할당된 심볼을 결정할 때 RRC에서 설정한 무효 심볼 패턴을 적용할 것인지 말지를 제어한다. 20.4를 보기 바란다.

상향링크 스케줄링을 위한 포맷 0_2와 하향링크 스케줄링을 위한 1_2, 두 개의 새로운 DCI 포맷이 릴리스 16에 추가되었다. 이들은 포맷 0_1과 1_1에서의 동작과 거의 유사하고 서로 다른 필드의 크기를 설정하고 몇몇 필드는 0으로 채울 수 있는 가능성을 제공한다. 그러므로 이 포맷은 더 작은 DCI 사이즈가 가능하여 모든 DCI 정보 필드가 필요하지 않거나 적은 비트로 충분한 경우 DCI를 robust하게 수신할 수 있다. 예를 들어 DCI 포맷 0_1과 1_1에서 hybrid-ARQ 프로세스 넘버는 항상 4비트를 이용했고 RV(redundancy version)는 두 비트를 사용한다. 포맷 0_2와 1_2에서는 모든 범위의 hybrid-ARQ 프로세스와 RV가 필요하지 않은 경우 적은 비트 수가 가능하다. 또 다른 예로 캐리어 지시자는 포맷 0_1과 1_1에서는 3비트가 필요했는데 새로운 포맷에서 0 비트로 설정될 수 있다. 비슷한 상황이 다른 필드에도 적용될 수 있다.

20.6 PDCP 이중화를 갖는 multi-connectivity

신뢰도를 증진시키기 위해 동일한 하향링크 데이터를 하나 이상으로 전송하는 이중화는 NR의 초기 릴리스부터 가능했다. PDCP에서 duplicate 탐색을 통해 duplicate를 제거할 수 있다. carrier aggregation의 경우 RLC가 하향링크 duplicate를 제거하도록 설정할 수 있다. 이는 전적으로 구현자에게 맡기는 것으로 기지국은 이러한 duplicate 전략을 필요에 따라 프레임워크 안에서 임의로 구사하였다. 12장에서 설명한 multi-TRP 또한 신뢰도를 증가시키기 위한 multi-connectivity의 한 형태로 볼 수 있다.

상향링크에서 상황은 좀 더 복잡하다. 패킷 이중화는 임의 구현에 맡길 수 없다. 이 경우 기지국은 성능을 제어할 수 없기 때문이다. 대신 단말의 동작은 명시할 수 있다.

릴리스 15에서 PDCP duplicate는 한 베어러에 두 개까지 RLC를 설정할 수 있었다. 각 PDCP PDU는 하나는 primary 논리채널에 또 다른 복사본은 secondary 논리 채널에 매핑하여 이중화를 할 수 있다. 각 논리 채널은 각자의 RLC를 가지고 있으므로 베어러와 연계된 두 개의 RLC가 있을 수 있다. 이러한 RLC entity는 carrier aggregation을 사용하는 한 gNB의 서로 다른 셀에 속하거나 dual connectivity로 이중화된 다른 사이트의 다른 셀에 속할 수 있다. MAC CE(control element)로 duplication을 켜거나 끌 수 있다.

릴리스 16에서 이 프레임워크가 4 개의 RLC entity 까지 지원할 수 있도록 확장되었다. 그림 20.6으로 보기 바란다. 그러므로 동시에 캐리어와 사이트에 걸친 duplication이 처리될 수 있다. 이전의 릴리스에서는 carrier aggregation이나 dual connectivity가 상향링크에 사용될 수 있었지만 동시는 아니었다. 릴리스 15와 마찬가지로 PDCP duplication은 MAC CE로 활성화 또는 비활성화될 수 있다.

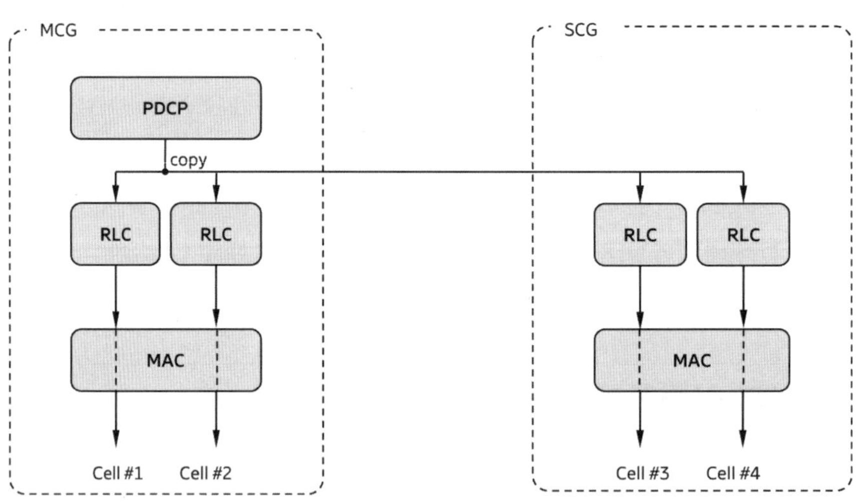

그림 20.6
캐리어와 사이트에 걸친 duplication의 예시

20.7 시간 동기화 및 Time-Sensitive 네트워크

Time Sensitive Network(TSN)는 매우 정밀한 시간이 필요한 통신 네트워크의 한 부류이다. 연결에 관여하는 노드들은 시간적으로 동기가 맞아야 하고 통신 패킷은 일정한 시간 안에 전달되어야 한다. 이는 지연 요구 사항이 낮아야 함을 의미하는 것은 아니다. 대신 지연의 지터(jitter)가 낮아야 하는 경우가 많다. 앞에서 언급한 configured 그랜트와 우선 순위를 감안한 처리와 같은 방법으로 지연을 일정 범위 안에 들어오게 하고 낮은 지터를 요구하는 통신에 이용될 수 있다. 그러나 많은 경우 이것만으로는 부족하며 노드들 간에 공통이고 매우 정밀한 시간 동기가 필요하다.

산업 자동화는 NR의 전형적인 TSN 시나리오의 한 형태이다. 여기서는 100m x 100m 산업 현장에 단지 1μs 의 오차만을 허용하는 공통 시간을 제공해야 하는 요구 사항이 있다. 유선 환경에서는 시간 기준을 제어하고 데이터를 전송하는 데 주로 이더넷이 TSN에 이용된다. 유선 이더넷 네트워크 간 시간 동기를 하는 데 IEEE 1588 표준과 같은 몇 가지 프로토콜이 있다. 그러나 이러한 프로토콜은 무선 연결을 염두에 두지 않고 설계되었다. 5G 네트워크에 time sensitive 통신을 잘 융화시키기 위해 기능이 추가되었다. 단말에서의 시간 기준은 무선 수신기로 연결된 여러 장치에서 필요한 서로 다른 시간 기준을 추출해내는 데 이용된다. 그림 20.7을 보기 바란다. 정밀도 요구 사항을 감안하면 무선 네트워크의 정밀도는 0.5μs 이하이어야 한다.

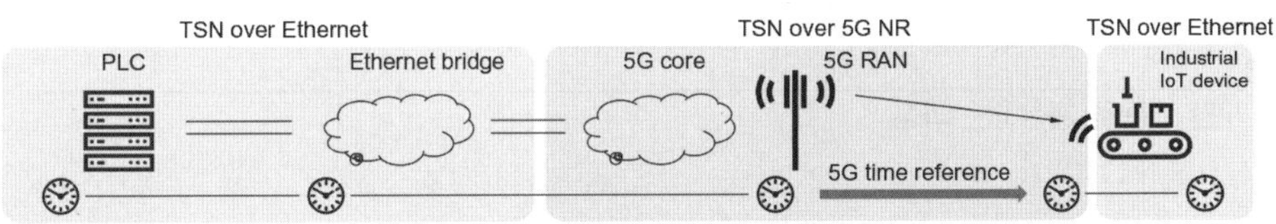

그림 20.7
TSN over 5G 예시도

단말은 5G 네트워크의 절대 시간을 알 수 없다는 것이 기본 전제이다. 또는 충분한 정확도를 갖지 못한다고 가정한다. timing advance 값은 알려져 있어 그로부터 단말은 기지국으로부터 단말까지의 전파 지연을 유추해 낼 수 있다. timing advance는 전파 지연의 두 배 값이다. 단말에서 절대 시간 기준을 얻기 위해 기지국은 절대 시간 정보를 갖고 있는 RRC 메시지를 전송한다. RRC 메시지는 미래의 어느 특정 system frame의 경계 끝에 해당하는 미래 시점의 절대 시간을 포함하고 있다. 송신기 내부의 어떠한 프로세싱 지연도 보상되어 메시지의 절대 시간은 기지국의 안테나 끝단에서 미래의 특정 system frame의 경계 끝의 절대 시간을 나타내도록 정해진다. 단말은 메시지를 받으면 timing advance로 계산된 전파 지연을 보상하고 절대 시간 기준을 결정한다. 그림 20.8을 보기 바란다. RRC 메시지는 시스템 정보 블록의 하나인 SIB9에 전송되며 일반적으로 160ms 마다 전송된다. 정확도를 유지하기 위해 이보다 더 자주 시간 기준 시그널을 보내야 하거나 시간 기준을 암호화하여 보고해야 할 필요가 있을 경우엔 dedicated RRC 시그널링이 보조적으로 사용될 수 있다.

5G 네트워크의 단말이 정확한 절대 시간을 획득하면 단말에 연결된 클락(clock)들은 5G 클락과 동기가 맞게 되고 그러므로 전체 TSN의 클락으로 이용될 수 있다.

위에서 언급했듯이 유선 TSN 통신에서 이더넷이 주로 이용된다. 그러므로 시간 동기와 더불어 이더넷에 기반한 통신을 효율적으로 지원하는 것이 중요하다. NR은 효율적인 이더넷 프레임 전송을 위해 이더넷 헤더 압축 기법을 제공한다. 확장된 PDCP 프로토콜에 의해 이더넷 헤더 압축이 지원된다.

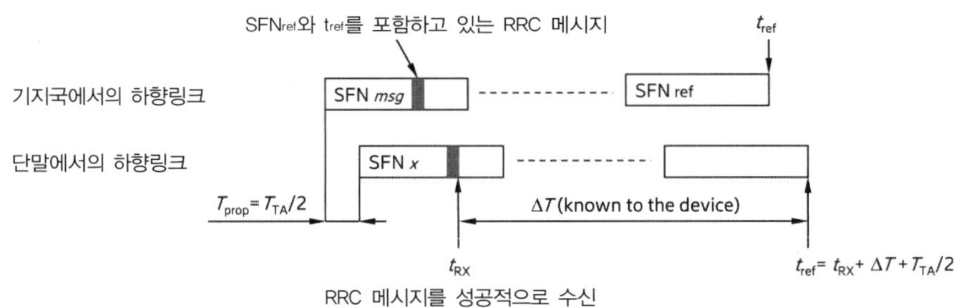

그림 20.8
단말에서 시간 기준을 계산하는 과정

21 TDD 네트워크에서 간섭 제어

CHAPTER

NR은 초기부터 주파수가 쌍으로 이루어진 FDD와 그렇지 않은 주파수에서 TDD가 지원되어 듀플렉싱 관점에서 유연성이 있다. 두 가지 듀플렉싱 방법은 간섭과 이에 대한 처리관점에서 다른 특질을 가지고 있다. 상향링크와 하향링크가 주파수가 분리되어 비교적 독립적으로 운영되는 FDD 네트워크와는 대조적으로 TDD 네트워크는 상향링크와 하향링크가 같은 주파수를 사용하며 시간적으로 리소스를 분리한다. 그러므로 FDD에서는 간섭이 존재하지 않는다. 그림 21.1에서 도시하였듯이 하향링크에서 상향링크에 주는 간섭은 한 셀에서의 하향링크 전송이 다른 셀에서의 상향링크 수신에 영향을 주는 것을 말한다. 그리고 그림 21.1의 오른쪽에 도시한 상향링크가 하향링크에 주는 간섭은 단말의 상향링크 전송이 인접 단말의 하향링크 수신에 간섭을 주는 것을 말한다.

그림 21.1
TDD 네트워크에서 간섭 환경

그림 21.1에서 설명하는 두 가지 간섭 상황을 잘 처리해야 하며 설치 지역이 넓은 지역인지 또는 스몰셀 영역인지에 따라 해결 방법이 다르다.

넓은 지역에 매크로 형태로 서비스가 될 경우에 기지국 안테나는 대개 커버리지의 이유로 지붕위(rooftop)에 설치되는 경우가 많아 단말에 비해 지면으로부터 비교적 높은 곳에 있게 된다. 그러므로 셀 사이트 간에는 LOS(Line-of-Site) 환경이 되는 경우가 많다. 하향링크 송신 전력과 상향링크 송신 전력에 차이가 있어 한 셀의 고출력 하향링크 전송이 인접 셀의 약하게 수신되는 상향링크 신호를 수신하는 데 심각한 영향을 초래한다. 이를 해결하는 고전적인 방법은 네트워크의 모든 셀이 상향링크와 하향링크의 리소스를 모두 같이 고정적으로 분리하는 것이다. 특히 한 셀에서의 상향링크 수신이 인접 셀에서의 하향링크 전송과 시간적으로 겹치지 않게

한다. 이는 7장에서 설명하였듯이 모든 단말에서 상향링크와 하향링크를 준 고정적으로 설정함으로써 달성할 수 있다. 상향링크든 하향링크든 어느 한 전송 방향으로 할당된 슬롯들(또는 일반적으로 시간 영역 리소스)은 전체 네트워크에서 동일하다. 이는 셀 간 간섭을 조정하는 간단한 형태로 볼 수 있다.

스몰셀 환경에서는 상향링크와 하향링크가 비슷한 전력을 사용하고 안테나들은 건물 안 또는 rooftop 보다 아래에 설치된다. 송신 전력이 낮고 사이트 간 충분히 고립되어 있는 경우가 많으므로 하향링크에서 상향링크에 주는 간섭은 크게 문제가 되지 않는다. 그림 21.1의 오른쪽에 도시한 가까이 있는 두 단말 간에 발생하는 상향링크가 하향링크에 주는 간섭은 문제가 될 수 있으며 이 경우 모든 셀의 상향링크와 하향링크를 준 고정적으로 분리하는 것이 도움이 된다. 때로는 한 셀에서의 하향링크 전송이 다른 셀의 상향링크 수신과 동시에 진행되는 다이내믹 TDD가 가능한 경우도 있다. 이때는 인접셀이 충분히 고립되어 있다는 가정이 있다.

여기서 소개한 간섭 상황은 NR에만 있는 것은 아니고 적절히 네트워크를 구성함으로써 해결이 가능하다. 그렇지만 릴리스 16은 TDD에서 발생할 수 있는 간섭 상황을 효과적으로 대처하기 위해 개선 사항을 도입했다.

- ❑ **Remote Interference Management (RIM)**: 넓은 지역의 큰 셀 환경에서 하향링크가 상향링크에 주는 간섭을 처리
- ❑ **Cosslink Interference (CLI)** 처리: 다이내믹 TDD를 사용하는 스몰셀 환경에서 상향링크가 하향링크에 주는 간섭을 처리

이러한 두 가지 개선 사항은 다음 절에서 더욱 상세히 다룬다.

21.1 원격 간섭 제어 (RIM, Remote Interference Management)

원격 간섭 제어는 넓은 지역의 TDD 네트워크에서 먼 거리의 기지국 간에 하향링크가 상향링크에 주는 간섭에 대처하기 위한 기능이다. 이 장의 도입부에서 설명하였듯이 매크로 네트워크에서 이를 해결하는 고전적인 방법은 네트워크의 모든 셀에 상향링크와 하향링크 리소스를 고정적으로 분리하는 것이다. 이렇게 하면 상향링크와 하향링크가 인접하는 셀 간에 겹치는 일이 발생하지 않는다. 보호 구간을 충분히 길게 하면 인접 셀로부터의 전파 지연에 대처할 수 있다. 이로써 대부분의 경우 해결이 가능하다. 그러나 어떤 기상의 조건에 의해 대기에 덕트(atmospheric duct)가 생성되어 매우 먼 거리의 기지국 간에 도파관 역할을 할 수도 있다[85].

이러한 덕트는 기상 환경에 따라 100~200m 상공에 생성된다. 이러한 조건에서 하향링크 전송은 매우 먼 거리를 이동한다. 150km는 흔하게 이동하며 때에 따라서는 거의 감쇄 없이 400km까지도 도달한다. 덕트의 종점에서 수신되는 신호는 지연은 되었지만, 매우 센 하향링크 신호의 복사본이 되고 다른 기지국의 상향링크 수신에 간섭으로 작용한다. 그림 21.2를 보기 바란다. 인접 기지국으로부터의 간섭에 대처하기 위한 보호 구간은 대개 몇 개의 OFDM 심볼 구간으로 정해지는데 이는 수백 마이크로초에 해당하며 이러한 흔하지 않은 덕트 환경에서는 턱없이 부족하다. 150~400km 거리는 0.5~1.3ms의 보호 구간으로 환산할 수 있으며 보통의 보호 구간과 큰 격차가 있다. 덕트 환경은 흔하지 않지만 한 번 발생하면 수천 개의 기지국이 영향을 받을 수 있으며 네트워크의 성능에 심각한 영향을 줄 수 있다.

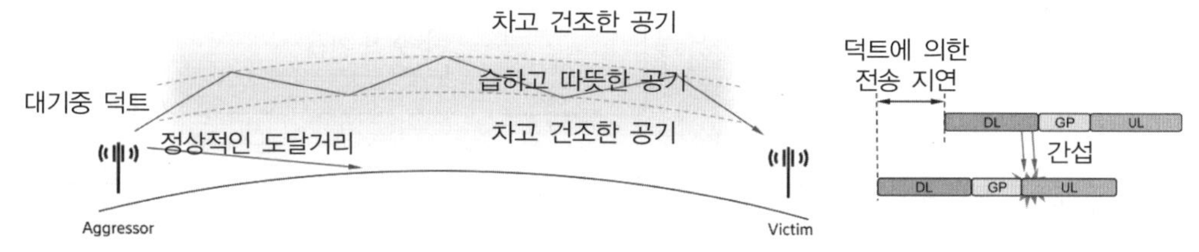

그림 21.2
대기 중 덕트에 의한 원격 간섭

다른 종류의 상향링크 간섭은 대개 시간대에 따라 일정한 레벨을 유지하는 것이 보통이지만 대기의 덕트에 의한 원격 간섭은 시작할 때 큰 간섭을 보이다가 줄어드는 특징을 가지고 있다. 그림 21.3을 보기 바란다. 이것은 간섭이 선행하는 하향링크 전송의 끝부분에서 시작하는 것을 생각하면 직관적으로 이해할 만하다. 상향링크의 시작 부분에서 공중에 떠 있는 많은 하향링크 전송이 있으며 이 신호들이 희생이 되는 기지국에 가까이 있을수록 더 크게 간섭으로 작용한다. 간섭을 일으키는 신호들이 상향링크 구간으로 들어서면 간섭은 없어진다. 그러므로 상향링크 구간의 시작 부분과 나중 부분에서의 간섭을 비교하면 원격 간섭의 유무를 판별해낼 수 있다. 상향링크의 시작 부분이 나중 부분보다 간섭 레벨이 크면 클수록 원격 간섭의 양이 크다.

덕트 자체는 양방향이 서로 같아서 양방향으로 같은 이득이 있다. 이는 덕트가 발생하면 양편의 기지국이 서로 간섭 발생 노드가 된다는 것을 의미한다. 또한, 동시에 서로 희생 노드가 된다. 그러나 덕트는 양방향성을 갖고 있지만 관련된 셀들의 전송 활성 상태에 따라 간섭 상황은 양쪽에서 똑같지는 않다.

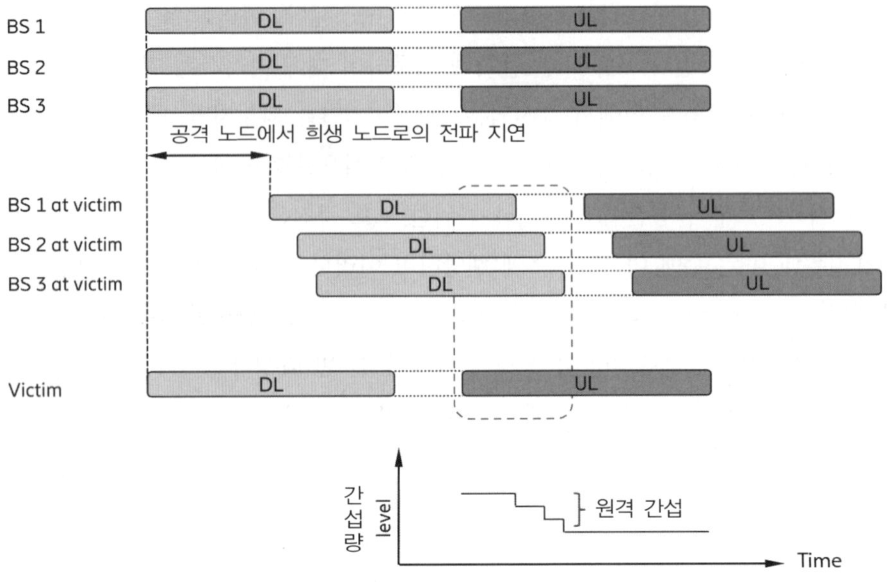

그림 21.3
상향링크 구간에서 원격 간섭이 미치는 영향

이러한 원격 간섭에 대처하는 것은 여러 방법이 있을 수 있다. 빔포밍과 간섭 제거 수신기를 이용하는 것이 도움이 되기도 한다. 그러나 가장 일반적인 방법은 원격 셀의 하향링크와 희생 기지국의 상향링크가 겹치지 않도록 보호 구간을 조정하는 것이다. 추가적인 보호 구간은 공격(aggressor) 기지국이 하향링크 전송을 일찍 끝내거나 희생(victim) 기지국이 상향링크 수신을 늦게 시작하는 방법으로 설정할 수 있다. 그림 21.4를 보기 바란다. 이렇게 충분히 큰 보호 구간을 고정적으로 두는 것은 원격 간섭 문제를 해결할 수는 있지만 많은 시간이 오버헤드로 낭비되므로 사용할 수 있는 해결책은 아니다. 대신 3G, 4G 매크로 TDD 네트워크에서 적응적인 방법을 쓸 수 있다. 이는 영향을 받은 셀에서 덕트가 발생한 때에만 보호 구간을 늘리는 것이다.

이러한 덕트 현상의 결과로 발생하는 원격 간섭에 대한 대응을 간소화하고 자동화하기 위해 NR 릴리스 16에서는 참고문헌 [85]에서 연구한 결과에 근거하여 자동화된 원격 간섭 관리 방법을 도입했다. 특히 RIM-RS type 1과 RIM-RS type 2로 알려진 두 개의 새로운 reference signal이 정의되었고 이와 함께 기지국 간에 Xn 인터페이스로 백홀 시그널링이 정의되었다. 다음 절에서 이에 대해 상세하게 다룬다.

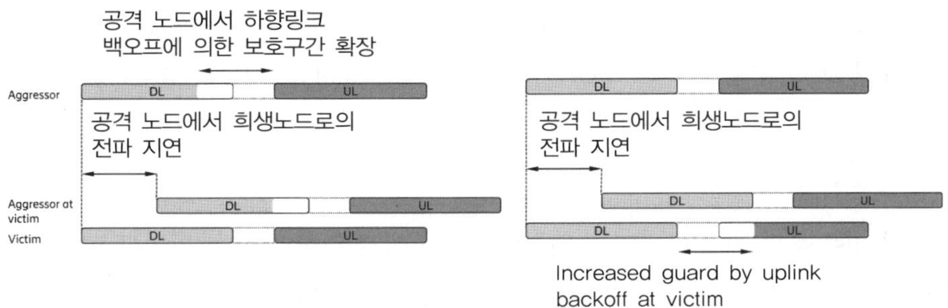

그림 21.4
보호 구간을 늘려서 원격 간섭에 대처하는 방법, aggressor의 하향링크 전송의 축소시키는 방법(왼쪽), victim의 상향링크 수신을 줄이는 방법(오른쪽)

21.1.1 집중식 또는 분산식 간섭 제어

원격 간섭 제어에 대한 규격을 정하면서 세 가지 다른 프레임워크가 논의되었다. 집중화된(centralized) 프레임워크에서 한 종류와 분산화된(distributed) 프레임워크에서 두 가지 종류가 있다. 네트워크의 어디에서 간섭 제거 기술을 적용할 것인지를 결정하는 것과 결정을 노드 간에 어떻게 시그널링할 것인지에서 프레임워크 간 차이점이 존재한다. 그러나 원격 간섭을 어떻게 처리할 것인지에 대한 정확한 동작은 3GPP에 의해 규격화되지 않고 서로 다른 시나리오에 적합한 알고리즘을 제시하고 선택은 구현자에게 있음에 유의하라. 뒤에 기술하게 될 서로 다른 종류의 프레임워크는 쉽게 생각할 수 있는 것이고 인공지능과 머신러닝이 이용될 수도 있다.

집중식 프레임워크에서는 원격 간섭을 제어하기 위한 모든 결정이 집중화된 노드에서 이루어진다. 대개는 네트워크의 설정과 운영을 책임지는 OAM(Operation And Management) 시스템에서 이루어진다. 앞에서 설명하였듯이 원격 간섭이 시간에 따라 줄어드는 특징이 감지되어 원격 간섭이 발견되면 희생 노드는 RIM-RS type1을 전송하기 시작한다. 뒤에서 좀 더 상세하게 설명하게 될 이 reference signal은 여러 가지 목적에 이용한다. 셀이 원격 간섭을 겪고 있다는 것을 나타낼 뿐만 아니라 reference signal을 전송하는 기지국의 ID와 상향링크 구간에서 몇 개의 OFDM 심볼이 영향을 받고 있는지에 대한 정보를 포함한다. 이러한 정보는 reference signal을 인코딩할 때 암묵적으로 포함된다. 이에 관해서는 이어지는 절에서 설명할 것이다. 대기 중 덕트는 쌍방향이므로 원격 간섭을 일으키는 공격 셀이 RIM-RS를 수신하게 될 것이다.

레퍼런스 시그널을 수신하면 공격 노드는 RIM-RS에 인코딩된 정보를 포함하여 OAM에 보고하여 간섭 문제를 어떻게 해결할 것인지에 대한 결정을 할 수 있게 한다. OAM은 보호 구간을 늘리기 위해 공격 기지국에게 하향링크 전송을 일찍 멈출 것을 요청하는 등 적절한 대처 방법을 결정한다. 덕트 현상이 없어지면 공격 기지국은 RIM-RS를 더 이상 수신하지 않을 것이고 이를 OAM에게 보고 한다. 그리고 OAM은 희생 노드에게 RIM-RS 전송을 중단하고 공격 노드는 원래의 보호 구간 설정으로 돌아갈 것을 요청한다. 그림 21.5를 보기 바란다.

잘 설계된 집중식 프레임워크는 분산식 접근보다 우수한 성능을 보일 것이다. 하지만 많은 경우 간편성의 이유와 OAM과 주고받은 시그널링의 줄이기 위해 분산식 방법이 선호된다. 분산식 방법에서는 원격 간섭을 수신하면 희생 노드는 집중식 방법과 마찬가지로 RIM-RS type 1을 송신한다. 그러나 공격 셀이 집중 노드(여기서는 OAM)에 알리는 대신 공격 노드가 RIM-RS가 존재하는 동안 자체적으로 적절한 대응책을 적용할 것을 결정한다. 예를 들어 보호 구간을 늘리기 위해 하향링크 전송을 일찍 멈추는 것이다.

분산식에는 두 가지 방법이 지원된다. 공격 노드가 RIM-RS type 1을 받고 적절한 대응책을 적용했다는 것을 희생 노드에게 알리기 위해 공중 전파(over-the-air) 시그널링을 이용하거나 백홀 시그널링을 이용하는 점에서 차이가 있다.

공중 전파 시그널링의 경우 공격 노드는 RIM-RS type 1를 수신하면 RIM-RS type 2를 송신하다. 이는 희생 노드가 덕트 현상이 여전히 존재하는지를 판별하게 해주기 위함이다. 희생 노드에서 RIM-RS type 2를 수신되지 않으면 덕트 현상이 사라졌다고 판단하고 RIM-RS type 1 전송을 멈추고 공격 노드는 RIM-RS type 1이 사라지면 정상 동작으로 돌아간다. 그림 21.6을 보기 바란다.

또 다른 방법으로 공격 노드가 RIM-RS type 1을 수신했음을 희생 노드에게 알리기 위해 Xn 인터페이스로 백홀 시그널링이 사용될 수 있다. 공격 노드에서 RIM-RS type 1을 더 이상 수신되지 않는 것을 보고하는 데도 시그널링을 사용하는데 이 정보는 희생 노드가 덕트 현상이 더 이상 존재하지 않음을 인지하고 RIM-RS type 1 전송을 멈출 수 있게 해준다. RIM-RS type 1이 더 이상 수신되지 않으면 공격 노드는 보호 구간 설정을 정상으로 되돌린다. 그림 21.7을 보기 바란다.

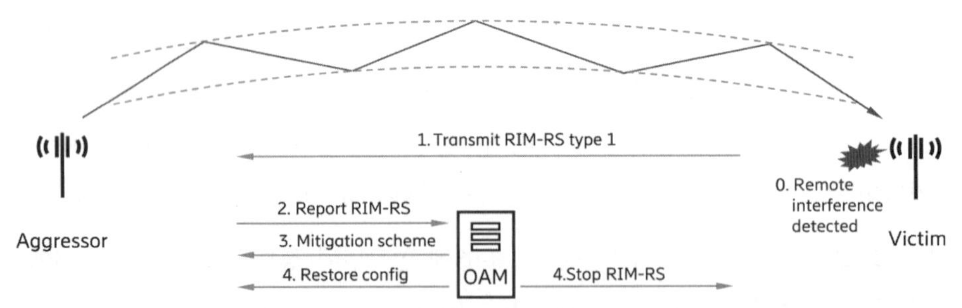

그림 21.5
집중식 원격 간섭 관리

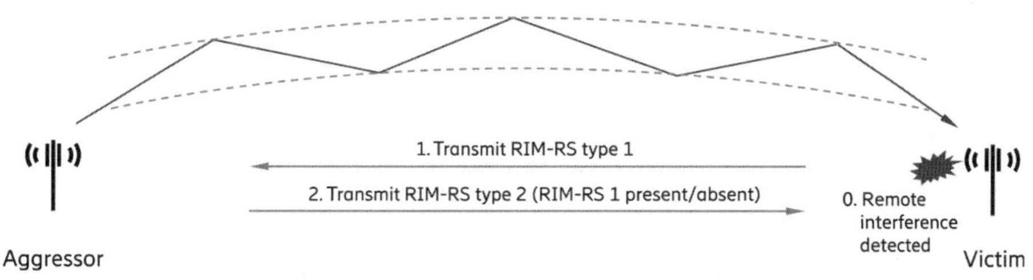

그림 21.6
공중 전파 시그널링을 이용한 분산식 원격 간섭 관리

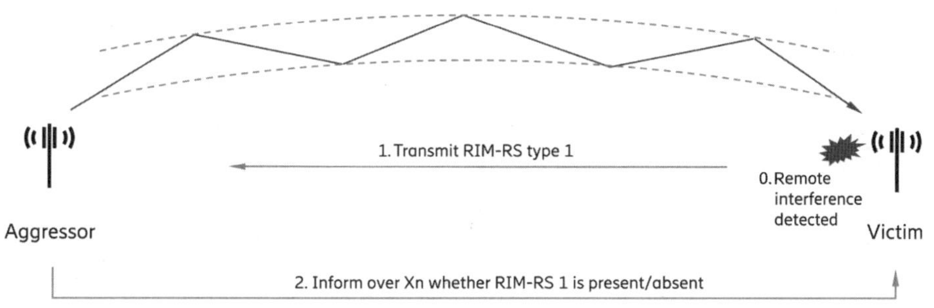

그림 21.7
백홀 시그널링을 이용한 분산식 간섭 관리

21.1.2 RIM 레퍼런스 시그널

물리계층에서 RIM을 지원하기 위한 주요 개선 사항은 RIM-RS type 1과 2를 도입한 것이다. 이 두 레퍼런스 시그널의 활용은 앞 절에서 설명하였고 여기서는 레퍼런스 시그널의 구조를 상세하게 다룬다.

두 가지 레퍼런스 시그널은 서로 다른 목적으로 사용되지만, 기본 구조는 동일하다.

- RIM-RS type 1은 공격 노드가 이를 탐지하길 기대하며 희생 노드에 의해 송신된다. 이는 덕트 현상으로 희생 노드에 원격 간섭이 존재한다는 것을 알려주기 위해서이다. 간섭을 일으키는 셀 또는 셀 그룹의 ID와 함께 상향링크 구간의 초기 몇 OFDM 심볼이 원격 간섭에 의해 영향받는지에 대한 정보를 포함한다. 이 정보는 얼마나 보호 구간을 늘려야 하는지를 결정하는 데 유용하다. 또한, 공격 노드가 대응책으로 적용한 심볼 구간이 희생 노드 입장에서 충분한지에 대한 정보를 포함한다.
- RIM-RS type 2는 공격 노드에 의해 송신되며 덕트 현상이 존재한다는 것을 알리는 데 이용된다. type 1과는 다르게 부가적인 정보를 포함하고 있지 않다.

두 가지 RIM-RS는 여러 가지 요구 사항을 만족하도록 설계되었다. 우선 상향링크 레퍼런스 시그널과 달라야 한다는 것이다. 이는 먼 거리 셀로부터의 덕트 현상이 없는데도 RIM을 시작하지 않도록 하기 위해 중요하다. 다른 레퍼런스 시그널을 만드는지는 나중에 설명하겠지만 어떤 상향링크 레퍼런스 시그널과도 다른 pseudo-random 시퀀스를 사용함으로써 쉽게 얻을 수 있다.

두 번째로 공격 노드의 수신관점에서 OFDM 심볼 동기 없이 RIM-RS를 수신할 수 있어야 한다는 것이다. 동기를 맞추는 것은 상당히 복잡해진다. 이는 두 개의 연속된 OFDM 심볼을 이용하여 두 심볼에서 유익한 부분이 동일하게 하는 식으로 RIM-RS을 설계함으로써 이룰 수 있다. 또한, 다른 하향링크 전송과 다르게 cyclic prefix로 사용되는 모든 샘플이 첫 심볼에 오도록 한다. 그림 21.8을 보기 바란다. 이런 구조의 효과는 RIM-RS의 나중 심볼에 매우 긴 cyclic prefix가 있는 것과 같은 효과이다. 이로써 공격 노드의 OFDM 심볼 타이밍을 추정하지 않고도 수신이 가능해진다.

RIM-RS는 15 또는 30kHz 서브캐리어 간격으로 규격화되었다. 그 이유는 RIM은 상대적으로 큰 셀이 있는 넓은 지역을 겨냥한 기능이기 때문이다. 서브캐리어 간격이 60kHz 이상으로 클수록 캐리어 주파수가 높아지게 되고 스몰셀에 적합하다.

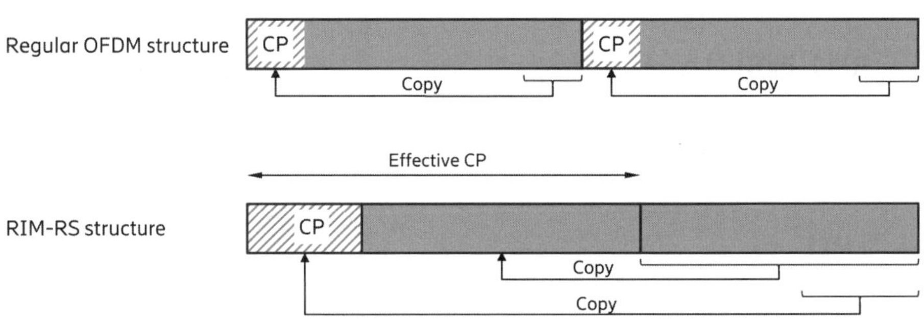

그림 21.8
RIM-RS 구조

21.1.3 RIM-RS 리소스

RIM 레퍼런스 시그널은 시간 주파수 그리고 시퀀스 세 가지 영역에서 정의된 RIM-RS 리소스를 이용하여 전송된다. 이 세 조합의 인덱스로부터 시간과 주파수에서의 위치가 계산되고 QPSK로 변조되는 231-1 길이의 골드 시퀀스(Gold sequence)에서 RIM-RS에 어느 부분을 이용할 것인지도 결정된다.

- 시간 영역에서 RIM-RS는 초 단위 또는 심지어 분 단위의 주기를 가지고 전송된다.

- ❑ 주파수 영역에서 캐리어 대역폭에 따라 RIM-RS는 4개까지 리소스가 설정될 수 있다. 15kHz 서브캐리어 간격에서 RIM-RS는 전 대역을 차지하거나 최소로는 96개의 리소스 블록을 차지한다. 30kHz 서브캐리어 간격에서는 RIM-RS는 48 또는 96개의 리소스 블록으로 제한될 수 있다.
- ❑ 시퀀스 영역에서 8개까지 다른 시퀀스가 설정될 수 있다. 사용되는 시퀀스 셋은 재머(jammer) 반복 공격에 탄력적으로 대처하기 위해 시간에 따라 바뀐다.

RIM-RS type 1에서 원격 간섭에 의해 영향받는 OFDM 심볼의 개수와 공격 노드가 적용한 대응책이 충분한지에 대한 정보가 시간-주파수-시퀀스 3 조합에서 시간 영역 계산에 반영된다. 다르게 말하면 이러한 정보가 type 1 RIM-RS를 인코딩하는 데 암시적으로 포함된다. 3 조합에서의 인덱스는 셀 또는 셀 그룹의 ID와 연계되어 있다. 그러므로 원격 간섭을 일으키고 있는 셀의 ID는 type 1 RIM-RS의 리소스에 암묵적으로 포함된다. 셀의 ID는 물리 계층 cell-id와는 다를 수 있음에 유의하라. 물리계층의 cell-id는 그 수가 1008가지로 상대적으로 적어서 수천 개의 셀이 있는 넓은 지역에서 동작해야 하는 원격 간섭 관리 방법에는 맞지 않기 때문이다.

그림 21.9에서 시간 주파수 시퀀스 리소스의 매핑 예가 도시되었다. RIM-RS는 노드가 간섭 대응책을 적용했는지에 상관없이 계산된 시간 위치에 전송된다. 즉, RIM-RS는 때로는 확장된 보호 구간에 전송된다. 이렇게 하지 않으면 수신하는 쪽에서 RIM-RS가 없어지는 것이 덕트가 없어져서인지 또는 송신단에서 확장된 보호구간 때문인지를 알 수 없게 된다.

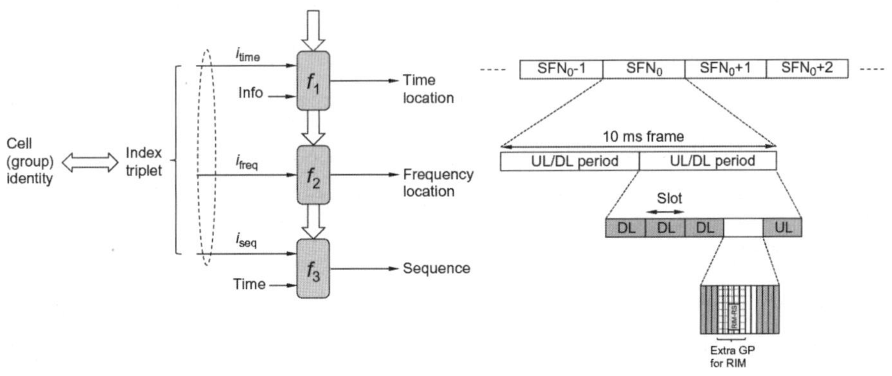

그림 21.9
RIM_RS 리소스 예

21.2 크로스링크(Crosslink) 간섭

크로스링크 간섭은 상향링크와 하향링크가 서로에게 주는 간섭을 말한다.

크로스링크 간섭 관리는 특별히 사이트 간 거리가 짧은 스몰셀 네트워크 환경에서 하향링크에서 상향링크, 상향링크에서 하향링크에 주는 간섭을 제어하기 위한 방법을 일컫는다. 이러한 간섭을 제어하는 고전적인 방법은 이 장의 처음 부분에서 설명하였듯이 모든 셀에서 상향링크와 하향링크의 준 고정적으로 분리하는 것이다. 그러나 이는 NR의 기본 프레임워크인 다이내믹 TDD의 취지에서 벗어난다. 다이내믹 TDD는 셀의 트래픽 환경에 따라 각 셀에서 전송 방향을 다이내믹하게 선택하는 것이다. 대부분의 경우 셀이 상대적으로 고립되어 있어 다이내믹 TDD는 추가적인 개선 없이 잘 동작한다. 그러나 다이내믹 TDD가 잘 적용될 수 있는 환경 조건을 확장하기 위해 릴리스 16은 크로스링크 간섭을 제어하기 위한 개선점을 도입했다. 이러한 개선 사항은 단말 쪽에서의 간섭 측정과 Xn 인터페이스를 이용한 셀 간 협응이다. 다음 절에서 이에 대한 설명을 이어가겠다. 스케쥴러의 동작과 어떻게 측정하고 협응 방법이 사용되는지는 규격으로 정해지지 않고 구현에 맡겨져 있음에 유의하라.

21.2.1 단말에서의 간섭 측정

크로스링크 간섭을 제어하기 위해 다양한 방법이 가능하다. 예를 들어 한 단말과 가까이 위치한 인접 셀의 단말이 하향링크 수신을 해야 할 때 현재 셀의 스케줄러가 상향링크 전송을 피하는 것이다. 스케줄러가 간섭 상황을 이해하는 것을 돕기 위해 릴리스 16은 단말에게 다른 단말로부터 발생하는 전송을 측정할 것을 지시하는 기능을 도입했다. 이는 RSRP(Reference Signal Received Power)와 RSSI(Received Signal Strength Indicator)[1]를 확장함으로써 가능하다. 이러한 측정은 애초에 여러 가지 목적 중에서 주로 이동성 지원이 목적이었다. RSRP는 레퍼런스 시그널의 수신 전력으로 잡음과 간섭을 포함한다. 동기 신호(synchronization signal) 또는 CSI-RS를 이용하며 대개 수백 밀리 초의 비교적 긴 시간 동안 평균을 취한다. RSSI는 주어진 리소스 블록에서 잡음과 간섭을 포함한 총 수신 전력이다. 릴리스 16에서 이러한 측정은 동기 신호나 CSI-RS와 같은 하향링크에서 뿐만 아니라 상향링크 SRS에 대해서도 측정할 수 있도록 확장하였다. 그러므로 단말에게 SRS-RSRP를 측정할 것을 요청함으로써 기지국은 단말이 다른 단말의 전송을 얼마나 잘 들을 수 있는지, 즉, 인접 셀의 활성 상태에 따른 단말 간 간섭의

1) RSSI 측정은 릴리스 15에서 명시적으로 정의된 것은 아니지만 다른 측정을 할 때 자연히 포함된다.

양을 알 수 있다. 그림 21.10을 보기 바란다.

이러한 측정은 수백 밀리 초의 긴 구간 평균 간섭에 대한 정보를 제공한다는 것에 유의하라. 이러한 측정은 순간적인 상황을 반영할 수 없다. 스몰셀 환경에서 단말은 대개 상대적으로 움직임이 없으므로 문제가 되지 않는다. 측정량은 예를 들어 다른 주파수 대역으로 운영 중인 인접 사업자로부터의 대역 외(out-of-band) 간섭에 대한 정보를 어느 정도 제공한다. 이 또한 유익한 정보이다.

기지국 간 간섭 측정은 규격화되지 않고 구현에 맡긴다. 원칙적으로 기지국은 인접 기지국으로부터의 CSI-RS, 동기 신호 또는 데이터 전송 등 어떠한 하향링크 신호도 측정할 수 있다.

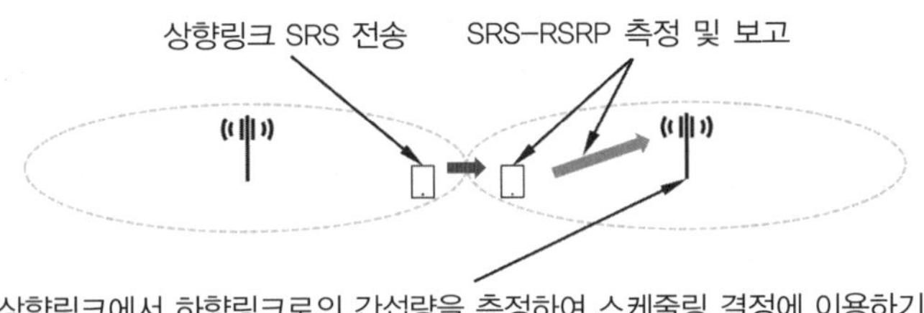

그림 21.10
크로스링크 간섭을 측정하기 위한 SRS-RSRP

21.2.2 셀 간 협응

CLI가 규격에 영향을 주는 또 다른 분야는 Xn 인터페이스로 연결되는 기지국 간 시그널링이다. 이는 분산 구조에서는 F1 인터페이스로 연결된 CU 간 시그널링이 된다. 본질적으로 리소스는 기지국이 특정 방향으로만 사용하는 고정 리소스와 기지국이 상향링크든 하향링크든 조절 가능한 유연한 리소스 두 가지로 나눠진다. 인접 셀의 스케줄러 동작에 대한 정보를 가지고 스케줄러는 좀 더 민감한 데이터 전송에 고정 리소스를 할당하는 것도 가능하다. 고정 리소스를 사용하면 전송 방향과 간섭 상황이 미리 알려져 있다. 유연한 리소스는 주로 강한 간섭에 의해 발생하는 재전송이 큰 이슈가 되지 않는 덜 중요한 데이터에 사용된다.

22 인테그레이티드 엑세스 백홀 (Integrated Access Backhaul)

CHAPTER

NR Integrated Access Backhaul(IAB)는 3GPP 릴리즈 16에서 도입되었다. 이 기능은 NR 무선 엑세스 기술이 엑세스라 불리는 기지국과 단말기 사이의 링크를 제공하는 것뿐만 아니라 무선 백홀 링크에까지 사용할 수 있게 해주는 기능이다. 그림 22.1을 보기 바란다.

무선 백홀은 백홀 링크에 무선 기술을 이용하는 것으로 수년 전부터 이용되어 왔다. 그러나 이는 엑세스 링크에 사용된 것과 다른 무선 기술에 기초했었다. 좀 더 구체적으로 무선 백홀은 대개 제조사의 자체 기술로서 규격화되지 않았다. 무선 기술은 10GHz 이상의 대역에서 동작하고 LOS 환경에 국한된 경우가 많았다.

그러나 이제 규격화된 단말이 기지국에 접속하는 데 이용되는 셀룰라 기술을 무선 백홀에 재사용하는 IAB 기술을 고려하게 된 이유는 두 가지 요인이 있다.

- 5G NR이 태동하면서 셀룰라 기술이 mm-wave 대역으로 확장되어가고 있다. 이 대역은 역사적으로 무선 백홀로 이용되어왔다.
- 기지국이 대로변이나 핫 스팟에 위치하는 스몰셀 환경이 출현하면서 non-LOS 환경, 그리고 셀룰러 무선 접속 기술이 동작하도록 설계된 전파 환경에서 동작하는 무선 백홀 솔류션의 요구가 발생했다.

다른 의미로 엑세스와 백홀의 무선 관련 특성과 요구 사항이 비슷해졌다는 것이다. 같은 무선 기술을 두 링크에 사용함으로써 몇 가지 장점을 얻을 수 있다.

- 하나의 기술을 엑세스와 백홀 링크에 사용함으로써 기술의 발전을 재사용할 수 있고 장비를 대량 생산하여 가격을 낮출 수 있다.
- IAB 기능은 주파수 자원을 pool로 사용할 수 있고 어떤 주파수 자원을 엑세스에 사용할 것인지 백홀에 사용할 것인지를 스펙트럼 조정 단체에 의한 고정식 방법으로 결정되는 것이 아니라 사업자가 직접 판단할 수 있게 한다.

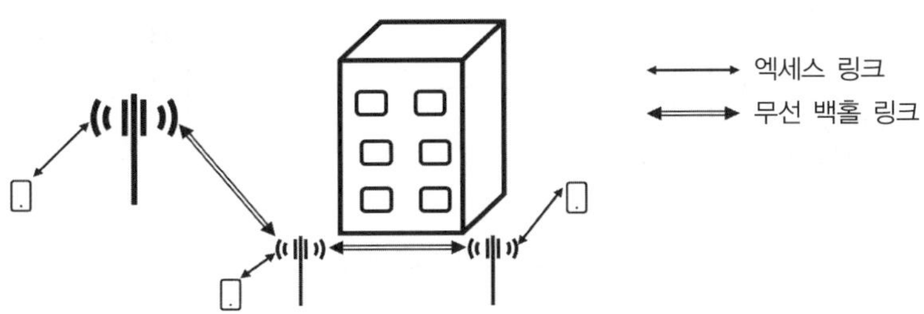

그림 22.1
IAB 개념도

22.1 IAB 구조

IAB의 전체적인 구조는 릴리즈 15에서 이미 도입된 기지국의 CU와 DU의 분리에 기초하고 있다. CU/DU 분리에 따르면 기지국은 표준으로 인터페이스가 제공되는 두 개의 기능적으로 분리된 부분으로 이루어져 있다.

- **Centralized Unit(CU)** : PDCP와 RRC 프로토콜을 포함한다.
- **한 개 또는 여러 개의 Distributed Unit(DU)** : RLC, MAC 물리계층 프로토콜을 포함한다.

CU와 DU의 표준 규격 인터페이스는 F1 인터페이스라 불린다[105]. F1 인터페이스의 규격은 CU와 DU 사이의 시그널링과 같은 상위 계층의 프로토콜만을 정의하며 하위 계층 프로토콜에 무관하다. 즉, F1 메시지와 데이터를 전달하는 데 서로 다른 하위 계층 방법을 이용할 수 있다는 것이다. IAB에서는 RLC, MAC 물리 계층 프로토콜이 제공되는 NR 무선 접속 기술과 함께 IAB에 특화된 프로토콜이 하위 계층 기능을 제공하고 그 위에 F1 인터페이스가 구현되어 있다.

IAB 는 두 가지 타입의 네트워크 노드를 정의한다. 그림 22.2를 보기 바란다.

- IAB 도너(donor) 노드는 CU 기능과 DU 기능으로 이루어져 있으며 다른 네트워크와는 non-IAB 백홀, 예를 들면 광 기반 백홀로 연결되어 있다. 도너 노드의 DU는 대개 기존의 기지국과 같이 단말과 통신하며 동시에 무선으로 연결된 IAB 노드와도 통신한다.
- IAB 노드는 IAB 백홀에 연결된 노드이다. 단말과 통신하는 DU와 멀티 홉의 경우 추가적인 IAB 노드와도 연결될 수 있다. 다른 한편 IAB는 MT(mobile terminal) 기능을 포함하고 있어 IAB 노드의 parent node라 불리는 차 상위 노드와 연결을 제공한다. 여기서 MT는 공식적으로 IAB-MT라 부른다[1].

1) MT 기능은 다소 오해의 소지가 있다. MT는 실제 단말이 아니다. IAB 노드는 이동성이 없다. 이 용어는 MT와 UE 사이에 많은 공통적인 면이 있음을 나타내기 위해서 채택된 용어이다.

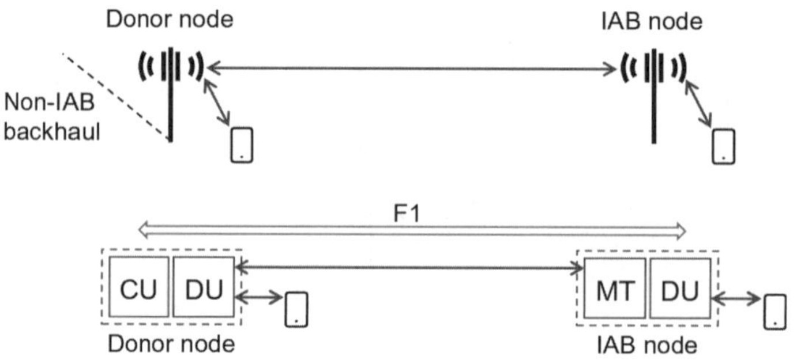

그림 22.2
CU와 DU 기능을 포함하는 IAB donor 노드와 MT와 DU 기능을 가지고 있는 IAB 노드로 구성된 전반적인 IAB 구조

parent 노드의 DU에 연결된 MT는 기본적으로 정상적인 단말과 비슷하다. parent 노드 DU와 IAB 노드의 MT 사이의 링크는 하위 계층의 기능을 제공한다. 그 위에 도너 노드 CU와 IAB 노드 DU 사이의 F1 메시지가 실려 전송된다.

IAB는 다수의 중간 IAB 노드들과 도너 노드 간의 백홀로 동작하는 멀티 홉 백홀 기능 또한 제공한다. 그림 22.3을 보기 바란다. 멀티 홉의 경우 직렬로 연결된 모든 IAB 노드 DU의 F1 인터페이스는 동일한 도너 노드의 CU에서 연결이 종료됨에 유의하라.

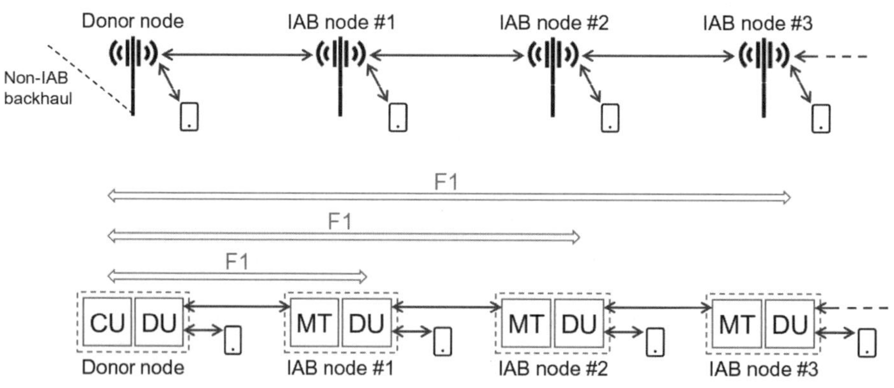

그림 22.3
3 홉(hop) 멀티 홉 IAB의 예

기본적으로 IAB는 매우 많은 수의 IAB 노드들이 직렬로 연결된 멀티 홉 백홀 기능을 지원한다. 그러나 실제 상황에서는 1 홉 (멀티 홉이 없는 그림 22.2) 또는 두 홉 (하나의 중간 IAB 노드가 있음) 정도가 IAB 깔리는 초기에는 가장 흔한 경우로 예상된다.

그림 22.4와 22.5에 U-plane과 C-plane의 IAB 프로토콜 스택(stack)을 도시하였다.

그림 22.4와 22.5에서 알 수 있듯이 프로토콜 스택의 상위 부분은 일반적인 CU/DU 분리에서 직접 상속된다. 그 아래 계층들은 F1 인터페이스를 위한 채널을 제공한다. F1-U는 user plane, F1-C는 control-plane에 해당한다.

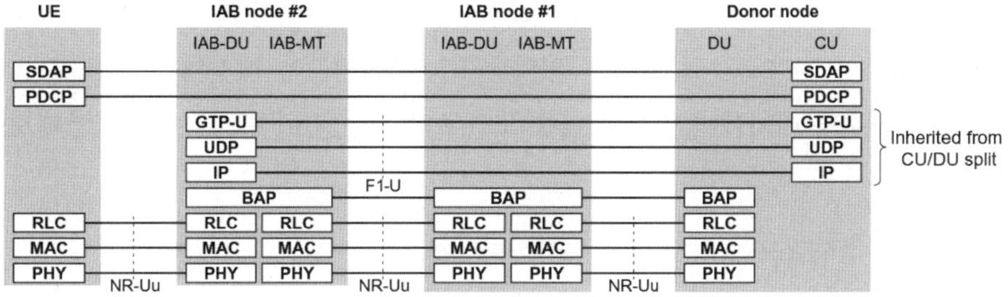

그림 22.4
U-plane IAB 프로토콜 스택

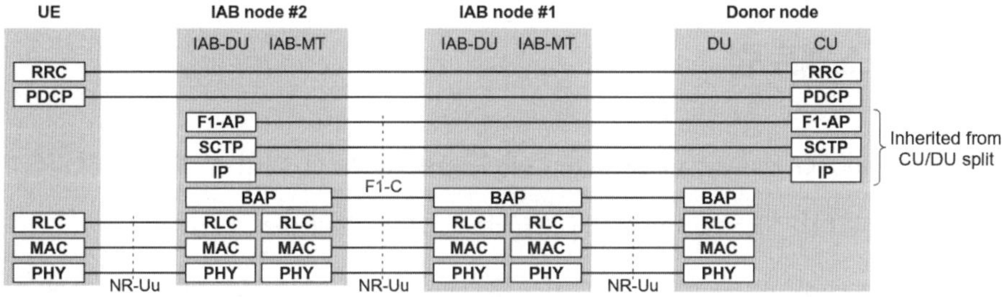

그림 22.5
C-plane IAB 프로토콜 스택

RLC 프토토콜까지의 하위 세 개의 계층은 정상적인 NR의 Uu 인터페이스에 기초하고 있으며 몇 가지 IAB에 특화된 확장 기능이 있다.

BAP (Backhaul Adaptation Protocol)은 IAB에 특수한 프로토콜로서 도너 노드로부터 목적지 IAB 노드까지 또는 그 반대 방향으로의 패킷 라우팅을 책임진다. 그림 22.4와 22.5에서는 IAB 노드 #2가 목적지 IAB 노드가 된다.

각 IAB 노드는 BAP 주소를 할당받는다. 하향링크 방향으로 도너 노드의 BAP 계층은 BAP 헤더를 보낼 패킷에 추가한다. BAP 헤더는 목적지 노드를 지칭하는 BAP 주소로 구성된 라우팅 ID와 목적지까지의 경로를 지칭하는 BAP 경로 ID를 포함하고 있다. 다수의 경로가 있을 수 있으며 각각의 경로 ID를 다르게 할당한다. BAP 헤더는 또한 패킷이 user-plane인지 control-plane인지를 명시하는 플래그를 포함하고 있다.

IAB 노드에 패킷이 도착하면 BAP 계층은 BAP 헤더를 읽는다. BAP 헤더의 BAP 주소가 자신의 노드일 때는 해당 패킷은 자신에게 연결된 단말로 가는 것이거나 노드 자신의 control-plane용 패킷이다. 패킷은 user-plane의 경우 GTP-U로 올려 보내지고 control-plane의 경우 F1-AP로 보내진다. 패킷의 BAP 주소가 IAB노드 자신이 아닐 경우 BAP 계층은 패킷 라우팅 ID를 도너 노드로부터 설정된 라이팅 테이블과 비교한다. 라우팅 테이블로부터 주어진 BAP 주소와 경로 ID에 해당하는 다음 노드를 알 수 있다. 라우팅 테이블이 패킷의 라우팅 ID 리스트를 가지고 있으면 라우팅 테이블에 명시된 다음 노드로의 전송을 위해 적절한 DU로 패킷이 전달된다.

BAP 프로토콜은 상향링크 방향으로도 동작한다. 첫 IAB 노드, 그러니까 단말이 연결된 IAB 노드는 라우팅 ID를 가지고 있는 BAP 헤더를 추가한다. 각 IAB노드는 하향링크와 상향링크 방향의 서로 다른 라우팅 테이블을 가지고 있음에 유의하라.

22.2 IAB 스펙트럼

IAB는 GHz 이하(sub-GHz)부터 mm-wave 주파수까지 NR의 전 대역 주파수를 지원한다. 그러나 몇 가지 이유로 IAB에는 mm-wave 주파수가 가장 일반적이다.

- mm-wave 주파수에 더 큰 대역폭이 가능하므로 주파수의 일부를 무선 백홀로 사용하기 용이하다. 반대로 낮은 주파수에서는 주파수 자원이 한정적이어서 무선 백홀로 할당할 여유가 없다.
- 높은 주파수에서 매시브(massive) 빔포밍이 무선 링크 양단의 노드가 이동성이 없는 무선 백홀에서 특히 유리하게 적용될 수 있다.

4장에서 언급하였듯이 높은 주파수 대역은 대개 쌍으로 구성되어 있지 않은 대역이다. 그래서 이렇게 쌍으로 구성되어 있지 않은 대역이 3GPP IAB가 중점적으로 논의되었다. 그러나 표준화 관점에서 IAB는 낮은 주파수의 쌍으로 구성된 대역에서도 똑같이 적용될 수 있다.

IAB는 대역 외(outband)와 대역 내 백홀을 모두 지원한다.

- 대역 외 백홀: 무선 백홀 링크가 엑세스 링크와 다른 주파수 대역에서 동작한다.
- 대역 내 백홀: 무선 백홀 링크가 엑세스 링크와 같은 주파수 또는 같은 대역 내에서 동작한다.

대역 외 백홀은 엑세스와 백홀 링크 사이에 간섭이 없으므로 서로 독립적으로 동작할 수 있다.

반대로 대역 내 백홀은 엑세스와 백홀 링크에 많은 간섭이 존재한다. 그러므로 IAB 노드의 DU와 MT 사이에 노드 안에서의 심각한 간섭을 줄이기 위한 방법을 강구해야 한다. 22.4.2에서 이에 대해 논의하기로 한다[2)].

22.3 IAB 노드에 초기 접속 과정

IAB 노드, 더욱 자세히는 IAB 노드의 MT 부분은 정상적인 단말이 하듯이 초기에 IAB 도너 노드에 직접 연결되거나 멀티 홉 백홀의 경우 운영 중인 다른 IAB 노드를 통해 네트워크에 연결해야 한다.

- MT는 단말이 하는 것과 똑같은 방법으로 셀 탐색을 수행한다. 16장을 참고하기 바란다.
- 탐색된 셀의 시스템 정보로부터 MT는 셀에 연결할 수 있는지를 결정한다. 탐색된 셀이 릴리즈 15 셀이어서 IAB 노드 기능을 지원하지 않을 수도 있다.
- MT가 셀을 정상적으로 탐색하면 17장에서 설명한 단말의 초기 접속 과정과 같은 방법으로 셀에 연결을 수행한다.

IAB가 셀룰러 네트워크의 커버리지를 증대하기 위해 사용되었을 경우 IAB 노드는 단말이 셀에 엑세스를 시도하는 것보다 더 멀리 떨어진 parent 노드에 엑세스를 해야 할 것이다. 그 결과로 IAB 노드의 엑세스는 더 넓은 범위가 가능한 RACH 설정이 필요할 수도 있다. 예를 들어 더 긴 preamble과 더 긴 guard 구간을 가진 RACH 설정이 필요할 수 있다.

더 긴 RTT(Round Trip Time)을 지원하는 RACH 설정이 짧은 거리에서 단말이 엑세스를 하는 데도 이용될 수 있다. 그러나 이러한 RACH 설정은 RACH 수신이 비교적 자주 발생하는 경우 많은 오버헤드가 있다. 단말이 짧은 RACH 지연을 갖기 위해서 이러한 빈번한 RACH 수신이 필요하다. 반대로 IAB 노드의 초기 엑세스는 매우 드물게 또는 IAB 노드가 처음 설치될 때 한 번만 수행되므로 RACH 지연이 크게 문제가 되지 않는다. 매우 적은 RACH 수신 설정만으로 충분하다.

그러므로 대부분의 경우 한 셀에서 두 개의 다른 RACH 설정을 제공하는 것이 바람직하다.

---

2) 22.4.2에서 설명하게 되겠지만 멀티 홉 IAB에서 이러한 노드 내 간섭을 대역 외 백홀에서도 주의 깊게 처리해야 한다.

- 한 RACH는 단말에게 예상되는 최대 RTT를 지원하는 것으로 설정한다. RACH 수신은 비교적 자주 발생한다.
- 또 다른 RACH는 IAB 노드를 위한 것으로 더 긴 RTT를 지원하고 덜 빈번한 RACH 수신을 하는 것으로 설정한다.

두 가지 RACH 설정을 가능하게 하기 위해 NR은 셀 시스템 정보로 IAB에 특화된 RACH 설정을 제공할 수 있도록 하였다. 이는 당연히 장거리의 덜 빈번한 RACH 수신을 지원하는 프리앰블로 인한 것이다. IAB에 특화된 RACH 설정이 제공되지 않으면 IAB는 일반적인 RACH 설정에 따라 초기 접속을 수행해야 한다.

MT가 네트워크에 일단 연결되면 도너 CU와 IAB 노드의 DU 간에 F1 인터페이스가 확립되어 DU는 동작 모드로 설정되고 DU의 셀이 셋업된다. 이제 IAB 노드는 완벽히 동작하는 모드가 된다.

22.4 IAB 링크

IAB 링크는 parent 노드의 DU와 child 노드의 MT 간의 링크를 말하는 것으로 많은 면에서 기지국과 단말 간의 링크와 유사하게 동작한다. 그 결과로 IAB와 관련된 NR의 물리계층, MAC, RLC 계층의 확장은 매우 제한적이고 주로 IAB 노드의 MT와 DU가 동시에 동작할 수 없는 상황을 조율하는 데 초점이 맞춰져 있다. IAB 링크의 또 다른 중요한 기능은 OTA(over-the-air) 시간 동기를 지원한다는 것이다.

22.4.1 IAB 노드의 송신 시간 및 OTA 시간 동기

IAB 노드는 두 가지 타입의 전송을 수행한다.

- MT가 parent 노드를 향한 전송
- DU가 단말과 child IAB 노드를 향한 전송

MT 전송의 타이밍은 parent 노드에 의해 제어된다. 이는 단말 전송이 연결된 기지국에 의해 제어되는 것과 같은 방식이다.

- parent 노드에 초기 엑세스를 할 때 MT는 17.2에서 설명한 random 엑세스 응답을 통해 초기 시간 보정 명령을 받는다.

- parent 노드에 연결이 설정된 후 MT 전송 타이밍은 parent 노드가 제공하는 timing advance 명령으로 보정될 수 있다. timing advance는 MAC-CE 시그널링을 통해 전송된다. 15.2절을 참고하기 바란다.

고정된 IAB 노드와 MT의 전송 타이밍은 대개는 자주 재조정될 필요가 없음에 유의하라.

DU 전송 시간에 관하여 3GPP에는 일반적인 요구 사항이 있다. 쌍으로 되어 있지 않은 주파수에서 동작할 때 모든 셀의 하향링크 전송은 3μs 이내로 서로 동기가 맞아야 한다 [104]. 단말의 관점에서 IAB 노드에서 생성된 기지국은 다른 셀과 구별이 불가능하므로 이러한 하향링크 전송 시간의 동기에 대한 요구 조건은 IAB 노드 DU에 의해 생성된 셀에도 적용된다. 적어도 쌍으로 동작하지 않는 스펙트럼에서는 말이다.

이러한 노드들 간의 하향링크 전송 시간의 동기는 IAB 노드에서 GPS 수신을 하는 것 같은 방식으로 구현할 수 있다. 그러나 IAB는 OTA에 기반한 전송 시간 동기를 지원하다. 이 방식에 의하면 IAB 노드는 parent 노드로부터 받은 시그널에만 의존하여 DU 전송 타이밍을 추출해낸다.

OTA에 기반한 전송 타이밍 동기의 기본 원리는 IAB 노드가 자신의 DU 전송 타이밍을 parent 노드로부터 받은 시그널보다 T_{prop} 만큼 앞선 타이밍에 맞추는 것이다. T_{prop}은 parent 노드로부터 IAB 노드까지의 전파 지연 시간을 의미한다. 이러한 방식으로 IAB 노드의 DU 전송 타이밍이 parent 노드의 DU 전송 타이밍과 동기가 맞춰져 모든 셀 간 하향링크 전송 시간의 동기를 맞추기 위한 요구 조건을 만족시킨다. OTA에 기반한 전송 타이밍 동기는 그러므로 IAB 노드와 이의 parent 노드 간의 전파 지연을 추정하는 것과 같다.

그림 22.6은 IAB 백홀의 양단인 parent 노드의 DU와 child 노드의 MT 간의 송수신 타이밍 관계를 그린 것이다. child 노드 MT에서 하향링크 수신 타이밍과 상향링크 전송 타임의 간격이 T_A이고 parent 노드 DU에서 상향링크 수신 타이밍과 하향링크 전송 타이밍 간격을 T_Δ라고 했을 때 전파 지연 시간은 $\hat{T}_{prop} = (T_A - T_\Delta)/2$로 추정될 수 있다.

T_A는 child 노드에 상속되어 알려진 값이고 T_Δ는 parent 노드에서 알고 있는 값이다. child 노드가 parent-child 전파 지연 시간을 예측하기 위해, 즉, OTA 기반 타이밍 동기를 하기 위해 parent 노드는 T_Δ를 MAC-CE 시그널링을 통해 child 노드에 알려줘야 한다. 이는 상향링크 타이밍 동기 명령과 같은 타입의 시그널링이다. 15.2를 참고하기 바란다. 좀 더 신뢰도가 높은 RRC 시그널링 대신에 MAC-CE를 통해 T_Δ를 제공하는 이유는 RRC 프로토콜은 도너 노드에서 종료(terminate)되기 때문이다. 반면 T_Δ는 parent 노드에서 발생하는 값이다. 멀티 홉 IAB의

경우 parent 노드는 도너 노드가 아닐 수 있다. parent 노드는 도너 노드에게 우선 T_Δ를 제공할 필요가 있다. 그 이후에 도너 노드는 T_Δ를 child 노드에 RRC 시그널링을 통해 전송한다. MAC-CE 시그널링을 사용함으로써 parent 노드의 DU에서 terminate 되고 parent 노드는 child 노드에게 직접 T_Δ를 제공할 수 있다. 이로써 시그널링 오버헤드를 줄이고 빠르게 T_Δ를 업데이트할 수 있다.

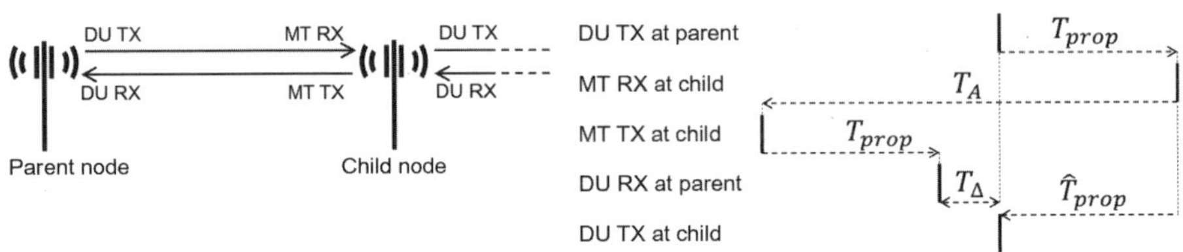

그림 22.6
parent 노드의 DU와 child 노드의 MT 간에 타이밍 관계

22.4.2 DU/MT 협력 및 설정

IAB의 DU와 MT 부분이 동일한 주파수 대역에서 동작할 때 DU와 MT 간에 심볼과 슬롯으로 시간 영역 리소스를 협력해서 사용하는 것이 필요하다. 이는 백홀과 엑세스가 같은 주파수 대역에 있는 대역 내 백홀에만 해당하는 것이 아니라 멀티 홉으로 연결된 대역 외 백홀 경우에도 해당한다. 멀티 홉의 경우 IAB 노드의 MT와 DU에 모두 백홀이 있을 수 있다.

특히 DU/MT는 그림 22.7에 그려진 full-duplex 상황을 피하도록 협조하여야 한다. DU 송신이 MT의 수신에 심각한 간섭을 주는 경우(그림 22.7의 왼쪽)와 MT 송신이 DU의 수신에 심각한 간섭을 주는 경우(그림 22.7의 오른쪽)를 피하도록 설계해야 한다.

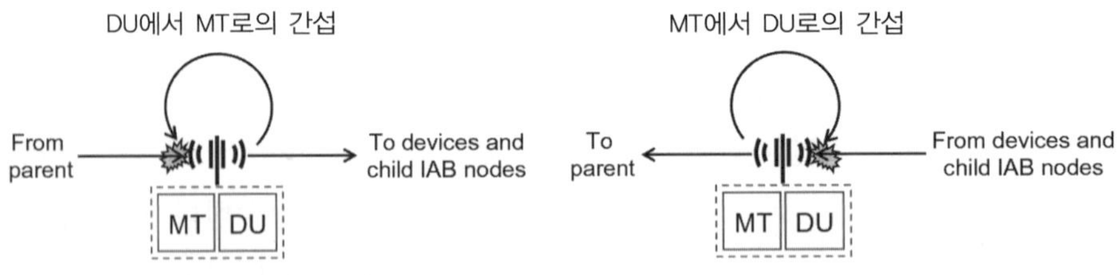

그림 22.7
DU 전송과 MT 수신이 동시에 있을 때 노드 내 간섭 (왼쪽), MT 전송과 DU 수신이 동시에 발생할 때 간섭 (오른쪽)

어떤 설치 환경에서는 IAB 노드의 DU와 MT 부분이 충분히 격리되어 있어 DU/MT full-duplex가 가능한 경우도 있다. 이러한 예로 IAB 노드가 outdoor-to-indoor 커버리지를 제공하는 데 사용된 경우로 이때는 MT는 실외에 있고 DU는 실내에 있는 경우이다.

위에서 언급한 DU와 MT의 동시 동작 상황이 그림 22.7에 그려져 있다. DU와 MT가 같은 전송 방향으로 그러니까 DU는 송신 MT는 수신인 하향링크 방향, 또는 DU는 수신 MT는 송신인 상향링크 방향으로 동작하는 상황을 가정하였다. 그림 22.8에 그려져 있듯이 DU와 MT가 동시에 동작하는 상황, 그러니까 DU는 하향링크 전송이고 MT는 상향링크로 동작하거나, DU는 상향링크로 수신이고 MT는 하향링크로 역시 수신인 경우를 가정해 볼 수 있다.

이러한 경우는 그림 22.7에서 발생했던 full-duplex에 의한 심각한 노드 내 간섭이 발생하는 상황이 아니다. 간섭을 없애기 위해서 DU와 MT가 서로 다른 리소스에서 송신과 수신이 발행하도록 하는 것이 필요하다. 일례로 DU와 MT가 한 주파수 내에서 FDM으로 분리되어 주파수 영역에서 다른 리소스를 사용함으로써 해결할 수 있다. 또는 DU와 MT를 공간적으로 분리하는 것도 방법이다. DU와 MT는 동시에 같은 주파수 영역에서 동작하지만 서로 다른 방향을 향하고 있는 서로 다른 안테나 패널을 이용할 수 있다. 그림 22.9를 참고하기 바란다.

그림 22.7의 MT와 DU의 full-duplex 동작은 매우 특별한 설치 환경에서만 가능하다. 그림 22.8에서의 동시 동작은 대부분의 경우에 가능하다. MT와 DU가 보통 같은 타이밍으로 동작하지 않는다는 사실에 유의할 필요가 있다. 그림 22.6에 그려져 있듯이 DU와 MT 간에 FDM 또는 SDM 으로 분리된 복잡한 구현이 필요하다. 그러므로 모든 IAB 노드들이 SDM과 FDM을 지원한다고 기대하기는 어렵다.

결론적으로 DU와 MT간에 협력해야 할 필요가 있으며 특히 DU와 MT가 동시에 동작하는 상황을 피해야 한다. 또한, 그런 동시 동작이 가능할 때는 적극적으로 이용하여야 한다. IAB 내에서 DU와 MT의 전송 방향을 분리하여 설정하고 주어진 시간 영역 리소스에서 MT나 DU에 우선권을 주는 방법이 필요하다.

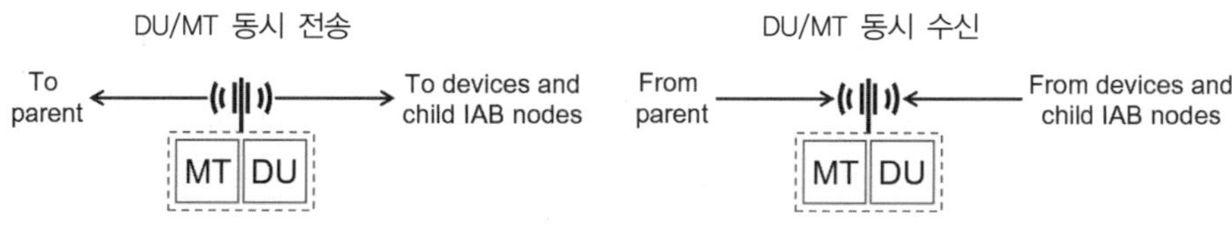

그림 22.8
DU와 MT의 동시 전송(왼쪽)과 동시 수신(오른쪽)의 경우

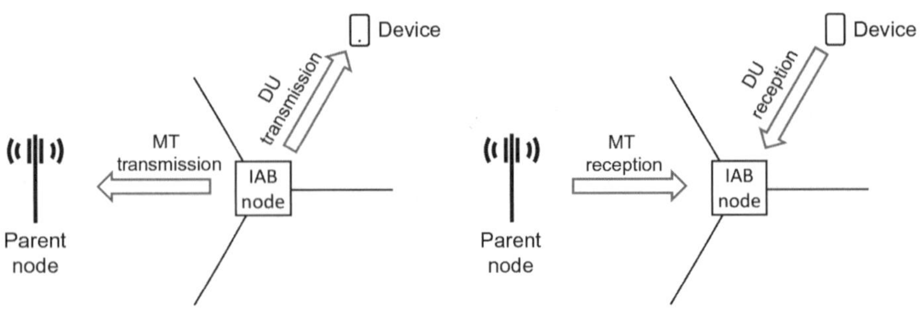

그림 22.9
DU/MT SDM (Spatial Division Multiplexing) 송신 (왼쪽), 수신측면 (오른쪽)

22.4.2.1 MT 리소스 설정

7장에서 단말의 관점에서 시간 영역 리소스인 OFDM 심볼을 네트워크에 의해 하향링크, 상향링크, flexible하게 방향을 지정할 수 있음을 설명하였다. IAB 노드의 MT도 마찬가지로 시간 영역 리소스를 다음과 같이 설정할 수 있다.

- **하향링크 (D)** : 이 영역은 parent 노드가 하향링크로 (MT는 수신) 설정된 리소스이다.
- **상향링크 (U)** : 이 영역은 parent 노드가 상향링크 방향 (MT는 송신) 설정된 리소스이다.
- **flexible (F)** : 이 리소스는 하향링크나 상향링크로 (MT는 수신 또는 송신) 모두 사용 가능하다. 전송 방향은 7.8.3에서 정해지는 것과 마찬가지로 parent 노드의 스케줄러가 순간순간 방향을 결정한다.

단말에게 결정되는 것과 같은 방법으로 공통 설정(common configuration)인 시스템 정보와 RRC 시그널링을 통한 MT 당 dedicated 설정, 그리고 SFI(Slot Format Indicator)를 통한 semi-dynamic 지시의 조합으로 결정된다. 여기서 시스템 정보는 셀 내의 IAB 노드 MT와 단말에게 공통적으로 적용된다. 한 가지 다른 점은 단말의 dedicated 설정은 D-F-U 순서의 패턴만이 허용되지만 MT의 dedicated 설정은 U-F-D 순서의 패턴 또한 허용된다는 것이다. SFI를 이용하는 semi-dyanmic 설정에서도 마찬가지로 MT에 대해 미리 지정된 슬롯 패턴이 U-F-D 순서의 패턴도 포함하도록 확장되었다.

이러한 확장의 이유는 위에서 언급한 SDM/FDM을 이용한 DU/MT의 동시 동작을 가능하게 하기 위한 것이다. 이 경우에 IAB 노드의 child 링크의 방향, 그러니까 DU로부터의 아래 노드를 향한 방향은 동일한 IAB 노드의 parent 링크, 그러니까 MT로부터 위로 향한 방향과 반대가 될 것이다. 그러므로 한 링크가 U 방향으로 동작하면 다른 링크는 D로 동작하고 반대 방향도 마찬가지다. 즉, D-F-U 패턴으로 한 링크가 동작하면 다른 링크는 U-F-D로 동작해야 한다.

MT의 D/U/F common configuration은 단말과 공통으로 쓰인다는 것에 유의하라. 즉, D-F-U의 순서로만 설정된다. 게다가 단말의 dedicated configuration과 비슷하게 dedicated MT 설정은 common configuration의 flexible 리소스만 변경할 수 있고 하향링크나 상향링크 리소스는 변경할 수 없다. 결론적으로 MT에게 자유롭게 U-F-D로 할당하는 것은 common configuration에서 all-flexible로 설정해야 한다. common configuration은 IAB 노드의 MT와 단말에게 공통적인 것이므로 단말도 all-flexible common configuration으로 동작하는 것이 필요함을 의미한다. 이 경우 단말 설정을 제한하기 위해서는 단말 당 dedicated configuration으로 설정해야 한다.

22.4.2.2 DU 리소스 설정

MT와 비슷하게 DU의 시간 영역 리소스인 심볼도 다음과 같이 설정될 수 있다.

- ❑ **하향링크 (D)** : DU의 하향링크 방향인 DU의 송신 방향으로 사용할 수 있는 리소스
- ❑ **상향링크 (U)** : DU의 상향링크 방향인 DU 수신 방향으로 사용할 수 있는 리소스
- ❑ **flexible (F)** : DU는 이 영역을 DU 송신 또는 수신 방향으로 사용할 수 있다.

DU의 시간 영역 리소스는 사용 불가(Not Available)로 설정되어 이 리소스를 사용하지 못하도록 설정할 수 있다.

D/U/F의 설정과 동시에 DU 시간 영역 리소스는 Hard 또는 Soft로 설정될 수 있다. Hard 설정의 경우 DU는 MT가 설정이나 스케줄링에 따라 송신 또는 수신할 수 있는지에 관계없이 D/U/F 설정에 허용된 전송 방향으로 리소스를 이용한다. 실제 상황에서 이는 DU 시간 영역 리소스가 hard로 설정되면 parent 노드는 IAB 노드 MT가 수신 또는 송신할 수 없다고 가정해야만 한다. 그 결과로 parent 노드는 이 영역을 통해서 MT에게 송신 또는 수신을 스케줄링해서는 안 된다.

반면 DU 시간 영역 리소스가 soft로 설정되면 DU는 MT가 설정이나 스케줄링에 따라 전송 또는 수신할 수 있는 능력에 영향을 주지 않을 때만 이 영역을 이용할 수 있다. 이는 parent 노드가 해당 MT 리소스로 MT에게 하향링크 전송을 스케줄링할 수 있고 MT가 전송을 수신할 수 있다고 가정한다. 마찬가지로 parent 노드는 MT 상향링크 전송을 해당 리소스로 스케줄링하고 MT가 송신을 수행할 수 있다고 가정한다.

Hard 또는 Soft 로의 DU 리소스의 설정은 슬롯 단위로 D/U/F 설정이 이루어진다. 즉, 각 슬롯마다 DU 리소스는 하향링크, 상향링크, flexible이 독립적으로 hard 또는 soft로 설정될 수 있다. 예를 들어 슬롯 안에서 리소스가 하향링크 hard로 설정되고 상향링크 또는 flexible은 soft로 설정될 수 있다.

soft로 DU 리소스를 설정할 수 있는 것은 DU 리소스를 좀 더 다이내믹하게 사용할 수 있는 가능성을 열어준다. 예를 들어 상향링크로 설정된 MT 리소스가 soft DU 리소스에 해당한다고 가정해 보자. MT가 해당 리소스에 스케줄링 그랜트가 없을 때 IAB 노드는 MT가 그 리소스로 전송하지 않을 것이라는 것을 안다. 결과적으로 DU는 리소스를 다이내믹하게 이용할 수 있다. DU는 심지어 IAB 노드가 DU와 MT 동작을 동시에 수행할 수 없더라도 하향링크 전송으로 리소스를 이용할 수 있다.

soft DU 리소스를 설정할 수 있는 것은 IAB 노드에게 DU와 MT동작을 동시에 수행할 수 있는 장점을 제공한다. 위에서 언급하였듯이 IAB 노드가 DU와 MT로 동시에 동작하는 것이 가능한지 불가능한지는 IAB 노드의 구현과 설치 시나리오에 달려 있다. 그러므로 DU와 MT 동시 동작이 가능하도록 구현되고 설치된 IAB 노드는 parent 노드가 이를 알지 못하더라도 soft DU 리소스를 사용할 수 있다.

IAB 노드가 자체적으로 soft DU를 사용할 수 있다고 판단하는 상황을 3GPP에서는 soft DU 리소스의 암묵적 사용 가능 표시(implicit indication of availability)라고 부른다. parent 노드는 DU 리소스에 대한 명시적 사용 가능 표시(explicit indication of availability)를 제공할 수도 있다.

soft DU의 명시적 사용 가능 표시는 슬롯 단위로 DU 리소스 타입 D/U/F이 정해진다. 그러므로 한 슬롯에 8가지의 표시가 가능하다. 표 22.1을 보기 바란다.

soft 심볼로 구성된 특정 심볼들이 사용 가능하다고 명시적으로 표시되지 않았을 경우 이 심볼은 암묵적 표시로 사용가능할 수 있음에 유의하라. 어떤 의미로는 soft DU 리소스에 대한 명시적 사용 가능 표시는 parent 노드가 soft DU 리소스에 해당하는 MT 리소스를 사용하지 않을 것이라는 것을 간접적으로 IAB 노드에게 알려주는 것으로 볼 수 있다. 이로부터 IAB 노드는 soft DU 리소스가 MT의 동작에 영향을 주지 않고 사용될 수 있다고 판단할 수 있다.

사용 가능 표시는 IAB 노드에게 semi-dynamic 방법으로 전달될 수 있다. 이때 IAB 노드는 초기에 사용 가능 조합 테이블에 대한 설정을 받는다. parent 노드는 DCI를 통해 어떤 조합을 이용할 것인지를 명시한다.

사용 가능 조합 테이블 내에서 각각의 사용 조합은 사용 가능 순서에 해당한다. 표 22.1의 8가지 조합 중 하나가 주어지면 이는 슬롯의 순서에 각각 매핑된다. 그리고 각각의 사용 가능 조합은 availability-combination index와 연계되어 있다. semi-dynamic 명시는 parent 노드가 사용 가능 조합의 인덱스를 제공하는 방식이다. 이는 사용 가능 조합 표의 각 행을 DCI 포맷 2_5를 통해 전송함으로써 이루어진다.

표 22.1 soft 리소스 슬롯의 8가지 사용 가능 type

Availability Indication	Availability
0	No soft symbols indicated as available
1	Only downlink (D) soft symbols indicated as available
2	Only uplink (U) soft symbols indicated as available
3	Only flexible (F) symbols indicated as available
4	Only downlink (D) and uplink (U) soft symbols indicated as available
5	Only downlink (D) and flexible (F) soft symbols indicated as available
6	Only uplink (U) and flexible (F) soft symbols indicated as available
7	All soft symbols (D, U, and F) indicated as available

DCI 포맷 2_5는 DCI 포맷 2_0과 같은 사이즈를 가지고 있어 DCI 포맷 2_5를 위한 추가 블라인드 디코딩이 필요하지 않다. 2_5는 AI-RNTI로 인코딩되며 IAB 노드 초기 설정의 일부로 IAB 노드에게 전달된다.

그림 22.10은 명시적 표시의 예를 보여준다. 각 사용 가능 조합은 여덟 개의 슬롯을 커버한다. DCI 포맷 2_5에서 인덱스 3은 사용 가능 조합 테이블의 네 번째 행을 가리킨다. 이는 8개의 슬롯에 대해 명시적 사용 가능 표시를 제공한다. 그림의 아래쪽을 보기 바란다. 사용 가능이 암묵적으로 지시될 수 있다는 것을 무시한 그림이라는 것에 유념하라. 이는 soft 리소스의 사용 가능 여부는 오로지 parent 노드가 제공하는 DCI 포맷 2_5에 의해 명시적으로 표시됨으로써만 결정되는 것으로 가정한 것이다.

512개까지 사용 가능 조합이 지원되는 테이블을 IAB 규격으로 정하고 있다. 각 사용 가능 조합은 256개까지의 연속되는 슬롯(그림 22.10에서는 8개의 슬롯을 예로 들었다)에 대한 리소스 사용성을 명시할 수 있다.

또한, 실제 상황에서는 DU는 하나 이상의 셀을 생성할 수도 있다. 이때 DCI 포맷 2_5는 각 DU 셀에 각각 하나씩 DU 셀 개수만큼의 인덱스를 제공하게 된다.

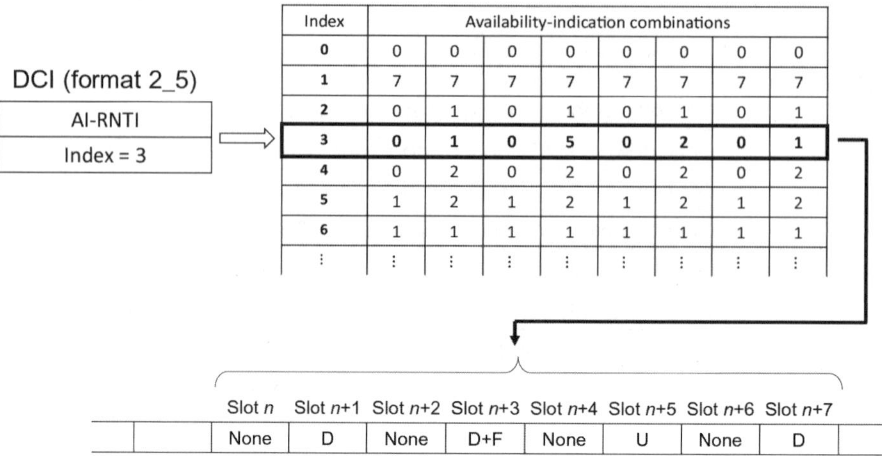

Index	Availability-indication combinations							
0	0	0	0	0	0	0	0	0
1	7	7	7	7	7	7	7	7
2	0	1	0	1	0	1	0	1
3	**0**	**1**	**0**	**5**	**0**	**2**	**0**	**1**
4	0	2	0	2	0	2	0	2
5	1	2	1	2	1	2	1	2
6	1	1	1	1	1	1	1	1
⋮	⋮	⋮	⋮	⋮	⋮	⋮	⋮	⋮

그림 22.10
사용 가능 조합 테이블과 DCI를 통한 사용 가능 조합 인덱스에 기초한 soft 리소스의 명시적 사용 표시의 예

23 사이드링크(Sidelink) 통신

CHAPTER

단말 간 직접 통신인 device-to-device(D2D) 는 3GPP 릴리스 12 [98]에 LTE의 한 부분으로 도입되어 사이드링크 통신이라 부른다. 이후의 릴리스에서는 LTE 사이드링크 통신이 확장되어 vehicle-to-vehicle(V2V) use case에 초점을 맞추게 되었다. 이는 차량 간 직접 통신이다 [101].

NR의 첫 릴리스는 사이드링크 통신 지원을 포함하지 않았다. 그러나 NR 사이드링크 통신은 3GPP 릴리스 16에 V2X(Vehicle-to-Anything) 워크 아이템 (work item)으로 도입되었다 [102]. V2X 워크 아이템의 목표는 향상된 V2X 서비스에 필요한 연결성을 제공하는 것이었다. 이는 다음과 같은 use case에 초점이 맞춰져 있다. 좀 더 자세한 사용 예는 [103]을 참고하기 바란다.

- ❏ 군집 차량 이동
- ❏ 확장된 센서
- ❏ 향상된 드라이빙
- ❏ 원격 드라이빙

릴리스 16 V2X 워크 아이템은 차량 간 통신에만 국한되지 않고 위에 열거한 use case를 위한 vehicle-to-infrastructure를 포함한다. 그렇지만 워크 아이템의 주요 관심사는 V2V를 위한 NR 사이드링크 통신의 도입이었다.

3GPP의 통신 기술 발전은 특정한 use case를 위해 특정 기술 사용할 것을 제한하지 않는다는 것을 이해하는 게 중요하다. 그러므로 릴리스 16의 NR 사이드링크는 V2V use case에 초점이 맞춰져 개발되었지만, 이 기술을 다른 용도로 사용하는 것을 제한하는 것은 아니다.

23.1 NR 사이드링크 – 전송과 설치 시나리오

NR 사이드링크는 다음의 세 가지 전송 시나리오를 지원한다. 그림 23.1과 함께 보기 바란다.

- ❏ 유니캐스트(Unicast): 사이드링크 전송이 특정 수신 단말을 겨냥한다.

- 그룹캐스트(Groupcast): 사이드링크 전송이 특정 수신 단말 그룹을 겨냥한다.
- 브로드캐스트(Broadcast): 사이드링크 전송이 전송 범위 안의 모든 단말에게 향한다.

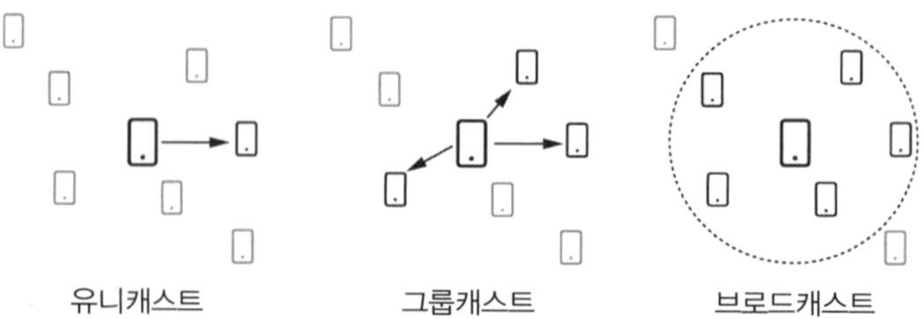

그림 23.1
사이드링크 전송 시나리오

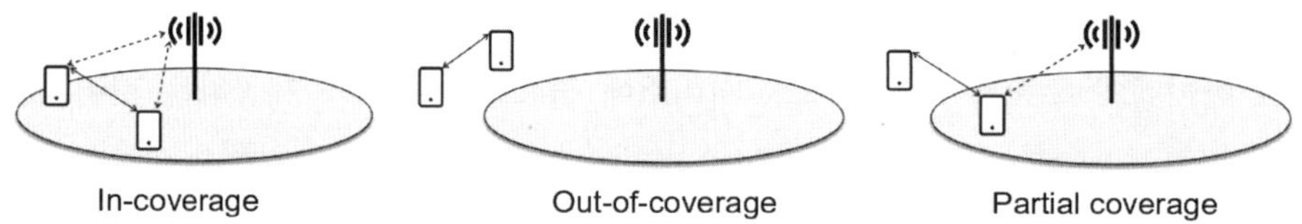

그림 23.2
사이드링크 설치 시나리오

사이드링크 통신과 오버레이(overlay)된 셀룰러 네트워크와의 관계에 따라 두 가지 설치 시나리오가 존재한다. 그림 23.2를 참고하기 바란다.

- 커버리지 내 동작(In-coverage operation): 사이드링크 통신에 관계된 단말들이 오버레이된 셀룰러 네트워크의 커버리지 내에 있다. 네트워크는 동작 모드에 따라 사이드링크 통신을 제어한다.
- 커버리지 외 동작(out-of-coverage operation): 사이드링크 통신에 관여된 단말들이 오버레이된 셀룰러 네트워크의 커버리지 내에 있지 않다.

부분 커버리지(partial-coverage) 시나리오도 있는데 이때는 D2D 통신에 관여하는 단말의 일부만이 오버레이된 네트워크의 커버리지 안에 존재한다.

커버리지 내 동작의 경우 사이드링크 통신은 오버레이된 셀룰러 네트워크와 캐리어 주파수를 공유한다. 또는 사이드링크 통신은 셀룰러 네트워크의 캐리어 주파수와는 다른 사이드링크에 특수한 캐리어 주파수를 쓸 수도 있다.

일반적으로 네트워크 커버리지 내의 단말은 사이드링크 통신에 필요한 파라미터를 설정받게 된다. 이러한 파라미터의 일부는 네트워크 커버리지 밖에서의 사이드링크 통신에 필요한 것을 명시한다. 이러한 파라미터는 단말 자체에 hard-wired 되어 있거나 단말의 SIM 카드에 저장되어 있다. 3GPP 상으로는 네트워크 커버리지 내의 단말에게 적용되는 기존의 설정과 구별하기 위해 pre-configuration이라는 용어를 사용한다. 여기서는 이러한 세부적인 것은 피하고 단말이 네트워크 커버리지의 밖에 있을 때 pre-configuration으로 제공되는 파라미터도 '설정(configuration)'이라는 용어를 사용할 것이다.

미리 언급하였듯이 V2V를 포함하는 사이드링크 통신은 LTE에서도 이미 지원되었다. 그러므로 NR 커버리지 내에서 NR 네트워크로 제어되지만, 단말은 LTE에 기반한 사이드링크 통신을 사용하는 상황이 있을 것이다. 마찬가지로 LTE 오버레이 네트워크에서 NR 사이드링크를 사용하고자 하는 경우도 있다. 이러한 상황을 지원하는 내용이 3GPP 규격에 포함되어 있다. 그러나 여기서는 NR 네트워크의 커버리지 내 또는 NR 커버리지 밖에서 동작하는 NR 사이드링크만을 고려할 것이다.

23.2 사이드링크 통신 리소스

NR 사이드링크 전송은 NR 하향링크와 마찬가지로 기존의 OFDM 심볼에 기반한다. 이는 LTE 사이드링크가 LTE의 상향링크 전송에 사용되는 방식인 DFTS-OFDM에 기반을 두고 있는 것과는 다른 점이다[1].

단말이 사이드링크 전송을 설정받으면 사이드링크 리소스 풀(resource pool)을 설정받는다. 이 설정 안에는 다른 것들도 있지만 캐리어 내에서 사이드링크 통신에 사용할 시간/주파수 리소스에 대한 정의가 있다. 그림 23.3을 보기 바란다.

- 시간 영역 리소스 풀은 리소스 풀 주기 동안 반복되는 슬롯의 셋을 가지고 있다.
- 주파수 영역 리소스 풀은 연속되는 서브채널의 셋으로 구성되어 있으며 서브채널은 연속된 리소스 블록으로 구성되어 있다.

1) NR 상향링크는 기존의 OFDM과 DFTS-OFDM 모두 지원한다.

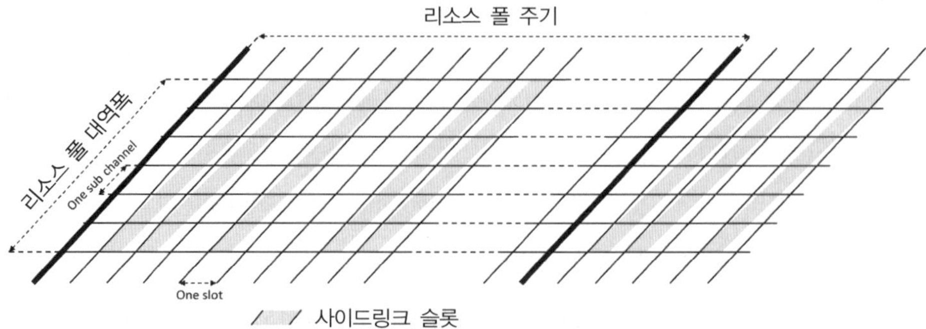

그림 23.3
사이드링크 리소스 풀 구조 예

전반적으로 사이드링크 리소스 풀의 시간/주파수 구조는 다음과 같은 항목으로 정의된다.

- 리소스 풀의 주기 설정
- 리소스 풀에서 사이드링크 슬롯의 셋 설정
- 서브채널 대역폭은 10, 15, 20, 25, 50, 75, 100개의 리소스 블록으로 설정 가능
- 리소스 풀의 대역폭은 연속되는 서브채널의 셋으로 설정됨
- 리소스 풀에서 첫 서브채널의 주파수 영역에서의 위치

리소스 풀에서의 설정은 시간 영역에서 슬롯 단위로 설정되지만, 사이드링크 슬롯 내의 모든 심볼이 사이드링크 전송에 사용 가능한 것은 아니다. 네트워크는 사이드링크 슬롯 내에서 연속되는 심볼 몇 개만이 사이드링크 통신에 사용 가능하다고 제한을 둘 수 있다. 그림 23.4[2]를 보기 바란다. 이는 다음과 같은 설정을 통해 이루어진다.

- 사이드링크 통신에 사용가능한 연속 심볼 셋에서 첫 심볼. 심볼 인덱스 0에서 7까지 쓸 수 있으며 그림 23.4에서는 심볼 3을 예로 그린 것임
- 사이드링크 통신에 사용가능한 연속 심볼의 개수. 7부터 14 심볼까지 가능하며 그림 23.4에서는 9 심볼을 예로 그린 것임.

이러한 방법으로 사이드링크 통신이 기존의 하향링크와 상향링크 통신이 사용하는 주파수를 공유할 때 첫 또는 마지막 심볼 몇 개는 하향링크 또는 상향링크 제어 시그널링에 사용할 수 있도록 보장해준다. 사이드링크만 사용하는 캐리어가 별도로 있을 경우엔 사이드링크 슬롯 내의 모든 심볼이 사이드링크 통신에 사용할 수 있음에 유의하라.

2) 이것은 실제로 리소스 풀의 속성이 아니라 리소스 풀이 구성되는 대역폭 파트의 속성이다. 따라서 동일한 대역폭 파트 내에 구성된 모든 리소스 풀에 대해 동일한 제한이 유효하다.

그림 23.4
사이드링크 슬롯에서 사용 가능한 심볼의 셋을 제한하는 예

이어지는 절에서 설명이 될 것이지만 사이드링크 슬롯의 몇몇 심볼은 다음과 같은 용도로도 사용될 수 있다.

- PSFCH 물리 채널을 사용하는 hybrid-ARQ 피드백
- AGC(Automatic Gain Control) 동작에 도움을 주기 위함
- 보호 심볼 (guard symbol)

이는 사이드링크 슬롯에서 사이드링크 데이터를 전송에 사용되는 실제 심볼 수를 제한할 수 있다.

사이드링크 전송에 사용되는 리소스의 정확한 셋을 결정하는 관점에서 사이드링크 전송의 두 가지 모드가 있다.

- 리소스 할당 모드 1: 오버레이된 네트워크가 사이드링크 전송을 스케줄링한다. 그러므로 리소스 할당 모드 1은 커버리지 내 또는 부분 커버리지 설치 시나리오에서만 적용 가능하다.
- 리소스 할당 모드 2: 전송에 사용할 리소스의 정확한 셋을 포함해서 사이드링크 전송에 대한 결정이 센싱과 리소스 선택이라는 과정을 통해 단말 자체에 의해 이루어진다. 리소스 할당 모드 2는 커버리지 내 또는 커버리지 외 설치 시나리오에 모두 적용될 수 있다.

두 가지 리소스 할당 모드는 23.4.1에서 상세하게 다룰 것이다.

23.3 사이드링크 물리 채널

하향링크와 상향링크 전송과 마찬가지로 사이드링크 전송 또한 트랜스포트 채널이 매핑되어 있는 일련의 물리 채널을 통해 이루어지며 L1/L2 제어 시그널링을 전달한다. 물리 계층에는 다음과 같은 채널들이 있다.

- physical sidelink shared channel (PSSCH): sidelink shared channel (SL-SCH) 트랜스포트 채널이 매핑되어 있다. PSSCH는 단말 간의 실제 사이드링크 데이터를 전송한다. 하향링크 통신을 위한 PDSCH와 같은 용도이다. 그러나 PDSCH와는 다르게 PSSCH는 2nd-stage SCI(Sidelink Control Information, 사이드링크 제어 정보) 라고 불리는 L1/L2 제어 시그널링도 전송한다. 2nd-stage SCI는 표준 규격에서는 간단히 SCI 포맷 0_2라고 부른다.
- physical sidelink control channel (PSCCH): 1st-stage SCI 또는 SCI 포맷 0_1로 불리는 사이드링크 제어 정보(SCI)를 전송한다. 1st-stage SCI는 수신 단말기에서 PSSCH를 적절히 복조하고 수신하는 데 필요한 정보를 포함한다. 그러므로 PSCCH는 수신 단말에서 PDSCH를 복조하고 수신하는 데 필요한 DCI를 전달하는 PDCCH와 비슷한 용도로 쓰인다. 1st-stage SCI는 또한 23.4.1.2에서 설명하게 될 리소스 예약에 관련된 정보를 포함하고 있다.
- physical sidelink feedback channel (PSFCH): 수신 단말에서 송신 단말에게 전송하는 hybrid-ARQ 피드백을 전송한다. 그러므로 PSFCH는 하향링크 데이터 전송에 대하여 상향링크로 hybrid-ARQ 피드백을 전송하는 PUCCH와 같은 용도이다.

나중에 알게 되겠지만 S-SS(Sidelink-Synchronization Signal)/PSBCH 블록을 전송하는 physical sidelink broadcast channel (PSBCH)도 있다. S-SS/PSBCH 블록은 사이드링크 동기를 위한 것으로 PSBCH는 sidelink master information block 또는 sidelink MIB라고 불리는 정보를 전송한다.

그림 23.5는 PSBCH를 포함한 사이드링크의 물리 채널과 이들이 전송하는 정보를 요약한 것이다.

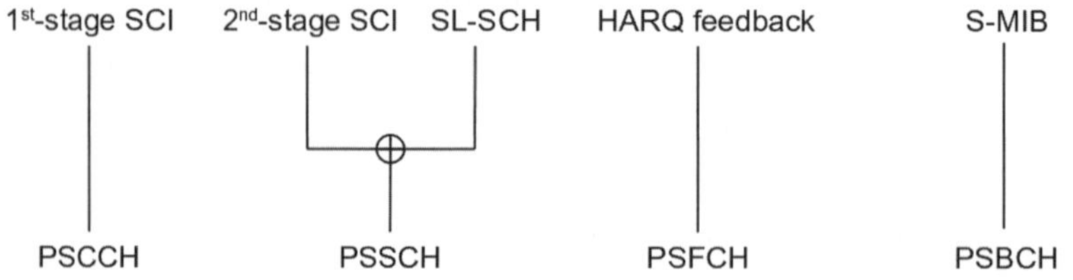

그림 23.5
사이드링크 물리 채널과 각 채널이 운반하는 정보

사이드링크 제어 정보 (SCI)가 1st-stage SCI와 2nd-stage SCI로 분리되어 있음은 이미 언급하였다. 1st-stage SCI는 PSSCH를 복조와 수신하는데 필요한 정보와 함께 리소스 예약에 관한 정보를 포함한다. 이 정보는 다수의 단말에게 적용되는 것으로 리소스 할당 모드 2로 동작하는 모든 단말에게 적용된다. 그러므로 사이드링크 데이터 전송이 유니캐스트일지라도 1st-stage SCI는 알려진 포맷으로 브로드캐스트되어야 한다.

반면 2nd-stage SCI는 하나의 단말 또는 단말 그룹을 위한 사이드링크 데이터에 대한 정보만을 포함하고 있다. 사이드링크 데이터를 전송해야 할 단말 또는 단말 그룹의 ID에 해당하는 목적지 ID, 그리고 hybrid-ARQ에 관련된 정보를 포함한다. 2nd-stage SCI 포맷은 1st - stage SCI를 통해서 시그널링이 되기 때문에 변할 수 있다. 그러므로 2nd-stage SCI는 빔포밍되어 전송되고 사이드링크 데이터의 목적지인 단말 (또는 단말 그룹)의 채널 상황에 따라 포맷이 바뀔 수 있다.

23.3.1 PSSCH/PSCCH

PSSCH와 PSCCH는 하나의 슬롯과 다수의 서브채널로 이루어진 시간/주파수 리소스 내에서 함께 전송된다. 리소스 할당 모드 1에서는 네트워크가 사이드링크 전송을 위한 리소스를 스케줄링하고 리소스 할당 모드 2에서는 단말이 자체적으로 선택하여 전송한다. 그림 23.6은 PSSCH/PSCCH 전송의 시간 주파수 구조를 도시한다. 위에서 언급하였듯이 사이드링크 슬롯의 일부 심볼만이 PSSCH/PSCCH 전송에 사용 가능하다. PSSCH/PSCCH 실제 전송은 이러한 심볼 구간의 두 번째 심볼에서 항상 시작한다. 첫 심볼은 두 번째 심볼의 복사본이다. 그 이유는 수신하는 단말이 AGC를 수행할 시간을 주기 위해서이다. 이를 통해 수신 신호의 전력이 적당한 레벨로 되도록 수신 증폭기의 이득을 조절하게 된다. PSSCH/PSCCH 전송의 끝에는 guard 심볼이 있다. 이 guard 심볼은 사이드링크 송신/수신 사이에 스위칭 시간이나 사이드링크와 하향링크/상향링크 전송 간에 스위칭 시간을 제공하기 위해 필요하다.

PSSCH/PSCCH 전송에 사용되는 실제 심볼 개수는 슬롯 내에서 사이드링크 전송에 사용 가능한 심볼 개수에 달려 있다. 그러나 이는 또한 슬롯 내에서 PSFCH 전송에 할당된 리소스가 있는지에 따라 다르다. 그림 23.6에서는 PSFCH 리소스는 없는 것으로 가정하였다.

시간 영역에서 PSCCH는 AGC 심볼을 제외하고 PSSCH/PSCCH 전송에 할당된 리소스의 첫 둘 또는 세 심볼만을 이용해 전송된다. 그림 23.6에서는 세 심볼을 가정하였다. 주파수 영역에서 PSCCH 전송은 PSSCH/PSCCH 리소스의 가장 아래의 리소스 블록에서 시작된다. 그리고 대역폭은 하나의 서브채널 이하이다. PSSCH는 PSSCH/PSCCH 전체 리소스의 나머지 영역에 매핑된

다. PSCCH의 대역폭과 두 심볼 또는 세 심볼의 시간은 리소스 풀 설정의 일부이며 수신 단말에게 미리 알려져 있다.

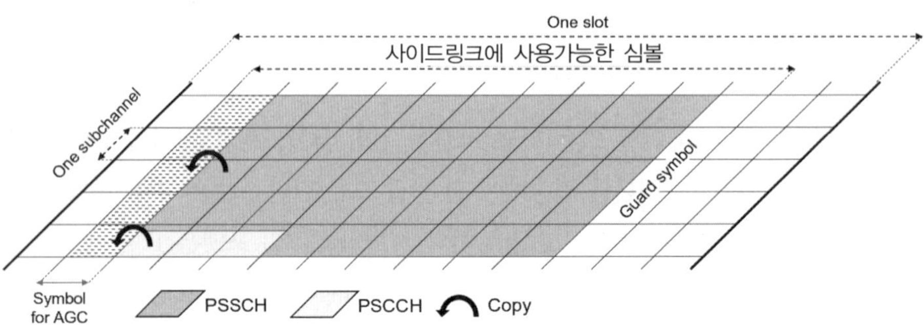

그림 23.6
PSSCH/PSCCH 구조, 11 심볼이 사이드링크 전송에 사용 가능하고 AGC와 guard 심볼을 포함하고 있다. PSCCH는 3 심볼에 확장되었다.

PSCCH는 PSSCH/PSCCH 리소스 내에서 고정된 위치에 있다. 이는 다음과 같은 내용을 시사한다.

- ❑ 수신 단말은 PSCCH를 서브채널의 아래 부분만을 검색하면 된다. PSCCH의 포맷은 리소스 풀 설정으로 제공되므로 블라인드 탐색을 할 필요도 없다.
- ❑ 수신 단말이 PSCCH를 찾으면 PSSCH/PSCCH 리소스의 주파수 영역에서의 시작점을 찾은 것이다. 수신 단말이 PSSCH/PSCCH 리소스에 대해 알아야 할 나머지 한 가지는 서브채널 개수로 이루어진 PSSCH/PSCCH의 대역폭이다. 이 정보는 1st-stage SCI의 일부로 제공된다. 즉, PSCCH 내에 제어 정보인 것이다.

1st-stage SCI의 채널 코딩은 10장의 DCI에 사용되는 것과 같은 Polar 코드에 기반하며 QPSK로만 변조된다.

PSSCH는 트랜스포트 채널 데이터(SL-SCH)뿐만 아니라 2nd-stage SCI를 전달하므로 상황이 약간 다르다. SL-SCH와 2nd-stage SCI는 분리되어 채널 코딩되고 변조된다. 변조된 심볼은 PSSCH 시간/주파수 자원에 매핑되기 전에 멀티플렉싱된다.

- ❑ 2nd-stage SCI의 채널 코딩은 DCI에 사용되는 것과 똑같은 Polar 코드에 기반한다. 즉 1st-stage SCI와 같으며 QPSK로만 변조된다.
- ❑ SL-SCH의 채널 코딩은 9장의 하향링크와 상향링크 shared channel에 쓰이는 것과 같은 LDPC 코드에 기반하며 256QAM 까지 변조될 수 있다.

1st-stage SCI는 2nd-stage SCI의 전송 포맷에 대한 정보를 포함한다. 또한, 수신 단말이

2nd-stage SCI와 SL-SCH에 사용된 resource element를 결정하는데 필요한 정보도 포함하고 있다. 일단 단말이 1st-stage SCI를 디코딩하면 PSSCH로부터 2nd-stage SCI와 SL-SCH를 적절히 추출해낼 수 있다.

SL-SCH는 하나의 전송 블록이 최대 두 개의 layer에 매핑되는 전송 모드를 지원한다. 2-layer 전송의 경우 2nd-stage SCI는 SL-SCH와 같은 DM-RS를 사용하며 두 개의 안테나 포트에 매핑된 동일한 심볼을 사용한다.

23.3.2 PSFCH

PSFCH(Physical Sidelink Feedback Channel)는 수신된 PSSCH에 대한 hybrid-ARQ 피드백을 운반한다.

PSFCH의 기본 구조는 10.2.2에서 설명한 PUCCH 포맷 0과 같다. ACK 또는 NACK 피드백 정보는 서로 다른 위상 회전이 적용되어 길이 12인 시퀀스로 주파수 영역에 매핑되어 전송된다. 위상 회전된 시퀀스는 PSFCH 전송에 할당된 하나의 리소스 블록에 매핑된다.

그림 23.7에 예시되었듯이 PSFCH는 사이드링크 슬롯의 마지막에서 두 번째 심볼에 전송된다. 마지막 심볼은 언제나 guard 심볼로 사용된다. 또한, AGC 때문에 PSFCH 심볼은 PSSCH/PSCCH와 같은 방법으로 심볼 바로 전에 복사본이 전송된다. PSSCH/PSCCH와 PSFCH 사이에는 PSSCH/PSCCH 수신과 PSFCH 송신 스위칭 타임을 제공하기 위해 guard 심볼이 필요하다.

이는 PSFCH 리소스가 사이드링크 슬롯에 설정되면 이는 AGC 심볼과 추가 guard 심볼까지 세 개의 심볼을 사용하게 됨을 의미한다. 이로 인해 PSSCH 전송에 사용할 수 있는 심볼의 수가 줄어들게 된다.

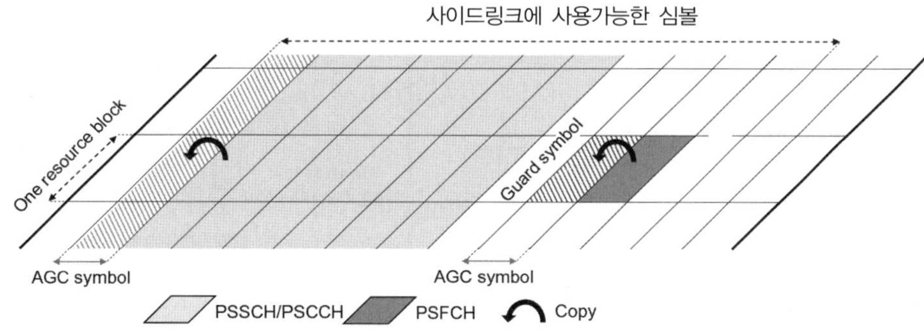

그림 23.7
PSSCH/PSCCH와 PSFCH 구조, AGC와 guard 심볼을 포함하여 11 심볼이 사이드링크 전송에 사용된 것으로 가정함

PSFCH 리소스는 매 슬롯에 있을 필요는 없다. 리소스 풀은 PSFCH 리소스가 매 슬롯, 두 번에 한 번, 네 슬롯에 한 번으로 주기를 설정할 수 있다. 리소스 풀은 리소스 풀에서 사이드링크 전송에 hybrid-ARQ를 쓰지 않도록 설정할 수도 있다.

사이드링크 hybrid-ARQ에 대한 자세한 내용은 23.4.2에서 기술한다.

23.4 사이드링크 절차

23.4.1 리소스 할당과 전력 제어

앞에서 언급하였듯이 사이드링크 전송에 사용할 리소스가 어떻게 결정되는지에 대한 두 가지 모드가 있다. 그림 23.8을 보기 바란다.

- **리소스 할당 모드 1**: 오버레이된 기지국이 사이드링크 전송을 스케줄링한다.
- **리소스 할당 모드 2**: 단말이 자체적으로 센싱과 리소스 선택 절차를 통해 사이드링크 전송에 사용할 리소스를 결정한다.

리소스 할당 모드는 오로지 송신기 입장에서만 유효하고 수신 단말은 어떤 리소스 할당모드로 송신이 이루어졌는지를 알 필요가 없다는 것을 이해하는 것이 중요하다. 또한, 수신 단말은 사이드링크 전송의 두 가지 서로 다른 모드에서 잘 동작해야 한다.

그 결과로 어떤 단말이 리소스 할당 모드 1로 사이드링크 전송이 이루어지더라도 다른 단말이 리소스 할당 모드 2에 관련된 센싱과 리소스 선택 절차에 필요한 리소스 예약 정보를 여전히 제공하여야 한다.

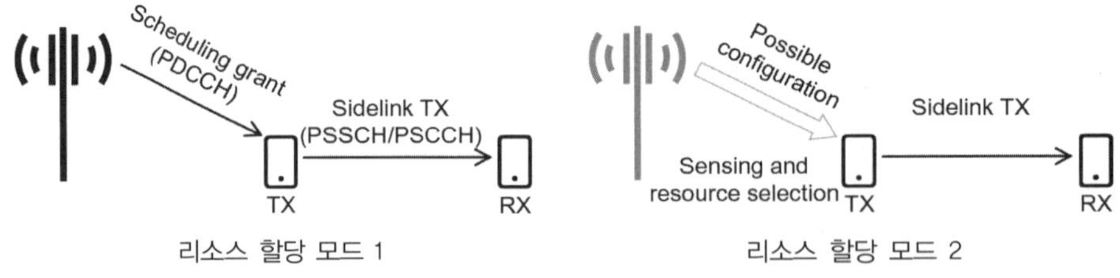

그림 23.8
리소스 할당 모드 1과 2

23.4.1.1 리소스 할당 모드 1

리소스 할당 모드 1의 경우 단말이 PSSCH/PSCCH 사이드링크 전송에 필요한 리소스 셋을 지정하는 스케줄링 그랜트를 받으면 오직 단말만이 그 전송을 수행한다. 이는 여러 면에서 14장에서 설명한 상향링크 전송에 대한 스케줄링 그랜트와 같다. 그러나 중요한 차이점은 이 그랜트가 상향링크 PUSCH 전송을 위한 것이 아니라 PSSCH/PSCCH 사이드링크 전송을 위한 것이라는 사실이다. 그림 23.9를 보기 바란다.

상향링크 스케줄링과 마찬가지로 사이드링크 스케줄링은 다이내믹과 configured 그랜트를 통해 이루어진다.

사이드링크 전송의 다이내믹 그랜트는 새로운 DCI인 포맷 3_0을 통해 이루어진다. 각 다이내믹 그랜트는 32 슬롯의 윈도우 내에서 최대 3개의 서로 다른 슬롯에 같은 트랜스포트 블록의 전송을 위한 리소스를 스케줄링할 수 있다. 그림 23.10을 보기 바란다. 첫 번째 스케줄링된 리소스는 스케줄링 그랜트가 있는 DCI를 수신한 슬롯 이후로 ΔT 시간 후에 있다. 나머지 두 개의 스케줄링 리소스는 첫 스케줄링된 리소스 후에 상대적으로 ΔT_1, ΔT_2 타임 오프셋을 가지고 있다. 세 개의 리소스는 동일한 대역폭을 가지고 있고 주파수 영역에서는 Δf, Δf_1, Δf_2의 주파수 오프셋을 가지고 서로 다른 위치에 있다. 여기서 Δf는 리소스 풀의 시작에 대한 상대적인 주파수 오프셋이고 Δf_1, Δf_2은 첫 스케줄링된 리소스에 대한 상대적인 주파수 오프셋이다. ΔT, ΔT_1, ΔT_2와 Δf, Δf_1, Δf_2는 스케줄링되는 리소스의 대역폭과 함께 스케줄링 DCI에 의해 제공된다.

configured 그랜트는 주기적으로 발생하는 사이드링크 전송에 대한 그랜트이다. 상향링크 스케줄링과 마찬가지로 사이드링크 전송에 대한 두 가지 타입의 configured 그랜트가 있다.

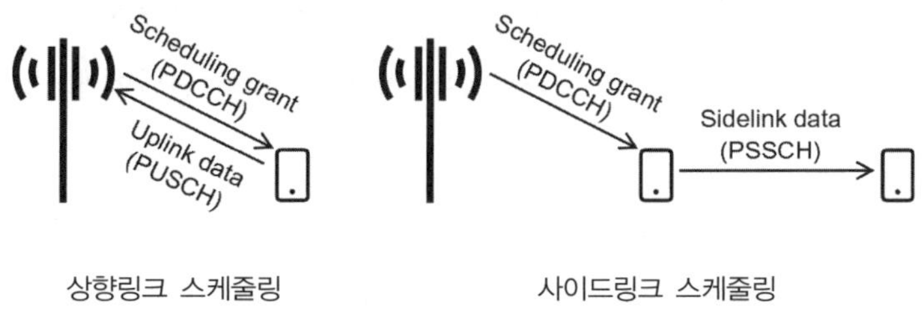

그림 23.9
상향링크 스케줄링(왼쪽)과 사이드링크 스케줄링(오른쪽)

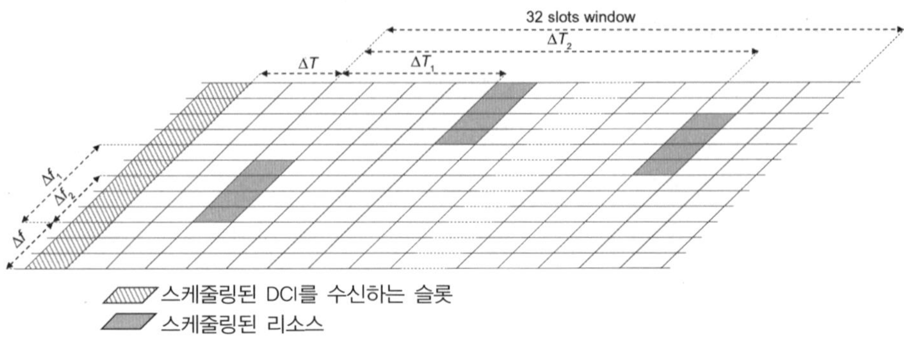

그림 23.10
32 슬롯 윈도우 내에서 3개의 사이드링크 리소스를 스케줄링하는 예

- ❑ **configured grant type 1**: 사이드링크 리소스를 포함하여 모든 그랜트가 RRC 시그널링으로 설정된다.
- ❑ **configured grant type 2**: 주기는 RRC 시그널링으로 설정되고 활성화 및 사이드링크가 사용할 주기적 리소스는 다이내믹 그랜트에 사용되는 것과는 다른 RNTI로 DCI 포맷 3_0을 통해 제공된다.

매 주기마다 configured grant는 type 1과 type 2 모두 다이내믹 그랜트와 비슷하게 세 개까지의 슬롯에 대한 리소스를 제공한다.

23.4.1.2 리소스 할당 모드 2

리소스 할당 모드 2에서는 단말이 센싱과 리소스 선택 절차를 통해 사이드링크 전송과 전송에 사용할 리소스를 자체적으로 결정한다. 센싱과 리소스 선택 절차는 리소스 예약 통지의 도움을 받아 이루어진다. 리소스 예약은 단말이 미래의 사이드링크 전송을 위해 선택한 리소스에 대한 정보를 다른 단말에 알려주려는 의도이다. 다른 단말들은 센싱과 리소스 선택 절차에 이 정보를 활용한다. 즉, 리소스를 선택할 때 미래의 사이드링크 전송을 예약하거나 사용한다. 앞에서 언급하였듯이 리소스 예약 정보는 1st-stage SCI의 일부로 다른 단말에게 공표된다.

리소스 예약

현재 슬롯 그러니까 1st-stage SCI가 전송되는 슬롯에 PSSCH/PSCCH 전송뿐만 아니라 단말은 현재 슬롯을 포함해서 32 슬롯의 윈도우 내에 추가로 두 개까지 PSSCH/PSCCH 전송을 위한 리소스를 예약할 수 있다. 그림 23.11을 보기 바란다. 두 개의 추가 전송은 현재 슬롯의 전송과 같은 대역폭을 가지지만 주파수 영역에서의 위치는 다를 수 있다. ΔT_1, ΔT_2, Δf_1, Δf_2 그리고 대역폭에 대한 정보로 정의되는 예약된 리소스에 대한 정보는 1st-stage SCI 내의 리소스 예약 부분을 통해 제공된다.

현재 리소스와 추가의 두 개 리소스의 총 3개 리소스의 구조는 리소스 할당 모드 1에서 다이내믹 그랜트나 configured grant로 제공되는 3개의 리소스와 동일하다. 그림 23.11과 그림 23.10을 비교해보기 바란다. 또한, 리소스 할당 모드 1로 송신하는 단말이 동작하더라도 1st-stage SCI 내에 ΔT_1, ΔT_2, Δf_1, Δf_2 정보가 포함되어 있음에 유의하라. 리소스 할당 모드 2로 동작하는 수신 단말은 센싱과 리소스 할당 절차를 수행할 때 해당 리소스가 예약되어 있는 것으로 간주한다. 아래 설명을 참고하기 바란다.

현재의 슬롯 또는 32 슬롯 윈도우 내의 두 개의 예약된 리소스 이외에 추가적인 트랜스포트 블록 전송을 위해 주기적으로 발생하는 리소스를 예약할 수도 있다. 그림 23.12에 그려져 있듯이 주기적으로 발생하는 리소스 셋은 대역폭, 주파수 위치, 시간 위치 면에서 그림 23.11의 3개의 첫 리소스와 동일한 구조를 가지고 있다. 그리고 T_p 주기마다 발생한다. 리소스 예약 주기 T_p는 1ms부터 1000ms의 범위에서 설정 가능하다. 리소스 풀 설정 과정에서 단말은 15까지 가능한 T_p가 제공된다. 단말은 이 중의 하나를 선택하고 1st-stage SCI 내의 리소스 예약을 위한 4비트의 형태로 공표(announce)한다. 나머지 all-zero 파라미터는 주기적 리소스 예약이 없다는 것을 나타낸다. 리소스 할당 모드 1로 동작하는 단말은 1st-stage SCI 내에 all-zero 파라미터를 시그널링해야 한다.

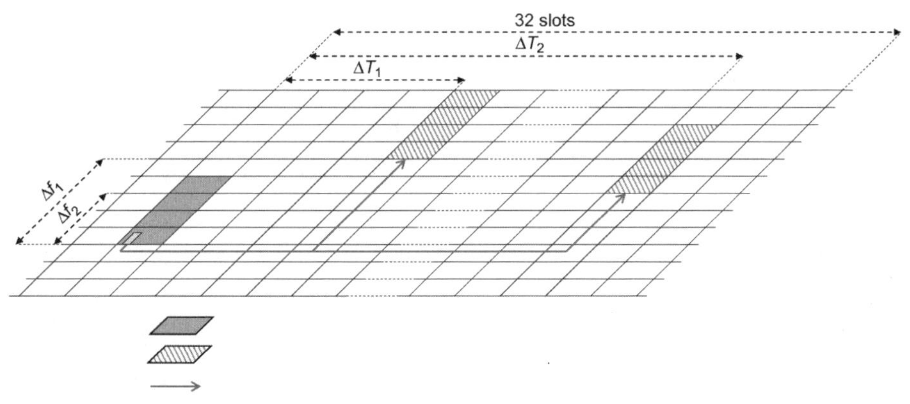

그림 23.11
32 슬롯 윈도우 내에 최대 두 개까지 추가 리소스를 예약하는 예

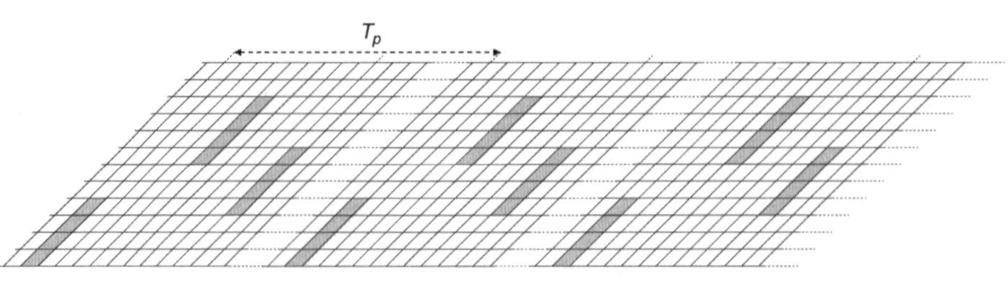

그림 23.12
주기적으로 발행하는 리소스 예약의 예

센싱

센싱 과정은 리소스 할당 모드 2로 동작하는 단말이 다른 단말에 의해 공표된 리소스 예약에 근거하여 사이드링크 전송에 사용할 리소스를 선택하는 것을 말한다.

송신할 데이터가 주파수 영역 리소스 측면에서 일정 정도의 서브채널을 필요로 한다고 가정하자. 또한, 지연 요구사항이 있어 일정 시간 윈도우 내에 송신되어야 하고 특정 우선 순위를 가지고 있다고 가정해 보자.

센싱 알고리즘은 모든 가능성이 있는 리소스 후보를 리스트하는 것에서부터 시작한다. 예약 윈도의 내의 모든 사이드링크 슬롯에서 리소스 풀 대역폭이 N-서브채널 이상인 후보를 찾는다. 그림 23.13을 보기 바란다. 여기서 N은 주파수 영역에서 필요한 양이다[3]. 예약 윈도우는 데이터가 전송되어야 하는 지연 범위 안으로 제한된다.

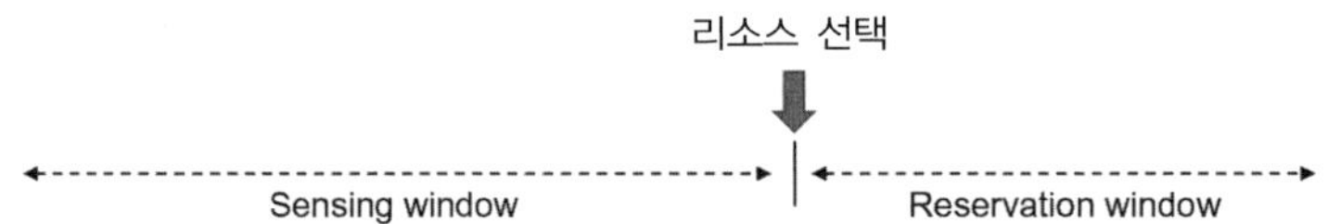

그림 23.13
센싱 윈도우와 예약 윈도우의 선택

이전의 센싱 윈도우 내에서 다른 단말들이 전송한 1st-stage SCI를 수신한 것을 바탕으로 단말은 다른 단말로부터 공표된 리소스 예약에 대한 정보를 수집했다고 가정한다. 그림 23.13을 보기 바란다. 후보에 있는 리소스와 다른 단말이 예약한 리소스가 조금이라도 겹치거나 단말로부터의 신호가 설정된 RSRP 보다 높게 수신되면 후보 리소스에서 제외된다. RSRP 문턱값은 다음과 같은 것에 의해 영향을 받는다.

3) 슬롯 내에는 $(M-N+1)$개의 N-서브채널 리소스가 존재한다. M은 서브채널 단위로 측정된 전체 리소스 풀 대역폭이다.

1. 센싱 단말의 전송 우선 순위: 우선 순위가 높을수록 문턱값은 낮아진다.
2. 공표된 리소스 예약의 우선 순위: 우선 순위가 높을수록 문턱값은 커진다. 그리고 1st-stage SCI 안에 포함된 리소스 예약의 정보 내용

절차의 마지막에 잠재적 후보 리소스가 원래 리스트의 20%보다 적어져서 원래 후보의 80%가 리스트에서 탈락되면 RSRP를 3dB씩 증가시키며 과정이 다시 시작된다. 이는 잠재적 후보 리소스의 리스트로부터 리소스가 탈락될 확률을 줄임으로써 남은 후보 리소스의 수를 늘리는 것이다. 남은 후보 리소스가 원래 셋의 적어도 20%를 포함하게 될 때까지 이 과정이 되풀이된다. 마지막으로 남은 후보 리소스로부터 무작위로 하나를 선택한다.

결과적으로 센싱 과정은 다음과 같다고 볼 수 있다.

- 다른 단말로부터 예약되지 않은 리소스의 우선 순위를 매긴다
- 단말에 의해 예약된 리소스를 낮은 RSRP 순으로 순위를 매긴다. 이는 근방의 단말이 같은 자원을 이용해 사이드링크 전송을 해서 생기는 충돌을 줄이고 멀리 있는 단말이 사용하는 리소스를 공간적으로 재활용하는 것이다.
- 다른 단말로부터의 우선 순위가 낮은 순으로 순위를 매긴다. 그러므로 충돌이 발생했을 때 덜 심각한 영향을 갖도록 하는 것이다.
- 마지막 과정으로 무작위 선택하는 리소스는 지연 요구사항을 만족하는 시간 윈도우 내의 원래 후보 리소스의 20% 이상인 집단에서 하게 되도록 보장한다.

23.4.1.3 사이드링크 전력 제어

사이드링크 전송을 할당받고 리소스를 선택하는 것과 함께 단말은 사이드링크 전송 전력을 결정해야 한다. 여기에는 몇 가지 방법이 있다.

첫 번째 방법으로 리소스 풀 설정으로 최대 사이드링크 전송 전력 $P_{\max,config}$을 사용하는 것이다.

두 번째 방법으로 기지국 커버리지 내에 있는 단말은 사이드링크 전송 전력을 셀 내의 상향링크 전송에 간섭을 줄이도록 설정할 수 있다. 이는 단말로부터 기지국까지의 전송 손실을 예측함으로써 이루어진다. 필요하면 최대 사이드링크 전송 전력을 다음과 같은 수식으로 줄일 수 있다.

$$P_{TX,\max} = \min\{P_{\max,config}, P_0 + \alpha P_L + 10\log_{10}(M_{RB})\}$$

여기서

- P_0는 다소 간략하게 표현되긴 했지만, 기지국이 제공하는 값으로 기지국이 수신하고자 하

는 서브채널 당 최대 수신 전력/잡음 레벨에 해당한다.

- ❑ P_L는 전송 손실 예측값
- ❑ α는 기지국이 제공하는 값으로 전송 손실에 가해지는 가중치로 0보다 크고 1보다 작거나 같다.
- ❑ M_{RB}는 사이드링크 전송의 대역폭이다.

최대 사이드링크 전송 전력에 대한 이러한 추가적인 제한은 유니캐스트, 그룹캐스트 또는 브로드캐스트의 모든 사이드링크 전송 시나리오에 적용될 수 있다.

최대 사이드링크 전송 전력의 수식 표현은 기본적으로 15.1.1에서 설명한 PUSCH의 open-loop 전력 제어 표현과 같거나 약간 간략화된 형태임을 눈여겨보기 바란다.

마지막으로 유니캐스트 사이드링크 전송의 경우엔 수신하는 단말이 송신하는 단말에게 Layer-3-filtered RSRP 보고를 제공할 수 있다. RSRP는 송신 단말이 송신-수신 간의 전송 손실을 예측하는 데 사용될 수 있다. 이로 인해 송신 전력을 사이드링크 채널 상황에 맞게 조절할 수 있다. 이는 PSCCH/PSSCH 사이드링크 전송에만 적용할 수 있고 PSFCH나 PSBCH 전송에는 적용할 수 없음에 유의하라.

23.4.2 Hybrid-ARQ 피드백과 재전송

설정에 따라 수신 단말은 PSFCH 물리 채널을 이용하여 송신 단말에게 Hybrid-ARQ 피드백을 제공할 수 있다. 이러한 피드백을 이용하여 송신 단말은 hybrid-ARQ 재전송을 수행한다. 이는 오버레이된 기지국에 재전송에 대한 리소스를 먼저 요청하여야 한다.

23.4.2.1 Hybrid-ARQ 피드백

수신 단말로부터 송신 단말에게 Hybrid-ARQ 피드백을 제공하는 것은 유니캐스트와 그룹캐스트 사이드링크 전송 시에 지원된다.

유니캐스트의 경우 ACK 또는 NACK 피드백 모두 제공될 수 있으며 PSFCH 기본 시퀀스를 서로 다른 위상으로 회전시키는 방식으로 인코딩된다.

- ❑ 수신 단말이 SL-SCH 트랜스포트 블록을 제대로 수신했을 경우 ACK 이 전송된다.
- ❑ 수신 단말이 SL-SCH 트랜스포트 블록의 유무는 1st 그리고 2nd stage SCI를 잘 디코딩하여 제대로 판단했으나 SL-SCH 트랜스포트 블록을 디코딩에 실패했을 때 NACK이 전송된다.

사이드링크 전송의 목적지 ID는 2nd-stage SCI 부분의 정보로 SL-SCH 트랜스포트 블록의 유무를 정확히 판단하기 위해서 수신 단말은 1st 그리고 2nd stage SCI 모두를 제대로 디코딩하여야 한다는 사실에 주목하라.

사이드링크 전송이 수신 단말 그룹을 향해 전송이 이루어지는 그룹캐스트의 경우에는 hybrid-ARQ 피드백에 두 가지 옵션이 있다.

- ❑ NACK-only 피드백: 수신 단말이 SL-SCH 트랜스포트 블록의 유무는 1st 그리고 2nd stage SCI를 잘 디코딩하여 제대로 판단했으나 SL-SCH 트랜스포트 블록을 디코딩에 실패했을 때 NACK이 전송된다. 단말이 SL-SCH 트랜스포트 블록을 제대로 디코딩하였을 때는 hybrid-ARQ 피드백을 전송하지 않는다.
- ❑ ACK/NACK 피드백: 수신 단말이 SL-SCH 트랜스포트 블록을 제대로 수신했을 경우 ACK 을 전송하고 SL-SCH 트랜스포트 블록의 유무는 1st 그리고 2nd stage SCI를 잘 디코딩하여 제대로 판단했으나 SL-SCH 트랜스포트 블록을 디코딩에 실패했을 때 NACK을 전송한다

NACK-only 피드백의 경우 다수의 단말이 동일한 PSFCH 리소스 블록에 같은 위상 회전으로 전송한다. 어느 한 단말이라도 SL-SCH 디코딩에 실패하면 NACK 피드백을 전송한다. 송신 단말이 NACK을 탐지하면 SL-SCH 트랜스포트 블록 재전송을 수행한다. 반면 ACK/NACK 피드백의 경우 각각의 수신 단말은 각기 다른 PSFCH 리소스를 할당받아야 한다. 이는 단말마다 서로 다른 PSFCH 위상 회전을 할당하거나 PSFCH 전송을 위한 서로 다른 리소스 블록을 할당하는 방식으로 이루어진다.

NACK-only 피드백을 사용하는 그룹캐스트 전송의 경우 송신 단말로부터 일정 거리 내의 단말만 hybrid-ARQ 피드백을 하게 하여 NACK 전송 수에 제한을 거는 방법이 있다. 이는 사이드링크 통신이 이루어지는 지역을 구역(zone)으로 나눔으로써 가능하다. 거리에 따라 hybrid-ARQ 피드백을 제한하기 위해 송신 단말은 2nd-stage SCI 내에 다음을 포함해야 한다.

- ❑ 단말이 위치한 구역에 대한 정보
- ❑ Hybrid-ARQ 피드백을 제공할 수 있는 범위 제한

수신 단말은 자신의 물리적 위치를 알고 있다고 가정하고 2nd-stage SCI에 포함된 정보를 바탕으로 송신 단말에 의해 명시된 구역의 중심점까지의 거리를 판단한다. 단말은 2nd-stage SCI로 제공된 거리 제한과 비교함으로써 hybrid-ARQ 피드백을 전송할지 말지를 결정한다. 계산된 거리는 수신 단말과 송신 단말 간의 실제 거리가 아니라 수신 단말과 송신 단말이 위치한 구역의 중심 간의 거리라는 것에 주의하라.

23.4.2.2 Hybrid-ARQ 재전송

사이드링크 hybrid-ARQ를 쓰기 위해서는 hybrid-ARQ 프로세스 넘버, NDI(New Data Indication), 그리고 RV(Redundancy Version) 등이 2nd-stage SCI에 포함되어야 한다. 이러한 파라미터들의 기능은 10.1.4의 하향링크 hybrid-ARQ와 기본적으로 같다.

리소스 할당 모드 2의 경우 송신 단말은 스스로 수신된 사이드링크 hybrid-ARQ 피드백을 바탕으로 재전송을 결정해야 한다. 그러나 수행할 수 있는 최대 재전송 횟수를 설정할 수 있다.

리소스 할당 모드 1의 경우 재전송을 포함해 사이드링크 전송이 기지국에 의해 허가된 리소스 내에서 이루어지므로 hybrid-ARQ 재전송이 좀 더 정교하다. 어떤 경우에는 사이드링크 전송에 대해 이미 grant를 받았을 수 있다. 그렇지 않을 경우 단말은 기지국에 재전송에 대한 grant 요청을 하여야 한다. 단말은 이를 일반적인 PUCCH 물리 채널을 통해 hybrid-ARQ 피드백을 통해서 하게 된다. 이 hybrid-ARQ 피드백은 본질적으로 특정 트랜스포트 블록의 재전송을 위한 리소스를 요청하는 특별한 스케줄링 요청으로 볼 수 있다. 이는 또한 configured grant에 근거한 사이드링크 전송의 경우에도 마찬가지다. 만약 configured grant로 제공된 것에 추가적인 재전송에 리소스가 필요할 경우 단말은 명시적으로 리소스의 요청을 해야 한다. 기지국은 다이내믹 그랜트로 리소스를 제공한다.

이렇게 송신 단말로부터 기지국으로 재전송 요청이 가능하게 하기 위해 DCI 포맷 3_0 사이드링크 스케줄링 그랜트는 PUSCH를 위한 스케줄링 그랜트와 마찬가지로 hybrid-ARQ 프로세스 넘버와 NDI를 포함한다. 이러한 hybrid-ARQ 번호와 NDI는 송신 단말과 기지국 사이에서만 유효하다는 것에 주의하라. 송신 단말이 2nd-stage SCI로 수신 단말에게 전송하는 프로세스 넘버와 NDI는 이와 다르다. DCI 포맷 3_0은 RV를 포함하고 있지 않음에 또한 주의하라. 이는 송신 단말은 스스로 사이드링크에 사용할 RV를 결정할 수 있다는 것이다. 위에서 언급하였듯이 RV 정보는 2nd-stage SCI에 포함된 RV 필드를 통해 전송된다.

23.4.3 사이드링크 채널 사운딩과 CSI 리포팅

NR 사이드링크는 수신 단말이 다른 단말로부터 전송된 CSI-RS를 이용하여 채널을 사운딩하고 송신 단말에게 CSI 리포팅하는 것을 지원한다. 보고된 CSI는 CSI를 보고하는 단말에게 이어지는 전송에 대한 프리코딩을 선택하는 데 이용될 수 있다.

사이드링크 CSI-RS 구조는 하향링크 CSI-RS의 구조를 재활용하고 있다. 8장을 보기 바란다. 여기에 다음과 같은 제약 사항이 있다.

- CSI-RS 포트는 하나 또는 둘로 제한된다.
- CSI-RS 밀집도(density)는 1로 제한된다. 즉, CSI-RS는 사이드링크 전송 대역폭에서 모든 리소스에 전송된다.

사이드링크 CSI-RS는 언제나 PSSCH/PSCCH와 같이 전송되며 aperiodic 전송을 따른다. PSSCH/PSCCH 내에 CSI-RS의 존재 유무는 2nd-stage SCI를 통해 명시된다.

2nd-stage SCI 내의 CSI-RS 전송에 대한 명시는 CSI 보고를 명령하는 것으로도 활용된다. 상향링크 PUCCH에 해당하는 사이드링크 물리 채널은 없으므로 사이드링크 CSI 보고는 PSCCH 내의 MAC-CE 시그널링으로 전달된다. 시그널링은 rank (rank 1 또는 rank 2)와 4비트로 이루어진 CQI만을 포함한다. 즉, 사이드링크 PMI 리포팅은 지원되지 않는다. 이는 11.2.1.1에서 설명한 PMI가 없는 Type-I CSI 리포팅과 비슷하다.

23.5 사이드링크 동기화

단말들이 사이드링크 통신을 시작하기 전에 서로 동기가 맞아야 하며 오버레이된 기지국과도 동기가 맞아야 한다. 사이드링크 동기화의 목적은 좀 더 세부적으로는 모든 사이드링크 단말이 공통 클락(clock)으로 동작하며 최종적으로 마스터 동기 기준(master sync reference)으로 추적 가능해야 한다는 것을 보장하기 위해서이다. 마스터 동기 기준은 오버레이된 기지국 시간이 될 수 있으며 실질적으로는 네트워크 내의 기지국들의 공통 송신 타이밍이 된다. 또 다른 대체제로서 마스터 동기 기준은 GPS와 같은 GNSS(Global Navigation Satellite System)에서 제공되는 타이밍이 될 수 있다. 앞으로 이어지는 논의에서 우리는 기지국이 마스터 동기 기준이 된다고 가정할 것이다. 그렇지만 동기화는 GNSS로도 가능하다는 것을 이해하기 바란다.

마스터 동기 기준과 동기화를 진행하는 기본 원리가 그림 23.14에 그려져 있다. 마스터 동기 기준 셀의 커버리지 안에 있는 단말은 그 기준으로 직접 동기를 획득하여야 한다. 네트워크의 직접적인 커버리지 밖에 있는 단말이 동기화를 할 수 있으려면 다른 단말을 통해 간접적으로 마스터 동기 기준과 동기화를 해야 한다. 그러니까 단말은 직접 또는 간접적으로 마스터 동기 기준과 동기화를 할 수 있게 된다. 단말들이 체인식으로 연결된 방법으로 동기화가 진행된다.

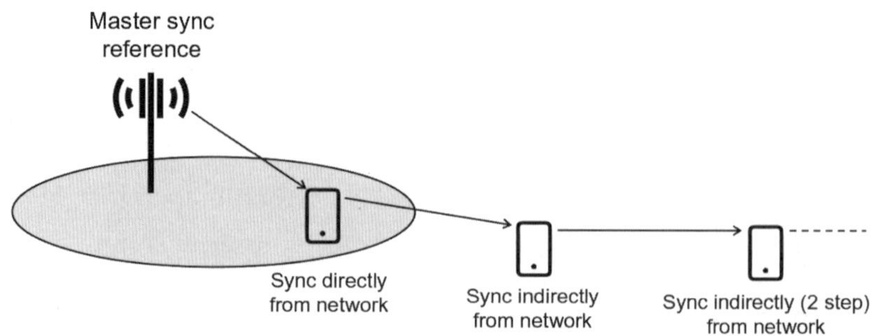

그림 23.14
사이드링크 동기 체인(chain)

23.5.1 사이드링크 SS/PSBCH 블록

단말이 다른 단말을 통해 간접적으로 마스터 동기 기준과 동기화를 가능하게 하기 위해 단말은 사이드링크 SS/PSBCH(S-SS/S-PSBCH) 블록을 보내도록 설정될 수 있다. S-SS/PSBCH의 기본 구조는 16장의 기지국의 SSB[4]와 다음과 같은 것들로 이루어져 있다는 면에서 비슷하다.

- ❑ 사이드링크 primary synchronization signal (S-PSS)
- ❑ 사이드링크 secondary synchronization signal (S-SSS)
- ❑ Physical sidelink broadcast channel (PSBCH): 동기화에 필요한 사이드링크 MIB를 전송하는 채널

S-PSS와 S-SSS에 쓰이는 시퀀스는 SSB와 같다. 즉, 127 길이의 m 시퀀스와 Gold 시퀀스가 각각 사용된다.

그러나 S-SS/PSBCH의 시간/주파수 구조는 SSB와는 다소 차이가 있다. 그림 23.15를 보기 바란다.

16장에서 설명하였듯이 SSB는 주파수 영역에서 20 리소스 블록(240 서브캐리어에 해당)을 차지한다. 그러나 사이드링크의 경우에는 최소 대역폭으로 20 리소스 블록은 너무 큰 것으로 판명되었다. 그러므로 S-SS/PSBCH 블록은 11 리소스 블록의 대역폭을 갖는 것으로 제한되었다. 이는 132개의 서브캐리어에 해당한다.

시간 영역에서는 S-SS/PSBCH는 다음과 같은 것으로 이루어진 13개의 심볼에 전송된다.

- ❑ S-PSS 2 심볼: 두 심볼에 동일한 m 시퀀스가 이용된다.
- ❑ S-SSS 2 심볼: 두 심볼에 동일한 Gold 시퀀스가 사용된다.

4) 표준 규격에서 SSB는 사실 SS/PBCH 블록을 일컫는다

❑ PSBCH 9 심볼

23.2절에서 사이드링크 슬롯 내에서 가용한 심볼 수가 제한된다고 하였는데, S-SS/PSBCH가 전송되는 사이드링크 슬롯에는 적용되지 않는다는 것에 유의하라.

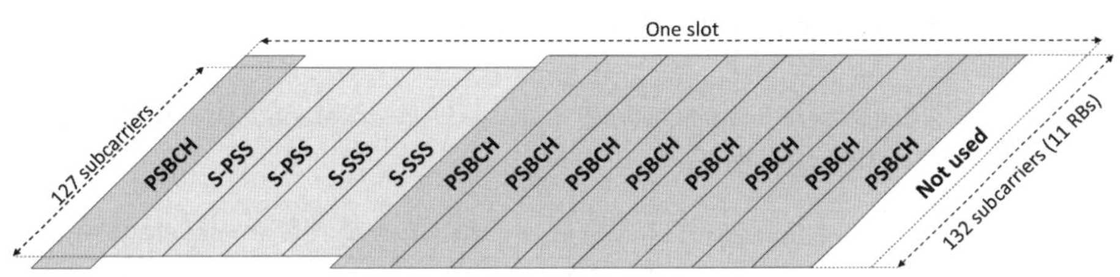

그림 23.15
S-SS/PSBCH 구조

23.5.2 동기화 과정

위에서 설명하였듯이 기지국의 SSB와 마찬가지로 동기 시그널은 S-PSS와 S-SSS 두 부분으로 이루어져 있다. 사이드링크의 경우 2 가지의 S-PSS, 그리고 336 가지의 S-SSS 중에서 하나를 선택하게 된다. 그러므로 이는 $2 \times 336 = 672$ 가지의 S-PSS/S-SSS 조합이 가능하므로 672개의 사이드링크 ID가 있을 수 있다는 것이다. 사이드링크 동기화의 우선 순위를 정할 수 있게 하기 위해 사이드링크 ID를 두 그룹으로 나눈다.

❑ in-coverage 사이드링크 ID: 사이드링크 ID의 첫 번째 그룹으로 커버리지 내의 단말에 의해 전송되는 S-SS/PSBCH 이다. 마스터 동기 기준을 직접 획득하였거나 커버리지 내의 단말로부터 직접 동기를 획득한 단말들이 사용한다.

❑ out-of-coverage 사이드링크 ID: 다른 모든 단말들에게 사용되는 S-SS/PSBCH 그룹이다.

위의 그룹 구분이 잘 동작하기 위해서는 in-coverage ID로 S-SS/PSBCH를 획득한 단말이 S-SS/PSBCH가 in-coverage 단말로부터 전송된 것인지 아닌지를 아는 방법이 있어야 한다. 이를 위해 PSBCH, 그러니까 사이드링크 MIB는 in-coverage 지시자(indicator)를 포함하고 있어 in-coverage 단말들만 1로 세팅된다.

일반적으로 단말은 항상 최대한 마스터 동기 기준과 가까운 소스로부터 동기화를 획득해야 한다. 그러므로 동기화의 소스를 찾을 때, 즉, S-SS/PSBCH 블록을 찾을 때 단말은 다음과 같은 것을 염두에 둬야 한다.

- ❑ out-of-coverage ID 보다 in-coverage 사이드링크 ID에 우선권을 줘야 한다.
- ❑ in-coverage 사이드링크 ID의 경우 in-coverage 단말들, 즉, in-coverage 지시자가 1로 세팅되어 있는 단말들에게 우선 순위를 배정해야 한다.

단말이 동기를 획득한 후에는 자기 자신이 전송하는 S-SS/PSBCH 블록의 사이드링크 ID와 in-coverage 지시자를 결정해야 한다. 이 과정은 표 23.1의 규칙을 따라야 한다.

표 23.1 동기화 소스의 SLI(Sidelink Identification)인 $SLI_{Sync-ref}$와 in-coverage 지시자가 주어졌을 때 SLI와 in-coverage 지시자를 선택하는 규칙

		동기 소스에 대한 in-coverage 지시자	
		TRUE	FALSE
동기화 소스에 대한 사이드링크 ID	From in-coverage group	in-coverage 지시자를 FALSE로 세팅하고 SLI을 $SLI_{Sync-ref}$로 세팅	in-coverage 지시자를 FALSE로 세팅하고 SLI를 $SLI_{Sync-Ref}$+336로 세팅
	From out-of-coverage group		

이러한 규칙은 그림 23.16의 동기화 체인을 생성하게 된다. 그림에서 마스터 동기 기준은 기지국으로부터 얻어지고 in-coverage 단말을 통해 out-coverage 단말에게 간접적인 동기를 제공하고 한 개 이상의 out-of-coverage 단말을 통해 간접적으로 동기를 제공한다.

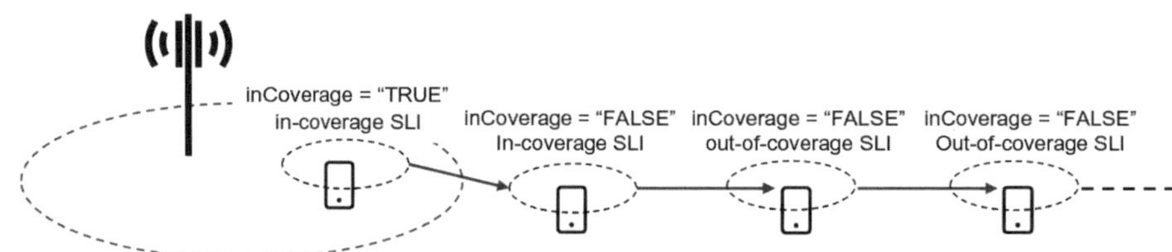

그림 23.16
사이드링크 동기화 체인

24 포지셔닝(Positioning)

CHAPTER

GNSS (Global Navigation Satellite Systems)는 셀룰러 네트워크와 함께 쓰여 오랫동안 포지셔닝에 사용되어 왔다. 그중에서 GPS는 가장 잘 알려진 GNSS 시스템이다. 각각의 위성은 매우 정교한 클락에 동기되어 있고 다수의 위성 신호를 수신하고 그들 간에 시간차를 모니터링하여 지형적 위치를 계산할 수 있다. 그러나 위성에 근거한 시스템은 실내 환경에서는 매우 제한적인 커버리지를 가지고 있다. 물류나 제조와 같은 실외뿐만 아니라 실내에서도 정확한 위치를 필요로 하는 다양한 서비스가 있다. 그러므로 NR은 릴리즈 16에서 좀 더 정확한 포지셔닝을 지원할 수 있도록 확장되었다.

아키텍쳐 상으로 NR 포지셔닝은 LTE와 마찬가지로 위치 서버를 사용하게 되어 있다. 위치 서버는 포지셔닝 절차에 관여된 다른 모듈들에게 포지셔닝에 관련된 정보(단말 capabilities, 보조 데이터, 측정, 위치 예측 등)를 수집하고 전달한다. 하향링크와 상향링크에 근거한 다양한 포지셔닝 방법이 위치 서버에 구현되어 단독으로 또는 조합으로 사용될 수 있다. 그림 24.1을 보기 바란다.

매우 정확한 포지셔닝을 예측할 수 있는 거의 모든 방법은 포지셔닝에 관여된 기지국들이 정교한 시간 동기를 갖고 있어야 가능하다. 시간 동기가 된 기지국들로부터 전송된 하향링크 신호의 시간 차를 삼각측량법으로 측정함으로써 위치를 계산할 수 있다. 이 방법은 observed time-difference of arrival (OTDOA)라고 불리며 같은 방법이 상향링크에도 적용될 수 있다. AoA(Angle of Arrival), RTT(Round Trip Time), 셀 ID, 그리고 수신 전력들도 포지셔닝 알고리즘의 입력값으로 활용될 수 있다.

서로 다른 포지셔닝 알고리즘을 비교하는 것은 이 책에서의 범위는 아니고 다양한 방법과 참고문헌이 있다는 것을 주지하기 바란다[89, 91]. 이어지는 절에서는 하향링크와 상향링크에 근거한 정확한 포지셔닝을 지원하기 위해 릴리즈 16에 도입된 개선 사항을 설명하겠다.

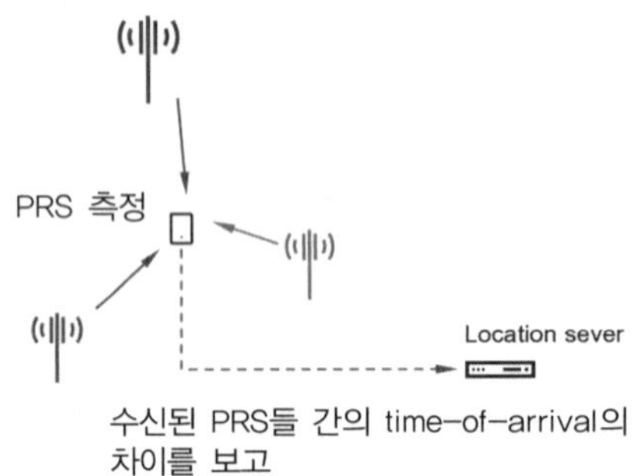

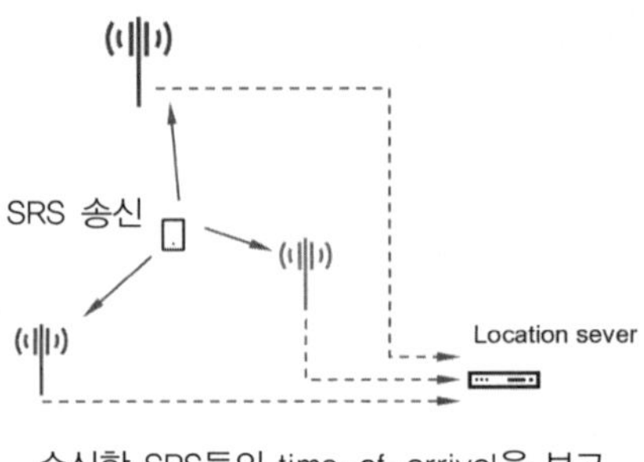

그림 24.1
하향링크에 근거한 포지셔닝 방법(왼쪽)과 상향링크에 기반한 방법(오른쪽)

24.1 하향링크에 기초한 포지셔닝

하향링크에 기초한 포지셔닝은 positioning reference signal(PRS)이라는 새로운 레퍼런스 신호를 제공하고 이를 측정하고 보고하는 방법으로 지원된다. 단말의 위치를 판단하기 위해 단말은 서로 다른 기지국으로 송신되는 다수의 PRS를 측정하고 결과를 네트워크에 보고하여 추가적인 과정을 거쳐 위치 예측을 할 수 있다.

PRS는 time-of-arrival을 측정할 수 있게 해주는 하향링크 신호이다. 측정은 다수의 기지국으로 송신되는 PRS에 대해 이루어진다. 그렇지 않으면 삼각측량법을 써서 위치를 판단할 수 없기 때문이다. 그러므로 서로 다른 캐리어 주파수에 송신되어 다수의 겹치지 않는 PRS가 필요하다. NR은 포지셔닝 주파수 레이어, PRS 리소스 셋, 그리고 PRS 리소스 등으로 정의된 계층적인 구조로 되어 있다. 그림 24.2를 보기 바란다.

하나의 포지셔닝 주파수 레이어는 하나 이상의 기지국에 걸쳐서 하나 이상의 PRS 리소스 셋으로 구성되어 있다. 이 모두는 같은 캐리어 주파수와 OFDM numerology를 가지고 있다. PRS 리소스 셋은 같은 기지국으로부터 송신되는 PRS 리소스를 가지고 있다. 하나의 기지국은 다수의 PRS 리소스 셋을 가질 수 있다. 각 PRS 리소스는 대개 그 기지국의 한 빔에 매핑되어 있다. 그러므로 단말에게 특정 PRS 리소스를 측정하도록 설정하는 것으로 위치 서버가 PRS 리소스 셋에 해당하는 기지국과 그 기지국의 특정 빔을 알 수 있게 해준다.

그림 24.2
포지셔닝 주파수 레이어, PRS 리소스 셋, PRS 리소스

PRS는 PRS 리소스를 통해 전송되며 이를 이용하여 단말은 포지셔닝에 관련된 측정을 수행한다. PRS 리소스는 permuted staggered comb라고 불리는 방식에 기초한다. "permuted"라는 말은 서로 다른 OFDM 심볼에서의 comb이 주파수 영역에서 서로 다른 오프셋을 가지고 있다는 것을 말한다. OFDM 심볼 인덱스가 증가한다고 해서 오프셋이 커지는 것은 아니다. 이는 non-permuted 패턴에 비해 PRS 리소스에 있는 모든 OFDM 심볼에 대해 coherent combining을 수행할 수 없고 단지 그중의 일부만을 이용해야 할 때 장점이 있다. 그림 24.3에 12개의 연속된 OFDM 심볼에서 6 서브캐리어마다 PRS 리소스로 이용되는 예가 있다. 리소스 블록 경계에서 처음 여섯 개 OFDM 심볼의 주파수 오프셋은 각각 0, 3, 1, 4, 2, 5이다. non-permuted comb에서의 주파수 오프셋의 셋은 0, 1, 2, 3, 4, 5이며 permuted에서 이들의 순서가 섞여 있음에 유의하라. comb factor는 2, 4, 6 또는 12 서브캐리어가 될 수 있다. 즉, 2 개마다에서 12 개마다까지의 서브캐리어가 comb로 이용되는 것이다. comb의 사용으로 동시에 여러 개의 PRS가 서로 다른 comb를 이용하여 멀티플렉싱 될 수 있다. 시간 영역에서 2, 4, 6, 또는 12 OFDM 심볼이 PRS 리소스로 이용될 수 있다.

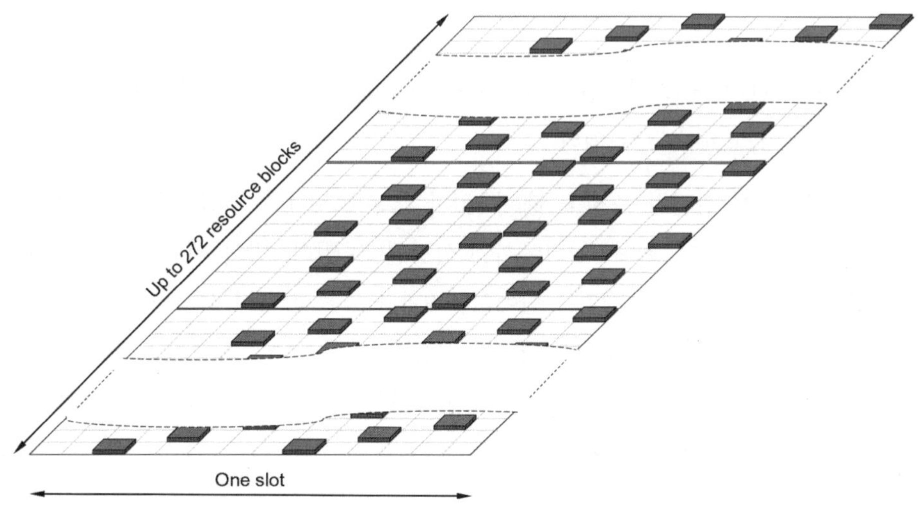

그림 24.3
permuted stagged comb을 이용하는 PRS 리소스의 예

주파수 영역에서 PRS 리소스는 272개의 리소스 블록까지 대역폭으로 설정될 수 있다. PRS 리소스 셋의 모든 PRS 리소스는 동일한 대역폭을 가지고 있고 point A의 상대 위치로 정의된 주파수 위치가 같다. PRS 리소스는 bandwidth part와 무관하게 정의되며 활성화된 bandwidth part보다 크게 대역폭이 설정될 수 있음에 유의하라. 단말이 측정에 이용하는 대역폭은 측정의 정확도가 요구 조건을 만족하는 한 단말의 구현에 맡겨져 있다.

시간 영역에서 PRS 리소스는 각 셀에서 주기적으로 사용된다. 주기는 몇 ms에서 10초까지 가변적으로 설정될 수 있다. 동일한 PRS 리소스 셋의 서로 다른 PRS 리소스는 서로 다른 시작 시점과 주기를 가질 수 있다.

PRS 전송은 QPSK로 변조된 PN 시퀀스를 사용하며 시퀀스 seed는 설정에 의해 조절되고 데이터 전송에 천공되어(punctured) 전송된다. PRS 주변으로 PDSCH를 rate matching 하지 않고 puncturing을 쓰는 이유는 포지셔닝을 지원하지 않아 PRS 리소스 설정을 알지 못하는 단말은 PRS 리소스 주변에 적용된 rate matching을 수행할 수 없기 때문이다. PRS가 PDSCH에 미치는 간섭이 문제가 되면 기지국은 PRS와 PDSCH 충돌이 발생하지 않도록 스케줄링을 해야 한다.

LTE 기반의 포지셔닝과 비교하여 NR PRS 설계는 훨씬 효과적이다. 가장 중요한 것은 NR에서는 큰 대역폭이 가능해서 더 정확한 측정을 수행할 수 있다는 것이다. 서로 다른 PRS 리소스가 서로 다른 빔에 매핑되는 구조는 단말에서 AoA를 측정하는 데 이용된다.

PRS 설정에 관한 몇 가지는 TRS와 동일하다. 이로써 TRS 설정이 포지셔닝에 재활용될 수 있다. 제한이 없는 PRS 설정에 비해서는 성능이 떨어지겠지만 오버헤드를 줄이는 데는 효과적이다.

PRS는 안테나 포트 5000번대로 전송된다. Quasi-coloration이 설정될 수 있으며 PRS는 다른 PRS나 SSB와 quasi-collocate 될 수 있다.

하나의 PRS로는 충분하게 정밀한 측정을 할 수 없다. 그러므로 PRS 리소스는 그림 24.4처럼 시간 영역에서 반복될 수 있다. 최대 32 반복까지 설정될 수 있다. 반복 패턴은 반복 횟수 (그림에서는 4로 설정됨)와 함께 시간 간격(그림에서는 8과 1로 설정됨)이 설정된다. 시작 시점이 다르게 설정될 수 있는 것과 함께 다중 안테나를 사용하는 시스템에 sweep-and-repeat 또는 repeat-and-sweep 패턴으로 다수의 빔 스윕(sweep)하도록 설정될 수 있다. 이는 여러 빔포밍 방법에 적용될 수 있는 유연성을 제공한다.

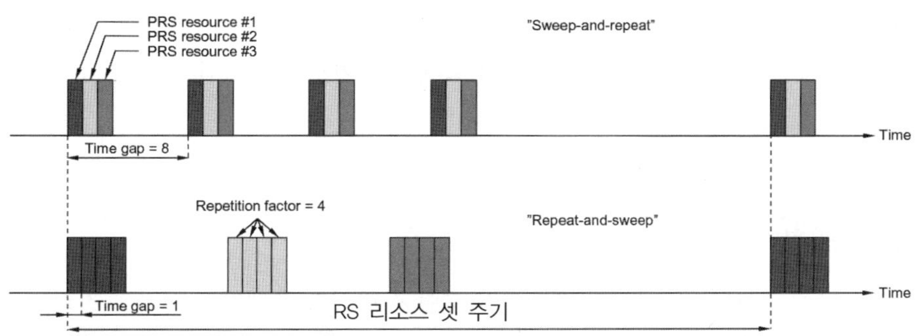

그림 24.4
PRS 리소스 설정의 예

서로 독립적인 comb를 이용하는 것은 다수의 PRS 사용을 가능하게 한다. 그러나 단말은 먼 거리의 기지국으로부터도 PRS를 수신할 필요가 있으므로 near-far 문제가 고려되어야 한다. 먼 거리로부터 비교적 약한 신호와 동시에 가까운 기지국이 송신하는 PRS를 수신하는 것은 주파수 영역에서 서로 다른 리소스를 쓰더라도 수신이 어렵다. 두 신호를 처리하는 데 수신기의 dynamic range가 충분하지 않기 때문이다. 그러므로 먼 거리의 기지국 신호를 측정하는 동안에는 가까운 기지국은 송신하지 않는 방법이 필요하다. 이는 비트맵을 이용해서 서로 다른 뮤팅(muting) 패턴을 설정함으로써 얻을 수 있다. 여러 가능한 뮤팅 패턴이 가능하지만 그림 24.5에 그 한 가지 예가 그려져 있다. 비트맵에서 비트가 0이면 해당 시간 구간에서 PRS는 전송되지 않는다. silent 구간에 해당 사이트에서 데이터를 전송하지 않으면 특정 기지국으로부터의 silence gap을 갖는 것과 같은 효과가 발생하고 이로써 단말은 보다 먼 거리의 기지국으로부터 PRS를 측정할 수 있게 된다.

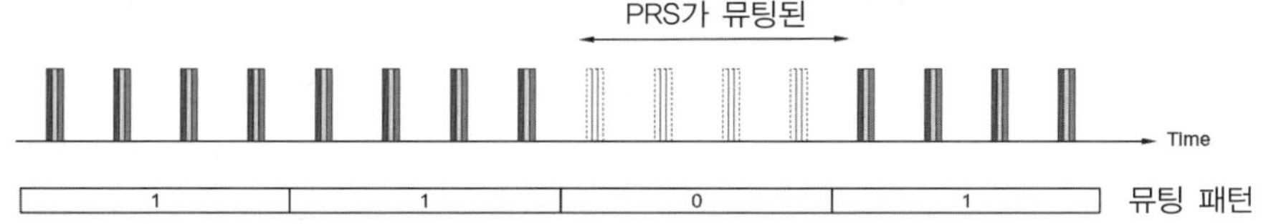

그림 24.5
PRS 뮤팅

PRS 도입과 더불어 하향링크 기반 포지셔닝을 지원하기 위해 새로운 measurement가 도입되었다. PRS를 이용한 3개의 측정이 정의되었다. 이들은 PRS 수신 전력 (PRS-RSRP), RSTD (Relative-Signal-Time-Difference), 그리고 Rx-Tx 시간 차이다.

PRS-RSRP는 이름으로 알 수 있듯이 PRS 수신 전력이다. PRS-RSRP의 주로 다른 포지셔닝 기술과 함께 이용된다. 예를 들어 다른 PRS 관련된 측정의 정확도를 평가할 때 확신을 주거나 또는 보조 입력으로 활용된다.

RSTD는 서로 다른 두 노드에서 전송된 두 PRS 간의 수신 시간차를 측정하는 것이다. 이는 삼각측량법을 사용할 때 상당히 유용한 정보이다.

Rx-Tx 시간 차는 하향링크 프레임의 시작점과 해당 상향링크 프레임의 시작점 간의 시간 차에 대한 단말의 리포트이다. 이 측정값은 단말이 셀에 연결되어 있으면 timing advance에 해당한다. 그러나 연결된 셀에만 국한되지 않고 다른 셀로부터 전송된 PRS로부터 Tx-Rx 시간 차를 측정한다. 이 정보는 RTT에 기반한 포지셔닝 방법에서 LPP(LTE Positioning Protocol)에 사용될 수 있다. RTT 포지셔닝은 기지국과 단말 간의 거리가 RTT에 따라 결정된다. 서로 다른 기지국으로부터의 RTT를 종합해서 위치가 결정될 수 있다.

핸드오버와 같이 다른 목적으로 정의된 측정 또한 포지셔닝 알고리즘에 사용될 수 있다. SSB나 CSI-RS에 대한 RSRP 측정값이 그 예로 PRS-RSRP와 비슷한 용도로 사용될 수 있다.

24.2 상향링크에 기반한 포지셔닝

상향링크에 기반한 포지셔닝은 단말에서 전송된 SRS(Sounding Reference Signal)을 이용한다. 포지셔닝을 더 잘 지원하기 위해 SRS 구조에 몇 가지 확장이 도입되었다.

우선 지속 시간이 4 OFDM 심볼에서 12 OFDM 심볼까지 사용할 수 있도록 확장되었다. 그 이유는 기지국에서 측정값의 정확도를 높이기 위해 충분한 SNR을 확보하기 위해서이다. 지속 시간이 확장되었으므로 시작점이 또한 유연해졌다. 릴리즈 15에서는 SRS가 마지막 6 OFDM 심볼에 존재하였지만, 이제는 슬롯 내 어디에도 전송될 수 있다. 이러한 시간 영역에서의 유연한 구조는 19장에서도 설명하였듯이 비면허 대역 지원을 위해서이기도 하다. 이는 확장이 하나 이상의 목적에 부합된다는 예일 뿐만 아니라 NR 표준은 총괄적인 툴이지 특정 시나리오에 사용할 툴에 대한 기술이 아니라는 것을 증명하는 것이다.

두 번째로 주파수 영역에서 SRS의 최대 comb 사이즈가 8까지 증가하였다. 이는 다수의 단말을 멀티플렉싱할 수 있게 해준다. 하향링크 PRS와 마찬가지로 permuted comb가 사용된다. 그림 24.6에 그 예가 그려져 있다. 주파수 호핑(hopping)은 SRS 기반 포지셔닝에서 지원되지 않는다.

하향링크에서와 같은 이유로 상향링크 기반 포지셔닝을 지원하기 위해 추가적인 측정이 정의되었다. 4개의 기지국 측정값이 추가 정의되었다. 이들은 상대적인 time-of-arrival, Rx-Tx 시간차, angle of arrival, 그리고 SRS RSRP이다.

상대적인 time-of-arrival은 설정된 시간 기준에 상대적인 SRS 수신 타이밍을 측정하는 것이다. Rx-Tx 시간차는 하향링크와 비슷하지만, 기준이 서브프레임 경계이다. 그래서 가장 가까운 하향링크 서브프레임 경계에 상대적인 SRS 수신 타이밍을 측정하는 것이다.

Angle-of-arrival은 단말로부터 전송된 신호의 수신 각도로서 그 기준은 글로벌 기준이거나 지형적 북극과 천정, 또는 지역의 방위 시스템이 될 수 있다. 실질적으로 고정 빔 시스템에서는 이는 수신 신호의 방향에 해당한다.

SRS-RSRP는 하향링크의 PRS-RSRP와 같다. 즉, 사운딩 레퍼런스 시그널의 수신 전력이다. 이는 포지셔닝 방법을 구분할 수 있는 fingerprint의 용도로 사용할 수 있다.

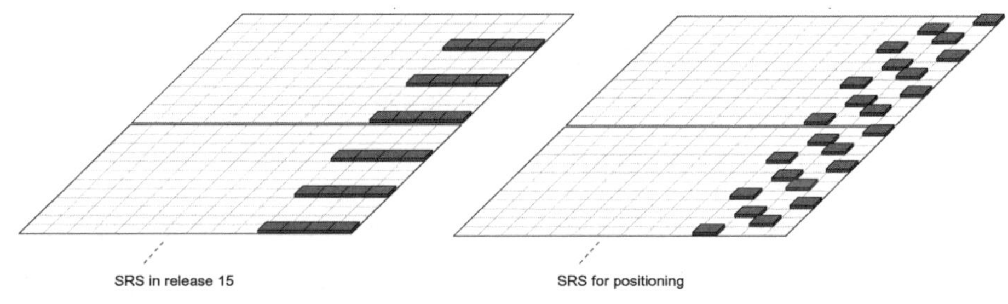

그림 24.6
SRS 설정의 예

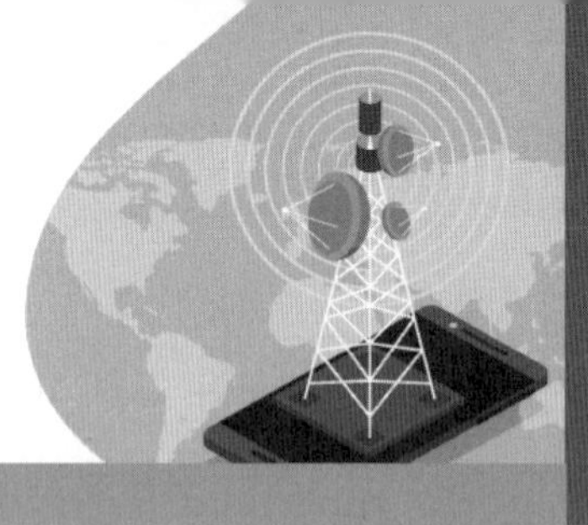

25 RF 특성

CHAPTER

NR의 RF 특성은 3장에 언급한 대로 5G에서 사용하는 스펙트럼에 매우 밀접하게 관련이 있다. 그리고 이런 스펙트럼의 할당에서 동작할 수 있도록 스펙트럼 유연성이 요구된다. 스펙트럼 유연성은 이전 세대의 이동통신 시스템의 주춧돌이었는데, NR에서는 더욱 강조된다. 이것은 여러 가지 요소로 구성되는데, 다른 크기의 스펙트럼 할당들과 paired 및 unpaired 주파수 대역 모두에서 다양한 주파수 범위에서의 배포를 포함한다. 그리고 대역 내에서나 다른 대역 간 다른 주파수 할당을 애그리게이션하는 경우도 포함된다. NR은 또한 동일한 RF 캐리어에서의 혼합된 뉴머롤로지로 동작할 수 있을 것이고, 하나의 기지국 RF 캐리어 내에서 단말들을 주파수 영역에서의 스케줄링 및 멀티플렉싱하는 것에서 LTE보다 더욱 높아진 유연성을 갖는다. NR에서 OFDM 기술을 사용하여 필요한 스펙트럼 할당의 크기와 사용되는 순간 전송 대역폭에 있어 유연성을 제공한다. 그리고 주파수 영역의 스케줄링도 가능하게 된다.

단말 상에서 액티브 안테나 시스템 (Active Antenna Systems : AAS)과 다중 안테나를 구현한 것은 이미 LTE 때에 사용되어 왔다. 하지만, NR에서는 진일보하여, 현재 사용하는 주파수 대역과 새로운 밀리미터파 대역에서 massive MIMO와 빔포밍 애플리케이션을 지원할 것이다. 이렇게 물리계층에 끼치는 영향 이외에도, 필터, 증폭기, 그리고 신호를 송수신하는 데 사용되는 RF 소자 등의 관점에서 RF 구현에도 영향을 끼치게 된다. 이러한 것들은 스펙트럼의 가용성을 고려하여 정의되어야 한다. 이에 대한 내용은 26장에서 좀 더 설명할 것이다.

RF 특성을 정의하는 목적으로, gNB를 물리적으로 표현하면 기지국 (BS : Base Station)이라고 한다. 기지국은 RF 요구 사항이 안테나 포트에서의 전도 (Conducted)특성 요구 사항으로서 혹은 OTA (Over-The-Air)의 방사 요구 사항으로서 정의되는 점에 유의해야 한다.

25.1 스펙트럼 유연성의 함의 (IMPLICATIONS)

스펙트럼 유연성은 LTE에서 기본적인 요구 사항이며, LTE가 규격화될 때 많은 영향을 끼쳤다. 스펙트럼 유연성에 대한 필요는 NR에 더욱 크다. 왜냐하면 NR이 동작해야 하는 스펙트럼의 다양성과, 5G에 요구되는 주요 특성들을 충족하기 위해 물리 계층이 설계된 방식 때문이다.

다음은 RF 특성이 어떻게 정의되는지에 영향을 끼치는 몇 가지 중요한 측면들이다.

- **다양한 스펙트럼 할당** : 3G와 4G에 사용되는 스펙트럼은 운영 주파수의 크기, 대역폭 할당, paired로 할지 아니면 unpaired로 할지, 그리고 관계된 법규는 무엇인지 등에 따라 이미 매우 다양하다. NR에 대해서는 1GHz 이하부터 40-50GHz 이상까지 다양한 기본 주파수가 있어 더욱 다양해진다. ITU-R에서 연구 중인 최대 주파수는 86GHz이다. NR이 구축되는 할당 대역의 크기는 5MHz부터 3GHz까지 다양한데, 이것은 paired 스펙트럼과 unpaired 스펙트럼 모두에 해당하며 목적은 다른 paired 대역과 함께 보조 하향링크나 상향링크로서 일부 할당을 사용하려는 것이다. 5G 용도로 사용되도록 계획되고 탐색중인 스펙트럼과 NR을 위해 정의된 관련된 운영 대역은 3장에 기술하였다.
- **다양한 스펙트럼 블록의 정의** : 다양한 스펙트럼 할당 내에서 스펙트럼 블록은 주로 통신사업자의 라이선스를 통해 NR 구축에 할당된다. 해당 블록들의 정확한 주파수 경계는 국가와 지역마다 다를 수 있으며 RF 캐리어를 스펙트럼을 낭비하지 않고 블록이 효율적으로 사용되는 위치에 배치할 수 있어야 한다. 이로 인해 캐리어를 배치하는 데 이용하는 채널 래스터에 대한 특정한 요구 사항이 발생한다.
- **LTE-NR의 공존** : LTE/NR의 같은 스펙트럼에서의 공존은 현존하는 LTE 구축의 상향링크 및 하향링크 모두에 NR과 함께 in-carrier 공존을 구축할 수 있도록 해준다. 이것은 17장에 좀 더 설명되었다. 공존하는 NR과 LTE 캐리어가 부반송파 (Subcarrier) 정렬될 필요가 있다. NR과 LTE 캐리어의 배치를 정렬해야 하므로 이는 NR 채널 래스터 (Raster)에 대한 제약 사항으로 작용한다.
- **다중 및 혼합 뉴머롤로지** : 7.1절에 언급된 것처럼, NR에서의 전송 방식은 높은 유연성을 갖고 있고 시간 및 주파수 영역 구조에 대해 직접적으로 영향을 끼치는, 15kHz에서 240kHz까지 걸치는 subcarrier spacing을 포함하는 다양한 뉴머롤로지를 지원한다. subcarrier spacing은 전송 스펙트럼의 roll-off의 관점에서 RF에 대한 영향을 갖고 있으며 RF 요구 사항을 정의할 목적으로 정의된 RF 캐리어 엣지와 전송 리소스 블록 간에 필요한 guard band에 영향을 주게 된다 (25.3절 참조). NR은 또한 동일한 캐리어에 대한 혼합된 뉴머롤로지를

지원한다. 이것은 guard band가 RF 캐리어의 두 엣지에서 다를 필요가 있을 수 있기 때문에 RF에 대한 더 큰 영향을 갖고 있다.

- **독립적인 채널 대역폭 정의** : NR 단말은 일반적으로 기지국의 전체 채널 대역폭을 사용하여 송수신을 하는 것은 아니고 이른바 대역폭 파트 (7.4절 참조)에 할당된다. 이러한 개념은 어떠한 직접적인 RF 영향은 없지만, 기지국과 단말 채널 대역폭은 독립적으로 정의되고 단말 대역폭 capability는 기지국 채널 대역폭에 대응 (Match)할 필요가 없다는 사실에 유의해야 한다.
- **듀플렉스 방식의 변이 (Variation of Duplex Schemes)** : 7.2절에서 보듯이, NR에서는 TDD, FDD, 그리고 half-duplex FDD를 지원하는 단일 프레임 구조가 정의된다. 듀플렉스 방식은 3장에 언급한 대로 NR을 위해 정의된 각 운영 대역에 대해 특정하게 정의된다. 몇몇 대역들은 또한 FDD 동작을 위해 사용되는 SDL (Supplementary Downlink)이나 SUL (Supplementary Uplink)로 정의된다. 관련된 자세한 사항은 7.7절에 기술하였다.

NR 구축을 위해 정의된 많은 주파수 대역들은 IMT (3장 참조)용으로 인정된 현존 대역들이고, 이미 2G, 3G, 4G 시스템을 위해 적용되었을 것이다. 많은 대역들이 또한 어떤 지역에서는 이미 다른 용도로 사용되고 있다. 이런 면에서 기술 중립적 (Technology-neutral)으로 규정되었다고 말할 수 있으며 이는 여러 기술이 공존할 수 있다는 것을 의미한다. NR이 어떠한 이동통신 시스템과도 이렇게 넓은 범위의 대역에서 동작할 수 있다는 것은 RF 요구 사항과 어떻게 요구 사항을 정의하느냐에 직접적인 영향을 주며, 다음과 같은 사항들을 지원하여야 한다.

- **대역 내 동일 지리적 지역 (Same Geographical Area)에서 사업자들 (Operators) 사이의 공존** : 동일 대역을 사용하는 다른 사업자들은 NR을 구축했을 수도 있고 아니면 LTE, UTRA 및 GSM/EDGE와 같은 다른 IMT 기술을 구축했을 수도 있다. 또한, IMT 기술이 아닌 시스템이 구축되어 있을 수도 있다. 이러한 공존에 관한 요구 사항은 대부분 3GPP 내에서 개발되고 있지만, 특정 주파수 대역에 대해서는 규제 기관들에 의한 지역적인 요구 사항이 있을 수도 있다.
- **사업자들 간 기지국 장비의 co-location** : 많은 경우에 기지국 장비가 구축될 수 있는 위치는 제한적이다. 따라서 많은 경우 사업자들 사이에서 국사, 즉 사이트가 공유되어야 하며, 또는 한 사업자가 여러 개의 기술을 한 국사에 구축할 수도 있다. 이러한 상황들이 기지국 수신기와 송신기에 추가적인 요구 사항을 주어 다른 기지국들과 근접한 곳에서 운용될 수 있도록 한다.

- **인접한 주파수 대역의 서비스 및 국경 접경 지역에서의 서비스와의 공존** : RF 스펙트럼의 사용은 여러 가지 이해 관계가 얽혀 있는 복잡한 국제 협정들을 통해 규제된다. 따라서 서로 다른 국가의 사업자들 사이에서의 조율 및 인접한 주파수 대역의 서비스와의 공존에 대한 요구 사항이 있을 수 있다. 이들 대부분은 서로 다른 규제 기관에 의해 정의된다. 때때로 규제 기관은 이러한 요구 사항을 3GPP 규격 내의 공존에 대한 제약 사항으로 포함하도록 요구한다.
- **동일 대역에서의 TDD 시스템의 사업자들 사이의 공존** : 이것은 일반적으로 서로 다른 사업자들 사이의 하향링크 및 상향링크 전송 사이의 간섭을 피하기 위하여 사업자들 사이에 동기를 맞춤으로써 얻을 수 있다. 이는 모든 사업자들이 동일한 하향링크/상향링크 설정 및 프레임 동기를 가지고 있어야 한다는 것을 의미한다. 이는 RF 요구 사항 자체는 아니지만, 3GPP 규격은 이러한 것들을 암묵적으로 가정한다. 서로 동기가 맞지 않은 시스템들에 대한 RF 요구 사항은 매우 엄격해진다.
- **릴리즈에 독립적인 주파수 대역 원칙** : 주파수 대역들은 지역적으로 정의되고 새로운 대역들이 지속적으로 추가되고 있다. 이는 매번 새로운 3GPP 규격의 릴리즈마다 새로운 대역들이 추가될 수 있다는 것을 의미한다. 릴리즈에 독립적인 원칙에 따라, 기존 3GPP 규격 릴리즈를 바탕으로 설계된 단말들도 이후 릴리즈에서 추가된 주파수 대역을 지원할 수 있다. 최초 NR 대역 set은 (3장 참조) 릴리즈 15에서 정의되었고 추가 대역들이 릴리즈와는 독립적인 방법으로 추가될 것이다.
- **스펙트럼 자원에 대한 애그리게이션** : 이동통신 시스템 사업자들은 매우 다양한 스펙트럼 자원을 가지고 있으며, 많은 경우에 이어서 이런 블록들은 하나의 캐리어 안에 쉽게 딱 들어맞지가 않는다. 때로는 스펙트럼 자원이 심지어 비연속적이어서 한 주파수 대역 혹은 여러 대역 내에서도 복수 개의 블록들이 서로 떨어져 있는 경우도 있다. 또한, 많은 사업자들은 여러 대역에서 LTE를 위한 스펙트럼 자원을 가지고 있다. 이러한 시나리오들을 위하여 NR 규격은 캐리어 애그리게이션을 지원하며, 이에 따라 하나의 대역 안에 복수 개의 반송파, 혹은 여러 개의 대역에서 반송파들이 합쳐져 더 큰 전송대역폭을 만들어낼 수 있다.

25.2 다른 주파수 범위에서의 RF 요구 사항

바로 앞 절과 3장에서 언급한 바와 같이, NR이 동작할 수 있는 넓은 범위의 다양한 스펙트럼 할당이 있을 것이다. 이러한 할당은 블록 사이즈에 따라 다양하고, 채널 대역폭과 듀플렉스

스페이싱이 지원될 것이지만, NR이 이전 세대 기술과 정말 다른 부분은 정의하여야 할 요구 사항이 넓은 주파수에 걸쳐 있다는 것이다. 요구되는 한계치 뿐만 아니라 적합성 (Conformance) 테스트 측면에서 볼 때 주파수 별로 매우 다를 수 있다. 스펙트럼 분석기와 같은 측정 기구는 높은 주파수 대역에서 더욱 복잡해지고 비싸지게 되는데, 가능한 가장 높은 주파수에서의 하모닉같이 가장 높은 주파수에 대해서는 심지어 요구 사항을 합리적인 방법으로 테스트하기조차 불가능할 수도 있다.

이러한 이유로 단말과 기지국 모두에 대한 RF 요구 사항은 주파수 범위, 즉 FR (Frequeny Ranges)에 대한 파트로 나뉘는데, 표 25.1에 나온 것처럼, 3GPP 릴리즈 15에서는 현재 FR1과 FR2로 나뉜다. 주파수 범위라는 개념은 정적 (Static)으로 의도된 것은 아니다. 만약 새로운 NR 대역이 현재 사용하는 주파수 범위의 바깥으로 추가된다면, 그것들 중 하나는 만약 요구 사항들이 그 범위와 잘 정렬된다면 이러한 새로운 대역을 커버할 수 있도록 확장될 수 있다. 만약 현존하는 FR에 비해 큰 차이가 있다면, 새로운 주파수 범위는 새로운 대역에 정의될 수 있다.

주파수 범위는 그림 25.1에도 로그-스케일로 기술되어 있다. IMT (최소한 하나의 지역 기준)에 대해 명시된 관련 주파수 대역이 나와 있다. FR1은 IMT 주파수 할당이 시작되는 450MHz에서 시작하고 6GHz에서 끝난다. FR2는 현재 ITU-R (３.1절 참조)에서 IMT 대역으로 스터디 중인 주파수 대역들의 하위 집합을 다룬다. 해당 집합은 52.6GHz에서 끝나는데 3GPP 릴리즈 16의 규격 작업 범위에서 가장 높은 주파수이다.

FR1과 FR2 사이의 7125-24250MHz 주파수 대역에서 3GPP는 NR 동작 가능 여부와 표준에 어떤 영향을 미칠지 연구하는 중이다[106]. 그 결과는 FR1과 FR2의 확장이 될 수 있고 또는 FR3를 새로 정의할 수도 있다. 후자의 경우 표준에 더 큰 영향을 주어 RF 스펙 뿐만 아니라 물리계층 표준, 무선 리소스 제어 그리고 무선 리소스 관리에도 영향을 미치게 된다. ITU-R에는 WRC-23에서 10.0-10.5GHz 대역을 IMT 대역으로 고려하는 안건이 상정 중이다. FR1 과 FR2 사이에서 지역적으로나 또는 국가적으로 IMT로 할당하는 것이 도입될지도 모른다.

52.6GHz 이상에서는 3GPP에서 활용가능성이 연구되고 있고 릴리즈 17에서 52.6-71GHz 대역에서의 동작이라는 주제로 작업 과제(Work Item)가 시작될 것이다. 여기서 FR2는 71GHz로 확장될 것이다. WRC-19에서 특정 지역에서 66-71GHz 주파수 대역을 IMT 동작으로 규정했다는 것을 유념하라. WRC-19의 결과와 WRC-23에서 새로운 대역을 IMT로 고려하는 것은 3.1.1 절에서 상세히 설명하였다.

표 25.1 3GPP 릴리즈 15에서 정의된 주파수 범위

주파수 범위 지정	해당 주파수 범위
Frequency range 1 (FR1)	450–6,000MHz
Frequency range 2 (FR2)	24,250–52,600MHz

LTE에 있는 모든 대역들은 FR1에 들어간다. 그리고 NR은 대부분의 FR1 대역에서 LTE 및 기존 세대의 시스템과 공존하게 될 것이다. NR은 3.5GHz 주변에서 상당히 넓은 새로운 주파수 대역에 설치되기도 할텐데 이 대역을 특별히 "mid band"라고 부른다 (실제로 3.3–5GHz에 걸쳐 있다). 이 스펙트럼은 이전에는 이동통신 서비스에 사용되지 않았다.

FR2는 밀리미터 대역의 일부이다 (엄격히 말하면, 밀리미터파는 10mm의 파장을 갖는 30GHz에서 시작한다). FR1에 비해 이렇게 높은 주파수에서는 전파 특성이 다르다. 즉 회절이 더 적고 투과 손실이 더 높으며 일반적으로 경로 손실이 더 높다. 이것은 송신단과 수신단 모두에 안테나 엘리먼트를 더 많이 갖춤으로 보상될 수 있다. 더 높은 이득과 massive MIMO를 갖는 더 좁은 안테나 빔을 위해 사용되는 것이다. 이로 인해 전반적으로 다른 공존 특성을 가지며 공존을 위한 RF 요구 사항이 달라진다. FR2 대역에 대한 밀리미터파 RF 요구 사항은 또한 FR1 대역에 비해 다른 복잡성과 성능을 갖게 될 것이다. A/D 및 D/A 컨버터, 로컬 오실레이터 (LO) 생성, 파워앰프 (PA) 효율성, 필터링 등을 포함하는 모든 컴포넌트에 영향을 줄 것이다. 자세한 사항은 26장에서 다루기로 한다.

25.3 채널 대역폭과 스펙트럼 활용도 (Utilization)

NR을 위해 정의된 운영 대역은 3장에서 언급한 것처럼, 대역폭에 있어 매우 큰 변이를 갖는다. 상향링크 혹은 하향링크에 가용한 스펙트럼은 몇몇 LTE re-farming 대역에서 5MHz 정도로 작을 수 있다. 반면에 FR1에서의 NR을 위해서는 새로운 대역에서 900MHz까지가 될 수 있고, FR2에서는 수 GHz까지 될 수 있다. 단일 통신 사업자에게 가용한 스펙트럼 블록은 종종 이것보다 작을 것이다. 게다가 LTE와 같이 다른 무선 접속 기술에 현재 사용되는 운영 대역에서 NR로의 마이그레이션은 IMT 식별을 위한 스터디 중인 새로운 대역으로 점진적으로 대체되어 현재 가입자를 지원할 수 있도록 충분한 양의 스펙트럼이 남는 것을 보장하여야 한다.

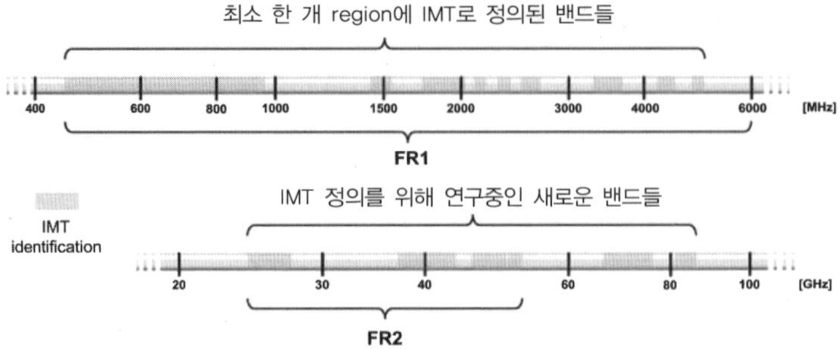

그림 25.1
FR1과 FR2 및 상응하는 IMT 식별. 주파수는 로그 스케일임

그리하여, 원래 NR로 마이그레이션될 수 있는 스펙트럼의 양은 상대적으로 작을 수 있지만 갈수록 점차 증가할 것이다. 스펙트럼 블록의 크기 및 가능한 스펙트럼 시나리오의 변동은 지원되는 전송 대역폭 관점에서 NR에 대한 매우 높은 스펙트럼 유연성이 요구된다는 것을 의미한다. NR 캐리어의 기본적인 대역폭은 채널 대역폭 ($BW_{Channel}$)이라고 하는데 대부분의 NR RF 요구 사항을 정의하는 기본적인 파라미터이다. 스펙트럼 유연성 요구 사항은 NR이 넓은 범위에 걸친 주파수 영역에서 scalable할 필요를 가리키고 있다. 구현의 복잡도를 줄이기 위해, 오직 제한된 대역폭 집합이 RF 규격에 정의된다.

채널 대역폭의 범위는 5MHz에서 400MHz를 지원한다. 캐리어의 대역폭은 스펙트럼 활용도 (Utilization)과 관계있다. 이것은 물리 리소스 블록에 의해 점유된 채널 대역폭의 비율이다. LTE에서는 최대 스펙트럼 대역폭 활용도 90%였다. 하지만 더 높은 스펙트럼 효율성을 달성하기 위해 NR에서는 더 높은 값을 목표로 해왔다. 하지만 고려해야 할 사항으로 뉴머롤로지 (Subcarrier Spacing)가 있는데 이것은 OFDM파형 roll-off에 영향을 준다. 그밖에 필터링 및 윈도우잉 (Windowing) 솔루션의 구현도 고려되어야 한다.

덧붙여서, 스펙트럼 활용도는 달성 가능한 EVM (Error Vector Mgnitude)와 송신기 불요 방사 및 ACS (Adjacent Channel Selectivity)를 포함하는 수신기 성능과 연관이 있다. 스펙트럼 활용도 (Utilization)는 물리 리소스 블록의 최대수 (NRB)로 규정되는데 이것은 최대로 가능한 전송 대역폭 환경이 될 것이며 각각의 가능한 채널 대역폭에 대해 별도로 정의된다.

궁극적으로 스펙트럼 활용도 (Utilization)가 정의하는 것은 RF 캐리어 가장자리에서의 보호 대역 (Guard Band)이다 (그림 25.2 참조). guard band의 바깥과 이로 인한 RF 채널 대역폭의 바깥에는 불요 방사와 같은 “external” RF 요구 사항으로 정의되지만, EVM과 같은 실제 RF 캐리어에 대한 요구 사항만은 “inside”로 정의된다.

채널 대역폭 (BWChannel)에 대해, guard band는 아래와 같이 정의되는데,

$$W_{Guard} = \frac{BW_{Channel} - N_{RB} \cdot 12 \cdot \Delta f - \Delta f}{2} \tag{25.1}$$

여기서 N_{RB}는 앞에서 언급한 가능한 리소스 블록의 최대수이고, Δf는 subcarrier spacing이다. 그리고 맨 뒤의 $\Delta f/2$ guard는 해당 캐리어의 양쪽 끝에 적용된 것인데 RF 채널 raster와 관계되기 때문이다. 이것은 부반송파 단위의 최소 단위 (Granularity)를 가지며 실제 스펙트럼 블록과 무관하게 정의된다. 그러므로 하나의 스펙트럼 블록 중심에 정확히 캐리어를 놓는 것은 불가하며, RF 요구 사항을 충족할 수 있도록 보장하기 위해 extra guard가 필요할 것이다.

식 (25.1)에서 보듯이, guard band와 이로 인한 스펙트럼 utilization은 적용된 뉴머롤로지에 따라 다르다. 7.3절에 설명한 대로, 다른 대역폭들은 N_{RB}의 최대값이 275이기 때문에 뉴머롤로지의 subcarrier spacing에 따라 다른 대역폭들이 가능할 것이다. 합리적인 스펙트럼 utilization을 얻기 위해, 11 이하의 N_{RB} 값들은 사용되지 않는다. 결과적으로 가능한 채널 대역폭의 범위와 이에 상응하는 NR에 정의된 스펙트럼 utilization number가 표 25.2에 정리되어 있다. 사용된 subcarrier spacing은 FR1과 FR2 간 다르다는 것에 주지해야 한다. fraction으로 표시된 스펙트럼 활용도는 가장 넓은 채널 대역폭에 대해 98%까지이고, $N_{RB} \leq 25$와 같이 더 작은 대역폭의 경우를 제외하면 모든 경우에 대해 90% 이상이 된다.

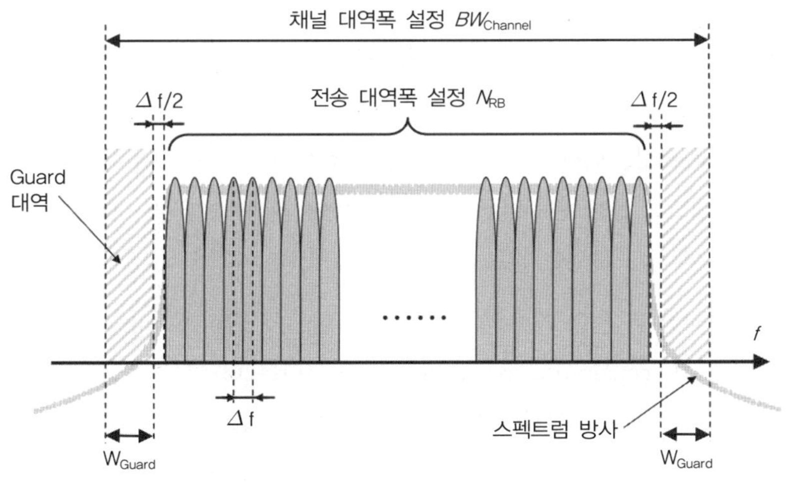

그림 25.2
하나의 RF 캐리어에 대한 채널 대역폭과 이에 해당하는 전송 대역폭 환경

표 25.2 다양한 뉴머롤로지과 주파수 범위에 대해 정의된 채널 대역폭 및 스펙트럼 사용률 수의 범위

주파수 범위	주파수 범위에 사용된 $BW_{Channel}$의 집합(MHz)	SCS(kHz)	SCS당 가능한 $BW_{Channel}$의 범위(MHz)	스펙트럼 활용(N_{RB})에 대한 상응하는 범위(N_{RB})
FR1	5, 10, 15, 20, 25, 30, 40, 50, 60, 70, 80, 90, 100	15	5–50	25–270
		30	5–100	11–273
		60	10–100	11–135
FR2	50, 100, 200, 400	60	50–200	66–264
		120	50–400	32–264

채널 대역폭이 기지국과 단말에 대해 별도로 정의되기 때문에 (바로 앞에 설명함. 그리고 7.4절 참조), 기지국 및 단말 규격에 의해 지원되는 실제 채널 대역폭 또한 다를 것이다. 하지만 특정 대역폭에 대해, 대역폭과 subcarrier spacing의 조합이 기지국과 단말 모두에 의해 지원되는 경우라면 지원되는 스펙트럼 utilization은 해당 기지국과 단말 모두에 대해 동일하다.

25.4 단말 RF 요구 사항의 전반적인 구조

FR1과 FR2 사이의 공존 특성 및 구현에서의 차이점들은 NR에 대한 단말 RF 요구 사항도 FR1과 FR2에 대해 따로 정의된다는 것을 의미한다. 단말 및 기지국에 대해 밀리미터파 기술을 사용하는 FR2에서의 구현 측면의 더 상세한 논의는 26장에서 다루겠다.

LTE와 기존 세대에서의 RF 요구 사항은 일반적으로 안테나 컨넥터에서 정의되고 측정되는 전도 (Conducted) 요구 사항으로서 규정되어 왔다. 보통 안테나는 단말에서 분리할 수 없기 때문에 이것은 안테나 테스트 포트에서 이루어진다. FR1에서의 단말 요구 사항들은 이런 방식으로 정의된다.

FR2에서의 동작에 대한 더 높은 개수의 안테나 엘리먼트와 밀리미터파를 사용할 때 기대되는 높은 수준의 집적도 (Integration)로, conducted 요구 사항은 더 이상 가능한 것으로 보이지 않는다. 그러므로 FR2는 방사 요구 사항으로 규정되고 이에 대한 테스트는 OTA (Over The Air)에서 이루어져야 할 것이다. 요구 사항을 정의할 때, 특히 테스트에 대해 추가적인 도전 사항이 있겠지만 이것은 FR2를 위한 필수 사항으로 보인다.

또한, 동일 단말 내에서 다른 무선과 인터워킹을 위한 단말 요구 사항들이 있을 것이다. NSA

모드 동작을 위한 E-UTRA와의 인터워킹 및 캐리어 애그리게이션을 위한 FR1과 FR2 간 인터워킹이 주된 경우이다.

마지막으로, 단말 성능 요구 사항들이 있다. 이것은 다른 환경에서의 전파 (Propagation)를 포함하여 다양한 조건에서 단말 수신기 물리 채널의 베이스밴드 복조 성능을 규정한다.

다른 타입의 요구 사항간 차이점들로 인해, 단말 RF 특성들의 규격은 다음 4가지 각기 다른 파트로 분리된다 (3GPP 표준에서는 단말을 UE라고 지칭한다).

- ❑ **TS 38.101-1**[5] : UE 무선 송신 및 수신, FR1
- ❑ **TS 38.101-2**[6] : UE 무선 송신 및 수신, FR2
- ❑ **TS 38.101-3**[7] : UE 무선 송신 및 수신, 다른 무선기술과의 인터워킹
- ❑ **TS 38.101-4**[8] : UE 무선 송신 및 수신, 성능 요구 사항

FR1에 대한 conducted RF 요구 사항들은 25.6절부터 25.11절까지 기술되어 있다.

25.5 기지국 RF 요구 사항의 전반적인 구조

25.5.1 NR 기지국에 대한 conducted RF 요구 사항 및 방사 RF 요구 사항

이동통신 시스템의 지속적인 진화로 인해, AAS의 중요성이 커지고 있다. 수년간 다른 종류의 수동 안테나 어레이를 갖춘 기지국을 개발하고 구축하려는 여러 시도들이 있었지만, 그러한 안테나 시스템과 연관된 특정의 RF 요구 사항은 없었다. 일반적으로 기지국 RF 안테나 컨넥터에 정의된 RF 요구 사항과 함께, 안테나는 적어도 표준의 관점에서 보면 기지국의 한 부분으로 보이는 것이 아니다.

안테나 컨넥터에 명시된 요구 사항들은 보통 안테나 컨넥터에서 측정된 파워 레벨 (절대값 혹은 상대값)로서 정의된 conducted 요구 사항으로 규정된다. 대부분의 방사 제한 규정은 conducted 요구 사항으로 정의된다. 또는, 방사상의 요구 사항을 정의하기도 한다. 이것은 안테나를 포함하여 평가하는 것인데 종종 특정 방향에서 안테나 이득이 포함된다. 방사 요구 사항들은 좀 더 복잡한 OTA 테스트 절차를 요구하는데, 예를 들면 무반향실 (Anechoic Chamber)를 사용한다. OTA 테스트와 함께 안테나 시스템을 포함한 모든 기지국의 공간적인 특성이 평가될 수 있다.

AAS가 있는 기지국에 대해서는, 송신기 및 수신기의 능동소자 (Active 파트)들이 안테나 시스템의 필수적인 파트가 될 수 있는데, 이것은 안테나 컨넥터에서의 요구 사항의 전통적인 정의를 유지하는데 항상 적합한 것은 아니다. 이런 이유로 AAS 기지국을 위해 3GPP는 릴리즈 13에서 LTE와 UTRA 기기 모두에 적용 가능한 별도의 RF 규격을 개발했다.

NR에 대해서는 방사된 RF 요구 사항과 OTA 테스트가 FR1과 FR2 모두에 대해 초기 단계부터 표준의 일부가 될 것이다. 그리하여 AAS에 관한 많은 작업은 NR 표준으로 직접 포함되었다. 이 AAS라는 용어는 NR 기지국 RF 규격 내에서 사용되지 않는다.[4] 하지만 대신에 요구 사항들은 다른 기지국 타입에 대해 정의된다. NR은 LTE 그리고 UTRA와 함께 릴리즈 15에서 AAS 원안 표준에 포함되었다.

AAS 기지국 요구 사항은 일반적인 AAS 기지국 무선 구조에 기반을 두고 있다 (그림 25.3 참조). 이 구조는 무선 분산 네크워크 (Radio Distribution Network)와 안테나 어레이 (Array)를 포함하는 합성 (Composite) 안테나에 접속된 송수신기 유닛 어레이로 구성되어 있다. 송수신기 유닛 어레이는 다중의 송신기 및 수신기 유닛을 포함한다. 이것들은 송수신기 어레이 경계, 즉 TAB (Transceiver Array Boundary)에 여러 개의 컨넥터를 통해 합성 안테나에 연결된다. 이러한 TAB 컨넥터들은 AAS가 없는 기지국 상의 안테나 컨넥터들에 상응하고, conducted 요구 사항에 대한 기준점 (레퍼런스 포인트)으로 쓰인다. 무선 분산 네트워크는 수동적이고 송신기 출력을 이에 대응되는 안테나 엘리먼트에 분배하며 수신기 입력에 대해서는 그 반대의 일을 한다. AAS 기지국의 실제 구현은 다른 부품의 물리적인 위치, 어레이 geometry, 안테나 엘리먼트의 타입 등에 대해 다르게 보일 수 있음을 주지해야 한다.

그림 25.3에 나온 구조를 기반으로, 다음과 같이 두 가지 타입의 요구 사항이 있다.

- Conducted 요구 사항은 단일 혹은 그룹의 TAB 컨넥터에서 각 RF 특성에 대해 정의된다. conducted 요구 사항은 상응하는 non-AAS 기지국의 conducted 요구 사항과 동등하게 취급하는 방법으로 정의된다. 즉 해당 시스템의 성능이나 다른 시스템들에 대한 영향이 같을 것으로 예상되는 non-AAS 기지국을 상정하여 전도 요구 사항을 정의하는 것이다.
- 방사 요구 사항은 안테나 시스템의 멀리 떨어진 필드에서 OTA로 정의된다.
  이 경우 공간적인 방향이 관련되기 때문에, 어떻게 활용되는지에 따라 요구 사항이 자세한 편이다. 방사 요구 사항은 멀리 떨어진 필드 지역의 어떤 곳인 RIB (Radiated Interface boundary)를 레퍼런스로 하여 정의된다.

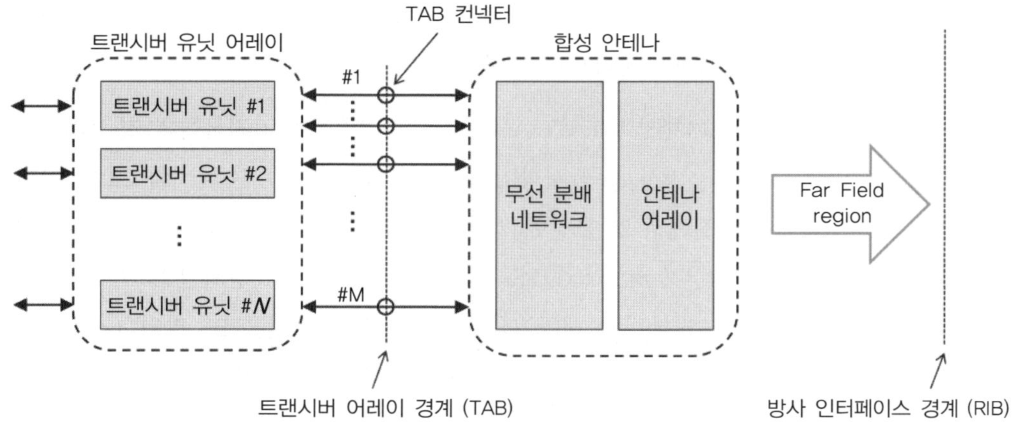

그림 25.3
NR 방사 요구 사항에도 사용되는 AAS (Active Antenna System)의 일반적인 무선 아키텍처

25.5.2 NR에 대한 다른 주파수 범위에서의 기지국 타입들

RF 요구 사항에 대해 기지국 설계에 대한 여러 가지 가능성이 고려되어야 한다. 먼저 FR1에서는 외부 안테나들이 연결되는 안테나 컨넥터들을 갖춘 전통적인 3G와 4G 기지국들과 유사한 방식으로 만들어진 기지국들이 있다. 그리고 AAS가 있는 기지국들이 있는데 안테나 컨넥터들은 여전히 몇몇 RF 요구 사항의 정의 및 테스팅을 위해 접속될 수 있다. 마지막으로 안테나 컨넥터가 없기 때문에, 모든 요구 사항이 OTA 기준으로 평가되어야 하는 높은 수준의 integrated 안테나 시스템을 갖는 기지국이 있다. 밀리미터파 기술이 이 안테나 시스템의 구현에 사용되는 FR2에서, 후자의 기지국 타입만 규정될 필요가 있다고 추정된다.

3GPP는 이러한 추정을 기반으로 하여 4가지 타입의 기지국을 정의하였는데 그림 25.3에 정의된 구조를 레퍼런스로 하고 있다.

- **BS type 1-C** : FR1에서 동작하는 NR 기지국인데, 각각의 안테나 컨넥터에 정의된 전도 요구 사항에 대해서만 규정된다.
- **BS type 1-O** : FR1에서 동작하는 NR 기지국인데, RIB에서 정의된 전도 (OTA) 요구 사항에서만 규정된다.
- **BS type 1-H** : FR1에서 동작하는 NR 기지국인데, 각각의 TAB컨넥터에서 정의된 전도 요구 사항과 RIB에서 정의된 몇몇 OTA 요구 사항 모두로 구성된 요구 사항의 '하이브리드' 집합으로 규정된다.
- **BS type 2-O** : FR2에서 동작하는 NR 기지국인데, RIB에서 정의된 전도 (OTA) 요구 사항에서만 규정된다.

BS type 1-C은 UTRA나 LTE의 전도 요구 사항에 대한 것과 같은 방식으로 정의된 요구 사항을 갖고 있다. 이 내용은 25.6절부터 25.11까지 다룰 것이다.

BS type 1-H는 3GPP 릴리즈 13에서 LTE/UTRA를 위해 규정된 AAS 기지국들의 첫 번째 타입에 해당한다. 이것에는 두 개의 방사 요구 사항이 정의되는데 (방사 송신 파워와 OTA민감도), 반면에 나머지 타입들은 25.6절에서 25.11절에 기술된 대로 conducted 요구 사항으로 정의된다. 불요 방사 제한과 같은 많은 conducted 요구 사항들은 두 단계로 정의된 BS 타입 1-H를 위한 것이다. 첫 번째 단계로 기본적인 제한 사항이 정의된다. 이것은 BS 타입 1-C를 위한 각각의 안테나 컨넥터에서의 conducted 제한 사항과 동일하며. 이로 인해 BS 타입 1-H를 위한 TAB 컨넥터에서의 제한 사항과 동일하다. 두 번째 단계로 기본 제한 사항은 active 송신 유닛의 수만큼 배수로 스케일링하여 RIB에서의 방사 제한 사항으로 전환된다. 이 배수는 최대값이 8인데 (9dB에 해당) 이 값은 규제 제한 사항을 정의하는 데 사용되는 안테나 엘리먼트의 최대 수이다. 최대 스케일링은 지역별 규제에 따라 달라질 수 있음을 알아야 한다.

BS 타입 1-O와 BS 타입 2-O는 방사로 정의된 모든 요구 사항을 갖는다. BS 타입 1-O는 상응하는 FR1 conducted 요구 사항을 참조하여 정의된 많은 요구 사항을 갖고 있다. 여기서 불요방사 제한 사항은 또한 BS 타입 1-H를 위해 적용된 스케일링을 갖고 있다. FR1과 FR2 간 공존 특성 및 구현상에서 전반적으로 차이가 있는데, 이는 BS 타입 2-O가 BS 타입 1-O를 위한 FR1 요구 사항과 여러 측면에서 다르게 정의된 별도의 FR2 요구 사항을 갖고 있다는 것을 의미한다.

BS 타입 1-O와 2-O, 어느 정도까지는 BS 타입 1-H에 대해 사용되는 방사 조건의 개요를 25.12절에서 다루겠다.

25.6 NR를 위한 Conducted RF 요구 사항 개요

RF 요구 사항은 기지국 혹은 UE의 수신기 및 송신기의 RF 특성을 정의한다. 기지국은 하나 혹은 다수의 안테나를 가지고 RF 신호를 송신 및 수신하는 물리적인 노드이다. NR 기지국은 무선 접속 네트워크에서의 논리적인 노드인 gNB와는 동일한 것이 아님에 유의한다 (6장 참조). UE는 단말을 가리키는 모든 RF 관련 표준 용어이다. Conducted RF 요구 사항은 FR1의 운영 대역을 위해 정의되고, radiated (OTA) 요구 사항은 RF2에만 정의된다 (25.12절 참조).

NR를 위하여 정의되는 Conducted RF 요구 사항들은 근본적으로 UTRA 및 다른 무선 시스템을 위해 정의된 것들과 동일하다. 또한, 몇몇 요구 사항들은 규제적인 (Regulatory) 요구 사항을 기반으로 한 것이라서, 시스템의 종류보다는 동작 주파수 영역 및 시스템이 구축되는 장소와 더 관련이 있다.

NR에 대하여 특별한 것은 유연한 대역폭과 이에 따른 시스템 내 여러 개의 채널대역폭이며, 이것이 몇몇 요구 사항을 정의하는 것을 좀 더 복잡하게 한다. 이는 불요방사에 관한 송신기 요구 사항에 대하여 특히 그러하다. 국제적인 규제에서의 불요방사에 대한 제약은 채널대역폭에 따라 달라지는데, 기지국이 여러 개의 채널대역폭을 가지고 동작할 수 있으며 단말의 동작 채널대역폭 역시 다양한 시스템에 대하여 이러한 요구 사항을 정의하기란 매우 힘들다. 또한, OFDM 기반의 유연한 물리계층의 특징은 송신기의 변조 품질 (Modulation Quality/Accuracy) 규격 및 수신기의 선택도 (Selectivity) 및 blocking 규격 등에도 영향을 준다. 채널 대역폭은 일반적으로 기지국과 단말에 따라 다르다. 25.3절을 참고하기 바란다.

단말에 대해 정의되는 송신기 요구 사항은 기지국에 대한 요구 사항과 매우 유사하며 요구 사항의 정의도 종종 비슷하다. 그러나 출력 전력 레벨은 단말의 경우가 훨씬 낮으며 구현의 제약 역시 단말 쪽이 훨씬 높다. 모든 통신 장비는 비용 및 복잡도에 대한 많은 고려가 필요하다. 하지만, 이는 해마다 20억 개 이상의 제품이 나오는 전체 시장의 크기를 볼 때 단말 쪽의 비용 및 복잡도 문제가 더 두드러진다. 단말에 대한 요구 사항과 기지국에 대한 요구 사항이 다른 경우에는, 별도로 다루도록 한다.

NR를 위한 conducted RF 요구 사항에 대한 상세한 배경은 참고문헌 [70, 7]에 설명되어 있으며, 기지국에 대한 conducted RF 요구 사항은 참고문헌 [4]에, 단말 (UE)에 대한 것은 참고문헌 [5]에 명시되어 있다. RF 요구 사항은 송신기 및 수신기 특성으로 나뉜다. 추가로 서로 다른 전파 환경 (Propagation Condition)에서의 모든 물리 채널들에 대한 수신기의 baseband 성능을 정의한, 기지국 및 단말에 대한 '성능 특성 (Performance Characteristics)'이 있다. 이들은 엄격히 말하면 RF 요구 사항들로 국한되는 것은 아니지만, 성능은 어느 정도 RF에 따라서도 달라진다.

각각의 RF 요구 사항들은 기지국 및 단말에 대하여 NR 테스트 규격에 정의된 해당되는 테스트들이 있다. 이 규격들은 RF 및 성능 요구 사항에 부합되는지의 여부를 보이기 위해 필요한 테스트 셋업, 테스트 절차, 테스트 신호, 허용 오차 (Tolerance) 등을 정의하고 있다.

25.6.1 송신기 전도 (Conducted) 특성

송신기 특성은 단말 및 기지국으로부터 송신되는 신호의 RF 요구 사항을 정의한다. 여기에는 원하는 (Wanted) 신호도 있으며 송신 반송파 바깥의 피할 수 없는 불요방사도 포함한다. 기본적으로 요구 사항은 아래의 3부분으로 구분된다.

❑ **출력 전력 레벨 요구 사항** : 전력 레벨의 동적인 변화 및 일부 경우에는 송신기를 끈 상태를 포함하여 최대 허용되는 송신 전력을 제한한다.

❑ **송신 신호 품질** : 송신 신호의 깨끗한 정도를 정의하며 복수 개의 송신기 회로들 사이의 관계를 정의한다.

❑ **불요방사 요구 사항** : 송신 반송파 바깥의 모든 방사를 제한하는 것으로 규제 기관의 요구 사항 및 타 시스템과의 공존과 깊은 관련이 있다.

위의 3부분으로 정리된 단말 및 기지국 송신기 특성이 표 25.3에 정리되어 있다. 특정 요구 사항에 대한 보다 자세한 설명은 이 장의 이후 부분을 참조한다.

표 25.3 NR 송신기 전도 특성 개관

	기지국 요구 사항	단말 요구 사항
출력 전력 레벨	최대 출력 전력 출력 전력 범위 (Dynamic) On/Off 전력 (TDD 경우만)	송신 전력 출력 전력 범위 (Dynamic) 전력 제어
송신 신호 품질	주파수 오류 Error Vector Magnitude (EVM) 송신기 회로들 사이의 시간 정렬	주파수 오류 송신 변조 품질 대역 내 방사
불요방사	동작대역 불요방사 인접 채널 누설 비율 (ACLR 및 CACLR)) Spurious 방사 점유 대역폭 송신기 상호 변조	스펙트럼 방사 마스크 인접 채널 누설 비율 (ACLR 및 CACLR) Spurious 방사 점유 대역폭 송신기 상호 변조

25.6.2 수신기 전도 특성

NR에 대한 수신기 요구 사항들은 LTE와 UTRA와 같은 타 시스템들에 대하여 정의된 것과 상당히 유사하다. 기본적으로 수신기 특성은 아래의 3부분으로 구분된다.

❑ **수신 감도 및 동작 범위 (Dynamic Range)** : 원하는 신호를 수신하는 능력이다.

❑ **간섭 신호에 대한 수신기 민감도** : 서로 다른 주파수 오프셋에서의 서로 다른 종류의 간섭 신호들에 대한 수신기 민감도를 정의한다.

❑ **불요방사** : 수신기에 대해서도 정의된다.

단말 및 기지국 수신기 특성에 대한 항목들이 표 25.4에 위에 언급한 3부분에 맞추어 정리되어 있다. 보다 자세한 설명은 이 장의 이후 부분을 참조한다.

표 25.4 Conducted NR 수신기 특성 개관

	기지국 요구 사항	단말 요구 사항
수신 감도 및 동작 범위	기준 수신 감도 동작 범위 (Dynamic Range) 채널 내 선택도 (Selectivity)	기준 수신 감도 파워 레벨 최대 입력 레벨
간섭에 대한 수신기 민감도	대역 외 blocking 대역 내 blocking 협대역 blocking 인접 채널 선택도 수신기 상호 변조	대역 외 blocking Spurious 응답 대역 내 blocking 협대역 blocking 인접 채널 선택도 상호 변조 특성
수신기로부터의 불요방사	수신기 불요방사	수신기 불요방사

25.6.3 지역적인 요구 사항

RF 요구 사항과 그들의 응용에는 지역적으로 변동이 있다. 이러한 변동들은 서로 다른 지역 및 나라 별 주파수에 대한 규제 및 이의 사용에서 비롯한다. 가장 두드러진 지역적인 변동은 앞서 다룬 것과 같은 서로 다른 주파수 대역들과 그 사용이다. 지역적인 RF 요구 사항의 대부분은 특정 주파수 대역과 연관되어 있다.

예를 들어 spurious 방사에 대한 지역적인 요구 사항이 있을 때에는, 이 요구 사항이 3GPP 규격에 반영되어야 한다. 기지국에 대해서는, 이는 선택적인 (Optional) 요구 사항이 되며 '지역적 (Regional)'이라고 표기된다. 단말은 기지국과 같이 다룰 수 없는데, 왜냐하면 어차피 단말은 서로 다른 지역들 사이를 로밍해 다닐 수 있으며, 따라서 해당 대역이 사용되는 모든 지역에서의 지역적 요구 사항을 모두 만족해야 하기 때문이다. NR (LTE 또한)에 있어서 이는 UTRA 보다 좀 더 복잡한데, 그 이유는 송신기와 수신기에서의 사용 대역폭에 추가적인 변동이 있게 되어 몇몇 지역적 요구 사항들은 이를 강제적인 (Mandatory) 요구 사항으로 만족하기가 힘들기 때문이다. 따라서 NR에서는 RF 요구 사항의 네트워크 시그널링 (Network Signaling) 개념이 도입되었다. 이를 통하여 단말은 네트워크에 접속할 때 특정한 RF 요구 사항들이 적용되는지의 여부를 호 설정 단계에서 지시받을 수 있다.

25.6.4 네트워크 시그널링을 통한 대역-특정의 단말 요구 사항

단말에서 지원되는 채널대역폭은 NR 동작대역에 따라 달라지며 송신기 및 수신기 요구 사항과도 관련이 있다. 왜냐하면 일부 RF 요구 사항들은 최대 전력과 많은 개수의 송신 및 수신 자원

블록을 동시에 고려한 조건에서는 만족하기가 힘들 수도 있기 때문이다.

NR과 LTE 모두에서, 셀 핸드오버나 브로드캐스트 메시지를 통하여 단말에게 특정 네트워크 시그널링 값 (Network Signalling Value, NS_x)을 시그널링 함으로써, 단말에게 일부 추가적인 RF 요구 사항을 적용할 수 있다. 구현과 관련된 이유로, 이러한 요구 사항들은 단말의 출력 전력, 최대 채널대역폭 및 송신 자원 블록의 개수와 같은 RF 파라미터들에 대한 제한 및 변경과 관련이 있다. 이러한 요구 사항들의 변경은 네트워크 시그널링 값 (Network Signalling Value : NS_x)와 함께 단말 RF 규격[76]에 정의되어 있으며, 각 값들은 특정 조건에 해당된다. 모든 대역에 대한 기본 값은 NS_01이다. 모든 NS_x 값들은 부가적인 최대 파워 감소 (Additional Maximum Power Reduction : A-MPR)라고 불리는 허용되는 전력 감소와 연결되어, 특정한 최소 자원블록의 개수를 사용한 전송에 대하여 적용되며, 또한 채널대역폭에 따라 달라진다.

25.6.5 기지국 Type 1-C와 1-H에서의 기지국 클래스

기지국에 대해 다른 적용 시나리오를 수용하기 위해, NR 기지국에 대해 여러 set의 RF 요구 사항이 있다. 각각은 기지국 클래스에 적용될 수 있다. RF 요구 사항이 NR로부터 도출되었을 때, 매크로셀, 마이크로셀, 그리고 피코셀 시나리오에 대한 기지국 클래스들이 도입되었다. 3GPP 에서는, 매크로, 마이크로, 피코 및 펨토와 같은 용어들이 기지국 클래스를 구분하는 데 사용되지 않으며, 대신 다음의 용어들이 사용된다.

- **Wide Area 기지국** : 이 유형의 기지국은 매크로 셀의 경우에 해당하는데 지면에서 기지국과 단말간 최소 거리가 35 미터이다. 이것은 높은 탑 또는 옥상을 갖춘 전형적인 대형 셀 배치에 해당하며, 넓은 실외 커버리지 뿐만 아니라, 실내 커버리지도 제공한다.
- **Medium Range 기지국** : 이 유형의 기지국은 지면에서 기지국과 단말기 간 최소 거리가 5 미터인 마이크로 셀의 경우에 해당한다. 일반적으로 실외 옥상 설치, 실외 핫스팟 커버리지 및 벽을 통과하는 실외-실내 커버리지를 제공한다.
- **Local Area 기지국** : 이 유형의 기지국은 지면에서 기지국과 단말기 간 최소 거리가 2 미터로 정의된 피코 셀의 경우를 위한 것이다. 일반적인 배치 시나리오는 실내 사무실 및 실내/실외 핫스팟 대상이고, 이 기지국은 벽이나 천장에 장착된다.

Local area 및 medium range 기지국 클래스는 wide are 기지국에 비해, 더 작은 최소 coupling loss를 갖는 더 짧아진 기지국과 단말 간의 거리를 주로 가정하여, 몇 가지 요구 사항들이 수정되었다.

- 기지국 최대 출력이 Medium Range 기지국의 경우는 38dBm, Local Area 기지국의 경우는 24dBm으로 제한된다. 이 출력은 안테나 및 반송파당으로 정의된다. 그리고 Wide Area 기지국에 대해서는 기지국 최대 출력이 정의되어 있지 않다.
- Medium Range, Local Area 기지국에 대한 스펙트럼 마스크 (동작대역 불요방사)는 최대 출력 레벨이 낮아졌으므로 이에 따라 더 낮은 제한 값을 가진다.
- Medium Range, Local Area 기지국에 대한 수신기 기준 수신 감도 제한 값은 더 높다 (즉, 완화되었다). 이에 따라 수신기 동작 범위 및 채널 내 선택 (ICS : In-Channel Selectivity)도 역시 조정되었다.
- Medium Range, Local Area에 대한 co-location의 제약들은 해당 기지국에 대한 완화된 레퍼런스 민감도에 상응하여 wide area 기지국에 비해 완화되었다.
- 간섭 신호들에 대한 수신기 민감도 (Susceptibility)를 위한 모든 Medium Range, Local Area 기지국 제한 값들은 더 높은 (완화된) 수신기 수신 감도 제한 값과 더 작은 (기지국-단말간) 최소 coupling loss를 고려하여 조정되었다.

25.7 CONDUCTED 출력 전력 레벨 요구 사항

25.7.1 기지국 출력 전력 및 동작 범위

기지국에 대한 일반적인 최대 출력 전력 요구 사항은 없다. 그러나 앞서 설명한 기지국 클래스에서 볼 수 있듯이 Medium Range 기지국, Local Area 기지국에 대해서는 각각 38dBm, 24dBm의 최대 출력 제한이 있다. 아울러, 실제 최대 출력이 제조사가 말한 출력 전력 값으로부터 얼마까지 벗어나도 인정해줄 것인지에 대한 tolerance도 규격화되어 있다.

기지국에는 또한 리소스 엘리먼트 단위로 설정 가능한 전력의 범위를 정의하는 총 전력 제어 동적 사양이 있다.

TDD 동작에 대해서는 상향링크 서브프레임 동안 송신기를 Off한 상태의 전력 레벨로 정의되는 기지국 출력 전력에 대한 전력 마스크가 있으며, 송신기의 On과 Off 상태 사이의 송신기 최대 허용 가능한 천이 시간이 규격화되어 있다.

25.7.2 단말 출력 전력 및 동작 범위

단말 출력 전력 레벨은 세 가지 단계로 정의된다.

- **단말 전력클래스 (Power Class)** : 이는 QPSK 변조에 대한 명목상 (Nominal)의 최대 출력 전력을 정의한다. 이는 동작 대역에 따라 달라질 수 있으나, 오늘날 주된 단말 전력 클래스는 모든 대역에 대하여 23dBm이다.
- **최대 전력 감소 (Maximum Power Reduction, MPR)** : 이는 특정한 변조 방식과 할당된 자원 블록의 조합에 따라 허용된 최대 전력 레벨의 감소를 정의한다. 또한 캐리어 애그리게이션, SUL 그리고 상향링크 MIMO를 위한 MPR 값이 정의된다.
- **추가적인 최대 전력 감소 (Additional Maximum Power Reduction, A-MPR)** : 이는 몇몇 지역에서 적용될 수 있으며, 보통 지역적인 방사 제한과 같은 특정 송신기 요구 사항과 연관되어 있다. 이러한 각 요구 사항에 대하여, 25.6.4절에서 설명한 것처럼 허용되는 A-MPR와 관련 조건들을 알려주는 관련 네트워크 시그널링 값 NS_x가 있다.

최소 출력 전력 레벨 설정으로 단말의 동작 범위를 정의한다. 단말에는 단말이 송신하지 않아야 하는 경우에 해당하는 송신기 Off 전력 레벨의 정의가 있다. 일반적인 On/Off 시간 마스크(time mask)가 규격화되어 있으며 PRACH, PUCCH 및 SRS에 대한 특정 시간 마스크, 그리고 'PUCCH/PUSCH/SRS 천이'에 대한 특정 시간 마스크도 있다.

단말 송신 전력 제어는 최초 전력설정에 대한 절대전력 허용오차 (Absolute Power Tolerance), 2개의 서브프레임 사이의 상대전력 허용오차 (Relative Power Tolerance), 연속된 전력 제어 명령에 대한 누적전력 허용오차 (Aggregated Power Tolerance)에 대한 요구 사항으로 규격화되어 있다.

25.8 송신 신호 품질

송신 신호 품질에 대한 요구 사항은 기지국 및 단말의 송신 신호가 신호 및 주파수 영역 측면에서 '이상적인' 변조신호와 얼마나 다른지의 여부로 규격화된다. 송신 신호의 품질 저하는 송신기 RF 소자들에 기인하며, 전력증폭기의 비선형성이 주요 원인이다. 신호 품질은 기지국 단말에 대하여 EVM 및 주파수 오차를 통하여 측정된다. 단말의 경우는 단말 대역 내 방사라는 추가 요구 사항이 있다.

25.8.1 EVM 및 주파수 오차

신호품질 측정에 대한 이론적인 정의는 매우 간단하지만, 실제 측정은 상당히 정교한 절차로서 3GPP 규격에 자세히 설명되어 있다. 왜냐하면 이는 시간, 주파수 및 신호 성상도 (Signal constellation)에서 최적의 쌍을 찾아내야 하는 다각적인 최적화 문제이기 때문이다.

Error Vector Magnitude (EVM)는 변조신호 성상도 상에서 측정된 오차로서, 변조 방식의 모든 심볼들을 고려하여 활성화된 부반송파 상의 오차 벡터들의 root mean square를 구한 것이다. 이는 이상적인 신호의 전력에 대한 % 값으로 표현된다. 만약 송신기와 수신기 사이에 신호에 대한 추가적인 손상이 없다면, EVM은 수신기가 얻을 수 있는 최대 SINR을 의미한다.

수신기는 (예를 들면) 신호가 시간 축으로 퍼지는 현상과 같이 송신된 신호에 대한 손상 중 일부는 제거할 수 있으므로, EVM은 CP를 제거하고 등화기 (Equalization)를 거친 이후로 판단한다. 이와 같은 방법에 의하여 EVM 평가는 수신기의 표준화된 모델을 포함한다. EVM 평가로부터 비롯된 주파수 오프셋은 평균화되어 송신 신호의 주파수 오차 값으로 사용된다.

25.8.2 단말 대역 내 방사

대역 내 방사 (In-Band Emission)는 채널대역폭 내의 방사이다. 요구 사항은 채널대역폭 내에서 할당되지 않은 자원 블록들에 단말이 얼마까지 송신을 해도 되는지를 제한하는 것이다. 대역 외 방사와는 달리, 대역 내 방사는 CP를 제거하고 FFT를 수행한 이후에 측정된다. 왜냐하면 이 지점이 바로 UE 송신기가 실제로 기지국 수신기에 영향을 주는 지점이기 때문이다.

25.8.3 기지국 시간 정렬

송신 다이버시티 및 MIMO와 같은 몇 가지 NR 기능들은 기지국이 2개 혹은 그 이상의 안테나를 사용하여 전송을 한다. 캐리어 애그리게이션의 경우, 반송파들이 서로 다른 안테나를 통하여 전송될 수도 있다. 단말이 복수 개의 안테나들로부터 온 신호를 적절하게 수신할 수 있도록, 이러한 송신기 경로들 사이의 시간 관계가 최대 허용 가능한 시간 정렬의 형태로 규격화되어 있다. 최대 허용 오차는 송신기 경로상의 기능 및 기능들의 조합에 따라 달라진다.

25.9 Conducted 불요방사 요구 사항

ITU-R 권고 (Recommendations)에서 송신기로부터의 불요방사는 OOB 방사와 spurious 방사로 나뉜다.[40] OOB 방사는 변조 절차에 의해 발생하는 RF 반송파에 근접한 주파수에서의 방사로 정의된다. Spurious 방사는 해당하는 정보 전송에 영향을 주지 않으면서 줄일 수 있는 RF 반송파 바깥의 방사 중 OOB 방사를 제외한 것이다. Spurious 방사의 예로는 harmonic 방사, 상호 변조 방사 및 주파수 변환 프로덕트 (Frequency Conversion Products)에 따른 방사가 있다. 흔히 OOB 방사가 정의되는 주파수 범위를 OOB 영역 (OOB Domain)이라 부르며, spurious 방사 제한은 일반적으로 spurious 영역 (Spurious Domain)에서 정의된다.

또한, ITU-R은 반송파의 중심에서 필요 대역폭 (Necessary Bandwidth)의 2.5배 (이는 NR에 대한 채널대역폭의 2.5배에 해당) 만큼 떨어진 주파수 위치에서 OOB와 spurious 영역 사이의 제한을 정의하고 있다. 이와 같이 OOB와 spurious로 요구 사항을 분리하는 것은 고정적인 채널대역폭을 가진 시스템에는 쉽게 적용이 된다. 하지만, NR의 경우에는 시스템이 유연한 대역폭을 가지고 있으므로 OOB와 spurious 요구 사항이 적용되는 주파수 범위가 채널대역폭에 따라 변할 수 있기 때문에, 이와 같은 분리가 쉽지 않다. 3GPP 내에서는 이 두 가지의 경계를 정의하는 방식에 있어서 기지국과 단말 요구 사항에 대하여 약간 다른 방식을 취하고 있다.

권고된 대로 OOB 방사와 spurious 방사 사이의 경계를 채널대역폭의 2.5배로 하면, 채널대역폭의 2배의 대역폭을 갖게 되는 3차 및 5차 상호 변조 값은 OOB 영역 안에 들어오게 된다. OOB 영역에 대하여, 스펙트럼 방사 마스크 (Spectrum Emission Mark, SEM)와 인접 채널 누설 비율 (Adjacent Channel Leakage Ratio, ACLR)의 두 가지 서로 겹치는 요구 사항이 정의되어 있다. 자세한 사항은 아래에 설명된다.

25.9.1 구현 측면

OFDM 신호의 스펙트럼은 전송대역폭의 바깥쪽에서 다소 천천히 떨어진다. NR을 위한 송신 신호가 채널대역폭의 98%를 차지하기 때문에, 순수한 OFDM 신호로 불요방사 제한을 직접 만족하는 것은 불가능하다. 하지만 불요방사 제한을 만족하기 위해 사용되는 기술이 NR 규격에서는 명시되거나 지정되어 있지는 않다. 시간영역 (Time-Domain) windowing이 OFDM 기반 전송 시스템의 스펙트럼 방사를 제어하기 위해 일반적으로 사용되는 방법 중 하나이다. 기저대역 신호에 대한 시간영역 디지털 필터링과 RF 신호에 대한 아날로그 필터링 등의 필터링도 언제든지 필요하면 사용될 수 있다.

RF 신호를 증폭하는 데 사용되는 전력증폭기 (PA)의 비선형성 특성이 채널대역폭 바깥에서의 상호 변조를 만드는 원인이므로 이 특성 역시 반드시 고려되어야 한다. PA를 좀 더 선형 영역에서 동작하도록 전력 back-off를 주는 것을 사용할 수 있으나 이는 전력 효율이 낮아지는 단점이 있어서, 전력 back-off는 최소화되어야 한다. 이러한 이유로 추가적인 선형화 방식들이 사용될 수 있다. 이러한 방식들은 구현의 복잡도에 대한 제한이 조금 덜하며 여러가지 진보된 선형화 방식들이 스펙트럼 방사를 제어하는 필수 요소인 기지국 단에서 그 중요성이 더 높다. 이러한 방식들의 예로는 feed-forward, feedback, pre-distortion, post-distortion 등을 들 수 있다.

25.9.2 OOB (Out Of Band)영역에서의 방사 마스크

방사 마스크는 필요 대역폭 바깥쪽에서 허용되는 OOB 스펙트럼 방사를 정의한다. 앞서 설명하였듯이 OOB 방사와 spurious 영역 사이의 주파수 경계를 결정하는 데 있어서 유연한 채널대역폭을 어떻게 고려할 것인가는 NR 기지국과 단말에서 약간 다르다. 결과적으로, 방사 마스크 역시 서로 다른 원리에 기반을 둔다.

25.9.2.1 기지국 동작대역 불요방사 제한

NR 기지국에서 채널대역폭이 변함에 따라서 OOB와 spurious 영역 사이의 경계가 변할 수 있는 문제는 이 경계 자체를 명시적으로 정의하지 않는 방법을 사용하여 해결한다. 즉, OOB 방사에 대하여 일반적으로 정의되는 스펙트럼 마스크 대신에, LTE 기지국에 대한 통합된 개념의 동작대역 불요방사 (Operating Band Unwanted Emission, OBUEs)를 사용한다. 그림 25.4에서 볼 수 있듯이 동작대역 불요방사는 전체 기지국 송신기 동작대역 및 양쪽의 추가적인 10-40MHz에 적용된다. 이 영역 바깥의 모든 요구 사항은 ITU-R 권고[40]에 기반을 둔 규제적인 spurious 방사 제한을 따른다. 그림 25.4에서 볼 수 있듯이, 작은 채널대역폭을 사용하는 경우에는 동작대역 불요방사의 많은 부분이 spurious 영역이기도 하고, OOB 영역이기도 한 주파수 부분에 대하여 정의됨을 볼 수 있다. 이는 spurious 영역에 속할 수도 있는 주파수영역에 대해서는 규격의 제한 값이 ITU-R로부터의 규제적인 제한 값과 맞아야 한다는 것을 의미한다. 마스크의 모양은 모든 채널대역폭에 대하여 적용되는 일반적인 모양으로서, 결과적으로 채널의 가장자리로부터 10-40MHz 떨어진 위치에서 시작하는 ITU-R의 제한값과 맞아야 한다. 동작대역 불요방사는 100kHz의 측정 대역폭 (Measurement Bandwidth)으로 측정하도록 정의되고, LTE에서 이에 상응하는 마스크와 함께 매우 정렬된다.

캐리어 애그리게이션을 하는 기지국의 경우에는, (다른 RF 요구 사항들과 마찬가지로) OBUE 요구 사항은 어떠한 다중반송파 전송의 경우에도 동일하게 적용이 된다. 물론, 이때 OBUE은 RF 대역폭의 가장자리의 반송파들에 대하여 정의된다. 비연속적 캐리어 애그리게이션의 경우에서 sub-block gap 내에서의 OBUE은 각 sub-block으로부터의 영향의 부분 누적 합으로써 계산이 된다.

미국에서 사용되는 동작대역들에 대하여 FCC (Federal Communications Commission, Title 47) 규제에 의해 정의된 특별한 제한이 있으며 유럽의 대역들에 대해서는 ECC에 의한 특별한 제한이 있다. 이러한 제한들은 동작대역 불요방사 제한에 추가로 별도의 제한으로서 명시된다.

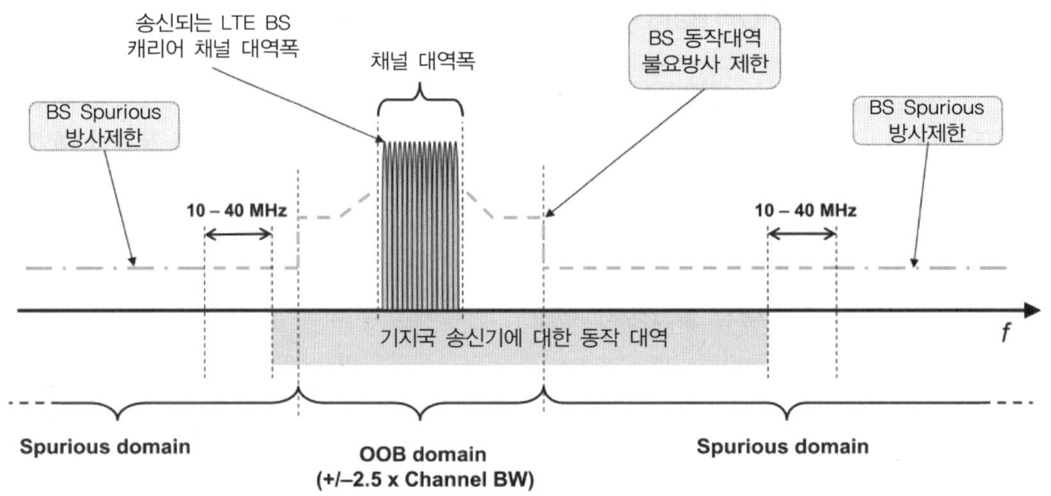

그림 25.4
NR 기지국 (FR1)에 적용되는 불필요한 대역 방출 (Unwanted Emissions) 및 스퓨리어스 (Spurious Emissions) 방출 대역을 위한 주파수 범위

25.9.2.2 단말 스펙트럼 방사 마스크 (Spectrum Emission Mask, SEM)

구현상의 문제로 인하여, 채널대역폭에 따라 변하지 않는 일반적인 UE 스펙트럼 마스크를 정의하는 것은 불가능하다. 따라서 OOB 제한 값과 spurious 방사 제한 값에 대한 주파수 범위들은 기지국에 대하여 사용되는 것과는 동일한 원리를 사용할 수 없다. SEM은 그림 25.5에서 볼 수 있듯이 채널 가장자리로부터 Δf_{OOB} 만큼 떨어진 곳까지 확장된다. 5MHz 채널대역폭에 대해, 이는 ITU-R에 의하여 권고되는 필요 대역폭의 250%에 해당되며, 이보다 큰 채널 대역폭에 대해서는 250%에 비슷한 값 정도에 해당된다.

SEM은 일반적인 마스크로 정의되며 서로 다른 지역적인 요구 사항을 반영하기 위해서는 추가적인 마스크들이 적용될 수 있다. 각 추가적인 지역적 마스크는 특정 네트워크 시그널링 값 NS_x와 연계되어 있다.

25.9.3 인접 채널 누설 비율

SEM (Spectrum Emissions Mask)에 추가하여, OOB 방사는 인접 채널 누설 비율 (Adjacent Channel Leakage Ratio, ACLR) 요구 사항에 의해 정의된다. ACLR 개념은 인접한 주파수에서 동작하는 두 시스템 사이의 공존 여부를 분석하는 데 매우 유용하다. ACLR은 인접 채널 상으로 전송되는 불요방사 전력 대비 할당된 채널대역폭 내로 전송되는 전력의 비율로 정의한다. 이에 대응하여 인접 채널에서의 신호를 억제할 수 있는 수신기 능력으로 정의되는 인접 채널 선택도 ACS (Adjacent Channel Selectivity)라는 수신기 요구 사항이 있다.

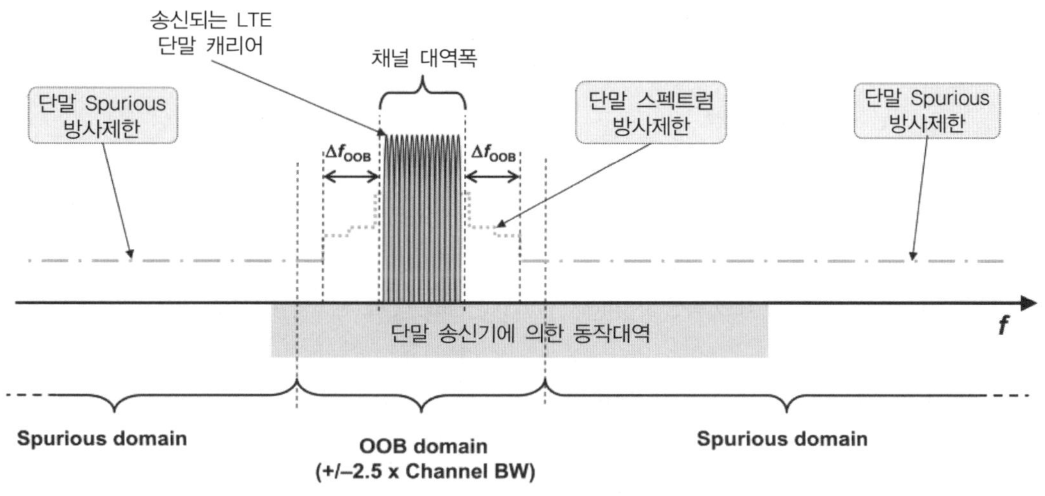

그림 25.5
NR 단말에 적용 가능한 스펙트럼 방출 마스크 및 스퓨리어스 방출 (Spurious Emissions)의 주파수 범위

그림 25.6에 원하는 신호와 인접 채널 내 수신되는 간섭 신호에 대하여 ACLR과 ACS의 정의가 설명되어 있다. 간섭하는 신호의 불요방사가 원하는 신호의 수신기로 누설된 것이 ACLR이며, 원하는 신호의 수신기가 인접 채널 내 간섭 신호를 억제하는 능력을 ACS라 한다. 이 2개의 파라미터들을 함께 사용하여, 인접한 채널에서 두 전송 사이의 전체적인 누설을 정의한다. 이 비율을 인접 채널 간섭 비율 (Adjacent Channel Interference Ratio, ACIR)이라 부르며, 인접 채널 상에서 수신기에 의해 수신되는 총 간섭에 대비한 한 채널 상으로 전송되는 전력의 비율로 정의된다. 이는 바로 송신기 (ACLR)와 수신기 (ACS)가 불완전하여 발생하는 것이다. 인접 채널 파라미터들 사이의 관계는 다음과 같다.[11]

$$\mathrm{ACIR} = \frac{1}{(1/\mathrm{ACLR}) + (1/\mathrm{ACS})} \tag{25.2}$$

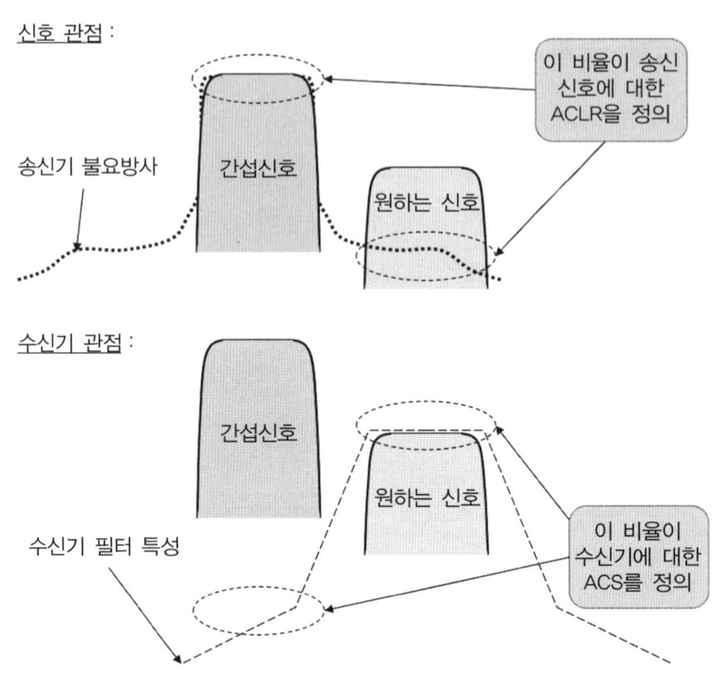

그림 25.6
"침략자 (Aggressor)" 간섭자에 대한 특성 및 "피해자 (Victim)" 원하는 신호에 대한 수신기를 가진 ACLR 및 ACS의 예시

ACLR과 ACS는 두 인접하는 채널에 대하여 서로 다른 채널대역폭이 사용될 경우에도 정의될 수 있다. 이러한 경우가 NR의 대역폭 유연성 때문에 정해지는 몇몇 요구 사항의 경우가 된다. 위의 식 25.2는 서로 다른 채널대역폭에도 적용할 수 있다. 그러나 이 경우 서로 다른 두 개의 채널대역폭이 식 내의 3가지 파라미터 ACIR, ACLR, ACS를 정의하는 데 모두 동일하게 사용되어야 한다.

NR 단말 및 기지국을 위한 ACLR 제한은 NR과 인접 반송파 위의 다른 시스템들 사이의 광범위한 공존 분석 (Coexistence Analysis)을 기반으로 하여 만들어졌다.[11]

NR 기지국에 대해서는, 같은 채널대역폭의 NR 수신기가 인접 채널에 있는 경우와 LTE 수신기가 인접 채널에 있는 경우 모두에 대해 ACLR 요구 사항이 있다. NR기지국에 대한 ACLR 요구 사항은 45dB이다. 이것은 단말에 대한 ACS 요구 사항보다 상당히 엄격한 것이다. 그리고 식 25.2에 따라 하향링크에서 단말 수신기 성능은 ACIR과 결과적으로 기지국과 단말 간 공존에 대한 제한 요소가 될 것이다. 시스템의 관점에서 보면, 이러한 선택은 복잡한 구현 사항은 기지국이 담당하고 모든 단말들이 고성능의 RF를 가질 필요가 없기 때문에 비용면에서 효율적이다.

캐리어 애그리게이션을 하는 기지국의 경우에는 (다른 RF 요구 사항들과 마찬가지로), ACLR은 여느 다중반송파 전송의 경우와 동일하게 적용이 된다. 물론, 이때 ACLR은 RF 대역폭의 가장자리의 반송파들에 대하여 정의된다. 비연속적 캐리어 애그리게이션의 경우에서 sub-block gap이 너무 작아서 gap의 가장자리에서 ACLR 요구 사항이 서로 겹치는 경우에 대해서는, gap에 대하여 특별한 CACLR (Cumulative ACLR) 요구 사항이 정의된다. CACLR에 대하여, sub-block gap의 양쪽 모두의 반송파들로부터의 영향이 CACLR 제한에 고려된다. CACLR 제약은 45dB에서 기지국에 대한 ACLR과 동일하다.

단말에 대한 ACLR 제한 값은 인접 채널에 추정되는 NR과 UTRA 수신기 양쪽 모두를 가정한 경우에 대하여 만들어졌다. 캐리어 애그리게이션의 경우에는, 단말의 ACLR 요구 사항은 반송파당이 아니라 aggregated 채널대역폭에 대하여 적용된다. NR 단말에 대한 ACLR 제한 값은 30dB로 설정되어 있다. 이것은 기지국에 대한 ACS 요구 사항에 비해 상당히 완화된 것이다. 식 25.2에 따르면 상향링크에서 단말 송신기 성능이 ACIR과 결과적으로 기지국과 단말 간 공존에 대한 제약 사항이 될 것임을 알 수 있다.

25.9.4 Spurious 방사

Spurious 방사에 대한 제한은 국제적인 권고[40]로부터 가져온 것이다. 그러나 이는 그림 25.4에서 설명하였듯이 동작대역 불요방사가 정의된 주파수 범위 바깥쪽에 대하여, 즉 기지국 송신기 동작대역에서 적어도 10-40MHz 떨어진 주파수에 대하여 정의된다. 이는 spurious 방사 영역의 일부를 커버하는 OBUE의 정의로 인해 spurious 방사 요구 사항에 대한 주파수 범위는 국제규약상의 spurious 영역으로 정의된 범위와 꼭 일치하지는 않는다. 그러나 제한 내용은 서로 맞춰져 있다.

또한, NR과 공존하거나 심지어 한 국사를 공용할 수 있는 다른 시스템들을 보호하기 위해 추가적인 지역적 혹은 선택적 제한이 있다. 추가적인 spurious 방사 요구 사항에 고려될 수 있는 다른 시스템들의 예로는 GSM, UTRA FDD/TDD, CDMA2000, PHS 등이 있다.

단말 spurious 방사 제한은 SEM에 의해 다루어지는 주파수 영역 밖의 모든 주파수에 대하여 정의된다. 제한은 일반적으로 국제적인 규제에 기반 하지만,[40] 단말이 로밍할 때 다른 대역들과의 공존을 위한 추가적인 요구 사항들도 있다. 추가적인 spurious 방사 제한은 관련 네트워크 시그널링 값을 가지고 있을 수 있다.

추가적으로, 수신기에 대하여 정의된 기지국 및 단말 방사 제한 값이 있다. 송신 신호가 수신기 방사보다 강하므로, 수신기 spurious 방사 제한 값은 송신기가 active가 아닌 경우에만 적용된다. 또한, NR FDD 기지국의 경우는 송신기가 active이나 별도의 수신안테나 커넥터를 가진 경우에 적용된다.

25.9.5 점유 대역폭

점유 대역폭은 일본 및 미국과 같은 일부 지역에서는 장비에 대하여 규제적으로 정의된 요구 사항 중 하나이다. 이는 원래는 ITU-R에서 전체 방사 중에서 해당 대역폭 바깥의 방사가 특정 %를 넘지 않는 것을 의미하는 최대 대역폭으로 정의되었다. NR에 대한 점유 대역폭은 채널대역폭과 동일하며, 이 바깥에는 최대 1% (즉 위쪽 아래쪽 각각 0.5%)의 방사가 허용된다.

25.9.6 송신기 상호 변호

RF 송신기에서 추가적으로 살펴보아야 할 사항 중 하나는 송신 신호와 기지국 혹은 단말 근처에서 송신되는 또 다른 강한 신호 사이의 상호 변조 (Intermodulation)이다. 이에 따라 송신기 상호 변호에 대한 요구 사항이 있다.

기지국의 경우에는 다른 기지국 신호가 co-location된 상태의 정적인 (Stationary) 시나리오를 기반으로 한다. 이때, 기지국의 안테나 커넥터에 보이는 송신 신호는 30dB 감쇠된 값이다. 이는 정적인 시나리오이므로 추가적인 불요방사를 허용하지 않는다. 즉, 모든 불요방사 제한 값은 이와 같은 근처의 간섭 신호가 존재하는 경우에도 만족되어야 한다.

단말의 경우에는 또 다른 단말의 송신 신호가 단말의 안테나 커넥터에 40dB 감쇄된 상태로 보이는 시나리오를 기반으로 하여 유사한 요구 사항이 있다. 이 요구 사항은 송신 신호 아래로 발생하는 상호 변조의 최소 감쇄값을 규정한다.

25.10 Conducted 수신 감도 및 동작 범위

기준 수신 감도 (Reference Sensitivity) 요구 사항의 주 목적은, 수신기의 RF 회로들이 수신신호의 SNR을 얼마나 열화시키는지에 대한 측정치인 수신기 Noise figure를 알아보려는 데 있다. 이러한 이유로, 기준 수신 감도 테스트에는 낮은 SNR에 적합한 QPSK를 사용하는 전송이 사용된다. 기준 수신 감도는 기준 채널에 대한 최대 전송 속도의 95%을 얻을 수 있는 수신기 입력 레벨로 정의된다.

단말의 경우에는 기준 수신 감도는 전체 채널대역폭 신호에 대하여 그리고 원하는 신호에 대하여 할당되는 모든 자원블록에 대하여 정의된다.

동작 범위 (Dynamic Range) 요구 사항은 수신기가 기준 수신 감도보다 상당히 높은 수신신호 레벨에서도 역시 잘 동작하는지를 확인하기 위한 목적이다. 기지국 동작 범위에 대한 시나리오는 높은 레벨의 간섭신호가 존재하여 원하는 신호의 레벨 역시 높아야 하는 경우를 가정함으로써 수신 감도 테스트와는 다른 형태의 수신기 손상 (Impairment)을 테스트하려는 것이다. 이 테스트에는 16QAM을 사용하는 높은 SNR에 적합한 전송방식이 적용된다. 수신기에 더 높은 신호 레벨로 압박을 주기 위하여, 추정되는 잡음 층 (Noise Floor)보다 20 dB 더 높은 레벨의 AWGN 신호를 수신신호에 추가하여 입력해준다. 단말에 대한 동작 범위에 대한 요구 사항은 전송 속도 요구 사항을 만족하는 최대 신호레벨로서 명시된다.

25.11 간섭 신호들에 대한 수신기 민감성

간섭 신호가 존재할 때 원하는 신호를 수신할 수 있는 기지국 및 단말의 수신기 능력을 정의하는 몇 가지 요구 사항들이 있다. 여러 개의 요구 사항이 존재하는 이유는, 원하는 신호로부터 간섭 신호가 떨어진 주파수 오프셋 양에 따라 간섭 시나리오가 매우 다르게 보일 수 있으며 서로 다른 형태의 수신기 손상이 성능에 영향을 줄 수 있기 때문이다. 여러 가지 조합의 간섭 신호들을 사용하는 것은, 기지국 수신기의 동작 대역 안팎에서 맞닥뜨릴 수 있는 서로 다른 대역폭의 간섭 신호들의 가능한 시나리오들을 가능한 범위에서 최대한 모델링하기 위함이다.

기지국과 단말에 대하여 요구 사항의 종류 자체는 대단히 비슷하지만, 기지국과 단말이 겪는 간섭 시나리오가 매우 다르기 때문에 신호 레벨에서 차이가 있다. 아울러, 기지국의 채널 내 선택도 (In-Channel Selectivity, ICS) 요구 사항에 대응하는 요구 사항이 단말 쪽에는 없다.

간섭을 매우 멀리 떨어뜨린 것에서부터 점점 가까이 움직이는 순서로 다음과 같은 요구 사항들이 NR 기지국 및 단말에 대해 정의된다 (그림 25.7 참조). 모든 경우에서 간섭신호는 NR 신호이며 원하는 신호와 동일하거나 작은 대역폭을 가지고 있는데 최대 20MHz이다.

❑ **Blocking** : 강한 간섭 신호들이 동작대역 바깥에서 수신되거나 (Out-Of-Band Blocking)

혹은 동작대역 내에서 수신되지만 원하는 신호와는 인접하지 않으면서 수신되는 경우의 (In-Band Blocking) 시나리오에 해당된다. In-band blocking은 기지국에 대해서는 동작대역 바로 바깥의 20-60MHz까지의 간섭을 포함하며, 단말에 대해서는 대역 바로 바깥의 15MHz까지의 간섭을 포함한다. 이 시나리오에서 대역외 간섭 신호는 CW (Continuous Wave) 신호로 모델링되고 대역 내 간섭 신호는 NR 신호로 모델링된다. 기지국이 다른 동작대역에서 동작하는 다른 기지국과 국사를 공유하는 시나리오에 해당하는 추가적인 (선택적인) blocking 요구 사항도 있다. 단말에 대해서는 각 할당된 주파수 채널 및 각각의 spurious 응답 주파수의 위치에서 대역외 blocking 요구 사항으로부터 몇 가지 예외가 허용된다. 이러한 주파수들에서는 단말은 약간 완화된 spurious 응답 요구 사항을 반드시 만족해야 한다.

- **ACS (Adjacent Channel Selectivity)** : ACS 시나리오는 원하는 신호와 인접한 채널에 강한 신호가 존재할 때에 해당되며, 이는 단말에 대한 ACLR 요구 사항과 밀접하게 관련이 있다 (25.9.3절 참조). 인접한 간섭 신호는 NR 신호이다. 단말에 대해서 ACS는 낮은 신호 레벨의 경우와 높은 신호 레벨의 경우의 두 가지로 규격화된다.
- **협대역 (Narrowband) blocking** : 이 시나리오는 인접한 강한 협대역 간섭이 존재할 때에 해당되며, 간섭 신호는 기지국 요구 사항의 경우에는 하나의 자원블록을 가진 NR 신호로 모델링되며, 단말 요구 사항의 경우에는 CW 신호로 모델링된다.
- **ICS (In-Channel Selectivity)** : 이 시나리오는 채널대역폭 내에 서로 다른 수신 전력 레벨의 여러 개의 수신 신호들이 있는 경우이다. 이때 더 낮은 전력 레벨의 원하는 신호가 더 높은 전력 레벨의 간섭 신호가 존재하는 경우에도 수신되는지의 여부를 확인한다. ICS는 기지국의 경우에만 규격이 있다.
- **수신기 상호 변조 (Intermodulation)** : 이 시나리오는 원하는 신호 근처에 두 개의 간섭 신호가 있는 경우이며, 이때 간섭 신호 중 하나는 CW 신호이고, 다른 하나는 NR 신호이다 (그림 25.7에는 표시되지 않음). 이 요구 사항의 목적은 수신기의 선형성을 시험하기 위한 것이다. 간섭 신호들은 주파수 영역에서 상호 변조의 주 영향이 원하는 신호의 채널대역폭 내로 떨어지도록 위치시킨다. 또한, 간섭하는 CW 신호는 원하는 신호에 매우 인접해 있으며 간섭하는 NR 신호는 하나의 RB 신호로 모델링된 협대역 상호 변조 (Narrow Band Intermodulation) 요구 사항도 있다.

ICS를 제외한 모든 요구 사항에 대하여, 원하는 신호는 기준 수신 감도 요구 사항 때와 같은 기준 채널을 사용한다. 기준 채널에 대하여 동일한 95% 상대적 전송 속도를 만족하지만, 간섭이 추가됨으로 인하여 수신 감도가 저하되어 (De-Sensitized) 더 높은 레벨의 원하는 신호에 대하여 설정된 전송 속도를 만족하게 된다.

25.12 NR을 위한 RF 방사 요구 사항들

단말과 기지국에 대해 정의된 많은 RF 방사 요구 사항들은 이에 상응하는 conducted RF 요구 사항으로부터 직접적으로 도출된 것이다. conducted 요구 사항과는 다르게 방사 요구 사항들은 또한 안테나도 고려할 것이다.

기지국 출력 전력 및 불요 방사와 같은 방사 레벨을 정의할 때, EIRP (Isotropic Radiated Power)를 사용하여 지향성 요구 사항으로 안테나 이득을 통합하거나 TRP(Total Radiated Power)를 사용하는 한계를 정의함으로써 방사를 수행할 수 있다.

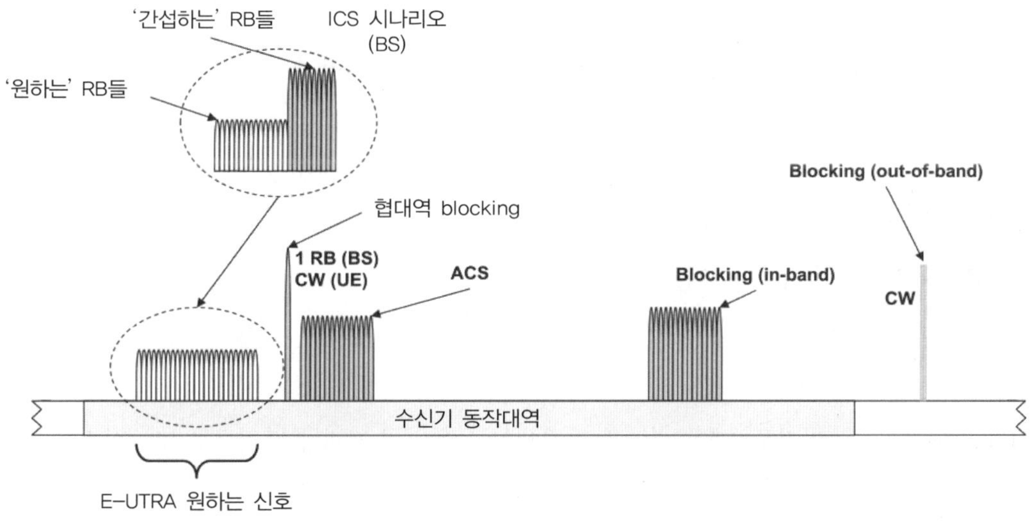

그림 25.7
Blocking, ACS, 협대역 blocking, ICS (In-Channel Selectivity) 관점에서의 간섭 신호들에 대한 기지국 및 단말의 수신기 민감성 (Susceptibility) 요구 사항 (기지국에만 해당)

두 가지 새로운 방사 요구 사항은 기지국에 대한 방향성으로서 정의되지만 (25.12.2절 참조), NR에 대한 대부분의 방사 관련 단말 및 기지국 요구 사항들은 TRP로서 표현되는 제한 사항들과 함께 정의된다.

TRP 와 EIRP는 방사 안테나의 수를 통해 직접적으로 연관되고, 또한 안테나 어레이의 geometry 및 다른 안테나 포트로부터 불요 방사 신호들 간의 correlation을 고려하여 또한 특정한 기지국

구현에 따라 다르다. 이것은 EIRP 제한으로 인해 해당 구현 사항에 따라 다른 수준들의 총 불요 방사 출력이 생길 수 있다는 것을 의미한다. 이로 인해 EIRP 제한으로는 네트워크에서 수신되는 총 간섭량을 제어할 수 없을 것이다. 하지만 TRP 요구 사항은 특정 기지국 구현에 상관없이 네트워크에 유입되는 총 간섭량을 제한한다.

3GPP에서 불요 방사를 정의하는 데 TRP를 선택한 또 다른 요인은 passive 안테나와 AAS 간의 동작이 다르다는 것이다. 수동 시스템의 경우, 안테나 이득은 wanted 시그널과 불요 방사 간에 크게 다르지는 않다. 그리하여 EIRP는 TRP에 직접적으로 비례하며 대안으로 사용될 수 있다. NR과 같은 active 시스템의 경우, EIRP는 wanted 신호와 불요 방사 간 그리고 구현 차이에 따라 크게 다를 수 있다. 이는 wanted 신호와 불요 방사 간에 불요 방사의 요인, 방사 간 주파수 이격 등의 관점에서 얼마나 크게 상관 관계가 있느냐에 따라 좌우된다. 이는 EIRP는 일반적으로 TRP에 비례하지 않고 EIRP를 TRP 대신 사용하는 것이 꼭 맞는 것은 아니라는 것을 의미한다.

단말 및 기지국에 대한 방사 RF 요구 사항을 아래와 같이 기술한다.

25.12.1 BS Type 1-O와 2-O 에서의 기지국 클래스

방사 요구사항은 안테나 커넥터가 기준점이라는 가정이 없이 정의되었기 때문에 25.6.5에서 전도 (conducted) 요구사항에서처럼 커플링 손실 (coupling loss)에 근거하여 기지국 클래스를 정의하는 것이 불가능하다. 대신 기지국 클래스는 BS-to-device 최소 거리를 바탕으로 정의된다. 그러나 다른 것들은 똑같다.

- ❏ wide area 기지국: 매크로 셀 환경에서 운용되는 기지국 타입으로 BS-to-device 최소 거리가 지상을 따라 35m 이다.
- ❏ medium range 기지국: 마이크로 셀 환경에서 운용되는 기지국 타입으로 BS-to-device 최소 거리가 지상을 따라 5m이다.
- ❏ local area 기지국: 피코 셀 환경에서 운용되는 기지국 타입으로 BS-to-device 최소 거리가 시상을 따라 2m 이다.

local area와 medium range 기지국 클래스는 wide araa 기지국에 비교하여 또 다른 요구 사항들이 있다. 이는 기지국과 단말기 간 거리가 적으므로 적은 커플링 손실을 갖기 때문이다. 25.6.5절에서 BS type 1-C와 1-H 전도 요구 사항에서와 마찬가지이며 다음과 같은 차이점이 있다.

- ❏ 기지국의 최대 캐리어 TRP는 medium range 기지국에서는 47dBm, local area 기지국에서는

33dBm으로 제한된다. 이 전력은 안테나 당 그리고 캐리어 당 전력이다. wide area 기지국엔 최대 TRP가 정의되지 않는다.

25.12.2 FR2에서의 방사 단말 요구 사항 (RADIATED DEVICE REQUIREMENTS IN FR2)

25.4절에 언급한 대로, FR2 대역에서의 RF 요구 사항들은, FR2에서의 동작을 위한 더 많은 수의 안테나 엘리먼트 및 밀리미터파를 사용할 때 필요한 높은 수준의 integration으로 인해 단말들에 대한 분리된 규격[6]에 기술되어 있다. 요구 사항들은 기본적으로 FR1 대역을 위해 정의된 conducted RF 요구 사항과 동일하다. 하지만 많은 요구 사항들에 대한 제한 사항은 다르다. 밀리미터파 주파수에서의 공존에 대한 차이점으로 요구 사항은 더 낮아졌다. 예를 들면 ACLR과 스펙트럼 마스크를 들 수 있다. 이것은 3GPP에서 수행된 공존에 대한 연구를 통해 설명되고 [11]에 문서화되었다. 또한 다른 제약 사항에 대한 가능성은 [69]에 설명되어 있다.

밀리미터파 기술을 사용한 구현은 6GHz (FR1) 아래의 주파수 대역에서 더욱 성숙한 기술을 사용하는 것보다 더 어렵다. 밀리미터파 RF 구현 측면은 26장에 더 언급된다. FR2를 위해 정의된 채널 대역폭과 뉴머롤로지는 일반적으로 FR1과는 다르다. 이것은 요구 사항의 수준을 비교할 수 없도록 만드는 데, 특히 수신기 요구 사항에 대해서 더욱 그렇다.

다음은 FR2에서의 방사 RF 요구 사항들의 간단한 개관이다.

- **출력 파워 레벨 요구 사항** : 최대 출력 파워는 FR1과 같은 order이지만 TRP와 EIRP 두 가지 모두로 표현된다. 최소 출력 파워와 송신기 OFF 파워 레벨은 FR1에서보다 크다. 방사 송신 파워는 부가적인 방사 요구 사항인데, 최대 출력 파워와 다르게 방향성이 있다. 서로 다른 방향으로 EIRP에 대한 spherical 커버리지 요구사항도 존재한다. 이는 UE 주변의 full sphere로 방사된 전력을 측정하여 85th percentile의 분포를 갖는 최소 EIRP를 기준으로 한다.
- **송신 신호 품질** : 주파수 에러와 EVM 요구 사항들은 FR1에서 정의된 것과 유사하게 정의되며 대부분 동일한 제한을 갖고 있다.
- **방사된 불요 방사 요구 사항** : 점유된 대역폭, ACLR, 스펙트럼 마스크, 그리고 spurious emission 등은 FR1과 동일한 방식으로 정의된다. 스펙트럼 마스크와 spurious emission은 TRP에 기반을 두고 있다. 많은 제한 사항들은 FR1보다 덜 엄격하다. 주파수 특성에 의해 다른 기지국 또는 시스템들과 고주파 대역에서 coexist가 용이하므로 ACLR은 FR1에 비해 10 dB정도 완화된 order에 있다.
- **빔 corrspondence**[1]: 12.2에서 간단히 언급했듯이 상향링크 빔 스위핑과 함께 FR1 UE에

는 존재하지 않았던 새로운 요구사항이다. UE의 최소 peak EIRP와 spherical 커버리지가 빔의 correspondence 요구 사항의 기준이 된다. UE는 자체적으로 선택한 상향링크 빔 또는 빔 스위핑으로 이러한 요구 사항을 만족할 수 있다. 상향링크 빔 스위핑으로 peak EIRP와 spherical 커버리지 요구 사항을 만족하는 단말에는 빔 correspondence 요구 조건이 따로 정의된다.

- **레퍼런스 민감도와 다이나믹 범위** : Equivalent Isotropic Sensitivity (EIS)에 근거한 방사 요구 사항으로 정의된다. 해당 EIRP 에 대한 수신단의 측정값이라고 볼 수 있다. 레벨은 FR1과 비교 대상은 아니다.
- **간섭 신호에 대한 수신기 민감성** : ACS, in-band 및 out-of-band 블로킹은 FR1을 위해 정의된 것이지만, FR2에서는 오직 광대역 시스템만 있기 때문에 협대역 블로킹 시나리오에 대해 정의된 것은 없다. ACS는 coexist의 용이성으로 인해 FR1에 비교하여 10dB정도 완화된 order에 있다.

25.12.3 FR1에서의 방사 기지국 요구 사항

25.5절에 기술한대로, BS 타입 1-O에 대한 RF 요구 사항들은 오직 방사 (OTA) 요구 사항들로 구성되어 있다. 이것들은 일반적으로 이에 상응하는 conducted 요구 사항들에 기반을 두고 있는데 기존 요구 사항과 같은 값이거나 기존값의 배수 형태이다. 두 가지 부가적으로 정의된 방사 요구 사항들은 방사 송신 파워와 OTA 민감도인데 아래 더 설명되어 있다.

BS 타입 1-H은 대부분의 conducted 요구 사항을 구성하는 요구 사항들의 하이브리드 세트와 부가적으로 BS 타입 1-O와 같이 두 개의 부가적인 방사 요구 사항과 함께 정의된다.

- 방사 송신 파워는 기지국이 전송하도록 명시된 각 빔에 대한 EIRP로서 특정 방향에서의 안테나 어레이 빔포밍 패턴을 고려하여 정의된다. 기지국 출력 파워와 유사한 방법으로, 실제 요구 사항은 선언된 EIRP 레벨의 정확도에 있다.
- OTA 민감도는 방향성에 대한 요구 사항으로서 생산 회사들이 매우 신중하게 제시한 OTA 민감도 방향 권고 (OTA Sensitivity Direction Declaration, OSDDs)에 기반하고 있다. 민감도는 이런 방식으로 목표 수신기를 향해 선언된 EIS (Equivalent Isotropic Sensitivity) 레벨로서 특정 방향에서의 안테나 어레이 빔포밍 패턴을 고려하여 정의된다. EIS 제약 사항은 단일 방향에서 뿐만 아니라, 목표 수신기의 방향에 RoAoA (Range of Angle of Arrival)의 범위 내에서 충족되어야 한다. AAS 기지국을 위한 적응성 (Adaptivity)의 레벨에 따라, 두 가지

1) 하향링크에 쓰인 빔이 상향링크에도 쓰일 수 있는 지 빔의 방향성을 확인하는 척도

선택적 정의 (Declaration)가 만들어졌다.

- 만약 수신기가 방향에 적응성이 있다면, 타깃 수신기는 redirect될 수 있도록 하기 위해, 해당 선언 (Declaration)은 특정 수신기 목표 방향에서 수신기 목표 redirection 범위를 포함한다. EIS의 한계는 redirection의 범위 안에서 충족되어야 한다. 이것은 그 해당 범위 안에서 다섯 가지 선언된 민감도 RoAoA에서 테스트된다.
- 수신기가 방향에 대한 적응성이 없고 이로 인해 수신기 목표를 redirect할 수 없다면, 선언은 특정 수신기 목표 방향에서의 단일 민감도 RoAoA로 구성된다. 여기서 EIS 제한이 충족되어야 한다.

OTA 민감도는 레퍼런스 민감도 요구 사항에 덧붙여서 정의됨을 주지해야 한다. 이것은 conducted (BS 타입 1-H를 위함) 및 radiated (BS 타입 1-O) 모두에 존재한다.

25.12.4 FR2에서의 방사 기지국 요구 사항

25.5절에서 언급한 대로, BS 타입 2-O에 대한 RF 요구 사항들은 FR2 대역에서 기지국에 대한 방사 요구 사항이다. 이것들은 BS 타입 1-O를 위해 방사 요구 사항과 함께 분리되어 기술되어 있지만, 동일한 규격[4]에서 conducted 기지국 RF 요구 사항들로서 기술되어 있다.

요구 사항의 집합은 위에 기술된 FR1 대역에 대해 정의된 방사 RF 요구 사항들과 유사하다. 하지만 많은 요구 사항들에 대한 제한 사항들은 다르다. 단말에 대해서는 밀리미터파에서의 공존에 대한 차이로 인해 요구 사항이 느슨해지게 되었다. 예를 들면, 3GPP 공존 연구[11]를 통해 알려진 대로 ACLR, ACS가 있다. 밀리미터파 기술을 사용한 구현은 6GHz (FR1)아래 주파수 대역에서 더욱 성숙한 기술들을 사용한 것보다 더욱 어렵다. 26장에서 더 언급되었다.

다음은 FR2에서의 방사 RF 요구 사항들의 간단한 개관이다.

- ❑ **출력 파워 레벨 요구 사항** : 최대 출력 파워는 FR1 및 FR2와 동일하다. 하지만 전도 (Conducted) 요구사항으로부터 스케일되며 TRP로 표현된다. 덧붙여서 방향성 방사 출력 파워 요구 사항이 있다. 동적 범위 요구 사항은 FR1과 유사하게 정의된다.
- ❑ **송신 시그널 품질** : 주파수 에러와 EVM 그리고 time-alignment 요구 사항들은 FR1에서 정의되는데 대부분 비슷한 제한을 갖는다.
- ❑ **방사된 불요 방사 요구 사항** : 점유된 대역폭, 스펙트럼 마스크, ACLR, 그리고 스퓨리어스 방출 (Spurious Emissions) 등은 FR1과 동일한 방식으로 정의된다. 뒤의 세 가지는 TRP에 기반을 두며 또한 FR1보다 덜 엄격한 제한을 갖는다. ACLR은 더 우호적인 공존으로 인해,

FR1에 비해 15 dB정도 완화된 order에 있다.

- **레퍼런스 민감도와 다이나믹 범위** : FR1과 동일하게 정의되었지만, 레벨은 비교될 수 있지 않다. 덧붙여서 방향성 OTA 민감도 요구 사항이 있다.
- **간섭신호에 대한 수신기 민감성** : ACS, in-band 및 out-of-band 블로킹은 FR1을 위해 정의된 것이지만, FR2에서는 오직 광대역 시스템만 있기 때문에 협대역 블로킹 시나리오에 대해 정의된 것은 없다. ACS는 더욱 우호적인 공존으로 인해 FR1에 비해 완화되었다.

25.13 다중 표준 무선 기지국 (MULTISTANDARD RADIO BASE STATIONS)

전전통적으로 RF 규격은 GSM/EDGE, UTRA, LTE, 그리고 NR과 같은 서로 다른 3GPP 무선접속 기술에 대하여 별도로 개발되었다. 그러나 무선 기술의 빠른 진화와 새로운 기술을 기존 기술이 있는 상태에서 구축해야 하는 상황에 따라서 안테나 및 장비 설치의 여러 부분을 공유하면서 동일한 국사에서 서로 다른 무선접속 기술 (Radio-Access Technology : RAT)을 구축해야 하는 상황이 생겼다. 덧붙여서 다중 RAT에서의 동작은 자주 동일한 기지국 장비 안에서 이루어진다. 다중-RAT 기지국으로의 진화는 관련 기술 진화에 따라 가능해진다. 복수 개의 무선접속 기술은 전통적으로 안테나, 피더라인 (Feeders), 백홀, 전원 등의 국사 설치물을 공유해 왔으나, 더욱 발전된 디지털 baseband 및 RF 기술이 보다 높은 집적을 가능하게 하였다.

3GPP에서는 MSR (MultiStandard Radio) 기지국을 수신기와 송신기가 공통의 active RF 구성요소에서 다른 RAT의 다중 캐리어를 동시에 처리할 수 있는 기지국으로 정의한다. 이러한 매우 엄격한 정의를 한 이유는, 다중-RAT 기지국의 진정한 가치이자 구현의 복잡도의 문제는 바로 공통의 RF를 가지는 것에 있기 때문이다. 이러한 원리가 LTE와 NR 모두를 지원 가능한 기지국의 예와 함께 그림 25.8에 설명되어 있다. LTE 및 NR의 베이스밴드 (Baseband) 기능들의 일부는 기지국 내에서 별도로 구현되어 있을 수 있다. 그러나 아마도 동일한 하드웨어 위에 구현되어 있을 것이다. 그러나 RF는 그림에서 보이는 것처럼 반드시 동일한 능동 소자에서 구현되어야 한다.

NR을 포함한 MSR BS은 FR1에서 릴리즈 15부터 3GPP 표준의 일부였다. FR2는 다중 RAT를 지원하지 않는다. NR에 대해 MSR 기지국 구현의 주요 이점으로 다음 두 가지를 들 수 있다.

- 동일한 기지국 하드웨어를 사용하여, 배치 (Depleyment)시 RAT (Radion Access Technology) 간 (예를 들면 이전 모바일 세대에서 NR로의) 마이그레이션이 가능하다. NR의 동작은 이전

세대에 사용된 스펙트럼의 일부가 NR에 대해 해제될 때 시간이 지남에 따라 점차 도입될 수 있다.

- MSR 기지국으로 설계된 단말 기지국은 필요한 경우에 따라 다양한 환경에서 각각 지원되는 무선접속 기술별로 단일-RAT 동작으로 구축될 수도 있으며 때에 따라서는 다중-RAT 동작으로도 구축될 수 있다. 이는 더 통합되고 더 일반적인 형태의 기지국 설계를 꾀하는 최근의 기술 동향과도 부합된다. 기지국의 종류를 줄이는 것은 하나의 솔루션이 다양한 시나리오에 대하여 개발되고 구현될 수 있기에 기지국 제조사나 사업자 모두에게 이롭다.

MSR 개념은, 일부 RF 요구 사항 항목들은 전혀 변경이 없지만 많은 요구 사항들에 상당한 영향을 준다. MSR 기지국에 대하여 도입된 주요 개념 중 하나는 바로 송신 및 수신을 하는 반송파들의 총 대역폭으로 정의되는 RF 대역폭이다. 많은 수신기 및 송신기 요구 사항은 반송파 중심 혹은 가장자리에 대하여 규격화되어 있다. MSR 기지국에 대한 요구 사항은 캐리어 애그리게이션과 유사한 방법으로, RF 대역폭 가장자리에 대하여 규격화되어 있다. RF 대역폭 개념을 도입하고 일반적인 한계를 도입함으로써 MSR에 대한 요구 사항은 반송파 중심에서 주파수 블록 중심으로 이동하므로 액세스 기술 또는 운영 모드와 독립적으로 기술 중립을 수용할 수 있게 된다.

NR, LTE 그리고 UTRA 모두 대역폭과 전력 스펙트럼 밀도 관점에서 비슷한 RF 특성을 가지고 있지만 GSM/EDGE 캐리어와는 상당히 다르다. FR1에서 동작하는 MSR BS는 다음과 같은 세 가지 밴드 카테고리 (Band Category, BC)로 나뉜다.

- BC1: 모든 밴드가 쌍으로 이루어져 NR, LTE, UTRA가 FDD 동작으로 설치될 수 있다.
- BC2: NR, UTRA, LTE와 더불어 GSM/EDGE 가 모두 FDD로 동작할 수 있도록 쌍으로 묶여 있는 모든 밴드
- BC3: NR, UTRA, E-UTRA가 TDD로 동작하는 모든 unpaired 밴드

서로 다른 RAT의 캐리어가 서로 독립적으로 송수신되는 것이 아니므로 여러 개의 RAT캐리어를 활성화시킨 상태에서 MSR 기지국을 시험하는 것이 필요하다. 이는 참고문헌 2에서 특별히 송수신기의 stress test를 위해 정의한 multi-RAT Test configuration을 통해 이루어진다. 이러한 테스트는 송신기의 불요 방사 요구사항과 blocking과 같은 수신기의 민감도 테스트에 중요하다. multi-RAT 테스트의 장점은 다수의 RAT 에 대한 RF 성능을 동시에 시험할 수 있어 각 RAT를 개별적으로 중복해서 테스트할 필요가 없다는 것이다. 이는 동작 대역 밖의 전 주파수 대역에서 요구 사항을 시험하는 시간 소모적인 시험에 효과적이다.

MSR에 의한 요구 사항의 가장 큰 영향은 스펙트럼 마스크이다. 이는 동작 대역 불요 방사 (operating band unwanted emission) 요구 사항으로 불린다. MSR 기지국의 스펙트럼 마스크 요구 사항은 RF 대역폭의 끝 부분이 대역폭이 다른 GSM/EDGE, UTRA, LTE 또는 NR 캐리어로 이루어져 있을 때 multi-RAT 동작을 시험하는데 적용할 수 있다. 마스크는 일반적으로 모든 케이스에 적용할 수 있으며 기지국의 모든 동작 대역을 커버한다.

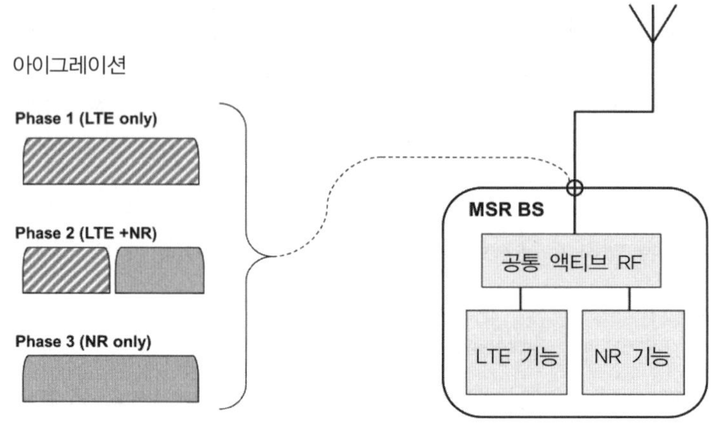

그림 25.8
모든 마이그레이션 단계에서 MSR 기지국을 사용하여 LTE에서 NR로 마이그레이션 하는 예

MSR 기지국에 대한 또 다른 중요한 개념은 지원 가능한 capability set (CS)이다. 이는 제조사가 기지국의 capability를 명시하는 것의 일부이다. 각 capability set은 기지국이 지원하는 RAT와 어떻게 이들을 조합할 수 있는지를 정의한다. MSR BS 테스트 규격인 참고문헌 [2]에서 현재 CS1부터 CS19까지 19개의 CS가 정의되어 있다. 여기서 CS1과 CS2는 각각 UTRA와 LTE를 지원하는 single-RAT 규격이고 CS3부터 CS19까지는 모든 RAT를 조합하여 동작하는 single 또는 multi-RAT를 정의한다. CS16부터 CS19에서 가능한 RAT 조합을 표 25.5에 표시하였다. 제조사가 명시한 기지국의 capability와 BS가 동작할 수 있는 설정의 차이에 유념하라. 기지국은 capability set 에 정의된 다수의 RAT로 동작할 수 있지만 특정 시간에는 하나의 RAT로 동작한다.

캐리어 애그리게이션 또한 MSR 기지국에 적용가능하다. MSR 규격은 multi-carrier RF 요구 사항에 대한 거의 모든 개념과 정의를 포함하고 있으므로, 캐리어 애그리게이션이 되어 있어도 MSR 요구사항 면에서는 non-aggregated 캐리어의 경우와 별반 다르지 않다.

표 25.5 MSR BS에 정의된 NR과 해당 RAT configuration을 포함하는 기능 셋 (Capability Set, CSx)

Capability Set (CSx) Supported by a Base Station	Applicable Band Categories	Supported RAT Configurations	
CS16	BC1, BC2, or BC3	Single-RAT: Multi-RAT:	NR or LTE LTE+NR
CS17	BC1, BC2, or BC3	Single-RAT: Multi-RAT:	NR, LTE, or NB-IoT standalone LTE+NR LTE+NB-IoT standalone NR+NB-IoT standalone LTE+NR+NB-IoT standalone
CS18	BC2	Single-RAT: Multi-RAT:	NR or LTE GSM+LTE GSM+NR LTE+NR GSM+LTE+NR
CS19	BC2	Single-RAT: Multi-RAT:	NR, LTE, or UTRA UTRA+LTE UTRA+NR LTE+NR UTRA+LTE+NR

25.14 비연속적 스펙트럼에서의 동작

일부 스펙트럼 할당은 여러 가지 이유로 조각난 스펙트럼들로 이루어질 수 있다. 예를 들어, 스펙트럼이 원래 라이선스가 사업자들 사이에서 번갈아 할당된 2G 스펙트럼을 재활용하는 것일 수 있다. 이는 최초의 GSM 구축에서는 빈번한 경우였다 (최초에 사용되던 신호결합 필터는 주파수 할당이 너무 큰 경우에는 튜닝이 잘 되지 않았었다). 일부 지역에서는, 사업자들이 스펙트럼 라이선스를 경매를 통하여 구매하였는데, 어떠한 이유에 의하여 결국은 동일 대역 내에서도 서로 인접하지 않은 복수 개의 스펙트럼을 가지는 경우가 발생하였다.

비연속적 스펙트럼 할당의 구축에 대해서는, 다음과 같은 사항을 생각해 보아야 한다.

- 하나의 대역 내의 전체 스펙트럼 할당이 단일 기지국으로 운용된다면, 그 기지국은 비연속적 스펙트럼에서의 운용이 가능해야 한다.
- 각각의 스펙트럼 조각에서 가용한 것보다 더 큰 전송대역폭이 사용된다면, 단말과 기지국 모두 해당 대역에서 대역 내 비연속적 캐리어 애그리게이션을 지원해야 한다.

기지국이 비연속적 스펙트럼에서 운용이 가능해야 한다는 것이 곧바로 캐리어 애그리게이션을 의미하는 것은 아님에 유의하기 바란다. RF 관점에서 기지국에 필요한 것은, 그림 25.9에서 볼 수 있듯이 sub-block gap으로 떨어져 있는 2개 (혹은 그 이상)의 sub-block들로 나뉘어진 입력 레벨에 걸쳐서 반송파를 수신 및 송신이 가능해야 한다는 것이다. Sub-block gap 내의 스펙트럼은 다른 사업자에 의하여 사용될 수도 있으며, 따라서 sub-block gap에서의 기지국에 대한 RF 요구 사항은 상호 간 조정이 없이 운용되는 상태에서의 공존 (Coexistence) 요구 사항을 바탕으로 하게 된다. 이는 동작대역 안에서의 기지국 RF 요구 사항에 영향을 주게 된다.

비연속 스펙트럼에서 동작하는 기지국에서는 수정 또는 추가 요구사항이 있다. 비연속 전송은 2개 이상의 sub-block으로 이루어져 있고 각각의 사이에는 sub-block-gap이 있다. 동작 대역 불요 방사 (OBUE) 송신기 요구사항과 ACLR이 RF 대역폭 가장자리뿐만 아니라 sub-block-gap 내에서도 다음과 같이 적용된다.

- **Operating band unwanted emission (OBUE) 마스크** : OBUE 제한이 gap의 안쪽에서 적용되는데 gap의 양쪽에서 인접 sub-block으로부터의 누적 합으로 계산된다.
- **ACLR** : 비연속 스펙트럼에서의 동작에서 ACLR이 첫 번째와 두 번째 인접 채널에 대해서 gap 안에서 적용된다. 이때 다른 인접 sub-block으로부터의 첫 번째 또는 두 번째 채널과 겹치지 않아야 한다. 인접 채널이 두 sub-block간 겹치는 작은 sub-block-gap에 대해서는 Cumulative ACLR (CACLR) 요구사항이 gap안에서 적용된다. 이때는 양쪽 밴드로부터의 영향이 포함된다. 25.9.3절을 참고하기 바란다.

단말에서는 비연속 스펙트럼 동작은 캐리어 애그리게이션과 상당히 관련이 깊다. 하향링크에서 멀티캐리어 수신이나 밴드 내에서의 상향링크 송신이 캐리어 애그리게이션이 아니면 발생하지 않기 때문이다. 이는 단말에서는 비연속 스펙트럼 동작에 대한 정의가 기지국과 다르다는 것을 의미한다. 그러므로 단말에서 intraband 비연속 캐리어 애그리게이션은 두 캐리어간의 간격이 nominal 채널 간격보다 클 때 발생하는 것으로 가정한다.

기지국과 비교하여 비연속 캐리어에서 동시에 송수신하는 것을 다루기 위해 추가적인 제한이 있게 된다. single 컴포넌트 캐리어에서의 전송에 허용된 최대 전력 감축 (Maximum Power Reduction, MPR) 요구사항이 이미 있다. 비연속 캐리어 동작을 위해 MPR 허용치는 sub-block gap에 대해서 정의되며 aggregated 캐리어 간에 최대 35MHz 이다. MPR은 사용 가능한 리소스 블록의 수에 따라 정해진다.

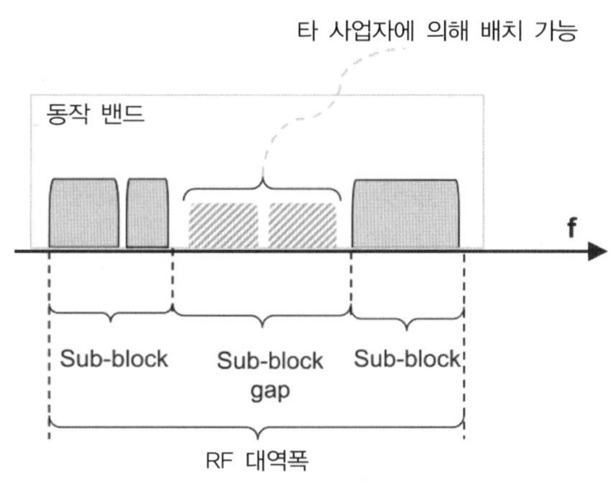

그림 25.9
RF 대역폭, 서브 블록 및 서브 블록 갭의 정의를 나타내는 비연속 스펙트럼 운영의 예

25.15 다중 대역 지원 기지국

3GPP 규격은 다중반송파 및 다중 RAT 동작, 그리고 한 번에 한 대역에 대해 정의된 요구 사항을 갖춘 한 대역 안에서의 캐리어 애그리게이션 등을 통하여 보다 넓은 RF 대역폭을 지원하기 위하여 지속적으로 발전되어 왔다. 이는 송신기 및 수신기 양쪽에서 보다 넓은 대역폭을 지원할 수 있는 RF 기술의 발전에 따라 가능하였다. 3GPP 릴리즈 11에서부터 공동 무선장비를 통해 두 대역에서의 동시 송수신에 대한 LTE 및 MSR 기지국 표준에 대해 지원했다. 그러한 다중 대역 기지국은 수백MHz 주파수 범위에 걸친 다중 대역을 커버하게 된다. 두 개 이상의 대역에 대한 지원은 3GPP 릴리즈 14부터이다. 다중 대역 동작 지원은 릴리즈 15의 1-C, 1-H, 그리고 1-O BS type으로 NR 기지국 규격에 포함되어 있다.

다중 대역 기지국의 적용 예의 한가지로 interband 캐리어 애그리게이션이 있다. 그러나 다중 대역을 지원하는 기지국은 3GPP 릴리즈 11에서 캐리어 애그리게이션이 소개되기 한참 전부터 있었다. 이미 GSM에서 듀얼밴드 기지국이 기지국 사이트에 좀 더 조밀하게 장비를 구축하기 위해 고안되었다. 그러나 이는 같은 장비 캐비넷에 각 밴드의 송신기와 수신기를 함께 넣은 것이었다. "진정한" 다중 밴드 기지국은 밴드의 신호가 공통의 RF로부터 송수신 되는 것이다.

다중 밴드 기지국의 구현 및 배포에는 몇 가지 시나리오가 있다. 다중 밴드 capability의 종류는 다음과 같다.

- ❑ 다중 밴드 송신 + 다중 밴드 수신
- ❑ 다중 밴드 송신 + 싱글 밴드 수신
- ❑ 싱글 밴드 송신 + 다중 밴드 수신

그림 25.10에 예시로 기지국이 나와 있는데, 여기서는 기지국에 2개의 동작대역 X와 Y를 지원하는 공통의 RF가 구현되어 있다. 듀플렉스 필터를 통하여 송신기와 수신기는 공통의 안테나 커넥터 및 안테나로 연결되어 있다. 이 예는, 대역 X에는 LTE + GSM이 설정되고 대역 Y에는 LTE가 설정되는 것과 같이, 다중 RAT의 MB-MSR 기지국이기도 하다. 아울러 여기에는 2개의 대역에 대한 주파수 범위에 대하여 하나의 그림만을 보이고 있는데, 이는 송신기 주파수일 수도 있고 수신기 주파수일 수도 있음에 유의하기 바란다.

그림 25.10에서 다중 밴드 기지국에 정의된 몇 가지 파라미터 또한 볼 수 있다.

- ❑ **RF 대역폭**: multi-standard 기지국에와 정의가 같으나 개별적인 밴드에 대해 정의된다.
- ❑ **inter-RF-bandwidth gap**: 두 밴드의 RF 대역폭 사이의 간격을 말한다. inter-RF-bandwidth-gap은 다른 사업자가 밴드 X와 Y에 설치될 수 있으며 심지어 두 밴드 사이에 또 다른 사업자가 서비스할 수 있는 주파수 범위를 모두 아우른다.
- ❑ **radio 대역폭**: 두 밴드에서 다중 캐리어를 커버할 수 있는 기지국이 지원하는 전체 대역폭을 말한다.

국사에 필요한 장비의 양을 줄이기 위하여 하나의 안테나 커넥터와 공통의 피더 (Feeder)를 사용하는 것이 바람직하지만, 이것이 항상 가능한 것은 아니다. 어떤 경우에는 각 대역에 대하여 별도의 안테나 커넥터, 피더 및 안테나를 사용하는 것이 더 좋을 수도 있다. 두 개의 작동 대역 X 및 Y에 대해 별도의 커넥터가 있는 다중 대역 기지국의 예가 그림 25.11에 나와 있다. 여기서 2개 대역에 대하여 안테나 커넥터가 별도로 있지만 송신기 및 수신기에 대한 RF 구현은 2개 대역에 대하여 공통임에 유의한다. 2개 대역에 대한 RF는 필터에 의하여 안테나 커넥터 이전에 대역 X와 Y의 별도의 경로로 분리된다. 공통의 안테나 커넥터를 가진 다중 대역 기지국에 대하여, 송신기는 다중 대역을 지원하는 데 수신기는 단일대역 구현이거나 송신기는 단일대역 구현이고 수신기는 다중 대역을 지원하는 것도 가능하다.

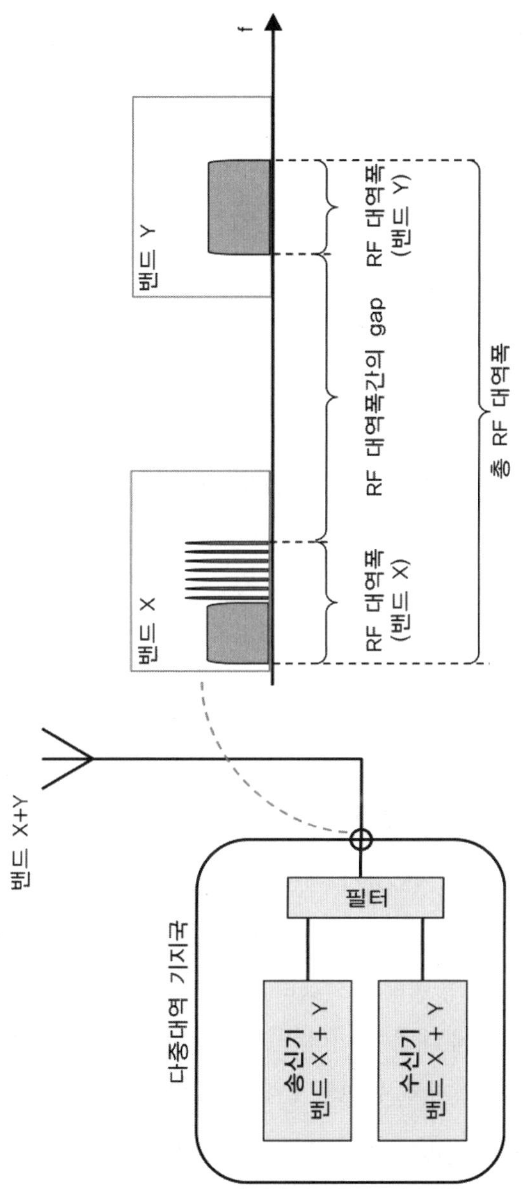

그림 25.10
하나의 공통 안테나 커넥터가 있는 두 개의 대역에 대한 다중 대역 송신기 및 수신기가 있는 다중 대역 기지국의 예

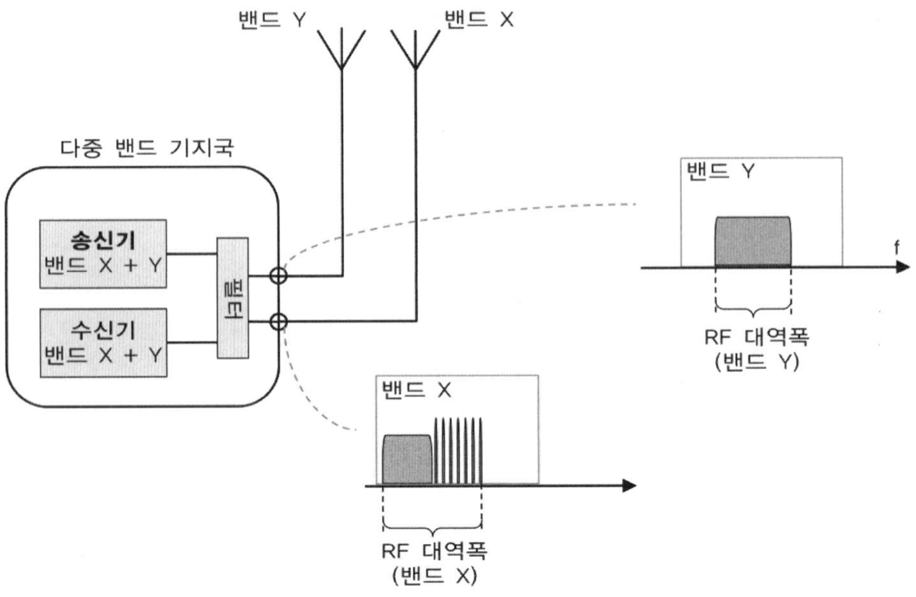

그림 25.11
각 밴드마다 별도의 안테나 커넥터가 있는 2개의 밴드를 위한 멀티 밴드 송신기 및 수신기가 있는 다중 밴드 기지국

수신기와 송신기 사이의 보다 우수한 분리를 위하여, 수신기와 송신기에 대하여 별도의 안테나 커넥터들을 사용하는 기지국 구현도 가능하다. 다중 대역 기지국에는 이러한 구현 방법이 더 나을 수도 있다. 왜냐하면 큰 전체 RF 대역폭을 고려하면 실제로 수신기와 송신기 사이에서 주파수가 겹치는 경우도 있을 수 있기 때문이다.

다중 대역 기지국에 대하여, 다중 RAT와의 동작 가능 여부 및 각 대역에 대한 혹은 수신기/송신기에 대한 공통 혹은 별도의 안테나 커넥터 등을 고려하게 되면, 기지국 능력에 대한 분류가 굉장히 복잡해진다. 기지국에 대하여 어떠한 요구 사항이 적용이 되며 어떻게 시험이 될 것인지의 여부가 바로 이러한 기지국 능력의 분류에 달려 있다.

다중 대역 기지국 RF 요구 사항은 싱글 밴드의 경우와 유사하지만 다음과 같은 특이 사항들이 있다.

- **송신기 spurious 방사**: NR 기지국에서 동작 대역의 양쪽 밴드에서 10-40MHz 바깥쪽의 "exclusion" 영역은 요구 사항에서 제외된다. 이 영역의 주파수 범위는 OBUE 제한으로 커버되기 때문이다. 다중 밴드 기지국은 두 밴드의 각 10-40MHz 대역이 제외되며, 단지 OBUE 제한이 이 주파수 범위에 적용된다.
- **동작 대역 불요 방사 (Operating Band Unwanted Emission, OBUE) 마스크**: 다중 밴드 동작에서 inter-RF-bandwidth-gap이 spurious를 위해 제외된 영역의 두 배보다 작을

때 OBUE 제한이 양쪽 밴드로부터의 기여도의 합으로 적용된다. 이는 비연속 스펙트럼에서의 동작과 유사하다.

- **ACLR**: 다중 밴드 동작 시 inter-RF-bandwidth gap 안에서 ACLR이 적용된다. inter-RF 대역폭 갭이 너무 작아 두 RF 대역폭으로부터의 인접 채널이 겹칠 때 Cumulative ACLR (CACLR) 이 적용된다. 이때 비연속 스펙트럼 동작에서처럼 양쪽 밴드로부터의 기여도가 포함된다.
- **송신기 상호변조**: 다중 밴드 기지국에서 in-band 블로킹에 대한 제한이 양쪽 동작 밴드의 in-band 주파수에 적용된다. 이는 spurious 방사에서의 "joint exclusion"으로 볼 수 있다. 또한 블로킹과 수신기 상호 변조 요구 사항은 inter-RF bandwidth gap 안에서도 적용된다.
- **수신기 spurious 방사**: 다중 밴드 기지국에서 송신기 스퓨리어스 방사에서와 마찬가지로 "joint exclusion band"가 양쪽 동작 밴드에 적용된다.

두 동작 밴드가 그림 25.11에서와 같이 서로 다른 안테나 커넥터에 매핑되어 있으면 송수신 스퓨리어스 방사, OBUE, ACLR 그리고 송신기 상호변조에 대한 예외가 적용되지 않는다. 이러한 제한은 대신 각 안테나 커넥터에서의 싱글 밴드 동작에 적용된다. 또한, 다중 밴드 기지국이 각각의 안테나로 분리되어 각 밴드가 동작하게 되어있으며 한쪽 밴드는 비활성화되어 있으면 기지국은 요구 사항 관점에서 싱글 밴드 기지국으로 볼 수 있다. 이러한 경우 싱글 밴드 요구 사항이 적용된다.

26 mm-Wave 대역에서의 RF 기술

CHAPTER

2G, 3G, 4G 이동통신에 대한 3GPP 표준은 모두 6GHz 아래의 주파수 대역을 사용한다. 그러므로 여기에 준하여 RF 요구 사항도 6GHz 이하에서의 동작에 관계된 기술적 측면만을 고려하였다. NR도 이 주파수 대역에서 동작한다. 이 주파수 대역을 frequency range (FR) 1이라고 지정하였다. 또한, NR은 FR2 또는 mm-wave 주파수로 불리는 24.25GHz 이상 주파수 대역에서 동작하는 표준을 추가로 정의하였다. 기지국과 단말의 RF 성능과 RF 요구 사항을 표준화하는데 기본적으로 필요한 것은 높은 주파수에서의 동작이 지원되는 RF를 구현하기 위해 이용되는 기술의 변화와 발전을 살펴보는 것이다. 이 장에서는 mm-wave 기술에 관계된 몇 가지 중요하고 기본적인 측면을 설명할 것이다. 이를 통해 mm-wave 기술이 제공할 수 있는 성능 그리고 가지고 있는 제약 사항들을 이해할 수 있을 것이다.

이 장에서는 Analog-to-Digital/Digital-to-Analog converter (ADC/DAC)와 전력 증폭기를 살펴보게 될 것이다. 여기에는 얻을 수 있는 출력 전력과 효율의 관계, 그리고 선형성에 대한 설명이 포함된다. 또한, 잡음 지수, 대역폭, 동작 범위 (Dynamic range), 전력 소실 (Power Dissipation), 그리고 이들 각각의 관계 등 수신기에 꼭 필요한 측정 지수에 관해 상세한 정보를 제공할 것이다. 주파수를 생성하는 방법과 이에 관계된 위상 잡음 측면도 다룰 것이다. mm-wave를 위한 필터 또한 중요한 부분으로 다양한 기술적 항목의 성능을 좌우한다. NR에 필터를 어떻게 구현할 것인지에 대해서도 다룬다.

이 장에서 사용되는 기술적 표준 항목은 가장 최신의 기능과 성능에 대한 것으로, 다른 곳에서 출판되었거나 NR 표준을 개발하기 위한 3GPP 스터디 과제 (Study Item)로서 제공되었던 것들이다.[11] 3GPP의 표준이나 여기에서 설명하는 내용은 NR FR2에 대하여 어떠한 제약이나 특정 모델, 또는 구현을 강제화하는 것이 아님에 유의해야 한다. 이 책의 설명은 mm-wave 수신기와 송신기의 RF 구현의 여러 가지 가능성을 분석하고 중요한 점을 짚어보고자 하는 것이다.

또 한 가지 언급할 필요가 있는 것은 FR2에서의 모든 동작은, 기지국은 많은 수의 배열 안테나를 사용하는 Active Antenna System (AAS)를 갖추고 있고 단말은 다중 안테나가 구현된 것을 기본으로 가정으로 하고 있다는 것이다. mm-wave 대역에서 안테나 크기가 작아져 이러한 것들이 가능하기도 하지만 이는 또한 복잡성을 요구한다. 많은 트랜시버를 가지고 있는 mm-wave 시스템을 소형화하는 것이 필요하기 때문이다. 안테나에서는 전력 효율 및 작은 영역과 부피 내에서의 열 방사에 대해 세심하게 많은 사항을 고려하여야 한다. 이러한 것에 의해 얻을 수 있는 성능과 RF 요구 사항의 만족도가 좌우된다. 이 장에서 설명하는 많은 부분은 기지국과 단말기에 모두 적용할 수 있다. 단말기와 기지국의 mm-wave 송수신기 구현 관점에서의 차이점은 6GHz 이하 주파수 대역과 비교하여 줄어들었다고 볼 수 있다.

26.1 ADC와 DAC 고려 사항

mm-wave 통신에서 더 넓은 대역폭이 가능하게 만드는 것은 송수신기에서 아날로그와 디지털 영역의 데이터 변환에 어려움을 동반한다. signal-to-noise-and-distortion ratio (SNDR)에 기초한 Schreier Figure-of-Merit (FoM)이 ADC의 성능 지표로 널리 사용되고 있으며,[58] FoM은 다음과 같이 정의된다.

$$\text{FoM} = \text{SNDR} + 10\ \log_{10}\left(\frac{f_s/2}{P}\right)$$

SNDR은 dB 단위이고, 전력 소모 P는 $Watt$로 표현된다. 나이키스트 표본화 주파수 f_s는 Hz 단위이다. 그림 26.1은 많은 수의 ADC 제품을 대상으로 나이키스트 표본화 주파수 f_s (대부분의 컨버터의 경우 $2\times$BW임) 대비 Schreier FoM의 측정 결과를 보여주고 있다. 이는 이 분야에 저명한 두 개의 컨퍼런스에 기고되어 출판된 것[62]에서 따온 그림이다. 그림에서 점선은 FoM의 한계선을 표현하고 있는데 수백 MHz 이하에서는 대략 180dB로 일정한 값을 갖는다. FoM이 일정하다는 것은 대역폭이 두 배 증가하거나 SNDR이 3dB 증가하면 전력 소모가 두 배가 된다는 것을 의미한다. 100MHz 이상에서는 여기에 10dB/decade가 추가로 필요하다. 이는 대역폭이 두 배 증가하면 전력 소모는 4의 배수로 증가한다는 것을 의미한다.

집적회로 기술의 지속적인 발전으로 높은 주파수 대역에서 FoM 한계선이 완화되는 추세이긴 하지만 GHz 대역에서 RF 대역폭이 ADC의 낮은 전력 효율에 영향을 미치는 것은 피할 수 없다. NR mm-wave에서 가정하고 있는 넓은 대역폭과, 많은 수의 소자 배열로 종전에 없던 큰 ADC 전력이 필요하게 될 것이다. SNDR이 불필요하게 커져서는 안 된다는 것도 중요하다. 이는 단말과 기지국에 모두 적용된다.

DAC는 대개 같은 속도와 분해능을 가진 ADC에 비해 덜 복잡하다. ADC는 보통 반복 작업을 하는 데 반해 DAC는 그렇지 않다. DAC는 또한 연구 분야에서 큰 관심 사항이 아니다. ADC와 구조적으로 상당히 다를지라도 ADC와 DAC 모두 같은 FoM을 사용하여 비교 기준으로 삼는다. ADC와 마찬가지로 송신단에서의 넓은 대역폭과 불필요하게 높은 SNDR 요구 사항은 높은 DAC 전력 소모를 초래하게 된다.

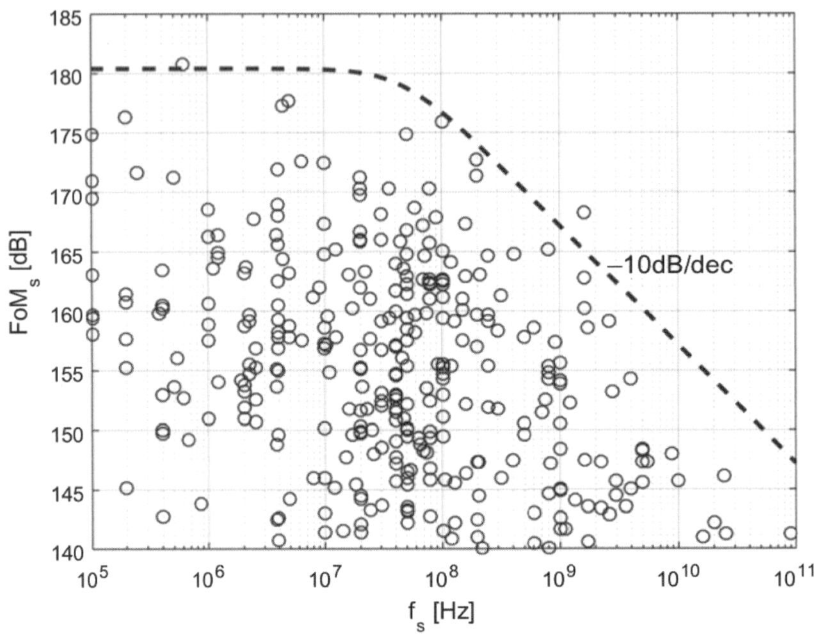

그림 26.1

시중의 ADC들을 대상으로 측정한 Schreier FoM[62]

26.2 LO 생성 및 위상 잡음

Local Oscillator (LO)는 현대의 통신 시스템의 송수신기에서 캐리어 주파수를 높거나 낮은 쪽으로 천이시키는 중요한 부품이다. LO의 품질을 평가하는 성능 지표는 생성된 신호의 위상 잡음(Phase Noise, PN)이다. 쉽게 말해서 PN은 주파수 영역에서 신호가 얼마나 안정적인가를 재는 척도이다. 단위는 주어진 오프셋 주파수 Δf에 대하여 dBc/Hz로 주어지며, 이는 원하는 주파수에서 Δf만큼 떨어진 주파수가 얼마나 자주 나오는가를 나타낸다.

LO 위상 잡음은 시스템 성능에 지대한 영향을 미칠 수 있다. 그림 26.2는 약간 과장되게 표현되긴 했지만, 단일 캐리어 AWGN (Additive White Gaussian Noise) 환경에서 16QAM의 성상도가 위상 잡음에 의해 얼마나 왜곡되는지를 표현하였다. 그림 26.2에 표현되었듯이 주어진 심볼 속도에서 위상 잡음은 사용 가능한 최대 변조 방식에 제한을 준다. 달리 말하면 변조 방식에 따라 LO 위상 잡음의 요구 사항이 달라지게 된다.

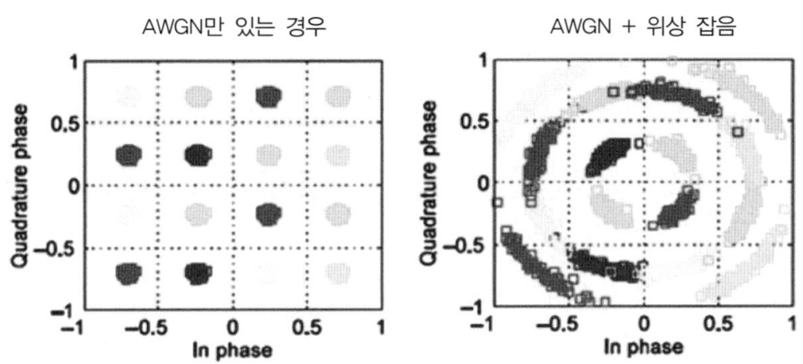

그림 26.2
단일 캐리어 16QAM 신호에서 LO 위상 잡음이 없는 경우 (왼쪽)와 있는 경우 (오른쪽)

26.2.1 free-running[1] 오실레이터와 PLL에서 위상 잡음 특성

주파수를 생성하는 가장 대표적인 회로 방식은 Voltage-Controlled Oscillator (VCO)를 사용하는 것이다. 그림 26.3은 free-running VCO에서 오프셋 주파수에 따른 PN 특성을 어떻게 모델링할 수 있는지를 보여주고 있다. 수식에서 f_0는 오실레이터 주파수, Δf는 f_0으로부터의 오프셋 주파수, P_s는 신호의 세기, Q는 동조기에 인가된 양호도 (Quality Factor), F는 커브를 맞추기 위한 경험치 변수이지만 물리적 의미는 잡음 지수이고, $\Delta f_{1/f^3}$는 사용하는 능동 소자의 $1/f$-잡음 코너 주파수 (Corner Frequency)를 의미한다.[54]

그림 26.3의 Leeson 수식으로부터 다음과 같은 결론을 내릴 수 있다.

1. 오실레이터 주파수 f_0를 두 배로 키우면 PN은 6dB 증가한다.
2. PN은 신호 세기 P_s와 비례한다.
3. PN은 동조기에 인가된 양호도 Q에 반비례한다.
4. $1/f$ 잡음 업컨버젼은 캐리어 주파수 근처의 PN, 즉, 작은 오프셋 주파수에서의 PN을 증가시킨다.

1) free running이란 외부의 기준 클락에 맞춰 주기적으로 다시 동기를 맞추는 과정 없이 오실레이터 단독으로 주파수를 만들어내도록 하는 것을 말한다.

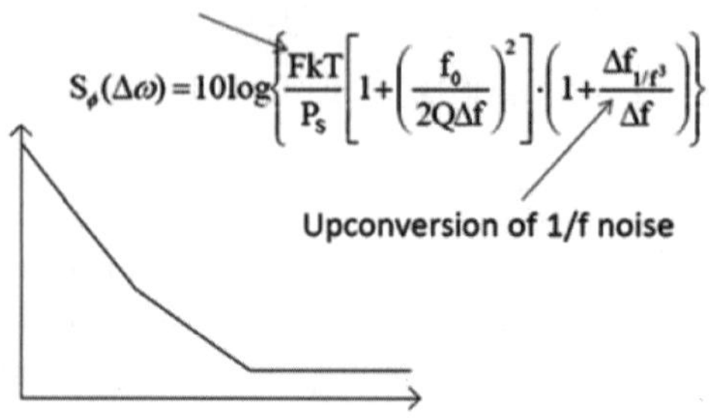

그림 26.3
전형적인 free-running VCO의 위상 잡음 특성,[57] y축은 위상 잡음으로 dBc/Hz 단위이고, x축은 로그 스케일의 오프셋 주파수로 Hz 단위임

그러므로 VCO를 개발할 때 트레이드오프 관계에 있는 여러 파라미터가 있다. 서로 다른 반도체 기술과 회로 방식으로 만들어진 VCO의 성능을 비교하기 위해 전력 소모를 고려한 다음과 같은 FoM (Figure of Merit)이 종종 이용된다. 이를 통해 좀 더 공평한 비교가 가능하다[95].

$$\mathrm{FoM} = \mathrm{PN}_{\mathrm{VCO}}(\Delta f) - 20\log\left(\frac{f_0}{\Delta f}\right) + 10\log(P_{\mathrm{DC}}/1\mathrm{mW})$$

여기서 $PN_{VCO}(\Delta f)$는 VCO의 위상 잡음으로 dBc/Hz 단위이고, P_{DC}는 와트 단위의 전력 소모를 나타낸다. 이 수식에서 주목할 것은 위상 잡음과 전력 소모 모두 f_0^2에 비례한다는 것이다. 그러므로 특정 오프셋에서 f_0를 N배로 증가하면서 위상 잡음을 유지하기 위해서는 전력은 N^2배로 증가시켜야 한다 (일정한 FoM 값을 가정할 경우).

위상 잡음을 억제하는 일반적인 방법은 Phase Locked Loop (PLL)을 이용하는 것이다.[18] PLL을 이루는 기본적인 소자는 VCO, 주파수 분할기, 위상 검출기, 루프 필터, 크리스탈 오실레이터와 같은 높은 안정성을 가진 기준이 되는 저주파수 발진기 등으로 이루어져 있다. PLL 출력의 전체 위상 잡음은 VCO가 루프 대역폭 이외의 대역에 미치는 영향과 루프 내에서 기준 오실레이터가 미치는 것으로 이루어져 있다. 잡음의 상당량은 위상 검출기와 주파수 분할기에서 발생한다.

mm-wave LO 동작의 예로서 그림 26.4는 PLL을 이용해 저주파수를 28GHz까지 체배시켜 생성된 28GHz LO의 위상 잡음 측정 결과를 보여주고 있다. 이 그림에서 서로 다른 특성을 보이는 네 부분이 있다.

1. 오프셋이 10kHz 미만인 영역:1/f 잡음 업컨버젼의 영향으로 약 30dB/decade 감소 추세를 보인다.

2. 오프셋이 10kHZ 이상이고 PLL 대역폭(~350kHz) 이내 : 여러 PLL 블록들의 영향으로 이루어져 있으며 상대적으로 평평하다.
3. 오프셋이 PLL 대역폭보다 크고 10MHz 이내: 약 20dB/decade 감소 추세를 보이며 주로 VCO 위상 잡음에 기인한다.
4. 오프셋이 10MHz 이상인 영역: 평평하며 이는 잡음 플로어 (Noise Floor)에 의한 것이다.

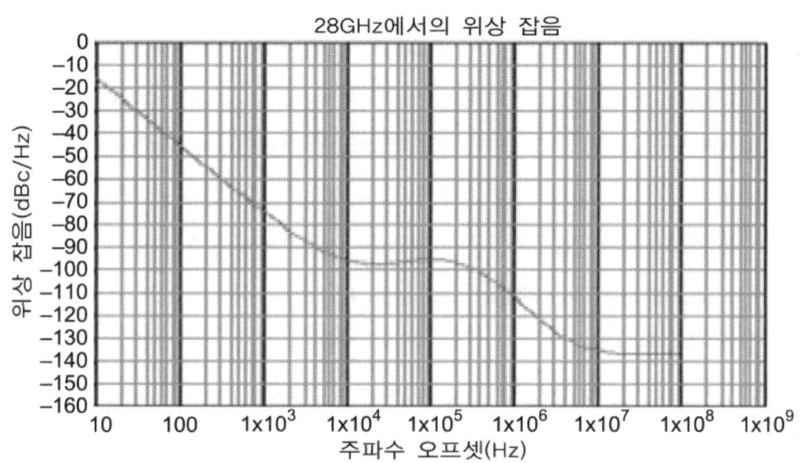

그림 26.4
VCO에 PLL을 이용하여 28GHz로 만들어내는 LO의 위상 잡음 측정 값의 예

26.2.2 mm-wave 신호를 생성하는 데 어려운 점

주파수가 높아지면 위상 잡음이 증가하게 된다. 예를 들어 오실레이터 주파수가 3GHz에서 30GHz로 증가하면 주어진 주파수 오프셋에서 기본적으로 PN이 20dB 증가한다. NR 표준은 OFDM을 사용하므로 PN에 민감한 변조 성능 특성을 보인다. 큰 PN은 mm-wave에서 사용 가능한 변조 방식에 제약으로 작용한다. 그러므로 mm-wave 통신에서 얻을 수 있는 스펙트럼 효율이 제한된다.

mm-wave LO에서는 양호도 Q와 신호 세기 P_s 역시 저하된다. Leeson의 수식으로부터 낮은 위상 잡음을 얻기 위해서는 Q와 P_s는 커져야 하고, 능동 소자의 잡음 지수는 작아야 한다. 그러나 이 세 가지 요소는 오실레이터가 주파수가 증가하며 악화하는 쪽으로 진행한다. 반도체 공정으로 VCO를 구현하면 주파수에 따라 칩 동조기의 Q가 급격히 나빠지는데 이는 주로 두 가지 원인에 기인한다. (1) 주파수가 증가하면 금속 손실 (Metal Loss) 또는 기판 손실 같은 기생 손실이 증가한다. (2) 버랙터 (Varactor, 다이오드저항기) Q 값이 줄어든다. 여기에 더하여 주파수가 높아지면서 오실레이터의 신호 세기는 더욱 더 줄어들게 된다. 이는 높은 주파수로 동작하는 것은 진보된 반도체 부품을 사용해야 한다는 것을 의미한다. 높은 주파수로 인해 전체 크기가 줄어들고 항복 전압 (Breakdown Voltage)이 낮아진다. 전력 증폭기에서 주파수에 따라 낼 수 있는 전력이 20dB/decade로 감소하는 것도 이때문이다. 이에 대한 설명은 19.3절에서 자세히 다룬다. 이러한 이유로 mm-wave LO를 구현하는 데 보편적으로 쓰이는 방법은 낮은 주파수의 PLL을 목표로 하는 주파수까지 채배시키는 것이다.

위에서 언급한 애로 사항 이외에 $1/f$ 잡음의 업컨버젼은 캐리어 주파수 근처에 경사를 추가로 가져온다. $1/f$ 잡음은 사용하는 기술에 상당히 좌우된다. CMOS나 HMET (High Electron Mobility Transistor)와 같은 평면형 소자는 일반적으로 바이폴라 (Bipolar)나 HBT (Heterojunction Bipolar Transistor)와 같은 수직 바이폴라 소자보다 높은 $1/f$ 잡음을 보인다. 집적도가 높은 MMIC/RFIC VCO와 PLL에 사용되는 기술은 CMOS와 BiCMOS에서부터 III-V족 반도체에까지 다양하다. 이 중에서 InGaP HBT가 상대적으로 작은 $1/f$ 잡음 특성을 보이고 높은 항복 전압으로 인해 가장 많이 사용된다. $1/f$ 잡음이 크긴 하지만 때때로 pHEMT 소자가 사용되기도 한다. 몇몇 공정에서는 높은 항복 전압의 장점을 살리기 위해 GaN FET 구조를 사용하기도 하는데 이 경우엔 $1/f$ 잡음이 GaAs FET 소자보다 더 높아져 항복 전압의 이득이 반감되기도 한다. 그림 26.5는 100kHz 오프셋 주파수에서 위상 잡음 성능을 보여준다. x축은 오실레이터의 주파수이고 여러 반도체 기술에 대해 비교하여 요약한 결과이다.

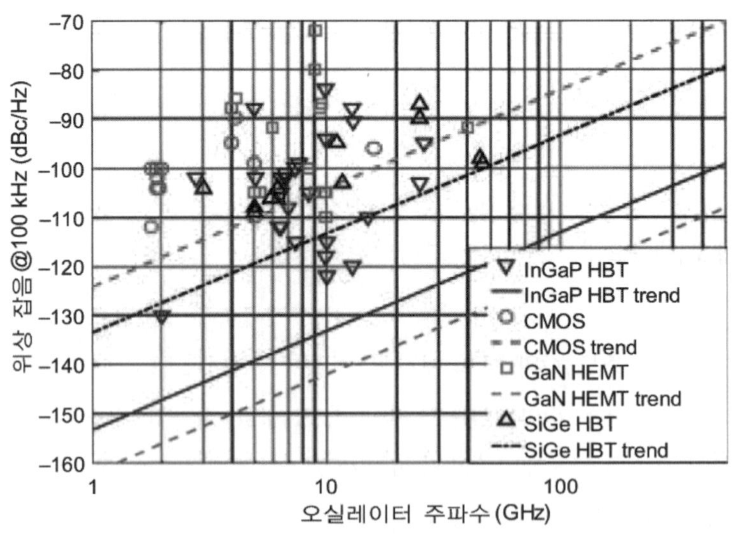

그림 26.5
여러 반도체 기술을 사용하는 오실레이터 주파수 대비 위상 잡음

마지막으로, 그림 26.3의 LO 잡음 플로어 (noise floor)가 광대역 시스템의 성능에 미치는 영향에 대한 연구 결과가 발표되었다[21]. 그림 26.6은 LO 잡음 플로어 대비 7.5GHz 캐리어로 전송할 때 측정된 EVM을 여러 심볼 속도에 대해 그린 것이다. 심볼 대역폭이 100MHz 보다 훨씬 작은 영역에서는 평평한 LO 잡음 플로어의 영향이 미미하다. 그러나 대역폭이 5G NR에서 흔하게 볼 수 있는 수백 MHz 이상으로 커지면 잡음 전력 스펙트럼 밀도가 135dBc/Hz 보다 큰 경우 EVM이 점점 영향을 받기 시작한다. 이러한 현상은 mm-wave 광대역 시스템을 설계할 때 세심한 주의를 요하는 부분이다. 오프셋에 민감한 위상 잡음과 white 위상 잡음 플로어들로부터의 받는 영향들 간에 최적의 균형을 맞추기 위해 반도체 기술의 선택, VCO 회로 설계, 주파수 체배, 그리고 전력 소모 등에 영향을 준다. 결국 시스템의 성능을 저하시키는 것은 통합된 위상 잡음 전력이다.

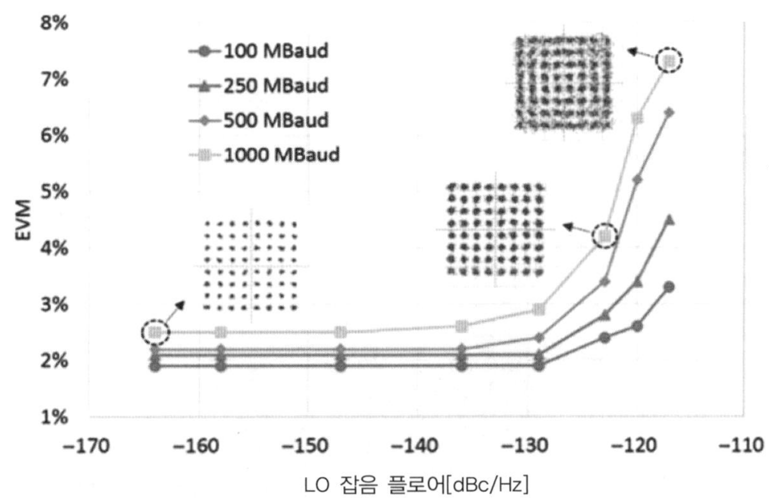

그림 26.6
7.5GHz 송신기에서 여러 심볼 속도와 LO 잡음 플로어 레벨에서 64QAM 신호의 EVM 측정 결과

26.3 전력 증폭기 효율과 불요 방사의 관계

RF (RAdio Frequency)의 부품들은 일반적으로 주파수가 높아지면서 성능이 떨어진다. 집적 회로 기술을 이용한 전력 증폭기 (Power Amplifier, PA)의 출력 성능은 주파수에 따라 20dB/decade 추세로 열화된다. 그림 26.7에 다양한 반도체 기술에 대한 증폭기 출력의 성능을 도시하였다. 이러한 성능 열화는 출력을 키우고 주파수를 높이는 것이 서로 상반된 요구 사항이기 때문이며, 이는 존슨 한계 (Jhonson Limit)[52]로 설명된다. 즉, 동작 주파수가 높으면 부품의

크기가 작아지고 이로 인해 전기장의 세기가 증가하고 유전체의 파괴 (Breakdown)를 방지하기 위해 동작 전력을 낮춰야 하기 때문이다.

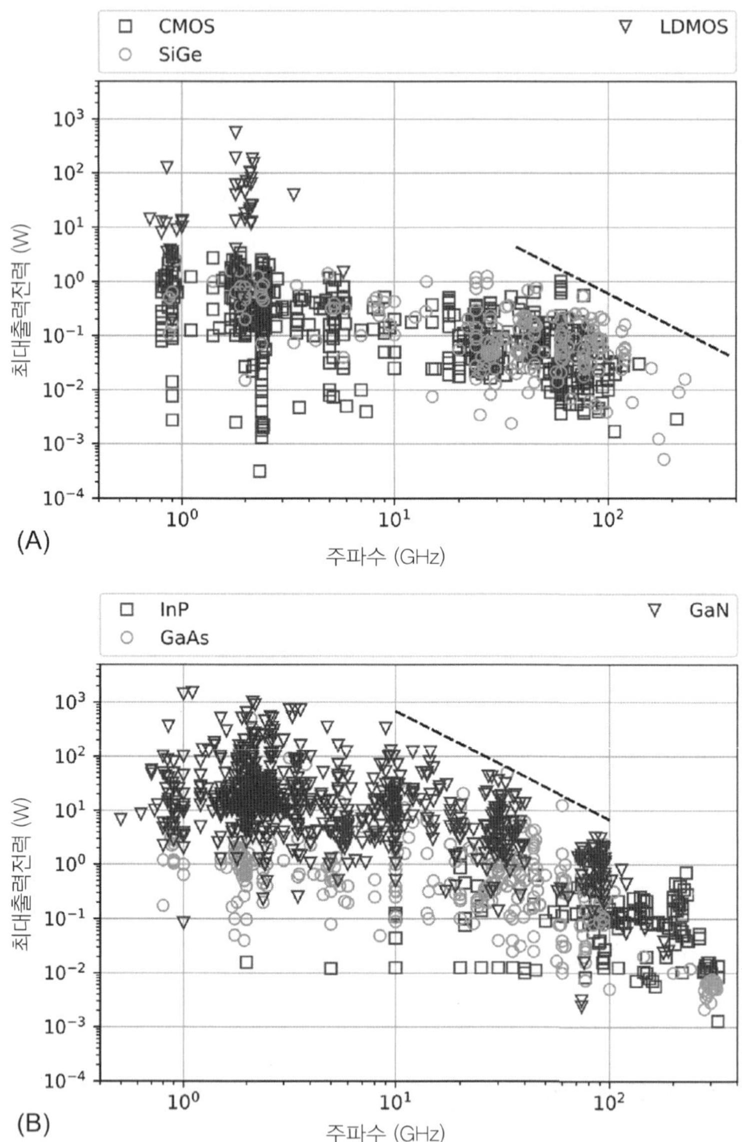

그림 26.7

여러 반도체 기술에서의 주파수에 따른 전력 증폭기 출력. (a) 실리콘에 따른 특성 (b) III-V 족 원소, 점선은 -20dB/decade의 power capability 감소 추세선의 측정값 나타냄. 측정 값들은 microwave와 mm-wave 전력 증폭기 회로의 공개된 자료로부터 취합한 것임[96]

그러나 이는 집적 회로의 물질을 잘 선택함으로써 해결할 수 있다. mm-wave 집적 회로는 전통적으로 III-V족 물질을 이용해 만들었다. 이는 주기율표의 III족의 원소와 V족의 원소를 결합하는 방식이다. 예를 들면 Gallium Arsenide (GaAs)와 Gallium Nitride (GaN) 같은 것들이다. III-V족 원소를 사용하는 집적 회로는 기존의 실리콘에 기반한 기술보다 가격이 비싸고 휴대폰의 디지털 회로나 RF 모뎀과 같이 반도체의 집적도가 높은 경우엔 사용이 어렵다. 그렇지만 GaN 기반 기술들의 성숙도가 최근 빠르게 높아지고 있고 기존의 기술보다 더 높은 출력을 내고 있다.

증폭기의 효율에 영향을 미치는 세 가지 주요 반도체 물질 파라미터가 있다. 최대 동작 전압, 최대 동작 전류 밀도, 그리고 무릎 전압 (Knee Voltage)2)이 세 가지 요소이다. 무릎 전압으로 인해 얻을 수 있는 최대 효율은 다음과 같은 수식에 비례하여 줄어든다.

$$\frac{1-k}{1+k}$$

여기서 k는 무릎 전압을 최대 동작 전압으로 나눈 값이다. 대부분의 트랜지스터 기술에서 k는 0.005에서 0.01 사이의 값을 가지며, 이는 효율을 10%-20% 정도 감소시킨다.

최대 동작 전압과 전류 밀도는 하나의 트랜지스터 셀의 최대 출력에 제한을 준다. 출력을 높이기 위해서는 다수의 트랜지스터 셀을 결합하여야 한다. 가장 많이 사용되는 결합 기술은 쌓아올리기 (전압 결합), 병렬로 늘어놓기 (전류 결합), 그리고 절충 결합 (Corporate Combiner, 전력 결합) 방식 등이다. 세 가지 중에 어떠한 결합 방식을 선택하더라도 어느 정도의 결합 손실이 있다. 낮은 전력 밀도 특성을 얻기 위해서는 더욱 많은 단계가 필요하고 전체적으로 낮은 결합 효율을 초래한다. mm-wave 주파수에서 전압 또는 전류 결합 방식은 구현 측면에서 파장에 영향을 받는다. 트랜지스터의 전체 크기는 파장의 1/10 정도로 작게 유지하여야 한다. 그러므로 병렬로 늘어놓거나 쌓아올리는 방식을 어느 정도 한 다음에 절충 결합으로 원하는 출력을 얻는다. CMOS의 최대 전력 밀도는 약 100mW/mm 정도이고, GaN은 4000mW/mm이다. 그러므로 GaN 기술이 결합 차원에서 덜 부담이 되고 따라서 더 높은 효율을 낸다.

그림 26.8은 주파수에 따른 포화 전력 부가 효율 (Power-Added Efficiency, PAE)을 보여준다. 보고된 PAE 최고치는 30GHz에서 약 60%, 77GHz에서 40% 수준이다.

2) 트랜지스터의 출력 전류의 포화를 발생하기 시작하는 전압으로 이것이 작을수록 전력 효율이 높다.

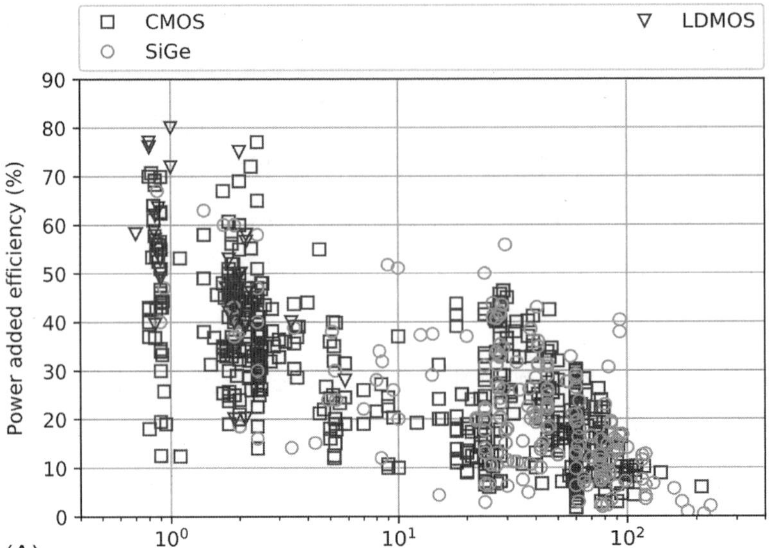

CMOS LDMOS SiGe

Power added efficiency (%)

(A)

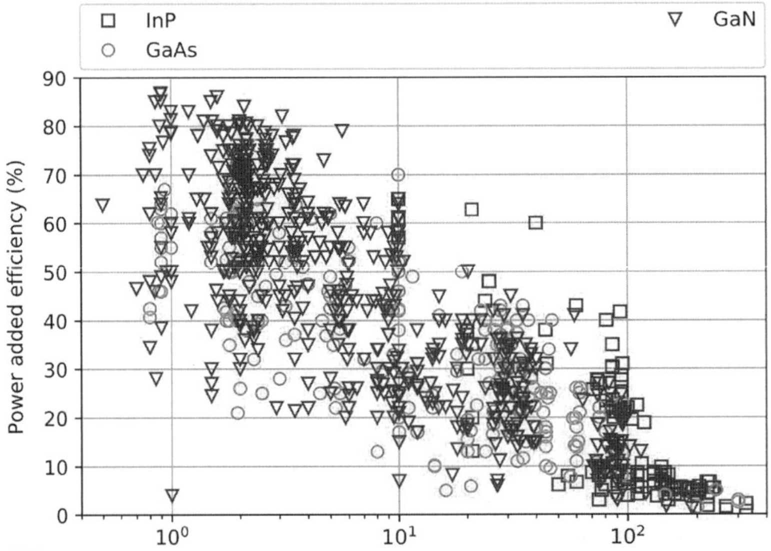

주파수 [GHz]

InP GaN GaAs

Power added efficiency (%)

(B)

주파수 [GHz]

그림 26.8

여러 반도체 기술에 따른 주파수 대비 포화 PAE 값, (a) 실리콘에 따른 특성 (b) III-V족 원소, 공개된 마이크로웨이브와 mm-wave 전력 증폭기 회로들을 조사하여 얻은 결과임[96]

PAE는 다음 수식으로 표현된다.

$$\mathrm{PAE} = 100 \times \frac{[P_{\mathrm{OUT}}]_{\mathrm{RF}} - [P_{\mathrm{IN}}]_{\mathrm{RF}}}{[P_{\mathrm{DC}}]_{\mathrm{TOTAL}}}$$

mm-wave 주파수에서 반도체 기술은 기본적으로 가능한 출력에 제약이 있다. 그리고 효율은 주파수가 높아짐에 따라 줄어든다.

그림 26.8의 PAE 특성과 전력 증폭기의 AM-AM (진폭 왜곡)과 AM-PM (위상 왜곡) 특성을 고려하면 송신 ACLR (Adjacent Channel Leakage Ratio, 인접 채널 누설비) 요구 사항을 맞출 정도의 선형성을 (25.9절 참고) 얻기 위해 상당히 많이 백오프 (Back-Off)시켜야 한다. mm-wave 제품의 열 방출과 면적과 부피가 크게 줄어드는 것을 고려하면 성형성과 PAE 사이에 복잡한 상관관계가 있으며, 열 방사 측면에서 출력의 적정선을 고민해봐야 한다.

26.4 필터 측면

기지국과 단말기 구현에서 다양한 종류의 필터를 사용하는 것은 RF 요구 사항을 만족하게 하려면 꼭 필요한 과정이다. 이는 모든 세대의 이동통신 시스템도 마찬가지였고 NR 6Ghz 주파수와 mm-wave 대역도 예외는 아니다. 필터는 상호 변조에 기인한 비선형성, 잡음, 고조파 (Harmonics)의 발생, LO 누출, 그리고 여러 가지 불완전한 요소 등에 의한 불요 방사를 줄여준다. 수신 과정에서 필터는 FDD 모드에서 자신의 송신 신호로부터 발생하는 자체 간섭을 줄이거나 다른 인접 주파수로부터의 간섭을 억압하기 위해서 사용한다.

RF 요구 사항은 다양한 시나리오에 따라 수준의 차이가 있다. 기지국에서 기생 방출 (Spurious emission)에 대해서는 매우 넓은 주파수 대역에 걸쳐 전반적인 요구 사항이 존재하고 같은 위치에 다른 시스템과 공존할 수 있어야 하는 요구 사항, 밀집된 지역에 다른 시스템과 동시에 서비스할 수 있어야 하는 등 많은 요구 조건이 있다.

mm-wave 주파수에서 제한된 면적과 부피 그리고 집적도를 고려하면 필터구현에 어려움이 많다. 왜냐하면, 이산 (Discrete) mm-wave 필터는 부피가 커서 그러한 필터를 mm-wave 제품의 고집적 구조에 넣기가 힘들기 때문이다.

26.4.1 아날로그 프론트엔드[3]에 필터를 구현하는 방법

RF 구현 방법에 따라 필터를 구현하는 방법이 다르다. 설명을 위해 두 가지 주로 사용예를 살펴보기로 한다.

- 값이 싸고 한 개 또는 몇 개의 다중 체인 CMOS/BiCMOS 코어 칩으로 이루어진 모노리식(Monolithic) 집적 회로로서[4] 그 안에 전력 증폭기와 다운컨버터가 내장되어 있는 경우이다. 이 경우에는 칩의 필터 동조기의 Q값이 5-20 정도로 낮아서 RF 프로세스 과정에 높은 성능을 내는 필터를 넣기는 힘들다.
- 고성능이며 몇 개의 CMOS/BiCMOS 코어 칩으로 이루어져 있는 이종 (Heterogeneous) 집적 회로는 외부 증폭기 그리고 외부 믹서와 결합되어 있다. 이러한 구현 방법은 RF 프로세스 처리 과정에서 복잡도가 높고 크기가 크고 전력 소모가 많은 부분에 외부 필터를 넣을 수 있게 해준다.

그림 26.9에서 표시한 대로 구현에 따라 세 곳에 필터를 놓을 수 있다.

- **안테나 소자의 바로 뒤나 안쪽 (F1 또는 F0)** : 손실, 크기, 비용, 광대역 억압 등이 중요하다.
- **안테나 쪽에서 볼 때 첫 번째 증폭기의 다음 (F2)** : 약간의 손실은 덜 중요하다.
- **믹서의 고주파 부분 (F3)** : 여기는 아날로그 또는 hybrid 빔포밍의 경우 신호가 합쳐지는 곳이다.

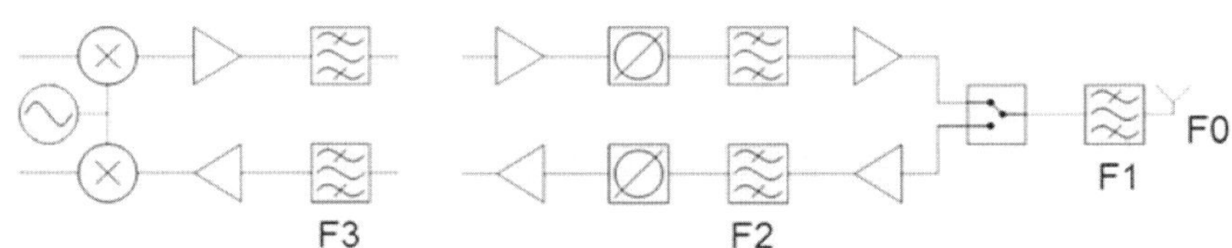

그림 26.9
필터의 위치 후보

필터를 F1 또는 F0에 두는 주요 목적은 DC부터 60GHz까지 넓은 주파수 영역에 걸쳐 원하는 채널 신호로부터 멀리 떨어진 주파수의 방사와 간섭을 억제하기 위함이다. 이상적으로는 이 광대역 주파수 영역 안에는 의도하지 않은 공진이나 통과 대역 (Passband)이 없어야 한다. 그림 26.10을 보기 바란다. 여기서 필터는 다음에 이어서 설명할 블록들의 대역폭, 선형성 등에

3) 안테나와 IF (Intermediate Frequency) 증폭기의 중간단을 말함
4) 모노리식 집적 회로란 하나의 실리콘 기판 위 또는 기판 내에 모든 회로 소자와 상호 접속 부분을 형성한 반도체 집적 회로로서 일반적으로 집적 회로라고 하면 이 모노리식 집적 회로를 말함

대해 설계상의 어려운 점을 완화 시켜준다. 삽입 손실[5)]은 매우 낮아야 하고 각 서브 어레이(Subarray)마다 하나의 필터가 있어야 하므로 크기와 비용을 줄이는 노력이 많이 요구된다. 그림 26.9를 참고해서 보기 바란다. 어떤 경우엔 이 필터는 통과 대역 근처에서 전력 증폭기로부터의 상호 변조 항들을 억제해야 한다. 특히 민감한 밴드에 가까운 주파수에서 높은 출력으로 전송할 경우에 해당한다. 이는 mmw array 안테나에서 더욱 기술적 과제인데 적절한 필터가 없고 증폭기와 필터 간에 아이솔레이터(isolator)가 없기 때문이다.

F2의 목적은 F1/F0와 비슷하다. 여전히 엄격한 크기 요구 사항이 있다. 그렇지만 첫 증폭기 뒤에 있으므로 조금 큰 손실은 허용된다. 또한, F1/F0가 처리하게 될 것이므로 의도하지 않은 통과대역(passband)도 허용된다. 이는 좀 더 미세한 식별이 가능하여 더 많은 pole을 가질 수 있고 half-wave 공진회로와 같은 것을 이용하여 우수한 주파수 정확도를 가질 수 있다.

F3의 주요 목적은 LO 방사, 영상 이미지, 기생 주파수 방사, 잡음 그리고 믹서의 뒷단에서 우발적으로 IF 밴드에 들어오는 간섭, 또 믹서나 ADC의 동작을 방해하는 큰 간섭 등을 억압하기 위함이다. 아날로그 (또는 하이브리드) 빔포밍은 단지 하나 또는 다수 개의 이런 필터가 있는 것으로 충분하다. 이는 크기와 비용의 부담을 덜어주어 다수의 폴 (Pole)과 제로 (Zero)를 갖게 만들 수 있어 주파수 선택도가 높은 필터 효과를 얻을 수 있는 길을 열어준다.

안테나 소자로부터 RF 체인의 깊은 안쪽에 있을수록 회로는 더 보호된다. 모노리식 집적의 경우 필터 F2와 F3를 구현하기가 쉽지 않다. 이 경우 성능이 저하되고 브랜치 당 출력은 낮아지게 된다. 그리고 마이크로웨이브는 주변의 대지 구조를 따라 전파되어 필터를 통과하는 경향이 있으므로 광대역 주파수에서 좋은 차폐 특성을 얻기가 힘들다.

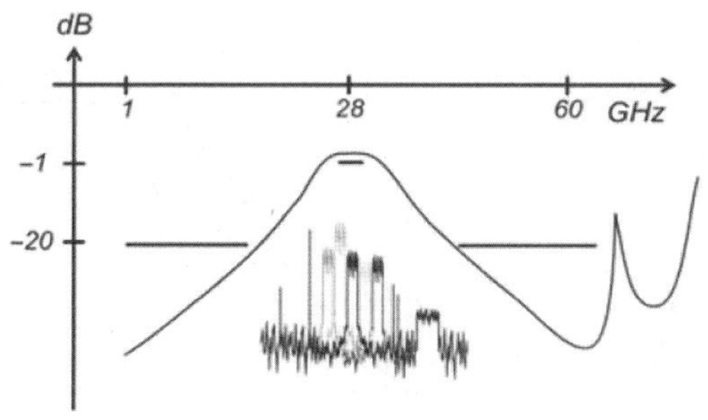

그림 26.10
28GHz 밴드에서 필터의 예

5) 삽입 손실은 신호가 필터를 통과하면서 튕겨 나와 발생하는 전력 손실을 말한다.

26.4.2 삽입 손실 (Insertion Loss, IL)과 대역폭

각 브랜치 (Branch)의 F1과 F0의 위치에 좁은 대역폭의 날카로운 필터를 적용하는 것은 마이크로웨이브와 mm-wave 주파수에서 과도한 손실을 가져온다. 삽입 손실을 적정 수준으로 낮추기 위해 통과 대역 (Passband)은 신호 대역폭보다 훨씬 커야 한다. 이러한 접근의 단점은 원하지 않는 신호가 필터를 통과하게 된다는 것이다. 손실과 대역폭의 트레이드오프를 선택하기 위해 다음과 같은 상호 의존성을 알아야 한다.

- ❑ BW가 증가함에 따라 IL은 감소한다 (f_c는 고정인 경우).
- ❑ f_c가 증가함에 따라 IL은 증가한다 (BW는 고정인 경우).
- ❑ Q 값이 증가함에 따라 IL은 감소한다.
- ❑ N을 증가시키면 IL은 감소한다.

그림 26.11에 트레이드오프 관계의 예로서 $Q=20$, 100, 500 그리고 5000, 그리고 3dB 대역폭이 800MHz 또는 4×800MHz이고 폴이 세 개인 LC 필터의 특성을 그려본 것이다. 여기서 $Q=5000$일 때의 리턴 손실 (Return Loss)은 15dB에 맞춰져 있을 때의 예이다.

이 결과로서 다음과 같은 사항을 관측할 수 있다.

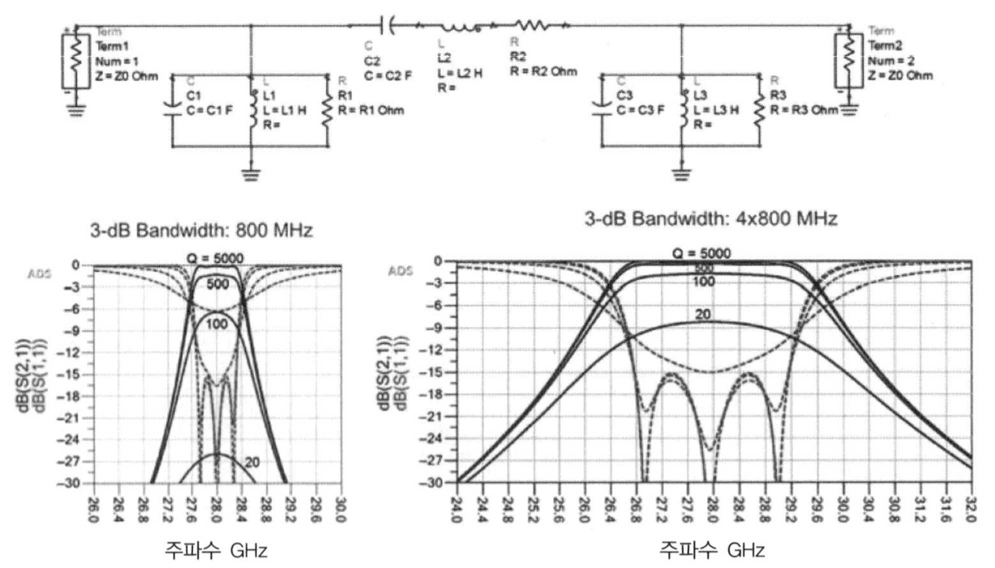

그림 26.11

여러 가지 Q 값에 대하여 800MHz 또는 4×800MHz 대역폭을 갖는 세 개의 폴로 구현된 LC 필터의 예

- ❑ 800MHz 대역폭 이하이고 Q 값이 500 또는 그 이상에서는 IL을 1.5dB 이하가 되게 하려면 또 다른 필터 기술이 필요하다. 크기, 집적도 그리고 비용 측면에서 이러한 Q 값을 얻는 것은 매우 힘들다.
- ❑ 4*800MHz에서 2dB IL을 얻기 위해서는 100 정도의 Q 값으로도 충분하다. 이는 저손실 PCB (Printed Circuit Board)로 충분히 얻을 수 있는 수준이다. 대역폭이 증가하면 PCB의 공차 (Tolerance) 요구 조건을 완화할 수도 있다.

26.4.3 필터 구현의 예

5G 어레이 (Array) RF에서 필터를 구현하는 방법은 여러 가지가 있다. 이들 간에 성능을 비교하는 지표는 Q 값, 식별력 (Discrimination), 크기, 그리고 집적 가능성 등이다. 표 26.1은 서로 다른 기술 간에 대략적인 비교 결과이다. 다음 절에서는 이 중에서 대표적인 두 개의 예를 설명한다.

26.4.3.1 PCB 집적 구현 예

안테나 필터 F1을 구현하는 간단하고 괜찮은 방법은 스트립라인 (Strip-line)이나 마이크로스트립 (Microstrip) 필터를 사용하는 것이다. 이러한 것들은 각 안테나 소자 가까이에 있는 PCB에 넣을 수 있다. 이를 위해서는 정확도가 높은 저손실 PCB가 필요하다. 유전율, 패터닝 (Patterning), via-positioning 등에서의 개발 공차 (Tolerance)는 통과 대역을 이동시키거나 임피던스 매칭 정확도를 낮추는 등 성능에 제약을 준다. 이러한 것들을 고려하여 대부분의 구현에서 통과 대역은 동작 주파수 대역보다 훨씬 넓어야 한다.

이러한 필터의 전형적인 설계 예는 다음과 같고 그림 26.12에 이러한 필터의 레이아웃이 그려져 있다.

- ❑ 5개의 폴, 커플드라인 (Coupled Line), 스트립라인 (Strip-Line) 필터
- ❑ **유전체 유전율** : 3.4
- ❑ **유전체 두께** : 500μm (Ground to Ground)
- ❑ **무부하 공진기 Q** : 130 (저손실 마이크로웨이프 유전체를 가정함)

설계 제시된 필터는 17dB 리턴 손실을 가지며 24.25-27.5GHz 대역에서 최대한 잘 통과되고 24GHz에서 20dB 억압을 주는 것으로 맞춰져 있다. 이로써 PCB 제작 과정에서 발생할 수 있는 변동 요인에 상당히 많은 여유를 줄 수 있다.

표 26.1 필터 구현을 위해 사용할 수 있는 여러 기술 비교

기술	공진기의 Q값	크기	집적의 어려움 정도
On-chip (Si)	20	Small	Feasible
PCB (low-loss)	100~150	Medium	Feasible
Ceramic substrate	200~300	Medium	Difficult
Advanced miniature fillters	500	Medium	Difficult
Waveguide (air-filled)	5000	Large	Extremely difficult

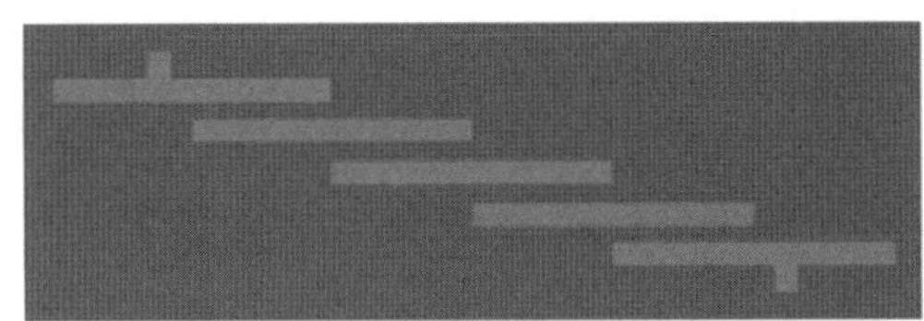

그림 26.12
PCB 위에 스트립라인 피터를 구현한 레이아웃

공정 과정 상의 변동 요인이 필터 성능에 어떻게 영향을 주는지 연구하기 위해 몬테카를로(Monte Carlo)[6] 분석을 수행하였다. 몬테카를로 표본은 PCB에 대하여 다음과 같은 매우 큰 공차를 가정하였다.

- **유전율 표준 편차** : 0.02
- **라인 폭의 표준 편차** : $8\mu m$
- **유전체 두께의 표준 편차** : $15\mu m$

위와 같은 가정하에서 1000개의 필터 입력을 생성하여 시뮬레이션하였다. 그림 26.13은 이러한 1000개의 입력 (파란색 선)에 대한 필터 성능 (S21)을 보여주고 있다. 노란색 선은 대표되는(Nominal) 성능을 나타낸다. 그래프에서 빨간색 선은 이 필터가 만족시켜 줄 수 있는 요구 사항의 수준을 보여준다.

이 설계의 예로부터 PCB 필터 구현에 있어 다음과 같은 대략적인 결론을 끌어낼 수 있다.

- 3-4dB 삽입 손실
- 20dB 억압 (IL을 예외로 하면 17dB)
- 여유를 포함하여 1.5GHz 정도의 변환 구간 (Transition Band)[7]이 생김

6) 확률 모델에 의해 생성된 무작위 표본을 발생시켜 검사하고자 하는 대상에 입력하여 결과를 관찰하여 결과의 동작을 예측하는 방법

- **크기** : $25mm^2$, 이 크기는 쌍편파 (Dual Polarized) 안테나 소자나 개별 급전 (Feed)의 경우에는 공간을 맞추기가 힘들다.
- 3dB IL을 목표로 했을 때 제시된 요구 사항으로는 통과 대역의 가장자리에 가까운 채널에 대해 특히 수율이 상당히 저조하다.

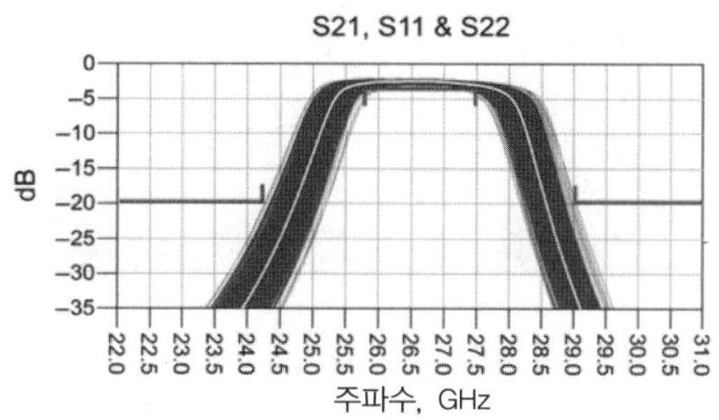

그림 26.13
PCB에 스트립라인 필터를 구현하고 개발 공차가 필터 특성에 미치는 영향을 시뮬레이션한 결과

26.4.3.2 LTCC 필터 구현의 예

각광받고 있는 필터 구현의 또 다른 방법은 표면 실장 조립 (Surface Mount Assembly, SMT) 방법이다. 이 기술은 필터와 안테나 모두에 적용되며 Low-Temperature Cofired Ceramics (LTCC) 기술에 기초한 것이 좋은 예이다. LTCC 기술을 이용한 시제품을 만드는 과정은 참고 문헌 29에 설명되어 있고, 그림 26.14는 시제품의 샘플 사진이다.

그림 26.15는 LTCC 기술로 안테나 없이 필터 소자들로 이루어진 회로의 성능 측정 결과이다. 이러한 필터는 3GHz 통과대역에서 2.5dB의 삽입 손실이 있고 통과 대역 가장자리에서 0.75Hz 되는 주파수에서 20dB 손실이 있다는 것이 알려졌다.

위의 두 구현 예와 크기, 집적화 가능성, Q값, 공정 오차, 튜닝을 할 수 없다는 점, 방사 패턴의 변질, 임피던스 매칭, 가격 등에서의 어려운 점을 고려하면 결론적으로 통과 대역의 가장자리로부터 1-1.25GHz 이내의 주파수에 대해 필터링에 의존하는 것은 현실적이지 않다.

7) 변환 구간은 통과 대역에서 저지 대역으로 변환될 때 허용된 주파수 폭을 의미한다.

그림 26.14
안테나 소자와 필터를 포함하고 있는 LTCC 소자의 프로토 타입의 예, 출처:TDK Corporation, 사용 허가 받음

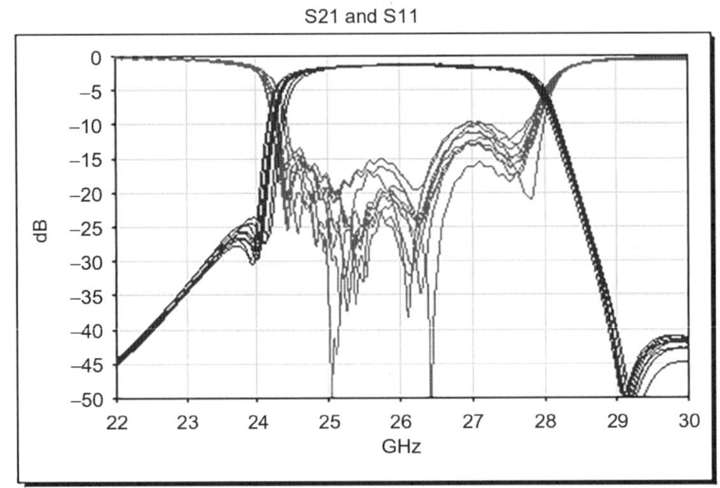

그림 26.15
필터에서 안테나를 제외한 성능 측정 결과

26.5 수신 잡음 지수, 동작 범위, 그리고 대역폭에 따른 성능 변화

26.5.1 수신기와 잡음 지수 모델

그림 26.16은 이 절에서 모델로 가정하고 있는 수신기 모습을 나타낸 것이다. 일반적으로 수신기의 동작 범위 (Dynamic Range, DR)는 프론트엔드 (Front-End) 단에서의 삽입 손실 (Insertion Loss, IL), 수신기 (RX)[8] 저잡음 증폭기 (Low-Noise Amplifier, LNA), 그리고 ADC의 잡음과 선

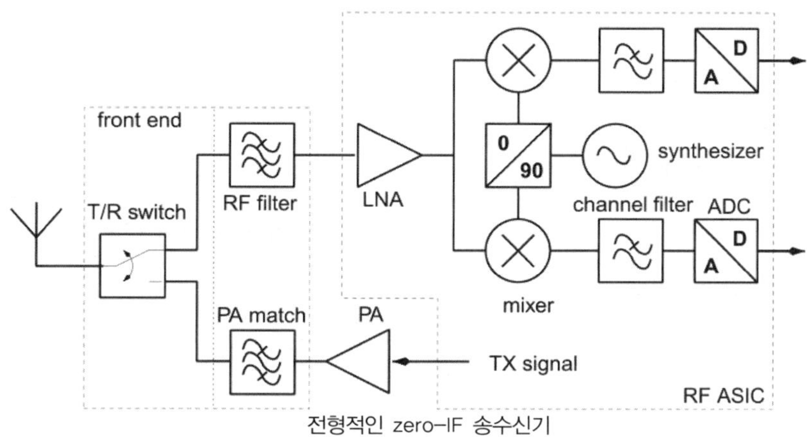

그림 26.16
대표적인 zero-IF 송수신기 구조

형성 등에 의해 제한된다.

대개 $DR_{LNA} \gg DR_{ADC}$ 이므로 원하는 신호와 간섭을 DR_{ADC}에 매핑하는 것을 최적화하기 위해 RX는 AGC (Automatic Gain Control)을 사용하여 LNA와 ADC 사이에서 구간마다 선택도(Selectivity)를 다르게 구현하는 방법을 사용한다. 설명을 간략화하기 위해 여기서는 고정된 이득값을 갖는 것으로 가정하자.

좀 더 단순화된 수신기 모델로서 프론트엔드 (FE)를 하나의 블록으로 묶고, 수신기 (RX), ADC 등의 세 부분으로 나눈 그림이 그림 26.17에 그려져 있다. 이러한 모델은 좀 더 세부적인 분석에는 불편하지만 여러 파라미터 간의 상호 연관성을 설명하기에는 편하다.

소신호 (Small Signal)[9]의 상호 채널 (Co-Channel) 잡음 플로어 (Noise Floor)에 초점을 맞춰

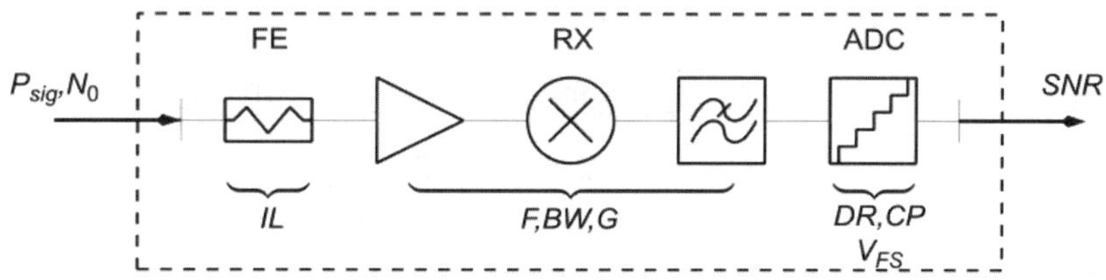

그림 26.17
단순화한 수신기 모델

8) 여기서 RX는 통상적인 '수신기'에 대한 약어가 아니고 저잡음 증폭기 및 IF대역으로 신호를 변환해주는 RF 처리부를 말한다. 그림 1926.17에 표시된 RX 부분을 참고하기 바란다.

9) 일반적으로 회로에서 보통 DC 전압과 AC 전압이 모두 존재하는데, 보통은 AC의 진폭 또는 크기가 DC보다 더 작다. 따라서 AC를 Small-Signal이라고 한다.

보면 여러 신호와 선형성 저하의 영향은 단순한 잡음률 또는 잡음 지수로 표현될 수 있음이 연구 결과로 알려져 있다.

26.5.2 잡음률과 잡음 지수

매칭이 된 상태를 가정하면 Friis 식으로 수신기 입력단의 잡음 지수는 다음과 같다 (따로 언급되지 않으면 linear 단위임).

$$F_{\mathrm{RX}} = 1 + (F_{\mathrm{LNA}} - 1) + \frac{(F_{\mathrm{ADC}} - 1)}{G}$$

RX 입력단에서 소신호의 co-channel 잡음 지수는 다음과 같다.

$$N_{\mathrm{RX}} = F_{\mathrm{LNA}} \cdot N_0 + \frac{N_{\mathrm{ADC}}}{G}$$

여기서 $N_0 = k \cdots T \cdots \mathrm{BW}$, N_{ADC}는 잡음 전력, F_{LNA}는 채널 대역폭에서의 유효 잡음 지수, k는 볼츠만상수 그리고 T는 절대온도를 나타낸다. ADC 잡음 지수는 대개 양자화 잡음, 열 잡음, 상호 변조 잡음 등으로 이루어져 있다. 여기서는 ADC 유효 비트 수에 의해 정해진 일정한 잡음 지수를 가정하였다.

LNA로부터 ADC 사이의 유효 이득 G는 소신호 이득, AGC 세팅, 선택도 그리고 감도 억압 (Desensitization) 또는 포화 등에 의해 좌우된다. 그러나 여기서는 안테나에서 입력 억압점 (Input Compression Point, $\mathrm{CP_i}$)은 ADC의 최대 진폭 (Clipping Level), 즉 ADC의 full scale 입력 전압 (V_{FS})에 맞춰지도록 이득이 설정되었다고 가정한다.

약한 비선형성에 관해 설명하면 CP와 3차 인터셉트 포인트 (Third-Order Intercept Point, $\mathrm{IP_3}$)는 명확한 수학적인 관계가 있다. 즉, $\mathrm{IP_3} \approx \mathrm{CP} + 10\mathrm{dB}$ 이다. 더 고차의 비선형성에서는 그 차이가 10dB를 넘을 수 있다. 낮은 신호 레벨에서의 상호 변조의 영향이 과대평가 될 수는 있지만, CP는 여전히 최대 신호 레벨을 추정하는 데 좋은 근거가 된다.

26.5.3 억압점과 이득

안테나와 RX 사이에는 FE가 있으며 여기에는 T/R스위치, RF필터, PCB나 반도체 기판 (Substrate) 손실 등에 기인한 삽입 손실 ($\mathrm{IL} > 1$)이 있다. 이러한 손실은 이득과 잡음 억압에 고려되어야 하는 요소이다. IL을 알고 있다면 $\mathrm{CP_i}$는 ADC 클리핑과 다음과 같은 관계식이 성립할 수 있다.

$$\mathrm{CP_i} = \frac{\mathrm{IL} \cdot N_{\mathrm{ADC}} \cdot DR_{\mathrm{ADC}}}{G}$$

안테나에서 유입된 잡음률은 다음과 같다.

$$F_i = \mathrm{IL} \cdot F_{\mathrm{RX}} = \mathrm{IL} \cdot F_{\mathrm{LNA}} + \frac{\mathrm{CP_i}}{N_0 \cdot \mathrm{DR_{ADC}}}$$

그리고 잡음 지수와 잡음률은 다음의 관계식으로 정의된다.

$$\mathrm{NF}_i = 10 \cdot \log_{10}(F_i)$$

예를 들어 2GHz와 30GHz, 두 개의 설계를 서로 비교해 보면 30GHz IL은 2GHz에 비해 월등히 높다. 그러므로 30GHz에서 FE 손실이 더 크고, F_i의 표현 식으로부터 두 캐리어 주파수에 대해 동일한 잡음 지수 NF_i를 유지하기 위해서는 30GHz 캐리어에 대해서는 RX 잡음률을 개선하여 이를 보상할 필요가 있다. 이는 (1) 더 좋은 LNA를 사용하거나 (2) G를 증가시킴으로써 입력 억압점 $\mathrm{CP_i}$을 완화하거나 (3) DR_{ADC} 를 증가시킴으로써 가능하다. 보통 좋은 LNA는 적은 NF_i를 얻기 위해 2GHz에서도 이미 사용되었을 것이므로 30GHz에서 좋은 LNA를 쓰는 것은 큰 의미가 없다. $\mathrm{CP_i}$를 완화하는 것도 방법이긴 하나 이는 $\mathrm{IP_3}$를 작게 만들고 선형성이 저하된다. 마지막으로 DR_{ADC} 를 증가시키는 것은 전력 소모 (추가 비트당 4배)의 부담이 따른다. 특히 광대역 ADC는 전력 소모가 크다. BW가 수백 MHz 이하에서는 $N_0 \cdots DR_{\mathrm{ADC}}$는 BW와 비례 관계에 있고 ADC 전력 소모와도 비례 관계에 있다. 그러나 더 넓은 대역폭에서의 ADC 전력 소모는 $\mathrm{BW}^2 \cdot \mathrm{DR_{ADC}}$와 비례한다. 그러므로 대역폭에 의한 부담이 더 커지게 된다. 26.1절을 참고하기 바란다. DR_{ADC}를 증가시키는 것은 대개 좋은 방법이 아니다. 그러나 30GHz 수신기가 2GHz 수신기에 비해 월등히 높은 NF_i를 가지므로 피할 수 없는 방법이다.

26.5.4 전력 스펙트럴 밀도 (Power Spectral Density)와 동작 범위 (Dynamic Range)

다수의 비슷한 서브캐리어로 이루어진 신호는 대역폭 안에서 일정한 전력 스펙트럴 밀도 (Power Spectral Density, PSD)를 갖는다. 이때 전체 신호 전력은 $P = \mathrm{PSD} \cdots \mathrm{BW}$가 된다.

대역폭이 다르고 비슷한 전력으로 이루어진 신호가 동시에 수신될 때 이들의 PSD는 각각의 대역폭에 반비례하게 된다. 안테나에서 유입되는 잡음 플로어는 대역폭과 F_i에 비례한다. 이를 수식으로 표현하면 위에서 설명했듯이 $N_i = F_i \cdots k \cdots T \cdots \mathrm{BW}$ 이다. $\mathrm{CP_i}$는 고정이므로 주어진 G와 ADC 클리핑에서 동작 범위 또는 SNR의 최대값은 대역폭의 크기에 따라 감소하게

된다. 즉, $\mathrm{SNR}_{max} \propto 1/BW$이다.

위와 같은 신호는 안테나에서 유입된 평균 전력이 P_{sig}이고 표준편차가 σ인 AWGN으로 볼 수 있다. 이러한 가정하에서 peak-to-average-power ratio (PAPR)은 대략 $\mathrm{PAPR} = 20 \cdots \log_{10}(k)$가 된다. 여기서 신호 전력의 최대값은 $P_{sig} + k \cdots \sigma$로 정의된다. 즉, 평균 전력과 클리핑 레벨 (Clipping Level) 사이에는 k개의 표준편차가 있다는 의미이다. OFDM 신호는 unclipped PAPR이 10dB (이는 3σ) 정도 된다는 것이 일반적인 가정이다. $\mathrm{CP_i}$에서 이 10dB 여유를 뺀 값에 따라 수신 신호가 클리핑되는 정도가 결정된다. 클리핑 레벨로부터 3σ 아래의 평균 전력을 가지는 OFDM 신호는 0.2% 정도의 클리핑율을 갖는다.

26.5.5 캐리어 주파수와 mm-wave 기술적인 측면

1GHz 대역폭을 갖는 캐리어 주파수 $f_{carrier}$가 30GHz인 수신기를 설계하는 것은 50MHz 대역폭을 갖는 2GHz 캐리어 주파수 수신기를 설계하는 것보다 설계의 마진이 훨씬 적다. 두 경우에 IC 칩의 속도는 비슷하지만, 설계 마진과 성능은 요구되는 신호 처리보다 훨씬 빠른 기술에 의존하고 있다. 즉, 이는 2GHz 설계가 더 좋은 성능을 갖는다는 의미이다.

그림 26.18은 mm-wave IC 설계에 중요한 트랜지스터 파라미터의 예상 진화 그래프를 보여주고 있다. 이는 International Technology Roadmap for Semiconductors (ITRS)에서 예측한 결과이다. CMOS와 바이폴라 RF 기술 분야에 대한 ITRS 2007 목표[37]의 데이터로부터 연도별 얻을 수 있을 것으로 예상하는 f_t, f_{max}와 $V_{dd}/\mathrm{BV_{ceo}}$ 그래프를 그린 것이다. f_t는 트랜지스터의 RF 디바이스의 전류 이득이 0dB일 때 천이 주파수 (Transit Frequency)를 나타내고, f_{max}는 외삽 (Extrapolated) 방법으로 전력 이득이 0dB로 추정되는 오실레이터의 최대 주파수를 나타낸다. V_{dd}는 RF 고성능 CMOS 공급 전압을 나타내고, $\mathrm{BV_{ceo}}$는 바이폴라 트랜지스터의 콜렉터-에미터 베이스가 오픈 상태일 때의 항복 (Breakdown) 전압을 나타낸다. 예를 들어 RF CMOS 장치는 2024년에 최대 V_{dd}가 700mV로 예상된다. 다른 공급 전압도 가능하지만 속도가 낮다.

ITRS는 최근 International Roadmap for Device and Systems (IRDS)로 바뀌었다. 그림 26.19에 IRDS Outside System Connectivity 2018 [97]에서 고속 바이폴라 NPN 트랜지스터의 예상 성능이 그려져 있다.

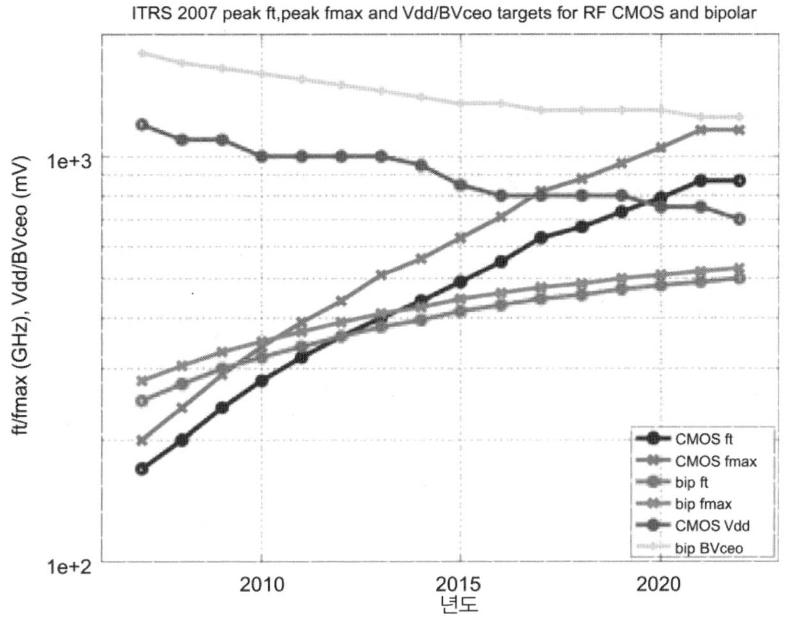

그림 26.18

몇 가지 트랜지스터 파라미터의 시간에 따른 예상 진화 : f_t/f_{max}, V_{dd}/BV_{ceo}

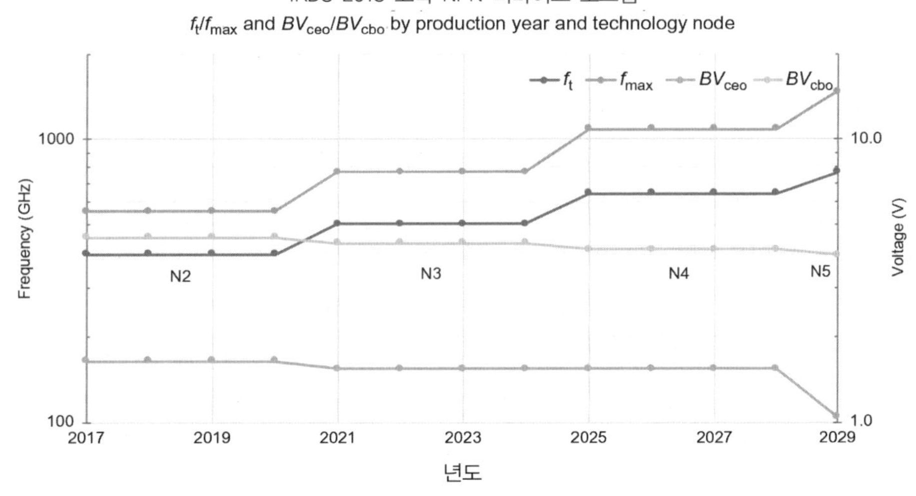

그림 26.19

기술 노드(N_2–N_5)와 생산 년도에 따른 바이폴라 고속 NPN 파라미터(f_t, f_{max}, BV_{ceo}, BV_{cbo}) 예상 진화 [97].

자유 공간에서 30GHz의 파장은 1cm이다. 이는 6GHz 이하의 3GPP 밴드의 파장에 비해 1/10 정도이다. 안테나 크기와 전파 손실은 파장과 캐리어 주파수와 관계가 있다. 물리적으로 작은 단일 안테나 소자의 크기를 보상하기 위해 배열 안테나가 사용되어야 한다. 안테나 소자 간

거리가 파장과 관계가 있으므로 빔포밍을 사용하기 위해서는 소자 배열이 필요하므로 FE와 RX의 크기를 작게 만들어야 한다. 이렇게 주파수가 의미하는 바와 크기에 제한이 있는 것에 대해 몇 가지를 열거해보면 다음과 같다.

- $f_t/f_{carrier}$와 $f_{max}/f_{carrier}$는 6GHz 이하의 주파수보다 mm-wave에서 무척 작아진다. $f_t/f_{carrier}$와 $f_{max}/f_{carrier}$가 10 또는 수백 이하에서는 동작 주파수에 따라 수신기 이득이 떨어진다. 이에 따라 mm-wave에서 얻을 수 있는 이득은 작아지고 결과적으로 잡음률 F_i가 커진다. Friis 식이 트랜지스터의 내부 잡음 소스에 적용되는 것과 비슷하다.
- 반도체 물질의 전기적 항복 전압 (E_{br})은 Johnson limit에 의해 디바이스 전하의 최대 속도 (Charge Carrier Saturation Velocity, V_{sat})에 반비례한다. 이는 $V_{sat} \cdots E_{br} = \text{constant}$ 또는 $f_{max} \cdots V_{dd} = \text{constant}$로 표현할 수 있다. 결과적으로 수 GHz 범위의 주파수보다 mm-wave 디바이스에서 공급 전압이 낮아진다. 이는 CP_i와 최대 동작 범위에 제한을 가하게 된다.
- 공간을 줄이기 위해 송수신기의 집적도가 system-on-chip (SoC) 또는 system-in-package (SiP) 등으로 커져야 한다. 이는 RF 송수신기에 적합한 기술의 종류에 제약으로 작용하며 F_{RX}에 제한을 가하게 된다.
- RF 필터는 안테나 소자에 가깝게 위치시키고 배열 안테나 크기에 맞아야 한다. 결과적으로 필터들의 크기가 작아야 한다. 이는 물리적인 공차 요구 조건을 높이게 되고 대개 삽입 손실과 저지 밴드 (Stop-Band) 감쇄의 비용이 따른다. 즉, IL과 선택도가 저하된다. mm-wave에서의 필터에 대한 측면은 26.4절에 자세히 설명되었다.
- 2GHz에서 30GHz로 열 배 이상 캐리어 주파수를 높이는 것은 회로 구성과 RF 성능에 많은 영향을 준다. 예를 들어 현대의 고속 CMOS 장치는 속도가 이미 한계에 달해 있고 최대 동작 주파수는 최소 채널 길이 (Minimum Channel Length) 또는 소자의 크기에 반비례한다. Moor의 법칙 (이를 집적도로 말하면 트랜지스터의 밀도는 2년마다 두 배가 된다)에 따르면 이 크기는 대략 4년마다 반으로 줄어든다. 소자의 크기가 줄어들면서 전기장을 안전한 레벨로 낮추기 위해 내부 전압은 낮아져야 한다. 그러므로 30GHz RF 수신기는 15년 전의 저전압 기술로 2GHz 수신기를 만드는 것과 같다. 그림 26.18의 ITRS 디바이스 목표를 보면 현재의 항복 전압에 15년 전의 F_t를 이용하는 것과 같기 때문이다. 이렇게 오래전의 기술로 현재의 2GHz 성능을 내는 수신기를 만든다면 디바이스 성능과 설계 마진의 불일치로 구현이 상당히 어렵다는 것을 말하고 싶다.

mm-wave에서의 신호 대역폭 또한 2GHz에 비해 매우 넓다. 능동 디바이스나 회로의 경우 신호의 진폭은 공급된 전력과 열잡음에 의해 제한된다. 디바이스의 열잡음 전력은 BW/g_m 에 비례한다. 여기서 g_m 은 디바이스 자체 고유 이득으로 trans-conductance[10]이다. g_m 은 바이어스 전류에 비례하므로 동작 범위에 대해 다음과 같은 수식이 성립한다.

$$DR \propto \frac{V_{dd}^2 \cdot I_{bias}}{BW} = \frac{V_{dd} \cdot P}{BW}$$

또는

$$P \propto \frac{BW \cdot DR}{V_{dd}}$$

여기서 P는 전력 소실 (Power Dissipation)을 의미한다.

mm-wave 주파수 수신기는 대역폭이 크므로 전력 소모가 크다. 속도를 위해 저전압 기술이 사용되어야 하므로 2GHz 수신기에 비해 전력 소모비는 더 악화된다. 그러므로 mm-wave 부품의 열잡음과 줄어든 크기와 부피 등을 감안하여 선형성, 잡음 지수, 대역폭 그리고 동작 범위 간의 복잡한 상호관계가 전력 소모의 관점에서 고려되어야 한다.

26.6 요약

이 장에서 mm-wave 기술이 제공할 수 있는 성능과 요구 사항들을 어떻게 추출할 수 있는지에 대한 개략적인 설명을 하였다. 많은 수의 송수신 모듈과 안테나로 이루어진 mm-wave 시스템은 고도의 집적 기술이 필요하다. 이는 전력 효율, 작은 면적과 부피에서의 열 방출이 성능에 영향을 미치는 것에 관해 주의 깊고 때론 복잡한 고려가 필요하다.

여기서 중요하게 다룬 영역은 DAC/ADC, 전력 증폭기, 전력 대비 효율 그리고 선형성 등이다. 수신기의 중요한 지표는 잡음 지수, 대역폭, 동작 범위 그리고 전력 소모 등이다. 이들 간에는 복잡한 상호 의존성이 있다. 위상 잡음과 주파수 생성 방법에 관해서도 다루었다. mm-wave 주파수에서 필터가 새로운 NR 주파수 대역에서 상당한 영향을 준다는 것을 설명하였다. NR RF 요구 사항을 정의할 때 다양한 기술로부터 얻을 수 있는 성능과 그러한 필터를 NR에 적용하여 구현할 수 있는지를 고려하여야 한다. NR의 FR2에서의 RF 특성을 개발하는 과정에 걸쳐 이러한 관점들이 모두 고려되어야 한다.

---

10) 디바이스에 전압 입력을 가했을 때 출력 전류의 비, 즉, $\frac{i_{out}}{v_{in}}$ 을 말함

27 5G와 향후 진화

CHAPTER

NR의 첫 번째 릴리즈인 릴리즈 15의 주 초점은 eMBB 서비스와 또 한편으로는 URLLC 지원이었다. 릴리즈 16은 eMBB와 URLLC 지원을 향상시켰고 지난 장에서 설명했듯이 새로운 설치 시나리오를 해결하기 위한 새로운 기능들을 포함하고 있다. 릴리즈 16을 마치고 3GPP는 다음 단계인 5G NR 진화를 주요 골자로 하는 릴리즈 17에 초점을 맞추어 진행해왔다. 그림 27.1을 보기 바란다.

2019년 하반기에 3GPP는 릴리즈 17의 내용을 검토하였고 2019년 12월에 릴리즈 17의 내용을 확정 지었다. 다양한 제안들이 논의되었고 그중에 몇 가지는 수용되었고 다른 것들은 연기되어 릴리즈 17의 내용이 최종 결정되었다. 릴리즈 17이 커버하는 몇 가지 분야는 기존의 릴리즈 15/16의 확장이다. 그 예로는 MBB 서비스를 목표로 하거나 일반적인 향상을 대표하는 것으로 MIMO 확장, 다이내믹 스펙트럼 공유(spectrum sharing) 등이 있다. 릴리즈 17의 다른 분야는 기존의 릴리즈에서 다뤘던 분야가 아닌 전혀 새로운 기술을 다루고 있다. 예를 들어 산업 IoT에 관한 작업, 멀티캐스트/브로드캐스트 기능 또는 위성을 통한 접속 등이다. 산업 응용 분야 같은 특정 분야를 염두에 두고 성능을 개선했을지라도 표준은 이러한 유스케이스(use case)에 대한 유일한 솔류션으로 특정짓지는 않는다. 기존의 NR 기능만으로는 아무리 적절하게 사용되더라도 충분하지 않을 수 있다. 그러한 예가 고속과 저지연이 무척 중요한 XR(eXtended Reality)이다. 릴리즈 17에서 이 분야에서 추가적인 성능 개선이 필요한지를 연구하게 될 것이다.

다음 절에서 무선 접속 관점부터 릴리즈 17의 내용을 살펴볼 것이다. 몇몇 기능은 내용의 개괄적인 설명을 위해서 그룹으로 묶여있다. 그렇다고 덜 관심이 있는 기능으로 오해하지 말기 바란다. 또한, 몇몇 기능은 열거하지 않았지만 중요한 것들도 있다. 예를 들어 설치를 단순화하고 자체 최적화 네트워크(self-optimized network) 지원을 향상하기 위한 RAN 데이터 수집 기능 같은 것이다.

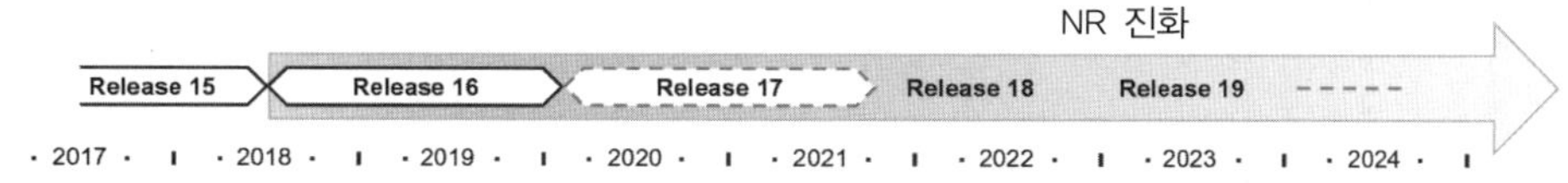

그림 27.1
NR 진화

27.1 52.6GHz 이상 대역의 NR

주파수는 무선 통신의 기본을 이루는 것으로 수년 동안 셀룰러 시스템에서 사용되는 주파수의 양은 데이터 속도와 용량에 대한 요구를 만족시키기 위해 지속적으로 증가되어 왔다. 이는 대체로 높은 주파수 밴드 쪽으로 확장함으로써 이루어져 왔다. 이는 5G NR의 경우에도 마찬가지여서 mm-wave 주파수 대역으로 확장한 첫 셀룰러 통신이 되었다.

첫 릴리즈부터 NR은 스펙트럼의 유연성을 염두에 두고 설계되었다. 현재 사용 가능한 릴리즈는 paired나 unpaired 스펙트럼으로 52.6GHz 까지 동작하는 것을 지원한다.

더 높은 주파수 대역, 구체적으로 60GHz 대역(57-66GHz)이 비면허 접속 방법으로 무선 통신에 이용될 수도 있다. 최근에는 66-71GHz도 거론되고 있다. 이렇게 더 높은 주파수 대역을 활용하기 위해 NR은 릴리즈 17의 한 부분으로 71GHz까지 동작하는 것을 지원하도록 확장될 것이다[73]. 더 높은 주파수 대역으로 확장하는 것은 더 큰 서브캐리어 간격을 갖고 이와 연관된 타이밍으로 이루어진 새로운 numerology의 도입을 포함할 것이다. work item은 비면허 대역 52.6GHz와 71GHz 사이에서 동작에 필요한 프로토콜 물리 계층 절차를 고려하게 될 것이다.

27.2 IAB 기능 개선

릴리즈 16 IAB에 대한 몇 가지 확장은 릴리즈 17에서 IAB enhancement라는 WI(work item)에서 수용될 것이다[74]. 이 WI의 목표는 robustness, 스펙트럼 효율, 지연, 그리고 end-to-end 성능의 관점에서 개선을 이루는 것이다.

WI는 IAB 노드에서 DU와 MT가 동시에 작동하는 것을 고려할 것이다. 22.4.2절을 참고하기 바란다. 그 외에, 다음 사항을 포함하는 것을 고려하고 있다.

- MT-Rx/DU-Tx가 동시에 동작하거나 DU-Rx/MT-Tx가 동시에 동작하는 full duplex IAB 동작
- 22.4.2절에서 논의하였듯이 SDM 또는 FDM에 따라 MT-Rx/Du-Rx가 동시에 동작하거나 MT-Tx/Du-Tx가 동시에 동작하는 것

22장에서 설명하였듯이 이러한 멀티플렉싱 기능은 원칙적으로는 릴리즈 16 IAB에서도 가능하였다. 그러나 IAB 노드에서 DU와 MT 부분의 새로운 시간 관계 같은 추가 기능이 IAB를 더욱 유용하게 만들 것이다. 특히 DU와 MT 사이의 FDM/SDM 사용 가능성이 확장될 것이다.

IAB 향상을 위한 WI는 토폴로지(topology)를 좀 더 유연하게 할 수 있는 수단을 제공할 것이다. IAB 효율을 개선하기 위해 좀 더 일반적인 토폴로지를 가능하게 하고, 라우팅, 그리고 전송 기능 개선뿐만 아니라 백홀의 robustness를 개선하기 위한 parent/child 노드의 관계에 유연성을 제공할 것이다.

27.3 산업용 IoT – RedCap과 포지셔닝 개선

산업용 IoT는 릴리즈 16에서 중점적으로 연구되었던 분야 중 하나이다. 이는 릴리즈 17에서도 계속되어 공장 자동화, 전력 분배, 또는 운송 분야 등에 NR의 유용성을 증대시켜나갈 것이다. 릴리즈 16에서는 URLLC와 TSN (Time-Sensitive Networking) 개선에 많은 초점을 두었다. 20장을 보기 바란다. 릴리즈 17은 산업 용도의 포지셔닝 뿐만 아니라 다른 타입의 MTC (Machine-type Communication) 또한 다룰 것이다.

5장에서 언급하였듯이 매우 저렴하고 에너지 소모가 적고 넓은 지역을 커버해야 하는 massive-MTC의 유스케이스 (use case)는 5G시대에 LTE에 기반한 eMTC와 NB-IoT로 매우 잘 지원되었다. 그러나 단말 복잡도가 낮고 NR의 릴리즈 15나 16에서 지원되는 것보다 에너지 소모가 적고 동시에 데이터 속도와 지연 측면에서 eMTC나 NB-IoT에서 지원되는 것보다 높은 사양의 요구가 있는 유스케이스들이 있다. 이러한 유스케이스를 지원하기 위해 reduced-capability (RedCap) NR 단말에 대한 작업이 릴리즈 17에서 논의될 것이다. RedCap의 의도는 eMTC/NB-IoT를 대체하기 위한 것이 아니라 다음과 같은 산업용 IoT 또는 다른 분야의 유스케이스를 지원하는 보조재를 제공하는 데 있다.

- 5-10ms 정도의 저지연 그리고 2Mbps 이하의 평균 속도를 지원하는 산업용 무선 센서
- 2-25Mbps의 중고속 비디오 전송
- 5-50Mbps 속도에 배터리 수명은 1 ~ 2주인 웨어러블 (wearables)

단말의 복잡도를 낮추는 것은 여러 가지 방법으로 얻을 수 있다. 예를 들면 단말의 Tx/Rx 안테나 개수를 줄이거나 송수신 대역폭에 제한을 두는 것이다. 단말의 복잡도를 낮추는 또 다른 방법으로는 심지어 paired 스펙트럼에서 동작하더라도 동시에 송수신이 없는 half-duplex로 동작하는 단말을 만드는 것이다.

단말의 에너지 소모를 줄이는 것은 blind 디코딩 수를 줄이고 DRX 기능을 확장함으로써 얻을 수 있다. 27.7.2에서 설명할 에너지 절약 개선과 27.7.3절의 소량 데이터 개선 또한 RedCap 타입 단말의 에너지 소모를 줄이는 데 기여할 것이다.

산업용으로 상업 용도로 쓰일 수 있는 또 다른 중요한 분야는 실내 측위이다. 릴리즈 16에서 도입된 NR 포지셔닝은 24장에서 설명하였듯이 포지셔닝 정확도가 3m 이내 그리고 end-to-end 지연이 1s 이하를 상업용 유스케이스의 성능 목표로 잡고 있다. 그러나 물건 위치 추적이나 공장 안의 움직이는 물체와 같은 몇몇 상용 IoT 유스케이스는 요구 사항이 좀 더 정교하여 1m 이내의 정확도와 100ms 이하의 end-to-end 지연을 요구한다. 3GPP는 릴리즈 17에서 이러한 엄격한 요구 사항을 만족하기 위한 포지셔닝 개선을 연구할 것이다[83].

27.4 비 지상(non-Terrestrial) 네트워크

릴리즈 15와 16을 준비하는 동안 3GPP는 Non-terrestrial Networks (NTN)라 불리는 위성을 이용한 NR 통신의 타당성, 또 이를 가능하게 하는 데 필요한 표준을 수정을 검토했다 [80]. 연구에 힘입어 NTN 접속을 지원하는 NR을 표준화하기 위해 릴리즈 17 WI를 시작하기로 결정했다[81]. WI는 저궤도(LEO, Low Earth Orbit)와 정지궤도(GEO, Geostationary Orbit) 위성 시스템의 transparent (non-regenerative) 페이로드(payload) 위성에 초점을 두고 있다. 이때 GNSS는 사용될 수도 사용되지 않을 수도 있다. HAPS(High-Altitude Platform Systems)와 같은 비행체 플랫폼 지원도 포함하는 것을 목표로 하고 있다. 몇 가지 핵심 기술은 다음과 같다.

- 위성 환경에서 겪게 될 매우 큰 전파 지연을 관리하는 기술: 랜덤 엑세스, HARQ 동작 그리고 RRC 절차에 영향을 준다.

❑ 향상된 빔 관리 및 셀 선택/재선택 (selection and reselection): 이는 단말에 비해 위성이 상대적으로 빠르게 움직이는 LEO의 환경에서 더 영향이 크다.

27.5 공공안전 및 사이드링크 개선

23장에서 설명하였듯이 릴리즈 16은 V2V에 초점을 맞춘 NR 사이드링크 통신을 도입하였다. 사이드링크 개선을 위한 릴리즈 17 WI는 V2V에 대한 NR 지원을 증진하고 특히 공공안전과 같은 사이드링크 관련된 유스케이스를 확장하는 데 중점을 두고 있다.

사이드링크 개선의 주 분야는 단말의 전력 소모를 줄이고, 사이드링크 통신을 사용하는 URLLC 타입 어플리케이션을 위해 신뢰도를 높이고 지연을 줄이는 것이다.

이와 함께 3GPP는 사이드링크 기반의 릴레이(sidelink-based relaying)를 연구하기로 했다. 이는 단말 대 단말 통신을 이용하여 네트워크 인프라로 직접 커버되지 않는 영역까지 네트워크 커버리지를 확장하는 것이다.

27.6 NR 브로드캐스트/멀티캐스트

NR의 하향링크 사용자 데이터 전송은 유니캐스트 전송에 초점이 맞춰져 있다. 즉, 데이터가 하나의 단말을 향해 송수신 되는 것이다. 그러나 다수의 단말들에게 동일한 정보를 전송하는 시나리오에서는 유니캐스트 방법으로 정보를 전송하는 것은 효율적이지 않다. 대신 관련된 단말들이 동일한 데이터를 한 번에 받도록 전송하는 것이 더 효율적이다. 이는 공공안전, V2X 어플리케이션, IPv4/IPv6 멀티캐스트 전송, IPTV 그리고 소프트웨어 업데이트와 같은 예가 여기에 포함된다. 릴리즈 17은 connected 모드와 idle/inactive 모드에 모두 적용 가능한 NR 브로드캐스트/멀티캐스트를 도입할 것이다 [82]. 이 작업은 그룹 스케줄링 방법, 멀티캐스트와 유니캐스트를 다이내믹하게 바꾸는 방법, 그리고 브로드캐스트와 멀티캐스트 서비스의 신뢰도를 높이는 방법 등을 포함할 것이다. 릴리즈 15에 비해 OFDM 뉴머롤로지 (numerology)에 영향은 없어 간편하게 미래에 단말 구현을 할 수 있을 것이다.

27.7 일반적인 향상

이상에서 언급한 향상 이외에 상대적으로 작지만, 릴리즈 16에서 시작된 작업의 연속이거나 특정한 분야를 목표로 하는 것이 아니라 일반적으로 사용될 수 있는 향상들도 있다. 몇몇 성능 향상은 분야가 작고 협소하기도 하지만 어떤 것은 점진적인 개선으로 얻게 될 장점을 무시할 수 없고 NR을 좀 더 효과적인 시스템으로 만드는 데 기여할 것들도 있다.

27.7.1 MIMO 성능 개선

다중 안테나 지원은 릴리즈 16을 포함해서 초창기부터 NR의 한 분야였다. 다중 안테나 전송과 빔 관리에 대한 추가적인 성능 개선도 릴리즈 17의 한 분야가 될 것이다 [78]. 이는 다음과 같은 분야 또는 환경에서의 성능 개선을 포함한다.

- ❑ 고속 차량 환경: 특히 높은 주파수에서 오버헤드와 지연을 추가로 줄이고 beam failure를 줄이는 것이 필요하다.
- ❑ TRP 전송의 확장: 하향링크와 상향링크 전송 방향으로 추가적인 물리 채널을 이용한다.
- ❑ 용량과 커버리지 확장을 위해 SRS 전송 개선
- ❑ Type II CSI-RS에 대한 개선: non-coherent joint 전송의 경우 multi-TRP/panel 전송하거나, FDD 환경에서 AoA/AoD (Angle of Arrival, Angle of Departure)와 같은 부분적인 reciprocity를 활용하는 것이다.

27.7.2 전력 절감 개선

단말 에너지 소모를 줄이기 위한 개선은 릴리즈 16의 한 분야로 등장했다. 14장을 보기 바란다. 이때는 wake-up 시그널을 이용해 connected 모드와 cell dormancy를 두 개로 두는 개선이 도입되었다. 릴리즈 17에서는 idle/inactive 모드의 단말들을 목표로 추가적인 단말의 전력 절감 기능이 고려될 것이다 [79]. 이는 불필요한 페이징 수신을 줄이고 connected 상태에만 유효했던 TRS/CSI-RS를 idle/inactive 상태에서도 사용할 수 있도록 하는 방법을 포함한다. 릴리즈 17은 14장에서 설명한 PDCCH 기반 전력 절감 방법을 확장하는 것도 고려한다. 이는 connected 모드 DRX가 설정되었을 때 PDCCH 모니터링을 줄이는 것이다.

27.7.3 소량 데이터 개선

현재는 사용자 데이터는 connected 상태에서, 즉, RRC_CONNECTED 상태에서만 전송이 가능하다. (다른 상태에 대한 논의는 6장을 참고하기 바란다) 그 결과로 매우 적은 소량의 데이터를 위한 전송일지라도 단말은 connection을 맺어야 하고 이는 시그널링 오버헤드나 에너지 소모 측면에서 부정적인 영향을 끼친다. 단말의 상태를 RRC_INACTIVE에서 RRC_CONNECTED로 바꾸는 데 필요한 시그널링 오버헤드는 RRC_IDLE을 시작하는 데 필요한 것보다 훨씬 적지만 idle과 connected 모드를 자주 스위칭하는 환경에서는 이 시그널 양도 무시하지 못한다. 이러한 환경은 흔하진 않아서 많은 스마트폰 어플리케이션이 keep-alive 메시지를 정기적으로 보내거나 많은 IoT 어플리케이션이 센서의 측정치 같은 소량의 데이터를 규칙적으로 보내거나 하는 경우이다. 그러므로 inactive 상태에서 소량의 데이터를 전송하는 방법이 릴리즈 17에 도입될 것이다 [75]. 이러한 개선은 17장에서 언급하였고 이미 존재하는 2/4-step RACH 방법에 기반한다. 현재는 제어 시그널링으로만 사용되었는데 소량 데이터 전송에도 사용될 수 있도록 확장된 것이다. 그 외에 릴리즈 15/16의 configured-grant 프레임워크로 동작할 때 configured PUSCH 자원을 이용해서 inactive 상태에서 상향링크 전송을 가능하게 하는 것도 포함한다.

27.7.4 다이내믹 스펙트럼 공유

DSS(Dynamic Spectrum Sharing)는 18장에서 설명하였듯이 LTE와 NR이 동일한 캐리어를 공유하는 것을 허용함으로써 부드럽게 NR로의 진화로 이어지게 하는 데 아주 유용한 방법이다. 릴리즈 15는 이미 예약 자원을 이용하는 방법으로 DSS를 지원하였고 릴리즈 16에서 PDSCH에 DM-RS를 추가로 넣을 수 있도록 릴리즈 16에서 개선이 이루어졌다. 네트워크 내에 NR 단말이 늘어남에 따라 사용 가능한 PDCCH 리소스에 의해 성능에 영향을 받는 일이 없도록 NR의 스케줄링 용량을 확보하는 것이 중요하다.

릴리즈 17은 NR와 LTE 간의 DSS에 추가적인 개선을 할 것이다. 실제 하향링크/상향링크 전송이 이루어지는 PDSCH/PUSCH와 다른 캐리어로 스케줄링 할당/그랜트를 가진 PDCCH를 보내는 크로스캐리어(crosscarrier) 스케줄링은 P(S)Cell의 PDSCH/PUSCH을 SCell의 PDCCH로 스케줄링하는 것을 지원하도록 확장될 것이다. PDSCH를 다양한 캐리어로 하나의 DCI를 사용하여 스케줄링하는 것에 대한 장점을 연구할 것이다.

27.8 끝맺음 말

지금까지 2020년 2월까지 릴리즈 17에 예정된 내용을 살펴보았다. 작업은 2021년 하반기에 완료될 것이다.[1] NR은 그 이후에도 수년 동안 계속될 것이다. 미래를 예측할 때는 항상 그렇듯이 많은 불확실성과 알려지지 않은 요구사항 또는 기술이 새롭게 등장한다. 논의되지 않은 방향으로 진화가 이루어질 수도 있다. NR의 기본 설계에서 미래 연동성을 강조하는 것은 미래에 있을 확장을 쉽게 도입할 수 있는 것을 보장하기 위해서이다. NR은 매우 유연한 플랫폼으로 다양한 방향으로 진화할 수 있고 다가올 미래의 무선 통신을 이끌 툴임에는 분명하다.

1) 역자주 : 릴리즈 17은 2022년 6월에 protocol coding freeze까지 완료되었다.

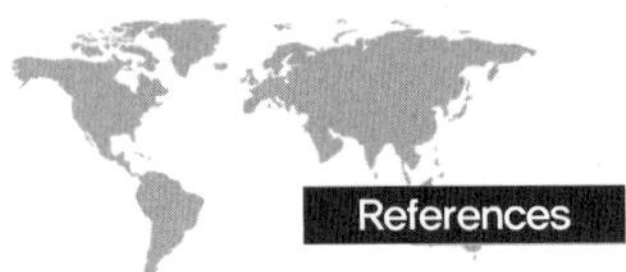

References

[1] 3GPP RP–172290, New SID Proposal: Study on Integrated Access and Backhaul for NR.

[2] 3GPP TS 37.141, E–UTRA, UTRA and GSM/EDGE; Multi–Standard Radio (MSR) Base Station(BS) Conformance Testing.

[3] 3GPP R1–163961, Final Report of 3GPP TSG RAN WG1 #84bis.

[4] 3GPP TS 38.104, NR; Base Station (BS) Radio Transmission and Reception.

[5] 3GPP TS 38.101–1, NR; User Equipment (UE) Radio Transmission and Reception. Part 1. Range 1 Standalone.

[6] 3GPP TS 38.101–2, NR; User Equipment (UE) Radio Transmission and Reception. Part 2. Range 2 Standalone.

[7] 3GPP TS 38.101–3, NR; User Equipment (UE) Radio Transmission and Reception. Part 3. Range 1 and Range 2 Interworking Operation with Other Radios.

[8] 3GPP TS 38.101–4, NR; User Equipment (UE) Radio Transmission and Reception. Part 4. Performance Requirements.

[9] 3GPP RP–172021, Study on NR–Based Access to Unlicensed Spectrum.

[10] 3GPP TR 36.913, Requirements for Further Advancements for Evolved Universal Terrestrial Radio Access (E–UTRA) (LTE–Advanced) (Release 9).

[11] 3GPPTR38.803, Study on New Radio Access Technology: Radio Frequency (RF) and Coexistence Aspects (Release 14).

[12] 3GPP TS 23.402, Architecture Enhancements for Non–3GPP Accesses.

[13] 3GPP TS 23.501, System Architecture for the 5G System.

[14] 3GPP TS 36.211, Evolved Universal Terrestrial Radio Access (E–UTRA); Physical Channels and Modulation.

[15] 3GPP TS 38.331, NR; Radio Resource Control (RRC) Protocol Specification (Release 15).

[16] 3GPP TR 36.913, Requirements for Further Advancements for Evolved Universal Terrestrial Radio Access (E–UTRA) (LTE–Advanced).

[17] E. Arikan, Channel polarization: a method for constructing capacity–achieving codes for symmetric binary input memoryless channels, IEEE Trans. Inf. Theory 55 (7) (July 2009) 3051-3073.

[18] R.E. Best, Phases Locked Loops: Design, Simulation and Applications, sixth ed., McGraw–Hill Professional, 2007.

[19] T. Chapman, E. Larsson, P. von Wrycza, E. Dahlman, S. Parkvall, J. Sk€old, HSPA Evolution: The Fundamentals for Mobile Broadband, Academic Press, 2014.

[20] D. Chase, Code combining—a maximum-likelihood decoding approach for combining and arbitrary number of noisy packets, IEEE Trans. Commun. 33 (May 1985) 385-393.

[21] J. Chen, Does LO noise floor limit performance in multi-Gigabit mm-wave communication? IEEE Microwave Wireless Compon. Lett. 27 (8) (2017) 769-771.

[22] J.-F. Cheng, Coding performance of hybrid ARQ schemes, IEEE Trans. Commun. 54 (June 2006) 1017-1029.

[23] D.C. Chu, Polyphase codes with good periodic correlation properties, IEEE Trans. Inf. Theory 18 (4) (July 1972) 531-532.

[24] S.T. Chung, A.J. Goldsmith, Degrees of freedom in adaptive modulation: a unified view, IEEE Trans. Commun. 49 (9) (September 2001) 1561-1571.

[25] D. Colombi, B. Thors, C. T€ornevik, Implications of EMF exposure limits on output power levels for 5G devices above 6 GHz, IEEE Antennas Wirel. Propag. Lett. 14 (February 2015) 1247-1249.

[26] E. Dahlman, S. Parkvall, J. Sk€old, 4G LTE-Advanced Pro and the Road to 5G, Elsevier, 2016.

[27] DIGITALEUROPE, 5G Spectrum Options for Europe, (October 2017).

[28] Ericsson, Ericsson Mobility Report, https://www.ericsson.com/4acd7e/assets/local/mobilityreport/documents/2019/emr-november-2019.pdf, November 2019.

[29] 3GPP R4-1712718, On mm-wave Filters and Requirement Impact, TSGRAN WG4 Meeting #85, Ericsson (December 2017).

[30] Federal Communications Commission, Title 47 of the Code of Federal Regulations (CFR).

[31] P. Frenger, S. Parkvall, E. Dahlman, Performance comparison of HARQ with chase combining and incremental redundancy for HSDPA, in: Proceedings of the IEEE Vehicular Technology Conference, Atlantic City, NJ, USA, October 2001, pp. 1829--1833.

[32] R.G. Gallager, Low Density Parity Check Codes, Monograph, M.I.T. Press, 1963.

[33] Global mobile Suppliers Association (GSA), The future of IMT in the 3300 – 4200 MHz frequency range, (June 2017).

[34] M. H€€orberg, Low phase noise GaN HEMT oscillator design based on high-Q resonators, (Ph.D. thesis), Chalmers University of Technology, April 2017.

[35] IEEE, IEEE Standard for Local and metropolitan area networks Part 16: Air Interface for Broadband Wireless Access Systems Amendment 3: Advanced AirInterface, IEEE Std 802.16m-2011 (Amendment to IEEE Std 802.16-2009).

[36] IETF, Robust header compression (ROHC): framework and four profiles: RTP, UDP, ESP, and Uncompressed, RFC 3095.

[37] ITRS, Radio Frequency and Analog/Mixed-Signal Technologies for Wireless Communications, Edition International Technology Roadmap for Semiconductors (ITRS), 2007.

[38] ITU-R, Workplan, timeline, process and deliverables for the future development of IMT, ITU-R Document 5D/1297, Attachment 2.12 (July 2019).

[39] ITU-R, Framework and overall objectives of the future development of IMT-2000 and systems beyond IMT-2000, Recommendation ITU-R M.1645, June 2003.

[40] ITU-R, Unwanted emissions in the spurious domain, Recommendation ITU-R SM.329-12, September 2012.

[41] ITU-R, Future technology trends of terrestrial IMT systems, Report ITU-R M.2320, November 2014.

[42] ITU-R, Technical feasibility of IMT in bands above 6 GHz, Report ITU-R M.2376, July 2015.

[43] ITU-R, Detailed specifications of the terrestrial radio interfaces of International Mobile Telecommunications Advanced (IMT-Advanced), Recommendation ITU-R M.2012-4, November 2019.

[44] ITU-R, Frequency arrangements for implementation of the terrestrial component of International Mobile Telecommunications (IMT) in the bands identified for IMT in the Radio Regulations, Recommendation ITU-R M.1036-6, October 2019.

[45] ITU-R, IMT Vision—-Framework and overall objectives of the future development of IMT for 2020 and beyond, Recommendation ITU-R M.2083, September 2015.

[46] ITU-R, Radio regulations, Edition of 2016.

[47] ITU-R, Detailed specifications of the terrestrial radio interfaces of International Mobile Telecommunications-2000 (IMT-2000), Recommendation ITU-R M.1457-14, January 2019.

[48] ITU-R, Guidelines for evaluation of radio interface technologies for IMT-2020, Report ITU-R M.2412, November 2017.

[49] ITU-R, Minimum requirements related to technical performance for IMT-2020 radio interface(s), Report ITU-R M.2410, November 2017.

[50] ITU-R, Requirements, evaluation criteria and submission templates for the development of IMT-2020, Report ITU-R M.2411, November 2017.

[51] M. Jain, et al., Practical, Real-Time, Full-duplex Wireless, MobiCom''11, Las Vegas, NV, USA, September 1923, 2011.

[52] E.O. Johnson, Physical limitations on frequency and power parameters of transistors, RCA Rev. 26 (June 1965) 163-–177.

[53] E.G. Larsson, O. Edfors, F. Tufvesson, T.L. Marzetta, Massive MIMO for next generation wireless systems, IEEE Commun. Mag. 52 (2) (February 2014) 186-–195.

[54] D.B. Leeson, A simple model of feedback oscillator noise spectrum, Proc. IEEE 54 (2) (February 1966) 329-–330.

[55] O. Liberg, M. Sundberg, E. Wang, J. Bergman, J. Sachs, Cellular Internet of Things:

Technologies, Standards, and Performance, Academic Press, 2017.

[56] D.J.C. MacKay, R.M. Neal, Near Shannon limit performance of low density parity check codes, Electron. Lett. 33 (6) (July 1996) 1645-–1646. The race for the extra decibel: a brief review of current ADC performance trajectories, IEEE Solid-State Circuits Mag. 7 (3) (Summer 2015) 58-–66.

[59] B. Murmann, ADC Performance Survey 1997–2019, Available from: http://web.stanford.edu/murmann/adcsurvey.html.

[60] M. Olsson, S. Sultana, S. Rommer, L. Frid, C. Mulligan, SAE and the Evolved Packet Core—-Driving the Mobile Broadband Revolution, Academic Press, 2009.

[61] J. Padhye, V. Firoiu, D.F. Towsley, J.F. Kurose, Modelling, TCP reno performance: a simple model and its empirical validation, ACM/IEEE Trans. Netw. 8 (2) (2000) 133-–145.

[62] S. Parkvall, E. Dahlman, A. Furusk€€ar, M. Frenne, NR: the new 5G radio access technology, IEEE Commun. Stand. Mag. 1 (4) (December 2017) 24-–30.

[63] M.B. Pursley, S.D. Sandberg, Incremental-redundancy transmission for meteor burst communications, IEEE Trans. Commun. 39 (May 1991) 689-–702.

[64] T. Richardson, R. Urbanke, Modern Coding Theory, Cambridge University Press, 2008.

[65] C.E. Shannon, A mathematical theory of communication, Bell Syst. Tech. J. 27 (July and October 1948) 379-–423, 623-–656.

[66] L.A. Gerhardt, R.C. Dixon, Special issue on spread spectrum, IEEE Trans. Commun. 25 (August 1977) 745-–869.

[67] S.B. Wicker, M. Bartz, Type-I hybrid ARQ protocols using punctured MDS codes, IEEE Trans. Commun. 42 (April 1994) 1431-–1440.

[68] J.M. Wozencraft, M. Horstein, Digitalised communication over two-way channels, in: Fourth London Symposium on Information Theory, London, UK, September 1960.

[69] C. Mollen, E.G. Larsson, U. Gustavsson, T. Eriksson, R.W. Heath, Out-of-band radiation from large antenna arrays, IEEE Commun. Mag. 56 (4) (April 2018) 196-–203.

[70] 3GPP TR 38.817-01, NR; General aspects for UE RF for NR (Release 15).

[71] 3GPP TR 38.817-02, NR; General aspects for BS RF for NR (Release 15).

[72] K. Zetterberg, P. Ramachandra, F. Gunnarsson, M. Amirijoo, S. Wager, T. Dudda, On heterogeneous networks mobility robustness, in: 2013 IEEE 77th Vehicular Technology Conference(VTC Spring), 2013.

[73] 3GPP RP-193229, New WID on Extending current NR operation to 71 GHz.

[74] 3GPP RP-193251, New WID on Enhancements to Integrated Access and Backhaul.

[75] 3GPP RP-193252, Work Item on NR small data transmission in INACTIVE state.

[76] 3GPP RP-133231, New WID on NR sidelink enhancements.

[77] 3GPP RP-193260, New WID on NR Dynamic spectrum sharing.

[78] 3GPP RP-193133, New WID: Further enhancements on MIMO for NR.

[79] 3GPP RP-193239, New WID: UE Power Saving Enhancements.

[80] 3GPP TR 38.811, Study on New Radio (NR) to support non-terrestrial networks (release 15).

[81] 3GPP RP-193234, Solutions for NR to support non-terrestrial networks (NTN).

[82] 3GPP RP-193248, New work Item on NR support of Multicast and Broadcast Services.

[83] 3GPP RP-133237, New SID on NR positioning Enhancements.

[84] S. Rommer, P. Hedman, M. Olsson, L. Frid, S. Sultana, C. Mulligan, 5G Core Networks: Powering Digitalization, Academic Press, 2019.

[85] 3GPP TR 38.866, Study on remote interference management for NR (Release 16).

[86] 3GPP TR 38.889, Study on NR-based access to unlicensed spectrum (Release 16).

[87] ETSI EN 301 893, 5 GHz RLAN; Harmonised Standard covering the essential requirements of article 3.2 of Directive 2014/53/EU.

[88] 3GPP TS 37.213, Physical layer procedures for shared spectrum channel access.

[89] 3GPP TR 38.855, Study on NR positioning support (Release16).

[90] 3GPP TS 38.212, NR; Multiplexing and channel coding.

[91] P. Groves, Principles of GNSS, Inertial, and Multisensor Integrated Navigation Systems, second ed., Artech House, 2013.

[92] ITU-R Working party 5D, Document IMT-2020/2-E, Revision 2, Submission, evaluation process and consensus building for IMT-2020.

[93] 3GPP TR 37.910, Study on self evaluation towards IMT-2020 submission (Release 16).

[94] 3GPP TR 38.913 V15, Study on Scenarios and Requirements for Next Generation Access Technologies;(Release 15).

[95] P. Kinget, Integrated GHz voltage controlled oscillators, in: W. Sansen, J. Huijsing, R. van de Plassche(Eds.), Analog Circuit Design, Springer, Boston, MA, 1999.

[96] H. Wang, et al., Power Amplifiers Performance Survey 2000-Present, Available from: https://gems. ece.gatech.edu/PA_survey.html.

[97] International Roadmap for Devices and Systems (IRDS), 2018 update, Outside system connectivity, IEEE 2018.

[98] 3GPP RP-140955, Revised Work Item Description: LTE Device to Device Proximity Services.

[99] 3GPP RP-193238, New SID on support of reduced-capability devices.

[100] P. Butovitsch, et al., Advanced Antenna Systems for 5G Network Deployments: Bridging the Gap Between Theory and Practice, Associated Press, 2020.

[101] 3GPP RP-162519, Revised WI proposal: LTE-based V2X Services.

[102] 3GPP RP-190984, 5G V2X with NR Sidelink.

[103] 3GPP TS 22.186, Enhancement of 3GPP support for V2X scenarios.

[104] 3GPP TS 38.133, Requirements for support of radio resource management.

[105] 3GPP TR 38.470, F1 general aspects and principles (Release 15).

[106] 3GPP TR 38.820, Study on the 7 to 24 GHz frequency range for NR (Release 16).

Index

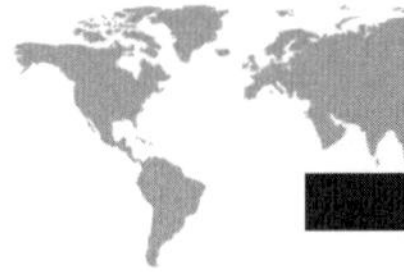